得利满水处理手册

苏伊士水务工程有限责任公司　编写

下册

化学工业出版社
·北京·

第9章 预处理

引言

排入城市污水下水道系统（排水系统）的物质种类繁多，往往包含大块物质，这在合流制排水系统中尤为突出。

为了保护原水提升系统和防止管道的堵塞以及其他处理设备的磨损，对输送至污水处理厂的污水进行预处理是非常有必要的。更广义地讲，所有可能不利于后续处理设施运行的物质均需考虑预处理措施。

以下是一些常规的预处理措施（根据其重要性和原水水质，一座污水处理厂可能采用一种或多种预处理工艺）：a. 格栅；b. 滤网；c. 粉碎（破碎）；d. 除砂；e. 除脂，通常和除砂结合使用；f. 除油；g. 截留副产物的处理（砂砾和油脂）；h. 主干管清掏废物和水厂砂砾的联合处理。

下列情况可以采用类似的工艺：a. 河道取水；b. 工业废水的处理。

为了减轻过量悬浮固体对沉淀池的冲击，有时需要采用静态沉淀池作为预处理单元。这方面内容将在以下章节进行讨论：a. 第 10 章 10.3.1 节，静态沉淀池；b. 第 22 章 22.1.4.3 节，常规澄清处理。

对于现代化的污水处理厂，以下两个重要趋势值得重视：

① 预处理设施不仅要具有良好的处理效果，而且还要能够集成到一个紧凑系统中，这样就可以更加容易地进行封闭、通风和臭气控制。就这一方面而言，把除砂、除油脂和沉淀功能集成在同一处理单元中的 Sedipac 3D 或 Densadeg 4D 技术（见第 10 章）是最合适的处理工艺。

② 尽量降低污水处理厂排出的副产物量。这就需要在厂内设置残余油脂（见本章 9.5 节 Biomaster）和砂砾（见本章 9.3 节 Arenis）处理系统。这两种系统不仅可以处理和回收污水厂内部的残余物，而且还可以处理外部的油脂及砂砾。这两种系统能够解决污水处理

厂残余物的去除问题，效果远好于采用公用的集中式污泥处理设施、污染物回流至污水厂入口等方法。

这就意味着，那些仍需外运处置的副产物只是截留的脱水栅渣（类似生活垃圾）和可再利用的砂砾。

9.1 格栅、滤网、粉碎

9.1.1 格栅

9.1.1.1 应用范围

作为第一个处理单元，格栅在地表水和污水处理系统中发挥非常重要的作用，其可以用于：

① 保护下游构筑物和连接管道不被原水中大块的物体堵塞；

② 将原水中挟带的可能削弱后续单元的处理效果，或者使处理构筑物的安装启用和操作复杂化的大块物体分离去除。

格栅有时也可以用于去除污泥中的纤维。

格栅的处理效果在一定程度上取决于栅条的间隙。根据间隙不同可以分为：a. 粗格栅，间隙大于 40mm；b. 中格栅，间隙为 10～40mm；c. 细格栅，间隙为 6～10mm；d. 滤网，间隙为 0.5～6mm。

根据原水、污泥和处理工艺的不同，格栅单元可以由一种或多种不同间隙的格栅组成。例如，对于进水管网为合流制的系统，采用高密度沉淀池（Densadeg）后接生物滤池（Biofor）工艺的城市污水处理厂，可采用 80mm 间隙的粗格栅、6mm 间隙的细格栅和 3mm 间隙滤网的组合。它们可以串联安装在同一个格栅单元中，也可以分别安装在关键处理单元的上游。

如今，即使是小型（污）水处理厂，一般也需要减少格栅单元的人工操作，提高自动化水平。

手动操作的格栅一般作为自动格栅系统的安全措施或者是安装在超越线上。当水厂进水中的栅渣量可能陡然增大（如秋天落叶）而导致格栅堵塞时，就应设置一个备用旁路。

一般来说，格栅间隙的选择应遵循如下规则：

① 对于地表水，间隙一般为 20～40mm（在滤网的上游）；

② 对于城市污水，间隙一般为 10～80mm；

③ 对于污泥，取决于其后续处理方式，一般要求采用间隙为 10mm 甚至更细的细格栅；

④ 对于某些工业废水，特别是农产食品行业的废水，细格栅是绝对必要的，某些情况下还需在其下游设置滤网。

收集的栅渣会储存在一个栅渣箱中，其容量需根据清理频率来确定。

（1）水力设计和格栅堵塞

① 原则

需要保持一定的过栅流速以确保水中杂物能够随水流到达格栅。同时，不能产生过大的水头损失，以免栅条深度堵塞或者栅渣随水流通过格栅。

② 栅前流速

栅前渠道中峰值流量时的流速不应超过 0.6～0.7m/s。如果流速较低，在格栅上游可能会产生沉淀，设计时要予以考虑（可以安装连续或者间歇运行的搅拌设备）。

③ 过栅流速

一般在 0.5～1.0m/s 之间，最大流量时可以达到 1.0～1.2m/s。这个流速是指考虑格栅部分堵塞、水流通过净过水断面时的流速。

④ 堵塞程度

可以接受的阻塞程度（以净过水断面的百分比值来表示）主要取决于原水水质和栅渣清理系统。

对于自动格栅和滤网：a. 间隙 >10mm，约 25%；b. 间隙 5～10mm，约 50%；c. 间隙 <5mm，约 75%。

手动清理格栅的过水面积要足够大，以避免过于频繁地清理，其水头损失一般在 10cm 左右。

（2）自动控制

格栅清渣系统通常是间歇运行。一方面可通过运行时间控制，设定一个运行周期（1min～1h）和一个可调的清渣时间（1～15min）；另一方面，可以由格栅前后液位差来控制。

当格栅位于水泵的下游时，控制系统可以和水泵的启停系统联动。

（3）保护措施

自动格栅设有过载安全保护装置，以避免污堵严重时引起超载或者因堵塞造成设备损坏。

往复清洗的自动格栅设有保护装置，使清渣耙在与之耙齿啮合的栅条脱离时即可自动停止运行，从而可以避免重启时被卡住或超载。

9.1.1.2 格栅类型

（1）手动清渣格栅

手动清理格栅通常由圆形或矩形截面的栅条组成，有垂直架设的，但更常采用与水平呈 60°～80°的倾斜安装方式，以便更加容易地清理栅渣。有少数设计成可移动（通过滑槽）或者可通过枢轴转动，以便于对下游渠道的清理。在一些污水提升单元中，有时为降低操作维护的难度，使用可提升式冲孔网吊篮替代格栅。这类系统的操作清理并不简便，因此通常仅用于间歇运行的情况（如旁路）。

（2）自动清渣格栅

① 前清式（清渣耙在迎水面）格栅

这种格栅的栅架通常由矩形或梯形截面、有着锐边或圆角边的栅条（降低被固体物质卡住的风险）组成。有些设备采用专门的筛架（Johnson 型，间隙可以选择 0.5mm 至几毫米）或者穿孔板，非常适合用作细格栅（甚至用作滤网）。栅渣在格栅背面清除。

前清式格栅主要有四种类型：

a. DC 曲面格栅（图 9-1）

图 9-1　DC 曲面格栅

其栅条间隙为 10～25mm，优点为具有较大的有效表面积和较简单的机械设计。

四个清渣耙安装在可以绕水平轴转动的机械臂上来清理格栅齿条。但为了避免堵塞的风险，建议在其上游设置一个砂石拦截井。

这种类型的格栅非常适用于水中没有过量栅渣且安装渠道较浅的中等规模水厂。

b. GDC 往复清理的直格栅（图 9-2、图 9-3）

栅条间隙在 10～100mm 之间，一般垂直或与水平呈 80° 安装。栅条顶端刚刚高出最高液面，接至一金属或混凝土平台。

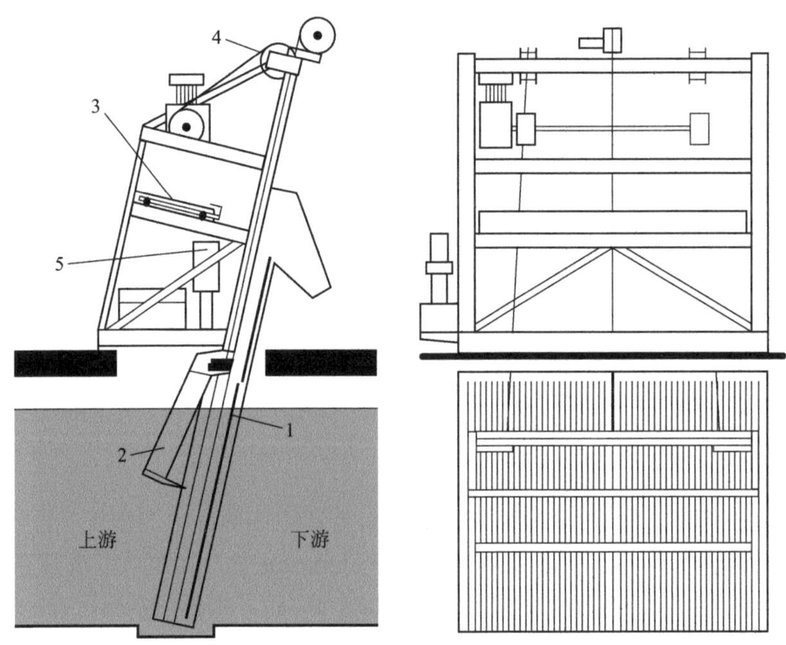

图 9-2　GDC 直立式格栅示意图

1—带格栅条的机架；2—栅耙；3—顶杆；4—提升装置；5—液压系统

图 9-3　GDC 直立式格栅

栅条是由循环链式系统驱动的刮刀和清渣耙来清理的。该系统将栅渣提升到整个栅架的顶部然后翻转，使其掉落在一个稍微远离栅架的位置。通常使用自动清渣处理系统来清理顶部区域。

Climber 格栅是一种特别坚固，机架高度较高（>10m）的直立式格栅，其清渣耙带有齿条，并由小齿轮装置驱动（图 9-4）。

图 9-4　Algiers 泵站（美国新奥尔良）：四台 5.5m 宽、6.1m 深的 Climber 格栅

当需要处理流量很大（大于 30000m^3/h）并且杂质较少（如地表水取水）的来水时，可以采用移动式栅耙进行清理，它每次只清理一部分格栅面，并在清理完成后横向移动。

c. 回转式格栅

这种间隙为 3～15mm 的格栅系统采用了连续链条栅架，这些具有特殊钩形的耙齿，通过串接轴连接形成环形格栅帘，栅渣被提送到顶部，然后在背面自行掉落。

耙齿由连接臂（链节）和钩形端头组成。钩形端头错位推移离开耙齿，从而清理出栅渣，随后由一个转刷完成自动清理过程。

d. 阶梯格栅

栅条间隙为 3～15mm，格栅筛架由两组平行的栅片组成，一组为静片，一组为动片，两组栅片交替排列装配成阶梯形。

由一组铰链臂驱动移动栅片进行转动，逐级将栅渣向上提升，直至到达顶部排渣位置。

② 后清式（背耙式）格栅

某些格栅的清渣系统采用设在栅架背面的循环链条。虽然存在栅渣掉入下游水体中的风险，但是这种格栅可以用作对清渣能力要求很高的初级格栅（图 9-5），能够处理栅渣量很大的原水。

图 9-5　在格栅背面清渣的格栅单元

9.1.2　滤网

9.1.2.1　应用范围

在某些城市污水处理厂，除了可以安装栅条间隙为 3mm 或 6mm 的机械格栅外，还可以选择开孔尺寸更小的滤网。这可使小型城市污水处理厂的操作更加简便，也可用于很多食品废水处理厂以去除绝大部分悬浮污染物，并有可能循环利用这些滤渣。

滤网一般由穿孔金属板或更常用的 Johnson 型格栅组成，栅条间隙一般为 0.15～2mm。滤网可分为以下两种：

① 转鼓式滤网，最大处理能力达 1500m^3/h；

② 内凹型自清洗直立式滤网（格栅），处理能力在 100～200m^3/h 之间。原水经布水系统分配后呈垂直的水帘状，被拦截的颗粒通过水力排放至低点接收装置。

9.1.2.2　滤网类型

（1）废水处理

在 0.15～2.5mm 的栅条间隙范围内，主要有两种类型的滤网。

① 转鼓式滤网

水从滚筒的内部或外部注入。水通过滤网时，固体物质被滚筒拦截并通过转鼓的旋转排出。

被拦截的固体是刮除还是重力去除主要取决于是从滚筒内部还是外部进水。在这一类系统中，Prepazur（图 9-6）是一种在中小型污水处理厂中用作预处理单元的旋转型滤网（0.6～1.5mm）。该系统具有三个作用：固液分离、压榨（螺旋压榨机）和废物装袋（薄膜装袋）。另外，可以通过对集成装置的加盖处理减轻臭气的问题。

② 曲面式滤网（内凹型）（图 9-7）

这种滤网由具有三个不同特性的独立的凹面组成，它们分别用于从水中分离栅渣（水冲部分）、栅渣降速及排除。

振动式曲面滤网比较适合于处理含有脂类和黏性的物质及悬浮物浓度高的污水。

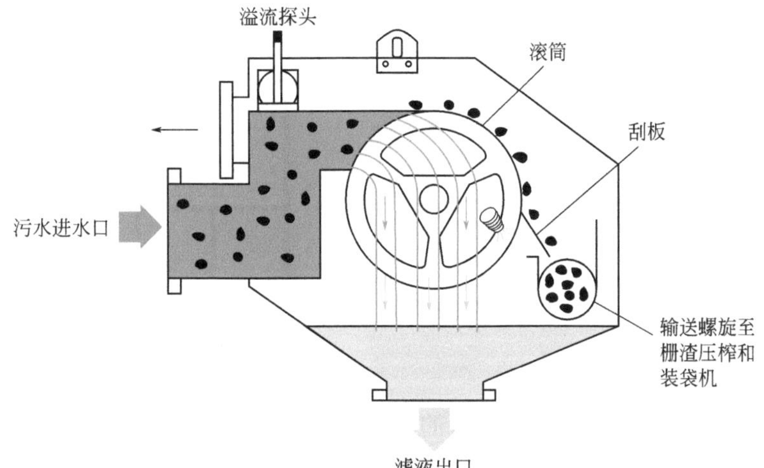

图 9-6　Prepazur

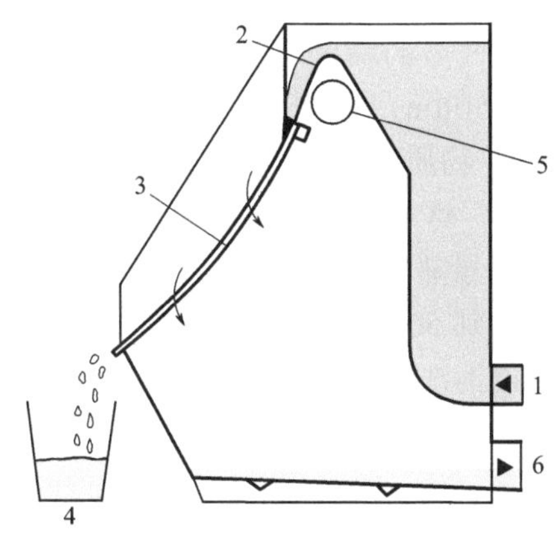

图 9-7　内凹型滤网的原理图（辅助自清洗）

1—原水进口；2—分流翻板；3—滤网；4—栅渣；5—观察窗；6—筛后水出口

（2）地表水处理

① 粗滤

这种过滤设备由金属孔板，或更为常见的是由不锈钢或合成材料编织而成的网板组成，孔眼尺寸为 0.15～2mm。

可以选择 1.5～6m 直径的滚筒式粗滤设备，或者根据液位变化采用 1～3m 宽、3～15m 高的带式设备（图 9-8）。

② 微滤

微滤由滚筒和安装在滚筒上的合成材质的滤带组成，过滤孔隙自 30～40μm 到 150μm。微滤的清洗设备需具备足够的清洗强度，以使清洗水能够穿过滤带从而将其截留的细砂和残留物去除。

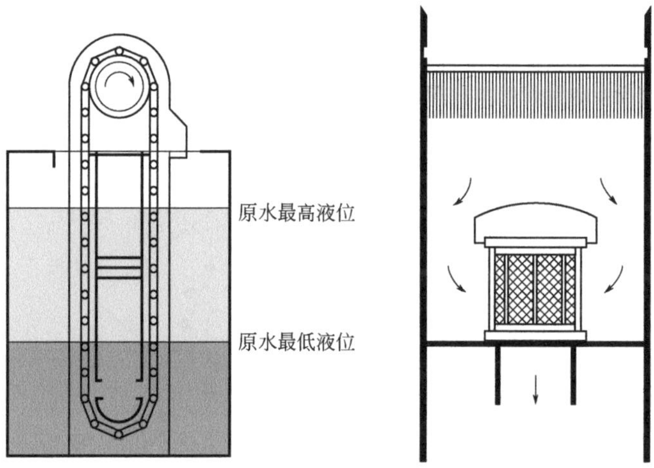

图 9-8 带式粗筛

当处理工业废水时，为了保护精密的设备或管路（比如喷头、超滤系统、微滤系统、滤带清洗系统等），可以考虑使用被称作机械过滤的压力式粗滤和微滤系统。

这些过滤系统（图 9-9）利用在过滤器部分表面的背压形成半连续的反向冲洗来去除截留的颗粒，其清洗强度需要与滤带的机械强度相适应。

为了避免不可逆的污染和过多的清洗水消耗，在实际应用中，压力过滤系统的过滤精度是有限制的：a. 100～150μm，适用于污染物主要是有机质和植物残骸的水源；b. 40～50μm，适用于只含有矿物质颗粒物的水源。

纤维比较容易黏附在滤带上，这对过滤器的运行尤其不利。压力式过滤器有两种常用结构（图 9-9）。单个过滤器的处理量随着过滤精度的提高而下降。当过滤精度在 250μm 以上时，单个过滤器的处理量可以达到 5000m^3/h，而微滤的最大处理量为 500m^3/h。在相同的情况下，不同过滤精度的过滤器的清洗水耗量约为处理量的 2%～8%。

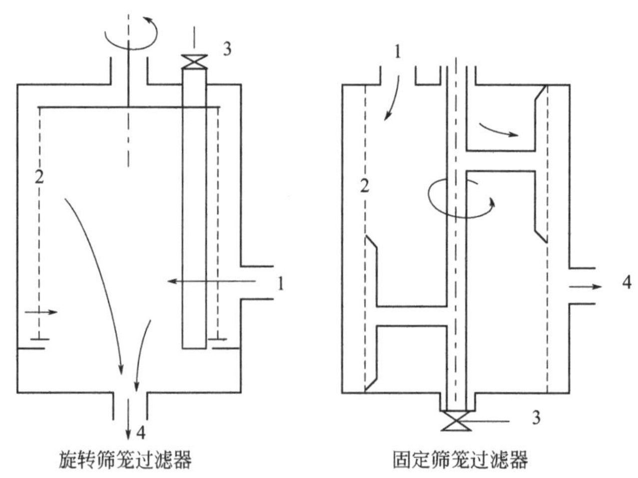

图 9-9 不同类型的压力式机械过滤

1—原水进水口；2—滤网；3—污泥；4—滤后水出口

9.1.3　设备选型

格栅和滤网的选型主要取决于其安装位置和处理要求。表 9-1 提供了一些主要格栅类型的特点。

表9-1　不同类型格栅和滤网的基本参数

格栅或滤网类型		清渣方式	渠道深度 /m	渠道宽度 /m	栅条间隙 /mm
粗格栅	缆索式直立格栅	往复式	2～10		40～100
中格栅	DC 型曲面格栅	连续式	0.75～2	0.5～1.6	10～20
	连续链条格栅	连续式			
	缆索式直立格栅	往复式	2～10	0.1～2.6	10～20
	Climber 格栅	往复式	1～18	0.5～9	10～100
	抓斗式格栅	往复式	2.5～10	1.5～10	10～20
细格栅	GFD 式直立细格栅	连续式	2～10	1～2.6	10
	阶梯格栅	连续式			3～10
	耙齿自清格栅	连续式			3～10
滤网	转鼓式滤网	连续式			0.15～2.5
	曲面滤网	连续式			0.15～2.5

9.1.4　栅渣粉碎机

这种设备主要用于城市污水处理，其作用是对水中的固体物质进行破碎处理，从而使这些物质能继续随着水流进入后续的处理单元中。它一方面可减少清理和处置栅渣的麻烦，另一方面可以提高后续污泥消化单元的产气量。然而在实际应用中粉碎栅渣也有缺点，特别是粉碎的纤维与油脂结合会造成泵和管道的阻塞，并且粉碎机作为一种相对比较精密的设备也需要较高的维护频率。

由于上述原因，粉碎机很少被推荐使用。但有时其可以替代污泥处理工艺中的细格栅，在这种情况下可以使用压力式粉碎机以保证需要的粉碎精度，表 9-2 为粉碎机的基本特性。

表9-2　粉碎机的基本特性

粉碎机类型	流量 /（m^3/h）	电机额定功率 /kW
安装在水线的粉碎机	5000～8000	0.25～4
安装在泥线的粉碎机	50～300	7.5～20

9.1.5　栅渣的处理

与生活垃圾的处理与处置一样，通常将栅渣送至填埋场填埋或者进行焚烧处置。

由于运输的限制，栅渣在进行厂外处置前必须对其进行脱水和压榨处理，例如：

① 使用移动式脱水压榨一体料斗（图 9-10），脱水后的含水率为 75%～80%，堆积密度约为 0.75～0.8t/m^3；

② 使用机械压榨机或者液压压榨机（图 9-11），压榨后产物的含水率可以降至 55%～65%，堆积密度为 0.6～0.65t/m³。

图 9-10　SITA 一体式压榨料斗

图 9-11　液压压榨机

9.2 除砂

9.2.1 概述

9.2.1.1 目的

除砂的目的是去除原水中的砾石、砂以及其他矿物颗粒和纤维，防止其在渠道和管道中沉积，从而保护泵和其他设备不受磨损。

表 9-3 中给出的数据（适用于颗粒密度为 2.65g/cm³ 的砂砾的自由沉降）可以用于计算除砂装置针对不同几何形状颗粒的去除能力。实际上，除砂装置的设计有两个限制因素：

① 砂砾主要在流量峰值时随污水输送至污水处理厂（污水管道的自清洗作用），这时的水平（横向）流速达到最大，同时悬浮态砂砾浓度也达到峰值；

② 在污水处理中，除砂的目的是尽量去除水中的矿物质，并使其含有尽可能少的有机物（有机物不利于后续的存储和外运）。

为了将矿物质和有机物分离，需要进行混合搅拌以维持足够高的扰动强度，通常采用压缩空气来达到此目的。

表9-3　修正后的砂粒沉降速度

d/mm	0.05	0.10	0.20	0.30	0.40	0.50	1.0	2.0	3.0	5.0	10
v_c/（cm/s）	0.2	0.7	2.3	4.0	5.6	7.2	15	27	35	47	74
v_c' /（cm/s）	0	0.5	1.7	3.0	4.0	5.0	11	21	26	33	51
v_c'' /（cm/s）	0	0	1.6	3.0	4.5	6.0	13	25	33	45	65
v_l/（cm/s）	15	20	27	32	38	42	60	83	100	130	190

注：d 为砂粒粒径；v_c 为沉降速度（流体水平流速为零时）；v_c' 为沉降速度（流体水平流速等于 v_l 时）；v_c'' 为沉降速度（流体水平流速等于 0.30m/s 时）；v_l 为流体的临界水平携带速度，此时沉积的颗粒能被水流挟带走。

9.2.1.2　应用范围

除砂工艺主要用于去除粒径大于 200μm 甚至 300μm 的颗粒，较小的颗粒通常可以随污泥的沉淀而被去除（见第 10 章）。从理论上讲，除砂主要与颗粒自由沉降有关（见第 3 章 3.3.1 节）。

9.2.1.3　含砂量

污水中含砂量的变化非常大，主要取决于：a. 排水区域的主要地质特征；b. 管段条件和长度；c. 管网类型，分流制、合流制和混合制，以及管网的维护情况；d. 降雨频率。

一般来说，每个居民每年平均需要去除的砂量不超过 15L。

实际上，在确定进入污水厂的砂量或者除砂设备的去除效率（或去除能力）时，经常会遇到以下问题：

① 采样的问题。为了使粒径大于 0.3～0.4mm 的砂砾保持悬浮状态，需要较高的紊流条件，然而在出口处采集水样更加容易。

②“砂砾 ”是指水样中的悬浮物燃烧后经过一系列筛分后得到的离散颗粒，包括砂和一部分通常具有微孔结构的矿物质残渣，例如玻璃碎片、混凝土、陶瓷微粒等。除砂效率适用于高密度的介质，在确定除砂效率时需要指明与其对应的砂砾密度，例如密度大于 $2.5g/cm^3$ 的颗粒。

9.2.1.4　砂砾的处理

砂砾的处理是为了降低其有机物含量。对于从沉砂池去除的砂砾要采用特殊的处理设备，包括：a. 水力旋流器；b. 砂水分离器；c. 洗砂器。

当选用 Arenis 类型的处理装置时，砂砾可以由其进行处理。

9.2.2　不同应用领域的除砂处理

9.2.2.1　地表水除砂

地表水取水口的设计应尽量避免挟带砂砾的进入。除非后续的装置允许砂砾带入，否则要设置除砂装置，尤其是水厂使用滤网时（如 1～2mm 孔径），上游必须设置除砂装置以防止砂砾进入滤网中。

除砂装置一般是矩形的渠道型结构。其横截面积取决于设计水平流速：如果颗粒通过水力条件去除，其流速必须要稍稍大于已经沉淀的颗粒的临界水平携带速度 v_1（表 9-3）；如果设有底部刮除装置，这个速度可以低于临界水平携带速度。

根据选定的水平流速，用最大的处理流量除以拟去除最小颗粒的沉降速度 v_c 从而得到水平面积。

砂砾也可以使用旋流分离装置去除（安装在提升水泵出口管侧的水力旋流器）（见本章 9.2.4 节）。

9.2.2.2　城市污水除砂

在合流制重力排水系统中，建议设置一个杂物截留井以保护后续处理设备。这个系统可以处理含有大颗粒砂砾、卵石、玻璃或金属碎片的沉淀物。

在实际的沉砂池中，当池底流速保持在 0.3m/s 左右时（同样也是自清流速），随砂砾一起沉降的有机质会减少。实际上，在这个速度下有机质 / 矿物质的比例仍然接近 50%。

可以通过清洗排出的砂砾来促进有机质的分离，清洗后砂砾的有机质含量可以降至低于 30%。另外一种改进方法是使用特殊的反应器，可以使有机质含量降至 3%～5% 甚至更低（见本章 9.3 节）。

收集输送这类物质需要使用特殊的装置，以降低由其带来的磨损和堵塞的风险（涡流泵或气提泵）。

不同类型沉砂池的除砂效率按以下顺序依次提高：

① 简单除砂渠，水平流速与流量成正比。这种结构仅适用于小型的临时污水处理厂，一般不太推荐使用。砂砾聚积在底部的一条纵向凹槽内，每 4 ～ 5 天人工清除一次。

② 渠道式沉砂池，通过设置的出水堰（水深和流量成正比）来维持一个稳定在 0.3m/s 左右的水流速度。停留时间为 1.5～2min。

③ 旋流沉砂池，砂砾通过机械方式去除，而漂浮物和浮渣通过水力方式去除（见本章 9.2.3.2 节）。停留时间为 2～3min。

④ 矩形曝气沉砂池，砂砾通过机械方式去除，漂浮物和浮渣通过水力方式去除（见本章 9.2.3.3 节）。停留时间为 2～5min。

后两种是用来同时去除砂砾和油脂的理想设备，而且在实际生产中也得到广泛应用。

9.2.2.3 工业废水除砂

工业废水处理通常不需要除砂，除非废水中含有大量雨水时才会采用。一种选择就是采用在城市污水处理中使用的曝气除砂池（特别是在生鲜食品废水处理上）。

当处理冶金行业或机械工业排放的废水时，除砂这一环节是为了分离高密度（表观密度可达 2.5～4t/m^3）的金属氧化物、颗粒泥浆或者油垢。这种磨蚀性颗粒的沉降非常快，且初始浓度在 0.2g/L 到几克每升之间，因此需要特殊的设备将其输送出除砂装置（见本章 9.2.3.4 节）。

9.2.2.4 污泥预处理

污泥预处理主要是为了保护设备，防止其被纤维或者其他较少在污泥中存在的坚硬物质（卵石、砂砾、金属件等）损坏。

多数的污泥预处理设备非常坚固，可以应对较大颗粒的杂物（例如污泥消化池、带式脱水机等）；而有些则相对比较脆弱（离心机、热处理装置等）。

可选择的不同类型的预处理设施包括：a. 水力运行细格栅（无压力）；b. 螺旋压榨过滤设备（压榨过滤类型）；c. 在线粉碎机（很少使用）；d. 水力旋流器。

这些预处理装置所产生的废物和格栅产生的栅渣类似。

9.2.3 构筑物

9.2.3.1 预除砂池或杂物截留井

当满足以下条件时需考虑设置相应设施：a. 合流制或者混合制排水系统；b. 排水口没有沉砂池或者沉砂池维护不善；c. 浅斜坡排水口（主要由强降雨自清洗）。

（1）杂物截留井设计

通过检测一些原水中的砂砾含量后，推导出以下杂物截流井所需最小容积的计算公式：

$$V > C_b Q_p h n$$

式中　V——容积，m^3；

C_b——单位体积雨水的砂粒含量，m^3/m^3；

Q_p——雨水流量，m^3/h；

h——暴雨降雨历时，h；

n——充满截流井的降雨次数（暴雨）。

C_b 可取 $50 \times 10^{-6} m^3/m^3$。

杂物截流井的表面积必须满足至少 $800m^3/(m^2 \cdot h)$ 的表面负荷。然而过大的杂物截留井就会变成一个沉砂池。

（2）杂物和砂石的清掏

有两种解决途径：在杂物池上方设龙门架或者横梁，使用抓斗抓取，或者使用清洁车清理。

在第一种情况下，可以在杂物池中满水的时候操作。

在第二种情况下，最好设置两个池子交替使用。

（3）杂物截留井通风

由于截留井中会有挥发性或易发酵的物质，所以要考虑 H_2S 气体和臭气处理的问题。因此需要设置相应的通风设施和 H_2S 探测器。

9.2.3.2　旋流沉砂池

这类圆柱 - 圆锥形构筑物的直径为 3～8m，水深在 3～5m 之间。

砂砾沉淀在坡度较小的池底，然后在水力作用下汇集于中间沉砂斗，池底的扫洗速度保持恒定，一般大于 0.3m/s。旋流沉砂池通过以下三种方式达到所需的沉砂效果：

① 通过沿切线方向进水产生的涡流效应使水流呈旋转状态。

② 通过一个立式叶片式搅拌器使水流保持旋转状态。无论流量大小，该装置可以保持大约 10～20W/m^3 的单位输出功率，因此可以确保系统的液位基本保持恒定。

③ 通过布置在中央导流筒内的曝气器进行曝气，使水流产生竖向旋流。这种方式也使系统液位基本保持不变。

沉砂斗中的砂砾通过泵或气提装置排至重力脱水或者机械脱水装置进行处理。

9.2.3.3　矩形曝气沉砂池

这类构筑物宽度介于 4m（单格）到 8m（双格）之间，水深近 4m，最长可达 30m，其处理量较大（双格单池可达 15000m^3/h）。池底的结构需要根据不同的砂砾收集系统来设计。

原水通过浸没式过水孔从构筑物的一端进入沉砂池，从另一端排出。通常设置出水堰以维持池内的液位高度。

在构筑物内沿其长度方向均设有曝气装置，如 Vibrair，曝气强度为 15～30W/m^3。在运行中沉砂池内的液位基本保持恒定。注入的空气产生旋流，通过湍流效应促进附着在砂砾上的有机物质与其分离，从而实现悬浮物（包括固化油脂）的部分去除。

砂砾可以通过下列方式自动排出：

① 使用一组周期运行的气提装置（自底部储砂斗中抽出）；

② 利用刮泥装置将砂砾刮至构筑物末端的集砂坑，再通过泵或者固定的气提装置对砂砾进行回收；

③ 通过安装在移动桥上的抽吸泵或气提泵，将砂砾和水提升至两侧的排放槽内（图 9-12）。

图 9-12　矩形曝气沉砂池

9.2.3.4　冶金除砂器

根据进水液位的不同，可采用下列两种除砂工艺。

（1）**切向分离器**（图 9-13）

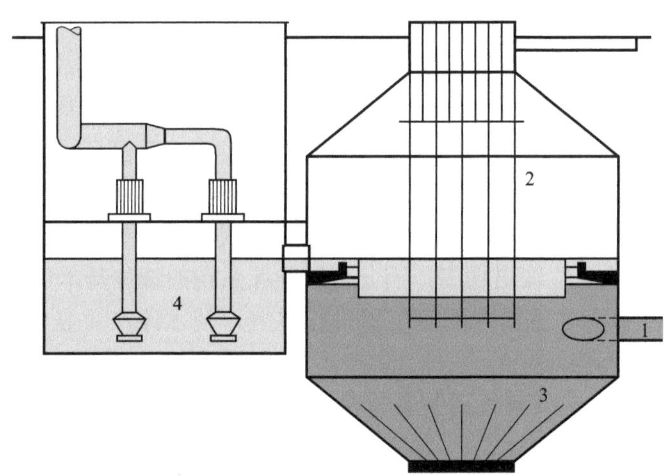

图 9-13 “冶金”切向分离器

1—进水口；2—抓斗导轨；3—底部保护装置；4—处理水收集池

因为离心作用输入的能量较低，所以经常被误称为水力旋流器。这些装置常应用在污水进水管道埋深很大，甚至深达地面以下 10m 的情况，多出现在轧钢厂和连续铸造工业中。这些圆柱 - 圆锥形的构筑物通常有两个作用：a. 通过竖流沉淀分离离散的颗粒；b. 通过浮渣挡板去除表面油脂。

采用抓斗收集沉淀物。

得利满在沉淀池或过滤器的上游设置一些直径在 4～32m 之间的分离器，它们的分离精度可达 120μm（见第 25 章 25.8.1.4 节）。

（2）**分级除砂器**

应用于轧钢厂废水处理时，这种处理装置仅能去除粒径大于 200～250μm 的砂砾，一般设于浓缩沉淀池的上游以保护污泥泵和脱水装置。

得利满设计建造的分级除砂器直径一般为 5～12m，水深较浅，通常采用架空管道，并形成一个快速沉降的圆柱形区域。一个中心驱动的旋转刮板将砂砾推进收集坑内。采用螺旋输送器或往复式清渣耙清除收集坑内的沉渣（图 9-14）。

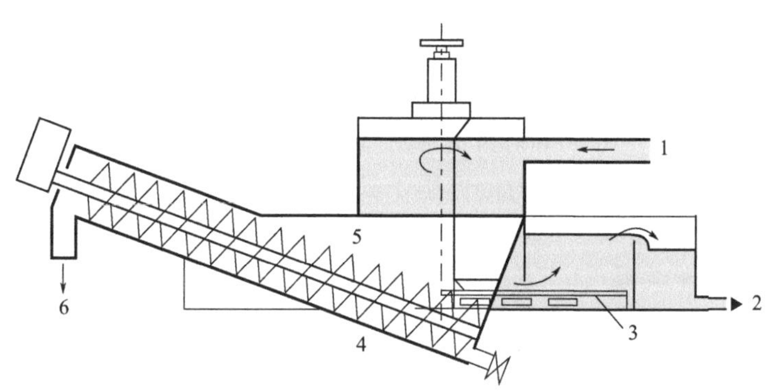

图 9-14　轧钢厂分级除砂器

1—进水口；2—出水口；3—刮臂；4—周边污泥斗；5—污泥输送螺旋；6—固体出口

9.2.4　水力旋流器

水力旋流器是利用离心力加速颗粒沉降和分离的水力分级设备。原水以切向进入圆柱 - 圆锥形的水力旋流器，并在离心力的作用下使之保持旋转直至从轴向溢流口排出（图 9-15）。

浓缩污泥通过底部排污口排出。在较小的处理单元中，离心加速度可以达到 600g（g=9.81m/s^2），进水压力在 0.5～2bar 之间。分离特性参数——分割粒径 d_{50} 表示分离率为 50% 时的颗粒直径，单位一般用 μm 表示，其常被误称为分离能力。

水力旋流器主要包括以下几个参数：壳体直径 D，长度 L/ 直径 D 的比值，进水口直径 e 和出水口直径 s 以及锥端角度 α。

现已有不同的关系式来描述旋流器的特性。根据 Rietema 提出的理论，旋流器的分割粒径主要取决于其几何形状，可以由以下关系式来确定：

$$Cy_{50} = \frac{d_{50}^2 \Delta\rho}{\mu\rho} \times \frac{L\Delta p}{q} = 常数$$

由此，得：

$$d_{50} = \sqrt{\frac{Cy_{50}\mu\rho q}{L\Delta p \Delta\rho}}$$

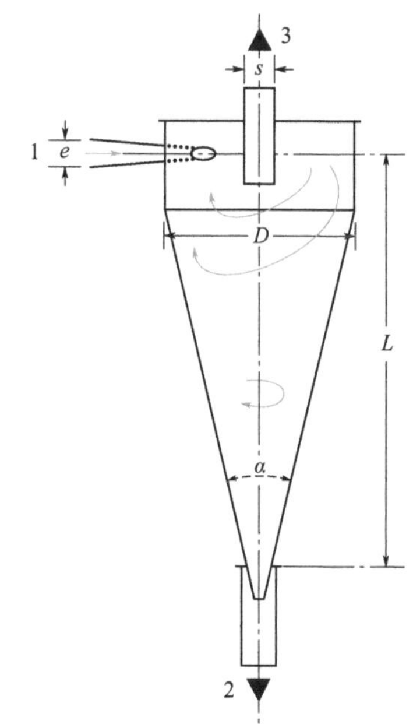

图 9-15　水力旋流器

1—进水口；2—底流（砂）；3—溢流（出口）

式中　ρ——水的密度；

$\Delta\rho$——水和颗粒的密度差；

Δp——设备中的压力差；

μ——动力黏度；

q——设备输出流量；

Cy_{50}——水力旋流器的特性系数。

通过实验，可测得基于一定流量的压差变化 Δp。

在应用中通常有两种不同的设备：

（1）**单通道水力旋流器**

这种设备的直径在 150～800mm 之间，过流能力为 20～250m³/h，分割粒径 d_{50} 为 50～80μm。它有一定的抗磨损能力，可用于处理低浓度污泥，如浓度过高则其分离效果急剧下降。

（2）**多通道水力旋流器**

在处理更大流量和低浊度水除砂时，可以选用小直径水力旋流器。通常数个并联组装成一组，其 d_{50} 可低至 10μm。这些处理单元的直径只有几厘米，其材质通常为耐磨塑料，压降范围为 1～2bar。需要注意的是，这种设备的进水必须要经过一定程度的过滤处理。

9.3　清掏废物的处理：Arenis 工艺

9.3.1　污水管网清掏废物的特性

当污水流经排水系统时，城市污水或者雨水中的某些物质会沉降到底部，这些物质被称作清掏砂砾、下水道淤泥或清掏废物。这些沉积物可以看作是由生活垃圾或大块废物和有机质及砂砾组成的混合体，由于管网系统的差别其各组分的比例变化很大。

总体上说，可采用三种方法清掏管网：使用射流器负压抽吸，在大的主干管中用水冲洗和清理，在沉砂井中机械挖除。

这些砂砾的平均粒径大于水厂除砂装置截留的砂砾，其附着的有机质含量只有 20%，远低于水厂预处理砂砾 60% 的有机质含量。

这些废物的矿物质核心，也就是砂砾，主要来源于道路路面的损坏、各种建设工地、冬季路面撒砂防滑及土壤侵蚀。这些砂砾既与污泥不同，也与预处理单元所去除的砂砾有所区别。

平均每人每年产生约 10L（或 18kg）清掏废物中的砂砾。

9.3.2　最终处置法规

传统的填埋处置已经不再是一个处理管网清掏废物的合适方法（其含有大量有机物和水分）。因此如果条件允许，在进入填埋场之前要尽可能地进行清洗和脱水处理，当然回用是个更佳选择。在我国，管网疏浚或清掏废物一般进行填埋处置。

在法国，当这些废物符合表 9-4（摘自 1994 年 5 月 9 日的公告）中的要求或者砂砾的有机质含量符合 NF P 11-300 中的 F1 标准时，可以作为回填材料、路基基础等进行再利用。在这两种情况下，其有机物含量不得超过 5%，可溶物和重金属含量要极低。

表9-4　清掏废物中有机质含量的限值

项目		限值
燃烧残留物		< 5%
可溶成分		< 5%
潜在污染物	Hg	< 0.2mg/kg
	Pb	< 10mg/kg
	Cd	< 1mg/kg
	As	< 2mg/kg
	Cr（Ⅵ）	< 1.5mg/kg
	SO_4^{2-}	< 10000mg/kg
	TOC	< 1500mg/kg

9.3.3　处理清掏废物

当罐车将清掏废物倒入接收池后，其清洗用水也排入该池，所形成的液体和浆状物质通过重力或抓斗送入分离装置。

砂砾中的大块废物被旋转筛截留去除，并可以像栅渣处理一样，经脱水处理后送至生活垃圾处理系统。没被旋转筛拦截的废水混合物主要由水、砂砾、矿物质和有机质组成。这些混合物通过水力旋流器来处理，然后使用脱水装置脱水，或者更简单地直接用砂水分离器处理。这样就得到了清洗后的砂砾以及含有有机质和矿物质的污水，这些污水可以重新回到污水厂入口。

这个系统可以保证清洗后砂砾的有机质含量低于 10%。如果设置二级水力旋流器则可以保证有机质含量降至 5% 以下。建议将这些砂砾露天储存，这样可以让有机质自然降解，一般两个月后可以从 5% 降至 2%，而砂砾也会恢复成砂子的正常颜色。建议的最少存放时间为 1～2 个月。

推荐砂砾存储区采用不透水的混凝土底板，并设有沟渠收集滴液和浸出液，从而避免和土壤的直接接触。浸出液可以返回污水处理厂进行处理。

9.3.4　处理系统

得利满开发出两种成本、处理效果俱佳的系统，每天运行约 8 个批次（日处理能力约为 5t 泥浆），并可处理污水厂沉砂池排出的砂砾。

9.3.4.1　Arenis 小流量系统

Arenis 小流量系统（图 9-16）包括：a. 一个抓斗；b. 一个旋转筛；c. 一个洗砂器。

采用超安全标准设计，砂砾清洗在旋转筛中完成，因此在不设水力旋流器的情况下仍可以保证有机质含量 <5%。存储的时间需要至少 1 个月。

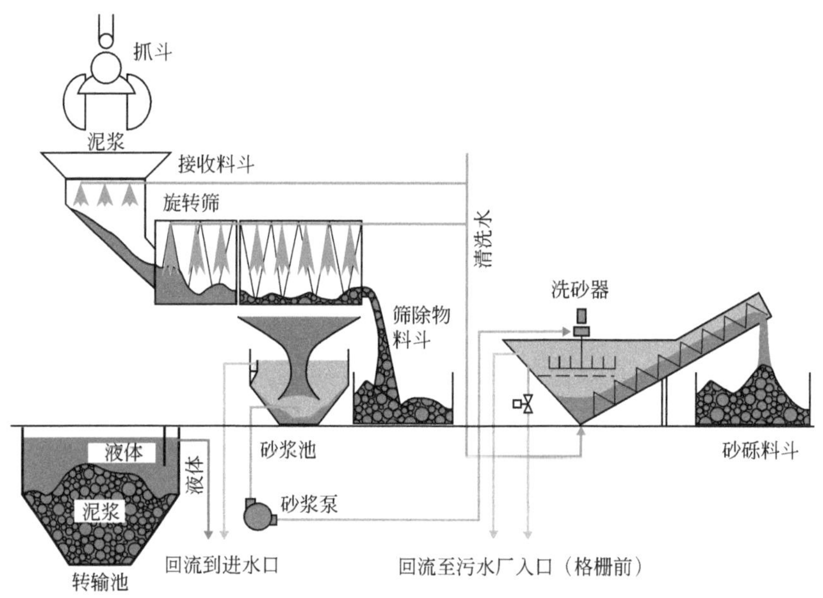

图 9-16 Arenis 小流量系统

9.3.4.2 Arenis 大流量系统

Arenis 大流量系统组成（图 9-17）包括：a.1 个抓斗；b.1 个旋转筛；c.2 个水力分离器；d. 2 个水力旋流器；e. 1 个沉砂槽；f. 1 个振动脱水单元；g. 1 个溢流旋转筛。

虽然该系统可以保证将处理后砂砾的有机质含量降至 3%，但还是建议存放一定时间以使料堆变干。

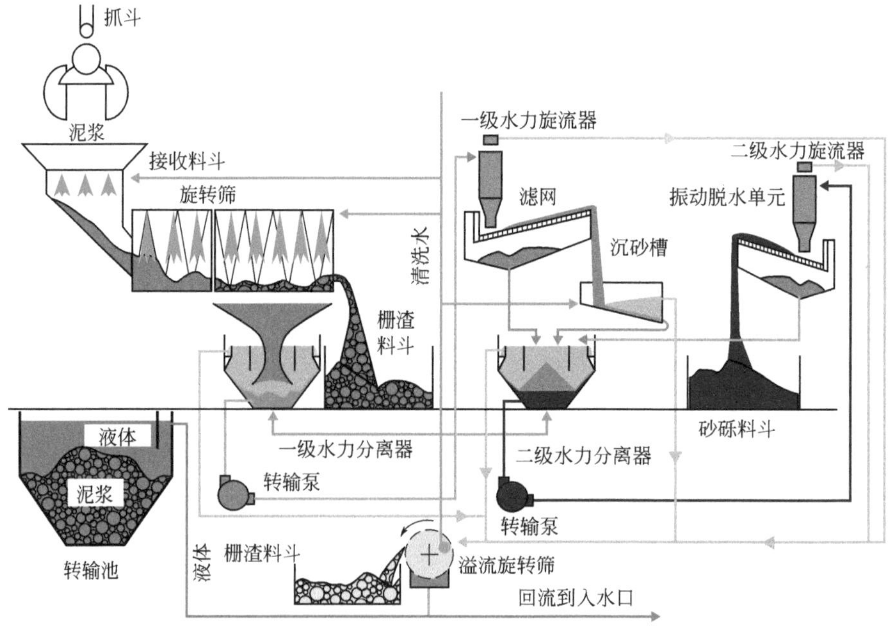

图 9-17 Arenis 大流量系统

9.4 除油和除脂

9.4.1 待去除的物质

除油除脂可通过用于去除密度略小于水的物质的工艺实现。当池体足够大时，可以采用自然浮选或者辅助浮选的方法（见第 3 章 3.4.1.1 节）。

脂类是一种悬浮物（在足够低的温度条件下凝固），主要来源于动物（或植物）。其主要存在于城市污水和某些工业废水（农业及食品工业）中，少量存在于雨水池和坑塘等处。它主要的存在形式是自由颗粒或者与其他悬浮固体相结合（因此必须使用气浮以达到分离的目的）。实际上，经常可以在某些悬浮物质，如各种植物（纤维）或者动物（屠宰场）废弃物、弹性物质和塑料等中发现脂类的存在。

除脂需在尽可能除去脂类的同时，尽可能减少沉淀底泥的发酵。由于采样和分析的困难，通常难以确定系统对脂类的去除效率。

人们常用油来指代不溶于水的液体。这类物质包括植物油、矿物油，甚至轻质的烃类化合物。除油这一术语主要是和去除工业废水中大量存在的油类有关，尤其是与石油工业相关（一般在城市污水中很少见，因为油类被禁止排入下水道）。

9.4.2 除脂装置

9.4.2.1 应用范围

（1）城市污水排入下水道之前的除脂

建议在排污源头进行预处理，这也经常是对小型工商业排水用户（餐馆、社区企业等）的强制要求。标准的油脂分离器（或油脂隔离器）已实现批量生产，其流量为 20～30L/s，停留时间为 3～5min，上升速度约为 15m/h。

运行得当的除脂器能够截留大约 80% 的凝固型脂肪物质，定期清理对除脂器的运行至关重要，并且水温要控制在 30℃以下。虽然除脂器设计考虑了避免较重颗粒的沉积，但仍有必要在其上游设置一个接触时间为 1～3min 并易于清理大块杂物的沉淀池。

（2）污水厂的预处理除脂

初级沉淀池可以用于分离漂浮在水面的油脂，但油脂量较大时会产生收集和维护等方面的问题。

对于生活污水处理，当不设初沉池时，去除油脂变得十分必要。经过相应的设计计算（大概 15min 的接触时间），可以将除脂和除砂功能有效集成，以去除附着在砂砾上的有机质。

对于含有大量脂类的农业食品废水（主要是屠宰场、肉食类工厂），则宜设分建的除脂池。上升流速按有效面积计算为 10～20m/h。除脂池一般设置在农业食品废水排入污水管网之前，以防止排水系统中沉积过多的油脂，也可用作某些特定工业废水处理厂的初级处理工艺。

这些构筑物并非用于可在初沉阶段去除的油类和烃类物质的处理。

9.4.2.2 圆形除脂沉砂池

图 9-18 圆形除脂沉砂池（见撇渣系统）

这些圆柱-圆锥形的构筑物直径为3～8m，中心水深可达3～5m，配有Aéroflot型水下立式曝气搅拌装置（图9-18）。

曝气搅拌器在水下2m左右设有一个移动式潜水离心泵，单位输出功率为15～30W/m^3，有以下作用：

① 在构筑物的下部产生旋流，使砂砾可以沿45°底坡滑落。

② 产生一个剧烈湍流区域，促进脂类从附着物上分离。

③ 通过一根空气管抽吸一定量的空气并释放至水中，产生细小分散的气泡。它们黏附在疏水性的油脂颗粒上并助其浮至水面。

在这个构筑物中，水沿切线方向进入水下围绕曝气搅拌器设置的圆形导流筒，然后从圆形导流筒下侧流出。

砂砾的收集参见本章9.2.3.2节。

漂浮在水面的脂类被慢速撇渣器收集，并被推送至高出水面的排放堰后排至收集槽。收集的脂类经重力排放到储存斗或提升泵（气提泵），然后输送至特定的脂类处理单元（见本章9.5.2节Biomaster）。

9.4.2.3 矩形除脂沉砂池

这种处理装置和本章9.2.3.3节中描述的矩形除砂装置的尺寸完全相同，其处理量可达5000m^3/h（图9-19，图9-20）。

该构筑物的截面结构特点非常适合于横向卷扫流动，而底部斜坡的设置则有利于在构筑物的底部收集砂砾（螺旋流）。水从进水端进入沉砂池，从出水端流出。通常情况下会设置一个出水堰来维持池内的液位。

图 9-19 矩形除脂沉砂池

1—曝气区，形成脂类层的阶段；2—平流区，脂类聚集形成浮渣并被收集的阶段；3—行走桥，撇除油脂以及排出砂砾

这种构筑物的纵向流速较低，通常情况下设置集成有搅拌和曝气两种功能的系统来产生旋转横向流。该横向流与进水流量无关，从而使该构筑物可以承受较大的纵向流速波动，即使纵向流速很低也不会有任何问题：

① 如果需要，可以在进水端设计预除砂区域（长度可达整个构筑物的三分之一）。预除砂区配置搅拌功率为20～30W/m^{3}的曝气设备，如Vibrair。注入的空气会保持一定的横向循环速度，而其产生的湍流效应能很好地促进砂砾颗粒上有机物的脱离，还能防止大颗粒砂砾在进口段的过量沉积（和本章9.2.3.3节中介绍的除砂装置相同）。

② 构筑物的其他区域用于去除脂类和细小砂粒，配有一系列并排布置的曝气机，产生慢速的旋流并使脂类漂浮到水面。和本章9.2.3.3节中描述的一样，沉积的砂砾通过带有撇渣和抽吸泵（或气提泵）的刮泥机排出。漂浮在水面的脂类被撇渣器输送至构筑物的末端，再根据程序设定自动排出：

a. 可推送到出水堰的斜坡上，再收集到浮渣槽或移动料斗或者被泵排出。

b. 也可通过由程序自动控制的堰板排放，水力输送到下一个分离单元（见本章9.5节）。

9.4.2.4 入水口配有曝气装置的矩形除脂沉砂池

当水中大颗粒砂砾含量较少时，曝气除脂沉砂池可调整为只在进水口处设置一个或两个曝气混合装置（图9-20）。这种设备配有一台立式安装的水下推进器，在推进器的下方安装有空气扩散器，向水中注入气量可调的加压空气。这种曝气搅拌装置常用于大流量处理单元，能达到与潜水曝气机相同的处理效果，并可将搅拌功能与曝气功能分开。

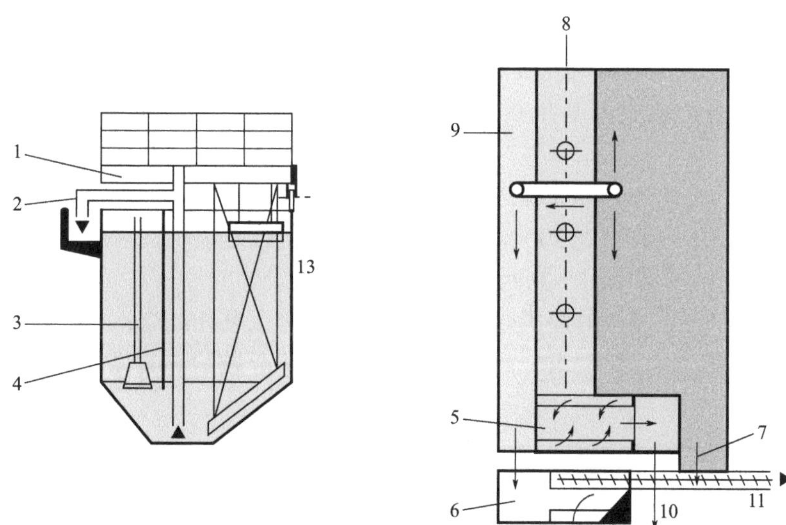

图9-20 配置水下机械曝气机的矩形除脂沉砂池的原理图

1—工作桥、走道及刮板；2—气提除砂装置；3—机械曝气机；4—浮渣挡板；5—出水装置；6—砂砾或油脂出口；7—油脂排放装置；8—格栅处理后原水；9—砂砾收集槽；10—出水口；11—油脂和砂砾出口；12—溢流口；13—刮板

9.4.2.5 除脂装置的效率

脂类包括三种含碳化合物：脂肪酸、简单脂质及复杂脂质。污水中脂类的含量可采用多种萃取方法来测定，其中最准确的应该是使用己烷（HES）和甲醇萃取的方法。城

市污水中的脂类含量为每人每天 15～20g（以 HES 计）。脂类密度大约为 0.9g/cm^3。脂类去除装置的效率为总油脂（以 HES 计）的 5%～15%。经过浮选处理后油脂的浓度在 13～100g/L 之间，以 COD 计则为 40～300g/L。

虽然除脂器的去除效率以 HES 计或许低得难以置信，但需要提醒的是：

① 这种不投加药剂只通过粗气泡浮选的系统，只能收集固化的 HES 聚集形成的大絮体（>50μm），所以脂类只占 HES 总量中很少的一部分；

② 其他以细小乳状液或可溶性形态存在的油脂对生化处理系统的运行没有影响。事实上，在曝气池中，只有前面描述的脂类会漂浮在表面并形成浮渣，进而形成可供诺卡氏菌等丝状菌生长的“巢穴 ”。

9.4.3 除油装置

9.4.3.1 应用范围

除油装置一般应用于两种工业废水的处理：

① 传统的涉油行业（石油生产和精炼、食物油压榨、冷轧机、机场）；

② 通常含油量较少但偶有较多油污的废水（从炼油厂、燃油动力发电厂或者热轧钢厂流出的雨水）。

烃类化合物会出现在以下的油类中：

① 自由态存在；

② 微小但不稳定，且在一定程度上会被悬浮物吸收的机械乳状液状态存在；

③ 较为少见，直接以化学乳状液状态存在（比如水基切削液）。

重力除油只适用于前两种情况，其主要取决于：

① 通常情况下，油的密度在 0.7～0.95g/cm^3 之间，但某些重质烃的密度甚至会超过 1g/cm^3；

② 温度的上升会促进分离过程；

③ 油的动力黏度为数十到 200mPa • s，这对某些工艺是限制性参数。

不同污水的除油通常采用一到两级处理工艺：

① 初级除油和去除漂浮的烃类化合物，这可与除砂工艺相结合；

② 根据不同的除油目标要求，可以完全或部分去除分散的烃类化合物（表 9-5）。

表9-5 初级除油和除油装置

进水	初级除油器	粗除油器 （40～50mg/L 烃类化合物）	精除油器 （5～20mg/L 烃类化合物）
压力式	封闭式分离设备	水力旋流器	凝聚式过滤器 颗粒介质过滤器
重力式	API 型（矩形）		
	斜板式	机械浮选处理①	溶气浮选①
	圆形		

① 见第 3 章 3.4 节。

9.4.3.2　初级重力除油设备

初级重力除油设备一般不使用任何药剂，而其处理效率一般难以测定：

① 烃类化合物的密度和油滴的粒度分布以及相对于水的分离速率很难确定；

② 乳液的性质很难确定；

③ 上游采样几乎是不可能的。

这些处理单元一般用于去除大量的、无规律排放的含油污水和较大的油珠。

有以下三种类型的初级重力除油设备：

（1）平流隔油池（API）

平流隔油池根据美国石油协会的标准来设计（分离直径大于 150μm 的油珠），通常池宽为 1.8～6m，水深 0.6～2.4m。这种处理装置难以加盖密封（存在臭气泄漏风险），而且底部排泥较为困难。

（2）斜板隔油池

斜板隔油池由塑料平板或波形板集成安装，板间距在 4cm 左右，可以将接触时间从几小时缩短至 60min 以下，甚至能达到 30min。这类处理装置一般所需维护量更大，因此更加适于处理水温相对较高（避免凝固）和悬浮固体含量较低（否则需昂贵的底部刮泥设备）的水。

这种装置采用模块化构造，当处理水量较大时需要设置很多处理模块（每个模块的处理能力为 15～30m³/h）和相应的配水系统，因此加盖和排油较为困难。

（3）圆形隔油池

在圆形隔油池中，分离发生在两个连通的腔室（图 9-21）：第一个是加盖封闭的，从而避免轻质挥发性物质的泄漏；第二个可进行底部刮泥和表面撇渣。

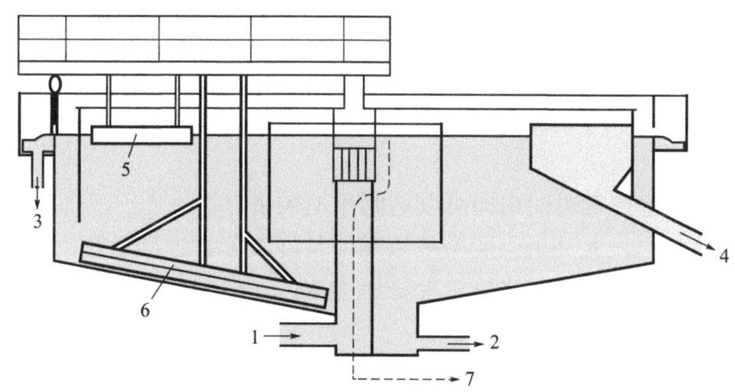

图 9-21　得利满圆形隔油池示意图

1—原水进口；2—污泥出口；3—处理水出口；4—浓缩油出口；5—表面撇渣器；6—底部刮泥机；7—轻质油排放

9.4.4　池内撇油撇渣装置

静止水面的油层和漂浮物质可以使用无净化作用的撇渣装置来收集，常用的有四种类型。

（1）可调节方向的水槽和堰

有固定或浮动（如液位变化）两种方式，较为简单，但还需配置用于撇油的辅助设备，撇出的油中含有大量的水。

（2）带式或转鼓集油器

这类装置利用了油易黏附到疏水性物质表面这一原理，其优点是排出的油中含水量很低。带式装置可以适应大的液位波动。在液面面积很大的情况下，它们需和表面撇油器联合使用。

（3）固定机械撇油器

由移动泵产生的水流将油层经一段较长距离后汇集到收集区，这种系统回收的油中含有大量的水。

（4）涡流撇油

有固定和浮动（最常用）两种方式，油被汇集到装置中心然后排出，因此排出的水量很少。

9.5 特殊脂类的处理

9.5.1 处理对象

主要处理对象是污水处理厂油脂去除装置排放的脂类。当然也可以处理外来的脂类，例如餐厅和食堂的油脂。

9.5.2 Biomaster原理

9.5.2.1 处理方法

Biomaster 是一种好氧生物降解技术，特别适用于处理典型甘油三酯 COD 含量为 50～300g/L 的脂类废物。这些脂类通过与一种经过筛选能专门分解脂类中碳源基质的纯化生物接触进行处理。

这个降解过程分为两个连续的阶段：a. 脂类水解形成脂肪酸和甘油；b. 脂肪酸水解成 H_2O 和 CO_2。

一般在三个星期的接触时间内即可以达到预期效果。

这是一个放热过程，尤其是当脂类被浓缩而且好氧分解过程运行正常后，温度会有明显上升。因此在设计阶段要采取措施以保证脂类浓度在控制范围内，可以加水来保证温度处于常温范围（低于 42℃）。

投加药剂，如氮磷营养盐（磷酸氢二铵）可以保证微生物的生长处于稳定状态。石灰 $Ca(OH)_2$ 或者其他含钙物质可以用作消泡剂。

由于污染物基质浓度较高，不需要设置沉淀池或将活性污泥循环至 Biomaster 曝气装置中，因为污泥产量比 Biomaster 曝气装置中需要的生物质要多。因此污泥和处理后的水可以从 Biomaster 池溢流到处理厂的曝气池中。

图 9-22 展示了完整的系统配置，其中包括接收外来油脂的中转池。

9.5.2.2 优点

这种处理方法的主要优点有：

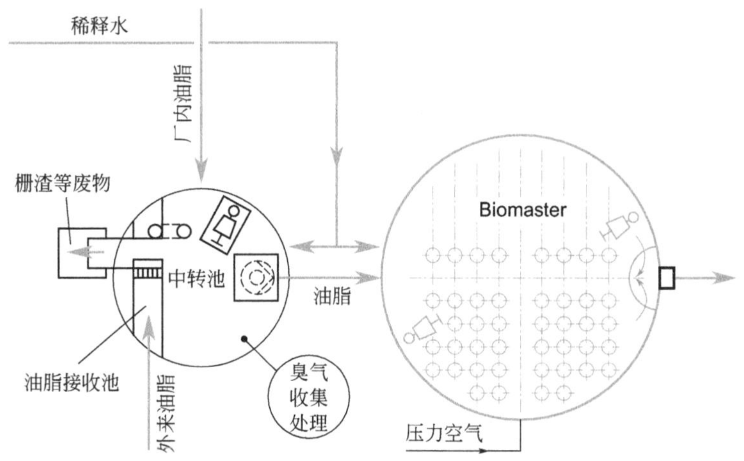

图 9-22　包括外来油脂中转池的 Biomaster 系统配置图

① 紧凑的独立系统可以很容易地进行自动化操控，而且可以处理外来的脂类；

② 可以降低进入污水处理厂的有机负荷；

③ 节约将脂类废物运输到填埋场和焚烧厂的费用；

④ 维护工作量很少；

⑤ 除了中转池外基本不产生臭气；

⑥ 有利于污水厂的正常运行，因为处理单元排出的污泥会加速未被除脂器拦截的脂类的降解，并且可以限制如诺卡氏菌等丝状菌的生长。

9.5.3　处理效果

表 9-6 展示了不同处理单元的处理效果，但这很难担保，这是因为：

① 进水口处脂类取样的代表性和准确性存在问题；

② 有时加注稀释水（为了保证合适的温度）；

③ 出口处净化水和剩余生物污泥混合物的含量难以测定。

表9-6　Biomaster出口的去除率

水样	HES	COD
出口原样①	≥ 80%	≥ 60%
静沉 2h 或离心处理后水样②	≥ 98%	≥ 96%

① 有剩余生物污泥时的去除率；② 无剩余生物污泥时的去除率。

9.5.4　其他处理方法

9.5.4.1　厌氧消化

英美国家常将脂类送往厌氧消化池进行处理。需将脂类或者全部废水通过孔眼尺寸为 6mm 的滤网进行预处理。当油脂和污泥充分混合后，油脂的沼气发酵可以达到很好的效果。这种方法容易使消化池的表面结壳，而得利满开发的沼气搅拌系统可防止结壳现象的发生。

9.5.4.2 堆肥

这种方法要通过将油脂（之前要将含水率降至最低）和某些物质（木屑、刨花、稻草等）进行混合来实现，这是为了保证工艺气体能在油脂间通过。这种方法需要很长的接触时间（7 个月）和很大的占地面积。此外，这种方法存在臭气、浸出液等问题，堆肥产品的质量通常也比较差。

9.5.4.3 焚烧

这种方法利用油脂热值高的特性来处理油脂。

此种方式的优点是可以把油脂转换成惰性残余物。这种技术仅限用于建有污泥焚烧炉的大型污水处理厂，也有少数与生活垃圾协同焚烧的案例。

第10章 絮凝—沉淀—浮选单元

10.1 加药混合搅拌器

水的初级混凝效果越好，其絮凝反应的质量就越高（见第3章3.1.1.3节）。因此，在混凝区药剂必须在极短时间内以很高的速度梯度在水中扩散。对于不同的处理技术，药液与水的接触时间从几秒钟到几分钟不等。可以独立对水进行混凝处理的反应器称为混凝反应器。

对于常规的水处理厂，在处理水温较高且易混凝的水时，将药剂直接投加至跌水中就可获得满意的混凝效果。但是通常来说，需要设置一个可控的机械混合阶段。

10.1.1 叶轮式快速搅拌器

混合池一般为圆形（钢质）或方形（混凝土结构）的池体，配有高速旋转的螺旋桨式搅拌机（如图10-1）。由于结构限制，在较大的池体中接触时间为1～3min不等。根据不同的应用条件，速度梯度的范围为200～1000s^{-1}。药剂投加至桨叶上方或下方的湍流度最高的区域，当桨叶的推流方向为下向流时，将药剂投加至桨叶上方的区域；上向流时，则投加至桨叶下方的区域。

在某些应用条件下，当速度梯度需要根据水温或污染物浓度进行调整时，搅拌器必须配备速度调节器。

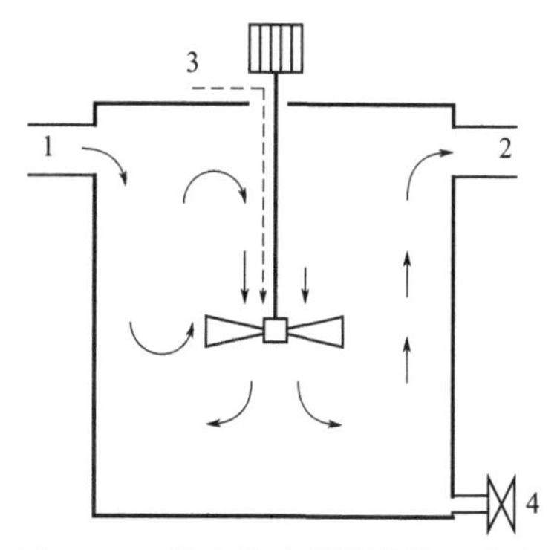

图10-1 带有快速搅拌器的混合池
1—进水；2—出水；3—药剂；4—排空

10.1.2 静态混合器

静态混合器是一种直接安装在管道或明渠中的设备。

10.1.2.1 管式静态混合器

安装在管道中的管式静态混合器能够产生非常高的速度梯度，一般为1000～30000s^{-1}，药液与水在其中的接触时间非常短，系统能耗即等于其水头损失。因此，当实际流速低于设计流速时混合器的性能就会大大下降。此外，混合的效果取决于这些反应单元的设计。

（1）带有注入管的简易混合器

该系统通常包括注入管和下游的膜片，用于投加易于混合的药剂。混合器直径在100～400mm范围内，水头损失至少为0.3m。混合需要的距离较长，一般需要50～100倍管道直径的距离来达到所需的混合效果。

（2）填料式混合器

该混合器用于投加无机药剂和聚合物等不易混合的药剂。填料通常由叶片、薄板或反向丝锥组成。水头损失为1～5m。填料式混合器适用于投加量只占原水流量0.01%的浓缩药剂。在混合器出口相当于管道直径2～6倍的距离处实现完全混合。

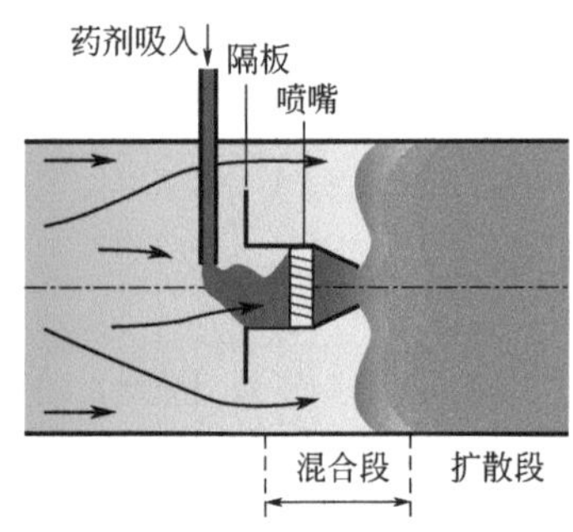

图 10-2 径向扩散混合器

（3）径向扩散混合器

本设备为水力径向扩散混合器，主要用于投加无机药剂、聚合物等。其由位于管道轴线位置的喷嘴和周边开孔的隔板组成，见图10-2。

混合器直径为100～400mm。根据不同的型号和应用，水头损失为0.2～5m。该设备适用于投加非常少量的药剂，投加量只占原水流量的0.0005%。混合作用发生在小于管道直径的长度上。

（4）旋流式（MSC）污泥混合器

这种旋流式混合设备是理想的污泥调质器，见图10-3。它包括接收污泥和药剂的圆筒形部分以及通过旋转进行充分混合的锥形部分。圆筒形部分还包括两个可调节的挡板。

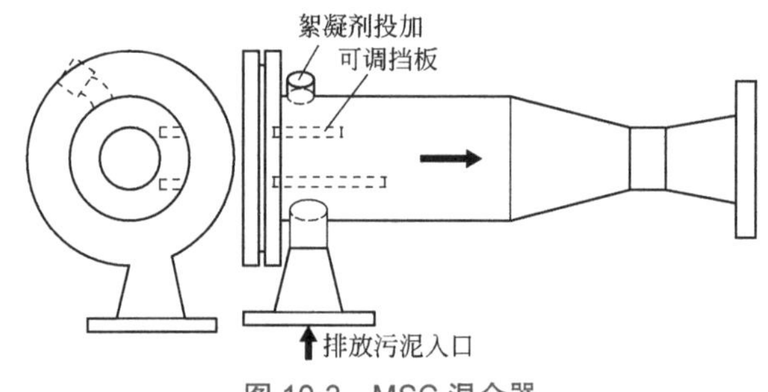

图 10-3 MSC 混合器

10.1.2.2 渠道静态混合器

当在渠道中进行混合时，会因水头损失较小而造成混合能量不足。为了避免这种情况，渠道静态混合器采用将稀释水加压的方式，稀释水的流量为原水流量的2%～10%。

通常来说，该设备属于穿孔管或管网类型，稀释水在进入设备之前与投加的药剂进行混合，从而提高药剂在出口的扩散速度。图10-4为该装置示意图。投加环路的水头损失为2～10m。这种混合装置适用于投加浓度高的药液，可在10～20s内与原水完全混合。

10.1.3 Turbactor混合器

Turbactor（图 10-5）是一个封闭的快速混合器，没有任何机械设备，可在压力条件下工作。它包括两个区域：a. 通过水力（喷射器）方式形成剧烈搅拌的区域；b. 消除短流并进行反应的接触区域。

Turbactor 可以配备 pH 和 rH 调节装置，从而使系统不仅能够用于混凝加药，还可进行中和、氧化还原（如解毒等）反应等。

对于这些应用，最短接触时间为 2min，速度梯度为 $600s^{-1}$。Turbactor 一般由塑料或防腐碳钢制成（图 10-6）。

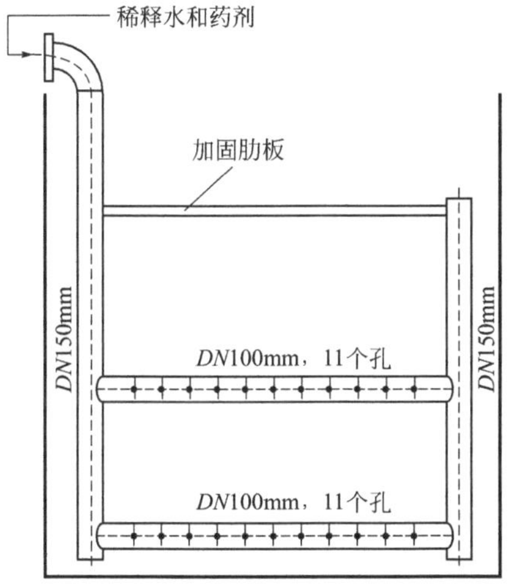

图 10-4　渠道静态混合器示意图（剖面）

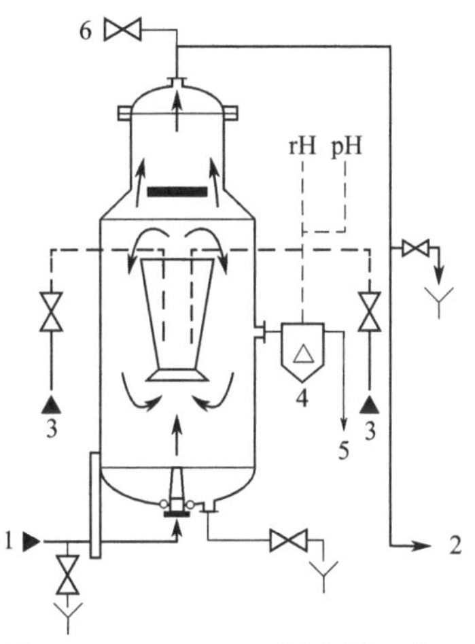

图 10-5　Turbactor 混合器示意图

1—原水进口；2—处理水出口；3—加药口；4—用于药剂流量调节的pH和rH测量单元；5—pH、rH测量回流水；6—排气口

图 10-6　Turbactor 混合器

10.2 絮凝反应器

独立进行絮凝反应且配有搅拌装置的反应器称为絮凝反应器。絮凝反应器的处理能力

和耗散能量取决于不同的流体性质或搅拌系统。

进入絮凝反应器的是已经过混凝处理的原水，其特性（见第 3 章 3.1 节）由速度梯度（G）、接触时间和设备与液体的局部极限速度来决定。需注意，此局部极限速度不能过高，以免产生导致絮体破碎的剪切力。

反应池、搅拌系统及辅助设备的设计，需要满足以下条件：

① 应尽量避免形成死区（例如在池体底部形成沉淀）；

② 应尽可能有效地在整个池体中（例如在圆形池体的周边设置挡板）分布能量；

③ 尽量避免进出水发生短流现象。

最后，非常重要的一点是，一旦絮体形成，需确保它在从絮凝区向沉淀区或浮选区转移的过程中不破碎，因此应根据所处理水的水质选取适当的流速。

例如，处理含有金属氢氧化物絮体的地表水时：a. 易碎絮体的流速为≤0.20m/s；b. 较为稳定絮体的流速为≤0.50m/s。

絮凝装置可分为两类：a. 配置有搅拌器的机械絮凝装置；b. 装有隔板的静态絮凝装置。

10.2.1 机械絮凝反应器

10.2.1.1 桨板式絮凝反应器

桨板式絮凝反应器适用于大型的絮凝反应池（具有较高的过流量），这种絮凝反应器常用于饮用水处理。

设备包括一系列径向布置的桨叶，按照相同的间隔安装在垂直或水平轴上（图 10-7）。设备安装有减速齿轮，可以选择配备速度调节器，采用链条驱动或直接驱动方式，后一种驱动方式可以避免腐蚀和链条维修等因素造成的影响。然而在使用水平轴桨板时，需考虑在池壁中预留防水套管，用于安装通过池壁的传动轴。

10.2.1.2 叶轮式絮凝反应器

叶轮式搅拌器包括一个垂直轴和由三个或四个叶片组成的涡轮，该设备可通过减速齿轮单元直接驱动，通常情况下需配备速度调节器。

本设备形式如图 10-8 所示。为了满足上述条件（速度梯度、局部极限速度），需要选择不同类型的叶轮和旋转速度。例如，用于金属氢氧化物絮体搅拌器，其外缘线速度应不超过 50cm/s。

图 10-7 桨板式絮凝反应器

图 10-8 Sabre 式叶轮式絮凝搅拌器

为了保持絮体的完整性，最好是选择轴向流大的流线型叶轮，可保持适当的边缘线速度，并在尽量小的局部紊流的情况下保持高的泵送量。

10.2.2　静态絮凝反应器

与机械絮凝相比，静态絮凝装置的应用范围更小一些。它的设计特点是水流方向在通过挡板时发生突然变化，从而形成“受阻”流态，此过程产生的水头损失提供了絮凝所需的能量，如图 10-9 所示。

图 10-9　带挡板的静态絮凝反应器 [Lake Deforest 水厂（美国纽约）]

该能量取决于廊道中的过流速度，因此对于流量变化范围大的系统，这一点必须予以特别注意。

同样，这些静态絮凝装置只能用于处理悬浮物含量较低的水（否则絮体可能会在反应器内沉积）。

10.2.3　絮凝反应器的应用

为了提高絮体的质量，在一定的絮凝时间内，可以使用串联的 2 个甚至 3 个絮凝反应器。这种布置可用于：

① 调整速度梯度（G 值从一个反应器至另一个反应器逐渐减小）；

② 采用机械絮凝反应器时，可分批注入药剂或分点按不同的流量注入不同的药剂；

③ 控制池体的深度。

优化设计举例：机械絮凝和水力絮凝相结合的絮凝池（图 10-10）。

在这种情况下，机械絮凝装置是一种高能量的反应器，用于形成小而致密的絮体，水力絮凝是用于增大絮体尺寸的高流量反应器。该系统是得利满最先进的絮凝反应器，特别适用于高密度沉淀池（Densadeg），具有最佳的絮凝效果。这是因为：

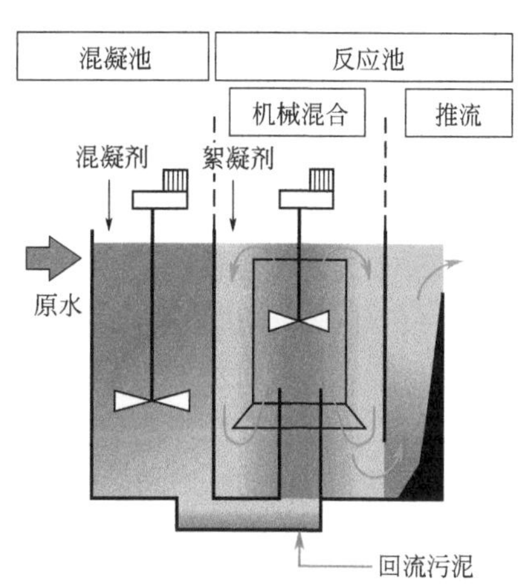

图 10-10　机械絮凝和水力絮凝相结合的絮凝池

① 污泥浓度高，且污泥回流量可调。

② 在第一反应器中，絮凝搅拌器安装于封闭的导流筒内，从而确保了水、污泥与药剂（注入搅拌器下方）的良好均匀的混合，以及有效的底部清扫。

③ 该絮凝搅拌器的旋转速度较高（比正常的絮凝搅拌器高2～3倍），高速搅拌形成的剪切力使得絮体变为细小片状，然后注入絮凝剂（聚合物），这些细小的絮状物立即重新絮凝，然后形成密实的絮体，使得该系统具有高沉降比，并获得更高的污泥浓度。

④ 通过两个串联运行的反应器，减少了短流的情况。

⑤ 最后发生的水力絮凝（实际上是串联的两个单元，流动方向为先向下然后向上，速度梯度逐渐减小），可以产生中等大小的致密且均匀的絮体。

10.3 沉淀池

影响沉淀池固液分离效率的因素在第3章3.3节中已有所阐述，而针对二沉池（活性污泥系统的沉淀池）在第4章4.2.1节中介绍了其基于活性污泥性质的固液分离特性，而本章10.3.6节则给出了得利满常用的取值范围。用于污泥浓缩的沉淀池的介绍见第18章18.2节，本章10.3.8节简要介绍了一般沉淀池通用的排泥设施。

10.3.1 静态沉淀池

通常来讲，静态一词代表沉淀池没有污泥循环或悬浮污泥层，虽然其沉淀作用也受到动态过程的影响（连续而非间歇式运行）。

至于池体是否配备刮泥机，主要由进水流量、原水中悬浮物的含量及性质、需要去除的污染物的量以及池底坡度决定。

静态沉淀池常用于以下几种情况：

（1）河水

① 对于浊度非常高的水，如在主接触澄清池前设置预沉池，通常在具有高速度梯度的混凝区后投加阳离子聚合物（使用这类药剂需得到批准），或根据原水悬浮物含量投加阴离子聚合物［见第22章22.1.4.3节中的（1)］，并选择适合的刮泥机类型；

② 在工业化程度较低的一些国家，当土建费用较低且其他种类沉淀池设备费用较高时，在一些小型常规水处理厂可以选用静态沉淀池作为混凝絮凝之后的主澄清工艺。

（2）污水

① 作为初沉池广泛应用于各种规模的未经或经过物理-化学处理的城市污水，以及小流量（低于500m³/h）的工业废水处理（例如甜菜洗涤水、矿业废水、钢厂废水等)；

② 作为二级沉淀池，在此也被称作沉淀池（见本章10.3.6节）。

絮凝沉淀通常允许的哈真速度为0.5～2m/h，如为颗粒沉淀（如轧钢厂沉淀物）或者用于预沉时，速度可更高一些。

10.3.1.1 无刮泥机的简易沉淀池

（1）竖流式筒锥形沉淀池

此类沉淀池的水流几乎呈竖直流动且处理能力较低，最大约为20m³/h，常见于工业废水的物化处理，特别是沉淀物量小但密度大的废水。根据污泥的性质，此类沉淀池的底部圆锥部分的斜度应在 45°～65°之间，因此限制了池体的直径最大为 6～7m。

（2）平流式矩形静态沉淀池

此类沉淀池仅用作预沉池，通常需要停运并放空后通过抓斗或高压水流来排除泥渣。考虑到停运以及人力成本，通常仅用于小型处理厂。

10.3.1.2　机械刮泥静态沉淀池

当沉淀表面积超过 30～40m² 时需采用机械设备刮泥，以保证在池底坡度较小的情况下排泥仍然顺畅。因此这种沉淀池可具有较大的面积、较小的池深和较小的池底坡度（当处理轻质污泥时可减小至 2%），可大大降低土建费用。

机械刮泥系统包含一个或多个悬挂于工作桥下面的刮泥板，用于排出池底污泥，见图 10-11。矩形沉淀池的刮泥机为纵向往复运动，圆形沉淀池的刮泥机围绕中心枢轴旋转运动。

图 10-11　圆形沉淀池与工作桥［见本章 10.3.6.2 节中的 (1)］

刮泥系统将污泥推入一个或多个泥斗中，随后被排放出去。借助于污泥浓缩斗可以使污泥进一步浓缩。通常设置自动排泥系统将污泥快速排出，排泥周期需根据合适的停留时间来确定（考虑避免发生污泥固化或厌氧发酵等情形）。

（1）圆形（辐流式）沉淀池

由于污泥去除量不同，刮泥系统的设计不甚相同。例如底部刮泥可采用单个刮泥板或呈百叶窗式排列的多个刮泥板，或刮泥机径向有、无悬挂以及不同的直径尺寸等。此外，刮泥机还分为中心驱动（图 10-12）和周边驱动（图 10-13）两种驱动形式。

此类沉淀池多用于城市污水的初沉，在得利满产品系列中最常见的圆形沉淀池包括以下两种类型：FA 沉淀池（直径 5～24m）和 P2R 沉淀池（直径 26～40m）。这两类沉淀池的刮泥机均采用周边驱动方式，装有减速机的驱动装置沿池壁上沿做圆周运动，带动刮泥板进行刮泥（见图 10-14）。其推荐的沉降速度为 1.5～2m/h，最大不超过 4m/h。实际上在初沉段无需追求最大的颗粒 BOD 去除率，因为后续的硝化 - 反硝化反应的正常进行需要适量 BOD。刮泥机的周边运行速度一般为 4cm/s。必要时可配备红外线灯用于运行轨道的除冰。

图 10-12　驱动头位于混凝土池体中心的初沉池

图 10-13　初沉池系列——Gaziantep 水厂（土耳其）(处理量 200000m^3/d)

图 10-14　P 型沉淀池——带有减速机的周边驱动装置

当处理地表水时，周边驱动的圆形沉淀池可设置中央絮凝区域（在处理高负荷进水时这部分也可配备刮泥装置）并配置竖向隔墙（见图 10-15）。由于这种集成絮凝单元有着良好的水力条件及结构紧凑的特点，有时也被称作絮凝澄清池。

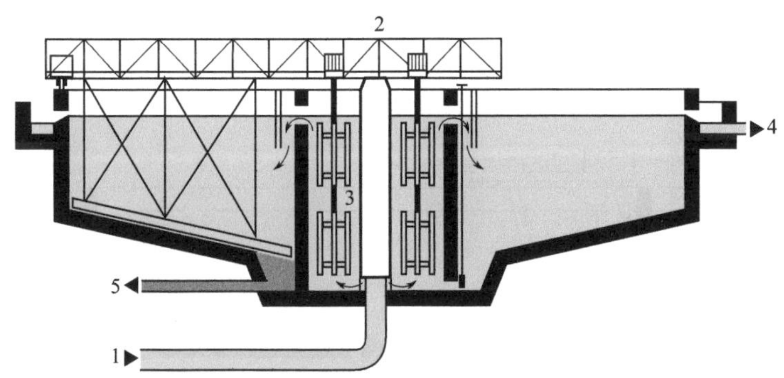

图 10-15　带有絮凝区的静态沉淀池

1—原水进口；2—工作桥；3—絮凝区；4—澄清水出口；5—污泥排放

当沉淀池较大（直径大于 40m）或处理高浊水时（例如预沉），也可选择中心驱动方式，此时带有减速齿轮的驱动头（见图 10-16）安装在沉淀池的中心。

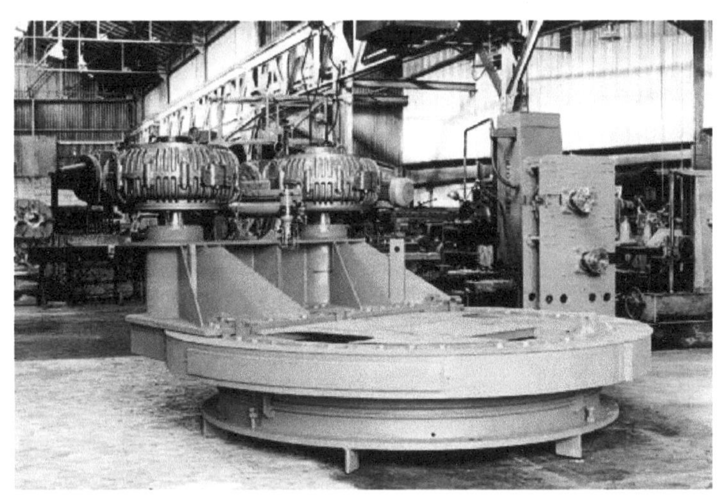

图 10-16　中心驱动头

（2）**矩形沉淀池**

矩形沉淀池的应用较少。当需要数座沉淀池时，和圆形沉淀池相比，其布局更加紧凑，但通常并不经济。

矩形沉淀池如图 10-17 所示，这是配置刮泥机的平流式沉淀池，刮泥机将污泥推入位于池体进水端的污泥斗中。在这种情况下，池底坡度可以降低到 1% 左右。

矩形沉淀池需要确保在整个池体宽度上均匀配水，可以采用装有配水堰的配水渠，更好的做法是设置淹没式过水洞（配水系统必须能在较大的流量范围内满足要求）。在水向下游流动的过程中，沉淀物沉向池底，澄清水溢流至一个或多个水渠中排出。

刮泥机在池壁上往复运动，在进行底部刮泥的同时可进行表面刮渣，将浮渣推至上游进水端随即被排出，或当刮泥机返回时将浮渣推送至下游出水端排出。为了避免污泥堆积和厌氧发酵，在两次刮泥之间有最大允许时间间隔。一般刮泥机的行进速度为 2～3cm/s，因此矩形沉淀池的长度最大不超过 60～80m。

能提供较好水力条件的池体长宽比一般小于 6；大多数情况下，池深在 2.5～4m 之间。

矩形沉淀池有以下两个缺点：

① 即便进水配水经过优化设计，其允许表面上升流速仍低于圆形沉淀池；

② 污泥收集装置较复杂，并且运行维护成本更高。

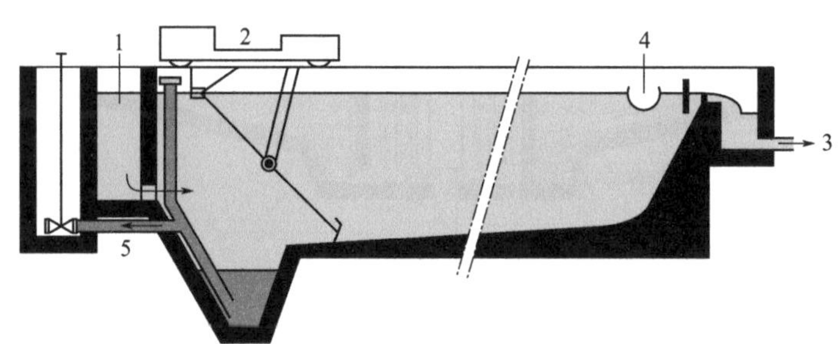

图 10-17　带有工作桥的矩形沉淀池

1—原水进口；2—工作桥；3—处理水出口；4—浮渣收集槽；5—污泥排放管

10.3.2　斜管沉淀池

10.3.2.1　斜管组件

斜管组件如图 10-18 所示。

有关斜管沉降的原理参见第 3 章 3.3.3 节。

得利满根据处理水质的不同，对斜管的结构和布局方式进行了优化。

（1）斜管组件的选择

① 截面形状：选择六边形截面（六角管），除了在第 3 章所述的优点，它们还易于组装且不易垮塌。

② 选择直径（表 10-1）：

a. *DH* 50mm 用于澄清和碳酸盐的去除；

b. *DH* 80mm 用于城市污水处理，其管径较大，可避免发生堵塞。

表10-1　得利满斜管组件（六边形组件）

项目	参数		
水力直径 /mm	80	50	
倾斜角 /（°）	60	60	
长度 /m	1.5	0.75	1.5
等效沉淀面积	10.8	8.7	17.4

图 10-18　斜管组件

（2）斜管布局

斜管的分离沉降效率取决于斜管底部均匀配水的效果。得利满开发的获得专利授权的下游配水系统能够保证到达每一处斜管的局部流速基本接近于平均流速，而未配置有效均匀配水系统的斜管沉淀池，在优先路径区的局部流速可能达到平均流速的两倍。

因此，组件的选择和均匀的配水能够保证在较高流速下获得较好的澄清效果。

10.3.2.2　无絮凝过程的斜管沉淀池：Sedipac D 和 Sedipac 3D

这是一种不加药剂的斜管沉淀池，通常用于城市污水的初沉处理。

（1）Sedipac D 沉淀池

Sedipac D 是一种初级斜管沉淀池，其主要用于去除水中的可沉降杂质，设置于传统的预处理单元（格栅、除砂、除油）的下游。

注意：Sedipac D 可以作为预沉池用于处理含有高浓度悬浮物（高达几克每升）的高浊水，此时需要在其上游通过静态混合器投加絮凝剂。

① 工作原理（图 10-19）

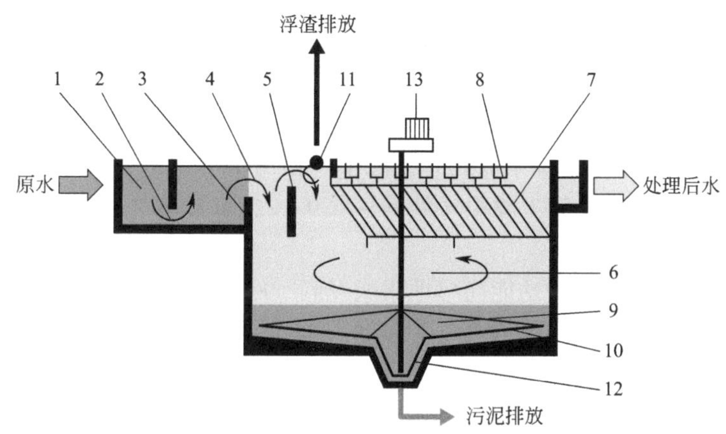

图 10-19　Sedipac D

1—进水渠；2—淹没过水孔；3—消能墙；4—布水区；5—缓冲墙；6—沉降区；7—斜管组件；8—澄清水收集槽；9—污泥浓缩区；10—底部刮泥机；11—浮渣收集槽；12—泥斗；13—驱动头

原水经由与池体宽度相同的进水渠（1）的一排淹没过水孔（2）实现均匀配水，其包括：

a. 布水区（4）；

b. 浮渣收集槽（11）；

c. 沉降区（6）；

d. 装有斜管的澄清区（7）；

e. 澄清水收集槽（专利产品）（8）；

f. 驱动头（13）带动底部刮泥机（10）促进了污泥浓缩区（9）的浓缩作用，污泥浓缩程度取决于污泥在池底的停留时间，即取决于污泥排放周期；

g. 根据池体直径，从中心或周边进行污泥收集。

② 优点

a. 工艺成熟可靠：Sedipac D 作为一种非常成熟的斜管沉淀池（原理和池体结构与高密度澄清池相同，详见本章 10.3.5 节，已有 300 多个应用案例），能够在斜管区上升流速高达 20m/h 时仍具有良好的沉淀效果，相当于水以 12m/h 的流速通过整个沉淀区。

b. 结构紧凑：与同类沉淀池相比，Sedipac D 的尺寸仅是传统的非斜管沉淀池的三分之一，表面负荷的对比（见表 10-2）即为佐证。

表10-2　传统沉淀池与Sedipac D参数对比

沉淀池类型	非雨季峰值 / [$m^3/(m^2 \cdot h)$]	最大值 / [$m^3/(m^2 \cdot h)$]
传统沉淀池	≤2	≤4
Sedipac D	≤6	≤12

（2）**Sedipac 3D 沉淀池**

① 工作原理

Sedipac 3D 的设计理念是将除砂、除油和初级沉淀功能集成至同一个单元，大大减少了初级处理单元的占地面积（包括构筑物本体和与之相连的部分），并将所有污染物（砂、油脂和初沉污泥）集中在一个区域内进行处理，从而简化了初级处理单元的池顶密封和臭气处理系统。

Sedipac 3D 沉淀池的处理效果如下：

a. 对粒径大于 200μm 的细砂的去除率高达 90%；

b. 高达 15% 的 HES（己烷萃取物）去除率，相当于常规城市污水处理厂原水中 90% 的非乳化凝固态油脂类物质的去除率（见第 9 章 9.4.2.5 节）；

c. SS 去除率达到 75%。

这个系统不仅仅是将三种功能简单地集成在同一座构筑物内，而且在于可同时达到以下效果：

a. 分解优化各部分功能以提高整体性能；

b. 在设计上符合水力学特性的各种功能组合使池体结构更加紧凑（大约节省 20% 占地面积），运行更简单。

② 构造说明（图 10-20）

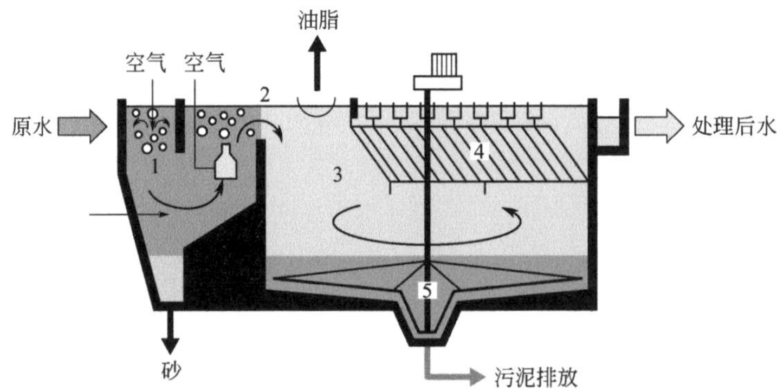

图 10-20　Sedipac 3D

a. 除砂区：包括空气搅拌区（1），搅拌区下部的沉淀和除砂区（1+2）。

b. 除油脂区：包括气泡产生和混合区（2）以及浮渣浮油收集前的积聚区（2+3）。

c. 斜管沉淀区：包括可沉降物通过斜管分离区（4）以及沉降污泥排放区（5），污泥浓缩程度取决于污泥排放周期。

d. 浮渣收集槽位于除砂区和沉淀区的上方，因而油脂去除区域无需额外占用空间。综合起来 Sedipac 3D 的占地面积较小：

ⅰ. 仅为传统工艺（除砂除油池和静态沉淀池）的 1/4～1/3。

ⅱ. 与单独除砂、除油后采用 Sedipac D 相比，面积减少了约 20%。

③ 优点

Sedipac 3D 具有如下优点：

a. 除砂区的水力负荷最高可达 40m/h；

b. 较高的除油性能，能够有效减少混合区和油脂分离区的湍流，使水在不产生液面扰动的情况下平缓流动，从而可将漂浮的杂质顺利推送至收集槽中；

c. 工艺成熟可靠［见本章 10.3.2.2 节中的（1）］；

d. 设备易于安装，因为该池为矩形池体，并且在除砂、除油和沉淀区之间没有连接的渠道；

e. 臭气处理系统较为简单，因为整座构筑物只需要一个整体盖板即可。

10.3.2.3　Sedipac FD 絮凝斜管沉淀池

Sedipac FD 是一种将混凝 - 絮凝区和斜管沉降区合并的处理单元，而沉降区是否配备刮泥机则取决于处理水量。Sedipac FD 特别适用于紧凑的 UCD 系统（见第 22 章 22.4 节）和简易的水处理厂。它也可用于较高处理量的水厂（最高可达 450m³/h），尤其是有偶尔超负荷运行的情况。

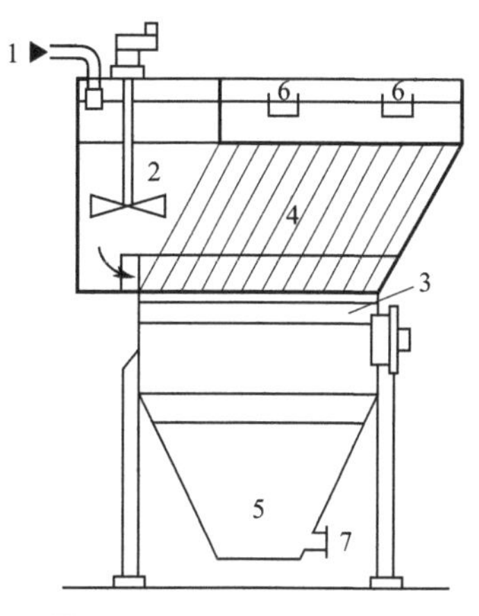

图 10-21　Sedipac FD 原理图

1—进水口；2—絮凝区；3—絮凝区分配渠；4—斜管沉降区；5—污泥浓缩区；6—澄清水收集；7—污泥排放

10.3.3　悬浮污泥层澄清池

此类系统的基本原理在第 3 章 3.3.4.2 节中有详细介绍。在这种澄清池中，由絮凝反应生成的污泥形成膨胀污泥层，经过混凝处理后的原水自下而上以均匀稳定的流态通过此污泥层。原水通过污泥滤层完成絮凝反应，上清液在澄清池顶部收集。

如果水以恒定流速持续地通过污泥层，一段时间后污泥会在某一区域堆积，最终会形成致密的不均匀的泥块，从而会形成短流。在这种情况下水通过污泥滤层时的有效接触面积大大减少，并且污泥会发生板结现象。

如果采取脉冲式进水，即在短时间内高速注入，随后在一段时间内以低速进水，此时污泥可以保持比较均匀的悬浮状态。当水高速注入时推动污泥层向上扩展，在消能的同时产生湍流来破坏刚形成的污泥聚集体。而后，水体恢复平静并保持澄清。

在实验室中可测得污泥层能够承受的最大上升流速：即测定泥渣内聚力系数 K［见第 5 章 5.4.1.2 节中的 (3)］。最高上升流速受多种因素影响：待处理水的水质、混凝和絮凝的效果、温度及不同药剂的注入时间间隔等。

10.3.3.1　Pulsator 脉冲澄清池

脉冲澄清池发明于半个多世纪之前，在地表水处理领域获得全球最广泛的应用，它的成功主要源于以下几个方面。

① 构造简单，适用于各种形状的池体。

② 与沉淀池相比具有更高的哈真速度：用于地表水澄清时可达 2～4m/h，在较好的污

泥内聚力系数条件下可以更高，再加上无需单独设置絮凝区域（事实上是将混凝和絮凝整合在一起），由此水厂的占地能够更加紧凑。

③ 操作的灵活性：受流量、水质等波动的影响较小（由于污泥滤层的缓冲能力）。

④ 运行的可靠性：由于没有水下机械设备（如搅拌器、刮泥机等），其系统运行更加稳定可靠。

⑤ 低廉的运行成本（低电耗、低加药量等）。

脉冲澄清池（如图 10-22 所示）包括布置在平底池底的一系列穿孔管（9），其上有 V 形消力板（4）将进水均匀地引入整个反应区表面。在反应区上部的穿孔管或收集槽（2）可均匀收集澄清出水。这种配水系统可以维持水流稳定，使其均匀穿过整个污泥层，避免形成死区。

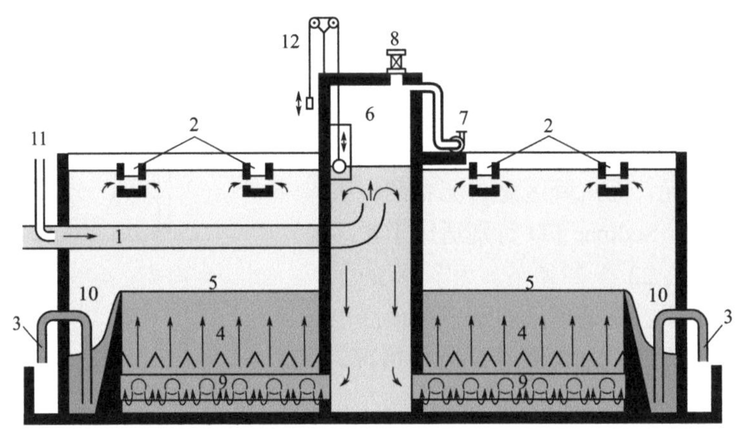

图 10-22 脉冲澄清池

1—进水口；2—澄清水收集槽；3—污泥排放管；4—V形消力板；5—污泥层顶面；6—真空室；7—真空泵或真空风机；8—真空破坏阀；9—原水布水穿孔管；10—污泥浓缩区；11—加药管；12—浮球开关

为了实现澄清池间歇性进水，最好的方法是通过真空室（6）注入原水，并使用真空泵或真空风机（7）抽出空气形成负压，抽气量约等于被处理水最大流量的一半。

在这种情况下，原水水位在真空室内部逐渐上升，当它达到澄清水池内水位以上 0.6～1m 之间时，触发液位计［浮球式（12）或电导式］，与之联锁的真空破坏阀（8）突然打开，使真空室与周围大气连通，随后水涌入澄清池（通过消力板均匀配水）。

通常真空室放水时间为 7～15s，而充水大概需要 30～40s，必要时可灵活调整脉冲时间和周期。

由此，污泥层在竖直方向周期性地运动，并且由于不断地截留水中的悬浮物，其体积逐渐增大。为了保持恒定的澄清区泥位［即污泥层顶面 (5)］，澄清池的侧面区域设有带斜坡的泥斗［即污泥浓缩区 (10)］，剩余污泥流入泥斗中进行浓缩。泥斗中的污泥通过排泥管（3）间歇排出。这样设计的好处是当过量排泥时会相应增大水损，但并不会影响整个污泥滤层的稳定。

Pulsator 脉冲澄清池（图 10-23）可以很容易地在现有构筑物（静态澄清池、老化的滤池或清水池）的基础上改建，以此实现旧水厂的现代化改造，并且处理量达到原来的 2～3 倍。目前已有类似的案例，如阿根廷布宜诺斯艾利斯市一座处理能力达 864000m^3/d 的水厂，以及埃及亚历山大市一座 240000m^3/d 的水厂等。

图 10-23　Morton 水处理厂，Jaffray-Harrare（津巴布韦哈拉雷），9 座 Pulsator 脉冲澄清池，1850m^2

10.3.3.2　与斜管沉淀相结合

有两种不同的方法可以实现如下的组合（见第 3 章 3.3.4.3 节）：

① 在澄清水区域设置斜管组件（六边形斜管，详见第 3 章 3.3.3.3 节和本章 10.3.2.1 节），具有这种结构的澄清池称为 Pulsatube（或 Pulsator T）；

② 在污泥层中设置斜板，这种澄清池称为 Superpulsator（或 Pulsator S）。

这两种组合后来又被整合到一起，称作 Ultrapulsator（或 Pulsator U）。这一系列发展历程见图 10-24。

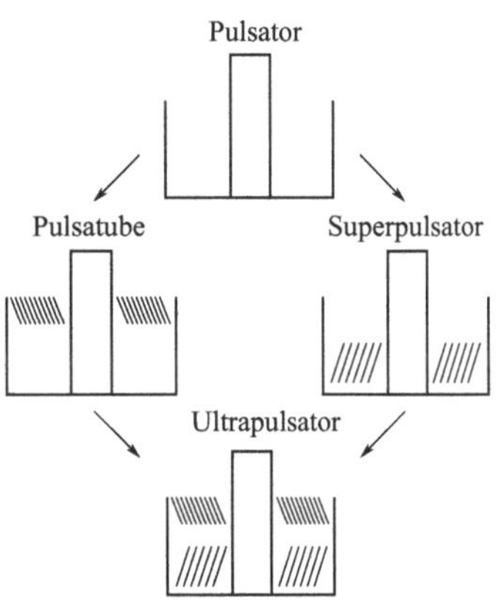

图 10-24　脉冲式污泥澄清池的发展

这些处理工艺结合了污泥接触澄清、污泥层脉冲澄清和斜管沉降（影响污泥哈真速度和泥层致密化）的优点，与 Pulsator 脉冲澄清池相似的进水、布水和收集方式使其可达到良好的处理效果（允许最大流速、澄清水质等），也具有紧凑、灵活和可靠等优势。

（1）Pulsatube（Pulsator T）澄清池（图 10-25，图 10-26）

Pulsatube 澄清池的原理和结构如图 10-27 所示：

① 如果进水的上升流速超过由污泥内聚力系数 K 确定的最大值，此时细小的絮状物会从污泥层中被水流带出，随后被贯穿于澄清区的斜管组件（12）截留并落回污泥层（因为此时絮体的哈真速度突然下降）。在回落过程中絮体沿斜管壁滑下并部分脱水，转变为更加致密和细小的颗粒。由于具有更高的密度和凝聚力，污泥层能够耐受更高的上升流速。

② 上述情况再加上斜管组件对澄清出水的深度处理作用，使得这种澄清池的上升流速能够达到传统脉冲澄清池的几乎两倍（实际约为 4～9m/h）。

如果要将现有的 Pulsator 澄清池改造为 Pulsatube 以提高其处理量，有时可能需要调整进水或澄清水的布水系统（考虑到增大的流速和水头损失以及溢流风险等）。

图 10-25　为新加坡供水的 Kota Tinggy 水处理厂，8 座 Pulsatube 脉冲澄清池，供水量 450000m³/d

图 10-26　Selangor 水处理厂，Pulsatube 澄清池，供水量 1040000m³/d（马来西亚）

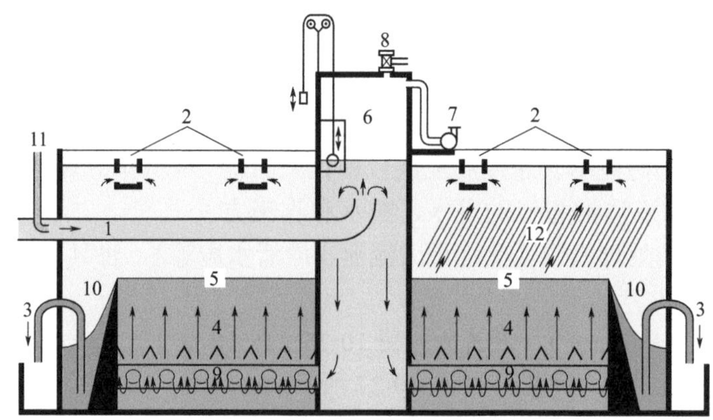

图 10-27　Pulsator 澄清池（左侧）和 Pulsatube 澄清池（右侧）的对比

1—进水口；2—澄清水收集槽；3—污泥排放；4—V形消力板；5—泥层顶面；6—真空室；7—真空泵或真空风机；8—真空破坏阀；9—原水布水穿孔管；10—污泥浓缩区；11—加药管；12—斜管组件

（2）Superpulsator 或 Pulsator S 澄清池

此类澄清池的结构和原理如图 10-28 所示，其将斜板和污泥滤层的功能相结合，不仅仅是澄清，还起絮凝 - 澄清的作用（见第 3 章 3.3.4.3 节）。淹没在污泥层中的斜板有助于进水的均匀分配，这种情况下通常无需安装整流板（V 形消力板）。

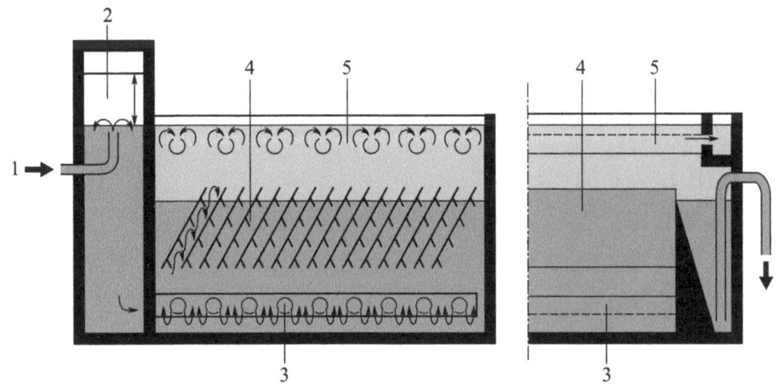

图 10-28　Superpulsator 澄清池剖面图

1—进水口；2—真空室；3—原水布水系统；4—带挡板的斜板组件；5—澄清水收集系统

这个过程有两种机理同时起作用：

① 水经过絮凝处理后，进水通过与水平方向呈 60°倾角并与浓缩区垂直的斜板。每块斜板的下部配有挡板用于混合水流促进絮凝反应（图 10-29）。

② 斜板维持的污泥层浓度能达到在相同流速条件下 Pulsator 澄清池的两倍。

通过这两种机理的结合，Superpulsator 澄清池可以达到传统脉冲澄清池允许上升流速的两倍，约为 4～8m/h（接近于 Pulsatube 的性能，并且能在不利环境，如强烈日照或温度波动的条件下保持良好的稳定性）。图 10-30 为佛蒙特州的两座 Superpulsator 澄清池。

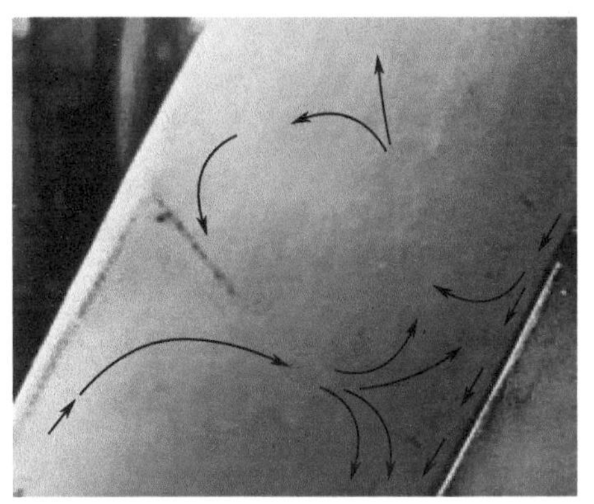

图 10-29　Superpulsator 斜板中的污泥循环

图 10-30　Burlington 水处理厂，处理能力为 36000m³/d（美国佛蒙特州），由旧池改造而成的两座 Superpulsator 澄清池

（3）Ultrapulsator（或 Pulsator U）澄清池

如前文所述，可以将以下两种方法结合以进一步提高澄清效果：a. 在污泥层中设置斜板；b. 在污泥层上方设置斜管组件。

Ultrapulsator 澄清池能够显著提高上升流速，至少是传统脉冲澄清池的 3 倍，通常在 9～12m/h 之间。

这种工艺推荐用于以下情况：

① 需要实现简单的运行操作，并且要求较小的占地面积时；

② 需要处理某些水质特殊的水时（如水质较好但水温低、色度高的水，如在加拿大、美国北部和俄罗斯地区的某些地表水，或者作为超滤的预处理工艺等）。

10.3.3.3 应用范围

这种污泥层系统可以应用于浊度和悬浮物浓度分别不超过 1500NTU 和 2g/L 的任何地表水的处理（若不满足此指标，需要在上游进行预处理，如除砂或预沉等），并且具有去除浮游微藻（去除量可达每毫升几十万单位）、色度和黏土胶体等功能。

此外，在污泥层中污泥的浓度很高并且接触时间很长，这也为粉末活性炭处理被污染的水提供了良好的条件：粉末活性炭的吸附能力几乎能达到其理论值的最高水平（参见 Freundlich 吸附等温线，见第 3 章 3.10.1 节和第 5 章 5.7.2.2 节）。因此当去除同量的有机污染物或微污染物，粉末活性炭的投加量将显著低于传统的澄清池。当污染只是偶尔发生时，可不必设置颗粒活性炭滤池。

由于具有良好的性能，Pulsator 澄清池以及设有斜管的衍生工艺已被广泛应用于各种规模的水处理厂，服务人口超过 5 亿人；它们还为工业生产提供水处理服务。目前全球 Pulsator 脉冲澄清池系列每小时的总处理水量可达（3～4）$\times 10^6 m^3$。

10.3.4 污泥循环澄清池

在这种澄清池中，污泥在澄清区与澄清后的水分离，而后污泥回流至反应和混合区。该区域装有机械搅拌（加速澄清池、涡轮循环澄清池）或者水力搅拌装置（循环澄清池、热循环澄清池），提供污泥絮凝和循环所需的能量。已经投加药剂的原水也同时被注入混合区中。

污泥循环澄清池可用作澄清工艺，也可用于沉淀 $CaCO_3$、$CaSO_4$、CaF_2 等各种盐类或以氢氧化物形式存在的金属离子，如 $Fe(OH)_3$、$Mg(OH)_2$、$Cu(OH)_2$ 等。

10.3.4.1 Accelator 加速澄清池

Accelator 加速澄清池（见图 10-31）是最早开发出的污泥循环澄清池，其包括澄清区（7）和被其环绕的中央反应区（5～6），两个区域的上部和下部是相通的。

反应区上部的叶轮（4）驱动水流向沉淀区循环。在沉淀区沉下的污泥在回流（8）作用下回流至中心区域，起到了加速絮凝的作用。

必要时可设置底部搅拌器促进原水、污泥和药剂的混合。同时搅拌器可以防止密度较大的沉淀物聚集并发生堵塞。设置一个或多个污泥井（9）用于污泥浓缩并将剩余污泥排出。

Accelator IS 型加速澄清池在澄清池底部设有刮泥装置，通常用于投加石灰去除碳酸盐或者需设置较大直径澄清池的场合。

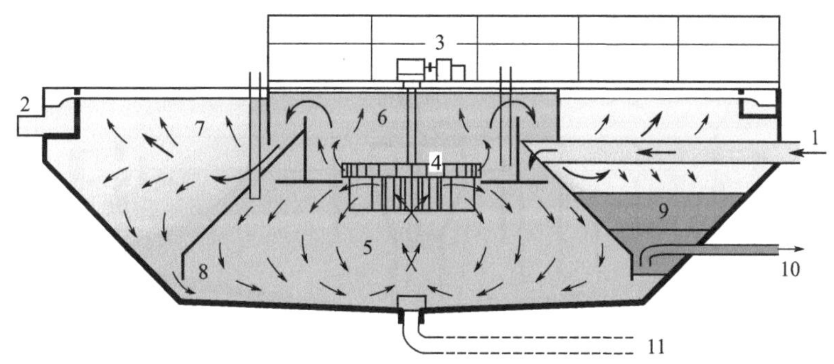

图 10-31　机械搅拌加速澄清池（Accelator）

1—进水口；2—出水口；3—驱动头；4—叶轮；5—一级混合区；6—二级混合区；7—澄清水区；8—污泥回流；9—污泥井；10—剩余污泥；11—放空管

10.3.4.2　水力循环澄清池（Circulator）

Circulator 循环澄清池（图 10-32）是一种适用于中小型水厂的简易装置。

它包括一个射流器（3），用于污泥的循环以及在絮凝反应前将水、污泥和药剂在中央反应区（2）中充分混合。装置底部的锥斗使污泥更易于进入控制循环的射流器中，因此它不需要配置其他机械装置。

这种装置被广泛用于软化水处理工艺以去除碳酸盐，同时也可用于加压絮凝和沉淀工艺。

当用于澄清时上升流速不能超过 2.5m/h，用于软化则不能超过 5～7m/h。

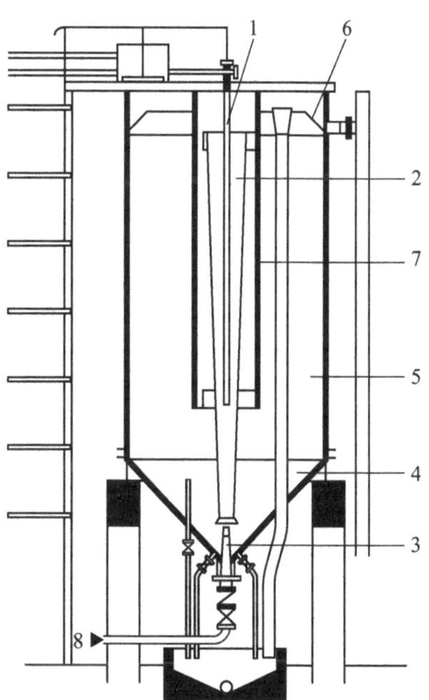

图 10-32　Circulator 循环澄清池

1—加药（絮凝剂、石灰等）；2—反应区；3—射流器；4—污泥浓缩区；5—沉淀区；6—澄清水池；7—进水井；8—进水口

10.3.4.3　Turbocirculator 涡轮循环澄清池

在此澄清池（图 10-33）中沉淀物借助于特殊设计的叶轮进行循环。这种叶轮可以避免易碎的金属氢氧化物沉淀在水流的冲击下（如射流器）破碎。这种设计可以在同一构筑物中同步实现澄清和水质软化，与其他循环池相比能够承受更高的流速及较大的水量波动。

位于池体中央的反应区控制着整个絮凝及化学反应过程。搅拌器的速度可以调节，以满足有效絮凝且絮体不被破坏的要求，并且与处理目的相匹配。刮泥系统（5）不断地将污泥刮至中心区域，中心区域的污泥被循环系统（2）收集，或者作为剩余污泥被间歇性地排放（6）。图 10-34 为 James Maclaren 工业公司的涡轮循环澄清池。

10.3.4.4　Thermocirculator 热循环澄清池

Thermocirculator 热循环澄清池是 Circulator 循环澄清池的一个变形工艺，一般用于处理温度较高的水，如中压锅炉补给水处理中利用石灰去除碳酸盐和镁剂除硅，或者部分脱气（如氧气）时，如图 10-35 所示。需要说明的是，高密度澄清池经过改良后也可以用于这种情况下的高负荷处理。

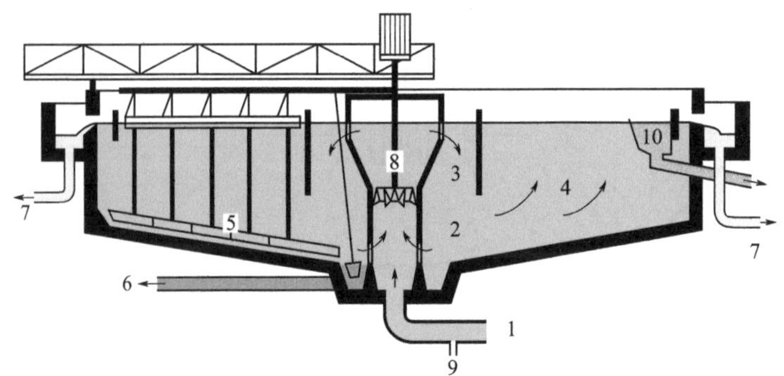

图 10-33 Turbocirculator 涡轮循环澄清池

1—进水口；2—污泥循环；3—絮体结成区；4—沉淀区；5—刮泥机；6—剩余污泥；7—处理后水出口；8—原水与循环污泥搅拌器；9—加药管；10—必要时设置浮渣去除装置

图 10-34 James Maclaren 工业公司（加拿大）用于初级沉淀的涡轮循环澄清池，直径 55m

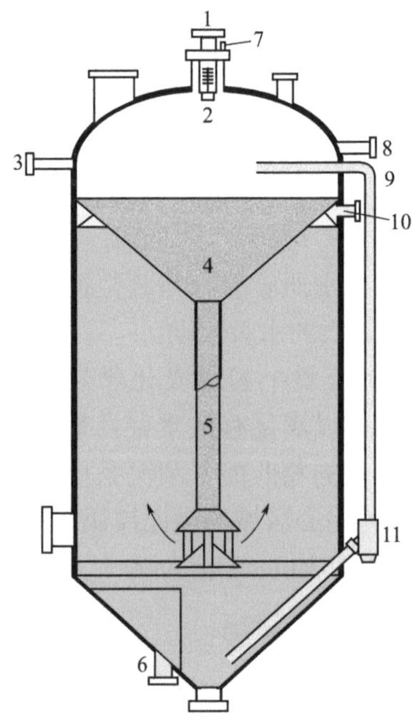

图 10-35 Thermocirculator 热循环澄清池

1—进水口；2—喷嘴；3—加药管；4—漏斗；5—中心筒；6—排泥管；7—不凝气排放口；8—热蒸汽进口；9—循环污泥；10—冷凝水至过滤系统；11—蒸汽射流器

10.3.5　污泥循环澄清池/浓缩池：Densadeg高密度澄清池

这是一种将污泥进行外部循环的改良型絮凝澄清池，将斜管澄清和污泥浓缩两种原理相结合。该系统（图 10-36）由以下结构组成：快速混合区（1）、机械絮凝区（2）、水力絮凝区（3）、沉淀池（4）（90% 的絮体被沉淀和浓缩而不会上浮至斜管区）、斜管及其上方的集水槽（5）以及将浓缩污泥循环至进水区的污泥回流管（6）。

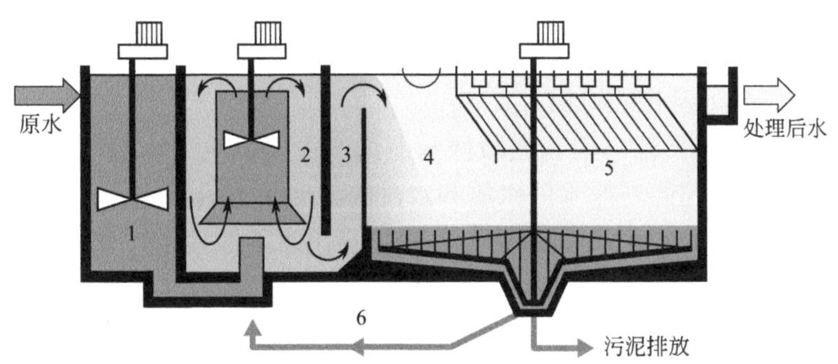

图 10-36　高密度澄清池（Densadeg）

10.3.5.1　运行原理

（1）污泥循环澄清

浓缩后的污泥通过螺杆泵以较低的流速进行循环，以避免絮体破碎。如上文所述，回流污泥会增大接触面积，加速絮体的形成和凝聚。当絮体体积约为机械絮凝区体积的 10% 时，Densadeg 高密度澄清池的絮凝效果最好。

（2）优化的絮凝机制

高密度澄清池设有两个连续的絮凝反应池（一个剧烈搅拌，一个低速推流），相关介绍见本章 10.2.3 节。

（3）带有斜管的澄清浓缩池

此区域具有三个功能：

① 使得大部分污泥以受阻沉降的方式进行沉降：由于较大的絮体尺寸，更重要的是较高的絮体密度产生的高的沉降速度使受阻沉降成为可能。

② 斜管组件的深度处理功能：采用下游配水系统使斜管区的上升水流均衡稳定，不产生任何加速度（与上游配水系统不同），从而避免水流扰动带出残余絮体，保持了污泥层的整体性。此外，均匀的过流速度防止了污泥的局部上升，保证了整个澄清集水区拥有相同的澄清水质。

③ 采用底部刮泥机和栅耙刮板进行污泥浓缩，由于絮体密度大，污泥能够以远超过其他传统污泥接触澄清池的速度沉降。

（4）高分子聚合物的两点投加

高分子聚合物两点投加系统是得利满针对高密度澄清池做出的最新改进措施，已获得专利授权。在这个系统中，高分子聚合物分别在絮凝池和污泥循环管线中进行两次投加。

对于相同的药量消耗，发现有如下效果：

① 絮体变得更加紧密，并且形成了一种更加适合高上升流速的“自载体絮凝”。

② 更高的剩余污泥浓度。多数结果表明污泥浓度超过了静态浓缩池的两倍。在这种两点投加系统中，高密度澄清池在处理低负荷地表水时的污泥浓度由平均 25g/L 可上升至 50g/L 以上（在浓缩池内的浓度为 25～30g/L）。

③ 更加有效地利用高分子聚合物，降低了澄清出水的污堵倾向，可明显延长下游滤池的过滤周期。

10.3.5.2 Densadeg 高密度澄清池的优点

高密度澄清池是一个经过实践检验的成熟系统，拥有如下优点：

① 上升流速很高，因此结构相对紧凑；

② 该系统运行较为灵活，因为絮凝区污泥浓度主要取决于浓缩污泥的回流，而非进水絮凝后的悬浮絮体，因此对原水的水质和水量的波动并不敏感；

③ 该系统能够高效去除污染物（尤其是澄清后出水的浊度很低），经过反应区以及斜管澄清的出水无需过滤即可用于冷却循环水系统，并且已经在工业废水处理中获得应用。当澄清过程包含化学沉淀反应时，能够获得极好的处理效果［如去除重金属盐类，生成 $CaCO_3$、$CaSO_4$、$Fe_2(PO_4)_3$ 等沉淀时］，通常能够达到理论平衡点（见第 25 章）。

该系统产生的污泥（浓度 >30g/L）无需浓缩处理即可进行污泥脱水。

表 10-3 提供了用于不同情形时的相关工艺参数。

表10-3 工艺参数

项目	澄清	去除碳酸盐	城市污水初级沉淀	城市污水深度处理	雨水	工业废水
最大斜管上升流速 /（m/h）	30	45	35	30	100	12～40
排放污泥浓度 /（g/L）	30～100	200～700	30～100	25～50	30～100	30～500
处理后水的悬浮物浓度 /（g/m^3）	<5	<5	<20	<5	<50	<10
	具体根据投药量确定					

注：如前文所述，当聚合物进行两点投加时可获得更高的污泥浓度。

10.3.5.3 不同类型的高密度澄清池（Densadeg）（2D30，4D30，2D100）

根据应用范围以及不同的处理目标，高密度澄清池具有如下多种类型（型号）。

① 为获得最佳澄清效果时：Densadeg 2D 或 2D30 高密度澄清池（澄清 - 浓缩）。目前已有 200 多个项目采用 Densadeg 2D 高密度澄清池工艺处理不同类型的原水，能够最大量地去除悬浮物和降低浊度。

② 为获得最高上升流速时：Densadeg 2D100 或 2D TGV 高密度澄清池。这种类型的澄清池能够实现最大沉降速率，尤其是作为初沉池用于处理分流或合流制雨水溢流水时，2D TGV 可以用作高速澄清工艺（流速最高可达 100m/h），但同时会消耗大量高分子聚合物药剂，并且澄清水的出水水质欠佳（悬浮固体的去除率约为 85%）。

在城市污水处理中，类似 Sedipac，通过一个紧凑的系统——高密度澄清池 4D30 来完成全部的预处理和初步物理化学处理过程。在这个单元中能够同步实现除砂、除油、高速沉淀和污泥浓缩。某些情形下，可以达到更高的流速（最高可达 100m/h），但此时需要调整池体结构并且消耗更多的药剂（参照 2D100）。

10.3.5.4　适用范围

表 10-4 汇总了用于不同处理目标的不同类型的高密度澄清池。第 22～25 章将详细介绍更多的应用案例。

表10-4　高密度澄清池的主要应用

<table>
<tr><th>应用</th><th>处理阶段</th><th>处理目标污染物</th><th>高密度澄清池类型</th></tr>
<tr><td rowspan="3">饮用水给水以及工业用水</td><td>澄清（图 10-37）</td><td>去除悬浮物、胶体、色度、微藻等</td><td rowspan="3">2D</td></tr>
<tr><td>除碳（图 10-38）</td><td>除硬度</td></tr>
<tr><td>用于膜处理的预处理（超滤或微滤）以及滤池冲洗水处理</td><td>去除悬浮物</td></tr>
<tr><td rowspan="4">城市以及工业污水处理</td><td>物理 - 化学初级沉淀</td><td>在生物处理之前去除悬浮物、胶体、部分溶解性大分子物质；污泥浓缩（>50g/L）</td><td>2D 或 2D TGV 或 4D</td></tr>
<tr><td>三级处理</td><td>生物处理之后去除残余磷；
去除澄清出水残留悬浮物</td><td>2D</td></tr>
<tr><td>去除某特定物质</td><td>通过化学沉淀反应去除某些阴离子（碳酸盐、硫酸盐、氟化物）或者金属离子（铝、铁、锰、锌、铜、镍等）</td><td>2D</td></tr>
<tr><td>处理生物滤池反洗水</td><td>去除悬浮物</td><td>2D</td></tr>
<tr><td>雨水处理（分流或合流制系统）</td><td>初级沉淀</td><td>在排放或消毒前去除悬浮物、胶体和金属离子；
污泥浓缩（>50g/L）</td><td>2D TGV 或 4D</td></tr>
</table>

图 10-37　Bastrop Energy（美国，奥斯汀）

注：使用高密度澄清池处理科罗拉多河的河水，为冷却塔和高压锅炉供水，供水量为19000m³/d；最大供水能力达21800m³/d。

图 10-38　Pinal Creek（美国，亚利桑那）

注：处理含有金属离子（Al^{3+}、Cu^{2+}、Fe^{3+}、Mn^{2+}、Ca^{2+}）、SO_4^{2-}和CO_2的矿厂废水，两段式（澄清后去除碳），处理量为35400m³/d

10.3.6　二级沉淀池

活性污泥系统中所采用的澄清池通常称为二级沉淀池，它能够沉淀污泥，并对其进行有效的浓缩，以使其回流至生化池时，可以达到所需的活性污泥浓度。

二沉池的特性使污泥收集方式变得极为重要：污泥收集量大，同时需要严格控制污泥在池底的停留时间，避免长时间缺氧导致污泥性质恶化。

10.3.6.1　沉淀池型选择

相对于污水类型的影响，沉淀池类型的选择更加受制于平面布置以及处理量。

（1）圆形还是矩形沉淀池?

矩形结构，必要的时候可以布置成背靠背的方式使布局更加紧凑，更加容易适应水厂的布局。但池体造价通常要比圆形沉淀池高，除非后者需要加盖。

（2）刮泥还是吸泥?

刮泥是成本最低的解决方案，对于小型池体是理想的选择。对于较大的池体，仅依靠刮泥把周边的污泥收集至中心污泥斗需要较大的底坡，因此池体较深，设备也较复杂。

吸泥对于大型池体来说是理想的方式：污泥停留时间可得到有效控制，池底较为平坦，从而降低了池体深度。在工程实践中，对于直径大于 25m 的沉淀池更倾向于采用吸泥的方式。实际上，在 25～35m 的直径范围内，得利满提供了一个颇有吸引力的折中方案——Racsuc［见本章 10.3.6.2 节中的 (3)］。

（3）材质的选择

沉淀池内设备的材质可以选择铝、不锈钢、涂漆钢或镀锌钢，取决于水质（尤其是含有氯化物时）、成本预算和当地习惯等。

10.3.6.2　得利满圆形沉淀池

得利满已经开发了适用范围很广的圆形沉淀池以满足各种需求。图 10-39 说明了其应用范围。

（1）EFA 圆形刮泥沉淀池

这种沉淀池设有一个周边驱动的刮泥机：刮泥板悬挂在围绕中心旋转的桥式通道结构上（图 10-40，参见图 10-11）。刮泥机由沿池体外墙上沿行进的驱动单元驱动。池体的底部具有一定的坡度，并设有中央污泥斗，刮泥板将污泥推入泥斗中。

刮泥机可采用铝、不锈钢或其他材质，直径为 6～25m。

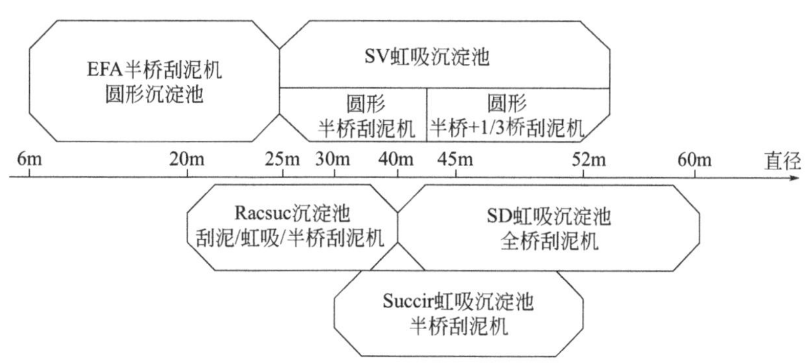

图 10-39　得利满圆形沉淀池

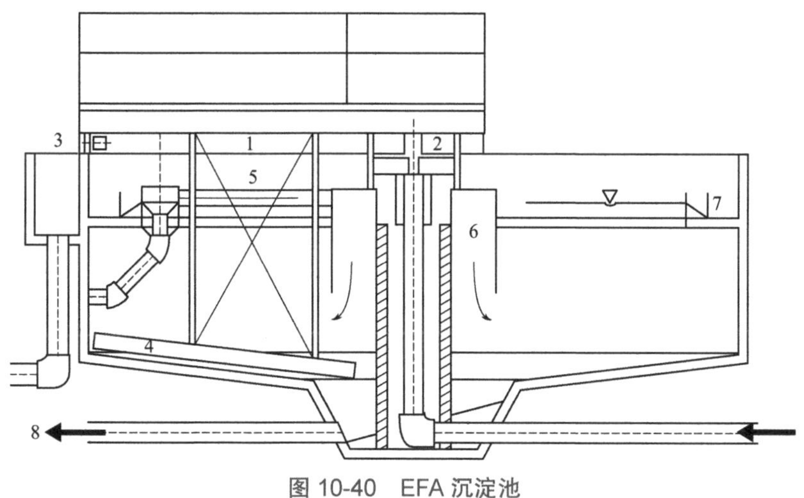

图 10-40　EFA 沉淀池

1—走道板；2—中心枢轴；3—驱动单元；4—底部刮泥板；5—表面撇渣器；6—进水井；7—出水堰和浮渣挡板；8—污泥排放

（2）SD、SV 和 Succir 圆形虹吸沉淀池

底部刮泥板通常分组安装在构架支撑的三角形刮臂上。每一部分都有一根浸没在集泥槽中的吸泥管，吸泥管间的距离从池中心到池边有所不同。每根吸泥管的出口装有一个可以调节高度的套管（望远镜阀），通过它们可观察污泥排出情况。可以往每根吸泥管注入空气以起到气提的作用。

通过负压虹吸装置实现污泥从转动集泥槽到固定排泥管之间的传输。吸泥机上可同时安装表面撇渣器用于去除浮渣。

① SV 沉淀池

这是一种周边驱动、围绕中心旋转的半桥刮泥结构的虹吸式沉淀池。旋转桥上设有半淹没的梁架作为污泥收集槽（图 10-41）。

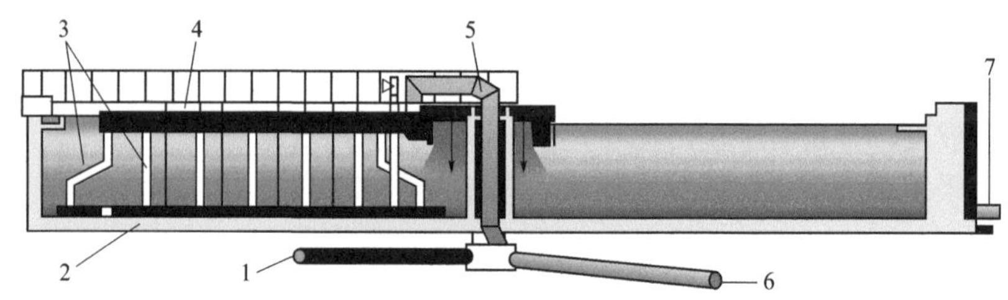

图 10-41　SV 沉淀池

1—进水；2—刮泥机；3—吸泥管；4—污泥收集槽；5—虹吸管；6—污泥排放；7—处理后水收集

当池体直径≤ 40m 时，吸泥管安装在半桥式通道下部；当池体直径＞ 40m 时，走道板需反向延伸至半径的三分之一形成悬廊，用于提高中心区域的污泥收集能力（图 10-42）。桥体可选用不锈钢或碳钢防腐材质，直径为 25～52m。

图 10-42　Limoges 处理厂（法国）带有悬挂桥的 SV 沉淀池，处理量 120000m^3/d

② SD 沉淀池

这种虹吸式沉淀池配有中心驱动的带有吸泥装置的刮泥机、可移动的圆形污泥收集槽和固定通道，而污泥则是通过固定的双虹吸管来收集（见图 10-43）。

SD 沉淀池特别适用于污泥停留时间要求短的大型沉淀池。

刮泥机选用不锈钢或碳钢防腐材质，直径为 40～60m。

③ Succir 沉淀池

这种虹吸式沉淀池采用周边驱动的刮泥机，吸泥管随刮泥机转动。它的主要特点是吸泥管呈环状排布于距池体中心约三分之一处，其余的吸泥管呈直线排布并与刮板相连（见图 10-44）。

这种设置的目的是为了在中心区域能够更加均衡地收集污泥，这种系统更适用于污泥指数（SVI）较低的情况。

刮泥机采用不锈钢或防腐碳钢材质，直径为 30～52m。

图 10-43　La Farfana 处理厂（智利，圣地亚哥）SD 沉淀池，处理量 760000m^3/d，直径 52m

图 10-44　Succir 沉淀池

（3）Racsuc 圆形刮泥 / 虹吸沉淀池

这种沉淀池采用周边驱动的刮泥机，污泥收集采用中心区域刮泥和周边区域吸泥相结合的方式。

刮泥机将中心区域底部的污泥推送到中心污泥斗中；周边污泥由吸泥管提升，并通过水平横管以及导流筒缓慢输送到泥斗中（见图 10-45）。

这种沉淀池结合了刮泥式沉淀池造价低和虹吸式沉淀池污泥停留时间短的双重优点。刮泥机可选用铝、不锈钢或碳钢防腐材质，直径为 20～40m。

图 10-45　Racsuc 沉淀池

10.3.6.3 SLG 矩形沉淀池

SLG 矩形沉淀池是一种具有水平底板的平流沉淀池。相对于圆形沉淀池，大型矩形沉淀池结构的施工难度较大。特别需要注意的是，在进口处、澄清水收集处以及刮泥机刮不到的位置等区域要保证流态的均匀。

刮泥装置包括一个自动往复运行的行走桥，桥上配有吸泥管，安装在桥上的负压吸泥管将污泥吸出并输送至侧边的污泥渠（见图 10-46）。

这种沉淀池的最大尺寸为宽 20m，长 70m。

图 10-46 Chelas 水处理厂（葡萄牙）SLG 矩形沉淀池

10.3.7 Gyrazur颗粒接触反应器

10.3.7.1 工作原理及适用条件

Gyrazur 是一种流化床反应器，主要用于高碳酸钙硬度的深层地下水除硬。这种情况下水中不含悬浮固体，因此不需要澄清过程（但仍有必要进行后续过滤处理）。

该技术与污泥接触沉淀（见本章 10.3.4 节和 10.3.5 节）的主要区别在于采用了不同性质和粒径的载体颗粒。碳酸钙晶体的粒径约为 0.01mm，因此通常采用直径为 0.2～0.4mm 的砂粒作为晶核。碳酸钙在砂粒表面结晶，高速向上的水流使砂粒呈流化状态，强化了固液接触并避免颗粒黏结聚集。巨大的表面接触面积保证了充分而快速的反应，因此该工艺有时被称为碳酸盐催化去除工艺。

该工艺有以下三个优点：

① 减少占地面积（但池体很高）；

② 有带压运行的可能，当与压力式过滤器联合使用时，可不受高程限制；

③ 不产生污泥，产生的粒径为 1～2mm 的颗粒可快速排出系统，并可回用于工业或农业。

Gyrazur 去除碳酸盐是碳酸钙在载体表面接触结晶生成方解石（菱面体）的过程，必须避免生成无法结晶的沉淀，因此该工艺不适合用于处理含有大量胶体和铁离子的水。另外，镁离子在水中很常见，因此要设法避免产生氧化镁沉淀。这些物质不仅不会结晶，甚至还会抑制碳酸盐结晶沉淀，因此：

① 原水的钙硬度（CaH）必须大于碱度（TAC）；

② 可投加石灰或氢氧化钠部分去除碳酸盐，去除量小于等于目标去除量 ΔCaH。

在以上两种情况下，镁硬度（MgH）必须很低，避免初期生成的氧化镁沉淀干扰碳酸钙结晶反应的进行。

Gyrazur 工艺出水的碳酸盐和悬浮物浓度很低，出水水质受投加药剂品质的影响较大。氢氧化钠药剂一般不含杂质，而市售石灰的质量则参差不齐，有时会含有砂粒等杂质。采用石灰饱和器投加纯净的石灰溶液是较为安全但成本较高的方法，当石灰的质量较好时，可以仅在投加点前设置过滤器。

10.3.7.2 工艺描述

Gyrazur 是一个由三部分金属筒体组成的设备（图 10-47），其直径自下而上逐渐加大并且彼此间由圆台体相连。

① 原水（1）沿水平切线方向注入混合室，进入室内的水流呈螺旋形旋转，从而使粗糙的结晶载体呈悬浮状态。如同每个流化床都会实现的自动水力筛分过程，刚进入反应器尚未形成结晶的载体较轻，会流向反应器的顶部，而包裹着碳酸盐结晶的载体会沉入反应器底部，并逐渐被排出系统。

② 充分稀释后的石灰浆液或溶液（或氢氧化钠）由加药管线（3）注入反应器中，此处需进行强力搅拌以保证充分的混合。

③ 处理后的水，在反应区上部（7）与结晶体颗粒分离后，通过（2）排出。

④ 随着颗粒不断结晶，大的颗粒被排出，需要注入新的载体（5）进行补充。

分离区上升流速可高达 30～90m/h，设备处理能力为 50～2000m³/h。图 10-48 所示为 4 座 Gyrazur 反应器的上部，投加石灰部分去除碳酸盐，富营养化的原水先经 Pulsator 澄清池进行预处理。

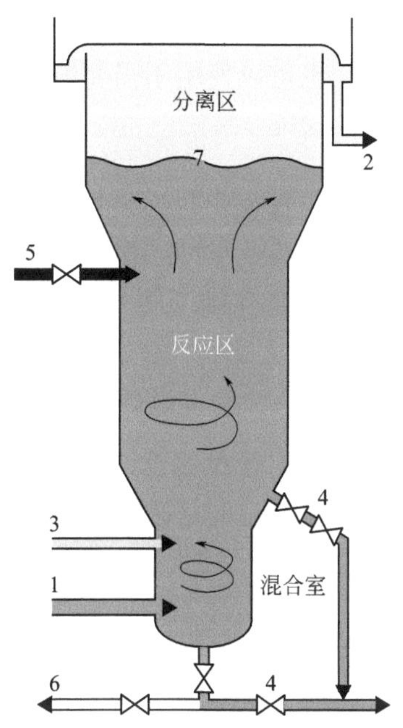

图 10-47 Gyrazur 反应器

1—原水；2—处理后出水；
3—石灰投加；4—结晶载体排放；
5—细晶种注入；6—放空；
7—催化载体流化床顶面

图 10-48 Gyrazur 结晶反应澄清池上部（8 座中的 4 座），Hanningfield 水厂（Essex&Suffolk 水务，英国），230000m³/d

10.3.8 排泥设施

10.3.8.1 污泥收集

上述不同类型的沉淀池可以按照是否配置刮泥设备进行分类。

① 无刮泥设备的系统：污泥在单个或多个泥斗中进行重力浓缩。泥斗侧壁的倾斜角度必须大于污泥自身的休止角（40°～70°）。

② 配置刮泥设备的系统：底部污泥由刮泥机推送至一个或多个收集井中以避免积泥。在某些情况下，沉淀池的结构设计决定了需要装备的刮泥机。例如在很宽的矩形沉淀池中，考虑到造价因素，不会建造一个坡度足够大的斜坡使污泥自流。

也可以使用不需要泥斗的吸泥系统来收集低浓度污泥。

10.3.8.2 污泥输送

当有足够的水头和污泥特性（黏度、触变性、结构等）适宜时，可以采用重力输送污泥的方式，否则须使用泵进行输送。

污泥外排应间歇进行，以下特殊情况除外：a. 污泥进行外部循环；b. 有较大的堵塞风险。

10.3.8.3 通用原则

排泥管线的设计必须避免一切可能导致堵塞的风险。为了适应不同种类的污泥，应当在以下规定的基础上根据实际情况进行调整：

① 为了防止污泥沉积，需保证管内具有一定的流速（可间歇短时排泥）；

② 管径不宜过小；

③ 在条件允许的情况下尽可能保持管线为直管段；

④ 减少吸程；

⑤ 穿孔管只能用于较短的吸泥管和流动性较强的污泥；

⑥ 设置管线放空和冲洗系统（用水或压缩空气）甚至是机械清理装置。

图 10-49 给出了收集高浓度工业废水污泥的两种做法：

① 直接收集；

② 采用中间储泥池收集，这使现场人员能够观察并及时调整澄清出水和污泥排放的流量。

请参照第 18 章 18.8 节中有关污泥储存输送，包括液态污泥操作的相关内容。

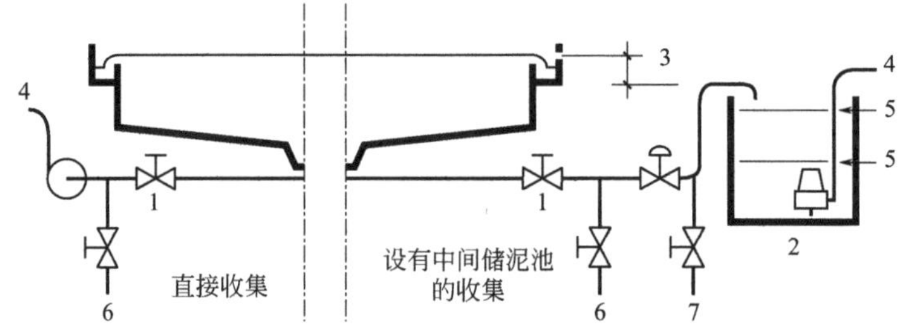

图 10-49 工业废水处理中的污泥收集系统

1—隔离阀；2—中间储泥池；3—排泥需要的液位差；4—污泥排放出口；5—液位计；6—冲洗接口；7—竖直管排空

10.3.8.4　自动化控制

由于污泥排放几乎总是间歇进行，采用自动化控制系统具有明显的优势，可用不同的方法实现联动：

① 根据定时器调整排放频率、排放时间（尤其当流量一定且无需考虑排泥浓度时）;

② 根据流量（调整污泥排放的频率）;

③ 根据污泥浓度（通过超声波传感器测量或者通过测量刮泥机扭矩），推荐使用检测污泥层上界面的方法;

④ 根据沉淀池的污泥泥位（通过超声波液位计或液位传感器测得）。

10.3.8.5　浮渣

多数情况下，漂浮在水面上的浮渣必须和污泥分离。通常这些浮渣通过表面刮渣器刮到与污泥浓缩井连通的渣斗或浮渣槽内。建议在管路上设置自动冲洗装置。

10.4　浮选单元

如第 3 章 3.4 节所述，在所有的固液分离方法中，浮选是最适用于分离低密度絮体的方法，举例如下：

① 在地表水澄清过程中分离絮凝物质，虽然水中的悬浮物固体含量低，但是富含易混凝的有机物（如腐殖酸）或浮游藻类;

② 在工业废水处理过程中，将纤维、油脂、烃类化合物、聚合物与水分离;

③ 城市污水或是工业废水的三级处理以及活性污泥的浓缩。

此外，需注意两个重要条件：

① 除上述的疏水性悬浮物以外（如纤维、油脂、烃类化合物等），浮选法仅适用于分离进入浮选单元前形成的絮体;

② 与微小气泡完全混合的絮体可黏附足够多的气泡，从而提高絮体的上升速度。

为了验证这一点，可以在实验室进行实验（气浮实验，见第 5 章 5.4.1.2.4 节）或进行半工业化中试规模的试验（图 10-50）。

图 10-50　移动式浮选装置，处理量 10m^3/h

10.4.1 通用说明

浮选装置可以是圆形或是矩形构造。后一种形式通常用于饮用水的处理，气浮装置可以和絮凝池以及滤池组合成一个整体，使得占地面积最小。

从水力学角度而言，当水体中含有大量的悬浮固体和密实的絮体时，圆形气浮池比矩形池更加适用：

① 对于圆形气浮池，其气水混合室的顶部和浮渣挡板底部的间距更小，从而形成更多的垂直流动；

② 在气浮池的水平截面上，气泡保持均匀的分布状态；

③ 更易于去除大量的污泥。

另外，絮凝区和气浮区结合在一起的矩形气浮可以有效地避免水在从絮凝区到气浮区的流动过程破坏脆弱的絮体，这也是其最适用于饮用水处理的原因。

10.4.1.1 气浮装置的描述

图 10-51 描述的工作原理对于圆形或矩形气浮装置同样适用。

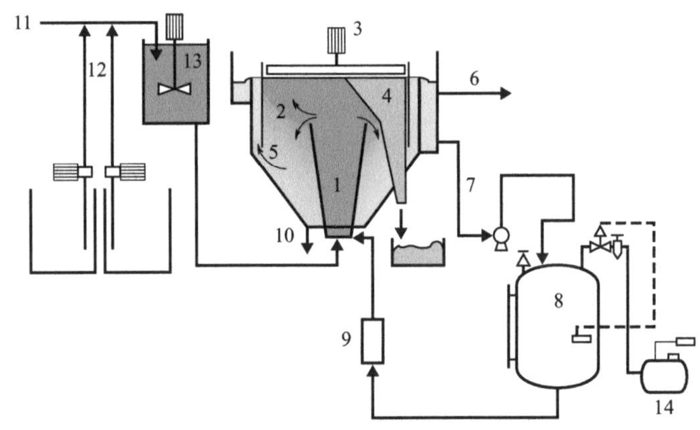

图 10-51 气浮装置的原理图

① 待处理的水（11）首先进入絮凝池（13）中并加入药剂（12）进行絮凝，再进入混合室（1）与溶气水接触，释压溶气水形成细小气泡附着在絮体上。絮体 / 气泡的密度小于水的密度，并在上升到水面之前在区域（2）进行分离。由此形成的浮渣由刮渣系统（3）（或溢流）收集到集泥槽（4）中随即被排出。澄清水在浮渣挡板（5）的下方被收集［或通过更复杂的机械装置进行收集，见本章 10.4.2.2 节中的 (2)］，然后从排放口（6）排出；

② 溶气水可以通过如下方法获得（见第 3 章 3.4.3.1 节，图 3-32）：

a. 通过循环增压将部分处理后的水（7）送到溶气罐（8）中和压缩空气混合；

b. 通过全流量增压系统，即待处理的水全都增压形成溶气水。

增压后的水在经过减压阀（9）或释压后（通过喷嘴时）迅速进入混合室（1）。

对于直径很大的气浮池，应该配备底部刮泥板以便更容易地清除沉积于池底的污泥（10）。

注意：混合室有两个作用：a. 将待处理水与释压的溶气水混合；b. 在混合液进入分离区之前消能。

10.4.1.2　溶气罐

依据不同的应用，溶气罐的材质可为碳钢防腐或不锈钢，可采用卧式或立式溶气罐。

得利满标准化的溶气装置通常具有几十秒的气水接触时间（最多 1min），对于增压水量小于 $300m^3/h$ 的系统通常采用立式溶气罐。

可采用不同的控制系统（进气开关调节或是水流量调节），图 10-52 是压力溶气原理图。

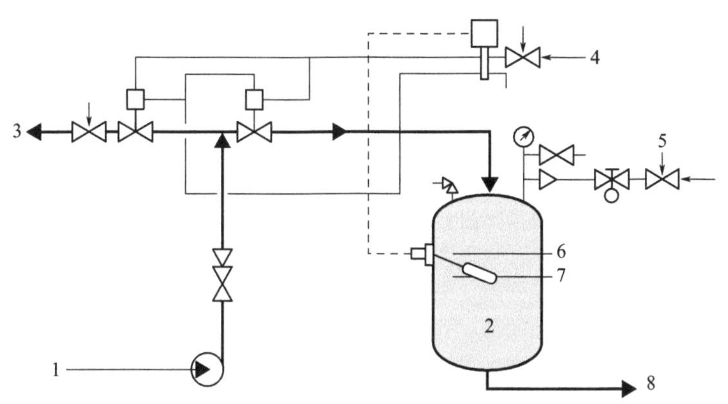

图 10-52　压力溶气原理图

1—待增压的水；2—溶气罐；3—回流；4—仪表气；5—压缩空气；6—高液位开关；7—低液位开关；8—增压水

10.4.1.3　泥渣的收集和去除

（1）表面泥渣的去除

在某些情况下，气浮池表面的污泥层可达几十厘米厚并非常稳定（如活性污泥的浓缩）。但在另外一些情况下，污泥层较薄（几厘米）且易碎（如金属氢氧化物絮体）。因此，刮渣系统必须和污泥特性相适应。污泥在气浮单元中通过如下方式排出：

① 溢流，泥渣随水流进入集泥槽从而被去除。

② 通过刮渣机去除，刮渣机的表面刮板数量取决于刮板的移动速度、刮板间距和需要去除的污泥量。需避免污泥脱气或由于泥饼压缩过度而导致泥渣层的破碎，因此在大直径的气浮池表面需要设置数个集泥槽。

（2）从储泥池排泥

污泥用泵吸出之前必须进行脱气处理。吸泥泵必须在正吸入压头条件下工作。

10.4.1.4　气浮池加盖

为了避免下雨、刮风等外界因素对表面浮泥的扰动，引起浮泥破碎形成悬浮物从而导致出水水质变差，需要对气浮池表面进行遮盖。

10.4.2　气浮澄清池

所有的气浮澄清池都是采用循环增压的运行方式。

10.4.2.1　圆形气浮池

得利满开发出两种圆形气浮池：一种是混凝土结构的气浮池（Sediflotazur），直径可达 20m（参见图 10-53）；一种是金属气浮池（Flotazur BR），直径可达 8m（图 10-54）。

图 10-53　Barranca Berreja 水厂（哥伦比亚），72000m³/d，油水分离气浮，4 座直径为 15m 的 Sediflotazur

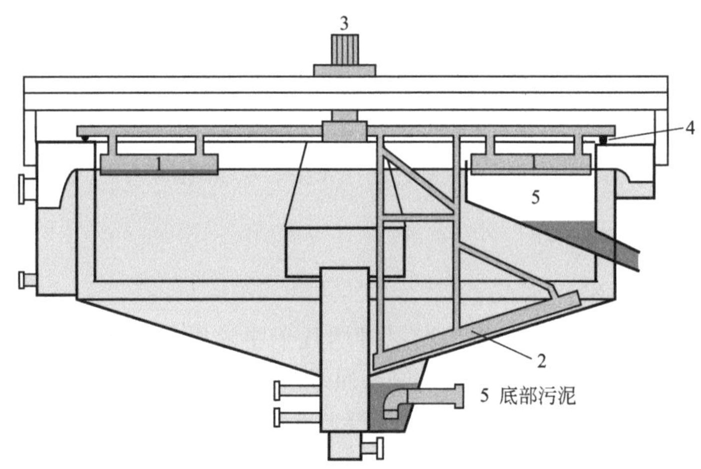

图 10-54　Flotazur BR

1—表面刮板（2～6个）；2—底部刮板；3—减速齿轮箱；4—行走轮；5—污泥排放

这些单元同时装有底部刮泥机和表面撇渣器。撇渣器的移动速度为 2～10m/h，溶气水的百分比为 15%～60%。刮板数量和集泥槽的个数都可以根据具体情况增减。

10.4.2.2　矩形气浮池

（1）Flotazur P（传统气浮池）

Flotazur P（图 10-55）包括一个絮凝区（1）和一个矩形气浮单元（2）。此类气浮池适用于原水负荷较低的情况，产生轻质易碎的絮体。分离速度为 6～12m/h，增压水回流比为 6%～12%。

在装有慢速搅拌机的絮凝区里搅拌 15～30min 后，水直接被输送到：a. 平行布置的混合室（3）；b. 安装有喷嘴的区域。

待处理的水随即与减压后的溶气水混合（4）。通过一个往复运行的刮泥机（5）把浮渣刮至设置在进水口对面的集渣槽（7）中，刮泥机在清除变厚的污泥层时不干扰混合池上的扩散区域。根据气浮池的尺寸，刮泥机可用气缸（6）或电动机驱动。

此类标准化气浮池的表面积可达 120m²，通常不配备底部刮泥机。

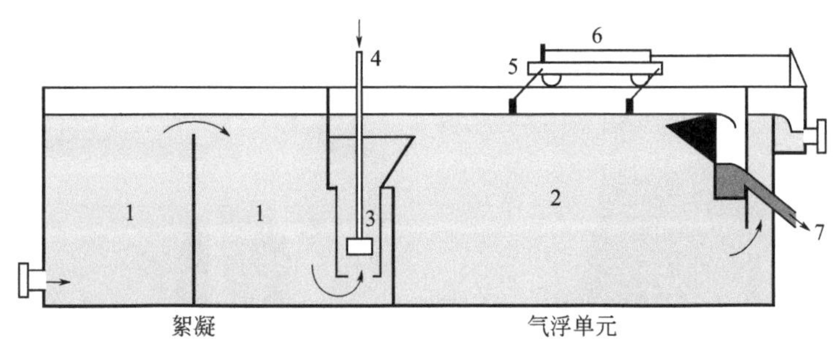

图 10-55 Flotazur P

（2）高速矩形气浮池：Rictor AquaDAF

这种技术的出现是由于人们希望将气浮池的分离速度提高到 10～12m/h 以上，从而减小气浮池的结构尺寸。

按照传统气浮池的水力特性（理论上而言沿对角线进行循环），人们通过多种尝试来“调整”池内的流态，主要的改进措施包括：

① 在整个气浮单元表面扩散溶气水；

② 采用安装于底板上的收集装置，或者是穿孔底板，以便能够从整个底板（而不单单是底板的末端）收集出水；

③ 采用浸没式斜板装置，主要目的是捕捉气泡，确保气泡互相结合，并且促进它们上浮。

以②为出发点，根据经验改进气浮单元的设计，实际上可以形成 1～2m 深的气泡层。这个气泡层从上至下的气泡密度逐渐减小，实际为絮凝反应的延续，并增强了气泡 / 絮体的黏附效果，使得微小气泡的上升速度从 5m/h 提高到 30～40m/h，从而达到很高的絮体上升速度。结合②和③，可以使这一上升速度得到进一步提高。

气泡层的作用与 Pulsator 单元中污泥层的作用相同，因为相对于传统的扩散反应器而言，其内部气泡 / 絮体的浓度很高，使得固液分离效果得到了提升，而絮凝反应可同步连续进行，因此气泡更容易黏附在絮体表面。另外，一些分散的气泡也会被黏附在絮体表面。

因此：

① 含气泡层的气浮单元的形状和普通装置不同，装置的长度（进口和出口之间的距离）会比宽度更小以确保气泡层可以实现全面覆盖；

② 初步的絮凝阶段将控制在 10～15min，而不是 20～30min；

③ 有效上升流速（*UF*）将会提高，根据絮体的性质和水温条件一般为 20～40m/h；

④ 溢流排放系统和气浮池的形状很匹配（短而宽），水力切割可以帮助把沉积物从墙壁上分离下来，以减少随泥层排出的水量。

图 10-56 为 Manaus 水厂的 Rictor AquaDAF 高速矩形气浮池。图 10-57 展示了常规气浮池和 Rictor AquaDAF 气浮池在规模上的差别。后者更适用于处理相对低浊度的水，尤其是湖水（即使是富营养化的），同样也适用于处理色度较高的水。

（3）气浮滤池

由于传统气浮池和滤池采用的流速相同（5～12m/h），便产生了将气浮单元的下部用作滤池上部结构的想法（图 10-58）：取代传统形式的底板，将滤料铺设在装有滤头的底板上；在滤池的出水口（虹吸管或蝶阀）安装调节装置来实现恒液位过滤。

气浮池入口

泥饼和浮渣出口

图 10-56　Rictor AquaDAF 高速矩形气浮池 -Manaus 水厂（巴西）-8 格，$285000m^3/d$

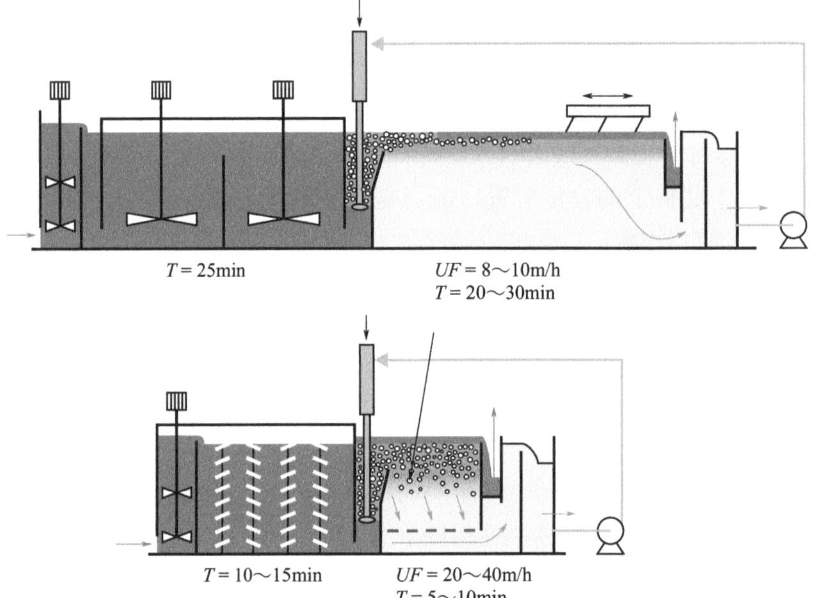

图 10-57　常规气浮装置与 Rictor AquaDAF 的对比示意图

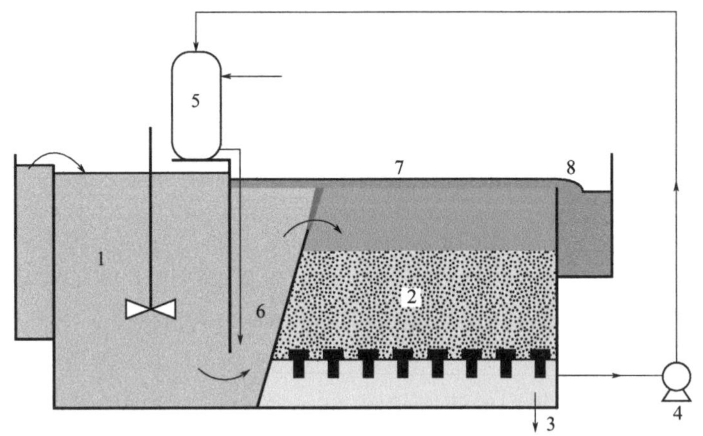

图 10-58　气浮滤池示意图

1—絮凝反应器；2—过滤层（砂、双层滤料……）；3—过滤出水；4—增压泵；5—溶气罐；6—溶气水管；7—泥层；8—浮渣和滤池反洗废水排放

对于这种装置，建议絮凝区、浮选区、滤池各采用独立单元，这样在冲洗过程中：

① 絮凝反应器不会被倒灌；

② 气浮池采用溢流模式（该模式用于冲洗水和泥渣的去除）。

10.4.3 浓缩污泥气浮装置

10.4.3.1 总则

当处理含有高浓度悬浮物的水时（g/L 量级），气浮装置的设计应考虑：a. 具有特殊设计的混合室；b. 储泥池的深度达 80cm，有利于浓缩；c. 配有多个刮渣机械臂的刮渣系统；d. 集泥槽布置的方式可以提高污泥的去除量；e. 可以在刮渣机械臂上增设防臭罩。

这种处理技术常常采用全流量溶气技术。

和矩形池相比，圆形池更具优势，特别是对于大型的气浮池，圆形池具有运行良好、设备简单和维护工作量大大降低的优点。

采用 F/M 的比值作为池体尺寸的设计基础，通常范围为 3～12kg DM/(m^2·h)，根据污泥的质量、浓度（污泥指数）以及是否投加聚合物絮凝剂进行取值。根据不同的污泥来源，排出的污泥浓度为 25～60g/L。

10.4.3.2 防臭盖板

尽管不是每座气浮池都必须加盖，但由于污泥容易产生异味，污泥气浮池通常需要加盖封闭。旋转的盖板系统包括在刮渣机械臂上安装的水平盖板，该盖板要尽量接近水面，以减小可以容纳臭气的空间（图 10-59）。

图 10-59 带防臭盖板的污泥浓缩池，Achères，法国（8 座直径 20m 的池子）

10.4.3.3 气浮浓缩池（FE 和 FES 形式）

气浮浓缩池包括两种形式（见第 18 章 18.2 节）：

① 标准的金属材质气浮浓缩池，直径可达 8m，配有中心驱动刮渣机。

② 混凝土结构的气浮浓缩池，直径可达 20m，配有周边驱动的刮渣机。当直径超过 15m 时，需要在直径方向上设置两个污泥收集槽。

第11章 生物处理

引言

饮用水和污水的生物处理的原理和机理已经在第 4 章进行了介绍。本章主要讨论与生物处理有关的工艺和技术。

第 23 章将结合本章所介绍的工艺和技术对城市污水处理系统进行阐述。

11.1 悬浮生长（活性污泥）工艺

活性污泥处理工艺及其生物反应器的设计与其原始工艺相比发生了很大的变化，引起这些变化的因素包括：更高的水质要求，对微生物处理工艺更深入的研究，设备、仪器仪表和自控系统等领域技术的进步，更低的投资和运营成本的需求。

因此，活性污泥工艺自 20 世纪 20 年代问世以来，众多不同类型的反应器不断涌现，包括推流式反应池、完全混合式反应池、氧化沟、序批式反应器（SBR）、多级处理系统，用作脱氮除磷工艺的活性污泥法衍生改良工艺尤为众多。

在过去的数十年间，随着膜生物反应器（MBR）的发展，膜技术已经广泛应用于污水处理领域。

这些不同的工艺及其配套的辅助系统（曝气系统、污泥的沉淀和回流等）将在下文中进行研究讨论。

11.1.1 一般原则

根据定义，活性污泥处理系统包括以下三个基本处理构筑物：

① 反应器（曝气池），用于净化污水的微生物在其中保持悬浮状态，反应器中需要充

氧曝气；

② 用于泥水固液分离的二沉池或沉淀池；

③ 污泥回流系统，将污泥从沉淀池中回流至反应器。

大多情况下，在活性污泥工艺的上游需设置采用物理法或化学法的污水预处理和初级处理工艺。后续工艺包括消毒，如果需要时，还可设置过滤单元。

活性污泥法的主要设计参数见第 4 章 4.2.1 节。表 11-1 根据负荷和性能对生物反应器进行了分类。

表11-1　根据负荷和性能分类的活性污泥反应池

类型	*F/M* 值 / [kg BOD_5 / (kg VS · d)]	BOD 负荷 / [kg BOD_5 / (m^3 · d)]	平均水力停留时间 /h	需氧量 / (kg O_2/kg ΔBOD)	净化效率（以去除BOD% 计）	污泥产量 / (kg DM /kg ΔBOD)	氨氮硝化
极高负荷	3.0	6.0	1.0	0.6～0.7	75	1.5	无
高负荷	1.0	2.5	2.4	0.7～0.8	80	1.0	无
中等负荷	0.5	1.5	4	0.8～1.1	85	0.9	部分（取决于温度）
低负荷	0.2	0.8	8	1.3～1.5	90	1.05①	有
极低负荷	0.07	0.3	20	1.6～1.9	90～95	0.9①	有

① 无初沉池时。

11.1.2　曝气系统

11.1.2.1　曝气系统有效性的评判标准和曝气系统的比较

活性污泥反应池内的曝气系统具有如下两个作用：

① 为好氧微生物提供氧气，气源通常为空气；

② 通过充分的混合和完全均质化保证微生物、污染物和充氧水的充分接触。

总的来说，曝气系统由一个或一套设备组成，安装在具有特定池型和处理能力的池体中，通常可同时实现上述两种功能。

在某些情况下，曝气和混合功能可以相互独立。在独立的曝气 - 混合系统中，机械搅拌器可以辅助曝气系统以确保反应池内物质混合均匀。

（1）充氧能力

准确地说，曝气系统的充氧能力应该在有活性污泥，并且进水为污水的实际运行条件下进行测定和验证。然而，在实际情况下，该测定结果非常容易受到各种因素的影响，特别是生物活动和测定点的代表性。因此，通常采用清水测试的方法评估曝气系统的充氧能力。根据反应池的不同，这种方法的测定误差可以控制在 ±（5%～10%）之间。测定结果需与标准状态下的结果进一步比较，标准状态是指：a. 清水；b. 温度为 20℃；c. 标准大气压 1013mbar；d. 溶解氧浓度恒为 0mg/L。

通常所采用的测定方法是池中二次氧化法。首先向池内清水中投加过量的亚硫酸钠（Na_2SO_3），在钴（催化剂）存在的情况下去除水中的溶解氧。接着开启曝气系统，每隔一段时间测定氧的浓度。水中溶解氧浓度的升高遵循以下定律（见第 9 章）：

$$\frac{dC}{dt}=K_{La}(C_s-C)$$

式中　C——水中溶解氧的浓度，mg/L；

K_{La}——氧的总转移系数，氧从气相（空气）转移到液相（水）的特征值，h^{-1}；

C_s——水中溶解氧的饱和浓度，mg/L。

将清水测试所得的数据，换算为在标准状态下的充氧能力，要进行如下修正：

$$K_{La}(S)=K_{La}\times 1.024^{(20-t)}$$

$$C_s(S)=C_s\times\frac{C_s(20℃)}{C_s(t)}\times\frac{1013}{p_{atm}}$$

式中　$K_{La}(S)$、$C_s(S)$——标准状态下K_{La}和C_s的值；

$C_s(20℃)$、$C_s(t)$——在绝对压力为1013mbar，温度分别为20℃［$C_s(20℃)$=9.09mg/L］和测试温度下（请参照标准EN 25814）的溶解氧饱和浓度；

p_{atm}——在测试条件下的大气压力，kPa或mbar；

t——测试条件下的水温，℃。

根据水中溶解氧的浓度C随曝气时间的变化，可确定在温度为t时的总转移系数K_{La}以及$K_{La}(S)$。

标准氧转移速率（SOTR）以kg/h为单位，是曝气设备的主要参数。它表示了在标准状态下曝气设备可提供给液相的氧量。这个参数可以根据充氧能力测定结果，使用下列公式进行推导：

$$SOTR=K_{La}(S)VC_s(S)/1000$$

式中　V——水的体积，m^3。

（2）性能指标

标准充氧动力效率（SAE）表示曝气器在标准测试条件下消耗1kWh有用功所传递到水中的氧量（kg O_2/kWh）：

$$SAE=\frac{SOTR}{PI}$$

式中　PI——曝气设备在稳定运行条件下的输入功率，kW。

在比较曝气系统时，标准充氧动力效率（SAE）尤其重要。它适用于全部现有的工艺，而且与曝气器的运行成本直接相关。

标准氧转移效率（SOTE）只适用于加压曝气系统。SOTE是实际溶解于水中的氧量与注入加压曝气系统的氧量的百分比。空气中的氧量在标准状态下可按0.3kg/m^3来计算。

$$SOTE(\%)=\frac{SOTR}{0.3Q}\times 100\%$$

式中　Q——标准状态下注入的空气流量，m^3/h。

在实践中，单位标准氧转移效率（SSOTE）也是经常使用的指标，单位为%/m，其常用于表征曝气器效率与淹没深度的相关性。

曝气系统与池体不能单独而论，在评价曝气系统的运行性能时需要对这两者从整体上进行描述。实际上，举例来说，众所周知充氧性能在某些条件下可以提高：

如提高表面曝气机单位容积的输入功率或降低微孔曝气系统单个曝气盘的空气流量。

（3）曝气效果的比较——标准状态与实际运行条件

通过清水试验测得的曝气器性能，并不能代表其在实际运行条件下的充氧能力。实际上，氧转移速率受污水性质、污泥特性、水力和生化工艺运行条件的影响很大。

在正常运行条件下，习惯上使用修正系数 T 对上述评价标准进行修正。

修正系数 T 可用于从标准状态向实际运行条件的换算（T 为三个次级系数 T_p、T_d 和 T_t 的乘积），从而可得到如下计算式：

$$\mathrm{AOTR} = T \times \mathrm{SOTR}$$

$$\mathrm{AAE} = T \times \mathrm{SAE}$$

① T_p：纯水 - 液体当量系数

英美国家通常使用 α 表示。这个系数取决于水的性质，尤其与表面活性剂、油脂、悬浮物和使用的曝气系统有关。

$$T_p = \frac{K_{La}'}{K_{La}}$$

② T_d：缺氧系数

传递到水中的氧量与氧气短缺量（$C_s' - C_x$）是成比例的。

C_s'：在实际运行条件下的溶解氧饱和浓度，受下列因素影响：a. 含盐量；b. 温度（见第 8 章 8.3.3.2 节中表 8-37）；c. 大气压力。

C_x：液体中溶解氧的浓度，一般在 0.5～2mg/L 之间。

$$T_d = \frac{C_s' - C_x}{9.09}$$

这个简化的公式需要进一步细化以便能反映出反应池的实际情况，即与水深相关的各项条件。在充分混合的系统中，溶解氧的饱和浓度要高于表 8-37 中大气压力下的饱和浓度，因此需要引入一个与曝气水深相关的系数 K_H：

$$T_d = \frac{C_s' K_H - C_x}{9.09 K_{H0}},\quad K_H = \frac{p_{atm} + 0.4gH}{p_{atm}},\quad K_{H0} = \frac{1013 + 0.4gH}{1013}$$

式中　p_{atm}——现场大气压力；

g——重力加速度；

H——曝气器淹没深度。

在标准状态下，C_s 等于 9.09mg/L，C_x 为 0，因此 $T_d = 1$。

③ T_t：转移速度系数

随着温度上升，气液传质速率提高。修正系数为 $T_t = 1.024^{t-20}$。式中，t 以℃表示。

需要注意的是，尽管参数 T_d 和 T_t 与曝气系统无关，但对参数 T_p 来说则不然。因此，当从标准状态转换至实际运行条件时，各种曝气器的性能变化不尽相同。若要获得准确的 T_p 数值，需要进行精确测定，最好能针对实际污水开展生物处理的中试测试。

当空气以“微气泡”的形式扩散时，系数 T_p 明显低于空气以“大气泡 ”扩散时及表面曝气的情况，其在受表面活性剂的影响时尤为明显。

上述从标准状态转换至实际运行条件的方法完全适用于氧转移效率不高［约 (5～6)%/m］，且水深适中（通常为 4～8m）的情况下。得利满基于氧测定模型开发的软件程序，可以模拟水深 25m、氧转移效率接近 85% 的情况。

（4）比较标准

曝气器的首要比较标准无疑是曝气器的充氧性能，即每小时向水中转移的氧量（输入量）或总比输入量。

但是，也建议在比较时考虑其他评价指标，例如那些难以量化、只能定性的指标：

① 混合能力，提供良好的均质效果并防止形成沉淀；

② 在不同运行条件下曝气量的可调节性；

③ 设备部件的运行稳定性，比如减速箱、鼓风机、曝气头、管道等。

举例来说，如果曝气器水力搅拌性能不佳或者在其表面产生积垢，会导致水中充氧能力下降或在池中形成厌氧沉淀，充氧能力即使再高也没有意义。

11.1.2.2 加压空气曝气

采用不同的加压空气曝气设备，可将空气注入深度为 1～15m，甚至更深的水中。根据产生气泡的尺寸，使用的设备可分为三种：

① 粗气泡（ϕ>3cm）：竖管，大孔曝气器；

② 中气泡（ϕ 5mm～3cm）：可产生较小气泡的曝气器、阀门、小孔等；

③ 微气泡（ϕ <5mm）：空气通过多孔介质或微孔弹性膜扩散。

下文中比较的数据其范围仅适用于常规运行条件下的污水厂。

（1）氧转移效率

曝气系统在清水中的氧转移效率随空气在水中的注入深度而变化。

随着曝气水深的增大，气泡与水接触的时间会相应延长，氧转移效率也相应地提高。氧转移效率在曝气水深为 3～8m 时几乎与深度成等比例变化，由此可确定其与曝气器淹没深度的相关性。根据使用的曝气头不同，氧转移效率的变化范围如下：

① 粗、中气泡：（2～4）%/m ；

② 微气泡：（5～7）%/m。

这种差异在清水试验中较为明显，在实际运行条件下会减小（微气泡的 T_p 系数更低）。

① 粗气泡和中气泡：T_p 在 0.95～0.8 之间变化（城市污水）；

② 微气泡：T_p 在 0.7～0.5 之间变化（城市污水）。

尽管微气泡曝气器的安装成本较高，但由于其能耗显著减低，在选型时通常仍会被优先考虑。

曝气系统的氧转移效率也会受其他因素影响：

① 单位输出功率。对于表面曝气器来说，其单位输出功率增大则氧转移效率降低。功率的增大主要是因为流量的提高。然而，空气流量的增大不仅会产生较大的气泡，同时还会导致气泡聚并，使转移效率降低。

② 水力条件会由于曝气头的布置而改变（混合也会如此）。网格布置的曝气头可以使气泡在水中均匀分布且有较长的接触时间，因而能够获得更高的氧转移效率（图 11-1）。由于水的旋转运动，旋流布置的（与下节旋流布置一致）曝气器的氧转移效率会下降大约 25%。

③ 池体截面。梯形截面沟渠中的氧转移效率一般低于矩形截面沟渠。

（2）混合搅拌

一般来说，水深越大，加压空气混合系统的效率越高。当整池的水都被搅动时，可以得到良好的均质效果。

网格布置（图 11-1）：当曝气器的最小气量与布置密度处于合理范围内时，这种布置可以实现有效的混合。若运行条件稳定，就不会产生沉淀。

旋流布置（图 11-1）：这种布置方式利用气提作用促进水的循环，从而达到有效的混合效果，池体底部具有很高的清扫速度。当水深与曝气器到池墙的距离的比值在 0.5～1.5 范围内时，该方式可以减少充分混合所需的空气量［旋流布置可参见下文中图 11-6］。

独立式曝气 - 混合：在交替曝气系统中，需要设置搅拌器以使泥水混合液在停止曝气时保持悬浮状态。搅拌器最好是慢速、大直径的设备。为了减少水头损失，这些搅拌设备通常安装于椭圆形或圆形封闭环流池体中。这种条件下，达到 30cm/s 的最小循环速度仅需 1.5～5W/m^3 的能量（所需能量与池体容积和池型有关）。这种布置方式常使用 Flexazur 膜式曝气器。

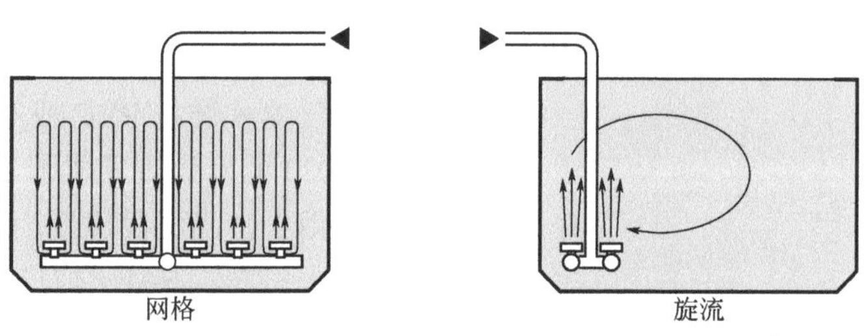

图 11-1 网格布置和旋流布置

对于采用活性污泥法的城市污水厂，根据是否设置初沉池，单位池体表面积的最小曝气量标准状态下为 2～6m^3/h，同时与水深和曝气头安装密度相关。

（3）Flexazur 橡胶膜曝气器

可采用管式（Flexazur T80，图 11-2）或者盘式（Flexazur D33，图 11-3）曝气器。空气以微气泡形式通过具有许多狭缝的富有弹性的薄膜片进行扩散。这些狭缝会在气压的作用下打开，当压力消失时，该缝隙会立即闭合，有效防止污泥回流到曝气器和曝气系统中。这一特性使该曝气器能够适用于独立式曝气混合系统。这种独创的微孔系统，在 4m 水深、标准状态下，氧转移效率可以到达 20%～25%，在低流量情况下，效率可以提高至 30%。

图 11-2 Flexazur T80

图 11-3 Flexazur D33

在清水中，Flexazur 的标准充氧动力效率（SAE）为 3～3.5kg O_2/kWh，在实际运行条件下的实际充氧动力效率（AAE）约为 1.8～2.1kg O_2/kWh。

Flexazur 安装在固定的或可提升的 PVC 或不锈钢材质的池底曝气管网上，安装水深最大可达 11m。根据其运行情况，Flexazur 的使用寿命为 6～10 年。Flexazur 的主要优点如下：

① 极高的氧转移效率；

② 曝气可以随时停止而无需提前采取任何特殊措施；

③ 对曝气器维护时无需停止运行；

④ 使用寿命长；

⑤ 支撑结构由防腐材料制成；

⑥ 曝气器甚至曝气器的膜片都非常易于更换。

（4）微孔曝气盘 DP 230

曝气盘（图 11-4）由人造刚玉颗粒（α- 氧化铝）制成，颗粒在高温下与陶瓷黏合剂紧密结合在一起，其粒度可以使曝气器在经过长期连续运行之后（逐渐结垢）仍然具有较高的氧转移效率。也可采用烧结塑料材质（如：聚乙烯烧结材料）的曝气器。

图 11-4　微孔曝气盘

这种盘式曝气器安装在 PVC 或不锈钢材质的底座上，与 Flexazur D33 的安装方式类似。曝气器通常安装在 3～8m 深的水池中，当浸没深度为 4m 时，氧转移效率可以达到约 17%～22%。SAE 约为 2.4～2.8kg O_2/kW h，AAE 大约为 1.5～1.7kg O_2/kWh。

空气在进入曝气器前需经过彻底的过滤处理（粉尘含量在标准状态下＜ 15mg/1000m^3）。

曝气器结垢的风险来自污泥，主要因为鼓风机停止运行时，污泥会穿透盘式曝气器的表面。因此，必须尽可能避免曝气系统的频繁启停。一般来说，在连续工作状态下，该微孔型曝气器的使用寿命可达 10 年甚至更久；超过这个期限，陶瓷盘可以通过加热再生。

（5）Vibrair 振动曝气器

Vibrair 是中气泡曝气器，适用于运行条件较差的情况：污泥中含有大量能迅速堵塞微气泡曝气器的纤维、烃类、油脂等物质。

Vibrair（图 11-5）由成型的聚乙烯支撑外壳和振动阀构成。由于其会不断地振动，因此该阀门不会堵塞。其设计机理是利用数量众多但单个通气量较低的曝气器，多点式地将空气向水中扩散，促进氧的转移和混合。

Vibrair 安装在池底曝气管网中，如图 11-6 所示。

两种形式（图 11-5）曝气器的单位流量在标准状态下分别是 1～3m^3/h 和 2～10m^3/h，水头损失大约为 20mbar。

当浸没深度为 4m 时，Vibrair 的氧转移效率为 10%～15%，污泥中的 SAE 为 1.8～2.2kg O_2/kWh，AAE 为 1.4～1.7kg O_2/kWh。

尽管氧转移效率低于微气泡曝气器，但是 Vibrair 的优势在于：

① 水头损失稳定；

② 结构坚固，使用寿命长（>10 年）；

③ 可用于工业废水处理的曝气池或利用空气进行混合的缓存池。

（6）Dipair 曝气器

Dipair 曝气器是一种水下静态曝气器，专门用于 7～12m 水深的池体，固定在池体底部（见图 11-7 和图 11-8）。

图 11-5　Vibrair 曝气器

图 11-6　使用 Vibrair 曝气器的曝气池（旋流布置）

图 11-7　Cellulose du Rhône 公司的 Tarascon 项目（罗纳河口省，法国），流量：36000m³/d，Dipair 用于深层曝气池

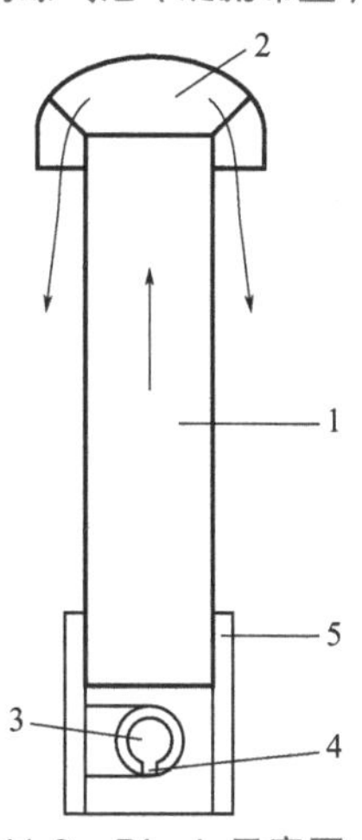

图 11-8　Dipair 示意图

1—气提管；2—折流罩；3—进气管；4—标定孔；5—底部固定底座

由于是静态装置，Dipair 运行时没有磨损。它由聚丙烯或不锈钢制成，具有较强的耐腐蚀性能。

Dipair 的气量范围（标准状态）在 20～60m³/h，当满流量输出时（经标定孔），水头损失约为 30mbar。这种曝气器主要用于较深的池体中，在水深 8m 时，它的氧转移效率在 22%～26% 之间。在实际运行条件下，纯水 - 液体当量系数 T_p 近似为 0.9。即使在曝气器布置密度较低时（0.5 个 Dipair 曝气器 /m² 池表面积），空气在进入曝气器时产生的气提现象也能保证良好的底层混合效果。

（7）Oxazur 曝气器

Oxazur 是一种专门为采用附着生长工艺的颗粒填料反应池而开发，适用于网格布置曝气系统的中气泡曝气器（图 11-9）。

空气通过一个直径约为 1mm 的小孔扩散。在聚丙烯外壳中的特殊弹性纤维膜片上的开孔即为曝气孔。由于弹性膜在水流作用下发生形变，开孔直径可增大到原来的2倍，因此，需要定期检查曝气孔是否被生物膜堵塞。

图 11-9　Oxazur 曝气器

单个曝气器的通气量标准状态下大约为1～2m³/h，水头损失大约为50mbar。当填料层中布气非常均匀时，在4m淹没水深下的Oxazur曝气系统的氧转移效率可达15%～25%。

11.1.2.3　潜水机械曝气机

与表面曝气机不同，潜水机械曝气机直接将空气注入水中。

潜水机械曝气机包括：a. 电机；b. 旋转涡轮或泵；c. 空气扩散装置。

根据不同的制造技术，有些自吸式曝气机不需要带压空气的输入，而有些则需要有空气的输入才能工作。

这种曝气机的标准充氧动力效率（SAE）是变化的，并随着加压空气的输入而提高。

它的优点在于操作简单，易于维护（尤其是与泵相比），其安装也通常较为容易。

涡轮结构或泵叶轮的设计需要确保不易被池中的物体和颗粒所堵塞。由于其对各种化学品具有良好的耐受性，这些曝气机特别适用于工业废水的处理，在城市污水的处理中也可发挥其优点。

（1）潜水涡轮曝气机

涡轮机的设计需适用于两相介质（空气和水），且不易结垢。

空气被注入涡轮里进行扩散，通过高速地推动水或气水混合物，涡轮可产生小到中等尺寸的气泡。

由于该曝气机将空气不断引入曝气池底部，混合效果非常好（从而避免形成沉积），空气可扩散到整个池体中（良好的均质性）。对于较大型号的曝气机，潜水涡轮曝气机的工作水深可达10～13m。

池体形状及曝气机之间的相互作用对氧转移效率影响很大。特别是当靠近池壁或其他设备时，由于产生高速上升水流，会大大降低氧转移速率。

潜水涡轮曝气机可以安装在水深10m以下。其低转速可以使絮体不易被破坏。可以单独调节空气流量，当涡轮安装调速器时，可以确保在所有运行条件下都达到最佳效率。

当设计条件允许时，这种装置的优点是可以在单搅拌模式或是搅拌 / 曝气联合模式下运行，因此具有很强的灵活性，易于适应各种处理需求。

水上电机容易维护，日常检查中不需要使用起重机吊起装置［图11-10（a）］。另外，潜水电机的安装费用较低［图11-10（b）］。

不同装置的SAE受其设计和使用条件影响很大，对于同一套涡轮曝气系统，其机械传动功率随淹没深度变化不大；但淹没的深度越大，设计和使用条件的波动对SAE的影响越小。

在良好的运行条件下，SAE在2～2.5kg O_2/kWh内变化，AAE为1.6～1.9kg O_2/kWh。下面是潜水涡轮曝气机的主要优点：a. 氧转移效率高；b. 曝气量易于调节；c. 易于维护；d. 适用于各种污水的处理；e.SAE不随运行时间变化。

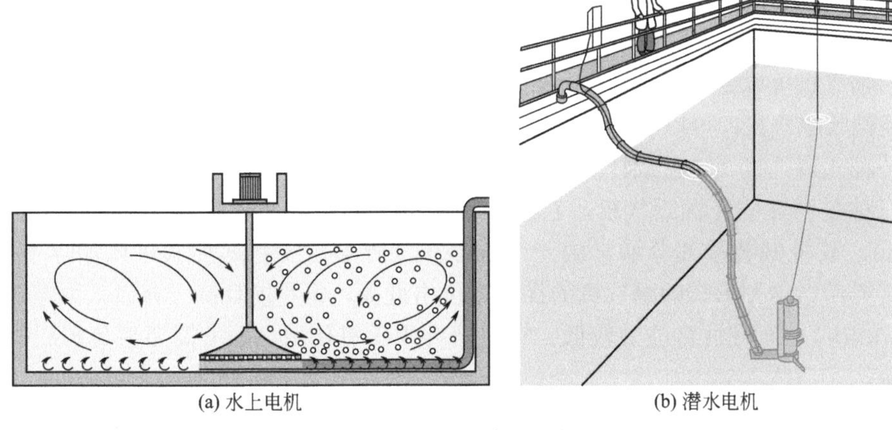

图 11-10　潜水搅拌 / 曝气器

其中的一些曝气机能够在淹没水深小于 4m 时进行自吸操作，因此可以在没有鼓风机的条件下运行，只是 SAE 比较低。

离心式鼓风机比容积式鼓风机更适合用作潜水涡轮曝气机的供气设备，这是因为其工作曲线更适合此类情况。

（2）文丘里或水力射流曝气器

不同于通过叶轮将空气注入水中，这种曝气器利用文丘里混合器的高速混合和抽吸作用，将水和小型或微型气泡组成的气水混合物通过喷嘴注入水中（图 11-11）。

可采用潜水泵或干式泵，与一个或多个文丘里及喷嘴组合工作。

采用多个射流器可以减少盲点，改善混合效果。

这种曝气器的 SAE 为 1.2～1.7kg O_2/kWh。为了应对季节性污染高峰，曝气器通常与固定的纯氧气源或是富氧空气系统联合使用。当使用纯氧曝气时，SAE 能够提高到 5kg O_2/kWh。

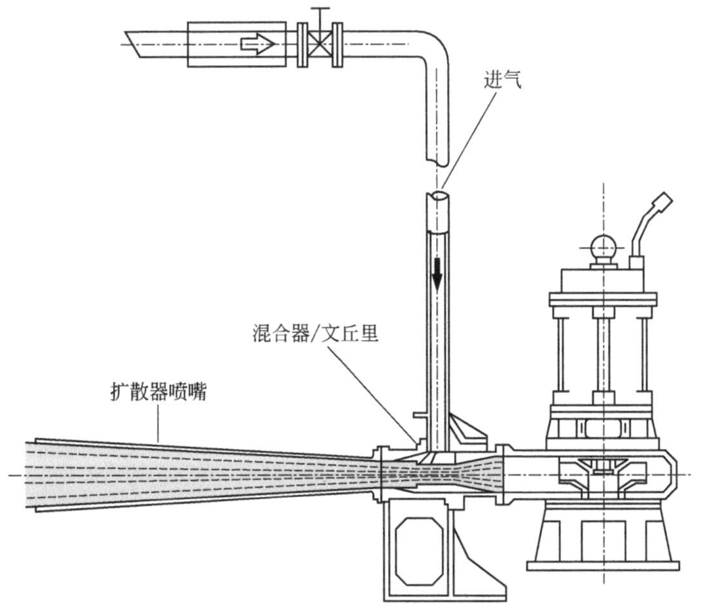

图 11-11　潜水泵形式的文丘里曝气器

11.1.2.4 表面曝气

（1）设备分类

表面曝气机可以分为三种类型，其中最重要的两种低速曝气机包括：

a. 竖轴式曝气机，可以通过导流筒吸水或者直接吸水，将水从侧向喷洒到空气中；

b. 卧轴式曝气机（转盘或转刷充氧），利用其水下部分的叶片将水反向喷洒。

第三种是高速的竖轴曝气机，它的驱动电机没有中间减速齿轮，转速为750r/min或1500r/min，其机械装置部分通常由一个或多个漂浮装置支撑，使其可以漂浮在水面上，移动非常灵活。这种形式的曝气机的优点是价格低廉，但是能耗高（充氧效率基本不超过1.4kg O_2/kWh），而且混合能力较低。它更适合用于氧化塘，而非需要避免形成沉积的活性污泥池。

这类装置的输出功率一般在2～50kW之间。

（2）竖轴低速曝气机：Actirotor

该设备的历史和活性污泥工艺一样悠久。它具有下列优点：a. 安装和操作简便；b. 能耗达到平均水平；c. 具有混合功能（假定能够满足非常严格的安装条件）。

Actirotor（图11-12）是由得利满（Degrémont）开发的竖轴表面曝气机，装机功率在4～90kW范围内，目前有上千台设备正在使用。但由于其AAE一般以及引起的气溶胶和噪声问题，在实际中已经很少使用。但是，这些问题是可以通过增设防溅板及为减速箱安装隔声罩来控制的。

① 转动部件

Actirotor的转动部件（图11-12）是一个敞开式的叶轮，因此没有任何积垢的风险。其主要结构为一个空心轴，轴上固定有薄的流线型提升叶片和多个扩散叶片。

小型装置的旋转速度大约为100r/min，较大型装置（90kW）约为37r/min，边缘线速度为4～4.5m/s。若采用双速电机或调速器，可实现对其运行功率的调节。

② 安装

该装置通常安装于固定的基础、走道或圆形平台上（图11-13），并且可以在其周围安装半刚性防溅和防噪声的挡板。

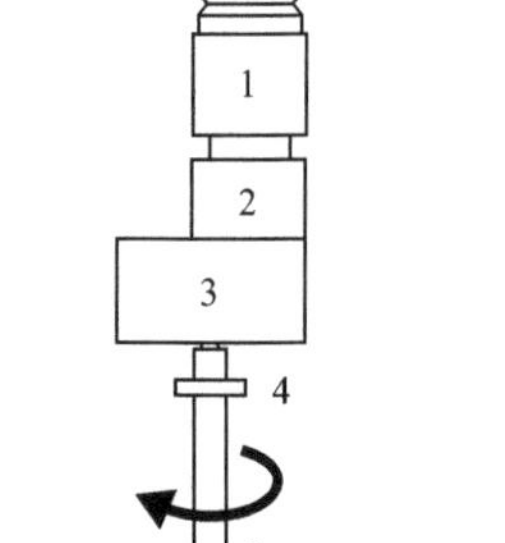

图11-12　Actirotor表面曝气机

1—电动机；2—联轴器；3—减速齿轮；4—连接套筒；5—传动轴；6—涡轮

③ 转移效率 - 混合能力

当AAE为1.3kg O_2/kWh时，SAE会在1.6～1.8kg O_2/kWh范围内变化。为达到最佳氧转移效率，需要设置挡板防止旋流的产生。

为了达到理想的混合效果，水深必须严格控制在4.5m以内。

（3）卧轴低速曝气机 Oxyfa-Bigox

此类装置与竖轴曝气机类似，在水的流动过程中，通过形成水跃使得充氧与混合同时发生。得利满开发出的转刷曝气机（Oxyfa-Bigox）是专为水平水流方向、中等深度、长椭圆形或是环形氧化沟设计的。

① 转动部件

转刷的转动部件（图11-14）包括一个直径为800～1000mm的转刷，其长度为1～9m，叶片安装在环状结构件上，在旋转时会呈现向外辐射的形态。

图 11-13　安装于混凝土走道板下的 75kW Actirotor R8020

图 11-14　Oxyfa 转刷曝气机

转刷的两端由大型轴承支撑，轴承需完全密封，设有防飞溅外壳。该设计可以使轴承具有较长的使用寿命。前端和后端的保护罩能够降低噪声并防止水的飞溅。

② 特点

转刷有两种规格：

a. Oxyfa（输入功率为 3.5～15kW），设计池深为 2.8～3.5m。

b. Bigox（输入功率为 18.5～45kW），设计池深为 3.5～4.5m。

标准充氧动力效率（SAE）为 1.66kg O_2/kWh。

在对城市污水进行充氧和混合时，该系统的输出功率约为 35W/m^3。

11.1.2.5　供气系统

供气系统是加压曝气系统的一个重要组成部分，有时潜水机械曝气机也需要配置供气系统。潜水曝气机和曝气器的常用水深范围是 3～8m，因此需要使用中等输出压力的设备。

供气设备类型主要取决于水厂的规模、供气流量和压力的要求以及所使用的曝气器的类型。

容积式鼓风机和离心式鼓风机是常用的两种设备，有着不同的工作范围和机理。

（1）容积式鼓风机

此类设备的压力 - 流量曲线几乎是垂直的（图 11-15）。这意味着即使系统压力变化，它的排气量几乎不变。容积式鼓风机的电机每旋转一圈，被压缩的空气体积是固定的，所以在任何条件下，它都能够输出稳定的气量。因此，容积式鼓风机特别适合与水头损失会随时间变化的曝气器配合使用。从另一方面考虑，输出功率的变化则需要安装双速电机或变频器，通过改变转速来调整。

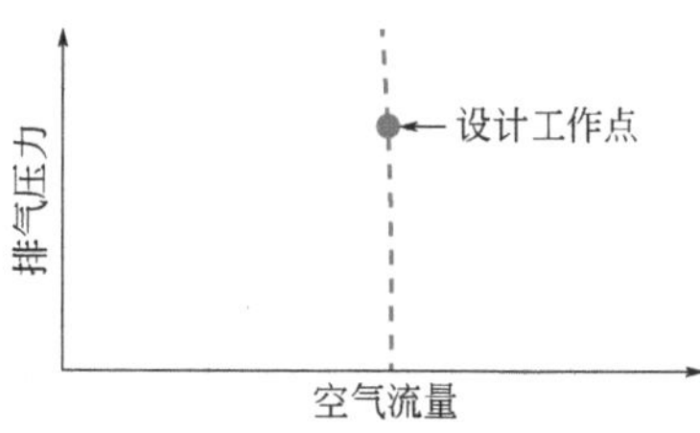

图 11-15　容积式鼓风机的压力 - 空气流量曲线

① 工艺技术

双叶或三叶罗茨鼓风机都是容积式鼓风机，其工作原理如图 11-16 所示。

对于大型设备，其出口压力可达 900mbar，最大输出能力为 8000m^3/h。它们适用于最大水深为 7～8m 的池体，效率为 70% 左右。

选用此类鼓风机的限制因素之一是输出空气的温度。一般来说，空气温度会由于压缩作用上升至大约 135℃。如果超过这一温度，设备会很快损坏。因此，在选取鼓风机参数时，曝气器在其使用寿命末期的水头损失是非常重要的考虑因素之一。另外还需要注意的是，转速的降低（例如使用调速器时）也会导致发热量增大。

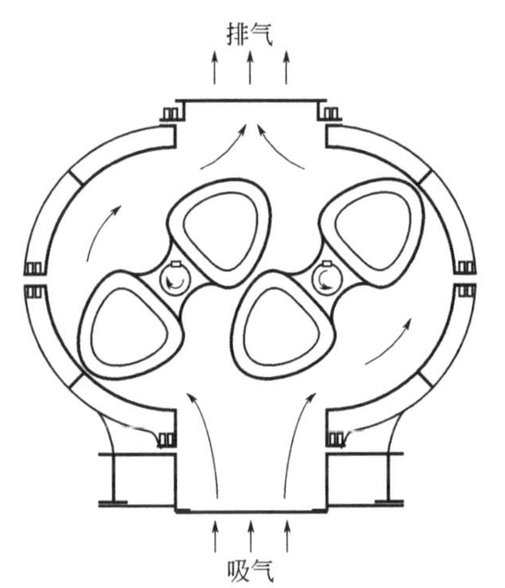

图 11-16　双叶罗茨鼓风机运行原理

螺杆压缩机起源于高压供气技术（5bar 以上），可为水深为 8m 及以上的池体供气。它耐用的结构和极高的效率（可高达 80%）使之能够与 Flexazur 曝气器完美配合使用，尤其适用于计划若干年后更换曝气器的污水处理厂。

② 安装

理想的安装条件是一组空气发生装置（一台、两台或三台机器）对应单个池体。唯一推荐的安装形式见图 11-17(a)。

实际上，图 11-17(b) 所示的安装形式会导致气量输出不均匀，相应的处理能力也会不均衡。首先，由于不同的底板高度和堰高，两个池中的曝气头不可能安装在完全相同的深度；其次，由于构筑物的沉降差，以及各个水池水头损失不尽相同，空气分配可能不均匀。

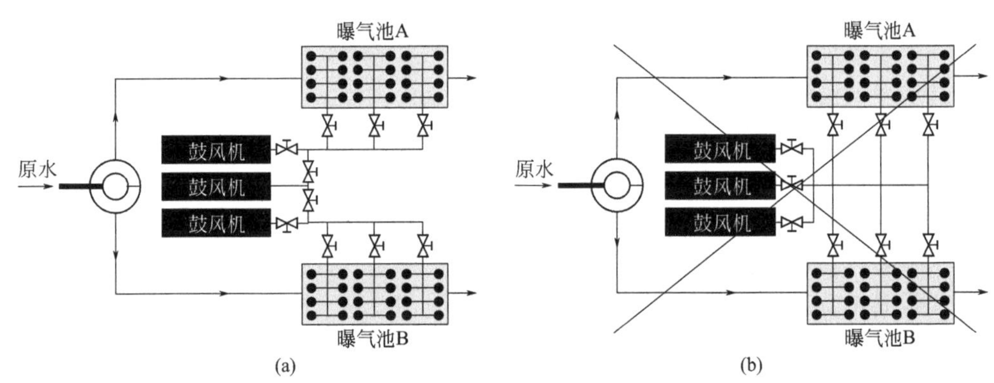

图 11-17　推荐的容积式鼓风机安装形式

（2）离心式鼓风机

离心式鼓风机的流量与输出压力密切相关，如图 11-18 所示。

因此，此类设备适用于水头损失不随时间变化的曝气系统，可以通过调节阀很容易地控制流量。如图 11-18 所示，运行工况不能位于曲线的左边。这个区域称为喘振区，在这个区域叶轮中的气体会突然倒流。当运行工况接近这个区域时，会产生非常强烈的震动，可以在几分钟内造成设备的损坏。

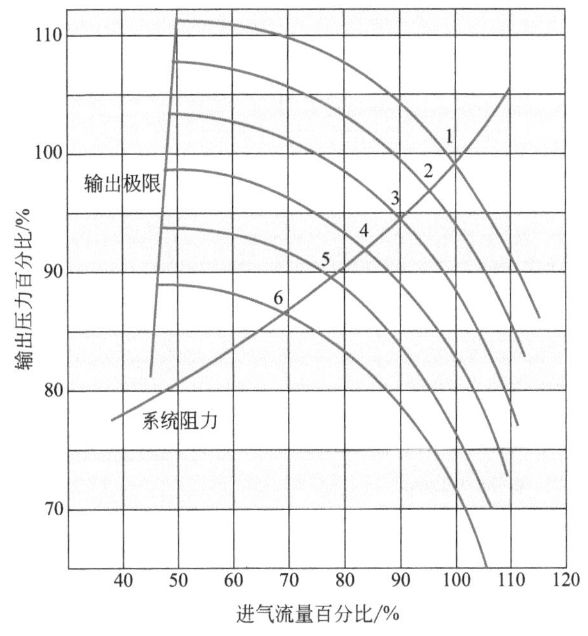

图 11-18　离心鼓风机的流量 - 压力曲线

① 工艺技术

多级离心鼓风机：正常工作压力需要进行多级连续压缩（图 11-19）。当转速约为 6000r/min 并且压力达到 1000mbar 时，流量通常为 1000～30000m³/h。

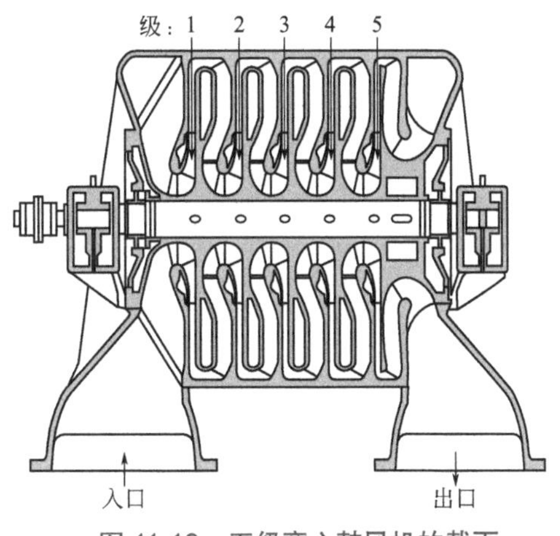

图 11-19　五级离心鼓风机的截面

涡轮压缩机：这是一种特殊的离心式设备，由于其极高的转速（10000～12000r/min），单级压缩即可达到需要的压力。其流量范围为 10000～60000m³/h，出口压力能够达到 1200mbar，主要用于处理规模超过 200000 人口当量的污水厂。它的工作效率可以达到 85%，因而 SAE 显著提高。另外，有些设备还配有一体化高性能的输出控制系统（用于控制能量输出），操作灵活性很高。

② 安装

由于其简单可靠，图 11-17(a) 所示布置形式很容易实现。

由于此类设备具有流量大和易于控制的优点，当在每个池体的主管路上配置至少一台流量计和一个控制阀时，就可以采用甚至推荐使用图 11-17(b) 所示的安装形式。

11.1.2.6　曝气系统的性能对比

曝气系统比较见表 11-2。

表11-2 曝气系统比较 单位：kg O_2/kWh

曝气装置		标况 SAE	实际工况 AAE
加压空气系统	新的橡胶膜片曝气器 Flexazur T80 及 Flexazur D33	3～3.5	1.8～2.1
	使用寿命末期的橡胶膜片曝气器 Flexazur T80 及 Flexazur D33	2.6～2.8	1.6～1.8
	微孔曝气盘 DP 230	2.4～2.8	1.5～1.7
	Vibrair 振动曝气器	1.8～2.2	1.4～1.7
	Dipair 静态曝气器	1.6～1.7	1.3～1.6
潜水机械曝气机	加压曝气器	2～2.5	1.6～1.9
	射流或自吸式曝气器	1.2～1.7	0.9～1.2
表面曝气机	竖轴表面曝气机 Actirotor	1.6～1.8	1.2～1.4
	转刷表面曝气机	1.6～1.8	1.2～1.4

11.1.3 沉淀池

11.1.3.1 沉淀池功能

对于采用活性污泥法的污水处理厂，将活性污泥与出水尽可能完全分离是水厂运行良好、出水达标的保证。

传统上，这种固液分离是依靠在二沉池或沉淀池中进行的重力沉降而完成的。也可选用其他工艺如浮选法（尽管成本很高）。

沉淀池是活性污泥系统的基本组成部分，具有以下三个主要功能。

① 澄清：澄清后出水的固体悬浮物浓度低于 20～30mg/L，分离效率高于 98%；

② 浓缩：为生物反应池提供连续的回流浓缩污泥，维持其中的悬浮固体浓度；

③ 存储：存储由于短期的水量超标额外产生的污泥（特别是汛期时）。

如果这三个功能中的任何一个都不起作用，悬浮固体将会随着出水排出，这将导致两个后果：a. 不仅悬浮固体，也包括 COD、BOD、TN 和 TP 指标升高，从而导致出水水质恶化；b. 由于污泥浓度的降低，生物反应池面临运行失败的风险。

具备上述三个功能的沉淀池的运行状况受多种因素的影响，最主要的影响因素之一是设计水量和污泥特性（沉淀性能和浓缩性能）。其他因素如池体的物理结构特性和水力特性，以及生物反应池和沉淀池之间的脱气区的设计，特别是当反应池水深较大时（水深超过 7m）也会产生影响。当出水固体悬浮物要求达到很低浓度时，以上因素就显得尤其重要。

11.1.3.2 沉淀池设计

二沉池尺寸设计主要取决于三个参数：沉淀池表面积、池边水深和污泥回流比。以下计算方式参考《ATV 设计指引》（2000 版）。理论上，这些规则适用于圆形及矩形沉淀池。然而，经验表明矩形结构的水力性能劣于圆形结构，因此在使用矩形沉淀池时要考虑一定的安全系数。

（1）沉淀池表面积

沉淀池表面积是根据可允许的表面负荷［单位：$m^3/(m^2 \cdot h)$］计算的，更常被称为上升流速 v_a，计算方程如下：

$$v_a(m/h)=\frac{500}{C_{MLSS}DSVI}$$

式中　C_{MLSS}——进入沉淀池的固体悬浮物浓度，g/L；

DSVI——稀释污泥容积指数（1g 悬浮固体在 1L 容器中沉淀 30min 形成的污泥体积，如有必要需进行稀释以确保污泥体积的范围在 100～300mL 之间），mL/g。

需要的最小沉淀面积 S_{min} 是：

$$S_{min}(m^2)=\frac{Q_e}{v_a}$$

式中　Q_e——最大允许流量，根据不同的情况，等于旱季或者雨季的峰值流量，m^3/h。

通过这种方法，二沉池表面积将随着曝气池污泥容积指数或是污泥浓度的提高而增大。相反地，所需生物反应池的容积将随着污泥浓度的升高而减小，因此可以通过改变 C_{MLSS} 浓度来计算更优化及经济的生物反应池与沉淀池组合。

这些计算参数原则上是以污泥充分絮凝，出水的固体悬浮物浓度低于 20mg/L 为基础。然而，应该指出的是，固体悬浮物含量不仅与上升流速和 DSVI 有关，还与沉淀池的结构特点和絮体结构相关。

由于很难预测污泥的絮凝性能（与细菌所处的生态环境有关），当二沉池作为澄清池时，很难准确确定二沉池的效率。因此，澄清后水中的固体悬浮物浓度通常在 5～30mg/L 范围内。

（2）池边水深

池边水深是保证沉淀池运行良好的基本条件。采用经验法确定池边水深，基本原则是将构筑物沿深度方向划分为四个从上到下不同功能的区域（图 11-20）。

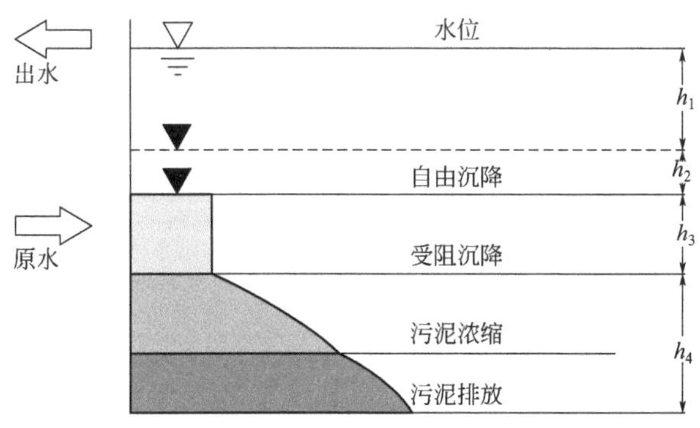

图 11-20　沉淀池中典型的固体悬浮物浓度随深度变化的示意图

h_1：清水区深度；

h_2：分离或自由沉淀区深度；

h_3：污泥储存区（暴雨时期的安全预防措施）深度，与来自曝气池的非浓缩污泥流量相关；

h_4：污泥浓缩和排放区深度。

四个分层的总深度 $h_m = h_1 + h_2 + h_3 + h_4$ 代表构筑物的平均深度。对于池底有坡度的圆形构筑物来说，这个深度是距离池壁半径的三分之一处的深度。

实际应用中，h_1 通常等于 0.50m，h_2、h_3、h_4 根据污水厂的峰值水量和相关的污泥回流量来计算。这些数值也要取决于污泥浓度 C_{MLSS} 和污泥容积指数 DSVI。此外，h_4 需要保证浓缩区的最大污泥停留时间 t_{th}；根据生化处理系统的运行条件，t_{th} 在 1～2.5h 之间变化。

对于直径≥ 20m 的构筑物来说，其总深度 h_m 不能小于 3m。池径小于 20m 时，h_m 不能小于 2.50m。

（3）污泥回流率

沉淀池底部的最大污泥浓度（Csf_{max}）是由下列公式确定的：

$$Csf_{max}\text{（g/L）} = \frac{1000}{DSVI}\sqrt[3]{t_{th}}$$

根据不同的水力（工况）运行条件，Csf 用于计算最小污泥回流比，公式为 $R_{min} = C_{MLSS}/（Csf_{max} - C_{MLSS}）$。由于污泥收集系统（刮泥机或吸泥机）会对污泥产生稀释作用，建议在计算所得数值之外引入安全系数。

由于一天中污水厂的进水流量会在峰值流量和最小流量之间大幅波动，较为理想的设计是回流量应该可以在一定范围内调整。在回流设备选型时，需要考虑操作上的灵活性。

（4）应用

虽然在《ATV 设计指引》中并未明确指出，但沉淀池的运行同样需要考虑固体负荷。固体负荷是进入沉淀池的悬浮固体总量（包括回流污泥），与沉淀池表面积有关，表示为单位面积单位时间的悬浮固体总质量［kg/(m^2 • h)］。

表 11-3 总结了沉淀池的典型工作条件以及不同活性污泥法下沉淀池推荐的池边水深。

表11-3　沉淀池的典型工作条件

负荷类型	污泥浓度 /（MLSS/L）	典型 DSVI /(mL/g)	上升流速		固体负荷		池边水深 h_m/m
			平均值 /（m/h）	最大值 /（m/h）	平均值 /［kg SS/（m^2•h）］	最大值 /［kg SS/（m^2•h）］	
中负荷	2.5	180	0.5	1.10	2.20	4.80	3.80
低负荷	4	150	0.4	0.80	3.40	5.80	4.35
低负荷除磷	4.5	130	0.4	0.85	3.90	6.70	4.10

11.1.3.3　技术方面的考虑

（1）配水筒

通常称为配水筒或进水井，其能够保证污泥均匀分布于构筑物中，且能对来自曝气池或脱气池的污泥进行消能。

（2）底部污泥收集

底部污泥收集装置需要能够调节浓缩污泥回流至生物反应池的回流量，同时限制污泥在沉淀池的停留时间（最大为 t_{th}）。

有多种方法可以限制污泥停留时间：

① 限制刮泥式沉淀池的直径，根据具体情况不同（温度、*F*/*M* 值等）最大可为 30～35m；

② 增大池底坡度，使得刮泥机能够更快地将污泥从池底周边收集至污泥斗中，更好的做法是采用吸泥方式。无论沉淀池多大，理论上刮板在池底行进的同时即可收集污泥（见第 10 章有关得利满各种沉淀池的介绍）。

（3）澄清水的收集

在收集沉淀池出水时，最重要的是防止还在沉淀过程中的物质进入出水槽。为满足这一条件，污泥层需要控制在沉淀区以下，堰上负荷不能超过 15～20m³/（m・h）。

11.1.4　活性污泥反应池：分类和构造

生物反应池的一般特性见第 4 章 4.1.6 节。本章 11.1.4.1 节详细介绍了专门用于活性污泥法的反应池的类型，以及在不考虑污泥龄和污泥负荷等因素时反应池的水力结构对净化性能的影响。得利满采用的主要活性污泥处理工艺详见本章 11.1.4.2 节。

11.1.4.1　反应池种类

（1）完全混合式

完全混合式反应池的定义是：反应池内的物质是完全均质的，其中微生物、氧、剩余底物浓度（图 11-21）在池中各点是完全一致的。

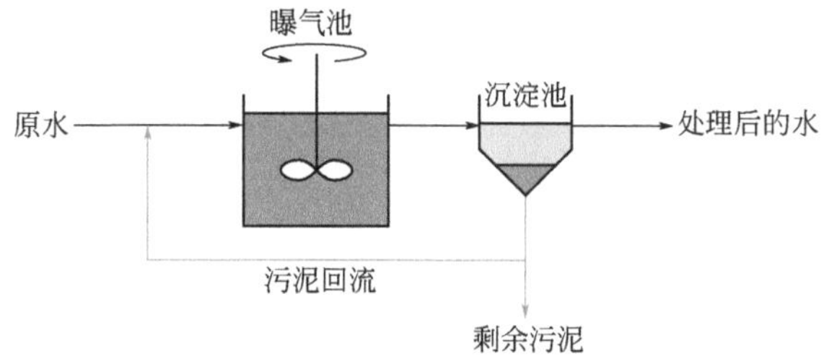

图 11-21　完全混合式反应池

当原水与回流污泥进入反应池后，立即被均匀分散到整个反应池内，与池内原有混合液充分混合，使池内各点水质与微生物构成基本相同。完全混合式的优势在于，在一定限度范围内，它能够承受污染物负荷超标和其他有毒物质的冲击。

然而，当环境中微生物可利用的基质浓度较低时，将会促进丝状细菌的生长，导致污泥膨胀（低 *F*/*M* 膨胀）。

（2）推流式

污水和回流污泥共同进入池体的进水端，反应池常为较长渠道的布置形式（图 11-22）。

基质浓度和活性污泥的需氧量沿渠道长度方向变化。因此曝气设备的充氧能力通常从上游向下游递减（渐减曝气）。这种类型的反应池一般适用于大型污水厂。

另外，如果能维持充足的溶解氧，该反应池在高进水负荷下运行时会抑制大多数丝状细菌的生长，提高污泥的沉降能力。

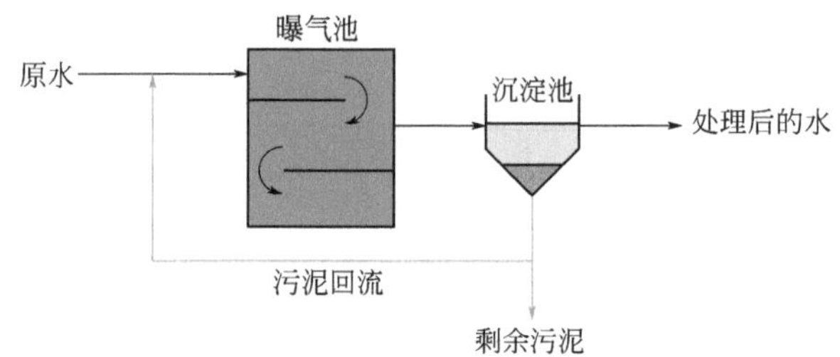

图 11-22　传统的推流式反应池

（3）分段进水式

这是推流式反应池的一个变形，污水通过多点进水的方式进入曝气池，反应池包括一系列平行的单元。回流污泥全部回流至反应池的进口（图 11-23）。

该反应池中的 F/M 比值和需氧量的分配优于推流式反应池。污泥浓度从反应池进口至出口递减，因此如流入沉淀池的固体悬浮物浓度相同，在该反应池中的污泥总量明显要多。

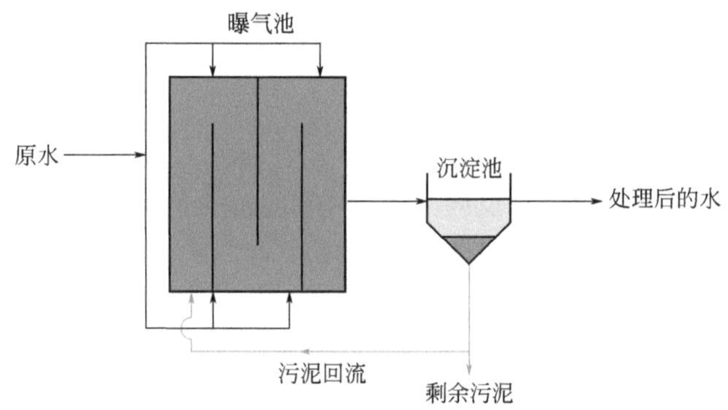

图 11-23　分段进水式反应池

（4）渠道式（封闭环流式）

该型反应池最初设计为安装有水平轴曝气器的椭圆形渠道（氧化沟）。其中溶解氧含量沿氧化沟长度方向有明显的波动，池中会发生反硝化反应（图 11-24）。

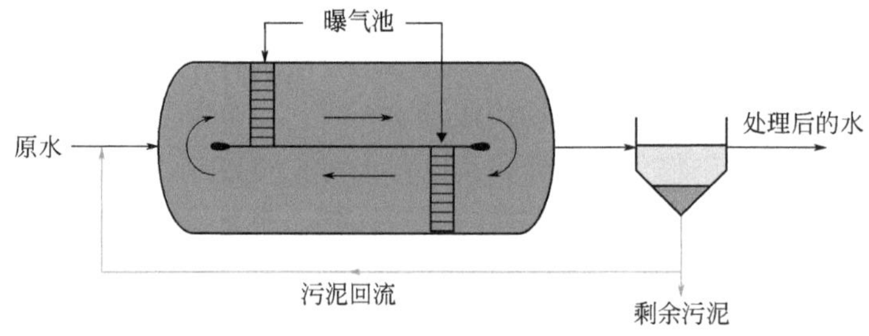

图 11-24　氧化沟反应池

发展至今，该反应池也可设计为环状结构，通过加压空气曝气和机械搅拌，使其循环速度不小于 0.30m/s。这种情况下，该反应池与完全混合式反应池有相似之处。

（5）特殊形式：选择池

选择池，在法国通常被称为接触区，需与前面讨论过的反应池结合使用。它最初应用于 Chudoba 处理厂（1973），其目的是控制丝状菌膨胀及提高污泥的沉降性能。

选择池的工作原理是营造出含有高浓度可溶性可生物降解基质的环境，强化非丝状菌微生物的基质吸收速率和存储能力，从而使非丝状菌微生物的增长速度超过丝状菌微生物，即絮凝性微生物占主导地位。

实际运用中，需要在曝气池的最前端设置一个小容积的反应池，使回流污泥和污水混合。

工艺设计需要考虑两个参数：峰值流量时的接触时间（大约为 10min）和选择池中可快速吸收的 COD 负荷（大约为 100mg COD/g MLSS）。

有多种不同类型的选择池：好氧选择池、缺氧选择池和厌氧选择池，因为运行条件不同，运行效果也不尽相同。

11.1.4.2　活性污泥工艺的主要形式

用于去除 BOD（生化需氧量）的典型工艺无需特别介绍：根据处理目标和曝气方式采用完全混合式或推流式（及其变形）的中负荷、高负荷甚至超高负荷反应器。

本节仅讨论得利满对于脱氮工艺（含硝化及反硝化）及脱氮除磷组合工艺的应用。

（1）两级反应区组合工艺（图 11-25）

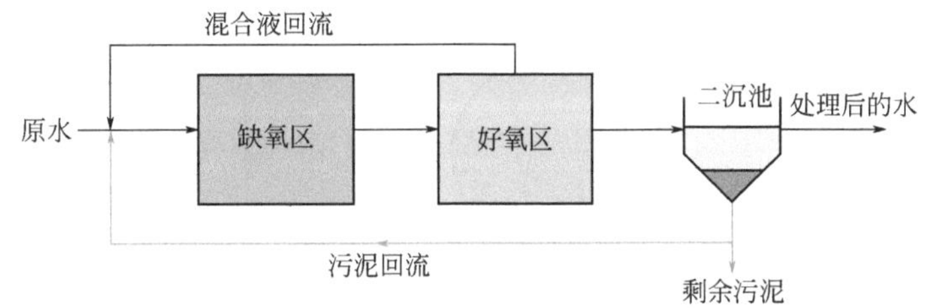

图 11-25　两级反应区组合工艺

两级反应区组合工艺即缺氧 - 好氧组合工艺。在这个非常经典的工艺形式中，进水首先流入缺氧区，然后连续或间歇地流入曝气好氧区。在此生成的硝酸盐通过污泥回流及混合液回流（内回流）的方式回流至缺氧区。基于需要达到的反硝化效果，内回流量通常是进水流量的 150%～350%。

反硝化反应效果取决于缺氧区的接触时间，尤其是取决于原水 BOD 中易生物降解的组分。当进水中 BOD/TKN 比值为 4 ∶ 1 时，出水硝酸盐浓度可降至 5～7mg/L（以 N 计）。当进水 TKN 较低（最高 40mg/L）时，可达到出水 TN 小于 10mg/L（以 N 计）的排放标准。

当进水 TKN 浓度过高或是 BOD/TKN 比值过低时，此工艺由于受到反硝化能力的限制而影响 TN 的去除效果。

（2）三级反应区组合工艺（图 11-26）

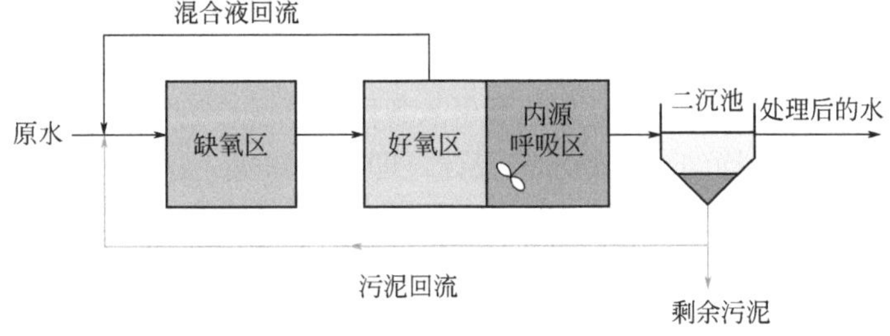

图 11-26　三级反应区组合工艺

三级反应区组合工艺即缺氧 - 好氧 - 内源呼吸反应区组合工艺，是在两级反应区工艺中的曝气区下游增设内源呼吸反应区，并在此反应区内安装间歇运行的曝气装置及混合装置。而混合液仍由曝气区回流至前端的缺氧区。

进水中易生物降解的 BOD（其中包括溶解氧）决定了硝酸盐的最大反硝化程度，也决定了缺氧区的设计。未完成的反硝化反应则通过后续内源呼吸反应区内微生物的内源呼吸作用完成。

基于以上设计原理，三级反应区组合工艺具有如下优点：

① 反硝化脱氮效率高，出水总氮浓度低；

② 可处理 TKN 浓度高或 BOD/TKN 比值低的原水；

③ 由于回流的混合液硝酸盐浓度远高于出水，因此可降低内回流比。

（3）硝化 - 反硝化氧化沟（图 11-27）

这种工艺采用交替曝气及潜水搅拌器以维持泥水在氧化沟内最低的环流状态，氧化沟在好氧和缺氧条件下交替运行。

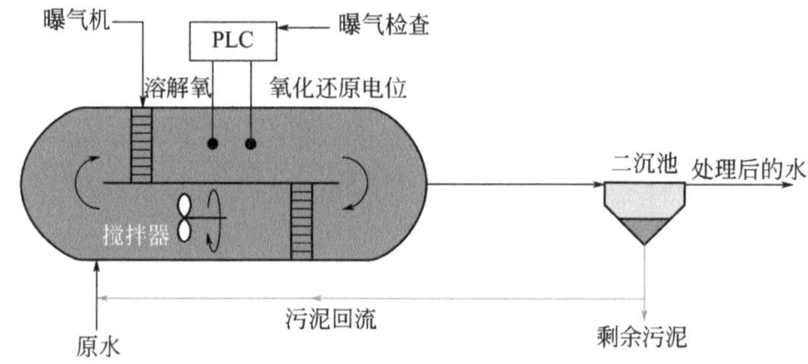

图 11-27　硝化 - 反硝化氧化沟

通过测量氧化还原电位控制氧化沟的曝气。如有必要，控制方式还可结合溶解氧的测量。氧化还原电位用于确定一天内曝气与非曝气的时段。当曝气停止时，硝酸盐浓度因反硝化反应的发生而降低，也因如此，氧化还原电位会突然下降，达到较低阈值时即重新开始曝气。

曝气次数和曝气时间在一天内不是固定的，会随进水氮负荷的波动而变化。一般来说，每天的总曝气时间为 12～18h，平均曝气时长为 14h。

此工艺的优点是对进水水质变化的适应性较高。如设计合理，该工艺出水中的硝酸盐浓度能降至约 4～7mg/L。强烈建议在该工艺上游设置一座接触池，以抑制丝状菌的生长（易在完全混合式的生物反应器中出现）。

（4）多段生物反应区组合工艺（图 11-28）

该工艺包括多段（两段、三段甚至四段）缺氧 - 好氧反应区的组合。设计原理参照上文介绍的两级反应区组合工艺，原水经分配后引入各段缺氧区，为反硝化反应提供有机碳源。

该工艺的设计可采用均匀分配原水的设计，即每段缺氧 - 好氧区具有同样的处理能力，同时原水也被平均分配至各段；也可以采用非均匀式配水的设计，即能够使反应器首段更好地利用原水中浓度较高的悬浮物。采用这种工艺组合，可以减少甚至不需要混合液回流，其原因是除最后一工艺段外，前端工艺段产生的硝酸盐均可被后一工艺段去除。

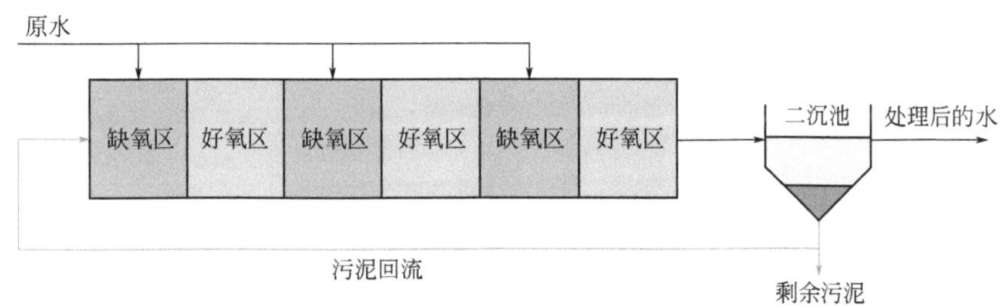

图 11-28　多段生物反应区组合工艺

由于形式较为复杂，此工艺更适用于高负荷的污水厂（例如南米兰水厂，见第 23 章）。

（5）OCO 工艺（图 11-29）

OCO 工艺的命名源自其最初的工艺布置形式，包括三个相互连通的反应区——厌氧区、缺氧区及好氧区，其适宜用作脱氮及生物除磷工艺。每个反应区配置一台搅拌器，用于维持池内的水平流动状态。在图 11-29 中的反应区 3，约一半的区域安装有曝气头，用于工艺曝气。

与传统工艺不同的是，该工艺的硝化液内回流无需经泵提升。缺氧区与好氧区水流的混合仅通过安装于池内的潜水搅拌器控制，这使得该工艺的电耗大为降低。

反应池为圆形构筑物，其内部设有半圆形分隔墙，因此 OCO 池的 2 区和 3 区的两股水流相对独立，并可在未设分隔墙的区域内，对 2 区和 3 区的泥水混合状态进行调节。

此工艺需设一套具有调节功能的程序，以控制池内混合及曝气的周期及强度，从而实现好氧区及缺氧区之间所需要的内回流。

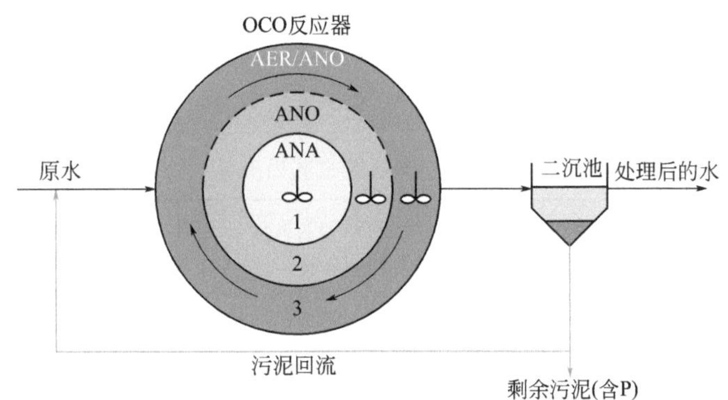

图 11-29　OCO 工艺

AER—好氧区；ANO—缺氧区；ANA—厌氧区

OCO 工艺显著的优点在于运行的灵活性、出色的反硝化效率和生物除磷效率，因此其应用案例众多（图 11-30）。水力参数的设计对于此工艺非常重要，其主要应用于小型至中型的污水厂。

（6）ISAH 工艺（图 11-31）

ISAH 工艺与 JHB 工艺［见第 4 章 4.2.1.4 节中的（3）］相似，即在二沉池污泥回流至厌氧区前设置一个内源性反硝化反应区，以尽可能降低进入厌氧区的硝酸盐浓度。

然而，与 JHB 工艺的不同之处在于：ISAH 工艺在厌氧区与内源反硝化区之间设置有内回流装置，为内源反硝化反应提供碳源，以优化硝酸盐的去除效果。

Odder水厂(丹麦)，处理能力为18000m³/d

Skavinge水厂(丹麦)，处理能力为17000m³/d

图 11-30 OCO 工艺应用案例

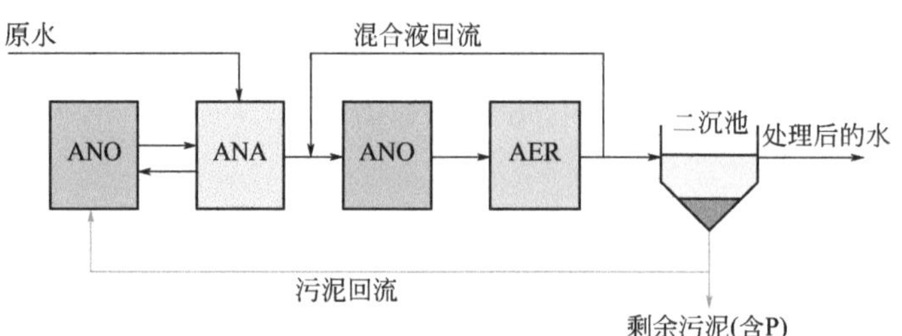

图 11-31 ISAH 工艺

此工艺在布尔诺污水处理厂（捷克）有应用（见第 23 章）。

（7）工艺选择

水处理领域中活性污泥工艺的种类繁多，因此较难选择一个非常适合的工艺。相对于其他参数，工艺选择更取决于原水性质、现行的排放标准以及污水厂的规模。

表 11-4 列举了可以用于指导选择脱氮工艺的指标。

表11-4 脱氮工艺选择指标

项目	50000 p.e.（人口当量），出水 TN 15mg/L			150000 p.e.（人口当量），出水 TN 10mg/L		
进水水质情况	1A	1B	1C	2A	2B	2C
BOD/(mg/L)	300	250	150	300	250	150
TKN/(mg/L)	75	45.5	37.5	75	45.5	37.5
BOD/TKN 比值	4	5.5	4	4	5.5	4
待去除的 NO_3^--N 浓度 /(mg/L)	46	20	18	51	25	23
原水碳源潜在反硝化去除能力 /(mg/L)	40	33	20	40	33	20
仅有预缺氧区是否满足需要	否	是	是	否	是	否
需要的回流比	4	1.9	1.7	8	4.2	3.3
是否需要设置内源呼吸区	是	否	否	是	否	是
推荐的工艺形式①	A/OE（A/O/E）	A/O	A/O	A/O/E	A/O（A/O/E）	A/OE

① 工艺配置。A/O：二级反应区组合工艺；A/OE：二级反应区组合工艺，并采用间歇曝气；A/O/E：三级反应区组合工艺。硝化 - 反硝化氧化沟工艺适用于上述所有情况。

11.1.5　序批式反应器工艺

11.1.5.1　总则

序批式活性污泥工艺（SBR）包含一个完全混合式反应池，曝气过程与沉淀过程在反应池内交替进行，因此称之为“序批式 ”。当停止曝气时，污泥开始沉淀，反应池上部的上清液通过排水装置排出池外。按照程序预先设定可控的时间间隔，池内分别处于不同的反应阶段，所有的反应阶段组成一个反应周期。

一个典型的周期包括 5 个反应过程，并分为 3 个阶段（表 11-5）：

① 进水（原水或澄清水）和生物反应（反应池内曝气及混合）；

② 沉淀（污泥沉降）；

③ 排水（排出处理后的水）并静置（排出剩余污泥）。

表11-5　典型的SBR周期

序列	容积利用率（所占容积率）/%	序列持续时间占总运行周期的比例 /%	循环阶段	序列的目的	空气
1	60～100	33	原水 进水	投加基质（反硝化作用）	有或无（可选择）
2	100	33	反应	去除碳源（及硝化）	有
3	100	16	沉淀	澄清作用	无
4	100～65	14	排水 出水	处理后水的排出	无
5	65～60	4	静置	排出剩余污泥	无

因为可以利用排水过程的后期排放剩余污泥，所以最后的静置过程可以取消。一个完整的周期历时约 4～12h。对于某些工业废水（IWW），一个处理周期需要更长的时间。根据进水水质以及需要去除的目标污染物，如仅除碳或除碳脱氮，或除磷，SBR 工艺的周期设计会相应有所不同。

对于这种单池构造的工艺，进水与排水过程是不连续的。为了实现连续进水，需要增设第二座 SBR 池，在第一座 SBR 池停止进水时（运行至整个周期的一半）启动进水。但是，为实现连续出水，至少需要同时设置 4 座 SBR 池。

所有活性污泥工艺的设计参数（如 BOD 负荷、F/M、污泥泥龄等）均适用于 SBR 工艺，即使两者的生物及水力条件稍有差别。

基于这一基本原理，SBR 工艺已有众多的衍生工艺，并且均为间歇式排水。最初此工艺多用于小型或中型污水厂，但现在的 SBR 工艺已能用于大型城市污水处理厂（超过 100 万人口当量）。

SBR 工艺的优点如下：

① 原则上不再需要设置二次沉淀池及污泥回流系统；

② 对于进水水量及污染物负荷冲击有较好的适应能力；

③ 澄清效果非常出色，尤其是在澄清阶段能很好地控制污泥缺氧甚至是厌氧的时间，因此污泥沉淀性能好、出水悬浮物浓度低；

④ 简单并紧凑的池型构造，能显著减少土建工程量。

SBR 工艺的缺点如下：

① 由于每座 SBR 池只在部分时间进行曝气，因此曝气系统的能力需要放大；

② 对滗水系统的运行效率与精密程度要求非常高；

③ 为避免漂浮物带来的问题，需要增设相应的去除设施。

长期以来，得利满一直在研发序批式生物反应器。在其应用初期，此类工艺为固定水位设计，适用于小型污水厂：如 Diapac UI 及后来的 Alter 3（20 世纪七八十年代）。后来，随着序批式系统的优点被逐步认可（20 世纪 90 年代），根据处理规模，得利满进一步开发了以下两套系统（包括 Cyclazur 工艺）：

① 适用于小型污水厂的 Bio-S 工艺（见本章 11.3.1 节紧凑型装置）；

② 适用于中到大型污水厂的 Cyclor 工艺（见本章 11.1.5.2）。

11.1.5.2　Cyclor 工艺

为了实现连续出水，Cyclor 工艺至少需设置两座反应池。每座圆形或方形的反应池均是变水位设计。占地及污水厂的规模决定了反应池的形状及数量。

（1）反应周期中的主要阶段

同一反应池内各连续反应阶段的描述如下（图 11-32）：

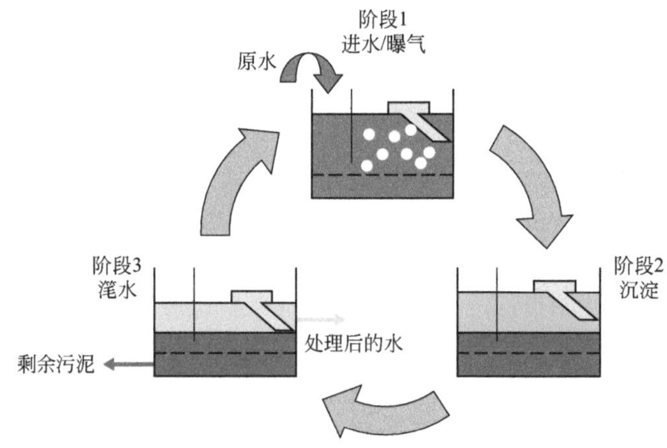

图 11-32　Cyclor 工艺：反应周期中的主要阶段

① 进水 / 曝气阶段（阶段 1）：进水通过选择区（反应池入水端的推流式反应区）流入反应池，在选择区内进水与一部分回流污泥混合。反应池内水位升高并开始曝气。此阶

段会进行多种生化反应：曝气时的硝化及好氧除碳反应，如需要，在曝气停止后还会进行反硝化反应（其反应程度可设置）。

② 沉淀阶段（阶段 2）：此阶段将停止污泥回流及曝气。污泥进行静置沉淀，并在微生物絮体内发生内源式反硝化反应。

③ 滗水阶段（阶段 3）：污泥沉淀后期，池内上层的澄清水将通过滗水器排出池外。此时污泥沉淀及微生物絮体内的内源式反硝化反应仍在继续进行。滗水停止后，将剩余污泥排出池外。

（2）Cyclor 工艺的组成部分（图 11-33）

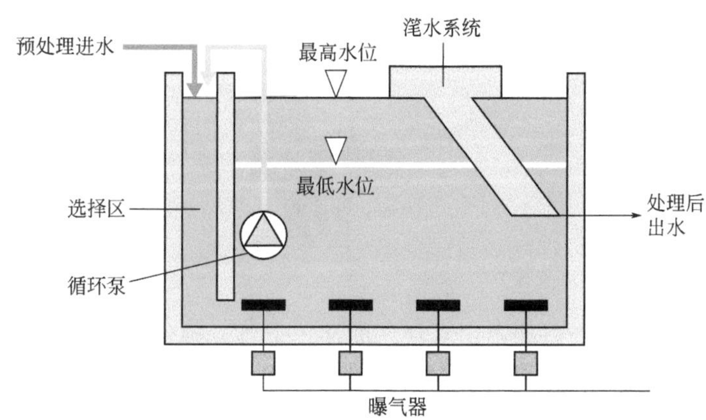

图 11-33　Cyclor 工艺：反应器内部示意图

① 选择区

经过预处理后的水首先进入选择区（推流式的反应区），同时污泥回流泵输送部分回流污泥在此与之混合。

根据其设计特性（推流式，水力停留时间），选择区的主要功能是让进水与回流污泥先进行一定时间的接触，这样可以：

a. 抑制丝状菌的繁殖，改善污泥沉降性能，进而降低污泥膨胀的风险。

b. 促进生物除磷及反硝化反应的进行。

② 曝气器布置

在反应池底部装有微孔或中孔曝气头，将空气引入池内。反应池内装有溶解氧测量仪，并通过设定的程序控制反应池内的溶解氧浓度。

搅拌器通常不是 Cyclor 工艺的标准配置。工艺曝气能确保池内为完全混合的状态。在任一缺氧过程完成后，通过及时的曝气使池内污泥恢复为悬浮状态。当然，设计时也可以考虑在池内设置潜水搅拌器。

③ 滗水系统

滗水器是影响 Cyclor 工艺运行效果的关键设备之一，它必须确保在规定的时间内完成排水过程，并且在排水时既要防止悬浮物随水流出，又要防止扰动池底的污泥层，避免影响尚未结束的澄清过程。

Cyclor 工艺配置的出水收集系统是一个拥有专利技术的浮动堰（已有 50 多个运行案例）。滗水阶段，通过该装置将反应池内的液位从最高液位降至最低液位。最低液位通常与池底泥层表面保持足够的距离，以防止污泥在滗水过程中被扰动和带出。

滗水器的组成部分如下（图 11-34 及图 11-35）：a. 一套漂浮装置；b. 一套设于漂浮装置顶部的撇渣堰；c. 一套稳固的、带活络接头的摇臂重力排水管。

图 11-34 Ara Anerland 水厂（瑞士）

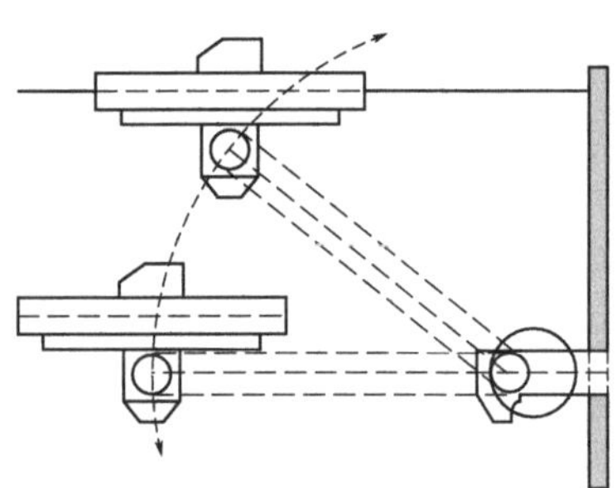

图 11-35 滗水系统

在非滗水阶段利用一套自动锁定系统（如注入空气）确保滗水器处于封闭状态。在漂浮装置的下部形成气垫层以防止污泥流入排水系统。滗水阶段开始时，电磁阀开启堰板，气垫层被排出，随即开始排水。

滗水过程中，漂浮装置随液位的降低而下降。滗水结束时，滗水器排空，气动系统将锁闭滗水器，以待下个周期再启动。

这种滗水器的设计尤其适用于序批式反应工艺：池内的漂浮物不会随产水排出（撇渣堰浸没于液面下 10cm），堰的运行及锁定不需要依靠机电装置。

排水量随反应器液面的高低而变化：开始滗水时排水量高，当液位接近污泥层时，排水量降低。排水量取决于滗水阶段起始及结束的液位差、排水液位以及下游工艺的水头要求。

有四种型号的滗水器，其流量范围为 250～1200m^3/h。一座反应池亦可同时配置几套滗水器。

④ 运行周期

反应池形状和数量根据污水厂的占地面积和规模来确定。

反应周期可以提前经程序设定，但也可进行调整以适应进水条件的变化。通常有三种反应周期：短周期、长周期、超长周期。它们的区别在于反应阶段的时长不同，但沉淀阶段及滗水阶段的时间完全相同。这种工艺适用于进水污染物负荷较高、排放标准要求较严（特别是针对总氮指标）、需要应对水温变化（冬季要求硝化反应）的情况。

另外，根据工程经验，在某些条件下 Cyclor 工艺还具有很好的生物除磷功能。

图 11-36 列举了两个运行周期设计方式。

⑤ 优点和缺点

与传统的活性污泥法相比，Cyclor 工艺主要具有以下优点。

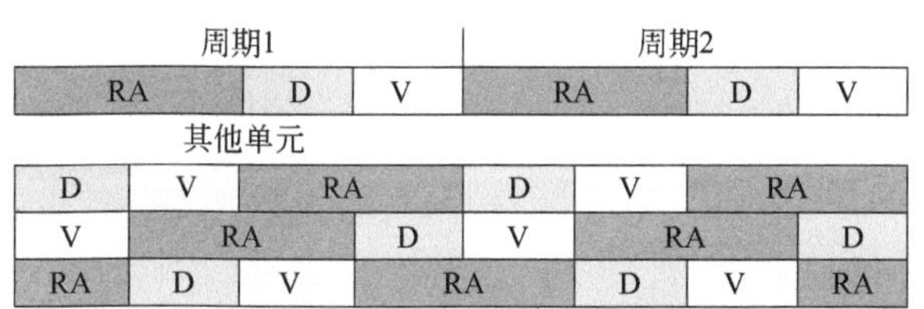

(a) 4h 20个周期，4单元构造

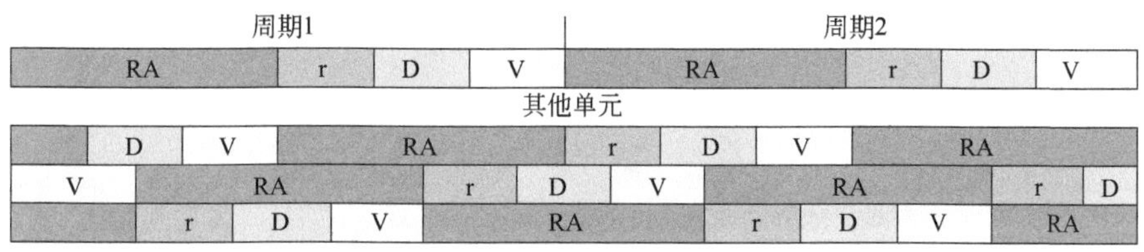

(b) 6h 30个周期，4单元构造

图 11-36 Cyclor 运行周期示例

RA—进水+曝气；r—反应（曝气或缺氧）；D—沉淀；V—排水

a. 最佳的污泥沉降效果：污泥静置沉降时无任何水力干扰，具有很好的污泥指数（通过选择区及间歇曝气实现）。

b. 土建工程较简单，无需另设污泥沉淀池，减少占地。因此，Cyclor 工艺适用于对占地和环境条件（如需设置顶盖）限制较严的情况，是介于传统活性污泥法及生物滤池之间的工艺。

c. 可实现模块化设计和操作。

d. 通过较为简单的时间调整实现全自动控制。

如同所有 SBR 工艺一样，Cyclor 工艺存在以下不足：

a. 由于其周期运行方式的限制（曝气设备运行时间有限），曝气系统需提高其充氧能力；

b. 总池容大，当水力峰值系数较高（＞3）时，容积利用率低；

c. 当下游设有深度处理工艺时，出水常需设置调蓄池。

11.1.6 Ultrafor膜生物反应器

11.1.6.1 概述

Ultrafor 是一种浸没式膜生物反应工艺系列（见第 4 章 4.4 节），其利用 Zenon 有机超滤膜，即一种具有强化膜丝的 500 型系列中空纤维膜，水在由真空泵产生的压力差的作用下由外向内穿过膜丝，生物混合液得以过滤（图 11-37）。

膜丝外径为 1.9mm，内径为 0.9mm。膜丝标称孔径为 0.04μm，过滤性能优异。

膜组架是膜过滤系统中最小的功能性单元。它主要包括以下设备（如图 11-38 所示）：

① 膜元件（最大填充数量为 22 只），每只膜元件的过滤面积为 20.4m^2；

② 膜组架及膜元件的组装部件；

③ 膜组架沿长度方向上安装的释气布气系统（用于膜擦洗）；

④ 将膜组架固定于池内的安装部件。

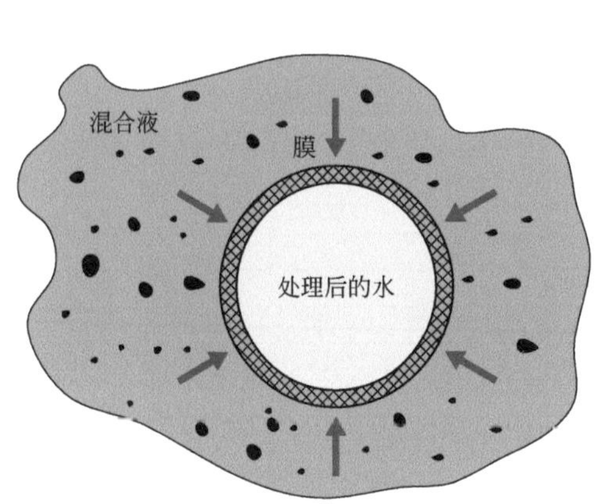

图 11-37　膜过滤

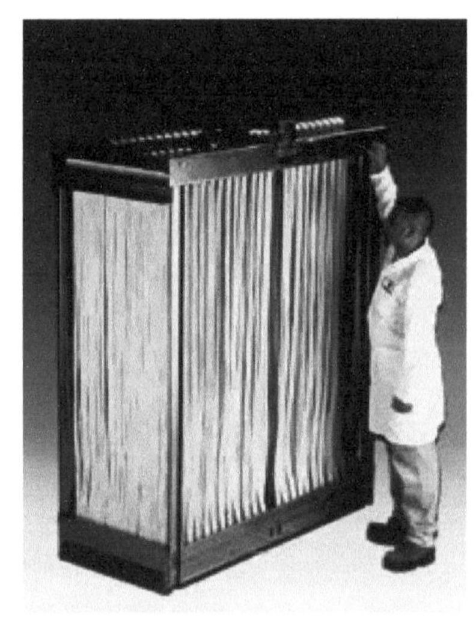

图 11-38　超滤膜生物反应器组架

11.1.6.2　工作原理

浸没于混合液中的膜元件将水与活性污泥分离。膜生物反应器的这种功能使污水处理系统不再需要设置二沉池以及深度处理中的过滤工艺。

Ultrafor 膜生物反应器有两种布置方式（图 11-39 及图 11-40）：

① 膜组架直接浸没于生物反应池内（Ultrafor I 或合并型）；

② 膜组架设置于单独的过滤池内。这种布置方式需要将过滤池内的混合液回流至生物反应池（Ultrafor S 或分置型）。

Ultrafor 膜生物反应器运行周期包括过滤及反洗两个阶段。

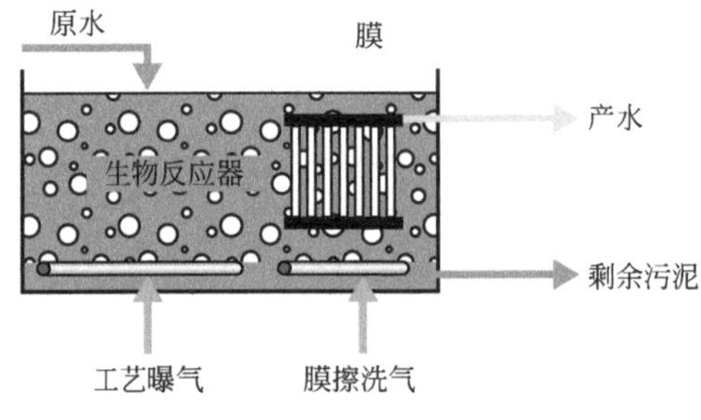

图 11-39　Ultrafor I

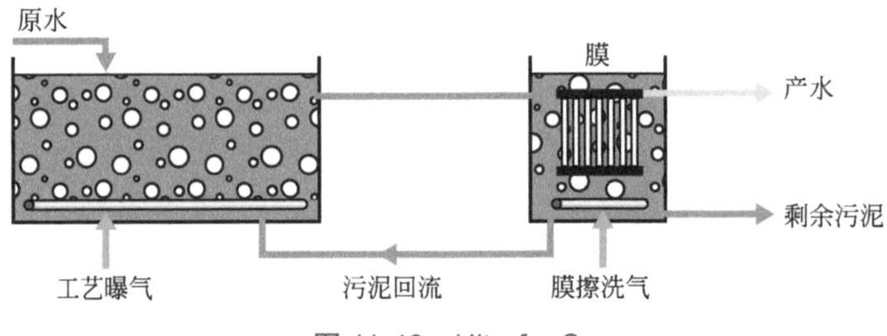

图 11-40　Ultrafor S

膜生物反应器过滤的驱动力为抽吸或重力产水的跨膜压差，通常跨膜压差小于0.55bar。部分滤后产水将用于膜的清洗。定期曝气（膜擦洗）产生的空气流由下至上经过膜丝，抖动膜丝并搅动膜丝附近的混合液。

另外，为了避免由长时间运行引起的膜污堵及跨膜压差变化，需要对膜生物反应器定期进行反洗，反洗过程及间隔描述如下：

① 膜组件的反洗：产水以与过滤相反的方向透过膜丝，将膜丝外表面附着的污染物冲落。膜组件的反洗频率通常为 10～15min 一次，每次反洗时间约 30s。

② 维护性清洗：反洗过程中在反洗水（产水）中加入特定的化学药剂。这是对膜丝的一种保护性措施，通常每 3～7d 进行一次，每次清洗时间约 1h。

③ 再生性清洗：将膜组件浸没于特定的化学药剂中。这是对膜丝的修复性清洗，通常一年进行 1～3 次，每次清洗时间不超过 24h。

11.1.6.3 应用

与大多膜生物反应器一样，Ultrafor 工艺的主要特征如下：

① 污泥浓度高达 8～12g/L，生物池容积较小。其污泥浓度一般为 8～10g/L，甚至可以更高，但此时反应器并未处于最佳的运行状态（考虑到成本 - 处理效果）；

② 污泥泥龄通常大于 10d；

③ 膜组件直接浸没于泥水混合液中。

这些特征使该工艺在设计上需要采取一些保护或限制措施。

（1）预处理

为确保膜系统的正常运行，必须设置必要的预处理设施。

除需彻底去除砂砾及油脂外，还必须设置膜格栅。膜格栅的栅距或孔径间隙不能超过2mm。同样也推荐使用超细格栅。

（2）生物反应器

除了少数案例外，生物反应器的构造与传统活性污泥法相似。

图 11-41 提供了 3 种生物反应器的布置形式。

高污泥浓度以及膜组件的应用，使膜生物反应工艺在占地面积方面有着显著的优势。

为获得良好的过滤性能，反应器容积的设计必须保证系统在最不利的负荷及温度条件下，仍具有稳定优越的硝化功能（NH_4^+-N 浓度低于 1mg/L）。然而，一些标准中总氮浓度通常不作为出水考核指标，而且与传统活性污泥法不同，该工艺不存在污泥在二沉池中上浮的风险。因此，反硝化功能的设置通常不是必要的，可根据出水水质对总氮的要求而定。膜生物反应器由于池内污泥浓度高，其容积可比传统活性污泥工艺减少一半。

高污泥浓度会降低 T_p 系数（见第 11 章 11.1.2 节）进而降低氧转移效率。这使膜生物反应器工艺的电耗（以 kWh/kg BOD 计）较传统活性污泥工艺明显增大。

由于膜丝的过滤作用，会产生高浓度混合液，其污泥浓度的控制需通过连续的混合液回流（至好氧区或缺氧区）得以实现。通常，回流比为进水流量的 200% ～ 500%。

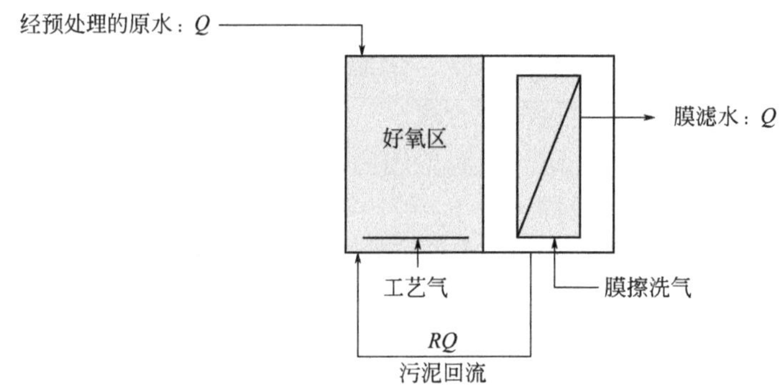

(a) Ultrafor I，仅硝化作用

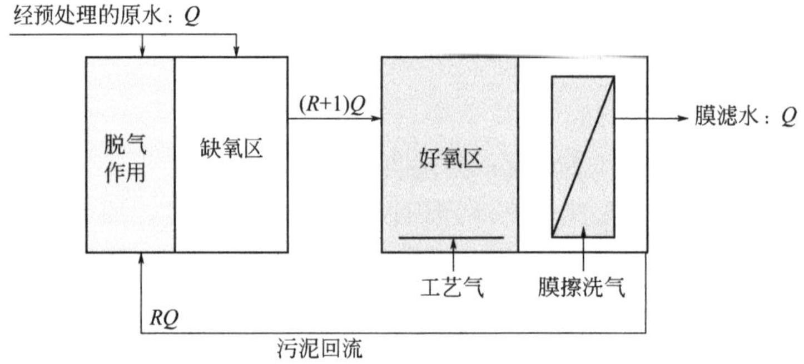

(b) Ultrafor I或Ultrafor S，硝化作用/预缺氧的反硝化作用

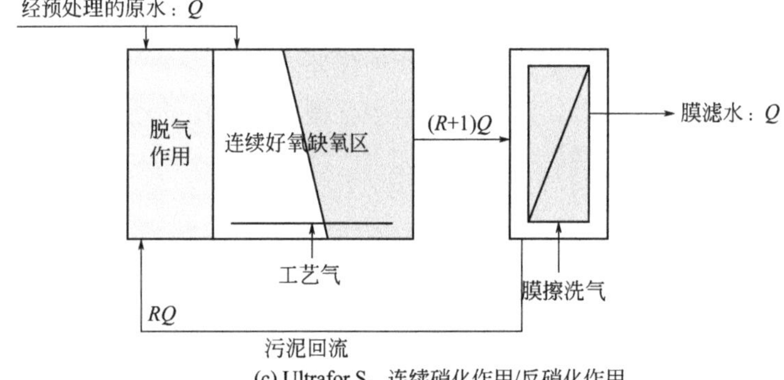

(c) Ultrafor S，连续硝化作用/反硝化作用

图 11-41　典型的 Ultrafor 工艺形式

（3）膜表面积

鉴于峰值流量对膜系统设计的影响，水力条件是决定膜过滤面积的关键因素。当峰值系数高时，需要考虑调节池或分设系统处理冗余水量等优化措施。

膜表面积的设计还需根据进水水温以及过滤区的污泥浓度加以校正。

根据这些参数，膜的净通量［以 $L/(m^2 \cdot h)$ 计，或 LMH］通常在 15～35 之间变化（图 11-42）。

11.1.6.4　性能

由于使用膜作为截留屏障，Ultrafor 工艺对悬浮物、浊度及大肠菌群数等的去除效果非常优异，并且通过合理的硝化反应设计，其出水 COD、BOD 及 NH_4^+-N 浓度也非常低。

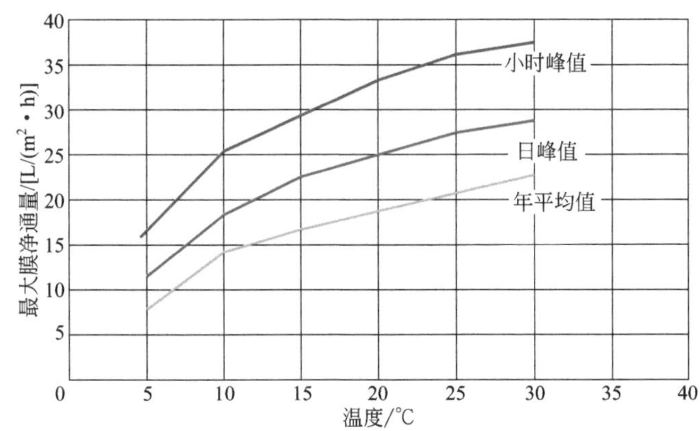

图 11-42　随水温及水力条件变化允许的最高膜净通量（膜滤污泥浓度：12g/L）

表 11-6 汇总了膜生物反应器对于城市污水的处理效果。

表11-6　膜生物反应器处理城市污水的出水水质

参数	浓度
悬浮物 /(mg/L)	<2
浊度 /NTU	<1
COD/(mg/L)	<30
BOD/(mg/L)	<3
NH_4^+-N/(mg/L)	<1
TN/(mg/L)	<10
粪大肠杆菌（以 100mL 计）/ 个	<100

膜生物反应器的优质出水可直接排至对水质要求高的水体环境，或者回用于一些特定场所。

第 15 章 15.4 节将介绍膜生物反应器的主要应用及优点。

11.1.7　运行操作问题

采用活性污泥工艺的污水处理厂经常会在运行过程中出现一些问题，从而影响处理效果及稳定性。

这些问题早在活性污泥法应用的初期就已出现，随着过去数十年脱氮除磷功能的引入，其出现的频率逐渐上升。

影响活性污泥工艺处理效果的因素有很多。其中一些与基质性质有关，如废水中污染物的成分，还有一些则涉及生物系统的设计及运行方式（表 11-7）。

表11-7　活性污泥法处理效果的影响因素

废水组成	生化系统
工业废水混入比例	反应器构造
溶解性的有机成分	温度

续表

废水组成	生化系统
营养物质（N 和 P）	pH
温度	曝气系统
pH	搅拌系统
腐败性	缺氧区或好氧区的存在
总盐度	污泥泥龄
油脂浓度	反应器活性污泥浓度 / 反应器溶解氧浓度

活性污泥工艺运行经常出现的问题有：污泥膨胀、泡沫及在污泥沉淀阶段出现的污泥上浮。

11.1.7.1 丝状菌膨胀

丝状菌膨胀，即通常所说的污泥膨胀，即意味着在生物絮体中有丝状菌存在。这些细菌使污泥的沉降性能恶化（污泥指数超过 200mL/g），进而影响产水水质。丝状菌引发的危害程度与其密度及菌体长度（最主要因素）成比例关系。另外，也与丝状菌的种属有关，某些种类丝状菌的危害更大。

众多研究人员（特别是 Eikelbaum 和 Jenkins）发现，丝状菌有 29 种类型。表 11-8 及第 6 章 6.3.3.1 节中的表 6-9 详细地说明了最常观察到的丝状菌的种类，以及导致其生长繁殖的主要原因。

表11-8 活性污泥中发现的丝状菌的类型及相关原因

丝状菌生长的原因	鉴定出的丝状菌的类型
溶解氧浓度低	球衣菌、软发菌，1701 型菌等
完全混合反应器中 F/M 比值低	微丝菌、诺卡氏菌、软发菌、021N 型菌、0041 型菌、0675 型菌、0092 型菌、0581 型菌、0961 型菌及 0803 型菌等
化粪池污水，有硫化物出现	贝日阿托氏菌、发硫菌、021N 型菌等
缺乏营养（氮和磷）	发硫菌、021N 型菌、0041 型菌和 0675 型菌
低 pH 值（低于 6.5），缺乏营养	真菌

考虑到丝状菌的多样性及引发丝状菌膨胀的条件，控制污泥膨胀发生的实际操作方法包括：

① 评估丝状菌群在生物絮体中所占的优势程度；

② 识别丝状菌的种属（镜检）；

③ 采取适合的补救措施：

a. 短期治标，调整污泥回流比、投加污泥助凝剂、对污泥进行加氯处理（详见第 6 章 6.3.3.1 节）；

b. 长期治本，检测进水组分、投加营养物、调整 F/M 比例及充氧率等。

一个常用于解决这些问题的方法是对活性污泥进行加氯处理。其基本原理是破坏活性污泥絮体表面的丝状菌，而又不会对形成活性污泥絮体的细菌造成过多伤害。这种方法的处理效果取决于操作的规范性：根据系统内的污泥总量严格控制加氯量，每吨污泥每天加氯 2～6kg。按照合适的投加频率在适宜的投加点（污泥浓度高且混合条件好）投加，并经常检测出水水质。

除了氯氧化以外，也可采用其他氧化剂，如臭氧或过氧化氢。

11.1.7.2 泡沫

活性污泥工艺好氧池液面容易出现不易破碎的棕色黏性泡沫（“巧克力慕斯状”）。这些泡沫通常会随水流进入后续沉淀池，浮于其表面并混入沉淀池出水中。

通过镜检发现，诺卡氏菌及微丝菌是主要的两种引起泡沫问题的丝状菌体。这些生长缓慢的菌体的出现，通常是因为水中混有油脂、水温较高（超过 18℃）以及泥龄较长（超过 9d）。但即使对于泥龄较短的系统，液面聚集的泡沫也会富集诺卡氏菌并延长它们的停留时间，从而有利于其增殖。

诺卡氏菌细胞膜的疏水特性导致由其引起的泡沫极易浮于好氧池的液面。

虽然在短时间内，通过对污泥进行加氯处理可使泡沫问题得以改善。但是，由于泡沫的稳定性高，较难通过投加化学药剂的方式而得以根治。

目前解决泡沫问题最有效的方式是破坏诺卡氏菌的生长繁殖条件，例如：

① 去除适宜其生长的底物，如油脂等；

② 优化池体内部的设计，以尽可能降低泡沫聚集的可能性，避免采用易聚集浮渣的淹没墙（或堰）的设计方式，设置脱气井用于去除浮渣；

③ 及时清除生物反应池内的浮渣以避免其在池内循环、增殖。

11.1.7.3 污泥上浮

污泥沉淀过程中经常出现的问题是污泥絮体上浮于液面。其最常见的原因是硝酸盐及亚硝酸盐通过反硝化反应生成了氮气气泡。当污泥中的气泡达到一定浓度时，部分污泥絮体随气泡上浮。这种现象有别于由丝状菌引发的污泥膨胀。

对于采用具有硝化功能的活性污泥工艺的污水处理厂，经常出现此种污泥上浮现象的主要原因是现有工艺的反硝化反应进行得不彻底。对于设计具有除碳功能的污水处理厂，其出现这种现象的主要原因是原水的温度较高而发生了硝化反应，同时污泥泥龄短而导致污泥的活性较高。因此，位于热带国家的污水处理厂更易出现此类现象，因为当温度高于 25℃时硝化反应很难避免。

污水处理厂通常采取以下措施防止污泥上浮：

① 提高污泥回流比以缩短污泥在沉淀池中的停留时间；

② 提高污泥收集系统中刮泥装置的转速；

③ 降低泥龄以防止硝化反应的发生（针对仅以除碳为目的的处理工艺）。

综合上述原因，强烈建议热带国家污水处理厂的生物反应器设置反硝化处理单元。

为有效防止污泥上浮，建议沉淀池进水 NO_3^--N 的最高浓度在 20℃时不超过 8～10mg/L。

11.2 附着生长（生物膜）工艺

11.2.1 滴滤池

11.2.1.1 主要特点

滴滤池用作城市污水及工业废水的生物处理工艺已逾 100 年的历史。

如第 4 章 4.2.2.2 节中所述，滴滤池为非浸没式生物膜工艺。池内装填传统的生物载体（火山岩、砾石）或塑料载体以附着微生物。进水连续均匀地分配进入池内，随即进行生物处理。

以传统生物载体为填料的滴滤池由于其应用上的缺点（如第 4 章所述），已经逐渐被采用塑料载体的滴滤池或其他生物工艺所取代。

滴滤池所采用的塑料载体通常为圆形、八角形或方形，其池深为 4～10m 不等。载体设置于池底网格板或网状滤梁上方，用以防止填料层堵塞以及强化空气循环。除特殊设计的案例外，设于池底部的出水管下游通常连接用于泥水分离的二沉池。

部分滴滤池产水或二沉池出水将回流至滴滤池的进水端，用于稀释进水及确保全部生物膜均能被润湿。

11.2.1.2 应用及效果

为防止填料层堵塞，滴滤池工艺的上游应设初沉池或细格栅（栅条间隙小于 3mm）。滴滤池工艺可用于单独去除碳源污染物，或者同步去除 BOD 及脱氮（硝化反应），以及二级处理后的深度硝化处理。

（1）BOD 的去除

对于不同形式的塑料载体，通常其表面积相差很大。因此，滴滤池工艺的主要设计参数不采用传统的 BOD 容积负荷［kg BOD/（m^3 • d)］，而是采用载体的 BOD 表面负荷［kg BOD/（m^2 • d)］，后者能够更有效地评价滴滤池的工艺效果。

图 11-43 展示了不同的 BOD 表面负荷对应的预期 BOD 去除效率。对于设有预处理单元的典型城市污水处理厂，当 BOD 表面负荷约为 5g BOD/（m^2 • d）时，其出水 BOD 浓度预计可低于 30mg/L。

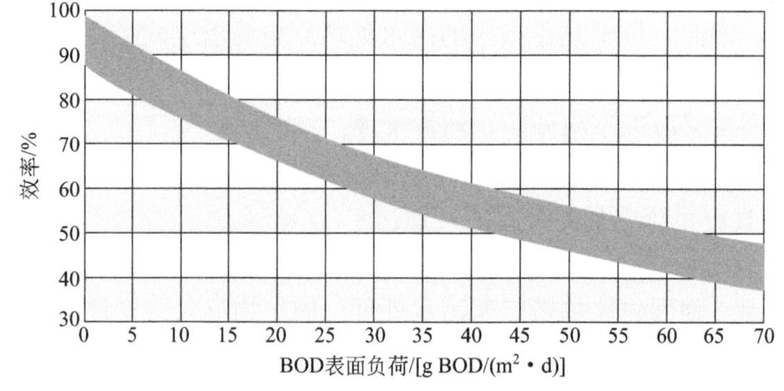

图 11-43　BOD 去除效率与 BOD 表面负荷的关系

（2）**硝化反应**

在同一个反应单元，去除 BOD 的同时原则上会伴随部分的硝化反应。但由于受到 BOD 负荷的限制，通常会设置两至三级反应池及中间沉淀池，以使硝化反应进行得较为彻底（图 11-44）。

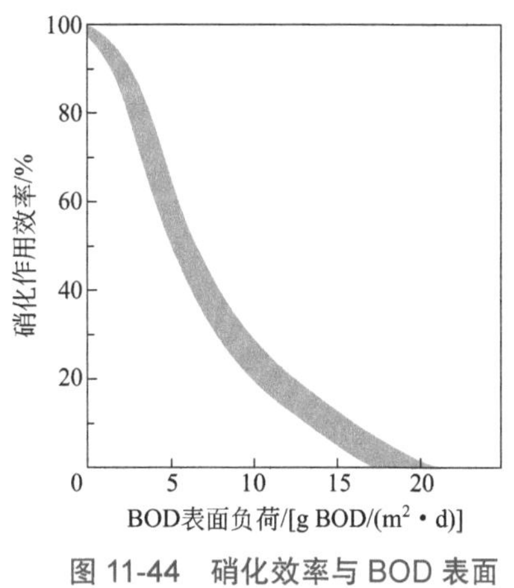

图 11-44 硝化效率与 BOD 表面负荷的关系（15℃）

基于上述条件，如采用滴滤池作为深度处理的硝化工艺，当氨氮表面负荷约为 1～1.5g NH_4^+-N/(m^2 • d) 时，氨氮去除率可达到约 80%。

需要注意的是，滴滤池工艺虽然看似简单，但其实质上是一个将流体力学和生物动力学相结合的复杂系统。因此，滴滤池工艺尺寸的设计需要建立在中试研究成果及成功运行的污水处理厂经验基础上。

11.2.2 生物滤池

11.2.2.1 概述

用于污水处理的生物滤池，是将生物膜净化功能及滤池过滤功能集成于一体的工艺的统称。

生物滤池中附着于载体上的微生物膜可以通过定期的反冲洗（频率为 12～48h/ 周期）再生。相对于活性污泥工艺，此工艺的微生物浓度及活性更高，并具有以下优点：

① 节省占地，无须设置二沉池。生物滤池结构紧凑，池顶便于加盖密封，不仅可有效防止臭气及噪声污染，还使整体外观得到美化；

② 附着生长的生物膜抗负荷冲击能力很强，可有效防止污染物短流而影响出水水质；

③ 适用于处理低浓度的污水，在不影响处理效果的前提下可达到非常高的水力负荷；

④ 模块化结构有利于实现自动控制（类似给水厂的滤池组）。

生物滤池的曝气形式分为两类：一类是预曝气（详见下文 Flopac 工艺）；另一类是在滤池内直接曝气（详见本章 11.2.2.2 节 Biofor 工艺）。

采用预曝气的生物滤池通常用作污水处理中的深度处理工艺，其能够在过滤去除悬浮物的同时，利用好氧微生物的生物降解作用去除部分 BOD，如得利满于 20 世纪 70 年代开发的 Flopac 工艺。但此类工艺对有机物的去除效果受限于预曝气所能达到的最高溶解氧浓度。在大气压下，溶解氧浓度最高只能达到饱和浓度的 85%，也就是约 6～9mg/L（取决于温度）。若将产水 100% 回流至进口，BOD 去除负荷可以翻倍，但即使如此，最多仅可去除 15～20mg/L 的 BOD。

为克服预曝气型生物滤池的不足，在 20 世纪 80 年代初开发出采用滤池内直接曝气的生物滤池工艺。对于这种形式的生物滤池，如何设计进气与进水的相关流向非常关键。受饮用水滤池设计的影响，最初的直接曝气生物滤池采用下向流的方式，即水流向下流动，空气向上流动。这种流向设计会引发以下问题：

① 容易造成滤料上层的污堵。上升的空气流阻碍上层滤料的过滤，进一步加速污堵。这将导致水头损失急速增高、反冲洗频率相应增大、产水量降低。

② 在滤料层中容易出现气阻现象。气水逆向而流，气泡容易聚集、滞留于滤料层内，产生气阻现象。

③ 容易产生臭味。未经处理的进水位于滤料层上部，在上升气泡的作用下，容易向外部环境散发臭味。

为克服下向流生物滤池的缺点，得利满于 1982 年开发了空气与水流同向的上向流生物滤池（Biofor 生物滤池）。

虽然下向流生物滤池存在不少缺点，但目前饮用水（给水）处理中的硝化生物滤池仍采用此形式，其原因是给水处理中的硝化生物滤池所需曝气量小，产生气阻的风险相对较低（见第 4 章 4.6 节，Nitrazur 工艺）。

11.2.2.2 Biofor 生物滤池

（1）主要特点

在 Biofor 生物反应器内，微生物附着生长在特定的不可移动的浸没式单层填料上。这种填料称为生物滤料（Biolite），由密度大于 1.2g/cm^3 的膨胀黏土制成，具有很高的粗糙度和非常大的比表面积。这种特性使其附着有生物量足够大的微生物膜，即使在强烈的气水反冲洗之后，仍能快速重启生物处理过程。

Biofor 生物滤池的运行方式为气水上向流，因而具备很多优点：水力负荷高、悬浮固体截留能力强（悬浮固体在整个滤池深度上分布良好）、充氧效率高。

Biofor 通过将工艺空气扩散到滤料的底部进行曝气充氧。一系列互相连通的曝气支管确保了工艺空气的均匀分布。Oxazur 膜片式曝气器固定在这些曝气支管上。

定期反洗的主要目的在于去除填料上由于细菌增殖及悬浮固体截留而累积形成的污泥。这种气水反冲洗为自动控制，反洗启动条件为达到最大水头损失或最大过滤周期。反洗废水收集于一个水池中，然后再进行处理和回用。

Biofor 生物滤池开发于 20 世纪 80 年代初期，最早用于城市污水的二级净化处理。具有不同功能的 Biofor 衍生工艺在一系列领域逐渐得到应用，主要有两种类型：

① Biofor 曝气生物滤池：Biofor C 用于除碳；Biofor CN（Biofor C+N）用于除碳和部分硝化，Biofor N 用于深度硝化。

② Biofor 非曝气生物滤池：包含 Biofor pre-DN（前置反硝化）和 Biofor post-DN（后置反硝化），用于反硝化处理。

（2）Biofor 曝气生物滤池

① 概述

一个 Biofor 生物滤池（图 11-45）系统包括一组相同的反应器，反应器通常由矩形混凝土池体构成，每座反应器包含：

a. 一个良好的进水分配系统，并配置一道保护滤网；

b. 一层滤板，用于支撑颗粒滤料，并配有配水和布气系统；

c. 两个前置堰板，分别用于收集处理后的水和反洗废水，堰板由一个缓冲消力栅保护，以消除湍流并释放气泡，防止这些气泡可能会黏附在生物滤料上；

d. 每座滤池设有一个专用的前置收集水槽，一组滤池共用一个集水总渠。

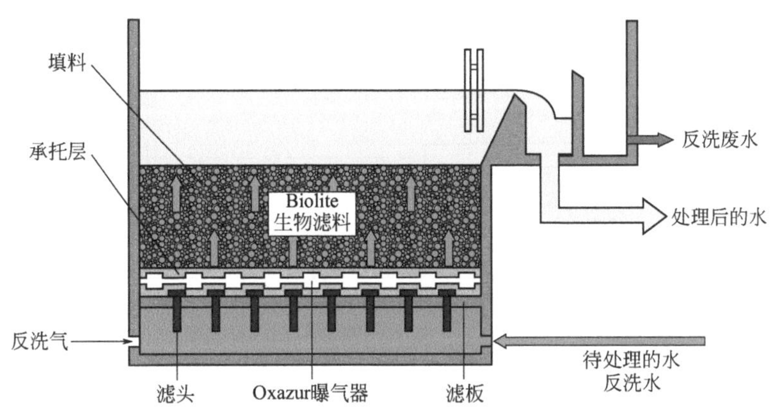

图 11-45　Biofor 曝气生物滤池示意图

滤板上铺设两层承托层和厚约 3～4m 的生物滤料。从滤池滤板下面注入的流体（原水、反洗水、反洗气）通过滤头均匀分布（滤头安装密度约为 50 个 /m^2），滤头的形式与砂滤池的滤头相同，但经过特殊设计以适用于污水的处理。

注入的工艺空气通过富有弹性的膜片式曝气器均匀分布到整个承托层，曝气器安装密度为 25～50 个 /m^2。

生物滤料的密度和粒径根据滤池功能进行选择。Biofor 曝气生物滤池通常可采用两种形式的滤料：

a. 生物滤料（Biolite）L2.7，有效粒径为 2.5～2.9mm；

b. 生物滤料（Biolite）P3.5，有效粒径为 3.2～3.8mm。

某些特殊应用场合也可采用其他粒径的生物滤料。

除了并联运行的反应器或反应器序列（如有必要），Biofor 系统还包含（图 11-46）：

a. 配水构筑物；

b. 管廊，提供通向自动阀门、管道系统、滤板、排水设施等的通道；

c. 反洗水泵间；

d. 设有风机和空压机的操作间；

e. 用于储存反洗水的产水池（相互反洗也是可行的）；

f. 反洗废水池，并设置排放泵。

② 运行 - 自动化控制

经过格栅过滤后的原水从反应器滤板下部进入系统。运行的滤池数量取决于水力负荷或污染物负荷。

工艺空气连续地供给运行的滤池。工艺空气可由每座反应器专用的风机提供；或者，尤其是对于大型污水处理厂，由一个集中供气单元提供工艺空气，并经各个生物滤池入口的调节阀进行调配。

处理后的水由出水堰收集，并在注满水池后以重力流的方式排放；或者，处理后的水被送至第二级生物处理单元。

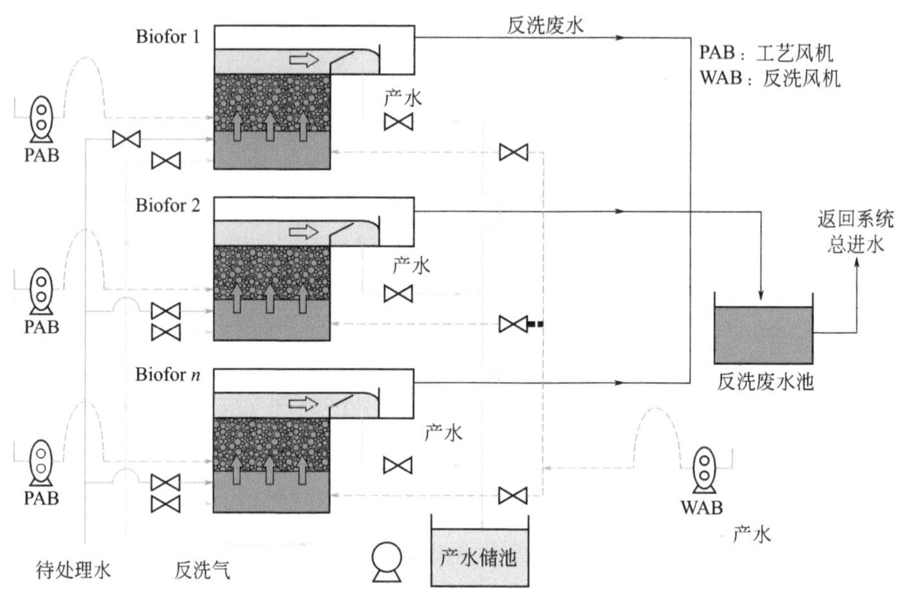

图 11-46　Biofor 生物滤池组示意图

整个反洗周期为自动控制并持续大约 50min。反洗周期包含多个序列，分为气水反冲阶段、水洗阶段和最终漂洗阶段。每次反洗消耗的处理水量约为 $10m^3/m^2$ 滤料面积，反洗水量通常占每个过滤周期处理水量的 5%～8%。

通过可编程逻辑控制器（PLC）控制管理反洗周期、相关设备及自动控制阀的操作（见第 21 章 21.2.1.2 节）。

③ 应用及性能

Biofor 生物滤池通常设置于初沉、物化处理或生化处理单元的下游。表 11-9 列出了用于城市污水处理时 Biofor 生物滤池可接受的最高进水浓度。

表11-9　Biofor最高进水浓度

项目	悬浮物	BOD	COD	TKN	NH_4^+-N
最高浓度 /（mg/L）	250	300	800	90	75

以下为 Biofor 生物滤池的优先应用领域：

a. 场地受限或地质条件差的污水处理厂，可突显其紧凑性优势（Biofor 生物滤池系统的占地是各种活性污泥系统的 1/6～1/4）。

b. 会突然发生水力超负荷的污水处理厂（如雨季排水）。因为 Biofor 生物滤池的微生物附着于填料上，不会因突然升高的水力负荷而流失，其处理性能包括硝化效率在内，可在一次反洗后迅速恢复。

表 11-10 和表 11-11 列举了不同类型的 Biofor 曝气生物滤池允许的水力负荷和污染物容积负荷，以及常规的平均性能表现。这些参数可能会随某些条件发生变化，如温度、可生化性和待处理水的类型，尤其是与溶解性和颗粒性物质的比例有关。

表11-10　Biofor曝气生物滤池允许的水力负荷和污染物容积负荷（温度15～20℃）

Biofor 类型	应用	参数	数值
Biofor C	除碳（BOD）	水力负荷 / [m^3/（m^2 • h）]	3 ～ 16
		容积负荷 / [kg BOD/（m^3 • d）]	3 ～ 6
Biofor CN	除碳及部分硝化	水力负荷 / [m^3/（m^2 • h）]	3 ～ 12
		容积负荷 / [kg BOD/（m^3 • d）]	1.2 ～ 2
		硝化负荷 / [kg NH_4^+-N/（m^3 • d）]	0.4 ～ 0.6
Biofor N	深度硝化	水力负荷 / [m^3/（m^2 • h）]	3 ～ 12（3 ～ 20）①
		硝化负荷 / [kg NH_4^+-N/（m^3 • d）]	1.2 ～ 1.6

① 对悬浮物无处理要求。

表11-11　Biofor曝气生物滤池的典型污染物去除效果

应用	Biofor C	Biofor CN	Biofor N
前处理	初沉		生物处理
生物滤料（Biolite）	P3.5	L2.7	L2.7
悬浮物	60% ～ 80%	65% ～ 85%	40% ～ 75%
BOD	65% ～ 85%	70% ～ 90%	40% ～ 75%
COD	55% ～ 75%	60% ～ 80%	30% ～ 60%
硝化	—	<75%	80% ～ 95%

④ 去除 BOD

图 11-47 根据处理目标及待处理水的 BOD 浓度更准确地确定了适用的 BOD 负荷。

对于经初沉处理后浓度中等的城市污水，采用 2～4kg BOD/（m^3 • d）的 BOD 负荷可以稳定地实现出水 BOD 低于 25mg/L。如进水浓度低（BOD 低于 70 mg/L），负荷甚至可超过 6kg BOD/（m^3 • d）。

适用的 BOD 负荷主要取决于水温，滤料的粒径对 BOD 的去除影响很小。

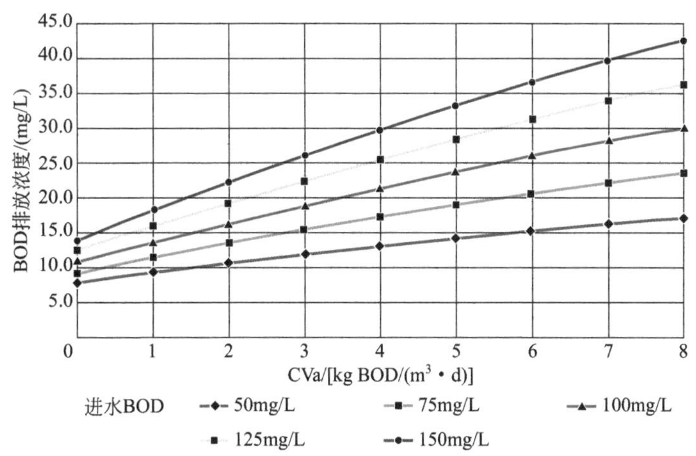

图 11-47　BOD 负荷（CVa）对 BOD 排放浓度的影响（温度 15℃）

⑤ 硝化

与任何硝化过程一样，Biofor 生物滤池的最大硝化能力 CVn_{max} [kg NH_4^+-N/（m^3 • d）]

受温度影响很大，并受易降解碳源有机物与氨氮比值的影响，从而也就受上游处理工艺的影响。表 11-10 显示，1.5kg BOD/（m^3•d）的 BOD 负荷使硝化去除负荷降低了 2/3。同样，图 11-48 清楚地表明了温度对硝化反应的影响（上游工艺如从中负荷生物处理调整为物化处理，最大硝化能力相应降低）。

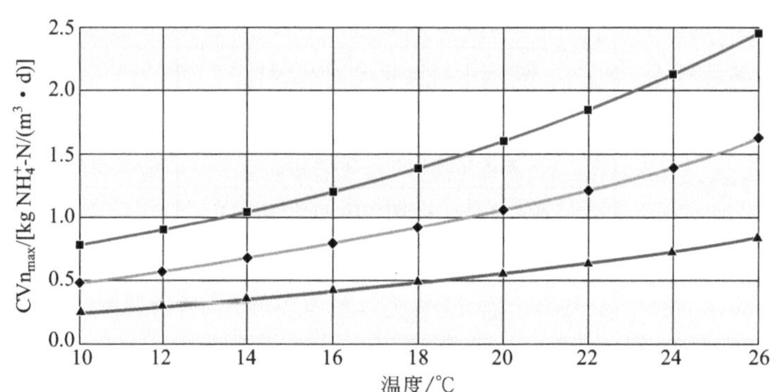

图 11-48 温度对最大硝化能力 CVn_{max} 的影响

当需要进行部分硝化处理时（TKN 去除率小于 70%），只需设置一级生物滤池，即 Biofor CN 生物滤池。推荐上游处理单元采用初级物化处理工艺，以尽可能多地去除碳源有机物。

当需要进行深度硝化处理时（TKN 去除率为 80%～96%），可采用第一级生物滤池尽可能多地去除碳源有机物。理想情况下，需在 Biofor N 生物滤池前设置 Biofor C 或中负荷活性污泥处理段。这样在 20℃温度条件下，硝化负荷可达约 1.6kg NH_4^+-N/（m^3 • d）。

对于中等硝化率（65%～85%），建议对一级处理（Biofor CN）或两级处理工艺（Biofor C + Biofor N）进行比较后再做决定。

⑥ 去除悬浮物

Biofor 生物滤池去除悬浮物的性能取决于选择的填料、进水悬浮物浓度以及过滤阶段的水力负荷。当进水悬浮物浓度小于 100mg/L，滤速为 3～6m/h 时，悬浮物去除率为 75%～85%。

⑦ 剩余污泥产量

剩余污泥由截留的悬浮物以及增殖的异养和自养微生物组成。剩余污泥的产生是中负荷生化处理系统的特征，且会强化对悬浮物的截留作用。在两次反冲洗之间，填料对悬浮物的截留能力通常为 2.5～4kg SS/m^3。

悬浮物随反洗废水排出，取决于不同的处理类型，其在反洗废水中的平均浓度为 200～1500mg/L。反洗废水可以循环返回到前端预处理设施，或者采用单独的沉淀或浮选工艺进行处理。应当指出的是，这种污泥的沉降和脱水性能远优于传统的活性污泥。

⑧ 工艺曝气强度

标准状态下采用的工艺曝气强度［m^3/（m^2 • h）］需满足以下需氧量：碳氧化、NH_4^+-N 氧化以及内源呼吸。因处理类型不同，工艺曝气强度为 5～25m^3/（m^2 • h）不等，在用作高温深度硝化处理工艺时，可选取更高的曝气强度。在较理想条件下，氧转移效率为 15%～25%，氧化能耗为去除 1kg BOD（满负荷时）耗能 0.5～0.7kWh，硝化 1kg

NH_4^+-N 耗能 2.5～3.1kWh。

运行能耗还需额外考虑定期反冲洗的能耗。Biofor C 每去除 1kg BOD 耗能约 0.1kWh，Biofor N 每去除 1kg NH_4^+-N 耗能约 0.15kWh。

（3）无曝气的 Biofor 生物滤池（反硝化）

① 概述

无曝气的 Biofor 生物滤池，或称为 Biofor DN 生物滤池，通过附着在填料上的反硝化菌的生物化学作用将硝酸盐转化为氮气。

Biofor DN 的设计类似于 Biofor 曝气生物滤池。但是，Biofor DN 与 Biofor 曝气生物滤池的区别在于：

a. 无工艺空气系统。

b. 填料粒径。Biofor DN 主要采用有效粒径为 4.2～5mm 的生料滤料（Biolite P4.5），无承托层。某些条件下可采用有效粒径为 3.5mm 的生物滤料（Biolite P3.5）。

根据在处理流程中的位置不同，有两种类型的 Biofor DN（图 11-49）可与其他 Biofor 工艺单元或活性污泥法相结合：前置反硝化生物滤池 Biofor pre-DN 和后置反硝化生物滤池 Biofor post-DN。反硝化过程所需的可同化的有机碳，在 Biofor pre-DN 工艺中可由初沉后水中易生物氧化的 BOD 提供，或在 Biofor post-DN 工艺中由外加碳源（通常采用甲醇）提供。

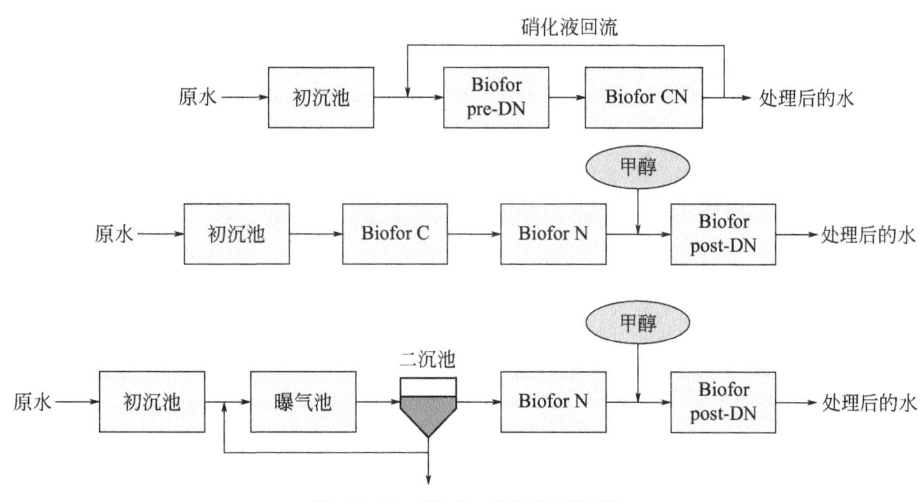

图 11-49　Biofor DN 应用示例

② 应用及性能

两种类型的 Biofor DN 适用的领域和设计参数有显著不同（表 11-12）。

表11-12　Biofor DN可以承受的水力负荷及NO_3^--N负荷（温度15～20℃）

Biofor 类型	应用	参数	数值
Biofor pre-DN	前置反硝化	水力负荷 / [$m^3/(m^2 \cdot h)$]	10 ～ 30
		反硝化负荷 / [kg NO_3^--N/($m^3 \cdot d$)]	1 ～ 1.2
Biofor post-DN	后置反硝化（外加甲醇）	水力负荷 / [$m^3/(m^2 \cdot h)$]	10 ～ 35
		反硝化负荷 / [kg NO_3^--N/($m^3 \cdot d$)]	3.5 ～ 5

a. 前置反硝化生物滤池 Biofor pre-DN

Biofor pre-DN 设置于初沉池之后（初沉池投加化学药剂与否均可），且下游联合 Biofor CN 生物滤池工艺。在 Biofor CN 生物滤池中氨氮氧化产生的硝酸根部分回流到上游 Biofor pre-DN 工艺，在 Biofor pre-DN 中利用水中含有的有机物进行反硝化反应。

因此，反硝化效率与以下因素直接相关：

i. 进水中易生物降解的 COD 含量，即溶解性 COD（COD_S）与回流的 NO_3^--N 浓度的比值，其对反硝化效率的影响见图 11-50。应该注意的是，一部分胶体态 COD 组分也被利用，这解释了图中显示的发散现象。

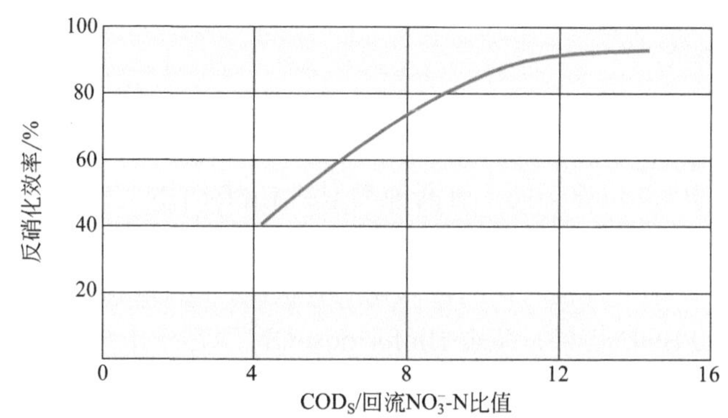

图 11-50　不同 COD_S/NO_3^--N 比值下的反硝化效率

ii. 硝化液回流比，100% ～ 400% 的进水流量。

典型的城市污水 COD/TKN 比值约为 10～13，对于这种污水水质，总氮去除率可达到 65% ～ 70%。可以期望达到大约 70%～80% 甚至更高的去除率，但需要外加碳源以及采用更高的回流比。尽管 Biofor pre-DN 能够承受较高的滤速（表 11-12），但高回流比将导致处理设施规模过大。

此外，Biofor pre-DN 的设计负荷需考虑回流水中存在的溶解氧，溶解氧与硝酸盐的反硝化反应为竞争关系（1mg/L 的溶解氧计为 0.35mg/L 的 NO_3^-）。若需要将总氮去除率提高至 80% 以上，建议增设 Biofor post-DN 工艺阶段。

Biofor pre-DN 具有以下优点：利用原水中的有机碳源进行反硝化反应，同时还降低了去除 BOD 的需氧量，补充了碱度。

图 11-51 提供了采用此系统的一个案例。

b. 后置反硝化生物滤池 Biofor post-DN

Biofor post-DN 的上游处理单元必须采用硝化工艺，如 Biofor N 工艺或低负荷活性污泥工艺。因为经过硝化处理的污水已经不含任何易生物降解的有机碳源，需要外加碳源（甲醇或其他类似碳源）。这些外加碳源与需要进行反硝化处理的污水混合，然后从反应器的底部进入反应器。碳源投加量必须根据处理水量及硝酸盐浓度进行调节，以防碳源投加过量使出水水质恶化（COD 和 BOD 浓度升高）。

Biofor post-DN 的优点为：

i. 非常高的水力负荷（表 11-12）；

ii. 非常高的反硝化负荷，温度高于 20℃时，反硝化负荷超过 5kg NO_3^--N/（m^3•d）

（图 11-52）；

iii. 反硝化效率可高达 95%。

主要的缺点是需要投加碳源（除在某些特殊有利条件下），运行成本高。

图 11-53 提供了采用此系统的一个案例。

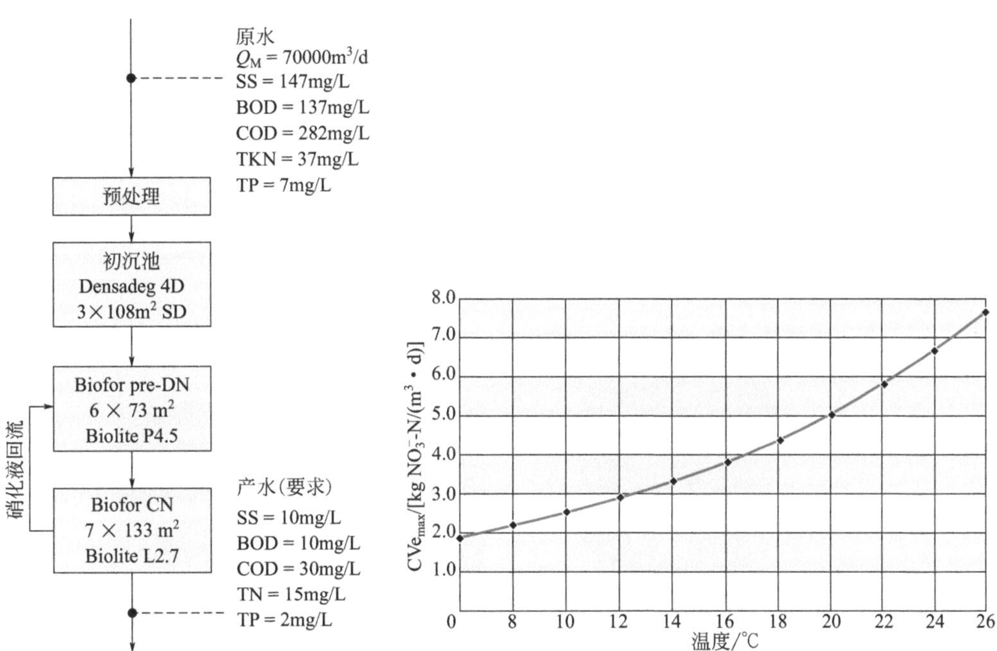

图 11-51　ShinChung Yang Ju 污水处理厂（韩国）　图 11-52　温度对最大反硝化能力 CVe_{max} 的影响

图 11-53　Biofor post-DN，Rostock（德国），产水量 $12\times10^4 m^3/d$

11.2.3　混合生长工艺：Météor 工艺

11.2.3.1　综述

Météor 工艺是第 4 章 4.2.2.4 节中的（1）介绍的所谓联合生长工艺中的一种。在这种反应器中微生物固定在移动的载体上，用于除碳和 / 或硝化。这些塑料材质的环状载体采用专门设计，为微生物持续和稳定地生长繁殖营造有利环境，其密度略低于水。

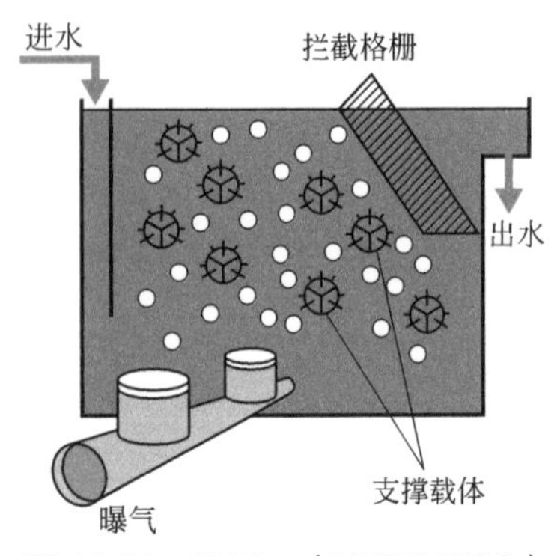

图 11-54 Météor（MBBR/IFAS）工艺原理

Météor 工艺采用连续曝气的运行方式。鼓入空气的目的一方面是供给微生物所需的氧气；另一方面是确保支撑载体保持悬浮状态。

反应器出水与污泥的泥水混合液被送至下游的处理单元或沉淀池。一定比例的沉降污泥回流至 Météor 工艺入口。设置栅条间隙与载体尺寸相匹配的静态格栅将载体截留在反应器内（图 11-54）。

支撑填料有两种形式（图 11-55）：a. Météor C，用于处理碳源污染物；b. Météor N，主要用于硝化处理。

原水进入 Météor 反应器之前必须进行有效的预处理：格栅之后设置初沉池或精细筛网。

(a) Météor C

(b) Météor N

图 11-55 Météor 填料类型

11.2.3.2 Météor C

Météor C 采用聚乙烯材质的圆环状载体，直径为 45mm，长为 35mm，其比表面积约为 310m²/m³，拦截格栅的栅距为 25mm。

Météor C 是一种高负荷生物工艺［容积负荷高达 30kg COD/（m^3 • d)］，主要用于工业废水的处理，最大载体填充率为反应器容积的 40%。

根据处理目标的不同，该工艺可用于：

① 作为预处理工艺设置于活性污泥工艺的上游，经常应用于改扩建的污水厂。

② 在两段式处理工艺中，后接沉淀工艺，或对于某些工业废水，后接浮选工艺。

这两种方案如图 11-56 所示。

11.2.3.3 Météor N

Météor N 同样采用聚乙烯材质的圆环状载体，其尺寸小于 Météor C 所用的载体：直径为 10mm，长度为 7mm。其有效比表面积更大，约为 870m^2/m^3。拦截格栅的栅距为 5mm。

Météor N 有两种不同的应用方式。

① 预处理后的水在 Météor 反应器中进行硝化反应，通过混合液内回流及二沉池污泥回流，在上游的缺氧区中进行反硝化反应（这种形式称为 Météor CN）。此系统与以综合脱氮处理为目的的传统活性污泥系统相似，但二者的主要区别在于：由于硝化细菌附着在

支撑填料上，最小污泥泥龄不再是设计池容的限制参数，这可显著降低所需的好氧池池容（缩减到约 1/3）。此外，由于污泥泥龄短、异养菌种群数量多，因而可达到更高的反硝化速率。Météor CN 尤其适用于以下场合：

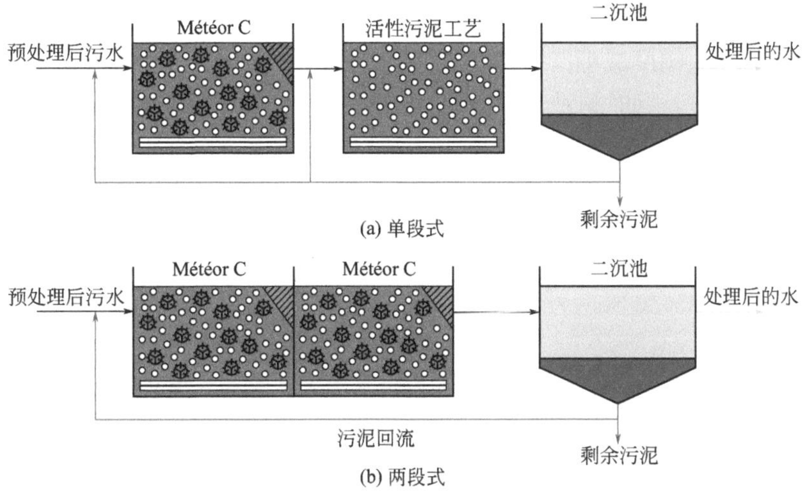

图 11-56　Météor C 工艺方案

a. 不需要大规模改造的污水厂升级：可将现有反应池拆分为两个独立区域（缺氧区和 Météor CN），提升曝气系统的供氧能力，安装混合液回流泵送系统和填料截留格栅，可以使一个原设计仅去除碳源污染物的污水厂实现 TN 排放达标；

b. 位于寒冷地区或存在污染负荷季节性波动的小型污水处理厂：附着在载体上的细菌可确保污水厂在停止运行后可快速启动，同时在低温情况下也可维持硝化反应。

② 对二级处理出水进行深度硝化处理，而后进行固液分离（Météor N）。主要目标是去除氨氮或满足 TKN 排放标准。Météor N 工艺也适用于高浓度氨氮污水，如污泥硝化池回流液的硝化处理。

这两种应用方案如图 11-57 所示。

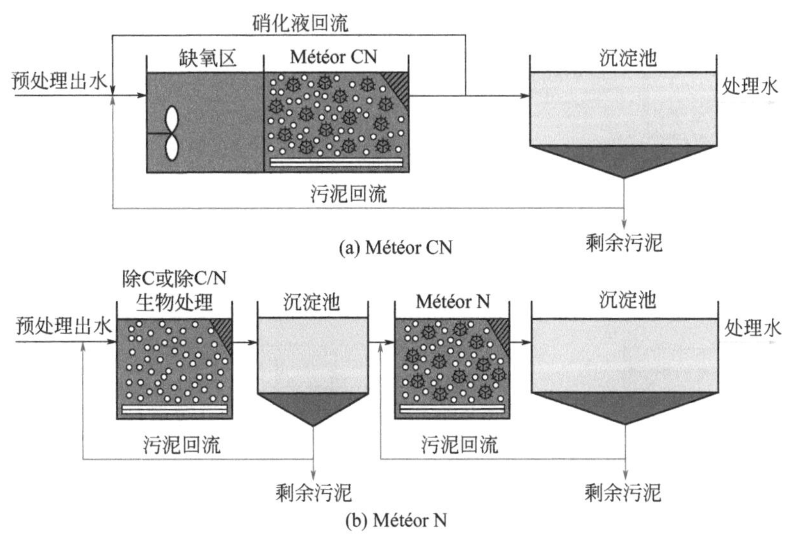

图 11-57　Météor N 工艺方案

11.2.3.4 优点和缺点

Météor 工艺的主要优点：

① 快速高效地去除碳源污染物［进水容积负荷可高达 30kg COD/（m^3•d）］和氨氮［容积负荷可高达 0.6kg NH_4^+-N/（m^3 • d）］；

② 反应器容积大幅度减小；

③ 处理效果稳定，同时耐冲击性强；

④ 适用于污水厂改建和扩建。

Météor 工艺存在的缺点：

① 对于某些 BOD/TKN 比值低、TKN 浓度高的污水，难以较为彻底地去除总氮；

② 对于中负荷类型的生化处理工艺，其产生的剩余污泥的性质不稳定。

11.3 标准集装型装置

11.3.1 Bio-S 工艺

Bio-S 工艺是一种低 *F/M* 比值的活性污泥处理系统，其配置采用 SBR 工艺的单座反应器。标准化的 Bio-S 系统适用于人口当量在 200～2000 之间的小型社区，可采用钢制池体或混凝土池体。

11.3.1.1 运行原理

Bio-S 系统包括一个变液位的生物反应器和一个与之相连的调节池，调节池用于储存污水，并间歇为生物反应器提供进水（图 11-58）。

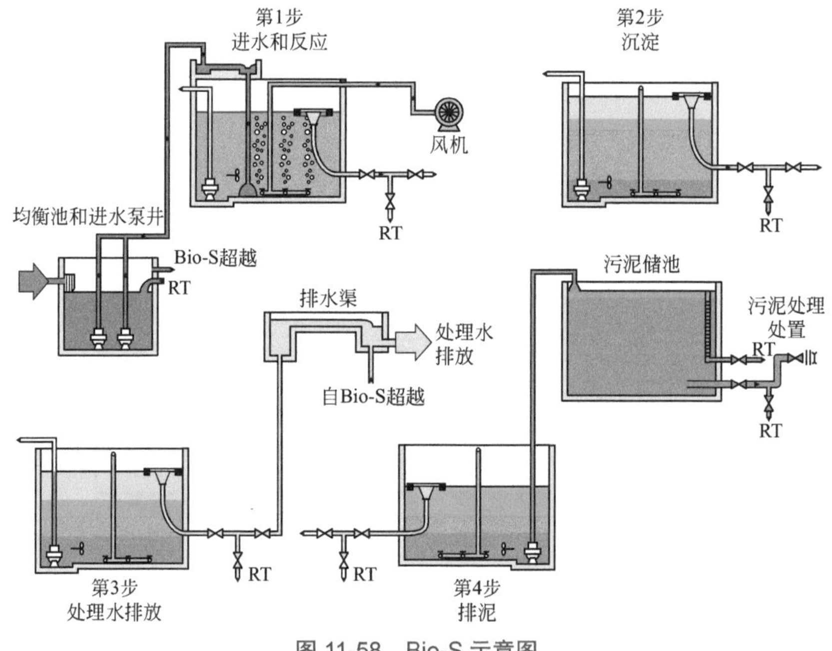

图 11-58　Bio-S 示意图

Bio-S 工艺采用周期运行模式。典型的周期包括传统 SBR 工艺的各序批阶段：a. 进水 / 曝气，用于除碳和硝化反应，和 / 或进水但不曝气，用于反硝化反应；b. 污泥沉淀和澄清；c. 滗水；d. 剩余污泥排放。

每天运行的周期数以及各序批阶段的时长可根据处理量的波动和原水的水质通过程序调整。针对高浓度废水的处理，Bio-S 设计每个周期为 24h 或 12h；若处理低浓度的废水（典型城市污水），Bio-S 每个周期为 12h 或 6h。

11.3.1.2　安装描述

Bio-S 处理装置（图 11-59）包括：

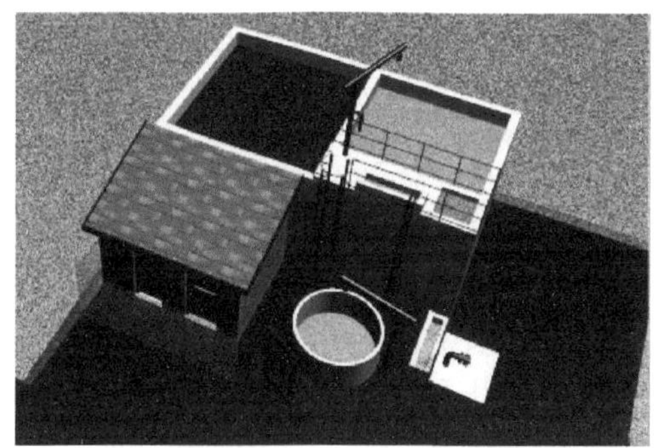

图 11-59　Bio-S 处理厂模型

① 一座调节池，其有三个功能，即将经过格栅处理的废水泵送至后续反应器，调节水力峰值，在反应器澄清和排放阶段（包括排水和排泥）储存原水；

② 一座生物反应器，包括空气曝气系统、一台潜水搅拌器、一套自动滗水器和污泥排放设备；

③ 一个污泥储存筒仓，其包括一个竖直安装的排水筛网；

④ 一套控制系统，配有可编程逻辑控制器和远程监控设备。

11.3.1.3　应用及优点

Bio-S 工艺主要应用于典型的生活污水处理和农产品工业废水处理（尤其是乳制品和奶酪加工厂）。

Bio-S 工艺具有 SBR 技术固有的优点，当其在上述领域中应用时优点尤为突出：a. 操作简单；b. 无需配置浸没式的移动设备（特别是无需配置刮泥机）；c. 卓越的污泥沉降能力；d. 全面自动控制，具备远程监控功能；e. 易于现场安装。

图 11-60 和图 11-61 展示了该系统的紧凑性（集合成“一体式”）及其与周围环境的融合度。

图 11-60　一体式 Bio-S 处理装置

图 11-61　与周围环境高度融合的 Bio-S 处理装置

11.3.2　S&P 小型生物转盘处理系统

S&P 系统是一种集成式生活污水处理装置，核心处理技术为生物转盘接触池（RBC）工艺，适用于 50～3000 人口当量的小型社区生活污水的处理。

对于一个完整的 S&P 处理系统，其标准配置包括：

① 由格栅、沉砂、除脂及多格沉淀工艺组成的预处理单元。

② 进水流量调节系统，采用上射式水轮或流量分配器（当并联安装一台以上处理装置时）。

③ 生物转盘接触处理系统，用于去除碳源污染物。固定在水平转动轴上的聚丙烯转盘安装在聚丙烯材质或混凝土池体内。该转动轴由减速齿轮直接驱动。

④ 斜管沉淀池，用于泥水分离。进入沉淀池的污泥只是从转盘上脱落的污泥。斜板的应用可减少 75% 的占地面积。污泥通过污泥泵定期排放。

根据采用的排放标准，S&P 系统可包括以下工艺：a. 硝化（二级转盘）；b. 化学除磷（同时投加 $FeCl_3$）；c. 深度过滤和消毒处理（投加次氯酸钠或次氯酸钙）。

有三种安装方式：在房间内、半埋于地下或安装在集装箱内，见图 11-62 和图 11-63。

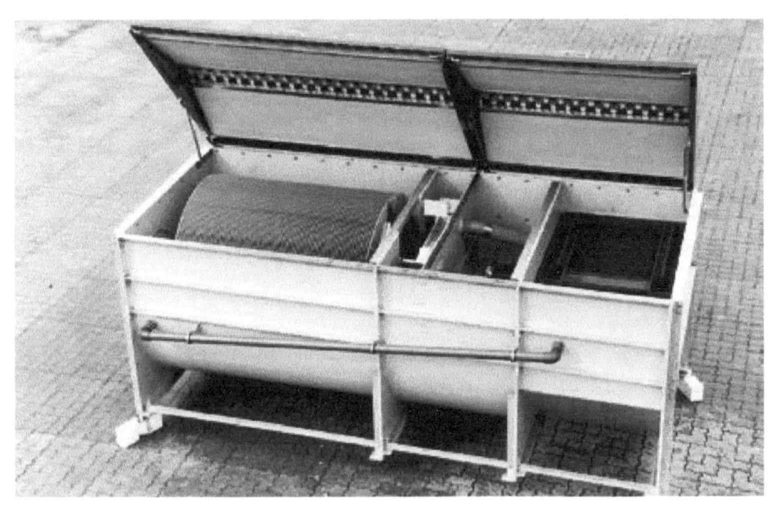

图 11-62　准备装在集装箱内已组装好的设备

图 11-63　S&P 生物转盘系统，半埋式，Carreyrat hamlet（Montauban，法国，600 人口当量）

由于这项处理技术具有下列优点，其非常适用于酒店、度假中心、别墅或其他小型社区：a. 操作和维护简单；b. 适应水量和有机物负荷的波动；c. 设计安装便捷；d. 无公害（噪声或臭气）。

11.3.3　Rhizopur滴滤池及生态床处理工艺

Rhizopur 工艺是一项已获得专利授权的新工艺，其主要用于处理家庭生活污水，也非常适用于小型社区。它由滴滤池和在渗滤床种植有芦苇的过滤床（Rhizofilter）组成。渗滤床与滴滤池两种技术都众所周知，Rhizopur 系统实质上是将这两个工艺组合在一起。

污水和污泥处理系统如图 11-64 所示。

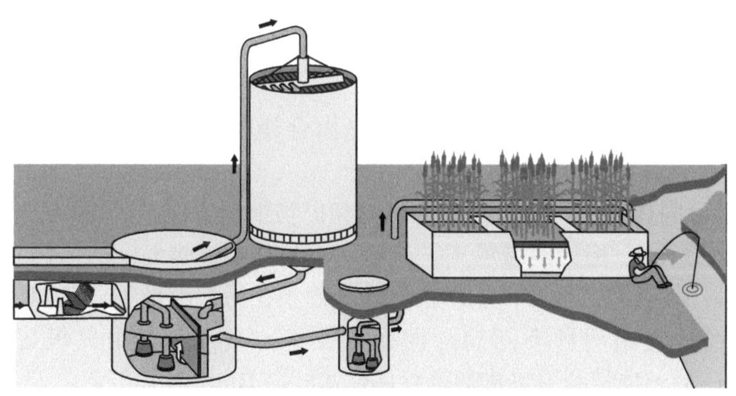

图 11-64　Rhizopur 工艺示意图

污水经预处理后，提升到 4m 高的滴滤池上部进行分配。滴滤池装填塑料填料。第一阶段的滴滤池处理溶解性和胶体态的含碳污染物，如果条件合适，可同时进行硝化反应。

处理后的水 - 微生物混合液被泵送至 Rhizofilter 处理段。渗滤床的数量为 3 或 3 的倍数，目的是为了能满足渗滤床的进水周期及停水周期的要求。实际上，一个滤床的停水时间需为进水时间的两倍。

滤床由三层介质组成，粒径自上而下逐渐增大：上层为砂，下层为砾石。种植在砂层中的植物是适应这种环境条件的芦苇。芦苇的主要作用是其根茎可保持过滤介质的渗水性，同时也作为微生物生存繁衍的载体。

污泥处理非常简单：泥水被送至 Rhizofilter 的表层，然后经过一个缓慢的好氧消解过程。满负荷运行时，大概每年累积的泥层厚度约为 25cm。当泥层厚度达到 1～1.5m 时，必须要通过机械设备予以铲除。该污泥层的最终处置取决于当地情况。

一个设计合理的处理系统能满足普通区域的排放标准：COD<125mg/L，BOD<25mg/L，悬浮物 <35mg/L。根据现场条件，该系统也能具备去除氨氮的硝化能力（取决于温度、负荷等）。

由于其性能和优点（劳动力需求少，能耗低，污泥产量少且性质稳定），该工艺特别适用于小型污水处理厂。已有约 30 个 Rhizopur 工程投入使用，处理规模为 100～1000 人口当量。

11.4 污泥减量

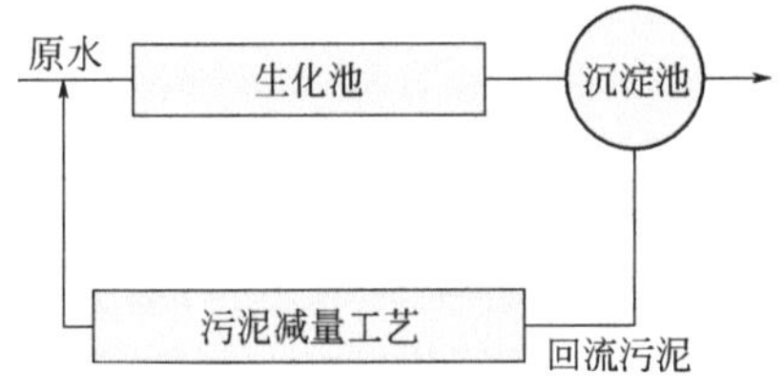

图 11-65 污水处理厂污泥减量工艺示意图

所谓污泥减量工艺是指直接从源头减少污泥量的技术，其与主处理工艺流程相结合，并与活性污泥工艺协同运行：全部或部分回流污泥在回到生化反应器前端之前经过化学或酶处理，然后在生化反应器中被分解和矿化（图 11-65）。

因此，污泥减量主要利用下列两种机理：

① 有机物水解：污泥颗粒组分部分溶解并转化为易生物降解的化合物；

② 由于化学或生物性压力，微生物将大部分能量用于维持生理功能，从而降低了其增殖能力。

对于上述两种机理，无论是单独使用还是组合使用，都能带来显著的污泥减量效果（减量 80%，甚至最高可达 95%）。

虽然降低污泥固体产量可通过减少有机物和矿物组分实现（矿物质主要呈溶解态，处理厂进出水变化不大），但污泥减量工艺只适用于处理通过曝气池的污泥和回流污泥。因此，当污水处理厂设有初沉池时，初沉污泥的处理不在污泥减量工艺范围之内。

得利满已经开发出两种不同的污泥减量技术：一种是利用臭氧进行化学氧化的 Biolysis O 工艺；另一种是利用生物酶进行催化水解的 Biolysis E 工艺。

11.4.1 总则

当污泥减量工艺与水处理系统相结合时，其将影响污水处理厂的运行及各构筑物的尺寸。因此，在使用污泥减量工艺时必须对水和污泥的问题整体统筹考虑。

（1）对生化池的影响

污泥的溶解伴随着易生物降解有机物和营养物的释放。这些有机物和营养物都可以被活性污泥同化。随着污泥减量程度的提高，这种额外的有机负荷则相应增大。碳和氮的矿化（硝化）需要的额外需氧量，可达处理厂现有需氧量的 40%（图 11-66）。

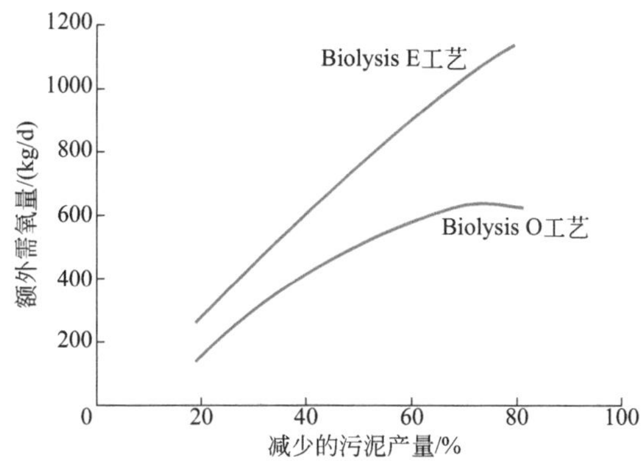

图 11-66　一座 40000 人口当量的污水处理厂在应用污泥减量工艺时所需的额外需氧量

此外，污泥减量将伴有约 10% 的污泥矿化。与此同时，臭氧直接作用于丝状菌以限制其增殖。因此，污泥减量工艺有助于构建一个更加可靠的污水处理系统，并使生化池污泥浓度的提高成为可能。

（2）对污水排放和污泥的影响

当悬浮固体溶解时，会释放出部分不可生物降解的有机物（细胞结构、微生物代谢产物等），造成出水 COD 略有升高（5～15mg/L）。这种额外增加的不可生物降解 COD 与减少的产泥量成比例。

同样，在剩余污泥减量的过程中，污泥中同化的磷被释放到水中，因所采用的工艺类型不同磷浓度有所不同。

这种工艺对污泥的成分影响甚微。在稳定的运行条件下，污泥的有机质含量约降低 10%，但是其热值仍然可以满足焚烧处置的要求。污泥的环境安全等级满足农业施用的标准，除非原有污泥（污泥减量前）含有重金属且微污染物含量已经接近标准规定的限值。

11.4.2　Biolysis E：生物酶催化污泥减量工艺

11.4.2.1　原理

活性污泥直接取自二沉池回流管路，经过浓缩后进入高温好氧反应器中。该反应器的内部及周围条件能够促进嗜热微生物的生长。这些微生物的特性之一是能够产生特殊的水解酶（蛋白酶、淀粉酶、脂肪酶等）。大量悬浮固体在温度与酶催化水解的联合作用下溶解，并转化为易生物降解的化合物。这些化合物一旦被送入生化池，即被矿化（图 11-67）。

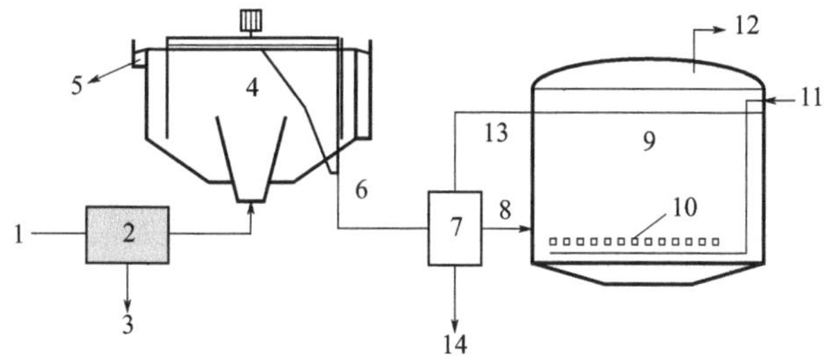

图 11-67　Biolysis E 工艺流程图

1—回流污泥；2—格栅；3—栅渣；4—气浮单元；5—澄清水；6—浓缩污泥；7—污泥/ 污泥换热器；8—进入反应器的低温污泥；9—酶法高温反应器；10—曝气器底板；11—进气；12—排气；13—反应器溢流；14—被溶解的污泥返回生化池

11.4.2.2 设计

（1）格栅

在浓缩池上游使用格栅单元对生化污泥进行预处理，以防止纤维和大块污染物对设备（仪表和换热器）造成损坏。该单元可配置自动清洗系统以及压榨螺旋，以减少栅渣量。

（2）浓缩

浓缩具有如下两个作用：

① 为反应器提供大量的底物（可降解的悬浮固体），以维持高温反应器中的生物活性。最低污泥浓度为 15g DM/L。

② 将高温反应器的容积降至最小。当 F/M 比值恒定时，进泥浓度越高，酶法反应器的占地就越小。

通常采用浮选法浓缩污泥，也可采用重力浓缩、离心分离和重力排水等方式。因此，要综合考虑聚合物投加的额外成本来选择浓缩工艺。

（3）反应器

随着对反应器的设计及应用的深入研究，人们已经总结出嗜热微生物的最佳增殖条件，这些微生物能够释放出将污泥溶解的酶。

反应器的温度必须维持在 55～65℃之间。由于矿化过程（氧化）不足以产生维持自身所需的热量，因此需要额外提供热量。热量可由安装在旁通回路的外部换热器提供，换热器内的换热介质为热水。换热器的设计需考虑尽可能降低热量损失（采取保温隔热、加盖覆盖等措施），同时使用污泥 / 污泥换热器对反应器排出的混合液的热量进行部分回收。

由于嗜热微生物也是一种微好氧菌，反应器内的溶解氧浓度需低于 0.5mg/L。通过曝气器（如 Vibrair）同时实现曝气和搅拌，这意味着曝气系统的规模由工艺所需的最小搅拌功率决定。由于富含氨气并且偶尔释放出难闻的臭气，必须采取措施对反应器的排气进行处理。

建议高温反应器连续运行。但是，在维持温度和持续曝气的情况下，可以将反应器短暂停车数小时。

在启动阶段可能会产生泡沫，这是由于此时生化污泥还未开始酶促反应。通过探头对泡沫进行监控，可预防性地注入消泡剂以消除泡沫。

小型反应器可采用复合材料或钢制池体，较大的反应器采用混凝土构造。反应器内壁衬有覆盖到液位波动高度的特制衬层，以防止反应器被腐蚀。

11.4.2.3 处理性能

Biolysis E 工艺可应用于现有或新建污水处理厂，对其所产生的工业或市政污泥进行处理。停留时间为 24～48h 的高温反应器可将污泥产量减少 80%。从反应器排出的混合液中含有易生物降解的有机碳（3～5g COD/L），可用于提高反硝化以及生物除磷性能。

在将反应器维持在嗜热菌最佳生长温度的条件下，调试结束后 1 周至 1 个月即可达到额定处理效果；若反应器停运 7d 后则至少需要 48h 来恢复其处理性能。

应用于法国瓦讷（Vannes）污水处理厂和韦尔布里（Verberie）污水处理厂的 Biolysis E 系统如图 11-68 和图 11-69 所示。

图 11-68　Vannes Tohannic 污水处理厂（法国布列塔尼 Bretagne）

注：处理规模为60000人口当量。剩余污泥产量减少2.6t DM/d，相当于该污水厂70%的污泥产量。Biolysis E系统包括一个600m³的高温酶法反应器以及一个直径12m的气浮单元。

图 11-69　位于 Verberie（Oise，法国）污水处理厂的工业化试验装置

注：处理规模为3000人口当量

11.4.3　Biolysis O：化学法污泥减量工艺

11.4.3.1　原理

从生化池排出的污泥在被送回生化池入口前，要先与臭氧相接触（图 11-70）。通过臭氧的氧化作用，尤其是对有机物进行氧化，将污泥中的悬浮固体部分溶解，并释放出可生物降解组分。当污泥回流至生化池时，这些化合物随即被生物降解和矿化。臭氧气体所携带的氧气能够部分满足由于溶解性污泥回流所需的额外需氧量。

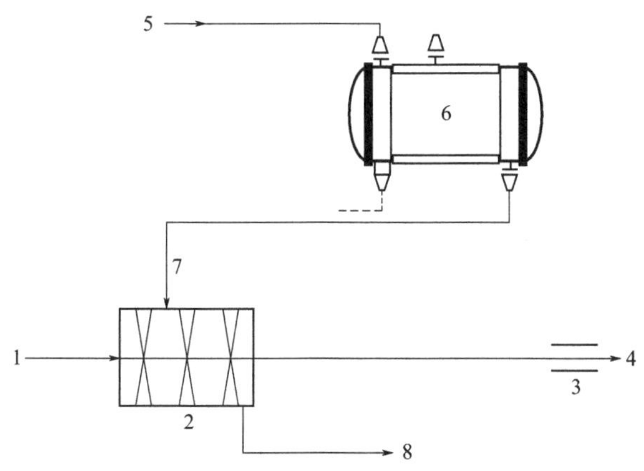

图 11-70　Biolysis O

1—生化污泥；2—气/液混合反应器；3—分散系统；4—溶解态污泥回到生化池；5—纯氧供应；6—臭氧发生器；7—臭氧气体；8—臭氧尾气至生化池

11.4.3.2 设计

（1）浓缩

根据生化池中的污泥浓度以及搅拌器运行模式，可能需要将污泥进行浓缩处理。

（2）气/液混合反应器

气/液混合反应器专为此应用设计，旨在使臭氧和待处理的污泥尽可能地充分接触。污泥的溶解同时发生在两个阶段：

① 在机械作用下，污泥絮体被完全破坏；

② 有机物被臭氧分解，从而将微生物细胞破坏，进而将颗粒组分溶解。

臭氧和有机物之间的化学反应非常迅速，这确保了投加的全部臭氧在混合阶段的几秒钟之内即基本消耗殆尽。

（3）臭氧的产生

该工艺在臭氧浓度高于 10% 时的运行效果最好。这就要求臭氧需由纯氧制备（见第 17 章 17.4 节）。在中小规模的污水处理厂，纯氧可由配置蒸发器的液氧储存装置提供，或者由氧气管道直接提供；在大型污水处理厂，可通过独立的制氧单元提供纯氧［变压吸附制氧（PSA），真空解吸制氧（VSA）］。

（4）氧气的回收与利用

经气/液混合反应器处理并返排至生化池的污泥中富含溶解氧，臭氧尾气中的氧气也被输送至曝气池，并通过曝气装置将绝大部分氧气回用于生化池，以补充由于该污泥处理工艺而额外所需的供氧量。

11.4.3.3 处理性能

Biolysis O 工艺可应用于现有或新建的污水处理厂，对其所产生的工业或市政污泥进行处理，污泥减量可高达 80%（图 11-71）。无论污泥减量目标如何，通过消除所有丝状菌的增殖，Biolysis O 工艺可确保污水处理厂的可靠运行，污泥容积指数介于 50～80mL/g 之间（图 11-72）。

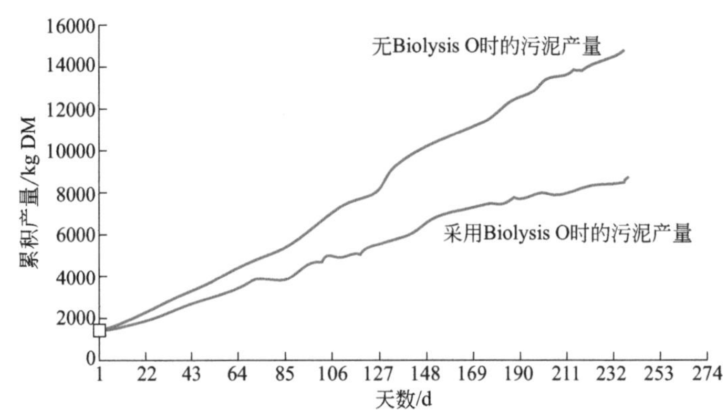

图 11-71 Aydoilles（法国）污水厂：污泥减量达 60%，最高达 80%（DM）

此外，该工艺改变了污泥絮体结构，当对残余的生化污泥进行脱水处理时，可获得更高的污泥干度。

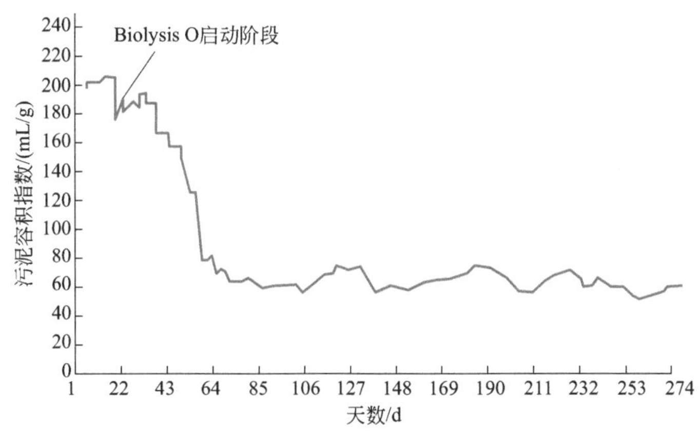

图 11-72　Aydoilles（法国）污水厂 Biolysis O 工艺对活性污泥沉降性能的影响

Biolysis O 工艺的运行可以很容易地根据生化池的需氧量进行调整：只需调整臭氧投加量以及 / 或者送入气 / 液混合反应器的污泥量。此外，建议在污水处理厂进水流量较低的情况下（夜晚、周末等）增大 Biolysis O 工艺的处理量，从而充分利用该处理厂的供氧曝气能力。

11.5　生化处理工艺设计软件：Ondeor

一座污水处理厂可根据人口当量及相应的污染物负荷进行简单设计，粗略估算各构筑物的容积。

然而，为了能根据污水处理厂的具体特点，尤其是待处理污水的水质，进行精确的工艺计算，必须使用适当的设计工具。

为此，得利满开发了一系列内部专用软件包（Ondeor）用于活性污泥法、生物滤池和膜生物反应器的工艺设计。

该软件的建模程序是以一些基本方程式（莫诺方程，温度对反应动力学的影响等）为基础，并通过已经实际运行的污水处理厂的长期监测结果进行校正，尤其适用于计算初沉性能、硝化和反硝化动力学、生物除磷性能、污泥产量与需氧量。

此外，所需输入的数据取决于原污水类型（见第 4 章 4.1.9 节）。用于表征污染程度的各个参数的每个要素都要进行不同的工艺计算，尤其是在考察初沉性能、反硝化反应消耗的溶解性碳和生物除磷性能时。

因此，无论采用何种技术［活性污泥法、生物滤池、Ultrafor（MBR 膜生物反应器）、Cyclor（SBR）、Météor（MBBR/IFAS）、Biolysis（生物水解）等］，该软件都适用于整个污水处理流程的工艺设计，包括：初沉池面积（是否有物化沉淀），反应池容积（曝气池、缺氧池、厌氧池等），污泥产量，需氧量，二沉池面积，以及为了达到出水目标所需三级处理工艺的类型及其工艺参数。

与此同时，对污泥处理线进行明确定义和工艺设计，能够将污泥处理系统所排出的回流污泥进行量化。根据污泥的来源和系统的配置，将回流污泥返排至初沉池入口或生化池入口。需要再次说明的是，计算中将对其中的溶解性组分和颗粒组分分别进行了不同的处理：所有可溶性污染物作为额外的污染进行处理；所有颗粒污染物则被视为惰性物质，并重新返回污泥处理系统。根据所选的污泥处理工艺，由于回流污泥返排所增加的污染负荷及流量一般约为进水负荷及原水流量的2%～15%。

当将这些回流污泥考虑在内时，污水处理线及污泥处理线的规模会相应地增大。

根据不同的原污水浓度、是否考虑污泥回流、是否设置初沉池，同样一座10000m³/d的污水处理厂会有不同的设计结果，见表11-13。

表11-13　污水处理厂工艺设计案例

项　目	案例1	案例2	案例3	案例4
悬浮物	200mg/L 2000kg/d	330mg/L 3300kg/d	330mg/L 3300kg/d	330mg/L 3300kg/d
BOD（30%溶解态；35%胶体态；35%可沉降）	150mg/L 1500kg/d	250mg/L 2500kg/d	250mg/L 2500kg/d	250mg/L 2500kg/d
TKN（85%溶解态；9%胶体态；6%可沉降）	50mg/L 500kg/d	50mg/L 500kg/d	50mg/L 500kg/d	50mg/L 500kg/d
BOD/TKN	3	5	5	5
TP（55%溶解态；20%胶体态；25%可沉降）	5mg/L 50kg/d	5mg/L 50kg/d	5mg/L 50kg/d	5mg/L 50kg/d
BOD/TP	30	50	50	50
是否配置初沉池	否	否	否	是
污泥回流所增加的溶解性BOD/(mg/L)	0	0	2	9.3
污泥回流所增加的NH_4^+-N/(mg/L)	0	0	4.4	6.2
污泥回流所增加的PO_4^{3-}-P/(mg/L)	0	0	0.23	0.35
通过硝化反应去除的N/(mg/L)	38.2	31	35.4	37.8
好氧池容积/m³	3300	5500	5600	3200
通过反硝化反应去除的N/(mg/L)	27.4	19.9	24.6	27.4
易生物降解的BOD/(mg/L)	51	85	85	79
消耗BOD进行反硝化反应所去除的N/(mg/L)	17.8	29.7	29.7	27.7
BOD是否不足	是	否	否	有限
缺氧池容积/m³	4100	1000	1300	1500
混合液回流比/%	130	70	110	130
污泥回流比/%	100	100	100	100
总污泥产量/(t/d)	1.48	2.6	2.63	3.4
初沉污泥/总污泥的比值	0	0	0	0.63
总需氧量/(t/d)	2.96	3.85	3.96	3.03
同化去除的磷/(mg/L)	1.5	2.7	2.7	1.9
无化学加药时出水的磷/(mg/L)	2.5	1.1	1.3	2.4

污水处理厂工艺参数：流量为 10000m^3/d；温度为 12℃；出水总氮为 15mg/L。

活性污泥系统配置：缺氧池—好氧池—二沉池（选择设置或不设置初沉池）。

从表 11-13 案例中可看出，BOD/TKN 比值对反硝化段工艺设计有重要影响。

① 案例 1：利用原水中的 BOD 只能去除 2/3 的氮。其余的氮将会通过内源性反硝化脱氮机理进行去除，但其脱氮速度非常缓慢，因而导致缺氧池的池容很大。

② 案例 2：对于相同的 TKN 浓度，BOD 浓度越高，就意味着可以利用外源性反硝化脱氮机理去除全部的氮。缺氧池的池容（比案例 1 小 3100m^3）以及混合液回流比因此得到显著降低。此外，由于 BOD 负荷约为案例 1 的 1.7 倍，好氧池容积将增加 2200m^3。同样，通过简单同化作用吸收磷的效率也得到显著提高。从表 11-13 中可以看出，需氧量的增加与 BOD 负荷的提高并不是严格意义上的成比例。实际上，由于氮具有更高的自然同化能力，且好氧池内微生物量的减少，除碳所需增加的需氧量将被脱氮过程需氧量的降低所抵消。

③ 案例 3：将从浓缩池、硝化池和脱水单元中回流的污泥液考虑在内。这将增大生化池容积（尤其是缺氧池）和混合液回流比（从 70% 升高到 110%），特别是在考虑溶解性化合物时。

④ 案例 4：考察了设置初沉池对工艺设计的影响。相比于案例 3（无初沉池），案例 4 中好氧池的容积显著减小。但总污泥产量（包含初沉池污泥）仍然较高。因此，污泥回流量有所增大。

因此，使用工艺计算工具能够尝试不同的配置，从而优化设计，继而考察污水处理厂的总体成本（见第 23 章）。

但是，对于工艺复杂或者污染负荷波动较大的污水处理厂，就非常有必要使用动态模拟工具（见第 4 章 4.2.1.5 节）。

第12章 厌氧消化

引言

厌氧消化工艺应用于城市污水处理厂污泥的处理已有逾 100 年的历史。厌氧消化能够有效降低污泥中挥发性有机物的含量，从而降低污泥产量，实现污泥减量。污泥在厌氧消化罐中经过进一步均质化处理（15～20d 的搅拌），其脱水性能更加均衡。厌氧消化的能耗很低：其产生沼气的能量能够补偿消化池搅拌和加热所需的能量。

第 4 章 4.3 节已经对厌氧消化的特性做了介绍，由于其在去除 BOD 时具有能耗低、产泥量少等优势，厌氧消化的应用已经拓展至含有高浓度溶解性有机物的工业废水（IWW）的处理。在过去的数十年间，得利满开发出多种采用悬浮生长工艺和附着生长工艺的厌氧消化技术，见表 12-1。这些处理设施被称为消化池或沼气发生器。

本章只针对废水处理的厌氧消化工艺进行介绍，有关污泥消化工艺，如两级厌氧消化工艺 2PAD 的详细信息参见第 18 章 18.4 节，液态污泥的稳定化。

表12-1 得利满开发的厌氧消化工艺

生长工艺	消化类型	名称	应用范围
悬浮生长工艺	完全混合	2PAD	污泥和液体粪污
	厌氧接触	Analift	高浓度废水
	颗粒污泥床	Anapulse	悬浮物（SS）含量低的废水
附着生长工艺	细颗粒载体流化床	Anaflux	易生物降解的、悬浮物含量很低的废水

12.1　总则

12.1.1　酸化

当出现以下情况时，厌氧消化单元的上游需要设置水解酸化池：

① 当厌氧消化反应池的停留时间较短时，例如 Anaflux 厌氧消化工艺；

② 当水中硫酸盐浓度较高（>500mg/L），或 SO_4^{2-}/COD 比值较高时；

③ 存在某些难水解的物质。

水解酸化池也可以对进水流量进行调节。其通常为封闭式构筑物，以减少氧气的进入，池内一般配有搅拌设备。

为提高生物量，特别是为了将池内的 pH 保持稳定，需将厌氧消化池的高碱度出水部分回流至酸化池。

酸化通常需要数小时（2～6h）才能完成，宜采用悬浮生长工艺，附着生长工艺不适用的根本原因还有待深入研究。对于某些（悬浮物浓度很高）废水，酸化时间需要延长至 24h。

12.1.2　温度控制

根据阿伦尼乌斯方程（Arrhenius equation），有机物的降解速度与温度有关，为达到较高的消化负荷和处理效率，厌氧消化系统的温度控制十分关键：通常温度须维持在（37±2）℃。

因此，有必要设置加热系统。建议使用受悬浮物影响不大的外置式换热器。

当停留时间较短时，原水通常在进入消化池前进行加热。当停留时间较长时（超过一周），最好采用套管式换热器在消化池外对污泥进行加热。

但是，在温度较低的条件下（但不能低于 25℃），若消化池的运行无需达到最大负荷和最高消化效率，则不需要对其加热。

备注：当消化效率保持不变时，温度每降低 10℃，处理负荷约降低 30%～40%。

如果消化池进水的温度过高，还需要设置冷却系统对其进行降温处理。

备注：虽然工艺难度更大，但高温消化（约60℃）也是一种选择。切记，不能频繁地将消化池的运行在中温和高温之间切换。这是因为各类微生物适宜的温度范围是不同的，温度的变化导致微生物的增殖或代谢受到抑制，甚至死亡。

12.1.3　pH

对于某些工业废水的处理，为了将反应池中的 pH 值维持在 7 左右，可能需要补充碱度。在原水中投加碱性药剂会促进污泥的絮凝和沉降，例如投加石灰（在接触厌氧消化中使用）。而对于污泥床或流化床系统，投加石灰会带来结垢风险，推荐使用 NaOH 或 $NaHCO_3$。

12.1.4　安全设备

反应池需要配备以下安全设备：

① 过压安全保护设备（压力释放阀）；

② 负压安全保护设备（通过真空破坏器注入空气或惰性气体）；

③ 气路防火防爆安全设备（阻火器）；

④ 防止冷凝水阻塞气体管道的保护设备（在管道低点设置冷凝集水器）。

12.1.5 沼气储存

工业废水经厌氧消化处理产生的沼气通常可以为工厂或设备提供能量。由于沼气产量有所波动，为避免气量变化带来的影响，沼气可储存在储气柜中（图 12-1），同时储气柜也可以为燃烧器供气。这些沼气柜一般紧靠厌氧消化池，多采用柔性容器，同时配套废气燃烧系统。如果由所产沼气提供的能量仅占总能源消耗的一小部分，沼气柜可以用一个简单的、安装于消化池内的气体压力调节器代替。

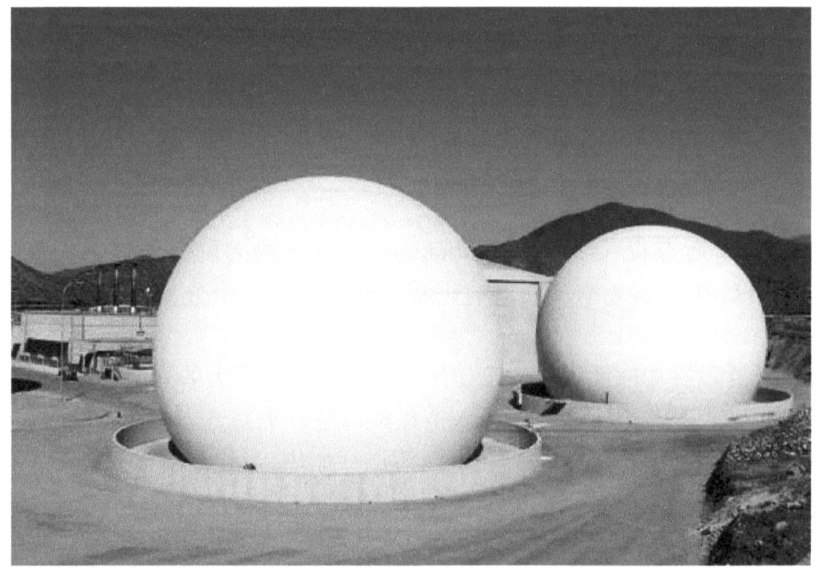

图 12-1 La Farfana（智利）污水处理厂的柔性双膜沼气储柜（330 万人口当量）

12.1.6 沼气处理

除甲烷（约占 70%～80%）和 CO_2（约占 20%～30%）外，沼气中通常还含有原水中硫化物经还原反应生成的 H_2S。如果工业废水中硫酸根的浓度超过 200mg/L，沼气中 H_2S 浓度会升高。如果 H_2S 的浓度超过 2%，沼气的利用将会受到影响（冷凝液的强腐蚀性、燃烧器的腐蚀影响、烟气中 SO_x 过量等）。此时，可能有必要采用下列方法对沼气进行脱硫处理：

① 氢氧化钠碱液淋洗；

② 通过控制生物氧化反应生成可析出的单质硫（Azurair 型附着生长系统很适合这种情况），详见西班牙 San Miguel 发酵系统；

③ 利用氧化铁去除 S^{2-}。

12.2　悬浮生长工艺

12.2.1　Analift（配置搅拌系统的消化池＋沉淀浓缩池）

厌氧接触消化系统包括一座配置搅拌系统的反应器和一座配备污泥回流装置的分建式沉淀池。回流装置的回流量可以调节，以使反应器维持尽可能高的污泥浓度，详见图 12-2。

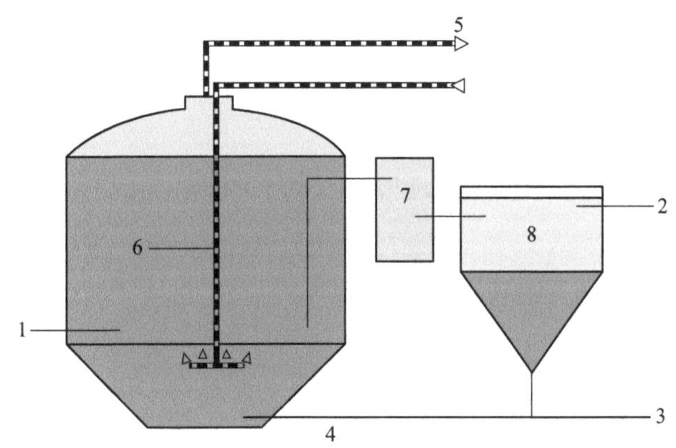

图 12-2　“厌氧接触消化”流程图（Analift）

1—原水；2—出水；3—剩余污泥；4—回流污泥；5—产气；6—气体搅拌；7—脱气；8—沉淀

在这两个主要装置之间需要安装一个脱气装置，负责脱除污泥絮体中裹挟的气泡，以免影响絮体沉降性能。

12.2.1.1　设计

（1）反应池

搅拌的目的是保证反应池中的介质混合均匀，以减小负荷波动对均质效果的影响。搅拌一般采用两种方式：机械搅拌或气力搅拌。气力搅拌使用不锈钢材质的气管，详见第 18 章 18.4 节。

反应池可以使用混凝土、钢或塑料材质建造。反应池内部必须采取防腐蚀保护措施。

一般需要考虑完善的保温措施，以将反应池内的温度维持在微生物最适宜的温度范围。如果气候条件特别合适，也可以不做保温处理。

（2）脱气

反应池底层的泥水混合物被抽提至脱气池，其目的是：a. 稳定流态（消化池与沉淀池之间高差很大）；b. 液体脱气；c. 通过慢速搅拌，进行污泥絮凝。

脱气单元的停留时间不得少于 20min。脱气池具有良好的气密性和设备布局，这有利于负压脱气设备的使用。

（3）沉淀池

由于进泥浓度高，沉淀池实际上是浓缩池。沉淀池的规模取决于固体通量，其上升流速为 0.05～0.2m/h。

污泥回流比一般为 50%～150%。

12.2.1.2 运行性能

此工艺运行负荷较低［2～10kg COD/（m^3·d)］，对负荷波动不太敏感，因此适合处理颗粒性有机物浓度较高的高浓度废水（酿酒厂、罐头加工厂、化工工业和制浆造纸工业等），以及稀释后有矿物质沉淀风险的废水（如甜菜制糖厂冲洗系统的石灰处理废水）。

将厌氧消化和沉淀单元分建，每个单元都能独立控制，可达到以下目的：

① 把污泥从一座构筑物输送至另一座构筑物，有利于系统维护和重新启动；

② 有利于脱除 H_2S（硫酸盐还原产生的气体，其存在可能会抑制厌氧消化过程），脱除的气体可在系统外部进行处理；

③ 有利于通过离心工艺去除污泥中的矿物成分（如糖厂甜菜冲洗系统的石灰处理废水）。

COD 的去除率可为 65%（糖蜜酿造废水）到 90% 以上（甜菜制糖废水），而 BOD 的去除率则为 80%～95%。

12.2.2 Anapulse（污泥床消化池）

这种工艺最为常用，适用于处理能形成颗粒污泥的废水（如糖厂废水，见图 12-3），见第 4 章 4.3 节。

图 12-3　位于德国 Platting 的 Zudzucker 糖厂污水处理厂

注：处理能力为30～38t COD/d。Analift用于该厂的废水厌氧消化处理。

12.2.2.1 设计

在上向流的反应器中，废水经安装于其底部的布水系统分配，再通过污泥悬浮床到达三相分离区。三相分别是颗粒污泥（经常黏附在气泡上并呈漂浮状）、处理出水和沼气气泡（迅速改变流动方向可使气泡与污泥脱离并被沼气收集器所收集）。沼气首先从三相混合物中被分离出来，见图 12-4 中的 1；然后污泥进入沉淀区，见图 12-4 中的 2；污泥在沼气收集器旁沉淀，回流入污泥悬浮床，见图 12-4 中的 3；处理后的水通过淹没堰或非淹没堰收集，见图 12-4 中的 4。需要注意的是，可以选用多种沉淀工艺，特别是为促进泥水分离时，可使用斜板或蜂窝斜管（错流或对流）。还要注意，小型沉淀区的进水端是最容易受影响的区域，待澄清的进水在此与正在沉降的污泥对流交错。

还要注意以下几点：

① 一般需要采用脉冲进水的方式，以确保反应器布水均匀，穿孔管的孔径必须足够大，不容易堵塞。

② 仅利用进水和污泥床本身产生的气体对污泥床进行搅拌。这也意味着系统启动时需要投加足量的接种污泥。否则，除了形成颗粒污泥所需的时间，还会有混合不足的一段时期，污泥和进水接触的效果很差，降解反应速率也低。

反应器可以采用混凝土结构或钢制池体，要采取充分的防腐措施，外部覆有保温层。

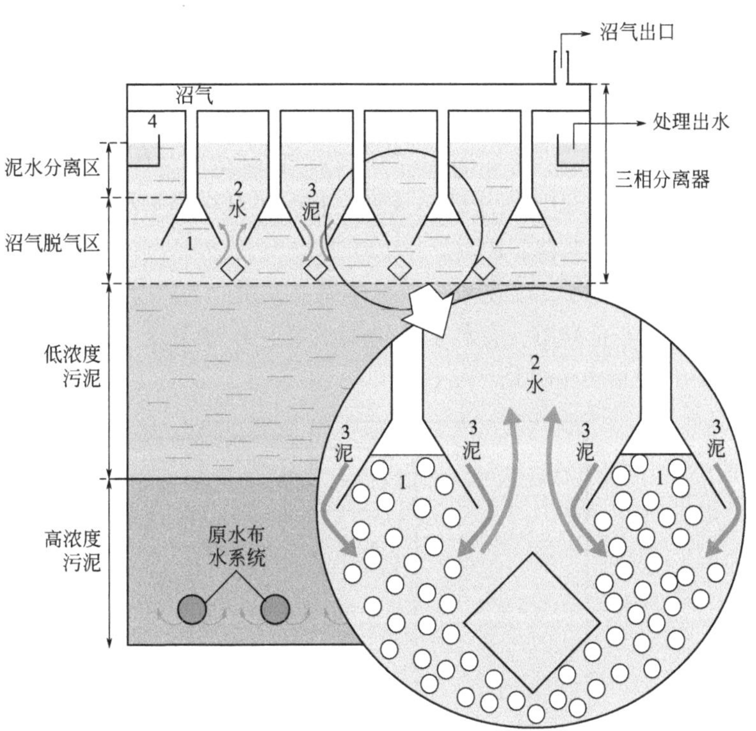

图 12-4　Anapulse 厌氧消化单元原理图

12.2.2.2　应用和处理效果

该工艺较适用于处理低浓度（COD 1.5 ～ 10g/L）且易降解的废水（啤酒、软饮料、制糖、淀粉加工、造纸、酵母等工业排出的废水），不适合含有较多可沉淀悬浮固体（例如黏土、碳酸钙、纤维等）的高浓度废水的处理，因为这些固体可能堵塞配水装置或三相分离器。

COD 负荷根据废水性质通常为 6～15kg/(m^3•d)，考虑水力停留时间较短（几个小时），通常需要设置初级酸化池。根据原水性质不同，COD 去除率可达 70%～85%，而 BOD_5 去除率为 75%～95%。

该技术也可用于温暖地区低盐度（SO_4^{2-} ≤ 50mg/L）城市污水的预处理。在这种情况下（温度大于 25℃），接触时间为 6～8h 时，BOD_5 的去除率达到 60%～80%，且能耗较低。然而，该工艺的出水通常含有高浓度的氨氮，必须对其进行进一步的处理，可采用深度处理稳定塘（停留时间约 20d）或进行脱碳和硝化反应的生物滤池 Biofor CN 工艺。

12.3 附着生长工艺

附着生长工艺是通过附着在固定式塑料填料上的生物膜对污水进行处理，水流方向可为上向流或下向流。

固定填料有多种不同的设计形式，但2～3年的长期运行均证实其非常容易污堵（粗悬浮颗粒、沉淀物等）。因此得利满不建议采取这种方式，而推荐采用污泥床或流化床技术。

Anaflux是得利满开发的一种附着生长型流化床工艺。在Anaflux反应器中（图12-5），微生物附着于细小颗粒状载体并增殖，原水为上向流使载体呈流化状态，以确保获得：a. 极大的单位容积生物膜表面积；b. 较佳的基质/生物膜接触传质条件。

这种类型的反应器非常利于微生物的增殖，相较于其他类型的反应器，其微生物浓度最高，因此能够承受很高的负荷。

采用特殊的Biolite生物填料载体，其标称有效粒径（NES）小于0.5mm，具备以下性能：a. 大比表面积的多孔介质（有利于生物膜附着）；b. 密度低（合理的流化速度，约为7m/h）；c. 耐磨损；d. 产品质量得到严格控制。

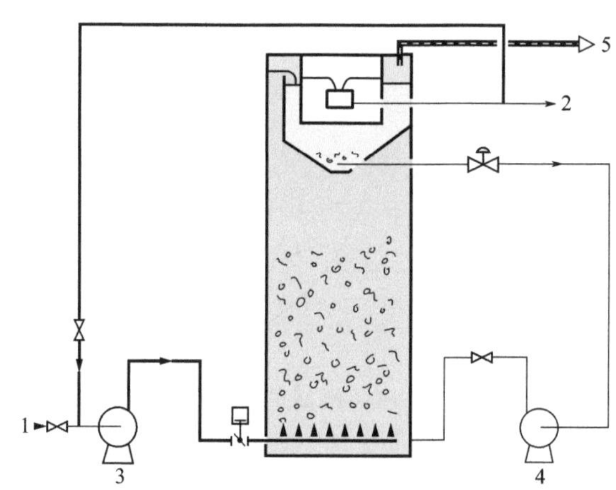

图12-5 附着生长流化床反应器（Anaflux）

1—进水；2—出水；3—流化泵；4—生物填料+微生物回流；5—排气

12.3.1 Anaflux的反应器的设计

反应器可为钢制或塑料材质，通常需要采取防腐保护和保温措施。

为了使载体维持良好的流化状态，该工艺通常需要将出水循环回流，以使上升流速保持在5～10m/h之间。混合液在整个反应器内均匀分布，上部的三相分离器用以分离气体和回收（附着在生物膜上的甲烷气泡）挟带出的填料。微生物在填料上的过度增殖可导致填料密度降低，造成较轻填料的流失。多余的生物质（剩余污泥）通过一个强紊流区从填料上脱落分离，随出水排出。

12.3.2 Anaflux的应用与处理效果

该系统的容积负荷较高［膨胀率为30%时污泥床的容积负荷为30～60kg COD/(m^3•d)］，

因而停留时间相对较短（仅有几小时）。因此大多情况下有必要在其上游设置初级酸化池。

该工艺的主要优点是：a. 无填料堵塞的风险；b. 启动快；c. 设计紧凑；d. 适应进水流量的波动。

取决于进水的性质，COD 去除率为 70%～85%，BOD_5 去除率为 75%～90%。Anaflux 适于处理 COD 浓度高于 2g/L 的工业废水，例如食品工业（啤酒、饮料、酵母、罐头、淀粉加工、酿酒、奶制品等）、制浆造纸业、化工或制药行业废水，如图 12-6 所示。

图 12-6　高果糖玉米糖浆精炼厂——Anaflux 中试装置（ϕ 6m）[Cargil（美国）]

12.4　反应器的启动与控制

12.4.1　反应器的启动与接种挂膜

反应器的启动需要接种挂膜。为缩短启动时间，接种生物量要尽可能大，且最好是：

a. 接种微生物已经适应待处理废水的水质（来自同一种工业废水处理设施提供的活性污泥）；

b. 接种微生物对反应器具有良好的适应性，例如，颗粒污泥床反应器适合接种颗粒污泥。

当没有或只有少量接种污泥时，最好通过逐步提高负荷的方法来启动反应器。实际上，驯化过程中污泥的流失量相对较高，系统中微生物增殖率很低（0.1～0.2kg VS/kg ΔBOD_5），因此处理负荷一般在 6～8 个月后才能达到稳定状态。

为了减少运输费用，可以采用离心或者过滤（GDE，Superpress）工艺对接种污泥进行浓缩处理。在此过程中必须控制污泥储存时间、聚合物投加量等参数。

在反应器启动运行数天后（稳定温度），COD 负荷大约为 0.1kg/（kg VS • d），然后逐渐提升负荷，使 VFA/TAC 值小于 0.2，pH 值接近 7。

根据进水水质和采用的工艺，正常情况下运行负荷每 10～20d 可提高一倍。

（1）接种污泥的性质

当没有驯化污泥时，以下污泥也可以用作接种污泥：a. 城市污水处理厂的消化污泥；

b. 牲畜（牛、猪）粪便。

在收集污泥前要核实以下参数：a. 种源反应器中污染物的去除量；b. 反应器单位容积每天产气量（m^3/m^3）；c. pH 和运行温度；d. 污泥的 VS 含量。

（2）所需接种污泥的量

Analift：接种污泥量为 3～5kg VS/m^3。

Anapulse：接种颗粒污泥量为反应器容积的 20%～60%（取决于反应器允许的启动时间）。

Anaflux：接种污泥量约占反应器容积的 10%。

12.4.2 运行参数

在正常运行条件下，需要检测以下指标。

① 酸化阶段：pH，VFA /COD 比，温度。

② 厌氧发酵阶段。

a. 温度；

b. VFA：通常小于 500mg/L；

c. $\frac{VFA}{TAC}$ <0.2mg/L（以 $CaCO_3$ 计）；

d. pH=7±0.3；

e. 沼气产量约为（0.4±0.05）m^3/kg ΔCOD；

f. 沼气中 CO_2 含量保持稳定（20%～30%）。

当反应器运行出现异常时，通常表现为 pH 降低、沼气中 CO_2 含量上升、沼气产量下降以及沼气中含氢量上升，需要立即采取下列措施：

① 降低负荷；

② 通过检测反应器和原水中上述指标来分析工艺发生的问题。

若反应器的处理性能逐渐降低，可能是因为缺少营养元素（N，P）和微量元素（Ni，Co 等）。建议检测原水的可生化性（是否存在抑制性物质等）。

12.4.3 后处理

如前所述，厌氧消化处理通常无法满足排放标准对 BOD、COD 等指标的要求，除氨脱氮的效果更差，需要设置好氧处理系统来进一步处理厌氧出水。

根据污染物在出水中的残余浓度，可采用第 4 章 4.2 节和第 11 章介绍的好氧处理工艺对其进行深度处理。需要指出的是，进入活性污泥系统中的厌氧污泥基本为惰性污泥，它们会形成生物絮体，但需氧量不太高。

当进水硫酸盐含量较高时，厌氧消化工艺处理后出水中 S^{2-} 的含量与沼气中 H_2S 的含量也相应较高，需要在进入后续处理单元之前将其去除。可以通过催化氧化或者采用附着生长工艺的生物处理法将其氧化为单质硫，然后通过在冲洗水中形成沉淀的方式将其去除。

第13章

滤池

引言

过滤的原理及运行机理已在第 3 章 3.5 节进行了介绍，包括滤池反冲洗过程中遇到的问题。本章将主要介绍得利满开发的各种过滤工艺。

根据在不同条件下使用的粒状滤料不同，得利满开发出了多种形式的滤池。根据水力运行条件、反冲洗条件（表 13-1），或者根据操作模式（见本章 13.5 节）可以将这些滤池分为以下几类：a. 变水头恒滤速滤池；b. 利用半真空虹吸或阀门补偿阻塞值的恒滤速滤池；c. 降速滤池。

表13-1　得利满开发的不同种类的滤池

反冲洗类型	压力式过滤器	重力式滤池	其他类型的滤池
单纯用水反冲洗 单质滤料（石英砂、无烟煤或 Mediaflo）	Hydrazur		ABW 移动罩滤池 Filtrazur 轻质滤料滤池 Greenleaf 虹吸滤池
气水同时反冲洗 石英砂滤料	FECM 过滤器 FH-S 过滤器 FV2B 过滤器	Aquazur（T、V）	自动反冲洗无阀滤池 Colexer
先气冲，再单独水洗 双层滤料 颗粒活性炭	FECB FH-L	Médiazur（B、BV） Carbazur（G、GH、V、DF）	

13.1 颗粒滤料滤池

下文将介绍通用于各种颗粒滤料滤池的技术参数，包括：a. 运行条件；b. 反冲洗条件。

13.1.1 运行条件

13.1.1.1 过滤周期

通常，颗粒滤料滤池的过滤周期包括过滤阶段以及反冲洗阶段。水头损失是影响过滤周期长短的最主要参数。但在允许的最大水头损失范围之内，过滤周期则由其他参数决定：

① 过滤总水量或设定的过滤周期（例如：8h、24h、48h）；

② 浊度，可以通过浊度计或者颗粒计数器检测。

最大水头损失取决于：

① 允许的水力负荷（重力水头高度或水泵工作曲线范围），或滤板的机械强度（对于压力式过滤器而言）。

② 对于生活饮用水和工艺补给水的过滤处理，必须在整个过滤周期内始终保持出水水质稳定。在处理某些类型的工业用水时，则不做强制要求。压力式过滤器可在水头损失较大（0.5～1.5bar）的条件下运行。在这种情况下，唯一需重点考虑的是滤后水的平均水质。

13.1.1.2 运行恢复

在一组滤池中，当一座滤池完成反冲洗并恢复运行时，要避免其对整组滤池的出水水质造成不利影响。一般滤池数目越少，这一现象出现的可能性就越大。为保证达到高质量的出水水质，应使滤池进出水分配均匀。

在某些情况下（采用超高滤速，无预澄清工艺，或水质要求严格，如担保浊度低于0.2NTU，甚至低于0.1NTU，SDI＜5等），即使滤池经反冲洗后其出水水质不是很差，仍建议将初滤水直接排放，此阶段通常被称作熟化过程。

13.1.2 滤料支撑结构

实际上，滤料的有效粒径根据使用材料的不同而有所变化：从0.25mm（石榴石或砂）到2mm（砂）或5mm（无烟煤）。这些滤料可以置于：

① 安装有滤头（滤头狭缝明显小于滤料粒径）的滤板上；

② 当滤料粒径与滤头狭缝的尺寸不匹配时，可以置于承托层上（砾石、石榴石等）。

根据滤料及其粒径级配，承托层可由2～4层粒度中等的材料组成，高度约为5～40cm。

13.1.3 滤池反冲洗

除非某些特殊情况（如滤料密度小于水的Filtrazur滤池），滤池清洗通常采用上向流反冲洗模式，一般使用一种或两种流体（通常是空气和水，见第3章3.5节）进行冲洗。

13.1.3.1　反冲洗水的配水

反冲洗配水系统设置在滤料下方，根据是否采用空气反冲洗，可将配水系统分为：

① 单纯水冲洗，为简单的反冲洗配水系统；

② 气水反冲洗，为在滤板下方形成气垫的装置或特殊的配气配水歧管系统。

（1）反冲洗配水系统

系统由支管与主干管（渠）组成，支管通常与中央干管（渠）或横向布水分配器相连。支管上设有用于布水的孔眼或喷头。

（2）气垫层配水系统

长柄滤头可以确保滤板下的气垫层保持稳定，并使空气均匀分布。图13-1是在采用气水反冲洗的滤池中，安装在混凝土滤板上的长柄滤头的截面图。

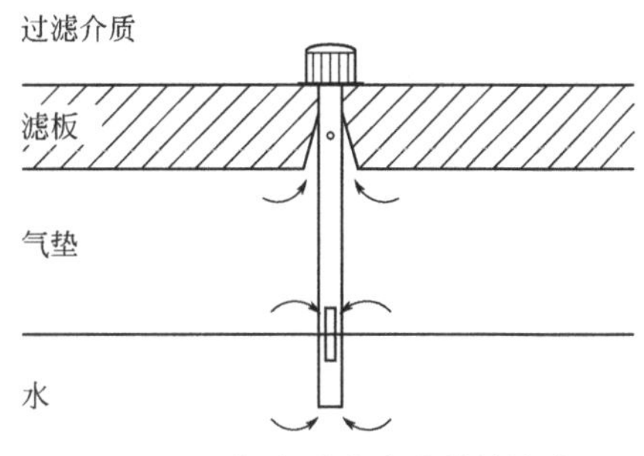

图13-1　气水反冲洗阶段的滤头

滤头由滤帽和长柄组成。滤帽上布有很多狭缝，其尺寸确保滤料无法通过；长柄则由上部开孔、下部有狭缝的管段组成。

气垫层由滤板下注入的空气产生，一旦气垫层形成则能通过滤头上的孔眼和狭缝，使空气和水充分混合，然后分布在滤池整个表面。这是一种节省冲洗水的高效反冲洗系统。

为了防止形成泥球，一般每平方米滤板面积上布置55个滤头，每个滤头的空气流量约为$1m^3/h$。

对于压力式过滤器，空气反冲洗采用如图13-2所示的两种布置方式。

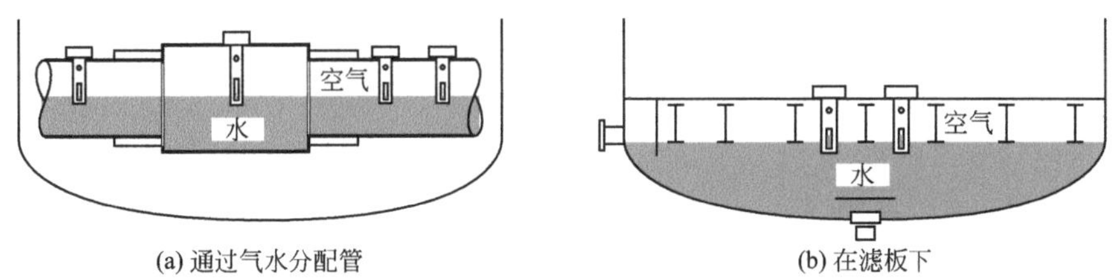

(a) 通过气水分配管　　(b) 在滤板下

图13-2　压力式过滤器的气垫层装置

① 轻质滤料

在气水反冲洗时，这种滤料容易随反冲洗水进入排水管而导致滤料流失。因此，通常采用先气冲，然后再水冲（见第3章3.5.4.4节）的反冲洗方式。为了避免在水冲初始阶段滤层中有空气存在，需特意设置一个在开始水冲前排出滤层中残余气垫层的排气系统，因此滤头上部的孔眼应位于滤板和排气口以下。

② 重质滤料

在气水同时反冲洗后开始用水漂洗时，残留在滤料层中的空气不会有致使滤料流失的风险，这归因于滤池的“自排气滤头”（图13-1）：气冲之后，气垫层通过滤柄的上端孔眼排出，并在水漂洗阶段完全排空。长柄滤头的上部孔眼应位于滤板底部尽量靠上的位置。采用气水同时反冲洗的滤池不需设置气垫层排放系统。

得利满根据其对过滤工艺的研究和实际工程经验，开发了不同类型的滤头（图13-

3），以最优的方式满足不同过滤工艺的技术要求，并且采用不同的材质以适应各种腐蚀性环境。

(a) 带密封环的4DS27塑料滤头：用于Azurfloor滤池

(b) 带固定环的D25塑料滤头：用于钢制滤板

图 13-3 得利满开发的气水反冲洗滤头

13.1.3.2 反冲洗水消耗量

反冲洗水消耗量与水中的悬浮固体含量、性质和水温密切相关，以过滤水量的比例计算：

① 对于进行气水反冲洗的单层滤料滤池（Aquazur），反冲洗耗水量约为 1%～3% 的过滤水量。

② 对于先气冲再水冲的双层滤料滤池（Médiazur），反冲洗耗水量约为 2%～4% 的过滤水量。

13.1.4 重力滤池的混凝土滤板

滤板的设计和施工质量非常重要，是滤池正常运行的一个关键因素。滤板必须具备以下特点：

① 均匀分布反冲洗流体，尤其是有空气反冲洗的情况下，更应严格控制滤板水平公差；

② 滤板必须密封完好，防止漏水漏气，尤其是在反冲洗阶段；

③ 滤板的机械强度必须既能承受上向压力（反冲洗时），又能承受下向压力（过滤或快速排空时）；

④ 必须能够连续运行，无需人为干预。

得利满设计的滤板，满足以上所有要求。

当操作人员需要进入滤板下部空间时，滤板将设置在滤梁或滤柱上。滤板可采用以下材质：a. 加强聚酯滤板；b. 预制混凝土滤板（图 13-4）；c. 整体浇筑的钢筋混凝土滤板。

图 13-4 预制混凝土滤板

得利满开发了两种类型的整体滤板：一种是在一次性聚苯乙烯模板上现场浇筑的Monoflor滤板（图13-5）；另一种是在预制混凝土底板上现场浇筑的Monolithic整体滤板（图13-6）。整体滤板的优点是结构简单，并且无需进行任何密封处理。

当不需进入滤板下部空间时，滤板可以设置在滤池底部。Azurfloor滤板（图13-7）是直接固定在滤池底板上的永久性混凝土滤板。Azurfloor滤板与得利满开发的其他滤板一样，具有相同的水力特征。Azurfloor滤板易于安装，且无需采取任何密封处理措施。模块化和较低的高度使其非常适用于滤池改造项目。

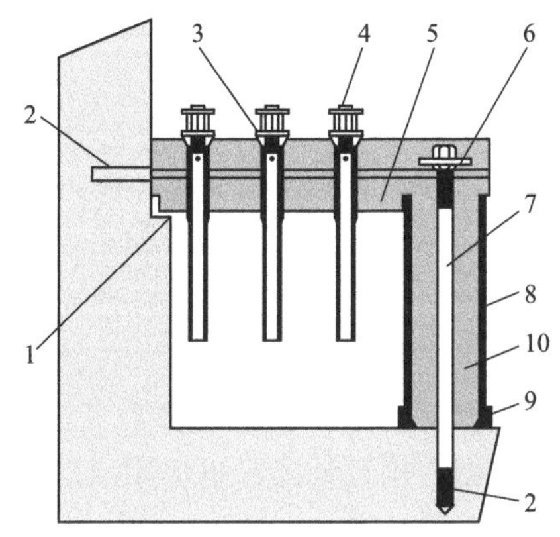

图13-5 Monoflor滤板

1—壁架；2—化学螺栓；3—滤头固定环；4—滤头；5—永久性模板；6—锚固板；7— 锚杆（不锈钢）；8—PVC模筒（浇筑支柱）；9—调节垫片；10—混凝土支柱

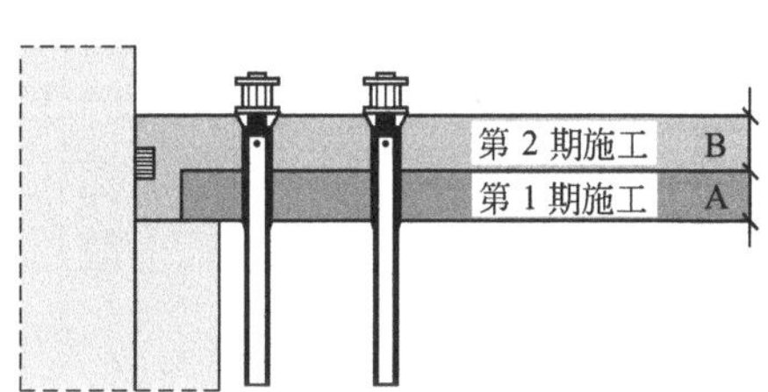

图13-6 Monolithic整体滤板

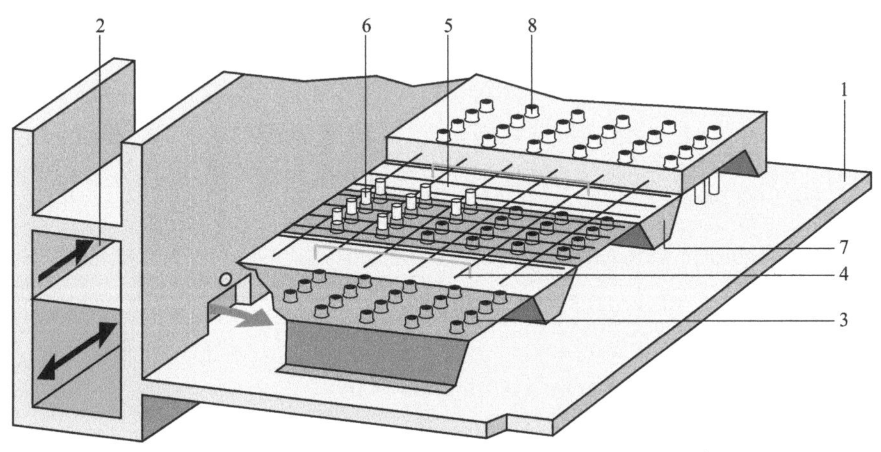

图13-7 Azurfloor滤板

1—底板；2—侧流渠；3—永久性模板；4—锚固钢筋；5—钢筋；6—预埋环；7—混凝土；8—滤头

13.2 压力式过滤器

压力式过滤器可以根据不同使用条件采用不同材质的内衬。须精确设计反冲洗水分配系统以确保配水均匀。

压力式过滤器易于实现全自动化运行。得利满曾制造过直径达 8m 的压力式过滤器。

13.2.1 单独水冲过滤器

压力式过滤器通常装填单层砂滤料或无烟煤滤料。过滤周期结束时的最大水头损失范围在 0.2～2bar 之间，主要取决于滤层厚度和滤速。

反冲洗强度即反洗上升流速主要取决于滤料的粒径、水的黏度及温度。表 13-2 为水温为 15～25℃时，砂滤池采用的水冲洗强度。

表13-2 不同石英砂滤料粒径对应的水冲洗强度

有效粒径 /mm	0.35	0.55	0.75	0.95
水冲洗强度 /（m/h）	25～35	40～50	55～70	70～90

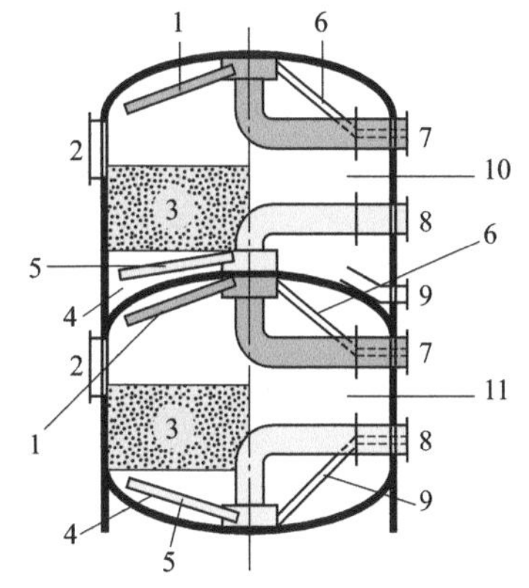

图 13-8 Hydrazur 双层叠合过滤器

1—上部排水收集器；2—人孔；3—滤料层；4—支撑层；5—底部排水收集器；6—排气管；7—原水入口/冲洗水出口；8—冲洗水入口/滤后水出口；9—排空管；10—上层过滤室；11—下层过滤室

控制反冲洗水的强度至关重要，这可利用反洗废水池容积简单地进行标定。同时，可以监测反冲洗废水水质变化，并对反冲洗时间相应地进行调整。反冲洗时间一般为 5～8min，这主要取决于砂滤床厚度及其纳污量。

高滤速 Hydrazur 钢结构过滤器，可采用双层叠合构造（图 13-8）：a. 滤层厚度为 0.6m；b. 直径为 1.4～3m；c. 主要用途是游泳池水处理。

13.2.2 气水同时反冲洗过滤器

此类过滤器使用单一均质滤料，采用气水同时反冲洗的反洗方式。

滤料在整个滤床内沿深度方向是均质的，滤床由金属板或者嵌入支撑层的配水配气管支撑，滤头固定在支撑层的滤板上。这类过滤器通常采用石英砂滤料，偶尔采用无烟煤。

压力式过滤器的常规参数如下：

① 砂滤料有效粒径（ES）：0.55～1.35mm。

② 气冲强度：55 m^3/（m^2 • h）。

③ 气水同时冲洗时的水冲强度：5～7m^3/（m^2 • h）。

④ 单独水冲时的水冲强度：15～25m^3/（m^2 • h）。

⑤ 水头损失：0.2～1.5bar。

滤床深度主要取决于滤速及滤除物的负荷。滤速一般为 4～20m/h。在特殊情况下，可提高滤速。对于滤层厚度为 1～2m，石英砂滤料粒径为 0.65～2mm 的压力式过滤器：

① 对含有金属氧化物的钢铁废水进行粗滤处理时，其滤速可达 20～40m/h（见第 25 章 25.8 节钢铁厂废水处理）；

② 对苦咸水和海水进行精细过滤时，其滤速可达 25～40m/h。

这种过滤器宜采用大直径的压力式过滤器组，具有安全、操作简单、瞬时反冲洗水量低、节约冲洗水用量等优点。

（1）气水反冲标准立式过滤器（FV2B 过滤器）

标准立式过滤器（图 13-9）适用于锅炉用水、工业用水以及饮用水的过滤处理，一组过滤单元通常包括两台过滤器：a. 滤层厚度约为 1m；b. 过滤器直径为 0.95～3.5m。

（2）FECM 过滤器

这种结构紧凑的高滤速立式过滤器适用于过滤具有腐蚀性的水（图 13-10）。

① 滤层厚度约为 1m；

② 过滤器直径为 1.6 ～ 3.5m；

③ 设计时，内壁应采取有效防腐措施，如喷涂防腐涂料或内衬橡胶；

④ 应用领域：过滤苦咸水和海水。

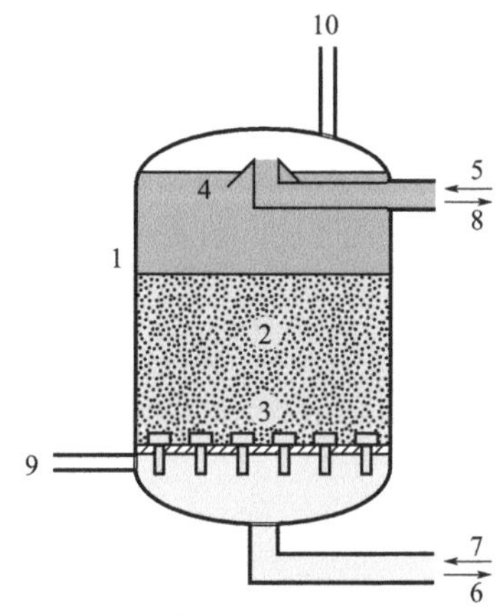

图 13-9 标准立式过滤器（FV2B）

1—过滤器外壳；2—滤料；3—装有滤头的滤板；4—供水室；5—进水口；6—出水口；7—冲洗水进口；8—冲洗水排出口；9—空气入口；10—排气口

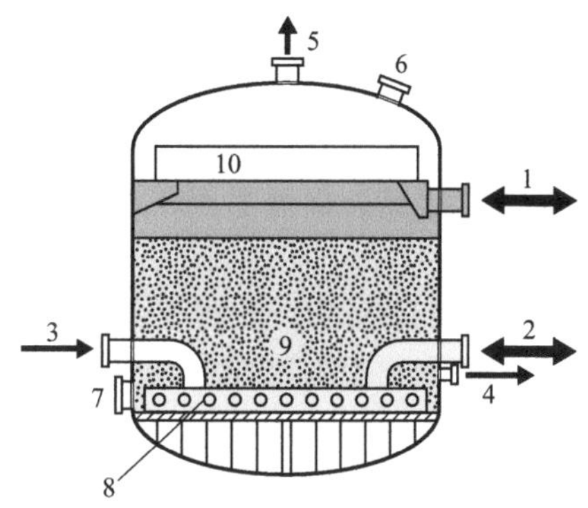

图 13-10 FECM 过滤器

1—原水入口/冲洗水出口；2—出水口/冲洗水入口；3—空气入口；4—排空管；5— 排气口；6—检修口；7—人孔；8—装在配水干支管上的滤头；9—滤料；10—冲洗水收集槽

（3）FH-S 过滤器

这是一种设有一个或两个特殊反冲洗水收集槽的卧式过滤器（图 13-11，图 13-12）。

① 滤层厚度约为 1m；

② 过滤器直径为 2.5～4m，长度可达 12m；

③ 应用领域：大型工业用水处理装置（去除碳酸盐硬度、轧钢厂废水处理和海水过滤）。

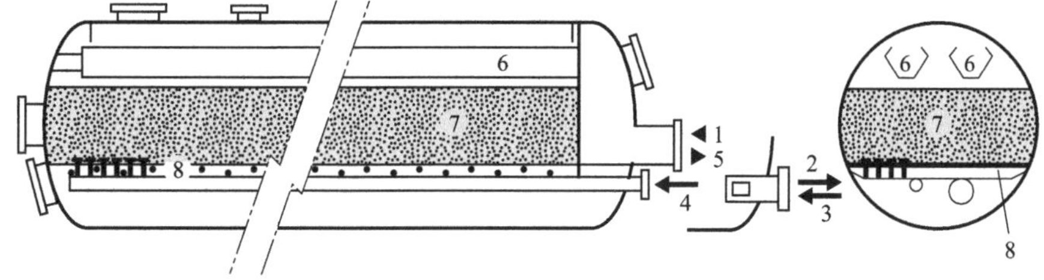

图 13-11 双排水槽 FH 卧式压力式过滤器

1—原水入口；2—出水口；3—冲洗水入口；4—空气入口；5—冲洗废水出口；6—冲洗废水收集槽；7—滤料；8—装有滤头的滤板

图 13-12　位于 Bahia（Palma de Majorque，西班牙）的 FH 卧式过滤器，产水量 7800m^3/d

13.2.3　气冲后接水漂洗过滤器

对于采用轻质单层滤料（无烟煤、浮石、活性炭）或两种不同材料的双层滤料的过滤器，其反冲洗宜先进行气冲然后再用水漂洗，分为两个连续冲洗阶段：首先降低水位，然后进行气冲洗，随后进行水冲漂洗。

当双层滤料中的一层是石英砂时，几种滤料粒径组合列于表 13-3。双层滤料的反冲洗强度高于单层均质滤料，因此必须相应调整系统相关的管道、阀门和反冲洗泵的配置。此外，因滤床膨胀需要提高反冲洗废水收集系统的安装高度。

表 13-3 为最常用的双层滤料的组合。

表13-3　滤料级配组合

滤料的组合		1	2	3
砂	标称有效粒径 /mm	0.55	0.55	0.75
无烟煤	标称有效粒径 /mm	0.95		1.5
浮石	标称有效粒径 /mm		1.5	

注意：其他砂 / 浮石滤料级配组合可能随浮石密度变化而改变（例如 0.3mm 的砂与 1.6mm 的浮石组合）。

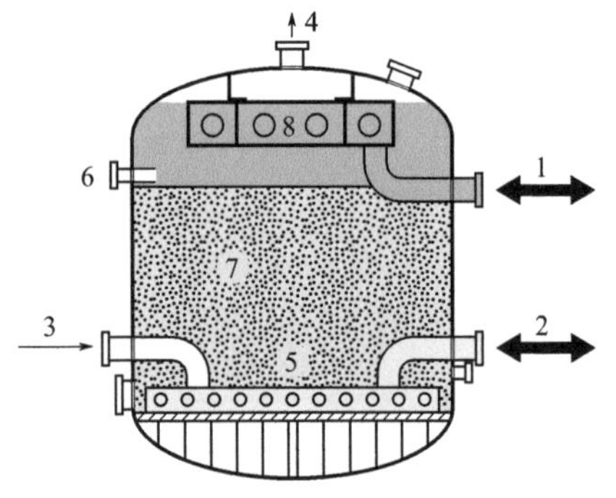

图 13-13　FECB 过滤器

1—原水进水口/冲洗水出口；2—出水口/冲洗水进口；3—空气入口；4—排气口；5—装在配水干支管上的滤头；6—液位传感器；7—滤料；8—反冲洗水收集系统

（1）FECB 过滤器

这种结构紧凑的立式过滤器可用于过滤海水或具有腐蚀性的水（图 13-13）。

① 滤料厚度约为 1m；

② 直径为 1.6～3.5m；

③ 应用领域：在线混凝过滤、除铁、碳酸盐硬度去除。

（2）FH-L 过滤器

这是一种设有一个或两个特殊反冲洗水收集槽的卧式过滤器（图 13-11）。

① 滤料厚度约为 1m；

② 直径为 2.5～4m，长度达 12m；

③ 应用领域：大型工业用水或海水过滤处理装置。

13.3 重力式滤池

大流量的饮用水、工业用水以及污水净化过滤装置，大多采用钢筋混凝土结构的重力式滤池。通常待滤水是经过澄清处理的水，但偶尔可加药直接过滤，甚至可不投加任何药剂而直接过滤。不同的处理工艺会影响滤池的工艺设计，特别是整个滤池组的设计。

得利满开发出的重力式滤池主要包括 Aquazur 砂滤料滤池、Médiazur 双层滤料滤池和 Carbazur 活性炭滤池。这些滤池使用的设备在本章 13.1 节中已作介绍，特别是 13.1.4 节对滤板进行了详细介绍。

13.3.1 Aquazur砂滤料滤池

Aquazur 滤池采用气水联合反冲洗的反洗方式（图 13-14）：空气的冲洗强度较大，水的冲洗强度较小，然后单独用水漂洗时，冲洗强度仍然较小以确保滤层不膨胀，只是将污染物从滤层中漂洗排出。

图 13-14 Aquazur 滤池气水联合反冲洗时的情况

目前应用最广泛的是 Aquazur V 型滤池，标准设计滤速为 7～20m/h，特殊设计滤速可高达 30m/h。当水力高程紧张时，也可采用 Aquazur T 型滤池。

13.3.1.1 Aquazur V 型滤池

Aquazur V 型滤池的滤速范围为 7～20m/h，主要从以下几个方面进行计算和调整：a. 滤料规格及滤层厚度；b. 反冲洗方式；c. 水力设计。

Aquazur V 型滤池（图 13-15）的技术参数：

① 滤床以上即滤层上方的水深至少 1m，通常为 1.20m；

② 均质滤料厚度在 0.8～1.5m 之间；

③ 滤料有效粒径通常为 0.95mm 或 1.35mm（最小为 0.7mm，最大为 2mm）；

④ 先使用气水联合反冲洗，再进行不使滤层膨胀的单独水洗（气水联合冲洗和单独水冲洗时均使用原水进行横向扫洗），表面扫洗能使污染物更快地进入排水槽，从而缩短冲洗时间并节省反冲洗用水。

Aquazur V 型滤池的水位可通过半真空盒（虹吸控制阀）或与 Régulazur 控制器联锁的蝶阀（见本章 13.5 节）进行控制。

Aquazur V 型滤池可设计为单格滤池（每座滤池由一个滤速控制器控制）或双格滤池（每格滤池的上部和下部连通，并由一个滤速控制器控制）。

（1）Aquazur V 型滤池的反冲洗

反冲洗步骤如图 13-16 所示：

① 进水停止后，滤层上方的水位降至反冲洗废水排水槽（6）的上沿；

② 启动空气冲洗系统，形成气垫层；

③ 启动冲洗水泵，气水联合反冲洗开始，并伴以表面扫洗；

④ 关闭空气冲洗系统，单独水洗，继续伴以表面扫洗，直到污染物全部去除，清水开始进入反冲洗废水排水槽。

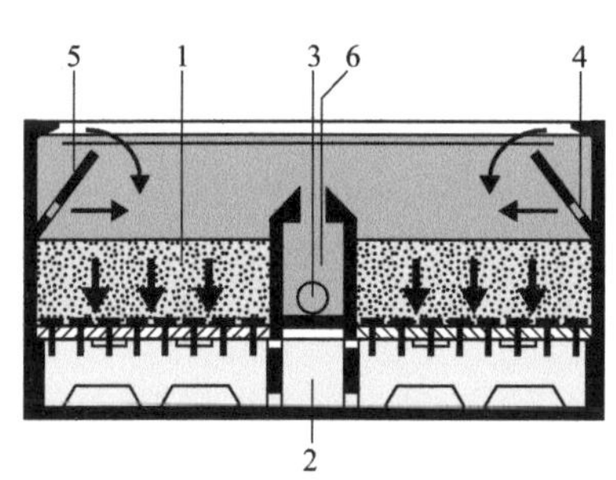

图 13-15 Aquazur V 型滤池（过滤阶段）

1—石英砂；2—过滤出水、反冲洗气和冲洗水渠道；3—反冲洗水排水阀；4—表面扫洗进水孔口；5— V形槽；6—反冲洗废水排水槽

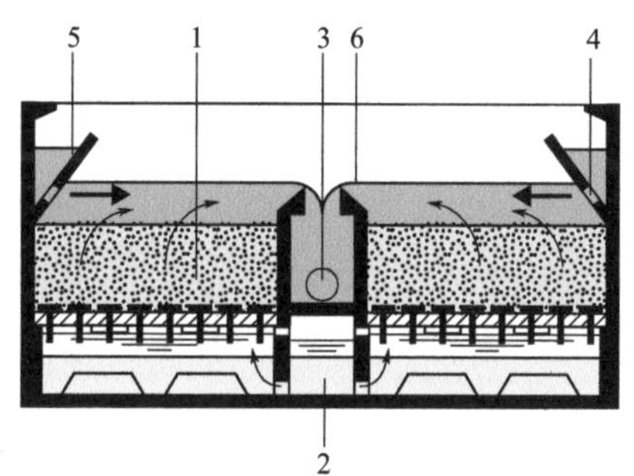

图 13-16 Aquazur V 型滤池，带表面扫洗的气水反冲洗阶段

1—石英砂；2—过滤出水、反冲洗气和冲洗水渠道；3—反冲洗水排水阀；4—表面扫洗进水孔口；5— V形槽；6—反冲洗废水排水槽

采用以下冲洗强度：a. 气水联合反冲洗时的水洗强度 7～15m^3/（m^2 • h）；b. 气洗强度 50～60m^3/（m^2 • h）；c. 表面扫洗强度约 5m^3/（m^2 • h）；d. 单独水漂洗强度 15m^3/（m^2 • h）。

冲洗过程持续 10～12min，反冲洗结束后滤池开始进水，随即开始新的过滤周期。

（2）Aquazur V 型滤池的优点

这种滤池兼备优质过滤和高效冲洗所必需的所有特性：

① 特别适用于高速过滤，其砂床厚度为 1～2m。

② 在整个过滤周期和滤料深度方向上保持正压，防止滤层因负压产生气泡堵塞滤层。

③ 不采用导致滤床膨胀的反冲洗方式，避免滤料的水力分级。特别是对于具有较高均匀系数的均质滤料，反冲洗时更能保持其均质状态。

④ 滤池反冲洗水耗量与过滤产水量的比值较小，因而其反洗效率较高、能耗低。

⑤ 具有完美的水力设计，例如反冲洗废水排水槽的溢流堰的优化设计，能防止滤料随反冲洗水流失。

⑥ 在气水联合反冲洗过程中，一直辅以表面扫洗。反冲洗水量较小，根据不同的原水水质和水温，为过滤水量的 1%～3%。

⑦ 在冲洗过程中，待滤水持续进入滤池以提供表面扫洗所需要的全部或部分原水。因此反冲洗期间，同组的其他滤池不会因某座滤池进行反冲洗而突然改变滤速，影响过滤效果。对于其他形式的滤池，当一座滤池进行反冲洗时，其他滤池要分担该滤池的进水量而不得不突然增大滤速，从而受到冲击。

⑧ 反冲洗后，无论采用何种控制系统，过滤是通过升高滤层上方的水位逐步重新启动的。根据需要，这种逐步启动的时间可延长至 15min。

（3）标准尺寸

采用标准化设计的单格 Aquazur V 型滤池的滤池面积为 24.5～105m^2；双格滤池面积为 49～210m^2。

图 13-17 为施工过程中的 Aquazur V 型滤池，从中可以看到：a. 装有滤头的滤板；b. 具有表面扫洗功能的 V 形进水渠道；c. 反冲洗废水排水槽。

图 13-17 Pertusillo（意大利）水厂，产水量为 16200m^3/h，14 座双格 Aquazur V 型滤池

13.3.1.2 高速 Aquazur 滤池

Aquazur V 型滤池的滤速可超过 20m/h，在此情况下应对设计进行相应调整。位于悉尼（澳大利亚）Prospect 水厂的 Aquazur V 型滤池是高速滤池的一个实例（图 13-18）。

图 13-18 悉尼（澳大利亚）Aquazur V 型滤池，产水量为 $3\times10^6 m^3/d$

注：Prospect–Sydney水公司；原水：水库水；产水流量：125000m^3/h；应用：直接过滤；滤池数量：24座Aquazur V型双格滤池；单座滤池面积：238m^2；总过滤面积：5710m^2；滤料：1.8mm（ES）有效粒径的石英砂。

主要的反冲洗和过滤参数通过中试测试得到［见第 3 章 3.5.4.5 节中的（1）］。

① 药剂采用氯化铁、有机混凝剂（阳离子聚合物）和絮凝剂（阴离子聚合物）；

② 滤料：2.15m 厚的石英砂滤料（有效粒径为 1.8mm）；

③ 最高滤速：24m^3/（m^2 • h）；

④ 反冲洗参数：

a. 气水联合反冲洗：气冲强度为 70m^3/（m^2 • h），水冲强度为 30m^3/（m^2 • h）；

b. 水漂洗强度：60m^3/（m^2 • h）［表面扫洗强度 7m^3/（m^2 • h）］。

对于上述设定的滤速，为了保证过滤时对滤层有足够的正压力，滤层上方的水深提高至 2m。

由于滤前加药，其冲洗和漂洗强度明显高于常规的反冲洗。为了减小反冲洗设备的规模，未采用Aquazur V 型滤池双格同时反冲洗的标准方式，而是对单格滤池逐一进行反冲洗。

13.3.1.3 Aquazur T 型滤池

Aquazur T 型滤池的特点是滤层上方的水深较浅（50cm），这不足以保证在整个过滤周期内滤床中所有高度均保持正压。因此，为降低并消除形成负压、产生气阻的风险，需采取下列措施：

① 滤床采用均质滤料，通常为 0.80～1m 厚；

② 选用有效粒径为 0.7～1.35mm 的滤料；

③ 采用较低的过滤水头，一般为 1.5～2m，防止因滤池过度阻塞导致的负压而产生气阻。

根据水质特点及其产生气阻的趋势，最高滤速为 5～10m/h。

对于面积较小的 T 型滤池，可由滤板下方带有立管的空气配气管［图 13-19（a）］对反冲洗空气进行分配。

对于面积较大的 T 型滤池，反冲洗空气的分配则由混凝土渠道完成，该渠道可置于任意一侧的反冲洗废水排水渠的下方［图 13-19（b）］。

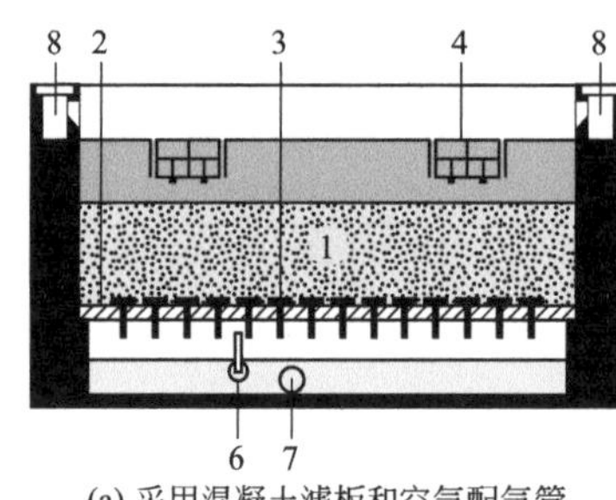

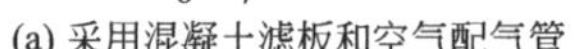
(a) 采用混凝土滤板和空气配气管

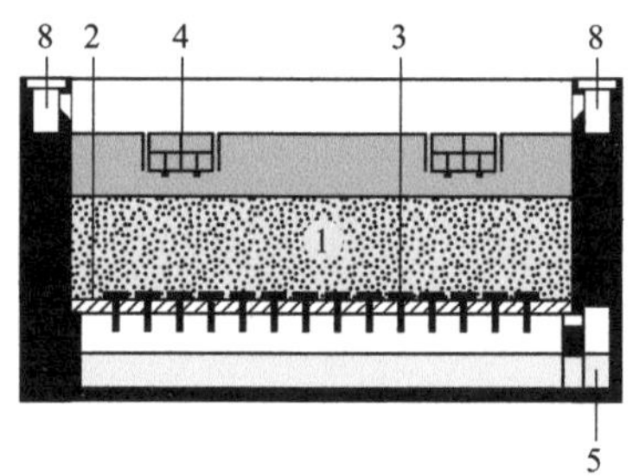

(b) 采用混凝土滤板和气水渠

图 13-19　Aquazur T 型滤池

1—石英砂；2—混凝土滤板；3—滤头；4—进水瓣阀；5—反冲洗水、空气分配渠/滤后水出口；6—空气配气管；7—反冲洗水进口/滤后水出口；8—反冲洗废水排水渠

在这两种情况下，由于长柄滤头形成气垫，空气能被均匀地分布在整个滤池表面上。

T 型滤池使用的阀门主要包括位于出水、水冲洗、空气冲洗管线上的阀门。

滤池的进水阀门为一种鸭舌阀，当滤池水位超过供水渠道时，进水口的鸭舌阀门随即自动关闭。开始反冲洗时，反冲洗废水通过溢流的方式从纵向渠道排出，其溢流口标高高于滤池进水口标高。这样，滤池在进行反冲洗时，进水即自动停止。

反冲洗时，T 型滤池水位可由虹吸控制器或与滤速联锁器控制的蝶阀控制。

由于滤层上方的水位较浅（砂上水深 0.50m），水漂洗阶段的历时很短，滤层截留的悬浮颗粒不会被大量的水稀释，能够很快被排出，这就缩短了反冲洗的时间，并降低了反冲洗水的耗量。

T 型滤池既可以采用单座滤池（每个滤池单元有一个滤速控制器）的布置形式，也可以将两座滤池布置成一个滤池组（两座滤池的上部及下部相通，共用一个滤速控制器）（图 13-20）。

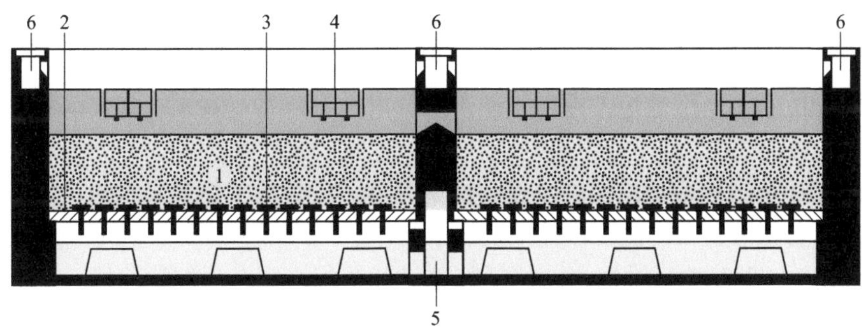

图 13-20 采用混凝土滤板和气水渠的 Aquazur T 型双格滤池

1—石英砂；2—混凝土滤板；3—滤头；4—进水口；5—冲洗水、空气分配渠/滤后水出口；6—反冲洗废水排水渠

（1）Aquazur T 型滤池的反冲洗

反冲洗步骤如下：a. 形成气垫层；b. 气水联合反冲洗 5～10min；c. 高速水漂洗，直至进入反洗废水排水渠的水清澈为止。

采用以下冲洗强度：a. 气水联合反冲洗时的水洗强度 5～7m^3/（m^2 • h）；b. 气冲强度 50～60m^3/(m^2 • h)；c. 水漂洗强度 20m^3/(m^2 • h)。

反冲洗历时约 10min。冲洗水耗量主要取决于水质，通常是过滤产水量的 1%～2% 左右。

（2）标准尺寸

Aquazur T 型单格滤池面积为 6.5～70m^2；双格滤池面积为 49～140m^2。

13.3.2 Médiazur 双滤料滤池

这类滤池滤层多采用两种不同的滤料（如砂、无烟煤），过滤水头较高，滤速在 7～20 m/h 之间。双层滤料滤池反冲洗通常先用空气冲洗，然后用水反冲洗，但条件适合也可以采用气水联合反冲洗的方式。Médiazur B 型滤池无表面扫洗而 Médiazur BV 型滤池则采用了表面扫洗。

除了反冲洗和进水方式不同，其他的设计与 Aquazur V 型滤池相同。

Médiazur B 型和 BV 型滤池具有以下共同特点：

① 过滤水头高，滤层上方的水深至少为 1m，通常情况下为 1.20m；

② 滤料总厚度通常在 0.9 ～ 1.6m 之间；

③ Médiazur B 型滤池在降水位和气洗阶段时，关闭一个至多个阀门完全切断滤池的进水，而对于 Médiazur BV 型滤池，在水洗阶段为了保证表面扫洗强度，仍需保持部分进水；

④ 高强度反冲洗，其强度主要取决于滤料种类，反冲洗强度要能使滤料流化并实现水力分级。

以下是常规冲洗步骤（气冲后再水洗）：

① 通过排水将滤层上方的水位降至滤料表面；

② 形成气垫层；

③ 单独气冲［其强度为 55～70m^3/（m^2 • h)］；

④ 气垫层排气；

⑤ 进行单独高强度水漂洗使滤床膨胀，将气冲阶段洗出的、分散在滤层内的杂质颗粒冲至上层排掉，并使滤料水力分级。

对于 Médiazur BV 型滤池，在用水漂洗的同时，利用待过滤水进行表面扫洗，从而加速杂质颗粒的排出。

Médiazur B 型滤池根据滤池的宽度和冲洗强度，设置数个横向集水槽，以避免堰上水力负荷过高，防止滤料在水洗阶段随反洗废水排出。

Médiazur BV 型滤池反冲洗程序包括特殊设计的气水联合反冲洗阶段。以下是反冲洗过程：

① 通过排水将滤层上方的水位降至滤料表面；

② 形成气垫层；

③ 同时注入空气［其强度为 55～70m³/（m²•h）］和水［其强度为 7～15m³/（m²•h）］进行反冲洗，在水位升到排水堰口前停止冲洗进水（继续气洗、无水溢流）；

④ 排气并进行高强度的水洗，使滤床膨胀并在溢流前将气体排出，此时无表面扫洗；

⑤ 进行高强度水洗使滤床膨胀并使滤料重新水力分级，同时在最后一个阶段从 V 形槽进水进行表面扫洗［其强度为 5～7m³/（m²•h）］以加速杂质排出。

受气冲阶段时间的限制，以上 5 个步骤可重复 1～3 次。

13.3.3 Carbazur 活性炭滤池

Carbazur 滤池是专为采用轻质滤料设计的滤池，此类滤池宜采用颗粒活性炭（GAC）滤料，也可采用其他轻质滤料（浮石、无烟煤等）。采用颗粒活性炭滤料的 Carbazur 被称为颗粒活性炭吸附池（或颗粒活性炭接触池），但因其运行方式与常规砂滤池相似且本身有一定过滤除浊功能，也常被称为“活性炭滤池”。

这类滤池分为四种类型：

① Carbazur G 型低水头滤池，其滤速较低，在 5～10m/h 之间；

② Carbazur V 型和 Carbazur GH 型高水头滤池，滤速在 7～20m/h 之间；

③ 双向流 Carbazur DF 型高水头滤池，滤速为 5～15m/h，由一个上向流和一个下向流两个过滤单元串联组成，尤其适用于二级过滤。

13.3.3.1 Carbazur G 型滤池

Carbazur G 型滤池适用于处理低污染负荷、不产生较大水头损失（小于 50cm）的水。

Carbazur G 型滤池通常采用粒度较小的滤料，有效粒径约为 0.55mm。为避免在反冲洗时滤料流失，反冲洗水排水堰需足够长，这常常需要通过设置多个横向集水槽来实现。

Carbazur G 型滤池与 Aquazur T 型滤池的设计相同，只是反冲洗条件和进水廊道的设计有所不同。

以下是反冲洗步骤：

① 通过排水将滤层上方的水位降至滤料表面附近；

② 形成气垫层；

③ 单独气洗［其强度为 55～70m³/（m²•h）］；

④ 气垫层排气；

⑤ 单独水洗，直到反洗废水排水槽出水清澈为止，漂洗使滤料重新水力分级，从而

可使活性炭的功能得到最佳发挥。

进水廊道可设置闸门或气动楔形闸板阀。

13.3.3.2　Carbazur V 型及 Carbazur GH 型滤池

Carbazur V 型和 Carbazur GH 型滤池的滤速为 7～20m/h，除了反冲洗及进水系统外，其他设计与 Aquazur V 型滤池完全一致。

Carbazur V 型滤池用于初级过滤，而 Carbazur GH 型滤池用于二级过滤。Carbazur V 型滤池采用有效粒径约为 0.95mm 的活性炭滤料，Carbazur GH 型滤池活性炭滤料的有效粒径约为 0.7mm。

Carbazur V 型滤池和 Carbazur GH 型滤池具有以下共同特点：

① 滤层上方的水深较大，通常情况下为 1.20m，至少为 1m；

② 活性炭滤层厚度通常在 1.2～2m 之间；

③ 降水位和进行空气冲洗时，通过单个或多个阀门或闸板阀完全切断进水；

④ 根据滤料的密度和粒径选择合适的水洗强度，使滤层在水洗阶段始终保持膨胀。

以下为反冲洗步骤：

① 通过排水将滤层上方的水位降至滤料表面；

② 启动鼓风机，形成气垫层；

③ 空气冲洗［气冲强度为 55～70m^3/（m^2 • h）］；

④ 气垫层排气；

⑤ 进行高强度水漂洗使滤床膨胀，将气冲阶段洗出的、分散在滤层内的污物冲至上层排掉，并使滤料重新水力分级。

根据滤池的宽度和水洗强度，Carbazur GH 型滤池需要设置数个横向集水槽，防止活性炭滤料在漂洗时流失。

13.3.3.3　Carbazur DF 型滤池

Carbazur DF 型（双向流）滤池用于二级过滤，它由在同一座滤池内的两个过滤单元（图 13-21）组成，每个单元均设有装配滤头的滤板，以支撑活性炭层。

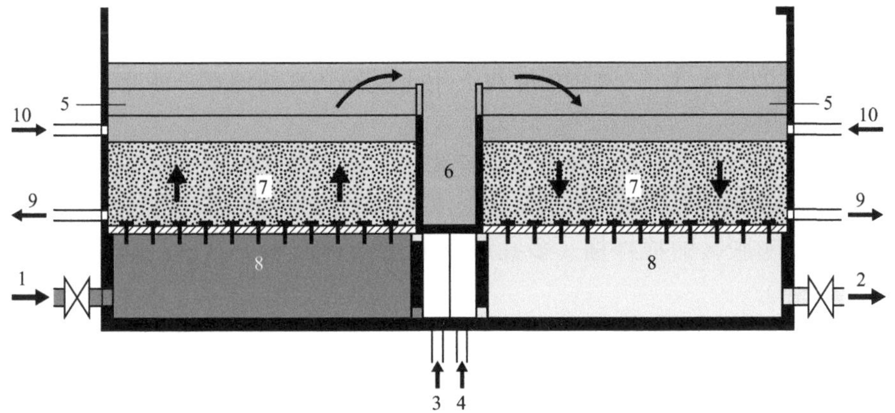

图 13-21　Carbazur DF 型滤池

1—原水进水口；2—出水口；3—反冲洗水气入口（第一单元）；4—反冲洗水气入口（第二单元）；5—反冲洗废水排水槽；6—反冲洗废水排水渠；7—活性炭；8—滤板；9—活性炭卸载装置；10—活性炭装填装置

待过滤水以上向流方式通过第一过滤单元，再以下向流方式通过第二过滤单元。

同 Carbazur G 型滤池反冲洗一样，先用空气冲洗，然后用水漂洗。两个过滤单元都设有收集反冲洗废水的横向集水槽，这些横向集水槽通向排水渠。

当 Carbazur DF 型滤池开始运行时，第一过滤单元对进入的原水进行吸附处理，当第一单元内的活性炭吸附饱和后，将其取出并进行再生处理。将第二单元的活性炭转移到第一单元，然后填充新的活性炭或再生后的活性炭。

活性炭移出、清洗和装填工作都是通过安装在每个单元的活性炭装填装置来完成的。

双过滤单元的构造实现了连续逆流接触，使活性炭吸附功能处于最佳状态，极大地提高了其利用效率：第一个过滤单元中的活性炭在进行再生处理前已达到吸附饱和状态；第二个过滤单元由于活性炭吸附污染负荷小、吸附活性强，从而进一步保证了过滤出水水质。此外，如滤池位于臭氧接触池下游，其处理出水流经第一过滤单元时残余臭氧遭到破坏，因此在滤池上部的空气中不含有臭氧，从而可简化滤池顶盖的设计。

13.4 其他类型的滤池

13.4.1 Filtrazur轻质滤料滤池

Filtrazur 滤池采用密度小于水的滤料，这就需要采取特殊的技术措施，特别是在以下方面：

① 总体水力条件：由于滤料密度小，漂浮于滤池中，需要在滤池上部设置装有滤头的滤板，将漂浮的滤料层限制于一定位置，水从滤池底部向顶部流动进行上向流过滤；

② 反冲洗方式：冲洗水自上而下流经滤料层，采用下向流流化的冲洗方式。

因此，Filtrazur 滤池（图 13-22）具有以下特点：

① 采用膨胀聚苯乙烯材质的 Mediaflo 滤料，其表观密度为 40～60kg/m^3；

② 滤层厚度为 1.0～1.5m；

③ 滤料有效粒径通常接近 1.1mm（范围为 0.55～1.7mm），均匀系数约为 1.2～1.3；

④ 待滤水通过位于滤池下部的进水渠道，以上向流的方式流经滤层，随后经布置在滤板上的滤头收集并通过溢流堰流出；

⑤ 滤板上方的清水区（一般 80cm 深）用于反冲洗水的储存，滤床之下设有约 1.5m 深的反洗滤料膨胀区；

⑥ 反冲洗时，水流自上而下使滤床迅速膨胀，冲洗强度约为 70m^3/（m^2 • h），具体取决于 Mediaflo 滤料的粒径。

此外，位于膨胀区的搅拌栅（多孔歧管）引入待滤水提供射流辅助搅拌，强度为 7～25m^3/（m^2 • h）。

Filtrazur 滤池可采用金属材质（通常为圆形）或混凝土结构（通常为矩形）。

这些滤池可以多组并联使用，通过共用的配水渠、进水井和配水堰来均匀分配流量；也可将进水通过泵送的方式进入滤池并通过搅拌栅进行配水。在后一种情况下，需要计算管道及搅拌栅孔口的水头损失，以确保各滤池的进水分配均匀。对于以上两种进水方式，Filtrazur 滤池均无需配置流量调节装置。

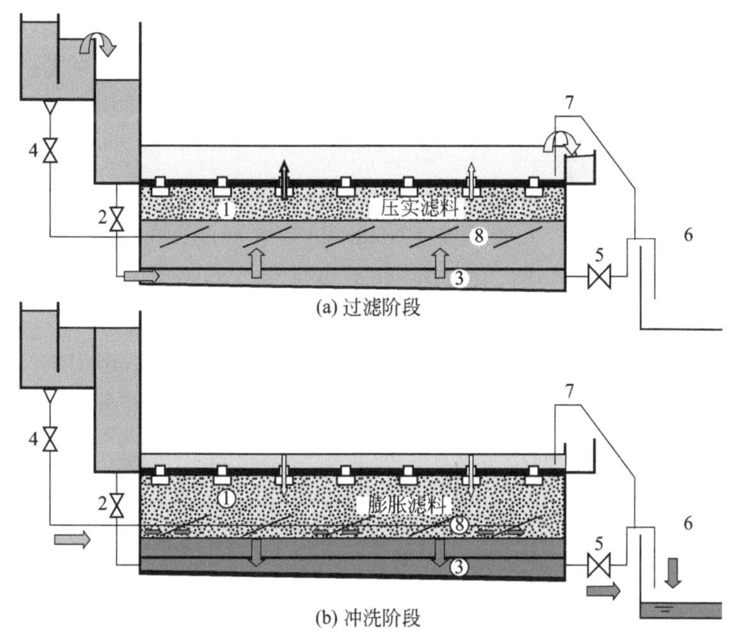

图 13-22 Filtrazur 滤池工作原理图

1—Mediaflo 轻质滤料；2—原水进水阀；3—进水及反冲洗废水排水渠；4—搅拌栅进水阀；5—虹吸管调节阀；6—冲洗虹吸管；7—虹吸破坏系统；8—搅拌栅

13.4.1.1 Filtrazur 滤池反冲洗

Filtrazur 滤池的反冲洗步骤如下［图 13-22（b）］：

① 关闭进水阀（2），开启搅拌栅进水阀（4），进水井内的水进入搅拌栅（8）；

② 当虹吸管调节阀（5）开启时，滤后水向下冲洗滤层，将滤料流化，通过反冲洗废水排水渠（3）和虹吸管（6）排出。反冲洗强度通过虹吸管调节阀（5）控制；

③ 虹吸破坏，排水停止［当虹吸破坏管的管口露出水面时，空气进入虹吸破坏系统（7），造成虹吸破坏］；

④ 通过搅拌栅用待滤水进行漂洗；

⑤ 关闭反冲洗废水排水管路，关闭阀门停止向搅拌栅进水，恢复滤池进水。

当滤池恢复到正常过滤水位时，反冲洗结束。反冲洗历时 10～20min。

13.4.1.2 Filtrazur 滤池的优点

Filtrazur 滤池具有良好的过滤效果及高效反冲洗的特点：

① 过滤水朝着上浮滤料挤压滤板的方向流动，其滤后水的水质与采用同一粒度的砂滤池的处理出水相当；

② 搅拌栅在整个反冲洗阶段持续向滤池进水参与反冲洗，因此在此期间，一座滤池停止过滤不会导致同组其他滤池因滤速剧增而受到冲击；

③ 在过滤周期内，滤床始终处于正压状态，不会受到负压的影响，不会形成气阻，特别适合用作高速过滤工艺［7～25m^3/（m^2 • h）］；

④ Mediaflo 滤料的粒径较为均匀（均匀系数约为 1.25），可避免在反冲洗过程中产生水力分级；

图 13-23 Flins Aubergenville 水厂（法国）

⑤ 由于没有配置转动设备（如冲洗水泵、鼓风机），该系统具有操作维护简单以及能耗低等优点；

⑥ 此系统消耗的反冲洗水量与 Aquazur V 型滤池基本相当，通常为过滤产水量的 1%～3%，具体取决于待处理水水质。

此外，Mediaflo 超轻质滤料的表面有利于硝化细菌的附着。因此，在不进行曝气的条件下，Filtrazur 滤池能够利用水中有限的溶解氧去除少量氨氮。

图 13-23 为法国 Flins Aubergenville 水厂的 5 座 $42m^2$ 的 Filtrazur 滤池，产水量为 $1500m^3/h$。

13.4.1.3 滤池常用标准规格

① 金属结构：直径为 0.95～3.5m；

② 混凝土结构：面积为 30～$75m^2$。

13.4.2 Greenleaf 虹吸滤池

Greenleaf 滤池采用较原始的反冲洗和过滤控制系统。这种重力滤池一般使用自己的产水进行反冲洗，除非自产水不足，才需要其他补充。这种滤池可以只用水进行反冲洗（其冲洗强度为 35～50m/h），也可以同时进行气水反冲洗（空气冲洗强度为 30～55m/h，水冲洗强度为 24～60m/h），还可以在气冲后再用水洗（气冲强度为 30～70m/h，水洗强度为 35～50m/h）。

Greenleaf 滤池系统包括配水系统和控制四格滤池的中央（集中）控制单元。每格滤池可以为圆形（材质为钢或混凝土）、方形或长方形（混凝土结构）构造。

13.4.2.1 过滤

待滤水通过环形配水渠道［原水进水口（1）］流入滤池中心区域（图 13-24）。

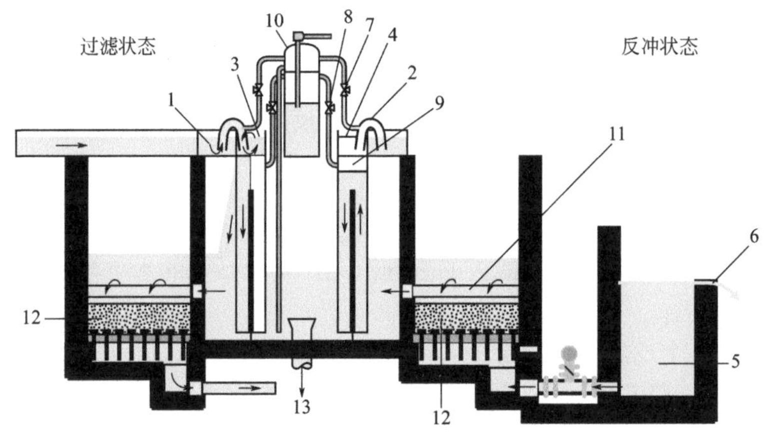

图 13-24 Greenleaf 虹吸滤池原理图

1—原水进水口；2—进水虹吸管；3—进水井；4—配水堰；5—滤后水公共集水池；6—出水堰；7—进水虹吸管控制阀；8—冲洗虹吸管控制阀；9—冲洗虹吸管；10—真空室；11—反冲洗废水排水槽；12—石英砂；13—反冲洗废水排水管

各格的进水虹吸管（2）将待滤水引至进水井（3）。安装于进水井内的等流量配水堰（4）起到分配流量和控制滤速的作用。

滤后水由公共集水池（5）收集，收集池的出水堰（6）高于滤料层（12），使其始终保持一个正向压力。

13.4.2.2　反冲洗

当其中一个单格滤池的滤层上方的水位达到最高水位时，启动反冲洗程序：开启进水虹吸管上的三通控制阀（7），空气进入虹吸管（2）破坏虹吸管内的真空，进水随即停止，使该滤池滤层上方的水位回落到出水堰（6）的高度。其余过滤单元继续过滤工作。

当冲洗虹吸管三通控制阀（8）关闭时（通大气口），冲洗虹吸管（9）与真空室（10）连通，来自反冲洗废水排水槽和滤池中心进水井的水在冲洗虹吸管（9）中同步上升，直至水位连通系统启动。

反冲洗水取自滤后水公共集水池，冲洗滤层后通过反冲洗废水排水槽（11）收集，经冲洗虹吸管（9）流至中央排水室，再由反冲洗排水管（13）排出。

当滤料冲洗干净后，开启（通大气）冲洗虹吸管三通控制阀（8），冲洗虹吸管（9）被破坏断开。关闭进水虹吸管三通控制阀（7），进水虹吸管（2）恢复进水，重新开始过滤。

13.4.3　ABW移动罩滤池

ABW（Automatic Back Wash）滤池（图 13-25，图 13-26）是一种“分单元格 ”自动反冲洗砂滤池（见第 3 章 3.5 节）。这种滤池可用于饮用水或工艺给水的处理，但主要用作城市污水或工业废水的深度处理工艺。

ABW 滤池在正常运行条件下（细滤料、短过滤周期），絮体渗透进滤床的深度很浅（污染颗粒被截留在上层的 5～10cm 的滤料中），从而产生的过滤水头损失很小（15～25cm）。这一特点使该技术尤其适用于现有水厂的改造，因为一般水厂的水力高程通常可满足其需增加的水头，从而无须提高水泵的扬程（降低了能量消耗及絮体破碎的风险）。

为将水头损失维持在较低值，ABW 滤池要较频繁地进行自动反冲洗。滤床分为许多单元格，自动运行的冲洗设备依次冲洗各单元。

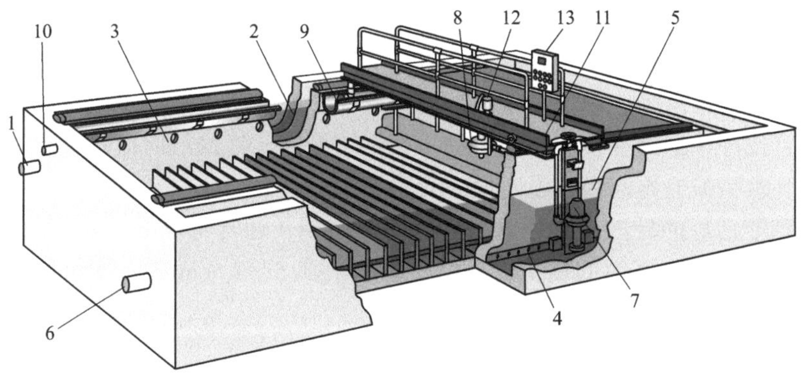

图 13-25　ABW 滤池（原理图）

1—原水进水口；2—原水进水渠；3—原水进水孔；4—出水口或反冲洗进水口；5—出水渠；6—出水口；7—反冲洗水提升泵；8—反冲洗水吸帽；9—反冲洗水排放管；10—反冲洗出水口；11—移动桥；12—电机驱动机构；13—电气柜

图 13-26 ABW 滤池（ODI 提供）

13.4.3.1 过滤

这种滤池的滤速通常为 5～7.5m/h。当滤层水头损失大于洁净滤床的水头损失，即二者差值达到 5～15cm 时，就开始对滤池进行反冲洗。

ABW 滤层较薄，通常将 30cm 厚的石英砂置于聚乙烯穿孔板或者特殊的陶瓷板上。

在饮用水处理中，砂滤料层厚度可达到 60cm，也可采用厚度为 40～60cm 的砂 / 无烟煤双层滤料，甚至可用厚达 120cm 的活性炭滤层。

在过滤过程中，待滤水通过位于滤床上方的入口进入滤池后，进而经过滤层和滤板，最终通过每格滤池下面的出口流入出水渠。

13.4.3.2 反冲洗

当水头损失达到预设值或者运行时间达到设定运行周期后，开始反冲洗操作。反冲洗开始后，将依次进行各个滤池单元的反冲洗，当一格过滤单元正在冲洗时其余各单元正常运行：自动运行的反冲洗设备通过行走桥移动，将冲洗罩置于待冲洗单元上方并将罩内水抽出，其他过滤单元的出水会由其底部配水系统集中向上流动进行反冲洗，反冲洗水使滤层膨胀直至滤层呈流态化，从而冲洗出被滤层截留的污染物。

含有悬浮颗粒物的反冲洗废水由悬挂在移动吊架上的水泵和冲洗罩收集，然后通过反冲洗废水排放渠排出。移动吊架在滤池上方移动，依次冲洗滤池的每个单元格，直至滤层水头损失恢复到正常水平。由于其他过滤单元过滤生产的水足够满足反冲洗的消耗，所以没有必要设置反冲洗水储存设施。当移动吊架到达最后一格滤池时停止反冲洗，水泵也停止运行，直到水头损失再次达到设定值。

无须达到非常好的反冲洗效果。较短的清洗周期（通常每隔 2～6h 冲洗 30s）可保持滤料基本洁净，同时将残留的颗粒物截留在滤层顶部 5～7.5cm 处。滤料顶层存留的颗粒物能够提高对悬浮颗粒的截留能力。

13.4.4 自动反冲洗无阀滤池

无阀滤池的过滤和反冲洗过程是完全独立且自动运行的。来自配水槽的原水通过小粒径滤料滤床过滤后返回滤后水箱。滤后水在将该水箱注满后通过溢流的方式排出。

当滤床开始堵塞，配水槽及反冲洗虹吸管内的水位上升。当水头损失达到峰值时，虹吸管内的水位上升至最高，发生溢流并将空气带出，此时虹吸开始。滤后水箱内的水则回流并对滤池进行反冲洗。

由于无阀滤池是根据预设的滤层水头损失值自动进行反冲洗操作，可以确定该滤床不会发生过度的阻塞。

该滤池即便在没有压缩空气和供电的情况下仍然可以运行。其比较适合悬浮固体负荷比较低的原水过滤。滤后水箱设计合理时，能够储存足够的反冲洗水满足无阀滤池的冲洗需求。

由于滤砂较细（有效粒径 0.55mm 或 0.65mm）并且滤层厚度较小，其纳污能力和滤速都比较低。实际应用中，滤速一般为 5～7.5m/h，不能超过 10m/h。

这种滤池可用于：

① 不使用混凝剂或絮凝剂的直接过滤（特殊情况除外），以及处理污染物浓度较低的水（敞开式循环冷却水系统）；

② 沉淀出水的过滤处理。

其直径一般为 1.6～4m。

13.4.5　升流式除油滤池——Colexer

利用与截留悬浮固体相同的机理（见第 3 章 3.5 节），在水中呈悬浮态的细小油滴（烃类化合物）微粒（1～20μm）被滤料截获，这些油滴会逐渐聚结形成一层油膜并逐步向滤床上方移动，随后以直径为 0.2～2mm 的油珠的形式脱离滤料层上浮至集油管从而被收集，固体颗粒杂质会被截留在滤层中，会对细小油滴的聚结产生干扰，因此滤池需要定期进行反冲洗。冲洗强度要避免突然引起滤层流化而将滤料冲走，同时还要保证将滤料中的污泥去除。Colexer 原理图见图 13-27。

除油滤池主要用于：

① 对冷凝液进行连续除油集油处理（油珠的聚结作用占主导地位）；

② 油田废水的除油（过滤功能相对起主要作用，但烃 / 悬浮固体的比例要求大于 5）；

③ 在某些采用有机溶剂萃取工艺的冶金工业中回收有机溶剂。

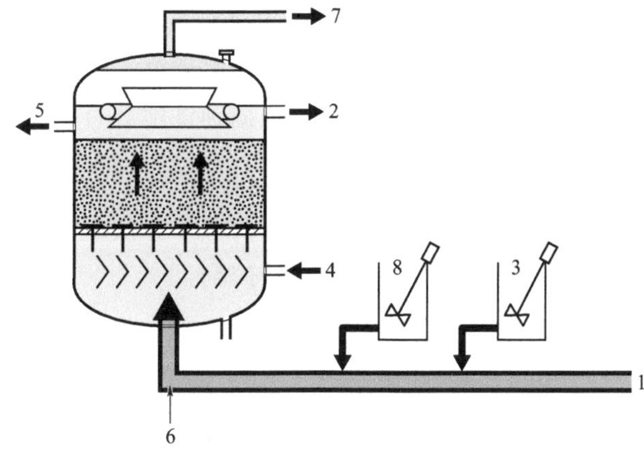

图 13-27　Colexer 原理图

1—原水入口；2—出水口；3—混凝剂；4—反洗空气；5—冲洗排水口；6—冲洗水；7—集油管；8—聚合电解质

13.5　滤池的监控

一组滤池可能包括多座滤池，待滤水应尽可能均匀地分配，并防止某一滤池配水过多。对于仅有 2～3 座滤池的滤池组，应特别注意该问题。

对于压力滤池组，通常其运行压力比较高，因此其控制模式可以简化：可采用隔膜阀或根据需要采用调节阀进行配水。

重力滤池主要采用三种水力运行模式：a. 恒滤速变水头过滤；b. 阻塞值自动补偿恒滤速过滤；c. 变流量（或降滤速）过滤。

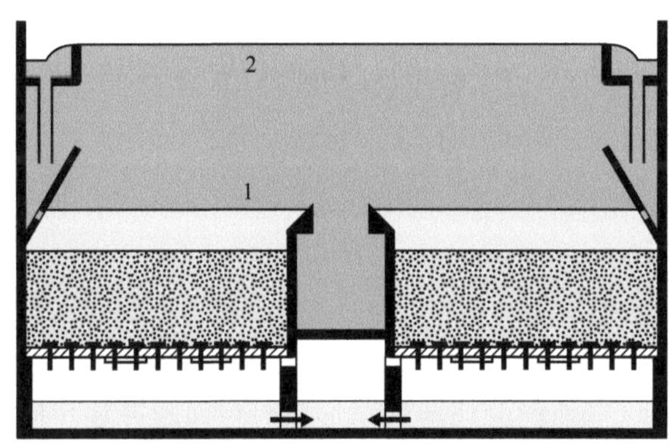

图 13-28　恒滤速变水头 Aquazur V 型滤池

1—最低水位，滤层清洁；2—最高水位，滤层被堵塞

13.5.1　恒滤速变水头滤池

进入各滤池的待滤水被平均分配，每座滤池的滤层堵塞值不同，因而滤层上方的水位不同。当滤层洁净时，水位（1）由滤池出水堰的高度决定。当滤层堵塞比较严重时，水位上升到进水口高度（2）（图 13-28）。

滤层最高水头损失一般为 1.5～2m，取决于滤料的粒径。恒滤速变水头滤池的应用较为普遍，但水位和跌差变化易造成矾花絮体破碎，有可能影响出水水质。

13.5.2　阻塞值自动补偿恒滤速滤池

阻塞值自动补偿恒滤速滤池的进出水有 2～3m 的水头差，在保证出水量不变的同时，确保过滤水位恒定或仅有轻微的波动。

无论滤池阻塞程度如何，安装在滤池出口处的滤速控制装置均能使出水流量保持恒定。该控制装置为流量控制器或液位控制器，该系统还包括一个等流量配水装置。当滤层清洁时，滤速控制装置产生的水头损失较大；当滤层完全被堵塞时滤速控制装置产生的水头损失很小。因此，滤速控制装置起到了平衡滤床堵塞程度的作用。

相对于恒滤速变水头滤池，阻塞值自动补偿恒滤速滤池具有滤后水水质稳定、操作可靠、抗流量变化能力强的优点。

13.5.2.1　滤池组控制

一般采用两种控制方式：流量控制、恒定水位控制。

（1）流量控制

在每座滤池的滤后水出口处安装流量计及流量调节装置（蝶阀、空气旋塞阀、虹吸控制阀）。流量调节装置与流量计联锁控制，将出水流量调整为设定值。

各滤池设定的流量之和与滤池组进水总流量不可避免地存在差异，这种差异表现为过滤水位的变化。因此，还需要额外采取控制措施来调整过滤水位，即根据在滤池组上游测定的水位调整流量设定值（当设定流量为上游进水流量时），反之根据测定的下游水位（当设定流量为下游出水流量时）进行辅助调整。

在这两种情况下，水渠和滤池内水位的变化幅度最高可达30cm。

（2）恒定水位控制

每座滤池可以将滤层上方的水位保持恒定以进行恒速过滤。在这种情况下，全部进水首先均匀分配给所有滤池，滤池出水则由上游的水位作为控制基准，下游恒水位根据需要作为参照。

通过上游控制（图13-29），流入水厂的水首先被均匀分配到每座滤池中，因此每座滤池的进水流量等于总流量除以滤池数量。

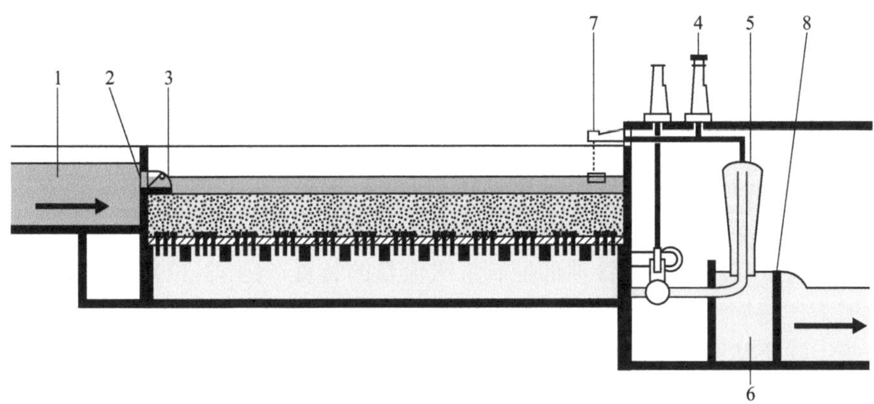

图13-29 Aquazur滤池的等流量分配和上游水位控制（保持恒定水位）

1—待滤水配水渠道；2—进水孔口；3—进水阀；4—阻塞值测定仪；5—同心虹吸管；6—出水室；7—虹吸控制阀；8—出水堰

每座滤池均安装测定滤层上方水位的滤速控制器，通过调整过滤出水流量以保持滤层上方水位恒定，不断调整补偿阻塞值使滤池出水流量等于进水流量。

对于这种恒水位滤池，其配水设备（隔膜阀、配水堰）构造简单，流量分配均匀可靠，同时滤池的水力控制简单、直观、稳定，避免了由仪器检测误差导致的滤池进水量、出水量计算偏差。此外，当一座滤池停止运行时，进水可自动分配到其他正在运行的滤池中。

13.5.2.2 滤速控制器

（1）虹吸管水位控制

通常使用得利满开发的同心虹吸管及虹吸管控制阀（图13-30）来控制滤层上方水位。虹吸控制阀（半真空盒）构成了水位测量及控制系统，与虹吸管配合组成流量控制系统。

① 虹吸管

虹吸管由两个同心管组成。水从内管流到外管。

当空气进入其顶部时，会形成气水混合物并被挟带出虹吸下行管，导致弯颈部的真空度降低，使得水流不连续。弯颈部真空度等于下行管压降，也等于滤池水位和下游滤后水箱水位之差，用“H”表示。当有部分空气存在时，差值下降为“h_1”。$H-h_1=h_2$表示由于空气进入所产生的水头损失（图13-31）。

h_1表示清洁滤池的过滤水头损失，这个水头损失是由水通过滤床、滤板、出水管道、虹吸管颈部造成的压降；h_2表示滤池虹吸下行管中气水混合物产生的水头损失。

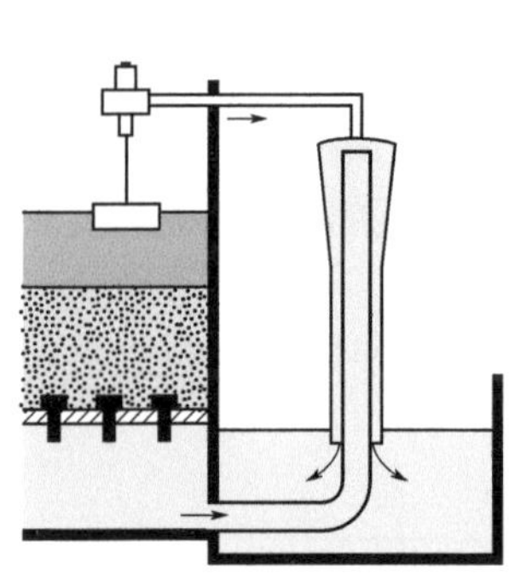
图 13-30　虹吸管水位控制

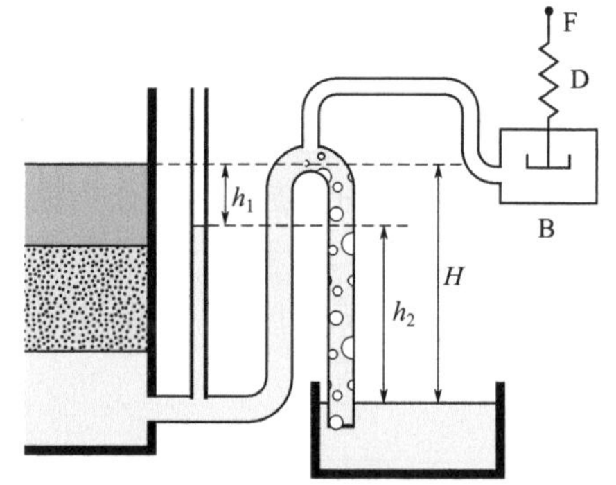

图 13-31　虹吸控制流量原理

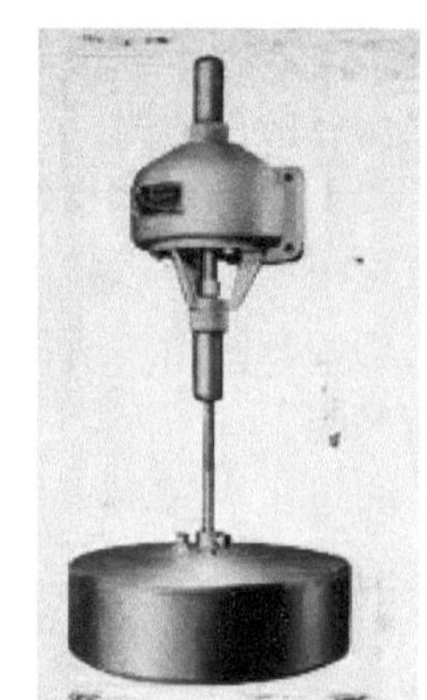
图 13-32　虹吸控制单元

清洁滤池在运行时，要注入足够的空气来提高压降 h_2，减小过滤水头 h_1，降低过滤水流量；当滤床堵塞时，降低空气流量直到 0，压降 h_2 降低，从而使 h_1 上升到 H。

② 虹吸控制单元

这是通过将空气注入虹吸管顶部控制虹吸流量的装置（图 13-32）。虹吸控制装置固定在滤池池壁上，滤层上方水位升高，浮动阀上移，浮动阀开口扩大或缩小，空气通过开口进入虹吸管。这个装置通过一个装有浮动阀和复位弹簧的组件来控制（图 13-31）。

（2）利用阀门的液位控制系统：Régulazur

Régulazur（图 13-33）是由得利满开发的采用可编程逻辑控制器（PLC）的滤池出水流量控制系统。PLC 通过控制滤池出水管上的蝶阀（2）调整二次水头损失，用以补偿未被阻塞的滤层的富余水头。Régulazur 根据液位传感器（6）和阀位传感器（8）来控制阀门的开启，因此：

① 在稳定条件下运行时，无论其进水流量如何，滤池的水位均接近其设定值；

② 滤池在反冲洗结束并重新投入运行或在流量改变时，滤池出水流量逐渐增大而不会发生急剧变化，以降低初滤水浊度。

阻塞值传感器（7）也向 Régulazur 反馈滤床的堵塞程度，当滤层阻塞值达到设定峰值时，反冲洗操作自动启动。每个滤池单元都配备一套出水流量控制系统 Régulazur，这些 Régulazur 控制系统通常与全厂通信网络连接（Unitelway、Modbus 等），主 PLC 也连接到该通信网络。

在这种情况下：

① 每座滤池的设备（阀门、传感器等）接入相应的 Régulazur 系统，相应的传感器获得的信息和数据经由 Régulazur 传给主 PLC；

② 反冲洗设备及辅助设备上的阀门和传感器也连接到主 PLC 上。

主 PLC 负责控制整个滤池组的运行和反冲洗，通过向 Régulazur 输入信息以控制每座滤池的阀门及设备的启动。

Régulazur 滤池控制系统的性能极佳，因此其在这一领域一直处于领先地位，表现在：

① 每当水厂运行条件改变时，稳定的瞬时出水和减缓的流量波动保证了出水水质的稳定；

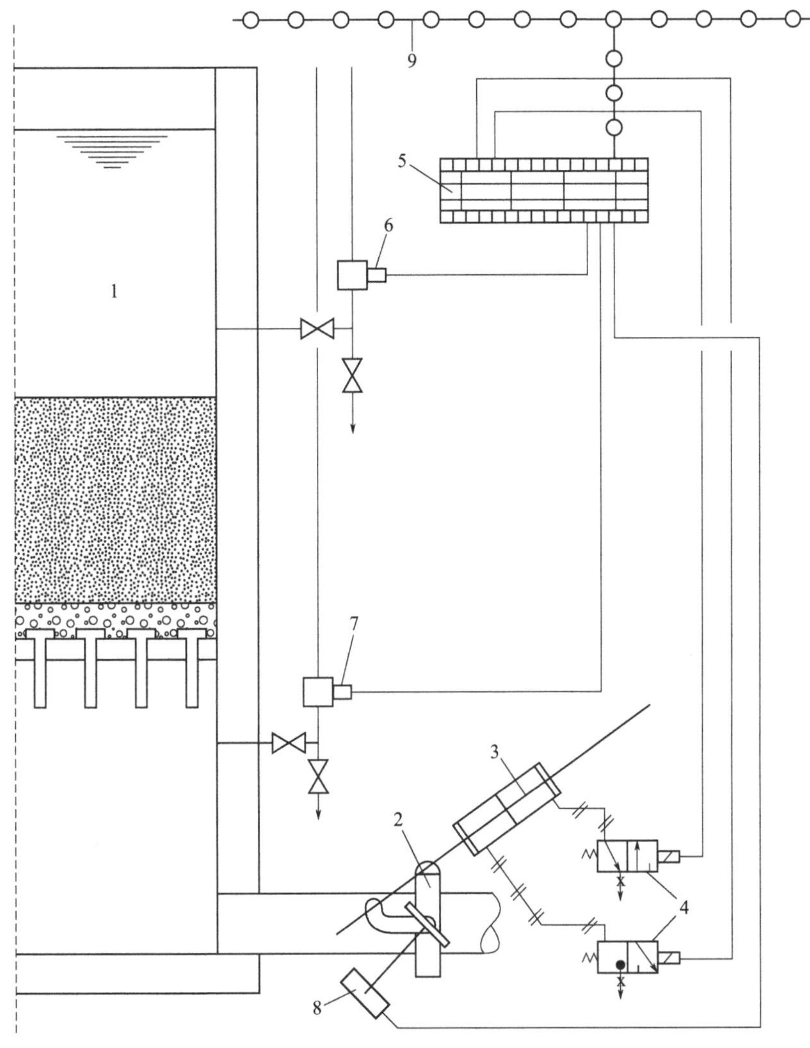

图 13-33　Régulazur 控制系统示意图

1—滤池；2—过滤出水控制阀；3—阀门执行器（气缸）；4—控制执行器的电磁阀；5— 得利满可编程逻辑控制器 Régulazur；6—液位传感器；7—阻塞值传感器；8—阀位传感器；9—Unitelway 或 Modus 通信控制系统

② 滤层上方恒水位控制，滤床以上稳定的水深可避免滤床内突然形成真空的风险；

③ 可靠性高，使用少量、简单可靠的传感器和成熟的网络化 PLC；

④ 优化的滤池组管理，采用一体化的反冲洗管理和控制技术。

13.5.3　降速滤池

有些重力滤池组可以在变流量条件下运行，无需配置单独的控制系统，水位也不需进行较大的调整（图 13-34）。

滤池进水由同一管道或者水渠供水，不设跌水，因为无需对进水进行分配。

滤后水通过出水堰（9）进入分建式储水池，因此即便滤池停止进水和运行或仅以小流量运行时仍可保持滤床被水覆盖。每座滤池出口都安装闸板型出水阀（7）及二次水头损失调节阀（8），这将产生额外的水头损失。原水进水的流量则根据滤后水储池（11）水位，利用液位计（12）和流量调节装置（13）进行调整。

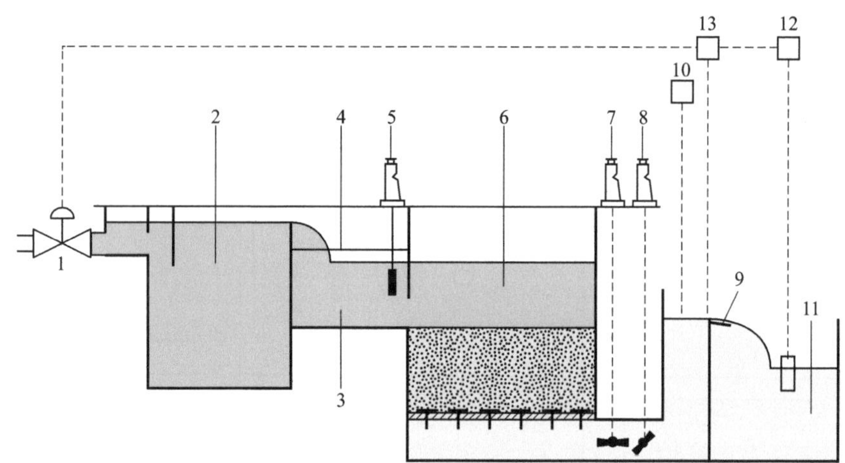

图 13-34　通过滤后水位调节的降速滤池示意图

1—原水进水阀；2—沉淀池；3—滤池进水渠；4—溢流堰；5—进水阀；6—降速滤池；7—闸板型出水阀；8—二次水头损失调节阀；9—单格滤池出水堰；10—单格滤池流量计；11—滤后水储池；12—液位计；13—原水流量调节装置

这种流程可以通过调节由阀门（8）产生的水头损失 p 对水厂的最大流量 Q 进行调控：

① 根据滤池的堵塞程度，单格滤池出水流量相对平均出水量 Q/N 值会有 $\pm m$ % 的差别，N 为投运滤池的数量。因此，反冲洗后滤池的产水量是（$1+m/100$）Q/N，反冲洗前滤池的产水量是：（$1-m/100$）Q/N。目前 m 的取值范围为 20%～30%，这主要取决于通过清洁砂床的最大滤速。

② 应保证当滤速降至平均滤速时，反冲洗前的水头损失为 1.75～2m。

这两个条件决定了二次水头损失 p 和流经滤池的液位高差。

从图 13-34 可以看出，原水的流量根据滤后水储池的水位进行调节，同时滤池的过滤水位会发生变化，即进行变水头过滤。降速滤池的运行需要掌握每座滤池的单独产水量，其可根据出水堰（9）的水位高度或者水流流经窄径区域的水头损失（比如阀门）进行计算。

降速滤池具有如下特点：

① 滤层上方的水深较大。

② 滤池的高度非常重要，过滤效果往往取决于滤池的结构设计。

③ 在过滤初期，滤速较高，所以初滤水水质较差。

④ 反冲洗所需时间较长。实际上，反冲洗第一步需要排空滤床上方大量的水，然后清洗滤池，再逐步开始过滤。对于每座滤池而言，此过程需要 1h。因此与传统的控制系统相比，可能需要配置更多的滤池。

⑤ 当水量和水质保持稳定时，其运行控制相对比较简便。

⑥ 当出现以下情况时，其运行控制更加困难：

a. 水厂的进水流量发生变化：在这种情况下，只要进水流量有所波动，就必须对阀门（8）所产生的附加水头损失进行调整；

b. 待滤水水质突然恶化：在这种情况下，进水渠（3）内的水位快速上升，这可能会引发进水从溢流堰（4）处溢流的风险。

第14章 离子交换的应用

14.1 逆流再生法

第 3 章 3.11 节已经介绍了离子交换的基本原理和工艺流程，其已经表明：

① 在传统的顺流再生工艺中，再生剂所接触的离子交换层的饱和度呈逐层降低的趋势，再生剂很难被有效利用；

② 在传统的顺流再生工艺中，再生剂对树脂层下部的再生效果较差，从而无法提供更高品质的出水以满足工业水处理中越来越高的要求。

逆流再生法避免了以上缺点，离子交换器的产水水质和再生效果得到提高，并且其运行成本有所降低。逆流再生法是指再生剂与待处理水的流动方向相反，根据饱和过程中渗透液（再生液）的流向，既可以对树脂进行上向流再生（即自底部流向顶部），也可以对树脂进行下向流再生。

无论采用何种流向，都必须避免下述情况的发生：

① 再生液分配不均匀从而形成“沟流”，导致再生液和树脂床接触不完全；

② 树脂乱层，会降低饱和梯度（饱和梯度越高，逆流再生效果越好）。

因此在树脂再生和置换的过程中，必须要保持离子交换床处于完全紧实的状态。

以下将介绍用于控制交换床膨胀的三种工艺。

14.1.1 水顶压法

水顶压法是应用最早的逆流再生工艺。再生液从离子交换树脂床的底部注入，同时在交换器的顶部导入用于稳定树脂床的顶压水。洗出液经树脂床上层的取样管排出（图 14-1）。

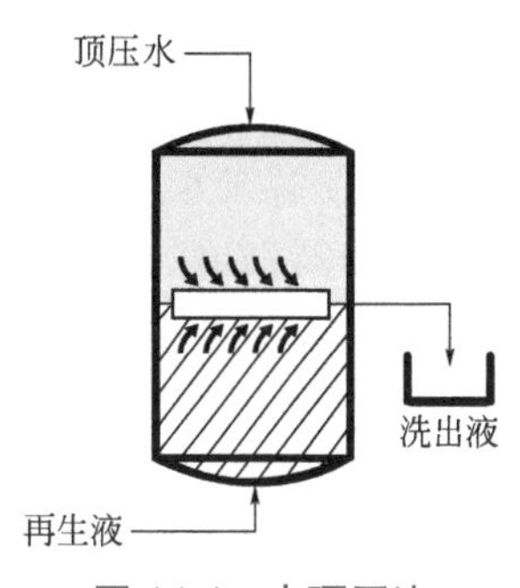

图 14-1 水顶压法

根据再生平衡理论，当上升流速控制在 2～2.5m/h 时，这种方法可以获得良好的出水水质，但是再生液用量很高。

目前，由于如下所述的高性能新工艺的应用，水顶压法已基本不再使用。

14.1.2　气顶压法

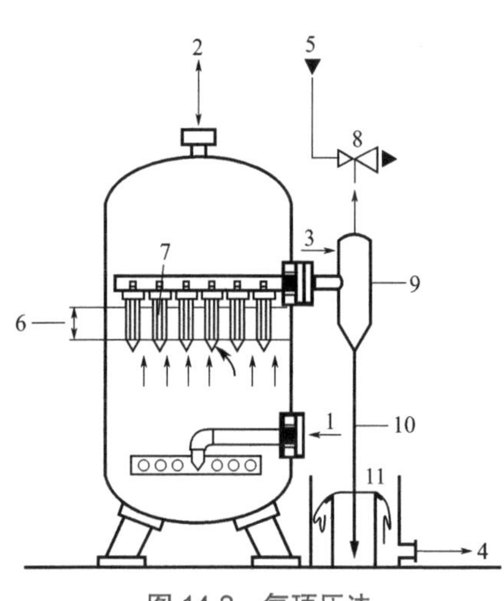

图 14-2　气顶压法

1—再生液进口；2—通大气；3—再生液废水+空气混合物排出口；4—洗出液排放口；5—服务水进水口；6—脱水层；7—导管；8—射流器；9—分离装置；10—虹吸管；11—水封

对于气顶压离子交换器，其树脂床顶部能够保持干燥，因此具有比水顶压交换器更高的密实度。

所有采用这种技术的工艺都遵循以下原则：a. 产水自上向下循环流动；b. 再生液自下向上流动。

当再生程序启动时，先将交换柱顶部的液位降至位于树脂床上部的洗出液收集器孔眼位置。由于干燥树脂床中存在循环空气，此排水过程在再生剂的注入和置换过程中保持不变。

气液混合的洗出液通过收集系统排出。空气循环可以通过注入压缩空气或外置抽气设备如射流器（图 14-2）来实现。

空气顶压交换器实现了树脂床的高效再生，但由于其系统设计复杂，应用范围不如机械顶压交换器广泛。

14.1.3　机械顶压法

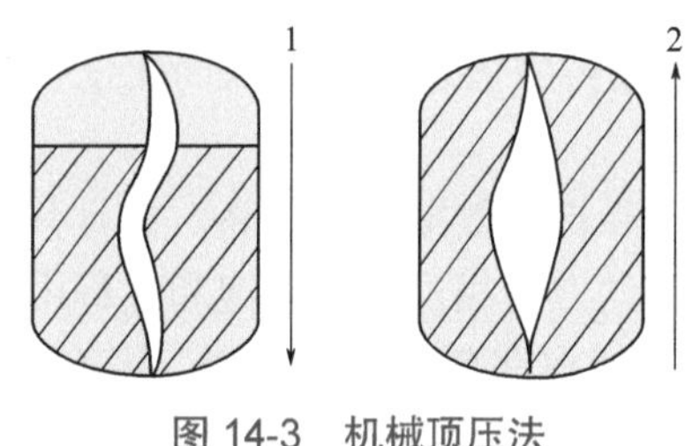

图 14-3　机械顶压法

1—固定；2—再生

可用于维持树脂床密实状态的机械方法种类较多，例如在交换器内安装气囊，在再生处理时气囊膨胀将树脂压实（图 14-3）；使用惰性材料充填树脂床上部的空间等。实际上，最常用的方法是将树脂置于两个机械装置（如均布水帽的塔板）的中间。由于树脂床上部几乎没有剩余空间，这个方法在再生液流入和洗出液流出的同时可避免树脂层的膨胀。

所有的这些工艺都需要设置一个外部清洗罐以不定时地将部分或全部树脂转移存储，并清洗再生过程产生的树脂碎料，以及由原水和再生剂引入的悬浮物。

机械顶压交换器可根据交换周期中渗透液的流向分为两种类型：上向流和下向流。

14.1.3.1　上向流工艺

（1）浮动床

对于浮动床，待处理水在交换周期内从底部流向顶部，而处于再生周期时，再生液从顶部流向底部（图 14-4）。

在这种运行方式下，由于原水自上而下流动，树脂床最上层的部分在过滤作用下被压实，而下层区域可能部分处于悬浮状态。大部分离子交换反应在这一层进行，且下层区域在运行过程中经常达到饱和状态。而再生效果较好的上层区域则作为精制处理树脂层用于保障产水水质。通常设置一层惰性树脂以保护顶部平板上的管嘴（水帽）。

这个系统存在的缺陷是在运行过程中不能突然停止进水或者明显减少进水量，否则可能会出现乱层现象。

该系统衍生出很多改良工艺，特别是取消外置清洗罐的设计，克服了浮动床的上述缺陷。

（2）其他工艺

在 Liftbett 工艺中，离子交换单元被装有双向水帽的隔板三分成两个腔室隔间（图 14-5）。上层腔室被树脂填满，而下层腔室则装填的相对较空，使得这一部分的树脂可以进行反洗。两个腔室通过装置 4 相互连接，可实现树脂的水力输送。反洗过程中，上层腔室停止运行，树脂通过水力输送至下层腔室。反洗完成后，树脂再返回上层腔室。这种设计使得运行过程可以在任何阶段停止，再度恢复运行后出水水质也不会受到影响。实际上，上层腔室的树脂层始终处于压实状态，不会与下层的饱和树脂混合。

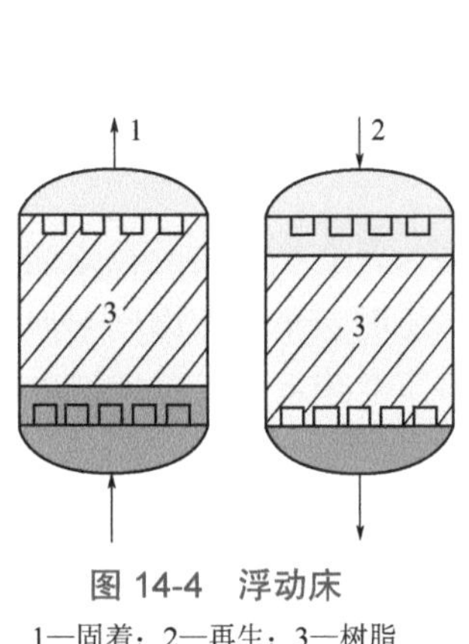

图 14-4　浮动床

1—固着；2—再生；3—树脂

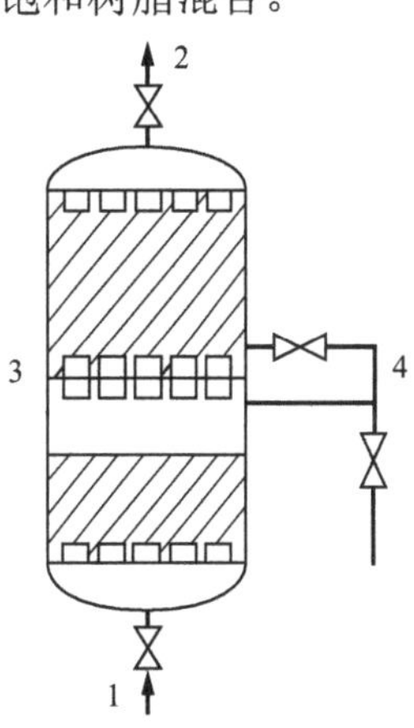

图 14-5　Liftbett 工艺

1—原水进口；2—处理后水出口；3—带双向头喷嘴的隔板；4—树脂转移装置

Amberpack 是一种压实床工艺，类似于配有外置清洗罐但无惰性压脂层的浮动床。

14.1.3.2　下向流工艺

与浮动床相反，下向流（UFD）工艺在交换周期中其原水自上而下流动，再生周期内再生液自下而上流经树脂床。

UFD 装置在树脂层的上下方各设置一套液体分配和收集系统（通常使用装有水帽的孔板，较少使用支管式），其中树脂层占据交换器大约 95% 的内部空间（图 14-6）。

在实际再生操作中，会有一个将树脂层预压实的过程。大量的水注入树脂床中，树脂床在高速水流的作用下像活塞一样上升。而有限的空间和上部收集系统的存在使树脂层的膨胀受到抑制，这将压实树脂并避免了乱层现象。一般持续数分钟的预压实即可使树脂床具有很高的密实度，从而可使再生液以较低的流速注入时，不会引起树脂床的下降和松散。

这种自上而下的产水方式使得 UFD 工艺对水量的波动和进水的停止不敏感。另外如果原水中存在悬浮固体，其会被截留在树脂床上层，大部分会在再生压实过程中被去除。

上层或者整个树脂床可以被水力输送到清洗罐进行水洗，然后通过水力输送返回到交换器。水洗的频率取决于生产周期中水头损失的增长。如果原水比较干净，整床树脂的松动和清洗可能只需一年一次。

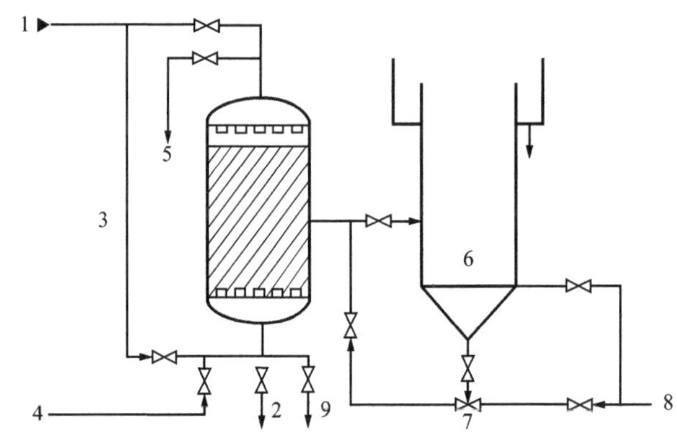

图 14-6　UFD 工艺

1—原水进口；2—处理后水出口；3—压实回路；4—再生剂；5—洗出液；6—冲洗粉末去除装置；7—射流器；8—工艺用水；9—冲洗废水出口

14.1.3.3　双层床的应用

双层床是将强、弱两种同性离子交换树脂装填于同一台交换器中，在中间利用水帽孔板隔开。产水时原水先通过弱树脂而后流经强树脂，再生时再生液的流向与原水相反，这使得强离子树脂床在再生液过量的情况下获得较好的再生效果。再生液的实际用量一般会高于理论计算值，阳离子型双层床为 105%，阴离子型双层床为 115%。

由于原理简单，UFD 装置非常适用于双层床工艺。

14.1.3.4　逆流再生法的效果

相较于顺流再生工艺，逆流再生工艺能够提供更高质量的产水。中等含盐量和二氧化硅含量的原水经过处理后，出水电导率一般在 0.5～5μS/cm 之间，二氧化硅的浓度通常低于 50μg/L。因此这种处理系统可以用于中压锅炉的给水及某些工艺水的处理而无须增设任何精处理工艺。

14.2　移动床

14.2.1　连续离子交换（CIE）

上述几种工艺均采用封装在立式反应器内的固定树脂层，按批次顺序运行。离子交换器中始终进行固着、膨胀、再生、冲洗四个步骤的循环。冲洗后离子交换器恢复到初始状态，可以开始新的产水周期。

这种工艺具有以下缺点：

① 树脂用量不是由小时流量决定，而是由两次再生之间的运行时间决定，因此处理盐度较高的污水时需要大量树脂；

② 再生时不能产水，因此需要设置备用设备或者大型的产水储存设施。

此外，当树脂底层发生离子泄漏时，需要立即停止产水，而此时树脂很可能并未饱和，其固着、再生效率并未降到理论值以下。所以采用连续逆流工艺取代传统工艺的理念最终催生出了连续离子交换工艺。

14.2.1.1　单交换器 CIE（单塔 CIE）

最基本的工艺流程如图 14-7 所示，包括：

① 固着塔（F），用以生产再生水；

② 再生塔（R）；

③ 分离塔（L），用以冲洗和去除树脂粉末及其他悬浮颗粒，如果需要可以深度清洗再生树脂。

这些处理单元采用密实床形式。树脂按照预设的频率进行半连续的循环：先从固着塔的底部进入再生塔，然后进入清洗斗，之后再注入固着塔。因为所有液体循环的方向与树脂循环的方向相反，各种交换过程（固着、再生、冲洗）达到最佳效率，所需树脂量较少，且再生效果大为改善。待处理水、再生剂、稀释水和冲洗水的流量是预先设定的，其中树脂循环周期是由设在再生塔顶上的计量斗的放空时间设定的。当待处理水的水质发生变化时，需要调整再生剂的注入速率和树脂的循环速率。

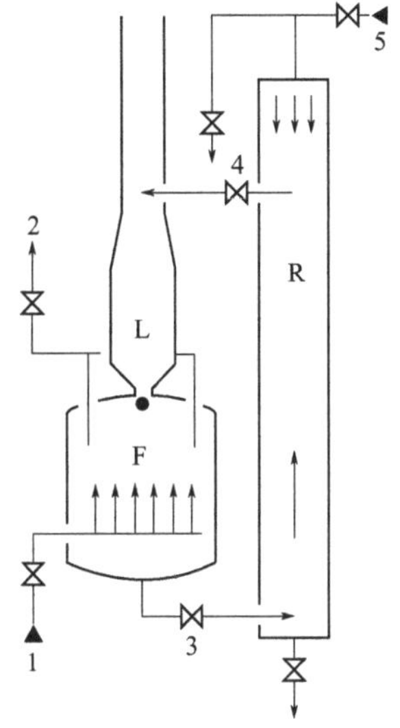

图 14-7　单交换器 CIE

1—原水进口；2—处理后水出口；3—失效树脂转移；4—再生树脂转移；5—再生液

上述工艺适用于单台离子交换器，可应用在如下场合：

① 对水进行软化处理（可用氯化钠再生的阳离子树脂）；

② 去除阳离子（可用酸再生的阳离子树脂）。

如果要求分别使用阳离子和阴离子交换器进行除盐，可以将两套相同的系统串联，每套系统设有两座塔。其中，一座装有利用酸再生的阳离子树脂，另一座装有利用氢氧化钠或氨再生的阴离子树脂。其产水水质受限于阳离子交换器的离子泄漏情况（取决于再生率和原水的含盐量）。

连续离子交换 CIE 工艺还可以应用于混合床。

14.2.1.2　得利满开发的 CIE 工艺的特殊优势

与其他连续处理工艺（多数还处于试验阶段）相比，得利满开发的 CIE 工艺具有如下优点：

① 树脂与待处理水一直进行逆向循环，所以再生液总是注入完全密实的树脂层；

② 树脂由水力输送，因而不会产生由机械输送造成的损伤；

③ 固着、再生和清洗塔分别进行独立设计，可使之适应任何流量、含盐量和再生性能的特殊情况；

④ 树脂分配和压实装置经过精心设计，使其高度降至最低，并使效率尽可能地接近

平衡曲线。

所有连续离子交换工艺的另一优点是酸和碱性再生废液以恒定的低流量排放，因而远比序批式工艺排出的废液更易于中和，也无须设置大型中和池。由于系统的复杂性，CIE工艺主要受限于单位时间内产生的饱和树脂量（如大于 $10m^3/h$）。

14.2.2 流化床

在某些情况下，原水中含有大量的悬浮固体（如悬浮物含有铀），或者是在处理过程中有结晶析出（难溶性化合物过饱和以及 pH 变化等原因），离子交换无法采用被原水浸透密实的树脂柱。这些情况下就需要采用流化床工艺，即树脂床在上向流原水中随水流膨胀。为了能得到良好的出水水质，同时使树脂得到充分利用，可以将几个相同的交换柱串联。树脂以与原水相反的方向从一个交换柱转移至另外一个交换柱，然后流向再生单元。

14.2.3 湍流床

有些情况，待处理水可能需要与树脂层进行剧烈混合。这种装置的构造如图 14-8 所示：

① 反应器（E），其中的反应区域采用类似于 Turbactor 混合器的设计（见第 10 章 10.1.3 节）；

② CIE 分离柱（S）；

③ CIE 再生柱（R）；

④ 投料斗（T），将再生树脂输送到反应器中。

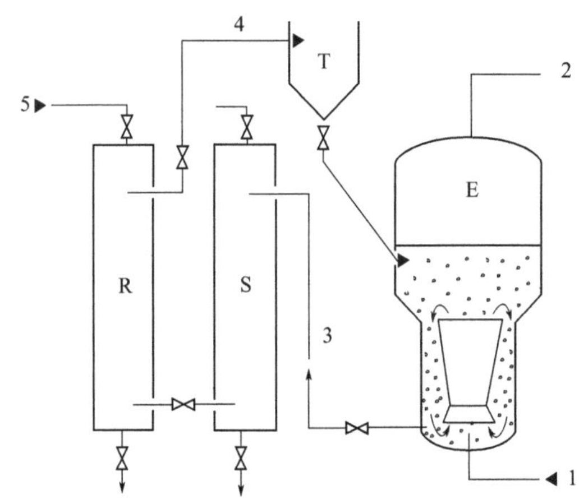

图 14-8 湍流床示意图

1—待处理水进口；2—处理后水出口；3—饱和树脂转移；4—再生树脂转移；5—再生溶液

14.3 电脱盐（EDI）

EDI 是一种利用膜和离子交换树脂的电化学处理工艺，不使用再生剂对树脂进行再生处理。EDI 装置将离子交换树脂充夹在阴、阳离子交换膜之间形成 EDI 单元，因此有时会被称为连续混合床的电力树脂再生系统。事实上它和电渗析（详见第 3 章 3.9.5 节）非常相似。

这种工艺只用于处理水质非常好、电导率＜ 50μS/cm 的水。它也经常作为一种替代混合床的精处理工艺，尤其是应用于反渗透下游需要设置无化学药剂处理工艺的场合（见第 24 章 24.1.1.2 节和 24.3.4 节）。

14.4　其他应用

14.4.1　有机物的去除

各种离子交换工艺的正常运行均要求原水只含有溶解性无机物。然而原水中经常含有一定量的有机物，而这些有机物与树脂的反应各异，这取决于其与树脂活性基团的亲和力。有些有机物可以轻易地穿透树脂床；有些则附着在树脂上，再生时可以被冲洗掉；而有些则不可逆地附着于树脂上，影响树脂寿命。

实际上，此缺点主要与强碱阴离子交换器关系密切：阳离子交换器实际上不受影响，而弱碱阴离子交换器固着的这类物质在一定程度上是可逆的状态。在大多数情况下，如果树脂选用正确，上述系统均能在工业应用中达到令人满意的处理效果。然而在某些情况特别是原水中含有腐殖质时，常规离子交换组合工艺的效果差强人意。

对于含有腐殖质的原水，可以采用综合预处理系统去除腐殖质（参见饮用水处理，第 22 章 22.1 节），或者在用于脱盐的主离子交换器的上游加设高孔隙度高吸附能力的阴离子交换器以起到保护作用。在后一种情况中，有机物被树脂直接固着，能够被氯化钠及氢氧化钠来洗脱。

14.4.2　特殊应用

离子交换不仅应用于水处理行业，也是一种有效解决化工问题的实用技术。

该工艺还可以处理其他有机溶剂，一些最常见的工业应用如下：

（1）果汁和含糖液体的处理

① 软化：用 Na^+ 置换出待处理汁液中的 Ca^{2+} 和 Mg^{2+} 以防蒸发器结垢，这种应用较多。

② 部分除盐或完全脱盐：用于生产高纯度的糖或者果浆，或从葡萄汁中提取葡萄糖。

③ 脱色：通过选用合适的阴离子交换树脂，可以利用其高吸附容量进行脱色处理。例如位于 Tienen（比利时）Tirlemon 公司的离子交换系统见图 14-9。

可以直接使用吸附树脂进行脱色处理（详见第 3 章 3.11.2.5 节）。

④ 离子置换：通过 Mg^{2+} 置换出 Na^+ 和 K^+ 来进行糖的提纯（昆廷法）。

（2）奶制品

① 除盐与脱色：用于稀释或浓缩乳

图 14-9　位于 Tienen（比利时）Tirlemon 公司的离子交换系统

注：流量为30m³/h；用于甜菜糖浆的色度去除。

清的除盐和脱色处理。

② 牛奶酸化：通过与强酸性阳离子树脂接触对牛奶进行酸化处理，生产出酪蛋白。

③ 除碱：利用树脂的离子交换能力，即用 Ca^{2+} 和 Mg^{2+} 置换出牛奶中的 Na^{+}，以生产低钠食用牛奶。树脂可以利用钙盐和镁盐的混合物进行再生。

（3）工业废水的处理

离子交换工艺可用于工业废水中贵重物质的提取和（或）浓缩。

① 三价铬酸液的稳定处理：应用于连续电镀铬工艺，使用强酸性阳离子树脂使三价铬及铁离子得以保留，延长电镀液的使用寿命。

② 酸洗液的处理：酸洗液中的高浓度铁会降低其活性。酸洗液中的铁以氯化物的形式固着到阴离子树脂上，使得酸洗液可继续使用。通过水的洗脱作用生成的氯化铁溶液可以在蒸发浓缩后再次使用或销售。

③ 六价铬的回收：采用强阳离子 - 弱阴离子系统处理重铬酸钠含量低的漂洗水。重铬酸盐可以被氢氧化钠洗脱，部分生成的碱性铬酸盐溶液可以利用强阳离子树脂来处理。回收的铬酸与剩余的碱性洗出液混合在一起，配制成可用于某些工艺的重铬酸钠溶液。这种工艺同样可应用于大量去离子水的循环利用。

④ 铜和铵的回收：从纺织工业废水中回收铜和铵。根据不同的水质，采用弱阳离子树脂或强阳离子树脂，使用硫酸进行再生。得到的硫酸铵或硫酸铜溶液可用于某些工业用途。

⑤ 硝酸铵的回收：该处理利用强阳离子 - 弱阴离子交换器的浓缩作用（UFD 交换器分别用硝酸和氨水进行再生）从氮肥工业废水中回收硝酸铵。这个工艺最独特的优势是能回收去离子水，再生洗出液经过再浓缩后回收利用，从而可以在不投加任何药剂的情况下降低污水排放量。

⑥ 制药工业的应用：在需要采用类似应用于色谱分析的技术时，可以利用离子交换进行：a. 几种不同的离子的分离；b. 电解质和非电解质的分离；c. 几种非电解质的分离。

通过置换、选择性置换、洗脱、离子排斥等工艺实现物质的分离。这些技术首先应用于制药工业。而在开展工业化应用之前，必须要开展深入的实验室研究和中试研究。

第15章 膜分离

引言

为对膜处理的应用进行系统优化，设计人员需考虑各种因素：首先需要选定膜组件类型，然后确定排列方式，最后确定运行参数。运行参数对系统的运行成本及可靠性起决定性作用。本章将针对上述内容进行详细介绍。

本章最后一节（15.4 节）将介绍膜技术在饮用水处理、工业废水处理、海水淡化及再生水处理中的应用。

第 3 章 3.9 节对各种不同类型的膜产品已做介绍，包括预期的膜分离效率和决定膜性能的主要参数，也列举了一些常用的术语。

15.1 膜组件

膜分离装置的最小单元称为膜组件，对于卷式膜则通常称为膜元件。膜组件的设计须实现以下两个目标：

① 为了限制浓差极化现象（脱盐膜）和颗粒沉积（澄清分离膜，即过滤膜）的发生，必须确保被处理液体在膜内维持足够高的循环速度；

② 紧凑的膜组件排列方式，即实现单位体积内膜面积的最大化。

这两个目标有助于降低吨水处理所需膜组件的成本，但会增大运行能耗：高循环水流速度和缩窄的通道将会增大水头损失，因此必须统筹考虑。

膜组件的设计还须满足以下要求：

① 易于反冲洗，能够进行水力清洗、化学清洗或消毒，甚至达到无菌状态；

② 易于安装和拆卸；

③ 可选择自动化运行。

目前市场上主要有四种膜组件，包括管式膜、中空纤维膜、平板膜和卷式膜。在水处理应用中，95%的微滤和超滤装置选用中空纤维膜组件，95%的纳滤和反渗透装置采用卷式膜组件。

15.1.1 管式膜组件

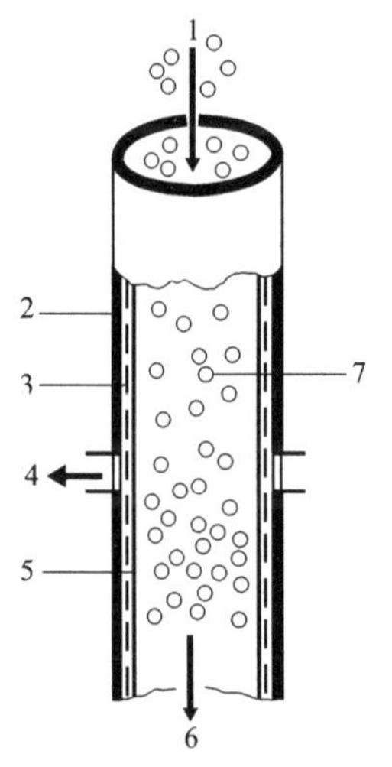

图 15-1 管式膜组件（有机膜）

1—原水进口；2—支撑管；3—膜支撑层；4—产水出口；5—膜；6—浓水出口；7—悬浮液中的颗粒物

将膜置于直径为4～25mm的支撑管（多孔或有引流孔）内制作成膜元件，这些支撑管串联或并联封装于圆柱状容器中就构成膜组件（图15-1）。

这种膜的水力条件已经完全明确。如有必要在高湍流度的条件下运行，水流循环速度可达6m/s。

这种膜组件使用时无须对原水进行精细预过滤处理并且易于清洁，一般采用海绵小球进行清洗。该膜组件的主要缺点是不够紧凑导致单位面积的成本较高。这类组件尤其适用于处理浓度高或黏度大的水，有时也会用于一些特殊的小规模水处理装置，通过将晶体在浓水中维持为悬浮态或利用海绵小球清洗膜表面来控制结垢。

通过挤压成型的陶瓷膜组件也可以制成管式膜组件。管式陶瓷膜组件（图15-2）已成功应用于工业废水处理的MBR工艺中（在这种情况下，需要注意的是系统对纤维很敏感）。

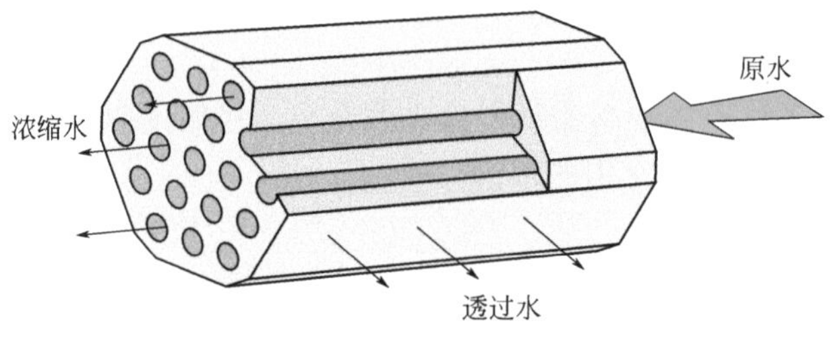

图 15-2 陶瓷膜的示意图

15.1.2 中空纤维膜组件

直径为0.6～2mm的中空纤维是将膜材料通过环形模具挤压制得。中空纤维的厚度与直径的比例使其能承受运行时所受到的内部或外部压力，因而被称为自支撑膜（有些膜丝在内部增加了支撑层以提高其强度）。成千根的中空纤维膜丝组装在一起排列成束制成膜组件。

待处理的水在中空纤维膜的内部（内压式膜）或外部（外压式膜）流动。

这种膜组件的显著优势是可以定期进行反冲洗（每20min～2h一次），从而使膜丝可以一直在远低于其机械强度极限的工况下运行。

图15-3所示为Aquasource内压式超滤膜组件Ultrazur 450的典型配置。这种膜组件由35600根0.9mm直径的中空纤维组成，膜面积为125m^2。如第3章所示，这种膜组件可

以死端过滤或错流过滤方式运行。

外压式中空纤维膜组件也具有相同的几何特征，待处理的水在膜丝的外部流动，过滤后出水汇集至膜丝末端。这些膜也易于反冲洗，但是通常只采用死端过滤模式（流体在成束的膜丝间的流态要复杂得多）。图 15-4 展示的是浸没式超滤系统中的外压式超滤膜组件，这些膜丝被直接浸没在水或悬浮液中用于过滤，通过抽真空（20～60kPa）的方式将滤液通过膜丝抽出。

除了极少数特殊膜组件（见陶瓷膜组件）和一些用于膜生物反应器的平板膜组件外，所有过滤分离膜（微滤或超滤）均为内压式膜或外压式膜。这些中空纤维膜组件，易于反冲洗且水头损失小，其操作压力通常低于 1bar（$1bar=10^5Pa$）。

日本的 Toyobo 公司是现在唯一出售外压式反渗透膜（海水型）的公司，这种中空纤维的直径（130μm）实际上远小于前述的超滤和微滤膜。相比于卷式膜组件，其耐压强度高（操作压力 80bar）且更加紧凑。

无论是内压式还是外压式中空纤维膜，都须防止大颗粒物堵塞膜组件。因此，在任何膜系统进水处均需安装过滤精度为 150～500μm 的保安过滤器。

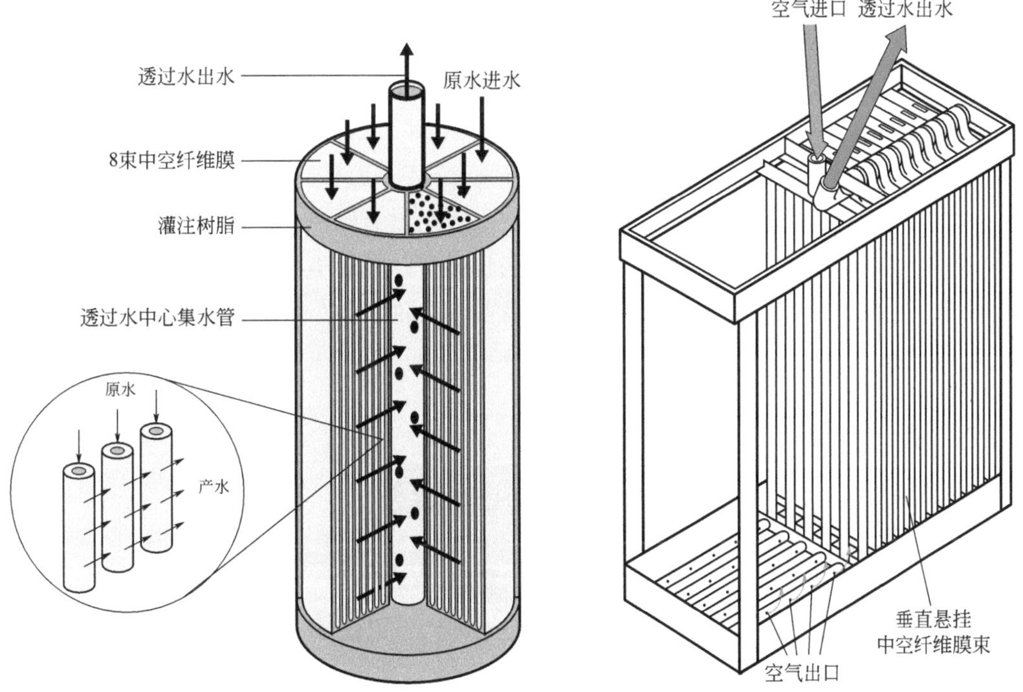

图 15-3　内压式超滤膜组件 Ultrazur 450　　图 15-4　浸没式超滤系统中的外压式超滤膜组件

15.1.3　平板膜组件

平板膜组件由多个层叠设置的平板膜元件和用于固定平板膜元件的支撑框架组成。

无论是微滤，还是高压反渗透工艺，平板膜均可应用，平板膜通常用于高浓度水的处理。

根据过滤压力对平板膜组件进行设计。待处理的水将会在相邻的两个平板膜之间循环流动。与此同时，平板对膜起着机械支撑作用，并且及时排出滤液。不同膜组件可并联或串联排列，使得单个组件的膜面积可达 $120m^2$。在平板凹槽中收集的产水在高压（RO、

NF）或者真空（UF、MF）作用下排出。平板之间的间隙为0.5～3mm。

图15-5为某平板超滤膜厂家所生产的膜架和平板膜元件。

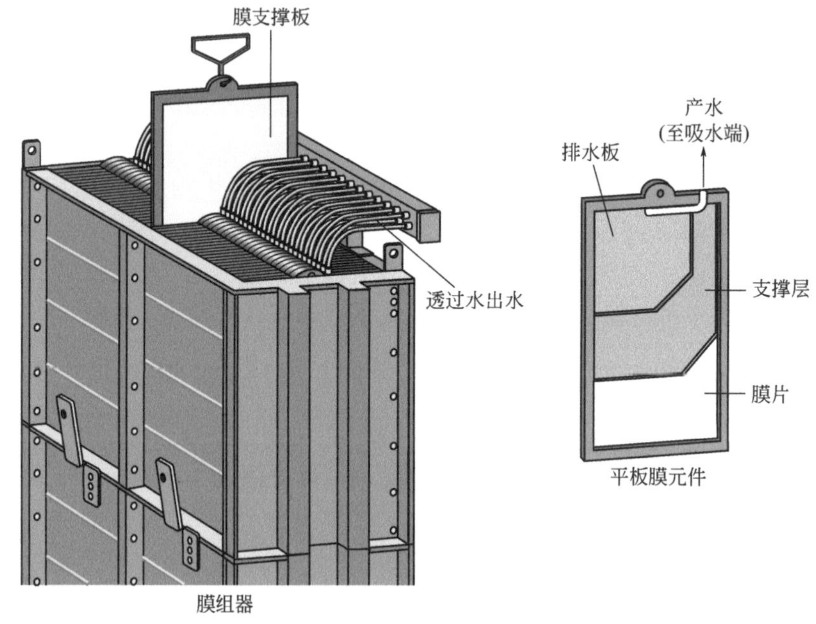

图15-5　平板膜组件

平板膜元件的下方设有曝气装置，以进行气洗。

这种膜的紧凑性一般，优点是容易拆卸，因此如果需要可以进行彻底的人工清洗，同样也可轻松更换膜片。鉴于循环流道较长和形状曲折，其水头损失大。由于单个膜元件表面积较小，因此需要使用更多膜元件和连接装置，从而会降低系统的可靠性。

15.1.4　卷式膜组件

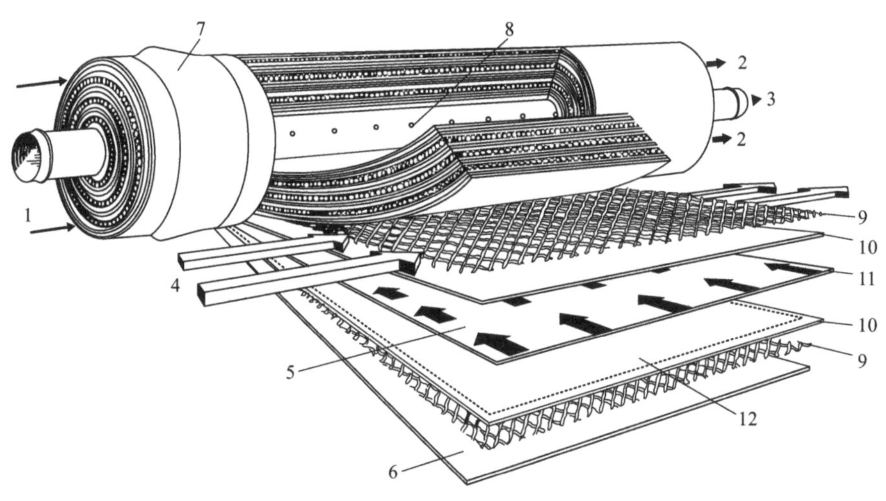

图15-6　卷式膜组件

1—进水口；2—浓水出口；3—产水收集管；4—原水水流方向；5—产水水流方向；6—保护层；7—膜元件与外壳间密封；8—产水收集孔；9—支撑层；10—膜；11—产水收集层；12—膜片间黏合线

如图 15-6 所示，两张膜（10）之间插入一块柔性的多孔片（产水收集层）（11）。该系统的结构类似于三明治，其三个边是密封的（12），开放的一侧黏合于一个圆柱形的带小孔的产水收集管（3）上，许多这样的三明治结构通过支撑层（柔性塑料格网）（9）分隔开。待处理水在平行于产水收集管的支撑层（9）中循环，产水收集层将产水输送至中间的产水收集管（3）。

一个膜元件的直径为 5～30cm，长度为 0.3～1.5m，其膜面积为 0. 3～41m²。对于 2～8 个这样的膜元件，可使用 O 形密封环将产水收集管（3）两两对接后安装在一个膜壳内，使之完全密封且可以承受高压差（由流经膜支撑层的水头损失造成）。因此，连接装置和限制水头损失（每只膜元件最高 0.5bar）对于卷式膜组件的正常运行至关重要。

如今，除了前述提及的 Holosep-Toyobo 膜组件，几乎所有的海水淡化膜（NF 直至高压 RO 膜）都采用了上述膜结构。事实上，这是在所有的膜组件中最为紧凑的，且其水头损失比板式膜组件更低。但是却更容易受污染的影响。因此进水需经过适当的预处理，使污染指数（FI）或淤泥密度指数（SDI）小于 4 或 5（见第 5 章 5.4.2.1 节）。在某些特殊情况下，可使用更厚的支撑层以降低对污染的敏感性，以及提高膜的化学清洗效果。

15.1.5　不同膜组件的比较

膜组件的构造限制了可采用的回收率（表 15-1），在第 3 章 3.9 节中强调了回收率的重要性。表 15-2 总结了不同类型膜组件的优缺点。

表15-1　可采用的回收率

项目	管式膜组件（单根）	中空纤维膜组件	平板膜组件（单片）	卷式膜组件（单根膜元件）
脱盐膜	0.1%～0.5%	20%～50%	0.2%～2%	5%～13%
过滤膜	—	15%～30%① 80%～100%②	80%～100%②	—

① 错流过滤模式。② 死端过滤模式。

表15-2　不同类型膜组件比较

项目	管式 >3mm	中空纤维< 2mm	平板式	卷式
除盐	可以	可以	可以	市场占有 >95%
过滤	可以	市场占有 >95%	可以	不可以
紧凑性	–	++	+	++
易清洗性 1. 就地（在线清洗） 2. 通过反冲洗	++ –②	+ +++	+ –	+ –
单位面积的膜组件成本	–	+++	+	+++
跨膜压差（进水 – 出水）	+++	++①	–	+
占地③	–	+++	+	++
对预处理的要求	+++	+	+	–
回收率	低	高	低	一般

① 根据膜组件的布局、膜丝直径和类型（内压式或外压式）差异较大。

② 部分陶瓷膜组件除外，其膜的有效层与支撑层为化学结合。

③ 适用于有膜壳的膜组件。

注：+++ 推荐；– 不推荐；– 不适用或不推荐。

15.2 膜组件的排列（脱盐膜系统）

本节仅讨论脱盐膜的应用。过滤膜可在压力非常低（<2bar）且无浓水产生的情况下运行，因此不存在回收率的问题。所有膜组件只有平行排列这一种方式，其主要区别就在于是否具有循环回路，即在第 3 章 3.9 节中介绍的“死端过滤”和“错流过滤 ”两种模式。

15.2.1 原理

如第 3 章 3.9 节所介绍，脱盐系统的运行原理如图 15-7 所示。

进水泵（4）和保压阀（7）分别用于控制进水压力和回收率 Y（产水流量与进水流量的比例），其重要性已在之前阐述过（见第 3 章 3.9.2 节）。

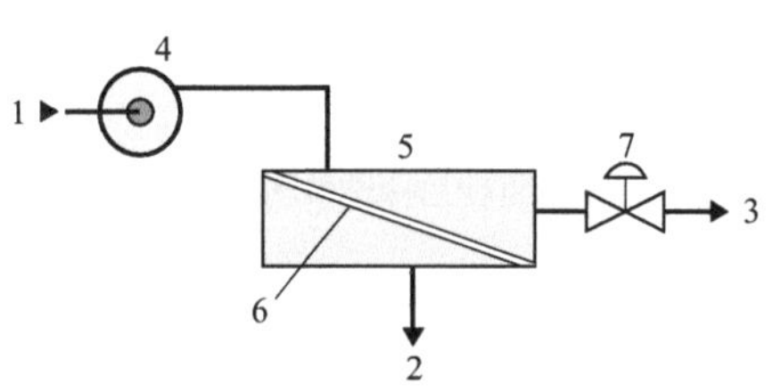

图 15-7 反渗透装置系统简图

1—原水；2—产水；3—浓水排放；4—进水泵；5—膜组件；6—膜；7—保压阀

在脱盐应用中既要达到高回收率（不出现沉积 - 结垢现象），又要保证每个膜组件均具有足够的流速（这将导致每个膜组件的回收率较低，要实现该目标只能通过将膜元件并联布置，并且将膜组件甚至单个膜元件的浓水进行回流（参见本章 15.2.2 节图 15-9，单段膜工艺），或者在系统中增设第二段膜分离工艺（将第一段膜工艺的浓水作为第二段的进水等，参见本章 15.2.2 节图 15-8），甚至增设第三段工艺等成为多段膜系统。

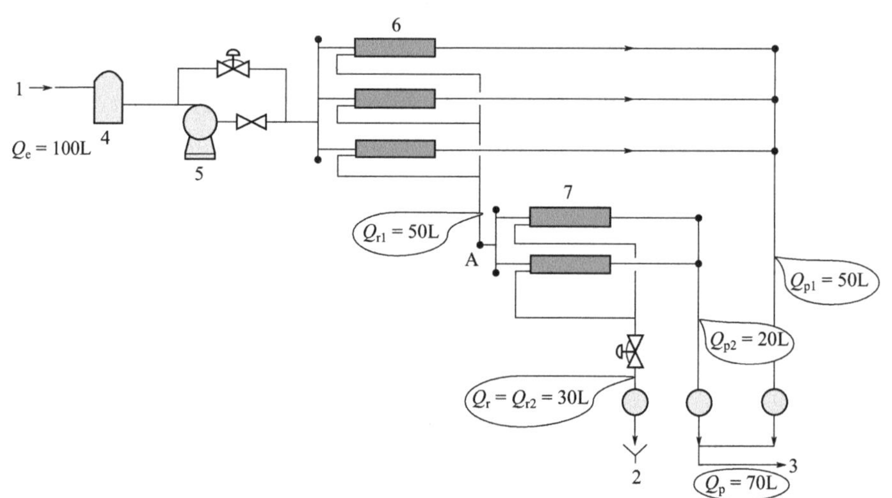

图 15-8 无回流的排列组合方式，例如 3-2 两段串联，整体回收率 Y =70%

1—原水；2—浓水；3—产水；4—保安过滤器；5—进水泵；6—一段膜组件，Y=50%；7—二段膜组件，Y=40%；A—增压泵（如果需要）

15.2.2 膜组件的排列——脱盐膜系统

如图 15-8 所示，该系统第一段膜单元采用三组膜组件，处理后的浓水进入第二段，其采用相同元件的两组膜组件，整个系统被称为 3-2 两段串联系统。在这种情况下，如果第一段每个压力膜组件装有 8 个串联的膜元件，回收率为 50%；第二段每个压力膜组件装有 7 个膜元件，回收率为 40%，则整个系统的回收率为 70%。

注意：如第 3 章 3.9 节所述，100L 的进水在第一段将产出 50L 水，第二段产出 20L 水，即总回收率为 70%。

因此为了提高回收率，可以采用三段式处理系统，例如 4-2-1 或 5-3-2 组合形式。

对于多段式膜系统，需校核每支膜元件（膜组件最末端的膜元件）在最差工况下的过流通量（流通量或透水率），其应高于供应商推荐的最小过流通量；而对于最前端的膜，无论是产水通量还是过流通量，都要低于所允许的最高值。

注意：在一些小型的系统（特别是中试系统）中，采用单段膜工艺（甚至单个膜元件）通过回流部分浓水也可达到相同的效果。图 15-9 所示的就是膜回收率为 10%（进水 $40m^3/h$，产水 $4m^3/h$）但系统回收率为 80%（进水 $5m^3/h$，产水 $4m^3/h$）或浓缩倍数为 5 倍的情况。因此这个模型能准确模拟实际工业应用中适用于最后一个膜元件的浓度水平；而水力学条件却适用于第一个膜元件。此外它无法满足系统对与水接触时间的要求，而这对于使用阻垢剂的系统十分重要。另外，水在循环过程中会显著升温，因此通常需要对水温进行控制。

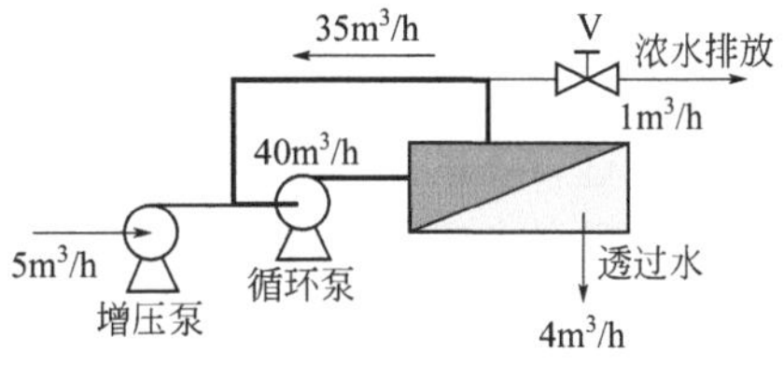

值得注意的是，这一原理也适用于采用周期运行模式的微滤或超滤系统（见第 3 章 3.9 节），在反冲洗过程中间歇性排污的情况除外。

图 15-9　单段连续系统，单支膜元件回收率 Y=80%

在某些情况下，特别是回收率要求比较高时，为了在可接受的水力条件下获得较高的回收率，可提高第二和 / 或第三段的运行压力，这是通过使用安装在各段膜单元之间的增压泵来实现的（见图 15-8 中的 A 点），其在一定程度上以提高进水压力的方式来补偿第一段的水头损失。

15.2.3　多级系统

当产水水质没有达到预期的使用要求时（特别是通过海水淡化生产的工业用水、饮用水或者超纯水），可将第一级系统的部分或全部产水泵送至装有不同膜的第二级系统继续处理，如图 15-10 所示（最简单的情况）。为了避免与之前的多段系统（见本章 15.2.2 节）混淆，该系统称为双级系统，即第一级的产水进入第二级进行再处理（每级可由几段组成）。

注意：第二级过滤的浓水的水质一般优于原水水质，因此可以直接回流至第一级的上游。

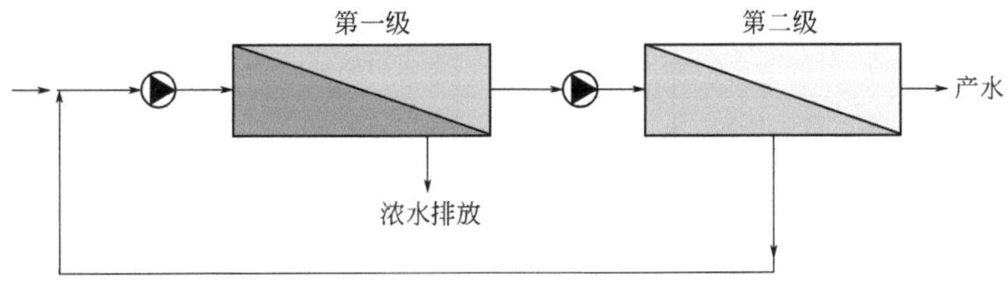

图 15-10　串联（2 级）产水系统

15.3 膜系统的设计

15.3.1 脱盐系统（反渗透和纳滤）

膜系统设计要根据分离的类型首先选择膜（脱盐膜的透盐率），然后选择膜组件的类型（参见本章 15.1 节），最后进行膜组件的布局（参见本章 15.2 节）：

① 为了提高回收率即减少水损耗，可采用一段以上的多段（浓水串联）形式；

② 当一级膜组件的脱盐率无法满足要求时，为了获得高质量的产水，可采用一级以上的多级处理。

系统的主要运行参数如压力、回收率，必须仔细选取以优化系统投资和运行成本，并且考虑：

① 每个膜组件的内部水力参数（最小和最大通量）。

② 溶解度最低的盐不会沉积结垢（或过多的泥饼沉积）。是否会沉积结垢取决于原水水质，如有必要应对进水进行预处理（具体见第 3 章 3.9 节）。

所选设备的所有部件均应选择适合的材质（耐压性和耐腐蚀性），同时也要考虑配备反冲洗设备和定期化学清洗设备。

所有必要的计算都可以通过不同膜供应商或调质药剂（阻垢剂、分散剂、杀生剂等）供应商提供的文件和计算程序反复迭代进行。

如前所述（第 3 章 3.9.1.3 节），当用于去除或浓缩高分子物质时，截留分子量低（＜ 50000）的超滤膜与脱盐膜的性能表现基本相同。

首要的两个选择标准为：a. 决定产水质量的透盐率；b. 能提供适当流量的最低操作压力。

表 15-3 归纳了不同膜组件的透盐率和压力参数。注意：表 15-3 中数据仅供参考，实际上：

① 膜开发的技术（选择透过性）在不断进步。

② 最重要的是，准确的透盐率只能在给定的跨膜压差（Δp-$\Delta\pi$）和回收率的条件下来计算。因此，表 15-3 中的数值会和供应商提供的有所不同，供应商提供的数据是在标准状况下而不是常规的运行条件下测得的。

最后，还要考虑膜的老化导致的效率下降。

表15-3　不同膜组件的脱盐性能

膜的类型	海水淡化膜	中压苦咸水渗透膜	低压渗透膜	纳滤膜
操作压力 /bar	55～85	15～40	6～15	3～12
单价离子（Na^+、Cl^-、K^+ 等）透过率 /%	0.3～0.7	0.6～2	1～5	30～75
二价离子（SO_4^{2-}、Ca^{2+}、Mg^{2+}）透过率 /%	0.05～0.2	0.5～2	0.5～2	5～30
有机分子透过率①/%				
MM②>300	<1	<3	<5	<5
100<MM<300	<5	<10	<15	<10

① 透盐率会随着分子结构及极性的不同而变化。

② MM 为分子量。

15.3.1.1　膜组件的布置和操作参数

当膜的类型选定后，膜组件的类型也应选定。由前述可知，考虑经济性，95% 的情况下会选用卷式膜组件。

从这一点来看，其应用就存在一些局限性，但可通过下面描述的方法进行完善。首先是回收率的选择：从第 3 章 3.9 节得知，回收率最为重要，其决定了整个工程设计和系统的经济性，其影响归纳于表 15-4。

表 15-4　回收率对膜处理系统运行性能及运行成本的影响

Y	Cr	π	结垢风险	污堵风险	水损 = 排放量	吨水能耗
↗	↗	↗	↗	↗	↘	↘

膜系统的主要运行成本是能耗，因此通常建议采用高回收率。但是，只有同时满足下面三个基本条件才有可能采用高回收率：

① 较佳的内部水力条件决定膜组件的布局；

② 结垢风险低（取决于浓水的化学性质，见本章 15.3.1.2 节）；

③ 为了防止膜组件过快污堵而设定的最低进水水质要求，见本章 15.3.1.3 节。

15.3.1.2　结垢风险

除了特殊的管式膜或板式膜，很难完全避免结晶物质在膜组件中沉淀，这些沉淀一旦形成就会阻止水流在组件内部顺畅流动。因此必须检测浓水的阳离子 i 和阴离子 j 的浓度，以确保浓水出口端的离子浓度不超过其离子积常数（K_{Sij}），在给定的温度和 pH 条件下可以用以下公式表示：

$$C_{ri}C_{rj}=\frac{10^4 C_{ai}C_{aj}}{(100-Y)^2}<K_{Sij}$$

或

$$Y\leqslant 100\left(1-\sqrt{\frac{C_{ai}C_{aj}}{K_{Sij}}}\right)$$

式中　C_{ai}、C_{aj}——进水中的 i 离子和 j 离子的浓度；

C_{ri}、C_{rj}——浓水出口端 i 离子和 j 离子的浓度。

需要指出的是，碱土族盐类是难溶性盐，如 $CaCO_3$、$CaSO_4\cdot 2H_2O$、CaF_2、$BaSO_4$、$SrSO_4$、$CaHPO_4$ 以及金属盐（氢氧化物、硫酸盐、磷酸盐等）和 SiO_2。

因此，对任何具有膜系统应用前景的项目，分析所有这些元素随时间的潜在变化是开展设计的必要基础。

当其中一种阴阳离子对（ij）对回收率有所限制时，有三种解决方法：

① 利用上述公式来降低 Y。

② 对原水进行预处理以降低 i 离子或 j 离子的浓度，通常可采用以下方法：

a. 通过酸化处理降低 HCO_3^- 浓度，以降低产生碳酸钙沉淀的风险；

b. 软化和 / 或去除碳酸根以去除 Ca^{2+}、Mg^{2+}、Ba^{2+}、Sr^{2+} 及其他某些金属离子；

c. 去除铁、锰、硅等（见第 3 章 3.2 节）。

③ 作为最后手段，投加阻垢剂（类似用于锅炉和冷却水系统的产品）。阻垢剂通常通过提高溶度积或改变盐的晶格结构暂时抑制结垢。但是，必须检查阻垢剂的兼容性：不仅要检查与膜材料的兼容性，还要检查与水中所有化学物质及预处理药剂的兼容性。

反渗透膜法相比于热法脱盐具有如下两个优点：

① 反渗透膜法工艺能在常温下进行（K_S 通常随温度上升而下降，硅除外）；

② 除非系统停机，水在系统中的停留时间较短（几分钟）。

为了应对突然停机，采用自动清洗系统投加阻垢剂（不受突然断电影响），置换出膜组件内的水（用预处理后水或产水），此操作通常称为冲洗。

阻垢剂供应商通常声称使用其产品可使水中的结垢性物质达到过饱和状态（如两倍的 K_S）。

注意：将反渗透设计计算软件和阻垢剂产品软件相结合，可以计算出投与不投阻垢剂时，浓水中常见结垢物质的溶解度。

图 15-11 是这种软件计算结果的一个示例。根据图 15-11（a），不投加阻垢剂时，$CaCO_3$、$BaSO_4$、$SrSO_4$、CaF_2、SiO_2 的浓度都超过了其自身的溶解度。当投加了 3.80mg/L 的阻垢剂 Permatrea PC 510［图 15-11（b）］时，只有 SiO_2 存在超过溶解度的风险，并且可以通过去除部分硅的方法解决，或者采取其他更加经济的方式解决，如在这个案例中通过降低几个点的回收率就可大大提高生产运行的安全性［图 15-11（c）］。

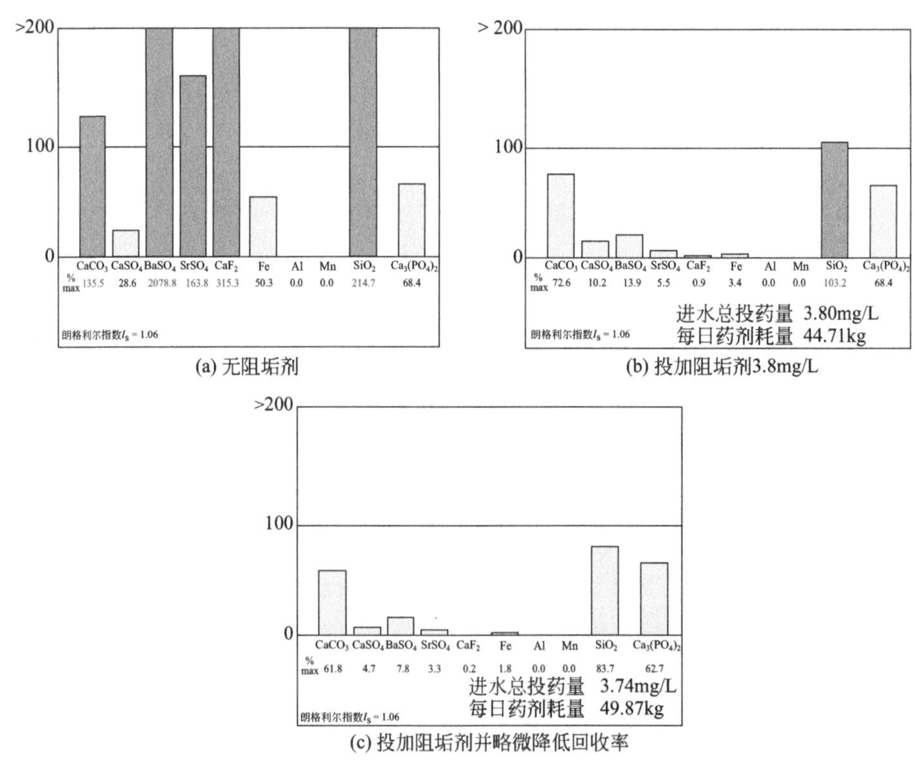

(a) 无阻垢剂　(b) 投加阻垢剂3.8mg/L　(c) 投加阻垢剂并略微降低回收率

图 15-11　计算浓水溶解度（溶解度限值 =100）

15.3.1.3　膜污染风险

膜污染是由沉积到膜上的颗粒物在反冲洗时没有被带走而引起。当发生膜污染时，可以检测到沉积层的形成，通常被称为“泥饼 ”，这就增大了膜排水通道的阻力从而导致流量下降。此外，这些沉积物会加剧浓差极化现象，阻碍被膜截留盐类的反向扩散。最后，由于沉积物占据了部分支撑层间的区域，会使循环水流产生水头损失，并导致整个膜表面过水不均匀。

（1）膜污染的主要原因

主要有三种不同的化合物易沉积在膜上：

① 进水中的胶体

这类物质主要包括：

a. 地表水中的微粒（通常是细黏土），可能含有细砂、微藻，甚至是死亡的藻类；

b. 油脂、烃类化合物、不溶于水的聚合物，其危害在于能在膜表面形成一层在一定程度上产生不可逆污染的涂层，导致流量突然下降。

② 氧化物 - 氢氧化物

取决于 pH 和浓度，这些金属氧化物或氢氧化物能沉淀到膜表面（参见成垢机理）形成致密的非常难以清洗的泥饼层。

③ 生物污染物

只要进水中存在微生物（细菌、真菌、酵母），即使含量非常低，其也会和其他胶体一样在膜表面累积。如果水中同时含有一定浓度的营养物 BDOC（可生物降解有机碳），无论是何来源（天然、污染、氧化副产物等），微生物均会繁殖且通过胞外聚合物逐渐附着到膜上，生成一种类似于附着生长工艺中的生物膜。此外，这层生物膜内含有上述物质（氧化物、氢氧化物、胶体等）。

（2）膜污染的后果

无论污染物组分的性质如何，膜被污染后会产生一种或多种影响：

① 水头损失增大，这通常是一个报警参数；

② 盐透过率升高（可能会引起浓差极化）；

③ 通量下降。

为了及时做出反应，必须经常监测水厂的运行情况，以便根据仪表提供的原始数据快速准确找出任何偏差，然后根据逻辑推理对其做出合理的解释。实际上，由有意降低回收率或温度波动引起的错流流速的增大，将产生与膜过度污染相同的结果：水头损失增大和通量的波动。同样，为能评价膜污染情况，首先必须对运行数据进行系统性校准分析，例如基于相同的压力、温度和回收条件进行计算，通过系统性的修正结果来确定水头损失、盐通量或流量是否显著变化，随后基于该结果再确定是否要进行化学清洗。

（3）缓解膜污染的方法

一般采用如下 4 种方法（单个或联用）以减缓膜污染：

① 预处理

通常情况下，原水经澄清及过滤组合工艺（如有必要可采用两级以上的处理工艺）处理后几乎不含有胶体颗粒。胶体颗粒含量可以用 FI（污染指数）或 SDI（淤泥密度指数）表征（参见第 5 章 5.4.2.1 节）。实际上，这也是判断膜污染风险最有效的参数。

卷式膜组件供应商推荐的使用条件是污染指数小于 4 或 5。然而，经验证明污染指数通常应小于 3，最好小于 2.5，最大值可为 4 或 5。

值得注意的是，虽然经验表明当污染指数小于 3 时对应的浊度通常低于 0.15NTU，但浊度和污染指数没有普遍相关性，评估卷式膜组件是否适用于处理澄清水时对此一定要特别注意。例如，当地表水（湖水或海水）的水质洁净时（浊度 <2NTU），通常需采用两级过滤工艺，其中至少有一级上游设有混凝处理单元以获得满意的污染指数。如可能出现异常高浊、藻类暴发、原水含有烃类化合物等情况，就可能必须采用浮选处理工艺（例如：AquaDAF 气浮）。

第 3 章 3.1 节强调了聚合物的效用，在此使用需慎重考虑聚合物的种类和用量，以防其在一定程度上被膜不可逆地吸附。膜澄清（必要时结合沉淀或浮选工艺）显然是一种可行的选择（见第 4 章 4.2.1 节）。

设计合理的预处理工艺是系统稳定可靠运行关键因素，其可以降低冲洗频率，延长膜的使用寿命（根据实际使用情况可使用 6～10 年）。预处理工艺的设计是专业性很强、要求很高的工作，需要全面掌握相关知识的最优秀的专业人员（知道何种水质选择何种最适合的处理技术）。

② 选择产水通量

水的膜通量［每平方米膜面积每小时的产水量用 L/（m^2 • h）或者 LMH 表示］是一个非常重要的参数。实际上，膜通量越大，单位膜面积每小时接收的胶体含量越高，这将使得膜组件的清洗更加频繁。为防止出现这种情况，需选择最有效的预处理系统，或者选择较低的回收率以降低错流流量（事实证明这个选择一般成本较高）。相反，选择合理的水通量，特别是通过第一个元件时的通量，会使得渗透压和冲洗频率更加合理。

图 15-12 和图 15-13 是以海水淡化系统相同压力元件（七个串联膜组件）为例，说明在通量选择上所遇到的困难。图 15-12 中的回收率设定为 50%，平均通量为 14LMH，而第一个膜元件的实际通量为 28LMH，最后一个元件只有 4LMH。

这会导致：当水质欠佳时第一个膜元件将很快被污堵。这种情况会在回收率降为 40% 时得到改善。

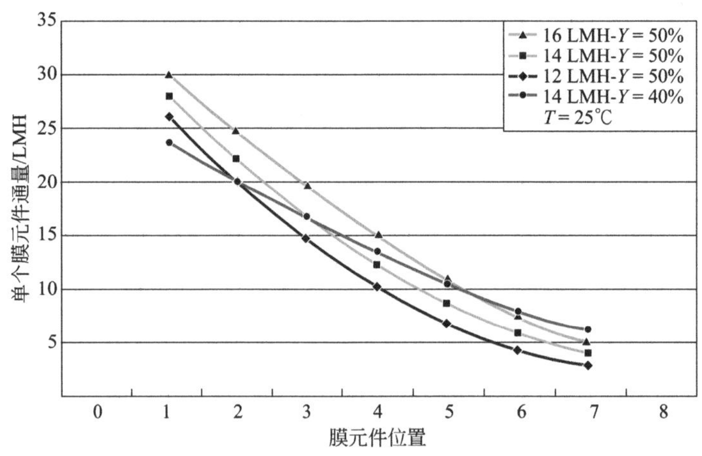

图 15-12　同一压力膜壳中单个膜元件的平均通量和实际通量：回收率的影响

图 15-13 还展示了在恒定的回收率情况下温度对通量的影响，以及由回收率 - 温度 - 高通量组合引发的极高风险。

③ 控制生物污染

对于生物污染，一方面要尽可能彻底去除水中的所有微生物，这实际上难以实现；另一方面要尽量去除水中微生物的营养源（BDOC），尤其是磷。

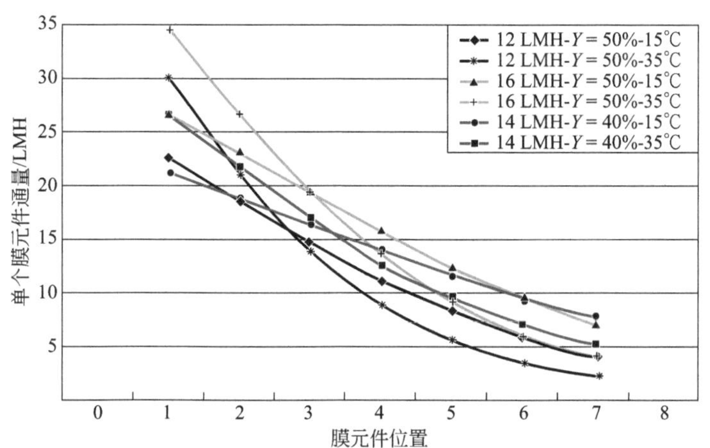

图 15-13 同一压力膜壳中单个膜元件的平均通量和实际通量：温度及回收率的影响

短时冲击投加适合的杀生剂也能够有效控制生物污染。

注意：对于高盐度（>5g/L）水的处理，定期用产水清洗造成渗透冲击也是一个好的解决办法。

④ 抗污染膜的使用

最新的发展表明抗污染膜已经投入市场。其特性通常是降低膜的表面电荷，使其不易“捕获”粒子。这些膜最初成功应用于污水回用领域（传统或双膜系统，参见第 4 章 4.2.1 节）。

15.3.1.4 化学清洗

最终，尽管已采取了精细的预处理措施和优化的膜系统设计，对膜进行定期清洗仍然是必要的。清洗装置需要满足以下条件：

① 清洗单元必须与每条处理线上的每个单元相连接（固定系统或易临时连接的系统）。

② 必须能在较低的压力下（其目的不是渗透，而是扫洗膜）进行循环清洗。为了将膜恢复至初始状态，要根据所知的可能成垢物质（溶解沉淀物）或污堵物质（分散泥饼）选择清洗剂。主要的清洗药剂包括酸（溶解氢氧化物、碳酸盐）、螯合物（氧化物 - 氢氧化物）、表面活性剂、分散剂（分散有机或无机污染物）、消毒剂（生物污染物）等。

几乎在所有情况下，交替进行一段时间的浸泡和循环（粉碎并输送出泥饼）的清洗效果最好。当出现严重污堵时，清洗会比较困难且费时较长，因为被堵塞的通道阻止清洗剂进入泥饼内部。这可能需要将清洗时间从几个小时（每种清洗剂 2～4h）延长至几天。另外，污染问题越早发现清洗就越容易。

需要注意的是，如清洗不充分，大多数情况下必须尽快重新进行清洗，因为膜表面的残留物会引发阻碍膜表面错流流动的结晶，甚至使微生物重新开始繁殖（膜表面上的胞外聚合物尚未被剥离）。

至少对于较大的系统，对一个或更多膜元件进行解剖分析［或是第一级的首个膜元件（污染），或是最后一级（结垢）的末端膜元件］都可提供有用信息：可以收集沉淀物或泥饼来分析是否需要选择更合适的清洗药剂。

类似地，一个能够测试和清洗多个元件的试验装置将能对清洗过程进行精调。

15.3.2 过滤膜系统

15.3.2.1 膜组件

根据本章 15.1 节所述，95% 的过滤膜组件是由中空纤维束组成，与所有卷式膜元件都可以互换的脱盐系统不同，过滤膜组件的形状和膜材料都是独特的且受专利法保护，因此不能互换。

图 15-14 和图 15-15 展示了得利满通常使用的 Aquasource（压力式膜组件 - 内压式膜丝）及 Zenon（浸没式膜组件 – 外压式膜丝）组件。

这些膜组件的使用方法差异很大，下文将分别予以介绍。

图 15-14 Aquasource 膜组件

图 15-15 Zenon 膜组件

15.3.2.2 Aquasource 膜组件及系统装置

表 15-5 按型号汇总了现有 Ultrazur 膜元件的物理参数（以膜壳外径来区分，例如：ϕ300 对应的是 Ultrazur 300）。

表15-5 Ultrazur膜元件的物理性能

型号	膜丝数量（大约）	膜表面积 /m²	材质	
			乙酸纤维素	亲水性聚砜
Ultrazur 100	2300	7	√	√
Ultrazur 300	18200	64	√	√
Ultrazur 450	35600	125	√	√

膜材料的选择将取决于在表 15-6 中归纳的不同指标。

这些膜组件通常被组装成：

① 一个单独的膜机架（skid）：包括一台泵、一组膜组件及自控系统，用于小型膜处理装置。

② 一套“机组”（图 15-16）：一系列的带集水管的膜组件由泵系统、自控系统、反洗系统（见第 3 章 3.9 节，图 3-57 和图 3-58 中的描述）共同组成。可实现 100% 死端运行，

或者错流运行。Aquasource 膜组件可在错流过滤模式下连续运行，也可在短期内切换为错流运行模式（如进水为高浊水时）。

表15-6　不同膜材料的优缺点

材料	优点	缺点
乙酸纤维素①	1. 良好的反冲洗性能使其非常适合于处理浊度变化较大的水 2. 不可逆的污染率较低	1. 对微生物敏感：必须定期消毒（用 Cl_2 或 ClO_2 反冲洗） 2. 对包括 NOM②在内的有机物敏感
亲水性聚砜①	1. 耐化学酸碱：2<pH<12，因此可以进行强力清洗 2. 对 TOC 不敏感 3. 不可生物降解（只需要氧化剂来控制生物污堵或吸附某些有机物）	反冲洗性能不如乙酸纤维素

① 精确配方是 Aquasource 膜的特性。

② NOM 为天然有机物。

图 15-16　La Jatte 厂 24000m³/d（鲁昂，法国）- Ultrazur 450 膜组系统（96 个膜组件）

15.3.2.3　浸没式膜系统

浸没式膜和压力式膜的优缺点见表 15-7。

表15-7　浸没式膜和压力式膜的优缺点

膜种类	优点	缺点
压力式膜组件（死端或错流运行）	跨膜压差 0.5～1.5bar；膜通量较高（20℃时 100～200LMH）	即使采用错流模式仍受进水浊度限制
浸没式膜组件（仅死端运行）	可浸没在反应池内： ① 膜元件简化（没有膜壳等） ② 抽吸方式 ③ 可用于高级澄清的氢氧化物床（脱色） ④ 可用于 MBR 膜生物反应器（见第 3 章 3.9 节及本章 15.4.1 节）	① 低跨膜压差（0.3～0.5bar）；低通量（20～80LMH） ② 膜丝间需空气搅拌振荡 ③ 清洗频繁

Zenon 浸膜式膜系统是这种技术的一个典型代表。

（1）可以浸没在水中甚至是污泥中的膜：Zeeweed 500 系列膜组件

这些膜组件由纤维丝增强型膜丝组成，其上部用树脂灌封。这些膜丝可以装配在包含不同数量膜组件（10、20、60）的膜架中，每个膜架包括一个单独的产水 / 反冲洗口、一个空气管口等。图 15-17 展示的是一个正在安装的装有 16（最多 20）个膜组件的膜架。

反冲洗方式包括：

① 产水反冲洗：使用膜产水进行反冲洗，如需要可适当加氯或酸。

② 彻底清洗：用高浓度溶液如 200mg/L 甚至 2000mg/L 的 Cl_2、柠檬酸等，浸泡 0.5～2h。

③ 恢复性清洗：移出膜架并浸泡在一个临时的水池中；对于大型水厂，同时清洗同一个池中的所有膜架（如有并联的多条处理线，可以停机 8～16h）。

图 15-17 Zeeweed 500 膜架

图 15-18 Zeeweed 1000 膜架

这些组件浸没于待处理水中，同样也可以浸没于“污泥层”中。根据应用的不同，污泥层可由活性污泥（见 Ultrafor）或氢氧化物，以及 PAC（含铁、锰和有机物的地表水或地下水）组成。在后一种情况下，需要在膜池上游设置一个絮凝池进行预处理。

（2）可浸没在低浊度水中的膜（水库水、深度澄清水、二沉池出水、清洁海水等）

这种膜也是外压式的中空纤维膜，直径较小且没有加强层。它们水平组装并固定在膜架中不同的高度（图 15-18）。这种 Zeeweed 1000 膜组件从系统底部注入空气进行反冲洗，但仅在反洗时注入空气，气洗强度可强可弱。反洗废水可由安装在膜组件上方的排水槽收集或将膜池排水泄空。

这种系统已用于处理能力大于 $500m^3/h$ 的大型装置，优点是非常紧凑且成本低，但只能处理低浊水以保持合理的反洗频率。这种技术可以利用原有砂滤池的土建结构，易于对现有水厂进行改造。

15.3.2.4 选择运行参数

设计人员需确定以下运行参数：

① 死端或错流过滤（压力式）模式。

② 由水温决定的运行通量。实际上，这个参数决定了使用的膜组件数量和在两次反冲洗之间污染物的累积量，因而决定了反冲洗的频率。如果运行通量过高（超过所谓临界通量），通量和渗透率将会出现漂移，只能通过化学清洗来恢复。因此，通过实验或中试来确定临界通量至关重要。相应地，可基于 SS、UV 值、TOC/UV、藻类数量等对水质进行分类，来预测最大的运行通量。

不要忽视温度这个极其重要的因素。以地表水为例，水温经常在冬天的几摄氏度至夏天的 25℃之间波动，这使得系统在相同跨膜压差 TMP 时，其通量（甚至黏度）能够相差 35% 甚至 45%！因此，需要了解冬季时的需求是否相同，以避免设计余量过大。

如同反渗透系统一样，非常有必要全面掌握待处理水的所有性质和季节性变化范围。特殊情况下，如果无法了解胶体、TOC 波动峰值，还必须进行中试。尽管如此，为了优化运行通量和反洗及反洗条件，需要开展相关测试，将最差工况考虑在内，测试周期一般为三个月。

在处理一些含有机物的低浊水时，累积在膜表面的泥饼非常细小，反洗效果不佳（有人将其称为“黏 ”泥饼）。在这种情况下，投加 0.2～1.5mg/L 的金属混凝剂（尤其是三氯化铁）能显著提升反洗效果，从而使膜系统达到运行通量。

③ 如果目标是去除水中溶解性有机物，仅利用过滤膜是无法实现的（其切割分子量过大）。另一方面，这些膜确实是一个极好的屏障，能够阻止粉末活性炭（PAC）通过。活性炭能够吸附固定如杀虫剂等溶解性有机污染物及嗅味物质。该方法已在 Aquasource 系统中应用，通过在超滤单元上游投加 PAC 实现，这就是“Cristal”水晶工艺。

投加粒径小于 10μm 的 PAC 能够获得较好的运行效果：吸附性能好且不会阻塞膜丝。这些细小微粒经必要的初始接触（几分钟）后投加到进水中。活性炭会在循环回路中积累，仅在反冲洗过程中被去除。显然，如果在膜处理工艺的上游设有污泥接触澄清池（例如 Pulsator 脉冲澄清池）或污泥循环澄清池（例如 Densadeg 高密度澄清池），当在超滤（UF）产水中处于吸附平衡状态的饱和活性炭接触到浓度更高的原水时，其吸附能力可迅速恢复。（见第 3 章 3.10 节和第 22 章 22.1.7.2 节和 22.1.7.3 节）。这种类型的系统称为“扩展 Cristal 工艺 ”，活性炭吸附能力的利用效率得到有效提高。

15.4　膜的主要应用

即使只考虑膜在水处理行业中的应用，其应用数量也在不断迅速攀升。从第 3 章 3.9 节中的图 3-47 可清楚地看出，尽量可能会有各种问题，总是可以从任何处理后的水中获取纯净的水，除非其中含有高极性和低分子量的有机分子（例如简单醇类、酮等）。此外，高能耗、膜污染或沉淀（结垢）的风险以及膜本身的高成本仍是膜应用的主要障碍，但这些问题正逐步得到解决。实际上，如果以脱盐膜的发展为例即可发现：

① 在 20 世纪 90 年代，脱盐膜的单位价格（以 m^2 计）几乎降低了一半；

② 膜的渗透率有所提高；

③ 对于相同压力等级，盐的透过率降低；

④ 所谓“低压力 ”膜的出现意味着对苦咸水进行脱盐处理的能耗将降低一半；

⑤ 更高效阻垢剂的开发意味着膜的应用范围可以进一步拓展；

…………

自 1995 年以来，随着膜分离效率的提高以及制造成本的降低，过滤（澄清）膜的市场得到了非常迅猛的发展。

因此，限于篇幅，本节将只介绍膜的主要应用。所有其他类型水处理所涉及的膜应用案例参见第 22 ～ 25 章。

15.4.1 过滤膜的应用

过滤膜正逐步取代传统的澄清系统，用于从自然水体或回用水中生产饮用水或工艺水，或用于反渗透系统的预处理。

15.4.1.1 饮用水处理（参见第 22 章 22.1.7 节）

自 1990 年以来，过滤膜在饮用水处理领域取得快速发展，这主要是由于：

① 用作澄清工艺时，无须投加混凝剂及絮凝剂，或者至少不产生污泥：虽然排放的处理水中只含有存在于自然界的胶体（无混凝剂及絮凝剂），但是仍然需要投加反洗药剂（Cl_2、ClO_2、酸或碱）和清洗剂。

② 绝对屏障概念的应用：在膜没有被穿透时生产出物理性质及细菌学指标极佳且稳定的水（对超滤膜来说，至少可将原生动物、细菌和病毒截留）。

为确保管网中的水质达标，仍然推荐使用一种最终仍有残留的消毒剂（Cl_2、氯胺、ClO_2）。但是，需要将加氯量控制到最低（通常为 0.2～0.3mg/L，以 Cl_2 计）。同时也要将消毒副产物的浓度控制在最低水平。

过滤膜的应用包括：

① 作为单一处理单元处理水质相对较好的原水，特别是总有机碳（TOC）低于 2mg/L 的原水：a. 水库水（谨防藻华）；b. 受地表影响的地下水（如岩溶水等）。

在某些情况下，为了去除人工合成的溶解性有机物（如杀虫剂）或在有黏性泥饼存在时进行微混凝（见本章 15.3.2.4 节），可能需要同时投加活性炭（见 Cristal 工艺）。

② 作为组合式处理单元以处理低浊（小于 25NTU）但是富含天然有机物的地表水：可将浸没式膜与混凝 - 絮凝工艺相结合，必要时可投加粉末活性炭。该系统能替代传统的直接过滤（臭氧氧化 - 颗粒活性炭滤池）工艺。

③ 用作位于常规处理工艺下游的地表水精制处理单元：常规处理单元至少包括一座具有足够处理能力的澄清池（沉淀池或气浮池），无须后接颗粒活性炭吸附池。膜系统能够同时实现过滤和消毒两种功能，如果需要，可使用 Cristal 工艺对有机物进行深度处理。

④ 作为传统水处理厂的最后一级处理单元，以保证产水在细菌学指标上具有极佳水质（特别是采用超滤膜去除原生动物孢子及病毒）。

15.4.1.2 脱盐水和回用水的处理

由于其产水具有极佳的物理性质（无细菌和胶体），超滤系统是为下游的反渗透装置或纳滤装置去除颗粒污染物的首选方案。在任何情况下，污染指数的降幅均可达到 1～3。这也适用于任何采用膜分离技术的脱盐水处理线，包括海水、苦咸水，尤其是回用水。但是，需要注意的是，（大分子量）有机物在海水处理领域通常也需要被有效去除。在这种情况下，混凝 - 絮凝仍然是一个不可或缺的预处理工艺。采用超滤膜进行预处理，能够有效消除细菌污染，这将有助于：

① 控制生物污染，但是对有机物及其残余物的去除要求更为严格（见第 3 章 3.9 节）。

② 提高处理流程的安全性：采用双绝对保护屏障理念，将超滤与反渗透或者超滤与纳滤串联组合，以去除所有类型的病原体。

实际上，过滤膜在污水处理中的初期应用主要在城市污水回用领域，特别是与低压抗污染渗透膜组合使用，用于生产工业用水（锅炉补给水）或含水层再注水，甚至将水回用于农作物灌溉、高尔夫球场、公园等。

15.4.1.3 污水处理

膜生物反应器（MBR）采用无机（内表面）过滤膜或浸没式有机（外表面）过滤膜。

这两种膜的选择应综合考虑以下要素：制造成本（有机膜占优势）；运行压力（陶瓷膜占优势）；发生不可逆污染的风险，或者污水中是否含有某些特定的能够破坏有机膜的化合物，如形成油膜的物质、未乳化的油脂、溶剂等。

这些发生不可逆膜污染的情况并不常见，通常只出现在某些特定的工业废水处理领域。浸没式膜生物反应器（由得利满开发的 Ultrafor，参见第 11 章 11.1.6 节）能有效处理城市污水甚至是农产品加工行业或造纸厂所排放的工业废水，用于：

① 获得能够直接排放至脆弱敏感环境甚至可回用（包括确需脱盐处理时）的水质极佳的出水；

② 活性污泥处理厂的改建或扩建，尤其在可用空间受限时，提高曝气池内的混合液浓度：

a. 若该处理厂仅针对 BOD_5 进行处理时，混合液将含有硝化细菌。在这种情况下，Ultrafor 将与“混合生长”工艺竞争，其优势在于能够适应任何池型；

b. 对于相同的有机负荷 F/M，在浓度提高的混合液中投放更多的膜组件（如果必要的话逐渐增加）可将处理能力提高至现有处理厂的 3 倍。

浸没式膜生物反应器的优点在于几乎无须增加土建工作量（二沉池甚至可用于其他用途，如上游或下游的调节池），出水水质（物理性质、细菌学、COD 等指标）就可得到明显改善。

城市污水在经浸没式膜生物反应器处理前后，其水质存在显著差异。一个典型的城市污水处理案例如图 15-19 所示。

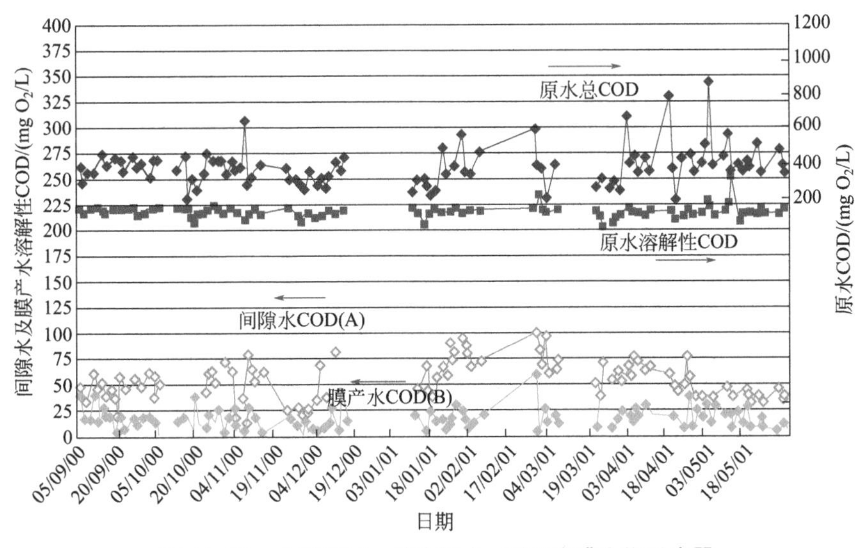

图 15-19 中试测试：城市污水 - 浸没式膜生物反应器

① 将在曝气装置处于平衡状态的活性污泥进行理想沉淀（实验室条件），其澄清后出

水（间隙水）的COD浓度为25～100mg/L（见图15-19中的曲线A），平均浓度为70mg/L（传统二沉池出水的典型浓度）。

② 通过超滤膜将相同的活性污泥进行分离，其产水COD浓度为5～50mg/L（见图15-19的曲线B），平均浓度仅为20mg/L。

③ 从中可看出，使用超滤膜之后的COD降幅达50mg/L且其离散度较低，这是因为超滤膜能够截留无法沉降的胶体和大分子颗粒（这些胶体和大分子颗粒的沉降时间很长并且只能被逐渐降解）。

值得注意的是，对于无须扩容的现有生化处理厂，在深度处理工艺段引入超滤系统对生化单元出水进行精制处理，其处理后水质与具有相同负荷（F/M）的Ultrafor接近，但是超滤的膜通量稍高。

选择不同类型的市售过滤膜时所采用的相关指标参见图15-20。

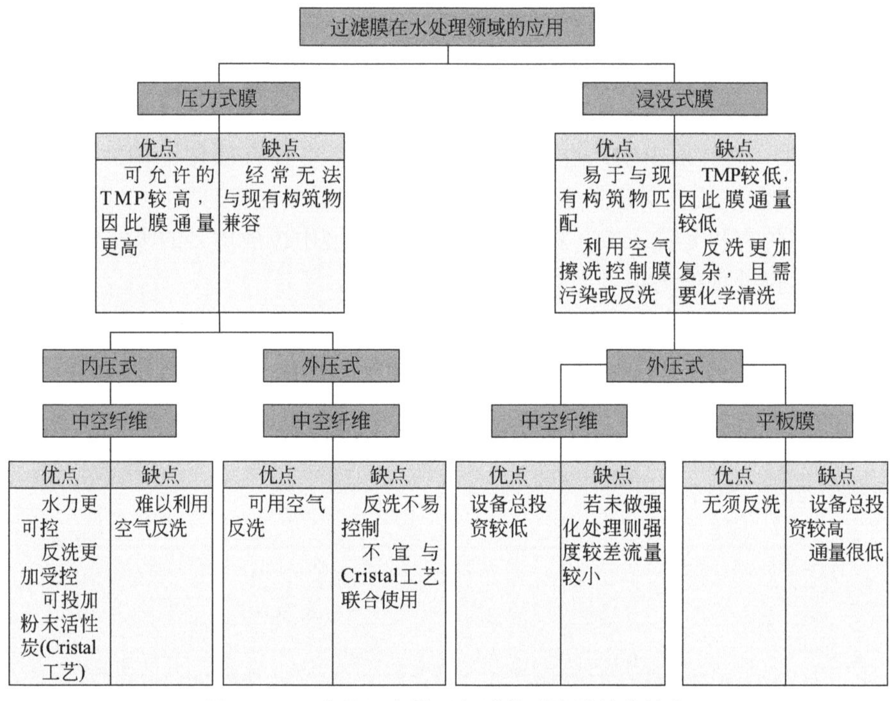

图15-20 应用于水处理领域的过滤膜的优缺点

15.4.2 脱盐膜的应用

15.4.2.1 纳滤的应用

正如前述，纳滤的使用将会带来：

① 非常高的有机物去除率（$SP < 5\%$），尤其是去除分子量大约>300的大分子有机物，包括主要的天然有机物［如构成色度的有机物、THM前驱物（见第2章、第22章）和5%～20%的常见杀虫剂］；

② 更加彻底的软化处理，尤其在有硫酸根离子存在时。钙盐和镁盐的去除率能达到98%，但纳滤产水在输配之前有可能需要进行再矿化处理；

③ 部分脱盐。

因此，纳滤主要应用于处理硬水、高盐水以及可能偶尔带有色度的苦咸水（盐度 1～6g/L）。典型案例是美国佛罗里达州采用纳滤工艺对地域辽阔的含水层的地下苦咸水进行脱盐处理，其处理规模超过 $30\times10^4m^3/d$（在采用纳滤工艺之前，地下水经过除碳酸根、过滤、臭氧氧化处理后再用盐度很低的地表水进行稀释）。

随着排放标准的提高，纳滤膜组件也在不断改进：

① 总能将有机物含量处理至可接受水平；

② 调配二价离子（$MgSO_4$ 的 *SP* 甚至可达到约 30%）；

③ 在单价态离子浓度较低时，避免软水再进一步去矿化。

纳滤膜组件适用于深度处理，以及对矿物含量稍低但具有色度的水进行处理（见第 22 章 22.1.7 节）。

近年来，其应用还拓展至一些特殊场合，即从海水中去除硫酸盐或镁，以及部分去除海水中的钙：

① 将海水用作油田采油回注水的系统：油田采出水中含有 Sr^{2+} 或 Ba^{2+}，这就要求采油再注水中不能含有硫酸盐，因为硫酸盐会与 Sr^{2+} 或 Ba^{2+} 形成沉淀而导致污染的迅速发生。同时，引入硫酸根离子会提高硫还原细菌的活性，这将导致原油中硫化物含量过高进而造成套管和其他管道的腐蚀。

② 如果可行，可使用多级闪蒸（MSF）海水蒸馏工艺进行脱盐处理（参见第 16 章 16.4.5 节）。实际上，蒸馏工艺的主要结垢物是可预测的：随着温度上升，先是碳酸钙析出，然后是硫酸钙和氢氧化镁。采用纳滤膜进行预处理可以提高 MSF 入口处温度而不会带来任何结垢风险。但是，MSF 的产水量取决于入口温度和海水（冷源）温度的差值。

③ 双纳滤系统已被应用于海水淡化，但是市场期待合适的新型纳滤膜被开发出来。

15.4.2.2　苦咸水脱盐

如本书第 1 章、第 2 章所强调，很多自然水体都是苦咸水：

① 地下水与含盐地层相接触或者受海水入侵影响；

② 某些特殊的地表水，如河流入海口。

此外，很多工业废水、城市污水和回用水都是咸水。

位于西班牙埃尔阿塔巴尔的苦咸水脱盐装置见图 15-21。

图 15-21　位于西班牙埃尔阿塔巴尔（El Atabal）的苦咸水（盐度 1～6g/L）脱盐装置，处理规模为 $165000m^3/d$

一般都会选择采用反渗透膜对苦咸水进行脱盐处理，先将盐度降至非常低的水平（TDS<200mg/L），然后再使用离子交换系统进一步脱盐；以及将某些浓度较低的苦咸水（<1500mg/L）先进行部分脱盐处理（脱盐率＜80%，对有机物或病原体的去除没有要求），然后再通过电渗析做进一步处理（参见第 3 章 3.9.5.3 节）。

对于盐度小于 5g/L 且处理后出水被用作饮用水的苦咸水，低压膜组件是最佳方案。若处理盐度大于 15g/L 且要求彻底脱盐（$SP < 1\%$）的苦咸水，一般选用中压膜组件（压力为 15～30bar）。

苦咸水处理的关键是要确保预处理工艺能够适应原水水质的波动。地下水的水质一般比较稳定，但河口水或污水排水的水质却是经常变化的。因此，需要全面了解下列所有指标：

① 悬浮物含量，胶体浓度；

② 可能形成沉淀的各种盐类及金属的含量；

③ 可能会导致水污染的有机物的浓度和种类等。

通过监控这些指标可以确保经预处理后输送至反渗透装置的水质稳定。该预处理可能包括很多常用的处理单元，如生物处理［铁、锰的去除，Biofor 曝气生物滤池去除残留的 BOD 或氮，特别是应用于循环或回用处理线时（见第 23～25 章）］。

从本章 15.3.13 节可知，需要提升预处理水的水质，以与所选择的膜的通量相匹配。第一组膜元件将承受最大负荷。第一组膜元件的实际通量是平均通量的 2～2.5 倍。基于此特性，尽管其渗透率会有所降低，在此位置选用抗污染型膜组件仍然是种可行方案。

15.4.2.3　海水淡化

随着膜市场的不断发展，反渗透是迄今为止能耗最低的海水淡化系统（见表 15-8），也是将海水转化为饮用水的最常用的单级处理系统。反渗透已开始与热蒸馏工艺展开激烈竞争。实际上，热蒸馏工艺仅在产水量较高（日产量＞20000m^3）且可利用水 - 电联产系统（表 15-8）的低温蒸汽（1～3bar）时才有经济性可言。

表15-8　不同海水淡化系统的能耗（蒸馏部分基于 A. Maurel所著《海水和苦咸水的脱盐处理》）

项目	1m^3 产水所需能量蒸汽 /MJ+电耗 /kWh	总一次能耗 / （kg 燃料①/m^3）	
		单用途单元①	双用途单元
多级闪蒸 MSF（蒸发比 8）	293 + 4	9.2	3.7
多级闪蒸 MSF（蒸发比 10）	230 + 5	7.7	3.4
多效蒸馏 MED（7 效）	376 + 2	10.4	4
多效蒸馏 MED（10 效）	209 + 3	6.25	2.7
压汽蒸馏 VC	0 + 12～16	3～4	3～4
多效蒸馏 MED 强制压缩	334 + 1.5	9	3.3
无能量回收的反渗透	0 + 8	2	
有能量回收的反渗透	0 + 4	1	

① 假设燃料热值为 42kJ/L，电能为 10.5MJ/kWh。

（1）反渗透与蒸馏之间的竞争

在那些一次能源昂贵、设计新电厂时未考虑与蒸馏装置联合运行的、且海水的盐度不高于 41g/L 的国家和地区（如西班牙、地中海岛国、以色列、美国、加勒比海），凭借着明显较低的投资和运行成本，反渗透工艺的市场占有率几乎达到了 100%。

此外，在迄今为止一直都钟爱蒸馏工艺且其全部海水蒸馏系统都已与电厂联合运行的中东市场上，反渗透工艺也取得了突破性进展。例如位于阿联酋富查伊拉（Fujairah）的斗山，得利满热膜联产海水淡化处理厂的供水量达到 455000m³/d，其中反渗透工艺和多级闪蒸（MSF）分别贡献了 37% 和 63% 的产能（见图 15-22）。

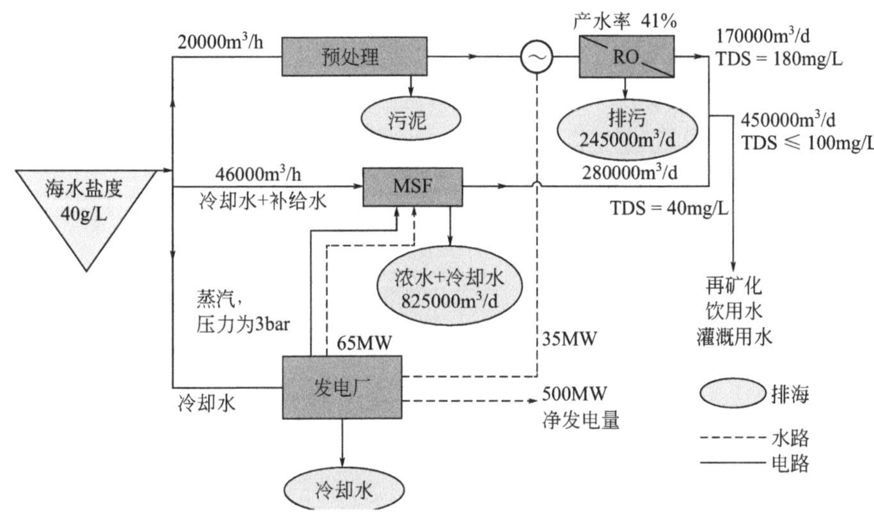

图 15-22　富查伊拉热膜联产海水淡化处理厂（阿联酋），净发电量 500MW，产水能力 450000m³/d（37% 由反渗透生产，63% 由蒸馏工艺生产）

实际上，蒸馏装置与电厂联合运行会带来运行方式极其不灵活等缺点：当用电需求与用水需求不同步时，产水量也将不得不根据用电成比例进行调整。因此，采用热膜联产混合系统，即将膜工艺与热蒸馏工艺相结合，有以下优势：

① 在电力供应充足时期，尽可能采用反渗透工艺产水，以支持电厂发电，因此反渗透工艺的运行成本也得以降低（表 15-9）；

表15-9　阿联酋富查伊拉案例：热膜联产海水淡化处理厂与600 MW发电厂联合运行

项目	额定工况（夏季）		冬季工况	
	产水量 /（10³m³/d）	内部电力消耗 /MW	产水量 /（10³m³/d）	内部电力消耗 /MW
反渗透	170（37%）	35	170	35
多级闪蒸	280（63%）	65	170①	39
总计	450	100（净发电量 500MW）	340（即为夏季产能的 75%）	74（净发电量 286①MW，为夏季发电量的 57%）

① 发电厂在 60% 额定负荷的工况下运行。

② 在电力供应紧张时期，特别是在用电高峰出现时，可以停止运行反渗透工艺（水可以存储起来以满足供水需求）。

许多技术经济研究报告指出：对产油国而言，不同的项目，其最佳的热法产水与反渗透产水之比值在 30～70 及 70～30 范围内变化，该比值尤其会随着每兆瓦电量的产水量和能源成本而变化。

阿联酋富查伊拉海水淡化处理厂见图 15-23。

(a) 一级反渗透

(b) 二级反渗透

图 15-23　阿联酋富查伊拉海水淡化处理厂，日产水量 170000m^3，采用反渗透淡化海水

（2）反渗透海水淡化装置的设计

① 取水设施

可考虑下列因素：

a. 对于中小型处理厂（小于 20000m^3/d），得益于拥有的大量海岸地质数据（25～50m 深度），理想方案是从位于海岸处的水井（海滩井）或渗渠取水。建设一个或多个探井有助于确定含水层的透水性（从而确定沉井的数量和位置）及其补给系统（只是海水或者海水与淡水混合）。受限于单井供水能力，大型海水淡化处理厂所需沉井的数量较多，其维护费用以及与各井相连的管网系统一般都过于昂贵。

b. 或采用开放式取水工程：为防止海浪将砂、淤泥、海藻微生物等带入取水系统，开放式取水构筑物必须要高于海床（>4m）；同时要足够深，尽可能在海平面 5m 以下，可能的话低于海平面 10m 更好（特别是在风大浪急的海面）。应尽量避开：

i. 漂浮物，尤其是烃类化合物（来自脱气装置、港口地区、石油钻井平台等）；

ii. 夜间亮度高的区域也是生产活动活跃的区域（常见植物和浮游动物）。

当无法从理想的取水位置取水时，须建设水坝将漂浮物拦截或采用除砂工艺以避免淤泥堆积及对预处理设施的设备造成磨损。

因此，需要了解海水淡化处理厂的周边情况以确定合适的取水点。取水点既要远离当地的污染排放源（港口、城市污水、工业废水排放点），也要远离海水淡化厂本身的浓水排放点。

② 预处理

根据悬浮物（胶体）的浓度及其性质（淤泥、细砂或浮游生物），需要对海水进行预处理以将这些悬浮物彻底去除，将出水的污染指数降至 2.5 以下（峰值为 3～4）。由于盐度对澄清技术的影响不大，因而可将地表水处理领域的主流澄清工艺应用于海水淡化预处理（见第 3 章 3.1 节和 3.3～3.5 节）。

因此，必须根据取水设施的类型考虑如下因素：

a. 海滩井：鉴于要求的水质较高，需采用下列工艺：

i. 采用两级串联的滤筒式过滤器，通常第一级采用过滤精度为 20～50μm 的滤筒式过滤器，再接过滤精度为 1～5μm 的滤筒式过滤器；

ii. 或者，如果可能存在微砂或淤泥，可采用混凝过滤后接 5μm 过滤精度的滤筒过滤处理。

对于深度大于 30m 的深井，其取水的物理性质极佳（污染指数小于 1），但是含有一定量的 H_2S（还原性含水层）。这时应绝对避免任何空气的进入（井口、泵），否则硫化物氧化会形成难以通过混凝处理且非常黏的胶体态硫（通过膜的 H_2S 将会在产水中被脱除）。

b. 开放式取水工程：取决于取水位置、潮汐、浮游动物量以及污染情况，水质波动非常大：i. 悬浮固体浓度从 <1mg/L 到 >100 mg/L；ii. 污染指数从 2 到每分钟增长超过 35%；iii. 藻类含量为 10～10^5 个 /mL；iv. 总有机碳（TOC）含量为 1～10mg/L。

因此，根据不同项目的具体情况（从最简单到最复杂），可采用下列工艺：

a. 在最佳的 pH 条件下（通常为 6～7. 2）进行混凝过滤。为使滤池达到足够长的运行周期，一般采用双介质或三介质滤池（一定要设置熟化水系统将初滤水排至排水系统，参见第 13 章 13.1.1.2 节）。采用压力式过滤器可以提高混凝剂选择的灵活性。

b. 在混凝单元后接两级串联运行的滤池，其中第二级滤池采用细滤料（有效粒径≤0.3mm）。

c. 在混凝 - 澄清之后再进行两级过滤处理（迄今为止最复杂的方案）。根据悬浮物浓度选择合适的澄清工艺。然而在大多数情况下，Rictor AquaDAF 高速气浮是首选的最佳方案。该系统能非常有效地应对浮游生物的入侵及烃类化合物浓度的剧增（膜供应商对后者是零容忍）。

与淡水预处理一样，海水淡化预处理工艺的药剂投加量、最佳滤速及过滤周期将取决于污染物的性质。因此，对于水质较差的项目，建议进行中试试验（参见第 5 章 5.8 节中的案例）或者至少在现场开展处理可行性试验。

所有海水淡化预处理项目必须要安装过滤精度为 3～5μm 的滤筒式保安过滤器。

此外，如前所述，直接用过滤膜进行预处理或在微混凝后再用过滤膜进行处理能保证出水具有极佳的物理性质，因而能够尽可能地延长过滤膜的使用寿命且保证达到设定的产水能力。因此，过滤膜被视为极佳的预处理保安系统。尽管如此，过滤膜仍需在去除某些大分子有机物及延长使用寿命等方面进一步提高其运行性能与竞争力。

运行良好的预处理工艺对于海水淡化项目至关重要，通过预处理将污染指数降至较低水平。然而，预处理并不能保证无生物污染的发生。实际上，生物污染是膜系统运行过程中面临的主要问题，这是因为：

a. 对于从适宜的海滩沉井取水的海水淡化处理厂，从井口没有被污染的区域取水就可以避免这个问题。但实际上沉井水中也含有非常少量的细菌、小分子有机物和营养物质。

b. 另外，在取水点进行的传统消毒（在取水点进行氯化消毒，在预处理阶段保持一定的余氯量）是一把“双刃剑”：消毒经常有助于防止软体动物（贝类、附着型甲壳动物）在取水口增殖并抑制微生物在滤料上的生长，但是也会使海水中的一些天然有机物（特别是在自然条件下难以生物降解的腐殖酸）变得易于生物降解。这些可生物降解组分会在整个膜表面得到浓缩，特别是当温度较高时（>15℃），在膜表面迅速生成生物膜。

因此，在大多数情况下，应避免采用连续式预氧化工艺，而以间歇运行的冲击式消毒（在膜组件进口处进行脱氯处理）代替，必要时可投加杀虫剂来确保膜组件的清洁。

注意：对于温度较高的水，可在过滤膜之前采用相同的预处理措施。

需要注意的是，必须要采用以下辅助方法以防止细菌的滋生：

a. 经常用含氯的水冲洗滤料；

b. 用反渗透浓水冲洗滤池，利用浓水的冲击产生灭菌效果；

c. 用反渗透产水冲洗膜组件（每周 1～2 次），同样可以起到灭菌效果。

③ 反渗透装置

反渗透通常为单级系统，因此基本上都较为简单。取决于水温和盐度，其产水率介于 35%～50% 之间。设计时必须要考虑：

a. 所有的设备部件（泵、管道、阀门、仪表等）能够抵御海水的腐蚀；

b. 一旦停产（不论是否预先设定），用反渗透产水冲洗膜组件可以防止膜组件内发生直接渗透现象，并避免其内部的死水对不锈钢管道及阀门造成腐蚀；

c. 设立一套集中式清洗系统，以确保每个模块或部分模块在任何情况下都能定期进行化学清洗（清洗频率主要视预处理效果和设定的流量而定）。

清洗操作指令的触发如本章 15.3.1.3 节所讨论，同时必须监测：

a. 膜的渗透性（流量根据压力和温度校正）；

b. 膜组件的水头损失（更准确地说在同一压力单元内安装的一系列的 6～8 个膜元件）；

c. 盐的透过率。

一般来说，如果膜的渗透率降幅超过 10%～15%、跨膜压差 ΔP 的增幅超过 20%～30% 或 SP 值的增幅超过 15%～20%，这就意味着膜组件需要进行适当清洗，否则将无法恢复膜组件的性能。应当注意的是，在海水淡化处理厂开展的这些定期监测需要对水质分析仪表进行妥善的维护保养，并利用相应软件对采集的数据进行处理并呈现监测结果（数据曲线）。这些软硬件配置有助于确定系统是否需要进行清洗。

对于盐度非常高的海水（>40g/L）或者当产水水质要求很高时，如要求 TDS<200mg/L；或者对个别元素要求较高时，如要求硼浓度低于 1mg/L 甚至低于 0.3mg/L 时，必须采用两级反渗透产水工艺。二级反渗透一般由中低压力膜构成，能够将一级反渗透产水再进行全部或部分处理，如工艺流程图（图 15-24）所示。应注意：二级反渗透第二级所排出的浓

水盐度远低于海水，因此这种浓水可以直接回流至一级反渗透进水处（无水损失并且无须增大预处理流量）。

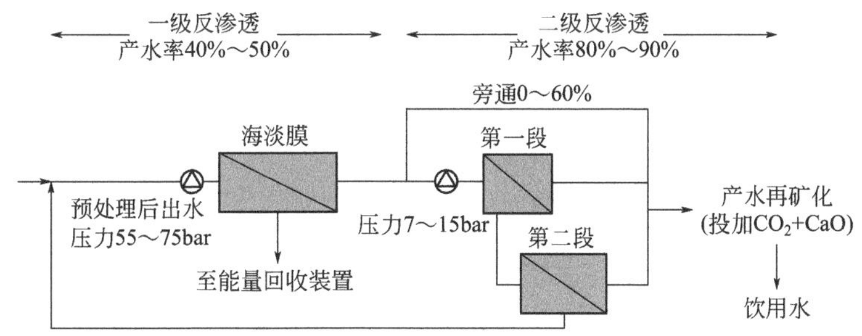

图 15-24 海水淡化：两级反渗透，其中二级反渗透部分旁通

④ 特殊案例：硼的去除

反渗透膜能较为彻底地去除海水中的各种离子。然而，根据第 8 章 8.3.2.5 节中的图 8-28 的曲线显示，当 pH 低于 9 且水温为 20℃时，反渗透膜对硼酸、H_3BO_3 的去除率很小。这些物质的去除与温度有关（去除率随温度下降而降低）。因此，pH 值约为 7.5 时，浓盐水膜仅能去除大约为 75%～90% 的硼，而第二级低压膜的去除率大约只有 50%～60%。

一般来说，处理水温低于 25℃、盐度为 36 ～ 40g/L 且硼（B）的含量为 4.5 ～ 5mg/L 的大西洋或地中海海水，仅采用单级淡化系统就可以达到欧洲标准（硼含量 1mg/L）。相反地，对于盐度较高（42 ～ 45g/L）、硼含量大于 5mg/L、水温较高（30℃甚至达到 37℃的海湾地区）的海水，且又要达到 WHO 的标准（硼含量 <0.5mg/L），这时不仅要采用二级系统（无超越），还需要将第二级的 pH 值升高到 10 以上。在这种情况下，即使第一级产水硬度不高（Ca<4mg/L，Mg<15mg/L），仍然需要投加阻垢剂（要注意 pH 值，根据文献目前最大允许值是 11）防止生成 $CaCO_3$ 和 $Mg(OH)_2$ 沉淀（第二级的回收率与投加的药剂及用量有关）。

其他公认的替代方法是用经氢氧化钠和酸再生的吸附树脂去除水中的硼。选择将二级反渗透在高 pH 条件下运行还是采用树脂吸附需要进行经济性分析。在最复杂情况下，甚至需考虑两种方法组合使用。

⑤ 能量回收系统

如果采用一个最简单的系统（图 15-25）：由一个高压泵、单级膜系统组成，其回收率为 40%，能耗非常高（高达 6～7kWh/m³），且浓水排放阀必须以很高的压差释放 60% 的进水流量，这个压差等于进水压力与膜组件系统水头损失（1～2bar）的差值。

为回收此能量，利用排放液带动涡轮的方案应运而生。无论水厂规模大小，目前这已成为降低成本的选项。

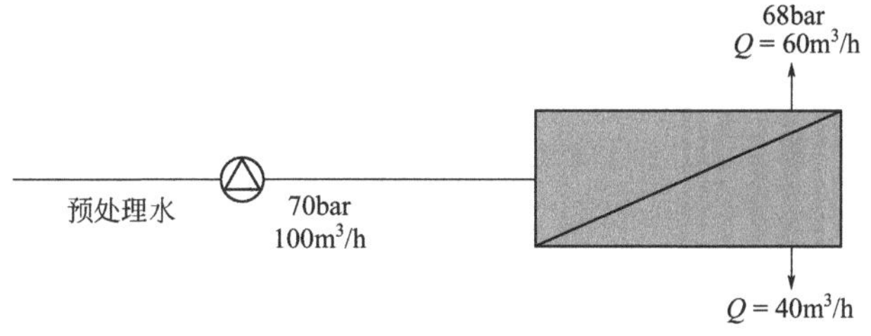

图 15-25 海水淡化示意图，无能量回收，Y=40%

已有几种有效可行的系统投入市场，主要可分为两大类：

a. 水斗式水轮机通过在高压泵轴上“再注入”排放液回收能量，一旦有浓水产生就减轻电机荷载（自动启动和停机程序必须与制造商讨论确定）。

如果高压泵效率高于 85% 且为单级淡化系统时，这种系统（图 15-26）的能耗可降至约 3kWh/m^3（对于大型淡化厂不宜采用其他类型效率较低的涡轮机）。

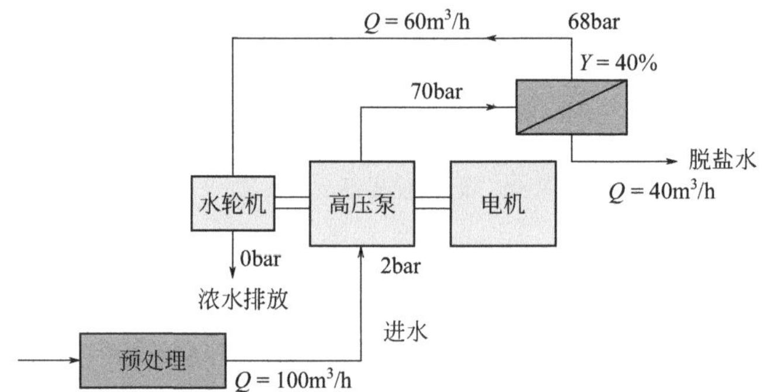

图 15-26　水斗式水轮机能量回收：40m^3/h，Y=40%（与图 15-25 条件相同）

Bahia de Palma（西班牙）与 Pelton 水轮机联用的涡轮增压泵见图 15-27。在这个案例中，整个系统（包括预处理、引水泵、产水的输送等）的能耗大约为 4 ～ 4.5kWh/m^3。

图 15-27　Bahia de Palma（西班牙）与 Pelton 水轮机联用的涡轮增压泵（700m^3/h），近景为水轮机

b. 能量交换系统（图 15-28）：从浓水排放中回收能量，以便将同样体积的预处理水直接加压至低于进水压力几巴的压力［膜组件和交换器（3）水头损失］。高压泵（1）的供水量仅等于产水量再加 1% 或 2%（内部泄漏），或者如图 15-28 所示的案例中的 41m^3/h。增压泵（2）补偿前面所说的水头损失（3bar）。这种系统（无活塞直线型或旋转型）的效率明显高于离心泵系统，可达 94%～97%。对于已经投产的海水淡化示范厂，其进水的设计盐度为 36g/L，产水电耗低于 2kWh/m^3。

整体来说，相比水斗式水轮机，节能可达 0.5～0.8kWh/m^3，整个系统的能耗为 3.2～4.0kWh/m^3。

注意：上述数值不包括二级反渗透（100% 通过）大约 0.5kWh/m^3 的能耗。

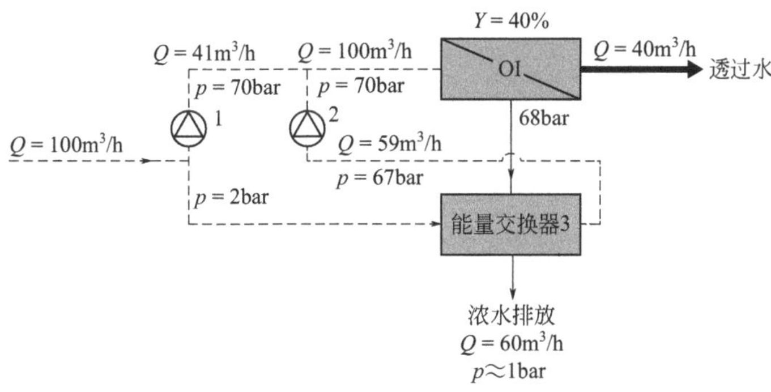

图 15-28　能量交换系统

1—高压泵；2—增压泵

旋转能量交换器见图 15-29，能量交换器见图 15-30。

图 15-29　旋转能量交换器：Dhekelia Ⅱ期（塞浦路斯）-10 组 PX-220-10000m^3/h（IWW 供图）

图 15-30　能量交换器：Dweer 线性系统，250m^3/h（近景为分配系统，Dweer 供图）

第16章 脱气、除臭和蒸发

引言

本章阐述了气 - 液交换原理在不同领域的应用：

① 在常温下通过气提的方式从水中脱气，如脱除 CO_2，或者在除臭（恶臭控制）处理中利用涤气塔将恶臭组分吸收；

② 将蒸汽通入热力除氧器，将水加热至接近沸点进行除氧处理；

③ 本章后半段将介绍主要用于海水淡化的蒸馏工艺，以制取饮用水、工艺用水等，以及对液体进行浓缩处理以避免向环境排放污染液体的蒸发结晶工艺。

16.1 空气或气体吹脱——CO_2 脱除装置

此类吹脱器的主要功能是去除 CO_2，应用于以下领域：

① 饮用水：提高水的 pH 值，降低其侵蚀性（参见第 3 章 3.13 节）；

② 工业用水：设于阳离子交换器下游，能够降低水的盐度并避免阴离子交换器超负荷运行（参见第 14 章）；

③ 污水处理：在高负荷生化系统中提高水的 pH 值，例如用纯氧曝气时；

…………

以下将只针对填料塔的应用进行介绍。若仅为了部分去除溶解于水中的 CO_2，可采用以下方法（见第 17 章 17.1 节）：a. 简单喷淋；b. 鼓泡；c. 机械分散（梯级跌水等）。

气提塔均采用逆流接触的方式，并遵循传质定律（见第 3 章 3.14 节）。通过增大传质面积，填料可使水中的 CO_2 含量接近平衡状态，同时系统的占地面积最小。

所有气体脱除装置均需考虑：

① 通过喷头、多孔布水系统或塔板在填料上方均匀布水；

② 通过孔板或格栅板等使气体在填料下部分布均匀，无短流；

③ 载气足够纯净，本身不会造成二次污染。

按照用途分类，分为 CO_2 脱除装置、空气或者气体吹脱装置等。

16.1.1 CO_2 脱除装置

在此类设备中（图 16-1），水通过喷淋（喷洒）均匀地分布在塑料或不锈钢材质的填料上，填料可以规整堆填或者以散堆形式填放。采用风机鼓风供气，气体通过支撑填料的多孔底板进行布气，气水逆向接触。脱气后的水在接触塔底部的水箱中收集。

根据第 3 章 3.14 节介绍的气 - 液交换理论，在液相中残余的 CO_2 浓度取决于水温、水流速度、填料类型、填料高度以及空气流量。

如果填料的材质确定，Degrémont 脱气器的主要设计参数为：a. 水流量为大约 30～70m³/(m²•h)；b. 气水比为 10～40；c. 填料高度为 1.5～2.5m。

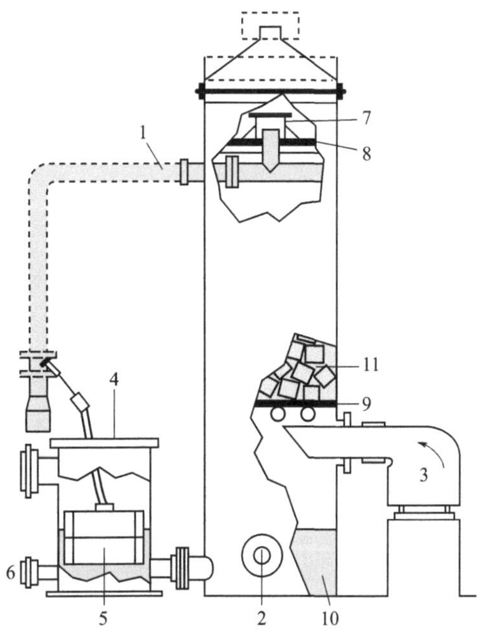

图 16-1 CO_2 脱除装置

1—进水口；2—出水口；3—风机；4—液位控制罐；5—浮筒；6—放空口；7—喷淋装置；8—分布盘；9—填料支撑板；10—水箱；11—填料

设计良好的 CO_2 脱除装置可以使得 CO_2 残余浓度接近平衡浓度，即 3～5mg/L。

16.1.2 空气吹脱

CO_2 脱除装置的原理和设计也同样适用于脱除溶解于水中的其他气体，如硫化氢及氯化溶剂。

其气水比与气液交换温度、去除的气体的特性（亨利常数、初始浓度和残余浓度）及填料的类型和高度有关。

安装于 Seif 公司（Orkem 集团）Nangis 污水处理厂的 CO_2 脱除装置见图 16-2。

图 16-2 Seif 公司（Orkem 集团）Nangis 污水处理厂

CO_2 脱除器安装于氨冷凝液处理装置区，处理能力为 140m³/h（Seine-et-Marne, 法国）

16.1.3 汽提和蒸汽吹脱

16.1.3.1 脱气塔

当不能采用空气（由于含有污染物或不需要的氧气）时，如果来源充足，载气可采用惰性气体、天然气等。

在油气开采中，天然气吹脱塔用于油井回注水的除氧处理。

Enchova 处理厂的天然气吹脱海水装置见图 16-3，Cokerill-Sambre 的焦化厂蒸汽脱氨见图 16-4。

图 16-3 Enchova 处理厂（Petrobras 公司）采用天然气吹脱海水，2×270m³/h（巴西）

图 16-4 Cokerill-Sambre的焦化厂蒸汽脱氨，30m³/h（Seraing，比利时）

一般脱气塔的运行压力非常低，只需保证脱除后的气体可以送入焚烧器进行处理即可。

16.1.3.2 蒸汽吹脱塔

当待吹脱气体具有很高的溶解度时（如 NH_3），脱气系统在常温下运行是不经济的。由于气体的溶解度随着温度的升高而下降，温度升高有利于气体的去除。

在蒸汽吹脱塔和带回流的蒸馏塔中，蒸汽主要具有两个作用：加热液相和挟带走需要去除的气体。

在水处理领域，这套系统主要用于焦化厂或者汽化废水的除氨处理（图 16-4）。待处理的废水从塔顶进入，蒸汽从塔底注入，气液两相通过一系列塔板或分成几段的填料层进行接触。根据氨在水中的含量，通常需要在进水口上方设置氨蒸汽冷凝区。对蒸汽尾气进行循环利用或者进行处理取决于蒸汽尾气中的氨浓度。

在设计此类设备时，既要注意材质的选择（腐蚀、油泥沉积），也要注意使用场区的现场条件（如有毒气体及有害产物）。

16.2　臭气检测和除臭

为了防止周边的环境遭受污染，城市或者工业污水处理厂逸出的臭气在排放前需要经过系统化处理。臭气需要从源头进行收集，散发臭气的构筑物不仅需要进行密闭（加盖）处理，也需要考虑操作人员的工作环境而进行通风，收集的臭气需要送至除臭系统进行处理。

然而，在谈及臭气检测之前，必须对逸出的臭气进行定量分析，以确定需要加盖封闭的区域，并制定在密闭环境和工作空间内可接受的空气质量水平。下一节将对此进行介绍。

最后，需要指出的是，在解决这些问题的同时，其他的由此衍生的问题也得到了解决或者改进，例如噪声甚至污水处理厂给人的观感（参见第 23 章 23.1 节）。

16.2.1　污水处理厂臭气源排放的臭味物质

16.2.1.1　污水进水区和预处理单元（沉砂池、除油池和初沉池）

在这些构筑物中，主要的风险是待处理污水中的臭味物质会因挥发而排至周围的环境。因此，当需要评估污水中可能散发出臭味的物质时，其特性和来源是主要因素，例如氧化还原电位、温度、管网长度、BOD 浓度、中间提升泵站、工业排水等。可以采取一些措施防止管网出现厌氧条件从而减少恶臭物质的产生，如投加氧化剂（例如 H_2O_2），投加 NO_3^-（缺氧而非厌氧），或者通过投加铁盐、亚铁盐使硫化物沉淀。

任何搅拌（提升泵、格栅底部的搅拌、去除油脂的曝气）均会“吹脱出”污水中的挥发性物质及产生恶臭的硫化物和含氮物质，这些物质是在排水管道中出现厌氧条件而发酵产生的（蛋白质降解生成甲硫醇等）。

另一个重要的臭气源：污泥处理产生的高浓度的回流液。

在初沉池中，散发的臭气浓度有限（在堰跌水处），且低于处理厂进水区域。不过，污泥井却会散发出很强的臭味。

16.2.1.2　生物处理工艺及沉淀池

这些处理构筑物逸出的臭气浓度很低。

好氧池表面的硫化物浓度非常低，不同工艺产生的臭气浓度排序如下：

① 曝气方式：微孔曝气 < 表面曝气 < 粗孔曝气（吹脱效果增强）。

② 有机负荷：低 < 中 < 高（水质情况）。

沉淀池如果运行正常，则几乎没有臭味逸出。同样，深度处理线也几乎没有臭味的问题。

16.2.1.3　污泥处理工艺

毫无疑问，污泥处理单元是污水处理厂主要的臭气来源。

污泥处理工艺会对臭气浓度产生影响：

① 经好氧或者厌氧稳定工艺处理的污泥的臭味较小。

② 石灰处理可以改变臭味逸出物质的组成。若升高 pH 值，硫化物可以离子态的形式溶解在水中，但氮化物则更容易逸出。

在浓缩池的底部存在厌氧区域，厌氧酸化阶段会产生挥发性脂肪酸（VFA）。表 16-1

汇总了不同的脱水工艺和污泥泥质对臭气浓度的影响。

表16-1　不同的脱水工艺和污泥泥质对臭气浓度的影响

项目	离心机	板框压滤机	带式压滤机
消化污泥	低	低	中
经石灰稳定的污泥	低	中	中
混合的新鲜污泥	中	高	高
经热法处理的污泥	中	高	非常高

要么是整座污水处理厂，要么至少是散发臭味的主要构筑物需要进行加盖密封和通风处理。所有臭气都要送至除臭单元进行处理（见本章16.2.6节）。

16.2.2　主要污染物

除了非常特殊的工业废水，一般污水处理厂产生的臭味物质主要可分为以下四类：

① 还原性硫化物：a. 硫化氢（H_2S）；b. 甲硫醇 (CH_3SH) 等；c. 有机硫化物 $CH_3—S—CH_3$、$CH_3—S—S—CH_3$（最常见）等。

② 氮化物：a. 氨 (NH_3)；b. 胺化物 CH_3NH_2、$CH_3—NH—CH_3$（最常见）等。

③ 挥发性脂肪酸：如甲酸和丁酸。

④ 醛和酮。

若城市污水处理厂的进水不含工业废水并且没有设置污泥热处理单元，还原性硫化物和含氮化合物则为主要恶臭污染物。而污泥热处理工艺可能会产生由醛类引起的恶臭。

16.2.3　分析

臭气检测有两种方法：

① 通过化学或者物理化学的分析测定污染物的量（H_2S、CH_3SH、NH_3 等）。

② 通过人体嗅觉器官对臭味气体进行嗅辨分析，以对臭气产生的环境影响进行定量分析。如采用大气扩散模型进行辅助计算，可以绘制出臭气扩散图。

16.2.3.1　化学分析

至少需要分析臭气中最为常见的两种组分：还原性硫化物和氮化物（可能还需分析挥发性脂肪酸、醛和酮，这三种物质的分析方法与下述将介绍的分析方法类似）。

若需得到有效的数据，样品的采集极其关键。为了使分析在最优的条件下进行，则需要：

① 使用气相色谱法测定还原性硫化物；

② 利用固体或者液体介质收集固定氮化物（VFA、醛类和酮类同样适用），采用HPLC或GC-MS技术在实验室进行分析（见第5章5.3节）。

如果采用气相色谱法，通过标准气体校准仪器后，采样管可以直接插入气流中使气体直接进入气相色谱柱，可以立刻得到测定结果，以 mg/m^3 或 $\mu g/m^3$ 表示。

对于由固体或者液体介质捕集的固定相，采样管直接插入待分析的气体中，气体用泵抽出通过流量计后排入捕集系统（气泡管、活性炭或活性铝柱）。

收集后的样本送至实验室进行解吸和分析。

分析结果只能作为采样时的平均值（不能作为峰值）。

最后，对于总还原性硫化物而言，由于缺少便携式的色谱，如有需要，需要使用特殊的收集袋采集样品（袋子材质：聚氟乙烯，这种材质不会吸附这些组分），样品经采集后送入实验室对污染物开展气相色谱分析。分析过程需要严格遵守相关规范。

16.2.3.2　嗅辨分析

定性和定量分析气体中致臭物质的组分不足以确定混合组分的臭气程度（人类鼻子的嗅觉感受），因为这些物质会产生“协同作用 ”或者“掩蔽效应”。而且，有些产生臭味的物质即使浓度很低也很容易被觉察到，但用最灵敏的探头却难以检测到。

嗅辨法利用人体唯一的对臭味感知的探头——嗅觉黏膜对臭气进行检测。嗅辨主要有两种检测方法：

① 稀释至嗅觉阈值法。在法国，嗅觉阈值（嗅阈值）是一个没有量纲的常数，也被称为 K50；在中国，嗅阈值也没有量纲；在英德体系的国家，该常数会表示成 OU/m^3（每立方米空气的臭味单位）。

② 环境臭气强度法，与一系列参考样品的比对有关。

这些方法的使用都需要经过专门培训的嗅辨员进行，需要将臭气以不同的稀释倍数进行稀释处理，嗅辨员再对稀释后的气样进行嗅辨得出臭气所在的阈值范围。稀释倍数由高至低，逐步监测，直至确定分辨不出气味所需的最小的稀释倍数。

越多的嗅辨员参与，测定结果的可重复性和可靠性越高。因此，需要在结果的可靠性和检测的经济性之间找到一个平衡点。推荐至少遵循如下原则：a. 精度要求较高时，由 16 人组成检测组；b. 大多数情况下，由 8 人组成检测组（GB 14675 规定由 6 名嗅辨员组成嗅辨小组）。

每位嗅辨员都必须经过认证：每位嗅辨员需对 5 种臭味代表物质的标准样确定嗅阈值，对于每一种标准样，由嗅辨员测得的嗅阈值结果需要处于平均嗅阈值的范围内，也就是参照值的 0.1～10 倍之间。

如法国标准 NF EN 13725 所述，从环境中采样是最关键的步骤。

这些标准适用于稀释至嗅阈值和环境臭气强度的测定。

（1）稀释至嗅阈值法

① 法国标准 NF EN 13725

a. 定义

对于混合臭气样品，其中每种单纯恶臭物质的嗅阈值均可以测定。

在这个浓度下，50% 的嗅辨员可以感觉到臭味，余下的 50% 不能感觉到臭味。根据以上的定义，混合臭气的浓度也可以通过嗅阈值进行确定（K50）。

b. 测定原理

当样品被稀释为几乎没有臭味的气体时，每位嗅辨员对该气体进行嗅辨分析，并得出结论，即是否感觉到臭味。在进行一系列的尝试后，直至 50% 的嗅辨员确定感觉到了臭味。

稀释倍数可以通过如下公式确定：

$$k=\frac{Q_1+Q_2}{Q_2}$$

式中 Q_1——用于进行稀释的无臭味的气体流量；

Q_2——臭味气体的流量。

c. 装置

这种测定方法需要配备一台嗅辨测量仪。这台装置可以控制臭味气体被无臭味的气体稀释的倍数并且便于嗅辨员进行嗅辨分析。这台装置可以灵活进行设置，气体可以稀释10～10000倍。要求设备有三个内部可变的通道（两个用于无臭的气体，一个用于待检测的气体），标准状态下流量大约2m^3/h。因此，嗅辨测量仪并不是检测设备，检测还需通过嗅辨员的鼻子进行。

② 我国标准GB/T 14675

a. 定义

嗅觉阈值包括可以嗅觉气味存在的感觉阈值和能够确定气味特性的识别阈值，GB/T 14675中使用的是感觉阈值。

b. 测定原理

先将3只无臭袋中的2只充入无臭空气，另一只则按一定稀释比例充入无臭空气和被测恶臭气体样品供嗅辨员嗅辨，当嗅辨员正确识别有臭气袋后，再逐级进行稀释、嗅辨，直至稀释样品中的臭气浓度低于嗅辨员的嗅觉阈值时停止实验。每个样品由6名嗅辨员同时测定，最后根据嗅辨员的个人嗅阈值计算得出嗅辨小组成员的平均嗅阈值，求得臭气浓度。

由配气员（必须是嗅觉检测合格者）首先对采集样品在3L无臭袋内配制数个不同稀释倍数（30～300000）的样品，进行嗅辨尝试，从中选择一个既能明显嗅出气味又不强烈刺激的样品，以样品的稀释倍数作为配制小组嗅辨样品的初始稀释倍数。

配气员将18只3L无臭袋分成6组，每一组中的三只袋分别标注1、2、3号，将其中一只按正确的初始稀释倍数定量注入取自采样瓶或采样袋中的样品后充满清洁空气，其余两只仅充满清洁空气，然后将6组气袋分发给6名嗅辨员嗅辨。

6名嗅辨员对于分发的三只气袋中的气体进行嗅辨比较，并挑出有味气袋，全员嗅辨结束后，进行下一级稀释倍数实验，若有人回答错误时，即终止该人嗅辨，当有五名嗅辨员回答错误时实验全部终止。

将嗅辨员每次嗅辨结果汇总并计算个人嗅阈值X_i：

$$X_i=\frac{\lg a_1+\lg a_2}{2}$$

式中 a_1——个人正解最大稀释倍数；

a_2——个人误解稀释倍数。

将嗅辨小组个人嗅阈值中的最大值和最小值舍去后，计算小组算术平均嗅阈值X。

c. 装置

采集气体样品的采样瓶运回实验室后，将瓶上的大塞取下并迅速从该瓶口装入带通气管瓶塞的10L无臭袋。使用注射器（规格为100mL、50mL、10mL、5mL、1mL和100μL）由采样瓶小塞处抽取瓶内气体配制供嗅辨的气袋，室内空气经大塞通气管进入无臭袋，瓶内压力保持不变。

（2）环境臭气强度的测定

① 法国标准 NF X43-300

a. 定义

环境臭气强度（臭气浓度或恶臭浓度）是指表示臭气强弱的数字或文字描述。恶臭强度取决于混合臭味气体的浓度。

b. 测定原理

恶臭强度是通过嗅辨员在任意位置对含有恶臭物质的空气进行嗅辨分析然后再经数理统计处理后的数据。

c. 测定方法

恶臭强度的测定方法是将含有 1- 丁醇或者吡啶的稀释溶液产生的强度作为一系列的参照强度。

嗅辨员对现场的臭气强度进行评判，并与这一系列参照标准样品的强度进行比对，这种检测可以在环境敏感性较高的地区直接进行。嗅辨员所给出的结论是保密的，结果需要进行数理统计后才能得到。

根据定义，环境臭气强度平均值的对数值等于 N 个采样点结果对数值的算数平均值。

根据这个数据可以进行置信区间的计算。选择可能性概率等于 0.95，也就是实际的强度值有 95% 的概率落在置信区间范围内。

② 我国标准 GB/T 14675

a. 定义

臭气浓度是根据嗅觉器官试验法对臭气气味的大小予以数量化表示的指标，用无臭的清洁空气对臭气样品连续稀释至嗅辨员嗅阈值时的稀释倍数叫作臭气浓度（无量纲）。

b. 测定原理

测定原理参见本章 16.2.3.2 节中的（1）。

如果环境臭气样品浓度较低，其逐级稀释倍数选择 10 倍。配气员将 18 只 3L 无臭袋分成 6 组，每一组中的三只袋分别标注 1、2、3 号，将其中一只按正确的初始稀释倍数定量注入取自采样瓶或采样袋中的样品后充满清洁空气，其余两只仅充满清洁空气，然后将 6 组气袋分发给 6 名嗅辨员嗅辨。当嗅辨员认定某一气袋有气味，则记录该袋编号；将此实验重复三次。

将 6 名嗅辨员的 18 个嗅辨结果代入下式计算：

$$M=\frac{1.00a+0.33b+0c}{n}$$

式中　M——小组平均正解率；

a——答案正确的人次数；

b——答案为不明的人次数；

c——答案为错误的人次数；

n——解答总数（18 人次）；

1.00、0.33、0——统计权重系数。

当M>0.58时，则继续按10倍梯度扩大对臭气样品的稀释倍数并重复上述实验和计算，直至得出 M_1 和 M_2。M_1 为某一稀释倍数的平均正解率小于 1 且大于 0.58 的数值；M_2 为某一稀释倍数的平均正解率小于 0.58 的数值。

根据 M_1 和 M_2 值，可计算环境臭气样品的臭气浓度：

$$Y=t_1\times 10^{\alpha\beta}$$

$$\alpha=\frac{M_1-0.58}{M_1-M_2};\ \beta=\lg\frac{t_2}{t_1}$$

式中　Y——臭气浓度；

t_1——小组平均正解率为 M_1 时的稀释倍数；

t_2——小组平均正解率为 M_2 时的稀释倍数。

c. 装置

参见上文［本章 16.2.3.2 节中的（1）］。

（3）污水处理厂臭气检测

① 臭气排放量的检测（臭气流量）

根据定义，臭气排放量是指使用稀释（无臭）空气将恶臭气体稀释至刚好无臭（嗅阈值）时，所需的空气量（标准状态下）。

臭气量（m^3/s）= K50× 排放气体流量（m^3/s）

如果一个臭气源的臭气流量已知，通过大气扩散模型，则可以确定受该臭气源影响的区域范围，在嗅阈距离内的区域里能够持续地感觉到臭味（在这个距离，臭味被感觉到的概率会达到 50%）。

如果使用臭气排放量表征污染区域受污染的程度，则通过臭气源的排放强度能够确定该区域周边地区的污染程度。

可以采用以下两种方式：

a. 对于通过管路收集而后排放至环境中的臭气，可以在臭气源直接测定臭气强度和 K50；

b. 对于从臭气源表面，如沉淀池逸出的臭气，研究表明，逸出量和池子的表面积存在比例关系。因此，对于一定体积的逸出的臭气量可以作为一个点源进行模拟，从而确定嗅阈值（K50）。

② 在环境中检测

在特定区域中，为尽可能地量化臭气浓度，主要通过一组经过训练的嗅辨员评估臭气强度而进行测定。

嗅辨员记录的任何强度必须补充下列信息：a. 嗅辨的准确地点；b. 时间；c. 嗅辨的持续时间（连续或者间断）；d. 特征（工业、市政、农业等臭味）。

通常会将结果绘制成彩色的图表（每一个都标注天气信息），嗅阈值的平均值会在图表中体现。

这些检测反映出在一个工厂或者一座污水处理厂建成前后的恶臭污染情况。为了评估现场周边居民的切实感受，可以在当地选择志愿者。

基于一组人员生理反应（嗅辨员或污水处理厂周边居民产生的不适感）的嗅辨测定方

法毋庸置疑是最具代表性的感官评定法。

然而，该方法需要召集这些“专业的鼻子 ”，且为使得到的结果具有可重现性，其花费非常可观。所以，特别是当确定除臭效果时，常采用化学检测方法。

16.2.4　通风

16.2.4.1　目的

污水处理厂进行通风主要有以下目的：

① 控制臭气散发。

② 为工作区域提供新风，保证其环境条件符合法规要求。

③ 将构筑物内污染物送至除臭系统。

④ 使建筑物内保持微负压，防止污染物逸出至室外而导致环境的污染。

⑤ 环境调节：a. 构 / 建筑物内除湿，防止冷凝和随之引起的腐蚀；b. 建筑物供暖；c. 散热，如风机、柴油发电机、电动机等散热。

⑥ 排烟，当火灾发生时，特别是安全风险高的房间。

16.2.4.2　通风类型

（1）密闭空间通风（限制通风）

这个系统唯一的目的就是防止污染物逸出。除了特别情况，一般这类构筑物都不会有人员进出。

密闭的构筑物可仅设密封盖板而不设通风装置，这是最简单的限制通风方式。一套通风系统，无论是否具备防护措施，都需配备空气压力波动控制装置。

当有气体产生或者进入时，密闭空间必须配置收集这些气体的设备，其收集量应该不小于产生或者进入的气体量。

或许需要引风（抽风）以形成负压而增强通风效果，这称为负压限制通风。

注意：密闭构筑物也会建在经常有人员进出的建筑物中，而这些建筑物不会有明显的污染物逸出。

（2）自然通风

自然通风即为在墙上开洞以更新室内空气。

这种方式简单、经济，但是存在一些缺陷：a. 不能保护外部环境免受噪声和污染的危害；b. 很难控制换气量（特别是要依靠风向）；c. 很难进行有效供暖。

一般不推荐采用这种通风形式，除非是一些特殊的小房间（比如：变压器间的通风）。

（3）机械通风

① 简单引风

简单引风是指空气通过设计的开孔或者以某种形式的漏风进入建筑物内。

如果 S 表示总的开孔面积（包括漏风处），Q 是设计流量，室外空气流动平缓（微风）且气流在室内的流动方向上不存在回流，则该孔处的进气速率 $v=Q/S>2\text{m/s}$。

0.7mmH$_2$O（1mmH$_2$O=9.80665Pa）的微负压就足以使污染物不会逸出至室外。

② 缺点

这种形式的通风使室内没有任何能量输入。因此，室内环境条件并不完全一致，常会出现“死区”。“死区”内污染物的浓度明显要高于平均值，从而导致了设计风量过大，这也会导致除臭系统的规模过大。

然而，在实际的应用中，这是唯一可以在源头收集污染物的方式。因此，主要应用于密闭的构筑物，或者围绕主要污染源设备装设吸风罩的情况。

在吸风罩内出现死区也是不可避免的。在个别区域，污染物浓度甚至比（抽吸出风）平均浓度高 2～5 倍，增大了腐蚀的风险。

当吸风罩安装在建筑物内，根据需要，空气穿过预留的孔洞的进气速率或者漏风的速率可以低至 0.5m/s，前提是构筑物的内部不会受到外部环境的干扰。

③ 鼓风与引风结合

由于鼓风进气会向室内输入能量，可以覆盖很大的区域，保证了空气的均匀性。此外，当新鲜空气进入循环区域时，环境可以更加舒适。

鼓风量根据引风量和室内需要维持的负压进行设计。不同于单纯的引风式通风，设计引风量不必过于保守。

事实上，建议尽可能地对漏风量进行限制，即减少产生泄漏的区域（建筑物具有更佳的气密性）。

16.2.5 法规标准

16.2.5.1 室内通风

在法国，污水处理厂属于特殊污染场所。具有危险性和令人不快的物质（有害化学物质），其通过气体、蒸气、固体或液滴的形式排放到室内及其他空间。

这种场所通过两个参数进行表征与界定：

① 短期接触（暴露）限值（在法国表示为 VLE）：在一个工作日内，任何一次接触不超过 15min 时间的容许接触水平。遵守这个规定可以防止速发性和短期毒性作用的发生。

② 平均接触限值（在法国表示为 VME）：即在 8h 工作日内的平均容许接触浓度。几乎所有运行人员长期暴露于此浓度下都不致受到不良影响。如果短时间超过 VME，但只要不超 VLE，是可以允许的。

VLE 和 VME 都以体积浓度计（以 10^{-6} 计，即气体体积分数为百万分之一），体积浓度与质量体积浓度（以 mg/m^3 计）的换算公式如下：

$$\text{体积浓度} \times \frac{\text{物质的分子量}}{\text{摩尔体积}} = \text{质量体积浓度}$$

摩尔体积 = 24.45L（在 25℃和常压下）。

例如，对于体积浓度为 5×10^{-6} 的有毒气体硫化氢（H_2S），其质量体积浓度为 5×34/24.45=7（mg/m^3），见表 16-2。

注意：设备必须具备传感系统故障报警功能。

我国国家职业卫生标准《工作场所有害因素职业接触限值　第 1 部分：化学有害因素》（GBZ 2.1—2019）将化学有害因素（包括化学物质、粉尘及生物因素）的职业接触限值分为时间加权平均容许浓度、短时间接触容许浓度和最高容许浓度三类。其中：

① 时间加权平均容许浓度（permissible concentration-time weighted average，PC-TWA）

是以时间为权数规定的 8h 工作日、40h 工作周的平均容许接触浓度。

② 短时间接触容许浓度（permissible concentration-short term exposure limit，PC-STEL）是在实际测得的 8h 工作日、40h 工作周平均接触浓度遵守 PC-TWA 的前提下，容许劳动者短时间（15min）接触的加权平均浓度。

③ 最高容许浓度（maximum allowable concentration，MAC）是在一个工作日内，任何时间、工作地点的化学有害因素均不应超过的浓度。

相关法律法规规定了很多物质的限值。其他物质的限值可作为指导值。

表 16-2 给出了法国 VME 和 VLE 值，以及中国、美国、德国和俄罗斯法规所规定的限值。

表16-2 限值比较

物质	VME 法国		VLE 法国		TWA（T）STEL（S）（美国）	MAK（德国）	GOST（俄罗斯）	MAC（中国）	PC-TWA（中国）	PC-STEL（中国）
	10^{-6}①	mg/m³	10^{-6}①	mg/m³	mg/m³	mg/m³	mg/m³	mg/m³	mg/m³	mg/m³
硫化氢 H_2S	5	7	10	14	14（T）	15	10	10	—	—
甲硫醇 CH_3SH	0.5	1	—	—	0.98（T）	1	0.8	—	1	—
乙硫醇 C_2H_5SH	0.5	1	—	—	1.3（T）	1	1	—	1	—
氨 NH_3	25	18	50	36	17（T） 24（S）	35	20	—	20	30
甲胺 CH_3NH_2	—	—	1	12	—	—	—	—	5	10
乙胺 $C_2H_5NH_2$	9.8	18	14.7	27	9.2（T） 27.6（S）	18	—	—	9	18
二甲胺 $(CH_3)_2NH$	—	—	9.8	18	9.2（T） 27.6（S）	4	1	—	5	10
三甲胺 $(CH_3)_3N$	—	—	10.4	25	12（T） 36（S）	—	5	—	—	—
氯 Cl_2	—	—	1	3	1.5（T） 2.9（S）	1.5	—	1	—	—

① 表示气体体积分数为百万分之一。

注意：正如平均接触限值（VME），MAK 和 TWA（时间加权平均）为在 8h 期间的加权平均浓度。STEL（S）表示短期接触限值，表示在 15min 时间内的加权平均浓度，且每天不得超过 4 次，两次的发生间隔不少于 1h。

16.2.5.2 有关臭气控制的法规

在法国，对于 1996 年 12 月 30 日实施的关于空气和能源利用的法律，其第二条规定："以下应视为大气污染：气体直接或者间接地引入了有限的空间与人体接触，气体中含有对人体、生物资源和生态系统有害的物质，使人产生嗅觉上的不适。"由于缺乏对最大感官强度的定义，因此，立法机构只能令遭受臭气污染的人员自行评断。

我国于 2014 年修订通过的《中华人民共和国环境保护法》第四十二条明确提出，排放污染物的企业事业单位和其他生产经营者，应当采取措施，防治在生产建设或者其他活动中产生的废气、废水、废渣、医疗废物、粉尘、恶臭气体、放射性物质以及噪声、振动、光辐射、电磁辐射等对环境的污染和危害。

2018 年修订的《中华人民共和国大气污染防治法》第八十条规定，企业事业单位和其他生产经营者在生产经营活动中产生恶臭气体的，应当科学选址，设置合理的防护距离，并安装净化装置或者采取其他措施，防止排放恶臭气体。

16.2.6 除臭

在设计臭气处理系统之前，需要考虑构筑物的结构，甚至上游的排水，以降低臭气排放量（见本章 16.2.1 节）。

当收集系统已经做过了优化设计，有三种可供选择的处理方式对污水处理厂的臭味物质进行处理：a. 物理 - 化学处理工艺；b. 生物处理工艺；c. 活性炭吸附工艺。

16.2.6.1 物理 - 化学洗涤塔：Azurair C

（1）反应原理

采用填料塔洗涤臭气，污染物进入液相。这一过程发生了化学反应：酸碱反应发生在酸碱塔里，氧化 - 还原反应主要发生在漂白剂（NaClO）氧化塔、硫代硫酸盐和亚硫酸氢盐塔中。

取决于待处理的混合污染物，需要投加 1～4 种药剂，这些药剂的投加顺序如下：

硫酸（H_2SO_4）洗涤塔用于去除氮化物，特别是氨和胺化物：

$$2NH_3 + H_2SO_4 \longrightarrow (NH_4)_2SO_4 \text{（氨）}$$

$$2CH_3NH_2 + H_2SO_4 \longrightarrow (CH_3\text{-}NH_3)_2SO_4 \text{（甲胺）}$$

投加次氯酸钠（NaClO）氧化去除还原性硫化物，尤其是硫化氢、有机硫化物、硫醇以及氨和胺：

$$H_2S + 4NaClO \longrightarrow H_2SO_4 + 4NaCl$$

$$CH_3SH + 3NaClO \longrightarrow CH_3SO_3H + 3NaCl$$

$$(CH_3)_2S + 2NaClO \longrightarrow (CH_3)_2SO_2 + 2NaCl$$

$$NH_3 + NaClO \longrightarrow N_2 + 3H_2O + 3NaCl$$

投加氢氧化钠（NaOH）去除挥发性脂肪酸（VFA）、还原性硫化物和余氯。氢氧化钠去除羧酸、硫化氢和硫醇时，计算药剂消耗量也需要考虑空气中的二氧化碳（CO_2）：

$$RCOOH + NaOH \longrightarrow RCOONa + H_2O \text{（羧酸）}$$

$$H_2S + 2NaOH \longrightarrow Na_2S + H_2O \text{（硫化氢）}$$

$$CH_3SH + NaOH \longrightarrow CH_3NaS + H_2O \text{（硫醇）}$$

$$CO_2 + 2NaOH \longrightarrow Na_2CO_3 + H_2O \text{（二氧化碳）}$$

投加亚硫酸氢钠（$NaHSO_3$）或硫代硫酸钠（$Na_2S_2O_3$）等还原剂去除 VFA、余氯、醛和酮等化合物。

氧化和碱性洗涤可以一起使用，但容易出现加药过量的情况。

以上的反应可以去除产生臭味的物质（例如用 ClO^- 处理 H_2S），更多的是将这些物质吸收进入循环喷淋水中。循环喷淋水需定时返排至污水处理厂进水口。

（2）除臭塔原理图（图 16-5）

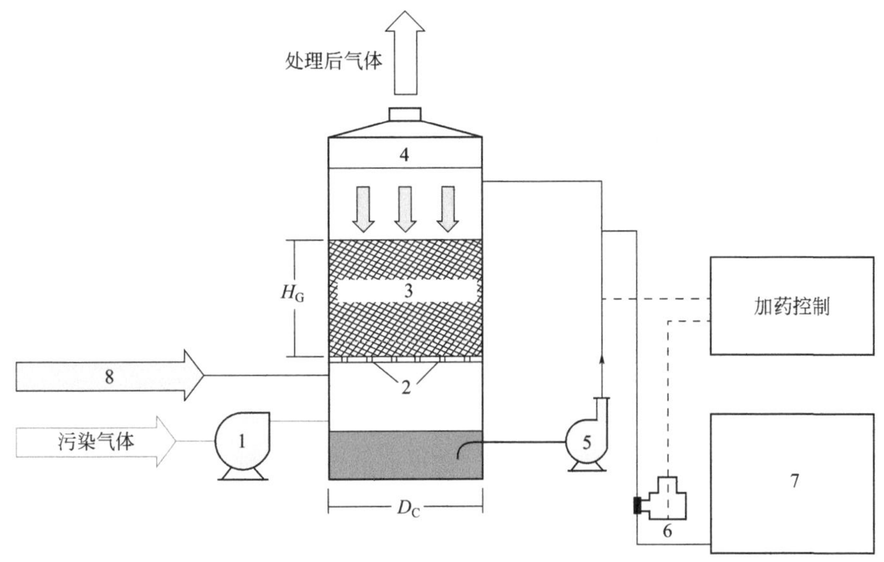

图 16-5　除臭塔原理图

1—风机；2—支撑板；3—填料；4—除雾器；5—循环泵；6—加药泵；7—储药罐；8—补充水

① 空气循环（图 16-5）

风机（1）将从密闭空间收集的气体送入一个或一系列串联的洗涤塔中。气体经过填料支撑板（2）以上向流的方式穿过填料层。其中的气态化合物被吸收，并在填料上发生如上所述的化学反应。

在气体排出除臭塔前，先通过除雾器（4）去除其中的液滴，在多个塔串联使用时要特别注意这一点。

② 喷淋液循环（图 16-5）

喷淋液在塔底部储存，通过循环泵（5）将流量为 Q_L 的喷淋液提升至填料层上方的布水系统（穿孔管或喷嘴）。

根据待处理的气量和填料的类型，循环液流量需处于合理范围，至少要保证填料表面能够被润湿（最小值），但也要避免其流量过大。

③ 加药量控制

洗涤液的药剂浓度按如下方法测定：

a. 在酸洗塔、氢氧化钠吸收塔、次氯酸钠 / 氢氧化钠吸收塔和硫代硫酸盐塔中测定 pH 值；

b. 在次氯酸钠和次氯酸钠 / 氢氧化钠塔中测定有效氯浓度；

c. 在硫代硫酸盐塔中测定氧化还原电位。

药剂从储药罐（7）中通过在线投加系统自动投加，使得循环液中的药剂浓度保持在两个限值之间（图 16-5）。

④ 补充水

尽管塔中设置了除雾器，仍需补充水（8）（Q_E）用于补偿蒸发损失和以气溶胶形式被带走的水。

对于采用标准设计的除臭塔，补水是连续进行的，从而每周更新一遍喷淋液。储槽必须每年放空一次，以便清洗和进行常规检查。

当总硬度（TH）高于 50mg/L（以 $CaCO_3$ 计）时，需对补充水进行软化处理。

⑤ 设计参数

根据自然条件、污染物的排放量及浓度和排放要求，并根据以上所述选择合适的处理系统。当设计吸收塔时，需要考虑以下问题：

a. 填料的选择（散堆或者顺序填放，比表面积等）；

b. 空塔气速［在散堆填料情况下最大值为 2.1m³/（m²·s）］，与塔径无关；

c. 洗涤液流量（标准值：在散堆填料情况下为 2.5L/m³ 气体）。

严格的出口担保条件经常要求采用将 4 座塔串联的系统：酸塔、次氯酸钠塔、次氯酸钠 / 氢氧化钠塔、硫代硫酸钠塔。

16.2.6.2　活性炭处理：Azurair A

活性炭处理系统多用于低流量低负荷（浓度）的臭气处理，此工艺也可作为生物处理或者化学吸收塔的后处理单元。

其原理是将需要净化的气体与颗粒活性炭（GAC）接触，污染物随即被吸附去除。活性炭经过特殊浸渍处理，以降低 GAC 对湿度的敏感程度。

活性炭系统适宜的进气温度为 5～60℃。

主要参数是接触时间：2～3s。为了避免产生太大的压力损失，气体流速大约为 0.5m/s，活性炭床高度约为 1m。

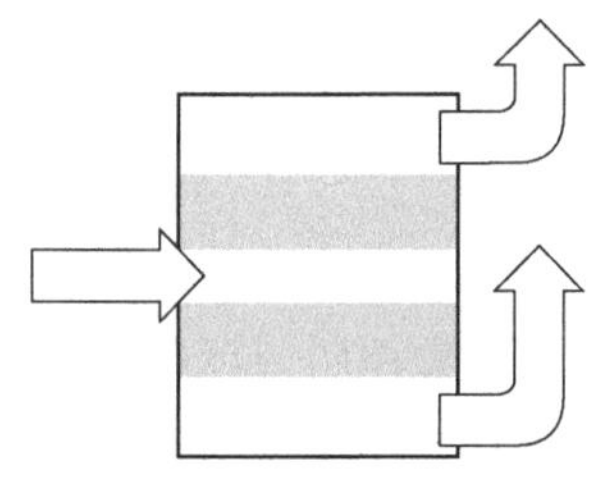

图 16-6　装填多层滤料的 Azurair A 系统

活性炭的吸附容量取决于被吸附物质。当气体带有水滴（水雾）或者存在冷凝的风险时，应对该气体进行加热处理。

当活性炭未饱和时，其处理效率非常高：

① H_2S 去除率约为 99%（当浓度大于 5mg/m³）；

② 臭气中 H_2S 的短时峰值可高达 100mg/m³；

③ 广谱吸附各种化合物，尤其是 VOC（挥发性有机化合物）中的一些用其他方法很难去除的化合物。

当占地面积有限时，可以考虑设置多层填料（图 16-6）。

16.2.6.3　生物处理：Azurair B

Azurair B 生物滤池是一种用于气体净化的固定床反应器，其内部充填 Biofor 所使用的填料 Biolite，区别在于处理气体的填料不是浸没式的。

其原理图如图 16-7 所示。

根据进口浓度和出口浓度要求，气速范围为 400～1200m³/（m²·h）。需向生物载体上喷水［600L/（m³ 填料·d）］，以保证生物膜的湿度并提供必要的营养物质。

微生物可以氧化可生化降解的污染物，将硫化氢氧化成硫酸盐，并将氨气氧化成氮化物。取决于硫化氢浓度，喷淋水的 pH 值甚至可下降至 1.5，从而影响生物反应的进行。此时需将喷淋水排放至污水处理厂的前端。

与所有的生物处理法相同，此工艺对温度敏感并需逐步启动。工艺适宜的最低温度如下：

① 臭气最低温度为 10℃；

② 喷淋水最低温度为 12℃。

取决于所去除的污染物负荷，即生物膜的生长速率，可能会需要对其进行反冲洗。在实际运行中，根据压力损失来启动反洗操作。

然而，若运行得当，当污染物浓度不是很高，且不含有碳酸盐污染物时，反洗的频率会很低（每 2～5 年冲洗 1 次）。对于这种运行条件，人工手动冲洗就可以满足运行要求。

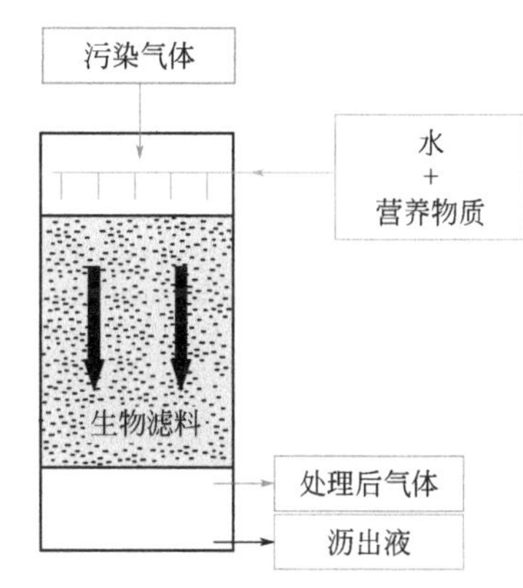

图 16-7　Azurair B 的原理

与化学洗涤相比，这种方法不够紧凑且效率较低。这种处理方式一般用于中小型污水厂或高浓度臭气的预处理（如用作活性炭处理法和化学洗涤处理法的预处理工艺），这样既可以满足严格的排放标准，也能够降低药剂（酸、次氯酸钠、氢氧化钠）和活性炭的耗量。

市场上有许多采用粗制填料（如泥煤、堆肥产物、树皮）的除臭生物滤池。与 Azurair B 相比，这些滤池的气体流速仅为 Azurair B 的 1/5～1/3。且为防止填料层堵塞需要定期进行检测，这也是更倾向于选择 Azurair B 的原因。

16.2.6.4　一些典型处理结果

对于应用于污水处理厂的典型四塔配置（酸塔、次氯酸钠塔、氢氧化钠塔、硫代硫酸钠塔）臭气处理系统，其处理效果如表 16-3 所示。

表16-3　硫代硫酸钠处理塔的除臭效果

项目	臭气进口浓度 / (mg/m^3)	臭气出口浓度 / (mg/m^3)
硫化氢	2.1	<0.02
甲硫醇	0.8	<0.02
氨	2.65	<0.01
胺类（甲胺）	0.15	<0.05
臭味阈值稀释倍数	4500	<100

对于污水厂排放的臭气，采用生物除臭系统 Azurair B（装填规则填料）及活性炭吸附工艺进行后处理的典型处理效果如表 16-4 所示。

表16-4　Azurair B及颗粒活性炭吸附组合工艺的除臭效果

项目	进口 / (mg/m^3)	生物法出口 / (mg/m^3)	颗粒活性炭出口 / (mg/m^3)
硫化氢	11	0.1	<0.02
甲硫醇	2	0.8	<0.02
氨	6.5	0.12	<0.01
胺类（甲胺）	0.4	0.095	<0.05
臭味阈值稀释倍数	11000	200	<100

16.3 热法脱气

蒸汽吹脱工艺主要用于脱除蒸汽锅炉进水中的溶解氧和二氧化碳。

在热法脱气器内，饱和蒸汽的压力和温度是不变的，这可使溶解的气体转移到蒸汽中并随着蒸汽被带出系统。

根据应用的场合，热法脱气器可以分为压力脱气器或真空脱气器。无论哪种形式，都需满足气 - 液交换的条件：

① 尽量增大蒸汽和水的交换面积（使用填料或者进行喷洒）；

② 控制水温，尽量保持接近脱气压力下的饱和蒸汽压；

③ 根据气 - 液交换定律，需要去除的气体的分压低于水中目标浓度相对应的压力；

④ 理想的气液相分布。

根据设计的不同，得利满采用的热法脱气装置可分为以下两类：

① 与储罐集成为一体的热法脱气器：卧式脱气加热器；

② 配备独立储罐的加热脱气器：填料脱气器。

所有的装置都需要配有安全设备：

① 真空破坏阀，防止由于蒸汽突然冷凝产生真空；

② 防止压力过高：根据脱气压力，配备水力虹吸或压力释放阀；

③ 防止流量过大的虹吸或者溢流装置。

16.3.1 卧式脱气加热器

得利满开发的卧式脱气加热器的运行压力≥ 0.3bar，冷水处理流量为 20～600m³/h。

卧式罐体由三部分组成（图 16-8）：

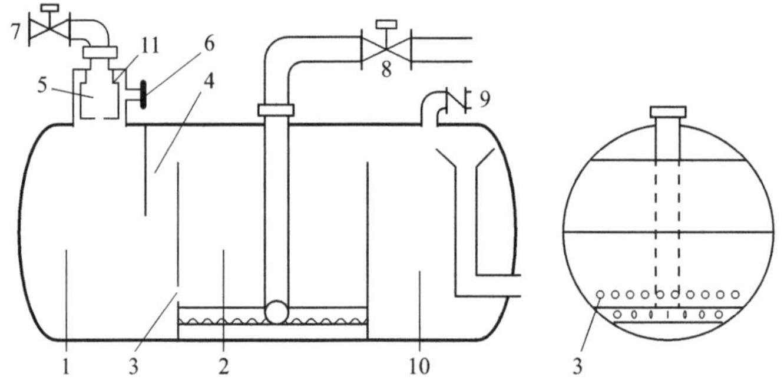

图 16-8 卧式脱气加热器

1—加热室；2—蒸汽洗涤室；3—校准孔；4—整流板；5—喷水盒；6—混合气体及蒸汽出口；7—待除气水进水阀；8—蒸汽进口阀；9—真空破坏阀；10—除气水储存室；11—环状喷嘴

① 加热室（1）在进口喷淋水的下方，经整流板（4）排出蒸汽将水加热。

② 蒸汽在蒸汽洗涤室（2）中通过一套喷洒系统均匀分布。

水进入蒸汽喷洒室通过特殊设计的开孔（校准孔）（3）与蒸汽接触，水 / 冷凝蒸汽和蒸汽间的密度差使两个加热室（水和冷凝蒸汽）和蒸汽洗涤室（水和蒸汽的两相混合）内产生自然循环。

③ 除气水从蒸汽洗涤室溢流并储存于除气水储存室（10）。

水和蒸汽通过控制阀（7 和 8）进入脱气室，通过控制阀对水箱内的水位和蒸汽压力进行调节。

这种装置可以承受很大的流量波动，脱气水中的溶解氧浓度很低（≤ 10μg/L）。DSM 公司石化厂所采用的卧式脱气加热器见图 16-9。

图 16-9　DSM 公司 Polychémie Bedrijf Beek 石化厂卧式脱气加热器，处理水量 255m³/h（荷兰）

16.3.2　填料脱气器

此装置（图 16-10）一般是一个通过压力平衡装置和脱气水管路（6）连接的储存容器。

喷淋水通过填料与蒸汽逆向接触，填料多采用不锈钢环。

填料脱气器对运行条件的剧烈波动和频繁的启停具有非常好的适应性。

因为结构紧凑（极大的汽水接触面积），并能采用不同填料以适应运行条件的改变，因此这种脱气器有逐步取代卧式加热脱气器的趋势。CPCU 公司 Paris-La Villette 厂使用的填料脱气器见图 16-11。

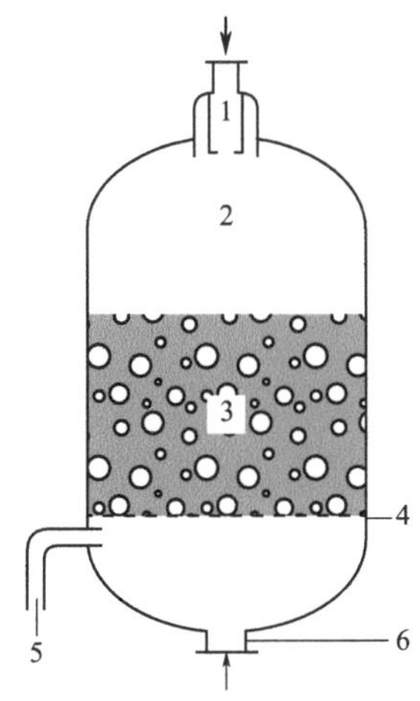

图 16-10　填料脱气器

1—喷水盒；2—喷雾区；3—填料；4—支撑板；5—蒸汽进口管；6—脱气水及压力平衡管

图 16-11　CPCU 公司 Paris-La Villette 厂填料脱气器，水量：120t/h（法国）

16.4 海水蒸发器

蒸馏是与反渗透（见第 15 章 15.4 节）进行竞争的海水淡化技术，但其市场前景已日渐式微。但蒸馏在工业的工艺过程和浓缩领域仍有很多应用。最近，环保的压力要求节约使用优质的水资源，提高污水回用率，甚至要求达到“液体零排放”。因此，这项技术在水处理领域焕发新生。实际上，溶解性的盐类（如 NaCl、Na_2SO_4）只能通过蒸发器和结晶器以形成固体盐类的方式（见本章 16.5 节）被去除。

16.4.1 概述

蒸馏工艺是从海水或苦咸水中制取淡水的最古老的技术。其原理与自然界循环的过程一样：笼罩在海洋上的高温，将水蒸发成蒸汽并生成云。当遇到温度较低的大气层时，这些云冷凝并以无盐雨水的形式落回地面。

这种循环重现于工业化应用：只要具备用于蒸发的热源和用于冷凝的冷源，无论进水的盐度多高，都会产出非常高质量的水，其盐度最终一般低于 10mg/L[一些技术（除雾器）会防止含盐液滴进入蒸汽，可使盐度低于 1mg/L]。

蒸发需要的能量可以由热水、蒸汽或者电能提供。蒸汽在换热管内被海水冷却，海水蒸发后冷凝形成脱盐水（本章 16.4.6 节介绍的机械压缩情况除外）。

海水蒸馏工艺使用的蒸发器有很多形式（立管、板式、升膜、降膜），主要应用的技术仍然是卧式列管蒸发器（图 16-12），即海水在管表面被蒸发（管子由内部加热），生成的蒸汽被送至冷凝器中。

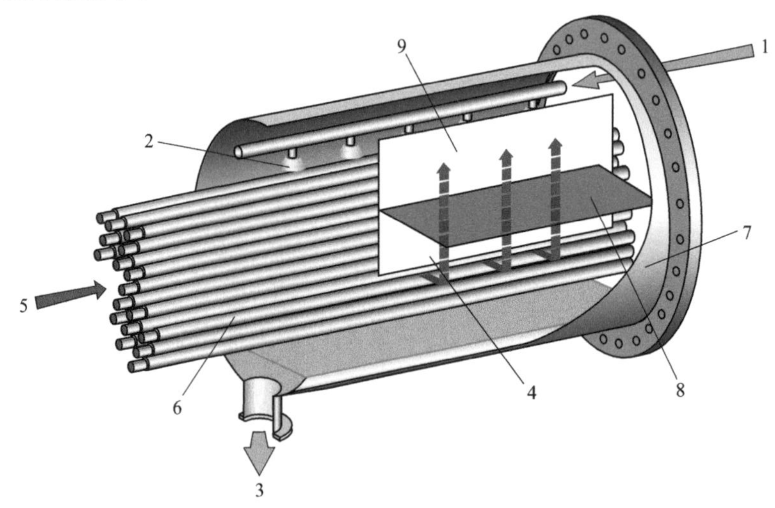

图 16-12 卧式列管蒸发器

1—海水；2—海水喷嘴；3—浓水出口；4—部分海水蒸发产生的蒸汽；5— 一次蒸汽（热源）；6—管束；7—隔板；8—除雾器（液滴分离）；9—冷凝区

16.4.2 船用蒸发器

第一代工业化应用的海水蒸发器被称为蒸发冷凝交换器。安装在海轮上的蒸发器（图 16-13）用于为船上提供淡水，热能由柴油机提供，冷却源为海水本身。因为拥有大量可用的热源，降低热能消耗不是优先考虑的问题，因此蒸发每立方米水耗能 700kWh 的蒸发器并不鲜见。为了降低结垢风险和延长设备使用寿命，蒸发温度为 60～70℃的真空蒸发器很快得以应用。

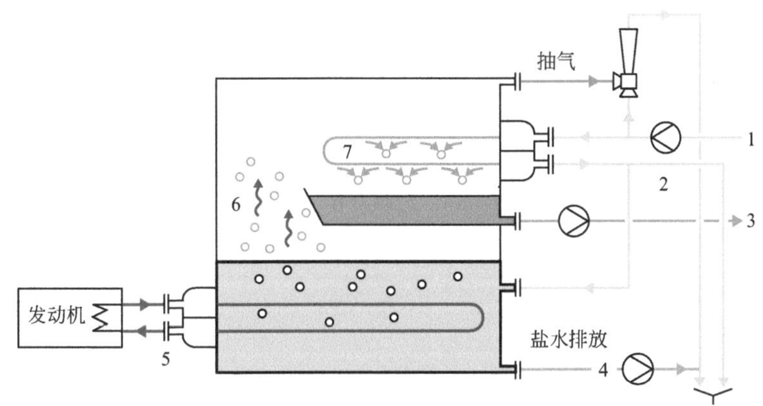

图 16-13　船用蒸发器

1—海水进口；2—海水出口；3—处理水出口；4—浓水出口；5—发动机冷却回路；6—蒸汽；7—冷凝器

16.4.3　多效蒸发（MED）

为了提高生产率（GOR，即投入产出比：产水量和蒸汽量的关系，单位为 kg 产水量 / kg 蒸汽用量）并相应地降低淡水生产成本，第一级（效）蒸汽冷凝产生的热能用作第二级蒸发的热源，然后将第二级（效）蒸汽冷凝产生的热能用作第三级蒸发的加热，依此类推。这种蒸汽逐级重复利用要求工作压力逐级降低，因此最后的冷凝在最低的压力下运行。

因为每一效的产水热源都来自同一蒸汽源，增加蒸发的效数将提高 GOR，但同时也将提高锅炉的制造成本。因此，需要选取性价比最优的效数，这将主要取决于当地能源的成本。

两效蒸发器 MED 见图 16-14。

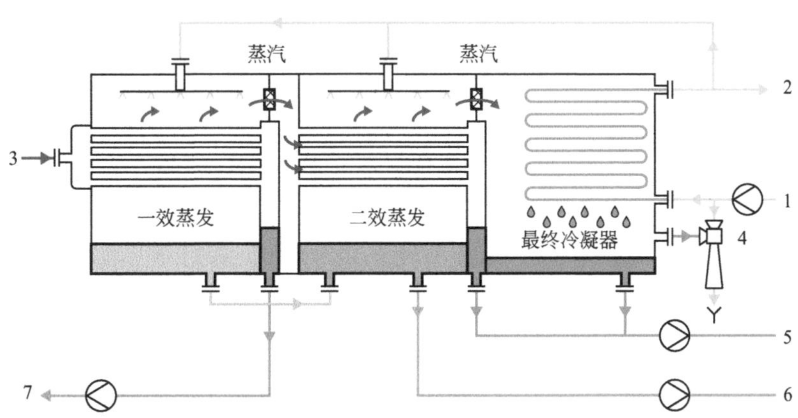

图 16-14　两效蒸发器 MED

1—海水进口；2—海水出口；3—锅炉蒸汽；4—不凝结气抽排；5—产水出口；6—浓水出口；7—锅炉冷凝液回流

16.4.4 带热压缩的多效蒸发（MED-TCS）

为了进一步提高投入产出比（GOR），可采用热压缩工艺，将从最后一级排出的一定比例的蒸汽用热力压缩机和生蒸汽（动力蒸汽）混合（生蒸汽压力必须大于绝对压力3bar）。生蒸汽是中压和中温蒸汽，由低压蒸汽和生蒸汽组成的混合物将提供更多蒸汽，使 GOR 提高近 2 倍。

近年来，MED-TCS 技术逐渐取代了 MSF 技术，降低了投资成本和水的生产成本。这种类型的处理系统的单位产水能耗可降至 70kcal/kg 以下，两效之间的温差可在 4～10℃之间变化，单条处理线的处理能力可高达 22000m³/d。

热压缩两效 MED 见图 16-15。

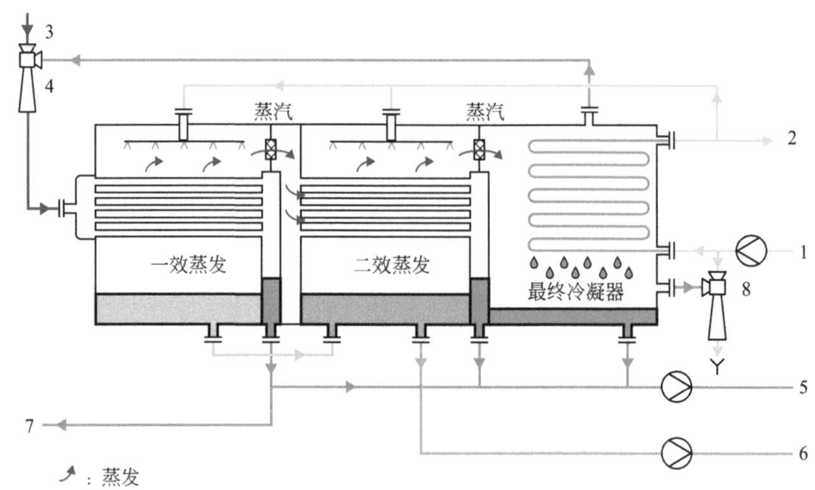

图 16-15　热压缩两效 MED

1—海水进口；2—海水出口；3—动力蒸汽；4—热力-压力射流器；5—产水出口；6—浓水出口；7—锅炉冷凝液回流；8—不凝结气水力射流器

16.4.5 带回流的多级闪蒸（MSF）

多级闪蒸（MSF）见图 16-16。在这种系统中，循环泵（9）将海水以逆流的方式送入管式冷凝器中，这部分海水被来自各级冷凝器（6）的回收冷凝热逐渐加热，生蒸汽冷凝为最后的换热提供热量。在达到大约 110℃（最高温度）后，经过一系列的压力释放（每级的工作压力低于前一段），海水温度逐步下降，释放的能量转移到蒸汽中。当蒸汽接触到冷凝器管束的低温外表面时，蒸汽将冷凝产生的热量转移到在管内循环的海水，并产生蒸馏水。

这项技术自 20 世纪 60 年代开始流行。其主要优点是减小了蒸发交换表面积，将各级的温降减小到 2℃，因此允许串联工作最多达 30 级，生产蒸馏水的单位能耗可低至 80kcal/kg，但仅循环泵（9）和进水泵（1）的产水单位能耗就达 2～3kWh/m³。

使用 MSF 技术可以建造出单条线处理能力高达 78000m³/d 的处理系统。所有大型处理系统都与发电厂配套建设，并使用全部或部分取自这些发电厂低压涡轮机的蒸汽（2～3bar）（另见第 15 章 15.4.2.3 节）。

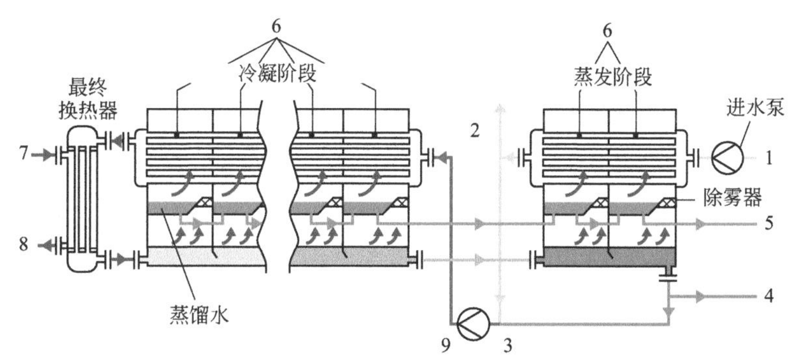

图 16-16　多级闪蒸（MSF）

1—海水总进口；2—海水排放；3—海水供给+浓水循环；4—浓水排放；5—产水；6—冷凝器/海水加热器；7—饱和动力蒸汽；8—冷凝液；9—循环泵；

16.4.6　机械蒸汽压缩（MSC）

这项技术常常用于除了电能外没有其他能源的场合，单条线处理量在 20～2500m³/d 之间。系统所需能量由压缩蒸汽提供。大约 200mbar 的压力就可以满足需要，因为这个压力足够使蒸汽温度上升（没有相变化）并提供一个足够发生蒸发作用的 Δt。当启动时，需要配备专门加热装置以生产初始蒸汽。为了降低电耗，海水进口处配有两个板式交换器在蒸馏水和浓缩液排放之前回收热量。根据规模的大小，这种类型的系统单位电耗将在 8～25kWh/m³ 之间。

真空由水力喷射器产生，喷射器使用高压海水或由一个独立回路驱动。

机械蒸汽压缩（MSC）见图 16-17。

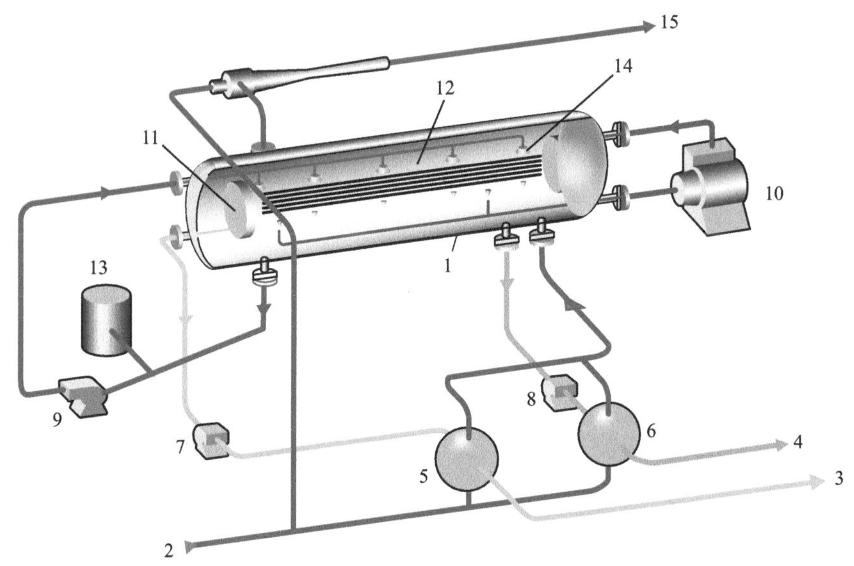

图 16-17　机械蒸汽压缩（MSC）

1—蒸发冷凝器；2—海水进口；3—蒸馏水出口；4—浓水出口；5—海水/蒸馏水换热器；6—海水/浓水换热器；7—蒸馏水抽排泵；8—浓水抽排泵；9—循环泵；10—机械压缩机；11—管内冷凝；12—蒸发室；13—阻垢剂投加器；14—喷雾循环回路；15—海水+不凝结气出口

16.5 蒸发－结晶工艺

结晶工艺最早源自盐或者糖的加工。近几十年随着对结晶机理（晶核生长等）的深入研究，以及适用仪表的开发（密度计、电导仪等），已经完全可能建造连续运行的蒸发结晶系统。

这项技术的目的是利用溶解度曲线获得想要的物质，分离产物可以通过去除溶质（蒸发作用）或冷却溶液，也就是最终达到共晶点来实现。在一个连续工艺过程中，使用一个适当的设备（脱水单元、过滤器等）在晶体形成的同时分离出这些晶体。水处理中唯一采用的工艺是蒸发工艺。

这项技术的主要优势之一是可以获得至少一种纯度极高的最终产物（晶体和/或浓缩物）。若采用蒸发技术，可根据晶体的最终目标尺寸和/或可利用能源的不同，选用不同类型的工艺。

16.5.1 液体零排放

无论是为了满足法规要求，还是有时为了获得排放许可证避免遇到拖延或其他问题，或是仅为了环境友好的展示，越来越多的行业都在寻求避免向环境中排放任何液体的办法。在这种情况下，蒸发-结晶工艺成为必然的选择。事实上，这是唯一可用于回收再利用蒸馏水及以固体形式分离盐类的系统，其中仅有极少数的案例分离出的盐类可以被回收利用，而更常见的是将少量的残余物送往专门的填埋场进行填埋处置。

16.5.2 案例：酵母厂酒糟的回收（蒸馏废水）

酵母厂常常使用糖厂制得的糖浆生产酵母并产生大量的废水（酒糟）。即使酵母已经分离，酒糟中仍然含有有价值的物质，因此，各种用于处理这种液体的技术得到发展。大多情况下，采用的方法是浓缩酒糟，而后通过结晶硫酸钾来去除钾。在此使用的技术是通过蒸发将其浓缩，同时使用添加剂促进结晶反应的进行。添加剂能够使酒糟中钾的溶解度降至最低。钾随后以结晶的形式得到分离，并可以作为肥料出售。以这种方式得到的浓缩酒糟中钾的残余浓度很低，从而可将其作为牛的饲料添加剂出售（图 16-18 和图 16-19）。

也应该注意到，美国许多热力发电厂将冷却塔排污水进行最大程度的浓缩处理后，将其和反渗透浓水一起送入蒸发-结晶器进行处理，然后将冷凝水送回锅炉，并将结晶盐送往废物填埋场进行最终处置。

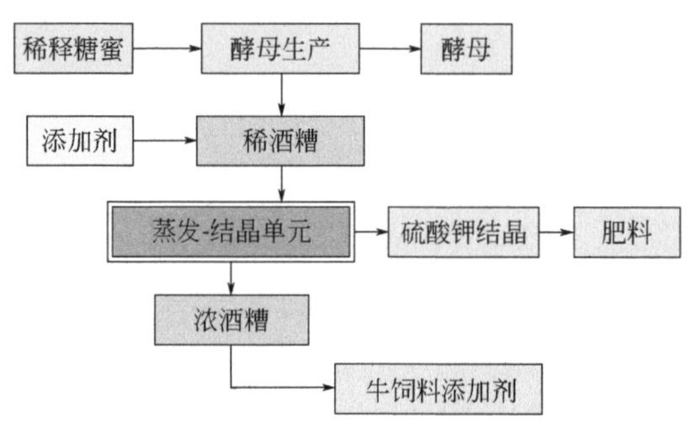

图 16-18　用于酵母厂酒糟回收的蒸发结晶器

图 16-19　Agrochem 工厂的蒸发和结晶处理单元，处理能力为 $23m^3/h$

第17章 氧化—消毒

引言

本章主要介绍得利满采用的各种氧化和消毒技术，包括化学法和紫外照射法。有关本章中所涉及的物理化学基础理论，请参见第 3 章 3.12 节中的有关内容。

17.1 空气氧化

空气氧化技术是指在接近大气压力和环境温度的条件下将空气通入水中，在气液交换定律（见第 3 章 3.14 节及第 16 章 16.1 节）的作用下，氧化水中需被氧化的物质。需要提醒的是：

① 氧分子不是一种强氧化剂（见第 3 章 3.12 节）。因此，氧气只能用于氧化容易氧化的物质，例如 Fe^{2+}、Mn^{2+}、S^{2-} 等。

② 曝气氧化会打破水中原有的碳酸钙平衡并产生严重的不利影响。例如：水经曝气吹脱二氧化碳处理后，易产生碳酸钙沉淀，具有结垢倾向。

③ 曝气使水和空气接触，可以看作是一种“空气洗涤”的过程。为了保证空气对水起到有效氧化作用，空气需要达到一定的品质。根据需要，必要时进行过滤处理（去除空气中的粉尘、沙尘以及油雾等）。

根据气体和液相接触方式的不同，空气氧化工艺所采用的曝气方法可以分为：a. 滴流式曝气；b. 喷淋式曝气；c. 将空气注入水中的曝气。

任何空气氧化工艺都需要先使用曝气系统将氧气转移至液相。不同的曝气工艺所产生的水头损失区别很大。例如，鼓泡法的水头损失仅为几厘米水柱，而喷淋法高达约 $10mH_2O$（1bar）。

图 17-1　Maha Sawat-krung Thep 水处理厂（泰国）

注：处理规模为400000m³/d；四级50cm 阶梯。

17.1.1　滴流式曝气

滴流式曝气需要设计 1～3m 的跌落高度。

17.1.1.1　阶梯式跌水

这种工艺（图 17-1）适用于跌落高度为 1～2m 并且对去除效率不做很高要求的情况。

在用于去除水中的 CO_2 时，经过 3～4 级曝气阶梯的跌水处理后，CO_2 的最低浓度一般可降至 15mg/L。

17.1.1.2　使用盘式曝气器的滴滤

这类曝气装置采用了强制通风系统，曝气效果得到改善。

17.1.1.3　通过接触填料的滴滤

这项工艺技术与标准的滴滤池的滴滤系统相同（见第 4 章）。

上述后两种工艺技术都能达到非常高的传质及氧化效率。

17.1.2　喷淋式曝气

为增大水 - 气界面的面积，水通过装在一条或多条歧管上的喷嘴进行喷淋。喷淋需要的水压取决于喷嘴的类型和数量（图 17-2 及图 17-3）。通常，这些装置不仅可以用于气体吹脱（去除 CO_2、H_2S 等），还可以用于水的氧化处理（去除铁、锰）。喷淋系统只能承受很小的流量波动，否则其传质效率将会非常低。

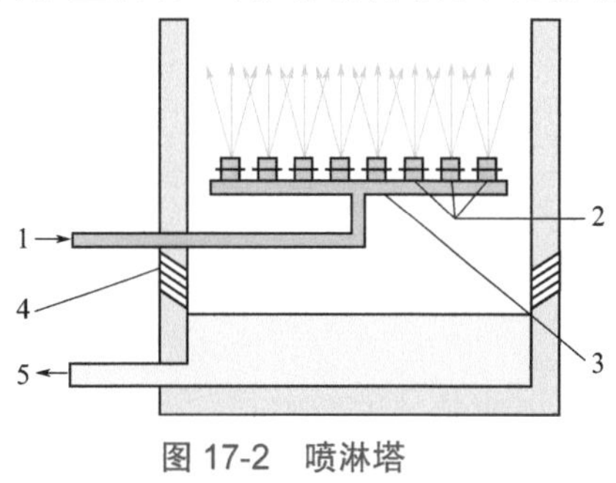

图 17-2　喷淋塔

1—原水；2— 喷嘴；3—歧管；4—通风百叶窗；5—曝气处理后的水

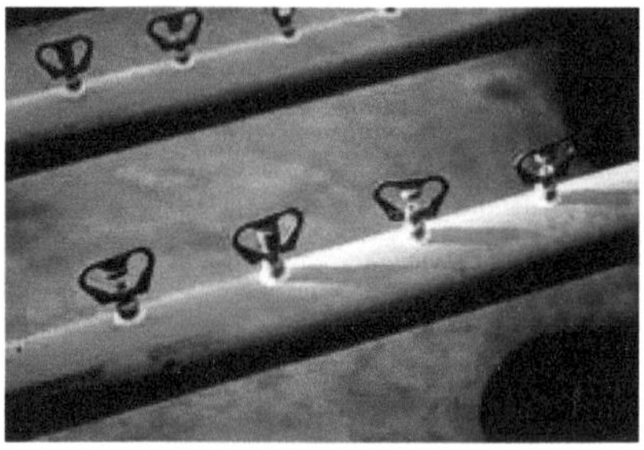

图 17-3　喷嘴

由于水垢很容易堵塞喷头，高硬度水不能用于喷淋系统。如果水中含有 H_2S，至少应考虑在通风口处收集随气排出的杂散水并进行稀释处理，可能还需要对其进行除臭处理。

17.1.3　将空气注入水中的曝气

17.1.3.1　气体扩散

气体扩散是气体在压力条件下向水中分散的过程。这一工艺以前仅用于将空气通过诸如隔板式或膜片式曝气器的简单曝气设备注入水中。但其已逐渐广泛应用于水处理领域，如使用空气进行直接氧化以及二氧化碳或臭氧扩散在饮用水处理中的应用。

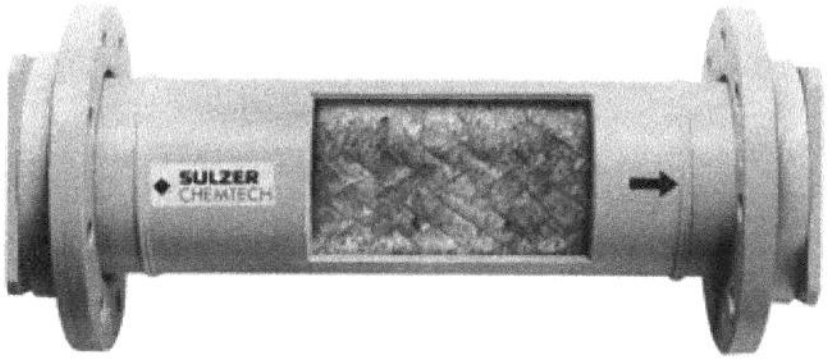

图 17-4　静态管式混合器

曝气可以通过以下方法实现：

① 将压缩气体注入压力管道，再通过折板混合器、静态管式混合器（图 17-4）或文丘里混合器等与水进行混合。

② 通过接触池进行混合扩散。在这种情况下，扩散系统与活性污泥曝气系统相同，包括 Oxazur、Vibrair、Dipair、Flexazur、曝气盘等（见第 11 章）。

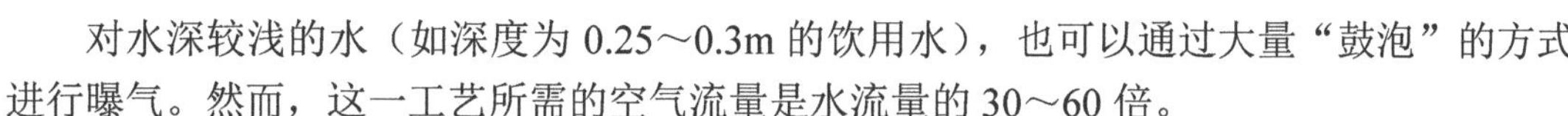

对水深较浅的水（如深度为 0.25～0.3m 的饮用水），也可以通过大量“鼓泡”的方式进行曝气。然而，这一工艺所需的空气流量是水流量的 30～60 倍。

17.1.3.2　接触填料式曝气器

设置接触填料的目的是增大气液交换表面积，同时也延长了流经扩散系统即曝气的接触时间。

（1）常压曝气器

原水与压缩空气从底部以相同的方向向上进入曝气器，出水在上表面收集。接触填料的应用能提高处理效果（图 17-5）。这种曝气形式更适用于处理含有一定量悬浮固体的水。

对于安装于 4m 水深处的曝气器，当进水流速为 10～30m^3/(m^2 • h)，空气流速为 50～100m^3/(m^2 • h) 时，出水的气体饱和度可以达到 70%～80%。

（2）压力式曝气器

这种曝气器通常用于去除深层地下水中的铁。密闭的曝气器（氧化塔）有一层支撑在底板上的由火山岩材料构成的填料床（见第 22 章 22.2.1.2 节）。加压原水被注入混合器并与加压空气混合。气水混合物从底部被送入填料床。残余的气体则通过减压阀排至大气，处理水则从曝气器的顶部收集（图 17-6）。

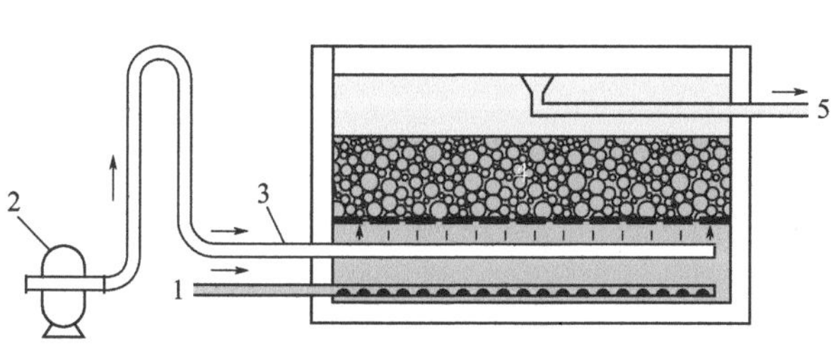

图 17-5　深水鼓泡填料曝气器

1—原水；2—鼓风机；3—压缩空气管道；4—填料；5—出水收集

图 17-6　Langoiran 水处理厂（吉伦特省，法国）

处理规模：50m^3/h；用于饮用水除铁的氧化塔及过滤器

17.2 氯氧化和消毒

17.2.1 氯的来源

氯气或易于使用的次氯酸钙和次氯酸钠常用于水的加氯消毒。

当次氯酸盐加入水中时，其产生次氯酸的机理与氯的水解相同。但是，次氯酸盐在反应过程中会产生氢氧根离子并使水的 pH 值升高。

$$NaOCl + H_2O \longrightarrow HOCl + Na^+ + OH^-$$

$$Ca(OCl)_2 + 2H_2O \longrightarrow 2HOCl + Ca^{2+} + 2OH^-$$

（1）氯

通常在工业上供应的氯是以 0.5MPa 压力封装在瓶或者罐中的液氯，瓶装和罐装容量分别为 50kg 和 1000kg（见第 20 章 20.5.1 节）。

（2）次氯酸钠

可以通过向含过量钠离子的溶液中通入氯气来制备次氯酸钠（NaOCl）：

$$2NaOH + Cl_2 \longrightarrow NaOCl + NaCl + H_2O$$

次氯酸钠的水溶液是人们熟知的市售漂白剂，其溶液呈黄绿色，pH 值在 11.5～13 之间。工业级次氯酸钠的氯度在 47°～50° 左右，相当于含有 149～159g/L 的有效氯。家用漂白剂则具有近 15° 的氯度（47.5g/L 有效氯）。相对来说，次氯酸钠溶液的性质并不稳定，在储存过程中会由于不同的光照强度、温度及存在的杂质等条件而使其浓度有所降低。次氯酸盐易分解意味着需要经常检测其浓度，以避免因投药量波动而导致亚氯酸盐及氯酸盐副产物的生成（见第 3 章 3.8.2 节）。

可以盐水或海水为原料采用膜电解法现场制备次氯酸钠稀溶液（氯度 <3°）（见第 3 章 3.8.2 节）。

（3）次氯酸钙

次氯酸钙［$Ca(OCl)_2$］俗称漂白粉，通常以片状、颗粒状或粉状等固体形式使用，并主要通过氯气和石灰浆反应进行制备。

$$2Ca(OH)_2 + 2Cl_2 \longrightarrow Ca(OCl)_2 + CaCl_2 + 2H_2O$$

市售产品中次氯酸钙的含量（质量分数）为 92%～94%，有效氯含量（质量分数）为 65%～70%。这些产品必须在干燥的环境中保存并远离高温及有机物，以减少其分解并防止发生剧烈的化学反应。由于市售次氯酸钙产品中含有杂质（氯酸盐、金属等），使用时建议不要超过一定浓度，以避免这些杂质在水中的含量过高。

17.2.2 使用范围

氯气是有毒气体。在任何氯泄漏事故中，由于氯气的密度约为空气的 2.5 倍，其会很快在地面聚集。相应地，液氯装置的建设需根据存储量完成申报或审批流程。因此，必须遵守特种设备的相关法规。在任何情况下，请参照国家的相关法律法规。这些法规可能会要求安装漏氯检测器及中和系统（见第 20 章 20.5.1 节）。

次氯酸钠（漂白剂）通常用于出于安全考虑而不能使用氯气的特殊情况。

次氯酸钙具有很高的有效氯含量，主要在一些无法获得氯气或次氯酸钠溶液（运输费用原因）的国家使用。

17.2.3　应用

氯常用于饮用水、游泳池、循环冷却水以及城市污水的三级处理，其主要功能是对水进行消毒，同时也起到控制有机物（藻类、双壳类、贝类）的作用。它不仅可以氧化引起嗅和味的化合物（嗅味物质）、铁和锰，还可以起到脱色以及促进混凝的作用。但是，氯消毒也会产生有害的消毒副产物，因而人们倾向于选择其他类型的氧化消毒剂。

氯气通过一个被称为加氯机的投药单元从储存容器加入水中（见第 20 章 20.5.1 节）。次氯酸钠溶液则通过投药泵直接注入水中，次氯酸钙经过溶解后也采用相同的方法投加。如果使用硬度较高的水稀释次氯酸盐溶液则有可能产生水垢。

在任何情况下，含氯原液必须快速、充分地与待处理水混合。因此，药液需经过跌水点投加或采用管式混合器以保证充分混合。同时，应设置接触池以防止短流，短流会造成氯与待处理水的接触时间不足。

氯的投加量则需根据待处理水的氯消耗量及所需的余氯浓度来确定。

氯的接触时间则主要与处理程度、是否存在干扰化合物（悬浮固体、易氧化化合物）以及氯的使用条件［游离氯浓度、水的 pH 和温度、接触条件（混合效果、反应器的水力条件）］有关。

17.2.3.1　饮用水的氯消毒

在众多影响氯处理效果的因素中，水的 pH 和温度最为重要（图 17-7）：

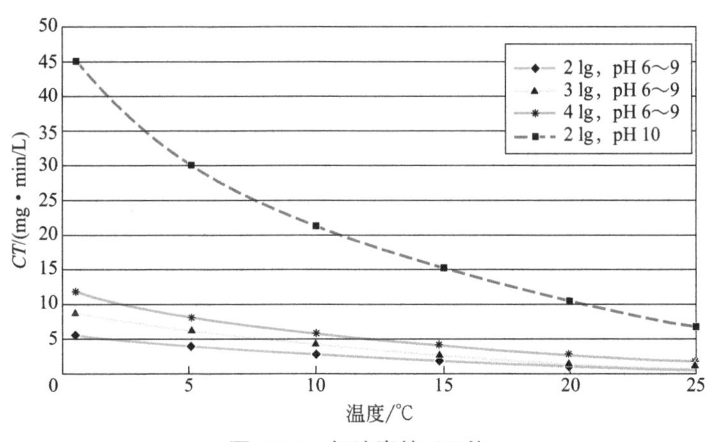

图 17-7　氯消毒的 *CT* 值

① pH 会直接影响水中次氯酸与次氯酸根的比例。其中，次氯酸作为主要杀菌成分，主要存在于酸性至中性条件。所以当使用次氯酸盐消毒时需调节 pH 至次氯酸占主导的 pH 范围。

② 微生物的灭活率随温度的升高而提高。

氯接触池的尺寸是基于参数 *CT*［余氯浓度 *C*（mg/L）与接触时间 *T*（min）的乘积］计算确定的。对于每一种需要杀灭的病原体，*CT* 值由温度与 pH 确定（表 17-1）。

在 pH 值小于 8、游离氯保持在 0.5mg/L、接触时间大于 30min 时，可以有效去除病原菌以及脊髓灰质炎病毒。另外，原生动物孢囊的 *CT* 值则表明使用氯对其灭活的方法不切实际，因为其需要体积巨大的接触池，且由于水中有机物的竞争反应，使氯消毒具有产生 THM（三卤甲烷）及 HAA（卤乙酸）副产物的风险。

表17-1 在pH 6～7，温度5～25℃条件下，使用氯消毒对主要微生物灭活率达99%时的*CT*值范围

种类		大肠杆菌	脊髓灰质炎1型病毒	轮状病毒	蓝氏贾第鞭毛虫（孢囊）	鼠贾第鞭毛虫（孢囊）	隐孢子虫（卵囊）
CT/(mg·min/L)	25℃	0.03	1.1	0.01	15	30	7200
	5℃	0.05	2.5	0.05	150	630	

在设计时，为使氯接触池尽可能接近理想反应器，应使实际停留时间与理论接触时间（反应器体积除以进水流量）相近。反应器的几何结构应模拟推流的水力条件。通常认为，实际接触时间与出流时间 T_{10} 相当，所谓 T_{10} 是指累计 10% 的示踪剂流出反应池时所需的时间。流出时间 T_{10} 与理论接触时间的比例反映了实际接触时间与理想推流反应时间的偏离程度。根据接触池的几何结构，这一比例介于 0.1～0.7 之间，并可以通过增设隔板提高这一比例；通过增设隔板可使整个接触池的水流通道的长宽比达 50（图 17-8）。

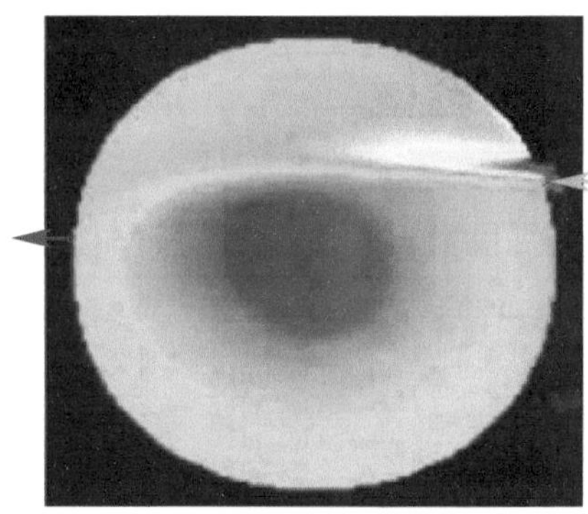

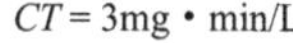

$CT = 3\text{mg}\cdot\text{min/L}$

$CT = 7\text{mg}\cdot\text{min/L}$

图 17-8 利用隔板系统对氯接触池的改造（C=0.5mg/L）：CFD 模型

供水管网中应保证充足的游离氯以防止细菌的再生以及微型无脊椎动物的繁殖。游离氯的浓度应至少为 0.1mg/L。在管网进水处应针对管网结构及水质要求对游离余氯量进行调整。对于大型管网，为保证游离余氯可能需要在多点进行补充，如中间水池。

17.2.3.2 其他应用

有关氯在其他水处理领域（饮用水处理除外）中的应用，请参考表 17-2。

表17-2 除饮用水外，氯用于其他水处理的常规案例

处理水类型	应用	条件
城市污水	消毒 回用 脱硫	二级出水加氯处理 ① 部分（10～15mg/L 游离氯） ② 折点加氯（100～150mg/L 游离氯）
工业废水	氰化物的去除	碱性（pH 11）条件下投加活性氯溶液 根据余氯调整用量（相对硬度调整） 接触时间几分钟

续表

处理水类型	应用	条件
冷却水	消毒	次氯酸钠与杀生剂混合液连续注入（1mg/L 游离氯） 或分段投加（10mg/L 游离氯，按小时投加） 或氯冲击法 （在排放标准允许范围内投入一定量的氯）
游泳池水	消毒	混合注入次氯酸盐和酸（硫酸或盐酸）调节 pH 值约至 7，有效氯浓度约 0.3～0.5mg/L

17.2.4　结合氯：氯胺

氯胺只应用于消毒（见第 3 章 3.12.4.2 节）。它可以通过氯与氨或铵盐反应现场制备。

在 pH 值小于或等于 7 的条件下，氯对细菌、病毒以及孢子和孢囊的灭活率分别是一氯胺的 200 倍、50 倍和 2.5 倍（表 17-3）。

表17-3　在pH值为8～9，温度为5～25℃的条件下，使用氯胺消毒对主要微生物灭活率达99%时，*CT*值的范围

种类		大肠杆菌	脊髓灰质炎1 型病毒	轮状病毒	蓝氏贾第鞭毛虫（孢囊）	鼠贾第鞭毛虫（孢囊）	隐孢子虫（卵囊）
CT/(mg·min/L)	25℃	95	770	3810	2200	1400	7200①
	5℃	180	3500	6480			

① 表示 90% 的灭活率（1lg）。

因此，氯胺不用于初级消毒。由于具有高持久性的消毒效果，氯胺广泛应用于以下场合的二级消毒处理：

① 处理水中含有高浓度的三卤甲烷前驱物，不能采用氯消毒工艺时；

② 接触时间长、温度高、规模较大的管网系统；

③ 管材衬里与氯反应会产生异味的管网系统。

氯胺消毒的使用在美国正变得越来越广泛（公众已经习惯氯的味道）。

17.3　二氧化氯氧化和消毒

二氧化氯是一种黄色的不稳定气体，具有刺激性气味。纯二氧化氯遇热、见光或与有机物接触均会发生爆炸，并释放出氯气。在与空气混合后，当其体积分数大于 10% 时极易爆炸。

17.3.1　制备

通常使用氯气或者盐酸氧化亚氯酸钠在现场制备二氧化氯溶液（见第 20 章 20.6.2 节）。

对于以上两种方法，两种药剂混合时的 pH 必须严格控制在极酸性条件下以避免发生副反应生成氯酸根离子。

$$ClO_2^- + HOCl \longrightarrow ClO_3^- + HCl$$

$$HOCl + ClO_2^- + OH^- \longrightarrow ClO_3^- + Cl^- + H_2O$$

第二个反应式中氯酸根离子的生成还取决于反应环境中亚氯酸离子的浓度，这也是氯气与亚氯酸盐的比例是生产过程中另一决定性参数的原因所在。

使用酸化的方法制备二氧化氯要多消耗 1.25 倍的亚氯酸钠。因此，酸化的制备方法更加昂贵。所以具体选用哪种方法来制备二氧化氯取决于氯的存储条件。上述两种方法均需要开展具体的制备工作并采取相应的安全措施（见第 20 章 20.6.2 节）。

17.3.2 应用领域

二氧化氯是一种强氧化剂，具有消毒、脱色、除臭的功能。

作为一种消毒剂，与氯相比，二氧化氯对微生物，尤其是原生动物，具有更快的灭活（表 17-4），同时它还具有更加持久的杀菌效果。

表17-4 在pH值为6～7，温度为5～25℃的条件下，使用二氧化氯消毒对主要微生物灭活率达99%时，*CT*值的范围

种类		大肠杆菌	脊髓灰质炎1型病毒	轮状病毒	蓝氏贾第鞭毛虫（孢囊）	鼠贾第鞭毛虫（孢囊）	隐孢子虫（卵囊）
CT/(mg·min/L)	25℃	0.4	0.2	0.2	26	7.2	78①
	5℃	0.75	6.7	2.1		18.5	

① 表示 90% 的灭活率（1lg）。

与用氯消毒一样，二氧化氯的消毒效果同样受温度影响。图 17-9 所示为不同温度下贾第鞭毛虫孢囊与病毒的灭活率对应的 *CT* 值。

使用二氧化氯消毒不会产生嗅味物质，也不会产生卤代副产物。因此，当待处理水中含有微量酚类时，应使用二氧化氯代替氯进行消毒，这是因为氯会与酚类反应生成氯酚并使水的口感不佳。另外，二氧化氯中含有的氯酸根被还原为亚氯酸根时，会使水产生具有金属味道的不良口感。

水中的铁盐会被二氧化氯迅速氧化并生成不溶于水的氢氧化铁沉淀。同样，在不同 pH 条件下投加过量的二氧化氯，也可以将水中的锰离子氧化为二氧化锰并生成沉淀。

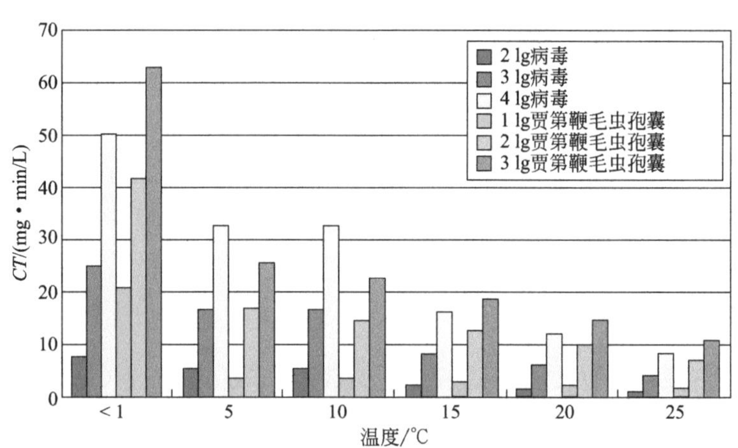

图 17-9 二氧化氯灭活病毒与贾第鞭毛虫孢囊适用的 *CT* 值

饮用水使用二氧化氯消毒有如下限制：

① 作为临时措施对受有机物微污染原水进行预氧化处理。二氧化氯氧化有机物时会产生有毒的亚氯酸根离子，不适合长期使用。

② 在消毒过程中，通常净水厂处理流程末端的余氯浓度达到 0.2mg/L 时足以确保供水管网中的水质满足微生物学指标的要求。如果水中存在有机污染物，则禁止使用二氧化氯消毒以防止亚氯酸离子的生成。许多国家已经明令限制饮用水消毒的二氧化氯用量，或规定了二氧化氯的最大浓度（美国为 0.8mg/L），或是限定处理水中氯酸根及亚氯酸根的浓度来间接控制二氧化氯的用量（在欧洲，限制二氧化氯最大用量为 0.4mg/L）。

17.3.3　使用

二氧化氯溶液制备完成之后应尽快地加入待处理水中，一方面是为了防止二氧化氯气体的挥发；另一方面是为了减少二氧化氯在水中分解。其投加方式与含氯溶液相同。通过采取同样的预防措施来解决反应器中的短流问题以保证消毒剂与水的充分混合。其接触池容积的设计原则也与采用氯消毒的原则一致。

17.4　臭氧氧化和消毒

第 3 章 3.12 节介绍了臭氧的主要性质及其作为氧化剂参与的主要化学反应：

① 用于消毒；

② 用于氧化多种无机及有机化合物；

③ 用于漂白纸浆且无有毒有害物质残留（见第 2 章 2.5.6 节）；

…………

本节则主要介绍：

① 与臭氧氧化和消毒有关的反应，以及生产和应用臭氧所需的设备；

② 臭氧的主要应用，其中的许多应用范例在第 22 ～ 25 章介绍的处理流程中均有涉及。

17.4.1　臭氧的制备

17.4.1.1　原理

臭氧是不稳定气体，因此，通常需要在使用点附近现场制备。

臭氧制备的总反应是吸热反应（需要能量，例如加热）。

$3O_2 \rightleftharpoons 2O_3$　$\Delta H^{\ominus}$（1.013×10^5Pa）= + 142.2 kJ/mol，$\Delta S^{\ominus}$ = – 69.9 kJ/（mol・K）

但是，高达 +161.3kJ/mol 的标准自由能意味着使用热活化法无法制备臭氧。臭氧的合成涉及将处于 $^3\Sigma g^-$ 电子结构的基态分子氧电离成基态的单原子自由基 O（三重态电子结构 ^3P）或能与氧分子反应的激发态 O（单电子结构 ^1D）。

$$O(^3P) + O_2(^3\Sigma g^-) + M \longrightarrow O_3 + M \text{（M 为除氧以外的其他气体组分）}$$

$$O(^1D) + O_2(^3\Sigma g^-) \longrightarrow O_3$$

氧气生成 O（^3P）和 O（^1D）自由基所需的能量分别为 493.3kJ/mol 和 682.8kJ/mol。这一能量只能由以下方法提供：a. 对氧气流进行高压放电；b. 电解水；c. 利用波长小于

220nm 的紫外线光解氧气；d. 利用电离辐射辐解氧气。

无论采用何种工艺，产出效率还受中间自由基的再结合以及产生的臭氧重新分解为氧气等现象所限制。

$$O(^3P) + O(^3P) + M \longrightarrow O_2(^3\Sigma g^-) + M \quad +491.6kJ/mol$$

唯一可以进行工业化应用（>2kg/h）的臭氧生产工艺是采用电晕放电法对含氧干燥气体进行电离。这一技术的工作原理是氧气在通过两电极时在 3～20kV 的交流电位差作用下产生臭氧（图 17-10）。

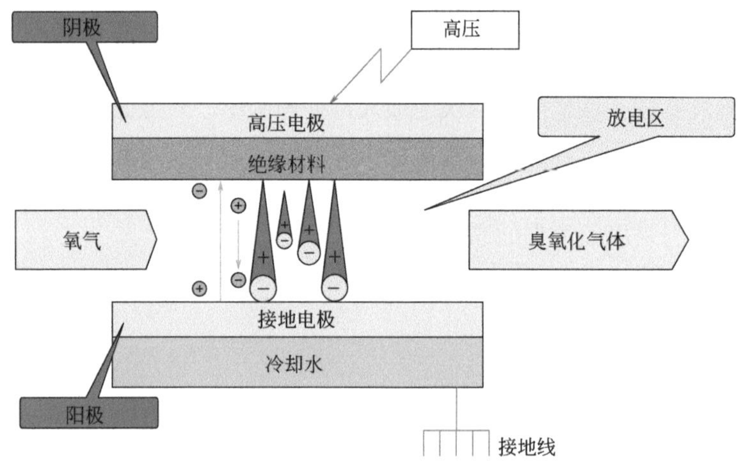

图 17-10　电晕放电法臭氧合成原理

通上电压后，阴极释放的电子使气体发生电离和激励。处于亚稳态或激发态的物质释放的光子会引发二次放电，而电子流则会在连续电离与二次放电的共同作用下逐渐增大。产生的负电荷电子雪崩迅速向正极扩散。除了电子外，放电过程还产生了处于激发态的中性和电离中间产物，由于其电子浓度和温度远低于分子，故被称为冷等离子体。在放电的这一阶段，足量的电子获得了能量使氧分子分离为自由基，而后自由基与氧分子结合生成臭氧。因此，建议限制所使用电压的峰值，而采用足够高的电极方向转换频率（一般为 600～1200Hz 的中频，简称 MF）以避免正电子伴流加速向阴极移动，从而维持电晕放电条件。为了防止电弧的产生，高压金属电极上包覆高介电常数的绝缘材料（玻璃、陶瓷）。

参比电极采用不锈钢材质，可使用管式或盘式系统。工业臭氧发生器包括：

① 以水平或垂直形式置于不锈钢壳体内的一系列独立系统；

② 电源系统。

电能的大部分能量以热能的形式被消耗掉，而且热量会使已生成的臭氧分解。因此，温度的控制对于保证臭氧发生器高效运行至关重要。可使用以下两种方法达到适宜的温度：

① 在其中一个电极上设置绝缘体以分配整个电极表面的放电输出，使得放电能量流以极高数量的冷等离子体（高于平均气体温度 30～50℃）微放电的形式扩散。绝缘材料的击穿电压必须高于所使用的峰值电压。

② 循环冷却水带走电能产生的热量（约占总能量的 90%～95%）而使系统降温，通常只冷却参比电极。

臭氧发生器的载气可采用空气或者纯氧，但无论哪种原料均会受电活化的影响。因此，臭氧的制备将伴随着若干个副反应的发生。其中，最主要的几个反应如下：

① 氮氧化物的生成，主要为 N_2O_5 与 N_2O，由少量的氮气（可达 573mg/L）转化形成；

② 烃类化合物，尤其是受污染空气中的甲烷（CH_4）和乙烷（C_2H_6）被完全氧化成水（H_2O）和二氧化碳（CO_2）。

因此，对载气进行清洁与干燥处理是十分重要的：

① 水蒸气的存在会直接影响臭氧发生器性能并会将空气中的氮转化为硝酸。硝酸和水会沉积在绝缘体表面，使其成为导体。因此，建议使用在绝对压力 0.1MPa 下露点低于 –65℃的气体，例如，水蒸气含量小于 4mg/L 的空气。空气湿度可以通过压缩和冷却处理而降低，抑或是通过吸附材料进行干燥处理。

② 有机化合物如烃类同样也有不利影响。当烃类体积分数超过 1% 时，臭氧发生器性能呈线性下降趋势，直至为零。总烃类的限制浓度为 13mg/L(以 CH_4 计)，这可由气体经颗粒活性炭过滤达到。

③ 当气体含有粉尘时，臭氧发生器的性能也会降低。必须采用过滤工艺以去除 99.9% 的大于 1μm 的颗粒物质。

另外，当使用极高纯度的氧作为载气时，宜加入少量氮气（少许百分比）引发二次电子雪崩以提高臭氧发生器效率，尤其是在需要高浓度（质量分数大于 6%）臭氧时。

因此，臭氧的制备取决于：

① 载气的组分（氧气浓度、杂质）；

② 放电特性（电压、频率以及施加的电功率）；

③ 载气温度与压力；

④ 系统的几何结构与性质（电极间距约 1～3mm、电极长度与表面积、管径、介电常数）。

供气系统的选择则与臭氧的目标产量、是否设置未转化氧气的回收循环系统以及各种不同技术的载气生产成本有关（表 17-5）。

表17-5　工业臭氧制备供给系统

载气制备方法	臭氧产量
低压空气（<0.3MPa） 中压空气（0.5～0.8MPa） 过滤→压缩（无润滑压缩机）→冷却（通过水 / 空气热交换器冷却至 5～10℃的露点温度）→过滤→干燥（通过活性氧化铝和分子筛吸附）→过滤（使用活性炭去除大于 0.1mm 的颗粒）→膨胀	>20～30kg/h <40kg/h
液氧（LOX） 液氧中烃类含量不得超过 13mg/L（以 CH_4 计）。 储存（1.5MPa）→汽化（常压炉或常压加热）→过滤→膨胀	>15～20kg/h
氧气的现场制备通过分子筛（PSA，变压吸附法）或真空调制氮气［VSA/VPSA，真空（变压）吸附法］吸附一定压力的调制氮气进行。 压缩（0.6MPa 压力下使用螺杆式压缩机进行变压吸附，0.14MPa 下使用鼓风机进行真空回转吸附或真空变压吸附）→储存（PSA）→吸附[①] →储存→压缩（VSA 和 VPSA）→过滤→膨胀	>15～20kg/h
低温精馏法制备氧气 压缩→干燥→冷却→精馏→压缩→膨胀	>100kg/h

① 生产周期外再生时，压力减至 0.4MPa（PSA）以及 0.06MPa（液环泵应用于 PSA、VPSA）。

图 17-11 和图 17-12 展示了适合低压空气供应以及 VPSA（真空变压吸附）型氧气发生器的安装方案。

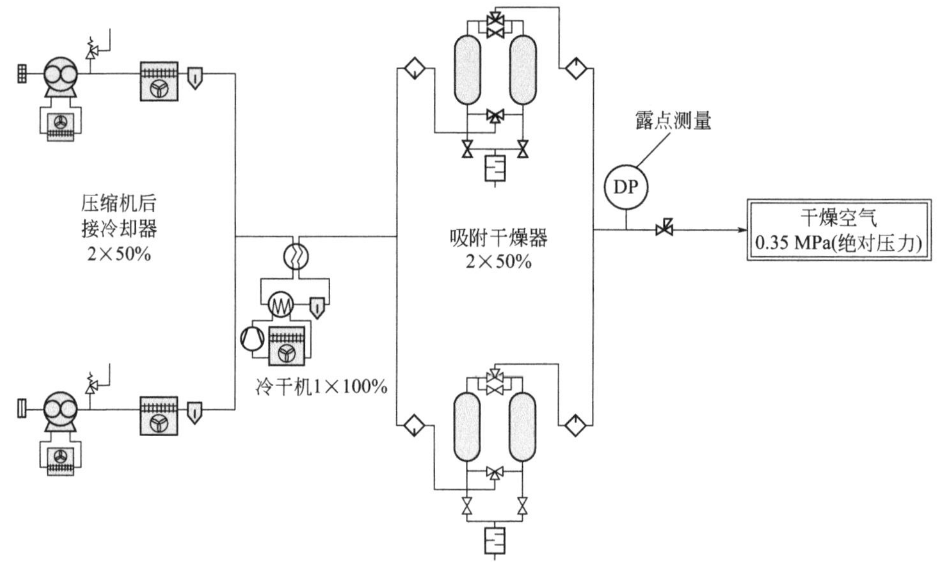

图 17-11 低压空气制备系统

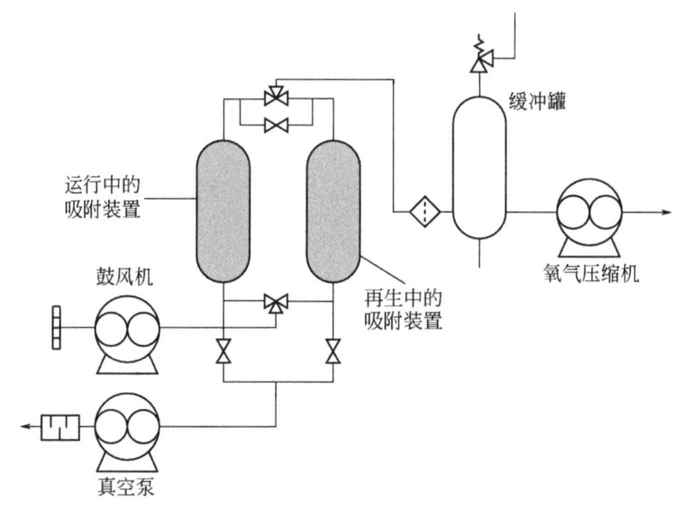

图 17-12 VPSA 型氧气制备系统

对于每台臭氧发生器而言，可以通过设定载气特定限值，以及通过变换电压与频率以改变绝缘材料性质的方法调整臭氧的生产制备。现今主要有两种类型的臭氧发生装置应用于水处理领域：

① 采用空气源的低频（50Hz 或 60Hz）臭氧发生器；

② 采用空气或氧气源的中频（60～1000Hz）臭氧发生器。

使用的电压随频率的增大而降低，并根据臭氧发生器构造的不同而变化。工业臭氧发生器性能见表 17-6。

表17-6 工业臭氧发生器性能

供应气体	空气	氧气
每台臭氧发生器最大产量 /（kg/h）	75	200
臭氧在载气中的常规浓度（常温常压）/（g/m^3）	20～40	70～180
生产臭氧所需的额定能量 /（kWh/kg）	13～20	7～13

臭氧一经制备，应使用高效的扩散系统将其尽快与待处理的水混合。

臭氧制备系统包括载气供给与预处理系统、臭氧发生器、反应器以及臭氧尾气破坏系统。

17.4.1.2 Ozonia 臭氧发生器系列

Ozonia 臭氧发生器由以下主要部件组成（图 17-13）：

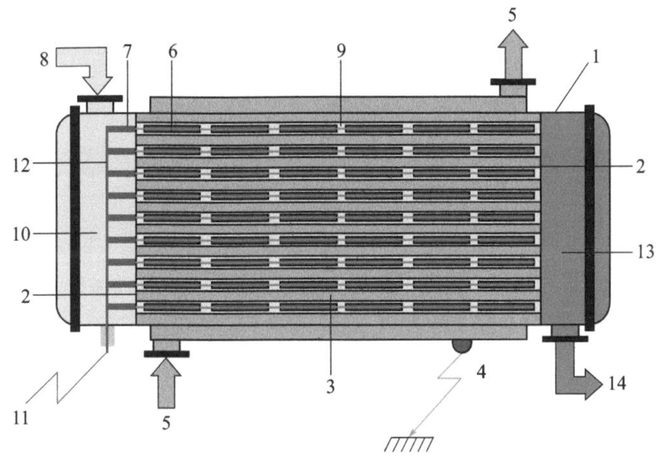

图 17-13 Ozonia 臭氧发生器

① 主体为圆筒形外壳（1），两块端板（2）支撑起不锈钢金属管（3）。

② 金属管（3）起到接地电极［接地线（4）］的作用。冷却水（5）均匀分布并围绕着这些金属管流动，并通过置于顶部和底部的两个通道分配和收集。

③ 绝缘介质（6）或 AT（高级技术）部件包括一个起到高压电极作用的不锈钢管，该管表面覆有由极稳定的特殊绝缘材料（类似陶瓷）（图 17-14）构成的薄涂层。每个 AT 部件在工厂内都要经过近 1.5 倍的系统最大使用电压测试；每个部件的最大击穿电压均大于 30kV。AT 部件在金属管内自动对中，一根金属管将内置多达六个 AT 部件以组成一个臭氧发生单元。每个单元都被一根金属杆固定以确保部件之间良好的导电性，每个单元都设有独立的高压熔丝（7）以起到保护作用（详见图 17-15）。载气从进气管（8）进入发生器，并在 AT 部件与金属管之间的狭小环形空间（9）内流动，电子微放电过程正是在这一空间进行。

④ 载气进气室（10）中装有高压（HT）供电端子（11）以及各臭氧发生单元（图 17-15）之间的高压接线（12）。

⑤ 排气室（13）向出气管（14）排出含臭氧的气体。

表 17-7 为 Ozonia 臭氧发生器“AT”ZFR 的主要技术特性。

20℃下，典型的（主要电气特性）电力与冷却水的消耗数据如下：

图 17-14　AT 部件

图 17-15　Ozonia 臭氧发生器前视图：AT 部件布局与连接

表17-7　Ozonia臭氧发生器主要技术特性

设计参数	“AT”ZFR
臭氧发生能力 载气：空气 载气：氧气	 5～50kg O_3/h（2%～6%，质量分数） 10～200kg O_3/h（6%～16%，质量分数）
载气供气压力 载气：空气 载气：氧气	 0.3～0.35MPa（绝对压力） 0.2～0.25MPa（绝对压力）
冷却水 入口温度 出口温度 载气：空气 载气：氧气	 5～32℃ 10～36℃ 2～2.5m^3/kg O_3 1～1.5m^3/kg O_3
电力 最大使用电压 频率 有效功率	 3～5kV 有效电压（取决于载气性质以及臭氧目标浓度） 800 ～ 1100Hz 之间的恒定值（标称值取决于最大允许 HT 电压以及发生器所选用的运行功率密度） 75～1800kW
臭氧产量调节	通过改变流量

① 使用空气作为载气，臭氧质量分数为 3% 时：

$$15.4\ kWh/kg\ O_3，2.3\ m^3\ H_2O/kg\ O_3$$

② 使用 O_2 作为载气，臭氧质量分数为 10% 时：

$$8.75\ kWh/kg\ O_3，1.2\ m^3\ H_2O/kg\ O_3$$

当臭氧浓度和能耗成为重要指标时，使用氧气作为载气的优势即非常明显。

图 17-16 和图 17-17 分别展示了臭氧浓度与冷却水温度对能耗的影响。4 个单台产能为 60kg O_3/h 的“AT”ZFR 臭氧发生器见图 17-18。

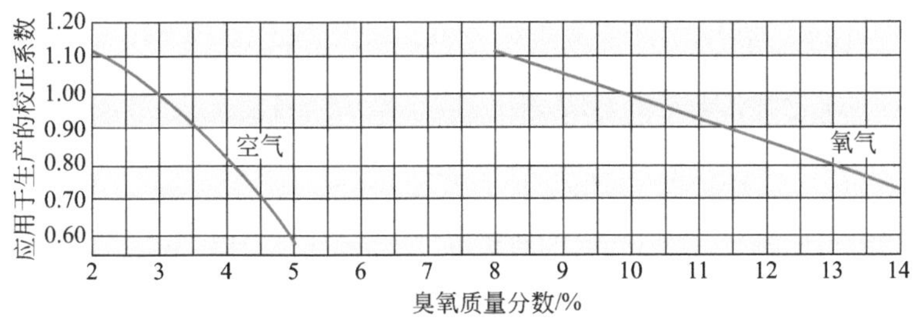

图 17-16　基于不同臭氧浓度的能耗校正系数

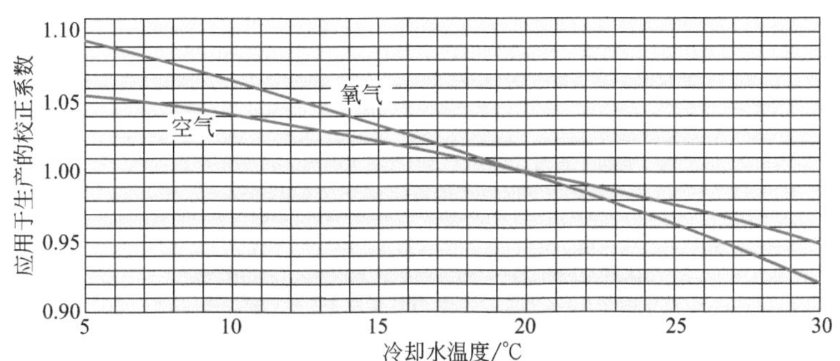

图 17-17　基于不同冷却水温度的能耗校正系数

电力供应：

该系统功能是将三相电力系统的电能转化为中频单相电为臭氧发生器供电，这一供电方式具有适合并可控的电流或波形。中频电流的波形必须是方波，对应的中频电压波形则为三角形。

FP 型 Ozonia 电力供应系统由以下几个主要部分组成（图 17-19 和图 17-20）：

① 主界面（1），断路开关（1a），开关变感器或变压变感器（1b）；

② 交流区（2），包括功率因数补偿器［PFC（2a），将功率因数保持在标准值 0.92］，以及断路器（2b）；

③ 直流区（3），包括电流转换器［AC/DC（3a）］及调节电路电流的电流调节器［RCC（3b）］与直流滤波器［DC（3c）］；

图 17-18　4 个单台产能为 60kg O_3/h 的“AT” ZFR 臭氧发生器，产气中的臭氧质量分数为 10%

④ 中频交流区（4），包括电流转换器［DC/AC MF- 中频（4a）］与高压变压器［HT（4b）］；

⑤ 调节与控制可编程逻辑控制器［PLC（5）］。

该电力供给系统的效率为 90%，需要配置通风设备（6）进行冷却；高功率单元需使用去离子水闭式循环系统进行冷却。

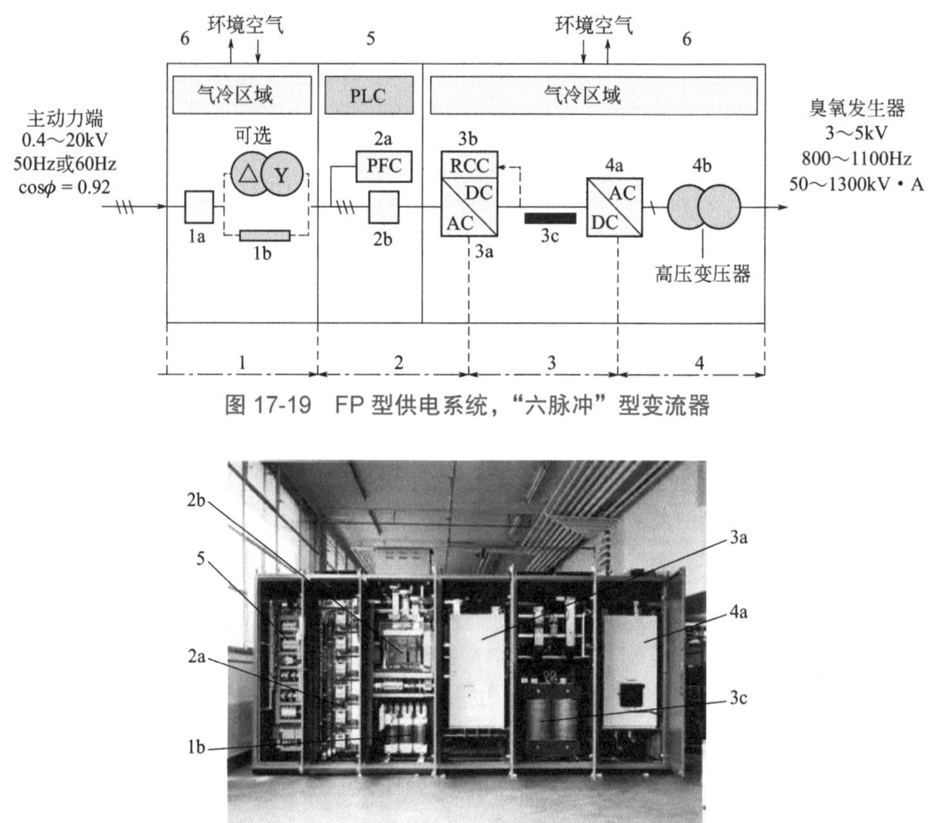

图 17-19　FP 型供电系统，“六脉冲”型变流器

图 17-20　FP 型供电系统，“六脉冲”型变流器，1.05MV・A（外设高压变压器）

注：图中序号与图17-19中对应。

17.4.2　臭氧传质过程

制备出的臭氧是以气态的形式存在于载气（空气或氧气）中并被载气稀释。臭氧通常是以溶解于水中的形式使用，其反应已在第 3 章 3.12.4.4 节中进行描述。因此，在水处理应用中，传递到水中的臭氧量决定了反应效果。臭氧在溶解前首先需从气相向气液界面扩散，溶解之后再向液体内部扩散。

其传质速率取决于：a. 气液相的物理性质；b. 界面两侧的浓度差以及化学反应消耗臭氧的速率；c. 介质的湍流度。

17.4.2.1　臭氧传质模型

一般地，传质方程形式如下：

单位时间传质量 = 传质系数 × 交换面积 × 交换势

几种基于不同液体性质的传质模型均可以用于臭氧液相传质的模拟，包括双膜模型、表面置换模型、渗透模型、组合模型等，其中最简单并且应用最广泛的是刘易斯 - 惠特曼双膜模型（图 17-21）。

此模型基于以下几点假设：

① 气相与液相之间存在一个可不计厚度的界面；

② 界面的两侧均分为气膜（厚度 δ_G）和液膜（厚度 δ_L），膜中均有传质阻力，并具有各自的传质系数；

③ 界面上的两相处于平衡状态，并且其物质浓度符合亨利定律（$C_{Gi}=mC_{Li}$，其中 m 表示分布系数，其大小与亨利常数有关）；

④ 对于双膜之外的气相和液相主体，其物质浓度基本相同；

⑤ 臭氧分子穿过两膜的传质过程是连续的。

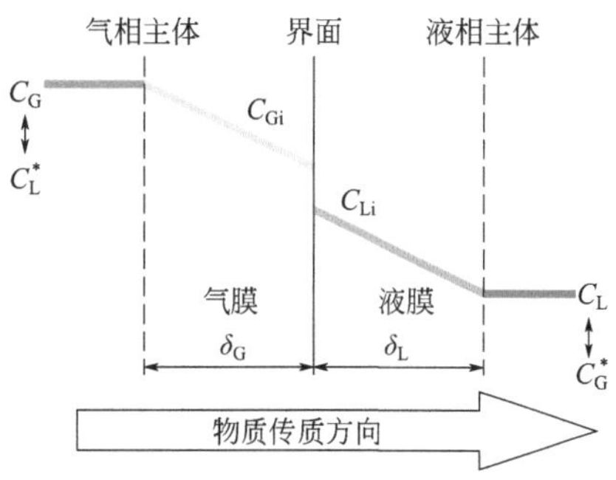

图 17-21　刘易斯和惠特曼双膜模型

C_G（C_L）—臭氧在气相（液相）中的浓度；
C_{Gi}（C_{Li}）—臭氧在气膜（液膜）处的浓度；
C_L*（C_G*）—与气相（液相）平衡时，臭氧在液相（气相）中的浓度

单位时间内界面的传质量 N（除化学反应）可用下式表示：

$$N=K_{Gi}S(C_G-C_{Gi})=K_{Li}S(C_{Li}-C_L)=K_GS(C_G-C_G^*)=K_LS(C_L^*-C_L) \quad (17\text{-}1)$$

式中　K_G、K_L（K_{Gi}、K_{Li}）——各相的传质系数；

S——交换界面的表面积。

由于臭氧微溶于水，传质阻力主要集中在液膜上，因此 $K_L\approx K_{Li}$，$K_G\approx K_{Gi}$，又有 $C_{Gi}\approx C_G^*$，则 $C_{Li}\approx C_L^*$，并且如果 S 是以每单位液相体积所具有的交换面表面积 a 的函数形式来表示，则传质方程中 $K_LS=K_{La}V_L$，其中 $K_{La}=K_La$ 称为总传质（转移）系数（见第 3 章 3.14 节）：

$$N=K_{La}(C_L^*-C_L)V_L$$

后一公式是考虑任何存在物质交换（吸收或接触）的情况下用于估计物质传质速率的基础。为了在实践中应用，需要了解以下参数：

① K_{La}：取决于液相的水力条件；

② C_L：取决于搅拌条件以及化学反应速率；

③ C_L^*：在饱和液相中，其值取决于气相浓度，以及液相的温度、压力及成分。

④ V_L：液相体积。

17.4.2.2　臭氧饱和浓度

臭氧饱和浓度 C_L^* 表示在特定温度、特定压力及无化学反应的情况下，液相中溶解臭氧浓度与气相臭氧浓度的平衡关系。其经常被误称为溶解度，而严格意义上讲，气体溶解度是指气体在标准状态（0℃，1atm）下溶解于液相的平衡浓度。臭氧微溶于水，其平衡遵守亨利定律：

$$xH_e=yp$$

式中　x（y）——臭氧在液相（气相）中的摩尔分数；

p——气体压强；

H_e——亨利常数。

假设臭氧为理想气体，则在其稀溶液（$x<0.05$）中的分布系数 m 通常也被称为溶解度比，用 α 表示，定义为采用同一量纲的浓度的比值（g/m^3 或 mol/m^3）。因此，$C_L^*=mC_G$ 中 m 与亨利常数的关系为：

$$m=461.53\rho T/H_e$$

式中 ρ——在温度 T（热力学温度）下水的密度，kg/m³；

H_e——亨利常数，Pa（p=1atm 或 101.325kPa）。

而 H_e、ρ、m 与温度有关，其趋势可由以下经验公式表示：

$$\ln m = -4.55\times10^{-1}-(4.8\times10^{-2}T)$$

其中，T 单位为℃，p = 1atm。

众多公式表明，以上三个物理参数为平衡状态下臭氧在气相与液相中浓度的主要影响因素：

① 在一定温度条件下，增大压力或提高臭氧在气相中的浓度使得臭氧的饱和溶解度呈线性增大（图 17-22）；

② 相反，在其他参数保持不变的情况下，臭氧的饱和溶解度随着温度的升高而降低（第 8 章 8.3.3.7 节中图 8-36）。

实际上，其他因素也会影响臭氧传质平衡，其中最重要的是 pH 以及离子强度：

① pH 主要影响臭氧的分解速率。当 pH 值大于 8 时，pH 对液相中臭氧的平衡浓度的影响将变得非常显著，随着 pH 值的升高，其平衡浓度将明显下降（第 8 章 8.3.3.7 节中图 8-37）。于是，实验数据收敛于表观亨利常数的表达式：

$$H_{e,\ apparent}=3.84\times10^{7}\,[OH^-]^{0.035}\exp(-2428/T)$$

其中，表观亨利常数单位为 atm，温度 T 的单位为 K，$[OH^-]$ 的单位为 mol/L。

② 当溶液中溶解性无机物含量超过 1000mg/L 时，离子强度对臭氧饱和溶解度的影响将十分显著。

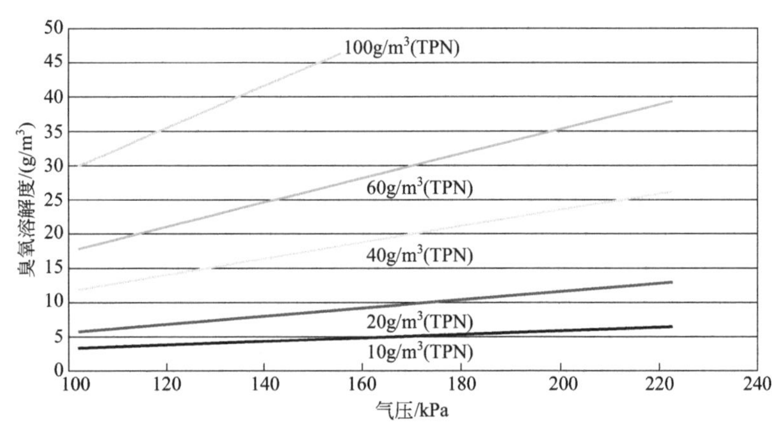

图 17-22 15℃下，气压与臭氧浓度对臭氧的饱和溶解度的影响

注：TPN指常温常压下

17.4.3 臭氧反应器的选择

如第 3 章 3.12.4.4 节所述，臭氧可以分子形式（活性氧化成分为臭氧）或 / 和自由基形式（活性氧化成分为臭氧分解产生的羟基）进行反应，而反应通过哪种形式进行则取决于臭氧传质媒介的物质组成。这一反应可以改变臭氧的传质过程。

17.4.3.1　动力学因素——反应器水力条件

根据反应发生条件选择最佳的臭氧反应器。通常，臭氧与无机、有机化合物以及微生物的反应是通过如下偏序为 1 的二阶方程来表征的：

$$O_3 + vM \longrightarrow \text{产物，其}\ r_{O_3} = k[O_3][M]，r_M = vk[O_3][M] \quad (17\text{-}2)$$

式中　k——反应速率常数；

v——化学计量系数；

$[M]$（$[O_3]$）——化合物 M（溶解的臭氧）的浓度；

r_M（r_{O_3}）——化合物 M 的去除或降解速率（在溶解性臭氧被消耗时的去除速率）。

反应速率常数 k 的取值与化合物 M 和臭氧的反应程度密切相关。第 3 章 3.12.4.4 节提供了一些定性指标。

偏序为 1 时，推流反应器比完全混合式反应器更加高效。因此，臭氧反应器的设计应尽可能使其水力条件接近于推流式。

17.4.3.2　臭氧反应器的选择标准

Hatta 指数（Ha），用于表征氧化反应并进一步为选定气液反应器提供指导。参考表 17-8，例如：

① 极低的 Ha 数值意味着液膜的传质能力高于臭氧的消耗速率：化学作用占主导地位。

② 相反地，当 Ha 值较高时，臭氧的消耗速率可能远大于臭氧的传质速率：传质作用占主导地位。

表17-8　反应机制特性与反应器选择标准

反应机制	控制参数	反应器类型
情形 1：$Ha<0.02$ 臭氧消耗反应极其缓慢，且只在液相中进行，通过双膜的传质非常容易进行（$E=1$）	液体的黏滞系数 ε_L	鼓泡塔
情形 2：$0.02<Ha<0.3$ 臭氧消耗反应缓慢，且只在液相中进行。然而，反应速率足以使溶解臭氧浓度很低，但不足以加速臭氧的传质（$E=1$）	液体的黏滞系数 ε_L 以及界面表面积 a	鼓泡塔或搅拌反应器
情形 3：$0.3<Ha<3$ 臭氧消耗反应速率适中。反应同时在液膜与液相中进行（$E\approx\sqrt{1+Ha^2}$）	液体的黏滞系数 ε_L 以及界面表面积 a	搅拌反应器
情形 4：$Ha>3$ 臭氧消耗反应速率快，且全部发生在液膜中，液相中溶解臭氧的浓度为 0（$E=Ha$）	界面表面积 a	填充床
情形 5：$Ha>>3$ 臭氧消耗为瞬时反应，且发生在液膜中（$E=Ha$）	传质系数 K_L（液相的扰动）以及界面表面积 a	静态混合器、射流器
情形 6：$Ha>>3$ 臭氧消耗为瞬时反应，且反应发生在界面处，传质阻力集中在气膜（$E=Ha$）	传质系数 K_G（气相的扰动）以及界面表面积 a	填充床柱或文丘里板式塔

对于不可逆二级反应，其 Ha 值如下：

$$Ha=\frac{\sqrt{D_{O_3}k[M]}}{K_L}$$

式中 D_{O_3}——臭氧扩散系数，m^2/s；

k——反应速率常数，L/（mol • s)；

[M]——化合物 M 的摩尔浓度，mol/L；

K_L——M 在液相中的传质系数，m/s。

根据式（17-1)，臭氧传质量表达式变为：

$$N=EK_{La}(C_L^*-C_L)$$

式中 E——由液相中臭氧消耗反应造成的加速传质的影响，与 Ha 值有关。

图 17-23 展示了基于双膜理论的条件下，表 17-8 各种情形中臭氧在界面附近的浓度分布。

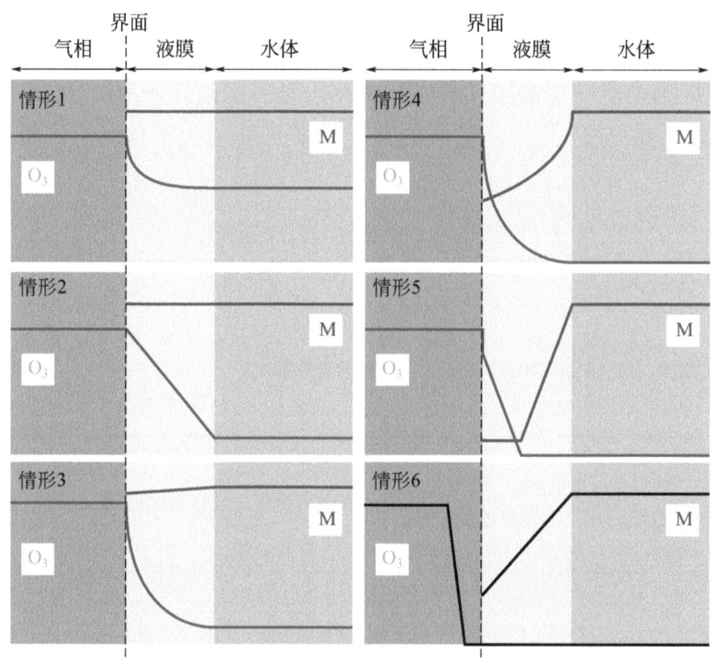

图 17-23 交换界面附近臭氧浓度分布图

17.4.3.3 臭氧反应器

主要的臭氧 - 水接触器（接触池）将根据表 17-8 中的分类在以下详述。

(1) 配备多孔扩散器的鼓泡塔和臭氧接触池

鼓泡塔是臭氧在水处理应用中最常用的接触池，其主要有两种形式：传统鼓泡塔以及多格串联臭氧接触池，详见图 17-24。在这类反应器中，布置在反应器底部的多孔扩散器产生直径约为 3mm 的气泡可以使其均匀地分布到整个塔池中（图 17-25)。水流从塔顶进入并与气流在塔内同时流动，或通过挡板对接触池内各隔间的水流进行导流。扩散器的安装水深通常为 5～7m。隔间的数量（通常 2～3 个）则可以根据化学反应速率以及含臭氧气流（臭氧气体）的分配加以调整，以达到适合的反应水平。

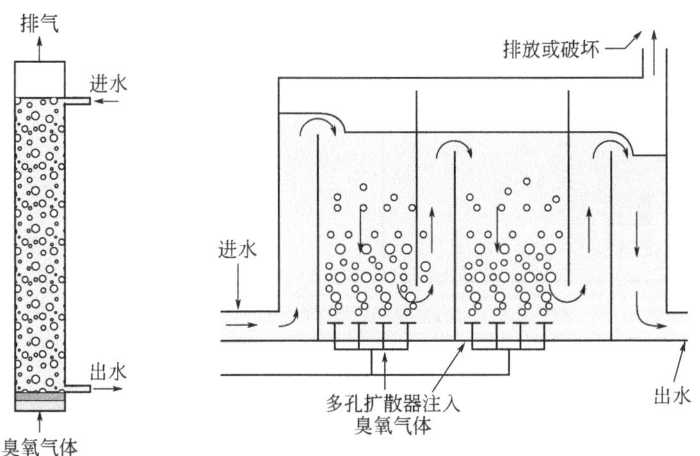

图 17-24　鼓泡柱（左）与鼓泡接触室（右）示意图

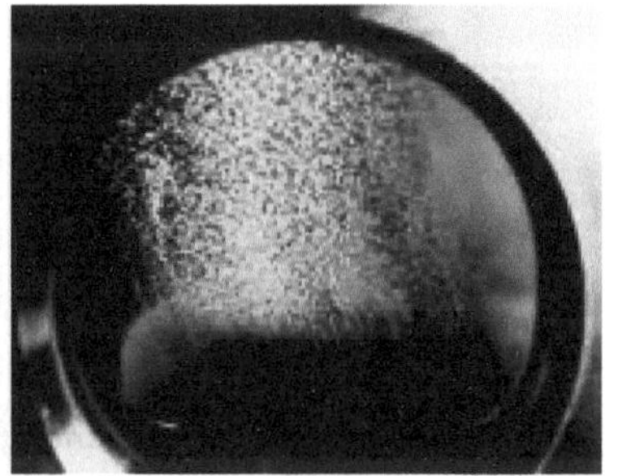

图 17-25　180mm 直径多孔扩散器，臭氧接触室布置与产生的气泡

（2）配备涡轮式或径向扩散器的反应器

这类反应器是将气体扩散至液体中并使其在接触空间内均匀混合。

可通过如下方式进行混合：

① 由带有辐射状桨叶的涡轮式搅拌器将待处理水输送至臭氧气体附近，在气水接触的同时产生气泡（图 17-26）。

② 由径向扩散器将通过水射器的臭氧气体 - 水混合物以湍流射流形式射出（图 17-27）。由于输水泵产生的负压，气体在水射器中被抽真空并扩散至循环水中。该二次混合可达到更高的臭氧传质效率，因为在水射器中臭氧气体与待处理水同时进行混合与扩散。

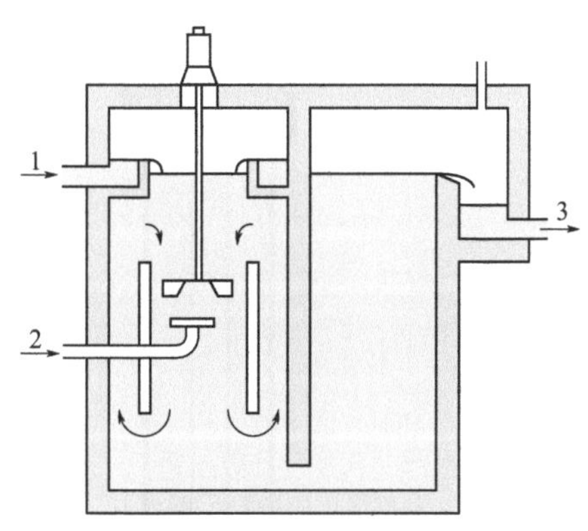

图 17-26　使用涡轮式搅拌器的臭氧接触池

1—进水口；2—臭氧气体进口；3—经臭氧氧化后出水

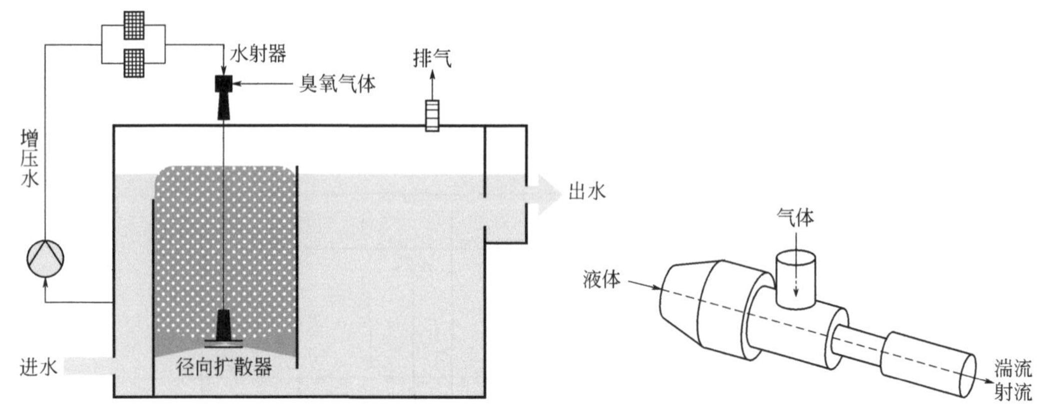

图 17-27 配备径向扩散器与水射器的反应器

（3）U 形管

U 形管由 2 根底部连接的垂直同心管组成（图 17-28）。待处理水通过高速泵（约 1.7m/s）射入 U 形管内管，并与臭氧气体接触混合，气液比最大为 0.17。在内管中，气体在水的高速流动以及不断升高的压力的作用下会产生小气泡。形成的乳浊液在环形空间内上升。静水压力与气泡接触时间十分重要，因为水深往往有近 20m，这一工艺设置强化了臭氧的传质效果。

（4）填料床反应器

填料床反应器也称为填充床反应器。在这类推流式反应器中，待处理水以喷雾形式与臭氧气体逆向接触（图 17-29）。置于反应器中的填充材料可以使液体以膜状分布在其表面，并形成液滴式的重力流。湿润的填料增大了气水接触面积。

填料可采用松散或紧密的装填方式，材质可为不锈钢或者陶瓷。填料床反应器应具有尽可能大的比表面积以及尽可能低的水头损失。

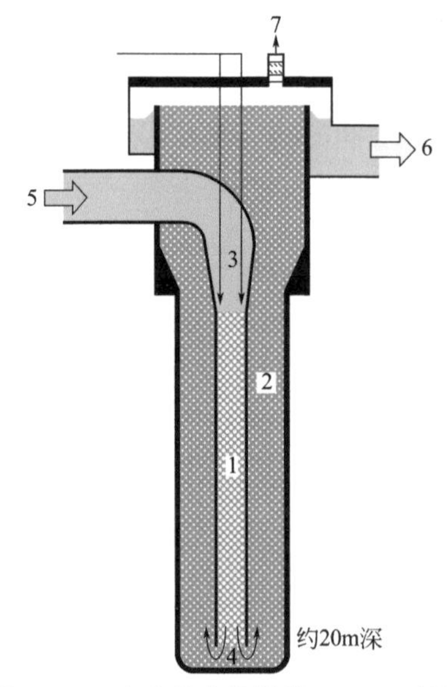

图 17-28 水中的臭氧扩散—— U 形管

1—下行管；2—上行管；3—臭氧注入；4—反向循环区；5—处理水进口；6—处理水出口；7—排气口

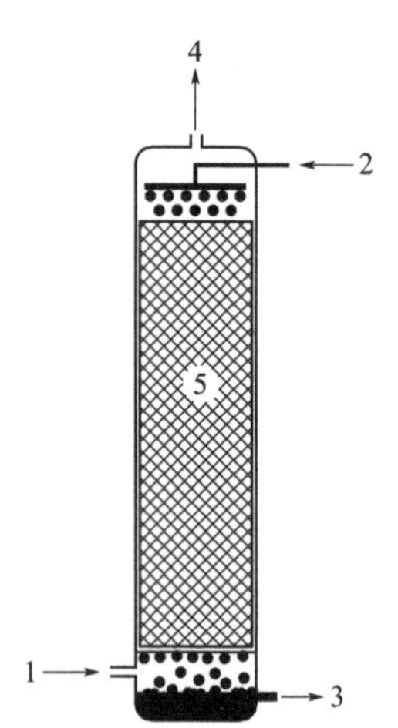

图 17-29 填料床反应器示意图

1—臭氧气体；2—进水口；3—出水口；4—排气口；5—填料

（5）静态混合器

静态混合器由一管状结构及其内部固定组件构成，通过不断地分割水流达到气水混合的目的。静态混合器安装在水泵的出水管上，通过的水流流速在 0.5～1.7 m/s 之间。臭氧气体则通过喷嘴在水流上游注入。静态混合器产生的气泡直径约为 1mm，因此提供了巨大的接触面积。此外，静态混合器的主要性能指标是决定能耗的水头损失以及相应的气泡尺寸。气泡的尺寸与流体的流量以及组成混合器的部件种类、数量有关。对于长度为 1m 的静态混合器，其水头损失为 5～30kPa。静态混合器类似于水射器，可以将气体射入反应器入口，还起到将臭氧传质到液相的作用。典型的静态混合器系统由一个安装在旁路上用于臭氧气体扩散的一级混合器和将臭氧传质到液相的主静态混合器组成（图 17-30）。根据最大允许水头损失要求，次级静态混合器可用水射器代替。一般来说，此套装置下游需设有一座脱气塔以使两相分离。

主要的臭氧反应器的性能比较见表 17-9。

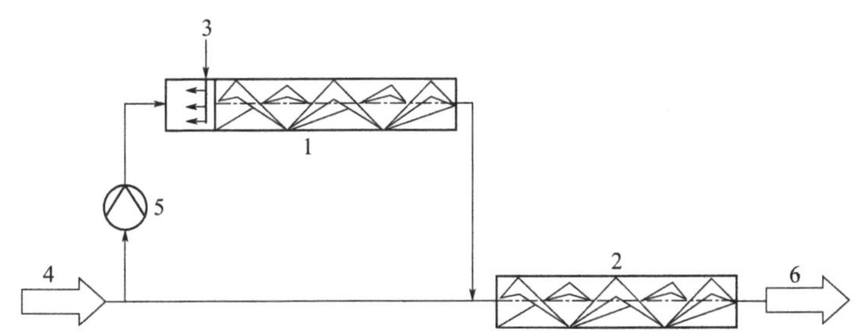

图 17-30　静态混合系统示意图

1—支路静态混合器；2—主静态混合器；3—注入臭氧气体；4—待处理水进口；5—旁路静态混合器供水泵；6—处理水出口

表17-9　主要的臭氧氧化反应器性能比较

臭氧 - 水接触器	分散相	K_{La}/s^{-1}	ε_E	能量输入 /（kW/m^3）
配备多孔扩散器的鼓泡塔	气体	0.0001～0.1	<0.2	0.01～1
配备涡轮式或径向扩散器的反应器	气体	0.01～0.2	<0.1	0.5～4
填料床反应器	液体	0.005～0.02	>0.3	0.01～0.2
静态混合器	气体	0.1～10	≈ 0.5	10～200

对于每一种应用，反应器的选择取决于反应过程的决定性因素，这些因素包括：

① 慢速反应的接触时间；

② 快速或中速反应的水力条件（理想条件为推流）；

③ 瞬时反应的臭氧传质速率（最合适的接触反应器应具有巨大的传质界面表面积）。

表 17-10 总结了各种反应器技术的优缺点及其应用范围。

表17-10　选择臭氧反应器的实际考虑因素

臭氧 - 水接触器	优点	缺点	应用领域
配备多孔扩散器的鼓泡塔	① 运行相对灵活； ② 维护费用低	① 水力条件复杂； ② 水深过大； ③ 多孔扩散器可能堵塞	① 少量臭氧投加； ② 慢速反应； ③ 饮用水

续表

臭氧 - 水接触器	优点	缺点	应用领域
配备涡轮式或径向扩散器的反应器	当流量变化较大时具有较好的气水接触混合适应性	① 能耗高； ② 机械设备维护量大	① 大量臭氧投加； ② 中速反应； ③ 饮用水与污水
U 形管	① 传质与水力混合； ② 占地小	① 深井成本高； ② 流量变化适应性差	① 快速反应； ② 饮用水
填料床反应器	① 传质与推流反应器； ② 维护费用低	填料可能堵塞	① 快速反应； ② 气体洗涤； ③ 含臭氧的水的生产
静态混合器	① 混合与传质； ② 维护费用低； ③ 安装体积小	① 能耗高； ② 接触时间短； ③ 可能结垢	① 瞬时反应； ② 扩散系统； ③ 饮用水与污水

17.4.4 应用

由于臭氧具有强大的反应活性，因此其应用非常广泛（见第 3 章 3.12.4.4 节）。在水处理领域中，其应用范围从饮用水处理拓展至工业废水的净化。

17.4.4.1 饮用水处理

根据待处理水的水质，臭氧可应用于生产过程中的各个工段。第 22 章 22.1 节特地列举了几个臭氧应用的实例。

（1）预氧化

在预氧化中，臭氧通常被用于分解胶体粒子和大分子的结构，因此增强了混凝 - 絮凝的效果，甚至沉淀的效果也得到强化。以浊度和有机物质（TOC、氯仿前体物、嗅味物质）作为考察指标，澄清水的水质会更好。同时，预氧化可去除地表水中的藻类。预氧化还能够氧化有机物含量少的地下水中的铁和锰。此阶段，臭氧投加量约为 1mg/L。

（2）中间氧化或主要氧化

对于中间氧化或主要氧化工艺，臭氧主要用于氧化天然有机质。臭氧能够去除含有腐殖质水的色度。它能够氧化有机化合物，例如嗅味物质［如二甲萘烷醇（土臭素）和 2-甲基异莰醇］、农药（草甘膦、涕灭威、五氯苯酚等）、酚类化合物、洗涤剂、藻毒素和其他来源于医药制品的或具有雌激素作用的化学化合物（如 17α- 乙炔雌二醇）。臭氧对上述化合物的氧化程度取决于其化学结构和环境条件。为了达到目标去除率，自由基反应方法也就是通过简单投加过氧化氢的方法被证明是必要的。因为生成的消毒副产物须符合相关规范的要求（如欧洲对杀虫剂和溴酸根的要求），使用这种高级氧化方法须得到批准。通常，臭氧氧化能够降低水中化合物的毒性并提高其生物降解性（BDOC）。因此，为了在臭氧使用量受限的情况下能更好地去除水中的微污染物，臭氧氧化的主要氧化工艺的下游总是设有颗粒活性炭生物过滤单元。臭氧投加量一般为 0.5～1.5gO_3/g 有机碳。

（3）消毒

在消毒应用领域，因臭氧能够快速地与微生物反应，所以 *CT* 值较低（见第 3 章 3.12.4.4 节）。图 17-31 中的 *CT* 值范围显示了臭氧能够杀灭一般常见的病原微生物。尽管由于实验条件和计数方法的不同（孢囊现象、传染性），*CT* 值会出现波动，但是仍然可以发现：

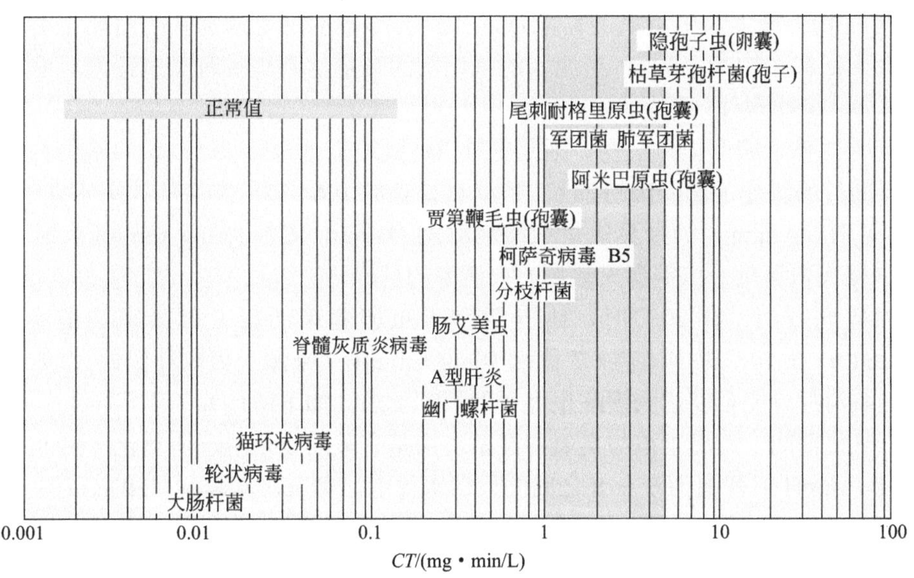

图 17-31　pH 值在 6 ～ 7.5 之间，温度为 5 ～ 25℃之间时，使用臭氧对于微生物灭活率达到 2lg 所需的 *CT* 值范围

① 对臭氧耐受能力最强的微生物是原生动物，如耐格里原虫和隐孢子虫卵囊，其所需的 *CT* 值远远超过大肠杆菌所需的 100 倍；

② 2mg・min/L 的 *CT* 值足够杀灭 99% 的细菌、病毒和所有的贾第鞭毛虫孢囊。

正如任何化学反应一样，臭氧对微生物的作用取决于介质中占主导的条件，例如 pH、温度、其他可氧化化合物以及悬浮固体的浓度。事实上：

① 在一定范围内，pH 值的升高会导致臭氧加速分解。pH 值的上升会降低臭氧的溶解浓度，从而削弱其消毒效果。

② 虽然温度会对臭氧的溶解度和灭活率产生负面影响，但是随着温度的升高，消毒效果会得到增强（图 17-32）。

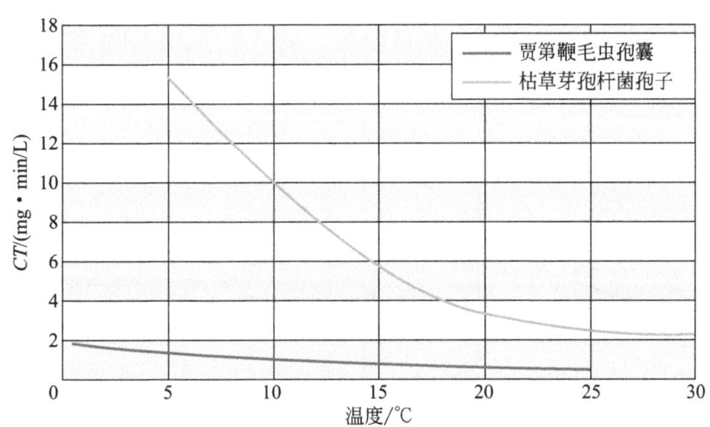

图 17-32　贾第鞭毛虫孢囊和枯草芽孢杆菌孢子在 pH 值为 7～7.2（实际水体），灭活率 2lg 时，*CT* 值与温度的关系

注：因枯草芽孢杆菌易于分析，在温度高于15℃时通常被建议用来模拟微小隐孢子虫的行为。

③ 有机物会增大水中臭氧的需求量，并且会与微生物竞争臭氧的消耗［臭氧需求量见第 5 章 5.4.1.4 节中的（3）］。当注入的氧化剂的数量达到与瞬时臭氧需量对应的临界值时，水体中才会出现残余溶解臭氧。

④ 悬浮固体能够保护微生物，因此更难以达到所需消毒效果（与消毒剂的种类无关）。

消毒的目的决定了需要维持的 *CT* 值。在公认的 1964 年所定义的饮用水处理条件下，例如在 5℃时，0.4mg/L 的余臭氧量在接触时间为 4min（*CT*=1.6mg • min/L）时，将会达到 2.5lg（蓝氏贾第鞭毛虫孢囊灭活量）灭活率的目标。

新的研究表明，在 20℃时，1lg（隐孢子虫卵囊灭活量）灭活率的最小 *CT* 值为 4mg • min/L；在 10℃时，所需 *CT* 值为 10mg • min/L（来源于美国环保局）。如按照这个标准，臭氧消毒可能难以达到溴酸根离子的限制要求（如下所述）。

臭氧氧化期间，溴离子被与臭氧和羟基自由基有关的复杂机理所氧化（图 17-33），生成溴酸根。在 pH 值范围为 6 ～ 8 之间的天然水体中，臭氧在次溴酸（HBrO）生成过程中起到了重要的作用，然后被羟基自由基氧化生成了亚溴酸根（BrO_2^-），接着很容易被臭氧氧化为溴酸根（BrO_3^-）。有机溴酸盐化合物的产生是一个微量反应，但是其对健康危害巨大。因此，应采取如下措施以尽可能减少溴离子被臭氧氧化成溴酸根离子：

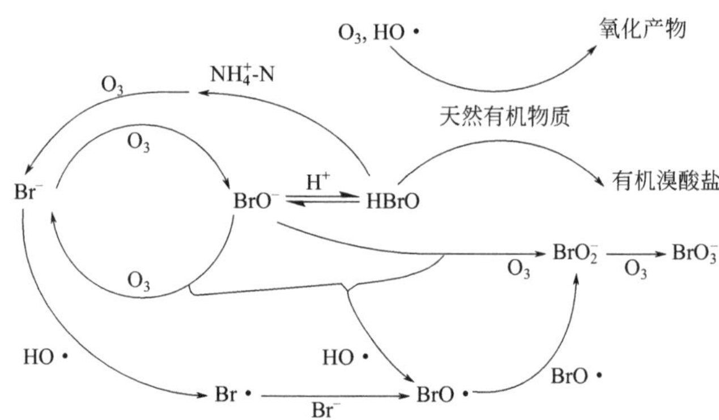

图 17-33　以溴离子起始的天然水体离子化期间发生的反应

① 控制 pH 以限制臭氧分解成羟基自由基（见第 3 章 3.12.4.4 节），也就影响 HBrO、BrO^- 之间的平衡（图 17-34，*CT*=15mg • min/L 时 pH 的影响）；

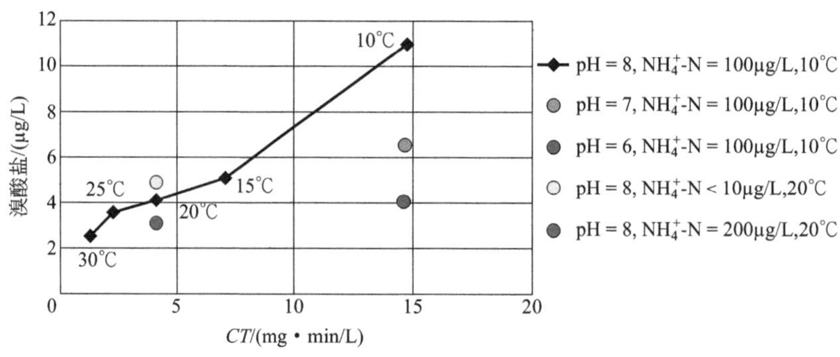

图 17-34　示例：河水臭氧氧化期间，为达到 2log 隐孢子虫去除率，溴酸根离子浓度逐渐升高的趋势（初始溴酸根离子浓度为 60μg/L）

② 投加和次溴酸反应速率非常快的氨；

③ 通过调整臭氧应用条件来控制接触反应器的流体动力学。

如果溴离子本底浓度、溶解臭氧的浓度、pH、温度和接触时间均已知，就有可能预测溴酸根浓度的变化。

当用于饮用水处理时，主臭氧反应器是由隔间组成的反应室。每个单一的隔间内的接触时间为几分钟，其通常足够满足预氧化的条件，而主要的氧化和消毒过程在两个或三个隔间内即可实现，接触时间为 8～15min。反应器的尺寸设计基于以下考虑：

① 对于设有气体扩散隔间和挡板间的推流式反应器来说，完全混合模型通常被用于表征反应器内真实的停留时间分布。水力效率通过 T_{10} 示踪试验来测定（见本章 17.2.3 节）；

② 动力参数（从瞬时臭氧需求量以及后续的臭氧消耗速率获取残余浓度）能够通过实验室测试或通过类比确定。

运行参数可由臭氧的质量守恒计算而得：通过几何特性和运行限制条件（达到消毒目标或氧化处理目的时的残余臭氧浓度，见图 17-35 的示例）来确定每个隔间内的气体流动速率。

U 形管也可用于主氧化工艺（图 17-36）。图 17-27 中展示的径向扩散反应器非常适用于预臭氧氧化工艺。

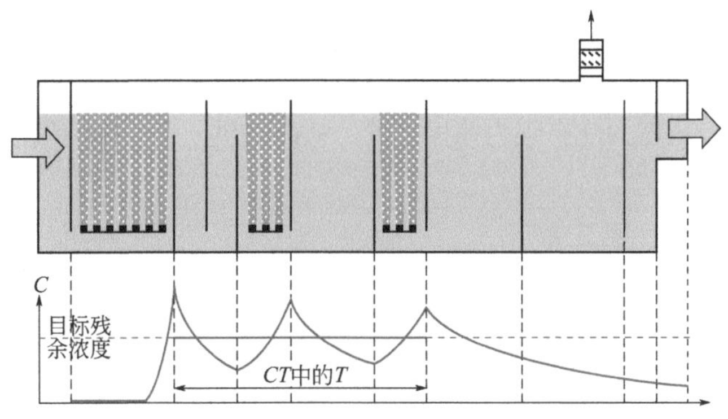

图 17-35　臭氧消毒反应室臭氧浓度变化示意图

(a) U形管井口

(b) U形管投加器头部

图 17-36　里昂水务集团在佩克的处理厂（法国，伊夫林省），处理量：1500m³/h，硝化处理出水先经臭氧氧化再通过颗粒活性炭滤池过滤

17.4.4.2　城市污水

臭氧在污水处理中具有诸多用途。

在物化或者生物处理单元之后，臭氧氧化被用于：

① 在回用或在排放之前，对处理后的污水进行消毒并将残余 COD 至少降低 20%；

② 投加大约 30mg/L 的臭氧进行脱色处理，并且去除水中 4～8mg/L 的洗涤剂（纺织工业废水与城市污水的混合污水）。

用于城市污水处理的反应器（隔间式臭氧反应池）与饮用水领域的接触池相似。在消毒时，由于对细菌和病毒灭活的反应非常迅速且不需要维持残余臭氧浓度，2min 甚至更短的反应接触时间即能确保达到完全消毒效果。而静态混合器系统在此也适用。

消毒效率通常是以传质到水体内、用于粪大肠菌群或大肠杆菌灭活的臭氧量来评估。经过污水处理厂各工艺单元的逐级处理，污水中可氧化化合物的浓度降低，水质得到改善，而随着水质的提升，消毒效率也得到了提高。图 17-37 列举了一级、二级、三级处理出水臭氧投加量的波动范围。一般来讲，对一级处理出水直接进行臭氧氧化处理是不合理的；最低的水质要求应达到二级出水的水质标准（BOD < 20mg/L 且悬浮固体浓度 < 20mg/L），否则可以预期细菌和病毒的灭活率将降低（小于 2lg）。

在活性污泥处理工艺中，通过外循环注入臭氧能减少污泥产量（见 Biolysis O 生物分解工艺）且提高生物絮体的质量（见第 11 章 11.4 节）。该反应的速率很快且需要设置一座完全混合反应器，该反应器内配有强力搅拌装置，从而提供一个巨大的气液交换区。

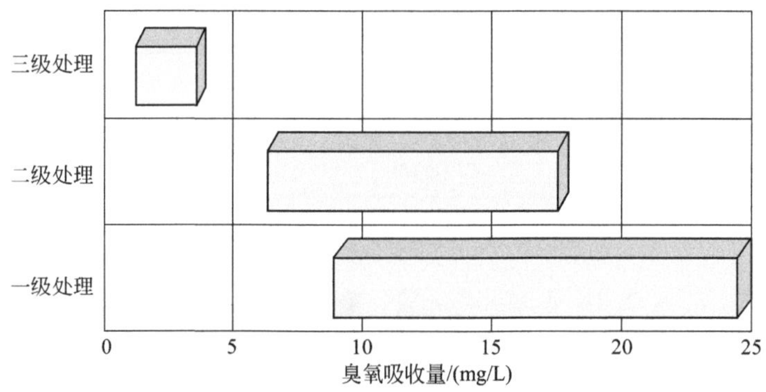

图 17-37　城市污水不同处理阶段粪大肠菌群或大肠杆菌灭活率为 2lg 时的臭氧吸收量

当处理经厌氧消化或好氧稳定后的剩余生化污泥时，臭氧会提高污泥的脱水和浓缩性能，也利于臭气的控制。

17.4.4.3　臭气控制和气体洗涤（参考第 16 章 16.2 节）

臭氧通常被用于氧化硫化物及硫醇（如硫化氢和甲硫醇）、胺（如乙胺和三甲胺）、酮、醇和醛，并有一些工业化应用案例。这些应用主要采用涤气塔的形式，其通常由填料床构成，在填料内发生湿式氧化反应（图 17-29），接触时间约为 3s。用于硫化物、醛、酮和醇的去除时，冲洗水 pH 值设定为 9～9.5；去除胺时 pH 值低于 6.5。用于气体去除时，臭氧平均投加量在 6～12mg/m^3 之间。

17.4.4.4　游泳池

臭氧应用于泳池回用水处理的各个阶段：

① 在泳池出口的缓冲罐中以 0.5～1mg/L 的投量注入臭氧，以氧化由人类活动所产生的污染物（胺类物质）；

② 然后在两个过滤阶段之间投加臭氧，它能氧化残余有机物质，提高水体的视觉和感官质量并且对水体消毒；

③ 在泳池的上游投加臭氧，以杀灭细菌和病毒，作为最终消毒屏障。

通常使用鼓泡柱形式的反应器，静态混合器系统适合设于过滤系统的上游。

17.4.4.5　工业废水

在工业废水处理领域臭氧有诸多应用，表 17-11 中列举了当前臭氧的不同用途。对于不同的处理目标和待处理水的水质，臭氧用量差别巨大。

表17-11　臭氧在工业废水处理中的应用

应用示例	目的	臭氧使用量
海水养殖或养鱼业的污水循环利用	消毒，去除有机氮，提高可生物降解性	
表面处理废水	去除氰类化合物	2.8mg/g 氰化物
电子元件清洗废水进行回用	去除有机化合物，消毒	2mg/L
纺织废水	脱色，去除表面活性剂	50～100mg/L
炼油废水	除酚，延长下向流活性炭滤池的使用寿命	40～400mg/L
造纸废水处理后直接排放	脱色，去除 AOX，去除毒性	100～200mg/L
造纸废水处理后回用	去除 COD，提高可生物降解性	300mg/L
橡胶工业废水	去除苯并噻唑及毒性	
浸出液	脱色，去除 COD	500mg/L～2g/L
化工废水处理后直接排放或回用	除臭，去除农药，脱色，提高可生物降解性，去除 COD	500mg/L～数 g/L

对于每种应用，应根据反应速率和水质选择反应器。例如，将部分进水循环的填料床反应器应用于养鱼场的消毒；静态混合系统用于脱除相对干净的水体中的色度；或者使用配备径向扩散器的反应器通过较长的接触时间处理废水（图 17-38）。这些处理单元的尺寸（池容）由连续式或间歇式模型的化学动力学研究确定。

图 17-38　使用径向扩散器的串联式反应器系统的示例

17.4.4.6　工业应用

臭氧反应广泛应用于工业生产的不同阶段：

a. 用于漂白纸浆［见第 2 章 2.5.6.1 节中的（2）］；b. 用于提纯（漂白）高岭土和碳酸钙；c. 用于化学合成，生产调味品、有机酸等；d. 用于提纯硫酸和磷酸；e. 用于漂白蔗糖；f. 用于食品加工。

17.4.5 臭氧催化氧化（Toccata）

此工艺的目的是完全或部分降解难以被生化处理工艺去除的溶解性有机物，主要用于处理：

① 生物处理出水中的残余污染物；

② 含有一定浓度有毒污染物的废水（抗生素、杀虫剂等），这些污染物无法进行生物处理。

Toccata 是一种多相催化反应处理工艺，臭氧通过反应介质生成氧化能力强于臭氧的二级氧化物（臭氧和固体催化剂反应生成的不稳定物质），其反应条件接近于环境温度和压力。因此，此工艺是一种高级氧化工艺（见第 3 章 3.12.4.9 节）。有机化合物氧化是三相接触的结果：被处理的水、固体催化剂和臭氧气体。

与臭氧氧化反应通常面临的限制性条件不同，催化氧化能确保 COD 得到稳定去除。比如当 COD 目标去除率很高时，臭氧氧化的应用会受到一些限制。与单独的臭氧氧化相比，催化氧化工艺具有两个优点，如图 17-39 所示：

① 提高 COD 去除率和选择性。COD 去除量与臭氧单独氧化（第一阶段）所消耗的臭氧量的比值即为“选择性”。

② 在第二阶段提高氧化效率。对于传统臭氧氧化工艺，臭氧在第二阶段中可能不起作用。

从化学的角度来看，一般用于氧化有机化合物的催化臭氧氧化和传统臭氧氧化反应过程中将会生成其他的化合物，这些化合物具有相对小的分子量，还带有极性和诸如醛、酮、羧酸类型的含氧化学官能团。

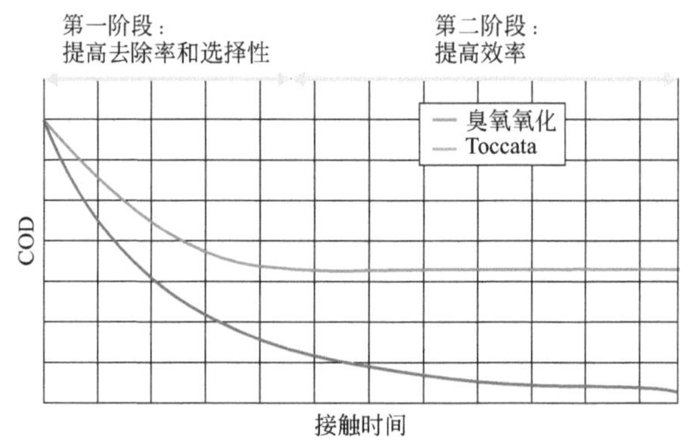

图 17-39 典型的 COD 去除曲线

因此，当可生物降解化合物的去除率低于不可生物降解化合物去除率时，由于不能生物降解的 COD 部分被氧化，从而提高其可生物降解性。在此情况下，建议将催化臭氧氧化与后续生物处理工艺联合使用（例如生物滤池 Biofor）。

基于不同应用和反应器的形式，此反应过程应用的催化剂分为两种类型：

① 平均颗粒粒径为几百微米的粉末催化剂。首先需要在移动床类型的反应器中形成均相悬浮液，而臭氧是以微气泡的形式被注入反应器中（图 17-40 和图 17-41）。该反应器包含两个连通的隔间，载气（通常是空气）通过隔间里一个闭合环路注入，在载气的作用下，呈悬浮态的催化剂在这两个隔间之间连续循环。臭氧氧化发生在第二个隔间中，臭氧气体与水流逆向接触。臭氧的投加量通过其在废水中的反应速率进行控制，而此控制未考虑将催化剂保持悬浮状态所需的任何水力条件。经固液分离（沉淀、微滤、水力旋流器、膜等）后，催化剂被连续地循环回反应器。

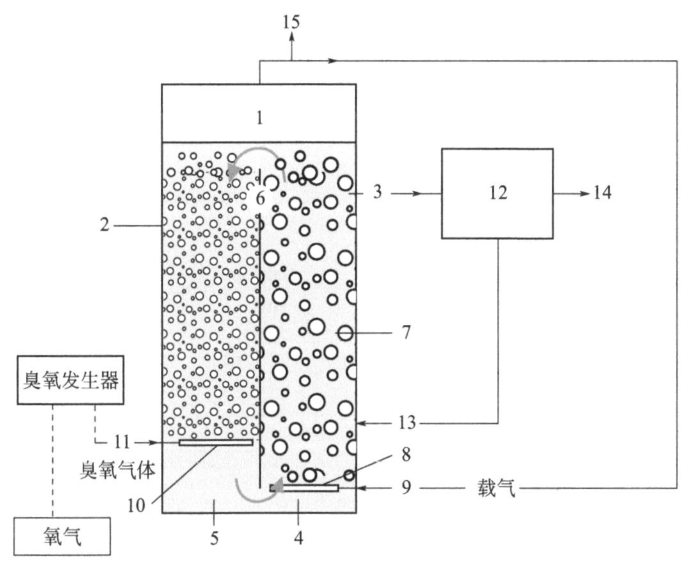

图 17-40　移动床 Toccata 反应器运行示意图

1—反应器；2—液体进口；3—氧化后水出口；4—载气扩散格间；5—臭氧气体扩散格间；6—竖壁；7—催化剂；8—载气扩散系统；9—载气进口；10—臭氧气体扩散系统；11—臭氧气体进口；12—液-固分离单元；13—催化剂回流；14—处理水出口；15—气体放空

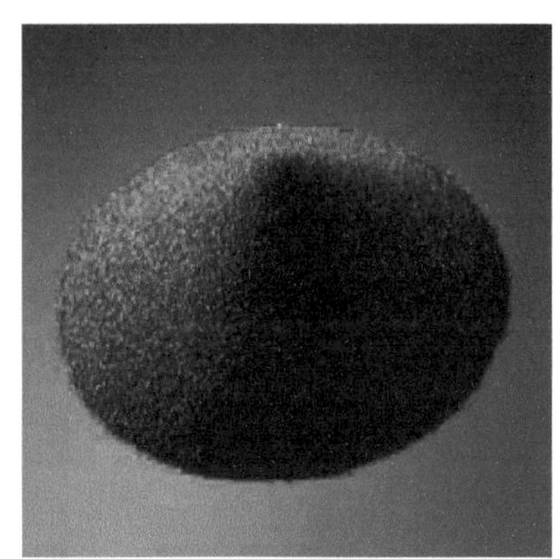

图 17-41　使用粉末催化剂的 Toccata 系统单元

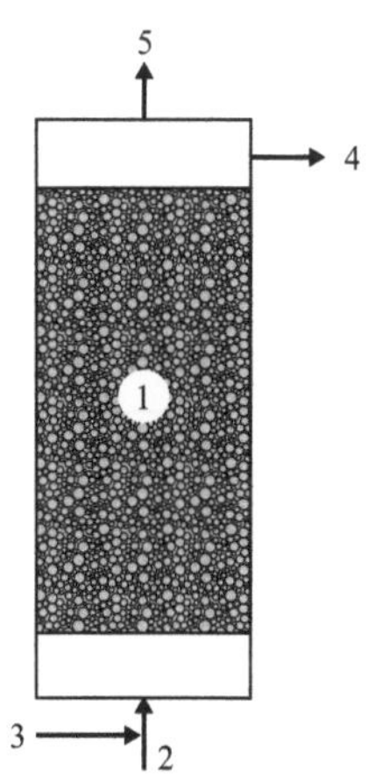

图 17-42　固定床 Toccata 反应器的示意图

1—催化剂床；2—待处理水进口；3—臭氧气体进口；4—处理水出口；5—排气口

② 直径为毫米级的颗粒催化剂，适用于传统的固定床反应器，水和臭氧气体顺流上升进入此反应器（图 17-42）。

Toccata 工艺广泛应用于不同工业废水的处理以达到高效氧化的目的（见图 17-43 的示例）。与传统臭氧氧化和使用自由基的臭氧氧化工艺（如 O_3/H_2O_2 或 O_3/UV）不同，由于反应效果取决于催化剂的活性，并不受通常出现在工业废水中能够捕获自由基的化合物的抑制效应的影响，因此待处理水的水质对氧化效果的影响相对较小。与传统臭氧氧化工艺相比，对于相同的 COD 消减量，催化剂的活性和选择性使得臭氧消耗量显著降低（以表 17-12 为例）。

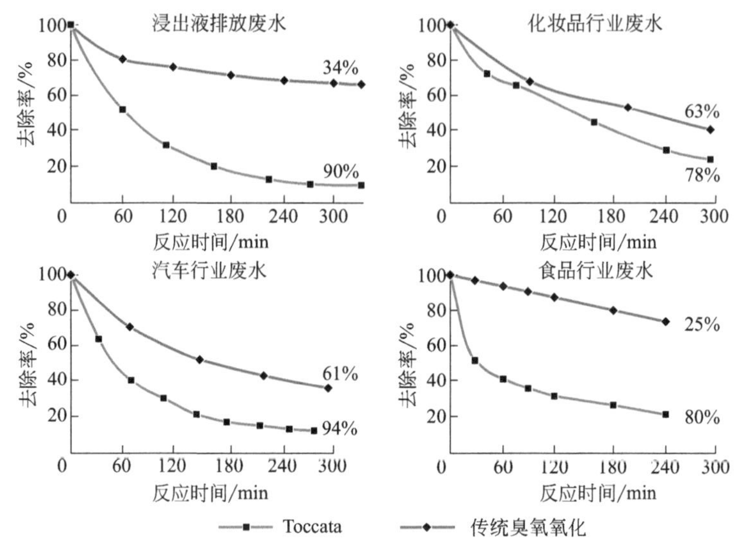

图 17-43 臭氧氧化和臭氧催化氧化（Toccata）去除 COD 的动力学研究

表17-12 单纯臭氧氧化时达到既定COD去除率时消耗的臭氧量

工业废水	COD 消减量 /%	去除每克 COD 所需臭氧量 /g	
		臭氧氧化	臭氧催化氧化（Toccata）
浸出液	34	14.1	2.3
化妆品行业	63	3.8	3.2
汽车行业	61	3.3	2.8
食品行业	25	21.5	4.3

17.5 其他氧化和消毒工艺

17.5.1 高锰酸钾

在实际生产中，高锰酸钾是由称作软锰矿的二氧化锰矿石通过以下方式在实际生产中制取。

① 采用湿式或干式氧化工艺将二氧化锰氧化成高锰酸钾；

② 电解氧化锰酸盐以生产高锰酸钾。

取决于最初的矿石来源，最终的产物也许含有一些痕量的金属杂质（砷、镉、铬、汞、镍、铅、锑、硒）。市售高锰酸钾工业产品的标准含量为98.5%（质量分数），其形态一般为细小的深紫色晶体。根据适用的规范，在环境温度下，可以储存于封闭的具有保护措施的塑料或钢制容器中。使用时，将高锰酸钾粉末溶解于水中，制备成浓度约为3g/L的原液，然后通过投加泵加注到待处理水中。

高锰酸钾是一种相对昂贵的药剂，其主要用于饮用水的预处理，以去除溶解性的锰和铁（见第 3 章 3.12.4.5 节，第 22 章 22.2.1.2 节和 22.2.2.2 节）。它对锰的去除效果比氯更有效。高锰酸钾还有其他广泛应用：

① 预防藻类物质在原水池生长；

② 原水的预氧化以去除色、嗅、味，或尽可能减少后续加氯处理工段所产生的 THM。

由于高锰酸钾对有机物的氧化具有选择性，因此较少用于氧化有机物。其投加量必须根据水质加以调整，以避免过量投加使水的颜色呈现粉色。

17.5.2　溴

溴的化学式为 Br_2，在常压常温下为红棕色液体，易挥发并释放出令人窒息的具有刺激性和毒性的溴蒸气。它在水中的化学性质和氯相似，但是与氯不同的是，在高的 pH 值条件下是以分子溴和次溴酸的形式存在。根据不同物质的氧化还原电位，在酸性介质中，溴的氧化能力弱于氯；在中性介质中，两者氧化能力基本一致；在碱性介质中则比氯强。除此之外，溴胺类物质比无机氯胺类物质更不稳定。

因其杀菌和除藻特性，可使用溴对泳池水进行消毒处理。溴特别适用于漩涡浴缸等这种由于氯的刺激性和令人不快的氯味而不适合加氯消毒的场合。溴以含有 70% 活性溴的小药丸的形式加入水中，并使用安装在旁路上的加溴机通过循环水进行投加。溴的投加量约为 1mg/L。

17.5.3　过氧化氢

工业级过氧化氢的质量分数分别为 35%、50% 和 70%（见第 3 章 3.12.4.6 节）。它是一种透明、无味和带有轻微黏性的液体。为抑制其分解，溶液中需添加无机稳定剂。在正确的储存和使用条件下（采用不锈钢材质的设备和加注器，储存在阴凉处，远离易燃物、燃料或者其他能量源），过氧化氢的年分解率会低于 1%。

在水处理领域，过氧化氢还有其他应用：

① 减少下水道中硫化氢的释放；

② 去除工业废水中的氰化物和硫化物等污染物；

③ 当生化处理系统发生污泥膨胀时进行应急处理；

④ 通过气体洗涤去除气体中的氮氧化物、硫和硫醇等工业污染物；

⑤ 冷却水的消毒处理以抑制藻类和细菌的繁殖。

17.5.4　过乙酸

过乙酸商品是以浓溶液（接近 40%）或低浓度溶液（0.4%～2.5%）的形式供应。储存条件和过氧化氢的储存条件类似，有多种方法可以稳定溶液，以确保在适当的储存条件下使其有效期达到 8～10 个月。

因其成本较高，投加过乙酸在水处理领域一般只作为临时消毒措施：a. 夏季游泳的季节期间，用于城市污水的消毒处理；b. 污泥的卫生消毒处理；c. 控制污泥膨胀。

在这些领域关于过乙酸的应用仍然相对较少。据报道，2～4mg/L 的用量能够去除城市污水中超过 90% 的总大肠菌群。在投加量大于 250mg/L，接触时间持续一周到一个月的情况下，过乙酸可有效灭活剩余活性污泥中的沙门氏菌。

17.6 紫外线消毒

正如之前所讨论的，紫外线消毒的主要优势在于（见第 3 章 3.12.4.8 节）：

① 在短的接触时间内，病原体能够被灭活；

② 几乎不生成副产物；

③ 大多数病原体对紫外线很敏感，尤其是对原生动物孢囊具有强力消毒效果。

这些优点使紫外线消毒成为城市污水、工业废水以及饮用水消毒的优先选择。

17.6.1 基本原理

17.6.1.1 术语

① 灭活：消毒前后微生物数量的变化，灭活率通常以十进制对数表示。

② 镇流器：用于激发和控制汞蒸气放电灯运行的电磁或电子元件。

③ 生物验定：用于确定紫外线消毒系统（比工业级或者更小的规模）消毒性能的测试。生物验定测试通过检测上游投加的目标微生物在消毒系统中峰值的演进过程进行实验验证。

④ 封闭式反应器：能够在一定压力下运行的管式紫外线消毒器。

⑤ 模块：由若干个紫外线灯管组成的一个单元，这几个紫外线灯以冗余模式布置并安装在同一个框架内，每个模块独立供电。

⑥ 开放式反应器：安装在开放式渠道（明渠）中并带有恒液位控制功能的紫外线消毒器。

⑦ 石英套管：套管用于保护紫外线灯以免和水直接接触。紫外线可以穿透这种套管。

⑧ 组件：横向安装在紫外线渠道上的一系列模块。

⑨ 短波紫外线 UVC 剂量（以 mJ/cm^2 表示）：为了达到对特定微生物的目标灭活率所使用或要使用的紫外线能量。紫外线消毒剂量是紫外线通量与接触或者暴露时间的乘积。

⑩ 短波紫外线通量（以 W/cm^2 表示）：一个无限小的球体所接收的辐射功率。在紫外线消毒器中，紫外线消毒辐照度和通量可以相互转换。

⑪ 紫外线强度（以 W/cm^2 表示）：一个无限小的表面积所接收到的辐射功率。此外，还经常使用“强度”这个术语表示辐照度。

⑫ 短波紫外线辐射：在杀菌的过程中，使用波长为 200～280nm 之间的电磁辐射。

⑬ 短波紫外线穿透率（以 % 表示）：通过 1～5cm 水层时投射辐照度与入射辐照度之间的比值，即未被吸收的紫外线与输出总紫外线之比。对于污水，应该测定过滤的（过滤水的穿透率）和未过滤的（未过滤水的穿透率）试样。必须确保在试验期间（天、月）内试样是具有代表性的。

⑭ 紫外线辐射：波长范围为 100～400nm 的电磁辐射。

17.6.1.2 紫外线对 DNA 和 RNA 的作用

核酸、脱氧核糖核酸（DNA）或核糖核酸（RNA）是所有微生物生殖系统的基本组成部分。正如在第 3 章 3.12.4.8 节中已介绍的，组成 DNA 和 RNA 的核苷酸大量吸收波长为 200～290nm 的紫外线辐射，吸收峰出现在 260nm。吸收辐射产生的伤害会导致细胞失去繁殖能力。受到辐射的细胞仍能继续生存一段时间，但不能繁殖从而无法继续污染宿主。

17.6.1.3　需要的剂量

设计的剂量基于目标微生物和消毒所要达到的目标（灭活率或污水中最大菌群数），这个剂量基于经验或是通过灭活试验获得。对于污水消毒处理，灭活试验尤其重要。灭活试验是通过对污水进行平行光束试验，进而获得投加剂量的设计参考值。

（1）基于目标微生物的设计剂量

对于指定的灭活率，设计剂量会随着目标微生物种类的变化而不同。在实验室，容易绘制出某些微生物例如大肠杆菌、粪大肠菌群、总大肠菌群和 MS2 的紫外线灭活率曲线。而其他一些微生物的紫外线敏感度数据却非常难以获得，例如沙门氏菌、脊髓灰质炎病毒和肝炎病毒。因此，在大多数情况下，可使用一个相对剂量比照表以确定适合于某种微生物的设计剂量。表 17-13 给出了常用的紫外线剂量。

表17-13　针对目标微生物的设计剂量

微生物	相对剂量	微生物	相对剂量
大肠杆菌	1.0	脊髓灰质炎病毒	1.5～3.5
粪链球菌	1.3	柯萨奇病毒	3.5～4.5
沙门氏菌	0.9 ～ 1.2	埃可病毒	3.2～3.6
枯草芽孢杆菌	2.1	甲型肝炎病毒	1.2～2.1
枯草芽孢杆菌孢子	3.5	MS2 噬菌体	4.1～7.4

（2）基于出水最大细菌菌落总数的设计剂量

处理目标越严格，需要的剂量就会越高。由于悬浮固体的存在能保护甚至包裹住微生物，因此 UV 剂量和产水细菌菌落数量的关系并不是线性关系（图 17-44）。悬浮固体的尺寸与数量越大，就越难达到严格的低细菌菌落数的消毒目标。

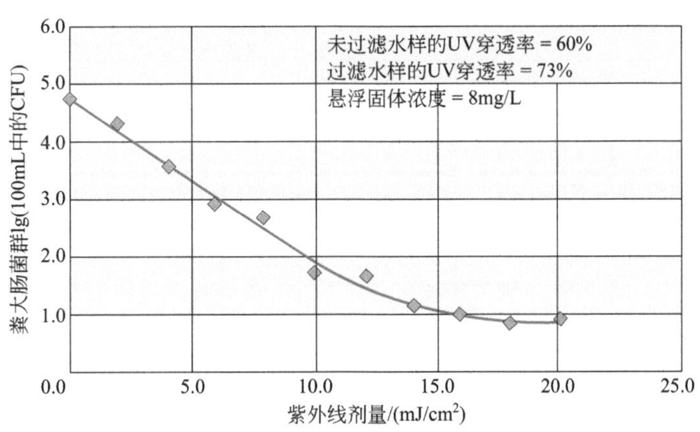

图 17-44　城市污水处理厂（UWW）粪大肠菌的灭活曲线示例

（3）基于目标灭活率的设计剂量［*n*lg（灭活量）］

使用目标微生物灭活率曲线，可以得出与目标灭活率相匹配的 UV 剂量。对于含有悬浮固体的污水的消毒处理，及时检查能否达到目标灭活率非常重要。

17.6.2 不同的紫外线光源

不同的紫外线灯能够发出不同的紫外线辐射，表 17-14 列举了它们主要的特性。

表17-14 主要的紫外线灯的特性

灯类型	低压	低压，高强度	中压和高压	闪光灯	激态原子
光谱①	MC	MC	PC	PC	MC
组成	稀有气体+汞	稀有气体+汞或金属化合物	稀有气体+汞	氙	稀有气体+卤化物
紫外线（短波紫外线）输出量/W	13～27	26～300	150～500	100～500	100～1000
紫外线（短波紫外线）密度/（W/cm）②	0.2	0.8	7	20	10
效率/%③	30～35	30～35	8～10	8～10	8～10
运行温度/℃	55～65	105～200	600～700	800～1000	800～1000
使用寿命/h	9000～13000	8000～13000	5000～6000	1000～3000	4000～6000
相对费用④	1	1	1	2	3

① 单色（MC）或多色（PC）。

② 每厘米弧的长度。

③ 紫外线能量/供给紫外线灯的能量+镇流器单元。

④ 对于相同的紫外线输出量的相对费用。

17.6.3 生物验定（微生物测试）

生物验定是针对紫外线消毒器的性能验证测试，该测试分两个阶段进行。第一个阶段在实验室中进行，测定受测微生物的紫外线剂量-响应特性曲线。在给定的时间内，将受测微生物暴露于由平行光束测试仪产生的精确剂量的紫外线辐射中。基于线性标准、抗紫外线能力、存储条件和重现性选择目标微生物的类型。图 17-45 展示了从平行光束实验获得的典型 UV 剂量-响应曲线。

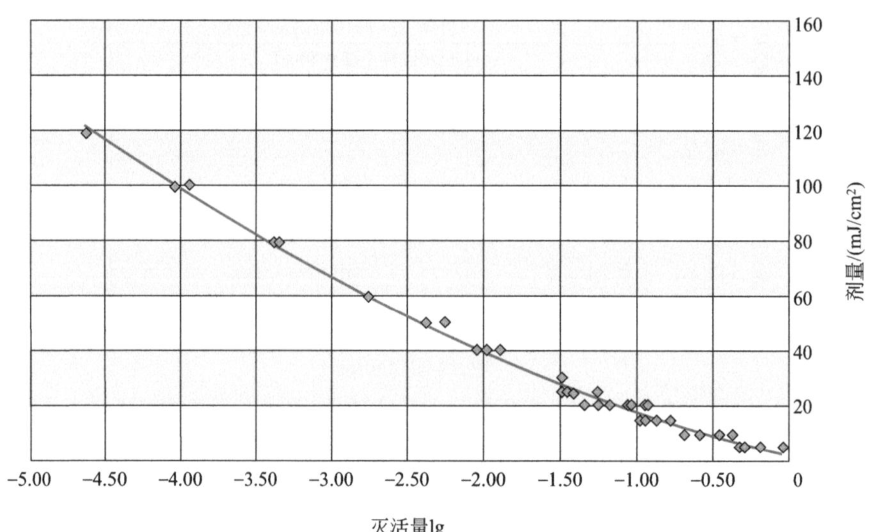

图 17-45 MS2 噬菌体的平行光束实验

生物验定的第二阶段测试在现场进行。利用与平行光束实验相同的目标微生物，测定在不同的流量下消毒系统的效果。结合现场测定的灭活率（以对数表示）和平行光束实验（图 17-46）的测试结果，可以确定消毒系统的实际 UV 剂量。图 17-47 为生物验定的示例。在已知设计流量的情况下，测试结果曲线可用于计算达到设计剂量所需要的消毒器或模块的数量。

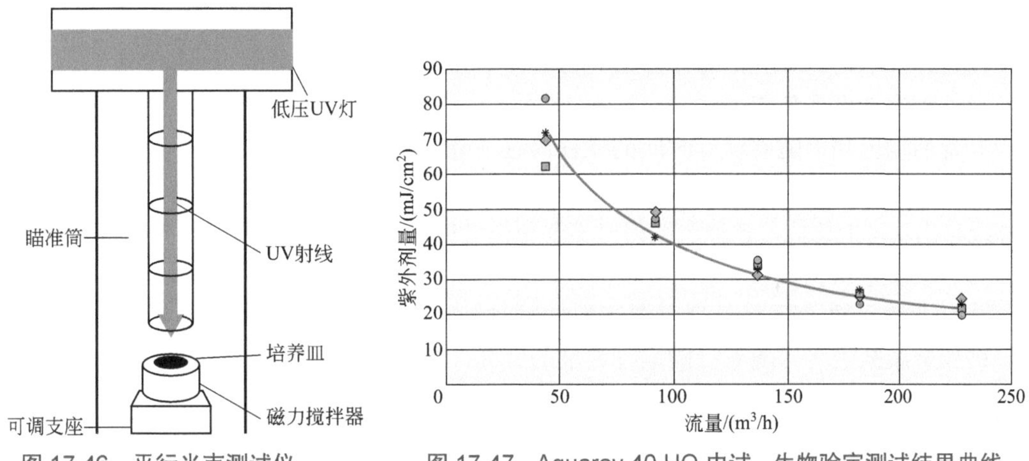

图 17-46　平行光束测试仪

图 17-47　Aquaray 40 HO 中试 - 生物验定测试结果曲线

17.6.4　设计原则

紫外线反应器（消毒器）的特征参数：水在流经反应器时产生的水头损失和在给定的流速下可输出的 UV 剂量。

以下水头损失必须考虑在内：

① 在水力试验期间通过所有组件或反应器的水头损失；

② 对于开放式系统，由液位控制引起的水头损失（固定或移动堰）；

③ 如果适用，由组件或反应器上游的稳流板引起的水头损失。

反应器所能输出的紫外线剂量有 3 种不同的计算方式：平均剂量、离散剂量和通过生物验定试验测定的剂量。

17.6.4.1　紫外线平均剂量的计算

紫外线剂量是紫外线强度与接触时间的乘积，对于单一的紫外线光源和处于代谢停滞期的微生物，这是一种简单的方法，但是对于装备有几个紫外线光源的消毒器和处于代谢活跃期的微生物就很复杂。计算过程中还要考虑灯管的老化（由于运行周期、开 / 关周期数等原因）。

消毒系统输出的平均剂量的计算公式如下：

$$紫外线平均剂量=I_{av}\,t\,\frac{\theta}{t}F_hF_pF_t$$

（1）反应器紫外线平均强度，计算值 I_{av}

通过计算得出消毒器输出的紫外线平均强度，并考虑以下因素：反应器尺寸，紫外线灯的数量以及性能、紫外线灯间隔距离、石英套管的质量和直径，以及水的透光率。对于中压紫外线灯，如果紫外线灯和水的性质参数准确有效，能够计算出各种波长的平均强度。

（2）水力接触时间 t

这是指微生物暴露于紫外线辐射下的理论接触时间，其等于反应器的容积除以流量。

（3）水力系数 θ/t 和 F_h

θ/t 这个参数是从示踪试验测得的实际接触时间与理论接触时间的比值。这个参数表示反应器的水力流态是否为推流。正常情况下，它的值在 0.85～1 之间变化。

F_h 考虑到了反应器内部的径向混合。有效的径向混合使微生物改变了其吸收辐射的程度，因此提升了消毒器的消毒性能。它的值介于 0.5～1 之间。

（4）灯管老化系数 F_p

灯管的输出功率随着运行时间的推移而逐渐降低。灯管的老化是由石英灯泡杂质的氧化以及电极的消耗造成的。灯管老化系数等于运行 N 小时后紫外线输出功率和运行 100h 后紫外线输出功率的比值，该值表明何时需要更换老化的灯管。F_p 系数在 0.65～1 之间变化。

（5）结垢系数 F_t

结垢系数反映了石英套管表面沉积物质对灯管整体性能的影响。主要的污垢包括油脂、钙和金属盐类等。随着灯的运行温度的升高，污垢的影响变得更加明显。通过使用清洗系统能够尽量减少污垢。清洗频率取决于消毒系统的应用场合。结垢系数 F_t 在 0.5～0.9 之间变化。

17.6.4.2 紫外线离散剂量的计算

紫外消毒器输出的辐射剂量可以通过测量微生物通过紫外线强度场（紫外线通量在消毒器内的分布）的轨迹线来计算。紫外线强度场计算考虑了紫外线灯的输出功率、光谱波长、石英套管和水的吸光度（图 17-48）。通常使用水力模型确定微生物的运动轨迹线。此模型还能提供在消毒器内部存在的速度场的信息（图 17-49）。微生物受到的总的辐射剂量等于沿着轨迹线的无限小单元的辐照剂量的积分值。在建模过程中考虑到多种微生物时，通过模型可以得到整体辐射剂量的分布，然后和微生物灭活率曲线结合，进而确定消毒器的性能。

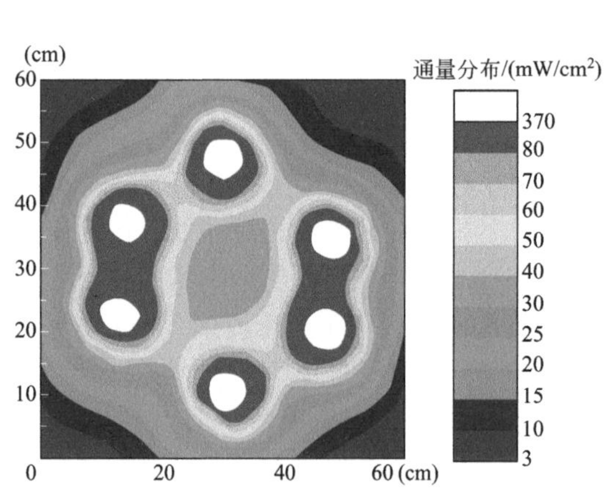

图 17-48 配有 6 根灯管的紫外线反应器中 UVC 通量分布的示例

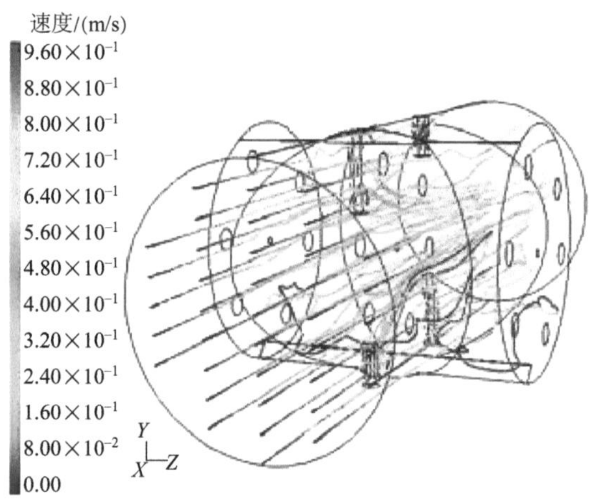

图 17-49 紫外线消毒器流体动力学模型——微生物轨迹线

17.6.4.3 通过生物验定试验测定的紫外线剂量

生物验定试验的结果能够用于设计紫外线消毒系统的规模。为达到此目的，需使用下列表达式：

针对一种或多种微生物，每个模块或消毒器的剂量 =f（流量）。

17.6.5　各种类型的紫外线反应器

17.6.5.1　小型的密闭管式反应器

这些消毒器通常安装在泵的出口处，一般由如下部件组成：

① 一个管状反应室，其端面法兰和反应室的水平轴垂直；

② 一根或多根带有石英管套管的紫外灯，沿着反应室轴线平行布置；

③ 紫外灯的运行控制系统；

④ 自动运行的石英管清洗系统。

这些消毒器具有如下特点：a. 由于辐射场强度高，因而其额定能力大，结构尺寸小；b. 安装简便；c. 水头损失小于 0.5m。

压力式紫外线消毒器见图 17-50。

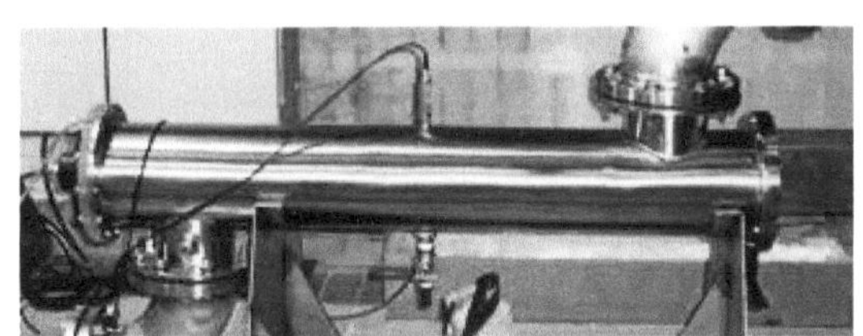

图 17-50　压力式紫外线消毒器 Aquaray H_2O（100m^3/h）

17.6.5.2　中型和大型封闭管式反应器——在线处理

这些反应器通常安装在重力流管线（滤池出口处）或压力管线上（储水池或泵的排出口），包括如下部件：

① 一个带有端面法兰的管状反应室；

② 一根或多根带有石英管套管的紫外灯，沿着反应室轴线垂直布置；

③ 紫外灯的运行控制系统；

④ 自动运行的石英管清洗系统。

这类消毒器具有如下特点：a. 由于辐射场强度高，因而其额定能力大，结构尺寸小；b. 安装简便；c. 水头损失相对较小（$<0.35mH_2O$）。

两台在线式 Aquaray H_2O 反应器见图 17-51。

图 17-51　两台在线式 Aquaray H_2O 反应器（2000m^3/h）

17.6.5.3 开放式反应器

开放式反应器主要应用于污水处理领域，也可以考虑用于大型饮用水处理厂。

这些消毒系统主要包括：

① 单个或多个渠道；

② 多个组件平行地安装于通道内部，每个组件配有一组紫外线灯和石英套管，这些套管和流动方向垂直或者平行；

③ 紫外灯的运行控制系统；

④ 自动运行的石英管清洗系统；

⑤ 用于组件清洗的化学清洗箱（城市污水）；

⑥ 渠道液位控制装置。

其特点如下：a. 采用重力流；b. 紫外线灯、石英套管以及清洁系统等便于维护；c. 移动消毒组件时无须停止进水；d. 水头损失小（大约 0.5m）。

17.6.6 紫外线反应器在饮用水消毒处理中的应用

同时参见第 22 章 22.1.6 节。

（1）安装条件

穿透率等于或高于 85%。

（2）反应器类型及布置

饮用水处理中常用作压力式或在线式的封闭管式反应器（消毒器）。反应器的数量通过设计流量峰值和短波紫外线 UVC 剂量计算，根据允许最大的水头损失以及一定的灵活性来确定反应器采用串联或并联的布置方式。如果要求消毒过程不能中断，需要备用一组消毒器，当进行维护工作（替换灯、石英管或封口）时，可以实现连续进水。

Aquaray H_2O 反应器（图 17-51）就是一个典型的管式消毒器，其装有六个中压紫外线灯。在饮用水消毒处理工艺中，在 $40mJ/cm^2$ 的强度下，两级串联处理单元的处理能力可以达到 $2000m^3/h$。该消毒器配有完整的控制系统，包括一个紫外线传感器，能够根据参比传感器进行校准，因此能确保输出的剂量准确。紫外线传感器还能帮助调节紫外线灯的电弧电流，以与实际的流量相匹配，从而能够减缓紫外线灯的老化并将电耗降至最低。

（3）清洗系统

紫外线消毒系统需要配备石英套管的机械清洁系统。同 Aquaray H_2O 反应器一样，该系统应易于保养和维修。这个机械清洁系统可以和间歇运行的在线化学清洗系统相互补充。在线化学清洗装置则主要针对特定清洗要求进行配置。

17.6.7 紫外线反应器在污水消毒中的应用

17.6.7.1 安装条件

除非是对水质非常好的处理出水进行消毒处理，预处理工艺对于紫外线消毒系统来说是必不可少的。预处理应包括生物处理和三级处理工艺。预处理的要求取决于消毒目标（考虑残余悬浮固体、紫外线穿透率等）。总的来说，如果水的穿透率低于 35% 和悬浮固体浓度高于 45mg/L 将不会考虑采用紫外线消毒工艺，而且对这种水的消毒效果有限［2lg

（最大灭活率）以及每 100mL 污水中总大肠菌群至少为 2000CFU]。若要获得标准的消毒效果 [3lg（灭活率），每 100mL 污水中总大肠菌群为 100 ～ 200CFU]，待处理水需要满足穿透率高于 45% 并且悬浮固体浓度低于 30mg/L 的条件。当需要达到严格的消毒标准时，水必须经过预处理以达到高于 55% 的穿透率和悬浮固体含量小于 5mg/L 的水质要求。

当水中含有铁时，采用紫外线消毒工艺需要做更多的调查研究，因为铁会影响水的穿透率，最重要的是会加速石英套管的结垢速率。

17.6.7.2　反应器类型

开放式反应器（消毒器）一般成套安装和使用。Aquaray 40 系列反应器采用垂直安装方式，因此非常便于对下列部件进行维护：

① 位于模块顶部附近的镇流器（所有的电气连接都在水线以上）；

② 紫外线灯和石英套管（在 Aquaray 40 或 40 HO 消毒器中替换一根灯管大概需要 5min 的时间），因此能够较容易和较快地进行维护。

紫外线灯的改进：从低压 - 低强度灯改为低压 - 高强度（HO）灯（见表 17-14），通过模块框架（导流板）的水力条件得到了改善（见图 17-52 中的 Aquaray 40 模块中短波紫外线 UVC 通量的分布），因而消毒单元更加紧凑并节省了大量的成本。

Windsor 水厂（图 17-53）在 1999 年建造时需要 32 个 Aquaray 40 组件；在 2003 年，则只需要 16 个；在 2005 年时，只需要 6 个具有相同几何尺寸的组件。

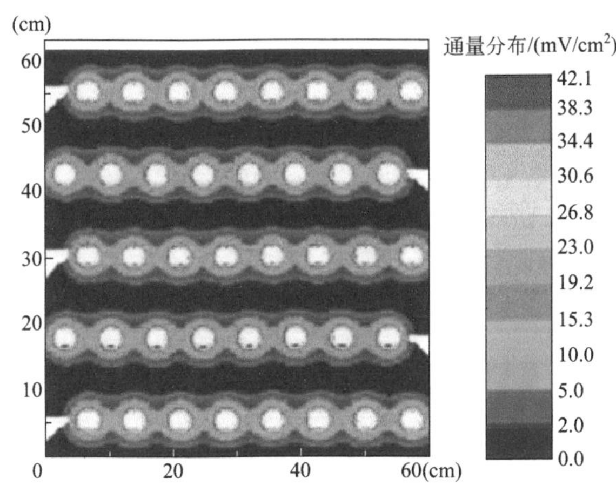

图 17-52　在 Aquaray 40 组件中 UVC 通量分布

图 17-53　加利福尼亚 Windsor 水厂 Aquaray 40

注：从图中可看到镇流器和紫外线灯的箱门，在图的上方，一个双模块组件已被提升出水渠。

图 17-54 中的 Camp Creek 处理厂的消毒系统，将 48 个 Aquaray 40 HO 组件安装于三组 4×4 组件渠道上，布局紧凑且维护方便。镇流器和灯管的检修箱位于模块顶部，而当箱门被打开时系统会自动停止运行。无论进水流量如何变化，浮筒阀（图 17-54 顶部）都会确保紫外灯浸没于水中。

图 17-54　Camp Creek 处理厂（341000m^3/d，紫外剂量 30mJ/cm^2）

（1）清洗系统

消毒系统必须配备石英套管机械清洁系统（图 17-55）。这个机械清洁系统应和间歇运行的在线化学清洗系统相互补充。在线化学清洗装置则主要针对特定清洗要求进行配置。可以通过在组件底部注入压缩空气来改善机械清洁系统的清洗效果（图 17-56）。

图 17-55　Aquaray 40 HO 机械清洗系统 + 导流板

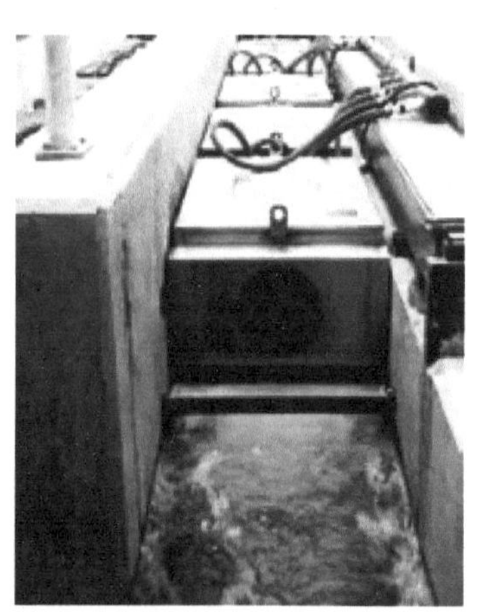

图 17-56　Fairborn Ohio 处理厂使用压缩空气清洗系统的 Aquaray 40 模块

（2）液位控制

紫外线灯必须保持淹没状态，这样可以在水中维持尽可能长的有效电弧长度以及避免灯管过热而引起石英套管过早结垢。设有三个装置能够确保液位保持在一个给定的范围内：固定堰、调节堰以及配重闸阀。

17.6.8　紫外线反应器在工业水消毒中的应用

紫外线反应器通常用于以下领域的消毒：a. 纯水和超纯水；b. 农产品、食品加工行业的冲洗水；c. 循环冷却水；d. 水族馆和养鱼场的循环水。

多种类型的消毒器用于饮用水和污水的消毒处理。消毒器类型的选择取决于需消毒的水的水质。对于饮用水消毒器，其最好用于紫外线穿透率大于 85% 的水。低于该穿透率，则应选用污水处理用消毒器。配套的清洗系统没有区别，其配置取决于具体的应用场合。

17.6.9　调节与控制

17.6.9.1　控制设备

为了达到并维持较好的消毒效果，紫外线消毒系统需配备控制系统，而这也有助于系统的维护，包括：

① 紫外线灯运行控制系统（开 / 关、电流、电压、运行小时数、开 / 关循环次数）；

② 安装于消毒器内部的单个或多个紫外线强度测量仪表（紫外线传感器）；

③ 流量计；

④ 如果有必要，安装一个连续运行的紫外线穿透率测定装置；

⑤ 如果有必要，可利用紫外线强度、穿透率以及流量计，对消毒器输出的剂量进行计算。

Aquaray 系统已经配备性能卓越的自动控制系统。

17.6.9.2　剂量调节设备

这种控制系统的原理是基于流量、紫外线强度（或者紫外线灯电流）和紫外线穿透率等参数。

紫外线灯的运行数量或其输出功率可以通过前述提及的参数来控制。无论进水流量和穿透率如何波动，都能调节辐射到水中的紫外线能量并将其维持在相应的紫外线剂量设定点；取决于所采用的消毒器技术，可以通过调整紫外线灯电弧电流（如 Aquaray H_2O），或开关整排紫外线灯来进行调节（如 Aquaray 40 HO）。

17.6.10　安全与环境

紫外线消毒渠道周围的区域必须进行防护以避免未经允许和没有防护措施的人员出入。必须保护眼睛和皮肤免受紫外线辐射。

17.7　氧化剂和消毒剂的选择标准

表 17-15 列举了选择最佳氧化和消毒技术需要考虑的主要因素。为了达到处理目标，需要对下列各种标准进行综合考虑，有时最终可能会推荐采用多种技术的组合方案。

表17-15　选择氧化和消毒技术时主要的适用标准

考虑项目	适用标准
处理效果	达到处理目标的可能性 广泛作用的光谱、化学反应及较高的灭活率 针对水质潜在波动的可靠性
可能的负面影响	诱发毒性 生成副产物
成本	投资 工艺操作及设备维护 与预处理相关的成本

续表

考虑项目	适用标准
设计	设计结果的可靠性 针对水质潜在波动所留的设计冗余 中试测试的需求
运行条件	药剂的运输及储存或现场制备 易于使用和监控设施 系统的灵活性 安全性

正如前所述，对于目前所有消毒和氧化工艺的应用场合，无论使用何种药剂，处理效果在很大程度上取决于水质、相关的竞争反应以及由反应速率决定的适用性。氧化有机和矿物质化合物的反应速率的测定相对较为简单，但是对微生物灭活的速率的测定则较为困难，这主要是因为：

① 数据的分散性；

② 难以避免的数据延时和迟滞现象；

③ 难以明确区分消毒剂剂量与接触时间对消毒效果产生的影响。

当对饮用水进行消毒处理时，这方面显得尤为重要。

为了对不同药剂的处理效果进行对比，本章 17.2 节、17.3 节、17.4 节、17.6 节中汇总了不同药剂灭活相同的微生物的 CT 值。虽然 CT 值的概念能够简单表征消毒剂的效果，但其确实有些简单，现在 C^nT^m 类型的公式（稳态模型）被认为更具有代表性。无论使用 CT 或是 C^nT^m 进行设计或运行控制，当确定 C 和 T 时，需注意以下条件：

① T 也许等于 T_{10}，其表征了反应器或每个反应室的水力特性。

② 可以使用多种方法确定 C：

a. 在反应器出口处监测残余消毒剂浓度是最简单和最安全的方法；

b.“几何平均”方法考虑了在药剂实际接触期间所测的平均浓度；

c.“CSTR 反应器”方法借鉴并利用了灭活动力学模型研究中的最新进展，包括通过反应器时所有采样点的消毒剂浓度的计算（USEPA 认可的方法和模型）（见图 17-35 曲线下面所包含的面积）。

紫外线消毒设备的产品证书中应提供实际消毒性能的检验报告，即使用紫外线传感器测定的由紫外线灯输出的实际紫外线强度（见本章 17.6.6 节）。

第18章 液态污泥的处理

引言

为了合理设计污泥处理系统，需要能清楚回答以下三个方面的问题：a. 待处理污泥的性质；b. 需要处理的悬浮固体量；c. 潜在的最终用途。

污泥的性质取决于污水中所含的污染物，但更主要的决定因素是污水处理厂所采用的污水处理工艺（参见第2章2.6.1节）。污泥性质是影响不同污泥处理工艺预期效果的主要因素，表现为影响处理后污泥的干固体含量（干度或含固率）、所投加药剂的种类和用量以及处理设备的选择。例如，如果污泥中存在亲水性物质（含有生化污泥、氢氧化物污泥和有机物等），这会对脱水效果产生不利影响，使得最终出泥的干固体含量相对较低。相反地，如果污泥中存在疏水性物质（结晶污泥、重矿物质污泥和初沉污泥等），对其进行脱水处理则往往能够获得较高的干固体含量。

污泥量（悬浮固体量）将决定设备投资水平并在一定程度上影响财务决策。因此，任何合理的污水厂设计都必须重点考虑尽量大幅减少处理过程中的污泥（废物）产生量。通过投加有机和无机类药剂，或者采用超低负荷的生物处理系统，或者采用生化消解之类的工艺（参见第11章11.4节），能够减少污水处理系统的污泥产量。显然，污泥处理系统内也可以实现减量（厌氧消化、焚烧、使用有机调理剂对污泥进行调质等）。

污泥的最终处置（见第2章2.6.3节）对设备的选择具有重要的影响，影响因素包括：a. 是否必须对污泥进行稳定化处理；b. 是否必须对污泥进行消毒处理；c. 是否应避免使用特殊的药剂；d. 需要达到的最低干固体含量；e. 是否需要生产固态产品；f. 是否需要备用或替代系统。

甚至在选择污水处理工艺时，也以处理后污泥能达到较高的有机质含量和干固体含量为目标，以使其能够进行焚烧处置。

因此，涉及污泥最终用途的研究分析应包括：

① 财务分析比较（投资成本和运行成本）；

② 评估所考虑的方案是否符合可持续发展理念及相关法律法规的规定和要求（见第 2 章 2.6.3.3 节）。

18.1　总体的污泥处理路线

图 18-1 展示了污泥处理过程中的主要工艺（实框代表了最经典的工艺或正在开发的工艺，虚框代表了可行的但未广泛使用的工艺或正在逐步淘汰的工艺）。

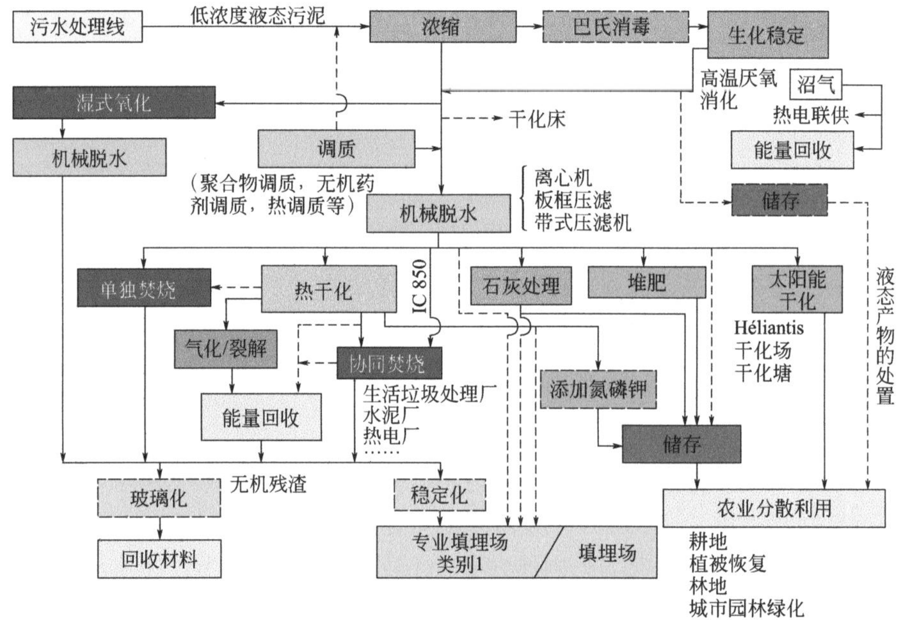

图 18-1　总体的污泥处理路线和最终处置

任何污泥处理工艺都应达成以下两个主要目标：

① 降低污泥的发酵性能（腐化性），即稳定化；

② 减少体积（污泥减量），即去除与悬浮固体结合的水分（结合水）。

下列工艺能够降低污泥的发酵性能（参见本章 18. 4 节）：

① 厌氧消化（高温型或中温型）；

② 好氧稳定化（切实有效的工艺是高温堆肥）；

③ 化学稳定化（如果需要稳定化作用持久，可投加石灰对脱水泥饼进行后处理）；

④ 干化（与污泥性质有关，有些时候干固体含量达到 65%～75% 即可满足要求，但是一般更期望达到 90% 的干固体含量）；

⑤ 以单独焚烧或协同焚烧作为最终处置手段。

可通过以下工艺实现污泥减量：

① 浓缩工艺（参见本章 18.2 节）。当污水处理线末端排出的污泥浓度较低时（大多数情况下为 2～15g SS/L），浓缩基本上是不可或缺的。经过浓缩处理后，污泥仍为液态，但有一些新工艺例外，它们可在一个阶段内同步完成浓缩和脱水。

② 机械脱水工艺（压滤、离心分离）（参见本章 18.5 ～ 18.7 节）。这种工艺的能量水平只能将所谓的“游离水”和一小部分的“结合水”（与悬浮固体颗粒结合的水分）从污泥中分离出来（图 18-2）。大多数情况下，污泥在机械脱水之前需要进行预处理，通常投加混凝剂 / 絮凝剂（无机药剂或合成的高分子聚合物），有时也采用加热的方式进行（参见本章 18.3 节）。

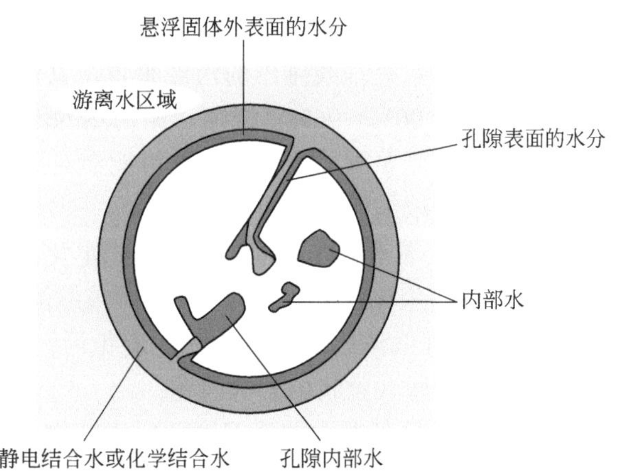

图 18-2 污泥中悬浮固体颗粒的示意图

③ 热法脱水工艺（太阳能干化，使用热交换流体或气体的干化机）。这种工艺的能耗水平较高，能够脱除污泥中大部分甚至是全部的结合水，从而达到很高的干固体含量（图 18-3 和第 19 章 19.3 节）。

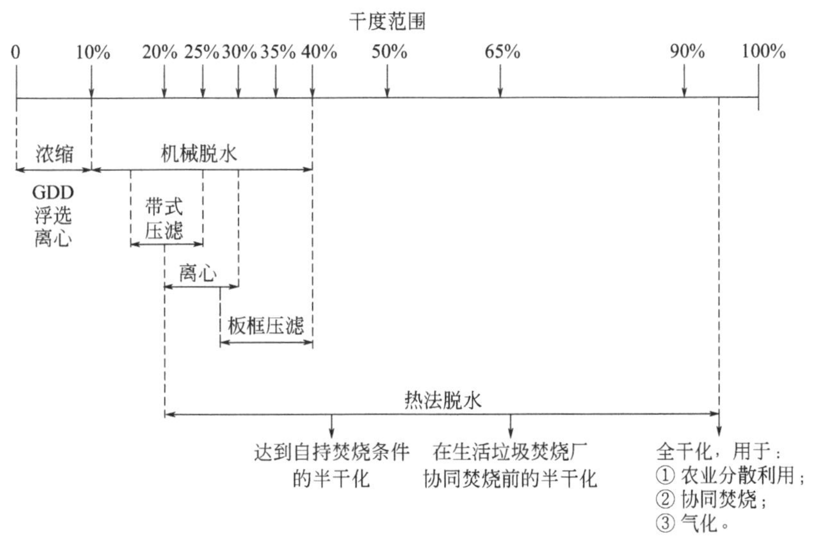

图 18-3 不同脱水工艺的出泥干度（城市污泥）

④ 最后的处理是将有机物完全或基本完全分解（单独焚烧、裂解、协同焚烧、湿式氧化等，详见第 19 章 19.4 节、19.5 节）。

注意：如果要求彻底去除病原菌（卫生无害化处理），一些传统的工艺（如两段式厌氧消化、Naratherm 干化）即能够达到灭菌效果；但也可选择特定的工艺（如巴氏消毒、投加大剂量的石灰进行消毒处理）。

18.2 污泥浓缩

浓缩作为减少从污水处理线排出污泥体积的第一级工艺，通常是不可或缺的。污泥浓缩能够优化后续的调质、稳定化和脱水处理，减小构筑物的规模和降低运行成本。

对于从污水处理线排出的污泥来说，其浓度极低，含水率通常为 99%～99.8%，浓缩后含水率降至 90%～96%。浓缩污泥仍然为液态，因此能够用泵输送。

污泥浓缩需要额外的投资，并可能会对周围环境产生滋扰。但是后续处理成本的节约能够大幅抵消浓缩所增加的投资：

① 减小厌氧消化池的池容或好氧稳定化反应器的容积；

② 无须在生化稳定工艺的下游设置浓缩池，因而能够降低返回污水厂的污染物负荷；

③ 可处理低浓度的初沉污泥，避免污泥在初沉池内发酵，防止生物处理过程中出现泡沫、污泥膨胀（丝状菌）等问题；

④ 总体上降低脱水前污泥调质所需的加药量；

⑤ 提高脱水单元的处理能力，降低其能耗；

⑥ 显著减小污泥输送量、输送管道尺寸和中间储池的容积（如有）。

污泥浓缩通常采用以下两种工艺：

① 重力沉淀浓缩。仅通过重力作用沉淀使污泥浓缩，通常也称作静态浓缩。

② 动态浓缩。使用机械动能进行浓缩，主要包括：a. 浮选；b. 滗水 / 压滤；c. 离心分离。

取决于待浓缩污泥的类型，可在同一个处理厂中将两种浓缩工艺组合使用，其目的是优化最终泥水混合物的浓缩程度（图 18-4）。取决于后续处理系统的限制因素，通常有必要去除污泥中的粗大组分、碎布、纤维等杂质。因此，在浓缩工艺段可能还会设置筛网、格栅、压力式滤网等除杂装置。

有时需要采用旋流分离器去除工业污泥、矿物质污泥和含砂污泥中的砂。为了达到最佳分离效果，旋流分离器需安装在静态浓缩池的进口，以处理低浓度的液态污泥。

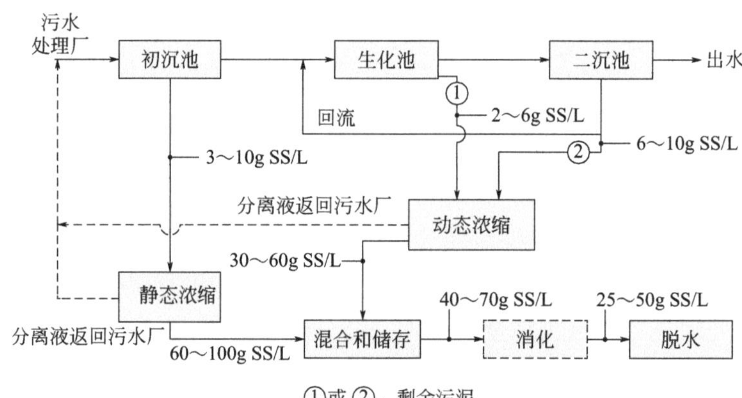

图 18-4　传统污水处理厂的污泥分类浓缩

18.2.1　静态浓缩池

18.2.1.1　描述

静态浓缩池（图 18-5 和图 18-6）是一个圆柱形构筑物，污泥悬浮液被引至池中心的分配井并由此进入池内。污泥组分依靠其自身重量进行沉淀，在构筑物的底部区域形成浓缩的污泥层。

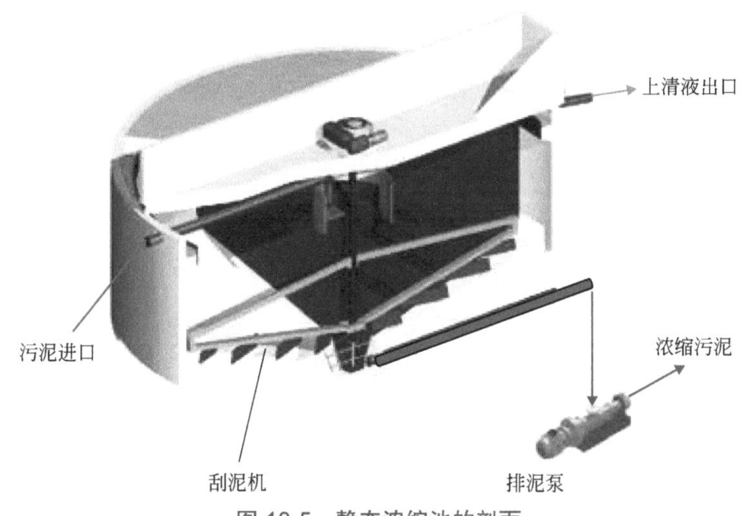

图 18-5　静态浓缩池的剖面

图 18-6　静态浓缩池（直径 13 m）

常规的污泥停留时间约为 24h，浓缩污泥从浓缩池中心的底部排出，上清液从池上部的溢流堰流出。池中安装一台转动的机械设备（刮泥机），用于：

① 依靠刮板将已沉淀的污泥转移至底部的中心泥斗，刮板沿倾斜的池底布置成“百叶窗”形式；

② 利用固定在转动机构上的竖直搅动栅梳理污泥促使其中的间隙水和滞留的气体的释放（对于某些污泥，由于刮泥机结构能够实现上述功能，因此并不一定必须安装搅动栅）。

对于易发酵的有机污泥（例如污水厂初沉污泥），构筑物应加盖通风，排出的气体接入除臭系统（图 18-7）。

图 18-7　马赛污水厂（法国）的污泥浓缩池和消化池，处理能力：150 万人口当量

18.2.1.2　设计

利用肯奇（Kynch）理论设计静态浓缩池，特别是确定与排泥浓度相对应的表面积［参见第 3 章 3.3.1.3 节中的（2）］。

浓缩池竖向高度（至少 3.5m）的设计应考虑以下因素：

① 污泥存储时间；

② 间隙水澄清区（最少 1m）；

③ 基于进泥流量、排泥情况的运行条件，后者取决于脱水单元的运行模式。

大多数情况下，使用静态浓缩池对有机污泥（如污水处理厂污泥）进行处理，不需要投加聚合物。当污泥易发酵并且将在浓缩池内停留较长时间时，例如周末时段脱水设施停运，或位于炎热地区时，投加石灰非常利于浓缩池的运行，其目的是使浓缩池底部区域的 pH 值保持在 7 ～ 8 之间，防止污泥发酵和产生有毒害的臭气。为此，所需的石灰投加量为悬浮固体量的 10%。

对于氢氧化物污泥，例如给水厂污泥，投加聚合物进行絮凝处理能显著提高浓缩池的水力负荷。

表 18-1 提供了用于处理不同种类污泥的静态浓缩池的设计参数。

在污水厂中，静态浓缩池主要用于处理初沉污泥。现在将剩余活性污泥（生化污泥）回流到初沉池入口的方式日益鲜见，因此，也越来越少使用静态浓缩池处理混合污泥。浓缩池不是均质池，因此必须禁止初沉污泥和生化污泥未经充分混合就进入浓缩池，否则污泥不可避免地会出现分层现象，导致污泥性质和浓度不断变化，将对后续的脱水处理造成严重不利影响。

表18-1　静态浓缩池设计参数

污泥种类	聚合物 /（kg/t SS）	固体负荷 /［kg SS/(m^2 • d)］	排泥浓度 /（g SS/L）
污水厂新鲜的初沉污泥		75～120	60～100
污水厂新鲜的混合污泥		45～75（取决于初沉污泥的比例）	40～65（取决于初沉污泥的比例）
污水厂延时曝气污泥		25～35	20～25（取决于有机质和污泥指数）
工业废水除碳酸盐污泥 $CaCO_3$/ 悬浮固体 >90%	0.2～0.5	800～1500	600～850
工业废水除碳酸盐污泥 $CaCO_3$/ 悬浮固体 =40%～60%	0.2～0.5	400～600	150～300
给水厂污泥（高浊度河水水源）	0.2～0.3	60～150	35～60
给水厂污泥（低浊度河水水源）	0.3～0.5	40～60	20～35

由于静态浓缩池对生化污泥的浓缩效果很不理想，动态浓缩成为对其进行浓缩的主流工艺。

18.2.1.3　配置

典型的机械刮泥浓缩池直径在 7～30m 之间。

混凝土池底坡度通常约为 15%，但当处理重质的疏水性污泥时，池底坡度可能超过上述数值。

对于中心驱动双臂全桥刮泥机，其在浓缩重质无机污泥时适宜的传动转矩为 600～800N • m/m^2；若是污水厂污泥，则适宜的传动转矩为 200～300N • m/m^2。刮泥机外周线速度为数厘米每秒至 15～20cm/s。如果污泥较重并且容易快速压实时（例如除碳酸盐污泥），则采用较高的速度。

浓缩池通常为混凝土结构，也可以采用钢制池体（特别是搪瓷钢）。

注意：浓缩池直径可以达到 50～60m（见图 18-8），非常炎热的地区除外。

图 18-8　SIAAP 的 Valenton 第一污水处理厂（法国），处理能力：$30 \times 10^4 m^3/d$，浓缩池直径 52m，中心传动刮泥机，污泥从池中心集泥井泵出

正常工况下，静态浓缩池的运行比较简单，但仍然需要进行几项检查：利用监测仪表或人工监测污泥层的厚度，检测上清液出水的水质（SS 一般为 150～500mg/L）及浓缩污泥的浓度。上述巡检使运行人员能够根据后续系统的状况调节浓缩池的缓冲能力，同时避免发酵带来的问题。一旦上述检查完成，浓缩过程能够自动进行。

就整个污泥处理系统而言，浓缩阶段的能耗最低，仅为 5～10kWh/t SS。

对于工业水厂或给水厂污泥，由于其密度是变化的，污泥分层通常不可避免。建议在浓缩池的上游设置一座初级均质池，向该均质池投加聚合物并回流浓缩污泥，或至少在脱水设施停机期间在浓缩池内连续回流污泥。

18.2.1.4 高负荷静态浓缩池

在某些情况下，例如采用离心机直接脱水时，不建议为了缩减离心机规模而将污泥进行高度浓缩（参见第 18 章 18.6.4.3 节）。此时，浓缩池的设计应根据肯奇曲线的第一部分，即非受阻沉降阶段进行。

从生化池泵出的污泥（浓度 2～5g SS/L）进入浓缩池后，溢流的上清液很快返回污水厂。由于进泥的浓度非常均匀，这种类型的浓缩池非常容易达到稳定状态。

需要投加聚合物对污泥调质（投加量 1～3kg AM/t SS）（AM 为活性物质）。对于延时曝气（硝化 / 反硝化）同步化学除磷（投加 $FeCl_3$）处理工艺的污泥，其排出污泥的浓度为 10～15g SS/L。

18.2.1.5 滤池或生物滤池反冲洗废水浓缩

此类反冲洗废水即使经过均质处理，其污泥浓度也非常低，仅为 0.15～0.8g SS/L。在这种情况下，需要采用快速沉淀池——Densadeg 高密度沉淀池。

其斜管区的表面水力负荷高达 15～25m/h。

此类反冲洗废水的浓缩处理总是需要投加超高分子量的聚合物，并且通常利用 $FeCl_3$ 促进混凝反应的进行。

Densadeg 高密度沉淀池的排泥浓度范围在 20～40g SS/L 之间。

18.2.2 动态浓缩

动态浓缩主要用于浓缩轻质的亲水性污泥，如生化污泥和氢氧化物污泥。其主要优势在于浓缩的速度和对于难浓缩污泥具有良好的动态浓缩性能。

对生化污泥进行加速动态浓缩的目的是：

① 替代大型的静态浓缩池：对于生化污泥而言，静态浓缩池的浓缩效果有限且其上清液回流至污水厂进口会造成进水污染负荷（COD、磷、氮等）的升高。

② 获得更高的浓缩程度：减小后续系统的规模。

③ 快速浓缩：使后续系统能够处理尽可能新鲜的污泥（这对系统运行总是有利的），而且不会将污染物回流到污水厂进口，特别是，得益于处理过程不存在任何厌氧区，磷不会随意释放。污泥未发酵或轻度发酵，不会产生碳源污染物。

18.2.2.1 浮选浓缩

溶气浮选是一种主要的污泥浓缩系统。关于溶气浮选的原理请参见第 3 章 3.4.3 节。

由于具有更佳的浓缩性能，圆形浮选池的应用最为广泛。浮选单元的设计确保气泡层覆盖整个单元的表面，并且污泥层更厚实并分布均匀。因此，浮渣（上浮污泥）的浓度更高。

可采用两种加压溶气方式：全流加压或回流加压（见图 18-9）。全流加压即将污泥自身进行加压处理。加压和压力释放系统的设计能够应对污泥中所携带的各种组分，在运行上不受任何限制（如使用具有自清洁功能的减压阀）。

全流加压的优势在于：

① 浮渣的含固率（干固体含量）更高（提高 5～10g SS/L）；

② 处理生化污泥时，无论污泥性质如何（SVI、VS），均无须投加聚合物；

③ 固体负荷（质量负荷）高［大约 100kg SS/（m^2 • d）］；

④ 即使进泥的浓度或性质在运行中发生变化，也不需要对设置进行调整；

⑤ 上清液的悬浮物浓度处于可接受的水平（80～200mg/L）；

⑥ 底泥很少。

在回流加压工艺中，加压后的水（通常是浮选单元的上清液）在浮选单元的进口释压并与颗粒物混合。加压水的流量常达到污泥流量的 80% 以上。用于生化污泥的浓缩时，回流加压工艺存在一些局限：

① 浮渣的浓度不高。

② 对于难处理的污泥［有机质含量高，污泥体积指数（SVI）较高］，通常需要投加聚合物促进澄清，防止底泥聚集。

③ 当污泥浓度或性质变化时，必须调整加压水回流比。显然，采用高回流量（150%～200%）是一个安全的手段，但这将增大能耗。

④ 其上清液的水质较好（50～100mg SS/L）。

（1）全流加压浮选单元介绍（参见图 18-9、图 18-10）

待浓缩的污泥（1）送至加压泵（9）入口。中间混合池（7）配有液位计，根据进泥（1）的流量变化调节浮选单元的运行。污泥被导入空气饱和罐（10），罐中充入压力可调的压缩空气（11）。饱和罐维持恒定的液位。加压后的污泥（4～5bar）在双阀释压系统（3）中减压。减压阀（A）进行第一级减压，隔膜阀（B）是自清洁阀，通过产生大小合适的微气泡（50～100μm）完成最后的减压。浮选单元设有两个压力释放回路（每一个回路都单独配置专用的加压泵），能够根据中间混合池（7）的液位变化调节其处理量。

随后污泥被导入扩散室（2）。

在微气泡作用下，絮体变轻上浮，聚集在浓缩单元的表面。

刮泥系统（6）将污泥汇集于集泥槽（4），然后从排泥口（5）排入脱气池（参见图 18-11，使用一组缓慢运行的撇渣刮板，防止表面驱动能量强度过大而破坏污泥絮体）。

澄清水从浮渣挡板（13）底部流出，然后从出水口（8）排出。如果需要，采用小型的刮泥机（14）定期排出底泥（12）。出水回流到污水厂进水口。

（2）浓缩生化污泥的浮选工艺性能（全流加压工艺）

以下设计基础来源于 200 多座污水厂运行反馈的结果：

① 不投加聚合物。

② 使用具有自清洁功能的隔膜阀（两级减压）。

③ 对于延时曝气污泥（无初沉池）：

a. 表面负荷：4～6kg SS/（m^2 • h）；

b. 当 SVI<150 时，浮渣的干固体含量为 4.5%～5.5%；

c. 当 SVI 为 150～250 之间时，浮渣的干固体含量为 4%～4.5%；

d. 当 SVI>250 时，浮渣的干固体含量为 3.5%～4%。

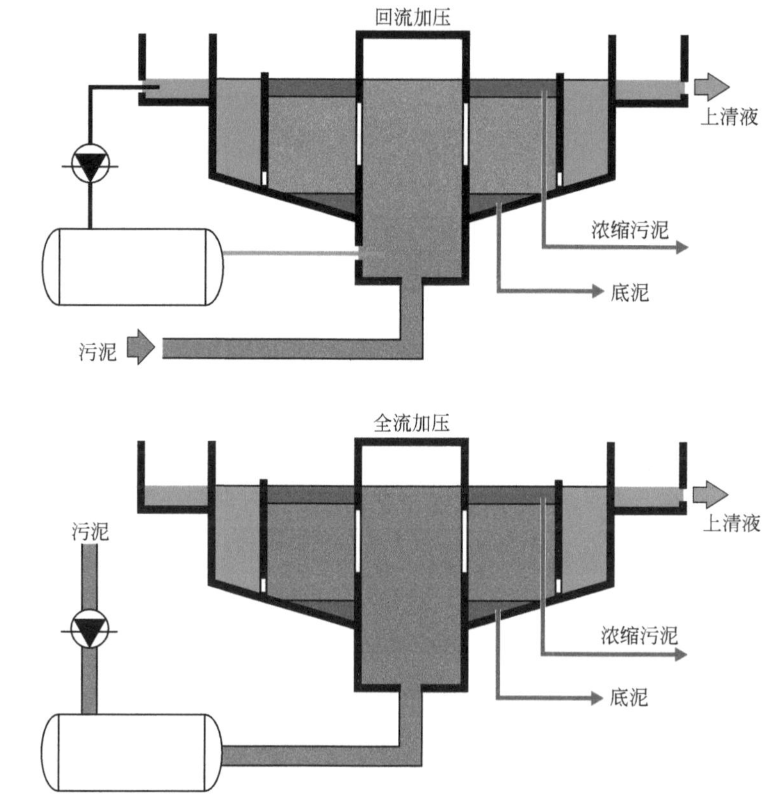

图 18-9　全流加压和回流加压工艺图

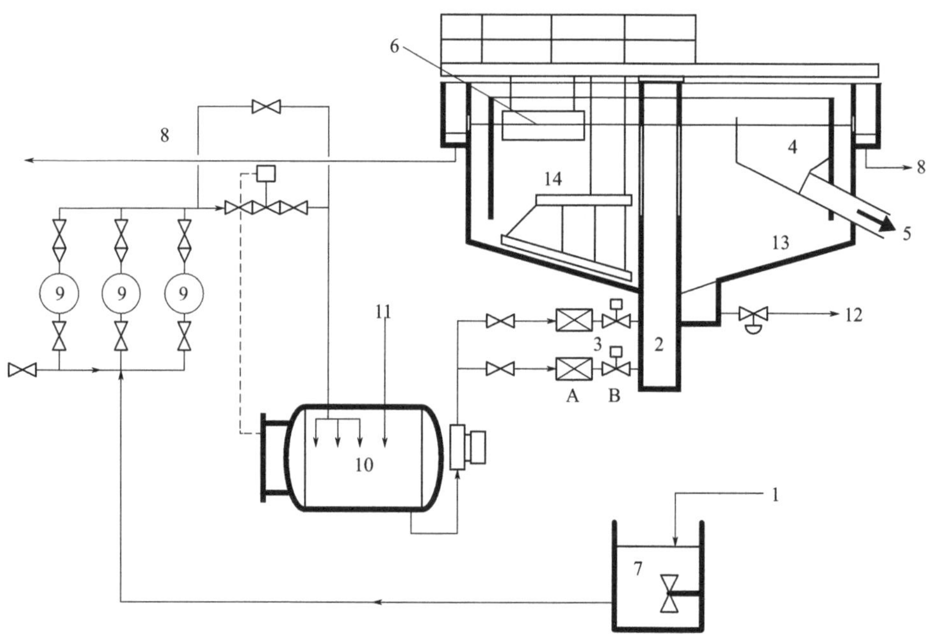

图 18-10　全流加压浮选单元回路示意图

图 18-11　浮选浓缩池（Achères V）（法国）

④ 对于生化污泥（前置初沉池）：

a. 表面负荷：3.5～4.5kg SS/（m^2 • h）；

b. 当 SVI<100 时，浮渣的干固体含量为 4%～4.5%；

c. 当 SVI 为 100～200 之间时，浮渣的干固体含量为 3.5%～4%；

d. 当 SVI 为 200～300 之间时，浮渣的干固体含量为 3%～3.5%；

e. 当 SVI>300 时，浮渣的干固体含量 <3%。

在此类型应用中，上升流速小于 2m/h。为保证加压充分，建议污泥浓度小于 6g SS/L（可选择从生化池或沉淀池回流污泥管线排泥）。

（3）浓缩氢氧化物污泥（如给水厂污泥）的浮选工艺性能

对于此类型应用，必须投加聚合物。因此，回流加压工艺相当适用，可选作氢氧化物污泥浓缩工艺。当进泥浓度较低时（1～2g SS/L），浮渣浓度一般可达到 25～30g SS/L，上升流速为 3～4m/h。

（4）滤池或生物滤池反冲洗废水的浮选工艺性能

此类废水的污泥浓度非常低，但也能采用浮选工艺进行浓缩。这种情况与对悬浮物含量较高的原水进行浮选处理相类似，因此需要投加药剂，聚合物的投加量为 2～4kg AM/t SS。如果污泥浓度太低（150～400mg SS/L），常需要投加 $FeCl_3$ 进行混凝处理，并在线投加聚合物。由于需要水质好的上清液（15～80mg SS/L），回流加压工艺的应用更有优势（回流比 20%～30%）。

相应的水力负荷约为 3～10m/h（取决于反冲洗废水的类型），浮渣污泥的预期浓度在 25～40g SS/L 之间。

（5）全流加压浮选单元配置

总体而言，当污水处理厂规模增大时，浮选单元的竞争力将提高，因此其往往为大型系统，采用混凝土或钢结构均可。目前，浮选单元的直径一般在 20m 以内，因为这一规模的浮选单元足以处理一座 50 万人口当量污水厂产生的生化污泥。

浮选单元能够连续、自动运行（只需每天监测污泥层厚度一次），排泥（撇渣）也是自动进行的（表面污泥层厚度为30～60cm，通过传感器进行监控）。

空气耗量约为悬浮固体量的1%～2%。

相比静态浓缩池或排水浓缩器，浮选单元的能耗较高：60～120kWh/t SS。但其具有很高的灵活性和可靠性，大多数情况下，不需要投加任何聚合物，可弥补能耗方面的劣势。

浮选单元一般不需要备用（泵除外）。浮选单元的负荷能够随时提高（峰值期、故障、延误后赶工等），但这时必须投加聚合物（在线投加）将其切换成高负荷浮选单元。对延时曝气污泥进行浮选浓缩的工艺参数如下：

① 聚合物投加量：2kg/t SS，表面负荷为6～8kg SS/（m^2 • h）；

② 聚合物投加量：3kg/t SS，表面负荷为7～9kg SS/（m^2 • h）；

③ 聚合物投加量：5kg/t SS，表面负荷为20～40kg SS/（m^2 • h）。

随着聚合物投加量的增大，浮渣的污泥浓度仅略有提高，而上清液的悬浮物浓度则有所降低：30～50mg SS/L。

由于注入氧气且停留时间短，特别是连续运行时，浮选单元不会产生或几乎不产生令人不快的臭味问题。尽管如此，由于泥渣浮在表面观感欠佳，很多构筑物都采取了加盖抽风措施。

18.2.2.2 重力排水式浓缩

中小型污水处理厂优先选用基于重力排水原理的浓缩技术。这类浓缩单元布置紧凑、操作简单，但是为形成大粒、易分离的泥团，所需的聚合物投加量较大。

与浮选浓缩相比，重力排水式浓缩能够获得更高的污泥浓度，且能耗更低（25～50kW h/t SS）。

（1）GDD/GDE 栅式浓缩机（图18-12和图18-13）

① 工艺描述

栅式浓缩机适于处理低浓度的生化污泥。

污泥（1）首先经过絮凝（小型单元使用MSC静态旋流式絮凝器，大型单元使用机械絮凝器），然后输配到水平的细格栅网上（2）。栅条具有特殊形状，栅条间隙为350～800μm，使得间隙水迅速排出。絮体截留在格栅上，逐渐变厚，接着被链条（3）驱动的橡胶刮片（4）推送到排泥口（6）。滤液（5）汇集至格栅下方的封闭水箱中。

栅式浓缩机的机罩完全密闭。格栅由喷淋装置定时清洗，其喷嘴在格栅下方的机架上移动。因此，在不影响设备运行的情况下即可对整个格栅进行清洗。

② 优点

GDD/GDE 栅式浓缩机的主要优势在于：

a. 连续、无人值守运行。

b. 特别紧凑，设备完全密闭，使得令人不快的臭味得到控制（全封闭外罩并配有通风系统，将臭气输送至除臭单元）。为防止腐蚀，所有元件均采用不锈钢和塑料材质。

c. 采用固定式过滤介质（格栅），没有移动的传送带，不存在对中控制和横向偏移的问题。

d. 采用GDD栅式浓缩机（图18-14）（双层格栅，栅条间隙分别为350μm和600μm）可用于处理浓度非常低的污泥（可低至2g SS/L）。这是其一个主要优势，因为污泥可以直接取自生化池，无须考虑污泥浓度。因此，浓缩单元入口的污泥浓度非常均匀，使得聚合物投加量的调整最优，实现可靠、无人值守运行（很明显，当污泥来自沉淀池的污泥回流系统时，由于污泥浓度随沉淀池的进水流量和污泥层顶面高度的波动而变化，上述优势并不适用）。GDD 栅式浓缩机用于快速浓缩经充分曝气的污泥，因此，返排至污水厂进口的回流液中几乎不含污染物（磷、BOD_5 等）。对于这类浓度特别低的污泥，需使用具有网状结构的乳液型聚合物，以产生强度和体积均足够大的絮体。

e.GDE 栅式浓缩机（栅条间隙固定为 600μm 或 800μm），用于对高浓度的液态污泥进行浓缩处理。

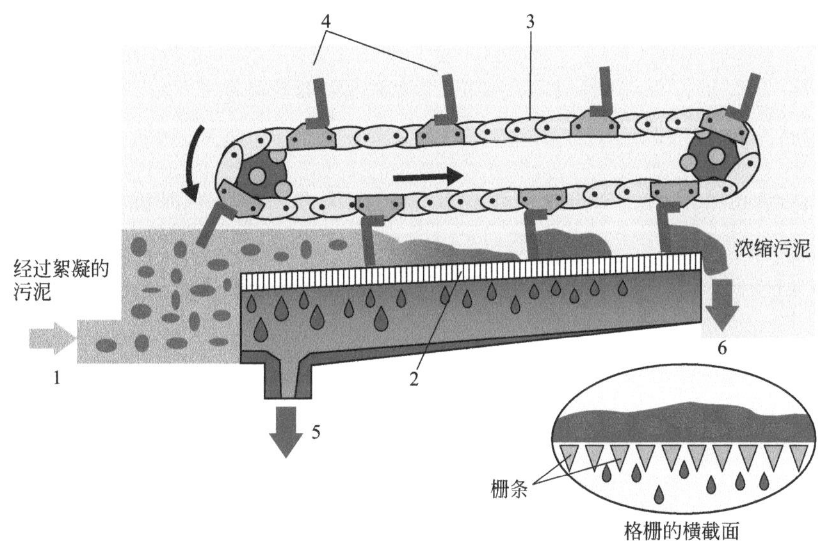

图 18-12　GDD/GDE 栅式浓缩机：原理示意图

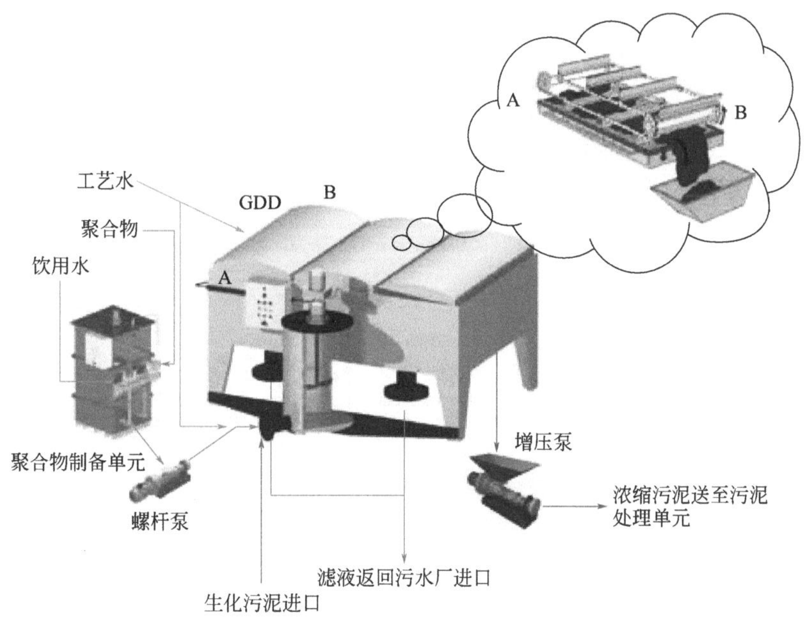

图 18-13　GDD/GDE 栅式浓缩机系统配置

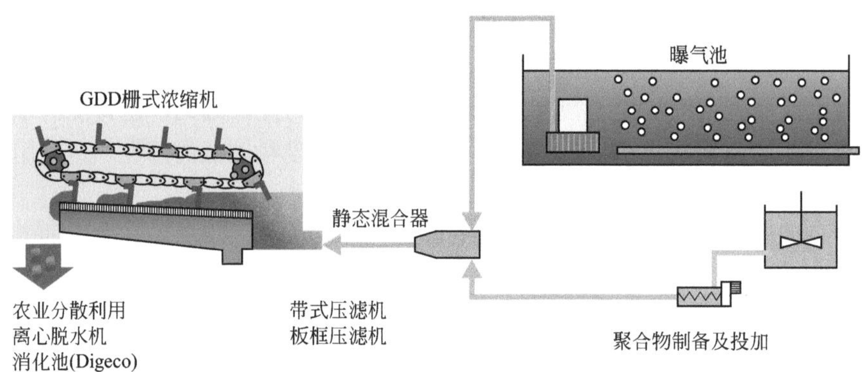

图 18-14　GDD 栅式浓缩机系统配置

③ 设计

当栅式浓缩系统用于处理污水厂生化污泥时，需要考虑下列基础参数，见表 18-2。

表18-2　栅式浓缩系统的处理性能

进泥浓度 /（g SS/L）	栅式浓缩机型号	水力负荷 /[m^3/(m 格栅•h)]	固体负荷 /［kg SS/(m 格栅 • h)］	出泥含固率 /%	回收率 /%	聚合物投加量 /（kg AM/t SS）①
2 4 8	GDD	28～35 28～35 25～30	55～70 110～140 200～240	4～6 4～6 4.5～6.5	90～93 91～94 93～97	4～5 （乳液）
10 15	GDE 6 （600μm）	22～28 17～22	220～280 250～330	5～6.5 6～8	93～97 97～98	3～4 （乳液或粉剂）
20	GDE 8 （800μm）	15～20	300～400	6～10	>98	3～4 （乳液或粉剂）

① AM：活性物质。

由于泥水分离效率高，因此无须对污泥进行压榨。运行过程中定期进行清洗。

GDD/GDE 栅式浓缩机设置于脱水单元的前端（见图 18-15），但并不建议对污泥进行最大程度的浓缩，否则污泥在脱水前很难絮凝，尤其是栅式浓缩机位于离心机甚至是板框压滤机上游时。

④ 配置（参见图 18-16）

格栅宽度的范围是 0.5～4m（即污泥处理能力为 10～140m^3/h）。

栅式浓缩机可安装于地面，或者直接安装于浓缩污泥储池上方，使用增压泵输送待浓缩的污泥。

冲洗喷淋水的流量较小且间歇性运行，冲洗水用量很少。

GDD/GDE 栅式浓缩是投资成本最具竞争力的动态浓缩技术之一。

（2）重力带式浓缩机（GBT）（参见图 18-17）

污泥通过在行走式滤带（网眼孔径为 600 ～ 800μm）上排水进行浓缩，与带式压滤机的运行原理相似（参见本章 18.5 节）。

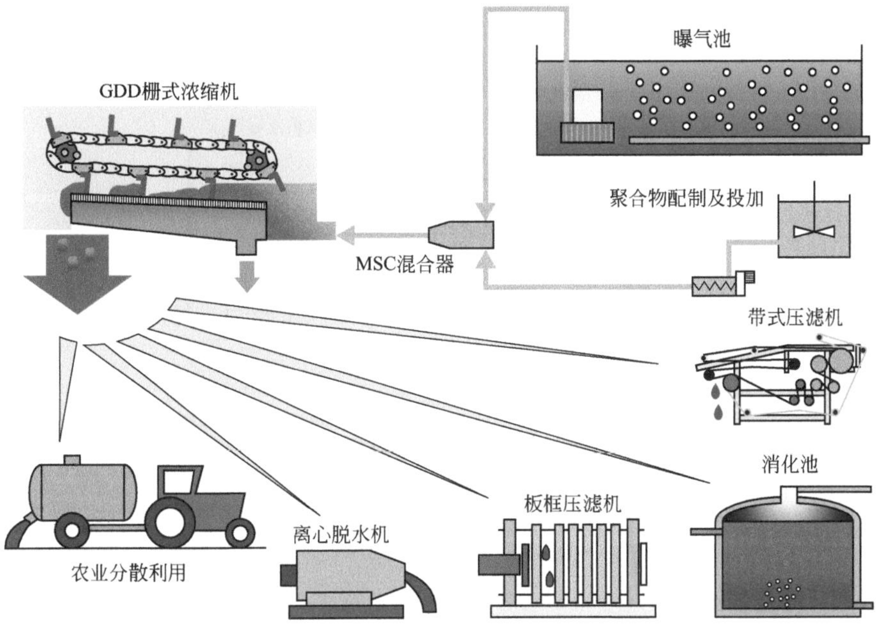

图 18-15　污泥处理流程中 GDD 栅式浓缩的工艺组合

图 18-16　GDD 栅式浓缩机

因此，滤带需配置中心定位和张紧单元。使用较高流量［4～5m³/(m・h)］的冲洗水对滤带进行连续冲洗。

滤带的行走速度较快，达到 10～20 m/min。

水力负荷也较高，约为 40～60m³/(m・h)。

但是，这种设备不紧凑（相当长）且需要人工值守，特别要注意滤带的位移。此外，原则上，为了实现稳定运行，系统的进泥浓度应高于 4～5g SS/L。该设备整体密闭加罩，因此检修维护不便。

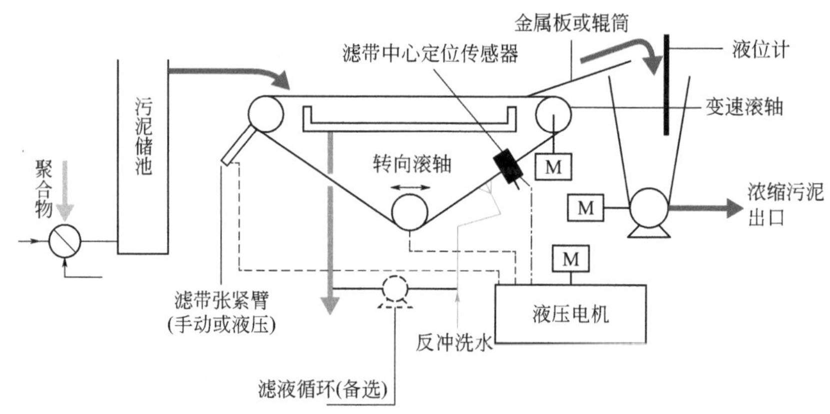

图 18-17　GBT 的原理示意图

（3）排水转鼓

这种转鼓配备了滤筒（通常使用滤带），设备处理能力较小（因此适用于小型污水厂）。由于与栅式浓缩机和重力带式浓缩机不同，设备转动将对絮凝后污泥施加了一定的压力，因此要求污泥絮体具有较高的强度。一般使用这种设备处理浓度较高的污泥（7～10g SS/L）。

18.2.2.3　离心浓缩

离心分离技术将在本章 18.6 节中予以介绍。

这种技术仅仅通过调整运行参数就能将污泥高度浓缩。

总体而言，用于浓缩的离心机与用于脱水的离心机基本相同。但有时，一些制造商提供专用于浓缩的离心设备（如设置斜板区收集滤液的离心机）。

离心浓缩非常适用于需要向污泥稳定化处理单元输送高度浓缩污泥的应用场合。

为降低滤液的悬浮物含量（特别是处理低浓度污泥时），需要投加适量的聚合物。其目的是使滤液的悬浮物浓度低于 500mg/L。

用于污泥浓缩时，水力负荷是确定设备规模的一个限制性因素。因此，剩余污泥必须从沉淀池的回流井中排出（而不能是混合液），以保证离心机进口的浓度至少为 7～8g SS/L。但是这样就不能保证均匀的污泥浓度，导致工艺对污泥性质的波动非常敏感。为了使工艺运行可靠，需要设置一座预均质池或采用合适的自动控制系统（例如，通过监测浓缩污泥的浓度，调节螺旋与转鼓的转速差以确保离心浓缩机出泥的浓度稳定）。

由于离心浓缩机在高水力负荷的条件下运行，固体负荷（质量负荷）相对低，其能耗水平是所有浓缩设备中最高的，达到 120～200kWh /t SS。

例如，对于污水厂生化污泥，表 18-3 提供了转鼓直径为 500～550mm、长径比 $L_T/\varphi>4$ 的离心浓缩机的性能数据（污泥的 SVI<150，有机质含量 < 75%）。

离心浓缩机通常用于较大型的污水厂和用地是首要考量因素的场合。确切地说，这是一种较紧凑且不会产生臭气问题的工艺。

表18-3　离心浓缩机运行性能

项目	流量 50～60 m³/h			流量 40～50 m³/h		
入口浓度 /（g SS/L）	含固率① /%	聚合物投加量 /（kg/t SS）	固体回收率 /%	含固率① /%	聚合物投加量 /（kg/t SS）	固体回收率 /%
6～9	4.5～6	2～3	>95	4.5～6	1～1.5	>95
4～5	4.5～6	2.5～3.5	>92	4.5～6	1.5～2.0	>92
3～4	4.5～6	3～4	>89	4.5～6	2～2.5	>89

① 有可能达到更高的含固率（7%～8% 干固体含量）但未必适用，因其受限于下游处理系统。此外，为了获得较高干度，需要提高聚合物的投加量，降低回收率。

有关离心机运行的细节，请参见本章 18.6 节。在浓缩模式下，主要的运行参数描述如下：

① 在高转速差（V_R）条件下运行（15～30 r/min）。

② 低扭矩，因此需要配套自控系统使其运行稳定。监测入口的固体流量（质量流量）用于调节聚合物投加量。根据浓缩污泥的浓度调整 V_R 和内液池深度，检查滤液澄清效果等。

③ 转鼓的转速不宜过高。

④ 精确调节内液池深度，通常略微调低一些。

当使用离心机对污泥进行脱水处理时，使用同样的离心机浓缩污泥无疑在运行方面具有优势：可以互为备用，备件能够通用等。

18.3　污泥调质

虽然某些污泥会发生“自然絮凝 ”反应（如活性污泥），或来自絮凝处理阶段（如氢氧化物污泥），但是如果其过滤阻力过高，或其压缩系数太大而难以完全固液分离，则很难对其进行脱水处理。因此，为达到理想的脱水效果必须首先破坏污泥胶体的内聚力并人为增大颗粒组分的粒径。这就是污泥调质的目的。

通常采用化学方法进行污泥调质（投加矿物质 - 无机药剂或合成的聚合物），偶尔也采用物理方法（热处理）。

适当的污泥调质是脱水单元运行良好的基础，旨在实现最终出泥的干固体含量、回收率和运行成本等方面的既定目标。

通过不同类型的调质，可将游离水甚至一部分结合水从污泥中释放出来。通过测定污泥中水的活度，可得知其可脱水性以及水从悬浮颗粒中释放出来的难易程度（活度的范围为 0～1，当活度 =1 时，意味着 100% 的水都是游离的、可脱除的）。

图 18-18 展示了污泥调质对易去除的游离水“比例”的影响。使用热重分析方法测定所用调质药剂（调理剂）的效果是一种相对简单的方法：将污泥放置于一个加热的容器中，保持恒定的湿度，测定水分蒸发的速率。绘制出这些曲线就能够区分出易去除的水分（游离水以恒定速率蒸发）和化学结合水或物理结合水。

在各种调质工艺中，热调质［图 18-18（b）］是降低污泥颗粒亲水性最有效的方法（提高了相同初始水分的活度）。使用无机电解质（特别是石灰和金属盐类）进行化学絮凝，可减少结合水的含量，但效果不显著［图 18-18（a）、（d）］。使用聚合电解质只能略微降低结合水的含量［图 18-18（c）］，甚至会提高其含量。因此，选择的调质类型将影响所获得的沉淀产物的含固率。

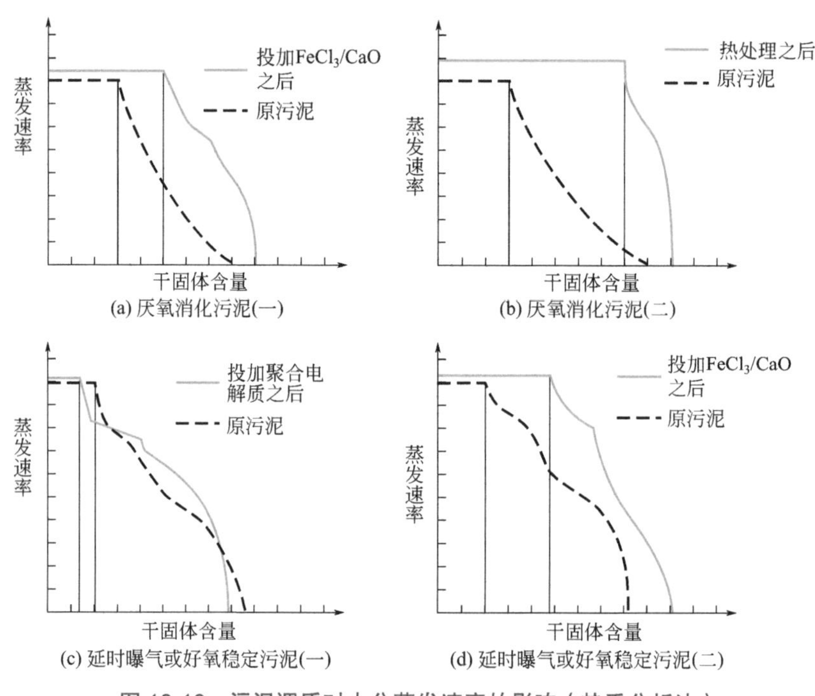

图 18-18 污泥调质对水分蒸发速率的影响（热重分析法）

18.3.1 化学调质

每种化学药剂形成的絮体大小各有不同，无机药剂形成颗粒状絮体，而聚合电解质（聚合物）则生成大团的絮体。

18.3.1.1 无机药剂

无机药剂更适用于板框压滤脱水工艺（参见本章 18.7 节）。事实上，无机药剂能够产生细小但强度很大的絮体。

可供选择的多价阳离子型无机电解质种类众多，但就成本和效果而言，使用最多的是铁盐，其中三氯化铁最为常用，其次是氯化硫酸铁、硫酸铁、硫酸亚铁和铝盐。

铁盐是目前处理有机污泥（污水厂和工业废水厂的生化污泥）最有效、使用最广泛的药剂。选择三氯化铁还是氯化硫酸铁取决于其使用成本。

在投加无机电解质（金属盐）之后再投加石灰（pH>10 是合适的絮凝反应条件）有利于提高污泥的过滤性能：

① 减少结合水的含量（产生更干、更稳定的泥饼）；

② 沉淀一定量的钙盐（有机和无机的），改善过滤性能；

③ 加入致密的无机载体（提高泥饼的渗透性）。

当处理有机污泥时，必须同时投加铁盐和石灰。对于亲水性的氢氧化物污泥，仅投加石灰常足以改善污泥的过滤性能。

很明显，无机药剂的投加量取决于待处理污泥的性质和所期望的脱水效果。作为总的指导原则，压滤之前药剂的投加量可按表 18-4 进行估算。

表18-4　板框压滤机常用药剂的投加量

污泥类型	$FeCl_3$/%①	$Ca(OH)_2$/%①
污水厂初沉污泥	2～3	10～15
污水厂混合污泥	4～6	18～25
延时曝气污泥	6～8	30～35
农业 - 食品工业废水生化污泥	7～10	35～40
澄清污泥（氢氧化铝）	—	30～50
澄清污泥（氢氧化铁）	—	25～40
除碳酸盐污泥	—	—
表面处理废水污泥	—	15～25
工业废水厂（物化和生化混合污泥）	0～5（根据比例而定）	15～30

① 百分比是相对于待脱水污泥中的悬浮固体质量的比例。

为了确保压滤机运行正常，需要在尽可能少投加药剂的情况下使污泥达到足够的过滤性能［对于厢式压滤机，污泥比阻 $r_{0.5}$ 应为（5～15）$\times10^{11}$m/kg］。过量投加调质药剂意义不大，仅能略微提高泥饼的干固体含量（干度）。

建议开展简单的实验室测试以确定每个项目所需的合适的投药量（参见第 5 章 5.6 节和本章 18.7.1.1 节中有关 $r_{0.5}$ 和 CST 的测试）。

如果污泥中存在纤维或重质无机物，药剂的投加量会降低；若含有大量的蛋白质类有机物，药剂投加量则会有所增大。投加药剂会增加待过滤物质的量，因为加入的大部分化学药剂会生成金属氢氧化物和钙盐沉淀，并以固体的形式留存于脱水污泥中。因而，当设计压滤设备时，需要考虑以下方面：

① $FeCl_3$ 投加量的 60%～70% 会保留在泥饼中；

② $Ca(OH)_2$ 投加量的 80%～90% 也会以固体的形式保留在泥饼中。

相应地，一部分药剂会以溶解态的 Cl^- 或 Ca^{2+} 转移到滤液中。

为实现药剂与污泥的最佳混合，通过加水稀释（对于浓度高的 $FeCl_3$ 溶液）和采用浓度为 50～80g/L 的石灰浆，以将药剂更容易地分散到污泥中。

污泥在连续混合池中逐级絮凝（向两级反应池内依次投加金属盐和石灰，见本章 18.7.2.5 节）。接触时间 5～10min，絮体有充足时间变大。搅拌强度较高（150～300W/m^3）但不可过高。

额外的絮体熟化期可能利于污泥调质，但搅拌时间过长、强度过大会降低调质后污泥的过滤性能。污泥经调质后若在过滤之前储存过久（有时是由于压滤机的操作要求），其过滤性能也会变差，特别是没有经过石灰充分处理的新鲜污水污泥，其过滤性能很可能变得更差。

在絮凝污泥的转移过程中，要避免絮体遭到破坏，因此应避免使用离心泵，优先选用偏心螺杆泵。对于某些具有磨损性的污泥，优先选用柱塞泵或高压隔膜泵。

污泥调质单元可完全自动化运行，药剂的投加量根据污泥流量进行调节，如可行，亦根据污泥浓度进行调节。

18.3.1.2 人工合成聚合物（聚合电解质）

（1）聚合物的选择和投加量

只有长链的合成聚合物（高分子量聚丙烯酰胺）才能够有效地形成抵抗压滤过程中剪切作用的大块絮体（数毫米），以使其完全从澄清的间隙水中分离出来。

聚合物的作用：

① 利用其长链结构在颗粒之间“架桥”，起到非常明显的絮凝作用。如果使用阳离子聚合物，絮凝效果会由于混凝效应而得到加强。

② 显著降低污泥比阻，释放出来的间隙游离水能够快速排出。另外，亲水性较强的絮体通常呈海绵状，使得污泥的压缩系数较高。

这种絮体结构使下列的技术开发成为可能：

① 开发快速有效的重力排水式污泥浓缩设备：GDD 和 GDE 栅式浓缩机，排水转鼓，带式浓缩机（见本章 18.2 节）；

② 开发使用大网孔（0.4～1mm）过滤介质的过滤设备：降低污堵的可能性，如专为污泥脱水设计的 Superpress 带式压滤机和 GDPress 浓缩 - 带式压滤一体机（见本章 18.5 节）；

③ 通过明显增大聚并颗粒的密度，显著改善离心机的性能（处理能力，但首要的是提高出泥的干固体含量）（见本章 18.6 节）。

可供选择的聚合物众多，通常需要开展简单的絮凝、排水和压缩试验来筛选最合适的产品（见第 5 章 5.6.9 节）。这些测试用于：

① 确定差异化最大的絮体；

② 确认絮体的机械强度（离心分离的重要因素）；

③ 评估絮凝污泥的排水性能（针对带式过滤和重力排水浓缩设备）；

④ 测试排水后絮体的可压缩性；

⑤ 评估污泥是否会从压榨区“跑料”；

⑥ 评定絮体经压榨后与滤带之间的黏附情况。

在考虑所有这些因素之后，筛选出合适的聚合物产品和成本效益最佳的投加量。

初步筛选出的产品经过工业测试后，做出最终的选择。

当处理有机质含量高的污泥（有机质 / 悬浮固体 >40%）或木质素纤维含量高的污泥时，阳离子型聚合电解质特别有效，应用于带式压滤和离心脱水工艺的平均投加量如表 18-5 所示。对于某些应用（如板框压滤），聚合物可以和金属盐一起使用：使用铁盐（Fe^{3+}）初步混凝，再投加聚合物产生亲水性弱的絮体。

具有中等分子量的聚合物更适用于带式压滤机（易于排水）。具有超高分子量的聚合物可形成密实、抗剪切力强的絮体，更适用于离心机。

阴离子型聚合物广泛用于处理以无机成分为主的悬浮污泥（密实的疏水性污泥，金属氢氧化物污泥）。在这些情况下的聚合物投加量通常不高，一般为 0.3～3kg AM/t SS。

表18-5　带式压滤机和离心脱水中聚合物的平均投加量

污泥类型	阳离子型聚合物 /（kg AM/t SS）	
	带式压滤机	高效离心机
污水厂初沉污泥	2～3	4～5
污水厂混合新鲜污泥	3～5	6～9
污水厂混合消化污泥	4～5	6～9
污水厂延时曝气污泥	4～6	7～11
农业 - 食品工业废水生化污泥	5～7	8～12
造纸废水含纤维的污泥	2～4	3～4

如果有机污泥（如生化污泥）与无机污泥（如氢氧化物污泥）混合，聚合物的电离度会随混合的比例而变化。

（2）聚合物制备和投加系统的配置

用于污泥处理的聚合物过去多为粉剂型产品，现在越来越多使用性质稳定的乳液型聚合物。关于聚合物制备系统的一般建议和示意图，请见第 20 章 20.6 节的内容。

粉剂型聚合物常配制成最大浓度为 2～4g/L 的溶液，此溶液使用前必须要经过约 1h 的熟化时间。一般而言，粉剂型聚合物配制成溶液后仅能储存 2～3d。

乳液型聚合物的配制应分为两步：

① 乳液转相：强力搅拌，使用饮用水以 6～10mL 乳液 /1L 水的比例稀释浓液。

② 溶液经过约 20min 的熟化，在此过程中平缓搅拌。

当使用乳液型聚合物时，不要混淆商品用量和活性物质的实际用量。一般来说，乳液型聚合物含有 40%～50% 的活性物质（AM），其密度接近 1g/cm^3。

当比较乳液型和粉剂型聚合物的消耗量时，必须以活性物质的质量（kg AM）或单位质量悬浮固体量所消耗的活性物质（kg AM/t SS）计算。

制备好的储备溶液（浓度 2～5g AM/L）在投加至污泥之前偶尔需要进行稀释，但并没有明确的规定，完全取决于污泥和聚合物溶液各自的黏度。污泥与聚合物混合的工艺非常简单，絮凝反应很迅速，但是絮体常常易破碎。

① 使用离心机时：聚合物直接注入紧接设备入口的污泥管线上，离心机内部提供足够的能量，不需要配置任何絮凝反应器（见本章 18.6 节）。

② 使用带式压滤机时：聚合物加入一个小型搅拌池中，搅拌池设置在上游紧邻设备的排水区。絮凝反应的时间很短，通常少于 1min。

③ 对于 GDE 或 GDD 浓缩机和简易型带式压滤机：将聚合物通过 MSC 静态混合器加入管线，也可达到絮凝的目的。

④ 对于板框压滤机，药剂投加方式就复杂得多。由于板框压滤机在整个运行周期不是连续进料，因而可选择多种加药方式：将聚合物投加至高压进料泵前的絮凝反应器或者在进料泵后进行在线投加并合理配置自控系统进行控制（见本章 18.7 节）。

18.3.2　热处理

热处理是指将污泥加热到合适的温度（180～200℃）并维持 30～60min。热处理会对污泥的物理结构造成不可逆的改变并显著降低污泥的比阻，对高有机质含量污泥的作用尤其明显。

当污泥加热时，胶态凝胶被破坏，颗粒的亲水性急剧下降，颗粒的密度大幅升高。同时发生两个现象：a. 部分悬浮固体溶解；b. 溶液中部分物质沉淀。

纤维素略有降解，脂类物质保持相对稳定。取决于污泥类型，热处理可溶解20%～40%的有机物，因此会产生BOD_5高达3000～6000mg/L（COD/BOD_5=2.5）的分离液。加热新鲜污泥所产生的BOD_5浓度最高。溶解作用随温度的升高和热处理时间的延长而增强。

液相中的氮含量较高（0.5～1.5g/L，以NH_4^+形态存在），磷与金属结合，仍以沉淀物形态存在于污泥中。

18.3.2.1 热处理的优点

对于较大型的污水厂，热处理调质具有较大优势，原因如下：

① 污泥结构得到改善，能够在不投加药剂的情况下进行过滤。温度对污泥的过滤性能具有叠加效应，加热超过半小时即已足够。

② 泥饼含固率非常高（干固体含量常大于50%，远高于化学调质的效果）。

③ 不需加药，脱水污泥已经过消毒处理，易于被土地消纳。

④ 优化沼气利用，对于大型污水厂（服务的人口当量超过100万），将厌氧消化和热处理相结合是一种非常具有吸引力的工艺。

⑤ 性能稳定（对污泥浓度的波动不太敏感）。

⑥ 经热处理后进行浓缩的负荷高而且快速。

18.3.2.2 应用限制

热处理的应用有时会受到如下限制：

①“分离液”必须回流到污水厂进口：造成进水BOD_5超负荷约10%～25%，且污染物大部分是溶解性的并且富含氮，含有一部分难降解COD（通过好氧或厌氧工艺难以去除），甚至可能对微生物产生抑制作用（厌氧工艺）。

② 臭气：加热的污泥会产生大量臭气，必须绝对保证这些臭气不会释放到环境中（需要完全封闭设施并进行通风和除臭处理），必须考虑热污泥的最终冷却。

③ 必须定期清理换热器表面：因此特别限制该工艺用于处理高钙含量的污泥。

18.3.2.3 污泥热处理系统配置

图18-19展示了最常用的污泥热处理系统。在任何情况下，运行目标都是从加热后的污泥中回收尽可能多的热量用于加热待处理的污泥，使得仅需从外部获取将污泥升温到40℃时所需的能量。热量回收通过逆流式套管换热器实现。为保证最短的加热时间和良好的温度控制，常常需要设置一座单独的反应器。

热量可通过以下方式提供：

① 直接向反应器内注入蒸汽（Cotherma系统）；

② 通过间接换热器与不可汽化的热交换流体（如导热油）交换热量（Cothermol系统）。

如果运行过程得到良好监控，热交换能力充分，能耗将处于下列水平：a. 蒸汽直接加热，60～90kWh/m³ 污泥；b. 热交换流体间接加热：40～70kWh/m³ 污泥。

经验表明，当用于以下场合时热处理工艺极为有效和可靠：a. 大型污水厂（反应器容积大于 30m³）；b. 处理消化污泥。

Achères 污水厂（法国）的消化污泥热处理单元见图 18-20。

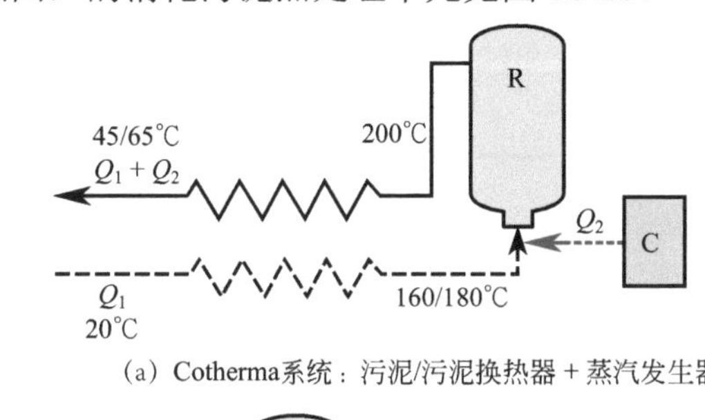

（a）Cotherma系统：污泥/污泥换热器 + 蒸汽发生器

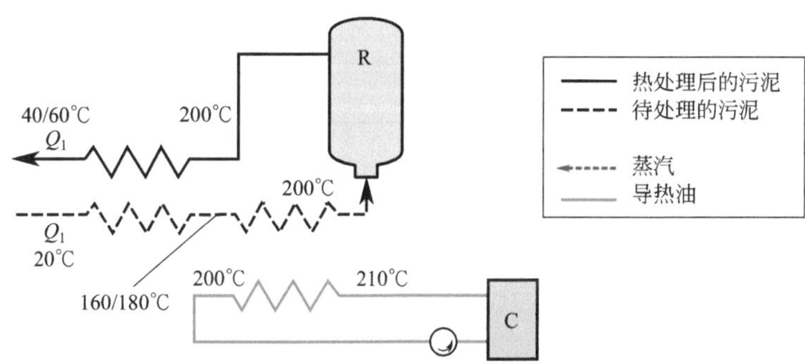

（b）Cothermol系统：污泥/污泥换热器 + 污泥/导热油换热器

图 18-19　典型的污泥热处理系统

Q_1=进泥量；R=反应器；Q_2=蒸汽量；C=锅炉

图 18-20　Achères 污水厂（法国）（消化污泥热处理）

表 18-6 总结了在不同脱水工艺前进行污泥调质的方法（见本章 18.3.1 节和 18.3.2 节的讨论）。

表18-6　用于污泥浓缩和脱水的典型调质方法

调质方法	浓缩池	浓缩（栅式、转鼓式、带板、离心式）	带式压滤机	离心机	板框压滤机
无		√（离心机）			
投加消石灰	√（抑制发酵）				√
投加聚合物		√√	√√	√√	√
投加 $FeCl_3$+ 石灰					√√
投加 $FeCl_3$+ 聚合物			√	√	√√
投加聚合物 + 纤维性结构物料				√	√
热处理					√

注：√√最常用的方法；√可用的方法。

18.3.3　其他调质方法

下列其他污泥调质工艺，或因为投资大、运行成本高，或因为调质效果和运行可靠性不佳，故很少被采用。

18.3.3.1　冷冻 / 解冻工艺

冷冻工艺使污泥完全固化，水转变成冰层而得以分离，并将污泥中的电解质浓缩，因此是一种非常有效的降低污泥结合水含量的方法。在冰融化后，这种特性保持不变，因此污泥很容易过滤。

目前，冷冻 / 解冻工艺主要用于以无机矿物成分为主、难以脱水的污泥，特别是饮用水生产或工业水制备过程中产生的氢氧化铝污泥。这种高耗能的工艺与真空过滤组合使用，可以获得含固率超过 30% 的污泥。

18.3.3.2　投加惰性添加剂调质

在污泥中加入惰性的干物质可以提高污泥的内聚力，其主要作用是改善污泥的压缩性能（以压缩系数表示）。

对液态污泥进行调质时，投加的干物质（$CaCO_3$、石膏、锯末、飞灰、煤粉等）不能替代常规药剂，但可以降低常用药剂的投加量。其主要作用是改善泥饼的结构，便于输送，或者易于脱水设备运行，例如在污泥进入带式压滤机之前，向生化污泥中投加碳酸盐，或者向含油污泥中投加锯末或其他纤维类物质。

将难处理的污泥（氢氧化物污泥、生化污泥）与重质无机污泥（除碳酸盐污泥、气体洗涤污泥、硫酸钙、造纸厂污泥等）相混合，也总会利于脱水。为了保证脱水效果，添加剂的投加量必须要达到污泥初始悬浮固体量的 20%～40%。脱水前加入添加剂也起到以下作用：

① 在污泥填埋或回收利用前，人为地提高干固体含量（如添加 CaO 或锯末）；

② 在后续脱水前降低污泥的压缩系数，例如，在污泥送入超高压板框压滤机（10bar 甚至 40bar）前加入飞灰。

18.3.3.3　电渗析处理

这种工艺将下列两种方法组合，产生协同效应：

① 前絮凝：对于污泥处理，絮凝总是不可或缺的；

② 电渗析：连续电场作用于污泥，将毛细水迁移到阴极表面。

电渗析调质方法特别适用于常规机械脱水工艺难以处理的污泥（如强亲水性的油脂污泥）以及需要将含固率提高 5～10 个百分点的场合。但是，其工业化应用仍十分有限，因为投资和运行成本仍然非常高。

使用电渗析强化脱水性能的带式压滤机目前还处于原型机试制阶段。

18.3.3.4　有毒污泥的稳定化药剂

可使用多种药剂对有毒有害污泥进行稳定化处理，如单独使用或联合使用硅酸盐水泥、矿渣水泥、硅酸钠、石膏、飞灰、泥浆、有机树脂等。

严格意义上来讲，这种方法并不是对浓缩的液态污泥的调质，后续并不进行机械脱水，而是将污泥固化。

取决于投药量，最终的产品会是糊状物、松散固体或完全的固化状态。这种产物可直接填埋，大部分的重金属已被化学固定，不会浸出。但是，这种工艺的主要局限性是污泥的液相体积有所增大且稳定剂投加量大（为液态污泥量的 15%～35%）。因而，仅在处理特殊的有毒有害污泥的集中处理厂才会采用这种高成本的工艺。

18.4　液态污泥的稳定化

稳定化是指可以达到以下目的的污泥处理工艺：

① 强化可生物降解物质的发酵性能，使得污泥得以降解，便于储存并实现污泥减量；

② 抑制厌氧发酵，这种发酵释放臭味并降低污泥的脱水性能。

同时，稳定化处理工艺可以减少污泥中的病原菌，具有一定的消毒作用。

因此，为了控制有机物的发酵，需要采用好氧工艺（如生物稳定化或高温好氧消化）或者厌氧工艺（高温或中温厌氧消化）来去除污泥中易于生物降解的组分。理论上来讲，将其中的有机组分去除之后，污泥即使长期储存，排放臭气的风险也可以排除，厌氧发酵也不会发生。

为抑制不可控的发酵，需要通过调整不同参数来抑制污泥中的活性微生物。这些参数包括：温度（见“巴氏杀菌”或热干化）；pH（见石灰处理）；水分（热干化、太阳能干化）。所有这些工艺同时都对病原菌起到灭活作用，即针对污泥都进行了一定程度的消毒处理。

第 19 章 19.1 节所述的堆肥是一种高温好氧工艺，可应用于脱水后有机污泥的处理，也用于控制发酵和对污泥进行一定程度的消毒处理。

显然，污泥中所有的有机物都被去除之后，残余组分均为惰性物质。只有采用如焚烧、裂解 / 气化、湿式氧化工艺才能够达到这样的效果（见第 19 章 19.2～19.6 节）。

生物稳定化只用于处理可生物降解物质含量高的污泥（通常可生物降解物质含量大于50%）：

① 初沉污泥：城市污水初级沉淀池排出的污泥；

② 生化污泥：中高负荷好氧生化处理单元产生的污泥（剩余活性污泥、滴滤池产生的污泥、生物滤池反冲洗产生的污泥）；

③ 混合污泥：上述两种污泥的混合污泥；

④ 延时曝气剩余污泥：低负荷无初沉好氧生化处理单元所产生的污泥（剩余活性污泥）。

未经稳定化处理的污泥称为新鲜污泥（生污泥），而稳定化后的污泥称为稳定污泥或消化污泥。一般而言，消化主要是指通过厌氧方法对污泥进行稳定化处理。

各种工艺去除污泥中有机物的程度见图 18-21。

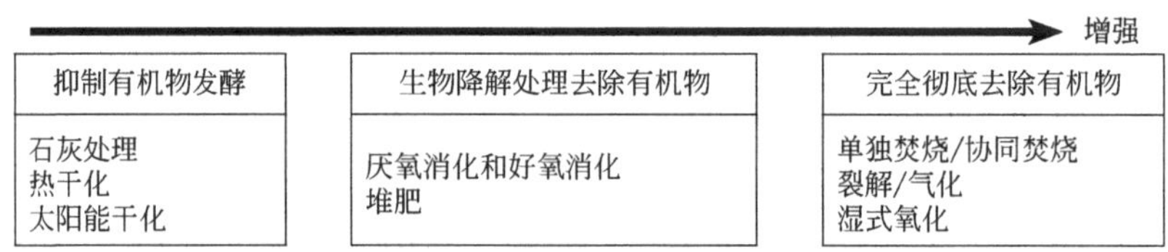

图 18-21　各种工艺去除污泥中有机物的程度

18.4.1　厌氧消化

沼气发酵（甲烷发酵）（见第 4 章 4.3 节）是生物界中已知的破坏细胞最有效的方式之一，而且这种方法也可以去除大量的有机物。污泥的厌氧消化一般无须将浓缩的消化污泥进行回流，因为停留时间和污泥的初始有机物浓度已足够微生物代谢增殖而且无生物泄漏的风险。

产气量是最简单也是最具代表性的评价消化质量优劣的指标，主要取决于以下三个因素：a. 温度；b. 停留时间；c. 有机物经消化后的稳定化水平。

一般来讲，污水处理厂消化系统的预期处理目标是将混合污泥中的有机质含量降低40%～50%。

当消化系统运行稳定后，每消解 1kg 有机物可产生 900～1100L 的沼气。沼气主要含有 CH_4（体积分数 60%～65%）和 CO_2（体积分数 35%～40%），其他成分的含量很低，包括 CO、N_2、烃类、H_2S、硫醇类、挥发性有机物。很明显，沼气的净热值（NCV）取决于 CH_4 的含量，在标准状态下其范围为 21300～23400 kJ/m^3（5100～5600 kcal/m^3）。

对于消化系统的运行，启动的速度、稳定的发酵、产气量大小、温度都是决定性因素。

中温消化工艺应用广泛，消化温度约为 35℃。

高温消化应用较少，消化温度为 50～60℃。其特点是消化池容积小 1/2，并且对病原菌的灭活能力强，但能耗大，运行费用高。

两级厌氧消化则将二者的优势集于一身：第一级高温消化的停留时间短，有机物可快速水解；甲烷发酵在第二级中温消化池得到优化。

18.4.1.1　影响厌氧消化效率的参数

除了温度之外，停留时间（基于新鲜污泥的进泥量）和有机负荷也是重要的设计参数。

$$\mathrm{HRT}=\frac{V}{Q_{\mathrm{S}}}\text{和}\mathrm{OL}=\left(C_{\mathrm{S}}\frac{\mathrm{OM_S}}{100}Q_{\mathrm{S}}\right)/V$$

式中　HRT——水力停留时间，d；

V——消化池容积，m^3；

Q_S——新鲜污泥进泥量，m^3/d。

OL——有机负荷，kg OM/(m^3 • d)；

C_S——新鲜污泥中悬浮固体浓度，g/L；

OM_S——新鲜污泥中有机质含量与悬浮固体的百分比，%。

当消化池具有合适的容积以及新鲜污泥具有足够高的浓度（减少待处理污泥量）时，即可确定污泥在消化池内的有效停留时间。

图 18-22 展示了有机物负荷随水力停留时间和新鲜污泥中悬浮固体浓度的变化情况，图中标示出了不同类型的厌氧消化池合适的运行区域（见本章 18.4 节）。

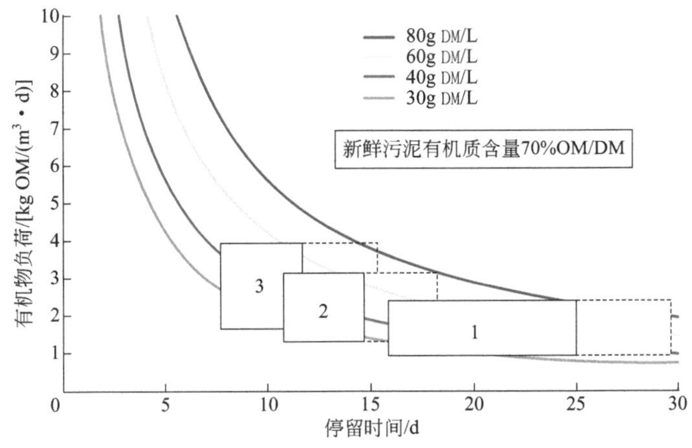

图 18-22　不同类型消化池的最佳运行区域

1——一级中温消化；2—二级高温 / 中温消化；3——一级高温消化

注意：为避免处理负荷超过消化池所能承受的最高水平，可以延长停留时间（即图 18-22 中点虚线区域）。

调整以下三个参数也具有改善污泥消化池运行性能的作用：

① 搅拌强度：由于黏度的原因，相比于污水发酵，搅拌强度对于污泥发酵更为重要。高效的搅拌可以降低消化池内温度和有机物浓度的不均匀性，同时增加微生物与被消解物接触的机会。实际规模的消化池与实验室规模的消化池在消化性能上存在差异，这通常能够用搅拌强度来解释和说明。

② 稳定进泥：在固定的时间间隔内，规律地投加新鲜污泥，并且定期将消化污泥排出，避免消化池内微生物急剧增殖。

③ 有机物含量、性质和结构：这些因素都会影响有机物的去除率。通常，污泥中有机物含量越高，消化性能越好，如含有初沉和 / 或高负荷生化工艺的污泥。相反，对于延

时曝气工艺排出的污泥，消化性能就会降低 30% ～ 40%。此外，机械预处理、热法预处理甚至是化学预处理都可改善污泥中的有机物性质，使其更易于生物降解，从而提高消化效率（见本章 18.4.1.8 节）。

18.4.1.2　消化处理的效果与优势

城市污水处理厂排出的新鲜污泥呈灰色或浅黄色，含有粪便、蔬菜残渣和纤维类物质，散发出难闻的气味。完全消化后的污泥呈黑色（硫化铁），有淡淡的焦油味。除了人的头发、动物毛皮、某些种子和废塑料以外，污泥中原有的成分已经很难辨认。几乎所有的病原菌和 90% 的沙门氏菌都已被杀灭，但是对病毒和寄生虫卵的灭活效果并不理想。与经化学稳定化甚至是好氧稳定化处理的污泥不同，厌氧消化后的污泥可以在露天进行装卸、输运、堆放等处理，不会对周围环境产生任何有害的影响，即使长时间储存，也不会出现发酵的情况。

可通过如下方法计算污泥中有机质含量的降幅，假设：

① m_1 为新鲜污泥中的无机物含量（%，与悬浮固体的比值）；

② m_2 为消化污泥中的无机物含量（%，与悬浮固体的比值）；

③ x 为消化后有机质含量的降幅 x（以 % 计）。

可通过以下公式计算得到：

$$x = 1 - \frac{m_1(100 - m_2)}{m_2(100 - m_1)}$$

这个公式是基于假设消化前后污泥中的无机物含量不变而进行的计算。但是，消化过程确实会对无机物含量造成影响，比如影响了碳酸盐的浓度。这个公式只是一个近似计算，但其仍然是实际应用中最佳的计算方法。

污泥中有机物含量降低 40%～50%，相当于污泥中的干物质减少了 1/3，后续的污泥脱水系统的规模可相应地减小。此外，由于消化池的缓冲能力，进入脱水系统的污泥将非常稳定（流量、浓度和泥质）。

需要说明的是，经验表明，污泥在消化处理前后的脱水性能实际上并无差别。

厌氧消化的优点是能够提供一种可存储的能源——沼气，消化所产生的能量收益（沼气）通常远大于消化池加温所消耗的热能。

如在温和的气候条件下，对于悬浮固体中含有 70% 有机物的混合污泥，消化处理所产生沼气量的约 1/3 就足够满足消化系统加热的需要，剩下的 2/3 可以另外加以利用。

沼气通常存储于柜内压力接近于大气压的双膜沼气柜或者钟式沼气柜内，也可存储于压力为几巴的球形沼气柜中。当沼气在污泥加热、污泥干化、污泥焚烧、热电联产等方面加以利用时，沼气柜必须具有 6～8h 的存储能力。

18.4.1.3　沼气的利用

在标准状态下甲烷的 NCV 为 35865kJ/m^3（8580kcal/m^3），沼气的 NCV 取决于其中甲烷的含量。比如，甲烷含量为 65% 的沼气的 NCV 为 23300kJ/m^3（5550kcal/m^3）。

当沼气不用于加热消化系统时，可进行大规模发电。因此，对于仅有初沉池的简单污水处理厂，只要设有污泥消化系统，其用电就能自给自足。污水处理厂如果采用低能耗生化工艺，如采用微孔曝气的活性污泥工艺或者滴滤池工艺，并且污泥处理工艺较为简单，就能够实现能量上的平衡。

沼气的能源化利用通常需要设置沼气处理单元（见表 18-7），以去除某些化合物。

表18-7　沼气能源化利用所需设备及沼气处理工艺

沼气利用	应用的设备	处理工艺
消化系统加热	沼气 / 柴油锅炉，或沼气 / 天然气锅炉	无要求，但应考虑硫化氢和水的腐蚀，以及由粉尘的沉积而引起的磨损
房屋楼宇供热	沼气 / 柴油锅炉，或沼气 / 天然气锅炉	
污泥干化	沼气 / 柴油锅炉，或沼气 / 天然气锅炉	
焚烧炉用燃料	燃烧器	
发电	热电厂 燃气内燃机或双燃料内燃机 燃气涡轮机	去除水、硫化氢和粉尘
高压存储	分子筛	去除水、二氧化碳、硫化氢甚至金属

法国 Achères 污水处理厂采用热电联产对沼气的利用，具体情况如下。

Achères 污水处理厂由法国 SIAAP 运营管理，接收并处理巴黎地区的污水，其日处理量约为 2×10^6 万 m^3。采用中温厌氧消化工艺对污泥进行稳定化处理，共有 28 座消化池，总消化池容积为 $260000m^3$。

每天产生的 $160000m^3$ 沼气（标准状态）通过以下设备，以加热污泥和发电的方式充分利用：

① 7 台 1200hp 柴油 - 沼气双燃料内燃机，驱动 2 台 1050kVA 的发电机和 5 台工艺鼓风机；

② 7 台 1700hp 柴油 - 沼气双燃料内燃机，驱动 3 台 1440kVA 的发电机和 4 台工艺鼓风机；

③ 1 台沼气内燃机，驱动 1 台 4MW 发电机；

④ 沼气锅炉产生热水，用于消化系统的加热；

⑤ 沼气锅炉产生蒸汽，用于污泥的热处理。

沼气内燃机可生产出 3～4MW 能量（取决于混合空气温度），又可从燃烧废气中回收 7MW 能量。总体能量利用状况见表 18-8。

表18-8　热电联产系统的总体能量利用状况

燃耗	产能
沼气（标准状态）： 48768 m^3/d（27 toe）①	电能： 88800 kWh/d（7.6 toe/d），发电效率 28%
	热能： 160000 Mcal/d（16 toe/d），热转换效率 59%
总效率：87% 或 23.6 toe/d	

① toe 为吨油当量。

由此可见，单单利用沼气的燃烧，通过热电联产就能同时生产热能和机械动能（主要用于驱动发电机发电）。与传统的发电或产热系统相比，热电联产系统能节省35%左右的一次能源。

18.4.1.4　污泥消化的类型和参数

（1）中温消化（35～40℃）

中温消化系统包括一座或几座并联的消化池，其后一般设有消化污泥储池，以调节后续脱水单元的进泥量。停留时间和有机负荷可见图18-22（本章18.4.1.1节），表18-9总结了中温消化的优缺点。

表18-9　中温消化的优缺点

优点	缺点
①操作简单； ②应用广泛（对于现有消化系统，中温消化占比>90%）； ③均质性好； ④产气量大	①投资成本高； ②抗负荷冲击能力差（取决于消化池工艺条件，最大日负荷不能超过设计负荷的8%～15%）

（2）高温消化（50～60℃）

高温消化的优缺点见表18-10。

表18-10　高温消化的优缺点

优点	缺点
①投资成本低（高负荷下运行）； ②污泥能够在批次或半批次模式下消毒； ③有机物去除率略高（有机物总量的2%～5%）	①回收能量少； ②返回污水厂进口的废水中COD含量较高； ③操作较复杂； ④脱水加药量较大

（3）两级厌氧消化

从原理上讲，两级厌氧消化是一个简单的工艺，这是因为该工艺将厌氧消化的两个基本步骤分开：一是水解酸化阶段；二是产甲烷阶段（生成CH_4），见第4章4.3节。

这两个阶段从根本上讲是不同的，因为：a. 利用的细菌种群不同，因而其最优运行条件也不同；b. 每个阶段的动力学机制不同。

①工艺设置（图18-23）

将这两个阶段分开是为了优化其运行条件。各阶段稳定化运行的工艺参数详述如下：

a. 阶段1为有机物（OM）的水解，停留时间约为2d，温度为55℃；

b. 阶段2为产气：停留时间约为10d，温度为37℃（污泥中的有机物变得非常稳定）。

与传统的消化工艺相比，两级厌氧消化能够大大减少反应器的总容积，并且灭活其中的病原菌。

在第一级高温消化池的进泥和排泥之间设置中间热交换器（换热器），以降低进入第二级中温消化池的污泥的温度。

中间热交换器回收的热量用于新鲜污泥的预加热。

②两级厌氧消化的优点

除了能够缩短停留时间从而减小消化池容积，该工艺还具有以下优点：

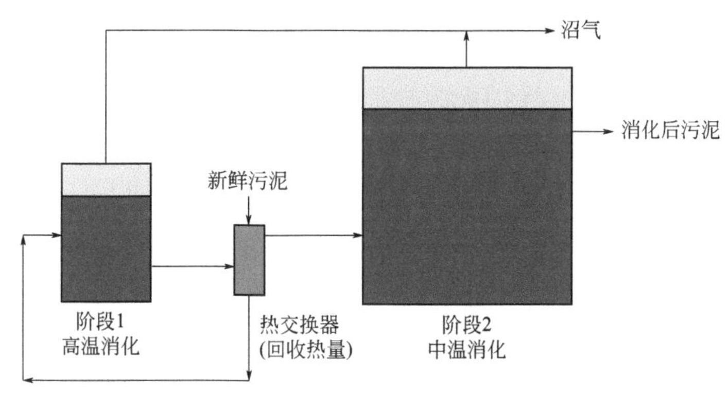

图 18-23 两级厌氧消化工艺示意图

a. 较传统工艺，抗冲击负荷能力更强，能够适应污水处理厂污泥产量的波动（雨季、高峰期），这一优势十分重要。因此，对于第一级高温消化段，在保证同样效率的前提下，其平均停留时间能够从 2d 缩短至 1.5d。

b. 该工艺能用于处理较为黏稠的污泥。将污泥加热到 55℃后，污泥流动性增强，为第二级中温消化段提供更为稳定的进料。

c. 该系统在第二级中温消化段能够产生泥质更好的污泥：污泥水解之后，流动性增强，即使在 35℃下，也能较为容易地混合（均质）。

d. 污泥在 55℃条件下停留 2 ～ 3d 后，绝大多数的病原菌，特别是沙门氏菌都被灭活，这非常利于对脱水污泥在进行农业施用前的后处理。

在处理性质和产量均相同的污泥时，该工艺与传统工艺的总效率没有差别。

2PAD 是由得利满开发出的两级厌氧消化工艺，其最有吸引力的应用是在现有的中温消化池之前新建一座高温消化池（改造），从而提升现有消化池的性能，如在法国 Aix-en-Provence 污水处理厂的应用（表 18-11）。

表18-11 Aix-en-Provence（法国）污水处理厂运行参数

项目	老厂一级消化
污泥消化系统改造后的最大处理量 /（m^3/d）	300
污泥消化停留时间 /d	21
现有中温消化池总容积 /m^3	3300
污泥处理率 /%	52
处理 100% 污泥量所需的新增中温消化池容积 /m^3	3000

仅需要新建一座容积为 700m^3 的高温消化池，就能够对污水处理厂产生的全部污泥进行处理。此时，污泥消化池总容积为 4000m^3（采用传统中温消化工艺则需要 6300m^3），在达到最大污泥处理量时的污泥停留时间为 13d（最大污泥量见表 18-11）。

图 18-24 为改造后的污泥处理流程图，请注意雨水污泥进入厌氧消化系统的可能性。实际上，Densadeg 高密度沉淀池在旱季用作物化除磷的深度处理单元，其在雨季自动切

换为初沉池，此时过高的有机负荷仍然在其可接受范围内。

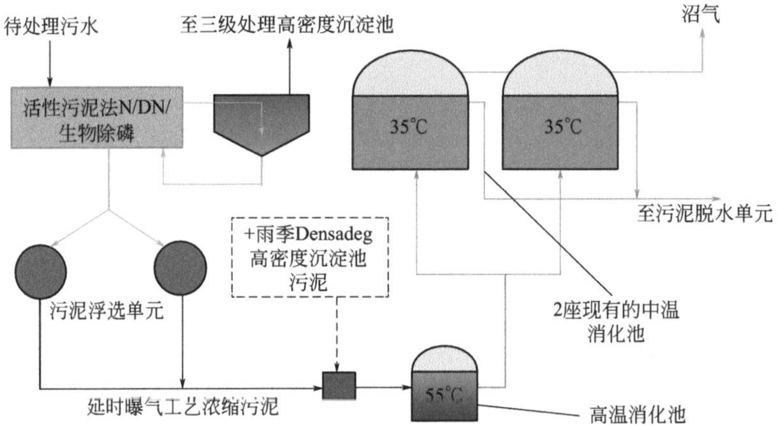

图 18-24　改建后 Aix-en-Provence（法国）污水处理厂污泥处理线流程示意图

2002 年 9 月，美国环保署（EPA）认可在某些特定条件下，得利满所开发的 2PAD 工艺符合其 PFRP（Processes to Further Reduce Pathogens）国家规范（见第 2 章 2.6.3 节），特别是在序批进料的条件下，2PAD 能够确保对全部污泥进行卫生无害化处理。

18.4.1.5　常规设计参数

表 18-12 概括了不同污泥消化系统的常规设计参数。

表18-12　不同厌氧消化系统的设计参数

项目	一级中温消化	两级消化		一级高温消化
	1 级	1 级：高温消化	2 级：中温消化	1 级
停留时间 /d	16～25	1.5～3	8～12	8～12
有机物负荷 / [kg/(m³ • d)]	1.5～2.5①	10～30①	2～4①	2.5～5①

① 仅在峰值期。

18.4.1.6　得利满污泥消化池的设计

（1）消化池的搅拌

消化池内需充分搅拌以确保：a. 加入的全部有机物与活性微生物充分接触；b. 温度均匀性；c. 尽可能减少沉积物的累积。

① 沼气搅拌

沼气搅拌是最可靠的搅拌技术（见图 18-25）。

在一定的压力下，将沼气循环并注入大量污泥中。当消化池的高径比合适时，如果注入的气体集中在消化池的中心和底部区域，会形成从中心到边缘的环状曲面形强力搅拌。为满足混合要求，消化池顶面的抽气速度至少为 $0.8m^3/(m^2•h)$。得利满根据这一混合机理，设计了标准化、系列化的喷射管束。这种搅拌混合技术已相当成熟，能耗为 $5～6W/m^3$。

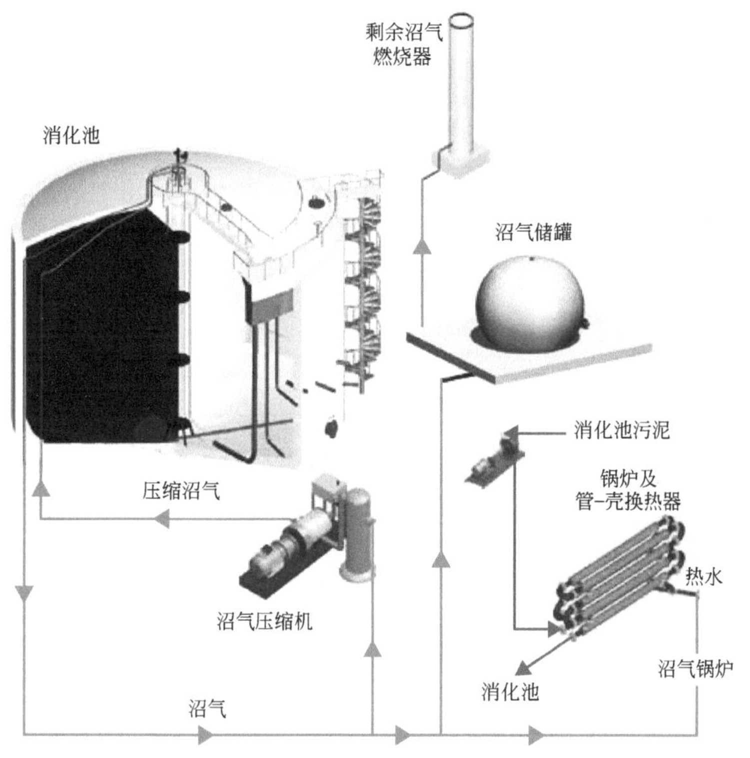

图 18-25　污泥消化池沼气搅拌

得利满开发出了加农混合技术（Cannon®Mixer，图 18-26）：该技术装备了“炮筒”形（直径 450mm、600mm、750mm）的可更换式中心射流管，利用大型气泡发生器将消化池内不同位置的污泥向上抽提，产生了效果非常显著的高能推流运动。此技术尤其适用于污泥处理量大的消化池。

② 机械搅拌

机械搅拌技术的应用需满足以下前提条件：a. 消化池高径比大于 1；b. 消化池采用倾斜底坡，以减少污泥沉积；c. 采取有效的预处理手段去除污泥中的纤维类物质。

若无法满足上述条件，搅拌效果可能不理想（减小了消化池的实际可用容积），也可能造成运行操作困难（搅拌器的转动部件缠绕纤维，需定期取出清理）。

（2）消化池的加热

最安全的加热方式是向安装在外部污泥循环管路上的单管式换热器通入热水。螺旋板式换热器的循环速度相对较低、通道相对较小，在采取一些预防性措施（污泥经过破碎处理，换热通道顺畅无障碍物等）的情况下，亦可采用。

除了加热新鲜污泥，加热系统还要补偿外部热量损失。热导率受材料及构筑物的地质条件（消化池底浸没于地下水位以下会有极为不利的影响）的影响而变化。

作为粗略指导意见，在温带地区，容积小于 1000m³ 的消化池可接受的外部热量损失为 2100～2500kJ/(m³ • d) ［500～600kcal/(m³ • d)］，容积大于 3000m³ 的消化池可接受的外部热量损失为 1250kJ/(m³ • d) ［300kcal/(m³ • d)］。

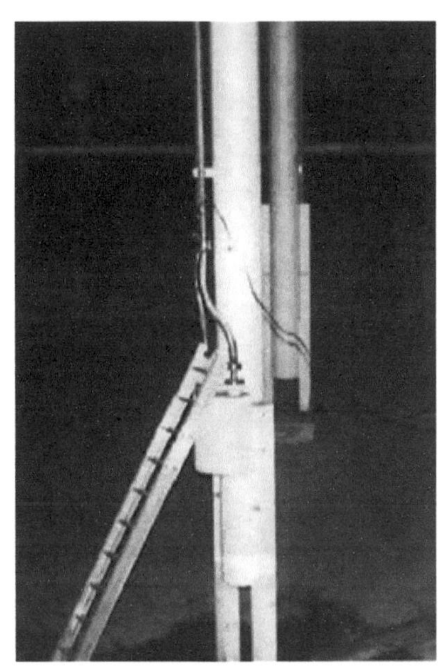

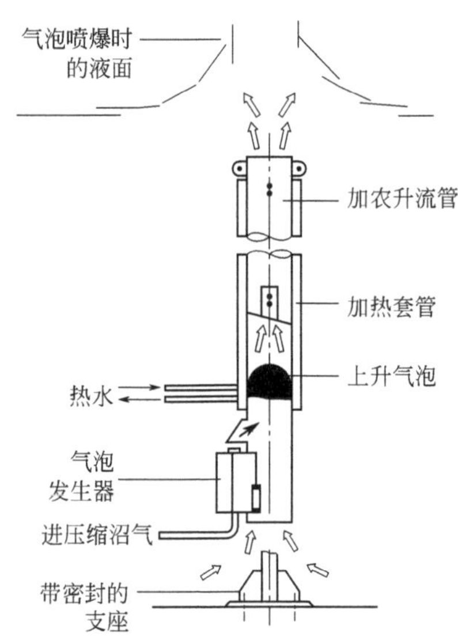

图 18-26　加农（Cannon）搅拌装置照片及示意图

消化池外壁通常覆有双层保温层，中间的空隙可以填充保温材料（膨胀材料）或不填充。大型构筑物也可采用复合池体，而小型消化池亦可使用经防腐处理的钢结构代替混凝土。

设计合理的沼气搅拌系统，使建设直径较大、池底坡度较小的消化池成为可能（坐落在智利 La Farfana 的 8 座直径为 34m 的大型消化池，单池容积达 16000m^3，见图 18-27）。

图 18-27　8 座直径 34m、容积 16000m^3 的消化池，
La Farfana（智利，圣地亚哥），污水处理量：760000 m^3/d

较大的自由表面积易于脱气，同时显著降低“瘦高型 ”消化池在调试过程中易出现的泡沫风险。传统的消化池顶盖一般为固定穹顶。

根据常规检修维护方案，污泥消化池必须定期排空（间隔 10～15 年，取决于预处理的效果）以清理内部沉积的泥砂。池底的这些沉积物会减少消化池的可用空间。此外，也一直建议须将原污水中的砂彻底去除。

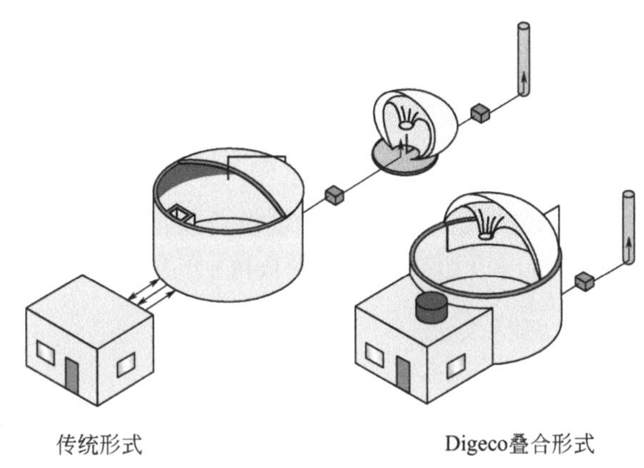

图 18-28　Digeco 叠合消化系统原理

Digeco 技术的设计理念是将污泥消化与沼气储存功能叠合在同一构筑物内（如图 18-28 所示）。消化池的穹顶和其防腐内衬层将被一个双膜软体储气包代替（其内膜将浸没到污泥液面以下）。

Digeco 技术可用于高温及中温消化系统，适用于处理规模为 2 万～15 万人口当量的污水厂。

18.4.1.7　消化工艺的调试及运行

（1）总则

第 12 章 12.4 节详细介绍了厌氧消化（沼气发酵）反应器的启动与运行。

虽然不是绝对必要，但投加菌种可缩短厌氧污泥消化达到相应负荷所需的时间（大约从 2 个月缩短至 1 个月），但对高温消化池的运行不太有效（菌群必须适应温度条件）。

但是，考虑到悬浮液的高黏度，混合搅拌起到至关重要的作用。一旦产生沼气，就必须对消化池中的污泥进行充分混合。

高污泥浓度有利于启动生化反应。从工业化角度来看，污水处理厂污泥浓度不应低于 15g/L。

特别建议，在消化池启动后立即将其加热至设计温度。最初几周可能需要投加石灰以将污泥的 pH 值维持在 7 ～ 7.2 之间。

（2）泡沫问题

与偶然的空气侵入一样，泡沫是消化池运行过程中面临的最主要的问题之一。引起该现象的原因是：

① 曝气池中存在丝状菌（诺卡氏菌属、微丝菌等）（疏水性菌类会在消化池中聚集并上浮）。这是在遇到泡沫问题时需要考虑的首要原因。

② 负荷或流量的急剧变化。

③ 温度过高（>40℃）。

④ 被消化的污泥中富含挥发性脂肪酸且污泥已经充分发酵。

⑤ 表面活性剂在污水处理线中未被充分降解或降解效果差。

泡沫导致了严重的运行问题（消化污泥不受控制地溢流，回流至处理厂进口导致负荷升高，堵塞沼气管路等）。

无论采用何种类型的搅拌系统（沼气或机械），中温消化池或高温消化池均会面临泡沫问题。

（3）沉淀物

在某些特定情况下，污水中的镁（通常由海水侵入下水管道引起）以鸟粪石（$MgNH_4PO_4$）的形式沉淀析出。这种沉淀物会导致下游污泥处理设备（管道、换热器、泵等）的堵塞。需注意维持合适的 pH 条件，可通过投加铁盐（形成 $FePO_4$）去除磷酸根解决此问题。

18.4.1.8 厌氧消化工艺的性能改进

改善厌氧消化的性能，能够达到下列目的：

① 消解更多的有机物质（减少外运污泥量）和提高沼气产量（原地再利用）；

② 加快反应速率，减小消化池容积（降低投资成本）。

已经推出如下技术。

（1）热预处理

已有几个新工艺问世，其中个别已得到工业化应用。

新鲜污泥经高度浓缩后，加热至 150～180℃，以破坏有机基质（热水解），然后进入高负荷高温消化池（停留时间 10～15d）。尚未系统地证明热预处理工艺能更彻底地去除有机质。此工艺似乎对生化污泥具有非常好的处理效果。这种类型的处理有产生蛋白黑素类化合物（美拉德反应）的风险，此类化合物非常难以降解甚至对产甲烷菌群具有毒性。必须彻底检查构筑物的密封性，以确保臭气散发得到控制。由于其浓度（悬浮固体溶解）较高，将热预处理工艺处理后的液态产物回流至处理厂入口时必须要特别注意。

（2）酶预处理

向新鲜污泥或消化池中投加合适的酶制剂可以加快降解速度，但很难提高有机质的消解率。投加外源酶会增强抗负荷冲击能力，但会显著增加运行成本。

（3）机械预处理

也可以通过球磨机或挤压机破坏污泥结构，尽管已经证明这些破碎机具有不同程度的有效性，但其工业应用的可靠性有待进一步验证（磨损、堵塞、耐久性）。

（4）超声波预处理

波长为 20～40kHz 的超声波在穿过介质时会在介质中产生空穴现象。这种空化效应可同时造成污泥的破碎以及有机物的部分溶解。

一些工业化实验取得了较为理想的结果，如沼气产量提高约 30% 并伴有更高的有机物消解率，同时也有数次失败的记录。超声波还用于破坏丝状菌（特别是生化污泥中的），目的是降低消化过程中产生泡沫的风险。

（5）化学预处理

强氧化剂如臭氧也可用于在消化处理之前对污泥进行水解处理。然而，臭氧的生产成本，以及经常存在的还原性硫化物还会额外消耗臭氧，限制了此类技术的应用。

18.4.2 好氧稳定化处理

18.4.2.1 好氧储存

好氧储存不能视作稳定化处理，其作用仅是使污泥储存数月而不滋生环境问题。

开放式鼓风曝气系统可使用空气扩散器（如 Vibrair 振动曝气器、曝气泵、射流曝气器），或者日益鲜见的表面曝气机。但是，一些系统会对生物絮体造成一定程度的机械破坏，使其随后的脱水处理更难以进行。这些系统也会产生更高的热量损失。注入空气也可用于混合较高浓度的污泥（可能超过 30g/L）以使其均质。

储池可由一个或多个单元组成。在后一种情况下，采用串联形式通常能够达到更高和更均匀的稳定化速率，但是有机物的消减量很低（<10%）。

18.4.2.2　中温好氧稳定

对于中温好氧稳定化工艺，其所能达到的矿化速率主要取决于氧气的传质量、停留时间、温度和进泥的泥龄。因此，一般不建议在寒冷地区对污泥进行好氧稳定化处理，除非采取特殊措施：反应器必须保温并加盖，必要时需加热。在通常的气候条件下，污泥经中温好氧稳定化工艺处理的有机质降解率（<<20%）仍明显低于厌氧消化所达到的水平。

表 18-13 列出了在 20℃条件下对中温好氧稳定化工艺进行粗略设计的工艺参数。

表18-13　中温污泥好氧稳定工艺设计参数

项目		参数
停留时间 /d	无初沉池的中负荷或低负荷活性污泥	12～18
	初沉污泥 + 滴滤池污泥（或 + 中负荷活性污泥）	15～20
稳定化反应器有机物容积负荷 /［kg OM/（m^3 • d）］		2
稳定化反应器有机物需氧量 /［kg O_2/（kg OM • d）］		0.1

由于污泥浓度很高，与洁净的水相比，氧气在污泥中的传质系数较小。但在大多情况下，最小混合条件将决定必须安装的曝气功率。

只有停留时间足够长，特别是氧的传质量非常高时（消减 1kg 有机物消耗 1kg 氧气），才有可能达到 25%～45%的有机物降解率。然而，高温厌氧消化更容易达到这一消解率（见本章 18.3 节）。

18.4.2.3　高温好氧消化（TAD）

该技术与用于处理有机固体废物的堆肥技术类似（见第 19 章 19.2 节），其利用氧化反应放出的热量提高反应器的温度（45～60℃）。随着温度的升高，反应的速率加快，并能产生一定的消毒效果。为了让反应器达到更高的温度，需要提供一些特殊条件以减少热量的损耗：

① 新鲜污泥中有机物浓度不能过低（最低 25～30g/L），相当于约 35～40g/L 的悬浮颗粒浓度。

② 减少由反应器出口饱和空气蒸发带走的热量损耗。

采用空气扩散效率高的特殊形式的潜水曝气机（通常将微气泡曝气和机械搅拌相结合）和完全密闭保温的反应器，可在不加热的情况下，满足嗜热菌的温度要求。

通常很难优化高温好氧消化池的规模，需要统筹考虑以下相互影响的各种因素：

① 增大反应器容积，能够延长接触时间，但会增大由辐射和蒸发带来的热量损失。

② 高温促进反应的快速进行，但氧在高温条件下的溶解度较低，因此需要更高的曝

气功率。

③ 高能量曝气促进氧化反应的进行，但产生更高的热能损耗。

在温和的气候条件下，经过 6～8d 的停留时间，反应器的温度能达到 50℃左右，对于初始干固体含量为 50g/L（含 35g/L 的有机物）的污泥，其有机物去除率为 40%。在高温好氧消化系统中，需要采取特别的措施以控制泡沫和偶尔的臭气泄漏等问题。

对于从运行温度为 60℃的高温好氧消化池中排出的污泥，其细菌含量远远低于中温厌氧消化池中的污泥。该污泥中很少检出蛔虫卵，沙门氏菌和病毒也不常见。

一些污泥处理厂采用 60℃高温好氧消化（停留 1d 或 2d）和中温厌氧消化组合工艺，能够去除原污泥中 80% 的有机物。若能在第一级高温好氧消化段满足以下条件，该组合工艺具有一定的使用价值：

① 高效的放热反应，使得组合工艺的能量自给（需要将足够的氧气传质到液相中）；

② 达到污泥消毒所需的温度水平。

实际上，为维持第一级工艺的持续好氧条件，经常需要进行额外加温，这将带来诸多问题。但这利于第二级高温 / 中温两级厌氧消化工艺中水解酸化菌的增殖。

因此，第二级厌氧消化系统仍须配备常规的污泥加热设备（用于系统启动和保证工艺安全）。

18.4.3 化学稳定（石灰处理）

利用生物法（好氧或厌氧）对污泥进行稳定化处理需要容积较大的处理单元。当优先考虑降低投资成本时，仅通过投加化学药剂就能暂时降低污泥的发酵性能（腐化性）。投加的化学药剂用于抑制微生物的生长（可灭活大部分病原菌）。然而，该技术对污泥中可生物降解的有机物量没有任何影响。一旦后续储存条件发生利于发酵的变化，污泥的发酵性能就能迅速恢复。由于石灰是成本最低的碱性药剂，且能增强污泥的物理结构，因而其使用最为广泛。石灰能够投加到液态污泥中，也能投加到脱水污泥中，它的处理效果在很大程度上取决于其应用的条件。

18.4.3.1 液态污泥的石灰处理

对于液态污泥，通常有以下两种应用场合：

① 在新鲜污泥浓缩池的上游投加石灰，以防止污泥发酵。$Ca(OH)_2$ 的投加量大约为污泥中悬浮固体量的 10%（尽可能将发酵时间延缓 1～2d）。

② 在污泥施用到农田前进行稳定化处理。少量样板实验表明，当 $Ca(OH)_2$ 的投加量为污泥中悬浮固体量的 10 % 时，液态污泥经过混合后，其 pH 值在 2h 后高于 12，粪大肠菌群的数量可减少 4～6 个量级（10^4～10^6）。但是，该 pH 值变化非常快，如为避免在 15d 后有明显的污泥发酵恢复，需要投加过量（30%）的 $Ca(OH)_2$。

即使在上述条件下，经石灰处理的新鲜液态污泥也不能进行长时间存储：当熟石灰［$Ca(OH)_2$］与 CO_2 接触时，会迅速生成 $CaCO_3$。

此时，污泥的 pH 值逐渐下降，同时含水率不断上升。只有通过进一步投加石灰，才能避免污泥再次发酵。

18.4.3.2 脱水污泥的石灰处理

对于脱水污泥，石灰稳定化处理持续作用的时间较长，随着含水率的降低，污泥愈加稳定。但是，需要使用强力搅拌设备将石灰与污泥充分混合，这一点较难做到。当投加生石灰时，石灰水解反应放出的热量能够被利用。该反应有利于提高石灰的活性和工艺的消毒能力（见第 2 章 2.6.3 节，污泥消毒，EPA 40 CFR 标准第 503 条）。其中指征性病菌的数量降低了 6 个数量级，沙门氏菌几乎检不出。为获得较好的消毒效果并防止污泥在数月之内发酵，CaO 的投加量要高于泥饼干固体含量的 35%。

但是，投加如此大量的石灰对施用到农田中的污泥确有影响。当用于酸性土壤时，该处理方式还是有利的，但用于下列土壤时就存在问题：

① 有机物变化（蚀变）慢的土壤；

② 对肥料螯合作用差的土壤；

③ 由于 NH_3 吹脱，氮素流失的土壤（特别对于消化污泥）。

注意：也可使用含有石灰的副产品（水泥厂细粉、石灰窑飞灰等）。

18.5　带式压滤机

18.5.1　概述

经过数十年的发展，得利满已经自行开发出多种污泥浓缩和脱水设备，能够提供一系列的成套动态浓缩机（见本章 18.2 节）和带式压滤机产品。这些设备既能处理不能经受高压的亲水性污泥，也能处理为获得更高干固体含量而能承受高压的疏水性污泥。这些设备的机械结构与使用的滤带张力（压力）是相匹配的。

这些压滤机应用广泛，其主要优势在于：

① 易于操作运行，脱水污泥易于检测；

② 投资和运行成本适中；

③ 设备中集成了预浓缩装置，能够处理直接从好氧池中排出的低浓度污泥；

④ 能够保证设备运行和滤带冲洗的连续性；

⑤ 机械结构简单；

⑥ 产出的污泥易于清理。

此外，这些压滤机适用于处理几乎全部类型的污泥，且能耗最低：a. 带式压滤机 10～25kWh/t SS；b. 传统板框压滤机 20～40kWh/t SS；c. 离心机 30～60kWh/t SS。

但是，带式压滤机处理后出泥的含水率较高（参见本章 18.5.3.1 节中表 18-16）。

18.5.2　带式压滤机的工作原理

带式压滤工艺的运行通常包括以下几个步骤：

① 投加聚合物进行絮凝：采用接触时间较短的絮凝反应器，或在管道上在线投加。

② 对絮凝污泥进行重力排水：释放出的间隙水由于重力作用直接通过滤带而被排出，使得污泥能够快速浓缩。为了获得最佳脱水性能，污泥在到达重力排水区末端时应尽可能地浓缩（为此设有犁耙式辊筒）。

③ 对排水后污泥进行压榨：排水后污泥的浓度足够高，由上下两条滤带所形成的楔

形区对所夹持的污泥逐渐进行压榨；污泥被上下两条滤带夹持，如同“三明治”，随后绕过穿孔转鼓，再沿着一定的路线依次绕过交错排列的各个压榨辊。滤带行进的路线取决于带式压滤机的类型。

脱水效率是由施加在泥饼上的有效压力 p_e 和压榨时间决定的。

p_e 或表面压力可以用下面的简化公式表示：

$$p_e = k\frac{T}{LD}$$

式中，T 为滤带张力；L 为滤带宽度；D 为压榨辊直径。

因此，p_e 可由绕转压榨辊的滤带的张力计算得出。当压榨辊直径变小时，p_e 增大。但是，受到滤带和压榨辊机械强度的限制，较合理的 p_e 值为 0.3～1 bar。

压榨时间取决于压榨辊的有效压榨面积和转速。

由于受到剪切应力，当污泥经过各个压榨辊时其所含水分被压出。这些水被交替排至压榨辊的一侧，另一侧则排出“毯状 ”污泥（泥饼）。

在带式压滤机中，压榨区不是封闭式腔室。因而，如果污泥在随滤带绕转压榨辊的过程中能够承受住该压榨压力，则其起到了侧边密封的作用。如果压榨压力过高，会破坏污泥层的内聚力并使其被挤出滤带，造成部分脱水的污泥从压榨区“跑料”。

导致污泥在压榨区被侧向挤压出的压力水平显然还取决于排水后污泥的物理结构。因此，带式压滤机产出的污泥的干固体含量低于密闭腔室压滤机（板框压滤机）的出泥，这是因为密闭腔室压滤机的压榨压力只受压滤机机械强度的限制。

提高泥饼的干固体含量有以下两个途径：

① 增加压榨辊的数量及减小在最终压榨区域内的压榨辊的直径（在压滤机设备机械强度的限制之内）；

② 使用与滤带张力无关的外部压榨系统。

但是，这些额外的设备只能用于处理内聚力较高的污泥，如含纤维污泥。实际上，胶体态的污泥并不能承受额外的压榨，或者说其干固体含量提高的幅度很有限。

对于大部分有机或氢氧化物污泥，传统的带式压滤机通常可将其脱水至“易于锹铲”的干度水平。

18.5.3 得利满产品系列

得利满开发出两个带式压滤机产品系列（Superpress LP 和 HP，即低压型和高压型），可用于处理大部分能承受一定压榨压力的污泥（有机、无机污泥等）。另外，这两类产品还可与 GDE 或 GDD 污泥预浓缩机组合成浓缩 - 压滤一体机。简化型带式压滤机 GD Press 可用于小型污水处理厂。

18.5.3.1 Superpress LP 和 HP 压滤机

根据预期目标和待脱水污泥的特性，有数种型号压滤机可供选择。

（1）Superpress LP 低压型带式压滤机

该型压滤机适用于处理城市污水处理厂及农产和食品加工废水处理所产污泥，因为这些污泥通常不能经受高压处理。

图 18-29 为未配备 GDE 或 GDD 栅式预浓缩系统的基本型带式压滤机原理示意图。

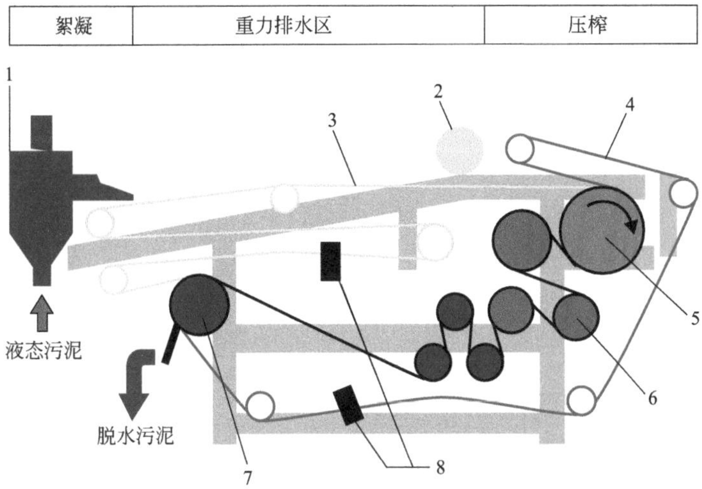

图 18-29　Superpress 带式压滤机原理图

污泥和絮凝剂投加到搅拌器（1）中，该搅拌器的转速可调节。絮凝后的污泥输送到重力排水区的滤带上，并均匀摊铺至整个带宽。

在重力排水区，污泥层平铺后在排水辊筒（2）的作用下，形成均匀同质的污泥饼。该辊筒用于：

① 将污泥层输送到压榨区（根据操作人员的预设值，污泥层厚度可为 10～40mm）；

② 完成第一阶段的污泥压榨，减少污泥层在压榨区起始区域被侧向挤压出的跑料。

然后，污泥被下层滤带（3）和上层滤带（4）夹持，经过一个大直径的穿孔转鼓（5）时，被适度压榨，而后绕转一系列直径渐小的回转压榨辊（6），泥饼受到的压力逐渐变大。在确定滤带绕转压榨辊的次数时，应确保在到达最后一个压榨辊之前，污泥脱水实际上已经完成。

在设备出口处，两条滤带在驱动辊（7）之后分开，泥饼被两片刮板刮下后，由带式输送机、输送螺旋或压送泵排出。

每条滤带均配备一个气动控制的角行程辊筒，以用于滤带的纠偏控制。在密闭箱（8）中两条滤带（大网孔）被高压水（4～6bar）喷头连续清洗。

根据污泥的特性，需要对压滤设备操作进行简单的调整：a. 可调压力气缸用于调整滤带的张力（压滤压力）；b. 滤带行走速度可在 1～5 m/min 之间调整；c. 可改变絮凝搅拌机的转速来调整絮凝输入能量；d. 污泥层厚度可在压榨区进泥处调整。

Superpress 带式压滤机的结构设计能够确保：a. 重力排水区易于观察；b. 设备维护操作便利；c. 滤带宽度在 1～3m 间可选。

其他可选配设备：

① 将 GDE 或 GDD 栅式浓缩机集成至重力排水区，见下文（2）；

② 配备 GDE/GDD 的 Superpress LP（浓缩 - 带式压滤一体机）能够在压榨前对污泥进行高度预浓缩；

③ 6 个额外的压榨辊；

④ 滤带自清洗喷头；

⑤ 一套运行辅助感应器；

⑥ 整体式外罩。

（2）Superpress HP 高压型带式压滤机

这一型号的压滤机与前面介绍的 Superpress LP 系列相比，其不同之处在于施加在污泥上的压榨压力较高。因而，所有的设计都在此基础之上进行调整（特别是强化的机架结构）。此外，该型号带式压滤机还用于处理具有腐蚀性的污泥（强化防腐处理）。

（3）GDE 或 GDD 与 Superpress 组合工艺（图 18-30）

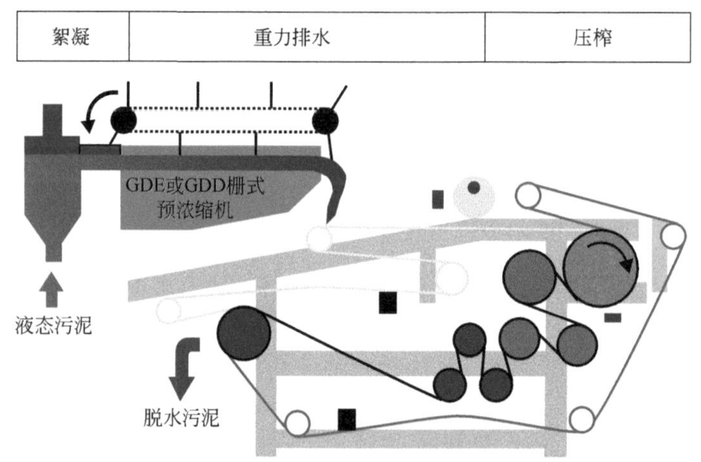

图 18-30 GDE 或 GDD 栅式浓缩机与 Superpress 带式压滤机组合示意图

将 GDD 或 GDE 栅式浓缩机［见本章 18.2.2.2 节中的（1）］和 Superpress 带式压滤机相结合，即使进口污泥浓度很低（>2g DS/L），在脱水单元进口前仍可得到干固体含量较高的污泥。这样不会降低固体负荷，处理能力大幅提高。

表 18-14 表明了在 Superpress 重力排水区之前增设 GDE 或 GDD 栅式浓缩机进行预浓缩的优势。

表18-14 增设预浓缩前后Superpress带式压滤机的设计参数

项目	无预浓缩	GDE 栅式预浓缩	GDD 栅式预浓缩
最小进泥浓度 /（g SS/L）	20	8～20	2～8
进泥流量	对于污水厂污泥，6～8m³/(m・h)；对于造纸厂污泥，达到 11m³/(m・h)	对于污水厂污泥，10～20m³/(m・h)；对于造纸厂污泥，达到 25m³/(m・h)	对于污水厂和农业、食品行业污泥，25～40m³/(m・h)

GDE 或 GDD 栅式预浓缩与 Superpress 带式压滤组合工艺的其他优点如下：

a.GDE/Superpress 组合工艺：直接处理从活性污泥回流系统排出的污泥。该工艺取消了静态浓缩池，从而可避免污泥发酵并得到较高的干固体含量。

b.GDD/Superpress 组合工艺使得脱水系统的运行更加可靠：污泥直接从曝气池中排出，避免厌氧带来的不利影响（没有磷的释放），并且确保进泥浓度和污泥絮凝的稳定性（能够自动运行、药剂投加量最优化）。

c. 无论何种组合，都配有能直接排出预浓缩污泥（例如定期的浓缩污泥施撒）的装置。Superpress 带式压滤机产品系列见表 18-15。

表18-15　Superpress带式压滤机系列

项目	带宽 /m	配套 GDE 栅式浓缩机	配套 GDD 栅式浓缩机	压榨辊数目	型号
LP	1.5、2、3	2.5m、3m、4m		6 或 12	（GDE 或 GDD）LP15、LP20、LP30
HP	1、2、2.5	1m、2m、2.5m	—	6 或 12	（GDE 或 GDD）HP10、HP20、HP25

（4）Superpress 工艺性能

表 18-16 展示了用于处理不同类型污泥的 Superpress 带式压滤机的工艺参数。

表18-16　处理不同类型污泥的Superpress带式压滤机工艺参数

污泥类型	污泥来源	污泥浓度 /(g SS/L)	Superpress 带式压滤机	进泥流量 /［m³/(m·h)］	干固体含量 /%
亲水性污泥、有机污泥	污水处理厂①延时曝气污泥（无初沉池）	2～8 8～20 20～25 >20	GDD/LP GDE/LP GDE/LP LP	35～60 15～30 10～15 6～8	15～20
	污水处理厂②的混合新鲜污泥	40～50	LP	6～8	22～27
	污水处理厂②的消化污泥	20～25	LP GDE/LP	7～8 10～18	20～27
		30～40	LP GDE/LP	6～7 8～10	20～27
	污水处理厂的物化污泥 Densadeg/Biofor	30～40	LP	6～8	24～28
	乳制品废水处理生化污泥	15～20 2～5	LP GDD/LP	5～6 30～45	12～14
疏水性无机污泥	除碳酸盐污泥③	>300	HP	3～4.5	50～70
纤维污泥	造纸厂污泥④	25～90 20～40	HP GDE/HP	3.5～11 10～25	25～50

①延时曝气污泥的性质（浓度、VS/SS）与污水厂是否接收农业、食品工业废水以及曝气池是否除磷有关。
②性能会随污泥 VS 含量和初沉污泥量与生化污泥量的比率变化而变化。
③性能由污泥浓度和其 $CaCO_3$ 含量决定。
④性能与污泥浓度、纤维物质含量以及是否为生化污泥有关。

GDE/Superpress 栅式浓缩 - 带式压滤一体机见图 18-31、图 18-32。

图 18-31　Gap 厂的 GDD/Superpress 栅式浓缩 - 带式压滤一体机（法国，上阿尔卑斯省）

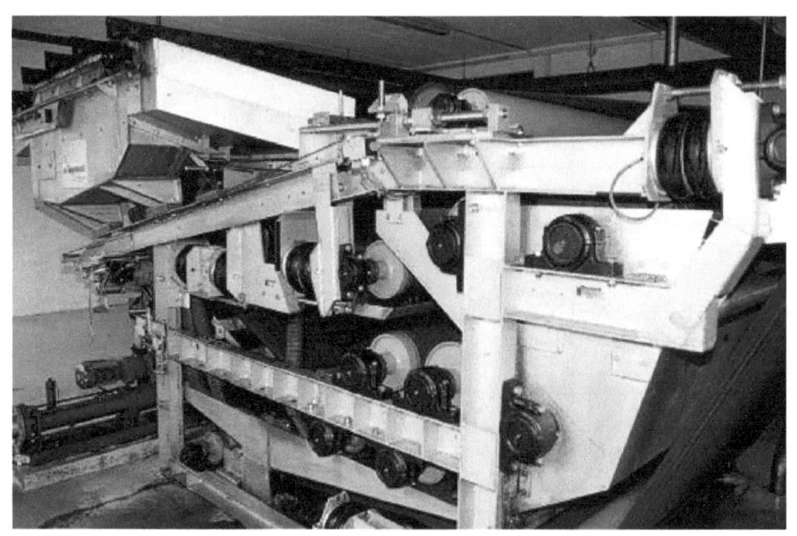

图 18-32　Revel 厂的 GDE/Superpress 栅式浓缩 - 带式压滤一体机（法国，上加龙省）

18.5.3.2　GDPress——用于小型污水厂的带式压滤机

GDPress 结构紧凑，包括一个预浓缩单元（GDE 或 GDD），一个简化的穿孔转鼓和有 5 个压榨辊的压滤单元（图 18-33）。这些设备主要采用不锈钢材质，性能稳定耐用，维护量很少且启停和维护时间很短。另外，其像所有大型的 Superpress 带式压滤机一样，都能够远程控制启停，而不需要人工现场值守。GDPress 小型带式压滤机的参数及针对延时曝气污泥的脱水性能见表 18-17。

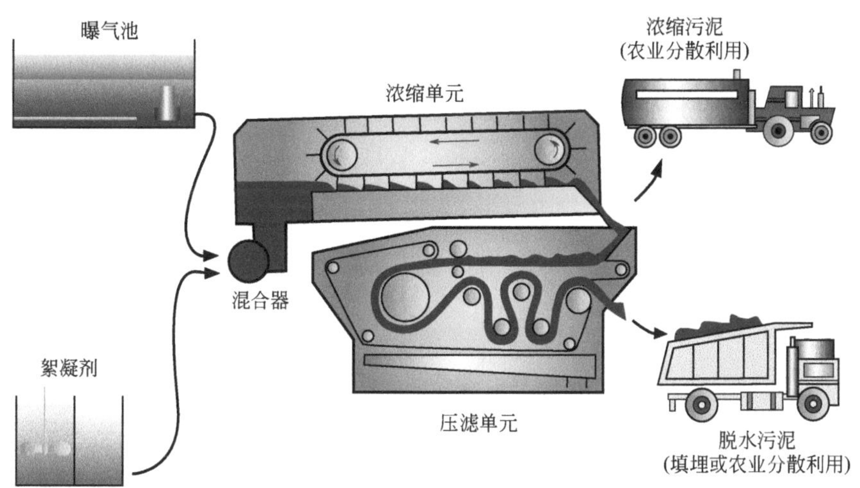

图 18-33　GDPress 小型带式压滤机示意图

表18-17　GDPress小型带式压滤机的参数及针对延时曝气污泥的脱水性能

项目	GDPress 908D	GDPress 908E	GDPress 912D	GDPress 912E
滤带宽度 /mm	800		1200	
进口污泥浓度 /（g DM/L）	2 ～ 8	>8	2 ～ 8	>8
进口流量 /（m^3/h）	10 ～ 35	6 ～ 15	15 ～ 50	9 ～ 22
进口固体负荷 /（kg DM/h）	90 ～ 120		140 ～ 180	
干固体含量 /%	14 ～ 17		14 ～ 17	

908D 和 912D 型带式压滤机可以直接处理排自曝气池的污泥，而不必设置污泥储池或浓缩池。

18.6　离心脱水

关于采用离心力进行液 - 固悬浮分离的基础理论，请参考第 3 章 3.6 节。

用于污泥处理的离心脱水机是连续运行的，一般采用锥形转鼓为水平轴向安装的沉降式滗析机。

18.6.1　污泥离心脱水的适用性

将新鲜混合污泥的样品在离心加速度为 2000g（g=9.81m/s^2）的实验离心机上离心几分钟后，在离心管内会观察到以下现象（图 18-34）：

① 浑浊的上清液。

② 底部沉积物按表观特征可分成两个主要部分：

a. 沉积于下层，较为密实的区域（干物质含量 25%～35%）；

b. 沉积于上部，非常黏稠的糊状区域（干物质含量 10%～15%），有机物浓度比较高。

如果投加聚合物对污泥进行调质，重复相同的实验，会观察到如下现象：

① 澄清的上层清液；

② 均匀的沉积物，具有中等干物质含量（18%～22%）及很好的内聚力。

离心脱水没有与带式压滤机的滤带或板框压滤机的滤布一样的过滤屏障。施加离心力将悬浮污泥分离成清晰的两相的能力，称为污泥的可离心性。

使用聚合物对污泥进行调质是获得良好固液分离的关键。

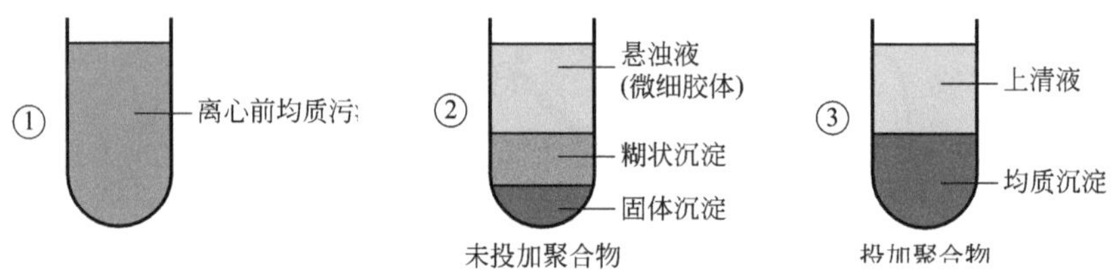

图 18-34　污水污泥的实验室离心实验

18.6.2　连续运行的锥形转鼓离心机

图 18-35 为离心机的剖视图，图 18-36 为离心机的示例。

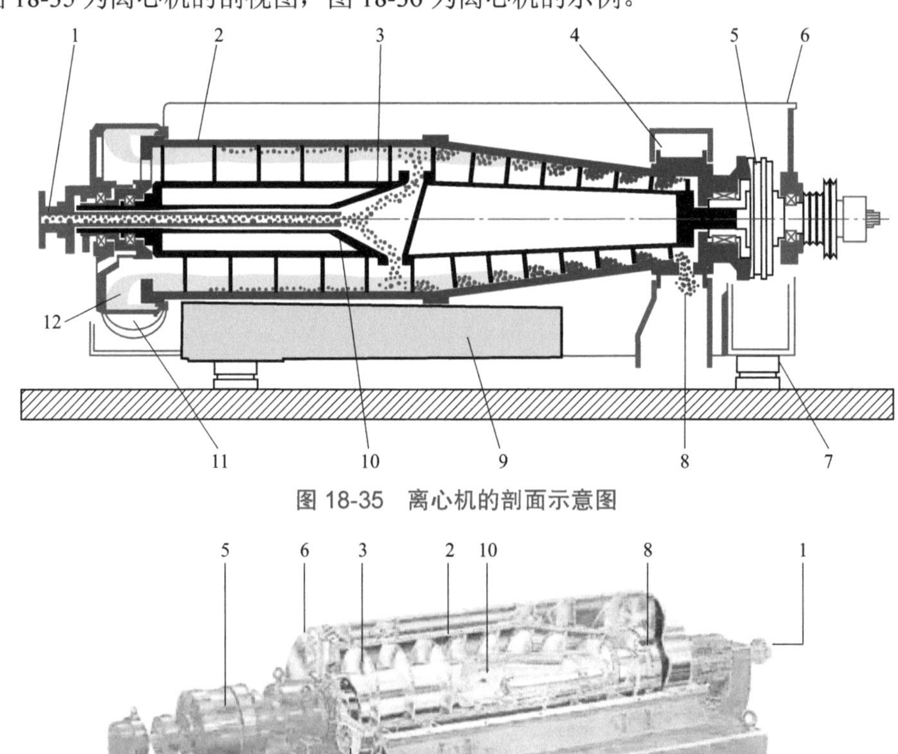

图 18-35　离心机的剖面示意图

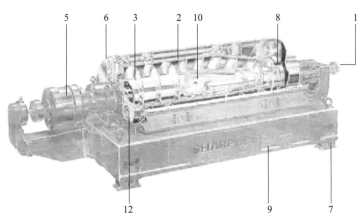

图 18-36　连续运行的离心机示例（来自：Sharples）

注：图中序号与图18-35对应，4、11未显示。

待处理的污泥悬浮液在送至离心机前先在固定的进料管（1）中絮凝，进料管出口伸进旋转的分配器（10）。这个进料分配器将污泥沿外围扩散，并推动悬浮物进入位于转鼓（2）和螺旋（3）之间的环形空间。在离心力的作用下，较重组分沉淀、堆积在转鼓内壁上。这些沉降下来的污泥被螺旋输送器刮掉并向转鼓圆锥段连续输送。减速箱（5）可以使螺旋的转速比转鼓的转速略快（有转速差）。沉降污泥在转鼓圆锥段内被压实，通过分布在转鼓锥端 360° 方向上、被外壳（4）罩住的排渣口（8）排出。

连续进料推动排出的液体通过可调堰（12）流向出液室（11），从而在设备的圆柱形表面上（液池内表面）形成了一定深度的液位。

整台机器由一个坚固的基座（9）支撑，而该基座通过强力减振器（7）坐落到地面上。

罩壳（6）为高速旋转的转鼓提供安全保护。

大多情况下，离心机采用不锈钢材质（304、316L、双相钢）。

18.6.3 主要几何参数

主要几何参数见图 18-37。

离心机具有 4 个关键工艺参数：

① 水力负荷（流量）：可接受的污泥流量，单位 m^3/h；

② 固体流量：kg DM/h（流量 × 进泥浓度）；

③ 沉降污泥的干固体含量；

④ 回收性能或回收率：沉降污泥的干固体含量与进泥总悬浮固体量的百分比。

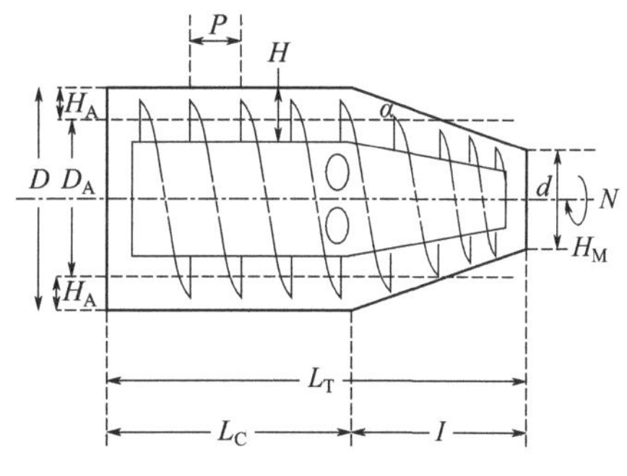

图 18-37　几何参数

N—转鼓转速；D—转鼓圆柱段的直径；d—转鼓排出口的直径；L_T—总长度；L_C— 转鼓圆柱段长度；α—圆锥角；I—转鼓圆锥段长度；H—螺旋与转鼓之间的叶片高度；P—螺距；H_A—内液池深度；H_M—内液池溢流深度；D_A—液环的内径

18.6.3.1 转鼓直径 D 和 L_T/D

转鼓直径是离心机主要的特征参数，用于污泥处理时，在 0.25～1.1m 之间。随着直径及 L_T/D 的增大，处理能力随之提高，作为粗略指导，可以预期：

① 若 L_T/D 相同，两台转鼓直径分别为 D_1 和 D_2 的离心机的流量比可推算约为 D_1^3/D_2^3；

② 若直径相同，当 L_T/D 从 4 提高到 5 时，污泥的固体流量可提高 30%～50%（取决于污泥性质）。

18.6.3.2 圆锥角

对于所有的离心脱水机来说，圆锥角通常为 8°～12°。

采用小圆锥角（6°～7°）的离心机可用于特定污泥的脱水处理（具有触变结构的黏性污泥，例如给水污泥或者除碳酸盐污泥）；

采用大圆锥角（20°）的离心机可用于处理致密性污泥：泥饼在离心机内部的储存能力增大，而其固体流量提高很少。

18.6.3.3 螺旋和转鼓之间的叶片高度 H

叶片高度越高，则螺旋与转鼓之间的空间就越大，这能够延长沉降污泥在离心机内的停留时间，从而强化离心力的作用。

18.6.3.4 锥形断面上螺旋和转鼓间的空间

这个空间越窄，污泥的压缩率就越高。这是在离心机发展过程中，各个制造商提高干固体含量、证实 HP（高压）离心机更为高效的关键参数之一。

18.6.3.5 具有最大内液池深度的澄清区面积 S

这个重要参数确定了澄清区的最大表面积（m²）：$S=\pi^2 D_A L_C$。

离心机的进泥流量 Q 随着表面积的增大而提高。

18.6.3.6 转鼓内部容积

转鼓的内部容积比可以用于粗略推算离心机进泥流量，可采用下面的不同加速比（F_{C1}/F_{C2}）来校核：

如果 $K_V=\dfrac{V_1}{V_2}$ 且 $K_g=\dfrac{F_{C1}}{F_{C2}}$，

则流量外推系数 $K=\dfrac{K_V}{K_g}$。

式中 V——转鼓内部容积；

F_C——离心加速度。

18.6.3.7 逆向流和同向流系统

图 18-38 展示了两种原理。同向流系统（在转鼓圆柱段的始端进泥）仍在某些特定的情况下使用，当浓缩单元未投加聚合物或者处理特别难以脱水的污水时（非常轻的污泥），该系统通常获得比较低的固体含量，但可达到很好的澄清效果。

目前，广泛应用的逆向流系统可以在较高的固体流量下，获得较高的固体含量。

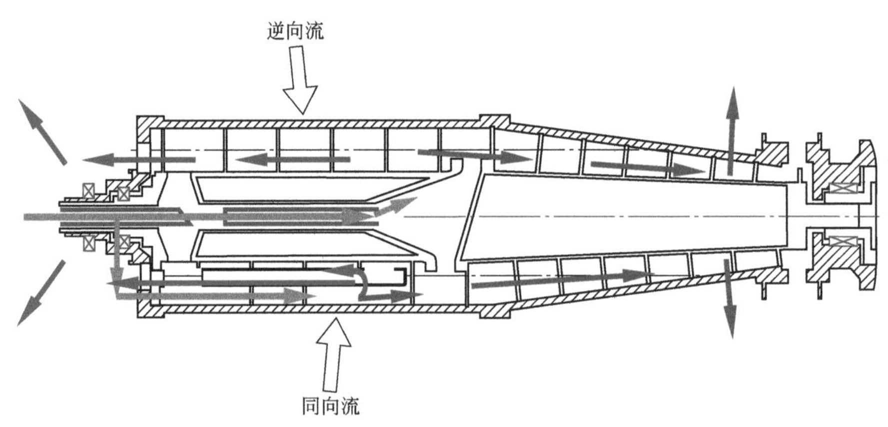

图 18-38 逆向流和同向流示意图

18.6.3.8 Σ 因数

该因数表征了离心机在以 1000g 离心加速度运行时的单个澄清区表面积。每家离心机制造商都有其独有的方法来计算这个 Σ 因数。因此，对不同制造厂家的 Σ 因数进行比较都必须要进行甄选。

下面的公式可以用于粗略计算这个参数（见图 18-39 的标记）：

$$\Sigma\left(\mathrm{m}^2\right)=\frac{2k\pi N^2 L_C}{g}\left(\frac{3}{4}R^2+\frac{1}{4}r^2\right)$$

其中，R 和 r 的单位为 m。

若要将不同的离心机进行比较，需在额定运行转速 N 下（即离心加速度为 1000g）计算 Σ 因数。

原则上，Σ_N 可以用于外推不同系列离心机的水力负荷即进泥流量，但应谨慎采用。

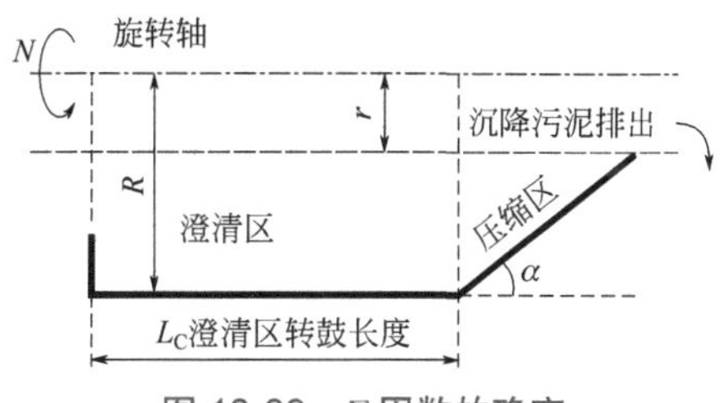

图 18-39　Σ 因数的确定

R—转鼓半径；r—溢流时的最大液环半径；N—转鼓转速

$$\frac{Q_2}{Q_1}=\frac{\Sigma_{N2}}{\Sigma_{N1}}$$

18.6.3.9　螺旋卸料器

螺旋叶片高度和螺距对离心机的水力负荷（处理能力）有非常大的影响。螺旋卸料器是最易磨损的部件。通常使用粉末碳化钨或烧结碳化钨防护瓦对螺旋进行保护。

每家制造商的产品都有着不同的特点：在转鼓圆柱段采用镂空螺旋可提高液相的输送速度，并使得液相的湍流度更小；转鼓圆锥段的螺距是变化的，这能提高污泥的压缩率；污泥送至转鼓圆柱段或圆柱段和圆锥段的交点等。

18.6.4　高压离心脱水机

高压离心脱水机（图 18-40）是污泥处理领域应用最为广泛的离心脱水机。该设备的主要优点是可显著提高泥饼的含固率，出泥的含固率介于带式压滤机和板框压滤机之间。

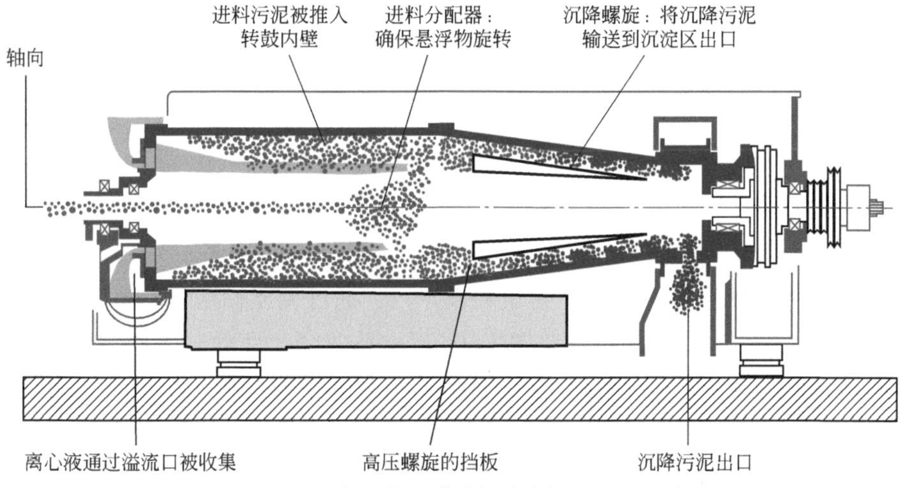

图 18-40　高压离心脱水机（来源：Guinard）

18.6.4.1　用于提高含固率的参数

提高离心加速度：目前常用的离心加速度为 3000g（甚至 3500g），需采用加强型轴承。

增大转鼓内部容积：离心机内存储泥量大大增加，带来更长的离心时间（5～10min）。

非常高的运行扭矩：驱动扭矩反映了螺旋摩擦应力，因此，其在一定程度上取决于离心机的进料情况和污泥的剪切力。因此，高的扭矩数值意味着大量的沉降下来的污泥可被储存在离心机中，特别是剪切力区（比较图 18-40 与图 18-35，后者为一种传统的低压离心机）。高扭矩运行要求装配高强度减速箱并根据扭矩值控制螺旋转速差（V_R），以防设备堵塞并能保持稳定的污泥含固率。

高内液池深度及高的径向水力压力：液环层厚度必须根据污泥泥质进行调整。但是，液环的内部直径通常小于离心机转鼓圆锥端排泥口（因此，图 18-41 显示高压离心机在启动时，滤液夹杂着污泥溢流）。另外，在稳定的运行条件下（进泥启动 2～3min），在转鼓圆锥段内的污泥推流可防止将要排放的滤液通过排泥口排出（图 18-40）。

在转鼓圆锥段的高压缩率：一些设备制造商甚至在转鼓圆锥段的始端增设一个节流板（螺旋挡板，图 18-40），具有如下双重目的：

① 强迫污泥通过受限的校准空间，这样显著增大了剪切力，使得尽可能多的水被挤压出；

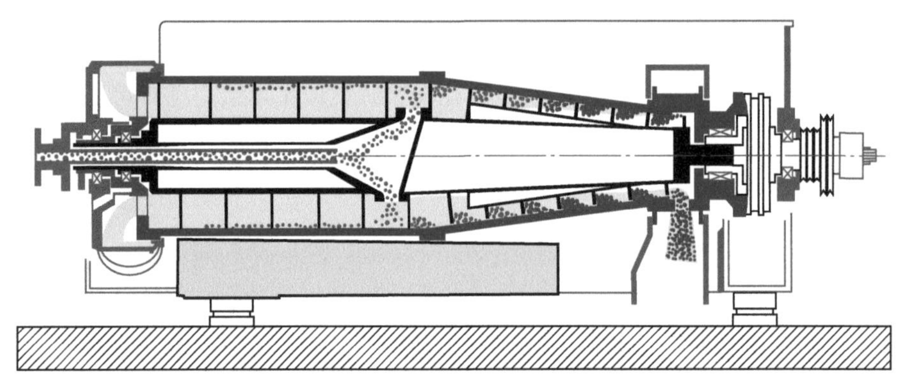

图 18-41 高压离心脱水机：高内液池深度

② 剪切沉降下来的污泥可以进一步将水脱除。

更高的聚合物投量：相比于带式压滤机、板框压滤机或者老款低压离心脱水机，只有过量投加大约 70% ～ 100% 的聚合物，才能提高出泥含固率。

18.6.4.2 运行参数

转鼓转速 V_A：在设备最大转速的 85%～90% 下运行是合理的。

转速差 V_R：事实上，V_R 取决于扭矩的设定点。通过调整输送器的速度以保持稳定的扭矩值。如果扭矩趋向于升高，就要增大 V_R 将设备清空一部分，反之亦然。 V_R 一般为 1～5r/min。

内液池深度：可以通过改变离心液排放挡板堰的设置来调整。某些离心机产品在其内部配备了液位调节系统，在其运行时即可调节内液池深度。

污泥进泥流量：降低离心机的处理量可以在一定程度上提高含固率。

聚合物的选择：对于很多污泥，可以通过投加具有网状结构的乳液型聚合物获得高的含固率（提高 1～2 个百分点）。

聚合物流量：该流量可以通过控制离心机进口的投料量来调节（前提是要使用切实有

效的污泥浓度计）。

聚合物流量也可以根据离心液的浊度进行设定。但是，这种运行方式的可靠性存在一些问题（产生泡沫、产生凝聚的悬浮固体等）。

污泥温度：将污泥加热到 60～65℃，可以将污泥的含固率提高 1～3 个百分点。但值得注意的是，在该温度条件下，离心液将含有大量的溶解性的含碳污染物。

18.6.4.3　性能

絮凝反应试验（采用高剪切力）可用于选择聚合物，以获得抗剪切力更强的絮体。可离心测试（见第 5 章 5.6.10 节）可用于评估沉降污泥（泥饼）的体积以及含固率，以及较为精确地估算离心机所能允许的质量流量。

评估一个离心机的运行是否符合设计要求，最好的方法仍然是计算提取率，也称为回收率 T_C（以 % 计）。

$$T_C = \left[1 - \frac{C_L(C_S - C_A)}{C_A(C_S - C_L)}\right] \times 100\%$$

式中　C_L——上清液或离心液浓度，%悬浮固体；

C_S——泥饼含固率，% 悬浮固体；

C_A——离心机入口的污泥浓度，考虑投加的聚合物及其稀释作用，% 悬浮固体。

对于大多数污泥，回收率应高于 95%（或污泥浓缩到 >50g/L 时，回收率甚至可以达到 97%～98%），或离心液的悬浮固体浓度范围为 0.5～1.5g/L。

回收率也可以采用下式计算：

$$T_C = \frac{Q_S}{Q_A} \times 100\%$$

式中　Q_A——离心机进口的质量流量；

Q_S——泥饼的质量流量。

但是，上式是在假设污泥流量可以在离心机进口测量且排出离心机的泥饼可以称重的基础上进行计算。因此，并不容易对其进行测定。

正如已经讨论过的，离心机的水力负荷可以采用转鼓直径校核，但也可以采用整个转鼓断面的长度校核，详细分析见表 18-18。

表18-18　不同转鼓直径的离心机的处理能力

转鼓直径 /mm	流量 /（m^3/h）
250	1～6
300～350（标准型）	6～12
300～350（长型）	8～18
400～450（标准型）	8～25
400～450（长型）	10～30

续表

转鼓直径 /mm	流量 /（m^3/h）
500～550（标准型）	12～35
500～550（长型）	20～60
700～750（标准型）	30～100
700～750（长型）	40～140
900～1000	50～200
1100	70～250

可以清楚地看到，水力流量取决于离心机进口的污泥浓度和污泥性质，这就是表 18-18 中进泥流量范围较为宽泛的原因。

使用离心机对城市污水污泥进行脱水的处理性能见表 18-19。

表18-19　污水处理厂离心脱水机性能

污水污泥类型	聚合物投加量 /（kg AM[①]/t 干固）	含固率 /%
延时曝气 + 同步除磷	9～11	20～22
延时曝气深度处理污泥	10～12	19～20
延时曝气消化污泥	9～11	20～22
物化初沉污泥	6～7	29～34
物化初沉污泥 + 曝气生物滤池（15%～35%）	7～8	28～32
新鲜的混合污泥（P/Bio=50/50）[②]	8～9	25～27
新鲜的混合污泥（P/Bio=65/35）	7～9	26～29
消化后混合污泥（P/Bio=50/50）	8～9	25～28
初级消化污泥	4～6	32～36

① AM 为活性物质。

② P/Bio 为初沉污泥与生化污泥之比。

18.6.4.4　直接离心

可将浓缩和脱水集成在同一个工艺段进行，实现对低浓度污泥的脱水处理。这种方式主要用于处理延时曝气污泥，但也可用于处理浓度为 10～15g/L 的污泥，例如静态斜板沉淀池的排泥或混合污泥（浓缩的初沉污泥和未浓缩生化污泥）。这种应用的主要优点是可以节约浓缩单元的投资（其中一部分被离心机规模的增大而抵消），并有可能降低某些动态浓缩单元所需的聚合物投加量。

此外，采用该系统需特别注意：在离心机的进口必须保持一个相对稳定的污泥浓度（±1g/L），因此在大多数情况下，在离心单元的上游，要设有一个足够大的均质池。事实上，当生化污泥直接从二沉池的污泥回流井抽取时，取决于污水处理厂的水力运行条件，污泥浓度在 6～15g/L 之间波动，这将导致离心机的运行出现故障。在大型的污水处理厂中，污泥浓度相对更加稳定，可不设均质池；可以在离心机进口设置固体流量控制系统作为替代措施。

对污泥直接进行离心脱水处理得到的含固率与采用预浓缩 - 脱水工艺得到的含固率类似（例如，对于延时曝气污泥含固率大约为 20%）。另外，虽然离心机的进口浓度比较低，但是仍要确保达到较高的回收率，即滤液具有较理想的水质（离心液中的悬浮固体浓度为 0.2～0.3g/L）。因此，聚合物的投加量（强烈推荐使用乳液）需要适当提高（延时曝气污泥，取 11～12kg AM/t SS）。

应用直接脱水工艺时，离心机的选型应按最大水力负荷（污泥流量）考虑，因而此时固体负荷已经不是限制因素（例如对于浓度为 7～9g SS/L 的延时曝气污泥，转鼓直径为 500～550mm 的长型离心机的流量范围为 55～65m^3/h）。

污泥离心脱水的能耗仍然比较高，这是因为离心机并不是在最大流量工况下运行。取决于设备进口的污泥浓度，对污泥进行预浓缩时的能耗为 60～80kWh/t SS，而直接脱水的能耗为 120～200kWh/t SS。

18.6.5　配置

预处理：不需要采用过滤或除砂处理工艺对离心机进行保护（除非含有一定量的工业污泥）。实际上，目前已在污水处理厂进口安装的格栅（栅条间隙一般为 3～10mm）和高效除砂单元（原水中 >200μm 的砂砾去除率为 90%～95%）为离心机提供了非常充分的保护。对于处理大多数城市污水污泥的离心机，由于在耐磨涂层方面取得的重大进展，使用寿命达 15000h 的螺旋现在已经非常普遍。

进泥：如果要达到理想的回收率，应确保离心机的进料流量稳定（采用螺杆泵或转子泵）。

噪声防护：在额定工况下，离心机的运行噪声一般为 85～90dB(A)，因而现场不适合运行或维护人员长时间逗留。因此，离心机车间需要采取隔声措施，或者为运行人员提供噪声防护耳塞，或者为设备加装隔声罩以降低噪声水平约 10dB(A)。

振动现象：所有的转动设备都会产生振动。在稳定运行情况下，离心机的振动相当轻微，但在临时运行工况如启动或停止时，振动偶尔会很剧烈。因此，离心机必须采取振动隔离措施：在设备进料口以及滤液排放口处采用柔性密封，泥饼输送斗也采用柔性密封，在基座下部安装强力减振器。在稳定运行情况下，5mm/s 的振动是正常的，但不能超过 15～20mm/s，否则将对离心机造成严重损害。

启动和停止时的液体（滤液）排放（图 18-41）：因为液环直径通常小于位于转鼓圆锥段的排泥口（对于高压离心机来说），因此当启动或停止冲洗时，不可避免会在污泥排放侧排出液体。在泥饼排出口应加装滑阀，以将液体排至离心液总管。滑阀的动作将取决于采用的扭矩值。

采用倾斜螺旋是一个更加简单的解决办法，即设一个向下的开口，位于离心机排泥口外罩的正下方（图 18-42）。

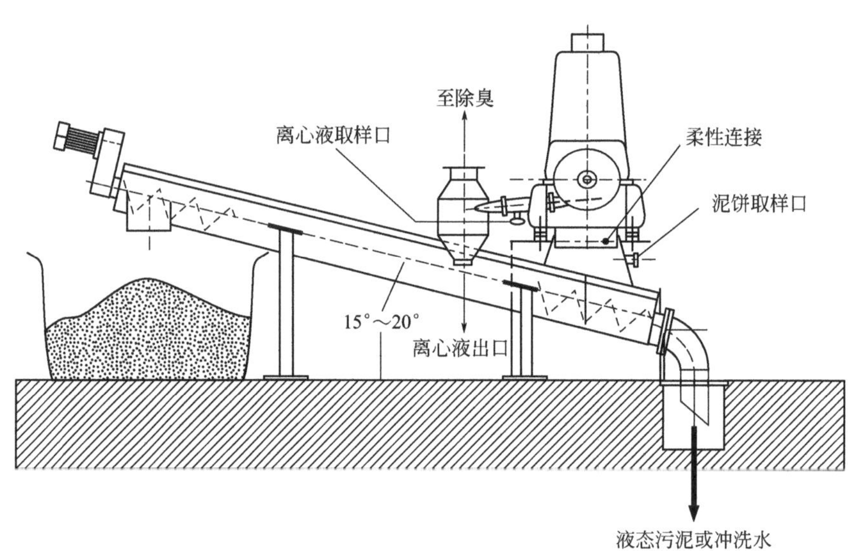

图 18-42 采用倾斜螺旋排放泥饼（示意图）

能耗：对预浓缩污泥进行离心脱水的平均能耗见表 18-20。

表18-20 对预浓缩污泥进行离心脱水的平均能耗

污泥类型	能耗 /(kWh/t SS)
延时曝气污泥	60～80
物化初沉污泥	35～50
新鲜或消化的混合污泥	50～65

臭气收集：在离心液排出口的套管处必须安装脱气器，并将气体排放至污水处理厂的臭气处理设施。脱水污泥出口必须进行密封处理。因此，相比于其他脱水设备，离心机仅需要极少量的通风。

维护和大修：维护和大修操作必须由有资质的人员进行。如果螺旋设备或转子出现损坏，在维修后需要进行平衡试验与校正。

运行：在污泥处理过程中见不到污泥。尽管如此，仍然需要分析任何处理效果不佳的原因并采取相应措施（表 18-21）。首要的目标包括：a. 获得澄清的离心液；b. 不必过量投加聚合物，而获得满意的含固率。

表18-21 常用离心机运行故障及改进措施

故障	改进措施（依次考虑下列措施）
离心液很浑浊	降低扭矩设定点（因此 V_R 应该上升） 或提高聚合物投加量 或降低污泥进泥流量 或降低内液池深度

续表

故障	改进措施（依次考虑下列措施）
含固率很低	提高扭矩设定点（因此 V_R 应该下降） 或提高聚合物投加量（或采用替代聚合物） 或提高转鼓速度 或降低进泥流量 或提高内液池深度

18.6.6　离心脱水的优点和局限性

离心已成为目前主流的污泥脱水工艺，其优点在于：

① 在一个密闭的单元内实现连续脱水，改善了卫生条件并降低了除臭成本。

② 布置紧凑，设备自动清洗，如果设计得当，可保持工作环境的健康整洁。

③ 如果污泥相对稳定，设备运行无须人工值守。由部分标准设备组成的机械安全保护机构和新型的污泥浓度计使得离心机的自动运行更加可靠。

④ 对于某些污泥，含固率大幅提高，可以接近板框压滤机的含固率（与老式的低压离心机相比，提高 4～6 个百分点）。出泥含固率和聚合物投加量与带式压滤机的比较见表 18-22。

⑤ 适用于处理所有类型的污泥，甚至是最难脱水的污泥，例如特殊的含油污泥。

⑥ 当离心机设置于污泥热干化机或焚烧炉的上游时，可实现嵌入式运行（无缓冲池）。

⑦ 脱水而无须过滤介质，因此，无随过滤介质带来的其他限制（如冲洗等）。

⑧ 可以非常快速地切换功能。如本章 18.6.4.2 节所述，仅靠改变运行条件就可调整污泥脱水程度或深度浓缩程度。

另外，离心机也具有明显的局限性：聚合物耗量大（表 18-22），能耗高，噪声较大，保养工作量虽低但专业性强，在大多数情况下需要备用。尽管如此，离心机仍然在污泥脱水市场占有重要的一席之地。

表18-22　离心机（C）和带式压滤机（FAB）的比较

污泥类型	含固率 /%		聚合物投加量 /(kg/t SS)	
	C	FAB	C	FAB
污水处理厂延时曝气污泥	21±1	17±1	11±1	5±1
污水处理厂 P/Bio(初沉 / 生化)=50/50	26±1	22±1	9±1	4±1
污水处理厂 P/Bio(初沉 / 生化)=65/35	28±1	24±1	8±1	3.5±1
污水处理厂 P/Bio(初沉 / 生化)=80/20	30±1	27±1	6±1	3±1
乳制品废水处理生化污泥	16±2	12±2	12±1	7±1
给水厂污泥，原水浊度 <10NTU	19±1	16±1	9±1	5±1
给水厂污泥，原水浊度 50～70NTU	25±2	21±1	6±1	4±1

位于 La Farfana 污水处理厂的 5 台安德利茨 D7LL 型离心脱水机见图 18-43。

位于 La Farfana 污水处理厂的 5 台安德利茨 D7LL 型离心脱水机见图 18-43。

图 18-43 La Farfana 污水处理厂 5 台安德利茨 D7LL 型离心脱水机（智利 - 圣地亚哥）

18.7 板框压滤机

板框压滤机是一种根据高压过滤（因此需要采用孔眼尺寸相对较小的过滤介质）原理工作的固液分离设备。

与离心脱水机一样，板框压滤机在污泥处理领域得到广泛应用，其主要优点是在所有的机械脱水技术中，板框压滤获得的污泥含固率最高。

通过采用通用的表面过滤原理（达西定律，见第 3 章 3.5.1 节），可以利用实验室分析的方法（见第 5 章 5.6.6 节）确定污泥是否适合采用压力过滤的处理方法（过滤时间、最终含固率、调质药剂的选择和投加量等）。

18.7.1 过滤性能的指标量化

18.7.1.1 污泥的过滤比阻 r

过滤比阻是指单位质量的污泥（1kg 干固体）在单位过滤面积（$1m^2$）上过滤时遇到的阻力。

假设与泥饼的阻力 r 相比，过滤介质的比阻可以忽略；在单位过滤容积上沉积的悬浮固体量可以用污泥悬浮固体浓度 C 代替，在过滤压力下的比阻 r_p 则可以使用下列公式进行简化计算：

$$r_p = \frac{2apS^2}{\eta C} \quad （单位：m/kg）$$

式中 p——过滤压力；

S——过滤表面积；

C——在设备进口处的污泥浓度（悬浮固体）；

η——滤液的动力黏度；

a——通过过滤性能试验获得的直线的斜率（图 18-44 及第 5 章 5.6.6.1 和 5.6.6.2 节）。

比阻 $r_{0.5}$（即压差为 0.5bar 或 49kPa 时的污泥过滤系数）通常用于比较各种污泥的过滤性能。

污水处理厂混合污泥的 $r_{0.5}$ 约为 10^{14}～10^{15}m/kg，这种污泥不适于直接进行板框压滤处理。对于这种类型的污泥，需要投加调理剂将 $r_{0.5}$ 降到 10^{12}m/kg 以下（见本章 18.3 节），这样才能达到满意的污泥过滤及脱水效果。

另外，对于强疏水性和结晶性的除碳酸盐污泥，或者经过热处理的污泥（见本章 18.3.2 节）初始 $r_{0.5}$ 值很低［（1～5）×10^{11}m/kg］，不需外加物质调质就可直接进行压滤。

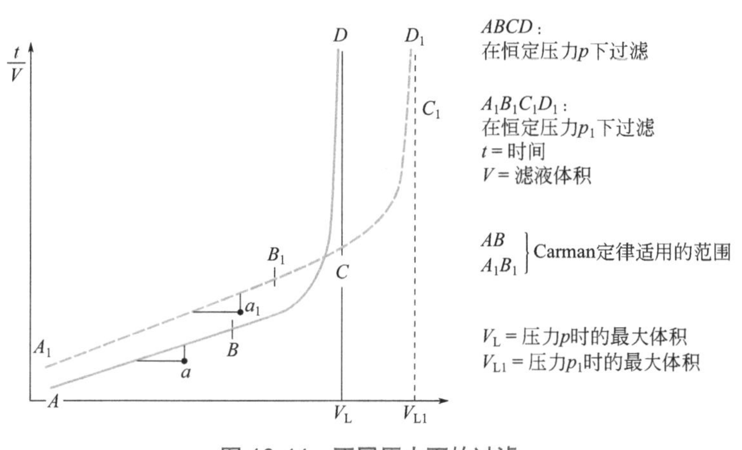

图 18-44 不同压力下的过滤

18.7.1.2 污泥的压缩系数（见第 5 章 5.6.6.3 节）

当压差增大时，滤饼的孔隙被堵塞，这就增大了过滤的阻力：

$$r_{\mathrm{p}}=2^{S}r_{0.5}p^{S}$$

S 为污泥的压缩系数，用图解法由直线 $\lg r_{\mathrm{p}}=f(\lg p)$（见第 5 章图 5-26）的斜率可确定 S 值，该系数影响过滤流量。

如果 $S<0.7$：污泥不易压缩，过滤性能随着 p 的提高而升高（疏水性和结晶性污泥，如碳酸盐或硫酸钙污泥，氧化铁、气体洗涤污泥等）。因此，在这种情况下，使用高压非常利于污泥脱水。

如果 $0.7<S<1$：污泥较容易压缩，仍然利于高压（12～15bar）脱水，特别是在需要获得更高的含固率时（例如对城市污水污泥投加无机药剂进行调质）。

如果 $S>1$：可以采用 7bar 的压榨压力，因为即使提高压力，在处理周期和最终的含固率方面也不能再有任何改善（非常难脱水的污泥，如未经石灰充分处理的氢氧化物污泥）。

图 18-45 为这种可压缩性的示意图。

注意：已投加聚合物进行调质的城市污水污泥，排出滤液后 S 将大于 1。但是，仍然可以采用高压（15bar）处理该污泥，泥饼 / 滤布界面的黏附程度因此得到改善，并有利于泥饼卸料（泥饼不是特别黏）。

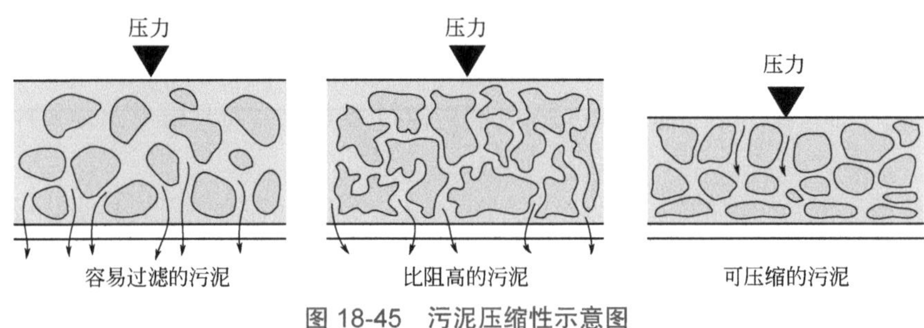

图 18-45　污泥压缩性示意图

18.7.1.3　最大干度（见第 5 章 5.6.7 节）

过滤性能试验（图 18-44）能够测定污泥在不同压力下的渐近最大干度。在常规运行条件下，试图达到这个极限是不经济的，因为此时的调理剂投加量过高且运行周期时间过长。

但最大干度值是一个用于评价不同脱水系统的处理效果和性能极限的重要比较指标。只有热处理工艺的出泥干度才能超过这个限值。

18.7.2　传统厢式压滤机

厢式压滤机是在密闭的过滤室内对污泥进行压力过滤。不同于带式压滤机系统，压力直接施加于污泥而使其被压榨（无蠕动）。

这种相对老旧的技术仍然在广泛应用。其主要优点是：排出的泥饼的特征和“固体”一样，这通常是选择该技术的原因之一。而且，泥饼的干度通常超过 30%（因此是出泥含固率最高的机械脱水工艺）。然而，它的缺点也很明显：

① 间歇式运行（序批式循环）；

② 在整个运行周期内进料流量下降；

③ 投资成本高于其他机械脱水系统；

④ 在每个运行周期之间进行机械排泥，不可避免地需要人为干预以保证泥饼掉落（大多数污泥均是如此），但最近几年有了一些改进；

⑤ 投加聚合物对污泥进行调质已愈加成熟可靠，无须投加石灰；

⑥ 已经开发出了一些全自动板框压滤机，但是对于处理所有类型的污泥，特别是亲水污泥的机械稳定性和运行可靠性仍然没有得到验证。

18.7.2.1　传统厢式压滤机概述

厢式压滤机（图 18-46）装有一组竖直排列的滤板（1），这些两侧凹进的滤板通过位于每组板一端的一个或多个液压缸（2）驱动的可移动压紧板（8）紧密连接在一起。推动可移动压紧板，将滤板压合至其与位于另外一端的固定止推板（9）之间。

这些滤板竖直排列在一起，形成了密闭的过滤室（3），便于使用机械方法卸除泥饼（卸泥）。

非常细密的滤布（4）安装在滤板带有沟槽的两侧，滤布的网眼孔径为 10～300μm。

待过滤的污泥（5）一般通过位于滤板中间的开孔被泵入过滤室内，这些紧密排成一线的开孔构成了污泥的进泥管（6）。

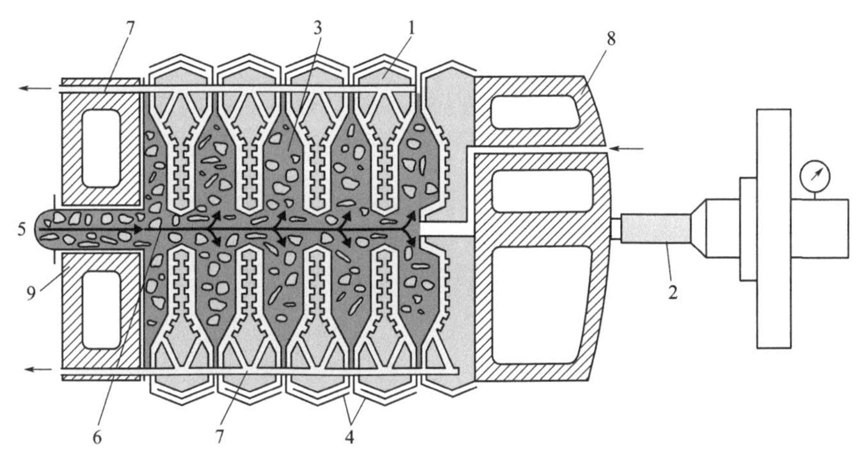

图 18-46　厢式压滤机的结构简图

固体物质逐渐在过滤室内累积，直到最终形成紧实的泥饼。

滤液被收集在滤布后面的滤板沟槽内，通过内部管道（7）排出。因此，没有任何臭气外溢。

液压缸产生的压力必须通过计算确定，以使每块滤板接合面上的密封压力大于通过污泥泵送系统产生的过滤室内部压力。

18.7.2.2　技术应用

不同厢式压滤机的主要区别在于：

① 滤板支撑：横向布置在两条纵梁（图 18-47）上或悬挂在一条或两条架空轨道（吊轨）上（图 18-48）。

② 单板分离（拉板）系统：电动机械或液压机械（图 18-49）。

③ 压紧系统：一个或多个液压缸。

④ 滤布高压清洗系统：使用 80～100bar 高压清洗滤布和滤板沟槽，喷头靠近滤布以保证冲洗效果。

⑤ 支撑结构设计所考虑的安全余量。

⑥ 应用规模：从小型压滤机（20～30 块尺寸为 500mm×500mm 的滤板）到大型压滤机（150～160 块尺寸为 2000mm×2000mm 的滤板，即过滤室总容积为 15000～18000L，过滤面积为 1000m^2，占地面积约为 40m^2，非常紧凑）。

⑦ 应用压力：标准压力为 15bar，但对于一些污泥，一些制造厂商的可选压力为 7bar（造价更低）。

⑧ 泥饼厚度：过滤室的深度及随之的最终泥饼的厚度必须根据污泥性质选择。对于非常容易过滤的致密型污泥，可选择较大的泥饼厚度（50mm），这可避免工作周期过短。对于大多数城市污水污泥，推荐采用 30mm 的厚度，这样可以在工作周期和泥饼重量之间达到平衡。

⑨ 滤板材质：广泛使用聚丙烯材料（有时大型单体设备仍然使用铸铁滤板）。每块滤板都配有一定数量的均匀布置的滤框，其作用是防止因进泥不当导致滤板变形。

图 18-47　SIAAP Achères 厂（法国），规模 230t DM/d，14 台横向布置压滤机：140 块滤板（1500mm × 1500mm）

图 18-48　圣保罗 Barueri（巴西）厂，三台高架压滤机，150 块滤板（2000mm × 2000mm）

图 18-49　机械拉板

⑩ 滤布：大多数应用场合使用由合成纤维（聚丙烯或 Rilsan- 聚酰胺）编织而成的单丝滤布。一般情况下，在滤布之下敷有一层网眼孔径较大的粗滤布（与滤布相比，滤液更

容易排出，承受的压力也较小）。

网眼孔径更小的复丝滤布适用于处理更细的氢氧化物污泥。对于运行良好的系统，滤布的工作寿命超过 2000 个工作周期。

18.7.2.3　过滤周期

板框压滤机利用一系列的压榨对污泥进行脱水处理。每个压榨程序由以下阶段组成：

① 压紧：当压滤机完全清空时，液压缸驱动可移动的压紧板，将各个滤板压紧。压紧的压力在过滤时自始至终都可以自动调节，以便确保滤板之间的接合面具有良好的密封性。

② 进料：这个阶段历时很短（最多 10min）。进料泵将污泥送入过滤室进行过滤。进料时间取决于污泥的过滤性能（过滤性能越好，进料时间越短）。

③ 过滤：一旦过滤室进料，连续泵入的污泥在滤布上形成的污泥层逐渐变厚，导致过滤室内压力上升。通常在 30～45min 达到最大过滤压力。过滤时间可达 1～5h，具体取决于过滤室深度和污泥的过滤性能。使用计时器终止过滤阶段（即达到维持最大进料压力的程序设定时长），以确保达到较低的滤液排放量。当投加无机药剂对污泥进行调质时，滤液排放量要降至 10～20L/m^2（过滤面积）；若投加聚合物调质，则要降至 5～10L/m^2。当进料泵停止运行时，可用压缩空气清空内部的液态污泥和滤液管路。

④ 打开板框：将可移动的压紧板回拉，以便打开第一个过滤室。形成的泥饼依靠自身重量掉落。机械拉板装置随后将滤板逐块拉开。取决于泥饼是否黏附在滤布上，将 100 个过滤室的滤布上的泥饼卸除需要约 15～45min。这个阶段必须有人值守，因为大多数污泥可能因调质不充分，泥饼带有不同程度的黏性，有时需要使用刮板以确保泥饼完全脱落。

图 18-50　板框压滤机冲洗系统，给水厂污泥（Moulle-Dunkerque，法国）

除以上 4 个过滤周期阶段之外，还有一个更加重要的冲洗阶段（需配备冲洗系统，见图 18-50）：冲洗滤布并将滤液排放沟槽内的滤液排出。当投加聚合物对污泥进行调质时，每 10～15 个运行周期冲洗一次；采用无机药剂调质时，每 30～40 个周期冲洗一次。冲洗程序与拉板同步。一次冲洗耗时约 2～3h。当投加大量的石灰进行调质时，每 500 个周期，滤布和滤板需要除垢，通常采用 5%～7% 滴定浓度的盐酸进行浸泡或循环清洗。

板框压滤机的能耗相对较低，取决于污泥类型，约为 25～35kWh/t SS。

18.7.2.4　板框压滤机的选型

板框压滤机的选型设计需要了解以下信息：

① 每个工作日需要压滤的悬浮固体的量（污泥 + 添加的调理药剂）=M（kg SS/d）。

② 总周期时间 $=T$（取决于泥饼厚度，调质后的污泥比阻 $r_{0.5}$）。周期时间 T 可用来确定每个工作日采用的周期数 K（取决于运行时间）。

③ 最终压滤后的泥饼的平均含固率 S_F（以干污泥计算）。

④ 泥饼密度。

板框压滤机的选型根据过滤室的总处理量 V_T（L）确定：

$$V_T = \frac{M}{KS_F d}$$

需在滤板数量和滤板大小之间达到经济上的平衡。

注意：板框压滤机是一种可获得最佳分离效果的机械脱水系统（回收率约98%～99%）。

18.7.2.5 投加无机药剂进行污泥调质时的板框压滤机脱水效果

使用板框压滤机处理氢氧化物污泥（未调质）、疏水性无机污泥（仅石灰调理）和亲水性有机污泥（采用铁盐和石灰调理）的脱水效果如表18-23所示。

图18-51是用于上述应用场合的板框压滤处理系统示意图。

表18-23 投加无机药剂进行污泥调质时的板框压滤机性能

污泥类型	污泥种类	浓度/%DM	调理		周期时间①/h	含固率/%
			$FeCl_3$/SS /%	$Ca(OH)_2$/SS /%		
亲水性有机污泥	污水处理厂 P/Bio=80/20（新鲜混合污泥）	6～7	3～5	20～30	2～2.5	35～40
	污水处理厂 P/Bio=50/50（新鲜混合污泥）	4.5～6	4～6	25～35	2.5～3	33～37
	污水处理厂延时曝气污泥	3～5	7～9	35～45	3～4	31～34
	污水处理厂 P/Bio=50/50（消化后混合污泥）	3～4	4～6	25～35	3～3.5	33～37
	污水处理厂物化除磷污泥（新鲜污泥）	6～8	3～4	20～25	2～2.5	35～40
	农产品食品工业废水处理厂生化污泥	3～4	8～12	35～50	3.5～4.5	30～33
疏水性无机污泥	除碳酸盐污泥（$CaCO_3$去除率>85%）	30～50	—	—	1～1.4（45mm）	70～80
	气体洗涤污泥	10～20	—	—	1～1.5	60～70
亲水性无机污泥	低浊度原水给水污泥	1.5～2.5	—	40～60	3.5～5	28～32
	较高浊度原水给水污泥	2.5～4	—	20～30	3～4	30～40
	电镀工业废水处理污泥	2～3.5	—	5～15	2.5～4	28～35
	铝阳极氧化（碳酸钠中和）污泥	2～3	—	10～20	3～4	30～40
含油污泥	切削油工业废水破酸污泥	2～3.5	—	5～10	2.5～3.5	50～60

① 如无特别说明，泥饼厚度为30mm。

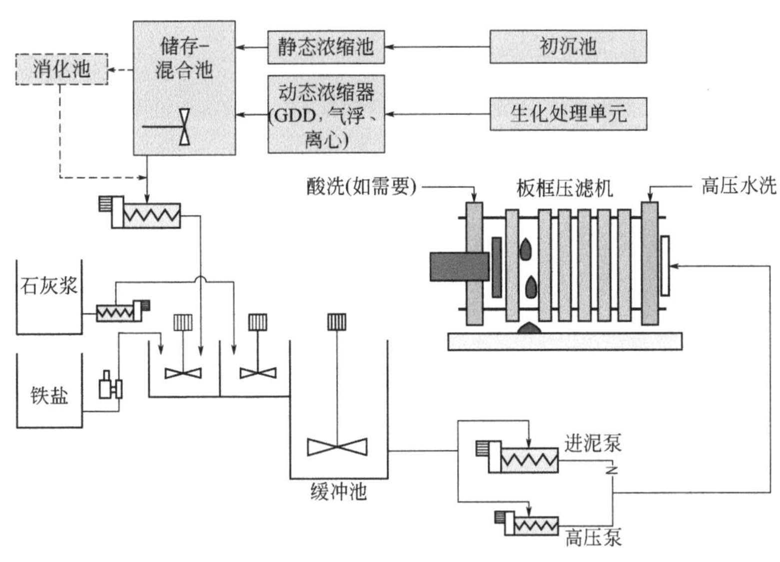

图 18-51　污水处理厂投加无机药剂对污泥进行调质的板框压滤处理系统示意图

18.7.2.6　聚合物调质脱水效果

由于不增加废物产量，投加聚合物对污泥进行调质是一种非常有吸引力的选择（不像无机药剂调质经常需要投加大量的石灰）。此外，对于大多数种类的污泥，其处理后泥饼均带有不同程度的黏性，这延长了卸料时间并需更多的人工干预以使泥饼从滤布上剥落。

在处理有机污泥时，铁盐必须与聚合物配合使用，以降低污泥黏附力。

鉴于不额外引入矿物质，经聚合物调质后的污泥脱水仅能获得相对较低的含固率，泥饼具有海绵状结构。

经聚合物调质后，使用板框压滤机对城市污水剩余污泥进行脱水处理的性能数据见表 18-24。

表18-24　投加聚合物进行污泥调质时的板框压滤机性能

污泥种类	浓度 /% 干固	$FeCl_3$/SS /%	聚合物 /（kg AM /t SS）	周期时间①/h	含固率 /%
城市污水厂延时曝气污泥	4～5	2～5	5～7	3～4	25～29
城市污水厂 P/Bio（初沉 / 生化）=70/30（新鲜混合污泥）	4.5～6	2～3	3～4	2～3	33～36
城市污水厂 P/Bio（初沉 / 生化）=50/50（新鲜混合污泥）	4～5	3～4	5～6	2.5～3.5	30～34
城市污水厂 P/Bio（初沉 / 生化）=50/50（消化后混合污泥）	3～4	4～5	3～4	3～4	30～34

① 泥饼厚度 30mm。

图 18-52 ～图 18-54 分别为板框压滤机对经聚合物调质后的污泥进行脱水处理的一些实例。

组合式污泥调质系统（投加石灰或聚合物，图 18-53）非常具有吸引力：事实上，石灰处理在最终处置上可满足农业要求。当最终处置没有出路或存在问题时，投加聚合物进行调质可使污泥达到可接受的含固率以及最大的净热值，便于进行热干化处理或焚烧处置。

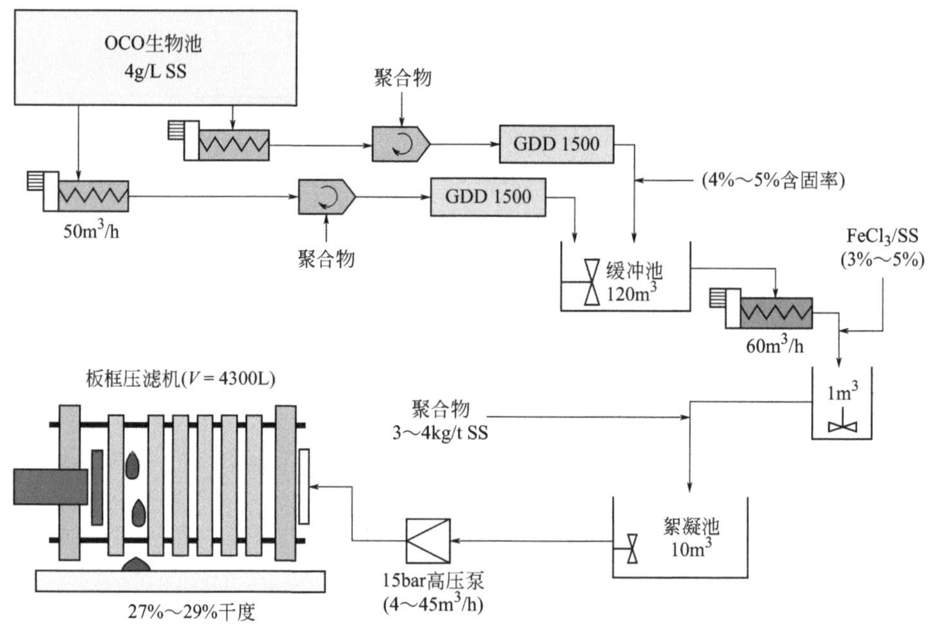

图 18-52　法国 Remiremont 污水处理厂（处理规模 40000 人口当量）的板框压滤机，投加聚合物进行污泥调质

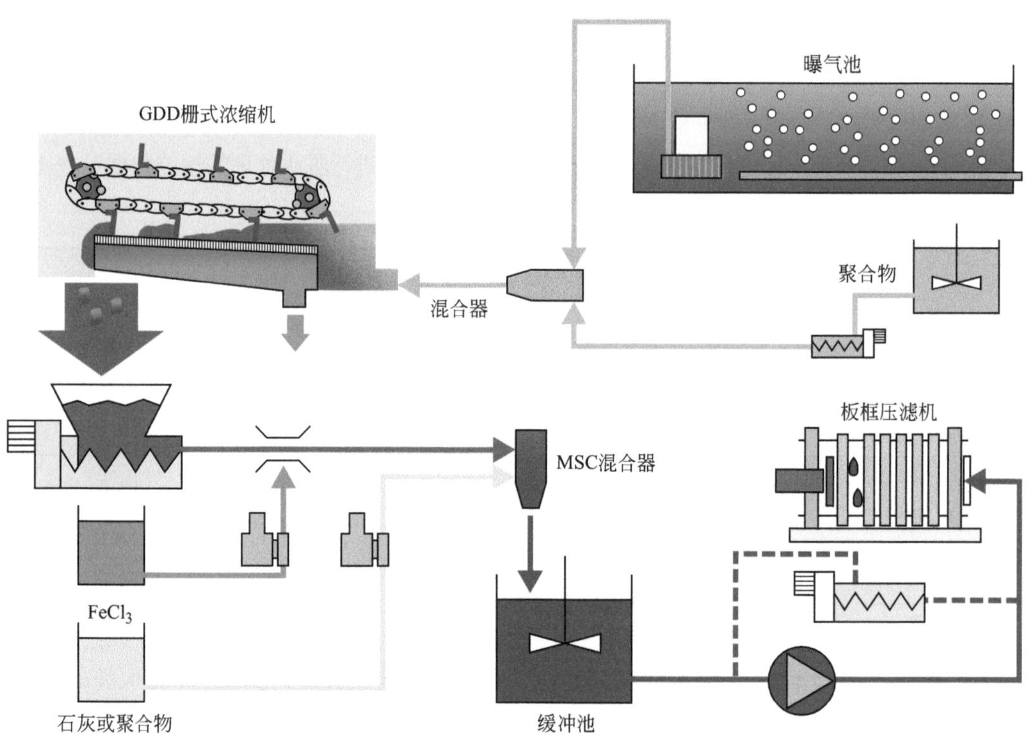

图 18-53　采用组合式在线污泥调质的板框压滤系统

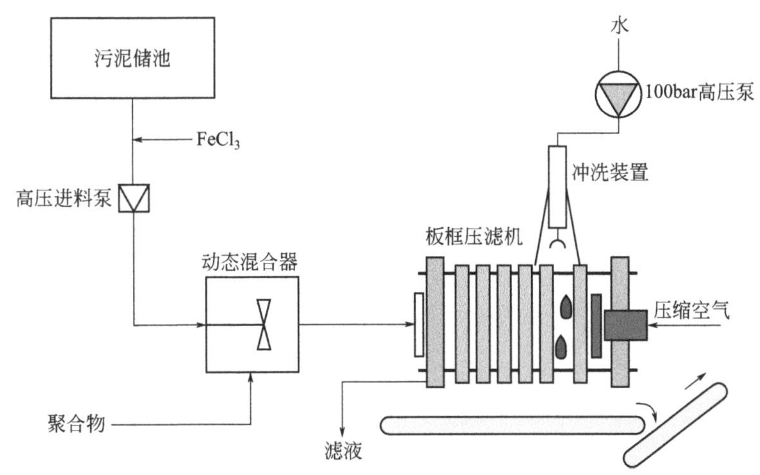

图 18-54　仅投加聚合物进行污泥调质的板框压滤机，在高压进料泵后进行在线絮凝

18.7.3　隔膜压滤机

18.7.3.1　性能描述

尽管价格比较昂贵，但这种压滤机的应用日益普遍。

从外部看，隔膜压滤机与传统板框压滤机（厢式压滤机）相像，但是每个过滤室的内表面的一侧采用聚丙烯膜（一体式膜板结构）或橡胶膜覆盖（黏附在滤板上，因此可更换）。过滤室的另外一侧仍然为传统构造（见图 18-55）。

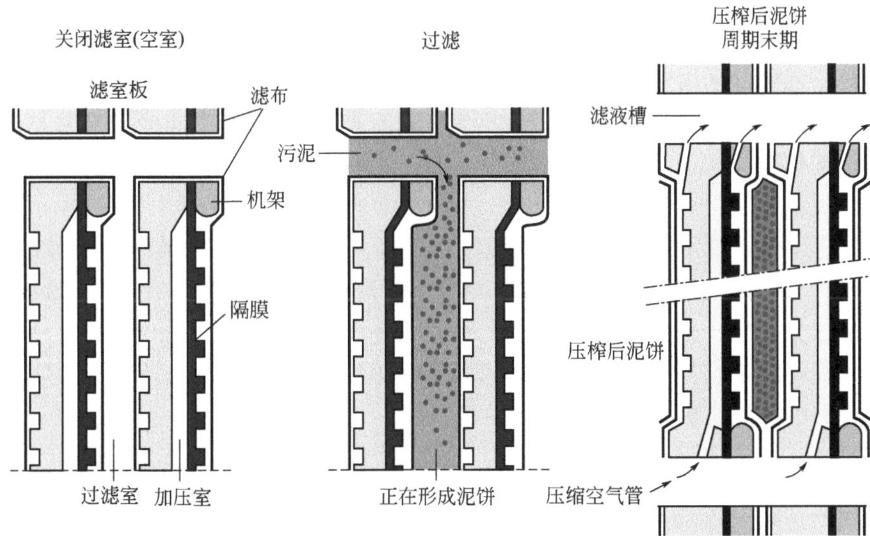

图 18-55　装配橡胶膜（贴在滤板上）的滤板断面及运行周期示意图

采用水或压缩空气对隔膜进行加压（15bar）。

工作周期如下：

① 泵送污泥向过滤室进料，压力为 6～7bar；

② 在该压力下进行预压榨，形成泥饼；

③ 进料泵停止运行，加压使隔膜膨胀 15～45min（取决于污泥）；

④ 以传统方式卸除泥饼。

不同于传统的压滤机，隔膜可以对整个泥饼表面施加均匀的压力，因此可以获得更高的含固率并使泥饼更加均质。由于泥饼的黏性低、表面湿润，因而更容易卸除。因此，这种类型的压滤机更适于处理经聚合物调质的污泥。

与传统压滤机相比，隔膜压滤机在污泥含固率方面的提高，在很大程度上取决于污泥类型、投加的调理剂的类型：

① 投加无机矿物质进行污泥调质（石灰处理），在大多数情况下，含固率可以提高 4～5 个百分点。

② 聚合物调质（此时的压缩系数接近 1），含固率的提高幅度较小，通常为 2～3 个百分点。

处理能力的提升也存在差异：

① 对于具有优异过滤性能的疏水性无机污泥，与传统压滤机相比，其处理能力可以提高 30%～40%。

② 对于难脱水的污泥，处理能力不一定提高。然而，容易卸除泥饼对运行带来的好处通常高于额外增加的成本。

隔膜压滤机的系统构造更加复杂（隔膜压力流体分别进入每一块滤板），所需的维护量更大（隔膜定期更换）。

卸除泥饼必须现场有人值守（极少情况下泥质非常好的污泥例外）。因此，这种压滤机无法设计成自动压滤机。

18.7.3.2 加热压滤机

在这种工艺中，采用热能替代机械能对污泥进行脱水处理。

压榨完全采用传统的方式。在过滤周期的末期，启动加热程序。热量（水加热到 90℃）通过滤板本身间接传递到污泥泥饼。这些滤板特别设有热水循环通道，可以将滤板转换为加热板。

为了促进干化，滤液回路在微负压条件下运行（周边接合面需采用橡胶密封）。

对于这种工艺，彻底干化（达到 90% 含固率）是可行的，但是并不经济（24h 加热期）。

然而，部分干化（如 35%～45% 含固率）仍有潜在应用场合，如经过聚合物调质后的延时曝气污泥可实现自持焚烧。加热时间可以缩短到仅 2～4h。另一优点是泥饼卸除环节得到了改善，因为泥饼更容易从滤布上脱落。

目前这种工艺的应用非常少，这是因为设备造价仍很昂贵，机械可靠性（密封）还存在一些薄弱环节。

18.7.4 自动压滤机

在该领域的一些尝试以失败而告终：这些尝试基于独特的原理，虽然取得了一些进展，但其机械可靠性并没有得到有效验证，导致许多类似的工艺趋于消失。

一些研发成果得以保留，但需谨慎采用；当污泥黏性过大时（如添加了聚合物的有机污泥），自动控制系统在某种程度上并不可靠。

（1）配有滤布振荡系统的隔膜压滤机

滤布紧贴在振动或滤布行走系统上，使其可以与滤板分离，也使得泥饼更易于卸除。当用于处理无机污泥或石灰调质后的有机污泥时，该工艺相当可靠。显而易见，由于较高的应力水平，滤布的使用寿命会缩短。

（2）配有滤板振荡系统的隔膜压滤机

所有滤板同时分离，并随偏心部件产生轻微振动。该工艺可用于处理非常稠密的重质污泥（除碳酸盐污泥、气体洗涤污泥等）。

（3）配有滤布收卷系统的隔膜压滤机（图 18-56）

当过滤室打开时，所有的滤板同时分离，确保所有的泥饼同时卸除；这样，卸泥的固定时间大为缩短。此外，当过滤室打开时，滤布随行走系统向下收卷，使得泥饼强制排出（通过刮板系统和滤布清洗系统完成）。

这些压滤机具有较高的处理能力，但由于其自身的设计，只能用于处理那些具有良好过滤性能且只含细颗粒的污泥（实际上，过滤室的入口较小）。

由于这些装置价格昂贵，所以在污泥脱水中的应用并不十分广泛（除处理除碳酸盐污泥和金属污泥外）。

（4）配有自动刮板系统的隔膜压滤机

滤板分离系统与滤布刮板系统相结合：滤布退回到滤板上，刮板向下移动；工作机理精确、复杂，需对其进行较高程度的监控和维护；但该系统对于黏性污泥的处理取得了一定成功；如果该技术的可靠性得到验证，这类压滤机将会有长足的发展。

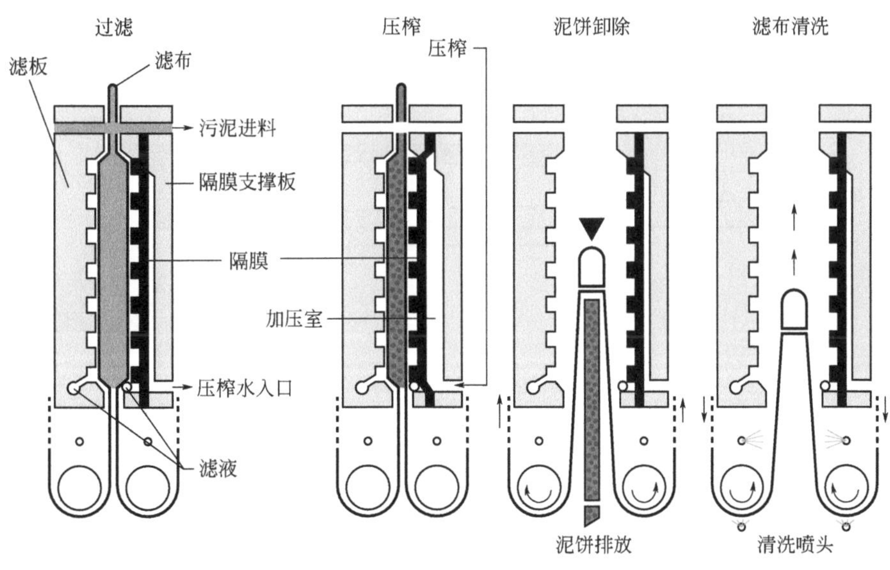

图 18-56　竖直滤板多腔室自动压滤机的示意图

18.7.5　其他过滤工艺

18.7.5.1　砂层干燥床

在降雨量较少的地区，这一系统仍在使用（必要时投加聚合物加速排水）。平均而言，需要3～4周的时间才能形成30～40cm厚的污泥层。

由于占地面积大、清除干污泥饼时投入的人力较多，该工艺的应用并不普遍。

另外还有一些少量机械干燥床的应用报道（干燥床20m宽、1km长，污泥泵入污泥床、摊铺干燥后由自动运行的刮泥机进行收集）。

18.7.5.2　脱水塘

脱水塘用于降水量小、不希望通过投加化学药剂来进行污泥脱水的地区。

这些脱水塘（约1.8m深的浅塘）专门利用蒸发（为此，池底需做防渗处理以防止污染土壤）对污泥进行脱水处理。浅层污泥接续被干燥，因此需设数个脱水塘实现循环处理。当脱水塘内的脱水污泥（含固率为30%～40%）约为1m深时，通过反铲装载机将污泥清理到后干化区域。

脱水塘的面积根据现场的蒸发能力（需考虑季节变化）进行设计。该工艺仅用于处理非常稳定的污泥，以避免污染环境。

18.7.5.3　转鼓真空过滤机

这类过滤机现在基本上已很少见，只有很少一部分用于处理除碳酸盐污泥或气体洗涤污泥。

实际上，这些耗能大的真空过滤机要求污泥在经过充分调质后具有很好的过滤性能，此外，需对其持续进行维护。因此，这类过滤机已被带式压滤机和离心脱水机所取代。

18.7.5.4　螺旋压滤机（图18-57）

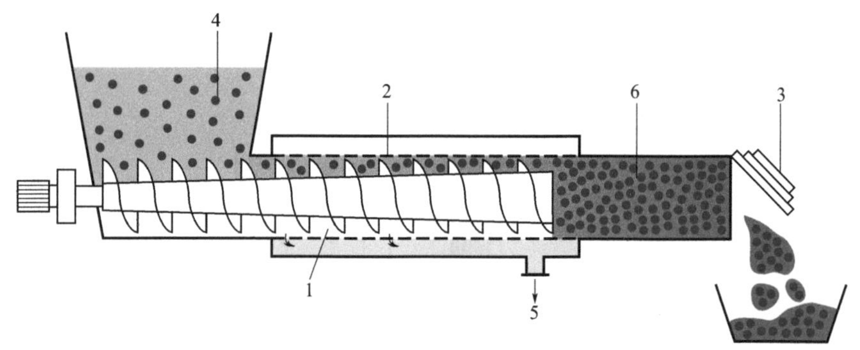

图18-57　螺旋压滤机的剖面示意图

1—压榨螺旋；2—滤网；3—可调节门；4—液体或膏状污泥；5—滤液；6—脱水污泥柱塞流

螺旋压滤机能够产生高压，专门用于处理造纸厂污泥，但要求这类污泥的纤维含量超过45%～50%。因此，这类压滤机的应用较少。

螺旋压滤机通常设于污泥预浓缩工艺（例如GDD/GDE栅式浓缩机）的下游，因些进入压滤阶段的污泥较为浓稠。螺旋在穿孔圆筒中缓慢旋转，逐渐对污泥进行压榨，在螺旋出口形成的脱水污泥柱塞流使这种压榨过程成为可能。

当污泥中的纤维含量足够高时，泥饼的含固率可达到45%～55%。对于直径为600～650mm的螺旋压滤机，其处理量为600～1000kg SS/h。

螺旋压滤机可安装在带式压滤机的下游，将污泥的干固体含量提高10～15个百分点。这一应用对运行维护的要求非常高（螺旋磨损）。

18.8　污泥的输送和储存

污泥输送设备和污泥储池的设计必须要考虑污泥的物理、化学性质。污泥的干固体含量（含固率）、流变特性（黏度、触变性、安息角）和其他性质（黏稠、多灰的、吸湿性等）是选择污泥输送方式的基本标准。污泥输送设备包括泵、带式输送机、螺旋、机械或气动大型输送机及其他设备。

确定污泥储池的规模及设计需要了解污泥的化学成分（干固体含量、有机质稳定化程度、挥发性化合物含量、卤素含量）和几何尺寸（颗粒大小、粉尘含量等）。

所选择的设备必须与待处理污泥相匹配，这样才能使污泥处理线实现最优化运行并确保达到最高的可用性和安全性。

18.8.1　污泥输送

污泥输送设备，特别是污泥泵和输送机，其选型首先要考虑污泥的干固体含量（表18-25）。

该表仅供初步选型参考。在最终选择设备时，还需要考虑污泥性质和后续处理装置等其他条件。

表 18-26 详细地介绍了不同污泥输送设备的优缺点。

表18-25　适用于不同干固体含量的污泥输送设备类型

项目	<1.5%	1.5%～6%	6%～12%	12%～30%	30%～45%	45%～65%	>65%
离心泵	√						
离心涡流泵	√	（√）					
螺杆泵	（√）	√	√	√			
容积式蠕动泵	（√）	√	√				
容积式柱塞泵	（√）	√	√				
柱塞泵 / 隔膜泵		√	√				
柱塞泵 + 强制进料器				√	√	（√）50%最大	
链式输送机 + 刮板（Redler 型）				√	√	√	√
管链式输送机							√ >80%
气动输送机							√ >80%
无轴螺旋				√	√	√	√
有轴螺旋				（√）	（√）	√	√
带式输送机				√	√	√	√
斗式提升机							√ >85%

注：√为推荐的；（√）为可接受的。

表18-26　污泥输送设备的优缺点

项目		优点	缺点	适用场合
泵	离心泵	成本较低	①流量取决于上游负荷和流体性质； ②对纤维敏感； ③若有溶解空气存在时泵发生故障	低浓度初沉污泥和生化污泥
	离心涡流泵（螺旋离心泵）	对纤维不敏感	流量：同离心泵	含有纤维的初沉污泥
	螺杆泵	①应用最为普遍； ②流量稳定	①破坏污泥结构； ②必须防止干运转； ③对砂石和纤维较为敏感（要求或推荐上游配置污泥切割机）	①浓缩的初沉污泥； ②浮选生化污泥； ③消化污泥； ④调质污泥； ⑤脱水污泥（+助流料斗）
	容积式蠕动泵	①抽吸能力强； ②对纤维不敏感	①大流量泵费用高； ②蠕动管需要经常更换	初沉污泥（无论是否浓缩）
	容积式转子泵	①维护简单； ②尺寸较小； ③对纤维不敏感	较螺杆泵贵	同螺杆泵 （最大10bar）
	柱塞泵/隔膜泵	①容积式泵； ②长距离、大流量输送	①价格高； ②需维护	①进压滤机前经调质的污泥； ②消化污泥需加热调质
	柱塞泵+强制进料器	①输送高含固率污泥（40%～45%）； ②长距离输送	①价格高； ②需维护	高干固体含量的脱水污泥、焚烧炉进料
输送机	链式输送机+刮板（Redler型）	①密闭输送含固率高（>25%）的污泥； ②不会破坏泥饼结构	①价格高（设备和备件）； ②噪声大； ③单一方向输送； ④会被黏稠污泥阻塞	①输送脱水后及干污泥（最大干固体含量为65%）； ②料斗和料仓装载
	管链式输送机	①无臭气，可弯曲，可改变输送方向； ②可以垂直提升； ③噪声小，磨损小	①造价高； ②当湿度可以穿透时，对黏附敏感	①干化污泥； ②具有脆性结构的污泥
	气动输送机	①安装简单； ②可弯曲，可改变输送方向	①粉尘风险； ②产生细小颗粒	干化污泥
	无轴螺旋	①不破坏产品结构； ②简单干净的解决方案	倾斜度<25°	脱水污泥
	有轴螺旋	可垂直输送（最高5m）	①不推荐用于黏稠污泥； ②对纤维敏感	①脱水污泥（若使用强制进料器）； ②干化污泥
	带式输送机	①长距离输送； ②投资成本低	①单一方向； ②谨慎用于黏稠污泥； ③天气条件（保护）； ④倾斜度<30°	①脱水污泥； ②干化污泥
	吊带式输送机	①可改变输送方向； ②长距离输送； ③较传统传送带式干净	价格高	①脱水污泥； ②干化污泥
	斗式提升机	①垂直输送； ②不改变产品颗粒大小（无磨损）	粉尘风险（安全措施）	干化污泥或具有脆性结构的污泥

18.8.2 污泥存储

基于污泥性质的推荐污泥存储方式见表 18-27。

表18-27　基于污泥性质的推荐污泥存储方式

项目	液态污泥	糊状污泥	固态污泥（板框压滤机、干化）
混合存储池（机械搅拌、空气搅拌）	√		
加盖散料仓 加盖的分格散料仓		√	√（板框压滤机） √（干化污泥）
大袋存储			√（干化污泥）
料斗存储		√	√

18.8.3 安全

在污泥输送和存储过程中，必须考虑到与安全相关的两个方面：

① 恶臭甚至易燃易爆或有毒气体（CH_4、H_2S、硫醇类、CO、NH_3 等）的排放；

② 构筑物和设备中产生的粉尘（见第 19 章 19.3.10 节）。

第19章 脱水污泥的处理

引言

第 18 章介绍了液态（浓缩）污泥的处理工艺（稳定化与脱水），本章则介绍脱水后污泥的处理方法。经进一步处理的污泥可进行利用或最终处置（用于农业、植被恢复、能源回收、最终填埋处置等）。脱水污泥的处理方法须严格遵循第 2 章 2.6.3 节中所述的各类规范，特别是本章所介绍的热处理工艺（干化、焚烧、气化）。

以下两种工艺属于例外：

① 脱水污泥的石灰处理方法已在第 18 章 18.4 节中进行介绍；

② 尽管湿式氧化法处理的是浓缩污泥，但因其首先是一种重要的热处理工艺，故在本章进行介绍（见本章 19.6 节）。

因此，本章将主要介绍污泥堆肥（好氧发酵）以及其他有关热干化或分解污泥中有机质的所有处理工艺。

19.1 污泥堆肥

愈加严格的法规对污泥的处理和排放提出了新的要求和规定，以达成下列目标：a. 减少污泥量；b. 长期储存；c. 杀灭病原菌；d. 改变污泥性质；e. 生物稳定化；f. 提高污泥的农用价值；g. 改变污泥的外观，提高其可接受性。

如果整个工艺流程都能得到很好的控制，污泥堆肥能够实现上述目标。城市污水污泥堆肥能够产生一种类腐殖质的、符合卫生学指标的并有市场销售前景的有机土壤改良剂（已有相关认证体系或实施标准，如中国的 GB 4284—2018 标准、法国的 NFU 44095 标准）。如果污泥中的重金属含量符合相关标准，这种堆肥产品可被用于商业菜园、花卉园艺、苗圃、葡萄栽培、植树造林、受侵蚀土壤重构或播撒在主要农作物种植区。如果确实需要，其也可被运送至只接收高干固体含量（干度）填埋物的垃圾填埋场（用于植被恢复）。

由于建设投资以及运行成本的原因，相对来说污泥堆肥工艺并没有获得很好的发展。

堆肥最终产品的商品化需要进行完整的初步市场调查，还需要当地能够充足供应价格低廉的含碳堆肥辅料。

19.1.1　堆肥的原理与条件

堆肥是一种受控发酵工艺，即在有氧条件下将有机质转化为稳定的腐殖质及类腐殖质（见图 19-1）。只有在堆料具有良好透气性的情况下，通风供氧才有效。脱水污泥的空隙率通常较低，需要添加填充剂。一般采用含碳的支撑辅料作为填充剂（混合堆料的空隙率至少为 20%）。

随着不同种类微生物（见图 19-2）对有机质的降解，堆肥温度升高，甚至能够超过 70℃，这将杀灭致病菌并降低堆料的含水率（蒸发作用）。

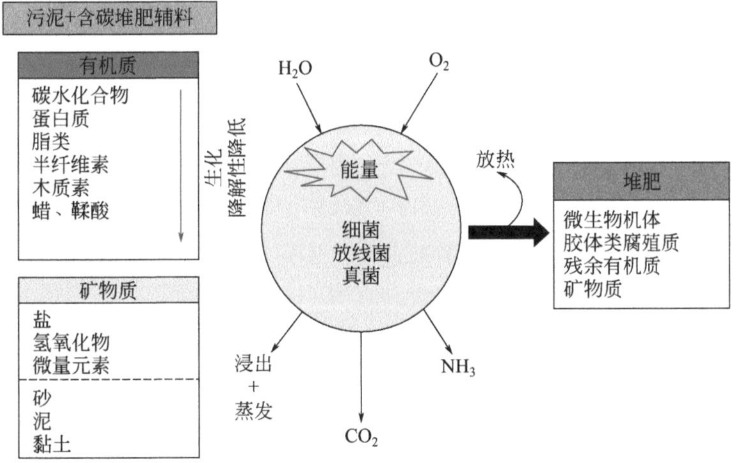

图 19-1　堆肥过程中有机质的变化

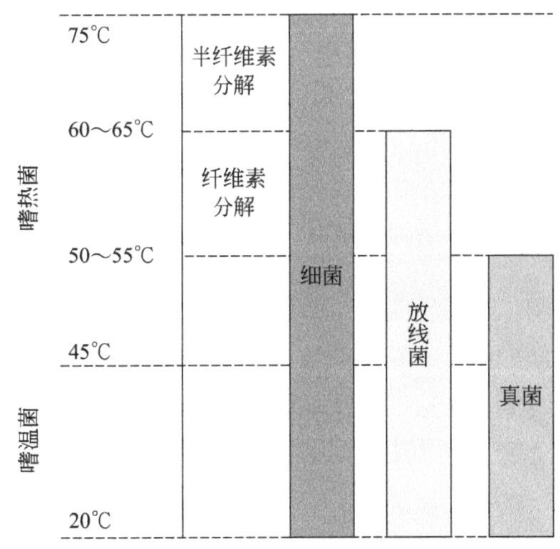

图 19-2　在堆肥过程中起主要作用的微生物

堆肥更适用于处理新鲜污泥（富含有机质与氮元素），但也可以用于消化后或稳定后好氧污泥的处理。

下列基质条件是特别针对堆肥而言的：

① 微生物是在污泥中或空气中自然存在的菌群，因而不需要接种；

② 对于运行良好的堆肥工艺，pH 值不是一个重要参数，因为在堆肥过程中 pH 值会在 6.5～8 之间快速变化（在堆肥初期偏酸性，之后由于形成氨以及通风去除 CO_2 而偏碱性）；甚至污水处理过程中产生的物化污泥也能进行堆肥处理。

19.1.1.1 初始混合堆料与最终堆肥产品的干固体含量

向堆料中鼓风提供了生物氧化所需的氧气，并可去除堆料所释放出的水与二氧化碳。堆体内通气条件越好，空气循环对堆体的脱水效果就越好。

初始混合堆料的最适宜含水率为 55%～65%（即干固体含量为 35%～45%）。

可生物降解有机质（BOM）的含量越高，其降解所发生的放热反应越能使水分通过蒸发而被去除，从而导致堆料变干。在实践中，堆体经过 3 周的通风循环后，为确保其干固体含量大于 50%，指数 I(I= 初始混合堆料中每千克 BOM 所对应的水分质量，以 kg 计）应当小于 10。

如果使堆料最终达到较高的干固体含量，则能耗较高（需要注入大量空气）。这一能耗占总运行成本的 80% 以上。

19.1.1.2 营养物质平衡

C/N 决定了堆肥过程中微生物的增殖速度。实际上，碳成分在待处理污泥中以及堆肥辅料中的存在形式是一个重要的影响因素：

① 难以被微生物利用的碳将限制微生物的降解速率以及污泥有机质的转化；在这种情况下，通常是过量存在的氮将以氨（堆肥工艺的产物，最常以气态形式存在）的形式排放。

② 如果碳易于被微生物利用，可能需要额外补充氮素以避免限制微生物的增殖（如处理某些工业废水污泥时）。

污水污泥中碳的可利用性根据污泥类型而变化：新鲜污泥中碳的可利用性高于消化污泥，初沉污泥高于生化污泥。

对于工业化堆肥场通常所使用的辅料（锯末、刨花、木屑、粉碎的木质托盘、树皮等），其可被利用的碳含量较低（纤维素和木质素是难以被微生物降解的）。在与混合堆料掺混时，其主要作用是使堆料变得疏松以易于处理。相反地，粉碎后的园林垃圾一般含有更易于生物降解的含碳物质，例如蛋白质和半纤维素。

19.1.1.3 含碳辅料的选择

堆肥辅料具有如下作用：

① 作为填充剂提高混合堆料中的空隙率，以利于通风；

② 作为堆料的“支撑结构单元”，使堆体具有机械稳定性，从而更易于处理；

③ 作为含碳土壤改良剂，由其提供的碳物质（如果能够被微生物利用）使堆料达到适宜的 C/N；

④ 作为结构改良剂，含碳辅料像海绵一样，能够吸收污泥中一定比例的水分从而改

善污泥结构。

使用的有机辅料包括：锯末（非常常用）以及粉碎后的园林垃圾、刨花或木屑、破碎后的树皮、秸秆碎料、葡萄藤、亚麻碎料、玉米苞叶等。

为了降低含碳辅料的购置费用，越来越普遍采取下列措施：

① 循环使用部分脱水后的堆料；

② 将粗大的辅料（刨花、树皮等）筛分后重新利用。

脱水污泥的初始含水率决定了辅料的添加量：对于干固体含量为 20% 的泥饼，大约需要掺入 3 倍于污泥体积的辅料（新鲜辅料、循环使用的或已堆制完成的堆料）。

19.1.1.4　腐熟

在任何堆肥过程完成之后（持续时间取决于所采用的工艺），并将堆肥产品进行农用之前，混合堆料需要经过 1~3 个月的腐熟期（通常为条垛式堆体）以使其达到稳定化，在这期间堆料需要定期翻抛，C/N 与 pH 值将会降低，氮将被硝化，同时开始腐殖化过程。

19.1.1.5　主要的污泥堆肥工艺

表 19-1 列出了主要的污泥堆肥工艺。

表19-1　污泥堆肥工艺

项目	系统形式	通风供氧（引风或鼓风）	机械翻抛	温度 / 通风控制	臭气控制
条垛式	开放式	自然通风	可能	否	否
		强制通风	可能	可能	否
	封闭式	强制通风	否	可能	是
沟渠式	封闭式	强制通风	是	是	是
隧道式	封闭式	强制通风	是	是	是
箱式	开放或封闭式	强制通风	可能	是	是
转筒式	封闭式	强制通风	是	是	是
生物反应器式（热堆肥）	封闭式	强制通风	是	是	是

使用适宜的设备翻抛堆体。这种操作可以对堆体通风供氧并使其松散，堆体内的空隙得以重新分配。在堆肥活跃期，机械翻抛可确保所有堆料都达到杀菌温度（参见第 2 章 2.6.3 节中的 EPA 规范）。

当使用所谓的封闭系统时，生物反应可能受到由于通风不畅造成的温度与供氧不足的限制。

如果对嗅味气体（臭气）的排放要求严格，则需要配套可控及强制通风堆肥系统，使气体能够易于收集并被输送至生物或化学除臭单元进行处理。

19.1.2　热堆肥

为了克服前述提及的常规堆肥工艺的缺点，得利满开发出了热堆肥工艺，即一种在封闭的、可移动的及通风可控的生物反应器中进行的加速堆肥工艺（如图 19-3 所示）。

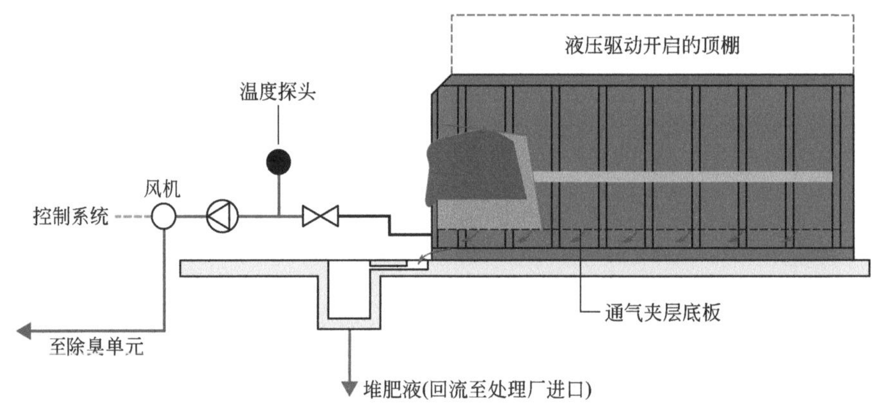

图 19-3　热堆肥生物反应器的剖面图

污泥与结构性辅料相混合，使得混合堆料达到适宜的空隙率。堆料掺混全部采用机械化操作方式，并且使用“智能化”抓斗（见图 19-4）。

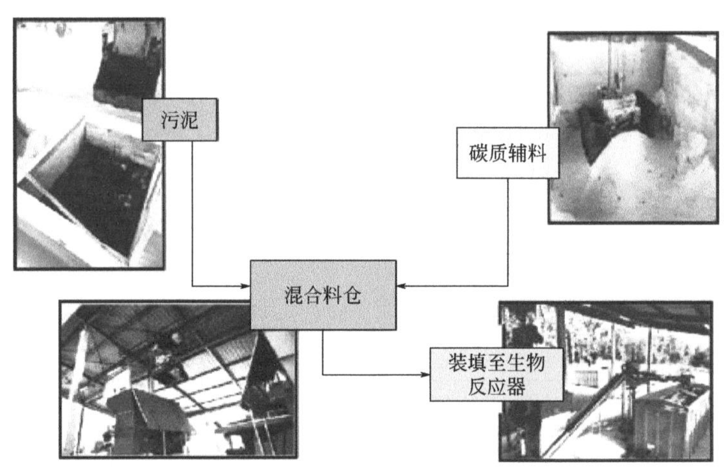

图 19-4　热堆肥污泥与辅料的掺混

混合堆料随后被置于引风式通风的生物反应器，嗜热菌在其中开始进行生物降解反应，堆料经过三周之后达到稳定。根据最终用途，在进行储存和提升堆肥产品质量之前将堆料移至箱式或条垛式堆体进一步腐熟。这种自动运行的模块化堆肥系统能够快速适应待处理污泥量的波动。

使用密闭式生物反应器确保了氧含量、温度等堆肥条件及臭气排放完全受控。同时，这种设计使得不同批次的污泥在得到处理的同时能够确保它们的可追溯性。

由于污泥一直处于密闭的制备料仓或者生物反应器中，因而堆肥场地能够保持干净整洁。

热堆肥场案例：坐落于法国上加龙地区瑞威（Revel）镇的污泥处理厂（处理能力 12000 人口当量，图 19-5 和图 19-6）：

图 19-5　位于 Revel 镇的热堆肥场，配有 Ampli-Roll 控制系统的生物反应器

图 19-6　位于 Revel 镇的热堆肥场，臭气收集及输送至生物滤池的管路

① 额定处理量：年处理 2500t 延时曝气脱水污泥；
② 污泥最低干固体含量：14%；
③ 高峰时期处理量：每月处理 250m^3；
④ 生物反应器有效容积：30m^3；
⑤ 使用的堆肥辅料：锯末、木刨花以及粉碎后的园林垃圾；
⑥ 生物反应器数量：12 个单元，即 2 组标准模块，每组包含 6 个生物反应器；
⑦ 除臭：使用生物滤池。

19.2　脱水污泥的热处理——总评

19.2.1　概述

即使经过脱水，污泥仍然经常会产生一些特殊的问题。与以前不同，它们不再被视为可以用于农业分散利用或能够直接在垃圾填埋场处置的最终废弃物（见第 2 章 2.6.3 节）。

由于含有大量有机质，污泥具有潜在的农业与能源用途。但是这种潜力受污泥中各种污染物的制约，包括细菌、重金属、二噁英等。在循环利用与竭力消减的选择之间，以及在法规、经济局限性与循环利用和处置的成本之间，总是需要细致地通盘考虑。

污泥的热处理工艺类似于化工或者火法冶金行业，会带来工业排放的问题。

液态污泥即使经过浓缩处理，其干固体含量仍然较低（4%～8%）。对污泥进行热处理有着两个不同的最终目标：加速生物反应［高温厌氧消化、加热杀菌法(见第 18 章)，或者完全氧化有机物（湿式氧化法，见本章 19.6 节)。

机械脱水污泥有着较高的干固体含量（16%～35%），对其进行热处理可以达到三种不同的目的：单纯用于进行热脱水（部分或完全脱水）；或是在不影响矿物质的前提下部分或完全氧化有机物（焚烧、气化、热解、高温裂解）；或是作为伴有污泥矿物质矿物学改性（玻璃化）的彻底热处理工艺。

污泥热处理工艺的初步分类见表 19-2。

表19-2　污泥的热处理工艺

项目	浓缩污泥	机械脱水污泥
热处理工艺	热处理 厌氧消化	部分或彻底的热干化 太阳能干化
有机物氧化工艺	在氧气中的加压湿式氧化	单独焚烧 具有预干化的单独焚烧 协同焚烧 高温裂解、热解、气化
矿物质玻璃化工艺	使用热熔法对灰分进行后处理	使用热熔法对灰分进行后处理 结合玻璃化的气化处理

19.2.2　污泥能量等级的界定

原污泥的能量利用潜势取决于其净热值（net calorific value，NCV）。这一潜势通过有机质的净热值（20900～23000kJ/kg 有机质）计算得出，NCV 值也被用于推算污泥中所含水分的冷凝热。

与其他废弃物相比，污泥的 NCV 较低。一般来说，未经处理的生活垃圾的 NCV 为 8500～9000kJ/kg，而机械脱水污泥（25% 干固体含量）的 NCV 在 1200～1500kJ/kg 之间。

所有热处理工艺的应用在很大程度上受大气排放法规所规定的特定污染物限值的影响。在这种情况下，对下列污染物的定量分析至关重要：

① 卤素污染物（Cl、F）；

② 硫类污染物（S、硫醇、H_2S 等）；

③ 挥发性重金属污染物（Hg、Cd、Tl）；

④ 轻度易挥发重金属污染物（Sb、As、Pb、Cr、Cu、Co、Mn、Ni、V）；

⑤ 二噁英与呋喃类污染物。

19.2.3　热平衡

基于热动力学定律的热平衡适用于任何消耗或产生能量的装置。热平衡是指系统吸收与放出的焓的平衡。

热平衡建立起来之后，通过一系列的迭代计算并基于可以参数化的数值，它可与相关的副产物（固态的与挥发态的）的物料平衡相结合，用于计算能量消耗或者系统的排放。

通过以下步骤可确定焓：

（1）输入焓

① 待处理产物被氧化时的放热反应（例如污泥中有机物的燃烧）；

② 工艺中的循环能量（例如焚烧工艺中预加热后流化空气的焓）；

③ 助燃剂燃烧产生的能量（每小时助燃剂的消耗量 × 助燃剂的净热值）。

（2）输出焓

① 系统的吸热反应。对于污泥处理，一般特指进入系统的污泥中的水分通过蒸发作用所带走的汽化潜热。

② 系统进料分解所产生的反应产物的焓（或显热）。对于污泥处理，其主要是将水蒸气与污泥完全或不完全燃烧的产物加热到系统排放温度的热量。

③ 在用于反应平衡所需时，由助燃剂所产生的反应产物的焓（或显热）。

④ 系统热损失。使用经典的热传导方程式计算热损失。作为简单粗略估算，经验上可接受的热损失等于放出焓的 3%。

通过一系列的迭代计算达到平衡，可以得到：a. 系统的最低出口温度；b. 系统气体产物中自由氧的含量（过量空气）。

焚烧或者高温裂解 / 气化系统较为特殊，其所需的最低温度为 850℃，并且目前的规范对自由氧的含量做了规定（对于运行良好的实际项目，通常干气体中的氧气含量默认为 6%，相当于湿气体中的氧气含量大约为 3%～3.5%）。

19.3　干化

19.3.1　原理

受制于机械脱水性能的限制，热干化已成为一种不可或缺的污泥处理工艺（见第 18 章 18.5～18.7 节）。

若要将污泥中的结合水通过蒸发去除，需要在污泥颗粒或絮体的内部和外表面之间形成温度梯度。当这个过程进行时，污泥中间区域产生的水汽扩散至表层，即污泥边界床层。汽化潜热与水结合能的能量之和（后者比前者略小）与干化密切相关。

19.3.2　污泥在干化过程中的性状

有机污泥具有对热干化工艺有显著影响的一种特性。这一特性主要取决于其干固体含量（图 19-7）。

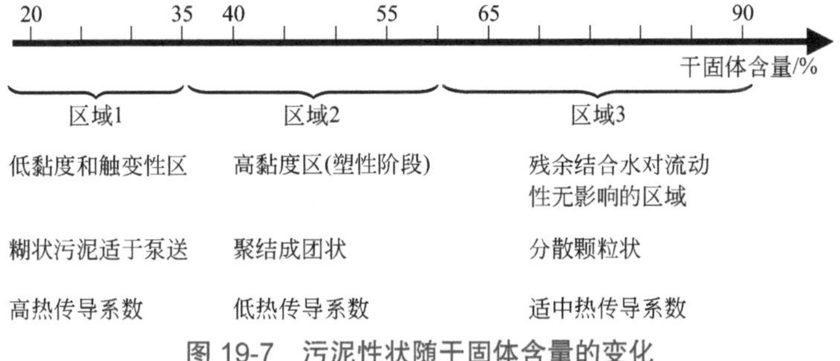

图 19-7　污泥性状随干固体含量的变化

区域 2 的干固体含量范围不是很容易确定，这主要取决于是否为生化污泥，同时也受其他性质影响，例如纤维含量。一般来说，该区域内污泥的平均干固体含量为 45%～50%。在这一区域，污泥黏度显著增大，并具有自聚成团的特性，使得污泥不适于用泵输送。总体来说，位于区域 2 的污泥难于处理。

在区域 3，污泥呈分散颗粒状，其粒径大小取决于污泥性质与所采用的干化技术。

19.3.3 干化技术

一般而言，污泥干化机是基于化工、制药与农产食品等行业所使用的干化设备而开发出的。这些已有的技术经过改进以适于处理不同性质的污泥。

热通过三种不同的方式进行传递：传导、对流与辐射（见第 8 章 8.7.3.1 节）。这些热传递模式通过不同的技术形式应用于污泥处理，主要包括三种干化设备：

① 间接干化式：热量通过金属交换表面传递（传导、对流）；

② 直接干化式：热量通过热交换流体与污泥的直接接触传递（传导）；

③ 间接 - 直接联合式：将间接与直接干化系统相组合，干化过程的第一工段为间接干化区，第二工段为直接干化区。

对于某些干化工艺，如果污泥处于高黏度区，则不利于干化系统的运行。在这种情况下，为了避免这一问题，干化系统可将已干化的产物强化循环至系统入口并与进料返混，使进料的干固体含量超过高黏度区阈值，或者考虑到安全因素，至少达到 65%。

因此，一系列具有强化外循环功能（进料干固体含量的 300%～500%）的干化设备能够用于污泥的直接或间接干化处理。在强化循环过程中发生的预颗粒化阶段将使最终的干化产物具有颗粒化产物的性质，因而不需之后的成型阶段。

目前已经开发出能够适用于处理高黏度相污泥的干化设备，包括间接式或间接 - 直接联合式干化机。干化技术分类见表 19-3。

表19-3　干化技术分类

热传导	无强化循环	有强化循环
直接式	**Centridry（部分干化）热空气干化机** （包括带式干化机）	**转鼓式干化机** 流化床 热空气干化机（带式干化机）
间接式	**Naratherm（桨式干化机）**	立式干化机 管式干化机 盘式干化机
间接 - 直接联合式	**薄层干化机 + 带式干化机（Innodry）** 薄层干化系统 + 气动输送机	
辐射式（太阳能）	Héliantis（部分干化、太阳能干化）	

注：以粗体标注的干化系统将在本章 19.3.4 节中进行介绍。

19.3.4 特殊干化技术

19.3.4.1 转鼓式干化机

转鼓式干化机是一种单通道或多通道式干化设备。转鼓位于燃烧室之后。在燃烧室中，由于燃烧产物的存在以及在污泥中水分蒸发成水蒸气的作用下，热回路中的空气被加热，同时将氧气耗尽（见图 19-8）。

转鼓式干化机的处理能力较大（每小时可蒸发 5～15t 水），详见第 23 章 23.3.2 节 的

Valenton 数据表。

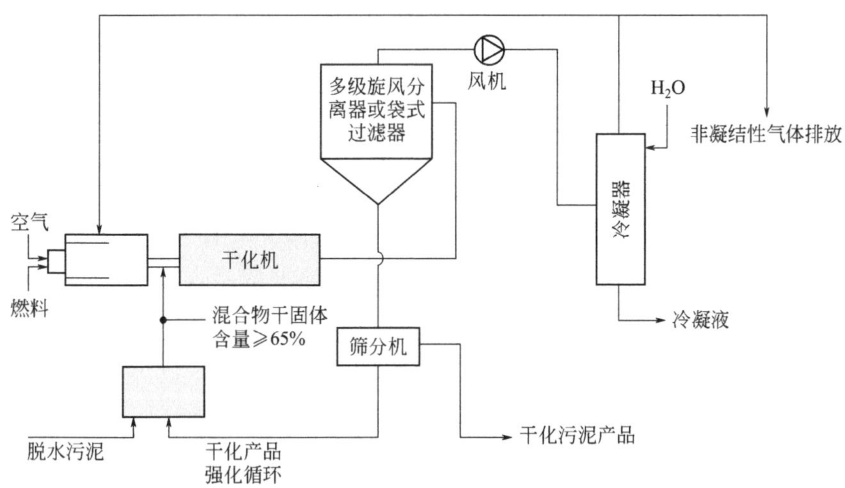

图 19-8　安德里茨干化机（转鼓式干化机）工艺流程图

19.3.4.2　Naratherm 干化机

Naratherm 干化机（图 19-9）具有一个双层夹套式干化槽，槽内装有两个平行轴，每个轴上都布有大量的特殊形状的桨叶。热交换流体通过干化槽的双层壳体，并在轴和桨叶之间流动。此流体可选用压力为 5～10bar 的干燥饱和蒸汽，或者温度为 160～200℃的导热油。

两个轴沿相反的方向同时缓慢旋转，使污泥混合并达到较高的均质性。3h 的接触时间有助于保证干化污泥被彻底灭菌。

Naratherm 干化机无须对进料进行强化返混。它能在高黏度的条件下工作，当高黏相污泥被分解之后，该干化机产生了颗粒产物与细产物的混合物。取决于干化污泥的最终用途，如果需要，可以后续配置造粒单元。

如果使用蒸汽作为热源，该干化机采用带有碳化钨硬质合金涂层的不锈钢材质；如果使用导热油作为热源，其材质是配有耐磨钢板的不锈钢。但是桨叶均采用高锰钢材质。

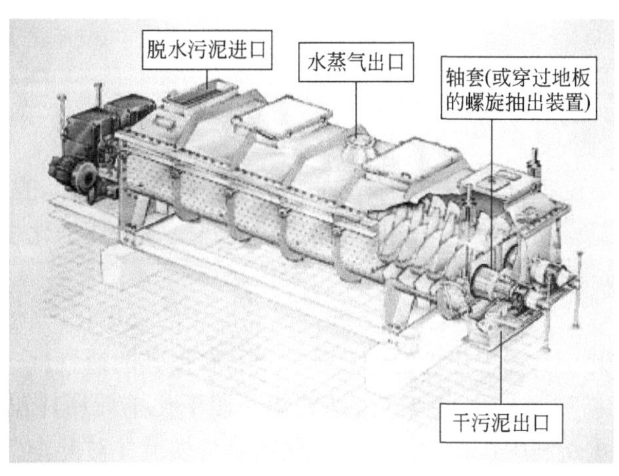

图 19-9　Naratherm 干化机

Naratherm 干化机标准化系列产品的热交换面积为 3～300m²。对于任何间接式干化机，其蒸发能力直接取决于待处理污泥的种类（热传导系数将有很大不同，取决于待处理污泥是否是生化污泥及其纤维性物质含量）。根据污泥来源，其预期的单位表面蒸发能力为 12～20kg/(m²·h)。初沉污泥接近于最低值，生化污泥接近于最高值。

19.3.4.3 薄层干化机

薄层干化机（图 19-10）呈圆柱形，具有双层外壳，热交换流体在其中循环。通常使用导热油作为热交换流体。因此，它是一个无须强化循环的间接干化机。水平的圆柱形筒仓内装有一个转子，纵向的刮板基座板沿转子轴向安装，刮板基座板上布有倾斜的刮板。刮板与内部圆柱形筒仓之间的距离决定了薄层的厚度（数毫米）。转子的转速由干化设备制造商确定（80～450 r/min）。转速越高，系统加工精度就要求越高（考虑磨损、振动等）。

如果单独运行，该干化机不能产生具有较高干固体含量的干化污泥，因此需要辅以第二段干化单元进行处理，如采用间接式干化机（Buss）或者直接式干化机（Innoplana、Vomm）。

在薄层干化机（不包括 Innoplana）的下游通常需要设有一个特殊的干化产物成型阶段。

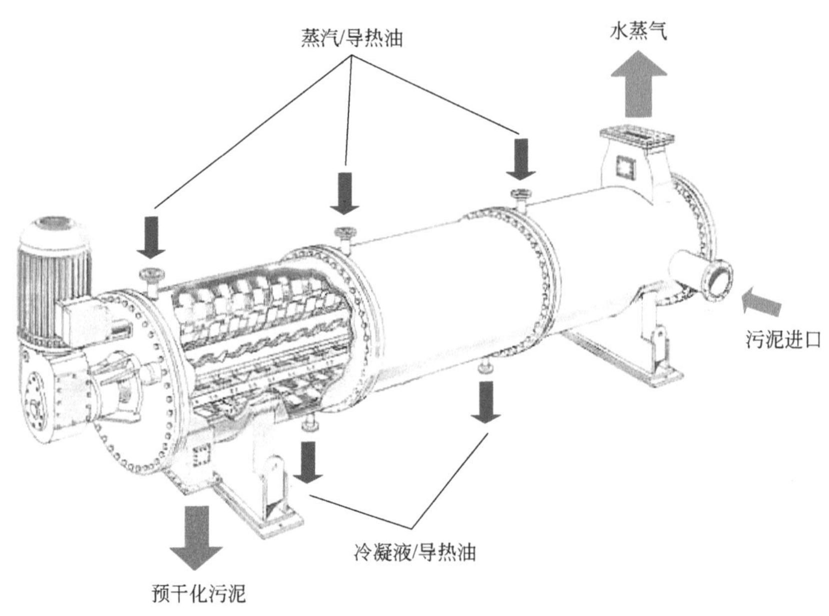

图 19-10　薄层干化机（Buss）

19.3.4.4 Innodry 干化系统

得利满最新开发出的 Innodry 是一种间接 - 直接联合式干化机（图 19-11 与图 19-12），第一段是薄层干化机，第二段为热空气带式干化机。

这一工艺具有两个主要创新点：

① 在两段干化之间，高黏度相的预干化产物较易被挤压成污泥颗粒（聚结成团）。因此，带式干化机的污泥颗粒床具有很强的透气性，并且不需之后的成型装置。

② 采用间接式方法将第一段干化单元所排出的蒸汽冷凝，这部分蒸汽的汽化潜热被重新利用，作为第二段干化的热交换流体对热空气回路进行加热。

Innodry 的蒸发能力已达到 3t/h。

(a) 薄层干化机(第一段)

(b) 带式干化机(第二段)

图 19-11　位于中国重庆唐家沱污水处理厂的 Innodry 干化机

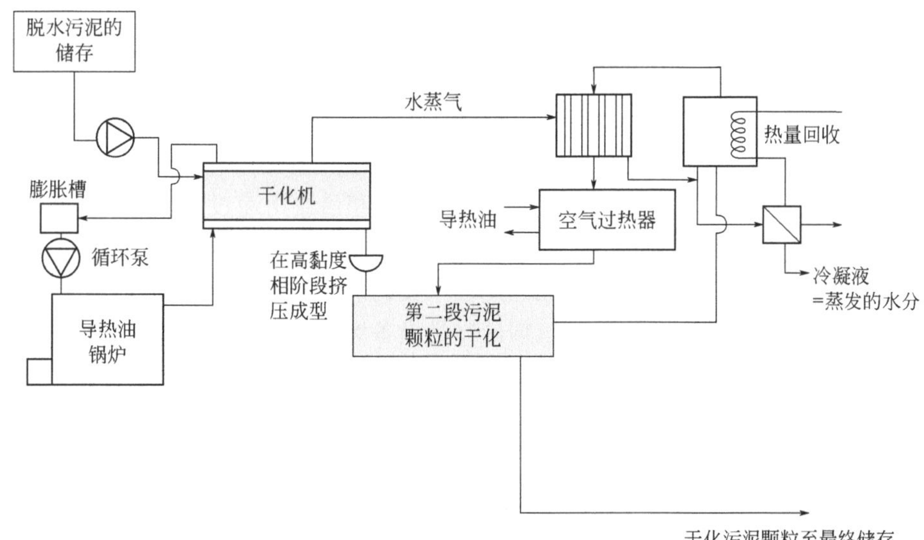

图 19-12　Innodry 干化系统的工艺流程图

19.3.5　干化单元的设计

干化技术的选择非常重要，而干化单元的总体设计更为重要，这是因为干化系统运行的成功与否取决于是否具有完备的附属设备工程设计。

干化单元包括以下重要的附属设备：a. 湿污泥以及干化污泥输送设备；b. 热交换流体回路；c. 配备（或无）热量回收的蒸汽处理系统；d. 若需要，配置对干化污泥进行后处理（如污泥造粒）的单元；e. 干化产物的长期储存设施；f. 干化系统的整体安全设备。

限于篇幅，本章无法对前述介绍的各种干化系统的设计逐一进行介绍。考虑到对 Naratherm 干化单元的大部分评价同样适用于其他干化单元，本章将以 Naratherm 干化单元为例（图 19-13）做详细阐述。对于诸如污泥输送等配套设施，本章仅根据得利满的经验反馈提出一些建议。

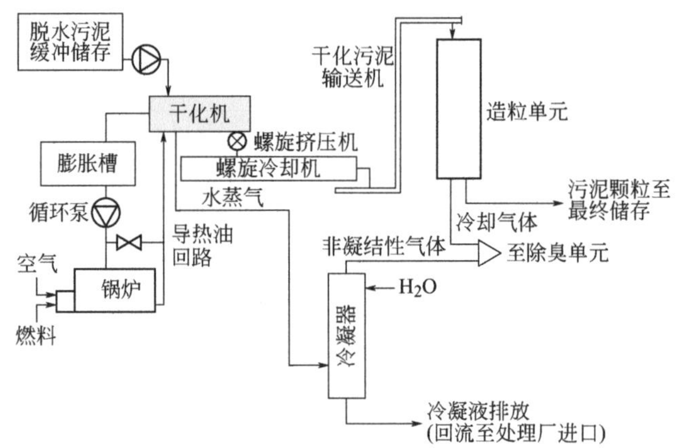

图 19-13 Naratherm 干化系统的工艺流程图

（1）**脱水污泥输送系统**

首选使用泵输送污泥，并仔细区分在何种情况下采用螺杆泵或柱塞泵（见第 18 章 18.8 节）。板框压滤机所产生的脱水污泥应先降低其粗颗粒度。

当干化单元不与污水处理厂合建，以及当干化单元需要处理不同来源的污泥且污泥经过一段时间的储存和运输后才被运送至干化系统时，强烈建议在输送设备前设置一道过滤除杂装置，用于分离异物，并根据污泥的干固体含量和最终用途设置不同的接收系统。

（2）**干化产物输送系统**

由于干化污泥的颗粒结构经常在输送过程中受到破坏，至少是部分破坏，所以干化污泥的输送也是一个重要的工段。输送过程同样是设备磨损的来源。此外，输送单元必须根据严格的安全法规进行防护（见本章 19.3.10 节）。

（3）**热交换流体回路**

图 19-14 为导热油型热交换流体回路。图 19-15 为单台锅炉配套两台并联运行的干化机的案例（例如法国 Metz、Limay）。

（4）**配置热量回收单元的蒸汽处理系统**

Naratherm 干化机排出的蒸汽仅包括蒸发出来的水分以及为维持干化机内真空所需的极少量的气流。

如果污泥未经石灰处理，则在标准状态下蒸汽中将含有粉尘（3～5g/m^3）以及挥发性产物，如 VOC、NH_3、S^{2-} 等。VOC 主要包括醛、酮、胺等。这些组分可用于确定除臭单元的配置。

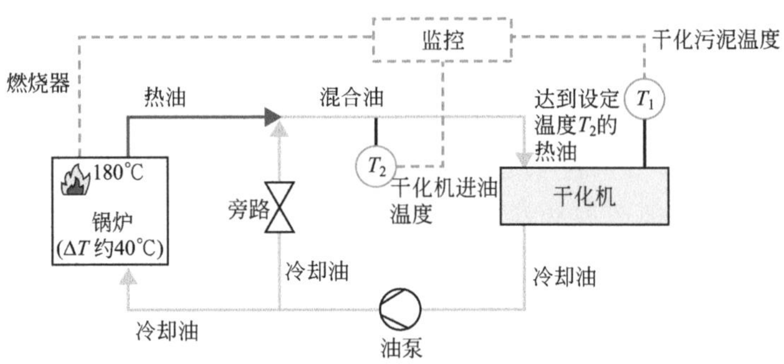

图 19-14 导热油回路：1 台锅炉 /1 台干化机

通常使用直接式冷凝器对蒸汽进行处理。如果需要再利用蒸发水分所产生的凝结潜热中的可利用的能量，冷凝水回路必须为闭式。这是因为蒸汽在通过交换器时将其作为次级低发热量阶段而产生热流（80～85℃）（见图 19-16）。闭式回路需要排放冷凝水，并将其回流至处理厂进口。相关的污染负荷见表 19-4（未经石灰处理的污泥）。

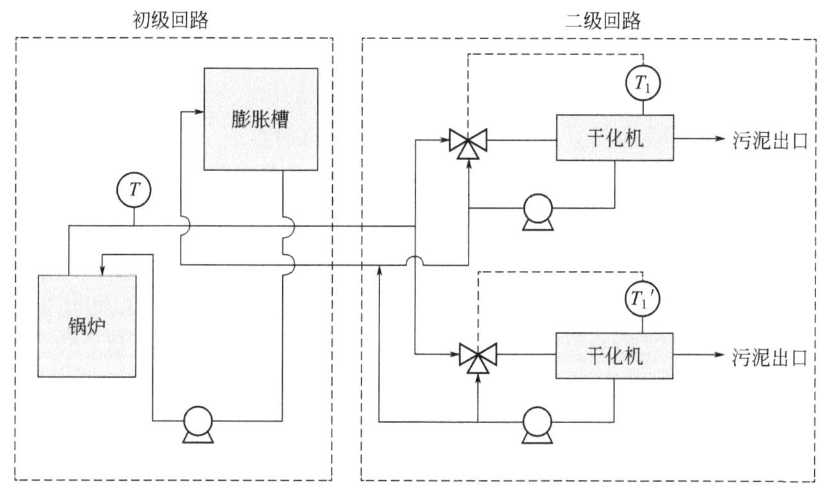

图 19-15　导热油回路：1 台锅炉 /2 台干化机

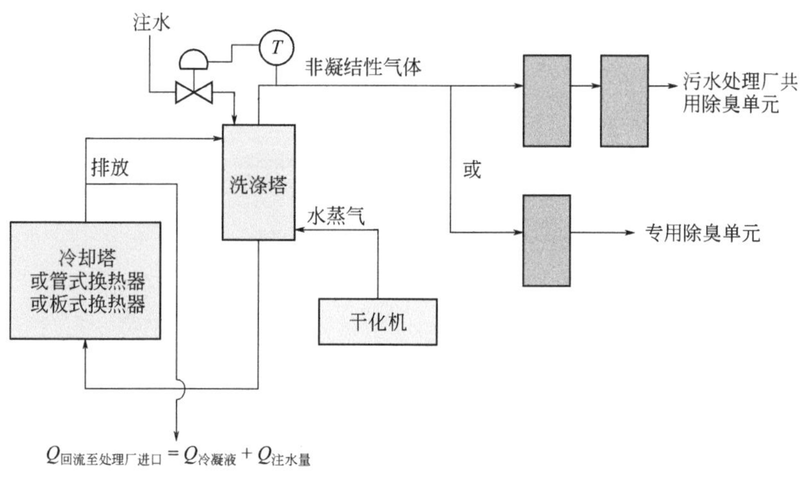

图 19-16　蒸汽回路的热量回收

表19-4　回流至污水处理厂进口处污染物的分析（以 kg/t 蒸发水量计）

项目	经除尘处理	未经除尘处理
悬浮固体	4～8	可忽略
COD	3～6	0.5～1
NH_4^+-N	0.5～1	约 0.1

注：使用直接式干化机排出蒸汽的范例。

热回路的产物（过量空气 + 可燃产物）含有少量蒸发后的水。除此之外，这种“气态”流体以气动的形式输送所有的干化污泥。工艺流程（图 19-8）因而与 Naratherm 工艺有所不同。

注意：蒸汽在被送入冷凝器之前必须进行除尘处理，因此袋式过滤器或者多级旋风分离器不可或缺。

考虑到进入冷凝器的水蒸气的相对湿度远低于 Naratherm 系统，因此很难生产出温度超过 60℃的热水。

（5）干化产物的造粒

干化工艺很难保证总是生产出足够颗粒化的最终产物。颗粒自成型性能与干化工艺本身及污泥的特性都有关系。工程实践的经验表明：

① 挥发性物质含量较高的完全生化污泥易于形成颗粒。

② 对于混合污泥，其颗粒自成型性能随着初沉污泥含量的升高而逐渐降低。

③ 消化对污泥的颗粒自成型性能影响很小。

④ 纤维使污泥的颗粒自成型性能恶化，这主要针对初沉污泥而言。通常可接受的纤维含量为 5%［若高于此含量，则无法对脱水污泥进行湿法筛滤（500μm 孔径）］。

如果无法使用基于颗粒自成型原理的干化单元，系统将需要配套一个干化产物成型单元。造粒是最为广泛应用的成型技术，即使用模具挤压预干化产物。模具的直径为 5～8mm。挤压后的产物被称为“颗粒 ”（见图 19-17）。

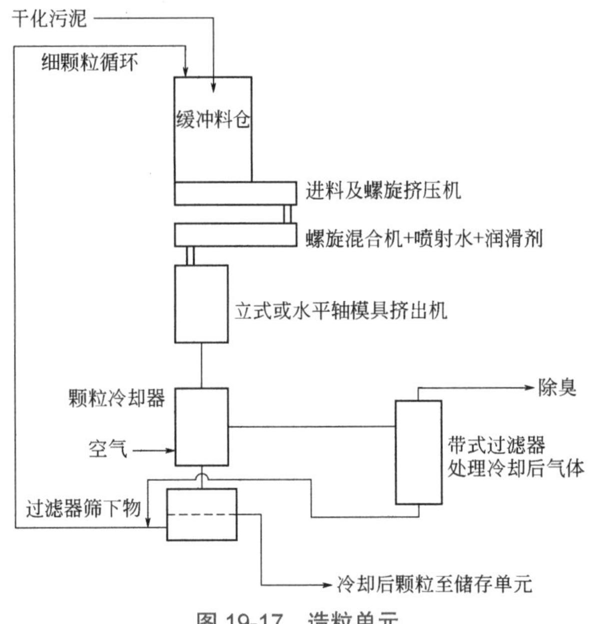

图 19-17　造粒单元

基于安全的考虑，在最终的长期或短期储存前污泥颗粒必须要进行冷却处理。冷却温度必须绝对低于 45℃。

必须对所生产出的污泥颗粒采取以下质量控制措施：

① 粒径：通常需要严格限制细颗粒的含量。细颗粒指的是粒径小于与系统筛分能力所对应粒径的颗粒。一般来说，可接受的细颗粒的最大含量为 2%。

② 主要对粉尘含量的限制。需要注意的是，规范中规定在孔径为 63μm 的筛分试验中筛下物的重量不能超过颗粒总重的 0.1%。这其实不是一个可准确测定的含量，因此无法确保该测定结果的准确性与可靠性。建议将粉尘含量的限制定义为在孔径为 300μm 的筛

分试验中筛下物的重量不超过颗粒总重的 1% 的颗粒。

③ 硬度：使用 Kahl 测试的标准方法测定其抗压能力。抗压能力须大于 30N。

④ 耐磨强度（脆性）：使用 Holmen 标准测试法测定耐磨强度，其结果必须要大于 90%。

注意：造粒过程会对设备造成严重的磨损。

19.3.6 干化单元的能耗

干化单元的热平衡较为简单。热平衡可用于计算将水分蒸发以及提高干物质温度所需要的能量；能量由热交换流体提供。可通过热平衡以及对热交换流体进行加热的锅炉的总效率计算出干化单元的总能耗。

Naratherm 干化系统的热平衡示例见表 19-5。

表19-5　Naratherm的热平衡，每蒸发 1kg水（基于干固体含量 20%的污泥，干化至 90%干度）

项目	热量
加热污泥至 100℃	380kJ
水的蒸发热	2260kJ
过热蒸发水	20kJ
过热空气	30kJ
过热干化污泥	50kJ
热损失	80kJ
总计	2820kJ (675kcal)

由表 19-5 可以看出，包括锅炉大约为 3150kJ，其中 80% 的能量被用于蒸发水。理论上来讲，这也意味着当污泥经冷凝处理时，这部分能量可以被回收。但这只能在低温条件下实现。因此，除非使用 Innodry 干化机，否则几乎无法回收这部分能量。

干化单元的热能耗一般处于下列范围：

① 间接干化系统（Naratherm）：3135～3350kJ/kg 蒸发量；

② 直接干化系统：3350～3750kJ/kg 蒸发量；

③ 间接 - 直接联合干化系统（Innodry 除外）：3350～3970kJ/kg 蒸发量。

由于 Innodry 干化单元能够回收一部分水的蒸发潜热，因而能达到相当高的运行水平，其热能耗为 2350～2600kJ/kg 蒸发量。

关于干化系统的电耗，实际上无论是哪种干化系统其电耗都是相同的。但是，取决于是否配套后造粒单元，干化系统的电耗还是有所区别：

① 无造粒单元时：60～65kWh/t 蒸发量；

② 有造粒单元时：100～110kWh/t 蒸发量。

19.3.7 干化厂的运行

强烈建议干化单元采用连续运行模式，一个周期至少运行 5d。在具有较高蒸发能力的情况下（超过 3t/h），连续运行的干化单元需达到 7500h 的年有效运行时间。

取决于是否配套造粒单元，干化单元的运行组织区别较大。在没有配套后造粒单元的情况下，干化系统可以实现自动运行，不需连续的人工操作，特别是晚班的时候。在这种情况下，需要建立一个有效的操作人员出勤系统。这类系统在 Naratherm 和 Innodry 干化单元中运行良好。

在配置后造粒单元的情况下，这样的运行方式只适用于造粒单元处理能力较大的情况，系统运行可以在人工监视下完成（例如只在白班）。在这种情况下，应在干化产物出口与后造粒单元进口之间设置缓冲储存系统。

当后造粒单元直接与干化系统相连，甚至其造粒能力已超过干化系统处理能力 100% 时，仍不建议在持续没有操作人员干预的条件下运行干化单元。对于强化循环（干泥返混）的干化单元亦是如此。

19.3.8 干化至中等干度

在大多情况下，前述所介绍的干化单元能够生产出最终干固体含量等于或大于 90% 的干化产物。

某些特殊情况仅需要较低的干固体含量（通常在 65% 左右）。在这样的干固体含量时，干化污泥的净热值与生活垃圾相同。有些项目已采用这样的新兴技术路线，特别是当兴建新的生活垃圾焚烧单元以及将协同焚烧工艺纳入地区废弃物处置规划时，因而生活垃圾焚烧炉的设计必须留有冗余能力。

在已介绍的干化系统之中，只有配备热空气带式干化机的间接 - 直接联合式的 Innodry 干化系统有能力生产出中等干度的污泥。其他的干化系统均不能生产出 65% 干度的干化污泥，除非将已达到 90% 干度的干化污泥与脱水污泥进行混合。但是这会带来污泥输送与运行的问题。

19.3.8.1 Centridry 单元的特殊案例

Centridry 干化工艺（图 19-18）将机械脱水（离心）以及热干化集成在同一台设备中。

传统的离心机转鼓安装在一个静态箱中。脱水污泥通过转鼓的排放百叶挡板进入此静态箱，并直接在热空气气流中被吹散。热空气气流以气动的形式将污泥输送至管网中，干化过程随即在管网中进行。在管网末端（30～40m），旋风分离器将部分干化固体与热空气分离。

如之前所提到的转鼓式干化机一样，蒸发的水分首先在直接冷凝器中从热空气中被去除；随后空气被循环至热发生器，在此被加热并与位于发生器上游的锅炉所产生的燃烧产物混合。因此，这个闭式回路是严重缺氧的。蒸发的水分以及燃烧产物从这个回路连续排出。

出于安全的考虑（热解的风险），深度干化至 90% 干度时不使用此工艺。这个工艺可辅以投加石灰对污泥进行处理；干化后污泥 - 石灰混合物通过造粒单元挤压成型，可生产出用于农业分散利用与长期储存的最终产品［例如法国埃唐普（Étampes），每小时蒸发量达 700kg］。

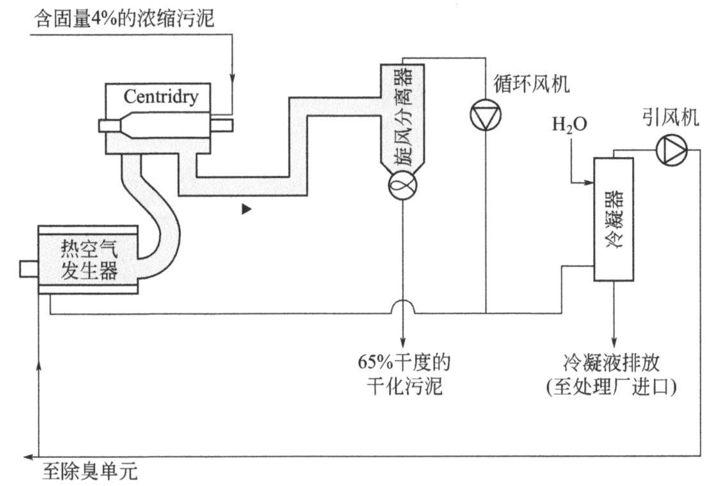

图 19-18　Centridry 干化单元工艺流程

19.3.8.2　Héliantis 太阳能干化的特殊案例

（1）温室效应的原理

在法国，每年可利用的太阳能为 1200～1750kWh/m^2，其中 40% 来自可见光波段，50% 为红外光波段。温室效应基于如下原理：用于制造温室的材料（玻璃、树脂玻璃、塑料膜、聚碳酸酯等）在不同光谱下具有不同特性，其对于阳光是透明的，但可以吸收红外线（图 19-19）。

（2）工业化应用

Héliantis 工艺利用温室效应加速去除脱水污泥中的水分。为此，要将待干化的污泥摊铺开，并使用耙机将污泥置于温室中。

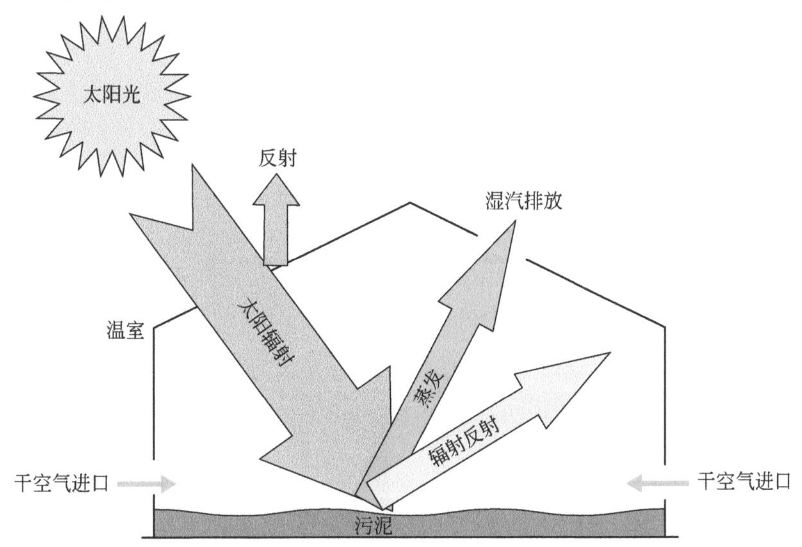

图 19-19　Héliantis 工艺原理

透过温室透明材料的太阳能辐射和红外辐射加热污泥层的表面，并提高污泥中所含水汽的压力。新鲜空气吹扫污泥层的表面，吸收污泥中的水分。湿热的空气较轻，温差与重力差导致了空气的自然对流，其能够被强制对流（机械通风）所强化。温室中的空气被持续更新（干化环境），对其湿度的测定有利于优化水分的蒸发。

耙机（图 19-20）被用于：

① 将污泥沿着温室整个宽度进行摊铺；

② 对污泥表面进行翻抛，增大并定期更新污泥与干化介质间的交换表面积；

③ 持续保持污泥层为好氧基质（没有臭气产生）以避免产生非受控发酵现象；

④ 通过它的混合操作保证最终产物的均质与成粒；

⑤ 不借助其他设备，逐渐将不断干化的污泥从温室的一侧移至另一侧。

在法国，Héliantis 温室的年蒸发能力可达 600～1200kg/m^2，具体数据与所处地区有关。

耙机的机械推进速度，转鼓的转速及其深入至污泥层的深度均可以调整。自动运行的耙机不需要持续的人工监控。

干化污泥颗粒的直径为 1～4cm（见图 19-21），易于处理、储存与分散利用。

Héliantis 温室能够生产出高于 70% 干固体含量的污泥颗粒。

如果需要的话，可在温室内扩建储存区域，将干化产物（干化后污泥）储存至适于农田利用的最佳时机。这些干化产物可以使用经过极少改装的常规农业设备进行播撒。

与其他干化产物一样，这些污泥颗粒也可以进行协同焚烧处置。

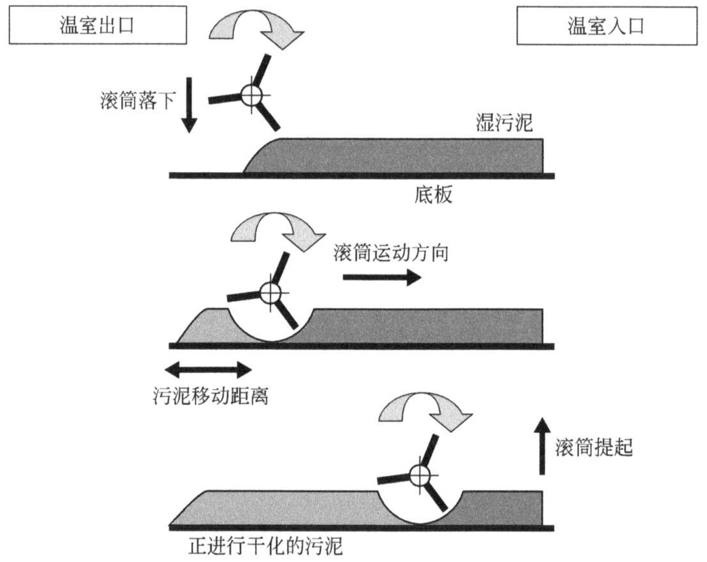

图 19-20　Héliantis 温室耙机的运行原理

图 19-21　Héliantis 温室生产出的污泥颗粒

19.3.8.3　温室尺寸

计算污泥处理所需的温室表面积将取决于：

① 在温室所在地区已记录的气象数据的月平均值（太阳能辐射、湿度、温度）：为蒸发等量的水，在日照较少的冬季可能需要数周的时间，而在夏季可能仅需要数天。

② 当地特殊的环境特征（建筑物、树木、场地布局方向等）。

温室中正在运行的耙机见图 19-22，位于雷尼耶的 Héliantis 温室见图 19-23。

图 19-22　温室中正在运行的耙机（瑞士，萨尔甘斯）

图 19-23　位于雷尼耶的 Héliantis 温室（法国，上萨伊沃），年处理能力 320t 干泥，温室长 120m，耙机已提起

19.3.9　干化与热电联产

干化系统可以与热电联产单元合建，热电联产单元所利用的热能由燃气内燃机（法语为 MAG）或燃气涡轮机（法语为 TAG）提供。以下（包括图 19-24）旨在确定采用这种合建方式时的主要参数以及整体工艺路线。

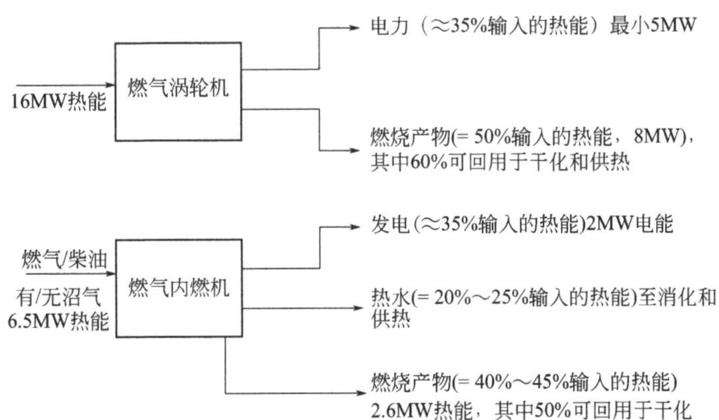

图 19-24　热电联产所使用的燃气内燃机 / 燃气涡轮机的典型范例

使用下列参数区分燃气内燃机与燃气涡轮机：

① 燃气内燃机所产生的燃烧产物的温度通常低于燃气涡轮机。但是两者都可以考虑高级能量的再利用（锅炉）。

② 燃气内燃机消耗一大部分所输入的能源（20%～25%）用于生产热水。如果干化系统所在场地建有消化池的话，这些热水能被有效利用。因而，产生的所有沼气都能被燃气内燃机使用。但是，需要注意的是，干化过程本身能够产生用于消化的低热能量。

因此，能量将会过剩，并且除非这些过剩的能量能被用于建筑物供暖，否则总的成本效益将会降低。

③ 出于建设成本的考虑，燃气内燃机更适于中小型热电联产单元，而大型热电联产单元应使用燃气涡轮机。

当沼气被用作单一或部分能量的来源时，沼气首先需要经过干燥处理并去除其中的硫化物以及粉尘（如果需要的话），以防止热电联产系统产生酸腐蚀和磨损等问题。

热电联产的可行性通常不取决于技术，而取决于经济。根据一次能源的特定成本以及发电带来的收益，不同项目的可行性有很大的不同。每个项目的可行性必须要根据其具体情况进行评估，其可行性可能在很大程度上取决于其碳信用额度（绿色或可持续能源）。

19.3.10 安全与干化单元

污泥干化单元存在很多风险源，特别是在发生某些故障的时候，所以必须要对其采取适当的安全措施。简单来说，污泥干化厂具有如下风险：

① 与干化污泥自加热特性有关的风险。

② 与热解气体产物（CO、CH_4 等）有关的风险，或与自加热现象有关，或与产生直接热解的某种热故障有关。

③ 与爆炸有关的风险，可以是不同的类型并产生累积的效果：a. 由空气中氧气与粉尘浓度引起的爆炸；b. 由 CO 和 O_2 浓度引起的自燃。

④ 与火花现象有关的风险（静电）。

鉴于此，所有污泥干化厂都必须要进行危害与风险分析以及基于规范的风险分级评估。这些研究必须由专家进行。

干化单元项目与工程设计在一开始就必须要考虑安全参数。它们也必须被纳入功能性分析，并与调节及自控系统联动。操作人员必须要接受有关风险及应对措施的培训。尽管这一内容没有做深入阐述，但是这确实是需要强调的最重要的问题。

19.3.10.1 自加热与干化污泥

自加热是干化污泥在能量未被充分消散时发生放热氧化反应的结果，这是由于干化污泥的能量传导性较差造成的。例如，干化污泥堆体通常被认为是稳定的，但实际上其温度已经发生了变化。当温度超过一定阈值，随即开始热解。

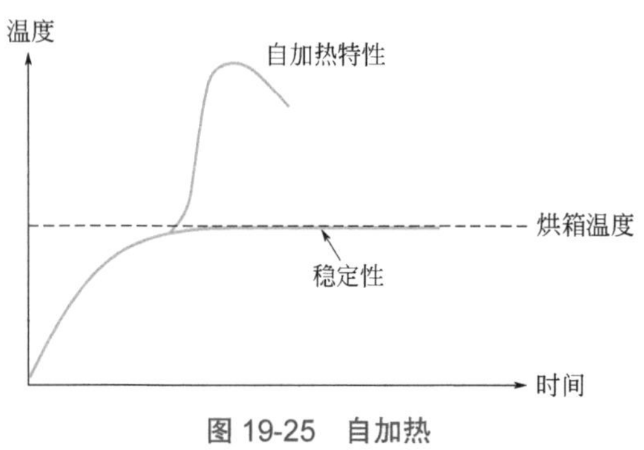

图 19-25 自加热

自加热温度通过试验确定，即在恒温烘箱中对校准体积（立方体）的干化污泥进行加热。因此，临界自加热温度（见图 19-25）是基于污泥体积而确定的。

不同类型和颗粒粒径的污泥的自加热温度通过试验确定，然后据此绘制出特性曲线，以作为干化污泥储存系统设计的基础（见图 19-26）。强烈建议在设计热干化系统时一定要参考待处理污泥的自加热特性曲线。

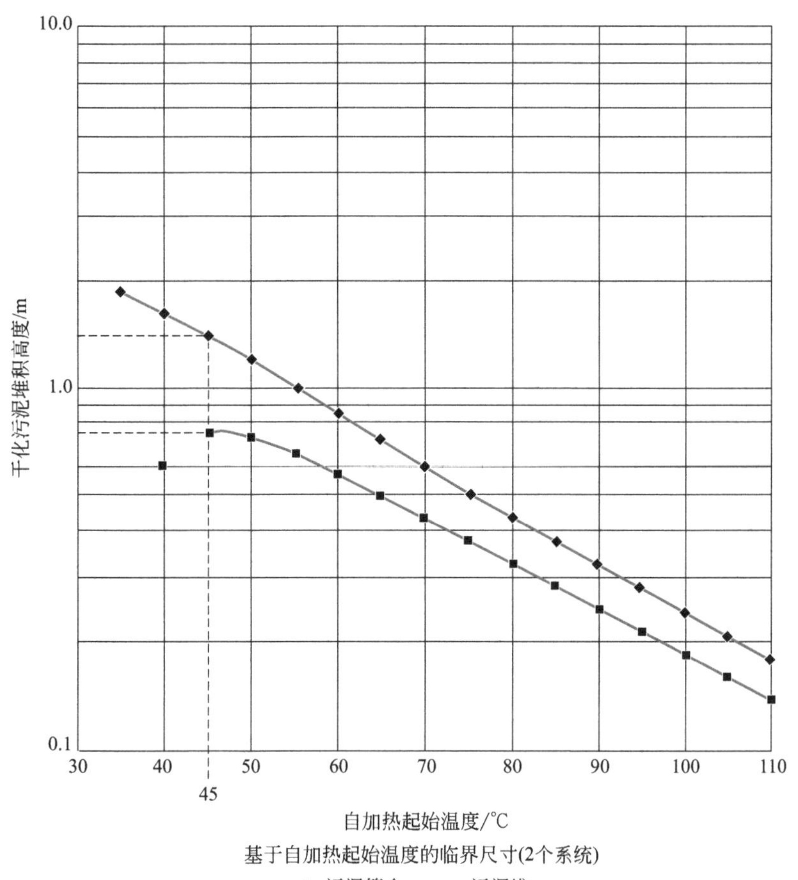

图 19-26　无自加热现象时储存单元的尺寸

19.3.10.2　干化污泥产生的粉尘的主要特性

表 19-6 详细列出了为确保干化单元运行安全需要考虑的粉尘性质及其典型值。在设计干化系统时这些特性必须要了解清楚（有污泥时进行测定；如果没有则通过类比得到）。

表19-6　适用于干化污泥产生的粉尘的安全特性

安全特性	数值
热表面上 5mm 污泥层的燃点	230℃
最大爆炸压力	8bar
爆炸指数	100bar · m/s
最小爆炸浓度	60g/m^3
极限氧浓度	16%
粉尘云自燃温度	360℃
最小点火能	490mJ

19.3.10.3 工程设计的重要性

任何短期或长期的缓冲储存系统的设计一定要完全符合从污泥自加热特性曲线中得到的规律。除此之外，所有的储存筒仓必须要配备泄爆口。该泄爆口的设计要根据适用于待储存干化污泥的爆炸指数而定。所有的储存筒仓也必须要配备惰化系统（N_2 或 CO_2），该惰化系统的开启取决于筒仓内物料上方空气中的氧含量。这些筒仓还必须要配备 CO 探测器（用于指征热解的发生）。

间接干化系统的蒸汽回路与直接干化系统的热交换流体系统也必须要配备 O_2 监测系统；建议再增设一套 CO 监测系统。

基于输送设备的性质与设计以及存在火花风险，必须要正确地安装必要的防爆器（例如斗式提升机安全装置）。

取决于设备的性质和爆炸的风险，必须要配备适当的隔离装置以确保不会引发更加剧烈的二次爆炸（例如袋式过滤器隔离）。

所有的这些设备都会导致成本（投资与运行）的上升，但是它们非常重要且必不可少。

19.4 分解污泥中有机物的热处理

19.4.1 概述

目前，用于分解污泥中有机物的热处理工艺千差万别。限于篇幅，本章将只介绍一些最常见的先进的热处理工艺（表 19-7）。

表19-7 常见热处理工艺

加压热处理工艺	常压热处理工艺
湿式氧化	与其他废弃物协同焚烧 / 单独焚烧
加压气化	气化 / 裂解 - 热解

热处理工艺的分类方法不尽相同；这些工艺的名称众多，而且其命名上的扩展与各工艺之间显著的技术差异及其在工业市场的定位有关。

热处理工艺的基本分类应着重于压力这一概念，因此本章将热处理分为加压分解工艺及常压工艺。

由于不是特别专门应用于污泥处理领域，加压气化在本章中未做介绍。在污泥（与其他废弃物）协同处理领域，加压气化仅有一些非常少的应用案例。湿式氧化将是在本章唯一讨论的加压热处理工艺（见本章 19.6 节）。

常压热处理工艺的原理是：由于温度以及自由氧的气体分压的升高，导致形成有机物的化合键被破坏。对于传统的焚烧领域，其自由氧的气体分压较高以及自由氧的含量为 6%，即过量空气含量为 40%。焚烧处置包括将污泥单独焚烧（工艺条件适于焚烧待处理污泥）或者与其他物质协同焚烧［例如与生活垃圾、特定的工业废弃物（法语为 DIS）协同焚烧，以及在水泥厂和电厂进行掺烧］。

对于气化工艺，氧的气体分压实质上为 0。取决于气化过程如何发生，其可称为裂解（pyrolysis）或热解（thermolysis）（见本章 19.4.3 节）。气化工艺不能氧化有机物，但能将其分解并产生含有 CO、CH_4、C_nH_m 等成分的还原性气体（称为合成气）。

此外，污染物（重金属、氮氧化物）在不同相之间的分布将根据温度分布有所区别。

焚烧或者热分解领域所采用的技术已众所周知并在不同工业应用了数十年。以下将根据主要反应器（焚烧炉）所使用的工艺对这些技术做简要介绍。

（1）回转炉

回转炉（图 19-27）是一种内衬耐火砖的转鼓式焚烧炉，在应用于废弃物处理时其通常位于立式后燃烧室上游。这一类最为常见的焚烧炉是水泥窑，其也被用于生产石灰。这一工艺较为简单，其应用已拓展至废物处理领域，甚至更加针对性地应用于处理成分混杂的及 / 或特殊的废弃物（即必须进行后燃烧时），以达到最佳燃烧以及规定的温度水平。由于存在过量空气控制（对热平衡有影响）的问题以及干化章节中所提及的高黏度区的问题，回转炉并没有被广泛地应用于处理污水处理厂所产生的污泥。高黏度区能够诱发污泥聚结成团的现象，这对回转炉的正常运行带来极大干扰。

（2）链蓖机 - 回转窑

由于链蓖机 - 回转窑专门用于处理生活垃圾，本节将其列出仅作为参考。需要注意的是，污泥能够以预干化污泥的形式（见本章 19.3.8 节）或简单的脱水污泥的形式（见本章 19.4.4 节的 IC850 工艺）与生活垃圾进行协同焚烧。

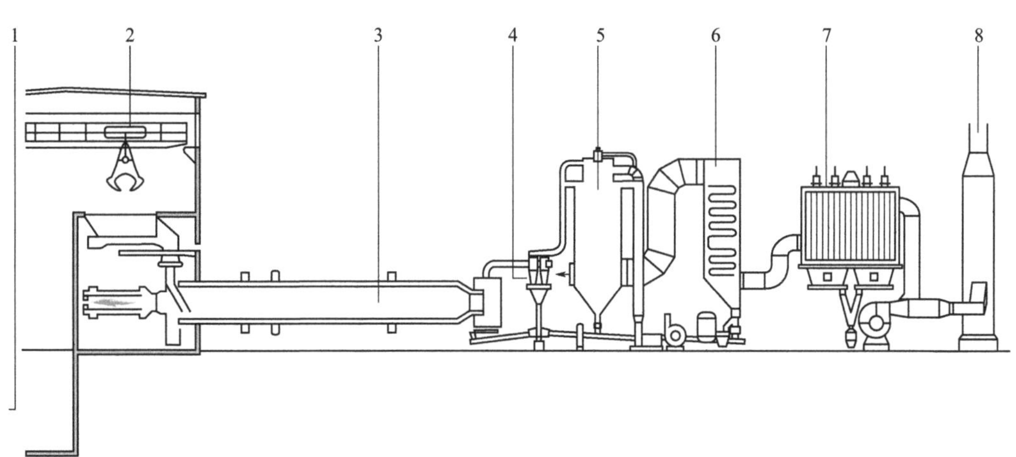

图 19-27　废弃物焚烧回转炉

1—废弃物储存；2—抓斗；3—回转炉；4—旋风分离器；5—后燃烧室；6—换热器与锅炉；7—袋式过滤器；8—烟囱

（3）多膛焚烧炉（图 19-28）

这种燃烧炉已有超过 100 年的历史，并于 20 世纪 60 年代在美国广泛用于污水处理厂污泥的直接焚烧。随后在欧洲开始广泛应用，特别是在法国。在此之后，它的发展由于石油危机而被放缓。一些集成了后燃烧的多膛焚烧炉至今仍在运行（如 Bologne）。

这一技术现已重新应用于污泥领域，但是不再用于直接燃烧，而是用于更加复杂的气化系统（见本章 19.4.3 节）。

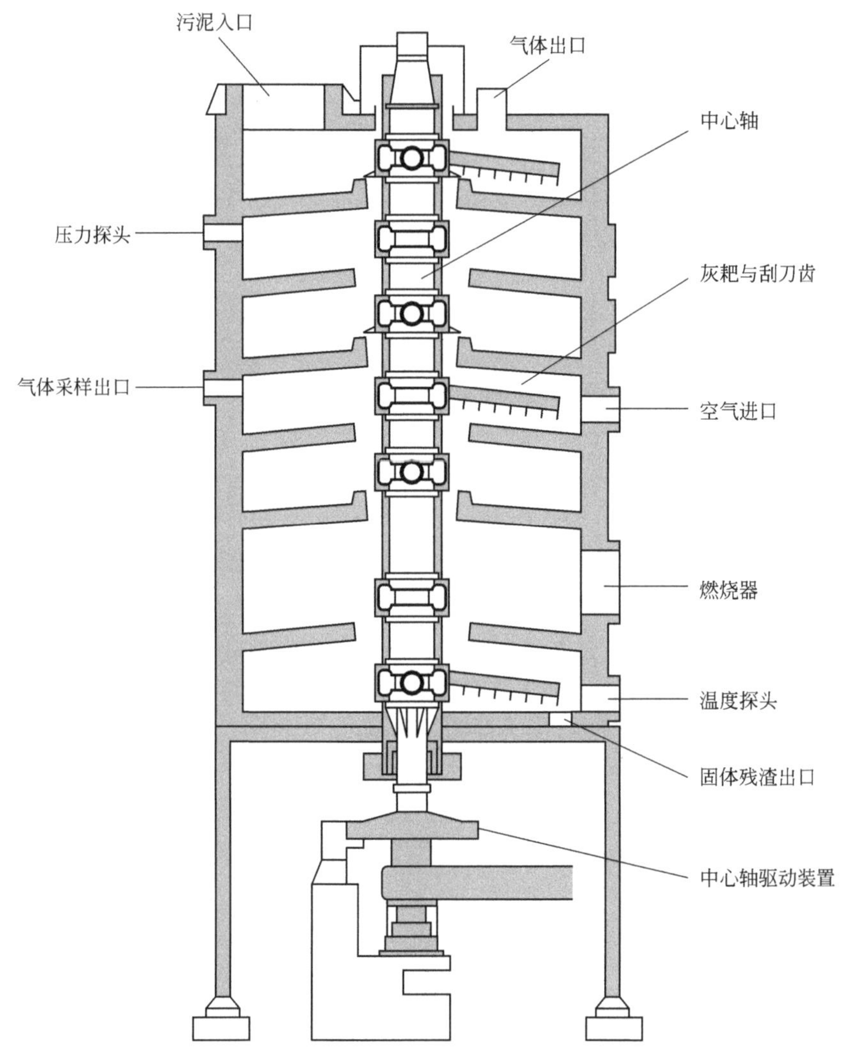

图 19-28　多膛焚烧炉

（4）流化床焚烧炉

流化床焚烧炉具有悠久的历史，其最早应用于煤气化领域，但随后在矿石焙烧领域取得了重大发展。道尔奥立弗（Dorr Oliver）公司是这个技术的主要开发商之一。当污泥焚烧于 20 世纪 70 年代在欧洲开始应用之后，它得到了飞速的发展，目前其是用于脱水污泥的最为广泛的直接焚烧技术。现在有很多流化床焚烧炉正在运行。

以下专门介绍污泥单独焚烧所使用的流化床焚烧工艺。

19.4.2　用于污泥单独焚烧的流化床焚烧工艺：得利满 Thermylis-HTFB 焚烧炉

Thermylis-HTFB 流化床焚烧炉示意图见图 19-29。

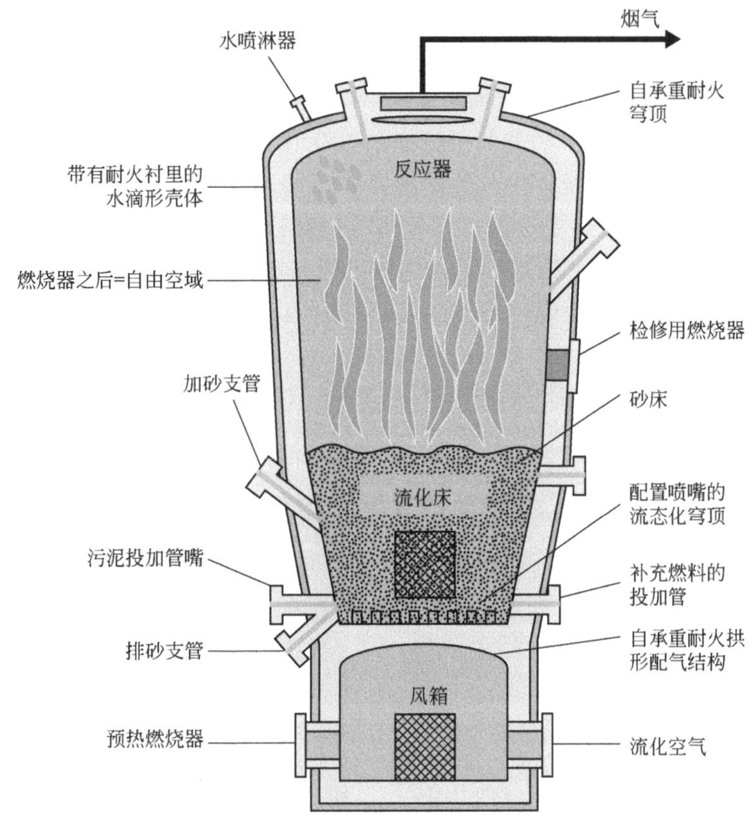

图 19-29 Thermylis-HTFB 流化床焚烧炉示意图

19.4.2.1 工艺计算

为确定焚烧炉热平衡所需的基础数据包括：

① 待处理污泥的质量流量，以 kg/h 计。

② 待处理污泥的干固体含量（%）。

③ 有机物含量（%）。

④ 有机物的净热值 NCV（kJ/kg 有机物）。如果净热值未知，则可以根据有机物的组成元素计算（C、H、O、N、S）。例如使用杜龙 - 珀替（Dulong-Petit）方程：GCV= 81.3C+345.5（H−O/8）+22.2S，而 NCV= GCV− 54H（以 kcal/kg 计）。

在计算热平衡时需要考虑的主要指标（物理的或规定的）包括：

① 流化床内的温度：最低 800℃。

② 自由空域内的温度：850℃。

③ 自由空域内的接触时间：最短 5s。

④ 流化态穹顶流化速率：0.9m/s。

⑤ 流化床顶部的流化速率：0.85m/s。

⑥ 自由空域顶部燃烧产物的流速：0.65m/s。

⑦ 膨胀砂床厚度：大约 1.5m。

⑧ 烟气中的氧气含量：干气体中 ≥ 6%。

⑨ 流化空气的温度在风箱中不能超过650℃。

使用上述基础数据建立热平衡，以初步确定：

① 用于氧化进入焚烧炉的有机物所需的空气流量（包括40%的过剩空气）。该空气流量必须要考虑流态化穹顶中所需要的流化速率以及温度与压力的修正。它将确定流态化穹顶的内部截面积，进而确定焚烧炉此处的内径。

② 热平衡，即包含流化空气温度、氧气浓度和自由空域内温度为850℃的迭代计算的结果。这一结果决定了：a. 所需要添加的辅助燃料量；b. 燃烧产物的成分；c. 温度分布；d. 焚烧炉的主要尺寸；e. 利用燃烧气体的显热来加热流化空气的热交换器（换热器）的主要特性。

HTFB焚烧炉的自承重耐火上穹顶见图19-30，HTFB焚烧炉中装配喷嘴的流态化穹顶见图19-31。

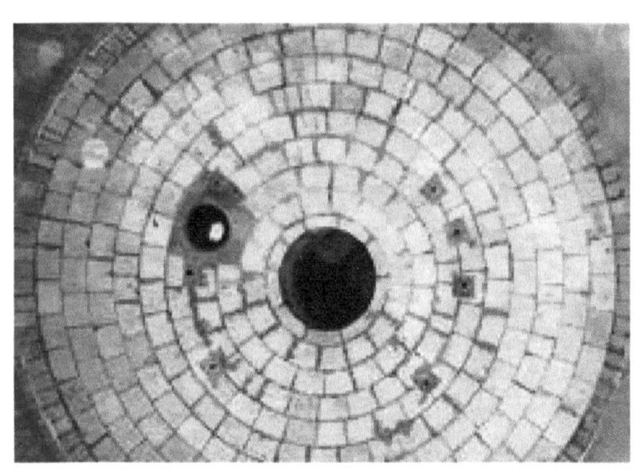

图19-30　HTFB焚烧炉的自承重耐火上穹顶

图19-31　HTFB焚烧炉中装配喷嘴的流态化穹顶

19.4.2.2　热平衡

使用特殊软件计算热平衡，主要方程式如下：

热平衡

$$Q_{AB}+Q_{AF\ b+g}+Q_{s(e)}+Q_{b+g}+Q_{comb\ b+g}+Q_{ca}+Q_{AFca}$$
$$=Q_{ashes}+Q_{discharged\ gas\ b+g}+Q_{discharged\ gas\ ca}+Q_{s(s)}+Q_{losses}$$

输入如下：

Q_{AB} = 循环空气所贡献的热量（空气用于为暴露在主要加热区的设备冷却降温，如水、辅助燃料、污泥等的投加管）；

Q_{AFb+g} = 用于有机物燃烧的流化空气所贡献的热量（扣除循环空气）；

$Q_{s(e)}$ = 用于补偿摩擦损耗的砂流所贡献的热量；

Q_{b+g} = 系统进料所贡献的显热；

$Q_{comb\ b+g}$ = 有机物全部燃烧贡献的热量；

Q_{ca} = 辅助燃料燃烧所贡献的热量；

Q_{AFca} = 辅助燃料燃烧所需流化空气所贡献的热量（需计入流化空气量）。

输出如下：

Q_{ashes} = 随排灰一起带走的显热；

$Q_{dischargedgasb+g}$ = 有机物质燃烧产生烟气的显热（包括过量空气）；

$Q_{dischargedgasca}$ = 辅助燃料燃烧产生烟气的显热；

$Q_{s(s)}$ = 烟气中挟带砂粒的显热；

Q_{losses} = 热损失产生的热量损失。

应用于脱水污泥焚烧处理的简单热平衡如表 19-8 所示。值得注意的是，对空气进行预加热非常重要。预热空气所输入的热量约占焚烧炉总输入热量的 22%，蒸发的水分中的潜热与过量空气中的潜热分别占 34% 和 9%。

注意：对于同一种污泥，如果其干固体含量为 22%，相当于额外注入了 740L/h 的水，由此需投加约 65L/h 的燃料。

表19-8　流化床焚烧炉的热平衡

输入 / 输出	项目	流量 /(kg/h)	热量 /(kWh/h)	备注
输入	650℃的空气 湿污泥 油脂 总计	7900 3800 209	1330 4100 590 6020	从排放的烟气中回收的热量（仅限于热风箱）
输出	850℃的烟气 燃烧产物 过量空气（40%） 潜热 - 水蒸发 灰分 热损失 砂 总计	11575 357 13	 3250 530 2040 80 116 4 6020	在二次冷却和处理前温度为 565℃的烟气

注：以处理能力为 1t DS/h 的焚烧炉为例，污泥的干固体含量和有机质含量分别为 26.2% 及 65%（其热值满足自持焚烧的要求）。

19.4.2.3　总体运行原理

流化床焚烧炉基于以下原理：将特殊规格的细砂与预加热的空气流一起形成悬浮态。空气将砂形成流态化的区域如图 19-32 所示（见第 3 章 3.7 节）。u_t/u_0 约为 1～10，并且该特性曲线明显取决于砂床用砂的颗粒粒径及其密度。流化床的物理学和热动力学特性在相关文献中已做深入阐述［《流态化工程》（Fluidisation engineering），国井大藏（Daizo Kunii）与奥克塔夫•列文斯比尔（Octave Levenspiel）；《流态化》（Fluidisation），马克斯•莱瓦（Max Leva）］。

得利满所开发的 Thermylis-HTFB 是一种没有溢流的密相流化床焚烧炉。

达到焚烧温度（800～850℃）时的流化砂床由具有极高湍流度的介质组成，使得热交换达到一个极高的热传导系数。由于砂的湍流，注入流化床的脱水污泥很快被打碎，污泥中的水分立即被蒸发。同时，污泥中的有机物以流化空气作为助燃物进行燃烧。

由于砂床没有溢流，膨胀砂床的厚度仍然保持稳定（会存在由摩擦引起的砂损失）。实际上，相比于形成砂床的颗粒，污泥中的矿物质颗粒的粒径非常小。因此，所有矿物质灰分被气力输送至焚烧炉的上部区域，然后通过烟囱随烟气排出（飞灰）。

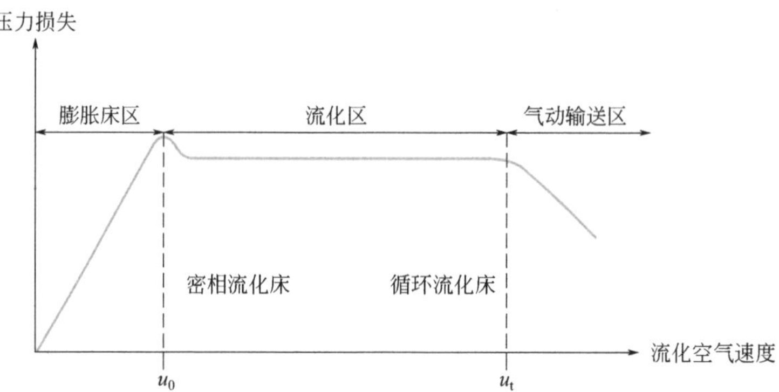

图 19-32　空气将砂形成流态化的区域

u_t—将砂进行气动输送时的空气速度；u_0—将砂形成流态化的空气速度

19.4.2.4　焚烧炉构造原理

焚烧炉由内衬耐火砖的金属壳体制成，由下列6大部件从底部至顶部依次堆建而起，构建成一个自稳定和自承重系统。

（1）风箱

风箱为一个圆柱形区域。风机输送的流化空气通过与较宽的放射状开口相连接的风管进入风箱。如果预热空气的温度低于250℃，则该风箱为冷风箱；高于250℃则为热风箱。大多数焚烧污泥的流化床焚烧炉使用热风箱设计。

风箱内衬硅铝型耐火材料，在实际的耐火衬里与壳体之间覆有一层保温层。流态化穹顶支撑起风箱的顶部区域。风箱装有一台燃烧器（需要时可以伸缩）；燃烧器在启动阶段用于预加热（如图19-33）。

① 流态化穹顶

这是焚烧炉的重要组成部分，因为流化空气是通过此穹顶分布的。在热风箱中，穹顶是由大量的环状标准特制耐火砖组成。这些环状分布的耐火砖互相压紧，构成了自承重的穹顶。每块标准特制耐火砖内都有一个垂直的开孔，孔内装有流态化喷嘴。喷嘴的数量及其截面决定了开口表面积，进而决定了流态化穹顶的压力损失。压力损失约为50～60mbar。在冷风箱中，流态化穹顶如同由耐火钢制凹板制成的“三明治”，喷嘴被焊接在这些凹板上。钢板外部为耐火混凝土涂层。

图 19-33　HTBF焚烧炉的风箱

② 流态化喷嘴

在大多数情况下，流态化喷嘴形如具有圆冠的蘑菇。气体穿过喷嘴的速度约为40m/s。由耐火铸铁制成的喷嘴被锚固在耐火砖的孔中，这是焚烧炉建造中的一个关键点。任一喷嘴的缺失都将导致严重的运行故障，这是因为流态化砂将会直接进入风箱，并对流态化造成不利影响。

（2）流化区

膨胀砂床的内部即为流化区，膨胀砂床的厚度一般为 1.5～2m。这个区域也内衬硅铝耐火砖，在耐火内衬与金属壳体之间也有一个保温层。污泥进料和辅助燃料（柴油、天然气、沼气）的进口也都位于此区域。

（3）膨胀区

膨胀区即为所谓的自由空域，其形如向外扩展的喇叭口，以使其能够应对温度与完全燃烧所产生的气体产物的增长；自由空域也用于逐渐降低夹带速度以降低最细小砂粒的流化程度。膨胀区也用于后燃烧，并为燃烧产物提供较长的接触时间（至少 5s），在任何情况下都能确保满足废弃物燃烧标准的要求。在此区域投加砂以补偿摩擦引起的砂损失。

（4）上穹顶

上穹顶由形成自承重穹顶所使用的环状标准特制耐火砖组成。膨胀区外壳支撑起上穹顶。穹顶中心区域是空的并作为燃烧产物的排放烟囱的基础。穹顶处装有水喷淋器以调节温度（保证安全）。

（5）连接烟道

连接烟道将焚烧炉出口和热量回收交换器（换热器）入口连接起来。烟道内衬耐火衬里且必须安装膨胀节。

（6）焚烧炉的外围区域

其被一系列独立于焚烧炉结构的操作通道所包围。至少需要在两个高度上设置通道：一个是在污泥和辅助燃料的进口的高度；另一个高于穹顶上部以便进入与燃烧产物排放烟囱相邻的区域。

19.4.2.5　能耗优化

（1）以热量自平衡为目标（如图 19-34）

能耗优化对于单独焚烧单元的设计非常重要：在试图优化燃烧产物显热的循环利用时，热量的自给自足即自动成为能耗优化的首要目标。这需要统筹考虑降低辅助燃料消耗以及其他投资和运行成本。

以下将重点介绍用于能耗优化的三个特殊方案：

① 方案 1（如图 19-35）

即循环利用部分烟气的显热，对流化空气进行预加热。但是，650℃是可预期的流化空气的最高温度。

② 方案 2（如图 19-36）

即必须尽可能地回收烟气显热中的能量。在这种情况下，需要使用与干化机相连的余热锅炉。因

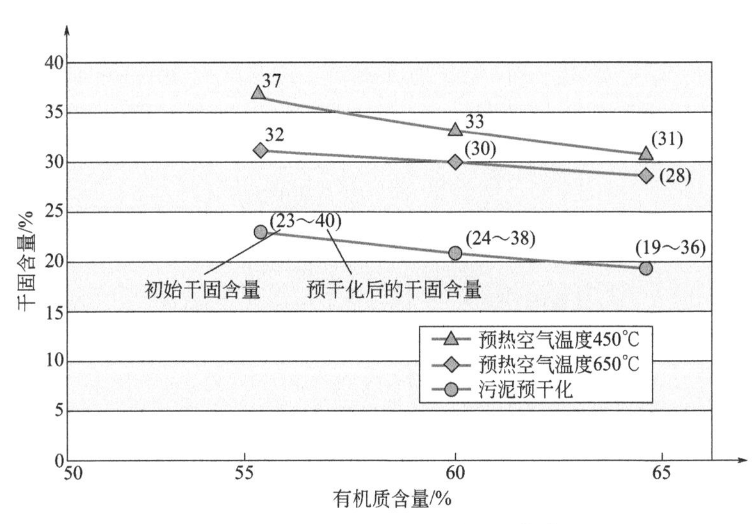

图 19-34　热量自平衡时的干固体含量

此，污泥中的大部分水分在焚烧炉中既没有被蒸发也没有被过加热。

③ 方案 3（如图 19-37）

即在组合系统中对燃烧产物的显热进行综合回收。与方案 1 类似，首先使用换热器预加热流化空气，之后通过导热油锅炉产生的温度达 200℃的导热油对污泥进行部分干化即预干化处理。对于这种工艺配置，从表 19-9 中的第 1 列和第 2 列可以看出进料污泥含水率对系统能耗影响重大。在所述例子中，采用部分预干化工艺（干固体含量由 26% 提高至 34%）可减少 25%（5700m^3/h）的烟气量（水蒸气），并在达到非常小的能量过剩的同时节约辅助燃料投加量达 2.7 MWh/h。

这一设计无须使用蒸汽锅炉，能够减少主要的施工量并避免受到蒸汽锅炉运行上的限制。如果需要的话，导热油锅炉可以用压力式热水锅炉代替。

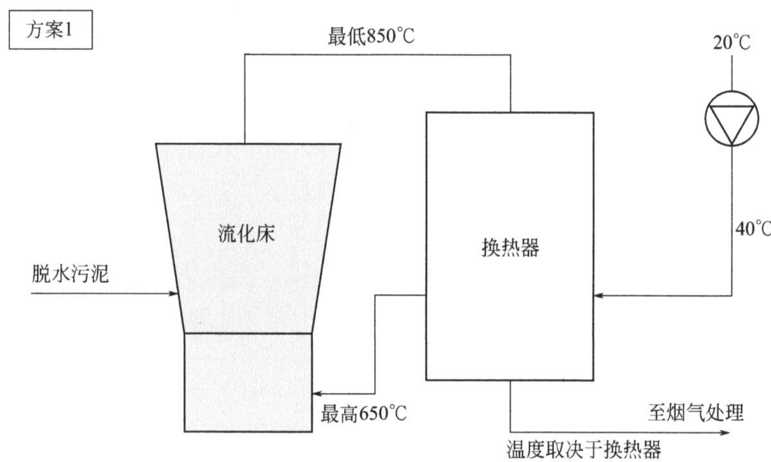

图 19-35　使用流化空气换热器的系统

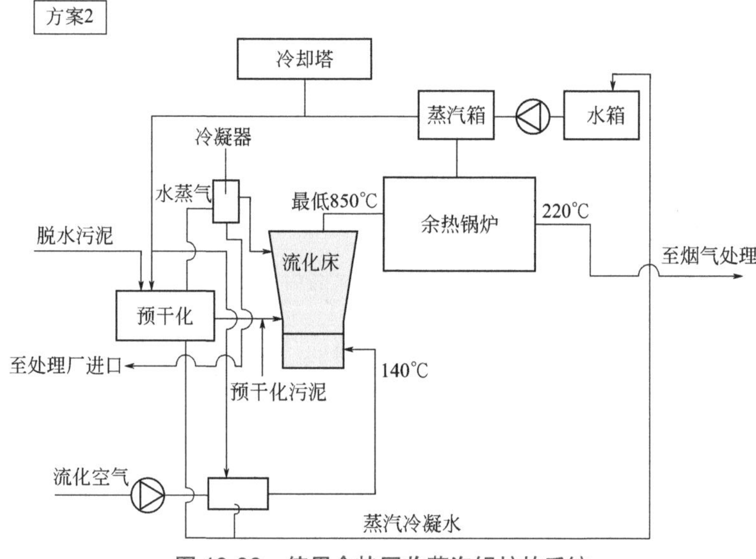

图 19-36　使用余热回收蒸汽锅炉的系统

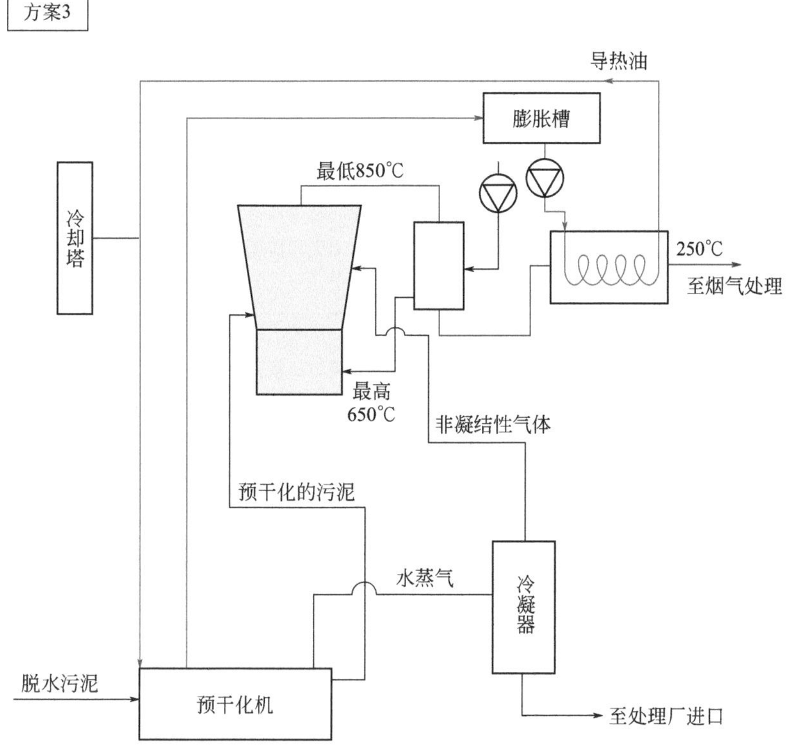

图 19-37　使用导热油锅炉的系统

表19-9　不同干化-焚烧组合工艺的烟气

项目	CO_2 体积分数 /%	H_2O 体积分数 /%	O_2 体积分数 /%	N_2 体积分数 /%	烟气流量（标准状态）/（m^3/h）	相比于方案 1 的烟气节约量
方案 1：没有预干化的污泥单独焚烧（26%）	7.1	42.6	3.5	46.8	22700	
方案 2：有预干化的污泥单独焚烧（34%）（如方案 3 中系统）	7.2	39.3	4.4	49	17000	25%
方案 3：完全干化（90% 干度）的干化污泥裂解	7.3	8.5	10.5	73.7	8000（真正烟气）（16500）	65%①（27%）

①见本章 19.4.3.1 节。冷却气（8500m^3/h）中的氧气进入后燃烧系统（合成气的热氧化）；其氧气含量在热解反应器出口最终为 0。需要注意的是，两种焚烧工艺的高烟气量与烟气的高湿度都是由过量空气和污泥中的高含水率造成的。

以上三种方案都各具优缺点，在做任何决定和进行项目工程设计之前，需要了解清楚。表 19-10 概括了这些解决方案的主要优缺点。

表19-10　以热量自平衡为目标的能耗优化

项目	优势及备注	缺点及备注
方案 1	最简单和造价最低的系统。其使用对流式或火管式换热器；已经过建设和运行的验证及测试； 需要确保（或几乎确保）热量自给自足时的首选方案。适用于小型污泥焚烧厂（绝干泥 <1t/h）	只有部分能量得到回收，因此不一定实现热量自给自足； 技术上的局限性无法将流化空气预加热至 650℃以上； 在最好的情况下（最高效的能量回收），排出换热器的烟气温度约为 550℃，需要进行后冷却
方案 2	最佳的能量回收系统，满足热量自给自足时所要求的干固体含量最低； 余热回收蒸汽锅炉最适于处理粉尘（飞灰）含量较高的烟气； 可使用冷风箱； 烟气可被充分冷却，使其能够直接进入所选定的烟气处理系统	干饱和蒸汽余热锅炉的配置较为复杂，并需符合相关规范； 需要配套间接式干化机，通常产生干固体含量约为 40% 的预干化污泥； 预干化至约 40% 干固体含量的污泥需要被装卸转输，因此需要使用柱塞泵； 需要处理预干化蒸汽； 通常仅用于处理能力较大的焚烧厂（绝干泥 > 4t/h）
方案 3	是一个比较理想的能量循环利用的系统（但不如方案 2）	使用导热油锅炉回收含尘烟气的热量可能会带来一些问题； 如果第一级热交换器出现故障，将导致锅炉的热负荷过高

（2）能量回收技术

① 流化空气预热换热器

a. 专用的多通道错管式对流换热器：流化空气从管束中通过，与此同时烟气则逆向流经换热器管箱。这种换热器以前被系统地使用过，但在运行中存在一些问题。这些问题是由管束穿过换热器管板处的密封性能下降引起的。这种换热器对粉尘负荷很敏感，特别是其入口单元可能会产生结垢现象，尤其当烟气被过加热至接近灰分熔点的温度时（熔点取决于磷含量）。

b. 只使用火管的换热器：这种火管式换热器与多通道错管式换热器的运行方式相反；烟气从换热管中通过而空气流经换热器管箱。这种换热器更加紧凑，其构造更简单。但是，需要核验火管膨胀节的设计，并确认火管内没有积灰。必须能够在大修期间清理火管。

c. 辐射式 / 对流式换热器：这些换热器具有双层壳体，并以此作为辐射单元。烟气先经过辐射区域，释放一部分的显热；因此，对流式管束处的热应力较小。

d. 辐射火管式换热器：其原理与上述介绍的火管式换热器相同。

对于最常见的应用（方案 1），推荐使用火管式换热器。

② 余热回收蒸汽锅炉

与生活垃圾焚烧系统所使用的锅炉不同（产生过热蒸汽驱动涡轮机用于发电），余热回收蒸汽锅炉只是一台简单的可以产生干饱和蒸汽的自然循环锅炉。此系统应具备空气冷却功能以便调配产生的过量蒸汽，并在预干化污泥还未向焚烧炉开始进料时的系统加热阶段投入运行。实际上，被预干化至干固体含量为 35%～65% 范围的污泥难以储存和转输。

③ 导热油锅炉

导热油锅炉是一种典型的盘管式锅炉，在其上游可能需要配置保护装置（例如旋风分离器）以去除烟气中的部分粉尘。

19.4.2.6　运行

对于恒定的热平衡，在污泥进料量波动时，流化床焚烧炉的运行不是非常灵活（在额定负荷下约 15% 的灵活性）。

但从另一方面看，其运行方式又很灵活。它能适应频繁的启停，特别是在考虑采用将焚烧炉在晚班和周末设为待机模式的运行方式时。

因此，需要一定数量的自控设备来控制焚烧炉的运行；特别是使用控制算法控制燃烧质量，因而不需要操作人员一直在控制室进行手动操作。但是，即便如此，仍然总是需要“在焚烧炉附近”配备操作人员，这样在出现故障时（例如停电）可以很快进行应急处理。

19.4.3　应用于污泥处理的裂解和热解

19.4.3.1　总评与定义

图 19-38 将不同热处理工艺进行了简化分类。

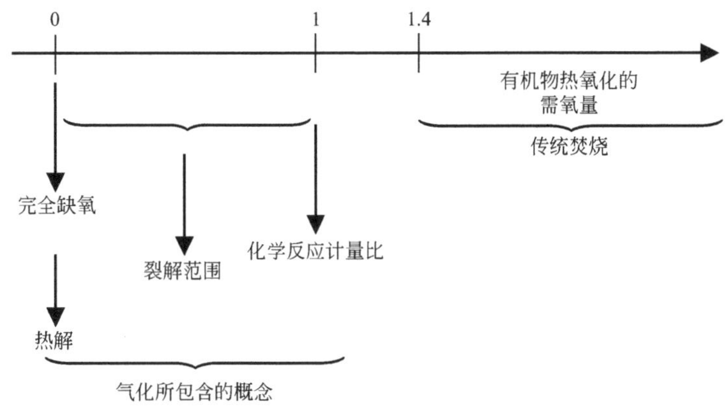

图 19-38　裂解—热解—气化

裂解是一种在缺氧环境下（相比于化学反应计量比）分解污泥中有机质的热处理工艺；热解与之相同，是一种在没有任何外源性氧存在的条件下分解有机质的热处理工艺。

在缺氧环境下：

① 将有机物分解与合成气燃烧分开（氮氧化物产量更少）。

② 烟气量更少（如表 19-9 第 3 行）并从还原区去除全部或部分的含氮载体。

③ 可调整有机物分解的温度，不受为达到理想燃烧所需条件的影响。

④ 在发生分解时能够进行不完全燃烧（裂解），因而能够将某些污染物固定在其固相中而非气相中。在没有氧气的情况下（热解），热分解过程实际上变成吸热反应。这将需要下游的能量循环利用装置提供所需的额外能量。

⑤ 在多个区域控制有机质分解和固碳过程。

图 19-39 揭示了固定碳的起源。

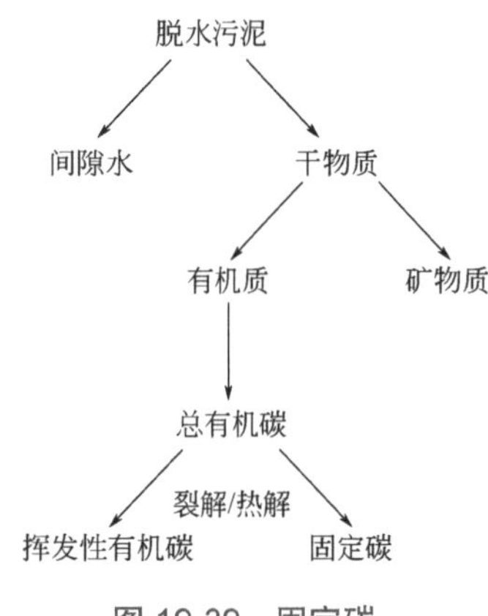

图 19-39 固定碳

挥发性有机碳是总有机碳的一部分，其是指在完全无氧、温度为 550℃的条件下所损失的重量。当分解发生时，会有底物残存；底物由矿物质和非挥发性的含碳残余物组成，含碳残余物与矿物质碳类似。

从量级上看，固定碳约为污泥总有机碳的 15%～20%。

对总有机碳进行区分对于流化床焚烧工艺（氧化燃烧）没有影响。这是因为其过量空气和传导系数足够高，使得挥发性碳和固定碳在流化床内的燃烧没有区别。

对于空气不足的热处理工艺（裂解 - 热解），对总有机碳进行区分是十分重要的，甚至能够确定分解固定碳的热氧化工艺与不氧化固定碳的热还原工艺之间的“界限”。

热解与裂解的另一个根本区别是：能量循环利用可以在热解的下游进行；由于在完全缺氧的条件下发生，热解工艺能够使用化工工艺处理产生的气体产物，在气体可被压缩时生产合成气或生物燃料（温度和分解的条件必须达到相应要求）。合成气或生物燃料的生产能够将这些合成产物的使用往后推迟（通过适当的储存设施）。考虑到热力学或技术上的限制，热解通常只用于处理已干化至 90% 以上干度的污泥。

实际上，裂解已经达到了前述所定义的热量自给自足的能耗水平，故其可应用于脱水污泥的处理。裂解也可以用于处理干度为 65%～90% 的干化污泥。确切地说，裂解是一种空气不足的受控燃烧，可以产生贫合成气，即由分解产生的原合成气与这些相同产物进行受控氧化而产生的部分燃烧产物组成的混合物。

对这一贫合成气进行任何提纯处理在经济上并不可行，并且其能量必须进行在线回收。

热解与裂解工艺的热能产额类似。但是，可以通过所采用的技术对其加以区分：

① 大多数热解工艺采用双套管结构的转鼓式反应器；热源完全通过双套管被引入系统（供参考，还有其他热解工艺，其中鲁奇 Lurgi 工艺还未应用于干化污泥的处理）。

② 裂解，如之前所介绍，一般采用立式多膛焚烧炉（多层炉膛）。

除了固定碳，热解和裂解还生成由类似于在污泥单独焚烧炉中发现的矿物质灰分所组成的矿物质残渣（总称为“焦”）。

对于热解和裂解工艺，通常使用一个单独的反应器处理所产生的“焦”，但是多膛焚烧炉裂解工艺除外，其能同时对“焦”进行处理（本章 19.4.3.2 节）。

19.4.3.2 多膛焚烧炉裂解工艺

以下两种方案应重点关注：

① 方案 1（图 19-40）：有机物的还原分解和固定碳的热氧化发生在同一个焚烧炉中。若需要的话，位于上部的炉膛用于干化（湿污泥），然后中部的炉膛用于裂解；底部的炉膛用于氧化固定碳。气体产物分别通过焚烧炉的顶部和底部被收集，然后在后燃烧阶段混合，残余气体在此阶段完全燃烧。在后燃烧阶段的下游进行能量循环利用。

② 方案 2（图 19-41）只用于处理干化污泥：多膛焚烧炉仅用于有机物还原性热分解。“焦”从多膛炉中排出，被送入小型传统流化床焚烧炉进行焚烧处置。多膛炉和流化床焚烧炉的混合气体产物在氧化性后燃烧阶段进行处理，同时在其下游将回收的能量循环利用。

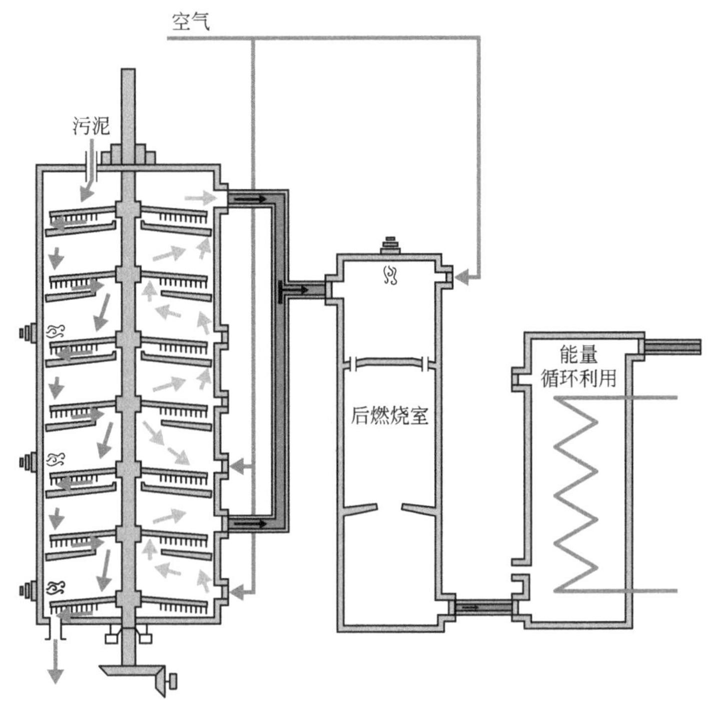

图 19-40　在多膛焚烧炉中同时进行裂解与焚烧

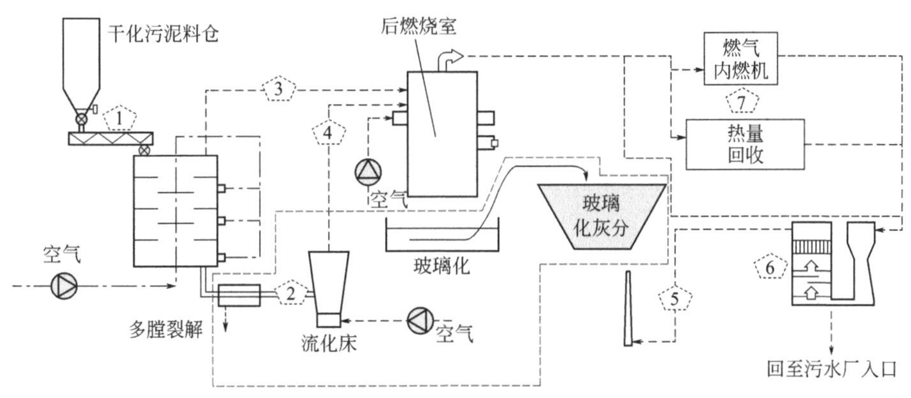

图 19-41　裂解，焚烧，玻璃化

1—进料螺旋；2—排“焦”；3—合成气出口；4—飞灰及烟气排放；5—烟囱；
6—烟气洗涤塔；7—发电及/或热量回收

应用于处理干化污泥的方案 2 具有下列特殊优势：

a. 多膛焚烧炉的规模显著减小（约降至原来的 1/3）。事实上，相对于流化床焚烧炉，多膛焚烧炉中固定碳的氧化动力学是非常差的。

b. 对裂解各阶段进行更加严格的控制，以便更容易地将温度保持在平均水平（±500℃）。因而可以更加确保无二噁英生成以及维持系统的还原性环境（不需要向上部炉膛补充能量，即无须干化）。多膛炉产生的原合成气的丰度高于方案 1，使得后燃烧阶段能够达到更高的温度。

c. 流化床焚烧炉可采用溢流团聚床的运行方式，产生一种烧结的矿物质灰分。这种灰分的稳定性较高，因此相比于生活垃圾焚烧产生的炉渣，更利于最终处置。

d. 两种气体（还原性和氧化性）的混合物使得后燃烧可达到很高的燃烧温度（1200℃）且几乎不产生粉尘，这非常有利于系统的运行（无二噁英及 / 或氮氧化物的排放，下游的换热器和耐火材料没有结垢的风险）。

可以用等离子炬代替流化床焚烧炉（见图 19-41 中红色虚线区），以确保灰分玻璃化。

从方案 2 的总体能量平衡可看出污泥的挥发性固体含量对热电联产（发电和余热回收，表 19-11）应用中能量循环利用的影响，以及对余热锅炉（能量被传递至一个热交换流体，表 19-12）的影响。

表19-11　气化 –灰分烧结：热平衡（热电联产应用）

污泥干固体中有机质的含量		80%	65%	50%
污泥焓	kWh/h	2297	1865	1435
气体产物的焓	kWh/h	1801	1452	1091
发电量	kWh/h	710	558	393
可回收的热量	kWh/h	598	470	332
显热热损失	kWh/h	496	413	344
总损失 （相对于污泥焓）	kWh/h %	989 （43.1）	837 （44.9）	710 （49.5）

表19-12　气化-灰分烧结：热平衡（供热应用）

污泥干固体中有机质的含量		80%	65%	50%
污泥焓	kWh/h	2297	1865	1435
气体产物的焓	kWh/h	1801	1452	1091
可回收的热量	kWh/h	1665	1310	924
显热热损失	kWh/h	496	413	344
总损失 （相对于污泥焓）	kWh/h %	632 （27.5）	555 （29.8）	511 （35.6）

19.4.3.3　用于液化的回转炉热解工艺

这个工艺仅用于处理干化污泥，由澳大利亚 ESI 公司所开发。该工艺旨在通过冷凝合成气生产出可储存的生物燃料。

ESI 工艺已经投入实际应用，其优势在于第一个工业化应用案例（日处理能力为 25t 干泥）位于澳大利亚珀斯，能够得到运行反馈。

19.4.3.4　用于生产合成气的热解工艺

这些工艺与本章 19.4.3.3 节中所介绍的工艺类似。但是，热解反应器采用更高的运行温度，以对有机化合链进行更为彻底的“分解 ”并产生需提纯处理（焦油、氰化物等）的合成气。

这种气体提纯是一个相当复杂的工艺，至今还未完全掌握。

同样地，鲁奇（Lurgi）基于自流化反应器开发出其原始工艺（LR 工艺）。自流化反应器是将干化污泥的分解所产生的合成气作为流化空气；将灰分和固定碳的混合组分进行焚烧，并从焚烧产生的矿物质灰分中回收显热作为干化污泥分解所需的热量。这个工艺面临与合成气生产相同的问题，因此还未得到工业化应用。

19.4.4　采用协同焚烧工艺分解有机物

协同焚烧是指将部分干化或完全干化的污泥、脱水污泥添加至主要用于其他物料处理的焚烧进料中。在这些工艺互补且协同处理能够带来经济收益时，污泥的协同焚烧是可行的。协同焚烧主要包括以下四种应用：a. 与特殊的工业废弃物在一个焚烧炉中进行协同焚烧；b. 在发电站进行协同焚烧；c. 在水泥窑进行协同焚烧；d. 与生活垃圾协同焚烧。

前三种应用仅用于处理已干化至 90% 以上干度的污泥。这种限制是由这些工艺的本质所致的，也是由后续工艺段的需求所决定的，即从加入的污泥中获得最大的净热值，并将待处理总烟气中水蒸气的量降至最低。污泥与特殊的工业废弃物协同焚烧或在发电站进行热焚烧，至少在法国是较为常见的。但是，在热电厂协同处理干化污泥在德国更加普遍。

对于在水泥窑进行协同焚烧的应用（如瑞士的几个案例），其对污泥矿物质组分中的杂质有更严格的限制，这是因为这些杂质能够改变所生产出的水泥熟料的性状和质量。在这种情况下，由磷引起的问题是最为重要的，这是因为磷元素本身即可使水泥变得易碎。

目前，炉排焚烧炉是最常见的污泥与生活垃圾协同焚烧系统。这种协同处理可用于脱水污泥（IC850 工艺）或预干化污泥（完全干化或部分干化污泥，其净热值与生活垃圾相同）的处置。

19.4.4.1　湿泥饼与生活垃圾的协同焚烧：IC850 工艺

生活垃圾焚烧一般采用炉排焚烧炉。

如图 19-42 所示，IC850 系统安装在焚烧炉的上游。IC850 系统（图 19-43）装有一定数量的污泥喷注器，可以在活塞杆驱动时摇动污泥使其落在焚烧炉的炉排上。污泥通过喷注器形成直径约为 20mm 的条状污泥，由于其自身重力被剪切成长约 10cm 的污泥条。污泥条掉落在焚烧炉的炉排上，一般在垃圾燃烧的起始段。

糊状污泥的协同焚烧必须要遵守生活垃圾燃烧工艺的某些限制条件：

① 符合炉排焚烧炉制造商提供的燃烧图（待处理生活垃圾的流量，基于净热值和热负荷）。

② 产生的炉渣的等级不变；由于所有工艺的目的是产生能够根据焚烧厂的分类规定进行循环利用的炉渣，污泥协同焚烧一定不能将炉渣的性质改变至超过规定的阈值（在法国，遵守 2002 炉渣法令）。

③ 在设计烟气处理系统时，应针对由污泥投加所引入的特定污染物进行强化处理，特别是 S 和 Hg。

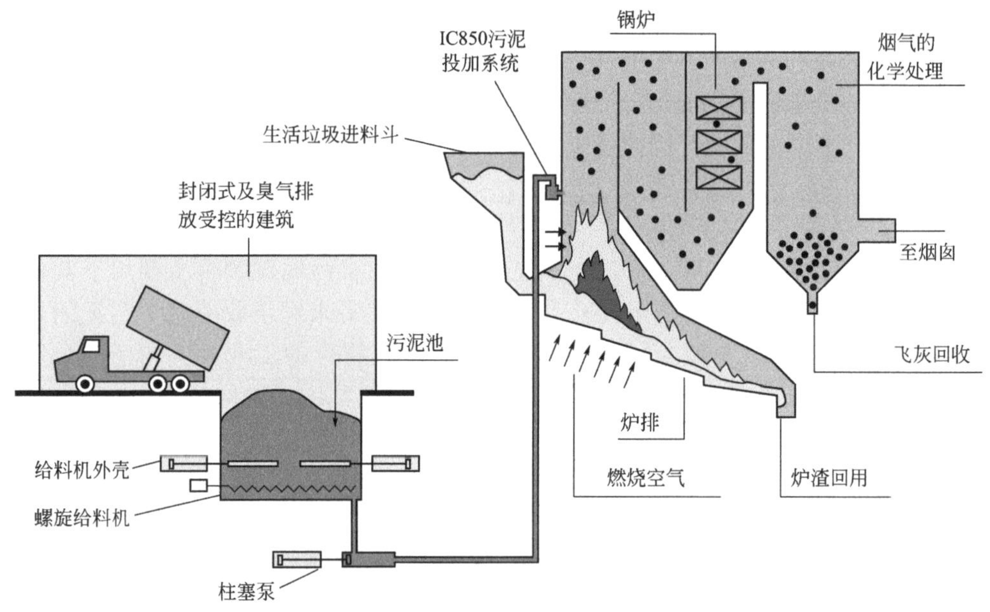

图 19-42　向生活垃圾炉排焚烧炉引入 IC850 工艺

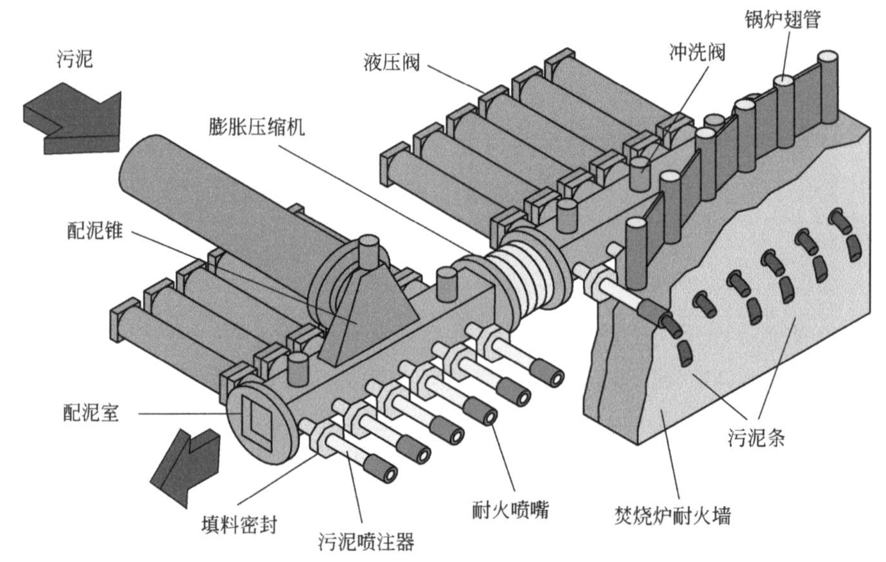

图 19-43　IC850 投加系统

因此，鉴于上述原因，原污泥的掺烧比（被处理的原污泥吨数 / 进料的原垃圾的吨数）被限制为约 10%～12%。

较之前所述工艺（或是向料斗加入脱水污泥，或是将糊状污泥喷到炉膛中），IC850 工艺具有如下优势：

① 挤压后的污泥在炉排上均匀分布；

②（高度吸热的）污泥被投加至炉排最热的区域；

③ 污泥产生的绝大部分矿物质灰分被炉渣捕集，仅有极少部分变成飞灰；

④ 总体来说，考虑直接成本，这是市场上最经济有效的焚烧工艺。

19.4.4.2　预干化污泥与生活垃圾的协同焚烧

最为常见的情况是预干化污泥（部分预干化至约 65% 干固体含量）与垃圾具有相同的净热值。位于法国梅杰夫（Megève）或者利摩日（Limoges）的生活垃圾焚烧厂的配置与构造已经采用了将 Centridry 工艺（见本章 19.3.8.1 节）产生的预干化污泥进行协同焚烧的设计。

由于残余的水分使得预干化污泥不易储存，储存以后也难以装卸输送，因此必须要特别注意预干化污泥的输送与储存。对于不同的污泥，应严格限定其干固体含量的阈值，以防止污泥在进入垃圾进料斗之前在污泥池临时储存期间变硬固化。此外，当污泥大量进入垃圾池时，应注意控制粉尘并确保污泥在垃圾池内分布均匀。球状或颗粒状的完全干化污泥可进行协同焚烧［例如法国的贝尔维尔－苏尔－索恩（Villefranche-sur-Saône）］，其污泥与垃圾的比值较为稳定，能够避免出现局部玻璃化现象。

19.5　污泥热处理后的烟道气处理

对于前述介绍的下列所有热处理工艺：a. 单独焚烧；b. 裂解；c. 热解；d. 协同焚烧。

在其废气排入大气之前，都需要在下游单元对排放气体进行处理。废气排放必须严格遵守各项规范的要求。目前，欧洲施行的现行规范是于 2000 年 12 月 4 日颁布的欧洲指令（表 19-13），其于 2002 年 9 月 20 日通过法国法律批准（见本章 19.7 节相关规范）。

表19-13　欧洲指令（2000年12月4日颁布）

污染物	排放限值（标准状态）
CO	50 mg/m^3
总粉尘	10 mg/m^3
HCl	10 mg/m^3
TOC	10 mg/m^3
HF	1 mg/m^3
SO_2	50 mg/m^3
NO_x	200 mg/m^3
Cd +Tl	0.05 mg/m^3
Hg 及其化合物	0.05 mg/m^3
Sb +As +Pb +Co +Cu +Mn +Ni +V	0.5 mg/m^3
二噁英 / 呋喃类	0.1 ng TE[①] /m^3

① TE: 毒性当量。

如前所述，待处理的烟气量（见表 19-9，本章 19.4.2.5 节）变化巨大［每吨干泥所产生的烟气量（标准状态）为 5000 ～ 15000m^3］，烟气量主要取决于：

① 使用的过量空气（氧气，特别是氮气）和水的添加量（即随湿污泥引入的水量）。因此无论使用何种污泥处理工艺，裂解都比焚烧和预干化更有吸引力。

② 待处理污泥的种类，特别是污泥的有机物含量。有机物可提高燃烧产物的产量。

③ 烟气处理线是否采用空气稀释（冷却）（表 19-9，第 3 行）。

19.5.1 设计烟气处理单元所需的数据

设计烟气处理单元需要了解待处理烟气的额定流量和成分，以及烟气进入处理系统时的温度。流量以 m^3/h 计（要标注温度）。烟气成分以体积或重量计，并用于计算 CO_2、H_2O、N_2、O_2 等的汽耗率（从中能推算出相对湿度和饱和温度）。烟气处理单元的设计还需了解或估算污染物流量。污染物的性质不同，将影响所应用的处理方法和 / 或技术的选择，因此必须对污染物进行定性和定量分析。

（1）粉尘

必须要了解标准状态下粉尘含量（g/m^3）。取决于热处理工艺的类型，即污泥单独焚烧时的流化床焚烧（标准状态 20～50g/m^3）或是裂解 / 热解工艺（标准状态 1～5g/m^3），粉尘含量将会有本质上的差异。粉尘含量也取决于污泥的性质（是否经消化处理）。

（2）卤素

主要指污泥中的氯和少量的氟。由于缺乏城市污水厂污泥的相关数据，一般默认为每千克干泥中含有 1g 的氯离子。根据经验，氟的含量是氯离子的 1/10。

（3）硫

尽管经常未被明确，硫含量是最重要的数据之一。在这种情况下，每千克干泥中的硫含量默认为 5g。在用于污泥单独焚烧的流化床焚烧工艺中，一部分 SO_2 和 SO_3 将直接被矿物质灰分所吸附，这些矿物质灰分成为烟气中的粉尘。

（4）挥发性重金属

主要是汞，以及污染程度更轻一些的镉（还应提及铊）。考虑到处理的敏感性和允许的排放限值较低，因此强烈建议进行特定分析。再次强调，当无法获取特定分析的结果时，可参考经验值，即每千克干泥含有 4mg 的汞。在处于气相时，一部分挥发态的汞将不可避免地与氯离子螯合生成 $HgCl_2$。$HgCl_2$ 不是挥发态物质，但可溶于水，特别是在酸性条件下。

（5）非挥发性重金属

尽管铅、锌与砷是挥发态物质，但当其已经与其他化合物螯合时，它们的性质与其他非挥发性金属污染物类似。这些金属（见表 19-13）都被固定在矿物质灰分中。因而这将产生灰分的问题，特别是与浸出性有关的问题。因此需要对灰分开展浸出试验，以确定非挥发性金属的浸出率，进而确定灰分的处置措施（在法国，须遵守 1992 年 12 月法令的规定）。

需要特别强调铬元素（制革厂污泥）：裂解工艺能够将铬稳定在三价态（Ⅲ），但是铬在焚烧工艺中能够被氧化成有毒且易溶的六价态（Ⅵ）。

（6）氮氧化物（NO_x）

氮氧化物是很难预测的，主要根据运行经验选择处理工艺。需要注意的是，一些地方法规的要求比欧洲指令所提出的限值（标准状态 200mg/m^3）更为严格。众所周知，污泥热处理厂很少能达到所要求的排放限值，但是 SNCR 型均相催化脱硝技术能够确保氮氧化物满足排放标准的要求（见本章 19.5.2.4 节）。此外，如果排放要求更加严格，特别是要求达到 70mg/m^3（标准状态）的限值时（相当于荷兰标准），只能采用 SCR 型非均相催化脱硝方案。

（7）二噁英 - 呋喃

这类污染物同样难以预测。但是，只有对烟气进行处理才能满足 0.1ng/m^3（标准状态）排放限值的强制性要求。

（8）烟气羽流

规范经常要求抑制烟气羽流。羽流的出现是由烟气的相对湿度和当地气象条件决定的。因此，如果需要，可通过加热烟气的方式以抑制羽流。

19.5.2　烟气处理工艺的类型

烟气处理工艺包括三种主要类型：湿式、干式和半湿式。除此之外，还有一些混合型衍生工艺。

19.5.2.1　湿式系统

湿式系统的原理是基于等焓膨胀效应，将烟气引入水中并使其达到饱和态。在此条件下，对已经冷却并饱和的烟气进行一系列处理，将污染物从气相转移至液相。净化后的气相中的污染物如能满足排放标准的要求，则可被排至大气；液相污染物必须进行特殊处理，如果可行，可将其返排至污水处理厂进口。

湿式系统的运行原理是基于湿空气图（图 19-44），其工艺简述如下：

① 首先确定待处理烟气的相对湿度，以每千克干烟气中含有的水分质量（以 g 计）表示（例如 0.35g）（点 O）。

② 从图中点 O 处垂直向上，有一个点 A 表示进入湿式系统的温度（例如 300℃）；从点 A 沿着一条平行于等焓线的直线向下与饱和曲线交汇（点 B）（φ= 1）。

③ 以饱和曲线 φ=1 上的点 B 为起点，沿着垂直于 X 轴的方向向下延伸与 X 轴交汇，即可确定饱和湿度（点 C）。

④ 饱和湿度与原始相对湿度之差表明了需要加入系统的每千克干烟气对应的水量（OC）。

⑤ 以饱和曲线 φ=1 上的饱和点（点 B）为起点，绘出一条平行于等温线的直线以确定适用于这些烟气的饱和温度（点 D）。

向激冷室注入略过量的饱和水，所描述的饱和工艺即在该激冷室中进行。饱和工艺后接两级洗涤塔（托盘过滤器或填料过滤器），每级洗涤塔都配有循环回路以及合适的排污和循环水制备装置。

湿式系统的优势在于其能在高温条件下运行，例如直接应用于流化气体预热换热器的下游。但是，采用湿式处理系统之后显然就无法再将烟气的废热进行循环利用。湿式烟气处理系统如图 19-45 所示。

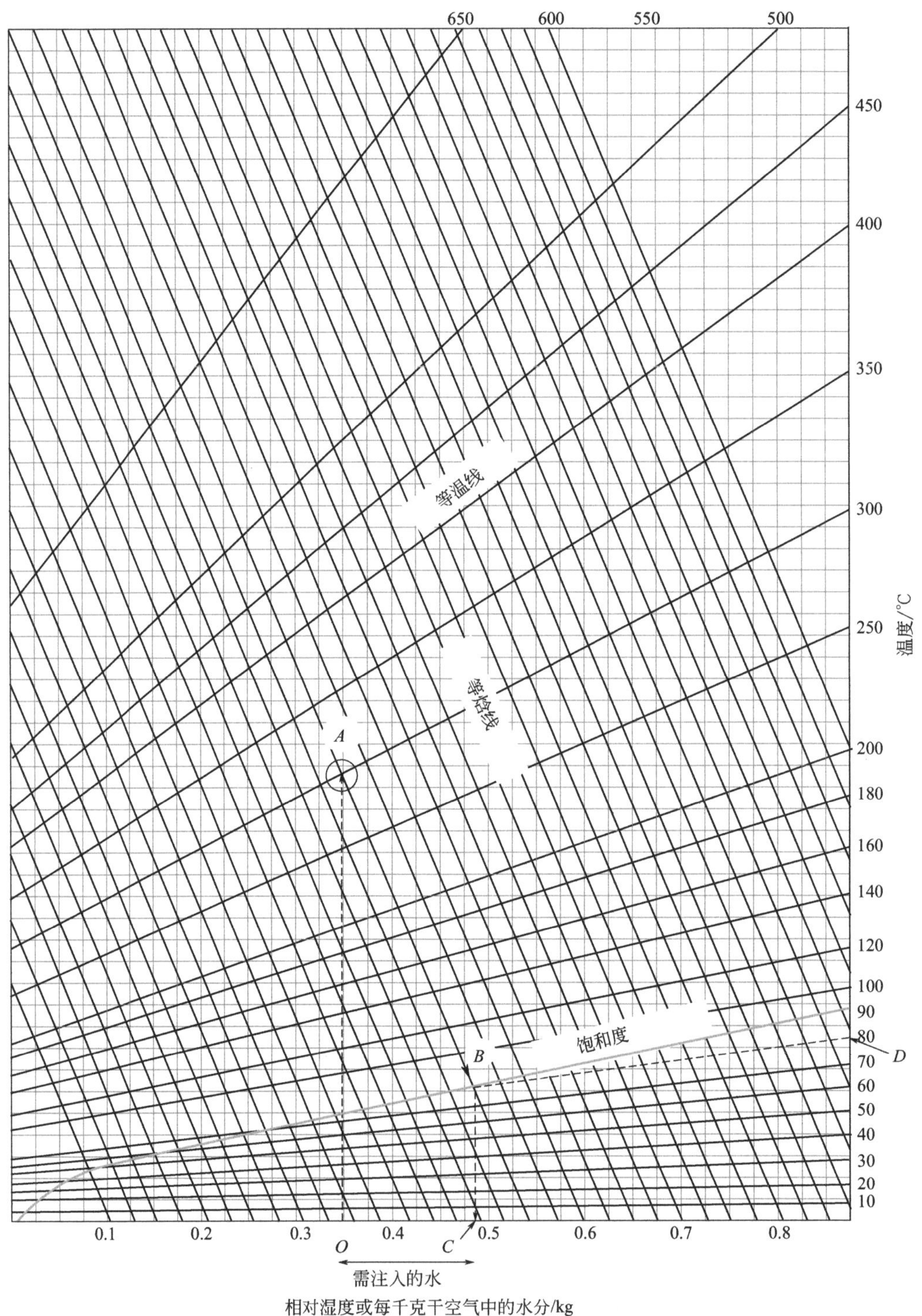

图 19-44　穆勒（Molier）图表：用于计算需要的注水量及烟气饱和温度

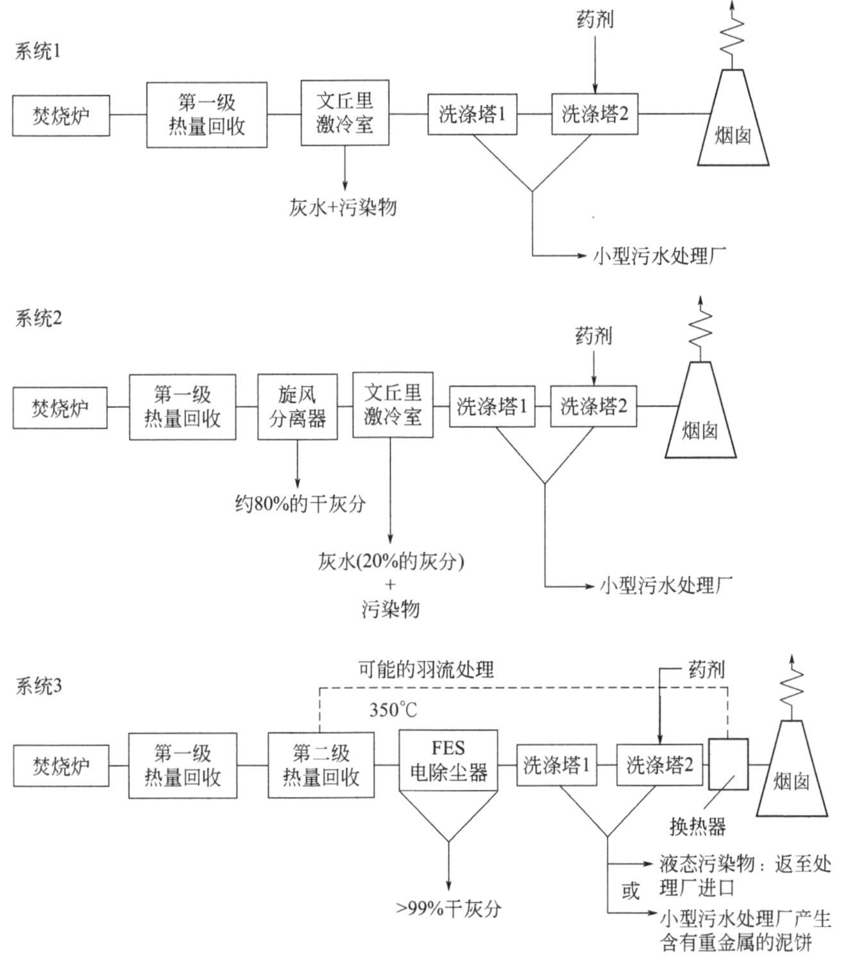

图 19-45　烟气的湿式处理

湿式系统能够解决如下多种污染物所带来的问题：

（1）粉尘

主要通过水滴捕集粉尘对其进行处理，水滴由于文丘里激冷室的压力损失而产生剧烈扰动。其压力损失必须与由相关管段输送的颗粒物的粒径曲线相对应（典型粒径范围见图 19-46）。从这条粒径曲线可知，冲洗水的内循环流量是理论饱和流量（即图 19-44 中的 *OC* 段）的 10 倍。

对于流化床焚烧炉［标准状态下平均粉尘浓度 30g/m^3，见图 19-47（a）］配套使用的湿式烟气处理系统，考虑到粉尘排入大气的最高法定排放浓度是 10mg/m^3(标准状态)，这就要求文丘里激冷室本身应具有高于 99.5% 的粉尘去除效率。只有在压力损失超过 100mbar 时这才可行。如果不行，则需要进行额外处理，如使用湿式静电除尘器，或者进行初级除尘处理，即采用旋风分离器［或旋风除尘器，见图 19-47（b）］或者热静电除尘器（见图 19-45 中的系统 2 和系统 3）。使用电除尘器还能减少需要沉淀和去除的灰水的量。

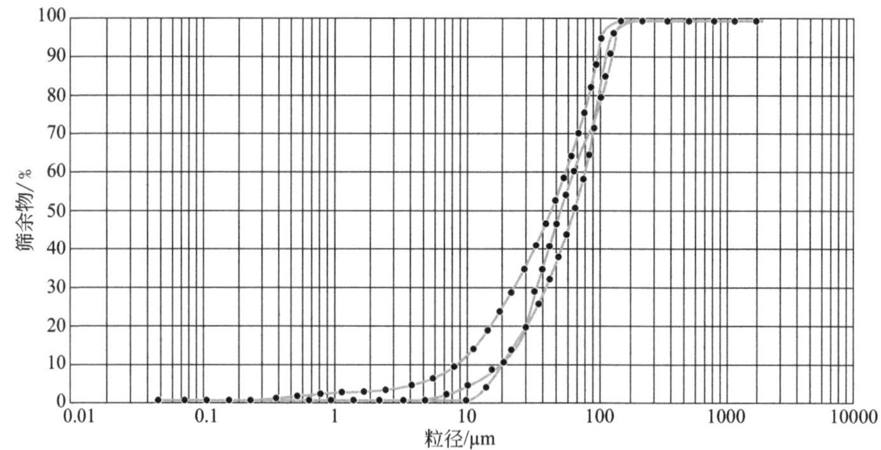

图 19-46 三种典型污泥焚烧烟气中粉尘的颗粒物粒径分布

（2）卤素

由于具有较高的溶解度，Cl^- 和 F^- 易于从湿式系统中去除（文丘里激冷室和洗涤塔）。但这意味着在文丘里激冷室和第一级洗涤塔中间的冲洗水回路具有很强的酸性，在选择设备和建造材料时需要考虑到这点。该酸性回路必须要去除绝大部分的 $HgCl_2$，并且其酸性需要通过投加 HCl 进行调整。

（3）硫

首选使用稀氢氧化钠溶液淋洗去除硫污染物（图 19-45 中洗涤塔 2）。也可以考虑使用石灰，但其缺点在于需要制备石灰乳，以及洗涤塔的结垢现象较为严重。SO_2 去除效率取决于 pH，因此 pH 需要根据排放目标进行调节。

（4）挥发性重金属

假设由于存在颗粒态 Hg，文丘里激冷室－洗涤塔系统无法确保满足 0.05mg/m^3（标准状态）的排放标准，则需要采取下列额外处理措施：a. 使用湿式静电除尘器；b. 或者在第二级洗涤塔中装填含有活性炭的特殊填料；c. 或者在第一级洗涤塔中投加 H_2O_2。

（5）非挥发性重金属

非挥发性重金属被固定在飞灰中，但其可溶性组分溶于酸性回路中。

（6）二噁英－呋喃

当需要对烟气进行特殊处理以保证满足 0.1ng/m^3（标准状态）的排放限值时，可采用下列两种可行的解决方案：

① 向饱和室（文丘里激冷室）中投加粉末活性炭以吸附二噁英（用炭处理高灰分含量的灰水）；

② 在第二级洗涤塔中装填活性炭填料。

（7）浆液

浆液来自：

① 收集矿物质组分（粉尘）的排水：对排水进行沉淀处理，沉淀工艺可回收待去除的湿矿物质灰分（若排水中含有此类灰分），将上清液进行循环。

② 两级洗涤塔的排污水：在其回流至污水处理厂进口前，必须在小型污水处理厂对

其进行处理（与烟气脱硫废水所面临的问题类似但没有其那么严重，见第 25 章 25.5.1 节）。须在第 1 类填埋场处置产生的含有重金属的泥饼。

（8）羽流

可采用下列两个可行方案（图 19-45）抑制烟气羽流：

① 采用系统 3 类型的解决方案，即在湿式处理工艺的上下游设置双换热器系统。

② 在饱和室上游安装火管式换热器，以产生热空气。热空气与洁净烟气混合，直接加热烟气并将其送出羽流区。

图 19-47 展示了位于中国深圳上洋污泥处理厂的直径为 4.8m 的流化床焚烧炉、旋风除尘器、袋式过滤器以及湿式洗涤塔。

(a) 直径4.8m的焚烧炉

(b) 旋风除尘器

(c) 袋式过滤器

(d) 湿式洗涤塔

图 19-47　深圳上洋污泥处理厂的 Thermylis-HTFB 流化床焚烧炉 - 旋风除尘器

19.5.2.2 干式系统

与湿式处理系统不同，干式系统需结合烟气能量循环利用系统，并确保烟气的温度与所采用的处理技术相适应。为此，需要引入冷却控制系统。其可以是一个间接系统（换热器），或者是一个能够引入环境空气或喷雾水的直接系统（一些处理厂称其为半干式系统）。

一系列不同形式的干式系统如图19-48所示，可处理以下各种污染物：

（1）粉尘

粉尘主要在第一级粉尘去除阶段被捕集：

① 旋风分离器（图19-48系统2）（或多级旋风分离器）具有不受温度严格限制的优点。此外，粉尘捕集率与粉尘颗粒的粒径密切相关，并且取决于颗粒粒径，其去除率在50%～90%间波动，因此适用于处理粉尘负荷水平较低的烟气。

② 热干式电除尘器（图19-48系统3）（最高温度约为350℃）。取决于粉尘的目标去除率，电除尘器可采用数组串联的运行方式，粉尘去除率可达98%～99.5%。

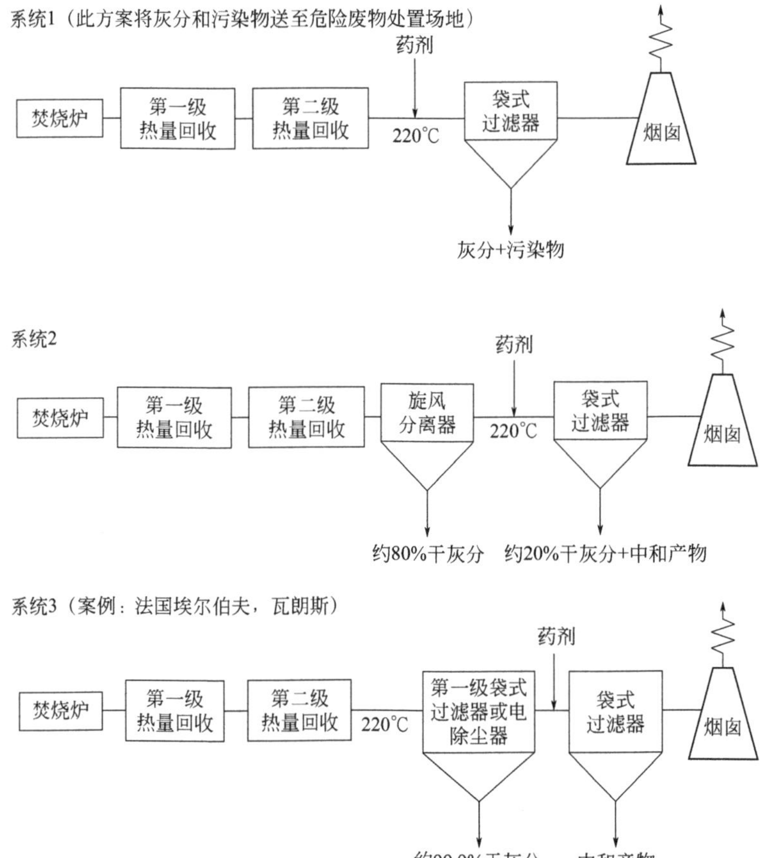

图19-48 烟气的干式处理

③ 袋式过滤器可称作绝对过滤器，总是能够确保将粉尘浓度降至10mg/m³（标准状态）以下。取决于袋式过滤器的性质，温度限制将有所变化。对于连续运行的特氟龙材质过滤器，其最高运行温度为220℃。

（2）卤素、硫、挥发性重金属、二噁英

使用下列中和药剂同时处理这些污染物：a. 碳酸氢钠；b. 石灰；c. 粉末活性炭；d. 一种名为 Sorbalite 的由石灰和粉状吸附剂制成的混合物。

碳酸氢盐和石灰是处理卤素和硫的中和药剂。粉状吸附剂吸附挥发性重金属、二噁英和呋喃。考虑到干式反应的原理以及与气体介质的接触时间较短，必须确保药剂的过量投加，即投加量要高于化学反应计量比。过量投加量将根据药剂的特性变化（碳酸氢盐为 1.5，石灰为 3）。

以下事项应引起注意：

① 使用碳酸氢钠需要配置一个包括原料储存和破碎装置的制备单元，以确保碳酸氢钠具有所需的反应活性。

② 考虑到最终产物的处置费用，对于某些应用场合，可能会建议设置重新溶解碳酸氢盐的泥饼中和处理系统。液相组分被循环至处理厂进口，而所有余下组分均为最终残余物，其主要成分是含有重金属的吸附剂。

（3）羽流

干式系统的一个优势是无羽流现象（除了在湿度非常低和温度低于 0℃的条件下）。

图 19-49 展示了位于法国埃尔伯夫处理厂的直径为 2.3m 的流化床焚烧炉（1）、换热器（2）及两个并联的袋式过滤器（3）。

图 19-49　位于法国塞纳滨海省埃尔伯夫处理厂的 Thermylis-HTFB 流化床焚烧炉

1—直径2.3m的焚烧炉；2—换热器；3—袋式过滤器

19.5.2.3　半湿式系统

半湿式系统实际上是一个将湿式与干式处理系统集于一体的混合系统，旨在取长补短。

湿式系统主要有两个缺点：

① 烟气中粉尘含量非常高（采用流化床焚烧炉）时将产生高灰分含量的灰水，而这种灰水特别难以处理；

② 需要处理不同洗涤阶段产生的排污水。

干式系统主要存在两个不足：

① 烟气在进入处理线前需要冷却；当使用袋式过滤器时对冷却的要求尤其严格。

② 干式系统的过量化学反应计量学特性（药剂的过量投加）将显著提高运行成本。

为了消除上述这些缺陷，烟气处理可采用实际为零排污湿式系统的半湿式系统（见图 19-50）。

因此，半湿式系统在位于湿式工艺段（洗涤塔）上游的蒸发反应器内对洗涤塔排污水进行喷雾和蒸发处理。该系统仅在烟气含有的显热能够补偿排污中水分的蒸发和过加热所需的热量时才可行。结晶盐从反应器底部或袋式过滤器中回收。受其运行原理所限，半湿式系统仅适用于处理粉尘含量极低的烟气，因而非常适于裂解工艺后续的烟气处理（在此情况下，投资和药剂成本都非常经济），并不太适用于流化床焚烧工艺的烟气处理。

为了使半湿式系统适用于处理高粉尘负荷的烟气，需要在蒸发反应器的上游设置初级除尘系统（例如热电除尘器），详见系统 1 和 2（图 19-50）。

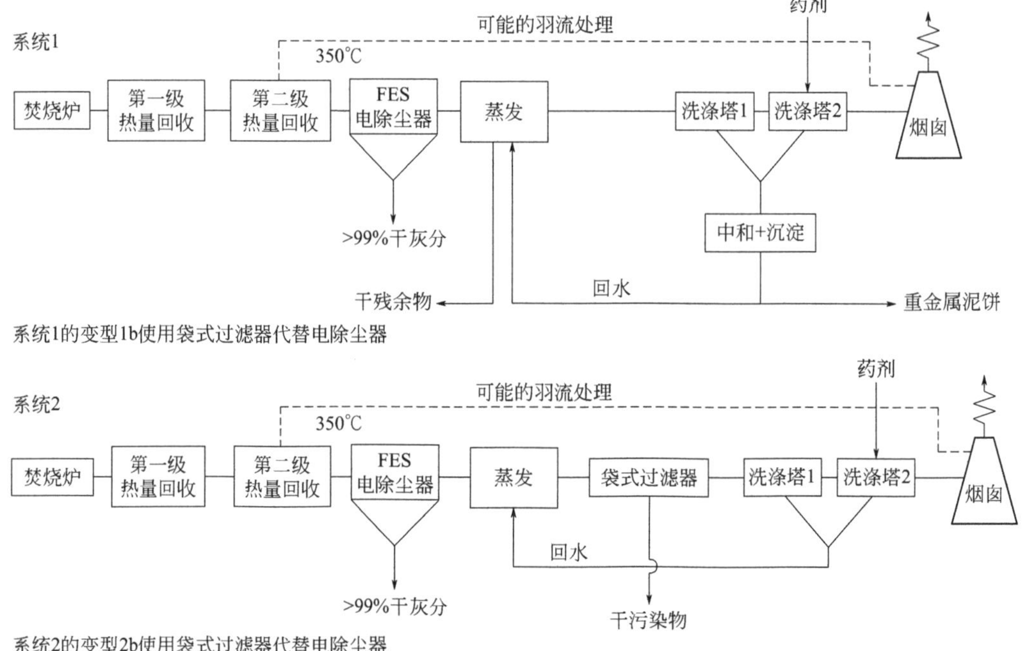

图 19-50　烟气的半湿式处理

19.5.2.4　氮氧化物（NO_x）的处理

前述所介绍的任何处理系统都无法去除与氮氧化物（NO_x）有关的污染。为了处理氮氧化物，所有脱硝工艺均根据下列通用方程式使用氨溶液与 NO_x 反应：

$$3NO_x + 2xNH_3 \longrightarrow \left(x + \frac{3}{2}\right) N_2 + 3xH_2O$$

该反应可通过两种方法进行催化：

① 在高温（约 900℃）条件下的 SNCR 型均相催化；

② 或者在低温（200～300℃）条件下的 SCR 型非均相催化（在与烟气错流的蜂窝式载体上负载催化剂）。

在考虑使用热工艺时，SNCR 方法是简单易行的，其所需操作仅是向烟气温度接近 900℃的处理区中的投加点注入氨溶液或者尿素。在湿式系统中，任何过量的 NH_3 都将自动被中和。对于干式系统，如果在袋式过滤器下游设置一座洗涤塔，这在一定程度上会降低干式工艺本身所具有的独特优势（例如没有羽流等）。

对于污泥单独焚烧所应用的流化床焚烧工艺，通常无须配置特殊的脱硝设备即可满足 200mg/m³（标准状态）的排放要求。当污泥性质或者运行条件无法满足该排放要求时，相关运行经验已证实 NO_x 的去除率可合理预计为 50%。当 50% 的去除率无法满足法定限值的要求时，则需采用 SCR 型脱硝方案。

SCR 是一种非常复杂的脱硝系统，其必须设于烟气处理系统的下游。这是因为催化剂如果与未经洗涤处理的烟气中的杂质（主要是 SO_3）接触，其使用寿命将受到显著影响。在应用于湿式或半湿式处理系统时，SCR 装置需要：

① 安装导热油换热器系统以回收上游烟气中所含的能量，并使能量在下游被循环利用于预加热 SCR 以达到需要的温度（干式工艺不需此系统）；

② 由于较高的压力损失，需安装第二台引风机；

③ 一台增压燃烧器用于严格控制反应温度；

④ 如同 SNCR 工艺一样，需要配置氨溶液或者尿素的储存系统。

与干式工艺集成的 SCR 系统如图 19-51 所示。

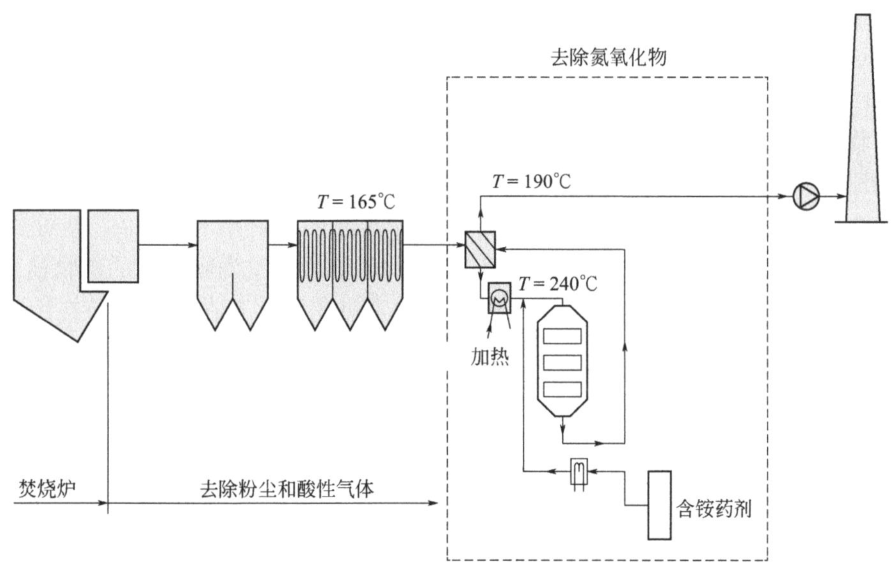

图 19-51　在整体烟气处理系统中引入 SCR 型脱硝系统

19.6　分解有机物的湿式氧化法（OVH）

一些氧化工艺可用于处理污泥中的有机物，能够克服传统热处理工艺所面临的问题，并避免配置冗长的烟气处理线，这一系列工艺被统称为湿式氧化法。湿式氧化系统其实是在没有火焰的情况下对液态污泥（浓缩污泥）进行焚烧处理。

根据工作区域（温度 - 压力组合）相对于水的临界点（221bar, 373℃）的不同位置，这些湿式氧化工艺也有所不同（如图 19-52 所示）。

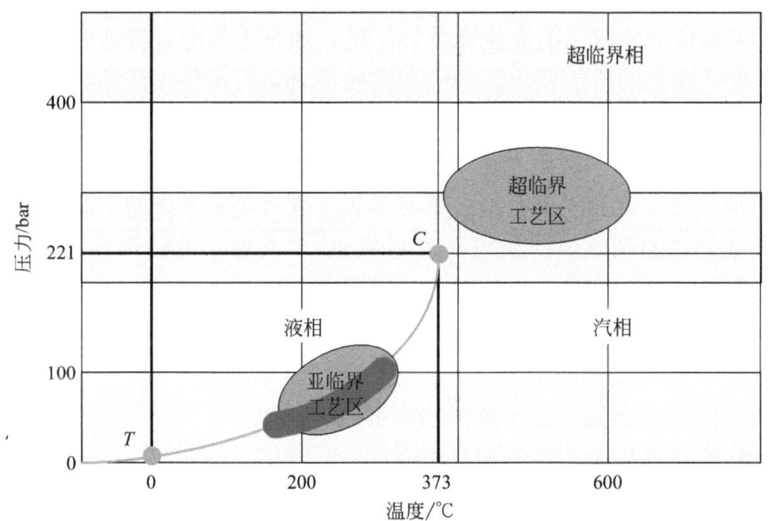

图 19-52　湿式氧化工艺的运行温度 压力图

低于临界点：亚临界湿式氧化工艺在 20 世纪 50 年代得到发展，主要用于处理黑水和污泥。在这种两相处理中，溶解于液相中的氧气与有机物反应。应用于污泥处理时，压力范围为 40～100bar。

高于临界点：超临界湿式氧化工艺利用了有机物和气体（氧气）的溶解度可被认为是无限大的原理。如果系统为单相，即没有氧传递阶段，则任何反应均可发生。因此，在非常短的接触时间（约 1min）内有机物即可达到非常高的分解率（>99%）。但是，该技术的发展确实存在问题，主要是压力条件和矿物质盐溶解度几乎为零带来的矿物盐沉淀问题这两个方面。沉淀还会产生腐蚀问题，特别是当含氯化合物存在时。目前在污泥处理领域，超临界工艺仍只停留在实验研发阶段。因此，本节将只讨论得利满所开发的命名为 Mineralis 的亚临界湿式氧化工艺。

19.6.1　亚临界湿式氧化法概述

亚临界湿式氧化反应器的反应条件为：温度为 220～320℃，压力为 40～110bar。实际上，其工作压力仅维持在略高于水蒸气压力。在这些条件下，在液相中发生亚临界湿式氧化反应（以下简称为湿式氧化）。

取决于温度条件以及是否使用催化剂进行氧化，反应时间为 30～120min。为了保证反应能够维持热量自给自足，加入至反应器的 COD 浓度必须要大于 25g/L，因而污泥可能需要预先经过浓缩处理。

由此可见，湿式氧化工艺用于处理已经浓缩但尚未脱水的污泥（如图 19-53），将污泥中的有机物分解：

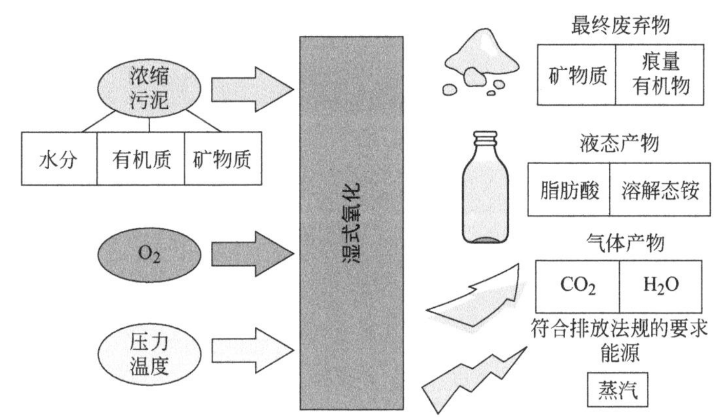

图 19-53　湿式氧化工艺

① 80% 的有机物将被矿化为 CO_2 和 H_2O，余下 20% 是具有简单结构、易于生物降解的可溶性有机物（主要是乙酸）；

② 污泥有机物中的硫（S）、磷（P）、氯（Cl）和氮（N）将分别转化为 SO_4^{2-}、PO_4^{3-}、Cl^- 和 NH_4^+。

因此，湿式氧化系统将产生：

① 无尘气体：主要成分为 CO_2 和水蒸气，还含有 NH_3、CO 和 VOC（挥发性有机物）以及微量的 SO_2、NO_x、二噁英和呋喃。在排入大气之前采用催化氧化工艺对其进行处理，以去除 CO 和 VOC。

② 液态产物：氧化后液体主要含有悬浮固体、溶解性矿物质和有机化合物以及有机氮被氧化后产生的氨氮。通过沉淀对该液态产物进行净化处理，使得矿物质在经板框压滤机脱水之前无须采取其他处理措施而被收集。泥饼只含有矿物质，矿物质中含有的重金属以稳定态和不可浸出的形式存在，因而可以被提炼（最终废弃物）。泥饼中可能含有非常少量的有机物，有机物含量随着湿式氧化反应温度的升高而降低。

19.6.2　Mineralis 亚临界湿式氧化工艺的主要运行参数

19.6.2.1　压力 - 温度组合的选择

对于给定类型的污泥，温度条件对 COD 的去除率有重要影响（图 19-54）。如图 19-55 所示，对于大多数污泥，在温度为 220～300℃时，COD 去除率在 20%～40% 之间（在同样反应时间条件下）。在这个温度范围内，不同污泥的 COD 去除率的差别较小。

对于任何化学反应，其氧化动力学速度均随着温度的升高而加快。但是，若温度从 250℃升至 350℃，氧的溶解度也提高约 150%（图 19-56）。因此，氧的传递势的增大也使得反应动力学显著加快。

当盖 - 吕萨克（Gay-Lussac）定律应用于亚临界湿式氧化系统时，可以得到 $p_{总压力}=p_{水蒸气}+p_{干气体}$，以及水蒸气流量 / 氧气流量 $=p_{水蒸气}/p_{干气体}=p_{水蒸气}/(p_{总压力}-p_{水蒸气})$。

因此，对于一个给定的氧气流量（即处理有机物的量），其压力越高，蒸发的水量就越少（利于降低能耗）。这就是在使用 Mineralis 工艺处理大多数污泥时，其运行温度选为 300℃的原因。

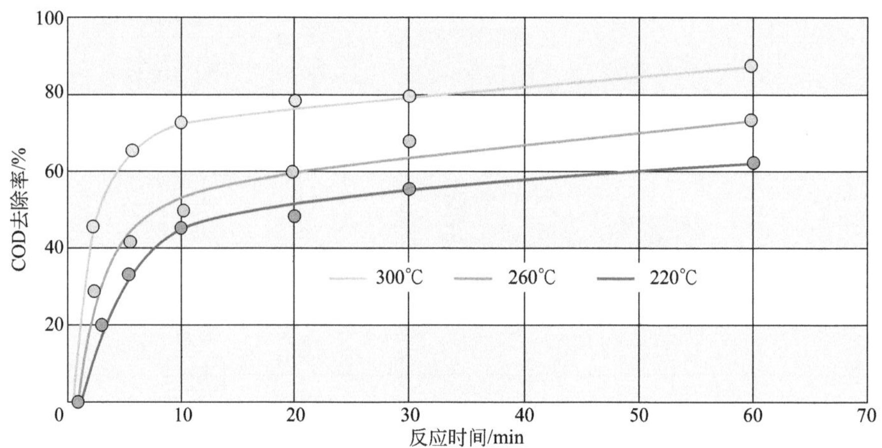

图 19-54 Mineralis 运行温度对给定污泥 COD 去除率的影响

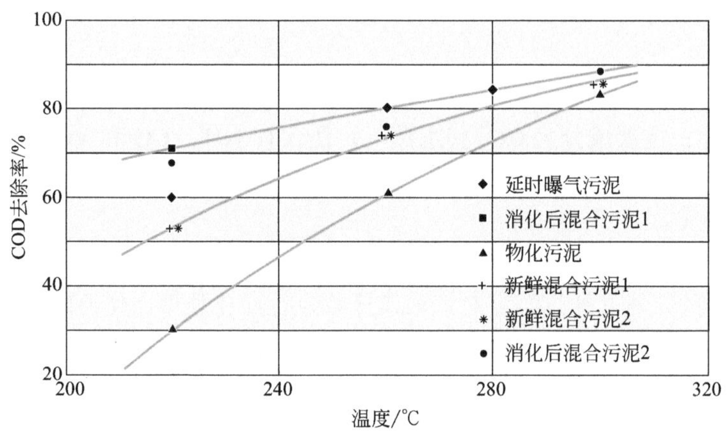

图 19-55 Mineralis 运行温度对不同污泥 COD 去除率的影响

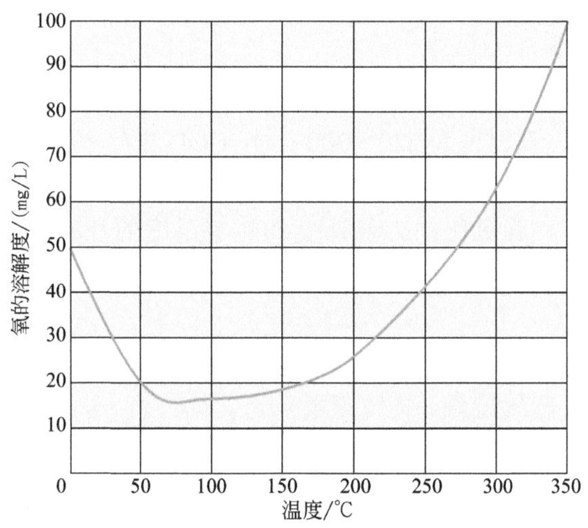

图 19-56 氧气在不同温度下的相对溶解度

19.6.2.2　氧化剂的选择

可使用多种强氧化剂（过氧化氢、臭氧、纯氧）氧化污泥中的有机物。但是，考虑到节约成本，一般只使用空气及纯氧。

但使用空气存在三个主要缺点：

① 相较于使用纯氧，系统需要在较高的工作压力下运行；

② 该方法产生大量的永久性气体产物（氮促进作用），故具有生成热力型氮氧化物的风险；

③ 压缩空气所需的电耗很高，压缩机的维护费用同样也很高。

这就是最近开发的新工艺系统性地使用纯氧作为氧化剂的原因，因此 Mineralis 工艺也选择使用纯氧。

19.6.2.3　催化剂

催化剂能够降低湿式氧化反应器中的运行温度。待处理污泥一定要在进入反应器前与金属催化剂（如 $CuSO_4$）混合。但是，使用这类催化剂并没有其他任何优势，不仅在一定程度上增加了成本，还产生了金属含量较高的矿物副产物，限制了其之后的再利用。

19.6.3　Mineralis 工艺的特点

Mineralis 工艺流程如图 19-57 所示。

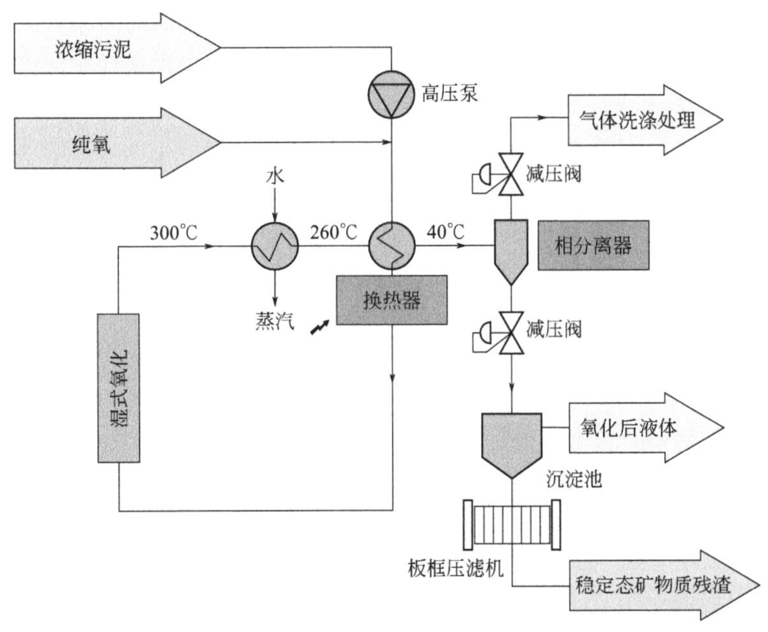

图 19-57　Mineralis 工艺流程

19.6.3.1　湿式氧化系统进口处的污泥浓度水平（干物质和 COD）

湿式氧化工艺可接受的进料浓度范围较大，因而能够处理不同类型的污泥并满足各种需求。但是，悬浮固体浓度不能超过 100g/L，否则过高的浓度会带来如下风险：

① 通过换热器的压力损失增大；

② 污泥换热器 - 预加热器的换热能力降低。

如前所述，进料污泥的净热值必须要达到最低要求，即 COD 至少为 25g/L，超过这个值，湿式氧化工艺即可实现热量的自给自足。当进料污泥的净热值增大时，如 COD 为 50g/L 甚至 80g/L 时，系统的热平衡变成了放热状态，从而可选择将释放出的热量以蒸汽的形式进行再利用。如不进行回收利用，释放的热量将被排放至大气。此外，COD 的最高浓度一定不能超过 120g/L。若超过此浓度，湿式氧化工艺的温度将很难控制。

19.6.3.2 无相分离的反应器

该种湿式氧化工艺采用升流式鼓泡塔反应器，系统只有一个出口。根据流体力学特性，这种设计能够保证反应器内温度非常均匀。所有排出产物将在膨胀和多相分离之前进行冷却。

为保证处理工艺的安全可靠，有必要采用这种低温相分离方案。这是因为在反应器中没有高压气囊，因而其不可能膨胀。由于在低温条件下释放压力，该设计的优势还在于能够最大限度地避免金属和水的挥发。

此外，该工艺还防止腐蚀性盐（硫酸盐、氯化物等）在反应器气相区内壁上沉积，进而避免了对反应器内壁造成腐蚀。该工艺也可以将数个反应器串联运行，适用于处理规模非常大的污泥处理单元。

19.6.3.3 固 / 液分离

一旦完成压力释放，固体残余物在压滤机脱水之前通过沉淀与液相分离，在沉淀和脱水处理过程中都无须投加化学药剂。对有机物含量低的矿物泥饼进行淘洗将有利于进一步降低其有机物含量。

工艺的最后工序是对液相产物进行处理：分离出的液体富含易生物降解的 COD 和氨氮。COD 的主要成分是乙酸（其含量随着反应温度的升高而增大），因此分离液可回流至污水处理单元进口用作反硝化的碳源。而另一方面，COD 与高浓度的氨氮并存：COD 将用于这些氨氮转化的硝酸盐反硝化脱氮，因此这将显著降低其循环利用价值。鉴于此，最好在液相产物回流至污水处理厂进口前将污染物去除。

19.6.4 氨氮的处理

作为湿式氧化单元的一个关键环节，氨氮的处理可以在反应器内或反应器外进行。

19.6.4.1 在反应器内处理氨氮

这个方法需要采用特殊的催化剂及 / 或在反应器中进行吹脱处理。

当使用非均相催化剂将 NH_3 氧化成 NO_3 时，该催化剂需耐受反应器中极端的温度条件，其效果可能会由于污泥中存在的某些污染物而降低。此外，当其消耗殆尽时，需要将反应器停车以重新更换催化剂。

只有使用相分离反应器的系统才可能在反应器中对氨进行吹脱处理，并且反应器在工作温度下的压力必须要低于水蒸气压以优化氨向气相中的转移。吹脱处理要求较高的 pH 值条件，因而需要投加氢氧化钠。尽管如此，吹脱反应对氨的去除不是很彻底，其去除率将显著低于在反应器外处理的效果。氧化后的液体中仍然含有高浓度的 NH_4^+（高于

500mg/L），一般为 700～800mg/L。此外，气体产物中含有氨，需对其进行处理以满足大气排放标准对氨的要求。

鉴于以上原因，首选在反应器外处理氨氮。

19.6.4.2　在反应器外处理氨氮

可使用两种成熟可靠的处理方法：生化处理或者物化处理。

（1）生化处理

在矿物质残余物（无机残渣）已被分离且氧化液经过冷却处理后，该液态产物可以在具有硝化和反硝化功能的专用生物单元进行处理。在这种情况下，需要考虑所需反应器的池容和处理能力。在大多数情况下，生化处理并不是一个经济有效的处理方案。

（2）物化处理（如图 19-58）

其为两级处理工艺：

① 首先在碱性条件（投加氢氧化钠）下，向反应柱内注入蒸汽或空气进行吹脱处理（见第 16 章 16.1 节）。

② 然后在第二级处理阶段将吹脱出的氨和 VOC 进行催化处理。

a. 使用特殊的催化剂将 NH_3 转化为 N_2；

b. 在第一级催化剂后串联设置第二级特殊催化剂将 VOC 分解为 CO_2 和 H_2O。

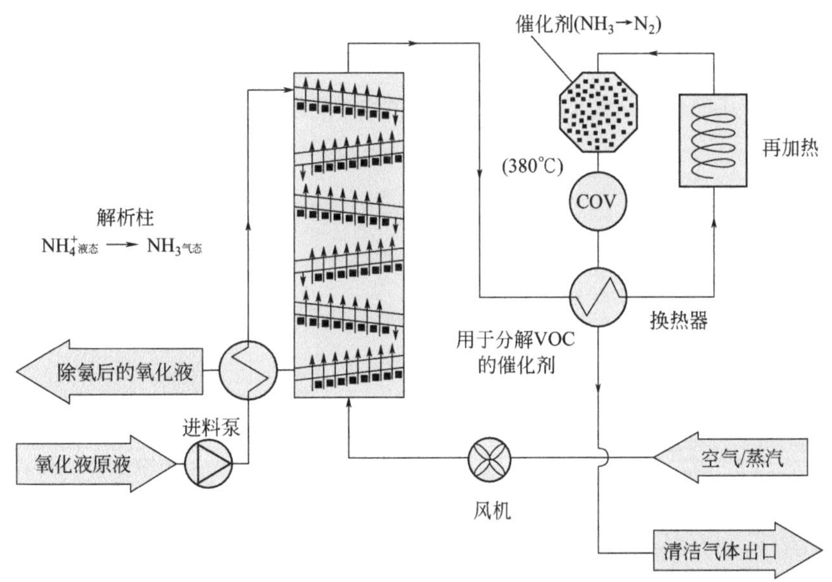

图 19-58　对 NH_3 及 VOC 进行吹脱和催化氧化

高浓度的氨氮使得两级物化处理工艺的应用变得可行；法国奥布尔（Orbe）处理厂对其成功地进行了试验。返排至污水处理厂的回流液中的氨氮低于 150mg/L，易于生物降解的 COD 因而得以保留，利于处理厂主线的反硝化或者生物除磷反应。

除了以上所介绍的优势之外，分别单独对氨氮和 COD 进行处理还具有以下诸多好处：

① 由于在低温条件下（<80℃）对氨进行吹脱处理，在排放的蒸汽中几乎不含金属，有助于确保用于氨氧化的持久性催化剂具有令人满意的服务寿命（>3 年）；

② 将氨氮转化为氮气所需的氧气来源于空气而不是纯氧，而同时处理氨氮与 COD 的

复合反应大约多消耗 20% 的纯氧；

③ 通过调节温度和 pH 控制吹脱的效率，并根据污水处理厂的处理能力对吹脱工艺进行调整。

以处理能力为 40000 人口当量的污水处理厂为例，采用在反应器外处理氨氮（催化反应）的 Mineralis 工艺及其物料平衡分别如图 19-59 和图 19-60 所示。

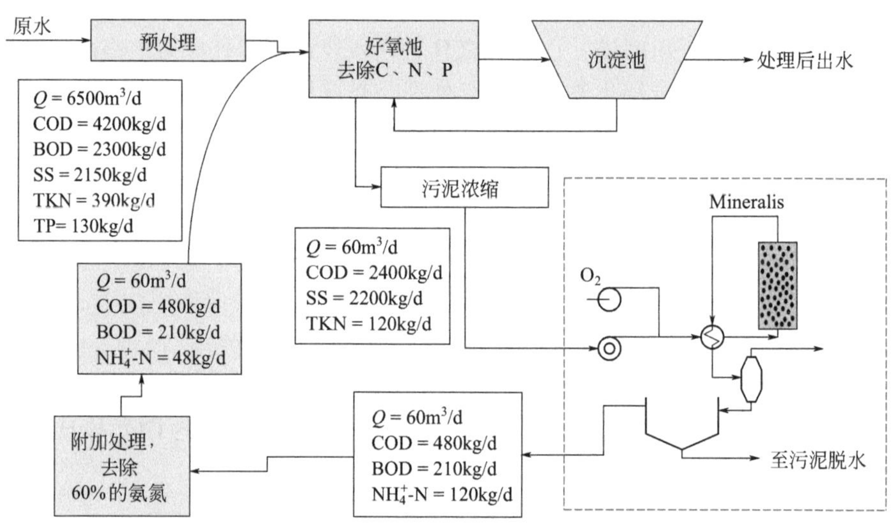

图 19-59 污水处理厂中的应用（处理能力 40000 人口当量）

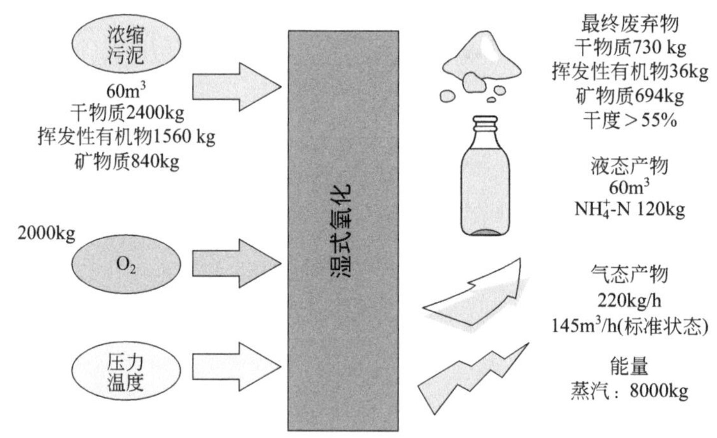

图 19-60 每日物料平衡（处理能力为 40000 人口当量的污水处理厂）

19.6.5 工程注意事项

在设计换热器时，一定要确保换热器能够定期进行清洗（清洗频率取决于污泥种类）。

在使用纯氧时，必须要制定可靠的安全规程和机制。

选择设备时，特别是阀和泵，必须要适于在有磨损性物质存在时的高压条件下运行。

19.7　相关规范

19.7.1　法国法规

所有的这些污泥处理工艺均须遵守于 1976 年 7 月 19 日颁布的法律中与分类处理厂相关的各项条款。

19.7.1.1　ICPE 法则的行政管理机构

根据《保护环境装置分类法则》（简称 ICPE），对于被归类为旨在保护环境的处理厂，其主管行政机构已经集中在住房与空间规划部和环境部。其中，两个部门具体负责处理与污水处理厂及其所产生废弃物直接相关的环境问题：水部和污染与风险预防部（法语为 DPPR）。

如果污水处理厂直接受水部管辖，考虑到采用的处理工艺，污水处理厂需要遵守 ICPE 法则；对其产生废弃物的处理则将属于 DPPR 的管辖范围。

总体来说，DPPR 的职责是减少物理环境中的污染和滋扰，该部门行使住房与空间规划部和环境部所赋予的权力，处理与被归类为旨在保护环境的处理厂的有关的事宜。

DPPR 有两个部门直接参与到与应用于污泥处理的热处理工艺有关的活动：

① 产品和废弃物部（法语为 SDPD），其主要任务是评估产品的污染和风险，预测废弃物产量并确保其被合理处置，制定适用于废弃物运输的最合适的规范和守则。

② 工业环境部（法语为 SEI），其主要任务是降低和预防工厂产生的污染和滋扰。在污泥处理领域，其负责确保应用于分类处理厂的规范得到切实执行，向负责工业、研究和环境事物的区域主管（法语为 DRIRE）汇报，以及制定应用于工业产业的法规指南。

19.7.1.2　ICPE 法则的基本原则

相关法规已经建成一个简单的系统以实现对分类处理厂的管理。受此法规管控的工业活动可通过一个列表查询，或在申报流程下，或在授权（须经过批准）流程下：

① 申报（是一种通知）：针对污染程度较轻或危险性较小的活动，包括告知正在运行的业务的完工时间（如果完工则给该申报签发回执）以及所遵守的统一指令。

② 授权：针对污染程度较重或危险性较高的活动。该程序首先要编撰授权申请材料，其内容包括对环境的影响研究和危险性研究。该申请材料之后会被竣工验收部门审查，并提交至多种征询意见的流程，特别是公众咨询（公众问询）环节。最终会以正式或地方法规的形式签发（或拒绝）相关授权，明确规定工业申请人必须遵守的规范和指令（例如，对于排放：限制不同污染物的浓度和流量）。

授权程序是一个重要流程，至少需要 9 个月才能完成。

19.7.1.3　应用于污泥热处理工艺的 ICPE 法则

一般来说，本书所介绍的污泥热处理工艺均涵盖于申报和授权程序中。

（1）热干化

主要的 ICPE 术语包括：

① 322A ：“生活垃圾和其他城市垃圾的储存和处理 ”，需采用授权程序，在处理厂周

边 1km 半径内张贴通告。

② 167A：同 322A，但是当引入工业污泥时同样适用。

③ 2915-2："使用热交换流体的热处理工艺 "：

a. 当热交换流体为矿物质油时，使用温度低于其闪点温度，只需采用申报程序；

b. 当热交换流体为合成油时，采用授权程序。

（2）流化床焚烧、裂解和湿式氧化

取决于污泥的来源，使用 322B 或 167C。该授权程序需要在处理厂周边 2k m 的半径内张贴通告。

220："储存和使用氧气 "（针对湿式氧化工艺）。取决于氧气储存量，采用申报或授权程序。

19.7.1.4 关于焚烧的法国规范（摘录）

法国立法机关已经制定了适用于污泥或废弃物焚烧单元的特殊规范。表 19-14 详细介绍了焚烧烟气法定排放限值的变化，其中包括于 2002 年 9 月 20 日颁布的法令草案，即经法国法律批准颁布的最新欧盟指令。从表 19-14 中可清楚地看出近年来法国对污染物排放限值的要求愈加严格。

19.7.2 中国法规

19.7.2.1 有关堆肥的国内规范

《城镇污水处理厂污泥好氧发酵技术规程》（T/CECS 536—2018）适用于城镇污水处理厂污泥好氧发酵（即污泥堆肥）工程的设计、施工、验收及运行管理，为规范城镇污水处理厂污泥好氧发酵工程的建设和管理提供了指导。

污泥堆肥产品富含有机质，在进行农用时，其施用量及污染物含量应符合《农用污泥污染物排放标准》（GB 4284—2018）的要求，参见第 2 章 6.3.4 节。

污泥堆肥工程的规划和设计应包括臭气控制内容，除臭设施应与项目主体工程同时设计、同时施工、同时投入运行，并应优先选择满足污泥稳定化处理要求、臭气散发量少的好氧堆肥工艺、设备和措施，通过臭气源隔断、智能化供氧等措施，实现好氧堆肥源头和过程（污泥的储存、混合和发酵等环节）的臭气控制。

污泥堆肥工程臭气排放应符合现行国家标准《城镇污水处理厂污染物排放标准》（GB 18918—2002）的规定。作业区恶臭气体的允许浓度应符合现行国家标准《工作场所有害因素职业接触限值 第 1 部分：化学有害因素》（GBZ2.1—2019）的相关规定（第 16 章 16.2.5 节）。当厂区内臭气污染物集中收集处理后高空排放时，有组织排放源的排放限值应符合现行国家标准《恶臭污染物排放标准》（GB14554—1993）的规定。

19.7.2.2 有关干化的国内规范

为防止污泥干化过程中臭气外泄，干化装置必须全封闭，污泥干化机内部和污泥干化间需保持微负压。污泥干化后蒸发出的水蒸气和非凝结性气体（臭气）需进行分离。水蒸气通过冷凝装置进行冷凝处理后回用。臭气经除臭单元处理后排放；干化后污泥应密闭储存，以防止由于污泥温度过高而导致臭气挥发。

有关臭气控制的国家标准参见本章 19.7.2.1 节。

表19-14　焚烧：不同法律文本的比较

项目	1991 年 1 月 25 日颁布的法令	2000 年 12 月 28 日颁布的欧洲指令	2002 年 9 月 20 日颁布的法令
监测方式			
连续监测 焚烧炉	仅适用于处理能力大于 1t/h 的废弃物焚烧装置 温度	温度	温度
烟气	总粉尘 CO O_2 HCl H_2O，除监测干气体时	温度 压力 总粉尘 TOC CO O_2 HCl HF，除处理 HCl 时 SO_2 NO_x，当设定排放限值时 H_2O，除用于干气体监测时	总粉尘 TOC CO O_2 HCl HF，除处理 HCl 时 SO_2 NO_x H_2O，除用于干气体监测时
定期监测 周期 监测机构 指标	每年一次 外部 总粉尘 HF（除 <1t/h） HCl CO TOC SO_2（除 <1t/h） 重金属（除 <1t/h）	每年两次；第一年每三个月一次 HF，如果不进行连续监测时 重金属 二噁英、呋喃	每年两次；第一年每三个月一次 连续监测时测定的全部指标 HF，如果不进行连续监测时 Cd Tl Hg 其他总金属 (Sb +As +Pb +Cr +Co +Cu+Mn +Ni +V) 二噁英、呋喃

续表

项目		1991年1月25日颁布的法令			2000年12月28日颁布的欧洲指令			2002年9月20日颁布的法令			
烟气担保值		运行条件为常规温度与压力，且干空气中氧气的含量为11%									
		7d平均值：对于日均值，其数值需提高30%									
		<1t/h	1～3t/h	> 3t/h	1d平均值	0.5h平均值		1d平均值	0.5h平均值		地方法规的不同限值
						100%	97%		100%	95%	
总粉尘	/(mg/m³)	200	100	30	10	30	10	10	30		20①
TOC	/(mg/m³)	20	20	20	10	20	10	10	20		
HCl	/(mg/m³)	250	100	50	10	60	10	10	60		
HF	/(mg/m³)		4	2	1	4	2	1	4		
SO_2	/(mg/m³)		300	300	50	200	50	50	200		
NO和NO_2，以NO_2计	/(mg/m³)				200	400	200				
新建和现有处理厂，处理能力>6t/h								200	400		400①
现有处理厂，处理能力<6t/h								400			500①
二噁英和呋喃	/(ng/m³)				0.1			0.1			
Pb+Cr+Cu+Mn	/(mg/m³)		5	5							
(Sb+As+Pb+Cr+Cu+Mn+Ni+V+Sn+Se+Te)	/(mg/m³)				0.5（8h）						
Sb+As+Pb+Cr+Cu+Mn+Ni+V	/(mg/m³)					1					
(Sb+As+Pb+Cr+Cu+Mn+Ni+V+Sn+Se+Te)+Zn	/(mg/m³)										
Ni+As	/(mg/m³)		1	1							
Cd+Hg	/(mg/m³)		0.2	0.2							
Cd+Tl	/(mg/m³)										
Hg	/(mg/m³)				0.05	1		0.05			
CO 90%保证率（24h）	/(mg/m³)			150							
CO 1h	/(mg/m³)			100							100mg/m³作为时均值
CO 95%保证率	/(mg/m³)				50	100		50	100		
CO 平均值（10min）	/(mg/m³)				150		150			150	

① 对于现有处理厂，执行至2008年1月1日。

污泥干化厂的废水经过处理后应优先回用。当废水需直接排入水体时，其水质应符合《污水综合排放标准》（GB 8978—1996）的规定。

19.7.2.3　有关焚烧的国内规范

《生活垃圾焚烧污染控制标准》（GB 18485—2014）将城市（生活）污水处理设施产生的污泥（经鉴定非危险废物）、一般工业固体废物的专用焚烧炉的污染控制纳入在内，因此将污泥单独焚烧或与生活垃圾协调焚烧时烟气中污染物的排放控制需满足 GB 18485—2014 的要求，见表 19-15。

表19-15　污泥单独焚烧或与生活垃圾协同焚烧时排放烟气中污染物限值及监测频次

序号	污染物项目①	限值	取值时间	监测频次②
1	颗粒物 /（mg/m^3）	30	1h 均值	每季度至少一次
		20	24h 均值	
2	NO_x/（mg/m^3）	300	1h 均值	
		250	24h 均值	
3	SO_2/（mg/m^3）	100	1h 均值	
		80	24h 均值	
4	HCl/（mg/m^3）	60	1h 均值	
		50	24h 均值	
5	汞及其化合物（以 Hg 计）/（mg/m^3）	0.05	测定均值	
6	镉、铊及其化合物（以 Cd+Tl 计）/（mg/m^3）	0.1	测定均值	
7	锑、砷、铅、铬、钴、铜、锰、镍及其化合物（以 Sb+As+Pb+Cr+Co+Cu+Mn+Ni 计）/(mg/m^3)	1.0	测定均值	
8	二噁英类 /（ng TEQ/m^3）	0.1	测定均值③	每年至少一次
9	CO/（mg/m^3）	100	1h 均值	每季度至少一次
		80	24h 均值	

① 排气筒中大气污染物的监测采样按 GB/T 16157、HJ/T 397 或 HJ 75 的规定进行。

② 环境保护行政主管部门采用随机方式进行的日常监督性监测。

③ 二噁英类的监测采样要求按 HJ 77.2 的有关规定执行，其浓度为连续 3 次测定值的算术平均值。

污泥进行焚烧处置时应设置焚烧炉运行工况在线监测装置和烟气在线监测装置，在线监测结果应采用电子显示板进行公示并与当地环境保护行政主管部门和行业行政主管部门监控中心联网。焚烧炉运行工况在线监测指标应至少包括烟气中一氧化碳（CO）浓度和炉膛内焚烧温度。烟气在线监测指标应至少包括烟气中一氧化碳（CO）、颗粒物（总粉尘）、二氧化硫（SO_2）、氮氧化物（NO_x）和氯化氢（HCl）。

污泥单独焚烧时排放烟气中二噁英类污染物浓度应执行表 19-16 中规定的限值。

表19-16　污泥单独焚烧时排放烟气中二噁英类污染物限值及监测频次

焚烧处理能力 /（t/d）	二噁英类排放限值 /（ng TEQ/m^3）	取值时间	监测频次①
＞100	0.1	测定均值②	每年至少一次
50 ～ 100	0.5	测定均值②	
＜50	1.0	测定均值②	

① 环境保护行政主管部门采用随机方式进行的日常监督性监测。

② 二噁英类的监测采样要求按 HJ 77.2 的有关规定执行，其浓度为连续 3 次测定值的算术平均值。

根据《水泥窑协同处置固体废物污染控制标准》（GB 30485—2013），利用水泥窑协调处置污泥时，水泥窑及窑尾余热利用系统排气筒、旁路防风排气筒大气污染物的排放限值及监测频次按表 19-17 中的要求执行。

表19-17　利用水泥窑协同处置污泥时大气污染物排放限值及监测频次

序号	污染物项目	限值	监测频次
1	颗粒物 /（mg/m^3）	20	每季度至少一次
2	NO_x/（mg/m^3）	320	
3	SO_2/（mg/m^3）	100	
4	NH_3/(mg/m^3)	8	
5	HCl/（mg/m^3）	10	
6	HF/（mg/m^3）	1	
7	汞及其化合物（以 Hg 计）/（mg/m^3）	0.05	
8	镉、铊、铅、砷及其化合物（以 Cd+Tl+Pb+As 计）/（mg/m^3）	1.0	
9	铍、铬、锡、锑、铜、钴、锰、镍、钒及其化合物（以 Be+Cr+Sn+Sb+Cu+Co +Mn+Ni+V 计）/（mg/m^3）	0.5	
10	二噁英类 /（ng TEQ/m^3）	0.1	每年至少一次

污泥及生活垃圾贮存、预处理设施及渗滤液收集设施应采取封闭负压措施，并保证其在运行期和停炉期均处于负压状态。这些设施内的气体应优先通入焚烧炉或水泥窑高温区中进行焚烧处理，或收集并经除臭处理满足 GB 14554—1993 要求后排放。

污泥焚烧厂或协同处置污泥的水泥生产企业厂界恶臭污染物限值应按照 GB 14554—1993 执行。

第20章 药剂的储存与投加

引言

在水处理过程中需要用到多种化学药剂，主要分为两大类：

① 专用药剂：

混凝剂：铝盐、铁盐等。

氧化剂或消毒剂：氯等。

絮凝剂：聚合电解质、其他助剂等。

吸附剂：活性炭等。

② 通用药剂：

碱：氢氧化钠、石灰等。

酸：硫酸、盐酸等。

本书第 8 章 8.3 节列出了常见药剂的主要性质。

20.1 概述

20.1.1 包装方式

药剂的包装方式主要取决于以下几点：

① 形态（固体、液体、气体）；

② 性质（腐蚀性、稳定性）；

③ 运输方式（可回收或不可回收的独立包装、批量运输）；

④ 卸料和储存方式（当药剂用量较大时，可使用储池、料仓、储箱来储存药剂；当

药剂用量中等时，可采用大袋来储存药剂；当药剂用量较小时，可将袋装、桶装药剂储存在托盘货架上）。

最常见的包装有以下几种：

（1）**液体药剂**

① 20L 或 30L PE（聚乙烯）圆桶或方桶。

② 可用叉车直接搬运的800L方形塑料吨桶。药剂既可以从吨桶顶部的出口抽吸排出，也可以通过吨桶底部预留的 50mm 直径的管嘴流出，还可以使用不超过 1bar（$1bar=10^5Pa$）的压缩空气进行气力输送。

（2）**固体药剂**

① 25kg 或 50kg 袋装，需放置在托盘货架上；

② 金属、塑料或者硬纸板桶（如无水氯化铁的储存）；

③ 大容量的容器（如大袋），见图 20-1 和图 20-2。

图 20-1 大袋

注：尺寸约1m×1m×1m；容量约500kg～1t；材质为带外衬的高强度聚乙烯编织袋；从底部进行重力卸料。

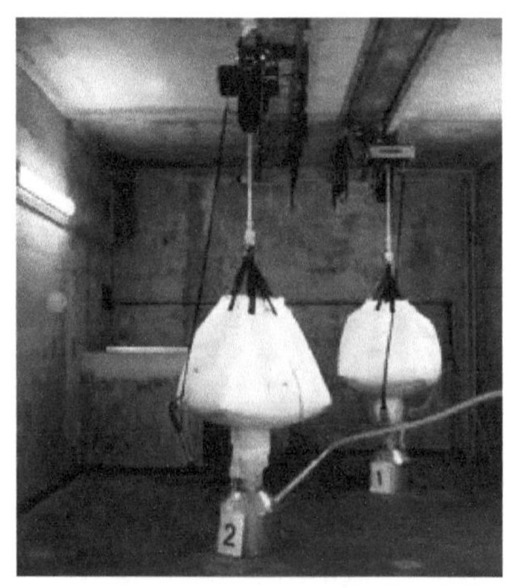

图 20-2 大袋真空卸料系统

（3）气体药剂

① 液化气体（氯气、氨气、二氧化碳）储存在立式或卧式金属压力容器中（见图 20-3）。容器内药剂的液相和气相在一定温度的饱和蒸气压下处于平衡状态（如氯气和氨气：20℃条件下，6～9bar；二氧化碳：-20℃条件下，20bar）。

② 立式压力罐，通常仅为取用气相药剂设计，因此使用时需保证罐体竖直。卧式压力罐既可取用气相药剂（使用呈竖直布置的两个阀门上面的一个时），也可取用液相药剂（使用下面的阀门）。当药剂用量较大时，需要为液相药剂管路配套蒸发器。

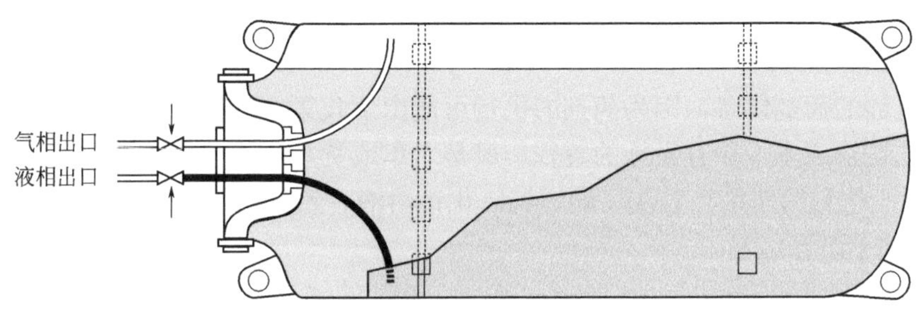

图 20-3　卧式储罐

20.1.2　储存场所

在设计药剂的储存、制备和分配装置时，请务必遵循以下建议。

20.1.2.1　药剂储存

药剂的储存必须要保护药剂不受冰冻、热源、光照和天气条件的影响。例如：

① 受热或阳光直射可使漂白剂分解。

② 高浓度氢氧化钠溶液即使在室温下也会结晶，因此存储罐需置于有保温措施的房间（质量分数 50% 的氢氧化钠溶液在低于 10℃时即开始结晶，结晶曲线见第 8 章 8.3 节图 8-20）。

③ 在储存和运输氯化铁（$FeCl_3 \cdot 6H_2O$）晶体时，应控制温度不超过 37℃以避免晶体融化。

④ 氯气的储存装置应避免阳光直射，尤其是在炎热的国家和地区。当温度超过 70℃时，液相剧烈蒸发为气相，容器中气相压力越来越大，巨大的压力可能造成容器的爆炸和大量氯气泄漏（有致命危险）。

在冬季，有时也需要采取加热措施，因为：a. 需要有足够的热量来维持液氯的汽化量；b. 避免气体在管线中冷却液化而损坏加氯机。

20.1.2.2　操作简便性

无论在什么时候，都应优先考虑重力卸料，尤其是使用粉末药剂时。

需要特别注意的是：除非有特殊规定，危险液体药剂（如酸、碱）不能储存在房间上部，特别是有人员通过或安装有设备的区域。

同理，应避免将输送腐蚀性药剂的管路布置在机电设备（电机或控制面板）上方。

20.1.2.3 其他

若条件允许，氯气的储存位置应远离其他装置区域，或至少应该是独立的。

石灰和活性炭应储存在气密的空间内，包括气密门、窗，并配有空气过滤装置。

任何粉末絮凝剂自动化制备装置都应避免潮湿环境（固态絮凝剂极易受潮）。

电气控制柜的安装位置必须考虑防潮和防止粉末药剂扬尘的措施。

20.1.3 储存区域布置

储存区域的大小及存储能力（储罐、料仓）取决于当地市场产品的供货方式。

总之，需要确保：

① 有足够的药剂储备，因为药剂的供货可能由于政策规定等原因需要一定周期；

② 降低运输成本，储存设施的容积一般是卡车或货车承载容积的整数倍。

在法国，常见的药剂（石灰、酸、氢氧化钠溶液、氯化铁、明矾等）通常用最大载重量为 24t 的罐车进行运输。

液氯通常以如下方式供应：a.15kg、30kg、50kg 的储氯瓶；b.500kg（较少）或 1000kg 的氯罐。

在法国，这些容器需要经过矿业部门 30bar 的压力测试。

20.1.4 运输、卸料、输送

当药剂是带托盘供应时，可以使用叉车或托盘推车卸料。

虽然散装运输卸料不甚方便，但当运输量大时仍具有较好的经济性：

① 粉末药剂（石灰、活性炭）从运输车辆的储罐使用气力输送至密闭式料仓顶部。粉末药剂从顶部进入料仓，载气需要经过过滤器处理后才能排出。这种运输方式克服了机械装置输送粉末药剂产生的扬尘问题。机械输送装置一般仅用于极其不均匀的粉末药剂，如级配很差的石灰的输送。

② 液体药剂的输送可以依靠重力、气力输送或泵送。罐车通常配备空压机或卸料泵。

为安全起见，如今越来越多地采用泵送而不是压缩空气输送腐蚀性药剂。

20.1.5 可操作性

水处理的效果在很大程度上取决于药剂投加的稳定性和精确性。

因此，药剂的储存、制备和投加分配场所的设计必须考虑到以下方面的操作便利性：

① 便于巡检：a. 加药点；b. 主要药剂的实际投加情况。

② 易于校准和调整：a. 分配装置；b. 调节控制装置（pH 计、流量计）。

③ 将袋装粉末药剂配制为溶液：a. 铝盐；b. 熟石灰；c. 絮凝剂。

④ 便于拆卸和维护：a. 配药泵配套阀门和安全阀；b. 隔膜泵、仪表和阀门；c. 药剂加注管道。

⑤ 场地和设备的清洁：a. 冲洗水和“跑冒滴漏 ”的收集（地面设置坡度并于低点设置集液坑)；b. 在絮凝剂制备区域铺设防滑地板（黏性溶液)。

⑥ 易操作性还涵盖了人体工程学的范畴：a. 适宜的操作和显示高度；b. 合理的搬运设

施，以方便搬运药桶或药袋。

20.1.6　材料的选用

表 20-1 是液体药剂储存设施常用材质的选用总览。以下几点需特别注意：

① 塑料（尤其是聚氯乙烯或聚乙烯材料）通常用来储存腐蚀性液体药剂。

② 增强聚酯类材料非常适于制造储存石灰或其他粉末药剂的料仓，因为此类材料性质稳定且表面光滑，有助于粉末药剂流动。

③ 由于具有价格和机械性能方面的优势，碳钢常用于制作如下药剂的大型储罐：

a. 浓度小于 47%，温度 50℃以下的氢氧化钠溶液；

b. 绝对干燥环境下的浓硫酸（浓度在 92% 以上），罐体通气口必须设有干燥剂吸潮装置。

④ 钢（即便不锈钢）质罐体严禁用于储存含氯药剂（氯化铁、次氯酸盐、盐酸以及潮湿的氯气）。

表20-1　药剂储存材料选用范围

药剂 \ 材料和涂层		无衬里的混凝土容器	钢容器			塑料容器	
			无衬里	有衬里			
				环氧树脂①、氯磺酰化聚乙烯、聚乙烯	硬质橡胶	玻璃钢环肋增强聚氯乙烯①、高密度聚乙烯、聚乙烯	聚酯、乙烯基酯
硫酸	H_2SO_4 <20%			√	√	√	√
	92% <H_2SO_4 <98%		√				
盐酸				√	√	√	
氢氧化钠	47% < NaOH < 50%				√③		
	NaOH <47%②		√③			√③	
硅酸钠		√	√			√	
硫酸铝				√	√	√	√
氯化铁				√	√	√	√
高锰酸钾				√	√	√	√
次氯酸钠				√	√	√	√
碳酸氢钠						√	√
亚氯酸钠						√	√
聚合电解质		√				√	√

①对于聚氯乙烯和环氧树脂，温度应低于 30℃。

②稀释后的氢氧化钠商品溶液。

③温度 t <50℃。

20.1.7　安全

很多用于水处理的药剂是具有危险性的（酸、碱、氯气、氨、臭氧等）。

酸、氢氧化钠、大型氯气储存装置的使用在所有国家都有严格的法律规定。

在利用中和装置处理氯气泄漏事故时，相关法律规定便显得尤其重要。受氯污染的空气被风机抽出，然后排入中和塔的底部，与塔内中和溶液（碱液或碱和硫代硫酸钠的混合液）通过填料环逆流接触。

针对可能出现的严重危险，法律规定氯的储存场所必须安装可靠的漏氯检测探头。

氯气从容器中的泄漏需要外部热量维持，热量通过容器壁传递，总量等于所泄漏的液氯汽化所需的热量。而随着气体膨胀并从泄漏点流出，周围温度下降，因此泄漏量会有减少的趋势。因此，在事故发生时应避免向储氯罐喷水或者将罐体浸入水中。而对于使用小型氯瓶的场合，由于没有专门的漏氯中和系统，当氯瓶上的阀门损坏时，唯一的解决办法是将氯瓶浸入储有中和溶液的池中。

除了遵循法律规定，当使用或者储存这些危险药剂时，还应采取如下常识性的预防措施（即便这些措施并不是法律强制规定的）：

① 对于腐蚀性药剂的操作，操作人员均应穿戴安全帽、护目镜、手套和防护围裙；

② 在酸与氢氧化钠的储存和投加区域附近应安装专门设计的安全喷淋装置和洗眼器；

③ 在酸与氢氧化钠储罐下方修建存留池（不与主排污管相连），当酸和氢氧化钠储存在同一区域时，应为其修建各自独立的存留池；

④ 应明确标识各输送管线，以降低发生药剂混合事故的风险，特别是当输送某些危险药剂（如酸、次氯酸钠溶液）时；

⑤ 应定期对盐酸储罐的管道和酸雾洗涤装置进行系统性维护，因为盐酸挥发产生的氯化氢气体会刺激呼吸道黏膜，同时这些刺激性气体也会腐蚀周边设备；

⑥ 危险药剂管路的所有低点都应有放空，以保证维护工作的绝对安全；

⑦ 稀释和溶解结晶或无水的三氯化铁、生石灰、硫酸以及氢氧化钠时，应小心其剧烈的放热过程（见第 8 章 8.3 节，图 8-19 和图 8-21）；

⑧ 悬浮在空气中的粉末活性炭可能会自燃，通常需要安装通风和空气过滤装置，且禁止明火作业。

20.2 液体药剂的投加——计量泵加药

水处理常用的加药计量泵一般是往复式容积泵，其输出流量可通过改变工作冲程或运行速率（调整频率）进行调节。调节方式有手动和自动调节（变频电机或伺服电机）两种。当采用自动调节方式时，加药量受某个参数控制，例如待处理水流量；或者同时受两个参数控制，如待处理水的流量和 pH 值。市场上可采购到各种流量的计量泵（从每小时几毫升到几立方米），投加精度可高达满量程的 1/1000。

计量泵可以是活塞式或隔膜式，采用液压或机械方式驱动。其主要参数包括流量、工作压力以及精度。计量泵所使用的材质应与输送的流质相匹配。当若干台加药泵用机械方法互相组合成多泵系统时，它们可以按成比例的流量输送几种药剂。

20.3 粉末药剂的储存和投加

水处理过程中常用的粉末药剂是石灰、铝盐和三氯化铁。本章 20.6 节还将介绍聚合电解质和粉末活性炭（PAC）。

20.3.1 储存

对于小型水厂，可以在特定区域存储药剂（如袋装或桶装药剂）。中型或大型水厂则一般考虑使用料仓。

根据水厂的规模与储量要求，料仓的容积从 15～200m^3 不等，甚至可达 400m^3。散装药剂则使用粉粒物料运输车进行运输。料仓的材质包括金属、玻璃钢以及混凝土，形状为柱锥形。

20.3.1.1 安装原则

料仓（图 20-4）必须安装带有袋式过滤器的通气口和安全阀以释放超压。而直径为 80mm 或 100mm 进料管的弯头需要采用较大的转弯半径以减少磨损并降低输送压损。在任何情况下，应尽量使输送管道的长度最短。料仓必须设置接地，防止由静电引起的料堆成拱。料仓的容积应大于其一次进料的药剂体积（至少 50%）。

为便于药剂输送，料仓底部锥坡与水平面的角度至少为 60°。

图 20-4　石灰料仓

20.3.1.2 料仓的进料

料仓采用气力输送的方式从顶部进料。药剂被载气（由运送车辆上自带或单独配备的空压机提供）吹入软管后通过一个快接口进入料仓的立管，载气的压力不应超过 160kPa。

有几种料位计可供选择：a. 电容性传感器（不适用于易阻塞探头的药剂）；b. 振动片；c. 机械驱动阻旋料位计。

注意：药剂重量也可以通过称量料仓总重获得。

20.3.1.3 卸料机

粉末药剂在料仓内容易形成堆块。针对这个问题，可采取如下解决方案：

① 弹性叶片机械卸料机（图 20-5）：随着卸料机旋转，粉末药剂在其帮助下向下流动；

② 振动器：使用时需要注意，因为它可能将药剂压实；

图 20-5　料仓底部及索德曼卸料机

③ 流化法：向安装在料仓锥底的流化板注入压缩空气（20～60kPa）。这种方式只有在间歇性使用和保证注入气体干燥的情况下才能取得令人满意的效果。

20.3.2 加药器

20.3.2.1 容积式加药器

（1）旋转叶片加药器（图 20-6）

除对加药精度要求极高的场合外，均可采用此种加药器。加药器可通过电子计时器或变频电机进行控制。加药的流量范围为 50～1000L/h。

由于密封性好，此种加药器也常在气力输送系统中使用。

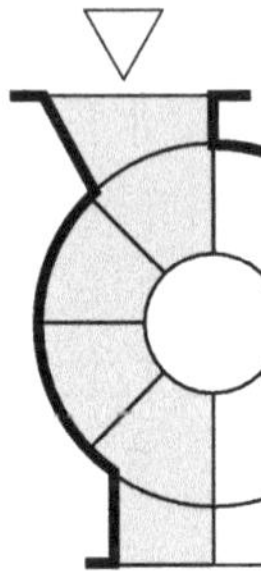

图 20-6 旋转叶片加药器

（2）转盘加药器

此种加药器在加药漏斗的底部安装有圆形转盘（图 20-7）。当圆盘匀速转动时，部分药剂被挡板刮下以实现定量投加，投加量则通过改变挡板的角度来控制。转盘加药器的投加精度比旋转叶片式加药器要高。常用于投加石灰、碳酸钙、碳酸钠等药剂，加药的流量范围为 10～1000L/h。

由于电机转速是恒定的，转盘加药器可以通过连续或间歇地改变圆盘上刮板的切割角度来调整药剂投加量。也可以采用变频电机。

（3）螺旋加药器

对于大多数粉末药剂，包括容易溶化的药剂，螺旋加药器都具有足够高的投加精度。螺旋加药器与装有破拱卸料机的料仓配套使用（图 20-8）。料仓破拱卸料机将表观密度恒定的药剂供向螺旋加药器。螺旋加药器内的螺旋每次转动，都会将一定量的药剂通过其套管输送出去。螺旋和套管既可以是弹性的也可以是刚性的。

虽然水平布置是最好的方式，但如果必要，螺旋加药器也允许向上抬升一定角度。

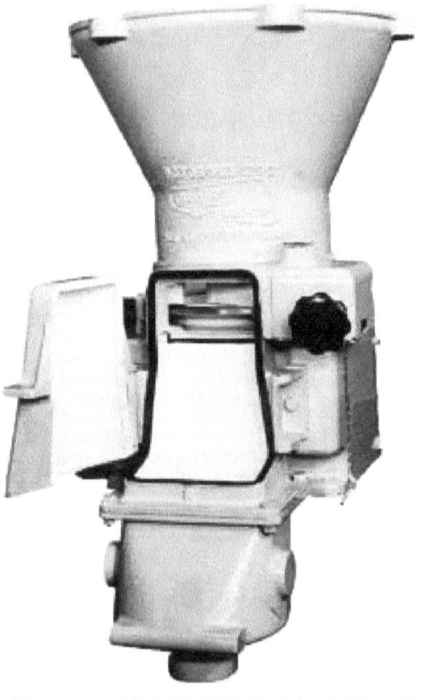

图 20-7 配有螺旋的转盘加药器，通过打开的盖板可以看到涡流室

20.3.2.2 称重加药器

称重加药器不受药剂表观密度变化的影响，药剂的称重是连续进行的。加药装置可以根据输出流量与设定流量之间的误差自动调整投加量。

图 20-9 所示为得利满开发的通过重量变化控制的称重加药器。

中间进料漏斗放置在称重单元上以测出实际的加药质量流量。调节系统通过改变螺杆的旋转速度以纠正设定质量流量和实际投加质量流量之间的偏差。称重漏斗的药剂来自进料漏斗。滑阀打开后，药剂迅速流下，将中间料斗注满后滑阀关闭。中间料斗进料过程中，螺旋保持当前转速不变。

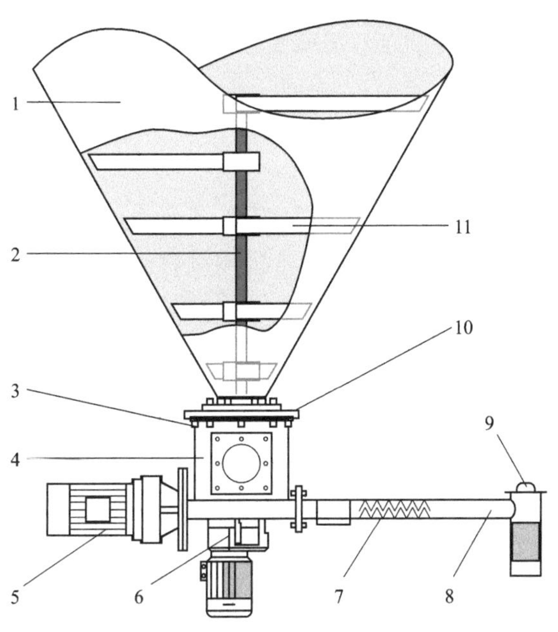

图 20-8　叶片式破拱器和螺旋加药器

1—料仓圆锥；2—叶片式破拱器；3—活套法兰；4—破拱器机箱；5—药剂投配驱动电机；6—破拱器驱动电机；7—加药螺旋；8—加药管；9—加注器；10—连接板；11—弹性刮刀

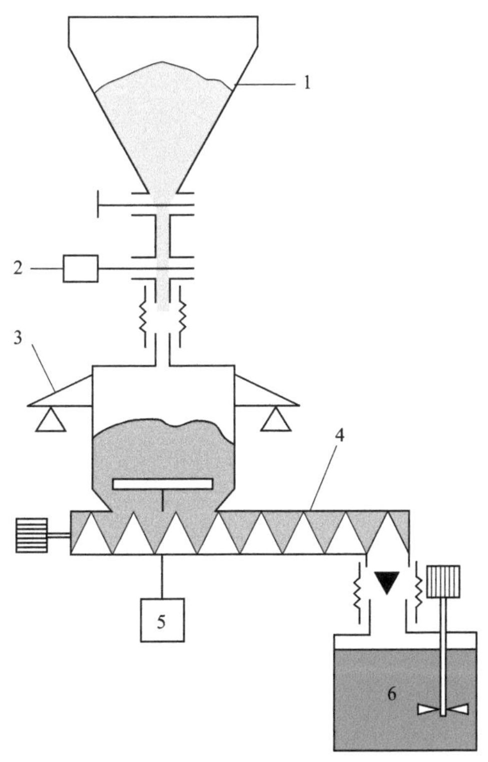

图 20-9　得利满称重加药器工作原理图

1—进料漏斗；2—滑阀；3—悬挂式称量漏斗；4—螺旋输送器；5—螺旋；6—溶药池

20.4 粉末、颗粒药剂制备溶液或悬浮液

20.4.1 基本原则

在水处理过程中，固体药剂通常需要配制成溶液或者悬浮液使用，这种方式有利于：a. 将药剂输送至投加点；b. 与待处理流体混合；c. 提高投药的均匀性和精确性。

当常用药剂（氯化钠、硫酸铝、氯化铁、熟石灰）的粒径及纯度都在可控范围内时，其溶液或悬浊液的制备基本没有困难。如情况并非如此，则需采取特殊措施：a. 去除杂质；b. 允许使用块状或结团的药剂为原料。

一般来说，需要根据当地固体药剂的实际品质（粒径和纯度）选择适合的溶液或悬浮液的制备方式。

同时，当悬浮液中含有某些易污染或结垢的药剂（如石灰或活性炭）时，需采取特殊的预防措施。

采用固体药剂配制溶液或悬浮液时，主要有以下几种方式：

（1）机械搅拌（图 20-10）

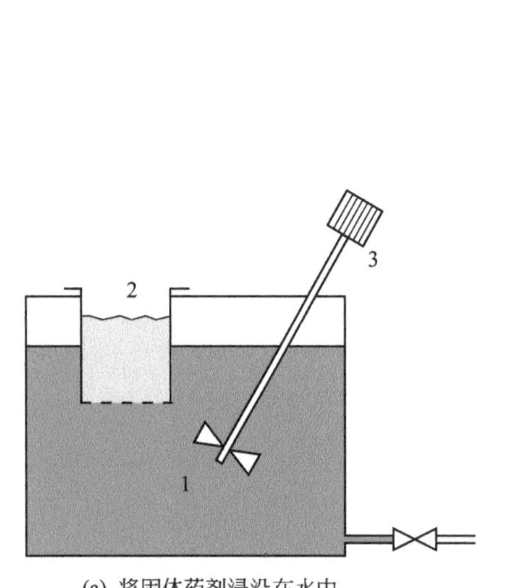

(a) 将固体药剂浸没在水中

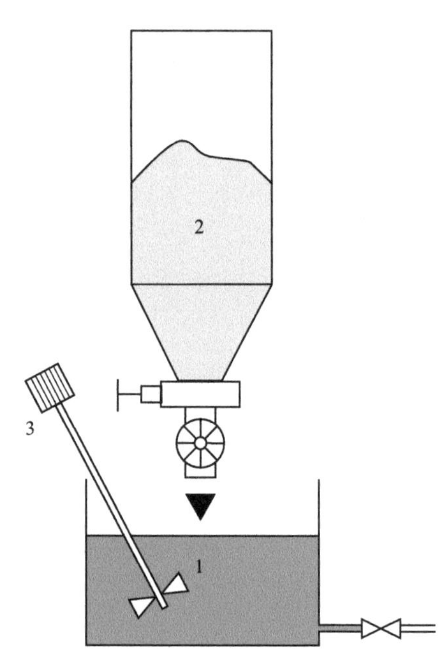

(b) 将固体药剂储存在干燥的料仓中

图 20-10 溶液或悬浮液的制备

1—药剂溶液；2—粉末药剂；3—搅拌器

（2）水力强制循环（图 20-11）

悬浮液需要进行不间断的水力循环，而溶液仅需在配制过程中进行循环。

溶液的配制过程不得对工艺处理系统造成影响（可将药剂制备池和投加池交替使用，或分别序批式进行）。

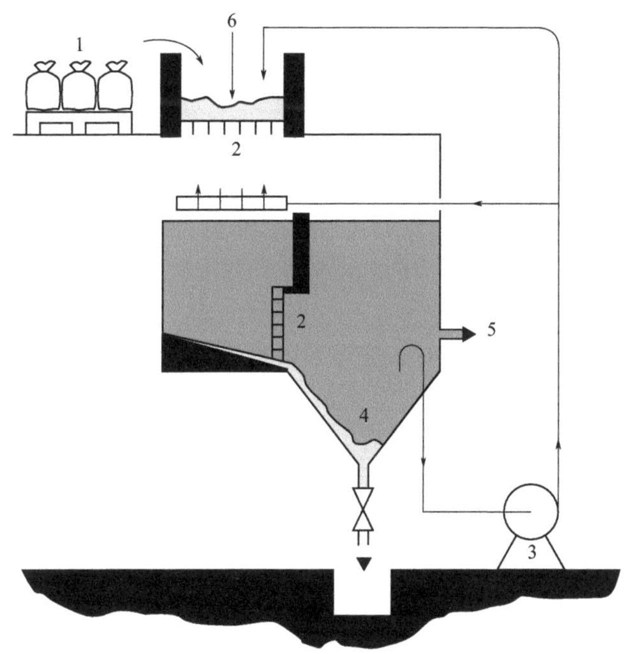

图 20-11　盐水制备装置

1—储盐区；2—格栅；3—循环水；4—不溶杂质的浓缩及排放；5—至投加装置；6—补水装置

20.4.2　溶液的制备

在给定温度下，一种药剂溶液的最高浓度即是其溶解极限（饱和度，见第 8 章 8.3 节）。对于多数可溶性药剂而言，其溶液的浓度和密度之间有着直接的相关性，从而使溶解过程简单可控。

20.4.2.1　氯化钠

氯化钠通常用作离子交换的再生液（软化，去除饮用水中的硝酸盐）。图 20-11 提供了一个适用于大型水厂的盐水制备装置示例。

药剂投加通过一个独立的、含有固定浓度溶液的调制池进行。通常其溶液浓度接近饱和，并通过密度计对溶液浓度进行校核（见第 8 章 8.3.2.1 节）。

材料：混凝土水池必须做防护内衬。与盐水接触的部分严禁直接使用钢材（无论是碳钢还是不锈钢）。通常采用的材料为塑料或者钢衬胶。

20.4.2.2　硫酸铝

硫酸铝以固体或者溶液（最常用）的形式供应，可作为水处理中的混凝剂，其结晶产品 $Al_2(SO_4)_3 \cdot 18H_2O$ 一般包括以下几种形式：a. 粉末（<0.5mm）；b. 细粒（1～3mm）；c. 粗粒（5～30mm）；d. 块状（偶尔）。

（1）溶解

硫酸铝晶体溶解后形成硫酸铝溶液，浓度为 100～200g/L，其浓度可以利用密度计来检测（见第 8 章 8.3.2.1 节）。

（2）小型制备单元

通过在混合池中溶解 25kg 或 40kg 包装的袋装药剂进行溶液制备，其运行液位在两个高度之间变化（由混合池负荷决定）（见图 20-12）。

（3）大型制备单元

混合池水位保持恒定（连续式），粉末药剂由料仓进行投加（见图 20-13）。

在这种方式下，干粉药剂通过容积式加药器投加（转盘、螺杆或旋转叶片加药器），或通过称重加药器投加（当对投加药剂重量精度有要求时）。图 20-12 和图 20-13 所示装置也常用于熟石灰悬浮液的制备。

当使用的药剂含有大量的杂质时，推荐采用图 20-14 所示的装置。

（4）材料和安全性

硫酸铝的水溶液呈酸性，在选择储存和投配药剂的装置时必须考虑这一因素（塑料和不锈钢 316 或 316L）。

固体药剂散发的粉尘对操作人员的鼻子和喉咙有刺激性。

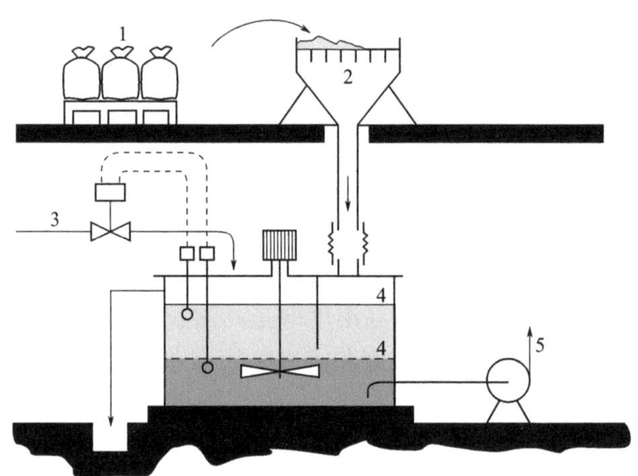

图 20-12　用于溶解硫酸铝或石灰浆的池体（序批式）

1—袋装药剂；2—拆袋料斗；3—水；4—最高和最低液位；5—加药泵

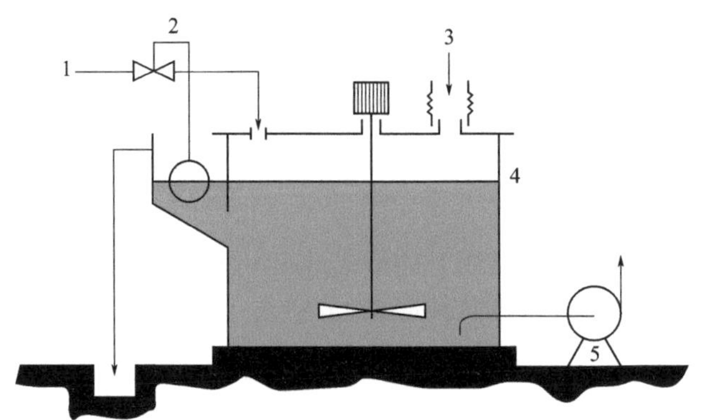

图 20-13　用于硫酸铝或石灰浆的混合池（连续式）

1—水；2—浮球阀；3—干投药剂；4—恒水位；5—加药泵

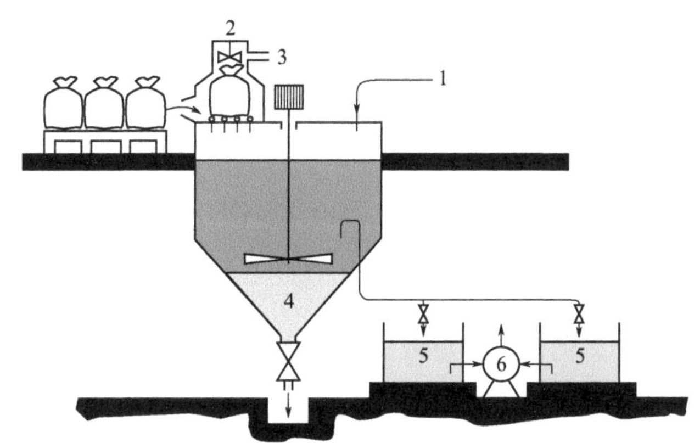

图 20-14 粉末或颗粒晶体药剂的制备和投加装置

1—溶解水；2—拆袋机；3—除尘装置；4—杂质沉淀；5—投加池；6—投加泵

20.4.2.3 氯化铁

氯化铁以固体或者溶液（最常用）的形式供应，可作为水处理中的混凝剂。其中，溶液形式在实际生产中应用最多。氯化铁的结晶体（$FeCl_3 \cdot 6H_2O$）呈褐色或者红色碎片状，具有易结块和易溶于水的性质。

（1）溶解

当配制氯化铁溶液时，需将混合池内的不溶性杂质去除，这些杂质在商业产品中经常出现。

投加池内的溶液保持在恒定的浓度（例如 100～200g/L $FeCl_3$），其浓度可通过密度计进行检测（见第 8 章 8.3.2.1 节）。

块状的氯化铁同样可以用来配制溶液，可采用如图 20-11 所示的盐水制备装置。

（2）材料和安全性

氯化铁的水溶液能够腐蚀包括碳钢、不锈钢在内的几乎所有金属。池体和整个投加系统的材质都需重点甄选，并进行相应的保护（塑料和钢衬胶）。

固体药剂散发的粉尘对操作人员的鼻子和喉咙有刺激性。

20.4.3 石灰

石灰是应用最广泛的水处理药剂，其主要有两种形式：a. 生石灰（CaO）；b. 熟石灰（或含水的）[$Ca(OH)_2$]。

注意：无论以上哪种产品，石灰一般都含有 4%～20 % 的固体杂质（$CaCO_3$、SiO_2 等）。在使用石灰之前，必须清除这些杂质。

20.4.3.1 生石灰

（1）熟化生石灰

用于水处理的生石灰呈粉末状。与熟石灰相比，其具有以下优点：

① 费用较低；

② 与熟石灰相比具有更高的 CaO 含量，更大的表观密度，以及因此带来的低运输和储存成本（生石灰表观密度 0.7～1.2t/m³；熟石灰表观密度 0.3～0.6t/m³）。

但是，生石灰也具有如下两项缺点：

① 为保证生石灰的熟化需要额外的投资；

② 生石灰的品质常不如熟石灰稳定。

以下为生石灰熟化的化学反应方程式：

$$CaO + H_2O \longrightarrow Ca(OH)_2$$

该反应为放热反应，在 25℃条件下，1kg CaO 发生反应将释放出 275kcal 的热量［见第 8 章 8.3.2.4 节中的（7）］。

石灰浆的化学活性和悬浊液的纯度取决于熟化温度。应尽量少加水以使反应温度尽可能高。

① 粉状生石灰

用于水处理和污泥处理过程中的生石灰通常需满足如下品质：

a.CaO 含量 >90%，MgO 含量 <1.5 %，SiO_2 含量 <1.5 % ；

b. 和水反应：在初始温度为 20℃的条件下，以 150g 生石灰 /600g 水的比例进行反应，温度在 25min 内达到 60℃ ；

c. 精细过筛粒径（粒径 0～90μm）。

实际应用中，两种常用的熟化方式如下：

a. 糊状熟化（需较高的混合能耗）：3～4 份水与 1 份石灰相混合，可使升温最高，熟化时间最短。所用水量取决于石灰糊的黏度（搅拌扭矩）和 / 或温度。

b. 悬浮液熟化：石灰浆［$Ca(OH)_2$］的目标浓度为 50～200g/L ；在石灰投加口处安装温度探头以保证安全。这种装置（图 20-15）虽然效率低，但自动化控制使得操作更为简便，从而降低了对运行维护的要求及安全风险。

注意：严禁在池 1 和池 2 内仍有石灰浆时关闭搅拌机，否则石灰浆将会在池内沉淀板结。

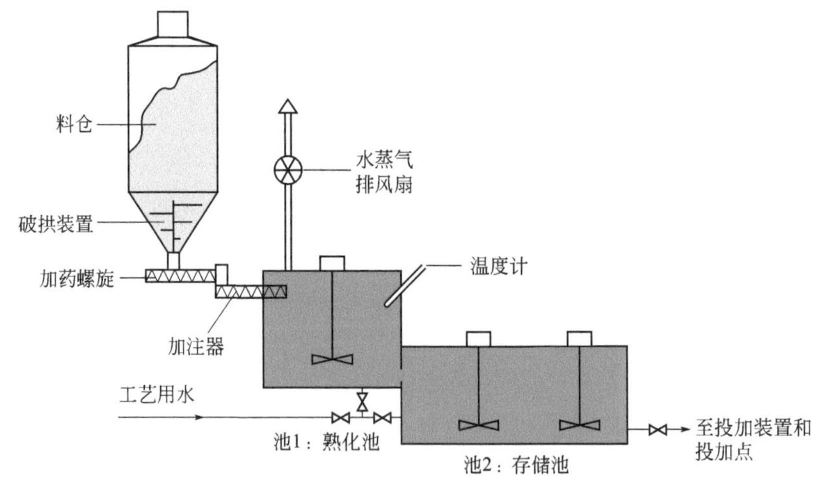

图 20-15 由生石灰制备石灰浆系统的原理图

② 颗粒状（0～20mm）生石灰

可使用配备有刮板混合系统的固定式水平槽熟化室、稀释室及机械除渣装置的糊状熟化器。

③ 块状（10～60mm）晶体石灰

可以采用：

a. 大型连续式系统（1～10t/h），其包括：

i. 配有混合刮板的缓慢转动的水平转筒、石灰吊装斗和初级分离装置；

ii. 配有杂质外排功能的提纯装置。

b. 小型序批式系统（1～2 t/h），该设备通过捶打或刮板的刮削来破碎石灰块。

（2）由生石灰制备石灰浆

熟石灰通常以石灰浆（氢氧化钙颗粒构成的悬浮液）的形式使用，其浓度一般为 50～100g/L：

a. 浓度 >100g/L：存在沉积和堵塞的风险；

b. 浓度 <50g/L：存在产生碳酸盐沉淀的风险。

① 粉状石灰的储存

根据用量的不同，粉状石灰可被储存在 25kg 装的袋内或料仓中。在法国，最小料仓容积一般为 50m^3，这是因为散装罐车的最大有效荷载为 25t。

料仓的底部装有破拱装置，其性能通常优于空气流化投加系统。

② 粉状石灰的输送

按照优劣排序，粉状石灰的输送有以下几种方式：a. 重力式（尽可能采用）；b. 机械式（通常通过螺旋输送）；c. 气动式（短距离输送，例如当罐车卸料时）。

③ 加药

a. 粉状石灰

利用容积加药器（旋转叶片式或螺旋式）或称重加药器（称重料斗），可以对投加至稀释池中的石灰粉末进行计量。

b. 石灰浆

在稀释池中，石灰浆由低碳酸钙碱度的水稀释，并借助图 20-12 和图 20-13 所示的机械搅拌装置保持其浓度恒定不变。

石灰浆通过泵进行投加：

i. 容积泵（配料泵或偏心转子泵）。

ii. 离心泵，最好设有分配环路，且设有“开 / 关”两种模式（图 20-16）的自动切换阀。此种情况下，加药量可通过改变这些阀门的开启频率得到调整，例如根据 pH 计的监测数据调整加药量。

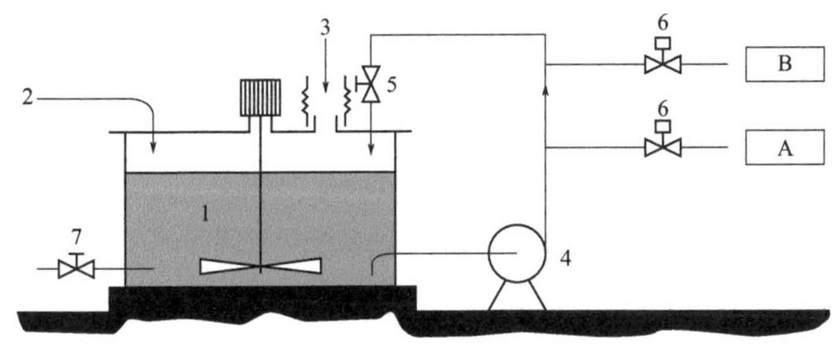

图 20-16　石灰浆投配及循环系统

1—混合池；2—水；3—石灰；4—离心泵；5—手动调节阀；6—A/B线切换自动控制阀；7—放空阀

④ 特别注意事项（预防堵塞）

由于石灰浆是细小颗粒的悬浮液体，当搅拌系统或循环系统停止运转时，即刻会发生沉淀。持续的沉积会堵塞机械装置，如泄压阀、阀门、加药泵等。因此，石灰浆制备和输送系统的设计和运行必须采取特殊的预防措施。例如：

a. 使用柔性材料（橡胶）的管道，或易拆卸管道。

b. 管径优化选择：充足的过流面积（预防堵塞）和适当的循环流速（预防沉积）。

c. 系统每次停运后，应用清水进行冲洗。

20.4.3.2 石灰水

石灰水（石灰饱和溶液）常用于饮用水处理。石灰［$Ca(OH)_2$］的溶解度受温度影响，水温20℃时的溶解度为1.6g/L，此饱和石灰水的碱度为2200mg/L（第8章8.3.2.4节中的表8-29）。

石灰水可以利用石灰浆和石灰饱和器制得。石灰饱和器的功能主要是：a. 制备石灰饱和溶液；b. 去除杂质和碳酸盐沉淀（污泥）。

（1）静态石灰饱和器

此套装置使清水通过石灰层形成石灰水，保证充足的接触时间使溶液达到饱和。

石灰浆的制备是间歇性的。当饱和器内液面出现首次降低且有碳酸钙沉淀和杂质排出时，石灰浆靠重力或泵注入饱和器的底部。通常，石灰浆每24h置换一次。

经过一段时间沉淀，待饱和水缓慢地透过饱和器底部，饱和石灰水从池面溢出。

每平方米石灰饱和器每小时可以生产含1.3～1.6kg $Ca(OH)_2$的饱和石灰水。

（2）涡轮石灰饱和器

当过流面积相同时，涡轮石灰饱和器（图20-17）的石灰水产量相比静态饱和器要高，每平方米石灰饱和器每小时可以生产含3.2～4.0kg $Ca(OH)_2$的饱和石灰水。

石灰浆的制备可以是连续的或者间歇的，但其投加一定是连续的。石灰浆依靠重力或者泵输送至污泥循环管口或者溶解水输送管。

搅拌器（6）用于保持池内循环；其设在石灰投加口的上端，由此待饱和液、溶解水及沉泥将进一步混合。石灰饱和器的功能通过可控液位的污泥层实现。

沉淀/沉渣通常通过浓缩管排出，在特殊情况下（沉渣较重），也可通过放空管（4）排放。值得说明的是，得利满所有的污泥床工艺（如脉冲澄清池），特别是有污泥循环的澄清器均可起到石灰饱和器的作用：a. 涡轮饱和器，如图20-18所示；b. 水力循环澄清池（Circulator）；c. 涡轮循环澄清池（Turbocirculator）；d. 如石灰水流量较大，高密度澄清池（Densadeg）是不错的选择。

值得注意的是，在制备过程中加入少量的氯化铁能显著提高石灰水中的CaO含量。

石灰饱和器也可用于未饱和石灰溶液的制备。

图20-19为一个完整的石灰水和石灰浆制备系统（混合池和石灰饱和器），其常用于中小型饮用水处理厂，采用袋装石灰及拆袋机或大袋石灰投加。

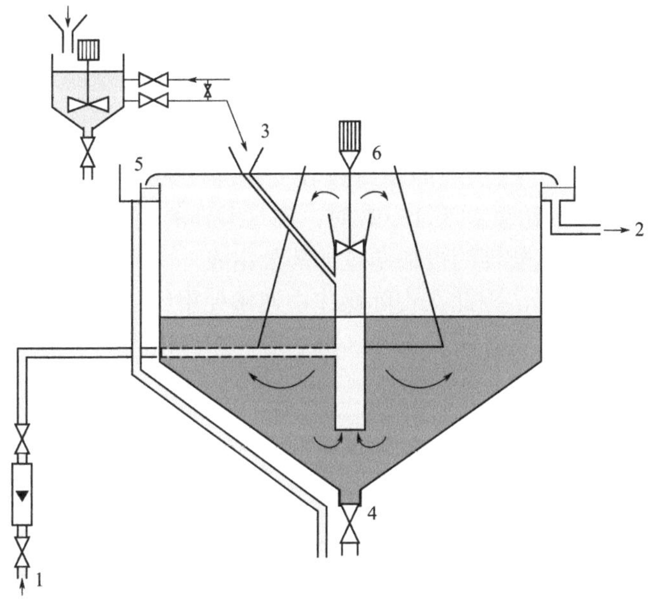

图 20-17　重力制备式涡轮石灰饱和器的系统原理图

1—压力水入口；2—饱和石灰水出口；3—石灰浆入口；4—排泥、放空；5—溢流；6—螺旋桨式混合器

图 20-18　里斯本 Asseiceira 水厂（葡萄牙），4 组石灰饱和器，规模：1200 kg/h 石灰

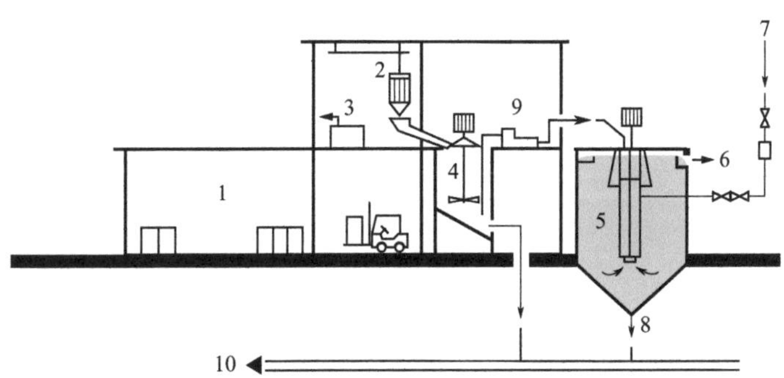

图 20-19　完整的石灰水制备单元（饮用水）

1—石灰储存区域；2—大袋；3—除尘器；4—石灰稀释器；5—石灰饱和器；
6—饱和石灰水出口；7—水；8—排出沉渣；9—石灰浆泵；10—下水道

20.4.4 其他药剂

20.4.4.1 高锰酸钾

高锰酸钾主要用于氧化和除锰。

高锰酸钾（紫色屑片）在水中的溶解度较低（温度为20℃时，15～60min 接触时间可溶解 5～30g/L）。当溶液浓度高于 15g/L 时，高锰酸钾的溶液状态只能维持较短的时间，且可能产生结晶沉淀。高锰酸钾的投加通过加药泵完成。

高锰酸钾腐蚀含铁金属，因此在实际操作中通常使用经过防腐蚀处理的钢质或者塑料罐体，而且操作人员应注意做好防护工作（戴手套、护目镜）。

20.4.4.2 碳酸钙

碳酸钙粉末在矿化工艺中常用作矿物填充剂。

碳酸钙在水中几乎不溶解（20℃，15mg/L）。碳酸钙通常配制成浓度接近 50g/L 的悬浮液，并采用与石灰浆投加相同的装置进行投配。

20.4.4.3 膨润土 - 硅酸三钙石（黏土）

膨润土一般用来增加低浊原水絮凝过程中的絮体重量，或者增加活性污泥中生物絮体的重量。

膨润土的制备和投加方式与碳酸钙相同。

20.4.4.4 硫酸亚铁

硫酸亚铁一般用来沉淀某些特定盐类（CN^-、S^{2-}），极少数情况下，也可用作混凝剂。硫酸亚铁的结晶体（$FeSO_4 \cdot 7H_2O$）是绿色固体粉末，易溶于水（391g/L，20℃，见第 8 章 8.3 节），溶液浓度可用密度计测定。

硫酸亚铁的溶液制备在混凝土池内进行，药剂可与溶解水一起直接投加至池内。在池子底部的滤砂层中安装有穿孔管系统，用于收集制备的溶液。由于非饱和溶液制备的难度较大，实际中通常使用饱和溶液，但是饱和溶液在温度降低时容易发生再结晶现象。为了避免再结晶现象的发生（在容器内沉积、板结或堵塞管道），需要采取一些措施，如维持溶液恒温。

由于硫酸亚铁溶液呈酸性，与溶液接触的部件必须做防腐蚀处理或采用塑料材质。

20.5 气体药剂的储存、投加和溶解

20.5.1 氯气

氯气是应用最广泛的消毒剂和氧化剂。但为了安全起见，氯气的使用条件必须严格遵守相关规定。除用于预处理外，用作最终消毒处理时应参考以下用量：

① 饮用水：约 1mg/L。

② 游泳池：约 1～5 mg/L。

③ 生物处理后的污水（如果有要求）：约 10mg/L。

④ 对蓄水池和饮用水输配管网进行定期消毒时，一般采用 10mg/L 的投加量，并保证 24h 的接触时间。当对空池池壁进行冲刷时，采用剂量约为 30mg/L。而对于后一种情况，常常优先使用漂白剂。

材料：干燥和低温的氯气不会与常用金属材料发生反应，而一旦被加热或被湿润，氯气的腐蚀性将大大增强。因此氯气管路和容器必须保持绝对干燥并禁止任何形式的加热。

20.5.1.1　输配和投加原则

氯气的储存请参照现行法规的要求和本章 20.1 节提供的一些基本资料（概述）。

将氯气从储存容器输送到投加装置（加氯机）可采用以下形式：a. 小流量，气态；b. 大流量，液态。

当通过加氯机投氯时，氯气在负压作用下被吸入水射器并溶解于投加水中。由此产生的氯化水被输送至投加点进行投加。

（1）输配

为保持汽化流量稳定，需为液氯储存容器提供一定的热量（20℃条件下汽化潜热为 56kcal/kg）。实践中，储氯构筑物内温度保持 20℃时，1t 装容器内的液氯 1h 可产生 10kg 的氯气（无外部热源）。对于更高流量，需通过蒸发器（由恒温系统控制在 80℃左右）提供热源。此时氯是以液态而非气态从容器中抽取。

（2）投加

无论氯气直接来源于压力罐，还是来源于蒸发器，均是通过加氯机实现计量并调整其投加压力。

真空加氯机的工作原理是调节由水射器产生的负压，从而改变氯气的投加量，并利用水射器将氯气溶入水中。

20.5.1.2　真空加氯装置

真空加氯技术的开发有双重功效：水射器产生真空，当没有增压水产生真空时，氯气投加自动中断；如果氯气管路发生泄漏，氯气不会扩散到环境中。

（1）一体式小型加氯机

这种加氯机特别适用于低流量氯气的投加，它可以直接安装在氯气钢瓶的顶部；有时也可采用短管和钢瓶连接。

连接管路必须尽可能短，以免发生泄漏。另外，如果加氯机直接装在钢瓶上，每次更换钢瓶时均需拆卸加氯机，因此应采取相应的防范措施。

该设备的工作原理可见图 20-20。随着增压水通过水射器，在流量计和水射器之间产生了负压，这一负压将安全阀打开，氯气进入加氯机，先后通过流量计以及流量调节针阀。当氯气到达水射器后，其迅速溶入水中形成氯化水。当连接水射器和加氯机的真空管道发生破裂或泄漏时，隔膜与水射器之间的真空被破坏，氯瓶出口安全阀随即自动关闭。

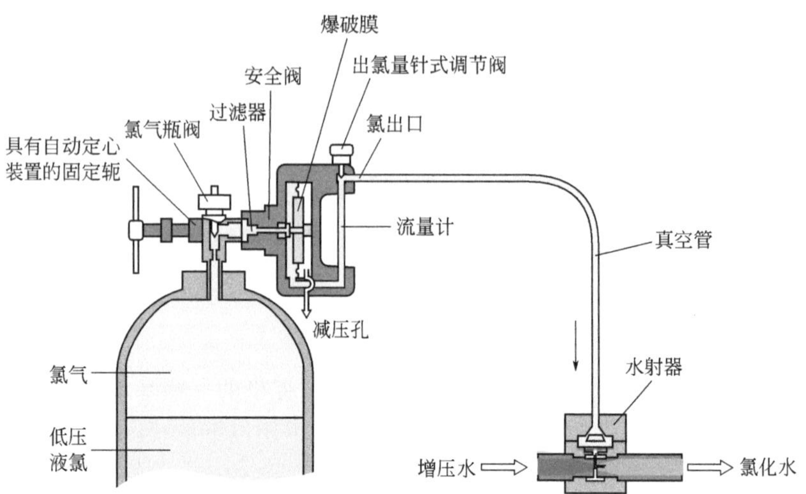

图 20-20　装在钢瓶上的一体式小型加氯机

大多数型号的加氯机都具有如下功能：

① 当正在使用的钢瓶用完以后，可以自动切换钢瓶；

② 指示器可显示“空瓶 ”或“氯量低 ”。

图 20-21 为一个小型分体式加氯机示意。

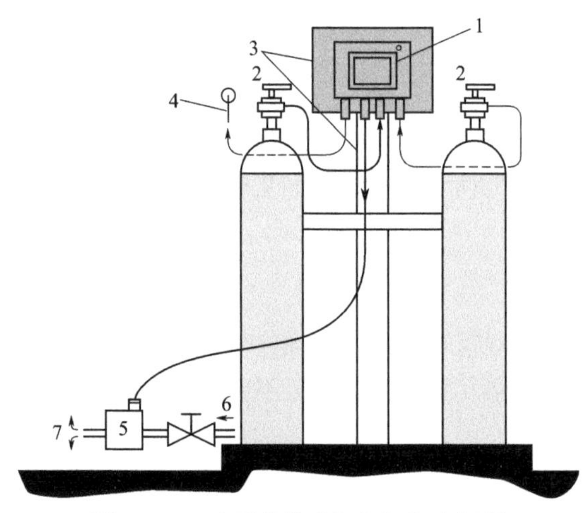

图 20-21　小型分体式加氯机和水射器

1—加氯机；2—自动切换装置：两个特殊的减压阀；3—两个具有独立读数的钢瓶倾动机构；4—排气；5—水射器；6—增压水；7—氯化水

这种小型加氯机可直接安装在钢瓶或压力罐上使用，其适用加氯量为 5～4000g/h。

（2）**大流量加氯机**

大流量加氯机的操作方式和小型加氯机一样，其所需氯气也来自氯罐，并通过调节真空度进行投加。大流量加氯机的最大投加量为 200kg/h（即最大型号蒸发器的蒸发能力）。图 20-22 为使用大流量加氯机的加氯装置示意图。

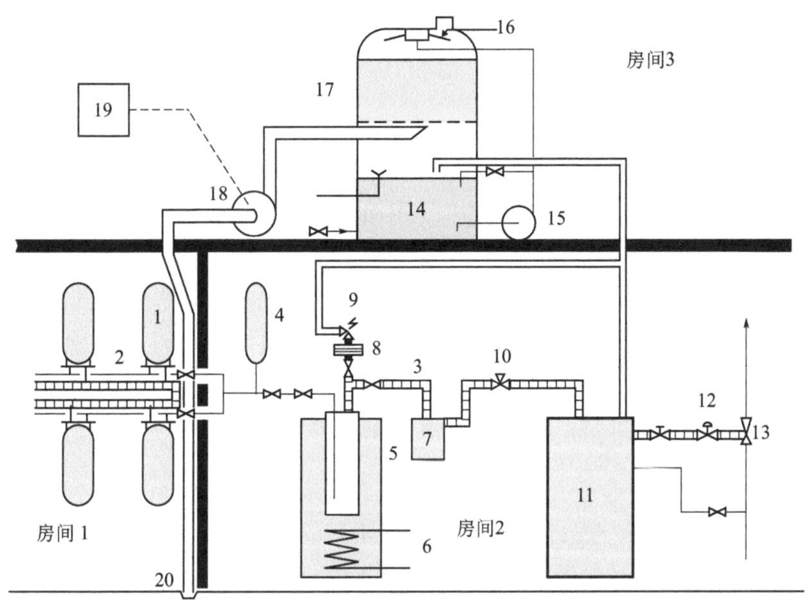

图 20-22　完整的储氯和加氯装置

1—氯罐；2—液氯管路；3—氯气管路；4—膨胀罐；5—蒸发器；6—加热元件；7—氯过滤器；8—爆破膜；9—安全阀；10—减压阀；11—加氯机；12—自动截止阀；13—水射器；14—中和液储池；15—中和溶液泵；16—喷淋器；17—中和填料塔；18—漏氯中和风机；19—泄漏检测器；20—风道（低置）

20.5.1.3　漏氯检测和中和处理

氯气呈黄绿色，具有刺激性气味，其密度是空气的 2.5 倍，因此在发生泄漏时，氯气一般停留在加氯间地面附近。

在一定规模的氯气储存设施中，对于单独的加氯间（图 20-22），法国法规强制要求设置漏氯检测和漏氯中和设施。

漏氯中和装置包括：a. 漏氯中和风机（18）；b. 中和填料塔（17）；c. 中和液储池（14）及检测到漏氯后用于喷洒中和溶液的耐腐蚀泵（15）；d. 漏氯检测探头（19）。

漏氯检测探头和漏氯中和风机引风系统一般安装在加氯间的地面。

中和溶液的主要成分一般是氢氧化钠和硫代硫酸钠。氢氧化钠的作用是吸收氯气，并与氯气反应生成次氯酸钠，次氯酸钠进一步与硫代硫酸钠反应转化生成 Cl^-。

氢氧化钠还用于中和次氯酸盐与硫代硫酸钠反应产生的酸度。

中和 1kg 氯气需要约 1.1kg 硫代硫酸钠和 1.7kg 氢氧化钠。

20.5.1.4　加氯间系统图

图 20-22 展示了加氯间的系统配置，包括储存装置、液氯抽取装置、蒸发器（5）、气相加氯系统（11、13）和漏氯中和系统（14～19）。

20.5.2　二氧化碳

在饮用水处理中二氧化碳可与石灰联用对水进行再矿化，也可用于中和处理（见第 3 章 3.13.5.1 节）。由于具有相比强酸更平缓的中和曲线，通过二氧化碳用量的微调可以实现 pH 值的精准调节。

当用作再矿化时，$1m^3$ 水中总碱度每增加 10mg/L（以 $CaCO_3$ 计）需要大约 9g CO_2 和 7.5g $Ca(OH)_2$。

20.5.2.1　二氧化碳投加装置的工作原理

虽然可以使用浸没或不浸没于待处理水中的燃烧器产生二氧化碳，但使用最广泛的方法是使用储存在低温高压容器中的液态二氧化碳（压力 20bar；温度 -20℃）。当液态 CO_2 从容器中抽出后即在蒸发器内汽化（需要额外加热），然后继续膨胀至使用工况（3bar，12℃）。二氧化碳最终通过微孔扩散器，或者通过水射器注入水中（见加氯水射器工作原理）。

当需要的 CO_2 的量较少时，可以采用压力钢瓶储存。

20.5.2.2　布局实例

图 20-23 是位于里斯本 Asseiceira 镇（葡萄牙）的饮用水再矿化处理装置示意图。

此套装置的 CO_2 投加量的调节范围为 200～850kg/h。CO_2 的投加量可以根据待处理水流量和出水碱度目标浓度来控制，也可根据再矿化水的 pH 进行控制。CO_2 投加量的调节通过调节 CO_2 管路上的控制阀完成。

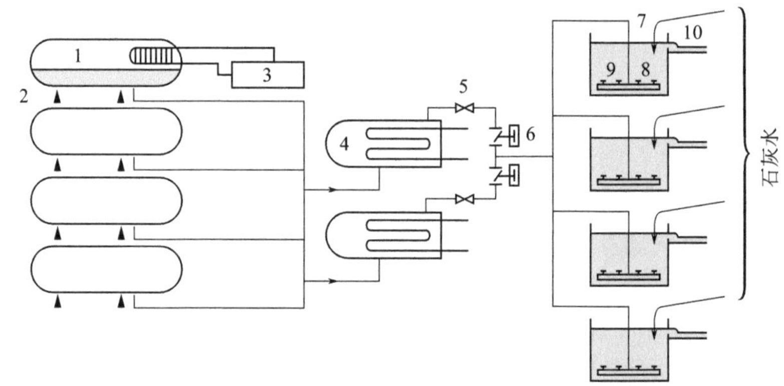

图 20-23　里斯本 Asseiceira 镇（葡萄牙）的饮用水再矿化处理装置

1—CO_2存储罐（50t/罐）；2—电子称重装置；3—制冷装置；4—蒸发器；5—减压阀；6—流量调节阀；7—接触溶解池；8—多孔扩散盘；9—碱化水；10—再矿化水

20.5.3　氨

由于氨可以将有效氯转化为氯氨，保持持久而温和的消毒效果，且不产生消毒副产物三卤甲烷，因此氨正越来越多地用于饮用水的全面消毒。

$$Cl_2 + NH_3 \longrightarrow ClNH_2 + HCl$$

氨的推荐使用量为每克有效氯需 5g NH_3（见第 17 章）。

由于高温有导致超压的危险，在夏季不能运输和储存浓缩一水合氨（64% NH_4OH）。另外，氨通常是以储存在压力容器中的非冷冻液氨的方式提供，10℃时的压力为 6bar，30℃时的压力为 12bar。液氨的运输必须遵守国家的有关安全规定。

当液氨减压至大气压时，温度会降低至 -31℃（见第 8 章 8.3.3.6 节中的表 8-41）。氨气的压力由安装在输配管上的热交换器维持，且热交换器配有相应的设施防止系统关闭时换热水结冰。

当氨气溶入水中时发生放热反应（在溶液浓度低于 10% 时，每摩尔 NH_3 放出 34～40kJ 热量）。

20.6　特殊应用

20.6.1　聚合电解质

需要注意以下两种药剂的区别：a. 多胺聚合物用作混凝剂；b. 聚丙烯酰胺用作絮凝剂。

20.6.1.1　多胺聚合物（有机混凝剂）

多胺聚合物是低分子量的阳离子聚合物，市场上均以轻微黏稠至黏稠溶液（50～10000cP，1cP=10^{-3}Pa • s）的形式销售。这种药剂非常稳定，可以不经任何制备措施直接用泵从桶或容器内抽出。

但在这种情况下，在加药泵后必须用低含盐量的洁净水进行 100～200 倍的二次稀释（如果可能，稀释水盐度低于 200mg/L）。

另外，可以考虑通过原液来制备这些聚合物。不过在这种情况下，制备后溶液的稳定性将变差，并且其稳定性取决于制备水的水质（盐度低于 200mg/L，浊度小于 1NTU）。建议尽量使用高浓度的药液（至少 10%）。这样制备的溶液稳定性大约可以维持 48h。

20.6.1.2　聚丙烯酰胺的制备（有机絮凝剂）

聚丙烯酰胺属高分子聚合物，用作絮凝剂。其一般为粉剂或乳液产品，既有阴离子聚丙烯酰胺，也有阳离子聚丙烯酰胺。

部分聚丙烯酰胺产品以高黏稠溶液（5000～10000cP）的形式使用，并在加药泵后经过二次稀释进行投加。

（1）聚丙烯酰胺粉剂

采用粉剂型絮凝剂制备溶液时，须采取必要的防范措施：a. 即使是稀释的溶液也可能极其黏稠；b. 如果搅拌太快，絮凝剂可能会因此而变质；c. 如果制备条件不佳，可能造成絮凝剂的“结块”。

制备浓度：2～5g/L（取决于药剂黏度以及投加泵的能力）。

① 手动制备

制备装置包括（图 20-24）：

a. 两个手动制备池，聚合物先在第一个池内与水混合，而后在第二个池内熟化，以确保药剂充分溶解；

b. 一个自动控制柜；

c. 一套稀释系统；

d.1～2 台加药泵；

e. 液位计。

制备时间：30～60min，用于聚合物熟化。

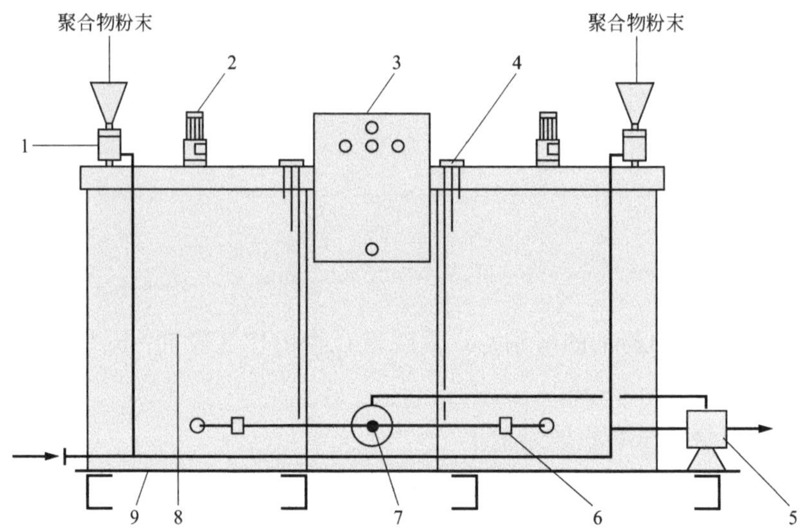

图 20-24 利用聚合物粉末的聚合物溶液手动制备装置

1—粉末投加器；2—低速电动搅拌器；3—自动化控制柜；4—液位开关；
5—稀释系统；6—电磁阀；7—加药泵；8—HDPE池体；9—支撑框架

② 自动制备

此类装置中（见图20-25）只有一个池体，其被分为三个串联的小池，并通过溢流流出：

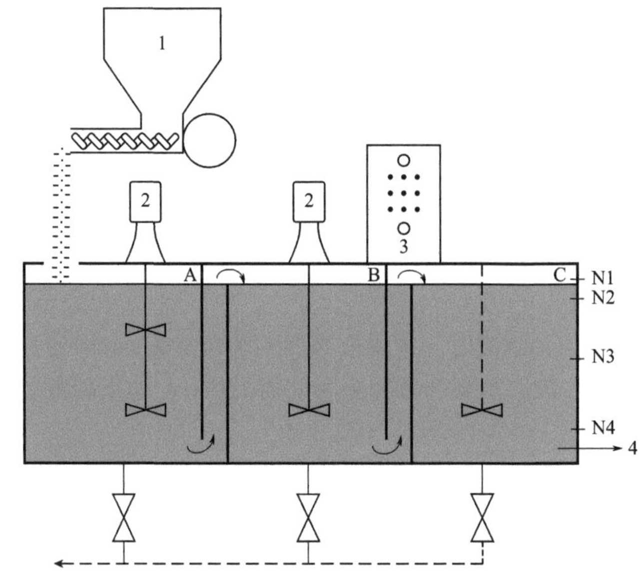

图 20-25 利用聚合物粉末的聚合物溶液自动制备装置

1—料斗和进料螺旋；2—低速搅拌器；3—自动化控制柜；4—至投加泵在线稀释；
N1—高高液位；N2—高液位；N3—低液位；N4—低低液位

a. 一号池 A，制备池，水在一定的压力与流速下进入该池，并与螺旋加药器定量投加的粉末药剂混合，确保药剂均匀地分散在池内；聚合物进入 A 池后开始膨胀和溶解，然后流入下一水池。

b. 二号池 B，熟化池，通常配有搅拌器；反应池的停留时间应满足絮凝剂的分子链“膨胀”和药剂溶解的要求。

c. 三号池 C，加药或储存池，同样配备了一个自动投配控制系统：

i. 高高液位：报警（安全保护）。

ii. 高液位：同时停止进水 + 停止投药。

iii. 低液位：同时开始进水 + 开始投药。

iv. 低低液位：关闭加药泵（安全保护）。

（2）聚丙烯酰胺乳液

① 人工制备

利用聚丙烯酰胺乳液制备溶液的方法和使用粉末药剂制备一样，但不需要溶解。

原液的浓度为 2.5～10g/L，制备时间限制在 15～20min 内，在二次稀释前进行反向破乳。

② 自动制备

制备装置（见图 20-26）包括：

a. 加药泵（1），用于从桶或者容器中抽出药液原液（2）；

b. 乳化装置用于混合乳液和水流；

c. 配有液位开关（5、6）的制备池（4）（高液位、低液位）；

d. 自动化控制柜。

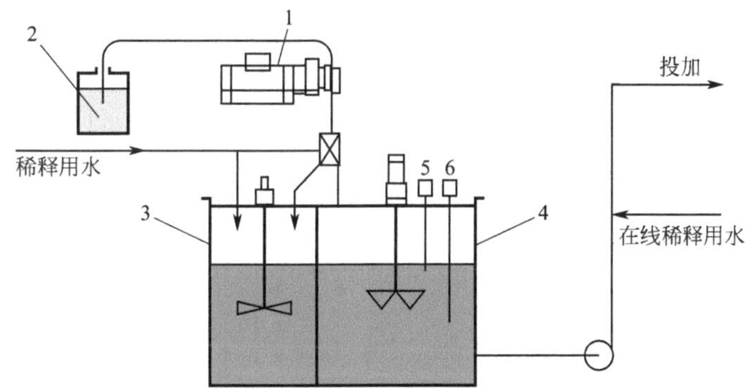

图 20-26　利用聚丙烯酰胺乳液为原液的溶液自动制备单元和在线稀释

1—加药泵；2—原液；3—反向破乳池；4—制备池；5—高液位；6—低液位

20.6.1.3　在线稀释

为了保证聚合物的高效利用，经常需要采用大量稀释的方式使投加的聚合物与水或者经过预混凝的污泥进行均匀混合。稀释情况取决于聚合物和污泥的黏度以及系统的混合能量。因此，稀释后的目标浓度一般为：a. 污泥处理中 0.5～1g/L；b. 澄清工艺中 0.02～0.1g/L。

在线稀释一般在加药泵后进行。

20.6.2　二氧化氯

二氧化氯可以通过氯或盐酸氧化亚氯酸钠溶液制得，是一种不稳定的化合物，因此其制备系统必须靠近投加点。

20.6.2.1 氯氧化亚氯酸钠制备二氧化氯

$$2NaClO_2 + Cl_2 \longrightarrow 2ClO_2 + 2NaCl$$

理论上，生成 1g ClO_2 需要 1.34g 亚氯酸钠和 0.526g 氯气。

这个生产过程可以用于使用氯气进行预氧化或其他任何处理过程的水处理厂。氯水的 pH 值必须在 1.7～2.4 之间，浓度一般为 2.5～6g/L。

当总碱度较高时，必须尽可能使用高浓度氯水。

氯水在填充有拉西环的接触塔内与 $NaClO_2$ 的浓缩液（商品液浓度为 310g/L）接触反应。接触塔内的接触时间不能超过 10min（最佳时间为 6min）。二氧化氯储存在存储池中，并通过水射器投加至给水管网。在存储池中，ClO_2 溶液得到稀释（0.5～1g/L），并在一定时间内（24h）保持稳定。实际上，当考虑超出理论计算 10% 的用氯量以及 95% 的反应效率时，生成 1g ClO_2 需要 1.41g 亚氯酸钠和 0.61g 氯气。

20.6.2.2 盐酸与亚氯酸钠反应制备二氧化氯

反应方程式：

$$5NaClO_2 + 4HCl \longrightarrow 4ClO_2 + 5NaCl + 2H_2O$$

通过理论计算得出，生成 1g ClO_2 需要 1.67g 亚氯酸钠。

这个 ClO_2 生产过程可用于处理厂内没有氯气或无储氯设施的情况。

图 20-27 为一套 ClO_2 制备系统，原料采用浓缩药剂，在反应器进口处稀释：a.25% 的亚氯酸钠溶液（310g/L）；b.32% 的盐酸溶液（370g/L）。

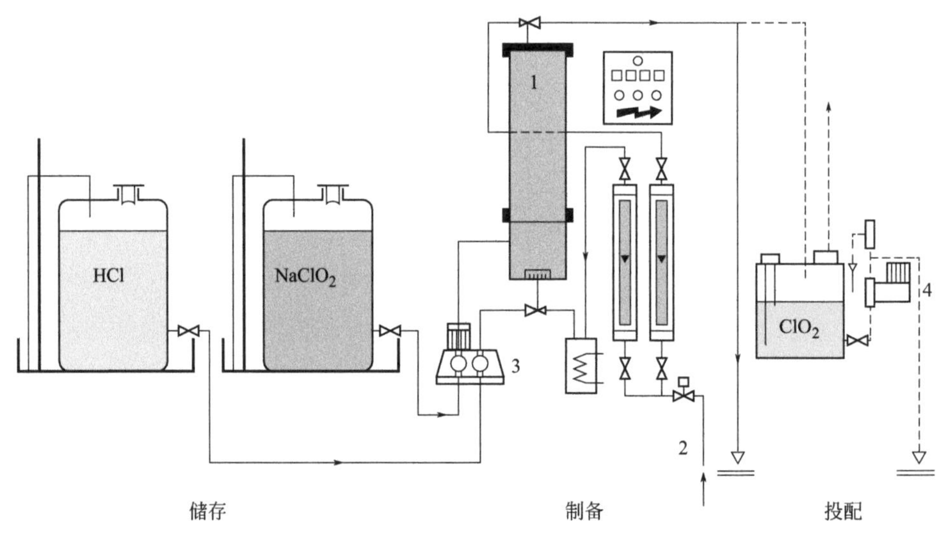

图 20-27 由 HCl 制备 ClO_2

1—反应器；2—自来水；3—进料泵；4—泵

1 份浓度为 25% 的亚氯酸钠，0.65 份浓度为 32% 的盐酸和 6 份稀释用水反应产生 17g/L 的二氧化氯溶液。通过这种方式，1L 25% 的亚氯酸钠溶液可生成 125g 二氧化氯，最佳反应时间为 6min。

产生的 ClO_2 溶液由射流器收集，并在进入储存池前进行相应的稀释。

20.6.2.3　二氧化氯溶液的投配

当二氧化氯溶液不是在反应器出口处稀释时，由于 ClO_2 浓溶液不稳定，容易分解成 ClO_3^- 和 ClO_2^-，因此必须马上进行投配。稀释后的 ClO_2 溶液（ClO_2 浓度在 0.5～1g/L 之间）必须在 24h 内使用。

20.6.2.4　药剂使用的注意事项

（1）亚氯酸钠溶液的制备

亚氯酸钠溶液可以由亚氯酸钠粉末制备。制备用水需要进行软化处理，防止产生碳酸钙沉淀。

（2）溶液的储存

高浓度 $NaClO_2$ 溶液对低温十分敏感，25% 的 $NaClO_2$ 溶液在 10℃时将开始结晶。

用于存放亚氯酸钠和盐酸溶液场所的环境温度应保持在 15℃以上。

（3）溶液的处理

由于其氧化性能，亚氯酸钠溶液严禁与如下材料接触：a. 硫及其副产物或含硫的产品；b. 有机物；c. 金属粉末等。

20.6.3　粉末活性炭（PAC）

PAC 悬浮液的制备见图 20-28。根据处理厂的规模，PAC 可以用小袋、大袋或料仓存储。表 20-2 所示为多种用于生产 PAC 悬浮液的系统，这种悬浮液常被称为“炭浆”，PAC 含量为 30～50g/L。

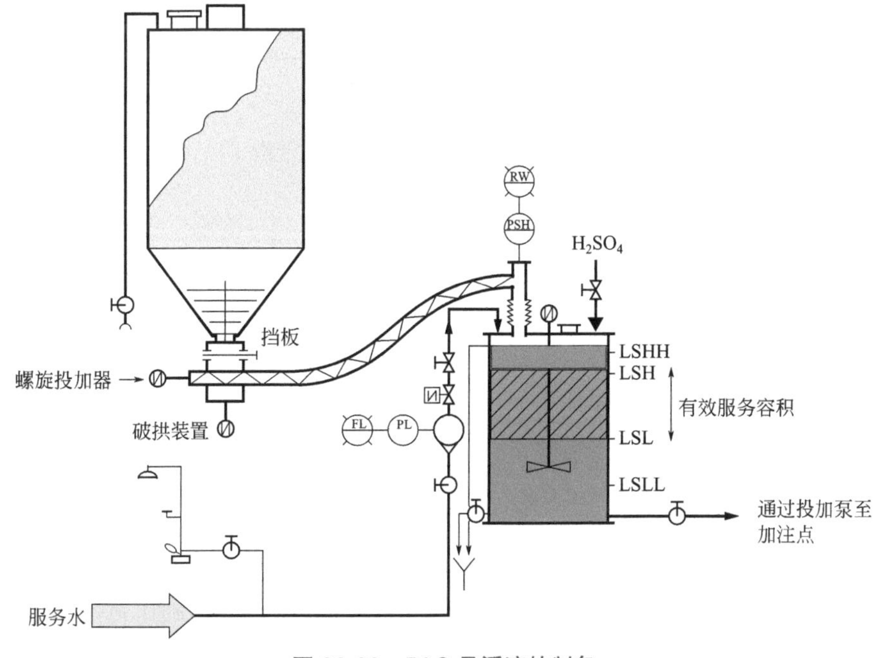

图 20-28　PAC 悬浮液的制备

表20-2　不同的制备和投加系统

储存	投料	悬浮液制备	输送投配
料仓	从料仓 (1)	恒水位制备池	输送泵
(3)	中间料斗 (1)	变水位制备池	投加泵
大袋	从卸料装置 (2)	水力旋流器	水射器
小袋	料斗	混凝土池（变水位）	投加泵

（1）可用的投料类型
①称重式投料
②容积式螺旋投料
③容积式传送带投料

（2）可用的投料类型
①称重式投料
②容积式螺旋投料
③使用螺旋输送器

在大型处理厂（如图20-29所示），使用螺旋输送器直接向湿润-酸化池内加注。因此，为了获得精确的活性炭浆液的浓度，精确计量稀释水和活性炭粉末的体积就至关重要（称重计量更佳）。使用大袋包装产品制备PAC悬浮液见图20-30。

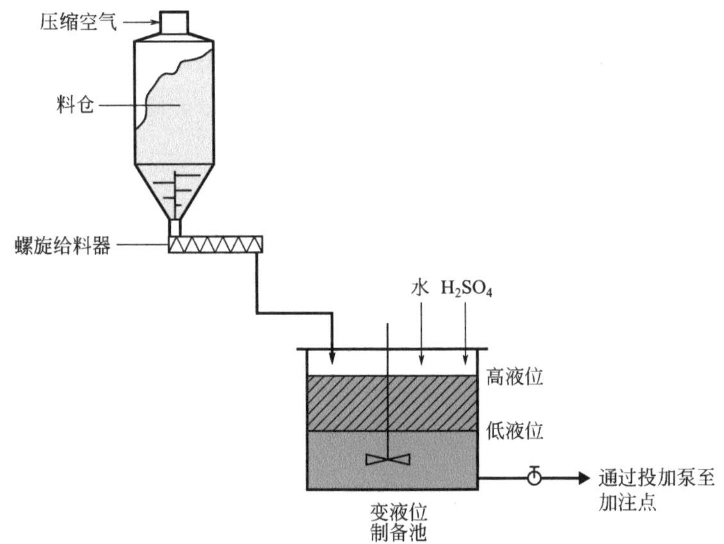

图20-29　利用料仓制备PAC悬浮液

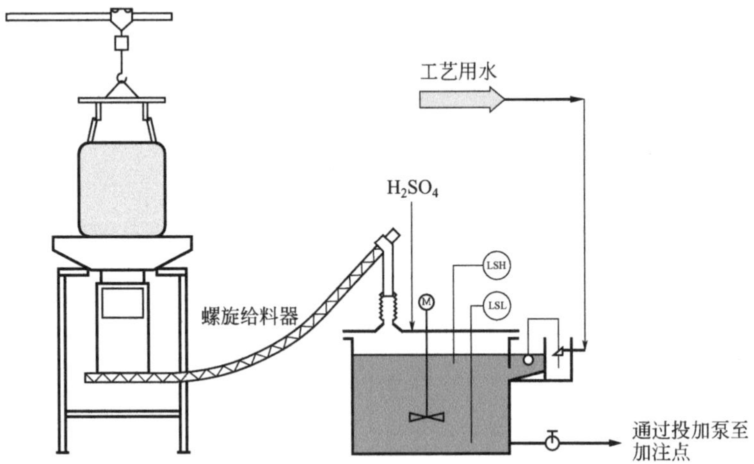

图20-30　使用大袋包装产品制备PAC悬浮液

PAC 在较高的料仓中往往会因压实作用而结块，建议增设一个中间疏松料斗防止 PAC 结块，确保精确的投料计量。

PAC 通过转输螺旋或旋转叶片投料器输入中间料斗。一旦 PAC 变得疏松，就可以通过安装在中间料斗上的投料系统进行精确计量（螺旋输送器）。

由于流化或压实程度不同，PAC 产品具有不同的密度（200～600kg/m^3），而这种密度波动可能会造成活性炭黏着或板结。

此外，PAC 呈碱性，其含有的一些氧化物如 CaO 遇水会生成 $Ca(OH)_2$，并容易在投加管内形成碳酸盐沉淀。因此，必须对碱度（以 $CaCO_3$ 计）＞ 50mg/L 的浸润水进行酸化处理。

第21章 仪表及控制系统

21.1 仪表与测量

21.1.1 概述

工艺控制系统的连续自动控制，涵盖了模拟量的测量和开关量的检测。这两种测量方式的区别在于：

① 模拟量测量，输出与所测变量成一定比例的信号。这个信号可以是模拟信号，也可以是通过通信总线传输的数字信号。

② 开关量检测，输出一个0或1的开关信号，来表示某一参数是尚未达到，还是已超过一个具体的设定值。这一信号可以是一个继电器信号或电压信号，也可以是通过通信总线传输的数字信号。

常用的模拟量测量与开关量检测系统适用于处理厂运行、安全、产水水质等范畴，其中包括各种类型和不同浓度的液体（包括液态污泥）、液态药剂、膏状或固态物料（脱水污泥、干化污泥、粉末、飞灰等）；也适用于气体（工艺空气、污浊气体、沼气、水蒸气等）。

本节介绍了水工业中常用的测量原理，并提供了在不同处理领域的应用示例（见本章21.1.5节）。

21.1.2 常用参数的测量原理

21.1.2.1 流量测量

在所有常用的参数中，流量是所有工艺调节和控制的基础，其测量需要格外细致。

根据测量对象和测量条件的不同（是净水还是污水，是敞开式测量还是在管道中测量），可使用一系列基于不同原理的仪器对流量进行监测。

使用流量计必须遵循以下原则：

① 无论是何种测量原理，必须具备测量原理所具体要求的安装条件；

② 当入水口和出水口均需要测量流量时，为了避免上下游的测量差异，两个测量点所采用的仪器的原理必须是相同的。

按照应用场合的不同可以分为明渠流量测量、管道中流量测量以及气体流量测量。

（1）明渠流量测量

明渠流量测量，通常是先将流体导入一个会产生水头损失的装置（如：文丘里计量槽、文丘里计量堰、巴歇尔计量槽等），然后测量装置上游的液位（使用诸如超声波传感器、压力传感器或者气泡管液位计等），再进行相关计算得出流量。

文丘里计量槽常用于大流量计量；巴歇尔计量槽（图 21-1）也经常用于流量大于 5000m³/h 的情况，以减少水头损失。

对于具有规则横截面形状的明渠，还可以采取非标准化的流量测量方法，即利用雷达或超声波传感器测定渠中的平均流速和水深，再进行计算。当然这种测量方式的精度较差。

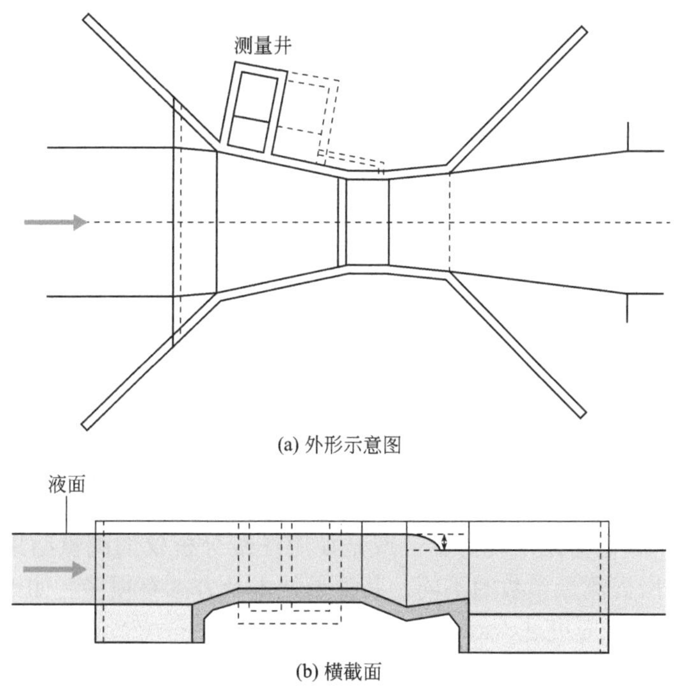

图 21-1　明渠流量测定：巴歇尔计量槽

（2）管道中流量的测量

根据流体的特性、测量条件和流量范围，有以下方法可供选择：

① 套管式或插入式电磁流量计，这种流量计越来越广泛地应用于包括液体污泥和糊状污泥在内的各种介质的流量测量；

② 超声波流量计；

③ 差压流量计（如孔板流量计、皮托管、文丘里、内锥式流量计），这种系统只适用于清洁的流体；

④ 涡轮流量计、回转叶片流量计；

⑤ 多普勒效应流量计；

⑥ 靶式流量计；

⑦ 浮子流量计或者“全金属型”的流量计（如用于热油系统的流量计）。

（3）气体流量测量

用于测量空气和沼气流量的热式质量流量计，以及用于蒸汽测量的涡街流量计的应用越来越多。

21.1.2.2 物位测量

根据待测物料的形态（液态、固态或粉末状），有一系列的物位测量方法可供选择：超声波、雷达、导波雷达（灰、活性炭等粉状物料料仓）、电容式传感器、压力传感器（静压式液位），或者采用称重原理。

常用超声波或压力传感器测量前后的水位差值来检测格栅的污堵情况。

21.1.2.3 压力测量

压力测量仪表的选择与待测流体的性质有关。对于含高浓度颗粒物的介质，建议选用齐平安装的膜片式压力传感器进行压力测量。

21.1.2.4 差压测量

差压测量仪表的应用需要非常详尽地定义其安装和使用条件。

21.1.2.5 温度测量

对于温度测量，PT100 电阻探头（100 ℃铂电阻）的热电测量方法适用于 -50～300/400℃的温度范围。这个温度范围之外应采用热电偶技术（双电极）。

21.1.2.6 应力及机械扭矩测量

测量这些参数主要用来保护转动机电设备免受异常应力的破坏。

21.1.3 水处理专用的测量方法

水处理测量，或是借助于传感器，或是使用在线分析仪的测量结果。基于应用领域（包括气体）以及所需测量参数的不同，其测量技术及方法有很多，如电泳测定法、光度测定法、荧光法、分光光度法、滴定分析等。

21.1.3.1 物理传感器

物理传感器常用于测定下列指标：a. 浊度；b. 颗粒物；c. 悬浮物浓度（光学测量）；d. 污泥界面（使用超声波、光学或者雷达方法）；e. 电导率 - 电阻率；f. pH ；g. 氧化还原电位；h. 溶解氧；i. 有效氯及高浓度氯；j. 臭氧。

21.1.3.2 专用水质分析仪

总的来说，这类检测都需要将待测水样输送至分析仪进行测量（见第 5 章 5.5.2 节）。具体水质参数包括：a. 硝酸根；b. 氨；c. 有机物（有机物紫外线法）；d. 透光率；e. 正磷酸盐；f.COD ；g. 微量烃类化合物；h. 溶解性铁及锰；i. 硫化物；j. 硬度；k. 生物毒性；l. 污染指数。

21.1.3.3　气体分析仪

气体分析仪能够对下列气体进行分析：a. CO；b. O_2；c. CH_4；d. H_2S；e. NH_3；f. 硫醇；g. 烟气成分（SO_2、HCl、CO、O_2、NO_x、粉尘等）。

21.1.4　开关量传感器

开关量传感器（TOR）一般用于安全防护，可以快速地通过设备做出反应或向操作人员报警。这种传感器也应用于工艺管线。

应用于安全方面的开关量传感器主要有：

① 压力开关；

② 恒温控制器；

③ 基于力学或电磁感应原理的限位开关（位置检测）；

④ 基于光学原理的设备存在检测器；

⑤ 基于电磁感应原理的转动调节器；

⑥ 机械式或者电子式的应力调节器（强度阈值检测器）；

⑦ 物位传感器：包括浮子式、旋片式、振动、超声波、射频、光学或导电式；

⑧ 电化学式、催化式或者半导体气体浓度检测仪。

应用于工艺控制方面的开关量传感器主要有：

① 基于热原理或者振荡叶片原理的流体流通检测仪；

② 基于热原理或者传导原理的泡沫存在检测仪；

③ 基于光学或超声波原理的污泥浓度检测仪。

一些流量计可以产生脉冲信号，用以记录累积流量。

21.1.5　过程测量示例

21.1.5.1　污水处理厂测量示例

污水处理厂测量示例见表 21-1。

表21-1　污水处理厂测量示例

监测指标 / 设备	适用领域	检测目的
自动取样器	原水及出水（见第 5 章 5.2.1 节）	进水口和出水口的水质控制
电磁流量计	含杂质的水、出水、污泥	计量、流量控制及调节
溶解氧、氧化还原电位	活性污泥池 氧化还原反应 原水进水	控制和 / 或调节 控制进水水质
电导率	原水进水	控制进水水质
静压液位	含有纤维或者其他物质的流体	液位控制
热式质量流量计	工艺空气、污染气体 沼气	控制和 / 或调节 产气量计量
泥位	Densadeg 沉淀池、二沉池、浓缩池	排泥量的调节

续表

监测指标 / 设备	适用领域	检测目的
悬浮物	活性污泥池 污泥回流	控制和调节
浊度	在所有的处理过程中	水质控制
明渠流量	排放渠道	处理后的水量监测
pH 值	在所有的处理过程中	用于调节
高浓度氯	臭气控制（加氯塔）	检测含氯溶液
有机物（紫外法）	在处理厂进水格栅后	监测进水负荷
NH_4^+ NH_3	生物处理 臭气控制	工艺调控
正磷酸盐	除磷处理后	监测除磷的效果
生物毒性	处理厂进水格栅之后	水质控制，预防突发性污染
H_2S	处理厂进口	控制进水水质

21.1.5.2 饮用水处理厂的测量示例

饮用水厂测量示例见表 21-2。

表21-2 饮用水厂测量示例

监测指标 / 设备	适用领域	检测目的
自动取样器	原水和出水（见第 5 章 5.2.1 节）	在水厂入口和出口进行水质控制
料位（导波雷达）	活性炭、石灰的储存	检测料仓中的料位
pH 值	所有的处理过程	pH 值调节
臭氧	臭氧消毒	臭氧投加调节
氯	氯消毒	氯投加的调节
浊度	所有的处理过程	处理厂入口、出口处的水质控制 / 调节
颗粒物	过滤之后 超滤	处理厂出口处水质控制完整性检测
有机物（紫外法）	超滤处理（进水 / 出水）	装置进水与出水的水质控制
硝酸根	脱氮	工艺控制
微量烃类化合物	膜处理的上游	检测烃类化合物的存在确保膜的安全
污染指数（见第 5 章 5.4.2 节）	膜过滤工艺的上游	评估水的污堵倾向
硬度	碳酸盐去除	检测水质

21.1.5.3 污泥处理测量示例

污泥处理测量示例见表 21-3。

表21-3　污泥处理测量示例

监测指标 / 设备	适用领域	检测目的
料位（称重法）	脱水污泥料斗 备用水箱	料位测量的可靠性
电磁流量计（特种）	脱水污泥	计量、流量控制
悬浮物	液态浓缩污泥、脱水清液	控制和调节
气体中氧含量	焚烧、烟气和热干化	燃烧和稳定化监测及调节
一氧化碳	干化过程（Centridry 工艺、干化工艺）以及末端产物的存储	安全监测
硫化氢	室内监测	人员安全
甲烷	料仓和料斗内	安全
温度	所有热处理过程 硝化过程	控制和 / 或调节

21.2　实时控制

21.2.1　控制调节系统限制条件的变化

在水处理行业，有两个主要的限制性因素：

① 标准越来越严格，导致处理工艺越来越复杂。

② 地方政府、工业用户或居民用户等，都希望水价得到控制（在投资以及运营费用方面）。

因此，对于那些接近设计处理能力极限的处理设施，在稳定达标与已建成设施的处理能力之间，能够回旋的余地很小。所以必须要正确地操作运行这些设施。这也意味着要及时检测出所有的故障差错，以保证无论是设定值，还是设备运行，或者其他的操作问题，都可以实时地进行调整和纠正。

进一步来说，操作人员必须安排好操作工序，这样既可以优化资源，也能保持一个灵活的员工工作制度：操作装置、进行一级的维护等，不再需要在控制中心长时间值守。无论操作人员身处何处，其都必须能够获悉相关的通知、警报以及工厂的状态总览，或者是装置单元的状态信息。

为了更好地理解下文将要介绍的内容，下面对常用术语进行简要介绍。

① 带冗余功能的可编程逻辑控制器（PLC）。包括两种类型的冗余 PLC 系统：温备冗余系统和热备冗余系统。无论哪种冗余 PLC 系统，都包括了 2 个相同的中央处理器和相应的冗余管理软件。举例来说，热备冗余 PLC 是一个即时切换的主备（Master/Standby）系统：两个中央处理器载入相同的程序，获取相同的输入信号，两个中央处理器的程序完全同步。两个中央处理器内部的数据也是完全相同的，但只有其中的主处理器（Master）会更新输出信号。当一个会触发切换的故障（或事件）发生时，后备的中央处理器会立即

无缝切换并进行控制。采用这种冗余机制的中央处理器及通信卡的 PLC 系统，其平均无故障时间（MTBF）可以长达十年以上。

② SCADA：数据采集与监视控制系统。

③ HMI：人机交互界面。

图 21-2 介绍了在 SCADA 架构图中所用到的一些图标。

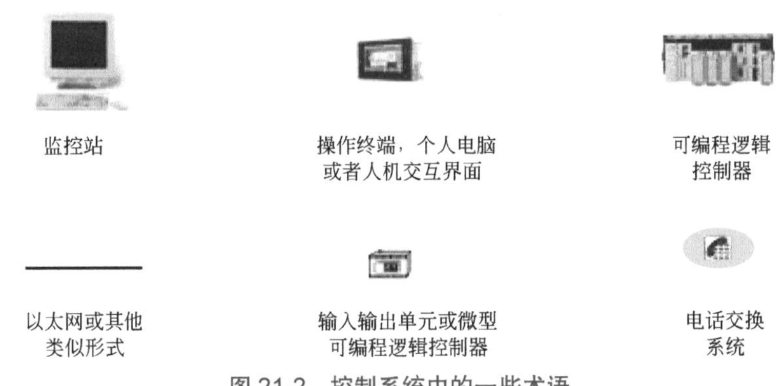

图 21-2　控制系统中的一些术语

下文将介绍得利满推荐的八种典型的控制系统架构，分别应用于饮用水、污水以及污泥处理单元。

21.2.1.1　饮用水

一直以来，饮用水厂的关注点主要集中在：

① 很少需要（如：大约一周一次）调整工艺参数（至少在一个基本稳定的区间）的沉淀 / 过滤系统（如：砂滤或炭吸附池）；

② 顺序控制的滤池运行管理，特别是管理 24h 或更长时间的冲洗间隔时间（大约 30min 的冲洗时间）。

现在的饮用水厂已经开始采用膜系统。这种系统两次反洗之间的运行周期为 20～60min（每次反冲洗持续大约 1min），其运行特点为：

① 在运行期间进行多次的压力和流量调节（否则随着污染物的积累，流量会随之下降）；

② 在周期性彻底冲洗或化学清洗期间会有大量的膜组件不能投入使用（图 21-3 所示的莫斯科项目大约有 50 多个）。

这些发展会在图 21-3 和图 21-4 中得到反映。

（1）经典解决方案的框图（JohoreBahru 案例，见图 21-4）

该水处理厂已经实现了高度自动化，包括了 Aquazur 滤池调节以及滤池组的管理系统。同时由于在 Pulsator 澄清池和 Aquazur 滤池采用独立的 PLC 站，操作人员在网络故障的情况下也可以手动运行整座水厂。

通过一些简单的自动控制可以简化操作人员的工作。例如：依据原水进水流量来调节 pH 或混凝剂的投加。

滤池反冲洗完全是自动运行的，并按以下因素的优先顺序启动冲洗程序：滤池阻塞值达到设定值、过滤时间达到设定值、操作人员手动启动冲洗。

饮用水厂的操作人员通常会在水厂内监控整个供水系统，包括各个外围的泵站。因此，饮用水厂的 SCADA 系统通过公共电话网络（PSTN）连接到整个供水系统的监控网络。

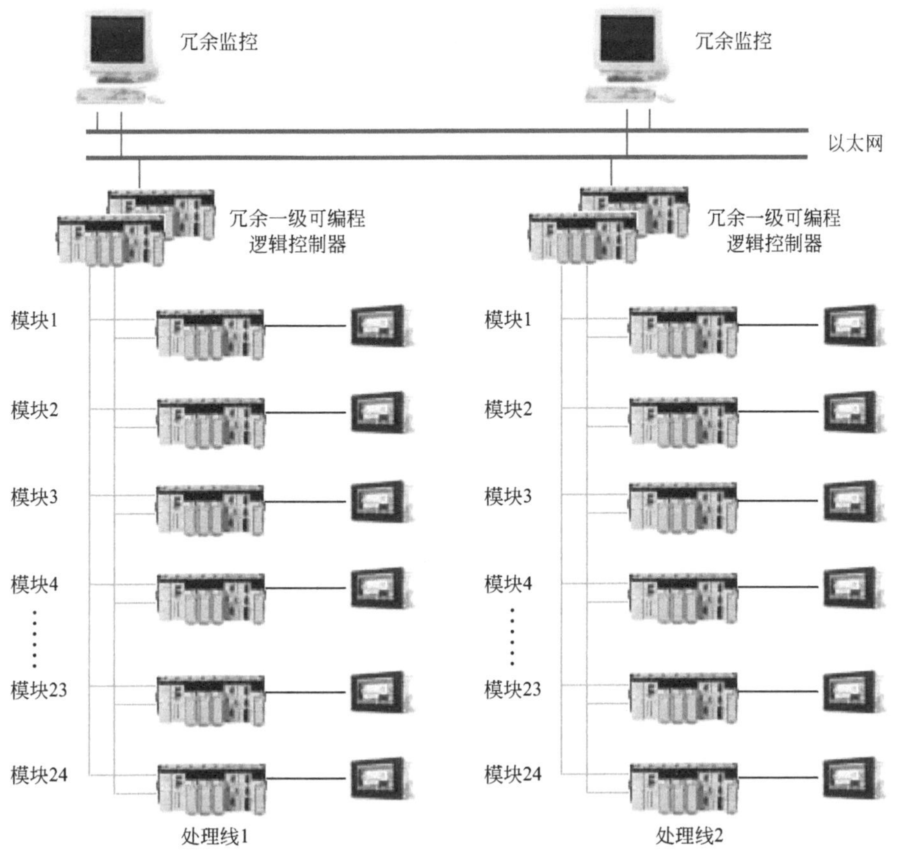

图 21-3　超滤型设施架构图（莫斯科案例）

（2）膜处理解决方案的架构（UF 架构，图 21-3 中莫斯科案例）

装有 Aquasource 单元的 Ultrazur 超滤设施的控制架构是按照其功能性分解来设置的。得利满为每个超滤模块（总共 48 个）配备了一套 PLC 和人机交互界面。这样的解决方案可以使得撬装设备在维修的时候可以通过 PLC 来控制。PLC 之外的手动操作是被禁止的，因为这样可能会伤害到膜组件。

如果没有 PLC，操作人员将无法运行膜架及整座水厂。

主 PLC 负责膜架的管理，同时也协调整个系统，其中包括进水、冲洗授权等。它在系统中起到至关重要的作用，因此必须配置有温备或热备的冗余 PLC 系统。

在这种水厂，操作人员不能直观地看到水流流经处理设施，因此拥有一个可靠的 SCADA 系统，获取及时可靠的运行数据对水厂运行来说至关重要。为了确保高效可靠地控制膜架装置，得利满在努力地对膜架装置进行标准化设计的同时，开发了应用于膜架以及主 PLC 的标准化软件。

这种模块化的控制系统架构在降低投资成本的同时，也给操作人员提供了符合工业标准和实践验证的可靠的控制软件工具。与那些根据水厂定制的控制系统相比，得利满的模块化控制系统经过了完善的功能论证和测试，可以为操作人员提供更可靠完善的功能。

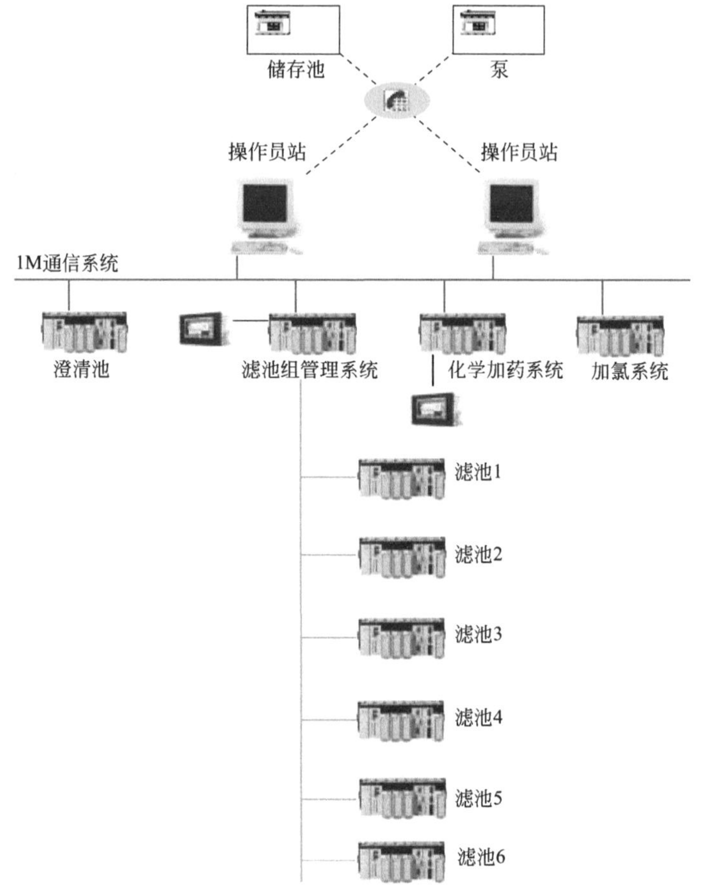

图 21-4　饮用水处理框图（脉冲澄清池 + 滤池），Johore Bahru 案例

这种标准化是以图 21-5 所示的功能分解为基础的。

控制软件依据以上功能分解为相应的子功能模块，就如同 IT 中的应用一样，正是基于这样的功能分解，可以开发出定义清晰、功能准确的功能模块。对于每一种功能模块，都分别提供操作说明及功能分析。每一种功能模块都先进行独立测试，然后测试与其他功能模块的功能接口。通过上述科学严谨的软件开发方法，保证了控制软件不受交货期的限制。

图 21-5 中以矩形方框表示的各种功能，得利满已经开发出符合 IEC 1131-3 标准的软件功能块。随着功能块的开发完成，得利满能够在项目中直接配置这些标准控制功能块，而不需要每次重新编程。这些基本功能的配置完全是基于水厂的操作模式（例如死端过滤或错流过滤）以及工艺参数来进行的，不再因为自控专业人员的偏好而因人而异。

这样结构化的控制软件设计方法，需要自控与工艺专业人员充分进行交流来确定工艺上的每一个细分功能。这样就可以完全根据工艺功能需求进行控制软件功能模块的配置，而不是按照程序的元素如任务乃至字、位来编程。

通过上述方法设计的撬装膜架 PLC 的标准控制程序再与主 PLC 进行通信，协同实现水厂的工艺控制功能。每一个项目都可以进一步针对工艺设计或对工艺控制点进行优化和改进，从而获得一个使用功能持续完善、可靠性持续提高的 PLC 软件。

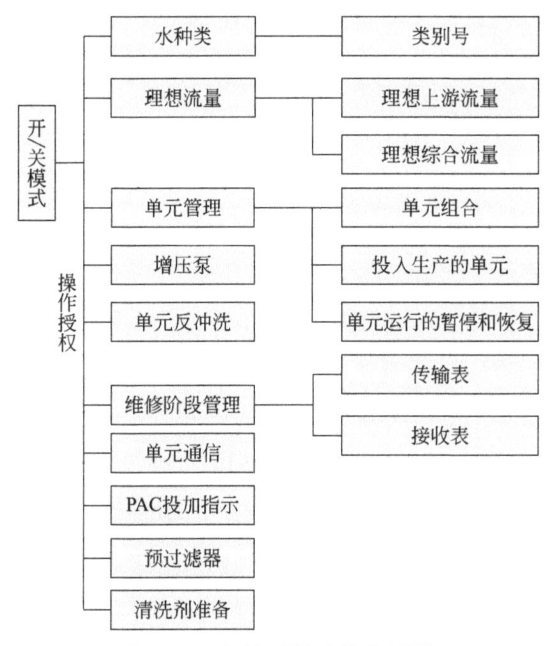

图 21-5　超滤系统功能分解图

21.2.1.2　污水

污水处理工艺已经从以前的长停留时间（从低负荷的 24h 到高负荷的 6h）的活性污泥法（基于 1～10d 的泥龄），发展到可以实现多种处理目的，工作周期不同（10 ～ 48h 不等）的生物滤池系统（除碳、硝化、反硝化等），在处理周期过程中需要大量的操作，以调整诸如所需滤池的数量、曝气量等参数，以有效处理负荷和流量随时间变化的污水（生物滤池的实际水力停留时间一般只有 5～15min）。

（1）采用活性污泥法的污水处理厂

在这种类型的处理厂中，控制调节系统只管理少量的操作工序，更重要的是当出现异常时向操作人员报警，无论他是身在中控室（监控），还是处于待命状态。

操作人员可以随时手动操作设备而无需担心会对处理过程造成影响或设备受到损害，这是因为工艺过程可以应对长达数小时的停机，同时当设备启动或停车时，对处理厂的运行影响很小。

当 PLC 或人机交互界面需要维护时，问题就出现了，这是因为当这类设备停机时，必须确保不能同时影响到多个生产线 / 工艺单元的正常运行。因此，PLC 以及人机交互界面要根据生产线 / 工艺单元 / 构筑物的生产需求设置，而不能仅仅为了节省布线费用而按照平面位置就近布置。图 21-6 中 Tours 污水处理厂（法国）所使用的构架对这种情况进行了诠释。在这个处理厂中，最复杂的功能在于将 SCADA 系统、设备维护管理系统以及实验室系统联系了起来。

（2）采用生物滤池工艺的紧凑型处理厂

这类处理厂经常设有复杂的污泥处理处置设施（如干化、焚烧等），以及能够在市区或者敏感地区经常见到的生物滤池等。因此必须严格限制这类设施的环境影响。另外，这些设施往往比敞开式的设施更受通风和除臭系统的限制。一旦通风系统停止运行，将会逐

渐产生高浓度的 H_2S，使得操作人员难以在相关区域工作。

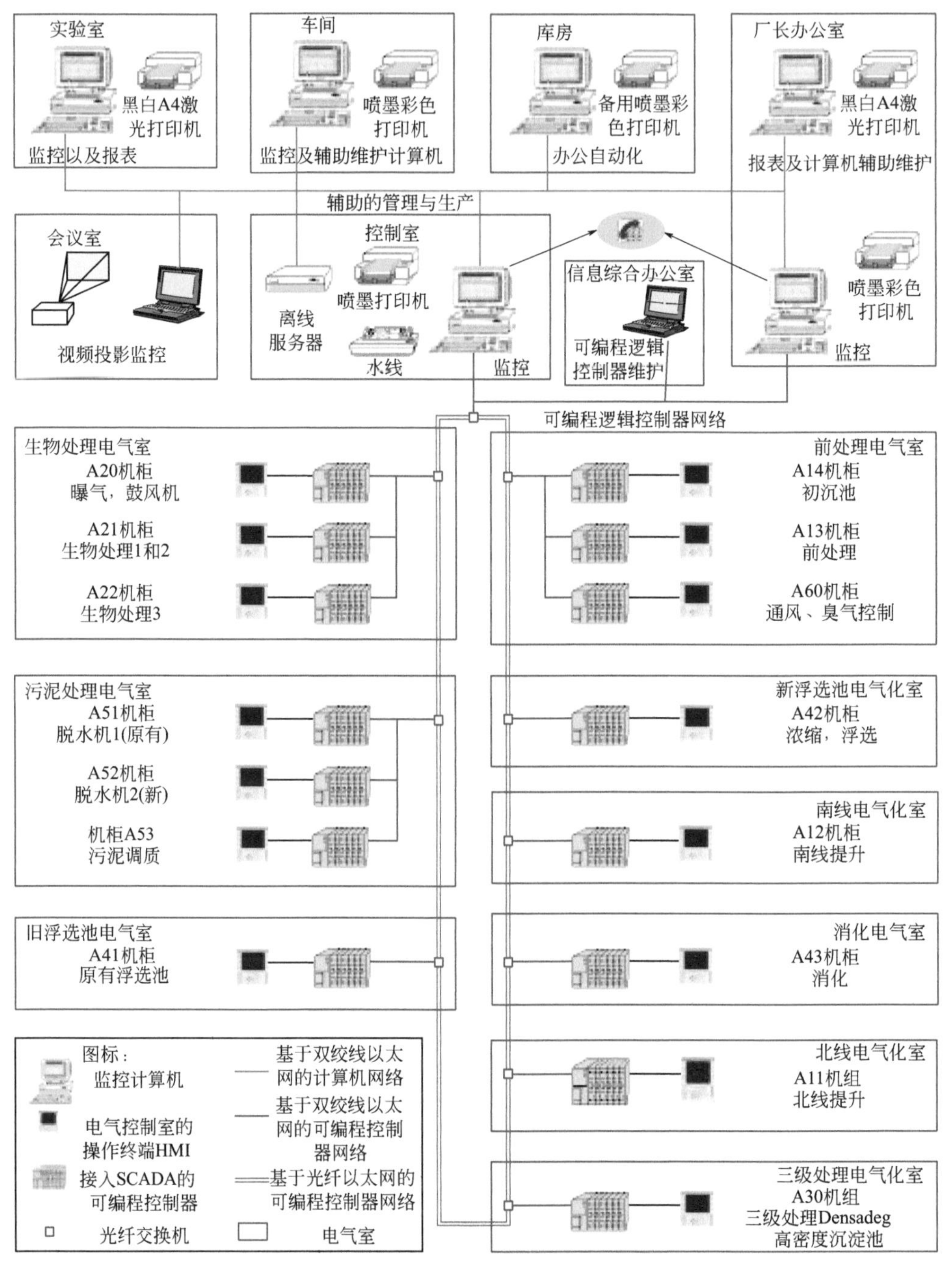

图 21-6　Tours 污水处理厂（法国）：控制调节系统的通信架构图

这类处理厂在设计上考虑了应对不同的污染物浓度和负荷，因此控制调节系统时常需要能将工艺单元从一种运行模式（例如将滤池按 2 对 2 或者 3 对 3 串联运行）切换到另外一种运行模式（如：所有的滤池单元并联运作），以确保处理厂能够应对从正常负荷到最大负荷的不同运行需要。因此，这些生物滤池的控制程序就非常复杂，尤其是在有很多工艺变量时。

这类处理厂有三种可供选择的控制系统架构：

① 每个滤池配备一个 PLC，一个非冗余的 PLC 负责管理人机交互界面以及主要设备附近的交互界面（见图 21-7 中生物滤池架构解决方案 1）的并行运行；

② 一个带冗余的 PLC，连接分布于各滤池的远程输入 / 输出模块和人机操作终端 HMI（见图 21-8 中的生物滤池架构解决方案 2）；

③ 一个带冗余的 PLC，通过现场总线连接分布于各滤池的阀门（阀岛）和人机操作终端 HMI（见图 21-9 中的方案 3）。

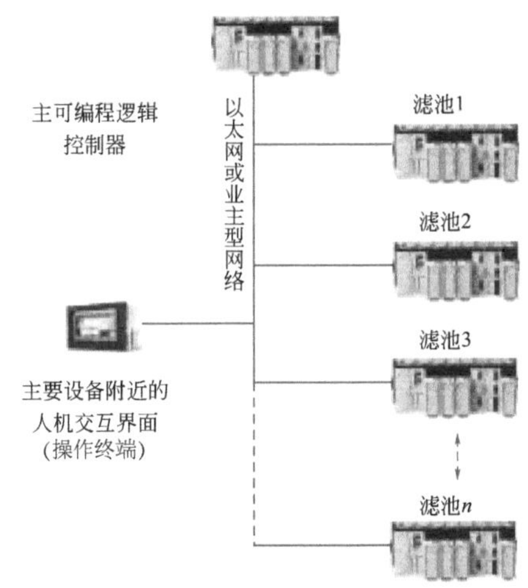

图 21-7　生物滤池控制调节系统架构图，方案 1（法国 Annecy 案例）

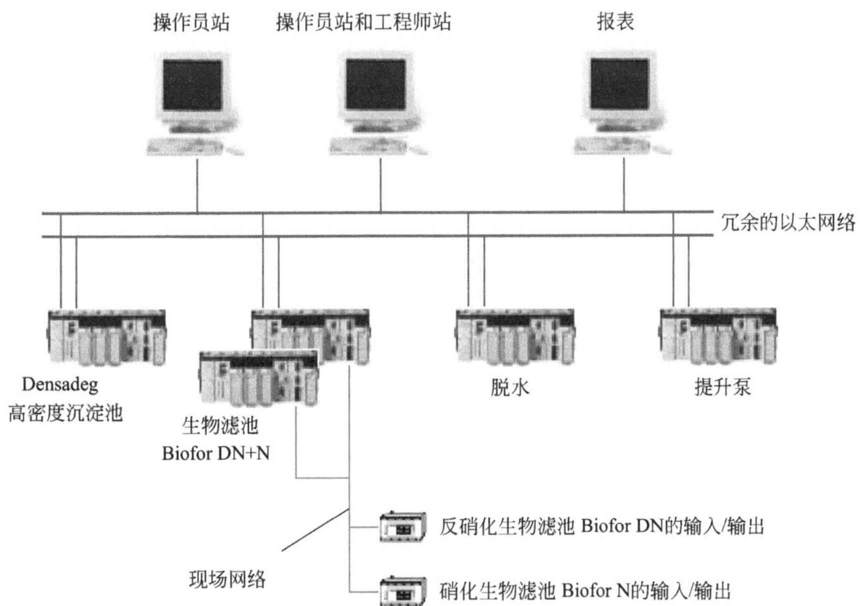

图 21-8　生物滤池控制调节系统架构图，方案 2（釜山 Dong Bu 污水处理厂案例）

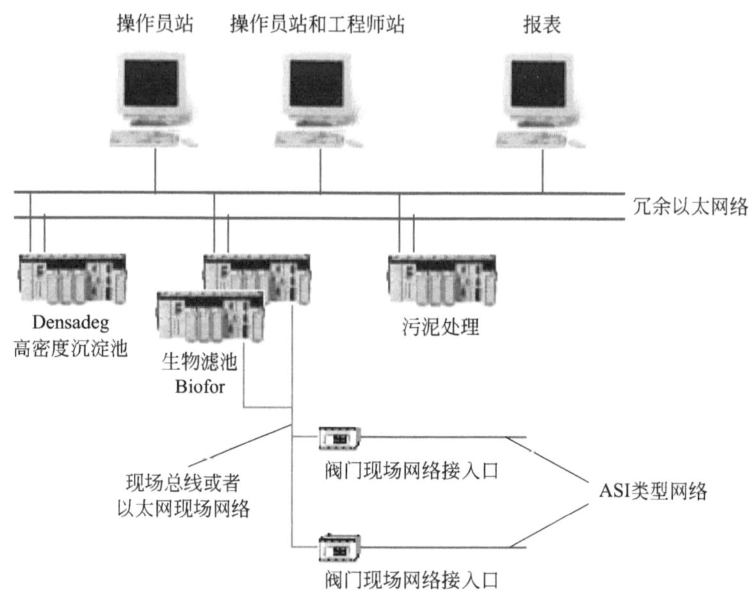

图 21-9 生物滤池控制调节系统架构图，方案 3

方案 1 的优点：a. 每座滤池独立运行；b. 主 PLC 只负责滤池运行数量的控制和根据反冲洗的优先级管理滤池的冲洗；c. 易于使用和维护。

方案 1 的缺点：a. 一旦主 PLC 宕机，操作人员将无法对滤池组的运行进行集中监控（如进行冲洗，根据进水量或污染量来确定滤池数量等）；b. 需要配置很多 PLC，维护费用高。

方案 2 的优点：a. 方案完善可靠；b. 简化了阀门与 PLC 之间的接线。

方案 2 的缺点：a. 投资费用高；b. 主 PLC 软件较为复杂。

方案 3 的优点：a. 可靠；b. 使用现场的网络，简化了布线。

方案 3 的缺点：要求操作人员具有现场总线的应用知识和使用经验。

虽然不同方案各有优缺点，但是倾向于推荐方案 2 或方案 3。

21.2.1.3 污泥处理

污泥处理工艺已逐渐从操作参数不多的机械脱水工艺，发展为复杂的热处理工艺。热处理工艺系统本身，及与之配套的保护人员与设备安全的安全联锁系统，都要求控制系统具有毫秒级的响应时间。而严格的废气排放标准，要求 SCADA 系统必须能够快速地检测工况的变化，并及时做出工艺调整，以确保系统在其设计范围内运行。

（1）经典方案架构（离心脱水机的案例）

现代化离心脱水设备，通常需要人机交互界面以便进行测试和调整。但是，在人机交互界面上的人工干预仅限于系统启停和冲洗过程的控制。脱水机本身没有 PLC，而是通过专用控制器（转速差调节，见第 18 章 18.6.4.2 节）来完成脱水功能。

（2）污泥热处理工艺中运用的架构

热处理工艺、焚烧炉以及干化机系统内遍布着各种仪表。一些干化机要求其控制程序处理系统具备紧急停车的功能，例如防止火灾发生的程序等。因此设计污泥热处理工艺的 PLC 程序是非常复杂的工作。为了使这些 PLC 程序运行可靠，得利满按类似超滤工艺系统的方式，开发了一些相应的模块。即使这样，热处理工艺还是有太多的变化因素难以被充分的标准化。所以只限于定义一些功能模块，而程序的其余部分，则是根据每个项目的具体需求进行针对性的设计开发。

21.2.2　采用的技术

在水处理和污泥处理工艺控制系统中采用的技术必须力求使控制系统安装简单，使用维护方便。下面对在水处理过程中广泛应用的技术做简要介绍。

21.2.2.1　现场网络

现场网络（图 21-10）的应用越来越广泛，因为其可以简化布线，从而降低安装费用并简化维护工作（减少了接线端子的数量）。这样的方案对于在有限的距离内（小于 50m）需要配备大量传感器 / 执行器的工艺系统有很大的吸引力。得利满的超滤膜机组就是一个典型应用案例，现场网络将自动阀门连接到膜架 PLC。同样地，在饮用水处理厂及活性污泥法污水处理厂有许多电机启动控制，这种方案可减少电气柜、电机与 PLC 之间的线缆长度。

这种解决方案对于控制电动阀门也很有吸引力，可减少机柜与设备之间的布线，还实现了同样的功能（如独立于 PLC 之外的开 / 关动作、远程和本地模式等）。

生物滤池倾向于采用远程输入 / 输出。而对于测点数量少却占地大的活性污泥法处理厂，并不建议采用这种现场网络技术用于流量、压力、液位等信号的传输。

如今 PLC 和机电控制设备厂家可以提供更加可靠、成本效益俱佳的工业化产品，可提供更多的功能（电流检测、功率因数）和综合性解决方案。

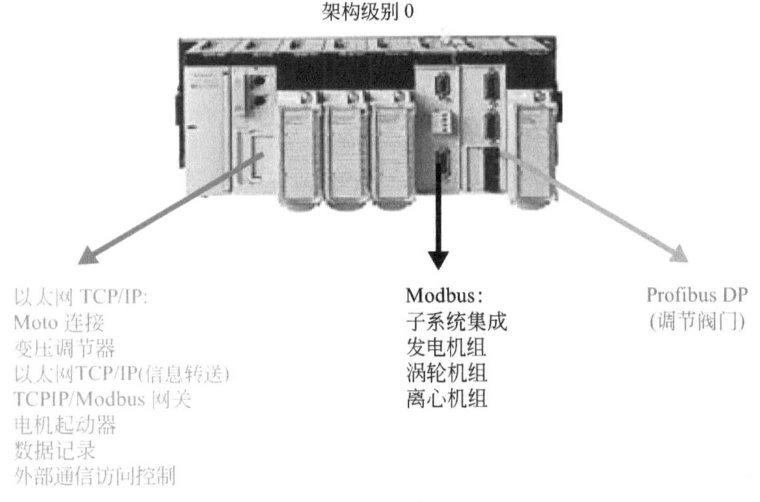

图 21-10　以太网现场网络

21.2.2.2　“瘦客户端”

SCADA 系统必须能够根据其架构的发展而升级，这样才能实现资源的最优化利用。

在几年前，改变一个控制调节系统的架构是基本不可能实现的且耗资巨大的工程。然而，现在有了“瘦客户端”的解决方案，只要操作人员认为合适，就可以选择升级自己的工作终端以及组织架构。SCADA 系统再也不是升级的障碍（如位于控制中心的、现场的或远程的单元），每项内容都可以轻松完成。举例来说，在一个单元中加入人机交互界面而不改动系统的其余部分，现在做起来很容易。

另外，这套方案可以根据人机交互界面的数量来优化授权证书的安装费用。例如，法国 Valenton 项目在约六十套的人机交互界面上共安装了二十套授权证书（见图 21-11 和图 21-12）。

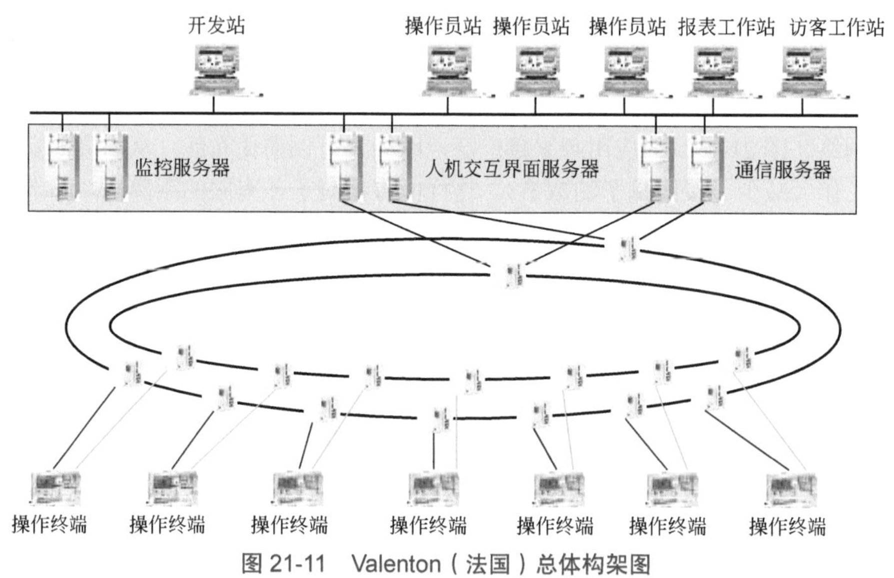

图 21-11　Valenton（法国）总体构架图

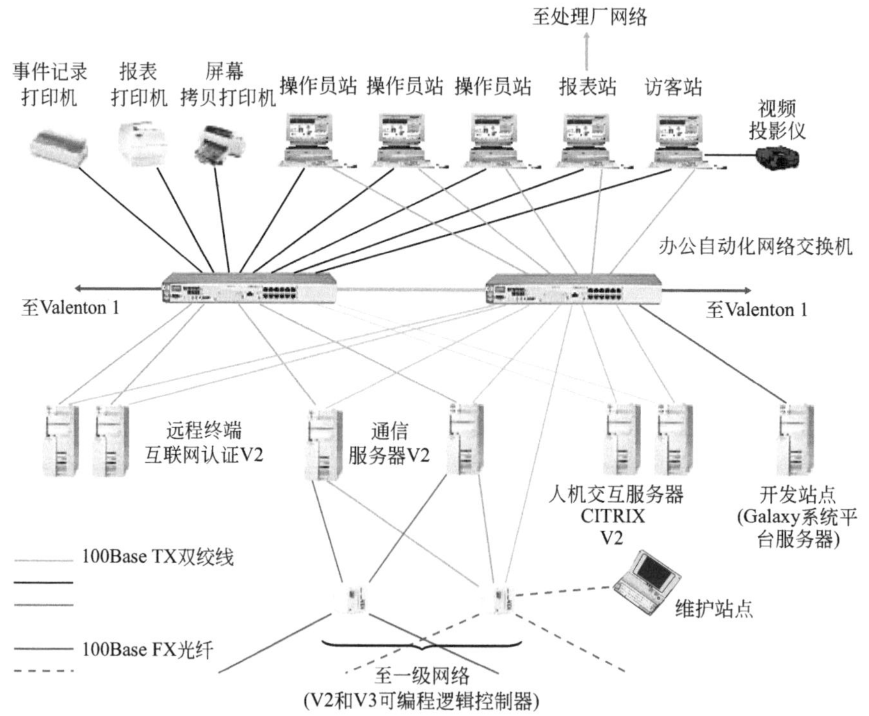

图 21-12　Valenton（法国）二级架构图

21.2.2.3　以太网

计算机技术已经成为控制调节领域的标准，相应地，PLC 间的通信也已经采用基于以太网 TCP/IP 的工业标准以太网协议（见图 21-13 和图 21-14）。

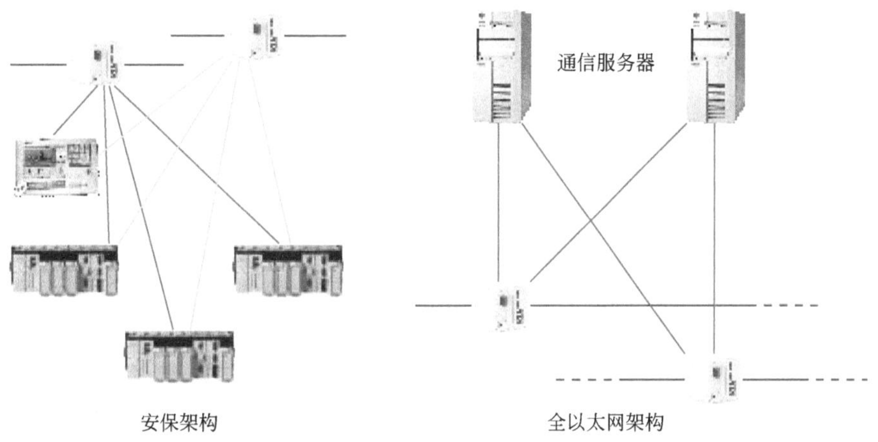

图 21-13　Valenton 架构图

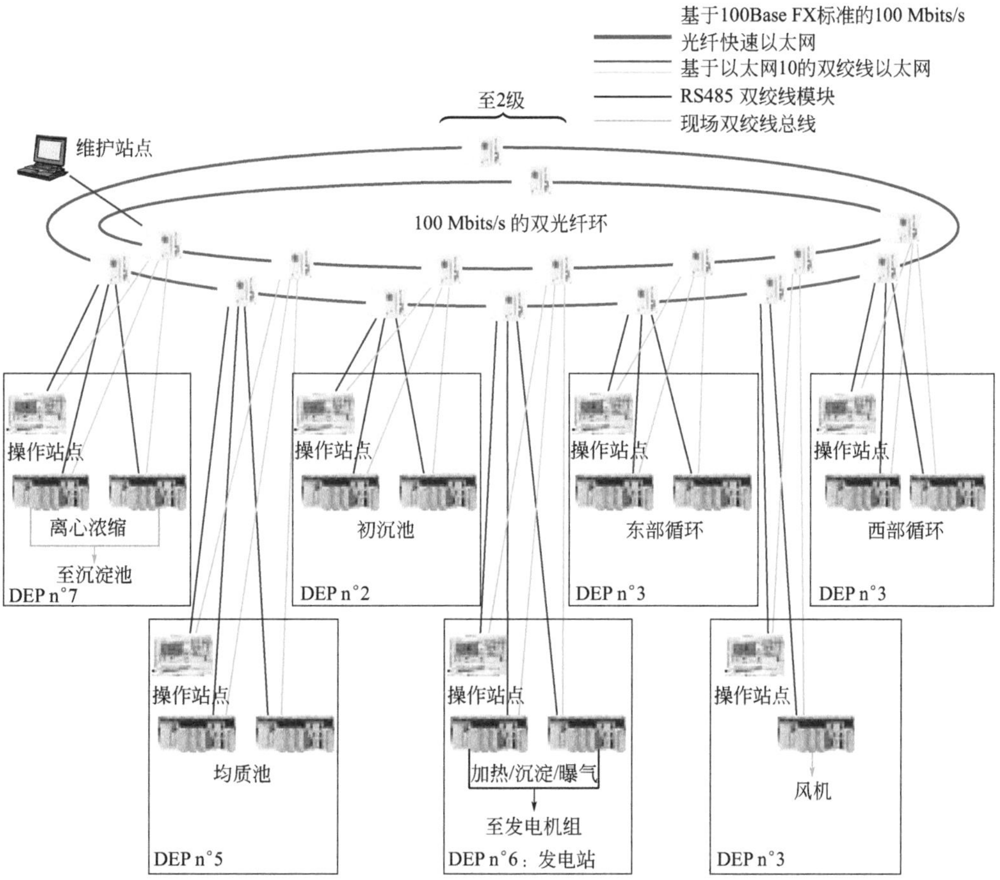

基于100Base FX标准的100 Mbits/s
光纤快速以太网
基于以太网10的双绞线以太网
RS485 双绞线模块
现场双绞线总线
至2级
维护站点
100 Mbits/s 的双光纤环
操作站点
离心浓缩
至沉淀池
DEP n°7
操作站点
初沉池
DEP n°2
操作站点
东部循环
DEP n°3
操作站点
西部循环
DEP n°3
操作站点
均质池
DEP n°5
操作站点
加热/沉淀/曝气
至发电机组
DEP n°6：发电站
操作站点
风机
DEP n°3

图 21-14　法国 Valenton 一级框图

无论处理厂的规模大小，这样的网络可以帮助运行人员处理从最简单到最复杂方案的任何类型的架构形式。

在设计控制系统时不需要把以太网的性能作为关键要素来考虑，只要指定网络速度足够快（大于 100Mb），即使在报警信息雪崩的情况下也不会有数据包的丢失。

21.2.2.4 面向对象的程序设计

现今硬件技术的普及越来越广，软件亦是如此。

PLC 控制系统已经不再是彼此封闭的系统了，而是越来越多地采用开放的计算机技术。各大 PLC 厂商广泛支持的国际标准，尤其是 IEC 61131-3，不但可以在功能块基础上工作，而且使得调试和测试变得更加容易。

通过采用面向对象的编程方式对一些基本功能进行标准化，可以向操作人员提供易于应用的功能模块及数据接口。PLC 程序的每个特定功能块与监控程序中的功能模块相对应，PLC 的功能块与监控程序的功能模块的数据接口也保持一致。

因此控制程序的调试与维护变得更加容易。

然而，对于相似类型的功能块来说，例如直起电机的功能块和变频电机的功能块，它们的启动控制基本功能的实现都是一样的，只需要调试一次。在处理厂的整个服务年限内，仅通过增加工艺或局部改动，这些功能就能被重复使用。

面向对象的程序设计（图 21-15）方法，再结合处理厂功能的分解，使得 SCADA 程序的开发和维护变得更加便捷。

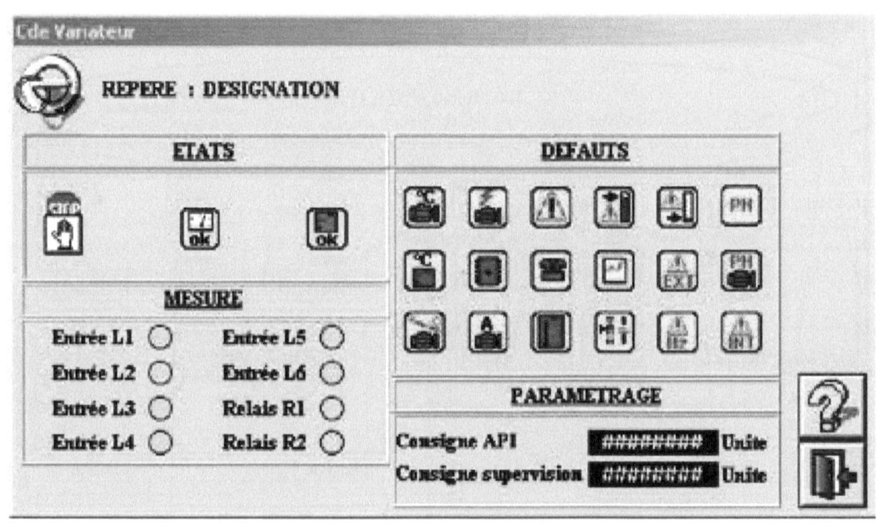

图 21-15 实例——变频器前面板的形式

21.2.2.5 DCS 或 SCADA+PLC 系统

这是一个老生常谈的问题。对于“传统”的处理厂而言，工艺过程较慢，反应时间长达数小时，测量点较少，因此可以将几个控制回路组合或采用 Graphcet（SFC）类型的步序式操作。因此一般采用与这种性能匹配的解决方案：SCADA+PLC 系统。

因此，得利满采用这种方案构建了数以百计的装置来满足客户的需求。这种方案的好处是可以轻易地与设备交互操作以管理工作负荷，并且有可能迅速受益于计算机化（如互联网、“瘦客户端”）的发展。

此外，众多负责调试及系统维护的承包商均熟知 SCADA+PLC 方案，这是这种方案的另一个巨大的优势。

分布式控制系统（DCS）提供了改进后的程序结构（如：使用功能块库，全局声明的变量等），同时还可以透明地管理各个人机交互界面之间的通信（单一网络节点声明）。但是，DCS 系统比较适合于具有一定规模的工厂（如在监控模式下大于 10000 个变量的场合）。

实际上，DCS 系统和 SCADA+PLC 系统之间的技术差异界限变得逐渐模糊，因为二者现在都是基于以下标准：a.Windows 操作系统；b. 以太网；c. 实时编程的 IEC 61131-3 标准。

因而这两种方案的选择越来越依赖于人的评判（如操作人员的经验）或者市场的考量（服务、价格等），而不是技术上的考虑。

21.3　与处理厂延迟特性相适应的控制系统

21.3.1　报表软件：Aquacalc

水质可由数量众多的参数来表征。但仅有少量的定性参数的测量通过在线安装的仪表完成。

对于原水和出水水质而言，定期的实验室检测还是必要的。因而操作人员很难得到处理厂的实时运行数据。

报表软件的应用将改善这种情况。报表软件可检查每天的处理效果是否在合适的范围内，同时也从财务的角度来控制处理厂的运行。得利满已经推出了一个可以推广至其所有处理厂的标准化方案。

Aquacalc 软件旨在为水处理厂操作人员提供一个可以参数化的工具，用于：

① 自动地收集、存储所有技术数据；

② 验证这些数据，以确保其可靠性；

③ 将数据编辑为定期或不定期的报表和报告（以 Excel 形式）。

Aquacalc 的功能包括以下几方面。

数据获取：这个功能使得操作人员可以处理大量的外部数据源（如：监控、Excel，文本文件以及任何与 ODBC 兼容的数据库：Access、Oracle 等）。

长期的归档：用于归档已获取的数据或者经计算得出的数据。这些数据储存在 Aquacalc 特定的文件中，或者存放在与 ODBC 兼容的数据库（如：Access、Oracle 等）中。这些归档可保存长达数年时间。

自动数据验证：每一条数据都与一个验证方法相关联，以确保每个传感器的检测结果按以下三个衡量标准得到验证：

① 数值：检测结果是否在可接受的范围；

② 波动：检测结果的波动是否在可接受的范围；

③ 稳定性：检测结果是否在一定的时间段内基本保持稳定。

综合这三个标准得到一个总体可靠性指数，并与每个数值相链接。随后检测结果将根据其总体可靠性指数是高于还是低于操作者设定的阈值（因每个参数值而异），来自动地判断为可靠或不可靠。

总体可靠性指数也可以基于检测环境条件来计算。这个环境是由一个、两个或三个开关量传感器来界定。每个传感器都是基于这样一个标准来判断检测的可靠性：

① 可操作性：是否有一个正在进行的测试或维护任务；

② 通信：数据传输通道是否处于可运行状态；

③ 过程：传感器是否处于可运行状态。

如果其中一个指标不可靠，那么传感器的置信指数将被重设为0。

数据纠正：在自动数据验证阶段完成之后，操作人员可以通过图形拟合编辑器或者制表软件来修正那些被认为不可靠的数据。

制作报告：Aquacalc 工具非常方便，用户可以很容易地生成和编辑 Excel 报表，也可以按照计划在指定日期自动生成报表。

数据和报告的访问：用户可以通过曲线图或表格的形式查阅数据。网页访问模块可以使得公司网络的任意用户方便地通过网页浏览器访问数据和报告。

除以上功能外，这款报表软件也很人性化，并不需要高级的电脑操作技能。

21.3.2 维护

长期以来，水处理厂并没有被当作工业设施来运行，因而其维护被视为不重要的工作，时常会被忽视。

目前，随着对水处理厂技术的不断更新、稳定性要求越来越高的资产管理需求的增长，维护已经被视为一项战略性的任务：

① 需要保证服务的连续性以及工艺处理质量的连续性；

② 需要通过延长设施的服务寿命来收回投资。

其实目的很简单，就如图 21-16 总结的一样，在尽量降低运行费用的同时，最大程度地发挥设施的功能。

为了充分发挥功能，需要：

① 列出所有设备的技术特点；

② 规定维护的操作、特性、频率以及历时；

③ 配置计划和控制工具；

④ 设立并维持备件储备；

⑤ 从统计学的角度评估设备每项条目的可靠性以及维护费用；

⑥ 发布有效性评估指标。

为了能够实现这些功能，最广泛的做法是采用设备维护管理系统 CMMS（法语中的 GMAO），请参见图 21-17 中对其功能的简述。

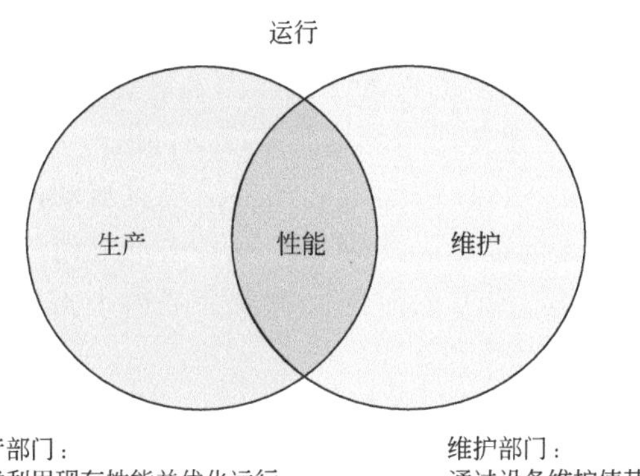

图 21-16　运行示意图

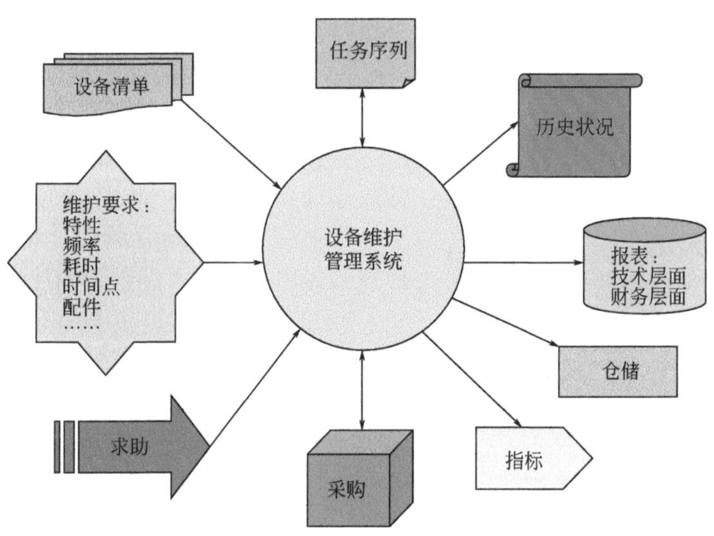

图 21-17　设备维护管理系统（GMAO）

21.3.2.1　设备维护管理系统 CMMS（GMAO）

市场上为这个领域提供的服务看上去非常广泛。它们主要包括定位于主要行业（如：汽车工业、石油工业等）的包罗万象的软件包（可编程软件）。这些产品能够提供多样化的功能，但大多数似乎被过度设计了，其构架复杂。因此对于水处理厂而言，人们认为它们太过复杂，用户体验不佳。

基于这种情况，操作人员可能会倾向于使用监控软件去发起维护的操作。然而这种高度受限的管理方法并不能提供一个真正的管理功能，尤其是其后续的动作和统计学方面的信息几乎常常被系统性地隐藏了。

但是，对于监控设备以及发现处理厂的薄弱环节而言，设备维护管理系统是极其必要的。这套系统有时可以查询维护操作是否有益。值得一提的是，这套系统会要求将设备清单与对设备维护需求的详细审查结合起来，并及时进行更新。

因此，设备维护管理系统（CMMS）促进了生产质量的提高。

但需要注意的是，不能忽略这其中的人为因素，因为这套系统的使用需要仔细的数据反馈。因此，需要操作人员投入精力并意识到这套系统的价值。

对于这套系统而言首要的是，其使用起来必须要简单且直观，同时也不能过度地去深究诸如“是什么构成一个可维护单元”的定义，或者去深究诸如维护操作失败的细节等，因为这样一来其产出的价值与投入的时间比例就会显得不太适宜，注意到这一点也很重要。

21.3.2.2 Aquamaint 软件

这款软件由得利满开发，其目的是满足前文中提及的一些需求（见本章 21.3.2 节）。另外：

图 21-18 Aquamaint 软件操作界面

① 该款软件通过使用计算机化的构架（如图 21-18）来简化其部署及维护工作，其人机工程设计符合目前计算机领域普遍采纳的标准；

② 其功能的灵活性意味着它可以被调整，以适应不同规模水厂的需求及不同的组织机构；

③ 可以容易地与其他应用程序相配合（例如监控软件等）；

④ 在 Aquamaint 运行时，可以输入第三方的信息（如电子文档、图纸、图片等）。

Aquamaint 能够提供全方位的服务功能，能为维护管理的完美化提供足够的支撑（图 21-17）。迄今为止，Aquamaint 已经成功运用在数百个规模为 10000～2000000 人口当量的项目中。

21.4 结论

图 21-19 归类整理了由得利满开发的各种工业计算机化和 PLC 架构的解决方案：

① 经典的人机交互界面 Superveil，一种移动式或固定式的触摸屏（Tactiveil）。这些不同款式的交互界面在不断升级的同时，安装上也充分考虑了人机工程学，并且已经针对水处理行业做了调整。

② 结合了经典的解决方案（Aquaveil）与“瘦客户端”方案的电话式管理，可实现远程查看某个现场，以更好地分析故障。

③ 客户可以选择是否向公众公布本处理厂的运行信息。

④ 数据共享以及多现场软件的共享使得操作人员可以在一个地方集中所有的数据信息。

得利满有足够的经验与解决方案去响应、满足和适应客户提出的各种需求。

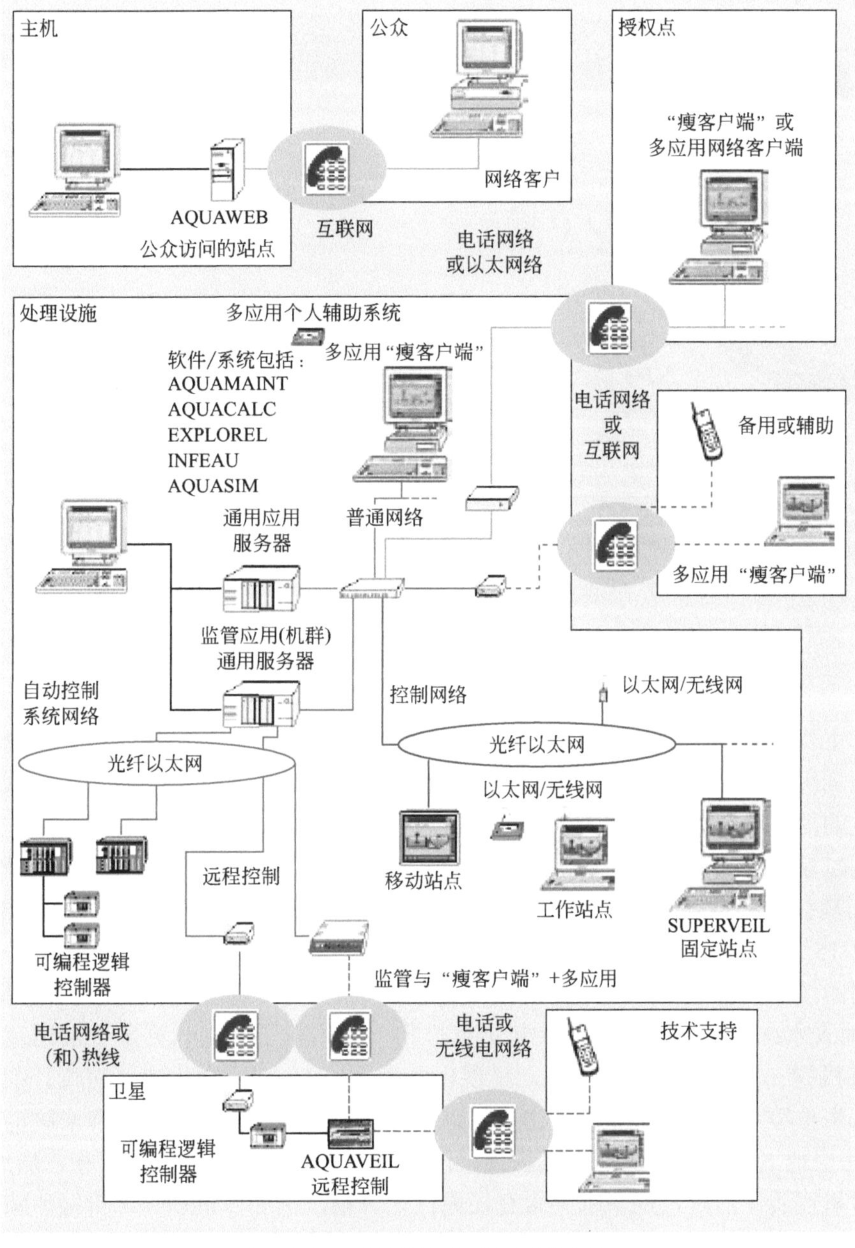

图 21-19　得利满自动控制系统架构

第22章 饮用水处理

引言

本章主要介绍淡水水源的饮用水处理工艺，即针对不同水质的原水选择适合的工艺流程。一系列组合工艺甚至能将最难处理的淡水处理到符合饮用水水质标准。苦咸水处理和海水淡化的内容已在第 15 章 15.4.2 节中做了介绍，在此不再赘述。

请同时参阅第 3 章和第 4 章中关于物理、化学和生物处理的工艺理论，以及所介绍的有关得利满技术的内容，尤其是：沉淀池—浮选装置（第 10 章）、滤池（第 13 章）、膜分离（第 15 章）和氧化—消毒（第 17 章）。

可用的淡水资源一般可划分为三个主要类别（参见第 2 章），其主要特征分别如下：

① 地表水：通常含有悬浮物（包括有机物、胶体粒子和生长繁殖非常迅速的藻类）；溶解性有机物（天然或人工合成的，呈现出各种颜色）；病原微生物（病毒、细菌、原生动物、寄生虫等）和某些特殊的矿物质如重金属，视其污染的程度和类别来决定。

② 深层地下水：除了天然无机物外，深层地下水中一般不含有悬浮物、病原微生物，也不含有机物质。但是，地下水会含有还原性化合物，例如二价铁、二价锰、NH_4^+ 等，甚至还含有有毒的矿物质，例如砷、硒、氟等，以及放射性元素；或者水体的硬度不合格，或含过量的盐类（Cl^-、SO_4^{2-}），或过量的硝酸根（NO_3^-）。但应该注意的是，对于这些元素，每一种都需要采用专门的处理方法。而地表水处理一般只需要一种常规的处理方法（澄清、深度处理、消毒），这是本章编写的总的原则。

③ 受地表水影响的地下水：这种水源介于前两类之间，包括浅层的地下水、岩溶层中的水等。这些水通常都很清澈，但是易受地表水和深层地下水中浊度、污染物变化的影响。

注意：还可以区分出第四类水源，即可重复利用的再生水，其通常渗入含水层或流淌入水库而后被重新处理成饮用水。这一类水往往含有某些地表水和深层地下水中的污染物，而且这些混合污染物对水质和处理工艺的选择会产生重要影响。另外，这类水的主要处理方法在第 11 章（生物处理）、第 15 章（膜分离）及第 24 章（工业用水处理）中进行了介绍。

因此，为使得水达到可饮用的程度，需要一整套处理技术。实际上，没有哪种技术是真正特别针对上述某一种污染物的。不同处理技术对去除水中污染物的有效性见表 22-1，√√表示起主要作用的工艺，而√表示起辅助作用的工艺。

表22-1　饮用水处理技术对水中杂质的去除作用

工艺/技术	悬浮物	胶体天然有机物（腐殖酸）	溶解有机质		病原微生物	特殊参数有效性
			天然有机物（腐殖酸）	“合成”有机物（微污染物、农药等）		
预沉/除砂	√√					
格栅	√√					
混凝、絮凝、沉淀、浮选	√√	√√	√√	√	√	（金属）√√ （藻类）√√
过滤	√√	√			√	（藻类）√√
生物滤池	√	√	√	√	√	（NH_4^+，NO_3^-，Fe，Mn，H_2S 等）√√
吸附（粉末活性炭，颗粒活性炭）	√		√	√√	√	（重金属）√√
氧化-消毒（Cl_2，O_3）				√～√√	√～√√	（Fe，Mn，As）√√ 随后分离
紫外线消毒				√	√√	
膜过滤（UF）	√√	√√	√		√√	
超滤膜+吸附（水晶工艺 Cristal）	√	√	√√	√√	√√	
脱盐膜（纳滤，反渗透）			√√	√√	√√	（所有离子）√√
离子交换			√√	√～√√		（NO_3^-，硬度）√√
曝气				√～√√		（H_2S）√√

正如已经介绍的，表 22-1 列出的水处理工艺和技术的适用条件和处理效果都不尽相同，并且项目的投资和运行成本也有很大的差异。于是，选择一个最佳处理工艺流程，一直是设计人员的一门艺术，本章将提供很多案例作为参考。

注意：尽管在本章中没有详细介绍水处理残留物（污泥、饱和吸附剂、膜反冲洗废水等）的处理工艺，但其也是投资和运营成本中非常重要的组成部分，所以在进行处理工艺的优化选择时其也是应考虑的重要因素。

表 22-1 反映了膜在过滤和脱盐方面的作用和有效性，因而膜处理工艺越来越受到重视，并被用来取代传统的水处理方法（含矿物质地下水的过滤和细菌的消毒），或作为重污染水源深度处理的一个环节。根据待处理水的特点和各项工艺的有效性，水处理专家就

可以根据表 22-1 对各项技术进行组合，从而建立一个有效的处理系统。

22.1 地表水处理系统

正如前文所述，某些“受地表水影响的”地下水也应该被归类为地表水。

图 22-1 和图 22-2 将适用于地表水处理的基本工艺流程进行了分类。其中，图 22-1 展示了预处理工艺流程，图 22-2 是常规的水处理甚至深度处理工艺流程。

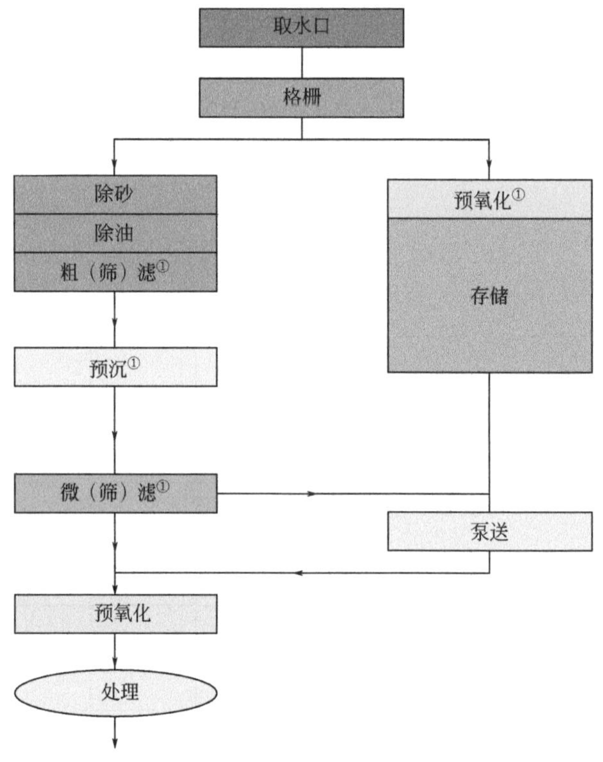

图 22-1 预处理工艺流程

①表示如有必要

显而易见，水处理的解决方案有很多，在实施时应遵循以下简单的原则，即考虑处理流程的不同处理阶段或工艺对各种污染物的去除效率：

① 杂质在水中的状态：a. 漂浮状态；b. 悬浮状态（自然沉淀）；c. 胶体状态（混凝后沉淀）；d. 溶解状态；e. 离子状态。

② 杂质颗粒大小（在悬浮状态情况下）：a.>150μm，微滤和 / 或除砂；b.10～150μm，预沉（特殊情况下微（筛）滤）；c.<10μm，澄清。

③ 杂质颗粒的性质：a. 胶体（混凝 - 絮凝和 / 或膜过滤）；b. 溶解性物质（氧化和 / 或吸附和 / 或生物降解）；c. 离子（沉淀和 / 或膜脱盐）；d. 病原微生物（化学消毒或紫外线照射或膜过滤）。

最后，必须确保这几个工艺在处理效果 / 成本上具有最优化的组合关系，以达到水处理工艺目标（满足标准、可靠性等）。

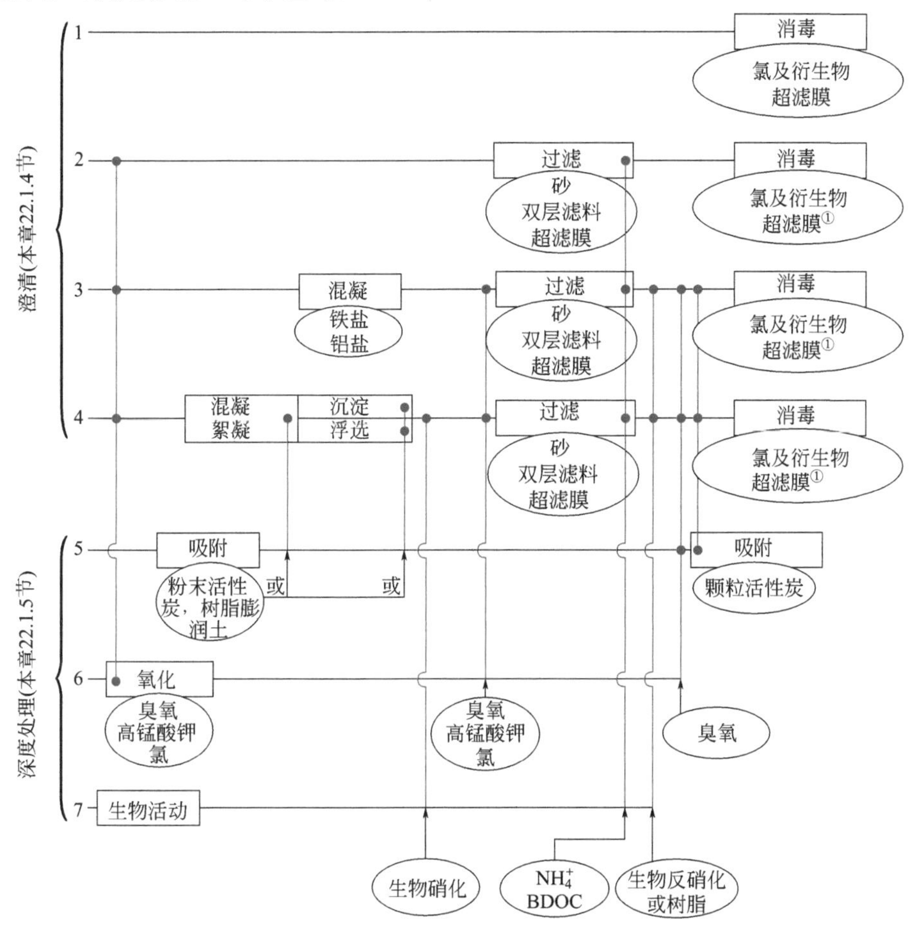

注：第5，6，7行是常规处理系统的补充处理，插入处理线的红点处。

第 1 行：见本章22.1.6节　　第 4 行：见本章22.1.4.3节　　第7行：见本章22.1.5.2节中的(3)
第 2 行：见本章22.1.4.1节　　第 5 行：见本章22.1.5.2节中的(2)
第 3 行：见本章22.1.4.2节　　第 6 行：见本章22.1.5.2节中的(1)

图 22-2　地表水常规处理和深度处理工艺流程

① 两级串联的澄清膜不值得考虑。投加粉末吸附剂，如水晶工艺Cristal，可能会有效益(见本章22.1.7.2节和22.1.7.3节)。

注：BDOC为可生物降解的溶解性有机碳。

22.1.1　原水储存

在长期干旱的情况下（河水流量的降低往往伴随着水质的变化），有必要将原水储存起来。原水的储存量要充足，要能满足预测最长的干旱期对水的需求。

当存在意外污染的风险而使原水水质恶化，以至于处理厂可能无法接受时，存储就显得更为必要。在此情况下，可以暂停从地表水源取水，而使用存储的原水，从而保证饮用水生产的连续性。存储量根据原水进水口上游的污染风险以及直接从原水取水预计可能暂停的最长时间来决定。

当地表水水质变化迅速并且频繁（悬浮物、NH_4^+ 等），需要根据实际情况对运行条件进行调整时，存储水也是必要的。

但是，当地理和气候条件有利于浮游生物生长时，储存原水就会有一定的弊端。当储存时间很短（几天）时，藻类和放线菌就会增殖，它们的代谢物会使水产生一种异常的味道和 / 或气味，而去除它们需付出昂贵代价。储水时间延长后（例如 1 个月），浮游生物种群可能会增殖，它们可以缓解这种不利现象。同时，水的性质会得到某些改善：悬浮物、氨的浓度和细菌污染会降低。

原水储存需要占用很大的面积，因此费用很高。有时某些城市周围环境不容许建设储水设施。另外，可能有必要定期清理原水储存池。

为了避免储存的原水发生富营养化现象，在大型储水设施（水库等）投入使用之前需要采取特殊的预防措施：要清除水库区域内的所有植被，并在水库区域外焚烧处置；清除该区域内所有的表层土壤以及先前存在的可能导致污染的沉积物（垃圾填埋场、化学品处置场等）。

22.1.2 取水

设计良好的取水设施是对水进行有效处理的基础。

对于地下水取水设施，在设计取水构筑物或泵送系统时，首先要考虑尽可能避免土或砂的吸入。同时有必要在取水影响的范围内设置一个足够大的重点保护区（参照相关国家的适用法律）。

对于地表水取水设施，取水口的设置须考虑到该水源可能含有的各种杂质成分。根据情况，当地表水中含有较大的杂质颗粒，特别是当取水点远离水处理厂时，需要在取水口处设置必要的预处理设施。

22.1.2.1 取水口设计

在水位几乎不变的湖中，取水口的深度要选择全年各个时期水中的悬浮物、胶体物质、铁或锰和浮游生物含量都尽可能低的位置。

图 22-3 Cebron-Puy Terrier 水厂 –36000 m^3/d 多层取水口（法国）

如果湖泊足够深，根据经验，在湖水表面下 30～35m 深的地方取水是合理的。光线强度在这个水深处较弱，会使浮游生物的含量受到限制，特别是在繁殖高峰期时。同时，取水口必须距离湖底至少 6～8m 以避免底部水流和沉积物的过度影响。

选择取水口的位置还需要考虑到湖水“翻转”的可能性，这是由湖水温度变化导致环流发生的一种现象。

当从水位波动的水库取水时，采用分层取水的方式（图 22-3），即将多个取水口设在不同的高度，在不同的季节当水位变化时，可以使用不同高度的取水口在不同的水深处取水，以保证取到优质的水。事实上，即使是从水位恒定的水库取水，当水的物理 - 化学和 / 或生物学性质随季节变化时，也常推荐这种方法。

对于从河道取水的取水口，要注意防护河水挟带的各种杂物对取水口的危害，包括土、砂砾、树叶、芦苇、草、包装废弃物、漂浮物、泡沫及油污等。没有一种理想的取水口可以适应所有类型的取水情况。需根据河水流态、河流地形、河岸的天然特征、航道及与航道的接近程度等选取不同形式的取水口，如底部进水口、岸边进水口、虹吸进水口，甚至是岸井等。因此，选择合适的取水口必须进行专门的调查。

22.1.2.2　在原水取水处的预处理

在取水处的预处理，首先采用格栅去除可能会堵塞和阻碍后续处理单元的大块杂物。预处理（见第 9 章）包括：

① 栅条。

② 粗格栅。当水中含有草、树叶、塑料碎片等时，这是必要的步骤。格栅的清洗要自动进行。如果因为出于节省费用而不设这一工艺单元，则会给后续设备带来许多问题，影响最大的是提升泵。

③ 除砂。根据取水口的条件，这个环节可放置在格栅之前或之后。如果接下来的水处理效果受到砂砾的影响比较大时，则除砂是必不可少的。

④ 表面除油。

⑤ 预沉。当原水中悬浮物（黏土、淤泥等）的浓度超过下游沉淀池（几毫克每升悬浮物）的去除能力时，预沉是不可或缺的。两级沉淀的内容将在本章 22.1.4.3 节介绍。

当取水口远离水处理厂时，应采取各种措施从各个方面对连接管线进行专门防护：a. 水锤防护；b. 防止淤积（砂、黏土等）；c. 生物附着和堵塞（贻贝、铁沉积细菌等）的防护；d. 避免产生异味（藻类、有机质、有机碎片等）。

在这种情况下经常推荐向长距离原水输送管道预加氯。但使用时要非常谨慎，因为尽管预氯化有极好的处理效果，但经常伴有很多缺点，诸如令人不愉快的味道（例如：和某些藻类产生的氯酚）的出现，尤其是消毒副产物的形成，例如三卤甲烷（THM），它在后续的处理中很难被去除。

当原水中含有铵离子时，合理的加氯方式包括使用大剂量间歇性冲击处理，或低于折点剂量（见第 3 章 3.12 节）下的连续加氯。

22.1.3　预氧化

根据原水的温度和输送的距离，预氧化处理单元可设在取水口或水处理厂。

22.1.3.1　曝气

曝气处理用于弥补原水中氧的缺乏或去除水中的有害气体（如 H_2S 或 CO_2）。

当曝气在连通大气的条件下进行时，水中氧的增长量将与二氧化碳去除量保持平衡。在处理中高矿物质含量的水时，必须要考虑到这一点。因为去除平衡状态下的二氧化碳会导致结垢。这种情况下可使用加压曝气提高氧的浓度，此时二氧化碳的浓度不会改变。

22.1.3.2　化学氧化（另见第 3 章 3.12 节及第 17 章）

（1）加氯预氧化（预氯化）

如上所述，当水中存在有机物时，预氯化可能会产生有害的化合物。因此，一般来说，在处理流程中加氯点越靠后越好，最好是在水中有机物基本被完全去除之后。

预氯化只有在水中有机物浓度较低时才能进行。预氯化可用于避免澄清构筑物中藻类的滋生，或去除 NH_4^+ 或将亚铁离子氧化为铁离子。

预氯化也可用于水处理流程的中间阶段（例如澄清后水）以防止滤池的生物（细菌、藻类、浮游微生物等）污染。

（2）使用氯胺预氧化

当原水中不含氨氮时，可以考虑通过氯与氨或硫酸铵反应预先制备氯胺。

（3）使用二氧化氯预氧化

研发这项技术是为了试图用其替代氯进行预氧化。事实上，二氧化氯既不氧化氨氮，也不会导致 THM 的产生。但它与天然有机物反应会释放出有潜在危害的亚氯酸根 ClO_2^-。按照新的标准（欧洲指令 2003-63），使用二氧化氯预氧化会逐渐被淘汰。

（4）使用高锰酸钾预氧化

这种氧化剂主要用于含锰原水的处理，反应原理为下列反应式：

$$3Mn^{2+}+2MnO_4^-+2H_2O \longrightarrow 5MnO_2\downarrow +4H^+$$

高 pH 值有利于此反应进行并使其加速，因此需要控制 pH 值（>7.0）和足够的接触时间（5～10min）。

当原水矿物质含量低且含较多可溶性有机物，并需要很低的 pH 值（5.5～6）进行混凝时，应将 pH 调整到合适范围（7.0～7.5）后将高锰酸钾投加于沉淀池和滤池之间。

高锰酸钾有时也用于某些有机物的部分氧化，以去除异味或抑制澄清设施中藻类的滋生。

使用高锰酸钾预氧化时需要严格控制投加量。投加过量时处理后的水会由于可溶性锰离子（Ⅶ）呈现玫瑰红色。

（5）使用臭氧预氧化

使用臭氧预处理地表水，和 ClO_2 一样，也是为了防止 THM 和其他氯化消毒副产物的产生。臭氧不能氧化氨氮，但是能创造有利于后续硝化的条件。这就是为什么即使臭氧氧化在这方面效果不如氯化，但其仍然是在水澄清系统中使用最广泛的预氧化剂的原因所在。臭氧预氧化具有如下优势：

① 提高净水效果（浊度、色度、残留微藻、有机物 OM、THM 前驱物）；

② 在某些情况下能降低混凝剂的投加量；

③ 利于后续的生物处理。

但是，臭氧预氧化需要相对精确的投加量（大约 1mg/L）和接触时间（大约 1min）。超过这个范围时，絮粒会再分解。

在这种情况下，使用臭氧预氧化需要注意两个方面：

① 由于不存在残余氧化剂，臭氧预氧化不能保证构筑物的清洁，因此需要将澄清池和滤池加盖；

② 对于受到污染的水，在后续处理中需要一个主氧化阶段，以保证彻底氧化预氧化过程中形成的全部化合物。

臭氧预氧化的益处将在下文以混凝后直接过滤处理［见本章 22.1.4.2 节中的（1）末尾］和完全澄清＋深度处理（见本章 22.1.5.3 节）为例进行说明。

22.1.4　澄清

澄清是指去除原水中（无机的和有机的）悬浮物和一定比例的溶解性有机物（可絮凝部分）的操作过程。

根据水中各种污染物的浓度，澄清处理工艺可能会趋于复杂，如从投加或不投加药剂的简单过滤到混凝 —絮凝 —沉淀或浮选 —过滤。

根据图 22-2 中提供的分类，下面给出一些最有代表性的处理方法的典型案例。读者还应了解，必要时原水在经过这些所介绍工艺的处理之后还需要进行深度处理（见本章 22.1.5 节），并且，在任何情况下都要消毒（见本章 22.1.6 节）。

22.1.4.1　不投药剂直接过滤（图 22-2 第 2 行）

当原水只含很少非胶体性的悬浮物时（这在地表水中极为少见），可不投混凝剂而直接过滤，必要时可在前面增设预氧化（氯、臭氧）工艺。正如前文所述，预加氯正逐渐遭淘汰，被臭氧预氧化取代。臭氧预氧化通常与混凝相结合（见本章 22.1.4.2 节）。总体而言，除了采用慢滤池的特殊情况外，在采用欧洲或 WHO 标准的国家，不再允许不投混凝剂而直接过滤（见第 4 章 4.6.1 节）。

目前，由于超滤膜过滤的处理效果，水处理专家越来越多地建议采用超滤膜来取代砂滤或双层滤料过滤。Rouen 饮用水处理厂（法国，1000m³/h）就是一个很好的案例：尽管待处理岩溶水的水质变化很大（1～150NTU），采用超滤膜过滤且不投加任何混凝剂，其出水浊度却总能保持在 0.1NTU 以下（图 22-4）。

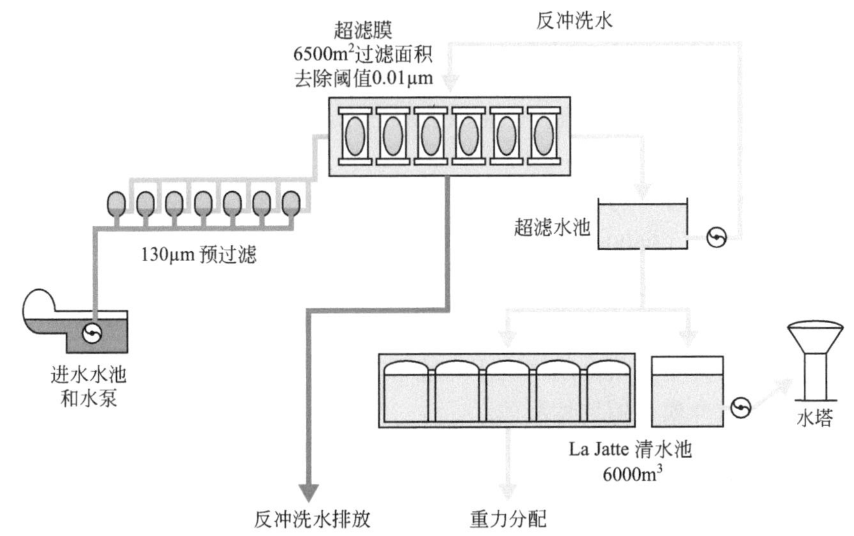

图 22-4　Rouen-la Jatte 饮用水处理厂 超滤技术（法国）−24000m³/d

这种处理工艺（图 22-5）非常适用于水源为岩溶水、湖水及规模不大的水处理厂，这是因为其产水总是能满足最严格的微生物和浊度标准，且无需专业人员值守。系统很容易实现自动化运行，它由一个浊度仪操控，可以自动从死端过滤（低浊度正常工况）切换为错流过滤模式（高浊度工况），见第 3 章 3.9 节、第 15 章 15.3.2 节和 15.4.1.1 节。

图 22-5　Amoncourt（法国）饮用水处理厂

22.1.4.2　混凝后直接过滤（图 22-2 第 3 行）

如果原水中含有少量由胶体物质产生的浊度、轻微色度或含有不超过 1000～2500 个微藻 /L（即基本符合法国法令 2001-1220 规定的 A1 水质标准或我国 GB 3838 中的Ⅱ类水体水质标准），则可在上述直接过滤处理方案的基础上投加混凝剂甚至絮凝剂。注意，应尽量减少混凝剂的投加剂量，因为投加混凝剂将会缩短两次反冲洗之间的过滤周期。混凝剂可去除一定比例的有机物。但是，需要指出的是，这一方法对浊度低但色度很高的水或含有大量藻类的水的处理效果并不好，需要投加大量的混凝剂，因此应先进行沉淀或浮选处理。

这项简单的技术有多种工艺形式，例如使用单层或多层滤料过滤。

（1）混凝过滤

混凝过滤也称作接触过滤（或在线过滤），其设计最易实施：混凝剂在线投加（静态混合），没有混凝或絮凝反应单元。在某些情况下，特别是对低温水，可以在药剂投加点和滤池之间增设一个快速混合装置。已完成混凝的水进入滤池，而仅当水渗透进滤料（砂等）上层内部时，絮凝才算完成。

案例有 Asseiceira 水厂（500000m³/d）（里斯本，葡萄牙）（见本章 22.3.1.2 节中图 22-66）和 Lac St.Jean 水厂（9600m³/d）（罗贝瓦勒，加拿大）。在后一个案例中，臭氧预氧化起着至关重要的作用（图 22-6），主要有：

① 破坏铁和 / 或锰的有机金属络合物；

② 在有机物浓度并不是很高的情况下，能够将水中含有的铁和锰氧化；

③ 形成会被过滤介质截留的絮凝体。

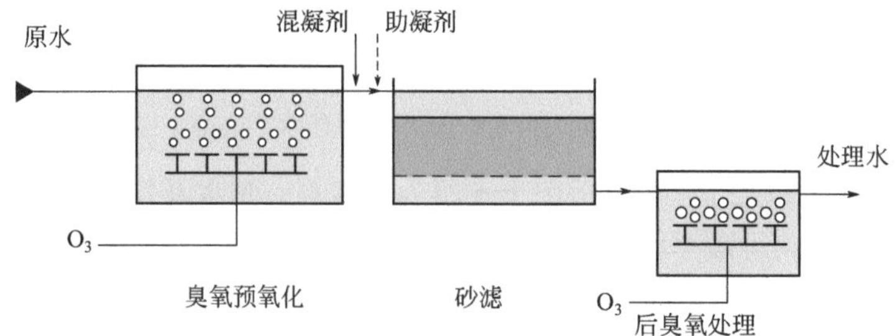

图 22-6　Lac St. Jean 水厂流程示意图（9600m³/d）（加拿大）

（2）絮凝—过滤

在絮凝后直接过滤的情况下，在过滤工艺之前将设有一个或多个快速混合装置（接触时间 1min 左右），以及一个或多个作为絮凝池或作为中间反应器的接触池，以确保药剂投加具有足够的时间间隔［如悉尼水厂（图 22-7），见第 3 章 3.5.4.5 节和第 13 章 13.3.1 节］。

图 22-7　悉尼饮用水处理厂（澳大利亚）-300 × $10^4 m^3/d$

对于水温可能低于 10℃，或需要投加一种以上药剂的情况，过滤前应该采取这种混凝 - 絮凝池配置。

尽管如此，可能需要进行长期的中试试验以达到以下目的：a. 选择最优的无机和 / 或有机混凝剂（遵照当地规定）；b. 最适宜的 pH；c. 可优化絮凝过滤的有机添加剂；d. 滤料（介质）的有效粒径；e. 滤料层最佳厚度；f. 最高滤速。

通过中试才可能提供表 22-2（悉尼水厂运行结果）中所列的严格的水质担保。

表22-2　悉尼水厂运行结果

水质指标	原水水质		出水担保值		平均处理后水质	处理厂运行参数	
	正常情况	最大值	目标值	最大值			
浊度 /NTU	0.5～5	25	<0.3	0.5	0.06	砂滤料	有效粒径：1.8mm 厚度：2.1m
色度 / 度	5～20	50	<5	10	3.4	滤速	23～24m/h
Fe/（mg/L）	—	3.5	<0.2	0.3	0.02	药剂	无机混凝剂 有机混凝剂 过滤助剂 酸或石灰：pH 高锰酸钾：Fe/Mn 氧化
THM/（μg/L）	—	—	<100	200	20		

（3）双重过滤

在这个处理系统中设置两个串联的过滤环节：第一步使用粗滤料（粗砂或生物滤料）用于初步过滤；第二步使用细滤料（砂）或双层滤料。这项技术用于处理浊度较高但未经沉淀的水（可以减少混凝剂投加量），如亚速尔群岛的 Alegria 水厂（图 22-8）。但是，这项技术在去除有机物时不如常规澄清—过滤工艺处理得更彻底。

图 22-8　Alegria 水处理厂（亚速尔群岛）-86000m³/d

（4）直接过滤的方法和应用限制

表 22-3 所列为采用直接过滤所允许的原水各水质指标的最大值范围。应考虑以下情况：

① 前一个值适用于所有不利水质条件同时存在时；

② 后一个值适用于仅需考虑此唯一参数影响，且是仅短期发生的峰值时。

如果原水的这些最大值经常连续出现，现场测试就很有必要。

表22-3　常规的直接过滤流程和对应的指标

直接过滤	砂滤料粒径 0.95mm 或 1.35mm	双层滤料无烟煤：1.4～2.6mm 砂：0.7mm	双重过滤
滤速 /（m/h）	5～15	5～20	第 1 级：7～20 第 2 级：5～15
两次反冲洗之间单位过滤面积的悬浮物截留能力 /（kg/m^2）	1～6	2～10	—
应用限制： ① 原水水质记录的最大值： a. 浊度 /NTU b. 悬浮物浓度 /（mg/L） c. 真色度（Pt-Co 比色法）/ 度 d. 浮游微藻 /（个 /mL） e. 高锰酸盐指数 /（mg O_2/L） ② 混凝剂投加量（晶体硫酸铝或 40% 氯化铁溶液）/（mg/L）	 10～15 ≤ 10 15～25 1000 3～5 10～15	 15～40 10～25 25～40 2500 3～5 20～25	 30～100 25～100 30～50 5000 3～5 30～40

22.1.4.3　常规澄清处理（图 22-2 第 4 行）

当原水的浊度、色度、悬浮物、藻类和可氧化性超过了表 22-3 中的数值，但污染不严重时，应该采用此种处理方法（基本符合法国法令 2001-1220 附录 I-3 中的 A2 水质或我国 GB 3838 标准中的Ⅲ类水体水质）。

（1）带沉淀的处理系统

这是目前最常用的处理方式：在混凝剂与絮凝剂投加之后和过滤之前通过沉降（沉淀）进行固液分离，从而去除大部分絮体，使得滤池正常运行。

① 当原水中的悬浮物浓度始终低于约 1～2g/L 时（取决于颗粒大小），可在适当的预处理（格栅和除砂）后，采用悬浮污泥和 / 或斜板式沉淀池，如阿尔及尔（阿尔及利亚）水厂（540000m³/d）的 6 座 Pulsatube 脉冲澄清池和 V 形滤池（图 22-9）。

图 22-9　Boudouaou 饮用水处理厂（阿尔及尔，阿尔及利亚）–540000m³/d

② 当一年中只有少数时间的悬浮物浓度超过 2g/L 时：

a. 原水中的悬浮物浓度为 2～5g/L 时：根据情况，可以使用配置刮泥机的单级平流沉淀池（上升流速 1～2m/h）（如伊拉克的摩苏尔水厂，207000m³/d，见图 22-10），或预沉池（见第 10 章 10.3.1 节），其后采用平流沉淀池或斜板沉淀池或泥渣接触澄清池。

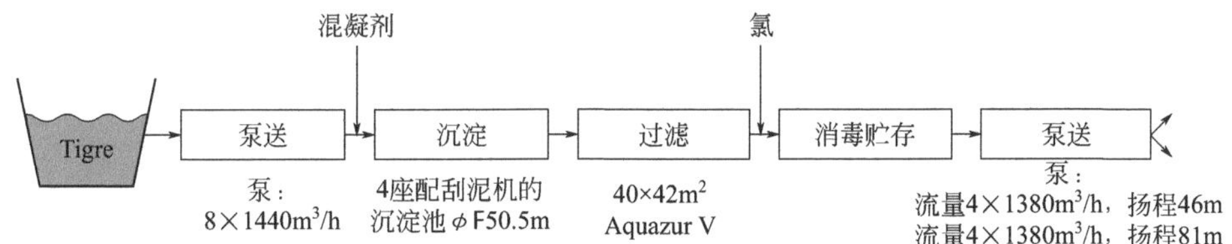

图 22-10　摩苏尔水厂（伊拉克）–207000m³/d

b. 原水中的悬浮物浓度超过 5g/L 时：单级沉淀池可能无法承受过量的污泥，因此需要设两级沉淀池，如智利的 La Florida 水厂，它增加了除泥阶段（预沉，使用 Turbocirculator 污泥循环沉淀池），其后设主澄清阶段（Pulsator 脉冲澄清池）（图 22-11 和图 22-12）。

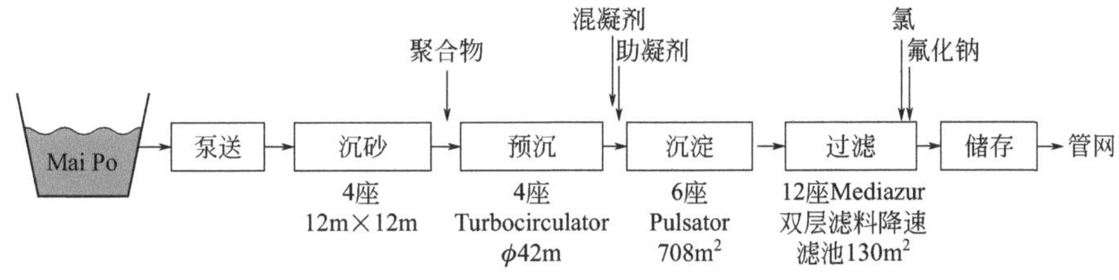

图 22-11　La Florida 水厂（智利）– 345600m³/d

图 22-12　La Florida 水厂（智利）-345600m³/d 除泥（预沉）池

但是，原水的高悬浮物浓度也要有上限，超过上限时将需要投加过多的混凝剂，并且会产生大量无法清除的污泥，从而无法生产足够的净水。一般来说，当原水中的悬浮物浓度超过 40～50g/L 时（有些原水最高可含 200g/L 的悬浮物），水厂的运行会变得非常困难。在这种情况下，就需要认真估算待去除的污泥量，从而估计出要得到某定量的清水需要多少原水量：实际上，根据悬浮物的性质和采用的处理方式，从这种高浊水中沉淀得到的污泥其浓度范围在不足 100g/L 到超过 400g/L。必要时可在水厂上游设置原水贮水池进行预沉，以应对超高负荷时段。

根据悬浮物含量和采用的化学处理方式，预沉池的水力负荷在 1.5～10$m^3/(m^2 \cdot h)$ 之间（设备类型见第 10 章 10.3.1 节）。考虑到其处理效果，这种类型的设备不能被用作除砂装置。当含砂量很大时，需设置能去除 0.15～0.3mm 细砂的预除砂装置，以避免损坏刮泥设备。

当水厂有两级沉淀时，最好应用双絮凝技术（在每个沉淀池的上游投加药剂），因为这有利于节省药剂。应根据实际情况，结合悬浮物的性质和最大值，采用双絮凝的形式：

① 当原水中悬浮物浓度较低时，双絮凝可简化为在预沉淀和主沉淀阶段分别投加金属盐混凝剂。

② 对于悬浮物浓度约 5g/L 的原水，最好的方法通常是预沉池中投加阳离子聚合物（絮凝剂）。例如，哥斯达黎加的一个水厂：原水的悬浮物浓度在 50mg/L～5g/L 间变化，连续投加聚合物，投加量为 1.5g/m^3，预沉池的上升流速为 3.5m/h，出水水质非常稳定，使主沉淀池的明矾投加量维持在 30～40g/m^3 的较低水平。

③ 在悬浮物浓度更高（≥ 10g/L）的情况下：应在进水处投加阳离子聚合物，并应将预沉池设计为污泥浓缩池。

在所有情况下，第一级处理并不是为了得到很好的水质。实际上，相较于处理低悬浮物含量（<50mg/L）的水，下游的沉淀池往往对中等悬浮物含量（200～500mg/L）的水的处理效果要更好。

基于原水悬浮物浓度，表 22-4 总结了选择多级沉淀的设计指标。

表22-4　澄清工艺系统设计总结（当藻类和色度水平不高时）

<table>
<tr><td rowspan="2">原水悬浮物最大浓度↓</td><td rowspan="2">技术</td><td colspan="2">药剂</td></tr>
<tr><td>第一级</td><td>第二级</td></tr>
<tr><td>100g/L—</td><td>两级沉淀：
1. 预沉池①
2. 有刮泥装置的静态沉淀池
30g/L</td><td rowspan="2">阴离子高分子</td><td rowspan="2">无机混凝剂
（+絮凝剂）
和 / 或
有机混凝剂④
（阳离子）</td></tr>
<tr><td>10g/L—</td><td>两级沉淀：
1. 预沉池①
2. 污泥接触及 / 或斜管沉淀池</td></tr>
<tr><td></td><td rowspan="2">5g/L
有刮泥装置的静态沉淀池①
或预沉池①+污泥接触及 / 或斜管沉淀池</td><td>阳离子高分子④</td><td rowspan="3">无机混凝剂
（如需要+絮凝剂）</td></tr>
<tr><td></td><td rowspan="2">无机混凝剂
或
有机混凝剂
（阳离子）④</td></tr>
<tr><td></td><td>1.5g/L　两级沉淀（可选）</td></tr>
<tr><td>1g/L—
100mg/L—</td><td>单级污泥接触沉淀池
脉冲池（Pulsator②、Pulsatube②、Superpulsator②）、高密度澄清池 Densadeg、
加速澄清池 Accelator、
污泥循环澄清池 Turbocirculator
斜管澄清池 Sedipac FD</td><td colspan="2" rowspan="3">无机混凝剂
（Al、Fe 等三价金属盐）
和 / 或
有机混凝剂④
（阳离子聚合物）
+絮凝剂
（阴离子或非离子型聚合物、藻酸、活性硅酸等）</td></tr>
<tr><td>10mg/L—</td><td>25mg/L
混凝+双层滤料滤池或两级过滤③</td></tr>
<tr><td>1mg/L—</td><td>10mg/L　混凝+砂滤池</td></tr>
</table>

① 当粒径 >150μm 的悬浮颗粒含量过高时，需在预沉池上游设置除砂设施。

② 当有砂存在时，应有去除粒径为 100μm 悬浮颗粒的去除能力。

③ 在特定条件下，双重过滤可用于悬浮物浓度高至 100mg/L 的水。

④ 当该类产品容许使用。

（2）浮选

自 20 世纪 60 年代，斯堪的纳维亚半岛上开始采用浮选技术处理城镇饮用水和一些工厂（特别是造纸厂）的工业用水，原水主要是低温、有色但不是很浑浊的湖水。

从 20 世纪 70 年代起，浮选技术被广泛运用于其他许多国家（英国、比利时、法国、南非等）以处理含少量黏土但高藻、有色、含有腐殖酸或其他有机物的地表水（参考图 22-13 和图 22-14 所示的两个案例）。

浮选技术的特点：

① 高速固液分离（根据不同的技术，7～35m/h, 见第 10 章 10.4 节）；

② 极高的操作灵活性（容易启停）；

图 22-13　Pontsticill 浮选处理系统（英国）-105000m³/d

③ 絮凝剂投加量极低。

当原水水质为以下情况时，推荐使用浮选技术：

① 原水藻类含量每毫升超过 2500 单位；

② 原水色度超过约 40 度（Pt-Co 比色法）；

③ 原水浊度不超过 40NTU 或悬浮物含量不超过 25～30mg/L（除非浊度仅短暂升高，并且浮选池有简易清理方法）。

另外还必须注意：

① 溶气气浮能耗高于沉淀（沉淀处理 $1m^3$ 水的能耗大多低于 10Wh，气浮则需要消耗 40～80Wh/m^3 的能量）；

② 压力溶气循环系统的任何机械故障都会使浮选的运行完全中止。

（3）澄清工艺的总结

图 22-15 简要归纳了澄清工艺的要点，据此可以根据浊度、悬浮物、色度和浮游微藻的浓度来设计净水系统。

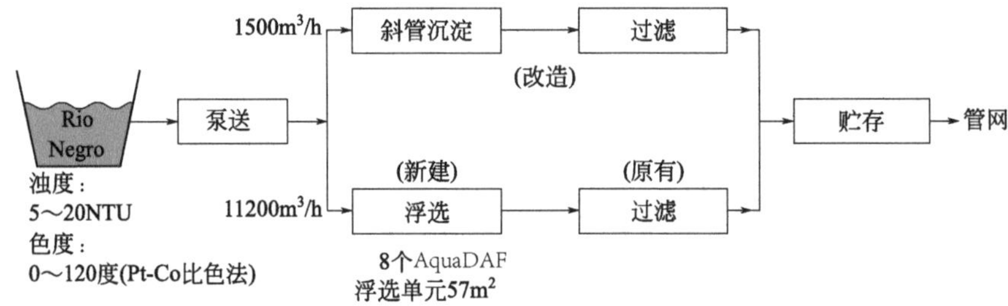

图 22-14 Manaus 水厂（巴西）- 285000m^3/d

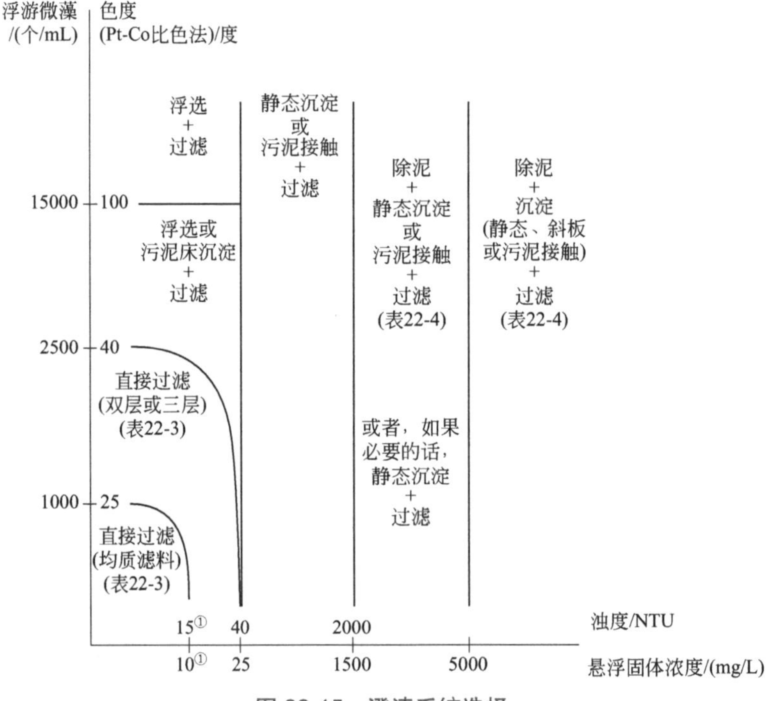

图 22-15 澄清系统选择

① 取决于颗粒大小和密度，浊度/悬浮物值会有变化并可能相反。在高值范围，最好始终用悬浮物含量作为限制值。

22.1.5　深度处理：去除有机物和微污染物

22.1.5.1　概述

在过去很长时期澄清曾是地表水的唯一处理措施，现在则成为日益复杂的水处理系统中的一个预处理环节。事实上：

① 随着城市化、工业发展和农业的集约化，原水水质正在逐渐恶化（洗涤剂、杀虫剂、硝酸盐等）；

② 日益成熟的分析方法检测出以前未被检出的污染物（三卤甲烷、溴酸盐、多氯联苯等）；

③ 水质标准不再是规定水厂出口的水质，而是规定用户的龙头出水水质，这就要求水有极高的物理、化学和生物稳定性（不会因经过管网而改变）。

因此，水厂的设计人员和运营人员必须对生产 - 输配水系统有一个全面的认知。需要注意的是：

① 输配管网会成为潜在的生物和 / 或物理 - 化学反应器，只有相关的反应已在水处理厂内全部完成（去除可生物降解的有机碳、铵，维持碳酸盐平衡等），才有可能保持水厂供出的水到用户水龙头水质基本不变；

② 深度处理环节尤为必要，但只有在优化了净水环节后才会完全发挥效用。也只有在这种情况下，才有可能降低氧化或最终消毒环节中产生的潜在有害副产物（THM、HAA 等）的含量。

这就意味着去除有机物变得日益重要。在实际过程中，首先应优化澄清环节的操作条件（混凝剂用量、絮凝 pH 值、臭氧预氧化、投加粉末活性炭等），然后考虑深度处理，如臭氧氧化后采用特殊滤料（如颗粒活性炭、Biolite 生物滤料）进行二次过滤，从而在物理过滤的同时，进行生物过滤和 / 或吸附，可有效去除溶解态的碳、氮污染物。

澄清也应对去除病原微生物尤其是寄生原虫（如贾第虫和隐孢子虫）更加有效，为此浊度需以 0.1NTU 为目标。于是最终提出了一个“多重屏障”的处理概念：从通过固液分离去除颗粒污染物，而后经深度处理去除溶解性污染物，再到物化消毒。

22.1.5.2　深度处理工艺（图 22-2 第 5～7 行）

与前述选择澄清工艺一样，去除溶解态污染物（有机物、微污染物）也需研究多种处理手段，可单独使用也可联合使用，最常见的还是多级连续处理工艺。

采用的主要方法有：氧化、吸附和生化处理。

（1）氧化（见第 3 章 3.12 节和第 17 章）

这里主要指用于深度处理的臭氧氧化，它能将大分子转化成较小的分子。应该注意此时产生的副产物的特性，因为它们有可能和原有物质一样也是有害的。尤其是三嗪类农药（莠去津、西玛津），其中 3 个氮原子形成的环不会被常规的氧化方法（臭氧、臭氧加过氧化氢）分解，但莠去津会导致脱乙基 - 阿特拉津或二异丙基 - 阿特拉津的形成。因此，禁止用臭氧双氧水（O_3+H_2O_2）氧化工艺处理含农药的水。

但是，臭氧对含双键（氯化溶剂如三氯乙烯、四氯乙烯）或芳环（酚或一些天然有机物）等的有机分子具有很显著的处理效果。这类化合物会被转化成更容易生物降解的分子。如果后面紧接着设有生物滤池工艺，则会去除大部分三卤甲烷的前驱物。此外，臭氧能显著改善水的嗅味，但如果投加量太低的话，某些有机产物的降解就会导致嗅味物质（酮、醛）的形成。在这种情况下，为得到良好的水质就需要增大臭氧投加量和 / 或增加接触时间。

臭氧的用量应通过实验室试验来确定（见第 5 章 5.4.1.4 节）。

（2）吸附

吸附可使用颗粒活性炭（GAC）或粉末活性炭（PAC），偶尔使用比表面积（孔隙率）很大并具有活性位点的树脂，能固定溶解态的分子，从而将其从水中去除。

第 3 章 3.10 节介绍了 PAC 或 GAC 的物理－化学吸附现象和它们的应用原理。在颗粒活性炭过滤器中经常还会有生物现象，特别是在臭氧氧化环节之后（见生物活性炭第 4 章 4.6.3 节）。有关颗粒活性炭滤池（Carbazur）的介绍见第 13 章 13.3.3 节。

在一个水处理系统中，PAC 是投加在沉淀池的上游。具有污泥悬浮层的脉冲澄清池 Pulsator（或其带有斜管的改型工艺）在此就极为适用。

活性炭滤池的设置：

① 代替砂滤池：第一级过滤为 GAC 滤池（兼具过滤及深度处理功能）。推荐采用有效粒径（ES）为 1mm 的颗粒活性炭滤料。通常只在特殊情况下才会采取这种设置，例如对现有水厂进行改造但又很难另建滤池组。用颗粒活性炭替换原有的砂滤料，而滤池反冲洗应按照新配置进行调整。

② 或尽可能地在快速砂滤池之后进行臭氧氧化处理：GAC 二级过滤（主要起深度处理作用，更加有效并会大大延长活性炭的使用寿命）。在此情况下，使用粒径（ES）为 0.75mm 的颗粒活性炭滤料。

吸附剂的处理效能与其吸附容量（单位质量吸附剂截留的微污染物的量）密切相关。当然，使用蒸馏水进行实验室检测的结果和实际操作中微污染物和混合有机基质共存于原水中时得到的结果有很大差异。

由于各种污染物（天然有机物、农药、嗅味物质等）的浓度和克分子量之间有相当大的差异，一方面应考虑吸附动力，另一方面要考虑竞争因素。这需要对其进行分步操作，首先在酸性条件下进行混凝并依靠金属氢氧化物（絮凝体）尽可能吸附去除溶解性有机碳（DOC），然后通过 PAC 或 GAC 固定残余分子。

颗粒活性炭的使用寿命取决于运行参数，尤其是所吸附的混合物。极性低的物质容易被吸附。大分子有可能堵塞孔隙，从而不能充分利用全部表面积，因此会缩短活性炭的使用寿命。炭结构也会影响其使用寿命：小孔炭（椰壳炭）即使在实验室用小分子（即碘值）测量所得的吸附容量较高，其将很快变得饱和。

实践中，对于 4～6m^3/（m^3·h）的产水率，活性炭使用寿命（炭再生时间间隔）基本上取决于所采用指标的效用，例如：a.3～6 个月，保证有 >15% 的 NOM 去除率；b.12～18 个月，去除农药残留；c.3～4 年，去除嗅味物质。

运行期间，颗粒活性炭滤床必须定期反冲洗，以去除悬浮物和细菌（甚至微生物，如轮虫、线虫、寡毛纲动物等）。否则，它们会在颗粒上积聚（第一级滤池每 24～48h 冲洗一次；第二级滤池每 1～2 周冲洗一次）。

（3）生化处理

生物滤池（见第 4 章 4.6 节）可以将有害的分子或离子转化成通常无害的副产物。例如，铵盐（NH_4^+）被转换成硝酸盐（NO_3^-）；硝酸盐可被还原成氮气（N_2）；可生物降解的溶解性有机碳（BDOC）在生物活性炭中被异养细菌代谢。

每种处理都对 pH/ 氧化还原电位 / 溶解氧 / 温度 / 接触时间等这些条件有其特殊的要求（见第 4 章 4.6 节），并受细菌支撑载体（滤料）的影响。特别是生物活性炭始终发挥双重作用：吸附和生物去除 BDOC，有时也被描述为吸附后活性炭的生物再生。

22.1.5.3　应用案例

以受污染的地表水为水源生产饮用水的最常用处理系统，通常包括活性炭滤池生物降解单元。在活性炭滤池前通常设有可控的臭氧氧化阶段（见生物活性炭概念，第 4 章 4.6.3 节）：这个概念十分重要，臭氧氧化要通过对 pH、接触时间和氧化剂残留量的控制，防止多余副产物（溴酸盐）的生成。这也有利于发挥下游生物反应器的功能（充氧、消毒以避免致病微生物的增殖，改善生化降解性等）。

从 Morsang（法国）Ⅰ、Ⅱ和Ⅲ厂（图 22-16 和图 22-17）处理厂可以看到这一水处理方式的演变。一期工程中，臭氧氧化只是单纯地用作水处理的最后一个环节；后来为了应对原水水质的恶化，以及管网输配水系统对水质稳定性更严格的要求，于是在二期和三期时，在臭氧氧化之后增设了颗粒活性炭过滤工艺。

图 22-16　塞纳河畔 Morsang 水厂（法国）– 225000m^3/d

很多建于 20 世纪 60 年代和 70 年代的老水厂也是以这种方式进行了升级（例如，法国的 Limoges、Metz、Orly 等），以及更近建造的水厂亦然，它们的处理出水水质能满足更加严格的要求，例如 Kota Tinggy 水厂（马来西亚，见第 10 章 10.3.3.2 节中图 10-25，出水浊度 <0.1NTU）；Grafham 水厂（英国），图 22-18（担保农药残留）。其中大部分水厂采用臭氧 + 颗粒活性炭的深度处理流程，也包括在澄清上游进行臭氧预氧化。

于 1883 年开始供水的上海杨树浦水厂是中国第一座自来水厂。为迎接 2010 年上海世界博览会的召开，得利满为杨树浦水厂新建了处理能力为 360000m^3/d 的深度处理系统（臭氧 + 颗粒活性炭），以达到更优的供水水质（出水浊度 <0.3NTU，COD_{Mn}<2mg/L）。

于1902年建成通水的上海南市水厂是中国第一座由中国人自己设计和建造的水厂，得利满于2006年对其进行大规模升级改造（规模500000m³/d），整体处理工艺流程参见法国Morsang水厂三期工程（图22-17）。

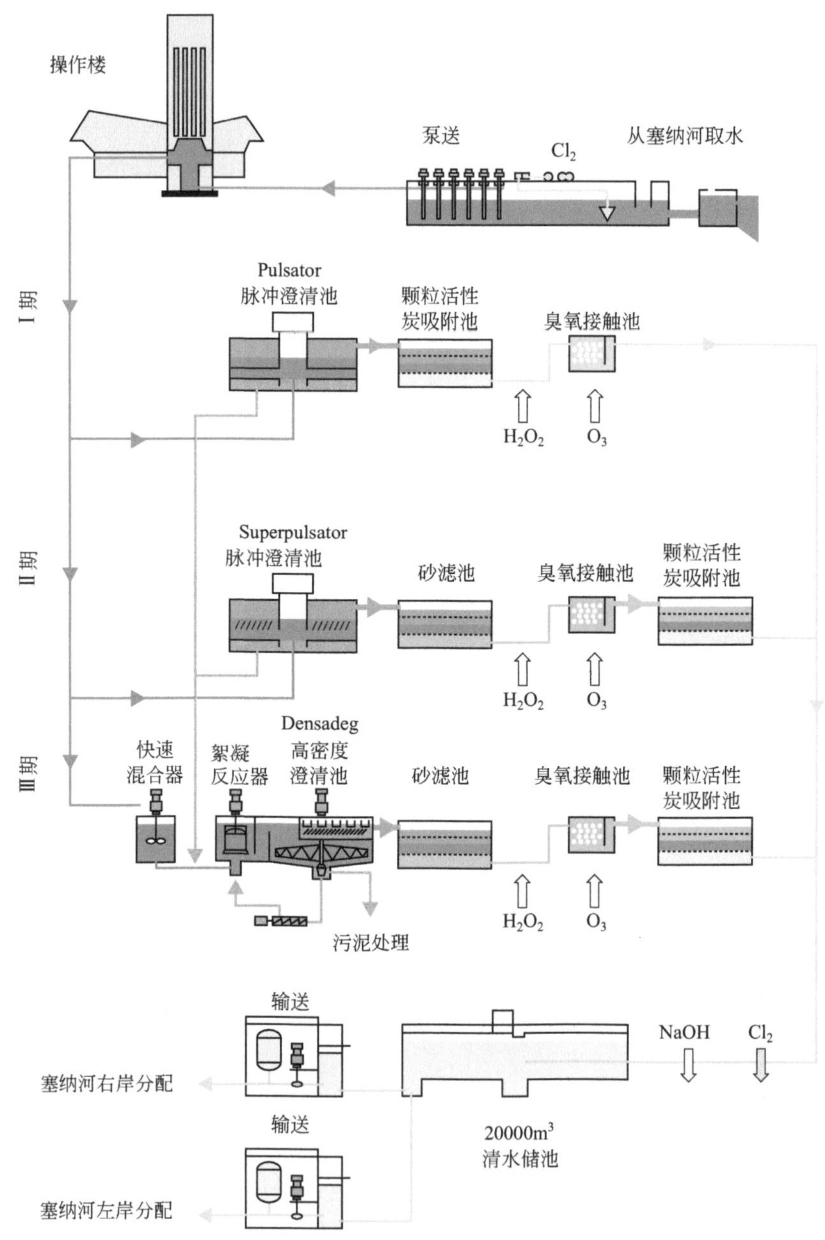

图22-17　塞纳河畔Morsang水厂（法国）Ⅰ、Ⅱ和Ⅲ期 -225000m³/d

巴黎附近的Mont Valérien水厂（1985）的原水取自塞纳河。这家水厂最早采用这一工艺系统（图22-19），而该系统现在已经成为处理轻度污染水的代表性工艺流程（不包括膜处理）。此外，这一系统也用于该水厂的二期（1995）改造，并采用了Densadeg高密度澄清池（用地受限）和在滤池使用Biolite生物滤料代替砂滤料进行硝化［见本章22.2.3.2

节中的（3)]。尽管原水（引自塞纳河巴黎下游）污染较严重，但该处理工艺还是发挥了显著作用，去除效果见表 22-5。

图 22-18　Grafham 水厂（英国）- 360000m³/d

表22-5　在Suresnes（法国）的Mont Valérien水厂 2000—2003年运行数据

参数		原水		处理后的水		标准
		均值	最大值	均值	最大值	
浊度 /NTU		20	>100	0.13	0.3	0.5
氨 /（mg/L）		0.22	0.8	<0.1	<0.1	0.1
硝酸盐 /（mg/L）		23	28	25	30	50
总有机碳 /（mg/L）		4.0	>10	1.4	1.7	
农药 /（μg/L）	阿特拉津	0.11	0.65	0.02	0.08	0.1
	总计	0.13	0.65	0.02	0.08	0.5

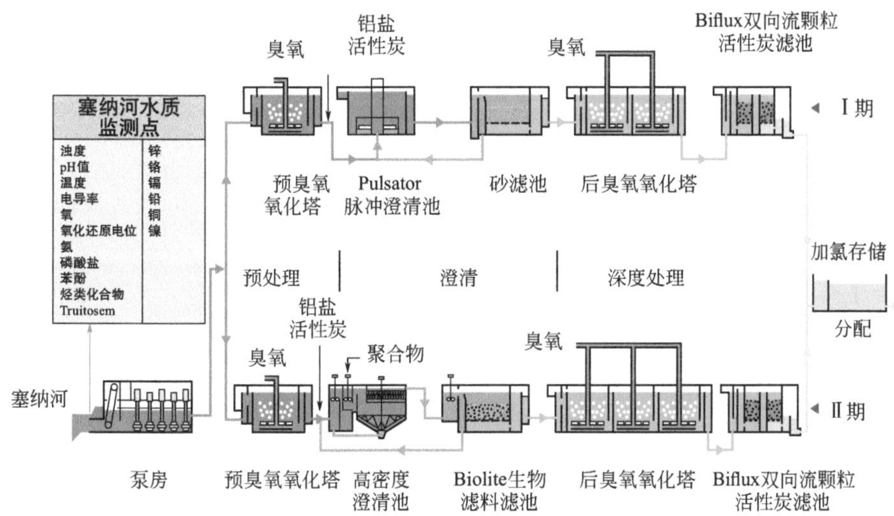

图 22-19　Mont Valérien 水厂（Hauts-de-Seine，法国）流程示意图 -53000m³/d

22.1.6 消毒

22.1.6.1 定义

消毒是饮用水在送入输配管网前所进行的最后处理环节，目的是去除水中的病原微生物。应该指出的是，消毒和灭菌不同（灭菌是消灭存在于介质中的所有细菌），消毒后一些常见的细菌可能仍会残留在水中（见第 3 章 3.12 节和第 17 章）。

22.1.6.2 杀菌作用和残留效应

水的消毒包括两个重要过程，对于给定的一种消毒剂而言，要评价消毒剂的两种不同特性和作用：

① 杀菌作用：这是消毒剂在消毒特定阶段发挥的破坏和杀死微生物的能力。

② 残留效应：消毒剂保持对在输配管网中水的消毒能力，从而能满足直至用户水龙头的微生物指标的要求。消毒剂提供了抑菌保护作用以防止细菌再度增殖，同时也能对输配管网中偶发的轻度污染起到杀菌作用；经水厂处理后，如水中仍含有抵抗力强（内生孢子）或可繁殖（孢囊）的微型无脊椎动物，消毒剂也能阻止它们的繁殖。

表 22-6 简要列明了主要消毒剂的特性（见第 3 章 3.12 节）。

表22-6 主要消毒剂的特性

作用	O_3	Cl_2	ClO_2	氯胺	UV（紫外线）
杀菌＋杀病毒	+++	++	++	+	++
原虫孢子	+	−	−	−	+++
持续消毒效应	−	+	++	+++	−

注：− 表示无作用；+ 表示一般；++ 表示较好；+++ 表示好。

22.1.6.3 有效消毒要求的一般条件

消毒必须在清洁的水中进行才能更有效。悬浮物浓度必须尽可能低，应不超过 1mg/L。实际上，细菌尤其是病毒会聚集在对它们有保护作用的悬浮物上，当悬浮物浓度高时很难发挥消毒剂的作用。

OM、TOC，特别是 AOC 或 BDOC 的含量必须尽可能低，否则会需要投加更多的消毒剂，从而导致：

① 需要过量投加药剂；

② 难以保持在输配管网中消毒剂的残余量，除非在后续位置再投加消毒剂；

③ 配水管道中细菌再繁殖、增生；

④ 产生有害的消毒副产物。

但是，尽量减少形成三卤甲烷的努力，绝不能影响消毒的有效性。

22.1.6.4 主要消毒剂的应用条件

如在第 3 章 3.12.3 节中的讨论，使用氧化剂进行消毒的效果，取决于消毒剂残余浓度 C 和接触时间 T 的综合作用，表示为 CT 因子：

$$C\text{（mg/L）}\times T\text{（min）}=CT\text{（mg·min/L）}$$

这个值将随目标微生物、所使用的消毒剂的类型和温度的变化而变化。例如，图22-20 表示的是去除 99.9%（3lg）大肠杆菌种群所需的条件。第 17 章 17.2 节、17.3 节、17.4 节、17.6 节介绍了各种消毒剂包括 UV 照射的应用和性能及其对应的使用条件（*CT* 值、温度、pH、剂量）和目标微生物。

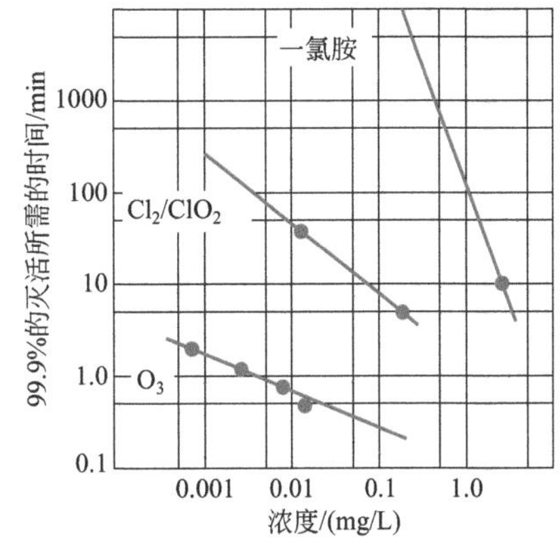

图 22-20　饮用水消毒的浓度 - 时间因子［去除 3 个量级（3lg）的大肠杆菌］

消毒剂应用的一般原则：

（1）氯

水中维持 0.5mg/L 的游离余氯，经过 30min 的接触（*CT* =15mg • min/L），当 pH 小于 8 时，可去除致病细菌和脊髓灰质炎病毒。然而，当存在 TOC 时，有在输配系统中产生异味和三卤甲烷的风险。

（2）二氧化氯

二氧化氯以浓度 0.2mg/L 和水经过 15min 的接触（*CT* =3mg • min/L）后，可以提供有效的消毒保护，而且持续效果好。但以消毒为目的时不宜过量投加 ClO_2，在法国等国甚至禁用。这是因为 ClO_2 对有机物的氧化会释放出已被确认为有毒的 ClO_2^-，而且会使水有一股令人不悦的金属异味。

国内在使用二氧化氯消毒时，其设计投加量的确定应保证出水的亚氯酸盐（ClO_2^-）或氯酸盐浓度（ClO_3^-）不超过现行国家标准《生活饮用水卫生标准》（GB 5749—2006）规定的限值（0.7mg/L）。出厂水中的二氧化氯的限值为 0.8mg/L。

（3）臭氧

为了能消除致病细菌和脊髓灰质炎病毒，推荐投加臭氧，接触时间 4min，并保持 0.4mg/L 的残留浓度（*CT* =1.6mg • min/L）。当水温为 5℃时，*CT* =2mg • min/L 可以将贾第虫孢囊消除；如存在隐孢子虫，去除这种致病微生物则 *CT* 值必须大于 15mg • min/L。使用时，必须避免多余氧化副产物的形成，特别是溴酸盐（BrO_3^-）的浓度应低于 10μg/L。这样的讨论在之前的“多重屏障”处理概念中已经提到：对于常规的细菌和病毒，通常采用化学法进行消毒处理；而去除孢囊则主要依靠有效的过滤（通过细颗粒滤料，或采用澄清膜更佳），甚至紫外线照射。

水中溶解性锰（Mn^{2+}）浓度较高时，不能采用臭氧消毒，因为 Mn^{2+} 被氧化后会呈现粉红色，进而发展成由 MnO_2 沉淀造成的浅黑褐色。

鉴于上述原因，不宜使用臭氧作为最后阶段的消毒剂。为了防止细菌在输配管网中繁殖，应该在其后设置一个颗粒活性炭过滤的环节，以降低 BDOC 的浓度，然后投加少量的氯作为保障。

（4）氯胺

氯胺本身杀菌能力很弱，几乎已不用于杀菌，但其有很强的持续效应，因此多作为输配管网中有效的抑菌剂，特别是当水温较高（25℃或更高）时，因为在该温度下氯胺比游离氯更稳定。有一些国家，容许用户的水龙头出水有较高浓度的消毒剂残留，在使用臭氧或氯杀菌消毒后，采用氯胺作为抑菌剂正在获得更广泛的使用。

（5）**紫外线照射**

第 17 章 17.6 节中已有所介绍，包括紫外线照射消毒作用以及根据水的透射率、目标微生物和去除能力推荐的紫外线照射剂量。

用于饮用水消毒时，鉴于在 <1NTU 的水中优良的透射率水平（UVT>90%/m），推荐 20～40mJ/cm^2 的紫外线剂量，而且必须采用中压灯具（灯管数量少、设备尺寸小等），灭活不同病原体所需的紫外线剂量见表 22-7。

表22-7 灭活不同病原体所需的紫外线剂量

生物	大肠杆菌	铜绿假单胞菌	枯草芽孢杆菌孢子	贾第鞭毛虫 / 隐孢子虫
99.9% 灭活所需剂量 /（mJ/cm^2）	10	10	20	20～40

① 使用条件

紫外照射接触反应器的几何形状（池型）和水力条件非常重要：接触室的消毒效果可用计算流体动力学（CFD，见第 17 章 17.6.4.2 节）进行评估，它综合地考虑了系统的水力特性、水流经过紫外灯的照射区的时间，以及光束被水和水中溶解物质吸收后功率的衰减。

为了达到满意的透光率，同时也避免紫外灯石英保护套管严重结垢，需要有效去除水中的铁和色度。

考虑到紫外灯运行时会放出大量的热，为了避免套管的迅速结垢，需要使水有轻度腐蚀倾向。无论任何情况，均应配备一个石英套管自动清洁系统。

② 优点和缺点

紫外消毒是唯一一种不会产生有害消毒副产物，并且能够有效灭活所有微生物，包括原生动物孢囊的消毒方法。但如果不小心谨慎，紫外照射会带来两大缺点：

a. 不可能像化学氧化那样，通过检测残留量来检查投加剂量的有效性。因此，很有必要在反应器上配备 UV 强度传感器，以确保通过每个灯发出的真实辐射可以连续地监测，从而能够：

i. 监测到紫外灯的正常老化（通过增加紫外灯的供电电流进行补偿）；

ii. 立即显示任何紫外灯故障，从而使备用反应器可以自动启用，或更换故障紫外灯（只需要几分钟的停机时间）。

b. 无持续消毒效应。因此除非输配管网很短且维护极为良好，紫外消毒必须与其他有残留效应的消毒剂（Cl_2、ClO_2、氯胺）联合使用。因此，紫外反应器（见第 17 章 17.6 节图 17-46）需要安装在深度处理单元之后及最终消毒药剂投加点之前。

22.1.7 膜工艺

前文已提及采用超滤膜工艺对岩溶水进行澄清处理（见本章 22.1.4.1 节）。

然而，为了满足日益严格的水质要求，水处理专家开始在更复杂的水处理系统中采用膜处理工艺。

22.1.7.1 纳滤

如前所述（第 3 章 3.9 节，图 3-47），反渗透膜以及纳滤膜，能够单独去除可能存在于地表水中的所有污染物。因此，在饮用水水处理领域，膜处理可以被视为水处理专家的“终极武器”。然而，在实际运用时，膜的使用仍然受到一些限制：

① 对预处理要求极为严格（淤泥密度指数 <3 等），见第 3 章 3.9 节和第 15 章；

② 最好是部分去除盐度和硬度，但往往去除率过高，需要再矿化或与原水勾兑，因此可能影响去除效果；

③ 需要较高工作压力（6～10bar），能源成本较高；

④ 水的损耗率高（产水率最高到 80% 或 85%，损失 15%～20%）。

因此，只有在特定情况下才采用膜处理工艺，如：

① 苦咸水的处理，其硬度高，并且有时会有较高的色度，例如佛罗里达的地下水处理（处理能力：>300000m³/d，目前运行中）；

② 色度极高的低矿化水处理，无论如何需要再矿化以避免其严重的腐蚀性。

应注意的是，适用于纳滤工艺处理的水同样适用于低压反渗透工艺。目标单价离子的通过率是区分这两种工艺的标准。甚至可以采用纳滤和低压反渗透组合工艺进行处理，可以 x% 的反渗透和（100− x）% 的纳滤进行组合，甚至可以 x % 纳滤 / 反渗透和（100− x）% 超滤膜组合，从而优化去除各种盐分和有机物，并同时去除了所有类型的微生物。

22.1.7.2　Cristal 水晶工艺

Cristal 水晶工艺（图 22-21）结合了上述两种技术，即：

① 将溶解性污染物固定在不溶性吸附剂上（粉末活性炭、树脂）；

② 超滤膜过滤。

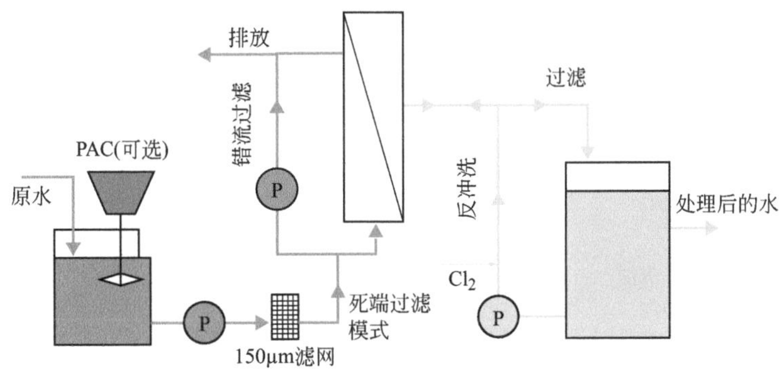

图 22-21　Cristal 工艺流程

将超滤回路作为吸附反应器，超滤膜截留了原水中的悬浮物，吸附固定了溶解性污染物的吸附剂，以及所有要去除的微生物：隐孢子、细菌、病毒。经这种方式处理后的水仅需极低的消毒剂残留量。

这类水厂有以下案例：

① Koper（斯洛文尼亚）：34500m³/d；

② L'Apié（法国戛纳）：28000m³/d；

③ 洛桑（瑞士）（图 22-22）：这个水厂原水来自 Leman 湖，建于 1996 年，处理水量为 43200m³/d。第二期在 2002 年完成，总处理量达到 70000m³/d（水厂只有在意外污染的情况下才使用粉末活性炭）。

图 22-22　洛桑水厂（瑞士）–70000m³/d

22.1.7.3　Cristal 水晶工艺的扩展

在处理受到污染的地表水时，已经注意到活性炭吸附处理过程存在一定程度的竞争现象［见本章 22.1.5.2 节中的（2）]，这就需要设置特殊处理装置。

Cristal 工艺也不例外。在超滤之前投加粉末活性炭应是用于吸附和固定痕量的微污染物，至于水中的大部分悬浮物或有机物则应提前被去除。因此，当原水悬浮物浓度偶尔较高时，在膜处理单元的上游要设置沉淀池（例如：Rivière Capot，Martinique，图 22-23）。对于更复杂的水厂例如 Flers，Avranches，Vigneux 及 Angers（法国，见图 22-24 ～图 22-26），原水水源的多样化和溶解性污染物的变化增加了传统的澄清处理，其后再进行最终的超滤，这被称为"Cristal 扩展"工艺（图 22-27），通常包括：a. 污泥床澄清池；b. 砂滤池；c. 粉末活性炭接触反应池；d. 超滤（UF）；e. 超滤反冲洗水回流至澄清池。

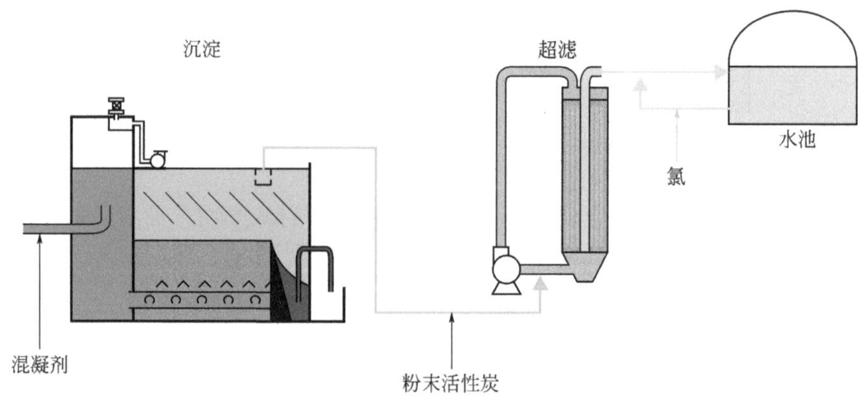

图 22-23　Rivière Capot 水厂（法属 Martinique）– 42000m³/d

采用的工艺段和投加的药剂及所需的操作条件（pH 值、接触时间）取决于处理要求，即：

① 从原水去除悬浮物：采用澄清池。

② 去除腐殖酸：在酸性 pH 条件下混凝，并与污泥接触絮凝。

③ 去除残余溶解性污染物：采用特定的吸附剂。

④ 吸附剂分离，最终澄清和消毒：超滤膜（UF）处理。

运行结果

	单位	处理后的水		单位	处理后的水
温度	℃	14～16	硝酸盐(NO_3^--N)	mg/L	24～34
浊度	NTU	<0.1	氨	mg/L	<0.05
pH值	—	8.2～8.5	氧化性(高锰酸钾/H^+)	mg/L	<1
碱度(TAC，以$CaCO_3$计)	mg/L	80	TOC	mg/L	0.8～1
铁	mg/L	<0.025	阿特拉津	μg/L	<0.05
锰	mg/L	<0.01			

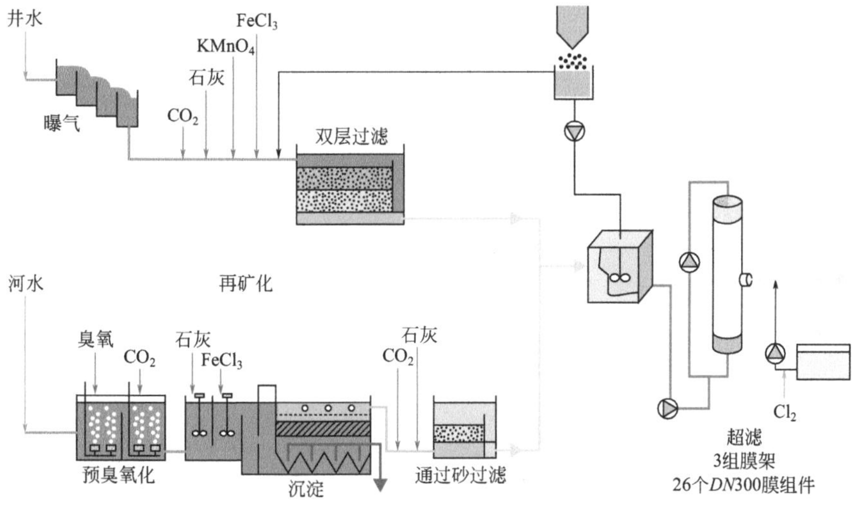

图 22-24　Avranches 水厂（法国）-10000m³/d

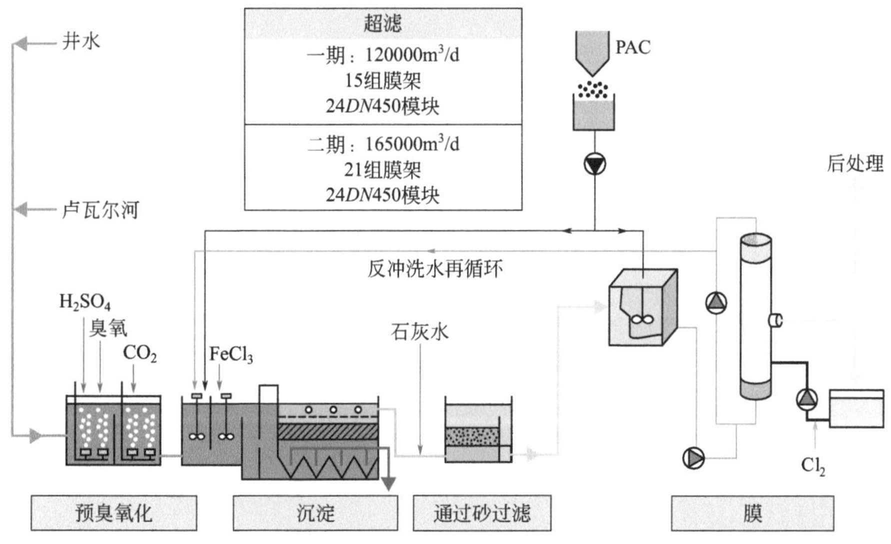

图 22-25　Angers 水厂（法国）

图 22-26　Angers 水厂（法国）实拍

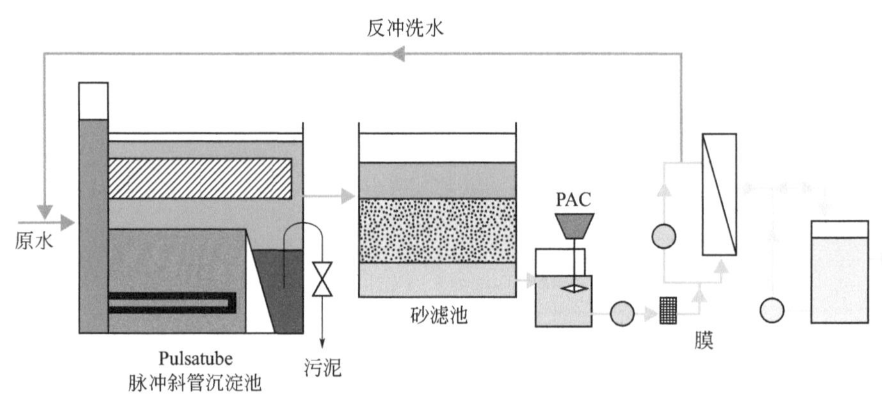

图 22-27　Cristal 扩展工艺

Cristal 扩展工艺本身固有的另一个优点是，含有粉末活性炭的膜反冲洗水可以返回到主澄清池再次处理。实际上，活性炭在和超滤上游经过净化的水接触时并不会完全饱和，而当其被再次置于高浓度澄清池中，与溶解态有机物有充分的接触时间时，能够继续吸附有机物。在该澄清池中，活性炭会被收集起来并在污泥中进行浓缩，从而大大减少系统的水的损失：从膜反冲洗通常所需的 8%～10% 的水量减少到低于 2%（澄清池排泥）。

在这种情况下，Pulsator 脉冲澄清池或 Pulsatube 脉冲斜管澄清池将提供足够长但不会造成潜在的有害吸附的停留时间：活性炭吸附接近饱和时，可以释放之前在可吸附有机物浓度最高（色谱效应）时固定的微污染物。

鉴于许多饮用水厂已经建有澄清池（如 Lorient，Vigneux - 法国，图 22-28），Cristal 扩展工艺是对现有系统的理想补充。

图 22-28　Vigneux-sur-Seine（法国）–55000m³/d，使用臭氧（2 个 U 形管）和 Cristal 扩展工艺的深度处理单元

22.1.7.4　饮用水处理中膜应用的其他案例

在传统的系统中还有其他膜处理的应用（例如溶气浮选后的 Cristal 扩展工艺）或膜工艺的组合应用（例如微滤或超滤之后的纳滤或反渗透）。总体而言，膜工艺在地表水的处理中已经构成一个技术路线，在需要时可以采用，以满足新的卫生要求和更加严格的水质标准。

22.1.8　藻类和浮游动物相关问题

下述工艺不仅应用于日益引起关注的富营养化性质的水，而且几乎适用于至少存在季节性问题的所有地表水，现从以下几点进行阐述（另见第 6 章 6.3 节）：

① 去除浮游植物，即悬浮于水中的微藻类。人们经常会把这种藻类和在浸没于水中的介质上（尤其是在与空气接触的墙壁上）生长的大型及微型混合藻类（丝状藻类）相混淆。后者是在水下附着物上，特别是露天构筑物的板壁上进行繁殖。如果要保护沉淀池和滤池免受影响，在不进行预氯化的情况下，加盖（如不透明的塑料盖）是一个有效的方法（图 22-29）。

② 消除藻类在生长环境中释放的溶解性物质（代谢物）。

③ 与浮游动物有关的问题可以分为两大类：

a. 无脊椎动物在输配管网中繁殖的问题，这会引起用户投诉；

b. 寄生的原生动物孢囊导致的健康问题，在这些原生动物孢囊中，隐孢子虫是最危险且最难以去除的，因此，可以隐孢子虫为例说明处理方式。

图 22-29　Morsang-sur-Seine 水厂（二期，法国）– 75000 m³/d，超脉冲澄清池加盖

22.1.8.1　消除浮游微藻

（1）微（筛）滤

微（筛）滤采用织物筛网，其筛孔孔径为 25～40μm，浮游微藻的平均去除率取决于藻类数量，在 40%～70% 之间波动。单个藻类物种较小（如小环藻、冠盘藻属硅藻或者小球藻、珊藻属绿藻），因而显然不太好去除（有时只有 10%）。多细胞群体物种（如盘星藻），构成菌落的物种（如星杆藻）或丝状物种（如直链藻、颤藻、鱼腥藻）能够几乎被彻底去除，去除率可以达到 70%～100%。

另外，微（筛）滤不受水中浊度和混凝剂投加量的影响。因此，微（筛）滤只应用于少数直接过滤工艺（慢滤或快滤）的上游，以去除粒径明显大于微（筛）滤过滤精度的藻类。微滤本身称不上一个处理工段，作为高藻水常规澄清处理的预处理也不经济。

（2）直接过滤

处理悬浮物和藻类含量低的水（见本章 22.1.4.2 节，表 22-3）时，可以采用混凝 - 絮凝与直接过滤相结合的工艺流程。如果在微（筛）滤环节下游采用多层介质过滤（实际最多 3 层），或两级串联的滤池，可显著减少对原水含藻量（<5000 个 /m³）的限制。无论如何，过滤速度的选择必须符合实际情况，如果可能的话要先行试验。

（3）综合处理

要选用合适的工艺处理含藻量很高的水，包括：

① 预氧化处理：氯是最有效的消毒剂。但是，如果氯不能用于这个阶段（可能形成 THM），控制良好的臭氧预氧化处理也非常有效。

② 混凝处理：投加混凝剂以降低杂质颗粒表面的 Zeta 电位，可以降低处理后水中的浊度。为了确定混凝剂投加量，需要进行电泳试验研究［采用 Zeta 电位仪，见第 5 章 5.4.1.2 节中的（1）和图 5-8］。或者通过烧杯实验，根据澄清水样本中的藻类数量来确定最优混凝剂投加量［见第 5 章 5.4.1.2 节中的（2）］。

③ 污泥悬浮澄清池（Pulsator 脉冲池，有或没有斜板），比静置沉淀更有效；Densadeg 高密度澄清池也能有不错的效果；当原水水质适宜时（浊度 <25～30NTU），溶气气浮（Flotazur P 或者高速气浮 AquaDAF，见第 10 章 10.4.2.2 节）是更好的选择，因为它使得泥水分离更加简单。另外，这些系统产生的污泥往往相对较浓（最高至 25～30g/L），并且在某

些情况下，还能降低混凝剂的用量。但如果使用 PAC 来解决特殊的嗅味问题和 / 或藻类相关的毒素（见本章 22.1.8.2 节）或任何其他溶解性有机物的污染问题，推荐优先采用污泥悬浮澄清池（单独使用或作为 Cristal 扩展工艺的一部分，见本章 22.1.7.3 节）。

④ 通过砂滤料或双层滤料过滤完成分离过程。

当水厂同时还使用臭氧 + 颗粒活性炭的深度处理工艺时，可以进一步改善处理效果。但是，只使用膜处理就能去除几乎所有的微藻。表 22-8 总结了最优条件下各种技术可达到的处理效果。

表22-8　除藻的不同方法

去除方式	去除率 /%	去除量级 (lg)
微（筛）滤	40～70	0.2～0.5
直接过滤	90～98	1～1.7
沉淀 + 过滤（无预氧化）	95～99	1.3～2
沉淀 + 过滤（预加氯后）	99～99.9	2～3
沉淀 + 过滤（预臭氧氧化后）	97～99.8	1.5～2.7
浮选 + 过滤（无预氧化）	96～99	1.4～2
浮选 + 过滤（在预加氯或臭氧预氧化之后）	99～99.9	2～3
预氧化 + 澄清 + 臭氧 + 颗粒活性炭	99.9～99.99	3～4
膜过滤（MF，UF)，如果需要，在其上游设澄清或浮选工艺	>99.9999	>6

22.1.8.2　去除藻类的代谢产物

对于藻类在水生环境里释放的代谢产物（见第 6 章 6.3.1.2 节），水处理专家最关注的是嗅味物质以及藻类芳香毒素。

传统的净水工艺通常不能处理嗅味物质和藻类毒素。

只有臭氧可以彻底去除嗅味物质，但是对于其他的化合物，尤其是不含双键或芳香环（如：土臭素，2-MIB）的化合物只能产生轻微的作用。O_3+H_2O_2 组合（使用过氧化氢 - 臭氧技术产生氧自由基）能达到最好的处理效果。但是，与只使用臭氧处理相比，这项技术会增加 BDOC 有机质的氧化副产物（特别是杀虫剂）的形成，所以已被逐渐淘汰。

当水中不含 TOC 时，即使投加少量的臭氧就可以去除毒素；如果含有 TOC 时，NOM（天然有机物）的氧化速度很快，投加臭氧需维持需要的臭氧残余量（实际上，需要达到类似消毒的 *CT* 值），此外，目前对藻类毒素的氧化副产物所知甚少。

颗粒活性炭吸附［5～10 体积 /（体积 • h)］是去除这两类污染物最好的解决方法。尽管如此，吸收藻类毒素的饱和时间（几个月）远远小于吸收嗅味物质的时间（几年）。并且在任何情况下，水中的天然有机物越多，活性炭饱和越快。但这些问题是不确定的，特别是在藻类毒素存在的情况下，因为在两个阶段之间可以发生颗粒活性炭的生物再生。因此，就可选择臭氧 + 颗粒活性炭作为完整的深度处理工艺（另见本章 22.1.5.3 节和 22.2.12 节）。

当没有颗粒活性炭过滤单元时，可以在污泥悬浮澄清池中使用 PAC，但此时和天然有机物的竞争会有很大影响，并且如果需要经常使用的话，药剂的投加量可能在经济上难以承受。最好在澄清阶段（本章 22.1.7.3 节）去除大部分天然有机物后，将 PAC 用于 Cristal

水晶扩展工艺的环节。PAC 类型的选择尤其重要，不同种类的产品其投加比例可在 1 ～ 5 之间变化。

22.1.8.3 浮游动物和原生动物孢囊的相关问题

(1) 保护输配管网防止微型无脊椎生物繁殖

摒弃预氯化在许多国家加剧了这类问题。易于在管网中繁殖的微生物为底栖物种，它们的抗体或可增殖形式由原水带来，并与浮游生物混合。因此，不仅需要截留住所有的浮游植物和浮游动物（包括临时浮游体、卵、孢囊、幼虫等底栖物种），还要避免它们在水厂内繁殖（尤其是在颗粒滤料中）。

另一个基本的防治原则在于去除所有的营养物质，无论是直接存在的（活性或死亡藻类、细菌等，有机残渣），还是潜在的可能有利于细菌再生的物质（BDOC 和 / 或 NH_4^+），它们可以进一步导致管网中浮游动物的出现。

以下是一些针对性的建议：

① 优化净水工艺，彻底去除浊度、TOC 和浮游植物［见本章 22.1.8.1 节中的（3）］；

② 仔细进行预氧化和消毒处理，即使没有细菌污染（推荐臭氧预氧化）；

③ 精心设计砂滤池并使其运行良好（即使污堵缓慢也要经常进行气水反冲洗），避免由于滤床穿透造成滤池出水浊度升高；

④ 定时反冲洗颗粒活性炭滤池（夏天至少一周一次），必要的话使用加氯水；

⑤ 澄清池至少每年排空一次并清洗；

⑥ 滤池反冲洗水循环利用时对其进行处理；

⑦ 输送处理后的清水中保持足够的余氯含量。

此外，输配管网必须进行充分维护：清理水箱，消火栓冲洗，必要时进行临时加氯消毒等。

(2) 消除寄生原生动物孢囊

如前所述，在此以隐孢子虫卵囊为例进行说明。在此情况下，氯及其衍生物是无效的。不同处理工艺对卵囊的去除效果（以 lg 形式表示）见表 22-9。

表22-9 不同处理工艺对卵囊的去除

工艺	去除量级（lg）
预氯化	0
臭氧氧化	0～0.5
混凝后过滤	1.5～3
澄清或浮选	1～2
砂滤	1～2
颗粒活性炭过滤	0.5～1
臭氧氧化（基于 *CT*）	0.5～1
紫外线照射（10～20mJ/cm^2）	3（第 17 章 17.6 节）
膜滤（微滤或超滤）	>6

通过加和各工艺段去除量可以估算出总体去除量。例如，一个包括臭氧预氧化、澄清和砂滤单元的处理系统可去除 2～4.5lg。实际上，运行良好的水厂通常可实现 4lg 的去除（99.99%）。采用臭氧 + 颗粒活性炭深度处理工艺可达到更佳的处理效果（强化了多屏障处

理的理念）。

另外，膜过滤和紫外线照射的处理效果明显优于其他技术。

在传统水厂中，循环使用滤池反冲洗水（见本章 22.1.10.3 节）具有潜在风险。上述数据表明，为了避免卵囊的增加，处理这种类型的水时至少需要 2lg 的去除。

22.1.9　地下水含水层人工补给

严格上讲，这并不是一个专门的处理系统而只是一个步骤，这个步骤要么在常规处理工艺的上游（例如，将莱茵河的水补给荷兰沙丘蓄水层），要么在澄清和深度处理工艺之间（例如，法国的 Croissy-sur-Seine）。

这项技术总体倾向于回用城市污水生产饮用水，因为水在地层中流动时会截留可生物降解的有机物和细菌，通常称其为间接再利用。这项技术能够补给被过度开采的地下水含水层，而且不会显著改变水质，前提是城市污水经过足够彻底的处理（见第 24 章 24.2 节）。这项技术也可用于沿海地区，以保护优质含水层免受盐水的入侵，即所谓的“防入侵屏障”。

这项技术只能用于对天然补给水源非常了解且地质隔离的地下蓄水层。Croissy-sur-Seine（法国）含水层是一个很好的案例（图 22-30）。地下水排泄区由白垩岩构成，在数十米深处分布有岩溶裂隙，上覆晚期冲积层（砂和石块）。它由天然水补给：

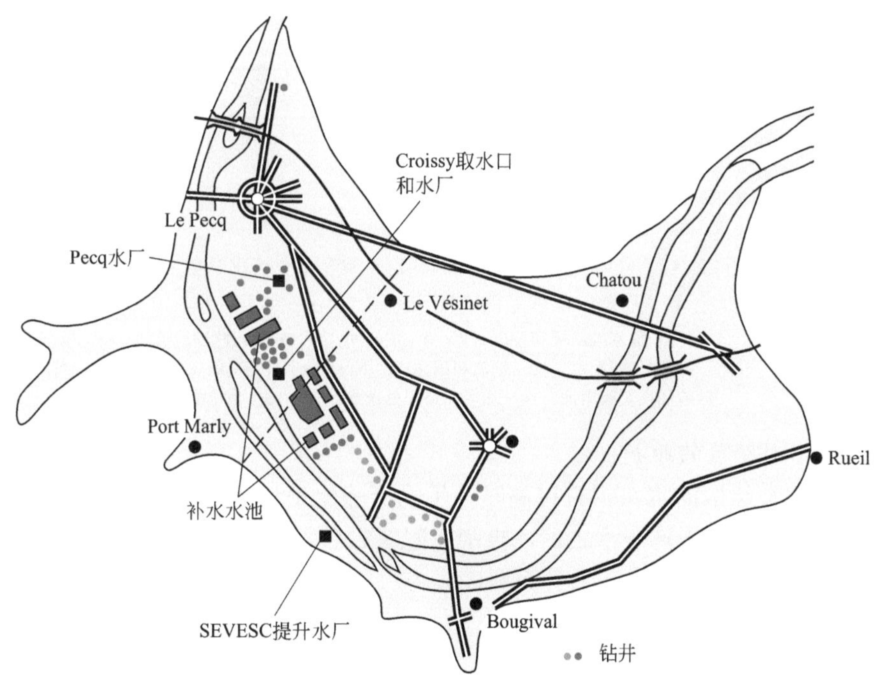

图 22-30　Croissy-sur-Seine 含水层（法国）示意图

① 雨水通过渗流区及其周边区域渗透，由于城市发展，渗透漏斗正在不断下降；

② 来自塞纳河渗透入的水。

含水层的水质会受到塞纳河污染水的不利影响。另外，城市化导致了需水量的增加：天然渗透量约为每年 $30\times10^6m^3$，而每年有 $50\times10^6m^3$ 的水被抽出。因此需要人工补给地下水，目的是减缓从河中的直接取水，维持地下水水质，并且保证充足的水（蓄水）以满足即时需求。

（1）含水层补给的效果评估

这项技术能够：

① 天然消除所有的病原微生物，并通过渗流区底部的生物屏障和土壤的过滤去除可同化的有机物。

② 贮存大量优质水。含水层的作用就像一个水库，只有当原水水质合格时才会进行补给，出现异常污染补给会被暂停。

另外，由于水在地下渗流，会使水中含有铁、锰（含水层中为还原态）和 NH_4^+，这些离子必须在水处理过程中被去除。

图 22-31 为整个流程的示意图（地下水回灌前的净水工艺和抽取地下水后的深度处理工艺）。

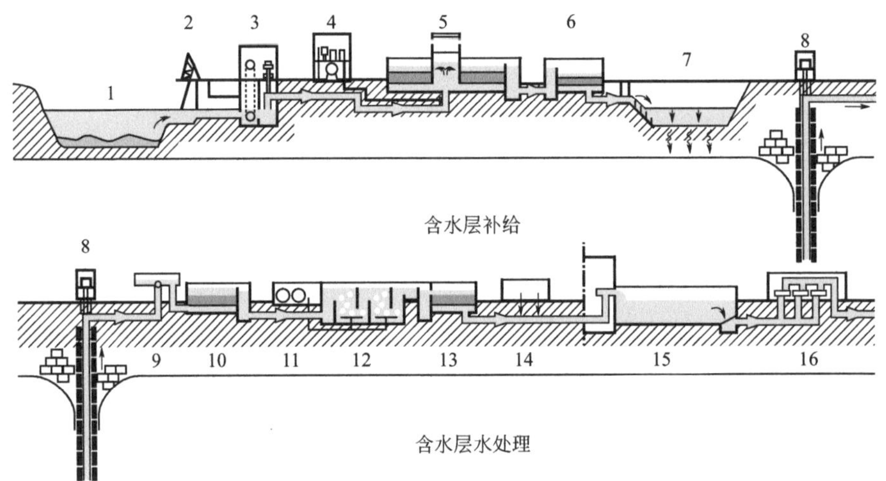

图 22-31　法国里昂水务 Croissy-sur-Seine 地下水补给水厂（136800m³/d）及含水层水深度处理示意图（Pecq 水厂 -146400m³/d）

1—塞纳河；2—取水口和粗格栅；3—原水细格栅和泵送装置；4—加药间；5—Pulsator脉冲澄清池；6—V形滤池（砂滤）；7—渗滤池（1m/d）；8—井泵；9—曝气和配水；10—除铁和硝化滤池 Nitrazur；11—臭氧发生器间；12—臭氧接触池；13—颗粒活性炭吸附池；14—加氯；15—处理水储存；16—泵送配水

（2）地下水补给区的维护

当通过下渗补给区的水头损失过高时（生物屏障繁殖过度），水位会上升。应该暂停对该渗流区注水，待其天然脱水之后，再刮除阻塞表层。这一操作对保护渗流区的砂造成的损失不大，并且可在运行几年后补充新砂。

22.1.10　污泥处理

22.1.10.1　污泥的性质

水处理过程会有污泥产生，主要来自沉淀（或浮选）工艺的排泥，也有来自滤池的反冲洗水，及可能存在的膜过滤反冲洗水。

污泥中的悬浮物包括：

① 水在处理前已存在的物质：浮游生物，絮凝的有机和无机物，原水中存在的金属离子氧化后的金属氢氧化物（铁、锰）；

② 水处理时投加的混凝 - 絮凝药剂形成的氢氧化物；

③ 吸附剂（PAC），从颗粒活性炭滤池生物膜上脱落的残骸。

使用石灰去除碳酸盐时，这些固体颗粒主要由碳酸钙构成。

22.1.10.2　混凝过滤

滤池反冲洗水中 SS 的平均浓度在 200～1500g/m^3 之间。为便于污泥脱水，需将其浓缩为 SS 浓度至少 20g/L 的污泥。Densadeg 高密度澄清池极其适用于这种情况。

22.1.10.3　常规处理

当澄清系统包括混凝、絮凝、分离（沉淀或浮选）和过滤工艺时，会产生两种类型的污泥：

① 滤池反冲洗水：这些水被贮存在一个能容纳冲洗一座甚至两座滤池的反冲洗水的水池中。过去，这些废水不经任何处理被循环至水厂进口，如今已经不再推荐这种做法（在一些国家甚至被禁止）。事实上，由于许多水厂不再使用预加氯，有时会导致滤池和循环管路中的藻类和 / 或细菌不受控制地繁殖，从而导致原水水质恶化。此外，当存在寄生原生动物孢囊时，它们会被过滤截留在反冲洗废水中，直接循环就会使其在澄清水中得到富集。因此，必须在循环回用前将它们和悬浮物一并去除。最常使用的设备类型为：

a. 静态浓缩池；

b. 带循环的静态浓缩池；

c. 浮选池［例如，Moulle（法国），有两个独立的溶气气浮设备，见图 22-32］；

d.Densadeg 高密度澄清池［例如，Tavira，（葡萄牙），图 22-33］。

图 22-32　Moulle 饮用水处理厂二期扩建 28800m^3/d，采用气浮澄清工艺，并在一期采用气浮对污泥和滤池反冲洗废水进行浓缩（Pas-de-Calais, 法国）

② 在分离阶段排出的污泥：污泥量取决于水的性质和所使用的分离技术，平均为处理水量的 0.5%～2%。如果污泥不能排至城市下水道，就要考虑使用第 18 章所提到的浓缩和脱水技术进行处理。需要注意的是，高密度澄清池可以省去浓缩分离的环节。由于运行水力负荷较高（15～20m/h），它可用于滤池反冲洗水和沉淀池排泥的共同处理。 Tavira 水厂（葡萄牙）即为一例（图 22-33）。

当使用明矾为混凝剂时，在某些情况下（酸化）可以考虑它的回收利用，虽然通常这并不经济。

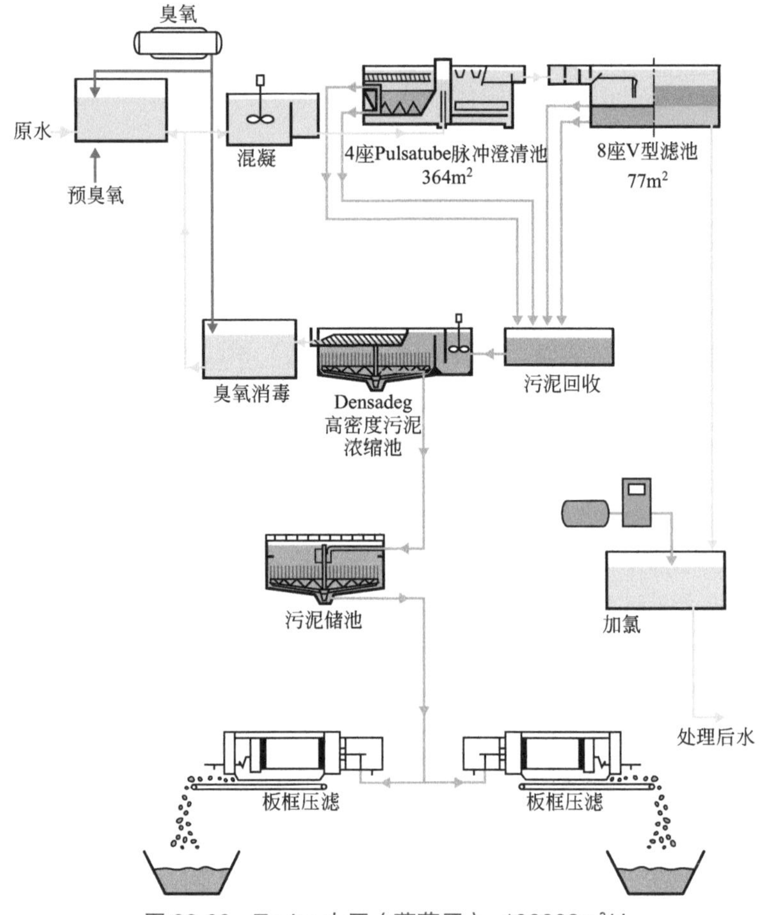

图 22-33　Tavira 水厂（葡萄牙）– 190000m³/d

22.2　特殊处理

正如引言中提到的，特殊处理的主要目的在于消除地下水中常规检测出的多余物质，根据这些物质的性质，当它们中的一些同时出现时（例如 Fe^{2+}、Mn^{2+}、NH_4^+、NO_3^-、H_2S 等），将需要采用非常烦琐的技术和复杂的系统才能去除。

有时候，上述部分物质也会出现在地表水中。当这种情况发生时，有时采用前述的湖水及河水常规处理工艺即可去除，但有时需要额外的处理工艺。

本节将回顾一些有可能存在于各种水体中的物质（有机物、重金属、类金属、放射性元素等）。用常规方法去除这些物质的效率会因为物质自身的性质而相差甚大，所以在一些情况下［如 As(Ⅲ)、As(Ⅴ) 等的去除］需要采用特殊的处理工艺。

22.2.1　除铁

22.2.1.1　铁的天然状态

地表水中的铁元素常以三价沉淀物的形式存在，通常与悬浮物相结合，可在澄清阶段被去除。另外，对于大多数地下水以及一些富营养化的、缺氧的深层地表水，铁元素则以还原态的、二价铁的形式存在，呈现为溶解状态并经常为复杂的络合物形式。

（1）二价铁

二价铁以离子的形式存在：一般是 Fe^{2+} 的形式，少数情况是 $FeOH^{+}$ 的形式（pH>8.3 时）。当水中碱度（TAC）较高时，Fe^{2+} 将主要以碳酸氢盐或重碳酸盐的形式存在，并且由于碳酸盐沉淀的限制，其溶解度极小，遵循以下的关系：

$$FeCO_3 \rightleftharpoons Fe^{2+}+CO_3^{2-} \quad [Fe^{2+}][CO_3^{2-}]=K'_{FeCO_3}$$

$$HCO_3^- \rightleftharpoons H^+ + CO_3^{2-} \qquad \frac{[H^+][CO_3^{2-}]}{[HCO_3^-]}=K'_2$$

因此，$[Fe^{2+}]=\frac{K'_{FeCO_3}}{K'_2}\times\frac{[H^+]}{[HCO_3^-]}\#\frac{[H^+]}{[HCO_3^-]}$（两常量的数值非常接近）

代入常用单位后，上式为：

$$Fe^{2+}\text{溶解度（mg/L）}=27\times10^7\frac{10^{-pH}}{\text{碱度}}$$

可见，Fe^{2+} 溶解度随着 pH 和碱度的降低而升高。

注意：

① 如果溶解性铁的浓度超过以上理论值，将怀疑多余的 Fe^{2+} 不是以 $FeCO_3$（菱铁矿）的形式存在，而是以铁的螯合物形式存在，这也是物理化学方法除铁困难的一个原因（见本章 22.2.1.2 节）。

② 当存在 H_2S 时，Fe^{2+} 的溶解度显著降低（FeS 的溶解度很低从而形成沉淀）。

（2）络合铁

以下为含有 Fe^{2+} 或 Fe^{3+} 的化合物：

① 无机物：硅酸盐、磷酸盐或聚磷酸盐、硫酸盐、氰化物等；

② 有机物：主要是包含腐殖酸、富里酸、单宁酸的络合物。

注意：铁元素通常与锰元素（本章 22.2.2 节）和 / 或铵（本章 22.2.3 节）同时存在。

因此，为了确定铁元素的去除方法，只知道总铁含量是远远不够的，还需要了解该元素有可能存在的各种形式（图 22-34）以及有可能对该物质形成产生影响的其他参数。

有必要在现场对性质不稳定的水进行水质分析，利用钻孔取样方法充分保证样品的代表性。检测指标至少包括：温度、pH 值、氧化还

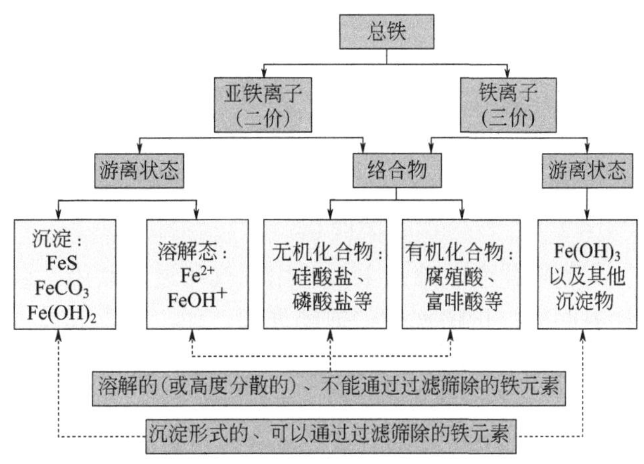

图 22-34　水中铁元素的不同存在形式

原电位（ORP）、溶解氧、溶解性铁和游离 CO_2。在现场或实验室，还必须测定溶解态的二氧化硅及 OM（有机物）（两个最常见的引起络合的因素），以及与除铁密切相关的其他物质（Mn、NH_4^+、H_2S、矿化度等）含量。另外最好进行显微镜检验以确定是否存在铁细菌。

铁元素在水中的存在形式主要取决于水的 pH 以及氧化还原电位。从图 22-35 中可看出，通过提高氧化还原电位或 pH，或两者同时提高的方式将溶解性铁（如 Fe^{2+} 或 $FeOH^+$）转变成沉淀形式［$FeCO_3$、$Fe(OH)_2$ 或 $Fe(OH)_3$］是完全可能的。各种可能的物化去除方法都是以这些原则为基础，更具体地说，是先将 Fe^{2+} 氧化成 $Fe(OH)_3$ 沉淀，再通过过滤将其去除。

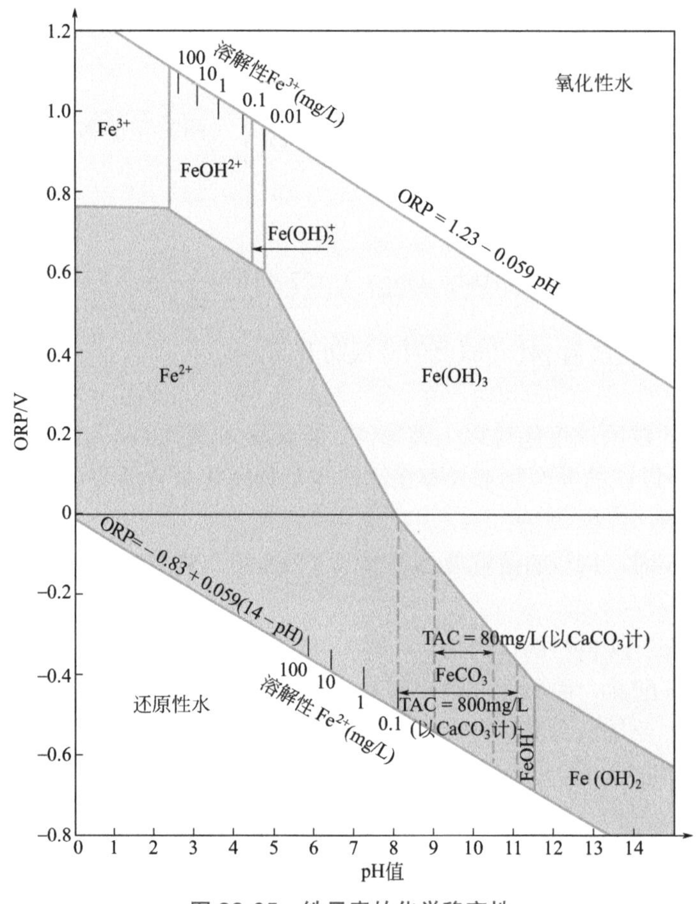

图 22-35 铁元素的化学稳定性

22.2.1.2 物理化学法除铁

物理化学法除铁主要采用曝气和过滤联用工艺，已沿用多年，特别是对井水的处理。如有必要，可增加一些辅助处理，如：调整 pH、化学氧化、絮凝、澄清等。原则上缺氧的深层地下水均应曝气充氧，甚至及时投加化学氧化剂（防止输配系统的腐蚀、味道、气味等问题）。当水中含有 H_2S 时，曝气就更为必要。

臭氧和高锰酸钾是最好的辅助化学氧化剂，尤其是当络合物形式的铁元素存在时。当水中含有大量的有机物和锰时，氧化剂的投加量需要通过实验来确定。

（1）不经沉淀的简单除铁（曝气 - 过滤）

① 原理

曝气 - 过滤法适用于含铁浓度不超过 7mg/L 的地下水除铁，且没有其他不利因素：锰、色度、浊度、腐殖酸等。此外，氨氮和含碳化合物浓度很低并在可接受的水平。

除铁的第一步是利用空气中的氧氧化二价铁，曝气（见第 17 章 17.1 节）可以在常压或进水管道的压力下进行。后者节省了一级水泵并避免了管道里的水和外部大气的接触。另外，常压曝气还可以较经济地去除具有侵蚀性的二氧化碳（否则需代价较大的中和处理），甚至去除 H_2S（见本章 22.2.5 节）。

二价铁被氧化的速度取决于一系列的因素，主要有：温度、pH、铁和溶解氧的含量。其反应过程如下：

$$4Fe^{2+}+O_2+8OH^-+2H_2O \longrightarrow 4Fe(OH)_3\downarrow \tag{22-1}$$

其动力学机理可以用下面的反应式表示：

$$-\frac{d\left[Fe^{2+}\right]}{dt}=K\left[Fe^{2+}\right]\left[OH^-\right]^2 p_{O_2} \tag{22-2}$$

式中 p_{O_2}——氧气分压；

K——取决于温度和原水缓冲能力的常量。

反应式（22-2）表明：水的 pH 值越高，水中溶解氧浓度越高、越接近饱和，则反应越快。在实验室中用人工配制的水确定氧化反应时间，可以减少开展现场试验所需的大量设施。除铁的催化作用主要由初期的沉积物产生，一些除铁过程的生物学现象也遵循着相同的规律。另外，当腐殖酸存在的时候，铁的氧化反应会被延迟。

根据反应式（22-1），反应产生的沉淀物主要是絮状氢氧化物 $Fe(OH)_3$，取决于实际条件，可能会不同比例地形成含水氧化铁 $nFe_2O_3 \cdot n'H_2O$，一部分会变成晶体，有时会生成 $FeCO_3$（水中碱度较高时）等。因此，氧化后的处理条件以及过滤的效果在不同的水厂之间会相差较大。

考虑所有的原因，在最佳条件下，过滤介质的有效粒径在 0.6～1.0mm 之间，滤速为 5～15m/h。另外，单位滤层面积截留的铁的质量也不同：根据情况，砂滤料可截留铁质 200～1000g/m^2，在使用双层滤料（无烟煤 + 石英砂）的情况下截留的铁质可达 2000g/m^2，这为处理铁含量较高的原水需要截留能力大的滤池提供了可能。

某些物质例如腐殖酸、硅酸盐、磷酸盐和聚磷酸盐，对铁的氧化有抑制作用，影响了氢氧化铁的沉淀或过滤过程。如，二氧化硅的存在会导致形成复杂的 $FeSiO(OH)_3^{2+}$，这是一种在碱性介质中稳定的化合物（在铁的氧化和水解过程中，需要较高的 pH 值）。因此，必须考虑折中方案。

这些影响均可通过辅助处理来克服：可根据情况投加氧化剂（高锰酸钾、臭氧）、混凝剂（铝盐）或絮凝剂（藻朊酸盐或允许使用的高分子聚合物）。

② 应用

压力式系统是最常见的除铁装置，如图 22-36 所示，包括：

a. 曝气氧化塔，内设火山岩滤料接触床，它能增大水与空气的接触面积，并提供充分的氧化区域；

b. 气水反冲洗过滤器。

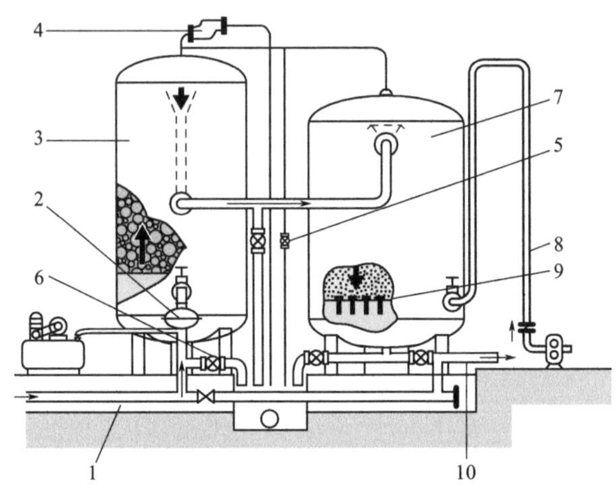

图 22-36　压力式除铁系统

1—原水进水；2—混合器；3—氧化塔；4—空气膨胀阀；5—空气释放阀；6—泄水阀；7—砂滤罐；8—反冲洗气；9—滤板；10—除铁处理水出口

图 22-37 展示的是压力式除铁系统的一个案例。

图 22-37　物理化学法除铁：典型的压力式系统（处理能力 600m^3/d）

重力式除铁装置是先利用水在大气中跌落和接触（曝气或喷洒），然后再进行重力过滤或者压力过滤（在后一种情况下，可以选择是否利用加压泵）。图 22-38 表示的是利用了这种原理的三个案例（含气水反冲洗装置）。

氧化反应也可以使用臭氧，例如法国 Crissey 的水厂（图 22-39），它包括了：

① 跌水曝气装置，跌水设在臭氧接触池上方，利用臭氧接触池释放出的残余臭氧来进行初始的氧化反应；

② 臭氧接触池，提供铁氧化所需的臭氧；

③ 投加海藻酸盐（絮凝剂），用来改善絮体质量。

双层滤料滤池：

① 滤速：7m/h；

② 砂滤料有效粒径（ES）为 0.5mm，滤料层高度（H）=0.4m；

③ 无烟煤有效粒径（ES）为 0.85mm，滤料层高度（H）=0.5m。

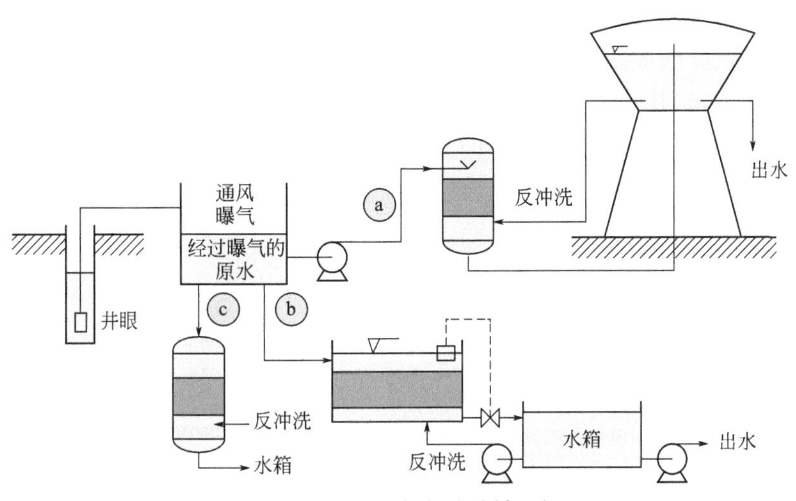

图 22-38　曝气氧化法除铁示例

a—压力过滤；b—重力过滤；c—封闭淹没式过滤

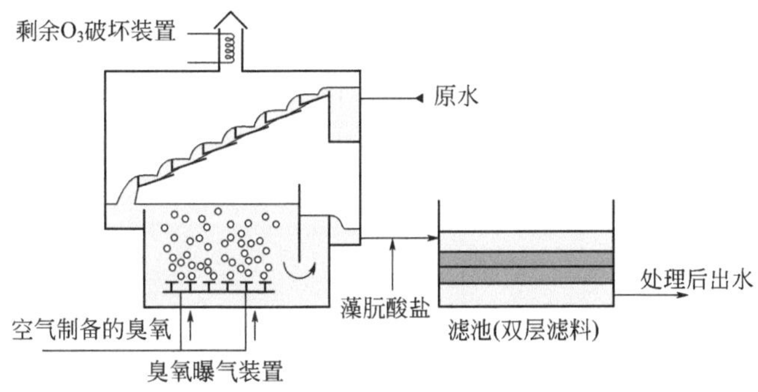

图 22-39　Crissey 饮用水厂 7200m³/d 处理装置的流程示意图（Saône et Loire, 法国）

（2）经沉淀除铁

沉淀池设在曝气和过滤工艺之间［可参照 Mimizan（法国）的系统示意图，图 22-40］，在该案例中：

① 原水中含铁量较高，产生了过量的沉淀；

② 色度、浊度、腐殖酸、螯合物等的存在导致了铁的氧化和沉淀速率显著降低，并且需要投加混凝剂（硫酸铝或氯化铁），投加量以商品混凝剂计大约超过 10g/m³。

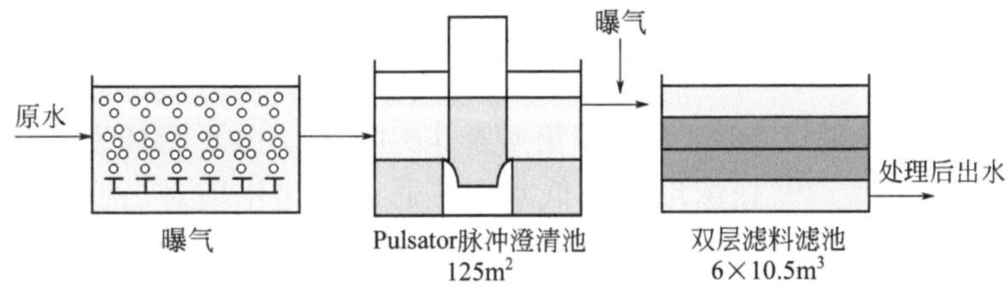

图 22-40　Mimizan 饮用水厂（Landes，法国）-9600m³/d

泥渣接触澄清池（污泥悬浮澄清池）特别适合处理这种水。作为另外一种选择，地下水一般浊度较低，其产生的氢氧化铁絮体质量较轻，也可用溶气气浮去除。

（3）联合去除碳酸根的方法

采用石灰去除碳酸根，会达到较高的 pH 值，并会促进铁和锰的去除。于是，碳酸亚铁在 pH 值达到 8.2 时几乎完全沉淀（尤其是与 $CaCO_3$ 沉淀同时发生时），氢氧化亚铁在 pH 值达到 10.5 时也几乎完全沉淀（图 22-41）。

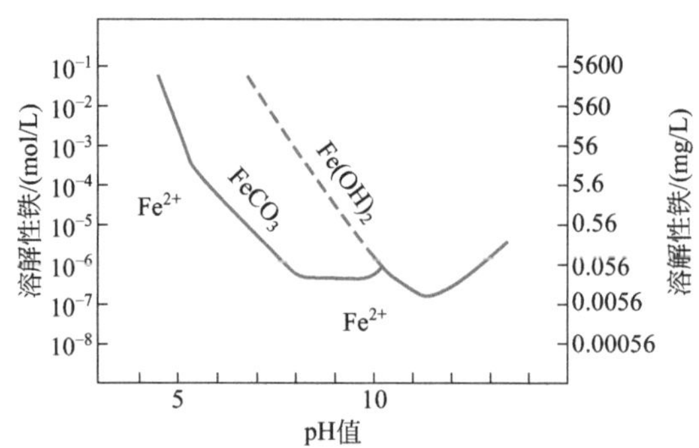

图 22-41　中等碱性水中铁的溶解度与 pH 值的关系

当 pH 值为 8 左右时，可以去除部分碳酸盐，同时可以去除全部的铁。在某些情况下，尤其是当采用石灰软化流化床反应器（Gyrazur，见第 10 章 10.3.7 节）时，在相同的 pH 条件时也可达到满意的除锰效果。但是，理论上讲，若要实现锰和碳酸盐的联合去除，pH 值应该在 9.5～10 左右。这一理论运用在德国 Ratingen 水厂（图 22-42）：可以同时去除部分碳酸盐、铁、锰，并有硝化作用。

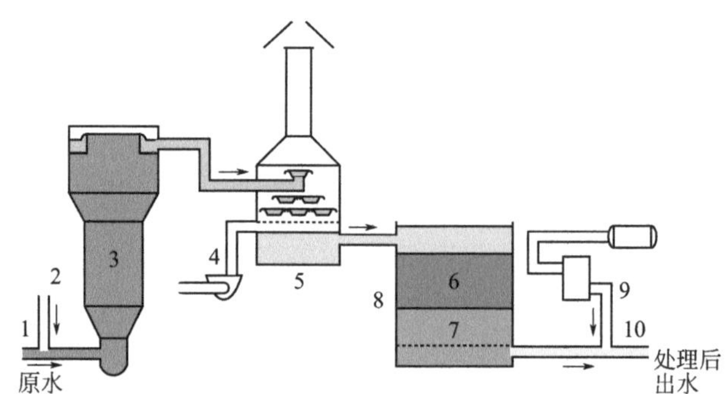

图 22-42　Ratingen 饮用水厂流程图（德国）– 24000m³/d

1—原水；2—$Ca(OH)_2$；3—Gyrazur（石灰软化）；4—鼓风机（提供空气）；5—曝气装置；6—无烟煤滤料；7—砂滤料；8—过滤-硝化（双层滤料）；9—Cl_2；10—处理后出水

22.2.1.3　生物除铁 - Ferazur 工艺

（1）原理

前文已做介绍（见第 2 章 2.1.8 节和第 4 章 4.6.4 节），由于酶和生物聚合物的产生，很多细菌能利用溶解氧，即使浓度在较低水平，通过催化作用对二价铁进行生物氧化。并且它们能在细胞膜内、鞘内、茎秆等处固定铁离子。形成的沉淀会强力黏附在细菌分泌的聚合物上。此外，与物理化学除铁所不同的是会产生氢氧化物晶体，尤其是羟基氧化铁（γ-FeOOH），适用于除铁生物滤池的条件远比那些在物理化学模式下运行的水厂要好得多，这些铁细菌可以在不可能发生物理化学氧化的条件下生长，例如：a. 溶解氧浓度 0.2～0.5mg/L；b. pH<7.2；c. 氧化还原电位 100～200mV；d. rH 略大于 14。

当 rH 低于 14 时，这些细菌的活性较低。另外，当 rH 高于 20 时，生物氧化和物理化学氧化会产生竞争。图 22-43 表明区域①生物除铁占优势。

实际上，物理化学法除铁和生物除铁之间并没有明确的界限。在物理化学领域，抑制剂的存在会降低氧化速度并使生物除铁过程占据优势。这也正是确定最佳操作条件之前要先做中试的原因。

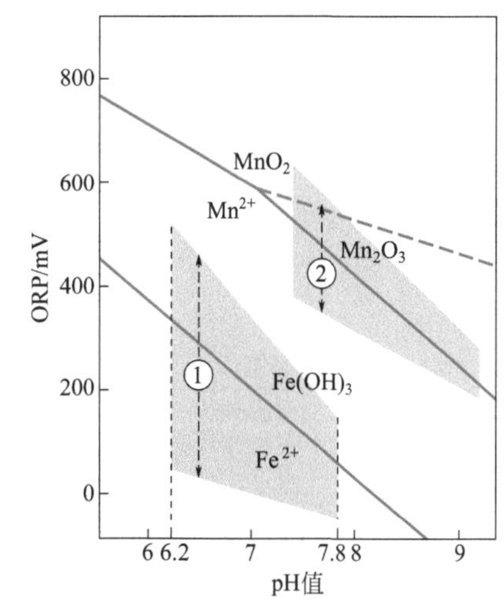

图 22-43　铁和锰的化学稳定性和各自氧化细菌活性范围（①铁、②锰）

（2）生物除铁的优点

与物理化学方法相比，生物除铁的优点概括如下：

① 氧化速度快：不需设氧化塔，只需要射流注入压缩空气即可。

② 不需要化学药剂（如：专用的氧化剂、pH 值调整剂、絮凝剂等）。

③ 较高的截留能力：被氧化的铁以十分紧密的方式被截留，生物除铁过滤器（均质砂滤料）的截留能力大约是物化法的 5 倍多。

④ 较高的滤速：由于在砂滤料最小粒径（1.1～1.5mm）截留的生物絮体的强度高，在保证相同的过滤周期的前提下，生物滤池的滤速大约可以达到物理化学滤池的 5 倍多，在某些情况下，滤速甚至可以达到 40～50m/h。

⑤ 经济的反冲洗方法：生物滤池的反冲洗水量大约比物化滤池的 1/5 还低，在某些情况下，滤池甚至可以用原水反冲洗。另外，要避免用氯消毒之后的水进行反冲洗，因为这会减少除铁细菌的数量。

⑥ 污泥处理更容易：因为反冲洗次数少，废水浓度高，更利于污泥浓缩和脱水。

（3）应用

生物除铁压力式滤池（图 22-44）通常包括：

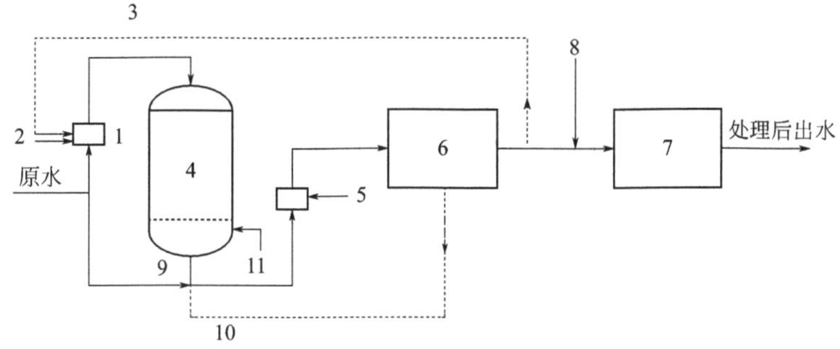

图 22-44　生物除铁压力式滤池流程以及可能的选择（2 或 3 以及 9 或 10）

① 可控的曝气系统（1）；该曝气可以使用静态混合器、压力溶解罐或空气喷射加注装置（2），也可以通过一部分曝气水循环（3）；

② 高滤速 Ferazur 反应器（4）；

③ 补充曝气系统（5）（如有必要），用于提高溶解氧含量到适当水平以满足配水要求；

④ 不含氯的反冲洗水水箱（6）（如有必要），如果原水不能用于反冲洗；

⑤ 加氯消毒（8）后水的水箱（7）；

⑥ 反冲洗系统，包括原水（9）或处理后的水（10）和鼓风机（11）。

图 22-45 展示了一个工程实例。

图 22-45 West Pinchbeck 饮用水厂（英国）生物除铁 -36000m³/d

过滤也可在敞开式重力式滤池内进行，尤其是流量较大时，如 Lomé（多哥）的水厂（图 22-46）。Lomé 水厂的跌水曝气装置是为满足生物除铁的需要，根据其原水水质进行了针对性设计。

图 22-46 Lomé 饮用水厂（多哥）52800m³/d 重力式生物除铁 -4 个面积 24.5m² 的滤池

注意：生物除铁系统的启动要比物化处理系统慢，一般需要 1～10d 的驯化时间（利用原水中存在的铁氧化细菌）。

当待处理水中含有 H_2S 时，需要在滤池入口处曝气（重力式），或者采用生物法（压力式，见本章 22.2.5 节）将 H_2S 去除。

22.2.2　除锰

22.2.2.1　锰的天然状态

锰是土壤中常见的元素，锰元素以多种形式存在于自然界，主要以氧化物（软锰矿、水羟锰矿等），有时以碳酸盐（菱锰矿）、硅酸盐、硫酸盐等形式存在。

在天然水体中，锰元素通常以溶解性的离子形式存在，如 Mn^{2+}，有时是 $MnOH^{+}$（当 pH 呈碱性时）。锰元素可以与重碳酸盐、硫酸盐、硅酸盐以及一些有机物（如腐殖酸、富啡酸等）生成络合物。在天然水体中，锰也通常与铁和铵缔合，但还有锰单独存在的情况。

图 22-47 列出了锰元素一般存在形式的稳定性示意。

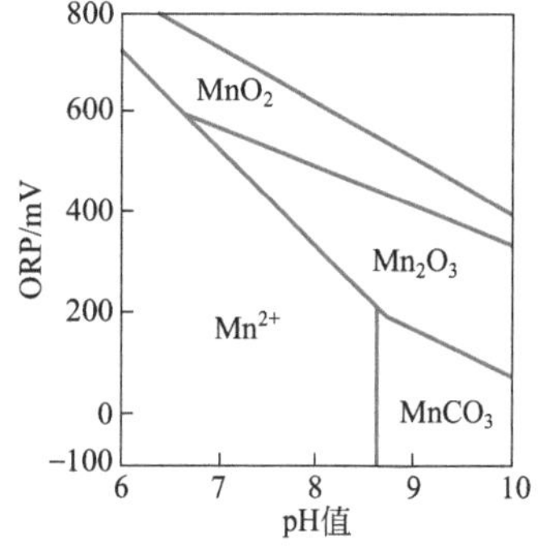

图 22-47　锰元素的稳定性示意图

22.2.2.2　物理化学法除锰

（1）曝气 - 氧化法

Mn^{2+} 被氧气氧化为 MnO_2 的反应非常缓慢，其氧化动力学方程式为：

$$-\frac{d\left[Mn^{2+}\right]}{dt}=K_0\left[Mn^{2+}\right]+K\left[Mn^{2+}\right]\left[MnO_2\right]$$

其中：

$$K=K'p_{O_2}\ [OH^-]^2$$

氧气氧化 Mn^{2+} 只有在 pH 值 9.5 以上时才会达到较高的反应速率（如图 22-48）。曝气氧化 Mn^{2+} 反应速率还取决于温度：当温度从 11℃升至 22℃时，氧化速率提高 4 倍。但是，在正常 pH 值条件下，氧化需要的接触时间长，不易进行工业化应用。

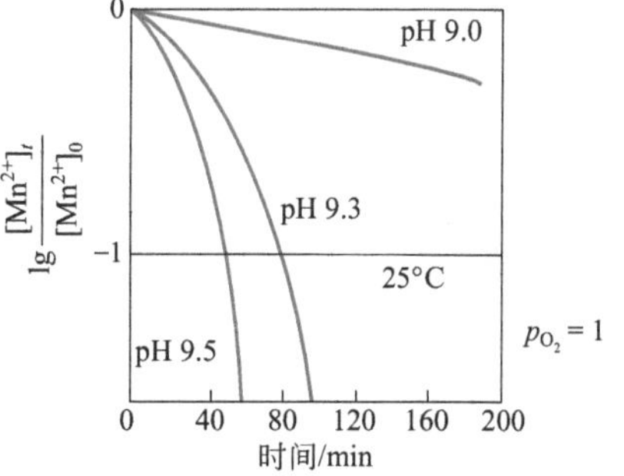

图22-48　氧气氧化除Mn^{2+}

二氧化锰对锰的氧化反应有催化作用，这在一些高 pH 值条件下运行的水厂中得到证实，在锰氧化反应一段时间后，砂的表面会覆盖一层 MnO_2 沉淀物。但该反应不足以使处理后出水完全不含锰。

（2）MnO_2 氧化法

研究表明，当 pH 值不太高时，MnO_2 不再起催化作用，而变成了氧化剂，反应如下：

$$Mn^{2+}+MnO_2+H_2O \longrightarrow Mn_2O_3+2H^+ \tag{22-3}$$

在这种情况下，MnO_2 需隔一定时间用高锰酸盐再生：

$$3Mn_2O_3+2MnO_4^-+H_2O \longrightarrow 8MnO_2+2OH^- \tag{22-4}$$

综合上述式（22-3）和式（22-4），得：

$$3Mn^{2+}+2MnO_4^-+2H_2O \longrightarrow 5MnO_2+4H^+ \tag{22-5}$$

实际上，编者更推荐使用 MnO_2（天然锰砂）而不是锰覆砂粒作为过滤介质，可以把天然锰砂（MnO_2）与覆锰砂粒按一定比例混合，但是仍需每隔一定时间进行再生。

（3）氯氧化法

当 pH<9.5 时，氯对锰的氧化效果并不比氧气好。然而，当利用氯进行氧化时，相同的滤料会变成催化剂（pH ≥ 8 时），偶尔用在酸性条件下去除有机物（有色度的软水）的沉淀和初滤工艺之后。

（4）二氧化氯氧化法

正如在第 3 章 3.12 节中所述，这是一个相对较慢的反应，并且在有机物存在的情况下会产生亚氯酸盐，因此，并不推荐此方法。

（5）高锰酸钾氧化法

二价锰和高锰酸钾之间的氧化还原反应是根据上述式（22-5）进行的。

因此，此时 $KMnO_4$ 的消耗量，与利用 MnO_2 氧化、用 $KMnO_4$ 作为中间反应进行再生的消耗量是相同的［见本章 22.2.2.2 节中的（2）］。而后者的优点是当 Mn^{2+} 浓度波动时提供了一个缓冲调节，可以按照平均水平保持一个稳定的 $KMnO_4$ 投加量（连续再生）。

理论上讲，每 1.9g $KMnO_4$ 可以氧化 1g Mn^{2+}，然而实际上，消耗的 $KMnO_4$ 的量取决于水的 pH 值及水的成分。事实上，部分的高锰酸钾还氧化了水中其他还原性有机物。此外，$KMnO_4$ 投加量必须要严格控制：过量的 $KMnO_4$ 会使水变成粉色，进而在输配管网中变成黄色。

当锰为非络合形态时，反应的最佳 pH 值范围为 7.2～7.3，接触时间小于 5min。当与有机物结合为络合态时，反应时间可长达 20min。在这种情况下，可将 pH 值调整到 8.5 以上，从而加快反应速率。

实际上，$KMnO_4$ 是物理化学法除锰使用最为广泛的氧化剂。处理地下水的设计与简单的除铁工艺相同（图 22-36 和图 22-38）。无论水中只含有锰还是既含锰又含铁，第一步都是曝气（重力式或压力式），这对于一些易于被氧化的物质（Fe^{2+}、H_2S 等）是很重要的，同时还可使水中富含溶解氧（保护主配水管道不产生腐蚀和异味）；第二步是投加高锰酸钾，正如采用其他氧化剂时一样，投加在曝气和过滤工艺之间（滤速不变，但当水中只含锰时，则采用细砂，有效粒径为 0.55～0.75mm）。

对于含有大量有机物、硬度低、色度高的地表水，需要先进行混凝 - 絮凝及沉淀澄清（如源自广袤花岗岩地质区的水），处理系统可基于图 22-49 进行设计，也可采用之前介绍的氯氧化 + 锰砂过滤方法［本章 22.2.2.2 节中的（3）］。

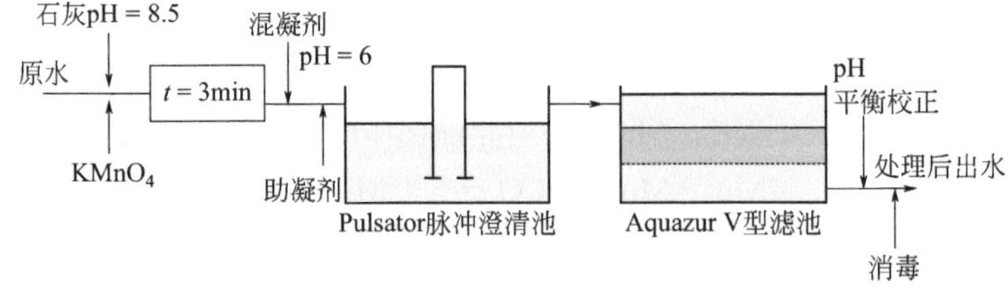

图 22-49 硬度低、色度较高且富含有机物的地表水除锰流程图，Basse Vallée de l’Oust 饮用水厂（Morbihan, 法国）- 9600m^3/d

（6）臭氧氧化法

臭氧氧化二价锰离子 Mn^{2+} 的反应非常迅速，反应如下：

$$Mn^{2+}+O_3+H_2O \longrightarrow MnO_2+O_2+2H^+$$

每氧化 1g Mn^{2+} 需消耗 0.9g O_3。臭氧的投加量必须要保证恰好将 Mn^{2+} 氧化成 MnO_2，不能过量（否则会使水变成粉红色等），见第 17 章 17.4 节。

Jonchay（法国）饮用水厂的设计就是基于此原理（图 22-50）。

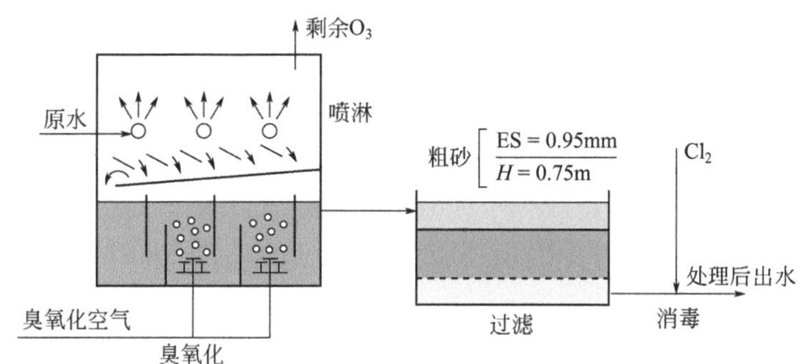

图 22-50　Jonchay 除锰饮用水厂（Rhône，法国）示意图 –14500m^3/d

当 Mn 与有机物同时存在并且需要采用混凝沉淀等一系列净化处理工艺时，臭氧则不能被用作氧化锰元素的预氧化剂。实际上，臭氧只有在破坏锰的有机络合物后才会氧化二价锰离子，这样一方面会导致臭氧用量过量且不经济，另一方面则会影响胶体的稳定性（影响之后的混凝和沉淀效果）。在这种情况下，锰可以通过两种方式去除：一种是在沉淀前投加 $KMnO_4$（图 22-49）；另一种则是对沉淀后的水进行臭氧氧化形成 MnO_2 沉淀，然后通过过滤装置去除。

22.2.2.3　生物除锰 ——Mangazur 工艺

（1）工作原理

与除铁工艺类似，许多细菌（见第 2 章 2.1.8 节）能够在好氧环境下利用氧气对锰进行生物氧化。

有些细菌间接氧化 Mn^{2+}：细菌生长导致 pH 值升高，导致 Mn^{2+} 以适当的速率被氧逐渐氧化。有些细菌是由于细胞内酶的作用氧化 Mn^{2+}。还有一类细菌，溶解态的锰被吸附在细菌细胞膜的表面，然后被酶氧化，锰被富集在细胞壁或细胞群的外围。

这些细菌的生长需要一个相对偏碱性的环境（pH>7.5），且氧化还原电位必须在 400mV 以上（相当于水中溶解氧接近饱和），可参见图 22-43 中生物除锰的范围（②）。另外，如果氧化还原电位明显降低，这些细菌就会溶解它们之前富集的锰（$MnO_2 \longrightarrow Mn^{2+}$）。

同样，当有易于吸收的有机物存在时，利用碳源的细菌会与锰细菌竞争消耗溶解氧，这将会导致氧化还原电位 ORP 的降低以及被吸附 Mn^{2+} 的释放，如在停止运行期间可能会发生这种情况。

（2）生物除锰的优点

与物理化学法相比，生物除锰的优点在于：

① 药剂：在正常情况下不需投加任何药剂，只需要曝气，但在启动阶段一般建议使用氧化剂（通常是 $KMnO_4$）。

② 曝气：对于大多数水，接触时间通常较短，只是为满足提高氧化还原电位的需要。曝气既可以选择在线式曝气（压力式）也可以选择跌水曝气（重力式）。

③ 滤速：与生物除铁一样，生物絮状物的强度有利于采用较高的过滤速度，在某些情况下可以达到 30～40m/h，但是使用的滤料其有效粒径（1.35mm）要大于物理化学法除锰所采用的滤料。

④ 截留能力：生物滤池的截留能力是物理化学法除锰的 5～10 倍。

⑤ 反洗：反冲洗可使用原水（或未加氯的处理后水）。

⑥ 污泥：产生的污泥易于浓缩和脱水。

（3）应用

生物除锰工艺及反应过滤装置均称为 Mangazur。压力式曝气是采用最广泛的方法（除了制水能力很大的情况外），就像图 22-51 所示的 Sorgues 水厂（Rhône-Ventoux，法国）。

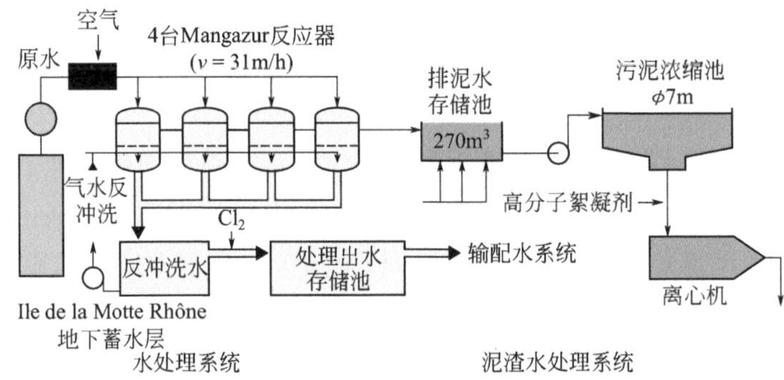

图 22-51　Sorgues 生物除锰水厂（Vaucluse，法国）-28800m³/d

再如图 22-52 中所示的加拿大某水厂。

图 22-52　Woodstock 生物除锰水厂（加拿大）- 6600m³/d，Mangazur 反应器

生物除锰所需的细菌比除铁细菌的生长要慢得多，因此，设备的启动时间也要长得多，要耗时 1～3 个月进行自然驯化（实际上，这也是 Mangazur 工艺的可行性才刚刚被发现的原因）。

通过接种预先在类似水厂培养了细菌的砂滤料，可以缩短驯化时间。

（4）水中同时含铁和锰

当铁、锰同时存在于水中时，为了将这些物质全部利用生物法去除，需要满足不同的氧化还原电位（图 22-43）。除此之外，只有当铁被全部去除之后锰的去除方才开始。在极少数原水水质极为有利的情况下，且采用严格的滤速时，可以在同一滤池中同时去除这些元素。该原理被用在了 Dijon 附近的 Poncey 水厂（法国，图 22-53），该厂处理流量为 $3000m^3/h$，采用 6 座单层砂滤料滤池进行过滤并控制曝气，平均滤速为 15m/h，最高滤速为 19m/h，原水水质如下：Fe=0.2～1mg/L；Mn=0.2～0.5mg/L；pH=7.0～7.2；NH_4^+-N ≤ 0.1mg/L。

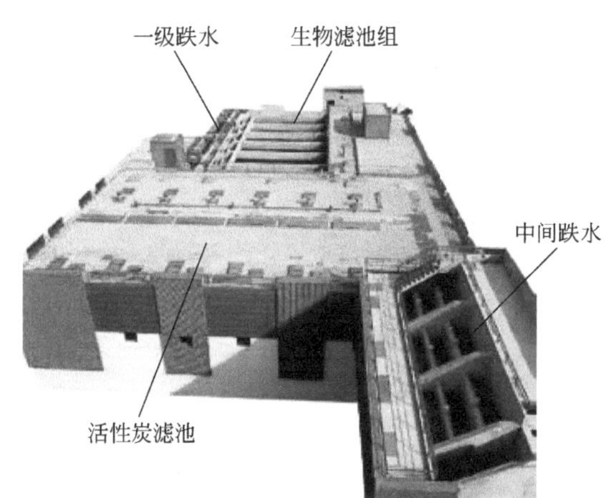

图 22-53　Poncey 重力式同时除铁和锰 + 活性炭处理水厂（Dijon，法国）-72000m^3/d

该方案只能经长期（超过 6 个月）的中试测试之后才能实行。在大多情况下，宜采用下述方案，即两级连续过滤：

① 一级曝气阶段，专门为生物除铁设置；

② 一级过滤阶段（生物除铁）；

③ 二级曝气阶段，并提高 pH 值（取决于原水水质以及第一阶段的曝气情况）；

④ 二级过滤阶段（生物除锰）。

根据当地情况，水厂可由以下工艺组成：

① 两级压力式曝气工艺（可参见图 22-54）；

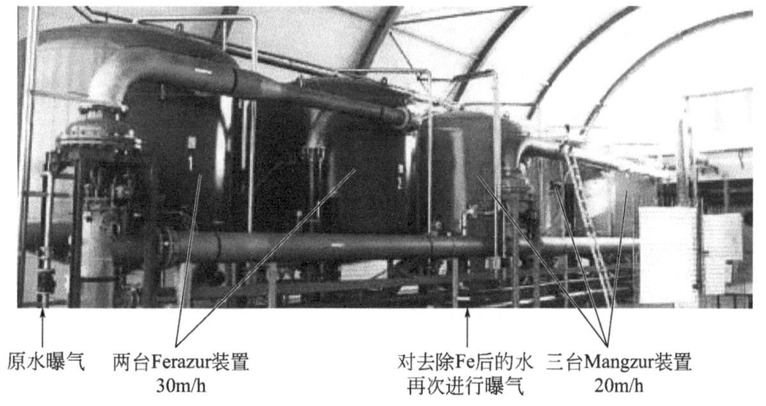

图 22-54　两级压力生物法除铁和锰水厂（Basse Moder，法国）- 1400m^3/d

② 两级重力式曝气工艺（大型水厂），水从第一级到第二级垂直跌落；

③ 组合方案，如图 22-55 中展示的 Mommenhein 水厂（法国）。

生物除铁在压力式曝气条件下进行，而除锰则在重力式曝气条件下进行。驯化阶段设备启动时在跌水处投加高锰酸盐会加速驯化的进行，同时还会使第二阶段的过滤周期从24h（物理化学法模式）延长至1～2周（生物处理模式）。

当水中同时含Fe和Mn时，尽管一般都需要采用两级过滤的方法，但通常情况下，生物法要比物理化学法更经济且操作运行更方便。另外，虽然生物除铁技术已经完全成熟（分析化验、过程控制的落实），但由于反应要求较高的pH值，特别是氧化还原电位，生物除锰可能会受到很多因素的干扰（NH_4^+、H_2S、有机物、低pH_S等）。因此，在采用该技术时需要预先进行中试。

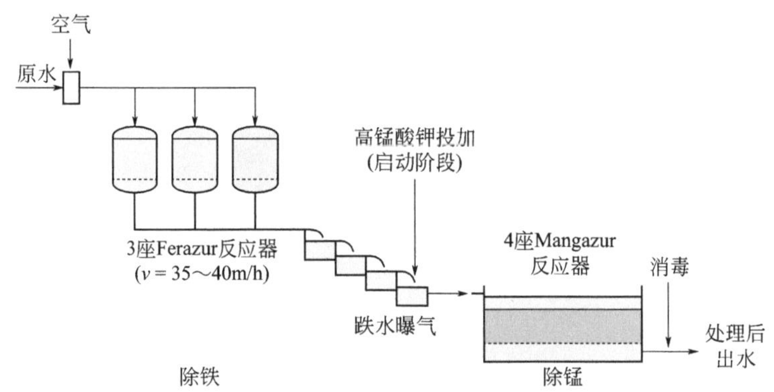

图 22-55 Mommenhein 生物法除铁除锰水厂（Lower Rhine，法国）-500~650m³/h

22.2.3 除氨氮

去除水中的氨氮既可以用物理化学法又可以用生物法。

22.2.3.1 物理化学法去除氨氮

如第3章3.12.4.2节中（1）所述，当氯气的投加量达到临界点以上时，氨氮可通过与氯气反应去除。但这种情况下经常会产生对人体健康不利的氯化副产物（有机氯、THM等，见第2章2.2.8.2节），因此，这种技术仅适用于THM前驱物含量较低的水：

① 水中有机物含量较低；

② 在处理流程的末端，水已经过澄清及深度处理，采用生物法受到限制（如冬季低温水）。因此，塞纳河畔的Morsang水厂（法国）在处理流程末端设有一个推流式接触池（本章22.1.5.3节，图22-17）。

其他一些氧化剂（如臭氧、ClO_2、氯胺、高锰酸钾）对除氨氮无效。

离子交换：光闪石（天然沸石）有时可用来去除氨氮，但成本很高。

22.2.3.2 生物法去除氨氮（硝化作用）

（1）使用条件

可以用生物法将氨氮氧化为亚硝酸盐，进而氧化成硝酸盐。适于这种细菌生长的条件请参考第2章2.1.5节及第4章4.2.1.3和4.6.5.1节。

由于水源水中的NH_4^+浓度通常很低，原则上采用生物滤池（附着生长）工艺作为硝化处理单元，可以选择专门有利于细菌附着的颗粒介质（Biolite生物滤料），也可综合其他处理功能采用砂或颗粒活性炭滤料。

要求还有：

① 充足的氧；

② 为细菌的生长提供一定量的磷；

③ 要有足够的碳酸氢根碱度（TAC）：细菌为自养型，它们自身生长需从碳酸氢盐中获取碳源；

④ 适宜的 pH 值（>7.5）；

⑤ 需要适宜的环境温度：当低于 8～10℃时，细菌的代谢速度将下降，氨的氧化速度也降低，当环境温度低于 4～5℃时甚至会被完全抑制；

⑥ 没有任何残留的消毒剂。

另外，还需要 1～3 个月的时间进行自然驯化，使处理工艺逐渐达到预期处理效果。

生物法除氨氮技术的差异，主要是因为细菌附着的载体和水的流向不同，以及硝化反应器中是否连续注入空气等。

应指出的是，在饮用水处理中，不是采用污水处理的氨氮浓度（NH_4^+-N），而是基于铵离子 NH_4^+ 浓度，NH_4^+/（NH_4^+-N）=1.28。

（2）火山岩滤料滤池

这是历史上首先采用的生物法除氨氮技术，但运行十分烦琐：

① 粒径大于 1cm 的火山岩滤料难以反冲洗，即使气水反冲洗也不奏效。滤池必须要定期停止运行，并用加氯水浸泡。

② 每 2～3 年，需从滤池中清除滤料并进行更换。

因此，该技术已经弃用并被 Nitrazur N 工艺替代。

（3）Biolite 生物滤料滤池

第 4 章 4.6.5.1 节论述了温度对硝化反应速率的影响，本章 22.2.3.2 节中（1）也再次提及。

众所周知，氨氮的生物氧化反应需要一定量的氧：每氧化 1g NH_4^+ 需消耗氧 3.25～3.6g。

① 当待处理水中的溶解氧含量能够满足硝化反应的需要时，反应器不需要曝气。实际上：

a. 当 NH_4^+<1mg/L 时，可使用常规砂滤池，但原水要进行适当的预曝气。

b. 当 1mg/L<NH_4^+<2mg/L 时，则需设一个生物滤料硝化滤池。氧气在预曝气阶段充入水中，可采用跌水曝气，也可利用多孔扩散器进行曝气。应用于法国 Mont Valérien 的 Eau&Force 水厂二期（本章 22.1.5.3 节，图 22-19）的处理工艺包括：

i. 一组跌水曝气装置；

ii. 臭氧预氧化装置；

iii. 高密度澄清池（Densadeg）；

iv. 硝化滤池（LFN）：Biolite 生物滤料粒径 1.1mm，滤层厚度 1m，滤速 7m/h；

v. 臭氧接触池；

vi. 颗粒活性炭滤池（Biflux 双向流滤池）。

② 当水中 NH_4^+ 浓度高而溶解氧不足时，则需要采用曝气反应器，例如 Nitrazur N 装置（见第 4 章 4.6.5 节中图 4-46）。Nitrazur N 装置有两种类型：

a. 逆流式装置，水从顶部向下流，空气从底部向上流（如法国的 Louveciennes 水厂，图 22-56 及图 22-57）；

b. 顺流式装置，水和空气均从底部向上流（如印度的 Okhla 水厂）。

这些反应器的滤速约为 10～15m/h，气水比（容积比）为 0.3～1.0。

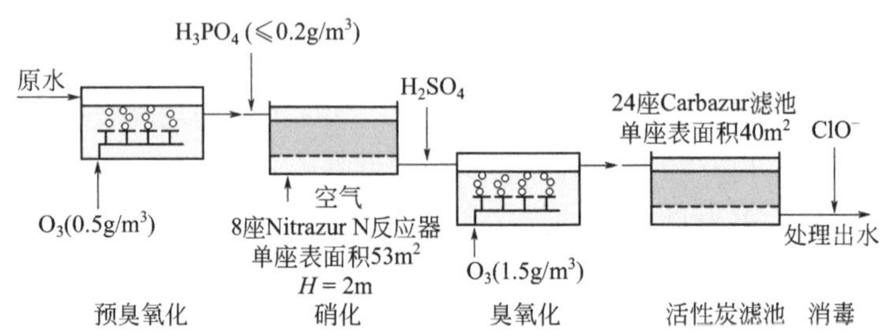

图 22-56　Louveciennes 水厂（Yvelines，法国）处理流程 -120000m³/d

图 22-57　Louveciennes 水厂（Yvelines，法国），Nitrazur N 硝化滤池（53m²）- 120000m³/d

反应器类型的选择是由需进行硝化反应的 NH_4^+ 的浓度，即实际需氧量决定的。在逆流式反应器中空气流速比水速度高时会出现水阻现象。另外，对于上向流（顺流）式反应器，由于不能保证出水浊度，后续需进一步过滤。

（4）采用轻质（漂浮）滤料的滤池

Filtrazur 反应器（见第 13 章 13.4.1 节）是有别于前述硝化反应器的另一种有吸引力的工艺。

采用比水轻的轻质滤料，过滤由下向上进行，必要的话，可以同时从下向上进行曝气。

不曝气的 Filtrazur 反应器被用来处理 NH_4^+ 浓度在 1～1.5mg/L 的水（Aubergen-ville，法国），带有曝气装置的 Filtrazur 反应器被用来处理 NH_4^+ 浓度更高的原水（沧州，中国）。

22.2.3.3　含铵、铁和 / 或锰的水的生物处理

当这三种物质同时存在时，处理顺序可参见图 22-58 的稳定性示意图。可见，生物除铁可以在未去除铵前进行，而在生物除锰前必须先除铵。

除此而外，生物除铁的运行条件（滤速快、接触时间短、溶解氧浓度限制）与硝化反

应相反。因此，生物除铁经常不得不在除 NH_4^+ 后进行，而后者是基于水温进行硝化计算。假如水在反应器中完全完成硝化反应，生物除锰可在同一反应器中继续进行。

取决于这三种元素的浓度及其他水质参数，可以有很多组合，例如：

① 铁、NH_4^+ 以及锰浓度均很低时：物理化学法除铁、硝化反应以及生物除锰可在同一滤池中进行；

② 含铁量较高、含锰量较低以及 NH_4^+<1.5mg/L 时：生物除铁后，采用高强度曝气，并根据水中 NH_4^+ 的浓度、水温来选择硝化滤池还是普通砂滤；

③ 铁、锰含量均较高且 NH_4^+>1.5mg/L 时：可采用三级处理系统，包括：a. 生物除铁；b. Nitrazur N 反应器进行硝化处理；c. 末级生物过滤，同时除锰和残余氨氮。

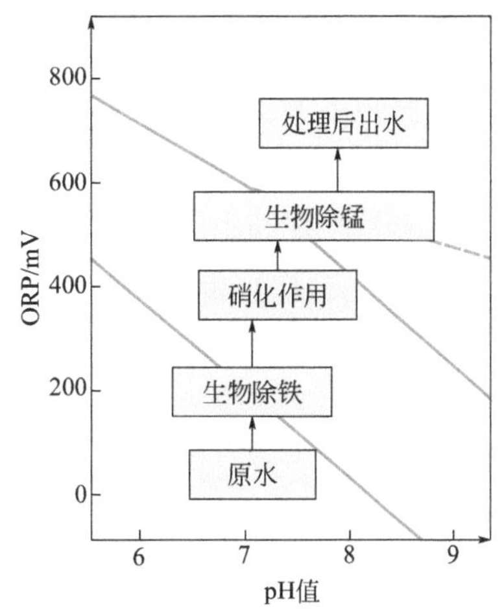

图 22-58　水中同时含有 Fe^{2+}、NH_4^+ 以及 Mn^{2+} 时的处理方法

注意：含悬浮物的地表水饮用水处理一般采用包括深度处理的综合处理流程，硝化反应有可能在其中发生，如：原水的贮存、澄清池泥床、砂滤池、活性炭滤池。

22.2.4　硝酸盐的去除

硝酸盐可以采用物理化学法，也可采用生物法去除。

22.2.4.1　物理化学法去除硝酸根——Azurion 工艺

反渗透、电渗析以及离子交换都可以用于去除水中的硝酸根。

但无论是反渗透（第 15 章）还是电渗析（第 3 章 3.9.5.3 节）都不是专门去除硝酸根离子的工艺，通常只有同时脱盐（苦咸水）时才会采用。

利用离子交换以及树脂去除硝酸根生产饮用水的方法，在一些国家已经得到批准。项目开始前，要先确定所选择的方法符合项目所在国的法规。

（1）一般应用条件

应用离子交换的方法之前，要对以下几个参数进行评估：

① 待处理水的悬浮物含量：SS 含量必须小于 1mg/L，如果达不到要求，SS 积累在树脂表面会产生很大的水头损失，导致频繁的冲洗和树脂消耗。

② 水的离子成分：除离子 NO_3^- 外，离子交换还可去除 SO_4^{2-} 及部分 HCO_3^-。当树脂通过 NaCl 再生，则上述离子与 Cl^- 交换，会导致水中 Cl^- 浓度增高。用 HCO_3^- 再生可在一定程度上避免 Cl^- 浓度过高，但会更加麻烦且成本更高。

注意：

① 再生的废液中含有原水中带来的硫酸根和硝酸根，还有一些碳酸根离子以及大量的氯化钠再生剂，必须找到一个处理再生废液的途径。

② 离子交换的优点在于不受待处理水温度的影响。

（2）应用

位于法国 Plouenan 的 Rest 水厂采用的 Azurion 处理工艺如图 22-59 所示。另一个应用可参见图 22-60。

再生洗出液在旱季时存储在一个水塘内，雨季时用泵抽至河内稀释。

法国 Rest 水厂在实际生产中采用的离子交换技术是逆流再生固定床工艺（气顶压法），然而，大多数新建的水厂都是采用 UFD 技术（见第 14 章 14.1.3.2 节）。

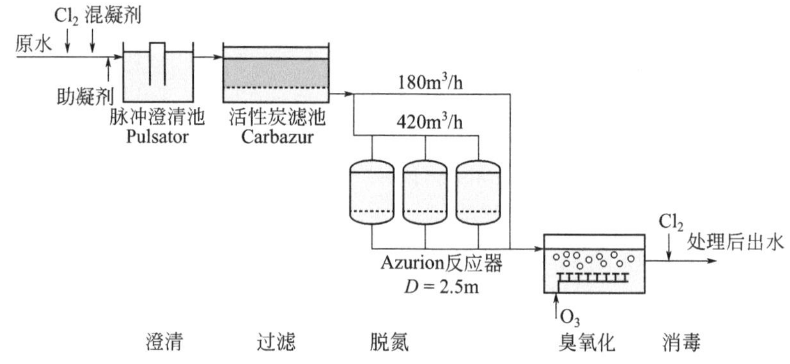

图 22-59　Rest 水厂（Finistère，法国）-14500m³/d

图 22-60　Kernilis 水厂（Finistère，法国）-500m³/h，两台（共有 3 台）直径 2.5m 的 Azurion 交换器

22.2.4.2　生物反硝化工艺

（1）一般应用条件

生物处理可利用附着生长的自养细菌，以氢或含硫的物质等为自养能量来源，其反应如下：

$$2NO_3^- + 5H_2 \longrightarrow 4H_2O + N_2 + 2OH^-$$

或：

$$5S + 6NO_3^- + 2H_2O \longrightarrow 3N_2 + 5SO_4^{2-} + 4H^+$$

在后一种情况下，需投加 $CaCO_3$ 来中和产生的酸。

结果表明这些细菌生长速度缓慢，可以采用的滤速很低（0.5～2.0m/h）。因此，这种技术在工业规模上不适用。

对于反硝化工艺，异养细菌的应用最为广泛（见第 2 章 2.1.5 节和第 4 章 4.6.5.2 节）。这些细菌从碳源营养物（主要是乙醇）中获取能量，反应式如下：

$$12NO_3^- + 5C_2H_5OH \longrightarrow 6N_2 + 10CO_2 + 9H_2O + 12OH^-$$

该反应过程的主要特征可以概括如下：

① 硝酸根转变成氮气；

② 污泥（剩余的微生物）可以与城市污泥混合后统一处理；

③ 几乎不影响水中钙 - 碳酸盐平衡；

④ 对温度变化极为敏感，当温度低于 7～8℃时，反应不能很好地进行；

⑤ 对原水中的溶解氧较敏感（在与硝酸根结合前，细菌优先消耗水中自由溶解氧，从而消耗大量碳源物质）；

⑥ 初期调试需大约 1 个月。

（2）应用——Nitrazur DN 工艺

处理工艺如图 22-61 所示。

Nitrazur DN 反应器（另见第 4 章 4.6.5.2 节）是以上向流的模式运行的，与氮气释放的方向相同，从而避免由氮气引起的气阻现象的不利影响。反应器的正常滤速为 6～10m/h，生物滤料厚 3m。

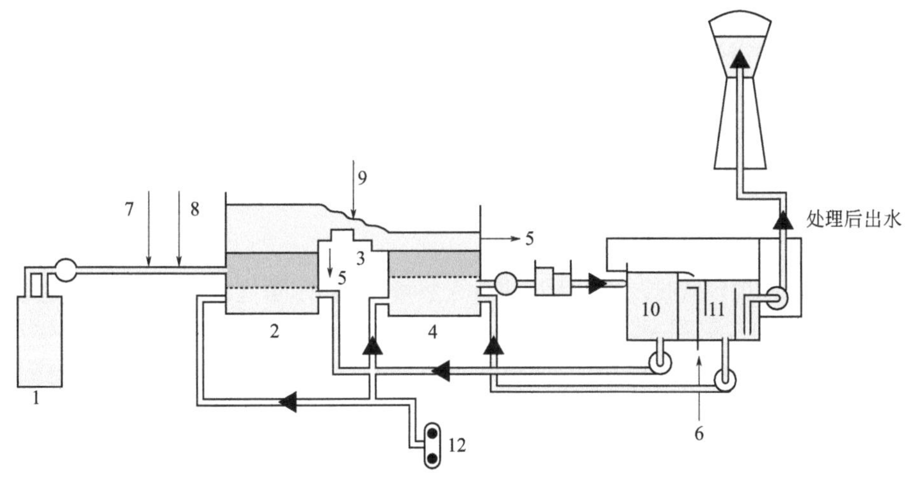

图 22-61　反硝化处理工艺流程

1—原水（NO_3^-）；2—Nitazur DN生物反应器；3—曝气（跌水）；4—Carbazur活性炭滤池；5—冲洗水出口；6—消毒剂（次氯酸盐）；7—含磷源试剂（PO_4^{3-}）；8—含碳源试剂；9—混凝剂（$FeCl_3$）；10—未加氯水池；11—加氯水水池；12—反冲洗水

除了碳源营养之外，磷源也需投加（每去除 100g 硝酸根约需 0.5g 磷酸根），这对细菌的生长至关重要。因为磷是细菌生长必不可少的元素之一。最佳 pH 值是 7.5。

在深度处理中，活性炭除了其过滤作用外，还起生物降解剩余碳源和去除与硝酸盐伴随的杀虫剂（农业污染）的作用。在活性炭工艺的上游需进行预曝气或采用臭氧处理。

为了降低运行成本和总的碳源投加量，一般会设定一个剩余硝酸根含量的目标值。

反应器用未加氯的水进行冲洗，将次氯酸盐投加到第二级水池以进行消毒。

22.2.4.3　两种去除硝酸根技术的比较

两种去除硝酸根技术的比较见表 22-10。

表22-10　两种去除硝酸根技术的比较

项目	生物法反硝化 Nitrazur DN 反应器	离子交换法 Azurion 反应器
投资费用	前者较后者高	
运行费用	两者运行费用在同一数量级，需根据个案进行具体分析（水的含盐量）	
（废液）洗出液	不产生洗出液，NO_3^- 转变成 N_2 会产生生物污泥	会产生含盐量很高的洗出液
碳酸盐平衡	影响较小	影响较大（侵蚀性大）
自动控制系统	较复杂	操作方便
原水含盐量	影响较小	如果含过多的氯根及硫酸根，则不宜使用
原水中悬浮物	影响较小	非常敏感
温度	水温过低不适用	几乎无影响
操作	运行复杂（避免启停）	运行稳定（可频繁启停）

总体结论如下：

① Nitrazur 工艺可用于地下水处理；

② Azurion 工艺可位于地表水处理工艺的末端，尤其是用作低温水末端处理单元。

22.2.5　H_2S的去除

H_2S 的去除可考虑采用以下三种处理方法。

22.2.5.1　通过吹脱物理去除

只有当 H_2S 的浓度较低时，才可考虑进行天然曝气（跌水曝气、喷洒曝气），这是因为：

① H_2S 不会 100% 得到去除（除非在强酸环境下）；

② H_2S 释放到大气中造成环境问题（气味、毒性），需要使用漂白剂或臭氧来洗涤吹脱气体（见第 16 章 16.2.6 节）。

用除 CO_2 的曝气反应器吹脱 H_2S，曝气强度大，效果更好，但会对周边环境造成不利影响，且需重新考虑水中碳酸盐的平衡，所以此法并不常用。

22.2.5.2　化学方法

（1）氧化

化学氧化剂能有效处理 H_2S，但其难以控制：其反应速率取决于反应条件（pH、氧化还原电位等），氧化产物可能是单质硫化物（胶体）、硫酸根离子或是其中间价态化合物。表 22-11 提供了理论化学计量比。实际上，反应中会产生诸多氧化产物，故氧化剂需用量会在这两个极端之间变化。显然，当废水中 H_2S 含量很高时，这种处理方法的运行成本将大大增加。

表22-11 氧化每克H_2S所需氧化剂的质量 单位：g

H_2S 氧化产物（公式见第 3 章 3.12.4 节）		S	SO_4^{2-}
所用氧化剂	Cl_2	2.1	8.40
	$KMnO_4$	3.1	12.40
	O_3	1.4	5.65
	H_2O_2	1.1	4.40

（2）采用铁盐沉淀

使用硫酸亚铁或氯化铁和 H_2S 反应时，会产生硫化铁沉淀物（FeS、Fe_2S、Fe_3S_4），这些物质本身是胶体，因此必须经混凝、絮凝处理后进行分离。这一方法有时会被用于污水处理领域，而用于饮用水处理尚不成熟。

22.2.5.3 生物方法

在微曝气介质中，硫细菌（如贝日阿托氏菌、丝硫细菌等）可以通过酶催化氧化 H_2S 成单质硫（见第 2 章 2.1.7 节）。其反应速率及滤料驯化与生物除铁（见本章 22.2.1.3 节）一样迅速。因此，处理的方法是相同的（图 22-44）：采用在线曝气和过滤处理工艺，滤速为 10～20m/h。

当同时有铁存在时，可通过同一滤料以生物法去除。当水中同时含有 H_2S、Fe^{2+}、Mn^{2+} 和 NH_4^+ 时，可考虑以下两个连续的基本处理阶段：

① 在曝气后经第一级过滤，首先生化去除 H_2S，接着去除 Fe^{2+}；

② 在高强度曝气后经第二级过滤，首先生化去除 NH_4^+，接着去除 Mn^{2+}。

22.2.5.4 结论

生物法是目前最具经济性的方法，但尚未得到充分的发挥。各种情况均应进行实验，以确定运行参数和过滤速率。

22.2.6 加氟和除氟

“加氟”的英文术语使用“fluorination”而不是“fluoration”，这是因为氟是以氟化物的形式加入的（与氯不同）。以此类推，编者也将使用“defluorination”作为“除氟”的英文术语。

人们普遍认为，自来水中应含有少量的氟（0.4～1mg/L，取决于相关国家的气候），可以促进牙釉质的形成，预防龋齿发生。然而，过量的氟却会破坏牙釉质，引起一系列被称之为“氟中毒”的地方性疾病：畸形牙，牙釉质变色，牙釉质脱钙，肌腱矿化，消化系统和神经系统紊乱等。饮用水中均含有一定浓度的氟，一旦水中氟的含量超过 1～1.5mg/L，不经处理就不能饮用。

因此，根据实际情况，需要考虑人工加氟（当氟元素未以其他某种形式提供时，如含氟牙膏）或是去除此元素。

22.2.6.1 加氟

加氟工艺主要应用于美国。可采用以下产品：a. 六氟硅酸钠（Na_2SiF_6），此为最常见的产品；b. 六氟硅酸（H_2SiF_6）；c. 氟化钠（NaF）。

使用这种处理方法时，必须采取正确的保护措施并制定发生事故的应急处理措施。

22.2.6.2 除氟

有些天然水中氟含量超过了 10mg/L，而该浓度必须降至约 1mg/L（年均气温高时，可允许的氟浓度相应较低）。欧洲标准将其定为 1.5mg/L。除氟可采用如下方法：

（1）活性氧化铝过滤

这是除氟最常用的方法。氟离子在活性氧化铝表面的固定是可逆的，其再生使用硫酸铝，或者最好采用氢氧化钠和硫酸进行。活性氧化铝过滤截留能力可能有很大差异，其取决于水中氟的初始含量、pH、总盐度、材料的粒径和操作条件，每升活性氧化铝滤料可以固定氟离子 0.3～4.5g。建议在实验室中进行初步试验，以便确定原水组分对应的最佳条件。

（2）混凝 - 絮凝

投加硫酸铝除氟是利用了氟对氧化铝的亲和力特性，但混凝剂的投加量相当高（去除 1g 氟离子需 50～150g 硫酸铝）。因此只能用于处理氟含量低的原水，并且需后接沉淀处理单元。

（3）用石灰软化水

该方法可在 pH>10 时使用，但条件是水中含有足够的镁，因为正是生成的氢氧化镁吸附了氟。有学者认为，去除 1mg/L 的氟需要 50mg/L 的镁。

（4）使用磷酸三钙

长期以来，人们注意到氟对磷酸三钙化合物的亲和力，因为天然磷酸盐中发现了大量的氟，如在磷灰石、磷矿（2%～5%）甚至在骨头中仍含有大量的氟。可以考虑使用下列物质：

a. 天然产品：骨灰（动物骨炭）或骨粉；

b. 一种合成的磷灰石，在水中通过按石灰与磷酸的一定配方制备合成磷灰石。

（5）其他方法

当水为过度矿化水质时，可考虑采用反渗透工艺除氟。

也可以考虑使用电渗析。

22.2.7 除砷

22.2.7.1 概述

直到 2000 年，欧洲标准规定饮用水中砷的浓度为 50μg/L，这在大多数情况下，通过常规澄清或碳酸盐去除处理就可以达到该标准。然而这一标准经修订后（1998 欧盟第 98/83/EC 号指令），砷的浓度限值被降至 10μg/L（我国现行标准 GB 5749—2006 也规定砷的限值为 10μg/L），这引起除砷工艺的改变（见本章 22.2.7.2 节）。之前符合标准不需要处理的水，如今要慎重处理。

在这种情况下，可以选择以下一种方法，如无其他特殊情况，这些方法要求将

As(Ⅲ) 用氧化剂（如氯气）氧化成 As(Ⅴ)。

① 当 pH<7 时，采用混凝 - 絮凝处理工艺。研究表明，铁盐除砷效果优于铝盐。根据水中砷的初始含量及操作条件，$FeCl_3$ 的投加量在 10～100mg/L（用量需实验确定）。根据药剂用量的不同，在接触几分钟后进行澄清，或通过砂滤池或双介质滤料滤池进行直接过滤。

② 用活性氧化铝吸附，使用氢氧化钠和盐酸（由于硫酸根离子的竞争作用，可优选硫酸）再生活性氧化铝吸附剂。此法可行，但不甚经济。

③ 用石灰与氧化镁沉淀来进行碳酸盐去除，但要求 pH 值在 11 左右，使得此方法不易推广。

④ 生物除铁。当被处理水是地下水并含有铁离子时，细菌氧化也可对 As(Ⅲ) 发生作用，因而在此情况下不需要进行化学氧化。另外，当 Fe/As 比值不够大时，原水中必须加入足够的二价铁离子（可加入 $FeSO_4$）。

在其他潜在的处理方法中，有一些不是特别有效（如粉末活性炭、颗粒活性炭）或不是特别具有针对性（如反渗透或纳滤膜），而另一些则没有经过充分的实验（如通过氧化铁或氧化锰过滤），氧化铁基颗粒产品还有待开发。

22.2.7.2　GEH 工艺

过滤介质为氢氧化铁，它具有固定大量 As(Ⅴ) 而不会显著改变水中总盐度的特性（碱度、Cl^-、SO_4^{2-} 等）。在法国，得利满已取得了产品批文以及用于饮用水处理的授权。根据水的性质以及砷初始浓度，有以下一系列可选的处理系统，如图 22-62 所示。

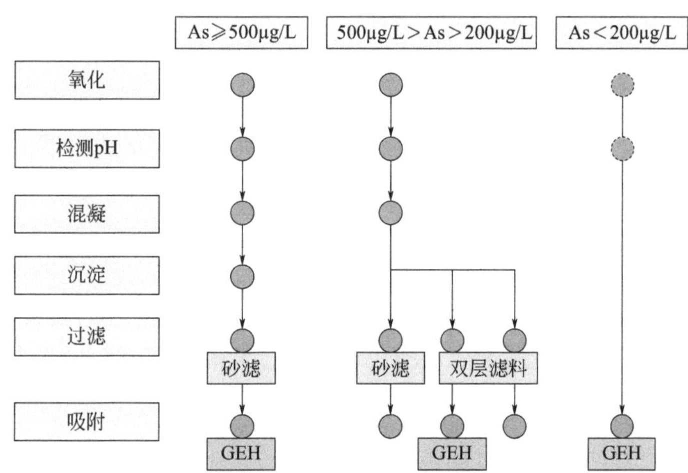

图 22-62　使用 GEH 工艺的除砷系统

pH 是相当重要的一个参数，最好控制在 6.5～7.5 之间，以便最大限度地提高去除能力。

在目前条件下，GEH 滤料不能再生，而只能每隔 1～3 年更换一次。

这一方法的优点是易于使用，因为有时不必对原水进行预氧化处理。在直接吸附 As（Ⅴ）的情况下，仅需每隔 15d 用水将滤料蓬松，并监测出水中砷的浓度。此外，如图 22-63 所示，砷的泄漏增长非常缓慢，因此，这是一种非常可靠的工艺。

在所有情况下，最好要进行中试试验以确定最佳使用条件。

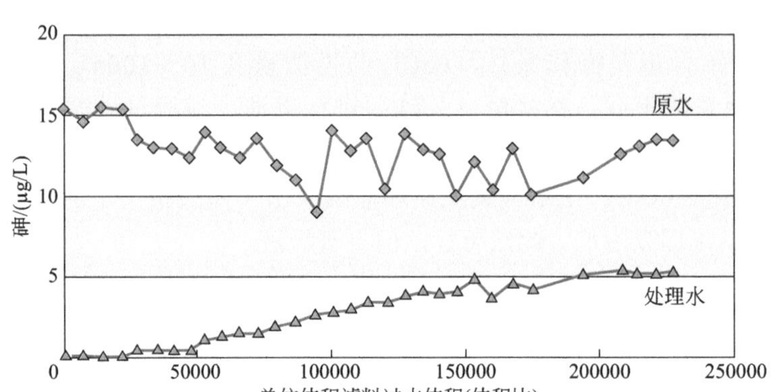

图 22-63　GEH 过滤 As 的泄漏过程示例

22.2.8　其他准金属（或非金属）

欧盟为下列元素设定了浓度限值：a. 锑，5μg/L；b. 硼，1μg/L；c. 溴，10μg/L（溴酸盐形式）；d. 硒，10μg/L。

22.2.8.1　除锑

可考虑使用以下处理方法：混凝 - 絮凝、GEH 过滤（见本章 22.2.7.2 节）或反渗透。这些处理方法的有效性尚未完全了解，很有必要对其进行初步实验。

22.2.8.2　除硼

常规澄清处理对除硼是无效的，除非投加铝酸钠（仅部分去除）。现给出以下可行的处理方案：

① 经颗粒活性炭（GAC）过滤（通过实验选择颗粒活性炭的类型，与其他可吸附物质的吸附竞争对活性炭再生频率有重大影响）；

② 固定在活性氧化铝或其他金属氧化物上；

③ 投加石灰和氧化镁生成沉淀进行碳酸盐去除；

④ 通过特定树脂进行离子交换（例如：Rohm & Haas 公司的产品 Amberlite IR A 743）。

利用反渗透膜除硼主要应用于海水的淡化处理（见第 15 章 15.4.2.3 节）。

22.2.8.3　除溴：溴酸盐问题

若水中溴离子含量较高，则可能形成溴酸盐（原水中通常没有，但主要在臭氧氧化过程中形成），其浓度受到欧盟及其他组织（世界卫生组织、美国环保署等）约束。我国现行标准 GB 5749—2006 要求饮用水中溴酸盐的浓度不能超过 0.01mg/L。

溴酸盐一旦生成，将极难去除，需要辅助昂贵的处理方法（专用颗粒活性炭、反渗透或纳滤膜等）。因此，要采取一些预防生成溴酸盐的措施：

① 在臭氧氧化阶段要优化 pH 值，将 pH 值限制在 7 左右。这样，臭氧需求量较低。

② 在臭氧氧化处理上游加入少量的铵离子（0.05～0.2mg NH_4^+/L）。

③ 优化臭氧氧化反应器及向水中投加臭氧的方式（使用 CFD 软件）。

④ 提高澄清处理水平以减少后期臭氧需求量。

另外，预臭氧氧化一般不会形成溴酸盐。实际上，当原水中含有较多的有机物时，预臭氧氧化甚至对抑制溴酸盐形成有利，这是由于预臭氧氧化的副产物（醛、有机酸）可以部分抑制主臭氧氧化阶段溴酸盐的形成。

22.2.8.4　除硒

当 pH 在 6～7 时，铁盐混凝 - 絮凝可有效去除亚硒酸盐［Se(Ⅳ)］(80%～90%)，但对硒酸盐［Se(Ⅵ)］的去除没有效果。若有硫酸根存在，则硒酸盐［Se(Ⅵ)］的去除效果更差。三价铁离子会将部分亚硒酸盐氧化成硒酸盐，而影响其混凝结果，建议这时要试用其他的混凝剂：Al(Ⅲ)、Fe(Ⅱ) 盐等。

其他可行的处理方法是：

① 投加石灰和碳酸盐［仅部分作用于 Se(Ⅵ)］；

② 活性氧化铝固定在 GEH 或离子交换树脂表面；

③ 反渗透、纳滤、电渗析。

22.2.9　重金属的去除

22.2.9.1　处理系统及运行

重金属元素种类非常多，同一处理系统不同阶段的去除方法也会因元素而异。

（1）混凝、絮凝、沉淀作用

采用铝盐和铁盐混凝来去除银离子、铬（Ⅲ）和锡十分有效；而且铅、钒、汞的含量也可降低 50%～90%；但对铜、镉、锌、镍和钡的去除率有限，对钴、钼和铬（Ⅵ）的去除率几乎为零。投加硫酸亚铁，可将铬（Ⅵ）还原成铬（Ⅲ），并形成氢氧化物沉淀，是有效的除铬（Ⅵ）方法。

若使用正常剂量的粉末活性炭（PAC，$20g/m^3$），重金属的去除效果甚微。

（2）砂滤作用

砂滤自身没有去除金属的作用，只是过滤掉沉淀后水中絮体所含的重金属。

（3）颗粒活性炭（GAC）过滤作用

颗粒活性炭（GAC）二级过滤可以将水中有毒的离子含量降低到令人满意的水平。银和汞可被彻底去除，而铅和铜的含量（不含镍）可降低至出水标准以下。

（4）预加氯作用

结合混凝沉淀、砂滤和活性炭过滤，预加氯可提高重金属的去除率，特别是当用氯量略大于相应的临界点时。

（5）碳酸盐去除作用

采用石灰去除碳酸盐，即使是部分除硬，也能有效去除大多数重金属［铬（Ⅵ）及有机汞除外］。

22.2.9.2　欧洲标准的情况

表 22-12 汇总了有效去除水中重金属的主要处理方法（法国法令 2001/1220）。我国通常也采用表 22-12 中的方法对水中的重金属进行处理。

表22-12　不同处理工艺对水中重金属的去除效果

金属 / (μg/L)	常规澄清	澄清 + 活性炭深度处理	反渗透或纳滤膜
钡（700）	– 至 +①	++	+++
镉（5）	+	++	+++
铬（50） Cr (III)	+++	+++	+++
铬（50） Cr (VI)	–	+++	+++
铜（1000）②	– 至 ++	+++	+++
汞①	++	+++	++③
镍（20）	–	+	+++
铅（10）	++	+++	+++

① 投加硫酸铝或硫酸铁进行混凝处理时，同时投加石膏粉末能够将钡的去除率提高至 20%～50%。

② 出厂水（用户龙头处为 2000μg/L）。

③ 若汞为离子形式，可有效去除；如为有机汞形式，难以彻底去除。

注：– 表示去除率为 0～20%；+ 表示去除率为 20%～50%；++ 表示去除率为 50%～80%；+++ 表示去除率为 80%～100%。

除镍：预加氯 + 澄清池前辅助投加粉末活性炭（PAC）。对于常规处理工艺最难去除的三种金属（Ba、Cd 和 Ni），可以采用下列处理方法：

① 投加石灰进行碳酸盐去除（在 pH 值为 9.5 时采用催化处理，或在 pH 值为 9～11 时采用常规处理）；

② 阳离子交换树脂。

22.2.9.3　铅问题

如上所述，铅并不难去除，但实际上，在原水中其实很少检出铅，水中的铅主要来源于金属的腐蚀（见第 7 章 7.4.6 节，金属的腐蚀和溶解）。当管网系统中有铅管（或管道材料中有含铅的添加剂）或铅焊接时，管道腐蚀会使铅溶解进入水中。铅的水质标准逐渐变得严格：

① 截至 2013 年 12 月 25 日：铅容许浓度为 25μg/L。如果水经适当处理，通常可以满足此指标。处理方法如下：

a. 使用成膜产品（用来形成羟基磷酸铅保护膜的缓蚀剂）：投加磷酸，钠或锌的磷酸盐和 / 或多聚磷酸盐；

b. 再矿化 - 中和极软的偏酸性水；

c. 对于高钙碱度的水采用石灰或氢氧化钠部分软化；

d. 纳滤。

② 2013 年 12 月 25 日之后：铅容许浓度为 10μg/L。从此日起，输配管网不得使用以铅制造或含有铅成分的组件，并将原来含铅的组件、阀门等接液设备更换为镀锌钢、黄铜等材料。其他解决办法包括改换管材（如聚乙烯），管道内衬有机材料（环氧基树脂、乳胶）等。

22.2.10　放射性

去除水中放射性方法的选择，取决于水中的放射性元素的种类以及放射性废物（澄清池污泥及滤料）带来的危害和问题。具体的处理方法如下：

① 混凝 - 絮凝处理可以有效地去除胶体类放射性污染。

② 采用石灰除碳酸盐可以有效地去除镭和铀。

③ 通过活性炭吸附可以去除部分放射性元素，例如铀、钴、铬、碘、钨等。

④ 通过富含锰氧化物（如天然锰砂）的特殊材料过滤亦可以取得良好的效果，特别是对镭的去除（需进行实验）。

⑤ 采用脱盐膜处理可有效地去除所有溶解性的放射性核素，只有氡和氚无法被去除。

⑥ 通过曝气只能去除氡。

⑦ 氚（辐射剂量标准：100Bq/L）不能被任何常规的水处理方法去除。然而天然水中很难达到这一水平。

22.2.11　除盐

去除过量的盐分（海水或苦咸水）只能使用反渗透或电渗析膜技术（见第 15 章），或通过蒸馏去除（见第 16 章）。

如果要用膜去除二价金属离子（或具有更高价态的离子），则可以使用纳滤。例如：

① 软化：在美国的某些地区（尤其是佛罗里达州），多年来采用纳滤技术，来降低水中 Ca^{2+} 和 Mg^{2+} 的含量；

② 硫酸盐（如被石膏或矿山排水所污染的水）：纳滤膜一般可以去除 90%～98% 的 SO_4^{2-}。

22.2.12　有机物的去除

对于一些地下水而言，可能仅需要去除有机物就能满足水质要求。在地表水中，也可能以这类问题为主。适用的处理方法不一而足，这取决于水中所含有机物的性质。

22.2.12.1　天然有机物——颜色问题

腐殖酸和富里酸（其中一部分使得水体变色）可以通过混凝 - 絮凝有效地去除。然而，这可能需要大量的混凝剂。直接过滤只能去除 10%～30% 的天然有机物。而一个经优化混凝的完全澄清系统，可以达到 50%～80% 的去除率，并在必要时向沉淀池中加入粉末活性炭（PAC）。在最佳工艺条件下，使水变色的有机物一般会被完全去除。在某些情况下，严格的要求将迫使采取臭氧或颗粒活性炭深度处理，尤其是当澄清后，有残留的色度和 / 或过多的三卤甲烷前驱物以及氧化副产物存在时（见本章 22.1.5 节）。

22.2.12.2　口感和气味

除了由水的高矿化度造成的口感不佳、由不当氯消毒造成的氯酚味以及由余氯引起的气味外，令人不快的口感和气味通常是由工业排放或藻类、放线菌和细菌的代谢引起的（见第 6 章 6.3.1.2 节）。在任何情况下，必须确定其来源、出现的频率、性质（口感和气味，尽可能采用色谱 - 质谱联机检测），以确定它们的极限量，寻求可能的处理方法。处理手段归纳如下：

（1）曝气

使用曝气来去除由 H_2S 或一些挥发性有机物（甲苯、乙苯）引起的难闻气味。

（2）澄清

澄清并没有明显的作用，但在水力条件不良及操作不当的情况下，也会形成产生嗅味物质的条件（存在死区，或系统停运会有厌氧生物繁殖）。

（3）氧化

臭氧对于嗅味物质是最强的氧化剂，但也只对某些化合物有效（例如：酚类、投加臭氧可避免氯消毒产生的氯酚和某些藻类的代谢产物等）。若臭氧氧化操作管理不善，还有可能产生特殊的口感和气味（类似花卉、蔬菜等）。

（4）活性炭

当水的不良口感问题间歇性出现时，可使用粉末活性炭（PAC）来处理，前提是原水中检出嗅味物质。但如粉末活性炭用量平均超过 15～20g/m^3，且持续时间较长时，采用颗粒活性炭（GAC）滤池可能更经济，除非采用 Cristal 水晶扩展工艺的澄清处理工艺（见本章 22.1.7.3 节）。

（5）臭氧 - 活性炭联合处理

这是去除嗅味物质的首选处理方法。这种方法也可减少管网中的需氯量，从而可降低消毒加氯量。它正在越来越多的水厂中得到应用。

更多相关信息，尤其是有关藻类代谢物的信息，已在本章 22.1.8.2 节中介绍。

22.2.12.3 有机微污染物

常规澄清处理无法去除大部分有机微污染物（除了洗涤剂，常规澄清处理最多可去除 50%），故最主要的处理手段是深度处理（本章 22.1.5 节）：粉末活性炭（PAC），颗粒活性炭（GAC），臭氧 - 颗粒活性炭，Cristal 水晶工艺，Cristal 水晶扩展工艺。更多细节可参见本章 22.1.5 节、22.1.7.2 节及 22.1.7.3 节。

22.2.12.4 氯化溶剂的特殊情况

若水中的有机污染仅由大量的挥发性化合物（如三氯乙烯、四氯乙烯、氯仿、四氯化碳等）引起，可选择用吹脱法去除。此法适用于处理一些含水层中的地下水。吹脱后，氯化溶剂可通过活性炭过滤来进行深度处理，如图 22-64 所示。

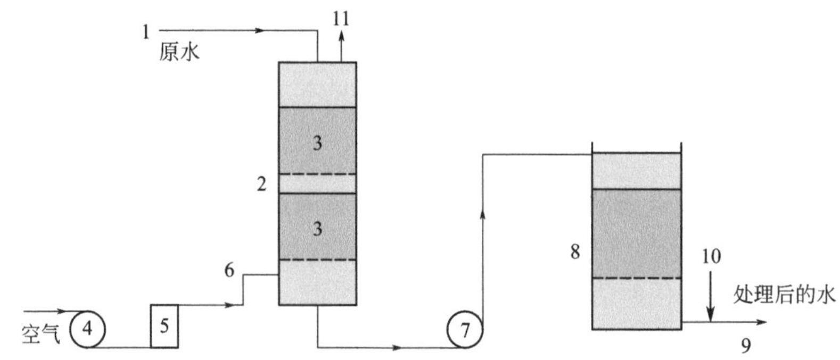

图 22-64 用于去除挥发性氯化溶剂的工艺示意图

1—进入原水；2—吹脱塔；3—填料；4—风机；5—空气过滤器；6—空气注入吹脱塔；7—吹脱工艺水回收泵；8—活性炭滤池；9—至配水系统；10—消毒；11—通风口（如需要，去臭气处理）

22.3 碳酸盐平衡的调整

碳酸盐平衡的调整处理适用于各类水，如地表水或地下水，或是地表水和地下水混合水。其调整的目的是：

① 促进形成碳质保护层，防止对铸铁管道或钢管的腐蚀，去除侵蚀性 CO_2，并调节 pH 值到平衡值（中和）。另外，如果水质太软，处理的目标则是提高碱度 TAC，以及钙硬度 CaH（矿化）。

② 降低水中碳酸氢根含量（除碳酸根）和（或）水中钙的含量（软化）。

这些处理方法的基本原理在第 3 章 3.13 节进行了讨论。

22.3.1 中和及/或再矿化

22.3.1.1 侵蚀性 CO_2 的中和

（1）物理法除 CO_2

处理方法及其效果如下：

① 阶梯式跌水：ΔH=1～2m，CO_2 残余浓度 =10～15mg CO_2/L ；

② 喷洒曝气：ΔH=2～5m，CO_2 残余浓度 =5～10mg CO_2/L ；

③ 中型气泡扩散曝气 G/L（空气流量 / 水流量）=1～2，CO_2 残余浓度 =10～15mg CO_2/L；

④ 在填料塔内强制通风（见第 16 章中除 CO_2 内容）：G/L=10～100，CO_2 残余浓度 <5mg CO_2/L ；

⑤ 薄层吹脱：G/L =500～1000，CO_2 残余浓度 <2mg CO_2/L。

CO_2 残余浓度将使水中碱度 TAC 和钙硬度 CaH 达到平衡。

（2）化学法中和

在大多数情况下，可加入石灰、氢氧化钠或碳酸钠进行中和。反应原理请参阅第 3 章 3.13.4.2 节。对于复杂的处理系统，可能需要在水处理流程中设置多处药剂投加点。在常规设有沉淀池（或浮选装置）和滤池的水厂中，常用石灰并至少设两处投加点：

① 絮凝时的 pH 调整（值得注意的是，在这种情况下，由于 Ca^{2+} 的存在，絮凝效果将比使用 NaOH 或 Na_2CO_3 时要好），此阶段，宜使用石灰浆。

② 调节最终的 pH 值至 pH_S 值，则需使用能淘洗出杂质的石灰饱和器［见本章 22.3.1.2 节中的（1)］生产的上清液。在此处，也可以使用 NaOH。

侵蚀性 CO_2 也可以通过过滤中和去除，中和物是颗粒 $CaCO_3$。根据相同反应和相同的技术，也可使用此工艺进行再矿化［见本章 22.3.1.2 节中的（2)］。

22.3.1.2 再矿化

（1）利用 CO_2+ 石灰进行再矿化

CO_2+ 石灰的反应：

$$2CO_2+Ca(OH)_2 \longrightarrow Ca(HCO_3)_2$$

利用这个公式，可以计算出：若要提高 10mg/L 的矿化度（总碱度和钙硬度，TAC 和 CaH，以 $CaCO_3$ 计），必须向水中加入 8.8mg/L 的 CO_2 以及 7.4mg/L 的纯熟石灰（或者可以用 5.6mg/L 的纯生石灰）。

① CO_2

工业应用是将 CO_2 压缩在高压钢瓶中使用的，而更多时候，CO_2 通常贮存在冷却的低压容器中。

在某些工业设施中，CO_2 可通过燃气燃烧得到（浸没式燃烧器），然而，由于不完全燃烧和 / 或原燃料本身带来的杂质，导致其不能用于饮用水生产。

在海水处理中，水蒸馏过程获得的 CO_2 可被回收并用于饮用水的再矿化（如 Alba/Barhein 水厂，43000m^3/d，见图 22-65）。

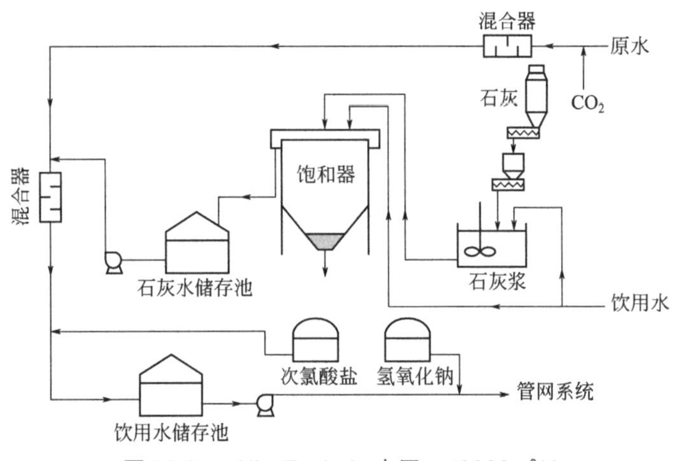

图 22-65 Alba/Barhein 水厂 – 43000m^3/d

② 利用石灰再矿化

不同来源的石灰纯度在 80%～95% 之间。显然，当计算用量时，纯度这一因素也必须予以考虑。

例如，如果使水增加 80mg/L 的硬度 (以 $CaCO_3$ 计)，则需要向水中加入 59.2mg/L 纯石灰，或加入约 65.8mg/L、90% 纯度的商品石灰，并且，当后者未经饱和器除杂时，水中将会引入 6.6mg/L 悬浮物的污染（下文对其做进一步介绍）。

③ 利用石灰再矿化的应用

根据原水水质和所用药剂的不同，有许多应用案例。

a. 对于只需加盐的蒸馏水，可使用在线混合器投加 CO_2 与饱和石灰水，调整 pH 值至 pH_S 甚至略高（参见图 22-65 中的案例）。

b. 当处理相对清洁的水库水时，水与石灰 +CO_2 接触过后，仅需简单絮凝并通过滤池过滤作为后续处理工艺。这个过滤阶段用以去除原水中的胶体物质、悬浮颗粒以及少量的有机物（色度）。图 22-66 是此系统的一个实例。

c. 对于需要常规澄清处理的水，传统方案是在其下游进行再矿化，即在沉淀和过滤后进行再矿化。为避免影响净水的水质，需使用石灰饱和器（见第 20 章 20.4.3.2 节）。

d. 最近，人们注意到，软水的絮凝会涉及 pH 值控制的问题。因为这种水的缓冲能力低，如不投加中和药剂，很难将 pH 值控制在最佳混凝沉淀区域。因此，在混凝工艺上游进口处再矿化，有下列优点：

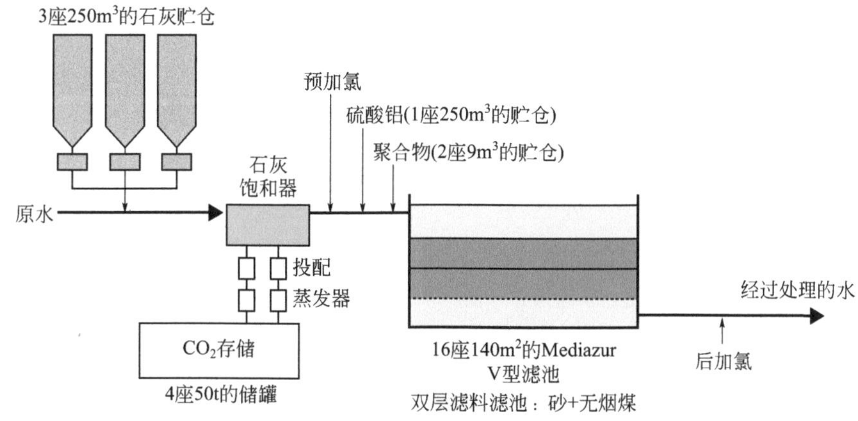

图 22-66　里斯本 Asseiceira 水厂（葡萄牙）-37500 ～ 500000m³/d（含 CO_2 - 石灰进行再矿化）

i. 使得 pH 值更稳定（碳酸氢盐形成的缓冲能力）；

ii. 当在进口处投加石灰时，可以投加石灰浆，而这些产品的杂质会有助于澄清阶段形成更密实的絮体；

iii. 尽管用石灰调节最终 pH 值仍需用石灰饱和器，但石灰饱和器可选择相对较小的型号；

iv. 理想的混凝 pH 值控制可以确保有机物的最佳去除率，而且更容易满足残留溶解性混凝剂（尤其是 Al 元素）的标准。

另外，位于沉淀池下游的某些处理工艺，可能要求水的 pH 值处于较高的水平（除锰的沉淀、NH_4^+ 的生物硝化等外）。因此，需考虑再矿化的位置：应设在沉淀池的上游或是在沉淀池和滤池之间。

一种灵活的解决办法是，保留两个预期选项，允许操作人员根据原水性质的季节变化进行调整。

在这种情况下，将始终在进水处保持最低的二氧化碳 CO_2 投加量，以控制调节 pH 值。并将药剂（石灰和 CO_2）和澄清水的混合点设在滤池上游，以确保有效控制 pH 值并防止铝的再溶解。

④ 再矿化的接触时间

投加石灰的接触时间会随着温度以及石灰浆或石灰水浓度的变化而变化（通常在 2～8min 之间）。

⑤ 再矿化的工艺控制

石灰 +CO_2 处理工艺的效果取决于很多参数：a. 原水水质，pH 值、碱度、有机物浓度、温度等；b. 所用药剂的品质和 / 或储备溶液的浓度；c. 药剂流量，加药泵的稳定性。

因此，CO_2+ 石灰矿化装置（图 22-67）历来仅设在设有澄清处理工艺的较大规模的地表水处理厂，对仪表分析和检验人员的操作水平要求较高。

（2）*利用 CO_2+ 石灰石进行再矿化*

① 再矿化的反应

理论反应方程式如下：

$$CO_2+CaCO_3+H_2O \longrightarrow Ca(HCO_3)_2$$

从理论上来说，为了增加 10mg/L 的 TAC 和 CaH（以 $CaCO_3$ 计），需要 4.4mg/L 的 CO_2 和 10mg/L 的 $CaCO_3$。

图 22-67 使用 CO_2 和石灰的再矿化装置

② 再矿化用的碳酸盐固体

石灰岩是以方解石矿物为主的碳酸盐岩，其主要成分是碳酸钙（$CaCO_3$），通常矿物原料商品名称为石灰石。我国石灰岩矿产资源储量大且分布广泛，原料成本及运输成本较低。因此石灰石也广泛应用于饮用水的再矿化处理，降低饮用水的腐蚀性，改善管网水质化学稳定性。

在法国，通常使用的一种特殊形式的海相碳酸钙：其英文名为 lithotamine（法文称之为 maërl），市场上销售的品牌有很多，如“Neutralite”“Neutralg”“Timalite”等品牌。其包含珊瑚类化石及藻类残骸（嗜钙石枝藻），这种材料的沉积物主要分布在布列塔尼海岸一带。

可以视情况使用其他类型的石灰石。但是，接触时间需要做相应的调整。

海相石灰岩（lithotamine）的化学成分变化不大，碳酸钙占比很高，另外含有 5%～10% 的碳酸镁和少量杂质。

这样，会有以下的中和反应发生：

$$CaCO_3+CO_2+H_2O \longrightarrow Ca(HCO_3)_2$$

$$MgCO_3+CO_2+H_2O \longrightarrow Mg(HCO_3)_2$$

根据 $CaCO_3/MgCO_3$ 比例以及商业产品的百分比纯度的不同，每中和 1kg 的 CO_2 所需海相石灰岩的质量在 2.2～2.4kg 左右。

少数水厂采用煅烧氧化镁产品（碳酸钙、氧化钙、氧化镁的混合物）。这类产品更具反应活性，故需要的接触时间较短。但是，碱类物质的存在会使得 $pH>pH_S$，从而使水有结垢倾向，特别是在长期停产期间或是产水量低于正常产水量时。在这种情况下，必须进行仔细的监控。

③ 再矿化的接触时间

使用粉末状碳酸钙，将悬浊液投加到含 CO_2 需中和的水中。这种方法仅适用于需要使用沉淀池进行澄清的地表水处理。

在这种情况下，污泥床澄清池就特别适用，因为它浓缩了悬浮液，并提供更长的接触时间（30～45min）。此外，碳酸盐杂质帮助压实絮体，增强其沉降性能。

更普遍的是采用颗粒“海相石灰岩 ”，它被置于重力或压力式接触滤池中，待处理水在其中流经过滤介质。其处理效率取决于：a. 滤料的性能（孔隙度、密度）；b. 粒径；c. 水温；d. 原水初始碱度；e. 接触时间。

图 22-68 给出了一个计算图实例，用于确定颗粒海相石灰岩介质（粒径范围 1～2mm）的最短接触时间。基于原水水质以及矿化目标，可得出需中和的 CO_2 量，从图中可查出相应的最短接触时间。

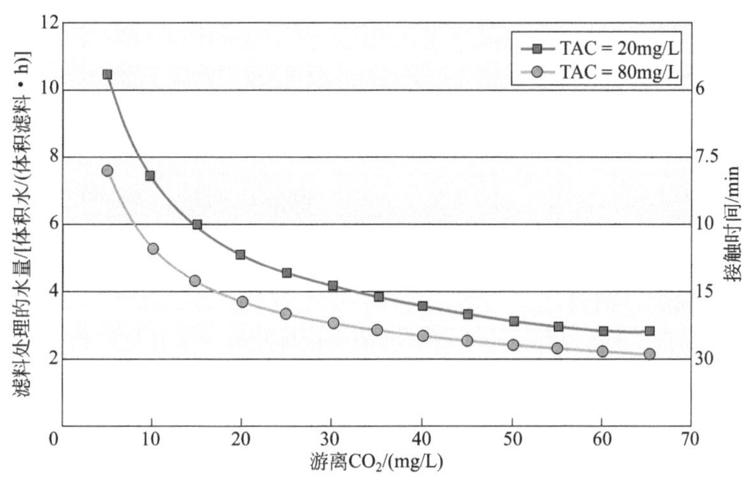

图 22-68　达到 20mg/L 以内硬度平衡所需的最短接触时间（t=15℃）

注：TAC以$CaCO_3$计算。

所得结果可用接触时间（min）来表示，也可以单位体积滤料每小时可处理的水量来表示。实际上，最好用实验确定每种情况下的接触时间，并需要考虑到各种参数的影响：温度、水的碱度、接触方法、介质的形态（粉末，颗粒等），及最为重要的 CO_2 允许残余值，因为除非有无限的接触时间，否则很难达到 CO_2 零残留。

实际上，保持 pH 值平衡偏移 0.1 是能达到的最好情况。而大多数技术规范要求比这个要高（$pH=pH_S+0.1～0.2$），故推荐滤池出口处的 pH 值比 pH_S 值低 0.2～0.3（从而保持 1～2mg/L 的侵蚀性 CO_2 残留），而后使用氢氧化钠调节最终的 pH（即最终中和）。

水中碱度相对于 pH 值的变化可以用 Calcograph 图表（参见图 22-69）来表示。

④ 再矿化用的碳酸盐固体的消耗及反冲洗

海相石灰岩在使用过程中随时间的推移而溶解，这将导致两个后果：

a. 随着石灰岩颗粒体积的减小，接触时间也相应缩短。因此，须有计划地补充石灰岩颗粒，补充量要根据需中和的 CO_2 量来计算；

b. 随着石灰岩颗粒的逐步溶解，会形成细末，它会堵塞滤层，故需要定期进行有效的反冲洗（气水反冲洗）。

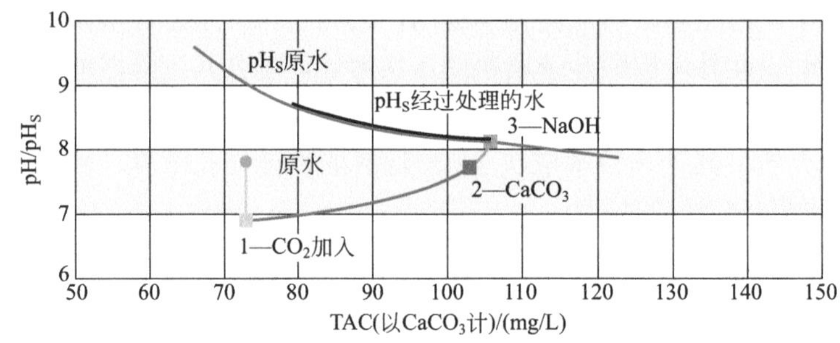

	原水	投加药剂处理后的水		
		CO_2	$CaCO_3$	NaOH
投加量/(mg/L)		15.0	30.0	2.0
TAC(以$CaCO_3$计)/(mg/L)	73	73	103	106
自由CO_2/(mg/L)	2.4	17.37	4.17	1.97
pH值	7.8	6.93	7.70	8.03
pH$_S$值	—	9.01	8.14	8.13

图 22-69　Calcograph: 一个 CO_2 再矿化 + 中和介质过滤 + 氢氧化钠处理的案例

⑤ 再矿化的补充处理：消毒

当使用石灰石中和时，可能会引起产出水中细菌类指标超标（多孔材料易于细菌繁殖）。因此，必须做到：

a. 当处理后水经过一段时间储存并要输送时，必须检测其细菌含量；

b. 在一定时间内，进行一次有效反冲洗（至少一周一次），即使滤层的阻力没有升高；

c. 下游加设一个消毒池；

d.（如果需要）在反应器上游或反冲洗时加氯。

⑥ 再矿化装置的控制

图 22-70　Epinal 水厂（Vosges, 法国）-7200m^3/d：加入 CO_2，通过 Neutralite 滤料过滤进行再矿化处理的 3 座 28.5m^2 的滤池

CO_2- 海相石灰石系统和 CO_2- 石灰系统相比具有很大的优点：它只调节水中的 CO_2 的含量（而并非总有必要），因而没有过量投加、造成水有严重结垢倾向的风险。

因此，它特别适用于流量经常波动、处理井水的小型装置或水厂（图 22-70）。

⑦ 工艺限制

钻井水经常含有溶解态的金属离子（Fe^{2+}、Mn^{2+}），当与大气接触或 pH 值升高时，可能会产生沉淀。所形成的氢氧化物或氧化物会堵塞滤料介质的微孔，延缓其溶解。

含有大量腐殖酸的有色水同样也需考虑，它们可能会形成金属络合物或钙盐沉淀，故产生了同样的问题。

在上述情况下，再矿化前需要使用物理 - 化学或生物方法初步除铁或锰（参见本章 22.2.1 节及 22.2.2 节），或投加铁盐将腐殖酸混凝后再至少进行砂滤处理。

22.3.1.3　药剂的消耗

表 22-13 给出了用于水的矿化时，各种纯药剂的消耗量。

表22-13　对水进行矿化处理时的药剂消耗量

药剂及其分子质量	耗用量 /g	总硬度增加量 / [(mg/L)$CaCO_3$/g CO_2]	碱度增加量 / [(mg/L)$CaCO_3$/g CO_2]
熟石灰 [$Ca(OH)_2$] 74	0.84	1.13	1.13
氢氧化钠（NaOH）40	0.91	0	1.13
Na_2CO_3 106	2.41	0	2.27
$CaCO_3$ 100	2.27	2.27	2.27
“海相石灰岩”（$CaCO_3$+$MgCO_3$）	2.2 ～ 2.4	2.27	2.27
“Magno”（$CaCO_3$+MgO）	1.06	1.51	1.51

注：表中数据均为中和每克 CO_2 的耗用量或增加量。

22.3.2　碳酸盐去除和 / 或软化

第 3 章 3.2.1 节和 3.11.3 节分别介绍了如何使用化学沉淀（去除碳酸盐）或离子交换法来矫正硬度过高的水。

22.3.2.1　通过去除碳酸盐达到软化

当水的总硬度很高并含有较高的碱度时，可投加石灰去除碳酸盐，以此来软化水质。

去除碳酸盐可采用如下方法：

① 当不需要澄清且镁含量低时，可用 Gyrazur “催化” 装置；

② 在 Densadeg 高密度澄清池或其他有污泥回流的沉淀装置中澄清，应采用氯化铁作为澄清剂；

③ 当存在抑制碳酸盐去除的因素时，可以将澄清和碳酸盐去除功能分开 [参见下文提及的 Hanningfield 水厂（英国）的案例]。

对于饮用水处理，应遵循以下原则：

① 仅将部分原水进行去除硬度处理并将碳酸盐完全去除，然后与其余的水混合，这部分水可能需要进行澄清处理；

② 或在澄清的同时，去除水中的部分碳酸盐。当铁、锰也需要同时去除时，则应采用此方案。

当原水中所含的钙比碳酸氢根多（CaH>TAC）时，可选择投加氢氧化钠去除碳酸盐（也可以用石灰＋碳酸钠）。

为了确保水的口感适中，水中必须恢复一定的碱度，可将水与一部分没有去除碳酸盐的水混合来达到此目的。

以下两例说明了可用于处理地表水的矿化系统：

① Basse Vigneulles（法国）水厂采用了 Densadeg 高密度澄清池，而后进行简单砂滤，滤池采用均质滤料（高密度澄清池出口的悬浮物浓度始终远低于 10mg/L）。

② Hanningfield（英国）水厂（230000m^3/d）处理的是水库水，水中含有显著偏高的藻类、有机物和农药等，水质很硬（240～420mg/L，以 $CaCO_3$ 计）。

此水厂处理流程为：澄清—碳酸盐去除（石灰）—过滤—深度处理（臭氧＋颗粒活性炭）。

原有水厂去除碳酸盐采用 Accelator 机械加速澄清池。当水厂扩建时，采用了 Gyrazur 工艺（见第 10 章 10.3.7 节），用于水的部分软化，图 22-71 为水厂处理流程：

① 臭氧预氧化（0.5～2g/m^3）；

② 投加混凝剂（5～22g $FeCl_3$/m^3）及絮凝剂（0.05～0.2g 高分子聚合物 /m^3）；

③ 3 座 Pulsator 脉冲澄清池，每座澄清池的表面积为 1118m^2，那些可能会抑制碳酸盐去除的有机物在此被去除；

④ 投加石灰（80～130g/m^3）；

⑤ 在 8 座 Gyrazur 装置中催化去除碳酸盐（第 10 章 10.3.7 节，图 10-48）；

⑥ 投加 H_2SO_4（0～20g/m^3）以中和残余的游离碱；

⑦ 过滤（16 座双层滤料滤池和 8 座 V 形滤池）；

⑧ 高级臭氧氧化工艺（预臭氧段投加量 0～1g H_2O_2/m^3，主臭氧段投加量 2～4g O_3/m^3）；

⑨ 颗粒活性炭过滤（12 座 Carbazur GH 滤池）；

⑩ 投加氯（氯胺）和 H_3PO_4（用以防止管网系统中铅的溶解）。

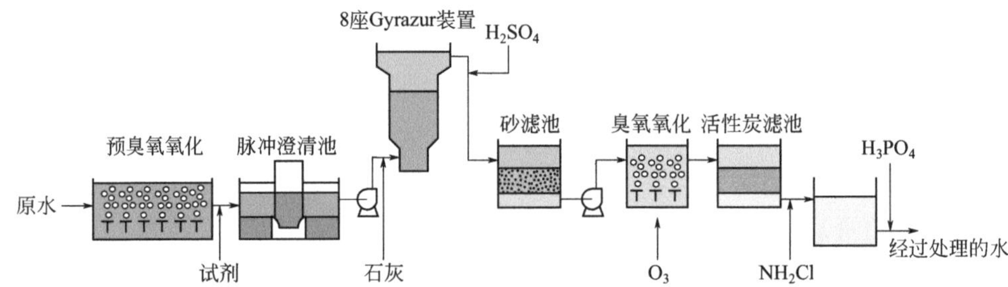

图 22-71　Hanningfield 水厂（英国）– 230000m^3/d 处理系统示意图

不同的地下水应采用与其水质条件相适应的处理方案，例如：

① 在 Isle-Adam（法国），在一个现有的压力式生物除铁装置的上游，建造了一个用于去除碳酸盐的 Densadeg 高密度澄清池（图 22-72）。

② 在 Villeneuve-la-Garenne（法国），水厂中已建有硝化和其后的砂滤工艺。水厂后来又进行了改建，增设了 Gyrazur 装置，以对部分水进行软化。投加石灰浆，并投加少量 $FeCl_3$ 完成处理后，随后通过双层滤料进行过滤，用 H_2SO_4 进行 pH 值的矫正。为保护管

网中水质，进行臭氧氧化和后加氯处理。

③ 在 Ratingen（德国）（见本章 22.2.1.2 节及图 22-42），Gyrazur 装置作为除铁除锰以及同时部分去除碳酸盐的首级处理工艺。出水曝气后经过澄清处理，随后进入双层滤料滤池进行硝化处理。

图 22-72　Isle-Adam 地区 Cassan 除碳酸盐水厂（法国）– $350m^3/h$ 扩建为 $500m^3/h$

22.3.2.2　树脂软化

有必要查阅相关国家所适用的法规，以便确定哪些树脂可用于水的软化处理。

阳离子交换树脂用 Na^+ 来交换水中的 Ca^{2+} 和 Mg^{2+}，而阴离子不会改变。

以这种方式进行处理的水，其总硬度为零，然而水却有腐蚀性且口感不佳。故水中需要维持一定的残留总硬度（80～150mg/L，以 $CaCO_3$ 计），可以仅软化部分水，而后将其与剩余未软化水混合。

此类软化的优点在于，它不产生固体废物，并且可以在压力条件下进行。

羧酸树脂用于去除与碳酸氢盐结合的钙离子。由于碳酸氢盐会转化为 CO_2，故产水会呈酸性。因此，该处理方法必须辅以吹脱法来去除 CO_2，然后再用氢氧化钠最终中和。

22.3.2.3　电 – 碳酸盐去除

若只需去除少量钙时，可以采用电解处理方法，在电极表面产生 OH^- 来沉淀钙离子。此即为电 – 碳酸盐去除，并通常在线使用。

22.4　小型水处理标准装置

小型水处理装置日益得到重视，有些国家已经开始实施装备小型社区的系统工程。一直以来，得利满都将新技术用来改进相关设备。因此有必要了解之前项目所使用的传统澄清装置，如 GSF – Bidondo–Cristal M。在个别情况下，现在仍可以考虑使用这些装置，但目前所使用的主要包括以下四种类型。

22.4.1　UCD（得利满小型水处理装置）

UCD 为澄清 + 过滤工艺（图 22-73），是处理地表水或地下水应用最广的技术（待处理原水 SS 小于 500mg/L，降低流量能够处理 SS 高达 2g/L 的高浊水）。所处理原水既不能是苦咸水，亦不能含有化学污染物。

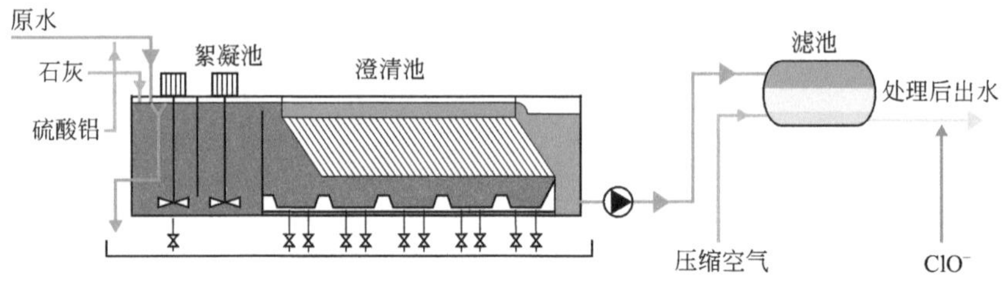

图 22-73　UCD 处理流程（采用卧式滤罐）

产品共有 14 种型号，且都是撬装式的，产水能力为 5～720m³/h（1.4～200L/s）。图 22-74 和图 22-75 展示了其中的 3 种装置。一般来说，这些小型水处理装置都是采用自动或半自动化的运行方式，主要包括：

① 用于操作控制的配电柜；

② 用于制备和投加药剂（硫酸铝、碳酸钠或石灰、次氯酸钙或次氯酸钠）的设备；

③ 静态混凝装置和一个机械絮凝池；

④ 斜管沉淀池（重力），以约 0.7m/h 的上升流速运行；

⑤ 净水储存箱，储水随后会被泵抽走；

⑥ 加压过滤（v=8～12m/h），根据型号的不同，采用立式或卧式滤罐，采用气水反冲洗（或相互冲洗：可不必设置反冲洗水箱）；

⑦ 加氯消毒。

图 22-74　Town of Gazientep，Nizip 水库水厂（土耳其）–29000m³/d 两种型号 UCD：720（近景）+540（远处）

图 22-75　Tizi Ouzou 水厂（阿尔及利亚）–1200m³/d—UCD 50

采用重力沉淀易于监测，采用加压过滤具有如下优点：有较长的工作周期，处理后的水可直接输送到高位水箱或管网中（可用标准剩余压力为 2bar，必要时可以增大）。

产水能力不超过 80m^3/h 的 UCD 装置可以安装在集装箱内。超过此流量时，为标准集装箱大小的集成撬架。这种一体化装置可以实现快速安装（水力管道和电气连接），只需一个简单的基础底板（最好有遮盖，见图 22-75）以及排放沉淀污泥和滤池反冲洗水的排水渠道。

22.4.2　Pulsapak

小型处理装置 Pulsapak 的主要市场在北美，它包括一个 Pulsatube 脉冲斜管沉淀池（见第 10 章 10.3.3 节）以及两个双层滤料重力滤池（无烟煤 + 砂）。Pulsapak 有 6 种标准规格，处理能力为 23～135m^3/h。当原水受到中度污染时，可利用污泥层作为接触介质（接触絮凝）的优点，加入粉末活性炭。

22.4.3　UEP（农药去除装置）

UEP 是一个小型的深度处理装置，可处理经上述装置处理后出水或是直接处理地下水。其包括一个或者两个压力式活性炭滤池，运行状态是：1 体积滤料每小时处理 6 体积水，最大压力为 8bar。滤池只用水进行反冲洗（25m/h），亦可选择先气洗后水洗的方式。共有 3 个标准规格，其处理能力分别为 10m^3/h、20m^3/h、50m^3/h。

22.4.4　Ultrasource

这类小型处理装置由 Aquasource 公司开发，使用超滤膜。它可在不使用任何药剂的情况下同时进行澄清和消毒处理。装置采用模块化和标准尺寸设计（L=1.8m；H=1.5m；W=1.25m，图 22-76）及铝制框架结构。本装置基于“五斗柜”原理设计：产量取决于“抽屉”的数量（2 或 4）和每个“抽屉”里 Ultrazur100 组件的数量（3 或 4），有 4 个基本型号（第 5 个型号有 24 个组件，框架结构要长一些），如表 22-14 所示。

由于该装置能够很容易根据处理量的需要改换模块，扩大能力就增加模块，具有投资省、安装快的优点，因而得到广泛的应用。

图 22-76　16 个 Ultrasource 模块 Saint-Dizier（法国）

超滤膜装置在正常模式下运行，每隔 30～90min 进行一次反冲洗。反冲洗基于互相冲洗原理，其中的一个组件的反冲洗水是使用其他组件的处理水，因此可不设反冲洗水箱。

Ultrasource 装置的优点是：除了模块系统易于运输和安装之外，供电电压和功率分别为 220V（50 或 60Hz）和 2.5kW，和家用电器相同，使用十分方便。

这些装置装备有传感器以及微电脑处理器，可连续远程监测运行参数（压力、流量、膜的渗透性），可通过就地模式，或者远程模式来进行监测以及控制进水泵的运行。

表22-14 Aquasource装置模块数量及产水能力

组件的数量	6	8	12	16	24
20℃时平均产量/(m^3/h)	4	5.5	8	11	16

22.5 现有水厂的改造

为了满足用水量的增长或水质提高的要求，在资源有限和/或近期不能新建水厂时，可对现有水厂进行优化和改造。

显然，改建水厂的第一个工作就是更换老旧设备和修复构筑物，这样至少可以恢复水厂本来的处理能力。当完成这些工作后，可以对水厂的设备类型进行改换（如混凝剂投加设备，滤池和澄清池的排水、排泥阀和流量计等），这样可以改善或提高水厂的运行条件。

除了这些常规的修复工作外，还需要进行其他更多的工作，以实现更高的目标：生产更多的饮用水（提高产量）和/或在高技术环境下生产出品质更高的饮用水（技术升级）；使水质符合新的饮用水标准；降低处理成本等。

以下汇总了一些水厂现代化改造的做法。

22.5.1 提高产水量和/或改善处理效果

必要时，可用下面几种方法来改善和优化水力条件：

（1）改进化学处理

① 更换混凝剂，投加氧化剂和/或絮凝剂等；

② 增设再矿化处理工艺（CO_2+石灰）以保护管网管道系统（如法属圭亚那Kourou的Pariacabo水厂，马提尼克岛的Rivière Blanche水厂）。

（2）改善混凝-絮凝

例如修建或升级改造反应池或絮凝池，如Cali水厂（哥伦比亚），Dakar的Ngith水厂（塞内加尔）。

（3）改善澄清处理

改建老旧的静态沉淀池（挡板、水槽、污泥收集装置等的翻修），如有必要可使用CFD软件（如马来西亚Kota Kinabalu的Telibong水厂）。将静态沉淀池改造为斜管沉淀池（如毛里求斯的Piton du Milieu水厂，马提尼克岛的Rivière Blanche水厂）。

将静态沉淀池改造成脉冲澄清池（如埃及亚历山大水厂）或将水力循环澄清池改造为脉冲澄清池（如法国的Montbrison水厂）。

将Pulsator脉冲澄清池改造为Pulsatube脉冲斜管澄清池，或是将Superpulsator脉冲澄清池改造为Ultrapulsator脉冲澄清池（见第10章10.3.3节），在法国、加拿大、美国等地已有许多实例。

（4）浮选系统的改进

根据情况的不同，可以：

① 改善溶气气浮的水力学条件；

② 将静态沉淀池改造为浮选装置；

③ 使用预澄清池来保护现有的浮选系统（如南非的 Nsese–Mlhatuze 水厂）；

④ 将浮选装置改造为简单或斜管静态沉淀池。

（5）过滤

可以实施下列多种方案：

① 更换过滤介质（如英国的 Grafham 水厂）；

② 更换冲洗系统，重新安装用于气水反冲洗的滤头滤板（常规型或 Azurfloor 整体滤板），例如：San Martin 水厂（布宜诺斯艾利斯）、Cordoba 的 Suquia 水厂（阿根廷）、达喀尔 Ngith 水厂（塞内加尔）、Piton du Milieu 水厂（毛里求斯）、Rivière Blanche 水厂（马提尼克岛）；

③ 控制设备的现代化改造，例如：Mont Valérien 和 Besançon 的水厂（法国）、马普托的 Umbeluzi 水厂（莫桑比克）；

④ 在慢速过滤的情况下，设置一套澄清预处理系统和 / 或使用臭氧 + 颗粒活性炭的深度后处理系统，例如：Ivry 和 Joinville 水厂（法国）。

22.5.2 为满足水质新标准的升级改造

可采取下列改造措施以使饮用水水质符合新的标准：

（1）三卤甲烷

用预臭氧代替预加氯，例如：Limoges、Metz、Mont Valérien 以及 Orly 水厂（法国）、Kou rou 的 Pariacabo 水厂（法属圭亚那）、Grafham 和 Hanningfield 水厂（英国），以及在后加氯消毒前增加彻底去除三卤甲烷的措施（见下文）。

（2）农药和其他有机物的问题（包括口感和气味问题）

混凝的优化：在污泥床接触澄清池（Pulsator 脉冲澄清池）上游段加粉末活性炭（PAC）。如在巴黎近郊的 Aubergenville 水厂，为处理地下水，修建了澄清池，以保护现有的硝化单元以及深度处理滤池组（图 22-77）。

可在澄清系统的下游使用 Cristal 水晶工艺（粉末活性炭 PAC+ 超滤，见本章 22.1.7.2 节）。Vigneux 水厂（法国）即采用此工艺。

将砂滤池改造为活性炭滤池（如 Viry-Châtillon 以及巴黎附近的 Morsang 水厂一期工程，法国的敦刻尔克的 Moulle 水厂，捷克共和国的 Brno 水厂）。

新建活性炭滤池作为第二级过滤工艺。当厂区空间足够时，首选此方案（在法国、英国、意大利有很多这样的实例）。

（3）硝酸盐

在处理系统末端增设离子交换工艺以去除硝酸盐。例如：莱斯纳旺的 Kernilis 水厂；普卢埃南的 Rest 水厂；尼奥尔的 Vivier 水厂（法国）。

（4）氨氮

设置硝化反应器来除氨氮，例如：如巴黎附近的 Louveciennes 水厂（法国）；德里的 Okhla 厂（印度）。

（5）铅（预防）

其他还有用石灰从高碳酸钙碱度、低 pH_S 的水中去除碳酸根，因为其平衡 CO_2 妨碍了碳酸氢铅保护层的形成（见本章 22.3.2 节的案例）。

图 22-77 Aubergenville 水厂改建（法国）– 150000m³/d

22.5.3 结论

水厂改建有诸多原因，例如：提高自动化和监控水平；解决环保问题；降低运营成本等。

一般来说，改建工程都是非常复杂的，为了增加处理水量和提高水质、运营安全等，要预先了解：a. 现场条件；b. 基础设施和设备的情况；c. 进水水质。

需要对水厂改造进行可行性研究，如有必要，同时进行可行性试验或预实验，以讨论改建增加的新工艺 / 设备等对下游处理系统的影响。此外，在改建期间水厂绝不能停止供水。因此，编制施工组织计划要充分满足这些条件（连续停水量不能超过管网中水塔的储水量）。鉴于此，在新设备选型和工程设计时，既要总结吸取过去的经验，又要充分发挥创造性。

对于改建水厂，有许多可借鉴的案例，其中马提尼克岛的 Rivière Blanche 水厂就曾进行过全面的改建：

① 没有修建任何新的构筑物，而水处理能力从 1200m³/h 提高到 1500m³/h ；

② 采用现代化的拦污设备（Johnson 格栅）；

③ 将矩形、平流沉淀池改造为斜管沉淀池，表面由可移除的盖板保护，并配备了自动排泥设备；

④ 滤池的升级改造（Azurfloor 整体滤板；更换滤料，气水反冲洗系统，控制系统等），通过这一工作，滤速显著增加，使旧滤池富余出来的土地另做他用；

⑤ 使用 CO_2 和石灰水（通过石灰饱和器制备）对水质进行再矿化；

⑥ 完全自动化（药剂的配制和投加），水厂的操作运行由计算机进行监控；

⑦ 使用发电机作为备用电源系统；

⑧ 在工程建设时始终不间断地向管网供水。

下图分别展示了改建前后的 Rivière Blanche 水厂：

① 改建之前的静态沉淀池（图 22-78）和经过改建后的沉淀池（图 22-79）；

② 改建后的整个水厂（图 22-80）。

图 22-78　改建之前的 Rivière Blanche 水厂（法国）- $28800m^3/d$

图 22-79　Rivière Blanche 水厂（原矩形平底沉淀池改造后）

图 22-80　改建之后的 Rivière Blanche 水厂（Martinique，法国）- $36000m^3/d$

第23章 城市污水处理

引言

本章主要介绍城市污水处理系统。尽管受当地的不同条件限制，但城市污水处理系统的出水水质均需满足当地允许的排放或回用标准，甚至达到间接回用为饮用水或超纯水的最严苛标准。

对于本章所介绍的处理工艺，建议读者参阅第3章和第4章中关于物理化学和生物处理工艺的基础理论，以及第9～15章介绍的得利满技术（预处理、沉淀池、滤池、生化系统、膜处理）。

23.1 城市污水处理设计的限制因素

对于第4章和第11章所介绍的各种污水处理工艺和技术，其与污泥处理工艺相结合，可组合成很多种污水处理流程（见第18章18.1节图18-1）。

尽管如此，由于受限于当地不同的制约条件，为实现整体成本（投资及运行费用）最低，可选择的污水处理流程实际上则较为有限。

最重要及常见的限制因素包括：a. 城市污水的性质及变化范围；b. 达到出水水质目标的能力；c. 污水厂排出污泥的最终用途；d. 污水厂的环境要求；e. 污水厂建设的布局；f. 可持续发展的要求；g. 现有污水厂的全部或部分改造的工期要求。

需要注意的是，还有很多其他没有被罗列出的限制因素。

本章将介绍上文中提及的制约因素及其影响。在23.2节介绍了最适合达成设定目标的各种污水处理技术，并在23.3节进一步介绍了近年来的12座污水厂典型案例。

23.1.1　城市污水的性质及变化

根据第 2 章 2.4 节、2.5 节及第 4 章 4.1 节，城市污水的性质取决于其来源（旱季或雨季），并受接入排水系统的工业废水的影响，主要如下：

① 流量（表示为 m^3/d 或 m^3/h），其变化受人类或工业活动、天气、节假日以及其他重要因素的影响。

② 污染物，由悬浮固体（SS）、有机物（BOD 和 COD）、凯氏氮（TKN）、总磷（TP）以及其他组分（包括致病微生物）的浓度来表示。但由第 4 章 4.1.8 节可知，这些常规参数并不能完全反映出污水中的污染物，需要对污水水质进行更详细地分析。

③ 考虑其他外部污染源的输入（废物排放口，污水管网清掏的淤泥或油脂废水等）。

④ 污水的性质可能会在排至污水处理厂的过程中发生变化。因此，需要在污水处理厂的进口采取防范性措施（针对腐败性物质及硫化物等）。而且，有必要了解污水收集管网的形式（合流制、分流制或混合制）、管道长度、水力坡降线等，以预测其对污水厂的影响。

23.1.2　出水水质目标

不同排放区域对水质目标可能有不同的要求，由地方或国家法律规定。在欧洲，1991 年 5 月 21 日（见第 2 章 2.4.7 节）的指令规定了三种类型的排放区域及与之对应的污水处理级别，分别是：普通区域；敏感区域；较不敏感区域。

注意：法国通过立法实施上述指令，使 1994 年 12 月 22 日规章得以颁布，明确规定了普通区域（悬浮固体和碳源物质，即 COD 和 BOD）和敏感区域（氮和磷的污染）应达到的排放标准。

此外，该指令及其相关的法国法规还进一步强调了处理厂在运营中的最低可靠水平，即必须得到 $x\%$ 以上的保证率：x 和采样频率取决于处理厂规模（见参考指令：ENVE9430438A 或在第 2 章 2.4.7 节所做的归纳总结）。

据此，为使出水水质满足排放标准的要求，污水厂的方案设计需遵循以下原则：

① 采用保守设计（留有余量）以应对负荷变化；

② 设置两条或以上处理线以保证污水厂运行期间可进行系统维护；

③ 设置备用系统确保处理流程的不间断运行；

④ 电气自动化系统及设备具有冗余能力，包括独立的电力供应系统、备用系统等（见第 21 章 21.2 节）；

⑤ 配置操作辅助系统（见第 21 章 21.3 节）。

在有牡蛎和贝类养殖场分布的沿海地区，以及公共泳场附近（在此情况下，有必要进行消毒以减少细菌污染），应设立更严格的出水水质目标。

如此而来，污水厂需设置三级处理系统以进一步去除悬浮固体并增强消毒能力，例如采用紫外线、氯气及其衍生品、臭氧等进行消毒处理（见本章 23.2.3 节）。

当出水回用作为工业用水、浇洒地面、绿化用水或为减少自然水资源消耗作为饮用水（间接，见第 2 章 2.4.8 节）时，必须采用完整的三级处理系统，其后要有极为可靠的消毒环节。

我国《城镇污水处理厂污染物排放标准》（GB 18918—2002）根据城镇污水处理厂排入地表水域的环境功能和保护目标，以及污水处理厂的处理工艺，将基本控制项目（包括影响水环境和城镇污水处理厂一般处理工艺可以去除的常规污染物）的标准值分为一级标准、二级标准、三级标准。一级标准分为A标准和B标准，详见第2章2.4.7节。

根据《城镇污水再生利用工程设计规范》（GB 50335—2016），污水再生利用用途分类应符合现行国家标准《城市污水再生利用 分类》（GB/T 18919）的有关规定，不同用水途径的再生水水质应符合下列规定：

① 再生水用作农田灌溉用水的水质标准，应符合现行国家标准《城市污水再生利用 农田灌溉用水水质》GB 20922 的有关规定。

② 再生水用作工业用水水源的水质标准，应符合现行国家标准《城市污水再生利用 工业用水水质》GB/T 19923 的有关规定。当再生水作为冷却用水、洗涤用水直接使用时，应达到现行国家标准《城市污水再生利用 工业用水水质》GB/T 19923 的有关规定。当再生水作为锅炉补给水时，应进行软化、除盐等处理。当再生水作为工艺与产品用水时，应通过试验或根据相关行业水质指标，确定直接使用或补充处理后使用。

③ 再生水用作城市杂用水的水质标准，应符合现行国家标准《城市污水再生利用 城市杂用水水质》GB/T 18920 的有关规定。

④ 再生水用作景观环境用水的水质标准，应符合现行国家标准《城市污水再生利用 景观环境用水水质》GB/T 18921 的有关规定。

⑤ 再生水用作地下水回灌用水的水质标准，应符合现行国家标准《城市污水再生利用 地下水回灌水质》GB/T 19772 的有关规定。

⑥ 再生水用作绿地灌溉用水的水质标准，应符合现行国家标准《城市污水再生利用 绿地灌溉水质》GB/T 25499 的有关规定。

当再生水同时用于多种用途时，水质可按最高水质标准要求确定或分质供水；也可按用水量最大用户的水质标准要求确定。个别水质要求更高的用户，可自行补充处理达到其水质要求。

23.1.3 污泥的最终用途对污水处理工艺的影响

一座污水处理厂，无论其规模大小、出水水质优劣、采用何种处理工艺，都会产生污泥，其污泥产量与污水处理工艺有关（一级处理、物理化学处理、生物处理等）。

只有采用特殊工艺才能显著降低污泥产量。生物酶催化（Biolysis E 工艺）或化学氧化（Biolysis O 工艺）（见第11章11.4节）方法仅对经受过酶或臭氧作用的那部分污泥有效。所以，在这种情况下，对于污泥减量要求较高时不建议采用初沉工艺。

污泥处理工艺在第18章和第19章中有较详细的介绍。设计人员有责任对污水处理工艺进行全面的系统优化，使其产出的污泥类型和性质满足污泥最终用途的需求（第18章18.1节中图18-1）。

由于无法将污水/污泥系统的所有组合一一列出，为简单起见，可参考第2章2.6.1节的污泥分类（表2-69）。

① 污水处理厂产生的污泥主要是亲水性有机污泥，由于含有大量间隙水，此类污泥

非常难以脱水；

② 尽管初沉污泥的有机物含量较高，但是部分初沉污泥的存在对污泥的脱水性能和净热值均有积极的影响，使得采用分解有机物的处理工艺如污泥焚烧更易于运行。

因此，只有当污泥的最终用途明确后，才能确定最适宜的污水处理流程，使其产出的污泥满足处置的要求。这通常需要一系列的模拟和优化过程。

举例来说，在一敏感区域，采用简单的一级低负荷脱氮系统会产生高度亲水的污泥，导致污泥脱水后干固体含量低（在 18%～22% 范围内）。但是，如果系统采用初沉工艺，则其脱水污泥的干固体含量较高。

最初，设计人员认为污水处理流程一旦简化，成本就会降低。但是，为了使产出污泥满足填埋处置或农业利用的要求，不得不增设污泥处理流程，如添加石灰以达到 30% 干固体含量的要求。而更大的问题是，如采用其他处理处置方式（如焚烧、干化和热解等），还需要额外购买大量的燃料。

实际上，任何污水厂的整体平衡都可以说明，忽视污泥处理难度，盲目采用低负荷污水处理工艺并不是最优的方法。因此，需要对其他污水处理工艺进行综合评估。

这就是大型现代污水处理厂［如法国 SIAAP 管辖的 Achères 和 Valenton（法国）污水厂］采用初沉池的原因，尽管这将产生需进行额外稳定处理（厌氧消化）的混合污泥（如图 23-1 所示）。污泥经过稳定化处理，避免了在处置过程中的发酵及令人厌恶的臭气问题。

另外，这种污泥具有较高的净热值，非常利于热法处置（见本章 23.3 节图 23-9 及图 23-11 和图 23-12）。

图 23-1　圣地亚哥 La Farfana 污水处理厂（智利）–760000m^3/d 近景：8 × 16000m^3 消化池

一般而言，在欧洲，须注意：a. 污泥农田利用会受到更加严格的审查监管；b. 未来将不允许将污泥进行填埋处置（属发酵废物）。

主要可能的解决方案是污泥的能源利用或严格管控下的农业还田利用（经消毒后成分稳定的污泥产品）。

同时，发现有以下发展趋势：

① 对于小型污水处理厂：最合理的方法仍然是经石灰稳定处理后用于当地农业（除非有脱水污泥集中处理平台）。

② 对于大中型的污水处理厂：直接进行能源利用，或者提供一系列解决方案，使运行人员能够从中择优选取。作为中间环节，污泥干化是不可或缺的：

a. 其可将污泥外运至接收站的运输费用降到最低；

b. 将污泥农业利用规范化，甚至可作为化肥添加剂生产氮磷钾复合肥；

c. 使现场产能利用（单独焚烧、气化）及协同焚烧（生活垃圾、水泥厂、热电厂等）成为可能。

位于法国塞纳河上游的由 SIAAP 管辖的 Valenton 污水处理厂是这类新型污水处理厂的典型案例（见本章 23.3 节图 23-9）。然而，在本章 23.3 节也可以看到，几乎所有位于欧洲的污水处理厂案例都建有此类干化处理单元，尽管这会对能源系统造成影响（需供给沼气或是一个更复杂的热电联产系统的组成部分，见第 19 章 19.3 节）。

污泥处理系统和污水处理系统的回流液对污水处理也有影响。在确定处理厂规模时，回流液的负荷（悬浮固体、BOD、COD、总氮和总磷）和流量均要考虑在内。这尤其适用于：

① 产生反冲洗水的生物滤池污水处理工艺：

a. 或回流到初级处理单元入口；

b. 或单独经浓缩系统处理；

c. 很明显，上述两种情况对整个系统的影响是不同的，因为中间的浓缩池可以有效缓解负荷波动（主要是悬浮固体）和流量波动。

② 污泥消化（悬浮固体，NH_4^+ 和 P 回流）。当污水处理厂具有生物除磷功能时，许多学者认为应避免采用会引起磷释放的污泥厌氧消化工艺。而事实上，再沉淀现象经常会固定污泥中的大部分磷，从而使生物除磷厌氧消化成为可能（见第 4 章 4.2.1.4 节）。

在一些大型的污水处理厂，如法国的 Valenton 和 Tours（图 23-2）污水处理厂，通过增设独立的消化液回流处理单元，进一步改进该系统，从而能有效地脱氮（Cyclor 和 Meteor 工艺）除磷（对高浓度消化液进行物理化学沉淀处理）。

图 23-2　Tours 污水处理厂（Indre-et-Loire, 法国）–47000m³/d

23.1.4　紧凑性对污水厂环境的影响（外观、气味及噪声）

污水处理工艺的选择也要考虑环境影响因素：

① 例如，污水处理厂建在城市内或居住区时，必须尽可能地节约用地，并尽可能地与当地建筑环境（外观、建筑）相融合。采用封闭式建筑能够将噪声和臭味的影响降低到“无感”水平。

② 或者，根据建设目标，污水处理系统构筑物的占地可能大不相同。但是，小型污水处理厂更容易满足严苛的环境目标要求。

现代技术的应用能够减少污水处理厂的总体占地，使其更易于融入周围的环境：

① 应用于污水处理厂的初级斜管沉淀池（Sedipac 或 Sedipac 3D 工艺可节约占地面积

2/3～3/4，高密度沉淀池 Densadeg 2D 或 4D 可减少占地 75%～85%）使传统布置变得更加紧凑。

② 生物滤池（Biofor 工艺）能够成功地取代活性污泥反应池和澄清池，同时根据不同的情况，能够减少 75%～85% 的占地面积。

③ 可应用膜过滤代替澄清池进行泥水分离（Ultrafor MBR 工艺），正如法国 Grasse Roumiguière 污水处理厂所展示的那样（图 23-3），使水厂占地面积减少 2/3。

图 23-3 采用 Ultrafor MBR 工艺的法国 Grasse 污水处理厂模型（23000 人口当量）

紧凑布局大大降低了污水厂进行封闭的成本，Marbella（法国）污水处理厂（Densadeg 高密度澄清池 +Biofor 生物滤池）（本章 23.3 节图 23-31）就是一个范例。Torbay 污水处理厂也采用同样的工艺。尼斯（法国）污水处理厂早在 1986 年就按照这种思路进行设计［采用斜管初沉池及高负荷生化处理，坐落于沿滨海大道靠近机场的公园的下部区域（图 23-4）］。

采用这种紧凑型设计方式，如将污水厂设在一个建筑物内部或一个加盖区域（体育场、停车场、公园等）的下部，污水处理厂能够非常自然地与周围建筑物融为一体。该系统还能集中收集排放气体并进行处理（见第 16 章 16.2 节）。

一座紧凑的污水处理厂应与周边环境及建筑相互融合。

无论污水厂是否为封闭式，最终都应使周围邻居欣然接受它的存在。在污水厂的规划建设初期要进行充分的沟通和论证。

位于法国 Colombes 的塞纳中心污水处理厂（图 23-5）就是一个很好的案例。该处理厂是为 SIAAP 建造的，因其建筑风格和釉面外墙使建筑本身受到欢迎，以至于人们常常意识不到这是一座污水处理厂。

23.1.5 施工条件对污水厂的影响

在上述各项制约因素均被考虑后，从地基和土建施工的角度出发，不同污水处理系统的可行性还根据场地的不同而变化，即：a. 地质条件；b. 地下水位；c. 所在位置的洪灾风险；d. 自然环境接受污水排放的条件。

工程造价差别很大，通常只有一个最佳方案（土建工程成本通常占项目总成本的 60% 以上）。

图 23-4 尼斯的隐蔽式污水处理厂（法国海滨阿尔卑斯省）–220000m³/d

图 23-5 Colombes（塞纳，法国）污水处理厂外观 – 240000m³/d

最重要的限制条件经常是构筑物的水力稳定性，特别是对于需定期排空进行维护的构筑物而言。

事实上，除了以合理的能源成本采用中间提升方法使构筑物“自稳定”外，紧凑的构筑物（斜板沉淀池、膜生物反应器）只需很少甚至不需要任何压载，尤其相对于占地面积很大的工艺（曝气池和澄清池）具有明显的优势。后者经常需要采取特殊的岩土工程灾害预防措施，如用水泵抽水降低含水层水位，打板桩隔离构筑物，甚至加强水池底板并增加配重。

23.1.6 可持续发展的要求

设计一座污水处理厂，不仅要考虑污水厂的总成本，还要符合可持续发展理念：

① 降低能源消耗并减少温室气体排放；

② 尽量减少固体废物量（考虑运输及填埋处置成本）；

③ 尽量减少使用化学药剂（生产化学药剂会产生温室气体和永久废物）；

④ 回收利用副产物（污泥进行农业利用，用灰渣制造新材料等）。

考虑以上所有因素（见本章 23.1.1～23.1.6 节）未必得到唯一的最佳污水处理流程。在这种情况下，总成本是主要考虑因素。

23.1.7 污水处理厂的改造

随着排放标准的升级和用户数量的增加，许多污水处理厂需要进行升级改造。

这些“升级设备容量和性能，使污水处理厂达到新标准”的改造工程，大大促进了新技术的发展。实际上，有些系统改造能够利用现有的构筑物，例如提升泵站增大流量，沉淀池或生化池改造成雨水调节池或污泥储存池等，但大多数系统的整个布局需要重新设计，原因如下：

① 为了提高处理水质，所需能力要显著高于现有能力。

② 现有构筑物（土建结构和设备）的可靠性和耐久性不足。而改造构筑物并使其符合新标准的成本，通常大于按新标准新建构筑物的成本。

③ 安全标准发生了很大变化，要使老污水处理厂满足新标准需要投入大量工作。

④ 建设新处理厂所面临的问题不一定与当初设计现有污水处理厂时相同。随着城市化

的发展，许多现有污水处理厂逐渐被城市社区包围。即使已经为污水厂扩建预留了足够的空间，且处理流程可升级更新，但通常由于环境限制必须优先考虑其他系统（更紧凑等）。

因此，许多处理厂的改造仅限于局部有限的调整，旨在使其更容易分期进行施工，直到污水处理厂完全重建。

然而，应该指出的是，污泥处理系统实际上采用了更加模块化的设计，这通常意味着在其运行方式仍然是可行的情况下，附属构筑物或系统可以被再利用。

另外，一些工艺原本能够很容易地适应现有构筑物的形式和容积，从而可将其改造成承担不同于原有功能的处理单元。

例如，现在流行的膜生物反应器（Ultrafor MBR 工艺，见第 11 章 11.1.6 节和第 15 章 15.4.1.3 节）和悬浮生长 – 附着生长混合型工艺（Meteor IFAS 工艺），可利用原有污水厂的主体结构提高处理能力，或使原设计仅去除含碳有机物的污水处理厂具有硝化功能。

23.2　污水处理工艺的选择

23.2.1　工艺流程适用条件

基于实际汇流区域规模和处理目标，表 23-1 和表 23-2 给出了可能采用的工艺和技术。表 23-1 是基本没有限制条件的情况，表 23-2 是有某种重要限制因素的情况。

表23-1　不受限制社区

实际区域规模	区域敏感度	可行工艺[②]（技术 - 经济最佳）
无任何特定位置限制（如用地，接近民居等）的社区（< 10000p.e.）	一般	中、低负荷活性污泥；低负荷活性污泥，SBR（Cyclor）；生物转盘接触
	较敏感[①]	自然或曝气稳定塘；初级沉淀
	敏感	低负荷活性污泥；低负荷 SBR（Cyclor）；同步物理化学除磷
无任何特定位置限制（如用地，接近民居等）的中等规模社区（10000～100000p.e.）	一般	有 (或无) 初级沉淀 + 中负荷或低负荷活性污泥；或 + SBR 式活性污泥（Cyclor）
	较敏感[①]	初级沉淀
	敏感	有 (或无) 初级沉淀；传统低负荷（硝化 / 脱氮）活性污泥（AS）或 SBR（Cyclor）+ 同步物理化学或生物除磷
无任何特定位置限制的社区（>100000p.e.）	一般	传统或斜板初级沉淀（Densadeg 2D 或 3D 高密度沉淀池）+ 中高负荷活性污泥；选择时优先考虑污泥系统
	敏感	考虑是否采用物化沉淀 , 考虑所有系统（悬浮、附着、联合生长）的选择；选择时优先考虑污泥系统

① 相当于去除 50% 的悬浮固体和去除 20% 的 BOD。

② 允许调整工艺（整体或处理单元）以实现目标。

表23-2　受到特定限制条件的社区

限制条件	分区	可行工艺②（技术 – 经济最佳）
主要的位置限制（用地，接近民居，可变的人口水平，气候条件等）	一般	① 有或没有初级沉淀（优选斜板沉淀，Sedipac 或 Densadeg 2D 高密度沉淀池）； ② 集成预处理的斜板沉淀（Sedipac 3D 或 Densadeg 4D 高密度沉淀池）； ③ 中负荷活性污泥紧凑工艺（Cyclor 等）； ④ 除碳生物滤池（Biofor C）
	较敏感①	初级斜板沉淀（Sedipac）或集成预处理（Sedipac 3D）
	敏感	① 有或没有初级沉淀（优选斜板沉淀，Sedipac 或 Densadeg 2D 高密度沉淀池）； ② 集成预处理的斜板沉淀（Sedipac 3D 或 Densadeg 4D 高密度沉淀池）； ③ 低负荷活性污泥（硝化 / 脱氮）紧凑工艺（Cyclor，Ultrafor 等）物理化学或生物除磷 + 依据 TP 的排放水平的三级处理（Densadeg 2D 高密度沉淀池，Filtrazur 等）； ④ 除碳生物过滤，硝化和反硝化（生物滤池 Biofor CN，N，DN 或 pre-DN，见本章 23.2.2 节中表 23-5）； ⑤ 高负荷缺氧 + CN，DN 生物滤池
除生活污水之外处理雨水	与区域无关	① 在线或旁路缓存池储存雨水，送至旱季污水处理系统处理； ② 过量的雨水单独处理（化学强化 Densadeg 2D 100 高密度沉淀池）
消毒（见本章 23.2.3 节）	公共海滩或牡蛎、贝类养殖区或回用	① 设或不设紫外消毒（见双屏障）的膜处理（Ultrafor）； ② 紫外消毒；臭氧或过氧乙酸处理； ③ 依据规定选用氯或其化合物处理； ④ 延时稳定塘
回用水处理用作工艺用水、喷淋水等	根据当地法规	最大限度减少悬浮固体排入上游系统（附着生长，Ultrafor 或深度膜处理）和 / 或三级过滤 + 紫外消毒或如果许可采用氯处理

① 相当于去除 50% 的悬浮固体和去除 20% 的 BOD。

② 允许调整工艺（整体或处理单元）以实现目标。

23.2.2　各种处理流程的性能

对于含有不超过 30% 的无毒工业废水的集中式城市污水处理厂，其平均水质参数见表 23-3，不同处理工艺预计的平均性能见表 23-4 和表 23-5。

表23-3　集中式城市污水处理厂的进水水质

项目	参数	项目	参数
悬浮固体	300mg/L	TKN②	60mg/L
BOD	260mg/L	总磷	10mg/L
COD①	600mg/L		

① 溶解性难降解 COD（惰性及不可生物降解）低于 30mg/L。

② 溶解性有机氮（惰性及不可生物降解）低于 2mg/L。

表23-4 城市污水处理厂处理系统的性能：采用悬浮或混合生长工艺的性能及出口浓度

序号	流程	悬浮固体		BOD		COD		总凯氏氮		总氮②		总磷	
		去除率/%	浓度/（mg/L）	去除率/%	浓度/（mg/L）	去除率/%	浓度/（mg/L）	去除率/%	浓度/（mg/L）	去除率/%	浓度/（mg/L）	去除率/%	浓度/（mg/L）
1	初级沉淀（传统或斜板 Sedipac）	50～65	120	25～40	180～225	25～40	400～500	7～12	55			10～20	9
2	物化处理（Densadeg 高密度沉淀池）⑤	70～95	30～90	50～75	75～150	50～75	175～350	10～20	50			70～90	1～2
3	初级沉淀和高负荷活性污泥	85	<40	85～90	<35	80	<140	20～25	<45			30	7
4	中等负荷的活性污泥	90	30	88～92	30	80～85	120	20～25	<45			25	8
5	初级沉淀和中等负荷的活性污泥	90	<30	90～95	30	80～85	110	25～30	<40			30	7
6	延时曝气活性污泥与分离澄清或SBR（Cyclor）	90	30	92～96	<20	88～90	90	>90②	<5	>75	10～15	30 80① >90③	7 2 <1
7	初级沉淀、硝化和反硝化的低负荷活性污泥法②	90	30	95～98	<20	90	<90	90②	<5	>75	10～15	30 80① >90③	7 2 <1
8	流程 6 或 7 接三级过滤	>96	<10	>96	<10	>90	<65	>94②	<3.5	>80	8～12	90①	<1
9	流程 6 或 7 接三级物化（Densadeg 高密度沉淀池）	>96	<10	>96	<10	>92	<60	>94②	<3.5	>80	8～12	90①	<1
10	活性污泥生物处理与膜分离（Ultrafor）	99	<1	96～99	<10	93	50	>95	<3	>80	8～12	30 >80① 90④	7 <2 <1
11	包含混合载体（Meteor CN）的单级生物处理	90	30	90～95	30	80～85	110	>90②	<5	>75	15	30 90③	7 <1

① 同步除磷：去除 80% 的总磷。

② 反硝化（取决于反应器容积）。

③ 结合三级处理去除 90% 的总磷。

④ 90% 的总磷去除与残留的溶解性磷平衡。

⑤ 去除率的变化取决于药剂的用量和水的类型。

表23-5　城市污水处理厂处理系统的性能：采用附着生长工艺的性能及出口浓度

序号	流程	悬浮固体		BOD		COD		总凯氏氮		总氮③		总磷	
		去除率/%	浓度/（mg/L）	去除率/%	浓度/（mg/L）	去除率/%	浓度/（mg/L）	去除率/%	浓度/（mg/L）	去除率/%	浓度/（mg/L）	去除率/%	浓度/（mg/L）
1	初级沉淀和单级生物滴滤池（塑料填料）	85	45	80	60	75	175	15～25	50			20	8
2	物化处理（Densadeg 高密度沉淀池）+ 单级生物滤池 (Biofor C)	93	20	90	25	87	90	25	45			80～92②	0.8～2
3	物化处理（Densadeg 高密度沉淀池）+ 单级硝化生物滤池（Biofor CN）	95	15	92～95	15～25①	88	80	60～80①	12～25			80～92②	0.8～2
4	物化处理（Densadeg 高密度沉淀池）+ 两级生物滤池（Biofor C+ Biofor N）	97	10	92～95	5～10①	90	70	85～95①	3～10			80～95②	0.5～1.5
5	物化处理（Densadeg 高密度沉淀池）+ 硝化 / 反硝化生物滤池（前置反硝化或后置反硝化）	97	10	96～97	7～12①	90	75	91～95③	3～5	>75	10～15	85～95②	0.5～1.5
6	高负荷生物处理 + 硝化生物滤池 + 后置反硝化生物滤池	97	10	96～97	7～12①	90	70	91～95③	3～5	>75	10～15③	30	7
7	高负荷活性污泥缺氧反硝化 + 生物滤池 CN	93	20	91	25	87	90	90～94	4～6	>70	15	30	7

① 取决于 C、N 负荷。
② 取决于初级物化处理的 TP 去除效果。
③ 包括反硝化，取决于反应器容积。

水处理系统的性能取决于：

① 效率，包括适合的水质类型、潜在的供应商、设备及运行的选择。

② 能正常实现的目标。通过给定的参数，可以比较各个系统的处理效果使其达到最优（基于相同的操作条件、化学药剂用量等）。

23.2.3　城市污水消毒的特殊案例

污水消毒变得越来越有必要，尤其是在下列情况下：

① 排入公共游泳区（河流、湖泊或海洋）；

② 排入牡蛎及贝类养殖区（海洋）；

③ 排放标准要求，如美国的很多州，都有州立的地方标准；

④ 不同目的的污水回用要求（至少对于人可能会接触到的回用水：身体接触、水雾吸入、水果或蔬菜种植喷洒浇灌等），可先从污水处理厂自用的工业水源开始。

第 3 章 3.12 节和第 17 章 17.2～17.7 节阐述了氯及其衍生物（ClO^-、ClO_2、氯胺）、臭氧和过氧乙酸等化学消毒以及紫外消毒的基本原理和预期效果，后者由于成本合理、无消毒副产物，已成为目前主要的消毒方法。

23.2.3.1　消毒系统的选择及剂量

紫外线照射或化学消毒产品的剂量主要取决于：

① 消毒要求的目标，以对数去除量（2～6lg）或残留污染的绝对值［例如大肠杆菌（EC）<10 个 /100mL］表示；

② 前级处理出水的残留污染物浓度：

a. 致病微生物；

b. 悬浮物、有机物，它们通过以下几点影响消毒效果：

ⅰ. 保护微生物（悬浮固体）；

ⅱ. 吸收紫外辐射（色度、悬浮物、有机物、Fe^{3+}、螯合铁等），通过测量透射率（经过过滤及未经过滤）反映；

ⅲ. 与氧化剂发生反应的物质：与微生物竞争的还有其他所有还原剂（有机物和 S^{2-}、NH_4^+、Fe^{2+} 等），为达到预期效果，需要投加过量的氧化杀菌剂。

根据不同处理流程，原污水到消毒前总大肠菌群和粪大肠菌群（FC）的典型水平见表 23-6。

表23-6　经过各种典型处理阶段的城市污水中大肠菌群水平

污水	总大肠菌群 /（个 /100mL）	粪大肠菌群 /（个 /100mL）
原污水	10^8～10^9	10^7～10^8
初级沉淀	10^8～10^9	10^7～10^8
初级物理化学沉淀	5×10^7～10^8	5×10^6～10^7
二级沉淀（活性污泥）	10^6～10^7	10^5～10^7
二级过滤	5×10^7～5×10^6	5×10^4～5×10^6
硝化（活性污泥）	10^5～10^6	5×10^4～10^6
硝化过滤	5×10^4～5×10^5	10^4～10^5

因此，在设计消毒系统的规模时，需要对所有这些参数有较好的了解，或者至少有一个全面的评估。如若没有，可借鉴表 23-7 提供的参考值。

表23-7　污水的透光率取决于上游处理流程

处理流程	出水质量				未经过滤的透光率 /（%/cm）
	悬浮固体 /（mg/L）	BOD/（mg/L）	COD/（mg/L）	总氮 /（mg/L）	
活性污泥或 PS+ 生物滤池 BioforC	＜30	＜30	30～90	30～55	40～55
活性污泥 +F	＜10	＜15	35～70	25～50	50～60
硝化活性污泥或 PS+ 两级生物滤池 C+N	10～25	5～15	30～50	20～30	55～65
活性污泥 + 除磷	10～25	10～20	30～70	30～55	50～60
硝化 / 反硝化活性污泥 + 除磷	10～20	5～15	20～45	10～20	60～70
硝化 / 反硝化活性污泥除磷 +F	＜10	＜5	20～35	＜5	60～75
PS+ 三级生物滤池 C+N+DN	10	＜10	20～40	＜10	60～75
Ultrafor	＜2	＜3	20～30	＜5	70～80

注：1.F 为过滤（三级处理）；PS 为初级沉淀。
2.1、2 或 3 级生物滤池，即 C 或 C+N 或 C+N+DN。

图 23-6 和图 23-7 两张简图总结了达到适当消毒效果的逻辑方法。这两张图分别强调了初级出水或二级出水消毒需要考虑的主要问题。

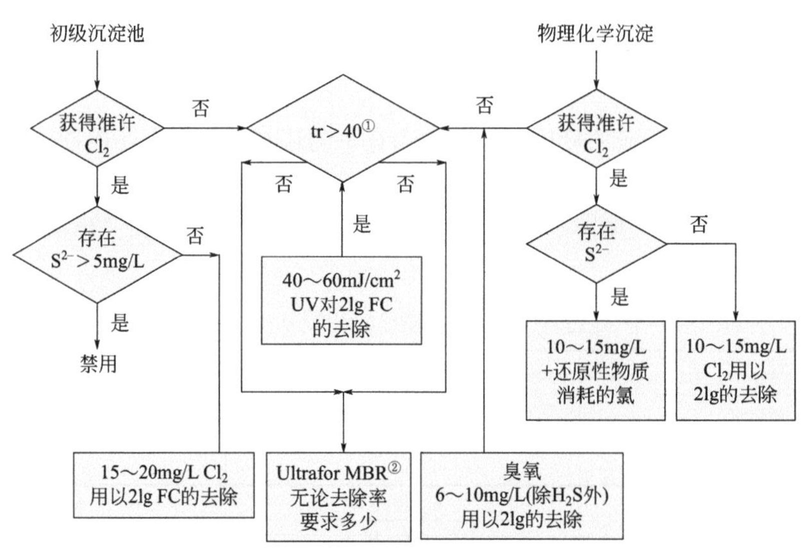

图 23-6　初级处理后的污水消毒

① tr：透光率。只有个别浓度低及水温低的污水经传统初沉或物化处理能实现。
② 尽管投资成本非常高，但其是唯一可处理部分水量，以及当要求FC去除率高于3lg、或FC残留量低于100个100mL的合理技术，否则需要完整的二级处理（图23-7）。

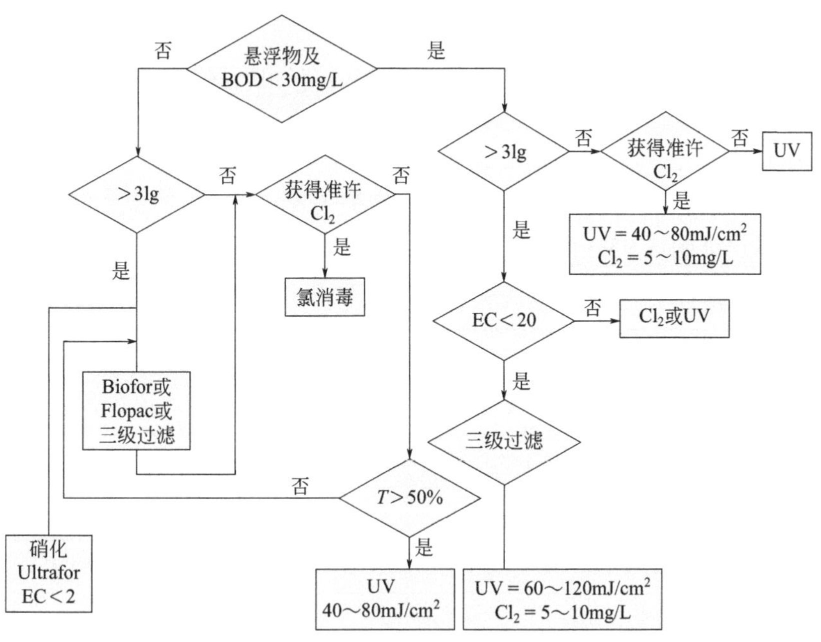

图 23-7　二级处理后的污水消毒

注意：在三级出水水质情况中（图 23-7），其水质需达到滤后水标准。所有的值表示为大肠杆菌（EC）或粪大肠菌群（FC）。应当指出，单独的澄清过滤处理能有效去除蛔虫卵（参见本章 23.2.3.3 节中表 23-9）。

23.2.3.2　细菌计数注意事项

虽然细菌计数比病毒和原生动物孢囊计数更简单，但也有一些偏差，这种偏差主要来自采样（见第 5 章 5.2 节）。此外，根据不同的水力条件，污水干管中的细菌数量会有自然波动，消毒进水和出水也会出现这种波动。因此，在确定实际情况、检查消毒效果方面，只有采取统计学方法才能有效。而后，必须对统计数据进行恰当的分析解释。

表 23-8 所示是一座污水处理厂紫外消毒单元的处理效果，分别检测进出水的粪大肠菌群和总大肠菌群指标，历时超过 4 个月（70 个数值）。根据统计结果，发现有 1～10 倍的差异（见几何平均和 95% 发生率）。所有共存条件是否合理取决于消毒所要求的可靠性。此外，应精确界定项目范围，因为这与消毒系统的设计规模和处理效果直接相关。

表23-8　消毒的统计方法

项目	总大肠菌群 /(个 /100mL)			粪大肠菌群 /(个 /100mL)		
	进水	处理后水	Eff.	进水	处理后水	Eff.
几何平均	3×10^4	48	2.8	7.6×10^3	8	3
中值	2.5×10^4	64	2.2	8.3×10^3	10	3
平均值	5.6×10^4	109	1.8	1.6×10^4	33	1.8
80% 发生率	9.4×10^4	201	1.8	2.2×10^4	42	1.8
95% 发生率	2.0×10^5	402	2.5	6.7×10^4	118	2.5

注：Eff. 为去除量的对数。

23.2.3.3　蛔虫卵的特殊情况

这些虫卵（见第 6 章 6.2 节表 6-5 及 6.3.2.5 节）有相当好的保护层，因此，它们不容易受到相当于其他致病微生物所用剂量的消毒剂（化学或紫外线）的影响。但是，世界卫生组织（WHO）建议，对所有回用于农业的水，需将虫卵去除至少于 1 个 /L。

虫卵在不同的生物或物理化学的处理阶段中被去除。通常，当原水污染严重时，需进行三级过滤，以保证超过 95% 的时间达到 WHO 标准（见表 23-9）。

表23-9　经过几个处理阶段后城市污水中的寄生虫卵数量（由墨西哥提供的案例）

污水	虫卵 /（个 /L）
原水	10～30
初级沉淀	5～10
初级物化沉淀	2～5
二级沉淀（活性污泥）	<1～3
二级过滤	<1

23.3 典型工艺案例

下文将介绍 12 个污水处理厂案例，其归纳汇总见表 23-10。这些案例都是得利满近年来的工程实例，规模为 2 万到 270 万人口当量，其中一些设计理念已在前面两节中有所提及。当然，这些工程所要达到的目标不尽相同：

① 从单独去除碳源污染物到制取超纯水（补给高压锅炉）；

② 污水处理厂从仅受少数环境因素限制到成为城市市容的一部分。

表 23-10 提供了这些污水处理厂的相关特性，它们的系统图包括：

① 从得利满工程范围中选择的水和污泥处理流程——主流程图（为了简化，未表示污泥处理中的回流液系统）；

② 这些污水处理厂的运行效果既有预测值也有实测值；

③ 案例中每个示意图下面的备注，是为读者介绍这个案例的特别之处。

注意：

① 显示为“额定（或标称）”的值是指合同规定的污水处理厂进水和 / 或出水数值；

② 显示为“预测”的值是指人为期望的数据；

③ 显示为“记录”的值是指以平均值或覆盖概率（以 n% 表示）表示的汇总的实际检测结果。

表23-10　以下图文介绍的12个污水处理厂案例汇总

章节 / 图	水厂名	人口当量	场地限制	目标污染物	水处理流程	雨水	污泥处理流程	污泥最终处置	三级处理	备注
23.3.1 / 图 23-8	Gabal	2700000	低	碳	初级处理和活性污泥	无	消化 + 沼气发电	农业利用	有 Cl_2 消毒	
23.3.2 / 图 23-9	Valenton 2 期	1000000	高	碳 + 氮 + 磷	初级处理，活性污泥硝化反硝化	有	消化，干化，热解，辅助处理①	农业利用、回用于热能	有部分紫外消毒	
23.3.3 / 图 23-13	米兰南部	1050000	低	氮 + 磷	活性污泥硝化反硝化	有	板框压滤，干化	农业利用或干化	有部分紫外消毒	
23.3.4 / 图 23-16	Brno	500000	扩建改造	碳 + 氮 + 磷	初级处理和活性污泥	有采用 BO②	消化，离心脱水，干化	农业利用或干化	无	
23.3.5 / 图 23-18	大连	430000	高	碳 + 氮	初级处理，Biofor C+N 及 Biofor N 生物滤池	无	离心脱水	农业利用	无	
23.3.6 / 图 23-20	Cork	440000	高	碳	初级处理和 SBR	有采用 BO②	消化，带式压滤，干化	农业利用或干化	无	
23.3.7 / 图 23-23	Ayrshire	315000	低	碳	高负荷活性污泥	有	离心脱水，干化	协同焚烧或填埋	无	
23.3.8 / 图 23-24	Güstrow	60000	低	碳 + 氮 + 磷	SBR	有采用 BO②	离心脱水	农业利用或填埋	无	
23.3.9 / 图 23-26	Valence	155000	中	碳 + 氮	低负荷活性污泥	有	离心脱水	焚烧	无	Arenis 和 Biomaster
23.3.10 / 图 23-28	Grasse	23000	非常高	碳 + 氮 + 磷	Ultrafor (MBR)	有	离心脱水，石灰处理	农业利用	无	
23.3.11 / 图 23-29	Sempra	120000	低	所有	活性污泥，碳酸盐去除二级反渗透，EDI	无	离心脱水		有采用 RO 或回用	利用：锅炉冷却水补给和饮用水
23.3.12 / 图 23-31	Marbella	92000	高	碳 + 磷	Densadeg 高密度沉淀池，Biofor 生物滤池	有	离心脱水，石灰处理	农业利用或填埋	无	

① 辅助处理是指添加肥料。

② BO 指暴雨调节池。

23.3.1 Gabal El Asfar污水处理厂（埃及）

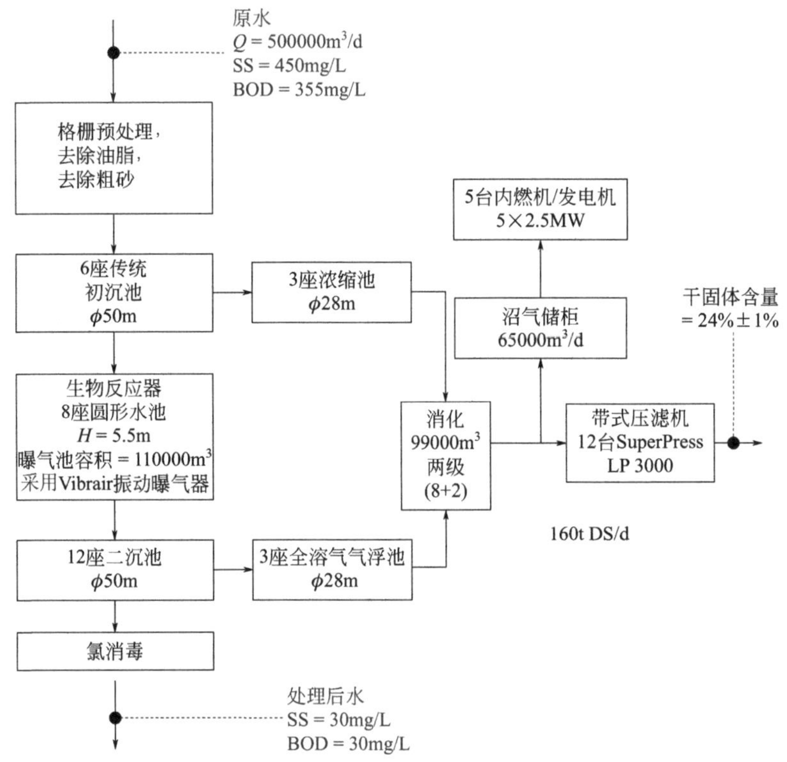

图 23-8　Gabal El Asfar2，1 期（埃及开罗）(处理能力：2700000 人口当量；水温 =18～29℃)

注意：Gabal 1 期扩建，在正常情况下，这座大型污水处理厂采用中等负荷的活性污泥工艺，仅去除碳源污染物。

值得一提的是曝气池运行有较大的灵活性，这是因为其分为两部分：

① 中央区域 1：一般为 33% 池容，低负荷时可使一半容积在缺氧状态下运行；

② 环形区 2：连续曝气（池容占 67%），但当负荷较低时，可选择交替运行，同时配备在线仪表监测夏季时的硝化情况。

使用 Vibrair 振动曝气器，以达到比表面曝气更好的性能（氧传输效率）。

污泥消化单元有 8 座一级消化池和 2 座二级消化池，以回收足够的沼气，并供给内燃机热电联用，可满足全厂约 60% 的能源需求。

23.3.2 塞纳河上游污水处理厂-Valenton 2期（法国）

扩建的 Valenton 2 期（V2）（图 23-9，2001 年设计）的处理能力是 Valenton 1 期（V1）（1983 年设计）的 2 倍，但占地面积仅为 1 期的 1/2，采用生物法除磷脱氮。该系统还能处理雨水，更为完善。

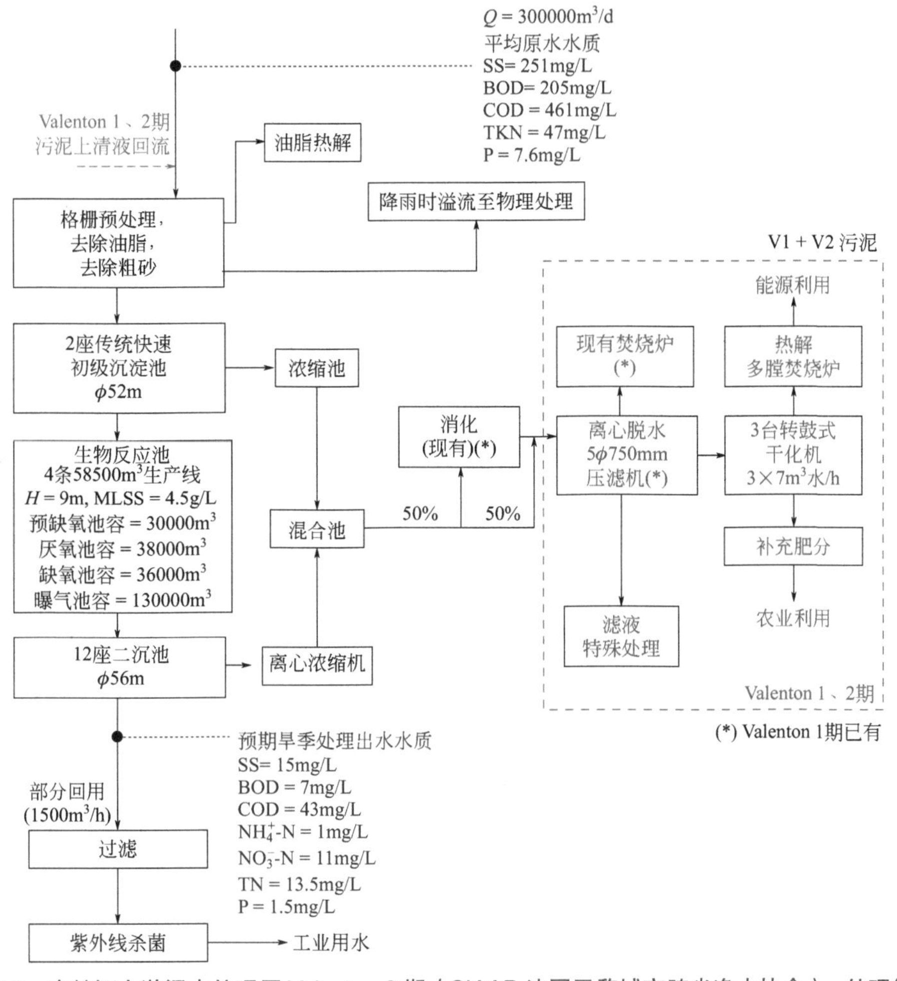

图 23-9　塞纳河上游污水处理厂 Valenton 2 期（SIAAP 法国巴黎城市跨省净水协会）– 处理能力：1000000 人口当量；水温 =12～25℃

注意：Valenton 1、2 期污水处理厂的污泥处理浓缩脱水液均回流至 Valenton 2 期的入口处。

① 生物反应池形状使系统流态几乎为完全推流（图 23-10）。

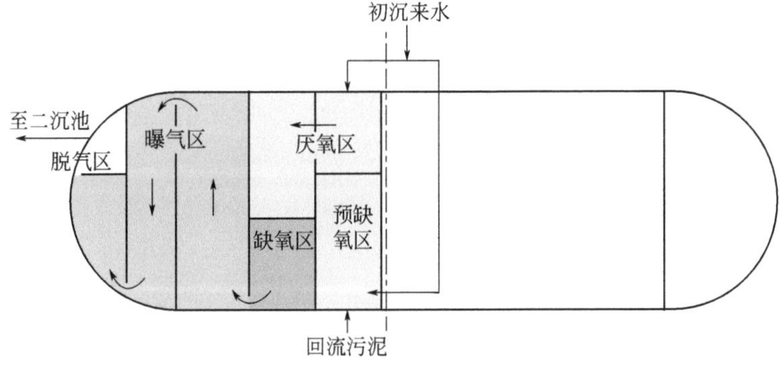

图 23-10　生化反应池分区图

② 快速的初级沉淀可以保留更多的微粒碳源污染物，从而提高了反硝化和生物除磷效果。

③ 散发臭味的构筑物均加盖封闭（图 23-11），如初级沉淀池、浓缩池、污泥贮存池。

④ 污泥处理采用多个系统（见本章 23.1.3 节）：

a. 将干污泥添加化肥制成污泥肥料应用于农业；

b. 通过干污泥热分解（见第 19 章 19.4.3 节）为污泥干化提供能量；

c.V2 污水处理厂部分出水经三级过滤和紫外线消毒后作为工业用水回用。

Valenton 2 期污水处理厂外景见图 23-12。

图 23-11　Valenton 处理厂加盖的初级沉淀池

图 23-12　Valenton 2 期污水处理厂外景（Val-de-Marne，法国）

23.3.3　米兰南部污水处理厂（意大利）

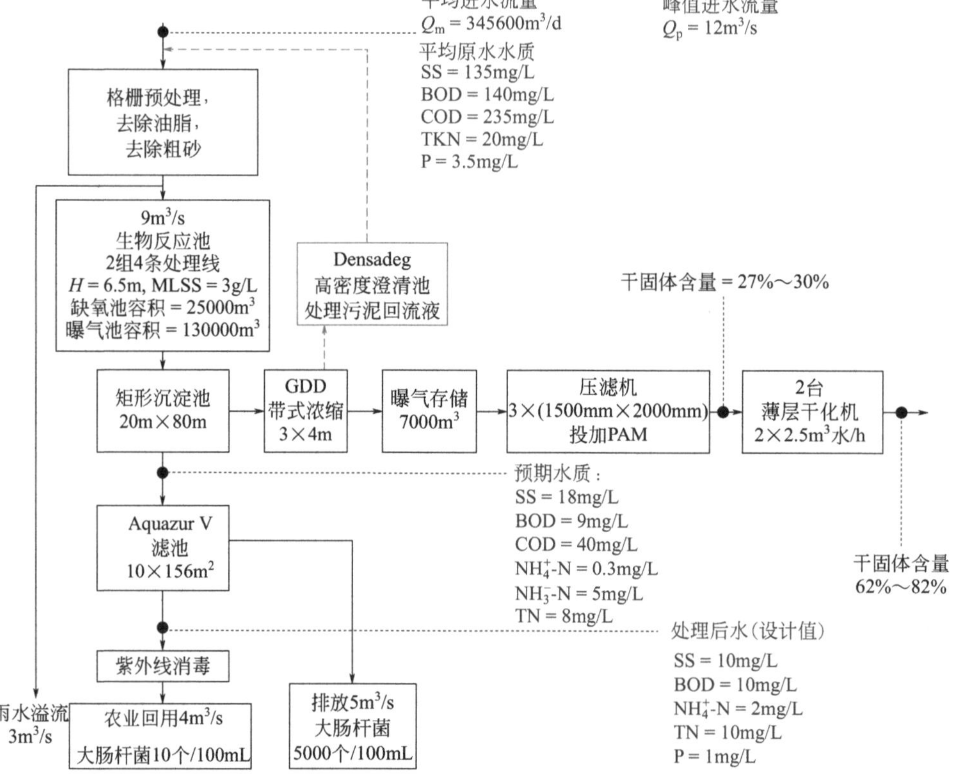

图 23-13　米兰南部污水处理厂（意大利）– 处理能力：1050000 人口当量；水温 =12～25℃（每个参数允许误差为 ±20%）

基于推流式的 A-O 硝化 / 反硝化活性污泥法见图 23-14。

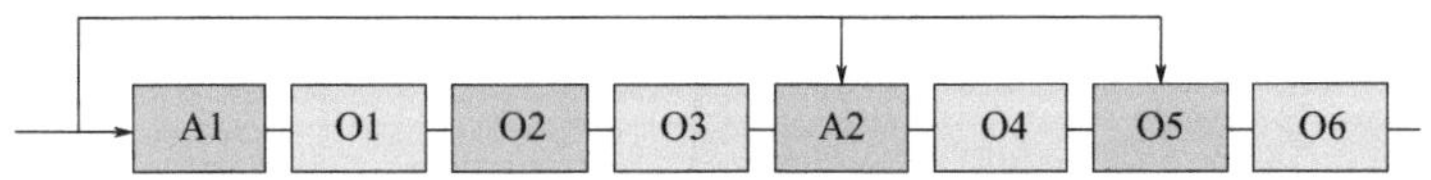

图 23-14　基于推流式的 A-O 硝化 / 反硝化活性污泥法

分段进水降低了沉淀池的污泥浓度，从而获得更高的上升流速。

注意：

① 彻底消毒的处理出水可供农业使用；

② 所有污泥均干化（蒸发量每小时 5 t 水）至中等干度（可协同焚烧）。

米兰南部污水处理厂鸟瞰图见图 23-15。

图 23-15　米兰南部污水处理厂鸟瞰图 (意大利)

23.3.4　Brno 污水处理厂（捷克）

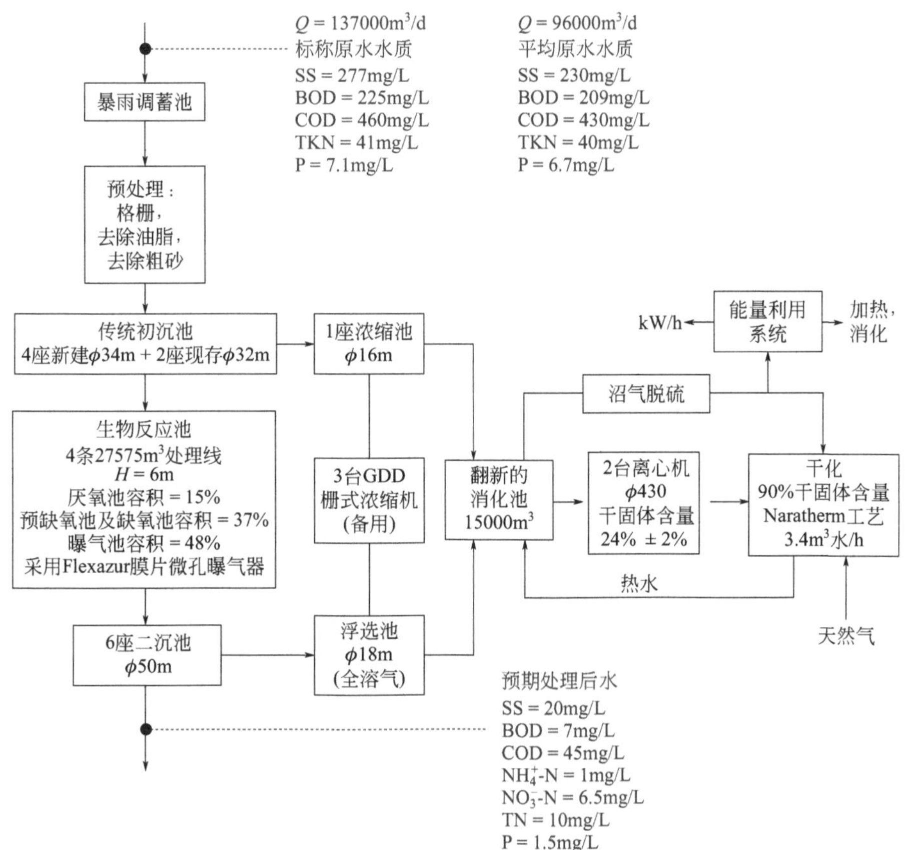

图 23-16　Brno 污水处理厂（捷克共和国）- 处理能力：500000 人口当量；水温 =10～25℃

注意：采用 ISAH 工艺（参见图 23-17 的流程），将传统的中等负荷处理厂改造和扩建为具有硝化、反硝化和生物除磷功能的处理厂。

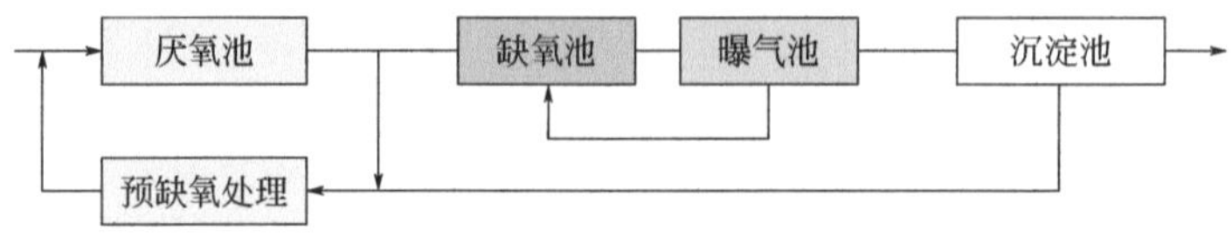

图 23-17　ISAH 工艺流程

需指出的是，本案例利用消化产生的沼气为 Naratherm 污泥干化工艺提供热量。

23.3.5　大连污水处理厂（中国）

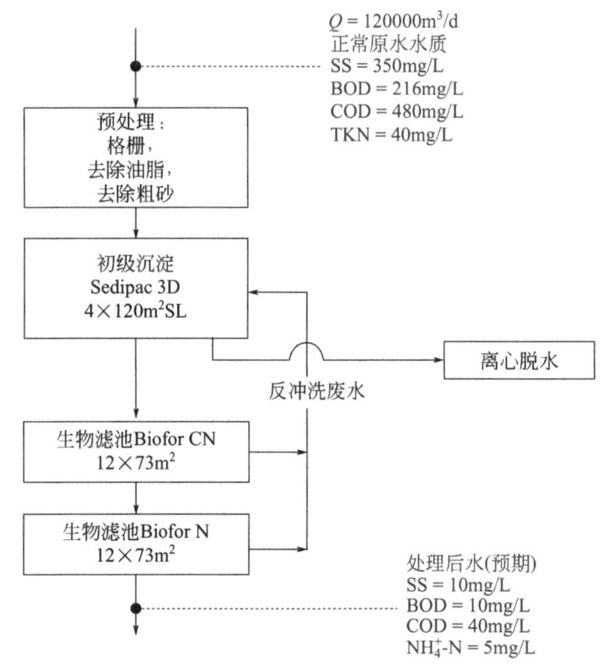

图 23-18　大连（中国）- 处理能力：430000 人口当量；水温＞12℃

因城市环境和占地限制，这座新建的污水处理厂（图 23-19）采用了斜板沉淀和两级曝气生物滤池 Biofor CN 和 Biofor N，通过生物滤池除臭，并使用离心机进行污泥脱水。

图 23-19　大连污水处理厂（中国）

23.3.6　Cork 污水处理厂（爱尔兰）

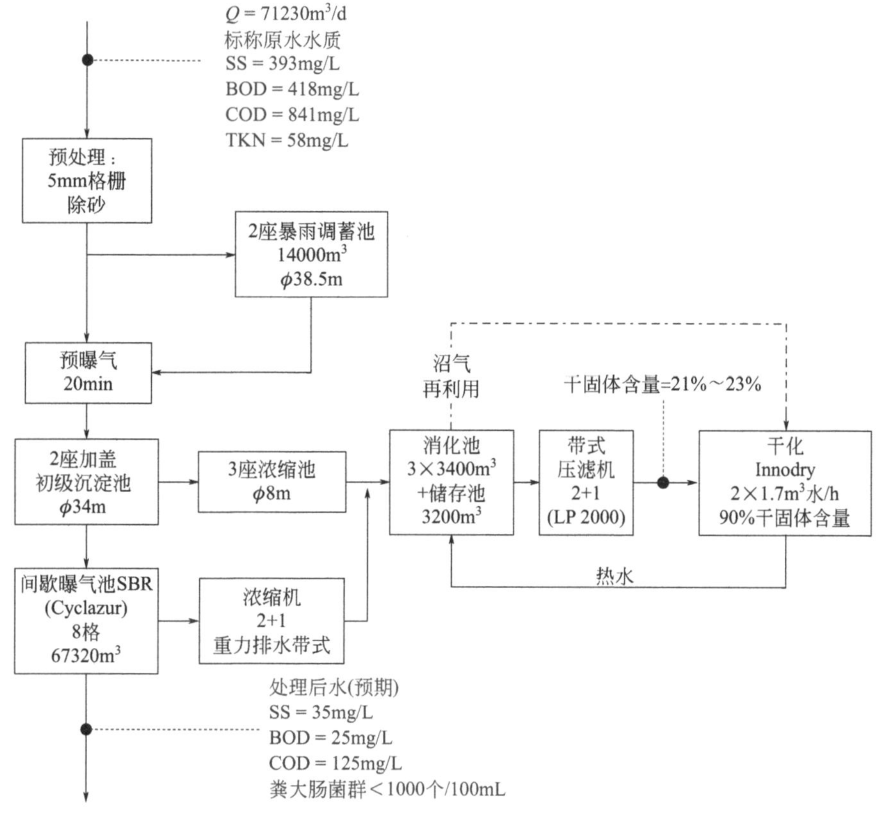

图 23-20　Cork 污水处理厂 – 处理能力：440000 人口当量；水温 =12～20℃

Cyclazur 型 SBR、污泥消化和 Innodry 干化工艺，适用于中等规模除碳源污染物的污水厂。

注意：紧凑型水厂尽量使用复合材料对构筑物进行加盖封闭，实现了工业废水处理集成化（如钢制消化池，设备尽可能放置在室外，复合建筑等，见图 23-21 和图 23-22）。

图 23-21　Cork 污水处理厂两座直径为 34m 的加盖式沉淀池

图 23-22　Cork 污水处理厂三座消化池及污泥储池

设计按照单位质量负荷 0.15kg BOD/kg MLSS 来计算反应池容积，通过对 MLSS 浓度的控制，根据温度调整污泥龄，以避免发生硝化反应。

23.3.7　Ayrshire污水处理厂（苏格兰）

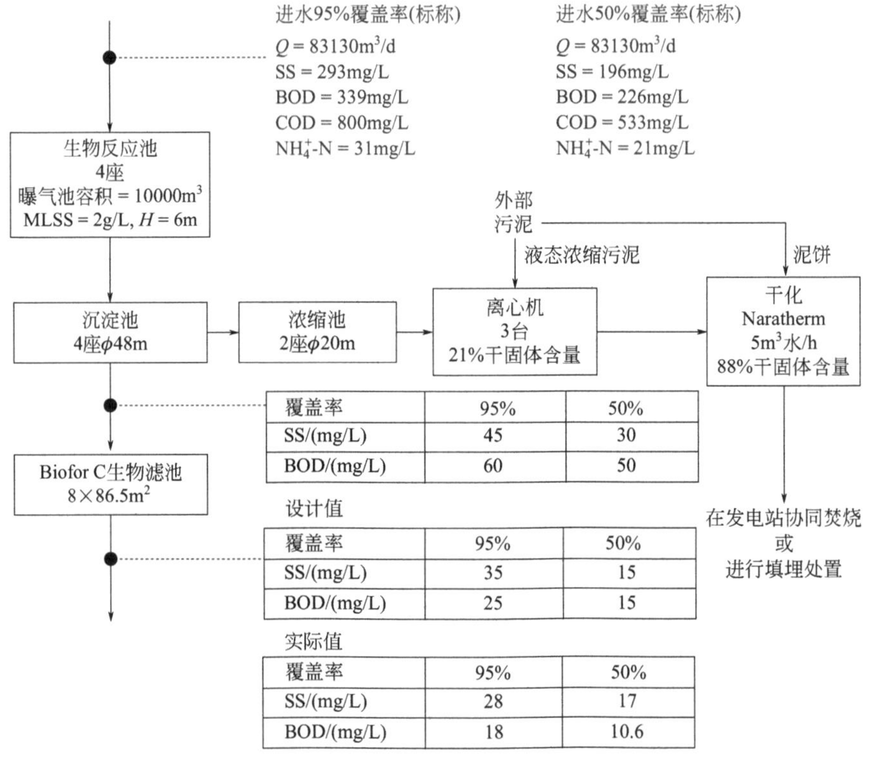

覆盖率	95%	50%
SS/(mg/L)	45	30
BOD/(mg/L)	60	50

设计值

覆盖率	95%	50%
SS/(mg/L)	35	15
BOD/(mg/L)	25	15

实际值

覆盖率	95%	50%
SS/(mg/L)	28	17
BOD/(mg/L)	18	10.6

图 23-23　Ayrshire（Meadowhead- 苏格兰）- 处理能力：315000 人口当量；水温 =8 ～ 15℃

污水处理厂采用高负荷活性污泥工艺，并用生物滤池做进一步处理，产生的污泥经干化处理（88% 的干固体含量）后送到电厂焚烧。

注意：Ayrshiry 污泥处理厂接收其他两个邻近污水厂的浓缩或脱水污泥。这两个污水厂服务人口当量为 200000。

23.3.8　Güstrow污水处理厂（德国）

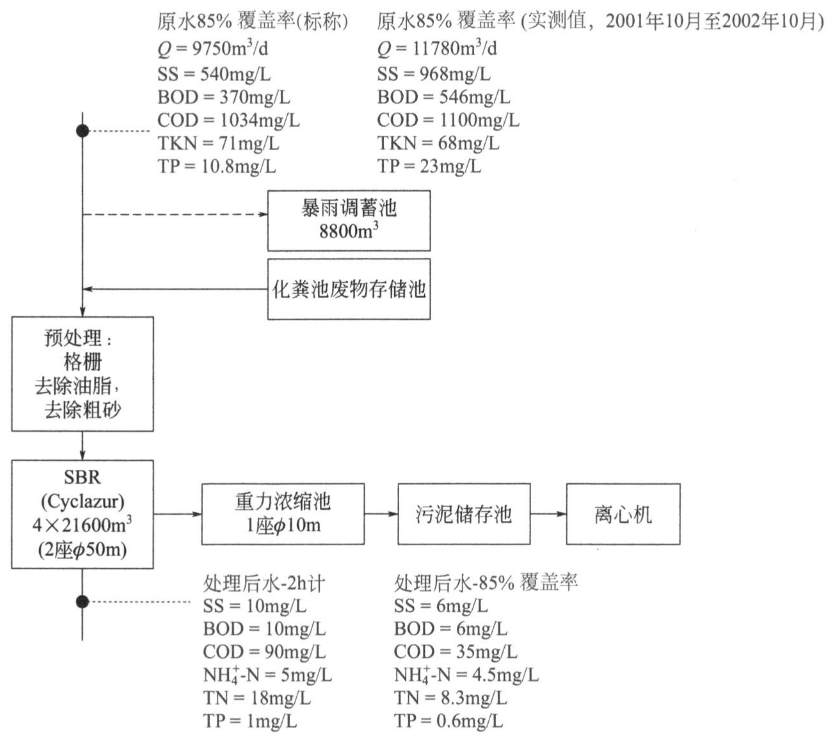

图 23-24　Güstrow（德国）- 处理能力：60000 人口当量；水温＞10℃

尽管进水有机物浓度非常高，采用硝化 - 反硝化、除磷（生物和化学同步）及 Cyclazur 工艺，在低负荷下，水厂的出水水质仍然良好（图 23-25）。

图 23-25　Güstrow 污水处理厂（德国）：SBR 沉淀后正在进水

23.3.9 Valence污水处理厂（法国）

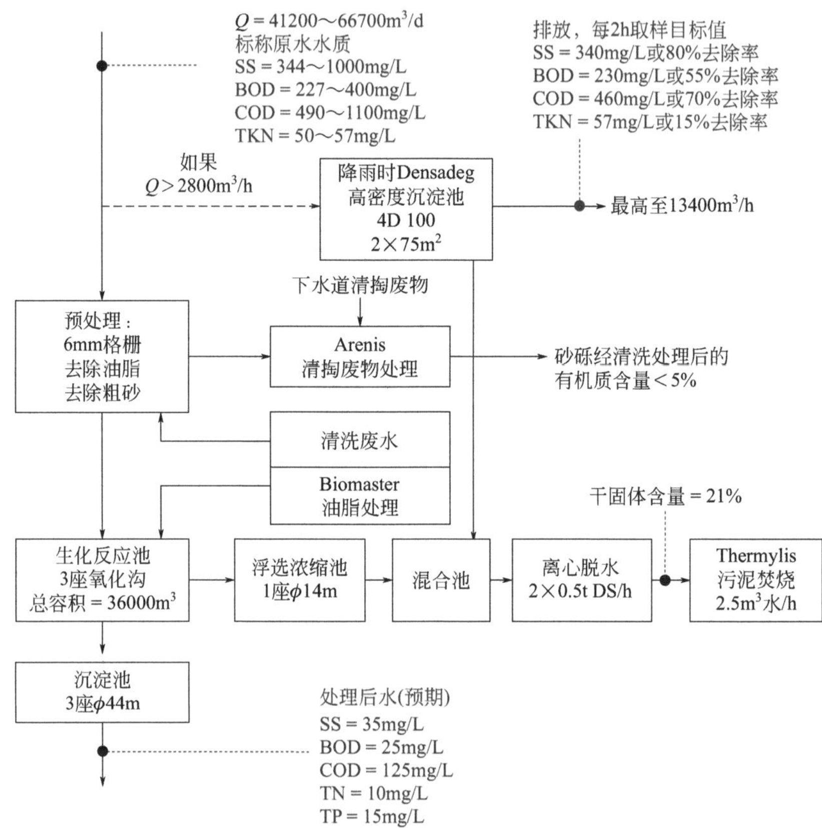

图 23-26　Valence（法国）- 处理能力：155000 人口当量；水温 =12～25℃

处理厂（图 23-27）通过低负荷活性污泥法去除碳源有机物和氮，其中包括处理高达 13400m³/h 溢流雨水的 Densadeg 高密度澄清池（见第 10 章 10.3.5 节）和焚烧污泥的 Thermylis 焚烧炉。

图 23-27　Valence 污水处理厂（Drôme，法国）

采用 Arenis 工艺处理污水干管冲刷带来的砂砾杂质（见第 9 章）。

23.3.10　Grasse 污水处理厂（法国）

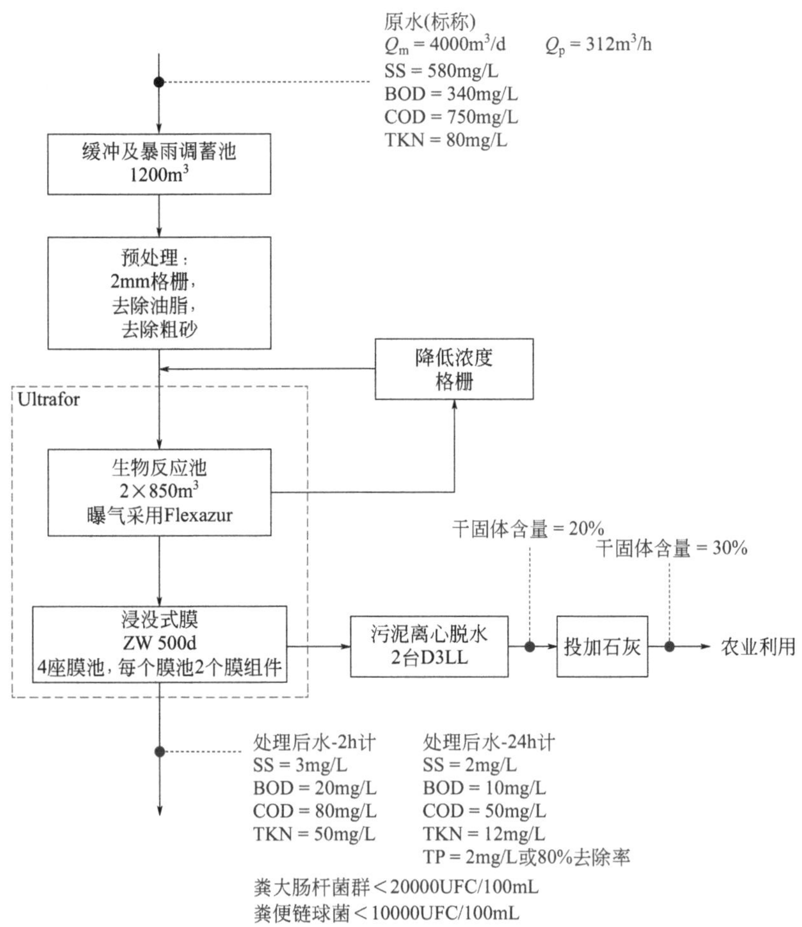

图 23-28　Grasse（法国）- 处理能力：23000

人口当量；水温 =15～25℃

新建的污水处理厂布局紧凑（见本章 23.1.4 节中图 23-3）要归功于 Ultrafor 处理工艺（带有浸没式膜的低负荷生物反应器），出水不含悬浮杂质，去除 BOD 效果良好，而且经过消毒处理（效果比原设定的目标还好）。

此外，使用膜分离可以控制夏季的反硝化，否则难以满足出水对悬浮固体的要求。

23.3.11　Sempra污水处理厂（墨西哥）

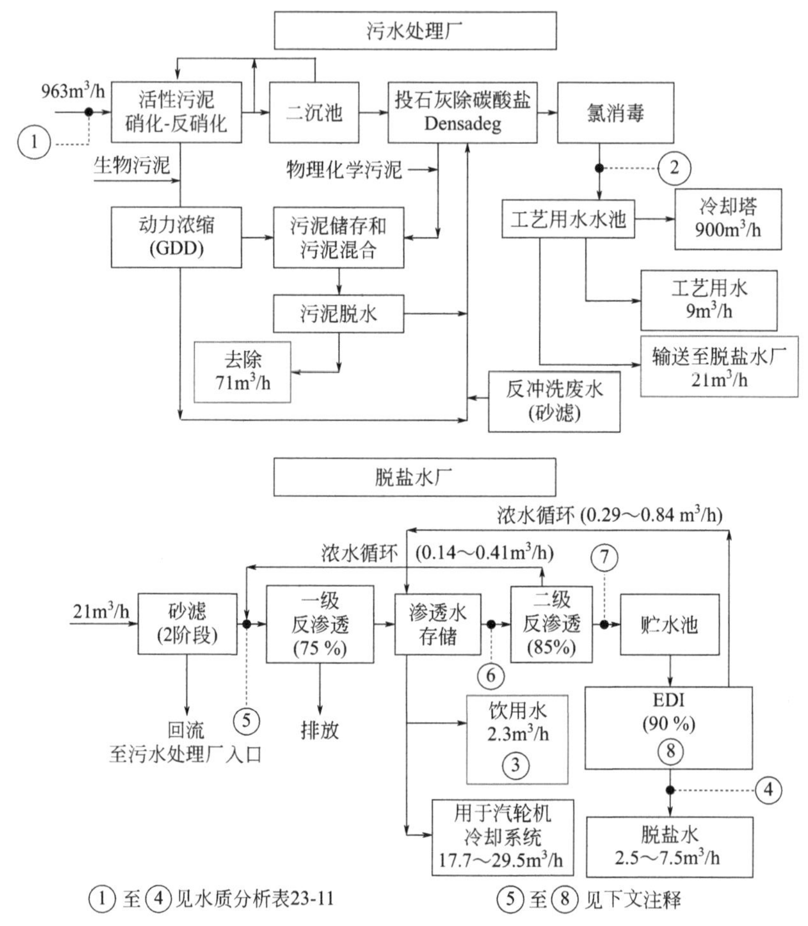

图 23-29　Sempra 污水深度处理厂（墨西哥）-1000m³/h

表23-11　Sempra污水深度处理厂水质分析表

水的类型	①原水	②冷却塔补给水（实测值）	③饮用水（实测值）	④脱盐水：锅炉补给水（实测值）
水质指标	SS ＜ 300mg/L BOD ＜ 350mg/L COD ＜ 800mg/L TKN ＜ 70mg/L 磷＜ 15mg/L	SS＜1.0mg/L 油脂＜ 0.5mg/L BOD ＜ 9.5mg/L 硅＜ 17.5mg/L 电导率＜ 1600μS/cm 磷＜ 1.5mg/L 总硬度＜ 160mg/L$CaCO_3$ 钙＜ 78mg/L 铁＜ 0.12mg/L	SS 未测定 油和油脂 0mg /L BOD 未测定 总硬度＜ 70mg/L 碱度＜ 70mg/L 铁＜ 0.04mg/L 总盐度＜ 90mg/L TOC ＜ 1mg/L	SS 未测定 BOD 未测定 TOC ＜ 0.01mg/L 电导率＜ 0.07μS/cm 铁＜ 0.2μg/L 硅＜ 0.25μg/L

该工程（图 23-30）是城市污水回用的深度处理项目，以满足 300MW 发电站的全部用水需要（发电站唯一的水源，见第 25 章 25.5.2 节）。

有以下几点说明：

① 三级处理流程的顺序：用石灰去除碳酸盐、消毒、过滤、二级反渗透、电渗析去离子以达到逐渐严格的目标，从而实现了电阻率＞14MΩ·cm（超纯水），满足饮用水标准（卫生、淋浴等）。

② 生化处理必须可靠（悬浮固体、化学需氧量、总氮），才能保证三级处理工艺的良好运行，从而才可能使发电厂正常运转（冷却水、锅炉补给水的存储容量非常有限）。

图 23-30　Sempra 污水处理厂（墨西哥）

③ 盐度在系统中的变化（用电导率表示）：a. 反渗透进水（⑤），1730μS/cm；b. 一级反渗透出水（⑥），70μS/cm；c. 二级反渗透出水（⑦），6μS/cm；d. EDI 出水（⑧），0.07μS/cm。

注意：编号为图 23-29 中所示。

23.3.12　Marbella 污水处理厂（法国）

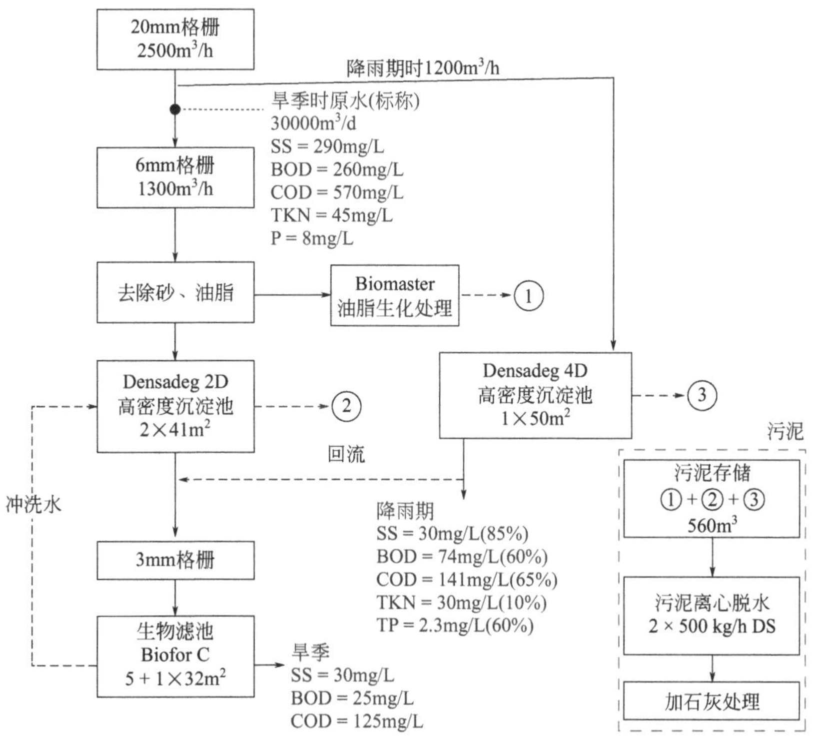

图 23-31　Marbella（Biarritz- 法国）- 处理能力：92000 人口当量；水温 =12～25℃

此案例是将现有污水处理设施改建成与居民区融为一体的新污水处理厂。为优化环境，须对噪声、气味、建筑外观等特别予以关注。

该系统（图 23-32）采用 Densadeg 高密度沉淀池和 Biofor 曝气生物滤池的典型工艺组合，对处理旱季和雨季污水都极具代表性（采用了很长的放流管进行深海排放）。

图 23-32　Marbella 污水处理厂（法国）

第24章 工业用水处理

引言

本章介绍的是从自然水体（有时取自饮用水）中制取优质工业生产用水的水处理流程及调质方案。本章涉及的工业生产用水需要满足锅炉用水、冷却水及各种杂用水的水质要求，包括最为严格的水质要求，如半导体工业和制药行业要求所使用的超纯水中不能含有任何杂质（见本章 24.3.4 节）。

24.1 锅炉用水

24.1.1 锅炉补给水的处理

第 2 章 2.3.2.5 节提供了锅炉补给水的水质标准。为了达到这一标准，通常需要采用深度处理工艺。根据原水水质，一般需先经过澄清或过滤，使出水的物理性质满足后续膜处理或离子交换处理工艺的要求。膜处理或离子交换工艺是用于保证最终出水水质达标的必要环节。此外，第 14 章和第 15 章介绍了这些深度处理工艺的具体细节。

24.1.1.1 低压和中压锅炉用水的碳酸盐去除和软化单元

最基本的处理工艺流程通常包含水质软化单元，使出水的总硬度尽可能接近“0”。

对于低压锅炉系统，仅需要配备软化水系统即可。但对于中压锅炉，在对水进行软化的同时，还需要根据实际情况采用一系列不同的处理工艺去除碳酸盐和硅酸盐。去除碳酸盐和硅酸盐的主要方法如下：

① 采用石灰去除水中的碳酸盐，在环境温度下使用（冷法），如需要，可采用氧化镁、氯化镁或者铝酸盐去除硅酸盐（见第 3 章 3.2.1 节）；

② 在高温条件（95～110℃）下，投加石灰去除水中的碳酸盐，同时投加氧化镁去除硅酸盐，然后进行水的软化（这一方法现在很少使用）；

③ 采用羧基型阳离子交换器去除碳酸盐（见第 3 章 3.11.3 节），然后进行水的软化，并采用吹脱的方式对水中的 CO_2 进行物理性去除（这一工艺比采用强阴离子树脂去除 CO_2 要经济得多）。

为了便于选择合适的处理工艺，表 24-1 提供了各处理工艺的产水水质。

在经过这些工艺处理后，建议进一步采用物理（脱气）或者化学的方法去除水中的氧和进行调质处理。

表24-1　去除碳酸盐和水质软化工艺预期的处理出水水质

工艺		P-alk（以 $CaCO_3$ 计）/（mg/L）	TAC（平均值）（以 $CaCO_3$ 计)/(mg/L）	总盐度（以 $CaCO_3$ 计)/(mg/L）	pH 值	SiO_2 /（mg/L）
$FeCl_3$ 净化 + 石灰冷法处理 + 软化		5～20	20～40	TS-TAC+3～6	8.5～10	无变化
预处理 + 铝酸钠		5～20	20～40	同上	8.5～10	2～5
石灰净化 + 氧化镁热法 + 软化		10～15	20～25	TS-TAC+2～2.5	8.5～10	1～2
羧基型树脂 + 软化及脱除 CO_2	无 pH 调节	0	10～30	TS-TAC+1～3	6～7	无变化
	有 pH 调节		20～50	TS-TAC+2～5	7.5～8.5	

图 24-1 和图 24-2 提供了上述工艺流程的案例。

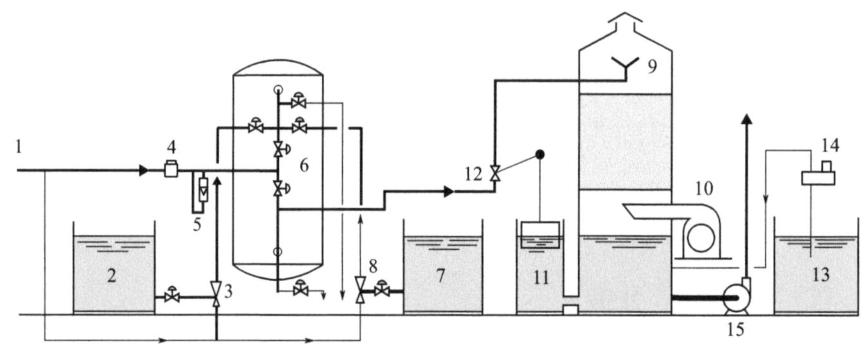

图 24-1　采用多层羧基 - 磺酸基混合床同时进行碳酸盐的去除和水质软化

1—原水取水；2—盐水池；3—盐水的水射器；4—仪表；5—流量计；6—分层床离子交换；7—酸池；8—投酸用水射器；9—除二氧化碳（CO_2）装置；10—鼓风机；11—水位调节池；12—水位调节阀；13—氢氧化钠（NaOH）储池；14—pH调节加药泵；15—处理水水泵

24.1.1.2　全脱盐系统（中压和高压锅炉）

当上述处理工艺的出水水质仍不能满足要求时，需要采用离子交换或者反渗透技术进一步去除锅炉补给水中的矿物质。

根据补给水的组成、锅炉类型以及压力，可在表 24-2 所列的系统中选择合适的处理工艺。

如果需要将 TAC（总碱度）降至最低，则无法获得锅炉补给水所要求的二氧化硅与碱度的比值（SiO_2/TAC）。因此，为了获得合适的锅炉补给水中的二氧化硅与碱度的比值，需要对出水进行必要的处理。

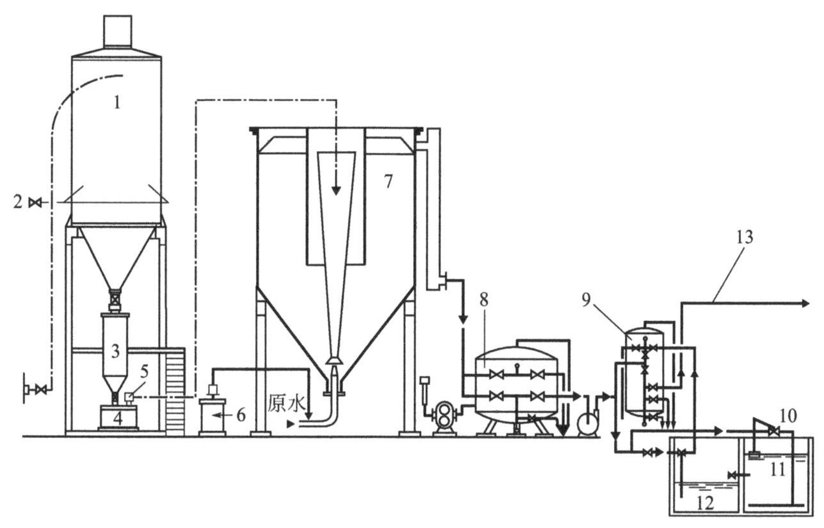

图 24-2　去除碳酸盐并采用树脂软化水

1—石灰储存料仓；2—出料辅助系统；3—石灰投加装置；4—石灰浆制备池；5—石灰浆液泵；6—混凝剂投加；7—Circulator沉淀池；8—过滤器；9—软化器；10—补给水；11—盐储池；12—浓水；13—脱碳软化水出水

表24-2　各种脱盐系统的性能

系统	电阻率 /kΩ・cm	硅酸盐 /（μg/L）
顺流再生一级脱盐处理系统	50～1000	100～500
逆流再生一级脱盐处理系统（UFD）	500～2000	20～100
连续型一级脱盐处理系统	500～2000	20～100
单级反渗透脱盐处理系统	50～300	100～1000
两级反渗透脱盐处理系统	300～1000	10～100
一级脱盐处理系统（1，2，3）后接精制阳离子树脂	1000～3000	20～500
一级脱盐处理系统（1，2，3，4，5）后接混床或精制处理线或 EDI	5000～20000	2～20

这里所有的数据仅供参考。它们没有考虑原水中含有高浓度的矿物质、原水被污染或者原水没有经过足够的预处理的情况。

图 24-3 所示的方案包括一个强酸型阳离子交换器以及一个用于去除二氧化碳的强碱型阴离子交换器，这是最简单的脱盐系统。

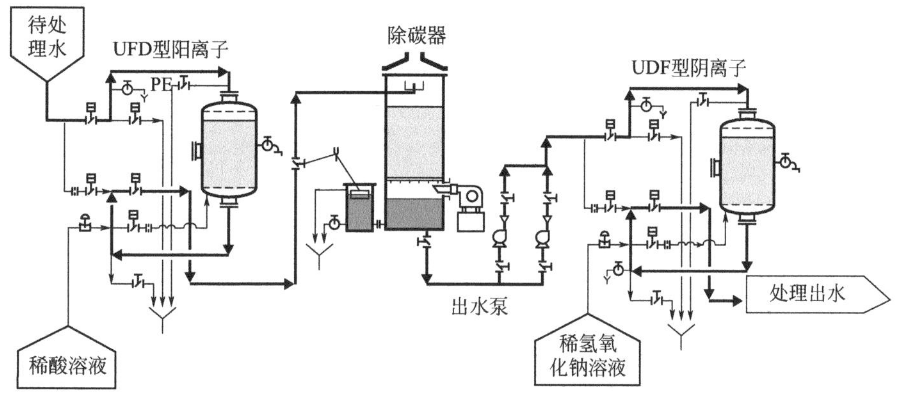

图 24-3　一级脱盐系统工艺流程图

对于高压锅炉给水，用于完全脱盐的水处理系统主要包括以下部分：

① 预处理单元：澄清池或碳酸盐去除系统，后接滤池。

② 以离子交换器为主的一级处理系统，主要包括：

a. 强阳离子树脂（SAR）或强阴离子树脂（SBR），也可采用弱阳离子树脂（WAR）和弱阴离子树脂（WBR），二氧化碳通常在阳离子和阴离子交换系统之间被去除；

b. 单级或两级反渗透。

这一类型的处理系统的出水电阻率要求大于 50kΩ • cm，浊度很低（小于 0.1 NTU），几乎不含有机物（总有机碳小于 0.5mg/L）。

③ 二级处理系统可以采用 SAR（强阳离子树脂）、SBR（强阴离子树脂）或混床（MB），也可以采用单级精制阳离子树脂或电脱盐系统（EDI，见第 14 章）。

在这一阶段，系统出水的电阻率可超过 5MΩ • cm。

④ 化学调质。

图 24-4　CPCU（大巴黎 Saint-Ouen 地区供暖公司）（Seine-Saint-Denis, 法国）- 产水能力 13800m^3/d

图 24-5 展示了一个用于核电站的完全脱盐系统，这一系统包括了一个阳离子 - 阴离子处理线（逆流再生）和一个混床精制处理单元。

图 24-6 展示的是另一个采用更先进技术的处理系统。值得注意的是，除软化器再生液中的盐之外，整个后续系统未使用物化工艺，因此向环境中排放盐的量很小。

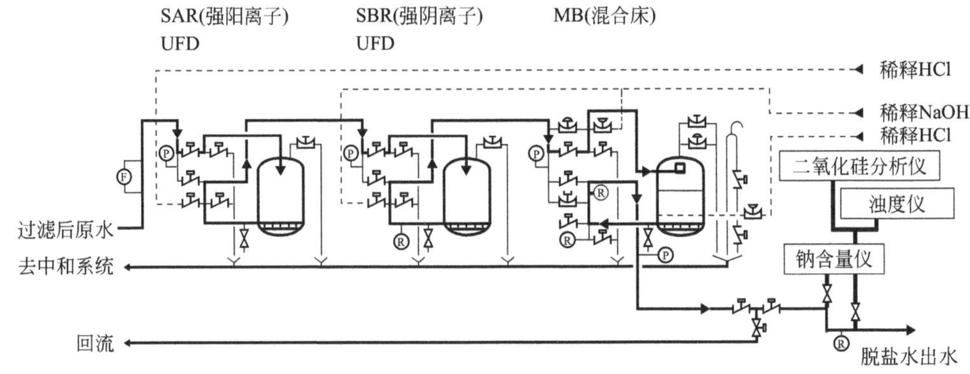

图 24-5　包括一级处理工艺和精制混床的脱盐处理工艺

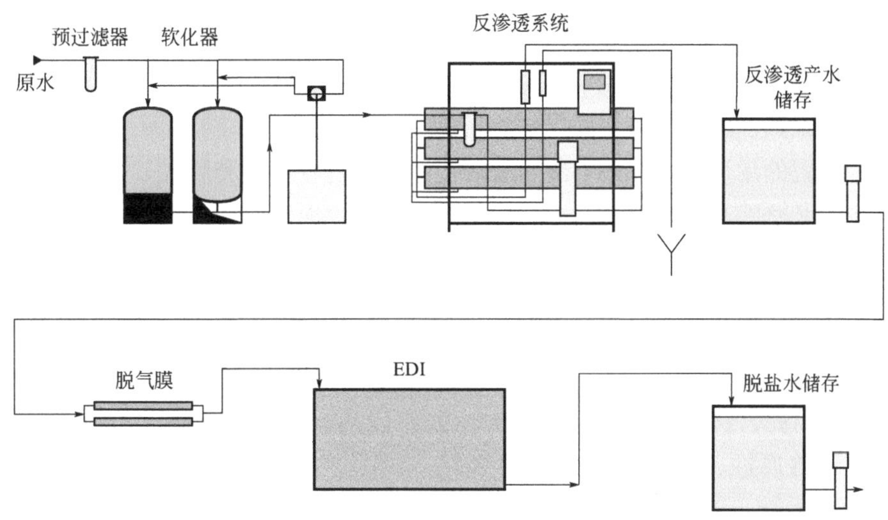

图 24-6　采用膜处理技术的脱盐水生产工艺

24.1.1.3　脱气装置

为了脱除锅炉补给水中的氧，可以采用物理脱气的方法，如真空脱气器、热脱气器（见第 16 章 16.1 节和 16.3 节），或脱气膜（见第 3 章 3.9.4.2 节）。或者采用化学脱气法，如使用除氧剂（多用于精制阶段）或催化树脂（见第 3 章 3.11.2.5 节）。

二氧化碳通常采用物理方法去除（空气吹脱）。

热脱气器（或蒸汽汽提）是应用最为广泛的方法。根据其工作原理，热脱气器的运行温度需要在 105～140℃之间，脱气器的容积可以按照能够储存 15～60min 的正常流量计算。

不含氧的冷凝水可以直接送往储水罐，而含氧的冷凝水则需先脱气才能用作补给水（图 24-7）。

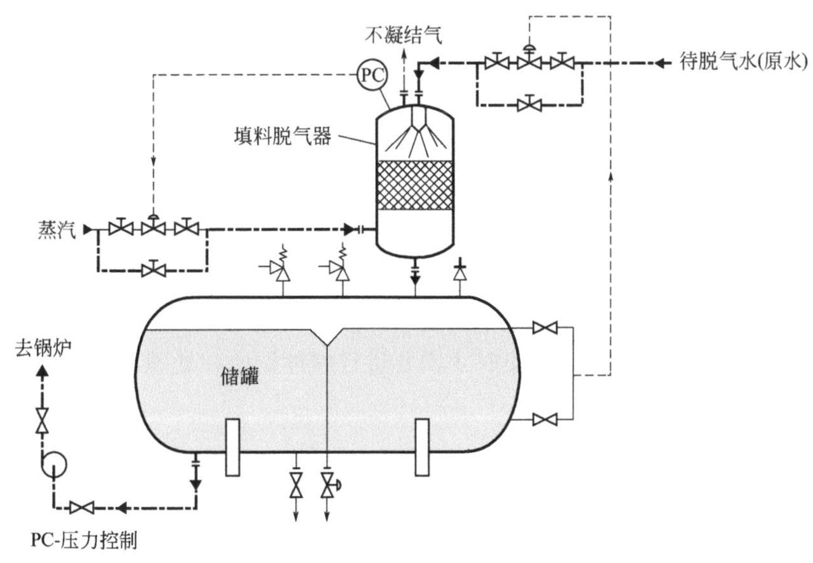

图 24-7　填料热脱气器标准工艺

24.1.2 锅炉水的调质

锅炉水的处理和调质必须优先达到以下三个目标：a. 通过预防水垢和形成管壁沉淀物保证热交换效率；b. 防止腐蚀；c. 保证蒸汽的质量。

水处理装置的用途是对锅炉补给水或者锅炉给水进行净化和脱气。调质对于水处理流程来说是一个必要的补充，它包括通过药剂投加单元合理投加调质剂。

一些常用的调质剂包括以下几种：

① 磷酸盐：由于锅炉水通常呈碱性，磷酸盐能够通过形成磷酸三钙来降低水的硬度。磷酸三钙是一种不溶于水的化合物，能够分散于水中，进而通过底部排污或连续排污而去除。对于给水硬度低于 10mg/L（以 $CaCO_3$ 计）的系统，磷酸盐用于调节水的碱度或 pH 值。因此，磷酸盐通常与下列天然或合成的分散剂联合使用，以防止锅炉内壁的酸性或者碱性腐蚀。

② 天然聚合物：如木质素磺酸盐、单宁酸。

③ 合成聚合物：如聚丙烯酸酯、丙烯酸酯 / 苯乙烯 - 磺酸酯共聚物（可用作螯合剂）。

④ 螯合剂：如 EDTA，能够去除水中的杂质。

⑤ 有机磷：能够提高溶解度阈值起到阻垢作用。

⑥ 除氧剂：如亚硫酸钠、亚硫酸氢盐、单宁酸、肼、碳酰肼、对苯二酚、羟胺衍生物（DEHA）等，这些还原剂（不论是否具有催化效应）都能够将氧化物还原（比如将 Fe_2O_3 还原为 Fe_3O_4），并去除溶解氧。在某些情况下，这些还原剂还能将金属表面钝化。除氧剂的类型和用量需要根据热脱气过程是否能够发生以及蒸汽的用途来确定（如肼在食品工业中被禁止使用）。

⑦ 消泡剂或防夹带剂：指能够改变液体的表面张力，并且能够去除泡沫的表面活性剂混合物，这类物质能够减少蒸汽中携带的细小雾滴（防夹带）。

24.2 冷凝水

冷凝水处理需要解决以下三个问题：

① 去除“蒸汽 – 冷凝”管路中的腐蚀产物；

② 去除由于冷凝器泄漏而进入原水中的离子；

③ 去除由于交换器泄漏而引入的有机污染物（如炼油工业中的冷凝水加热）。

冷凝水可分为：

① 高压锅炉冷凝水，呈中性，通常需要进行深度处理与调质；

② 低压冷凝水，只有在受到污染时才需要进行碱性调质和处理。

24.2.1 高压冷凝水

24.2.1.1 处理工艺

冷凝水处理工艺的选择取决于以下几个方面：a. 要求的冷凝水水质；b. 建设标准；c. 运行要求。

根据不同的要求可以有多种可能的结合了过滤和脱盐工艺的处理方法。因此，过滤器和离子交换系统成为了冷凝水处理系统的主要组成部分，这两种方法有时单独使用，有时联合使用。有时离子交换可以由电脱盐系统代替，以达到更理想的处理效果。

（1）保安过滤器或可反洗过滤器

这种过滤器能够去除水中的悬浮态杂质，尤其是那些粒径在 5～20μm 之间，大于过滤器正常过滤阈值的金属氧化物。

（2）通过阳离子 - 阴离子混床高速过滤（8～120m/h）脱盐（图 24-8）

由于没有上游处理单元的保护，混床必须单独地去除各种污染物，不仅包括溶解性盐（意外泄漏到冷凝器中的原水）和悬浮性固体（腐蚀产物，主要是铁氧化物，或铜、镍、锌和其他金属阳离子），有时污染物还包括微量的烃类化合物。根据污染物的颗粒大小和混床的运行条件，污染物的去除效率在 50%～90% 之间波动。

图 24-8　Alberta 发电站（加拿大）产水量为 $2\times540m^3/h$ 的撬装混床冷凝水脱盐系统

离子交换器必须能够承受由高流速和污染造成的水头损失，因此大孔径树脂和高强度凝胶型树脂的应用最为广泛（见第 3 章）。

为了防止再生过程中使用的酸或氢氧化钠意外泄漏到锅炉中，在大多数情况下树脂通过水力的方式排出离子交换器，并在外部进行清洗和再生（图 24-9）。

压水反应堆对其循环水中的钠含量有着十分严格的要求（例如：Na<0.2μg/L）。如果混床中的阳 / 阴离子型树脂在再生之前没有完全分离，阴离子型树脂里结合的阳离子（分离没有彻底完成）将会在混床的工作循环中以钠的形式释放出来，从而使得循环水无法达到水质要求。

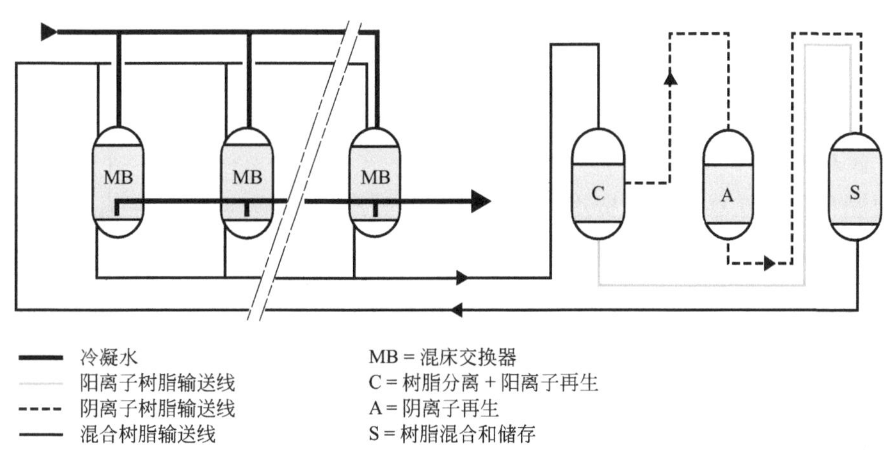

图 24-9　外部再生冷凝水处理系统运行示意图

虽然循环水中的盐度很低，但循环过程很长。因此即使二次污染的程度很低，但其仍然能够在不影响树脂在外置再生系统中分级的同时积累到较高的浓度。

因此，需要采取一定措施来减少由交叉污染（指由阳离子型树脂和阴离子型树脂没有充分分离而导致的树脂未充分再生）造成的离子泄漏，或加强阳/阴离子型树脂的分离。这些措施主要有以下几种：

图 24-10　Doël III 核电站（比利时）用于冷凝水处理的三相床 – 处理水量：5600m³/h

① 加入大量添加剂（氨、石灰、氢氧化钠）；

② 采用大量且相对复杂的树脂传输技术；

③ 在再生过程中使用惰性树脂以分离阳离子型树脂和阴离子型树脂，构成三相床系统。得利满通常采用该工艺（图 24-10）。

（3）阳离子交换器 - 混床高速脱盐系统

当采用大量挥发性阳离子（如氨、吗啉、环己胺等）对冷凝水进行调质，且原水中盐分的泄漏可以忽略时，混床便会失去平衡。实际上，系统中需要去除的阳离子要远多于阴离子（不包括 OH^- 在内）。

在混床之前设置离子交换器以去除 NH_4^+ 和胺是一种很好的方法，该方法能够显著延长混床的工作周期。阳离子交换器能够同时滤除腐蚀产物、悬浮性固体以及微量的油类物质，从而保证混床只用于去除矿物质，进而延长混床的工作周期。

为了减少投资并缩减系统整体规模，得利满采用了将强酸性阳离子树脂床设置于混床顶部的处理系统（图 24-11）。

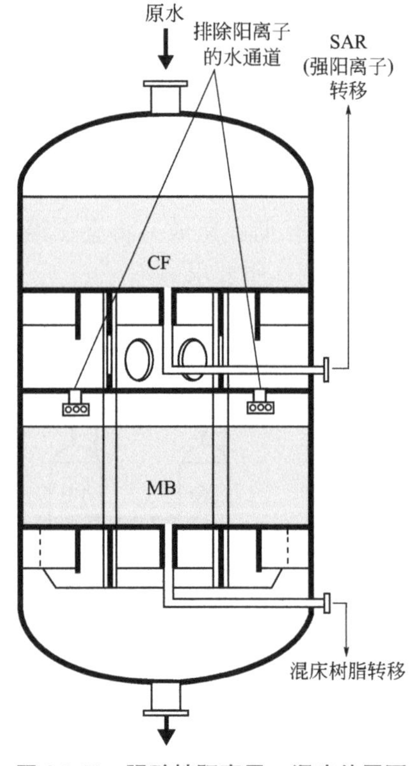

图 24-11　强酸性阳离子 – 混床外置再生处理系统

（4）将微粒树脂和预膜过滤合并在一个装置中同时实现过滤和脱盐

微树脂预膜过滤器的投资费用较少，并且能够满足精细过滤和去离子的要求。但由于粉末状树脂的价格昂贵，该装置的运行费用很高。这使得该装置在没有实现大规模应用之前就被其他装置取代。

24.2.1.2　调质

高压冷凝水的化学调质主要采用氨、吗啉和环己胺。

24.2.2 低压冷凝水

24.2.2.1 处理工艺

没有受到污染的低压冷凝水能够达到与蒸馏水或脱盐水相仿的水质，并且具有可回收的能量。

低压冷凝水的一个显著特点是其总铁含量在很大程度上是由腐蚀和节流（蒸汽速度）造成的金属颗粒脱落造成的。

根据锅炉工程师和水处理专家建议，低压冷凝水可以考虑以下处理方式：

① 利用永磁铁，采用过滤的方式去除水中的铁；

② 采用离子交换树脂在 70 ～ 90℃下将水软化。

一些冷凝水有可能在生产工艺过程中被污染，必须要经过特定的处理，例如：

① 精炼厂加热储罐产生的冷凝水。根据烃类化合物的特性，可以采用蒸汽汽提和无烟煤或活性炭过滤的方式进行净化。

② 炼乳厂产生的冷凝水。首先需要对这类冷凝水的 pH 值进行调节，之后采用生物滤池和活性炭吸附的方式对水质进行净化，以去除冷凝水中的溶解性 COD。

③ 制糖工业中蒸氨过程产生的冷凝水。其中在锅炉中循环的部分需要通过汽提或者热脱气的方式进行处理。

④ 淀粉厂的浸泡水或者酒厂的蒸馏水产生的冷凝水。这些冷凝水中含有较高浓度的有机物（醋酸、酒精等），因此需要采用反渗透进行处理之后才能够循环使用（见图 24-12 和图 24-13）。

图 24-12　Cerestar，采用反渗透工艺的冷凝水处理单元

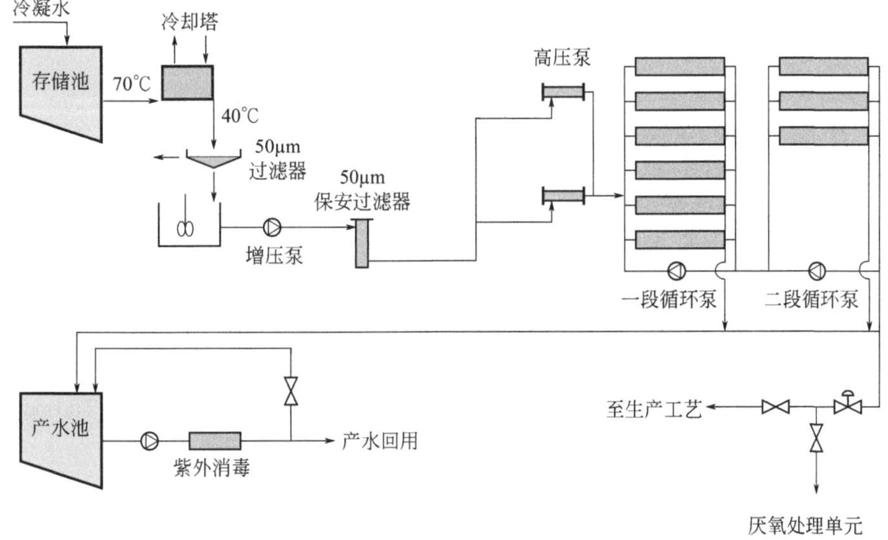

图 24-13　淀粉厂的冷凝水回用

24.2.2.2 调质

冷凝水和循环水在碳钢管道中的腐蚀通常是酸性物质和微量的氧气相互作用的结果。

冷凝水的 pH 值主要与蒸汽中释放的二氧化碳有关。这些二氧化碳主要来自水中重碳酸盐的分解和碳酸盐的高温水解。

在水中加入挥发性胺对酸进行中和可以解决这一问题。常用的挥发性胺主要有环己胺、吗啉、MEA（一乙醇胺）、DEA（二乙醇胺）、DEAE（二乙氨基乙醇）、MOPA（甲氧基丙胺）、DEHA（二乙基羟胺，该物质也能够除氧）。或者采用十八胺成膜的方法也可以防止腐蚀。

能够形成膜的胺类物质通过形成单分子屏障，从而将金属与水隔离开。

在大多数情况下，可以优先考虑将胺类物质和具有不同蒸发和冷凝系数的还原剂联合使用，通过形成 Fe_3O_4 保护层，进而保护长短不同的热循环回路不被腐蚀。

下列药剂可以在特殊条件下使用：氨、磷酸铵（可以释放氨到锅炉中）、能够直接加入蒸汽中的多磷酸盐和焦磷酸盐。

调质剂能够通过冷凝水回水加以回收，然后随冷凝回水在锅炉中循环。这些产物也能够保护水箱和补给水管道不受腐蚀。

使用加药泵将上文介绍的大多数防腐蚀剂通过与进水管线相交成直角的加药管线注入至给水泵，能够起到如下效果：a. 中和部分二氧化碳；b. 维持 pH 值在 8.5～9.2。

在使用铜合金时，上述 pH 值范围可能更窄。

24.2.3 案例：Tabriz NPC 炼油厂的给水

这个石油化工厂使用的是盐度和硬度均较高的地下水。地下水通过去除碳酸盐（1200m³/h）、过滤和反渗透（1000m³/h）处理后，其中 300m³/h 通过阳床 - 阴床进行脱盐处理后作为锅炉用水，其余的作为工艺用水和冷却水。

石油化工厂的冷凝水含有较多的油类物质。通过活性炭和混床的处理，可以生产 200m³/h 的冷凝水供锅炉循环使用。剩余的受污染冷凝水将作为污水进行处理。第 25 章 25.4.3.3 节将介绍这一精炼厂工业废水处理系统。

24.3 生产用水，包括超纯水

24.3.1 制浆造纸工业

造纸厂用水中碳酸盐的去除或地表水的澄清与用于饮用水和锅炉用水的处理工艺类似，特别是：

① 对于澄清处理，可以采用脉冲澄清池（Pulsator）、涡轮循环澄清池（Turbocirculator）、高密度澄清池（Densadeg）、V 形滤池（Aquazur V）或者膜处理；

② 对于碳酸盐的去除，可以采用高密度澄清池（Densadeg）、涡轮循环澄清池（Turbocirculator）和 V 形滤池（Aquazur V）。

对某些特定的用途如包装和制冷，经高密度澄清池（Densadeg）处理后的出水有可能不需要再进行额外的过滤。

24.3.2　食品工业

24.3.2.1　啤酒和碳酸类饮料制造业

主要的水处理需求包括：

① 去除啤酒生产用水和浓缩液（碳酸类饮料）的稀释用水中的碳酸盐；

② 当制造工艺采用井水时，需要去除井水中的铁、锰和硝酸根等物质；

③ 如果需要的话，可以采用纳滤（图 24-14）或反渗透的方式去除酿造用水中一部分的矿物质，以获得更为稳定的水质，并且在细菌学指标和嗅觉上满足酿造用水的要求。

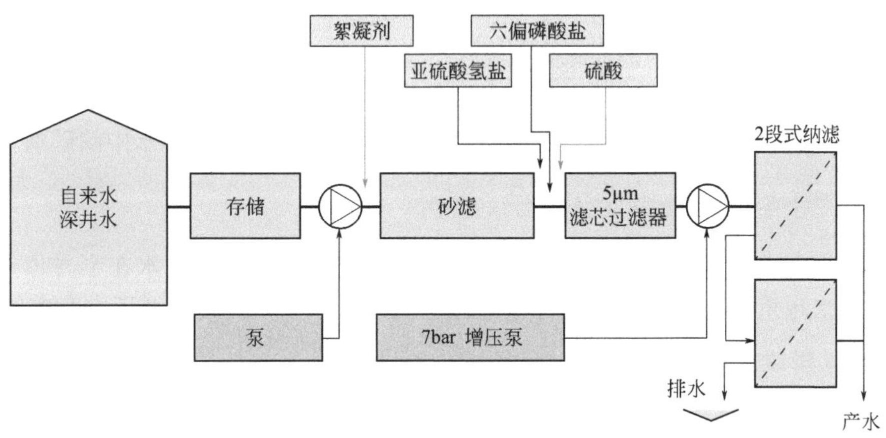

图 24-14　酿酒业生产用水采用的纳滤技术

24.3.2.2　矿泉水和泉水

矿泉水通常含有较高浓度的铁和锰，需要在灌装之前去除这些金属元素。此外，这类水有时可能含有一定量的铵。在真空脱气（有些水需要，如天然苏打水）之后，可以通过向水中曝气去除水中的铁，然后将水通过砂滤过滤。铵在通过硝化滤池的过程中会经硝化作用转化为硝酸盐。

对于泉水和井水，可以用臭氧去除铁和锰（图 24-15）。

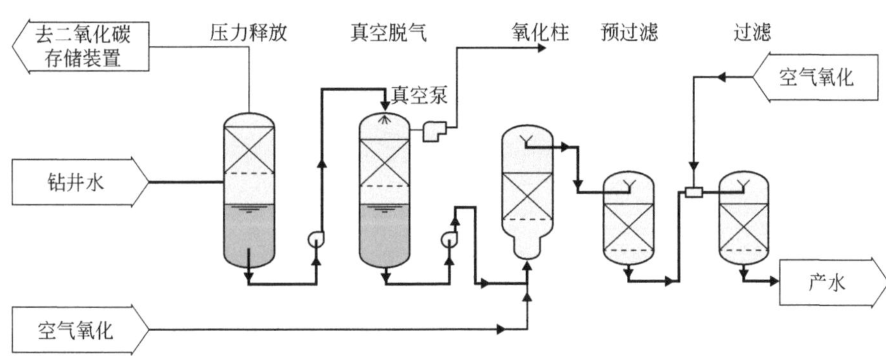

图 24-15　用于从天然碳酸盐型水中去除铁的典型系统示意图

24.3.2.3 淀粉和葡萄糖生产厂

淀粉和葡萄糖生产厂需要的水量很大，它们的水源通常为地表水。这就需要对来水进行深度处理，以去除地表水中可能含有的杀虫剂和微污染物。

常规的处理方式包括：a. 石灰法澄清或软化；b. 臭氧氧化；c. 砂滤；d. 活性炭吸附（用于去除杀虫剂和其他的有害有机污染物）；e. 加氯；f. 采用离子交换系统（与用于锅炉给水的系统相同）去除水中的矿物质。

不产生污染（无苦咸水排放）的更为先进的水处理系统包括：a. 采用格栅对河水进行处理；b. 采用过滤膜对来水进行处理，以生产浸泡水以及作为反渗透的预处理；c. 与用于锅炉给水系统相同的反渗透系统。

24.3.3 纺织和印染工业

中等规模的水处理系统的原水通常为井水，并且需要满足低压锅炉用水的要求（见前节）。

纺纱和织造车间的用水可能需要采用反渗透或其他脱盐技术去除水中的矿物质。

24.3.4 用于半导体和制药工业的超纯水

超纯水处理主要应用于半导体工业和一些制药工业。由于超纯水在半导体工业中的循环使用越来越重要，本节主要探讨半导体工业生产废水的处理和循环中存在的问题。

24.3.4.1 半导体工业中超纯水的处理系统

（1）概述

半导体工业中的用水主要用于半导体各部件生产过程中的清洗（图 24-16），这类水的水质对于半导体生产工艺极为重要（直接影响到存储器、微处理器以及其他产品的次品率）。

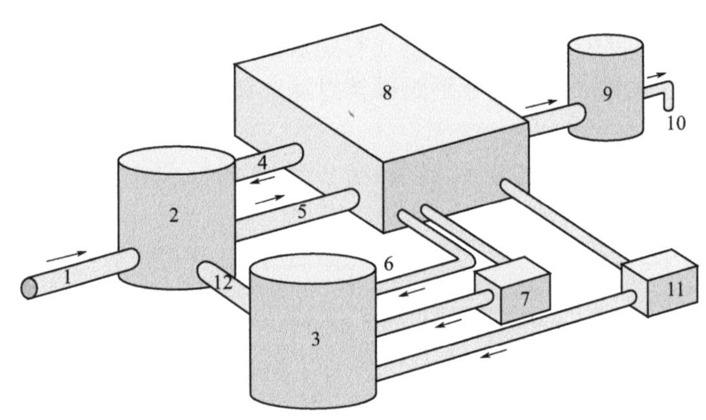

图 24-16　电子元件生产单元中的超纯水和工业废水循环系统

1—原水；2—超纯水系统；3—循环系统；4，5—超纯水管线；6—冲洗水；7—化学物理深度处理；8—半导体生产；9—废水处理；10—排放；11—有机工业废水；12—预处理循环水

对于半导体工业，水是主要的清洗剂，因此需要保证半导体工业用水水量的持续稳定

且价格合理。然而，正如第 2 章 2.3.4.12 节中的表 2-26 所述，半导体组件的小型化和复杂化对水中可能含有的溶解态或非溶解态元素的要求越来越严格。同样，针对半导体工业用水的水处理工艺也面临着更大的挑战，但目前的水处理工艺仍能满足半导体工业的要求。此外，为达到同等质量水平，2001 年直径为 300mm 硅晶片的出现使得超纯水的用量明显增长，从原来的 $4m^3$/ 片增加到 $5m^3$/ 片，导致一个典型半导体厂对超纯水的需求增长到 100～$300m^3/h$。

（2）水处理设计标准

需要去除的杂质主要有悬浮性固体、颗粒物、细菌、总有机碳、溶解氧、硅酸盐和硼。对于大多数离子，半导体工业生产用水的水质标准见表 24-3。

表24-3　半导体工业生产用水水质

蚀刻精度	单位	0.9μm	0.7μm	0.5μm	0.35μm	0.25μm
动态随机储存器（DRAM）		1M	4M	16M	64M	256M
25℃时的电阻率	MΩ • cm	17.8	18.0	18.2	18.2	18.2
总有机碳 TOC	μg/L	50	10	5	1	0.5
SiO_2	μg/L	5	3	1	1	0.2
阳离子	ng/L	1000	500	50	5	2
氧	μg/L	500	100	10	5	1
大于 0.05μm 的颗粒	个 /L			5000	1000	500

因此，半导体工业的水处理过程通常由几个工艺段组成，其中膜技术发挥了重要的作用。

图 24-17～图 24-20 展示了一个典型的半导体工厂，即马来西亚的 1st Silicon（180/130nm 工艺）的水处理系统。

① 预处理（图 24-17）

水首先通过双层滤料滤池，然后通过活性炭，最后采用阳离子型树脂进行软化。最后一步处理是为了降低反渗透膜污染和结垢的风险。很明显，这一工艺需要根据原水的水质（这一案例中，原水采用的是地表水）进行设计。

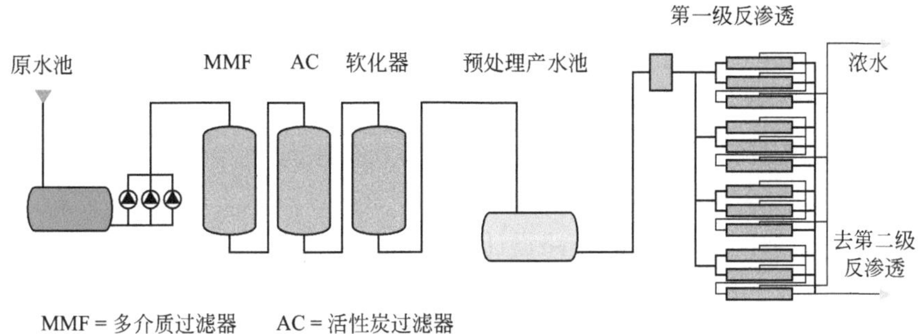

图 24-17　超纯水处理系统的预处理单元

② 补给水的处理（图 24-18）

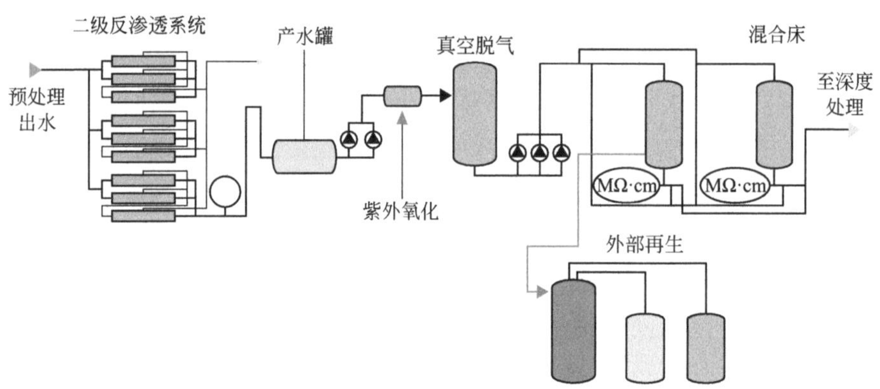

图 24-18　超纯水处理系统的补给水处理单元

补给水的处理包括二级反渗透系统（图 24-19，见第 3 章 3.9 节）。这一处理阶段能够去除 99%～99.99% 的离子、有机物和颗粒物。反渗透出水在储存罐里经臭氧氧化（消毒并氧化有机物），然后经过 150nm 的紫外照射以去除残余的臭氧并完成总有机碳的氧化（见第 3 章 3.12 节）。真空脱气塔能够去除大部分的二氧化碳和氧气（残余浓度小于 10μg/L）。经过二级反渗透单元后，剩余的离子或臭氧 / 紫外氧化产生的离子，在外置再生混合床中被去除。这一设计使得树脂能够完全再生，并防止水被再生剂污染。

图 24-19　二级反渗透系统（水量为 120m³/h）

混合床出水的电导率能够非常接近于理论值 0.055μS/cm（20℃下 18.2MΩ · cm）。

③ 深度处理和配水管网（图 24-20）

超纯水罐（氮气环境下）上的闭路设计是为了达到以下目的：

a. 保持配水过程中水的持续流动，避免产生死区（易滋生微生物等）；

b. 保证水在经过进一步紫外氧化、通过脱气膜脱除 μg/L 级的氧和二氧化碳，和在闭路上安装非再生型混合床之后的水质能够达标。

用超滤膜（图 24-21）在用水点对水进行过滤，能够保证粒径大于 0.05μm 的颗粒物不超过 1 个 /mL。超滤之后，至少需要连续监测水中的总有机碳、颗粒数、电导率和硅酸盐含量。

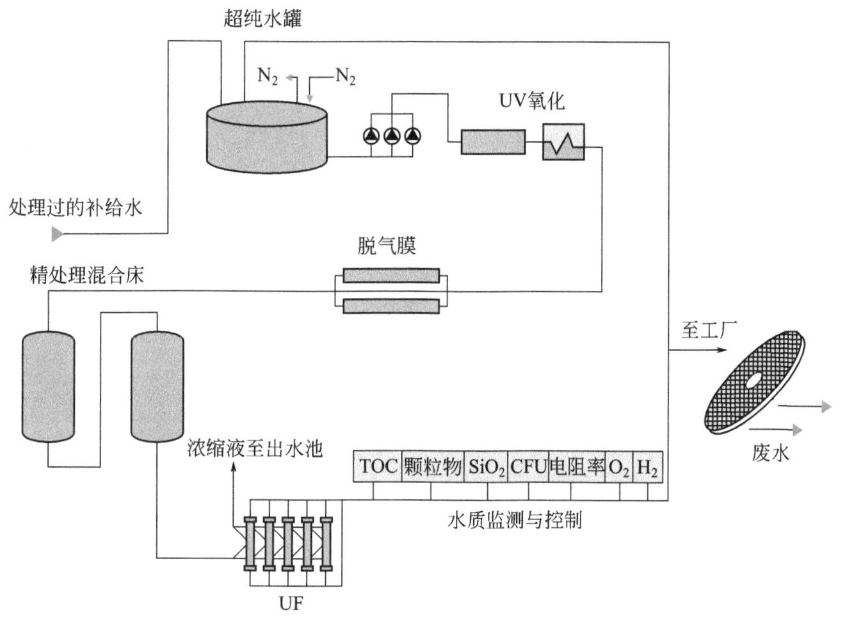

图 24-20 超纯水深度处理及配水系统

（3）其他注意事项

① 连续运行

如前所述，连续运行对于保持超纯水的水质至关重要。任何一次设备的间断运行都可能造成超纯水的物理、化学以及生物性质的波动（分离颗粒物、促进细菌的繁殖、使树脂压实或松散等）。

② 模块化

为了促进系统操作的连续性并保证系统按计划启动，超纯水系统一定要设计成可以在工厂预组装的模块化系统（如图 24-19 和图 24-21）。这些模块要尽可能紧凑，并需要注意以下几个方面：

a. 为了实现完全的连续运行，各模块必须配置备用模块，从而使得系统中某一模块的停止运行不至于影响整个系统的连续运行（每一类型的模块都需要有备用）；

b. 需要考虑该系统可以方便地实现扩建；

c. 最短的供货周期。基于 DRAM 产品市场价格的变化，生产厂商尽可能地缩短从决定研制新产品（或者建一个新工厂）到其能够生产并投放市场的时间。模块化和车间制造是达到上述目的的两个必要条件。此外，还需要用于装配的洁净室（图 24-22）、用于清洗整个系统的超纯水以及用于维持氮封环境的氮气等。

将来，上述要求可能变得更为严格。对于处理系统的选择，这就需要各模块，尤其是膜系统容易进行替换和冲洗。此外，为了确保整个系统的完整性，膜系统的选择需要十分慎重。

图 24-21　深度处理，超滤（水量 $60m^3/h$）

图 24-22　洁净室内的焊接

24.3.4.2　半导体工业废水的处理

（1）概述

由于废水的排放标准越来越严格，而且新型生产工艺导致新型污染物的突现，使得水处理工艺越来越复杂，因此超纯水工业废水的处理变得越来越重要。

一个现代化的半导体生产厂会产生以下五种废水：a. 酸碱废水；b. 含氢氟酸（HF）废水；c. 含有悬浮性固体和胶体物质的化学和机械抛光（CMP）废水；d. 含铜的 CMP 废水；e. 含氨和有机物的废水。

根据环境法规，这些废水需要经过特定的预处理，然后通常汇集到一起进行中和。

（2）建设案例

ST Microelectronics 公司（Crolles，法国）的新型水处理系统能够处理上述所有类型的废水。

处理工艺的示意图见图 24-23 和图 24-24。

① 处理含铜的 CMP 废水（图 24-23）

首先采用混凝 - 絮凝沉淀以及斜管式澄清池对废水进行分离，然后经活性炭去除废水中的有机物，并且采用选择性离子交换去除水中的铜（Cu<0.1mg/L）。

注意：可以采用电渗析的方法从洗脱液中回收铜。

② 处理含氢氟酸的废水（图 24-24）

采用投加氯化钙和澄清的方式将氢氟酸和磷酸盐一并沉淀。

③ 处理含氨的废水

采用生物处理系统：Biofor 生物滤池系统可以在去除有机物（主要是可生物降解的乙醇）的同时进行 NH_4^+ 的硝化与反硝化，或者采用三段附着生长型生物处理工艺（见第 4 章及第 11 章）。最后，处理后的废水汇合到一起被送至中和池，然后经最终保安过滤后外排至河流。

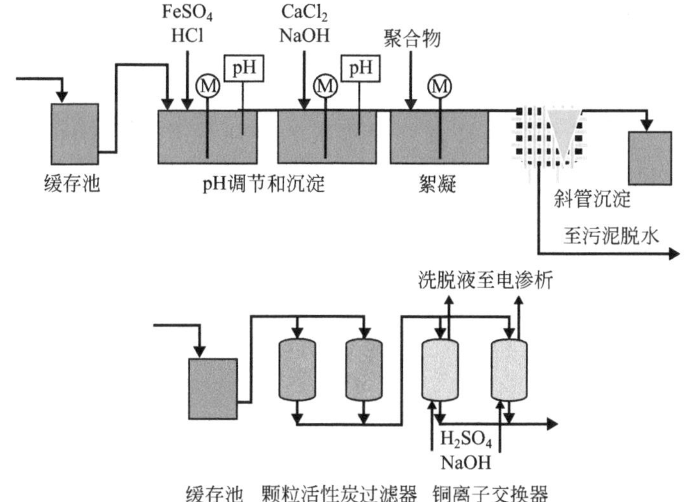

图 24-23　CMP 废水处理工艺

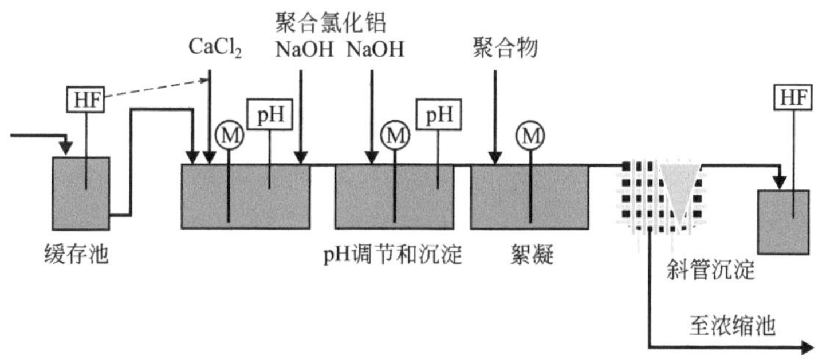

图 24-24　含有氢氟酸的废水处理工艺

24.3.4.3　半导体工业水的循环利用

（1）概述

在半导体领域，水的循环利用是一个具有争议的话题。实际上：

① 一方面，由于半导体生产用水的水质要求较高，即使废水已经经过很好的处理，仍然存在着污染生产用水的可能；

② 另一方面，由于大部分超纯水被用作超净元件的清洗液，其受污染程度远低于原水（甚至是饮用水），分离并回收这种超纯水能带来很大的收益。

需要注意的是，只有对循环用水的水质进行准确可靠的监测，才可以调和上述矛盾。

（2）注意事项

由于保证水质极其重要，循环用水的处理有如下注意事项：

① 处理工艺必须可靠，且留有备用系统；

② 超纯水的水质和可用性必须不受水再利用带来的风险的影响。这意味着任何不能够在超纯水的主处理工艺中被完全去除的物质必须在进入循环水池之前利用特殊工艺去除。

此外，由于水资源的短缺，许多国家最近将水的循环利用率提高到 85%，以限制使用自然界的可利用淡水，这便亟须开发新的系统以满足这一要求。

图 24-25 描述了再循环利用率在 85% 以上的一个工厂的架构和水量平衡。这一图表还

表明水的循环利用产生的影响是普遍的并影响整个系统。其他的影响还有：

① 出水残留物的浓度明显升高；

② 超纯水的处理单元需要处理与原水性质不同的水（低溶解性固体，更多的颗粒物等）；

③ 此外，生产工艺的任何改变都会对废水的处理，进而对超纯水的处理产生影响，这就要求生产厂家和（废）水处理厂之间保持密切沟通。

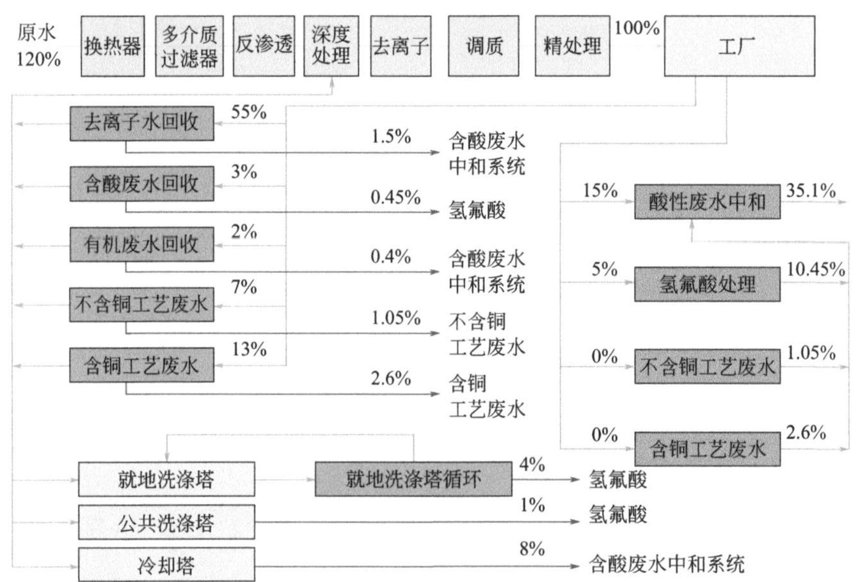

图 24-25　水量平衡

（3）技术

在确定水质的污染程度不高之后，用于清洗的超纯水的处理过程如下：

① 通过超滤膜去除 CMP 废水中的悬浮性固体和胶体；

② 通过离子交换系统（弱阴离子树脂 - 强阳离子树脂 - 强阴离子树脂处理系统）去除离子；

③ 异丙醇（IPA）是主要的有机物，其能够通过生物滤池、多层滤池、活性炭和反渗透系统的多级组合工艺而被去除（见图 24-26）。

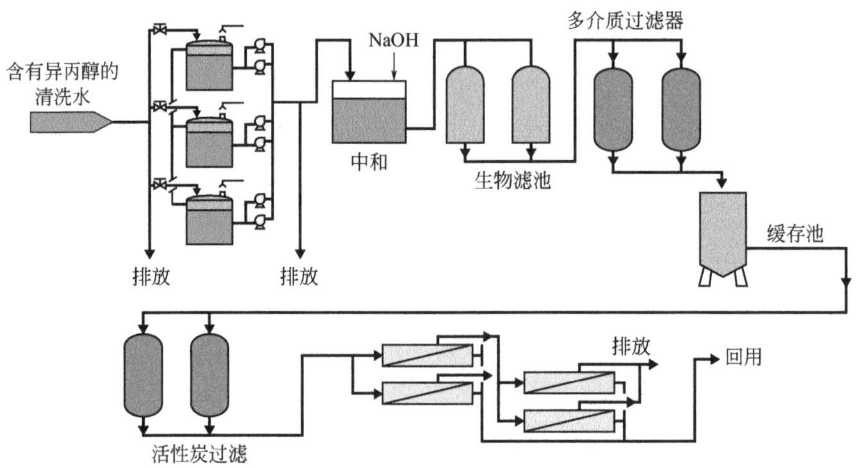

图 24-26　处理含有异丙醇的清洗水的多级组合工艺

然后，水被循环进入超纯水的补给水循环入口。

24.3.4.4　制药工业用水

（1）概述

制药工业用水的水质要求根据生产工艺的不同而有显著的差异。典型的用水如下：

① 纯水（PW）；

② 注射用水（WFI），其水质需要满足相关标准，如欧洲的 GMP 标准、美国食品药物管理局（FDA）的标准等。

需要注意的是，制药工业对于优质水的水量需求小于电子工业，通常在 5 ～ 50m³/h 之间。

GMP 标准不仅规定了最终的水质要求，也规定了达到这一水质标准所采用的处理工艺。尤其是对于预先装配的反渗透、脱气和电脱盐系统（见第 3 章 3.9.4.2 节和 3.9.5.4 节），这其中包括对系统采用的材料、传感器以及自动控制和监测系统的全面认证。

（2）用于制药工业的超纯水的水质要求

各国法律（药典）中规定的水质略有区别，表 24-4 比较了中国标准、欧洲标准与美国标准的不同（两者均以饮用水作为原水）。

表24-4　纯水和注射用水的水质要求

项目	欧洲药典	美国药典（USP 25）	中国药典（2020 年版）
纯化水（PW）			
总有机碳 /（mg/L）	<0.5	<0.5	<0.5
易氧化物质①/（mg $KMnO_4$/L）	<3	—	—
电导率（20℃）/（μS/cm）	<4.3	<1.1	<4.3
菌落总数 /（CFU/mL）	<100（CS 琼脂）	<100（PC 琼脂）	<100（R2A 琼脂）
硝酸根 /（mg/L）	<0.2	—	<0.06
重金属 /（mg/L）	<0.1	—	<0.1
注射用水（WFI）除以下指标外同上			
电导率（20℃）/（μS/cm）	<1.1	<1.1	—
菌落总数 /（CFU/mL）	<10	<10	<10
细菌内毒素 /（EU/mL）	<0.25	<0.25	<0.25

易氧化物的测定方法为：取纯化水 100mL，加稀硫酸 10mL，煮沸后，加高锰酸钾滴定液（0.02mol/L）0.1mL，再煮沸 10min，粉红色不得完全消失。总有机碳和易氧化物两项可选做一项。

（3）处理工艺

为了使电导率降至小于 1.1μS/cm，通常需要将二级反渗透系统与二氧化碳脱气系统联合使用。在一些特殊情况下，如饮用水的含盐量过高，需要用很容易将电导率降至 0.5μS/cm 以下的电脱盐系统（EDI）代替第二级反渗透。反渗透 + 电脱盐系统（Rocedis 系统）的投资费用略高于二级反渗透系统，而运行费用大致相当。此外，由

于反渗透 + 电脱盐系统的出水电导率更佳，这一系统的应用最为普遍。

① 预处理

预处理的目的是保护下游的反渗透膜，采用的处理方式需要依据饮用水的水质进行选择。利用树脂对水进行软化是经常被推荐使用的方法，以防止由残余金属（铝、铁、锰等）引起的膜结垢和污染。此外，通常情况下必须进行脱氯。

② 反渗透或反渗透 + 电脱盐工艺

出水的电导率受到两个因素的影响：原水的电导率和总碱度。实际上，溶解性二氧化碳（与 pH 值相关）不能被反渗透膜去除。因此，在对水进行软化之后要在高 pH 条件下运行，或者采用脱气膜进行脱气。

然后需要采用第二级反渗透系统或者电脱盐系统，如图 24-27 所示。在这一系统中，98% 的反渗透出水将被利用，其水质优于 16MΩ • cm（小于 0.065μS/cm），而 2% 的浓缩液可以循环使用。电脱盐系统（Contipur 系统）的能耗相比于装有低压膜组件的二级反渗透系统降低了约 20%。由于电脱盐系统不能有效去除二氧化碳，建议采用脱气膜去除一级反渗透出水中的二氧化碳。

净化后的出水将送往配水管线。在这里出水还要经过紫外消毒和臭氧氧化以保证水中的有机物和细菌的浓度保持在很低的水平。

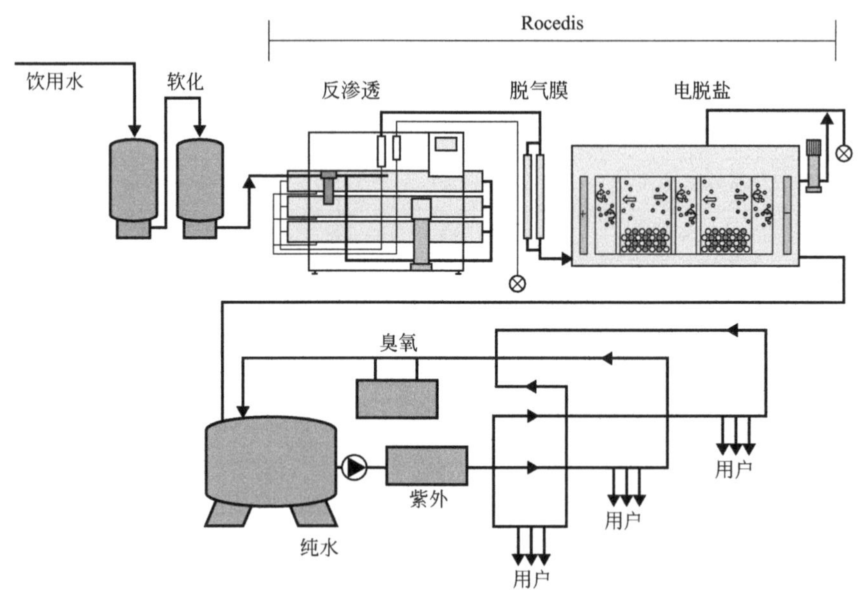

图 24-27　制药工业的超纯水处理系统

（4）案例

图 24-27 中描述的水处理系统可以容易地保证出水水质达到表 24-5 中的标准，尤其是这一处理系统对内毒素的去除有着良好效果，它能够将饮用水中高达 20EU/mL 的内毒素浓度降低至小于 0.1EU/mL，其中反渗透系统对内毒素的去除效率达到 99%，电去离子系统对内毒素的去除效率大于 50%。图 24-28 展示了正在运行的这一系统。

表24-5　各处理系统出水水质

项目	软化后的饮用水	反渗透出水	电去离子系统出水
电导率 /（μS/cm）	约 700	<5	<0.062
菌落数 /（个 /100mL）	约 104	约 200	<10
内毒素 /（EU/mL）	约 20	约 0.2	<0.1

图 24-28　配水组装模块

24.4　用于石油开采的注水

如前所述［见第 2 章 2.3.4.7 节中的（1）］，必须设计（针对与石油开采同时产生的地层水、近海海水，甚至岸上的软水）相应的水处理设施，保证水能够被重新注入井下，从而维持油井的压力，防止油井的堵塞（悬浮固体或积垢、管道腐蚀、微生物的生长）。一个近海平台上辅助开采的海水处理系统如图 24-29 所示，包括：

图 24-29　Upper-Zakum 厂（阿布扎比）的海水过滤系统（处理量 6000m^3/h）

① 预加氯，采用就地电解海水得到的次氯酸钠。

② 细格栅（100～250μm）。

③ 在线絮凝（采用有机和 / 或无机混凝剂）。

④ 高速过滤（见图 24-29）。采用紧凑的 FECM（砂滤料）型或 FECB（无烟煤和砂双层滤料）型颗粒滤料滤池，能够去除 92%～98% 的大于 2μm 的颗粒。

⑤ 采用真空脱气塔或汽提进行脱气。

⑥ 采用亚硫酸氢铵或亚硫酸钠强化除氧。

⑦ 灭菌处理。

⑧ 出于安全考虑，还需要终端过滤。

根据运行条件，过滤有时只起到筛分的作用。

还有一些情况，比如海水中的锶和钡含量较高时，必须采用纳滤的方法去除海水中的硫酸盐，这样回注水水质才能符合要求。

在陆地上，特别是在海岸与河口的水中含有泥沙，常需要澄清沉淀。

可以采用以下两种方法去除水中的氧：

① 当有足够的天然气且可以采用燃烧的方法处理尾气时，可以采用天然气吹脱的方式。

② 采用一级或多级真空脱气塔。如果设计合理，可以避免后续大量使用除氧剂。

在一些情况下，超重烃类化合物在被采出之前需要被加热。这就需要向储油岩层中注入大量压力为 60～150bar 的蒸汽，这一过程需要使用锅炉（图 24-30），包括：

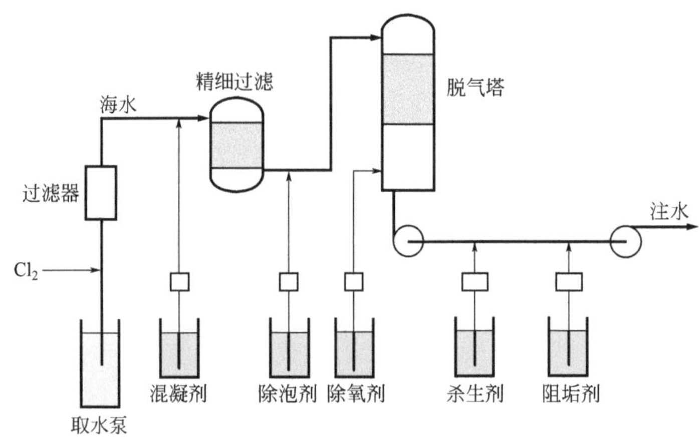

图 24-30　近岸开采注水的处理系统

① 高携水量或高排污量（达到 10%～25%）的锅炉。这类锅炉能够承受具有较高盐度的软化水［TH（以 $CaCO_3$ 计）＜ 0.5mg/L］。根据水质情况，有时需要采用酸再生羧酸型树脂或特定的软化树脂对水质进行强化处理。

② 或常规高压锅炉。这类锅炉需要使用脱盐水，因此需要设置反渗透和强化处理系统（混合床甚至电脱盐系统）。需要注意的是，无论采用混合床还是电脱盐系统，如果原水来自油井，那么首先需要进行以下处理：

a. 通过 API- 浮选和过滤去除油类物质。

b. 通常需要去除硅酸盐。实际上，这种原水经常富含溶解性和 / 或胶态的硅酸盐。硅酸盐的去除（见第 3 章 3.2 节）经常与软化系统（石灰或石灰 + 苏打）联合使用。

与所有循环系统一样，对原水水质的深入了解是选择循环水处理工艺的基础，并保证与石油产量密切相关的蒸汽的连续生产。

24.5 苦咸水的净化

24.5.1 粗盐生产精制盐

在电解前，粗盐溶液必须经过以下步骤的处理：

① 浓盐水必须经过澄清和脱气处理。

② Mg^{2+} 必须通过投加石灰来沉淀，而 Ca^{2+} 通过投加碳酸钠来沉淀。这些可以通过固体接触澄清池来实现，比如 Circulator 循环澄清池、Turbocirculator 涡轮循环澄清池或 Densadeg 高密度澄清池。

③ 硫酸根可以在类似高密度澄清池 Densadeg 的固体接触澄清池中加入石灰或者氯化钙或通过循环结晶水原液进行部分去除。

24.5.2 用于氢氧化钠和氯电解系统的补给水

电渗析膜的电流密度可以高达 7000A/m^2，这就对 NaCl 苦咸水的水质提出了严格的要求，因此需要采用以下水处理工艺：

① 在 Densadeg 高密度澄清池中形成 $BaSO_4$ 沉淀来去除硫酸根（投加 $BaCO_3$ 或者 $BaCl_2$）；

② 通过特殊的软化树脂去除痕量的 Ca^{2+}（Ca^{2+} 的浓度降至 50μg/L 以下）；

③ 真空脱氯，常采用侧流式，必要时补充亚硫酸氢盐（图 24-31）。

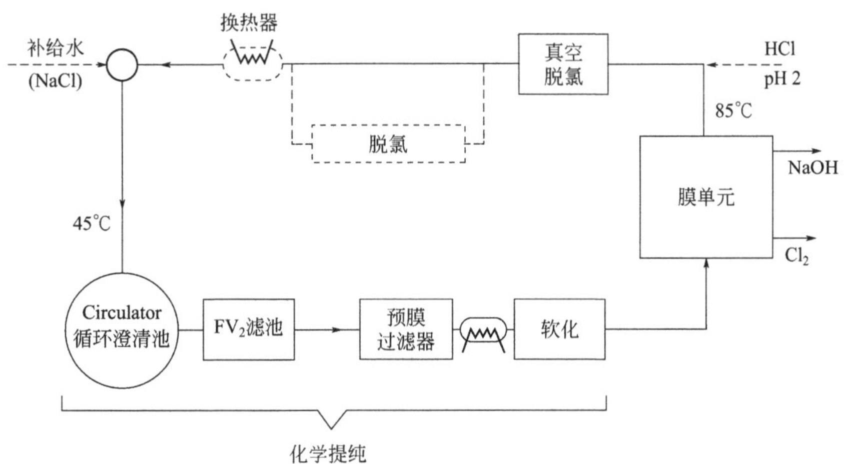

图 24-31 采用膜单元对苦咸水化学提纯电解工艺流程图，Aracruz 厂（巴西）

24.6 冷却水

冷却系统经常出现以下三个问题，影响了冷却塔的运行和换热效果：a. 污染和微生物生长；b. 结垢；c. 腐蚀。

图 24-32 展示了一个开放式循环冷却系统的水处理流程和调质剂投加机理。

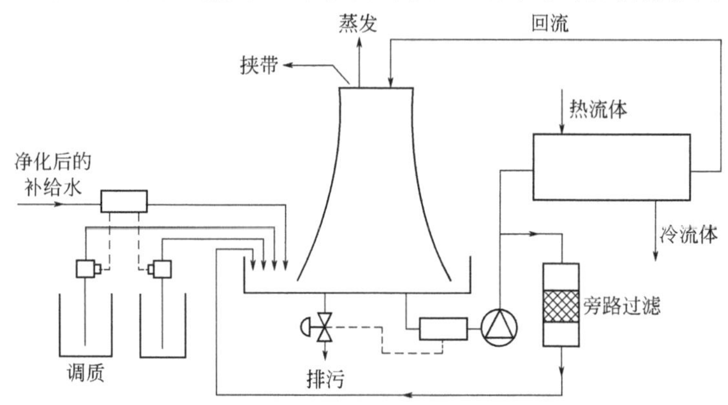

图 24-32　开放式循环冷却系统简图

24.6.1　防止生物污染和微生物生长

可参见第 2 章 2.3.3 节。

防止生物污染和微生物生长的关键在于预防，有三个目标：效果好、环保、低成本。

胶体物质对冷却系统尤其有害，因为其在热表面会凝固形成一层绝缘薄膜，为微生物的生长提供基质和营养。有机物的存在使得微生物的活性受到激发，这将导致在系统中的低流速区域形成沉淀物。

24.6.1.1　补给水的处理

根据污染的程度，去除原水中悬浮固体、胶体和有机物可能需要采用下列工艺：a. 澄清，无需过滤；b. 澄清并过滤；c. 直接过滤，有或没有混凝；d. 氧化（如果需要，可采用次氯酸钠、臭氧等）。

澄清 - 过滤阶段可以用膜过滤替代，以达到更好的效果。

石灰软化法的最大优点在于其能够同时实现澄清和除硬。此外，该处理方法（高 pH 值）能够改善水的生物学指标。

24.6.1.2　处理系统

（1）带混凝（如果需要）的旁路过滤

通过过滤一部分循环水量来控制系统中的悬浮固体量是一个很好的办法。旁路过滤通常用于过滤 5%～10% 的循环水量。在特殊的污染负荷和要求的情况下（如沙尘暴、工艺粉尘等），旁路过滤的百分比可以提高。

对于污染严重的水建议采用有机混凝剂。

（2）有机分散剂的应用

有机分散剂能够维持颗粒的悬浮状态，以防止其在低速循环区域和换热器管壁处形成沉淀。这些有机分散剂常常与防腐蚀剂联合使用，用于调节保护膜的形成。

（3）表面活性剂的应用

降低表面张力有利于杀生剂接近并穿透污染物，尤其是在以下过程中需要使用表面活性剂：

① 系统注水之前的预膜过程；

② 结合杀生剂的消毒过程；

③ 清洁和污染控制过程（针对油类、脂类和烃类化合物等）。

图 24-33　瑞士 Leibstadt 核电站，水量 3600m^3/h，软化 - 斜管沉淀工艺处理来自 Rhône 河的水

（4）氧化剂的使用

氯是应用最为广泛的氧化剂和杀生剂，其最常见的形式为次氯酸盐。

氯处理通常采用间歇投加的方式，投加频率差别非常大，从一天三次到一年四次不等。在系统中，超过 1mg/L 的自由余氯将会加速腐蚀，因此需要将系统中的自由氯浓度控制在 1mg/L 以下。

由于被吸附在表面的有机物的释放，氯的消耗速率可能很快，这可能使氯的初始需求量增大 10～15 倍。

在碱性和含铵的介质中，溴化物的活性更强，因此它比氯更具优势。

其他氧化剂，如臭氧和过氧化氢，不论其是否与银盐结合，都可以使用。但是这些氧化剂的作用周期比氯或者溴化物更短，因而通常需要连续投加。当氧化剂在含有铜或者铜合金的系统中被用作杀生剂时，强化铜的保护就显得很有必要。

（5）杀生剂的应用

防止微生物增殖的关键在于：

a. 需要了解微生物出现的直接或者间接的原因（污染、营养物、系统设计、操作），然后确定可行的预防措施；

b. 通过可靠的分析手段，严密监测微生物的繁殖。

采用以上的预防处理措施，常常能够在生物可能生长的时期（春、秋）和意外污染时采用脉冲式投加方式，从而减少杀生剂（除藻剂、杀菌剂）的消耗。

① 杀生剂的作用机理

用于冷却水系统生物污染控制的化学物质，主要通过两种方式发挥作用：

a. 作用于细胞膜。此类杀生剂包括：i. 季铵（阳离子化合物），起到表面活性剂的作用；ii. 一些胺衍生物；iii. 一些醛类化合物。

b. 抑制细胞的新陈代谢（酶抑制剂）。此类杀生剂包括：i. 有机硫化合物；ii. 一些胺衍生物。

② 应用

a. 在选择杀生剂时，应考虑以下因素：i. 杀生剂的灭菌效果；ii. 水的 pH 值，这一因素对水质保护和发挥杀生剂最大效力具有重要影响；iii. 与现有的水处理添加剂和材料的兼容性；iv. 停留时间；v. 细菌对杀生剂的适应性（尤其当频繁使用时）；vi. 排污水的最终排放点（可能要求进行失效处理）。

b. 将杀生剂和旁路过滤联合使用时，可以采取以下优化措施：i. 经常清洗滤砂，以保护滤料；ii. 启动前预清洗管路。

当脉冲投加杀生剂时，建议减少排污量以增加接触时间，这样可以同时限制杀生剂的消耗量，并减少向自然环境排放的杀生剂总量。

值得注意的是，近来出现的一些新的情况，使水处理工艺变得更为复杂：

a. 预防军团菌风险（吸入由冷却塔排放的水雾带来的危险），缓解这一风险需要使用专用的杀菌剂。

b. 预防阿米巴原虫风险，阿米巴原虫能在管路中增殖，然后随污水排出。有效的方法是采用杀菌剂或者采用臭氧、紫外照射等方式对出水进行处理。

24.6.2 结垢和腐蚀的预防

结垢和腐蚀的预防取决于最高水温、管路中水的化学成分以及所有与水直接接触的材料（如换热器、水泵、管道等）。通常可以采取三种类型的预防措施。

24.6.2.1 自然平衡工艺

这一工艺包括维持循环水的 pH 值和碱度，从而确保其维持适当的碳酸盐平衡，使拉格朗日指数接近 0（详见第 3 章 3.13.3 节）。通过添加酸性或碱性药剂对其进行调节，并限制酸碱的浓度水平。

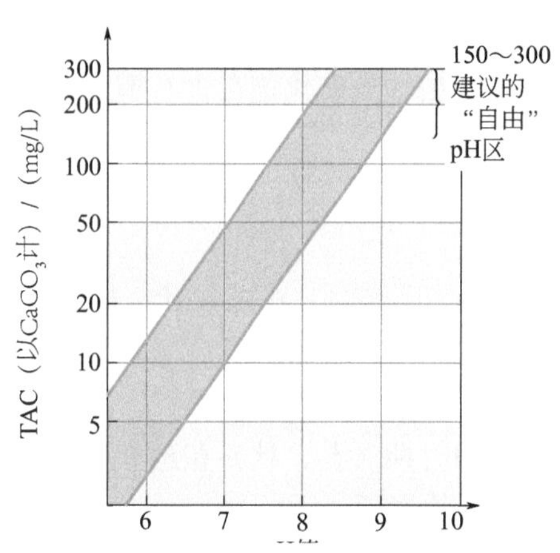

图 24-34 冷却塔中循环水的 pH 值

由于这一方法十分简单，因此是一种极具吸引力的方法。但是，这种方法也有很多局限性，特别体现在以下几个方面：

① 水的自然平衡是与水温相关的，而在冷却水循环中，水温是不断变化的；

② 因为循环水中的溶解盐的浓度必须严格限制，这是导致排污的主要原因，会导致大量补给水的消耗；

③ 水将处于一个不稳定的平衡状态：当水进入冷却塔后，pH 值将会显著降低（过量吸收 CO_2）。

图 24-34 显示的是敞开式循环冷却塔系统中循环水的平均 pH 值，这一数值取决于循环水的碱度。

自然平衡工艺目前仍然在发电站系统中继续使用，它以直流式冷却系统（浓度非常低）的方式在低温差下运行，并且使用循环式球型清洗系统。

此外必须指出的是，即使在平衡状态，水仍然会腐蚀钢铁。这就限制了“自然平衡”工艺应用于原本设计采用防腐材质的系统：碳钢防腐、黄铜、铜镍合金、特种混凝土等。

24.6.2.2 阻垢剂的应用

（1）原理

作为上述工艺的改进，阻垢剂专门用于处理易结垢的水。涉及阻垢剂的工艺实际上是向系统中投加化学药剂的过程。这些化学产品将阻碍碳酸钙沉淀的生成，尤其是在过热区。维持水中合适的 pH 值、硬度以及总碱度，能够确保水质的平衡，甚至对于在低温条件下有轻微结垢倾向的水亦是如此。

阻垢剂通常组合使用，包括聚磷酸盐、磷酸酯，尤其是具有很强分散能力的有机聚合物。

这些阻垢剂扩大了“平衡范围”，仍可保持平衡的水温变化范围，使系统可在雷兹纳（Ryznar）指数低至 3 的条件下运行。

（2）阻垢剂的优点与局限性

实际上，“自由 pH 值”的应用将循环水的总碱度限制在 150～300mg/L（以 $CaCO_3$ 计），或者将 pH 值限制在 8.5～9.3，同时增大了循环水的总碱度在 100mg/L（以 $CaCO_3$ 计）附近发生腐蚀的可能性，以及循环水总碱度在 300mg/L（以 $CaCO_3$ 计）左右时发生结垢的可能性。因此，阻垢剂的浓度水平也受到相应的限制。

可以通过加入硫酸或者盐酸来降低总碱度，但 pH 也相应有所降低，而且强酸盐的含量会增加。

水的 pH 值和形成碳酸钙保护膜能够降低发生腐蚀的风险。但是氯化物和硫酸盐等强酸盐将促使保护膜的去钝化（另见第 7 章）。

一般来说，在控制结垢的条件下，可以预期钢的腐蚀速率为：

① 当水中强酸盐浓度小于 10mmol/L（以质子浓度计）时，低于 100μm/a；

② 当水中强酸盐浓度小于 15mmol/L（以质子浓度计）时，低于 150μm/a。

（3）通过添加剂进行改进

为了降低腐蚀速度，可以在阻垢剂的配方中增加一些添加剂：

① 锌：锌是阴极缓蚀剂。在典型的阻垢剂剂量和 pH 值大于 8.5 时，系统中的锌含量必须维持在 1mg/L 以下，而分散剂的存在会对锌的含量产生有利影响。锌能够将系统的防腐蚀能力提高 20%～50%（以腐蚀率表示），尤其当水中含有微量的强酸盐时。此外，锌还增强了某些杀生剂的杀生效果。

② 铜缓蚀剂（氮唑类衍生物，见第 2 章）：由于氧化类杀生剂或者磷酸盐对含有铜的金属有腐蚀作用，当存在这两种物质时必须使用铜缓蚀剂。

③ 铬酸盐：铬酸盐的有效浓度为每升数毫克。但六价的铬（Ⅵ）具有毒性，必须还原为三价的铬（Ⅲ），并且应当在污水排放前将其去除。

24.6.2.3　缓蚀剂的应用

（1）原理

缓蚀剂有以下用途：

① 通过降低水的 pH 值至 7 左右（控制 pH）或者去除水中硬度（软化或去除矿物），来降低结垢的风险；

② 同时向系统中加入缓蚀剂，可以通过在表面形成一层具有黏性、均质和无孔的保护膜而防止腐蚀，同时不影响换热效率；

③ 对于硬度不高或碱度较低的水，阻垢－缓蚀剂通常联合使用，必要时，也可进行部分酸化反应。

大多数用于开放式循环水系统的缓蚀剂是复合型的，包括阳极保护剂和阴极保护剂（表 24-6），在系统中的浓度约为每升几十毫克。

表24-6　四类主要用于开放式循环水系统的缓蚀剂类型的对比（冷却塔中）

项目	铬酸锌 + 分散剂	多磷酸锌 + 分散剂	磷酸锌 + 分散剂	磷酸盐 + 分散剂 + 有机抑制剂
pH 值范围	6.4～6.8	6～7.5	7～8.5	7～9
停留时间 /h	>100	<40	<150	>100
效果	极佳	很好	好	极佳
腐蚀速率 /（μm/a）	<30	<60	<100	<50

（2）pH 值的优化

需要降低补给水的碱度，这样系统中的 pH 值才能降低到目标范围内。有三种方法来达到这一目的：

① 加酸：但这会引起盐度的升高；

② 利用羧酸型树脂去除碳酸盐：这一方法可以同时降低水中的总碱度、硬度以及盐度；

③ 石灰软化：这种方法在水需要澄清时采用。

（3）浓度优化 – 旁流水处理

① 浓度优化

为了节省水以及调质剂的消耗，处理过程应尽可能地达到最高的处理浓度。循环浓缩倍数通常需要达到 3～6 倍，有时也可超过 10 倍（参见旁流水处理），甚至可以达到完全的无出水（但不意味着没有排污）。浓缩倍数取决于以下几点：

a. 系统运行的条件（夹带损失，假性泄漏等）；

b. 盐沉淀带来的风险；

c. 缓蚀剂的推荐接触时间；

d. 当采用硫酸维持 pH 值的时候，需要控制循环的次数以控制硫酸根（SO_4^{2-}）的浓度不会超过硫酸钙的溶解度，同时避免由于形成 Candlot 盐（钙矾石）而侵蚀混凝土（见第 7 章 7.8.2.4 节）。

如果循环水的 pH 值维持在低于 8 的水平，硅酸盐的含量必须限制在 150mg/L 以内。如果 pH 未受限制，那么在铵存在的情况下这个指标应该进一步降低。

② 旁流水处理

有两种可能的方法来控制 Ca^{2+}、Mg^{2+}、SiO_2 以及 SO_4^{2-}（如果需要）的浓度：

a. 对补给水进行特别处理，包括澄清、软化、硅酸盐去除、反渗透以及纳滤等工艺；

b. 对旁流水进行处理，如图 24-35 所示。

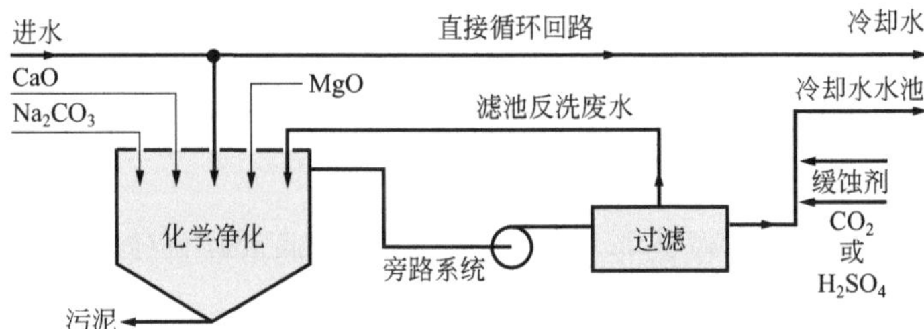

图 24-35　具有软化和二氧化硅去除功能的旁流处理系统示意图

旁流处理的优点在于其处理的水量小于对补给水直接进行处理的水量，另外由于循环水中的硬度、碱度以及 SiO_2 浓度较高，从而软化和除硅的效率较高。

旁流处理是在缺水地区发展起来的，尤其在美国（图 24-36），其处理目标是将循环浓缩倍数提高到 10～15，甚至完全没有污水排放（零排放），这更加需要采用旁流水处理这类技术。为了达到这个目标，需要去除所有的盐类包括氯化钠：一般采用蒸发 / 结晶工艺，如有必要需要利用反渗透进行预浓缩（在足够干和热的地区，有时采用反渗透及浓缩蒸发塘）（见第 16 章 16.5 节）。这类处理必须与缓蚀剂结合使用。

图 24-36　Tosco 炼油厂（美国），产水量为 $37m^3/h$，冷却系统的侧流水处理工艺：去除碳酸盐和硅酸盐

24.6.2.4　废水排放

绝大多数的冷却系统会产生一些液体污染物，其排放必须符合当地标准。

通常六价铬（Ⅵ）浓度超过 $0.1g/m^3$ 的铬酸盐废水是禁止排放的，但已有处理工艺可以去除这些物质（见第 3 章 3.12.6.2 节）。

通常系统出水中的磷酸根（<20mg/L）和锌（<5mg/L）的浓度水平是可接受的，但磷的排放标准越来越严格。

24.6.3　冷却系统的工艺设计

在进行冷却系统设计时，水的化学成分并不是唯一需要考虑的因素。最佳的工艺设计需要调质专家、水处理专家和系统操作人员共同确定。

24.6.3.1　基础数据

需要考虑的基础参数包括：

① 水质分析和水质变化；

② 系统设计和设备设计（流速、材质、温度梯度、表面温度等）；

③ 目标效率（热传递系数、腐蚀速率）；

④ 操作方面的注意事项：a. 酸性药剂（如果需要，如硫酸和盐酸）的安全性；b. 排放限制；c. 运行成本。

24.6.3.2　运行成本的评估

有时需要同时考虑多种设计方案，并根据运行成本进行评估，以比较不同工艺的优劣。如果可能的话，这一评估过程需要考虑到运行成本的所有方面，尤其是以下几点：

① 药剂等消耗；

② 水的成本，经常是最主要的费用（如为饮用水，费用是药剂消耗的数倍）；

③ 设备运行、控制和维护需要的人工成本；

④ 折旧费用；

⑤ 冷却系统的维护费用以及系统维护对生产能力的影响。

例如，通过评价可以更好地评估由提高循环浓缩倍数而产生的影响，是否可以通过降低运行成本使得污水处理厂（软化、过滤等）很快地回收投资成本。

24.6.4 节水措施

将工业或城市污水经过处理之后作为补给水使用，既可以减少对自然环境中淡水的摄取，又可以降低补给水以及排放污水的费用。

当采用回用水的时候，深入了解补给水需要的水质是十分重要的。补给水的水质指标包括：悬浮性固体及其污染能力、化学需氧量（COD）、生化需氧量（BOD_5）、COD/BOD_5 值、总氮和氨氮、油类物质、烃类化合物、油脂、无机磷和有机磷等。

当水中含有铵时，系统内的生物硝化过程将伴随着硝酸盐的生成。如果系统内的碱度不足，pH 值可能降至 6 以下。在这种情况下，生物硝化过程的速度将减缓，这使得 pH 值逐渐升高。但是通常不允许发生这种不稳定的情况。

24.6.4.1 农业食品工业产生的蒸发液回收

蒸发液（来自糖厂、乳制品厂、酵母生产以及葡萄糖生产等）中溶解性盐的含量很低，但具有很强的腐蚀性。轻微的再矿化过程（采用原水对蒸发液进行稀释或者将蒸发液流过矿物质，见第 3 章 3.13 节）能够缓解这一情况。优质的蒸发液能够用作锅炉补给水等。受到有机物污染的蒸发液如果直接用于冷却系统将导致细菌的生长，因此这种水必须采用氯化、臭氧氧化和投加杀生剂等方式进行处理。

24.6.4.2 炼油厂废水的循环利用案例

将净化后的含油废水用作冷却系统的补给水（图 24-37）为 Grandpuits TotalFina Elf 炼油厂每年节省了 500000m^3 的井水。

补给水中主要的污染物如下：

① 氨和硫的衍生物（氨氮的浓度在 20mg/L 左右）；

② 盐分，特别是氯化物（浓度为 150～300mg/L）；

③ 有机化合物（BOD_5 小于 20mg/L，COD 为 80mg/L，烃类化合物小于 1mg/L）；

④ 悬浮固体（SS 小于 10mg/L）。

当采用废水作为唯一的补给水来源时，实验室和现场的重复性水质检测使得调质剂的使用能够将补给水对钢铁的腐蚀速率控制在 25μm/a，且不会因污染带来显著的热交换损失，并保证浓缩倍率达到 2.5 倍。同时，pH 值可以维持在 7.5，氯化物的含量控制在 650mg/L 之内。因此只有当氯化物超过 650mg/L 的深井水用于补充补给水时，才需要控制排放废水的电导率。持续的氯化消毒和生物分散剂的联合使用构成了完整的针对多种金属的防腐蚀处理工艺。

当然，成功的防腐处理效果是通过谨慎操作，以及操作人员与水处理专家和调质专家通力合作获得的。

请参阅第 25 章 25.4.3.3 节 Pemex 的案例（污水 + 工业废水⟶工业用水）。

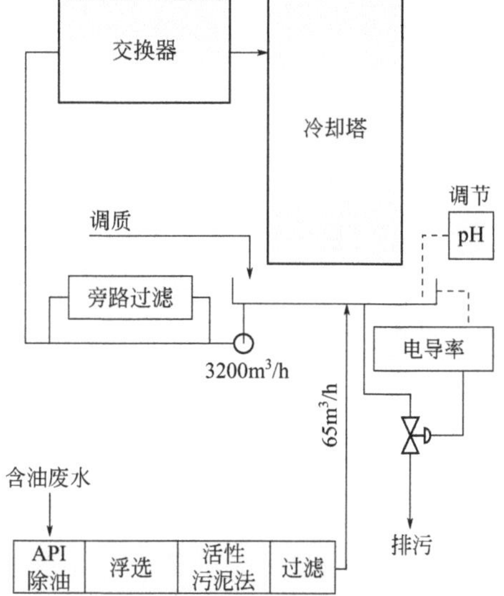

图 24-37　工业废水处理成补给水的系统

24.6.5　直流式冷却系统（单级）

这种系统的特点是水量很大且停留时间很短，因此对全部补给水进行处理的代价将难以承受。建设过程中对于材料的正确选择能够降低腐蚀的风险。调质过程包括使用阻垢分散剂，并辅助以冲击式（脉冲式）投加杀生剂（通常采用氧化剂）。

单级管壳式换热器可以在系统运行过程中使用泡沫球清洗系统（Taprogge 等公司技术）对换热器进行清洗。

这种类型的冷却系统的数量显著减少，这主要是由于：

① 对获取原水的限制；

② 对于该系统废水排放而产生的热污染引起的争议；

③ 半开放式循环系统能够更为有效地控制由于系统内液体意外泄漏而产生的对自然环境的污染。

24.6.6　采用海水的冷却系统

这涉及发电厂冷凝器和 / 或热交换器机组的冷却。

取水装置包括粗格栅和约 4mm 间隙的机械格栅。机械格栅不仅起到了重要的机械保护作用，还能够减轻系统的腐蚀（通过减少粗沉淀物）。当选择建设材料（见第 7 章 7.5.7 节）时必须非常仔细，如果可能的话，应尽可能进行阴极保护。

24.6.6.1　直流系统

这包括岸上和海轮上的发电系统冷凝器。

钛制的交换器（比如最新建设的核电站）没有必要采取防腐措施。对于铜合金，特别是海军黄铜，通常采用氢氧化亚铁保护膜进行防腐。采用氢氧化亚铁进行防腐时，通常采用每天 1h、每年投加约 300d 的频率向水中加入约 1mg/L 的亚铁离子（Fe^{2+}）。

生物沉积的防护主要针对软体动物。它们的幼虫能够穿过细格栅，在管道和阀门里繁殖，进而造成污堵和溶解氧浓差引起的腐蚀。软体动物需要使用杀生剂进行处理。杀生剂通常采用电解海水产生的次氯酸盐（冷凝器出水末端的余氯含量在 0.2mg/L 以上）。

如果海水的温度超过 30℃，需要进行连续氯化处理。如果海水的温度较低（但不低于 12℃），可以每 6h 进行 15min 氯化。

通过泡沫球进行的在线机械清洗正在成为对发电厂冷凝器进行清洗的普遍方式。

24.6.6.2 敞开式循环系统

虽然应用较少，但有时仍需要用到敞开式循环系统，此时其浓缩倍数不能超过1.2～1.3。除了直流式系统需要采用的预防措施之外，敞开式循环系统还需要配置加酸系统，以降低补给水的碱度。此外建议采用分散阻垢剂对水质进行调质。

24.6.7 特殊封闭式系统

封闭式系统几乎不需要补给水。但是这类系统可能与空气接触（如冰水系统）或在惰性压力气体的保护下与空气隔绝（如炼钢厂的一次系统）。

纯净的、脱盐的或软化后的水被优先用于注满或补给系统（保证用水中不含有强电解质，尤其是硫酸根和氯化物）。

阳极抑制剂主要用于减少腐蚀，其用量可以超过1g/L，以防止发生任何局部的侵蚀风险。主要的抑制剂包括铬酸盐、亚硝酸盐、磷酸盐、硅酸盐、钼酸盐、氮衍生物、硼砂以及有机抑制剂。抑制剂的选择主要基于系统采用的材质、系统的氧化程度以及冷却对象的性质（冷却对象可能泄漏）。非氧化型杀生剂可以用于应对冷却过程中产生的污染或减少处理系统一些组分的降解。

24.6.8 系统的准备

调试是最重要的阶段。一旦钢铁与水接触，不可逆的腐蚀就可能发生了。

因此，必须在系统充满水的同时采用以下工艺进行调质，以帮助系统做好准备：a. 采用分散剂或洗涤剂对系统进行清洗；b. 提高抑制剂的用量以形成保护层。

随后，这一保护层由加药单元进行维持，加药单元受到补给水流量的控制。

24.6.9 检查

检查是一个十分重要的阶段，其目的在于确保调质过程发挥了作用。检查主要包括以下几个方面：

① 水和药剂的消耗；

② 水质净化系统和加药单元的运行状况；

③ 水质分析（针对补给水和系统内水，特别是pH、总碱度和钙、氯、抑制剂含量等指标）；

④ 腐蚀程度的监测：腐蚀检测仪、取样片、控制管（见第7章7.7节）；

⑤ 检测生物控制的情况，进行细菌总数或特定细菌（如军团菌）的计数；

⑥ 热交换的质量，如果可能，额外采用一个交换系统作为对照，测定其热传递系数。

第25章 工业废水处理

引言

本章汇总了不同工业废水的处理工艺。工业废水经这些工艺系统处理后，其出水水质能够满足或者优于相关标准的要求，从而实现部分甚至全部回用。

25.1 工业废水处理厂设计通则

本节介绍了工业废水处理厂的设计通则和几种主流的处理技术（另见第3章和第4章）在设计工业废水处理厂时，原则上应秉承可持续发展的理念（见第2章2.3.1节）。

25.1.1 工艺组成

各种处理工艺的成本主要取决于各单元组合的系统组织效率，其次取决于处理厂的规模。

处理厂的工艺系统架构应尽可能地接近图25-1所示，即采用技术－经济整体最优的理想方案。

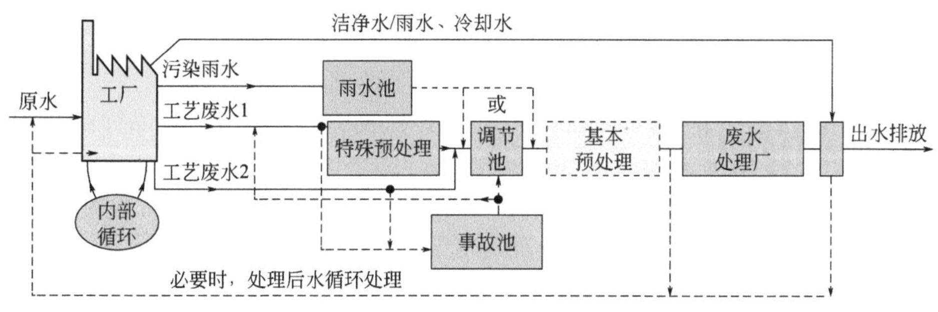

图25-1 处理体系一般布局

本处理工艺系统包括：

① 内循环系统，其目的为：a. 回收有价值的原材料；b. 减少废水排放量；c. 减少耗水量。

② 区分排放方式：a. 间歇排放：i. 污染 / 未污染雨水；ii. 生活污水和清洗水；iii. 污染 / 未污染冷却水。

b. 连续排放：i. 需要专门预处理的工艺废水；ii. 不需专门预处理的工艺废水。

这种工艺系统设有调节池或均质池以及应急水池：

① 正常情况下，雨水池应处于空池状态。污染雨水先临时存储在池中，按照设定的流量返回到处理厂进行处理。

② 调节池 / 均质池的进水需要做相应预处理。

③ 处理混合废水时，前端采用变液位均质池，将待处理废水的流量和负荷调节稳定。

④ 正常情况下，出水应急池应保持放空状态，以确保当排水水质不达标时其能够在应急池存储并进行最终处理，或者在经过分析后，确定超标排水回流不会对下游工艺造成影响的情况下，以设定流量回流到污水厂前端。

25.1.2 废水的内部循环

由于回收的目标物不同，每个行业中回收利用的具体做法各不相同。使用不同设备能够在合适的环节回收原材料（涂料、油和油脂、纤维）和 / 或水，甚至是热量。

25.1.3 特殊预处理

正确区分不同特性的废水并对其进行分质处理，可使下列污染物的处理更具针对性并高效，例如：

① 难生物降解的废水，可以采用氧化（臭氧氧化、Toccata 催化氧化、湿法氧化）和吸附（活性炭、树脂）技术，见第 3 章 3.10 节、3.12 节和 3.13 节；

② 有毒化合物（重点污染物、重金属等），见第 3 章 3.2 节和 3.12 节；

③ NH_4^+（焦化厂废水的脱氨等），见第 16 章 16.1.3.2 节；

④ 高浓度可生化废水，采用高负荷处理工艺可节约成本（沼气发酵、Ultrafor 工艺），见第 11 章和第 12 章；

⑤ 污染的冷却水；

⑥ 各种化合物，如含硫化合物（如皮革厂废水、废碱液）等。

25.1.4 初级处理

根据工艺需要，初级处理可包括：

① 格栅或筛网，用于大多数工业废水的处理；

② 沉砂 / 除油池，用于雨水处理和金属、钢铁行业以及部分农产食品行业的废水处理（见第 9 章）；

③ 除油池，石油和石化行业，热电厂、金属和钢铁行业；

④ 冷却（根据需要设置，例如后续处理需要降温时）；

⑤ 混凝 - 絮凝 - 沉淀，采用第 10 章介绍的典型技术，目的是：a. 去除悬浮固体和胶体；b. 沉淀分离有毒有害的金属和盐；c. 去除乳化油。

25.1.5 生物处理

在选择合适的生物处理工艺时，必须要考虑到下列因素：

① 出水的可生化性（COD/BOD，当大于 3 时需加以关注）；

② COD、BOD、TKN 和总磷的浓度；

③ 盐度的大幅波动会影响（不利影响）生物处理的效率。

第 11 章和第 12 章介绍的所有技术皆适用，图 25-2 总结了每种技术的最佳适用范围。

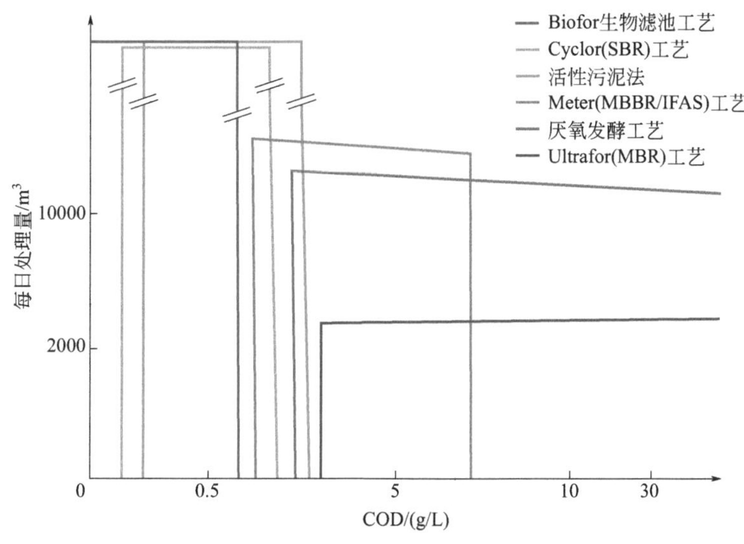

图 25-2 各种生物处理技术的适用范围

25.1.6 三级处理

三级处理包括以下处理工艺，处理目的可能不同。

① 提高出水水质，以使其符合排放标准：

a. 降低悬浮固体和胶体 COD 浓度；

b. 除磷（铝盐或铁盐沉淀法，有时使用石灰）；

c. 降低难降解 COD 的浓度；

d. 除色，尤其是纺织行业废水；

e. 去除特定化合物，例如：杀虫剂、杀菌剂、金属、非金属、可吸附有机卤素（AOX）、清洁剂、溶解性烃类、硝酸盐和磺酸衍生物、各种阴离子等。

需要说明的是，后 3 种处理工艺也可用作特殊预处理工艺。实际上，应对不同废水分别进行处理，以达到较高的处理效率，例如：

a. 小流量的废水因为污染物浓度较高而容易处理；

b. 但由于生物处理会部分去除这类污染物，因而对于所有的混合废水，经过生物处理工艺去除一部分污染物后，再利用三级处理工艺做进一步处理，也可以达到较好的处理效果。

很明显，只有在目标污染物对生物处理中的微生物没有毒性或抑制性时，才会遇到这个问题。

② 处理后出水可（全部或部分）回用于生产工艺，但更常见的是回用于冷却塔、地

面冲洗系统、消防用水系统，甚至锅炉给水系统。回用系统也许还需要其他处理技术以保障水质满足回用需要，甚至在某些情况下会使用蒸发结晶技术（见第 16 章 16.5 节），以实现不向环境中排放任何液体废弃物或零排放。

请参阅表 25-1 对各种实用技术的总结。

表25-1　三级处理工艺

污染物	处理技术						
	氧化		膜技术②		活性炭	树脂或特定吸附剂②	混凝－絮凝－沉淀技术①
	Toccata、O_3、H_2O_2、UV③	臭氧＋生物处理	UF	NF/RO			
悬浮固体和胶体 COD			√				√
磷				√			√
难降解溶解性 COD	√	√		√	√		√
AOX	√	√		√	√		
色度	√	√		√	√		√
特定化合物	√			√	√	√	
阴离子、阳离子				√		√	√
金属				√			√

① 典型分离技术请参阅第 10 章。

② 膜技术和树脂技术的优点是出水水质好，但其需要合适的预处理，最重要的前提是其产生的浓盐水可以最终排入自然环境或是再利用。

③ 见第 17 章。

25.1.7 污泥处理

一般情况下，（污水和污泥）处理系统的总体设计必须进行整体优化。考虑到污泥处理处置的费用经常在污水处理总成本中所占比例最大，因而一般应尽量减少污泥产量。

可通过以下方法实现污泥减量：

① 在每个生产环节和整个工厂中减少废水产生量并降低污染负荷（见本章 25.1.2 节）；

② 尽量限制无机金属药剂的使用，因为其会增大污泥产量，特别是当可以通过投加聚合物、采用生物处理或氧化法达到相同处理效果时；

③ 优先选用污泥产量少的生物处理技术，例如沼气发酵技术、膜生物反应器（Ultrafor）；

④ 利用厌氧消化技术来减少产泥量（见第 18 章），或采用 Biolysis 生物分解工艺进行更加彻底的处理（见第 11 章），可降低 50%～85% 的污泥产量。并且，这种技术产生的污泥中矿物含量较高，更容易脱水且稳定化程度高。

根据工业类型，常见以下几种污泥处理技术：

① 预处理和三级处理所产生的污泥：每种行业产生的污泥各不相同，污泥的最终去向也可能不同，并且可能要求上游进行分质处理（见本章 25.1.1 节）。应该根据不同的影响因素，包括填埋要求、农业 / 土地利用、投资 / 运营成本来选择和优化处

理工艺。

② 生物处理所产生的污泥：处理原则和城市污水处理厂所产生的污泥相同。工业废水生物污泥的特点是其有机质含量较高（除非经过 Biolysis 生物分解工艺或厌氧消化工艺处理），这类污泥的脱水性能通常较差。

25.1.8 臭气处理

取决于工业类型和生产工艺，不同废水处理过程中产生的臭气各不相同。预处理工段是臭气污染的主要来源，曝气 / 吹脱单元也有可能产生臭气。每个案例都需要单独分析。

相反，废水处理厂（生物处理，尤其是污泥）产生的臭气和市政污水处理厂所产生的相似，因而，可以采用常规方法来处理（详见第 16 章 16.2 节）。

25.2 农产—食品工业

25.2.1 概述

正如之前（见第 2 章 2.3 节）所介绍的，农产食品业需水量很大（例如：每生产 1L 啤酒、牛奶、碳酸饮料及葡萄酒类饮料需要 1～5L 的水），这些水用于：a. 洗涤和输送；b. 生产蒸汽；c. 作为原材料（例如：饮料）；d. 清洗反应器、设备、管道和地板等；e. 冷却。

这些不同的用途导致其所产生的废水水质各不相同。但是，可总结出以下性质：

① 有机废水：易生物降解有机废水的判定指标为 $COD/BOD_5<2$；

② 通常有酸化和快速发酵的趋势。

因而通常采用生物法处理这些废水（废水处理原则请参阅第 4 章，相关处理技术请参阅第 11 章），经常在前端根据行业的不同采用不同的预处理工艺。

废水的季节性排放是大多数农产食品行业的特征之一，这是由于：

① 农业原料收割后就需要立即处理（葡萄栽培，水果和蔬菜榨汁厂以及糖厂）；

② 消费者的季节性需求（饮料行业）。

这就导致了废水量和污染负荷的变化幅度很大，尤其是，污染负荷可能在某段时期非常高，这就要求污水处理厂设计两种运行模式：高负荷模式和低负荷模式。在这种情况下，双负荷生物处理（高负荷 + 低负荷）通常是最适宜的处理工艺。

另外，还应该注意到：许多情况下，排放标准越来越严格，因而需要考虑生物处理后的深度处理（详见三级处理），并且已经越来越倾向于部分或全部回用而非直接排入自然水体。

25.2.2 预处理

一些农产品行业的废水在生物处理之前需要进行预处理。表 25-2 按行业类型列举了其所需要的预处理工艺。

表25-2　农产-食品行业使用的预处理技术

类型	细格栅	沉砂	去除油脂	沉淀 / 浮选（用或不用药剂）
啤酒 / 麦芽厂	√			取决于悬浮固体浓度
软饮料厂	√			取决于悬浮固体浓度
葡萄酒工业	√			
肉类工业	√		√	√
皮革厂	√		√	√
制糖厂	√	√		√
酿酒厂	√			
乳品行业	√		√	√
面粉厂	√	√		√
生物技术加工厂	√			
水果 / 蔬菜罐头厂	√	√		√
糕饼厂	√		√	
即食食品厂	√	√	√	√
榨油厂			√	√

除了预处理工艺外，往往还需设置均质池调节废水以相对稳定的流量和污染物浓度进入生物处理系统。根据废水是否会厌氧发酵，在均质池中配置搅拌或曝气装置。

25.2.3　生物处理

根据下列因素选择最有效的生物处理技术：

① 为了达到规定的水质排放标准可能需要采用两级生物处理技术；

② 当进水 COD 浓度大于 2g/L 时，从经济性上考虑，应选用沼气发酵、Ultrafor（MBR）工艺或是高负荷好氧处理工艺；

③ 对于季节性排放废水往往采用两级生物处理工艺（高负荷 + 低负荷）；

④ 是否需要脱氮（通常是一个非常重要的因素）；

⑤ 除磷要求（典型行业是乳制品行业和肉制品行业），并且在这些行业中，易降解 BOD 含量高，利于生物除磷（详见第 4 章 4.2.1.4 节）；

⑥ 占地限制：采用厌氧处理、Ultrafor（MBR）工艺、Biofor 生物滤池工艺；

⑦ 根据污泥处置要求需采用尽可能减少污泥产量的工艺：沼气发酵、Ultrafor 工艺，甚至活性污泥的减量工艺（生物水解 Biolysis E/O）。

表 25-3 汇总了各行业的常见处理工艺。

表 25-3　农产 - 食品行业废水处理中使用的生物处理技术

类型	两级处理			单级处理		
	厌氧处理	高负荷好氧处理	低负荷活性污泥技术	硝化 / 反硝化活性污泥法	Ultrafor(MBR）工艺	Cyclor（SBR）工艺
啤酒 / 麦芽厂	√		√	√	√	√
软饮料厂	√		√		√	√
葡萄酒工业		√	√			√
肉类工业				√	√	
皮革厂				√		
制糖厂	√	√	√	√		
酿酒厂	√		√			
乳品行业				√	√	√
面粉厂	√		√	√		
生物技术加工厂	√	√	√	√	√	
水果 / 蔬菜罐头厂	√	√	√			
糕饼厂	√		√	√		
即食食品厂		√	√	√	√	
榨油厂				√		√

25.2.4　三级处理

取决于排放标准，三级处理对于去除下列污染物日益重要：a. 难降解 COD；b. 色度；c. 磷；d. 悬浮固体。

本章 25.1.6 节所介绍的工艺皆为三级处理可采用的典型工艺。

25.2.5　污泥处理

农产 – 食品行业涵盖了完整的农业体系，从原料的生产到加工。所以污泥的典型处置方法是回用于农田。因为这类污泥中重金属和危险污染物的含量通常低于农用标准。

可采用第 18 章和第 19 章中介绍的典型处理技术对这些生物污泥做第一步脱水处理。

25.2.6　臭味控制

农产 – 食品行业所产生的污泥往往非常易于发酵，因而需要采取一些简单措施来减少臭味的产生（包括避免死区、在缓存池内进行曝气、限制污泥停留时间等措施）。

当废水处理厂位于城市内或是有严格的法规要求或是公众密切关注的区域时，需采取加盖密封和除臭措施。

25.2.7　案例

以下流程框图和照片（图 25-3～图 25-10）引自得利满的项目案例，介绍了一些农产 -

食品工业废水的进出水水质和所采用的处理工艺。

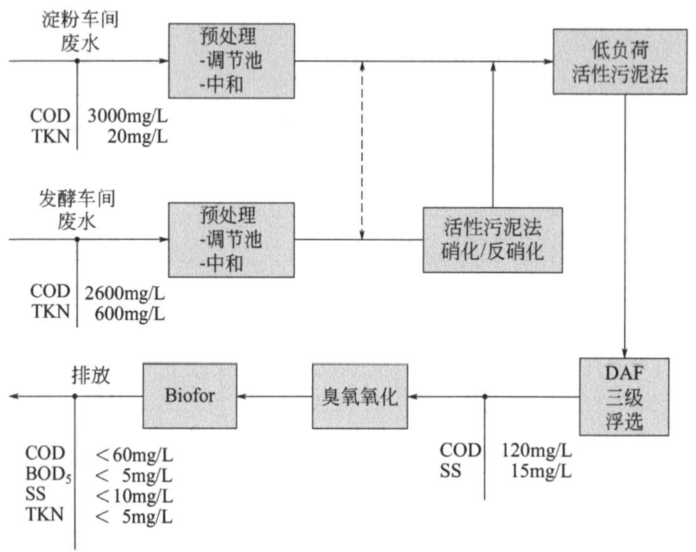

生化 + 臭氧 + Biofor工艺可有效处理高COD(约50%为难降解COD)和高含氮化合物的废水。

图 25-3　淀粉 / 葡萄糖厂：300m³/h

图 25-4　SI Lesaffre 酵母厂（面粉 / 淀粉加工厂）（Marquette-Lez-Lille，法国）：废水量为 4100m³/d

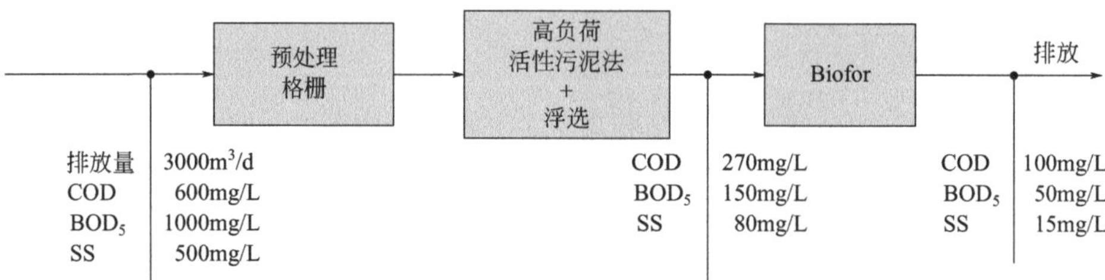

两级生物处理，高负荷活性污泥法和Biofor生物滤池技术的联用可实现水质的深度净化(COD去除率大于93%)，并具有启动快的优点，这对于季节性排放废水(一年中仅2～3个月)的处理尤为重要。

图 25-5　番茄罐头厂（西班牙）：3000t/d

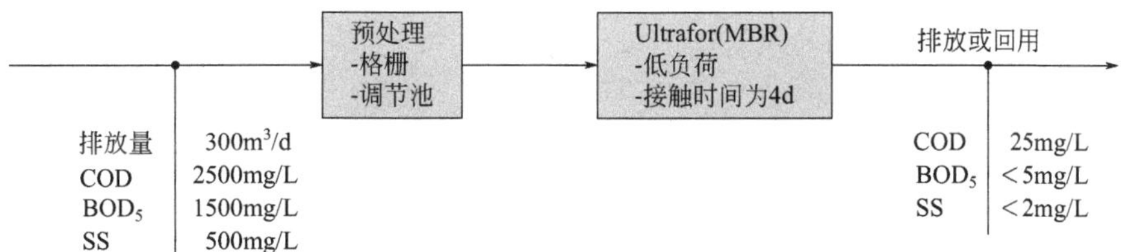

采用膜生物反应器技术，因而该厂处理效率极高。
出水水质满足该厂回用要求[COD＜25mg/L，无SS且可视为经过消毒处理(细菌、病毒)]。

图 25-6　Unigate 乳制品 -LLO（法国）：年产 40000 t 酸奶及奶制品

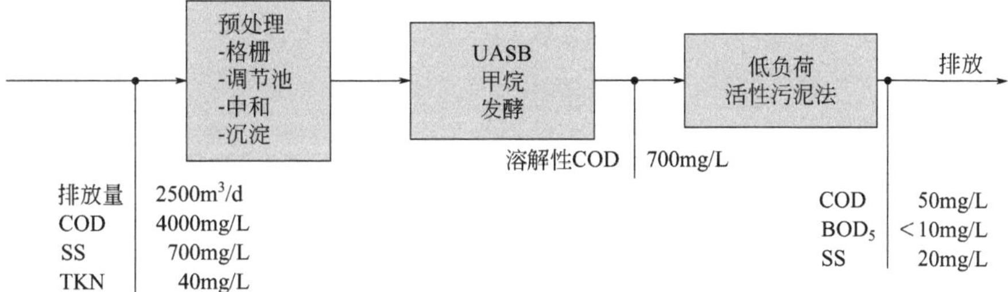

传统的啤酒厂污水处理工艺：将沼气发酵和活性污泥法相结合，在保障COD去除率大于98%的条件下可实现最优性价比。

图 25-7　啤酒 - Central de Cervejas（葡萄牙）：3000000hL/a

注：hL为百升，酒类的容积单位。

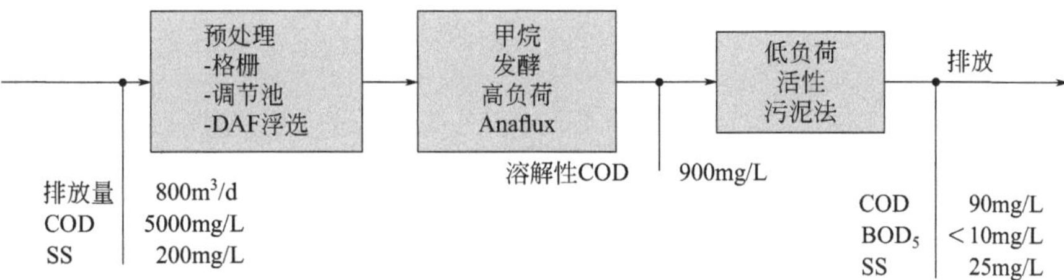

该厂使用两级生物处理工艺：甲烷发酵＋活性污泥法，其COD去除率可超过98%。

图 25-8　软饮料 - 可口可乐（法国）

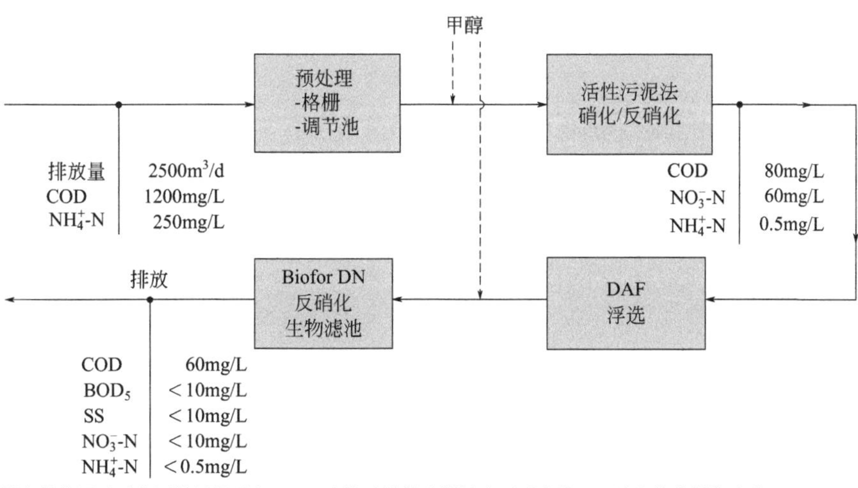

低负荷前置反硝化活性污泥法与Biofor生物过滤技术相结合可以去除96%以上的含氮化合物(两个处理阶段皆需投加甲醇以保证合适的C/N值)。

图 25-9　生物技术 - Biotalia - 赖氨酸生产厂（意大利）：22000t/a

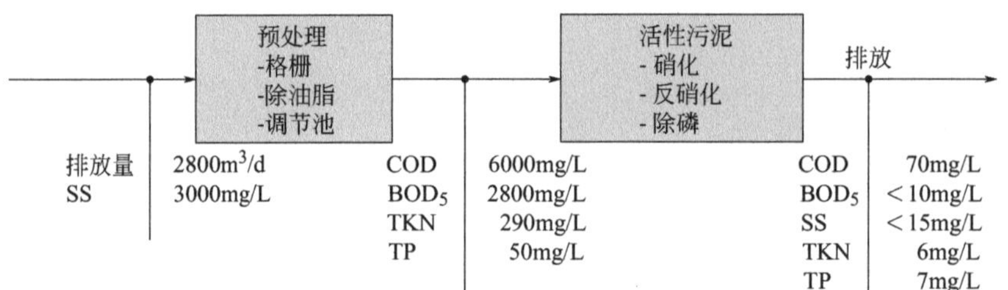

图 25-10 Bigard 屠宰场：COD=17t/d，TKN=810kg/d

25.3 制浆造纸工业

25.3.1 化学法和半化学法制浆工艺

本节介绍的为化学法和半化学法纸浆生产（制浆）工艺，而非机械法或热机械法纸浆生产工艺。至于生产工艺中是否投加化学添加剂，请见本章 25.3.2 节的介绍。

纸浆生产废水的一般处理流程如图 25-11 所示。

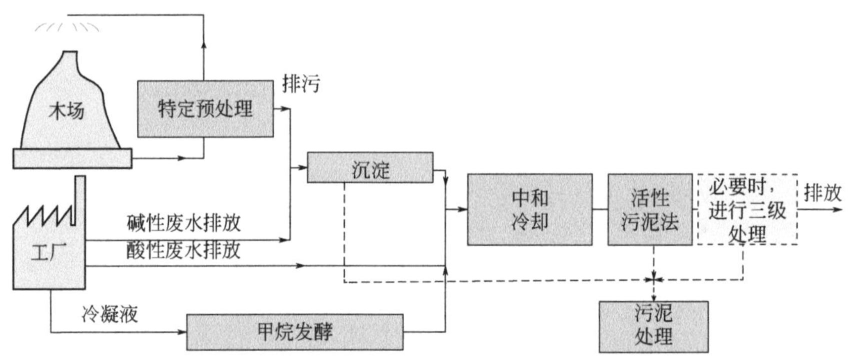

图 25-11 一般处理流程示意图

制浆造纸工业产生的废水的性质主要取决于以下因素：

① 使用的原材料种类（硬木、软木、一年生植物等）；

② 生产的纸浆类型（牛皮纸、双 / 单硫），Kappa 值；

③ 漂白工序。

25.3.1.1 特定预处理

一般来说，对于某些生产环节排出的废水需要采用针对性的预处理工艺：

① 木场洒水：格栅 / 过滤、除砂、回用；

② 冷凝水：蒸发，甲烷发酵；

③ 含大量悬浮物的碱性废水：沉淀；

④ 含有少量悬浮物的酸性废水：中和。

25.3.1.2 生物处理

混合后的废水需先被冷却到 30～35℃，才可进入生物处理系统，一般选用中等负荷的传统活性污泥法。

通常情况下生物处理可去除 95% 左右的 BOD_5 和 50%～80% 的 COD，处理效果主要取决于生产工艺，尤其是漂白工艺（原水的 COD/BOD_5 值的变化范围为 2.5～4）。

注意：全无氯漂白（TCF）和无氯漂白（ECF）工艺所产生的废水（见第 2 章 2.5.6.1 节）更易于生物处理，因为其中的木质素氯衍生物很少甚至没有。

纯氧漂白工艺的应用越来越多，因而人们对纯氧曝气活性污泥法越发感兴趣，因为其具有以下优点：a. 处理效果提高（COD、AOX 等）；b. 提升污泥沉淀效果；c. 紧凑性（更高的负荷）。

25.3.1.3 三级处理

对于造纸厂和纸板厂，三级处理或许是必要的，尤其是当需要去除下列污染物时：a. 悬浮颗粒物；b. 难降解 COD 和胶体 COD ；c. 色度；d.AOX。

本章 25.1.6 节中介绍的处理技术都可以采用，但最有效的技术需根据特定的目标污染物来设计。

25.3.1.4 污泥处理

当生产厂设有用以消纳树皮的锅炉时，可以用其来焚烧废水处理厂产生的脱水污泥。

若生产厂没有这种锅炉，则可采用第 19 章介绍的各种污泥处理技术，但需根据污泥组分和最终用途来选择。

25.3.1.5 臭味控制

当规定严格时，半封闭处理单元需要采取必要的除臭措施。

25.3.2 纸和纸板制造业

造纸厂废水处理流程总体示意图见图 25-12。

生产原料和纸与纸板等产品都具有多样性，这就要求十分熟悉生产工艺并且在废水处理时要尽可能地遵循本章 25.1 节中所提的原则：a. 内部处理和回用（短路线）；b. 特定的预处理；c. 包括回用（长路线）在内的最优化的处理工艺（污水 + 污泥）。

25.3.2.1 内部处理与回收利用（短路线）

造纸业是水和能源的消耗大户，并且需要昂贵的原材料，所以内部回用十分必要，例如：

① 从造纸机中回收纤维（浮选、沉淀、多盘过滤等），偶尔会通过超滤回收涂料；

② 在造纸机和生产环节中的许多位置都可循环用水（尤其在加热过程中应节约水和能源），回用水的水质取决于所生产纸的种类。

25.3.2.2 特定预处理

预处理的方法取决于造纸厂的类型（是否为综合型）、所使用的原材料种类（新纸浆还是回收再利用的废纸）以及所生产的纸张种类（新闻纸、杂志、印刷 - 书写、纸巾、有涂布层、特种纸等）：

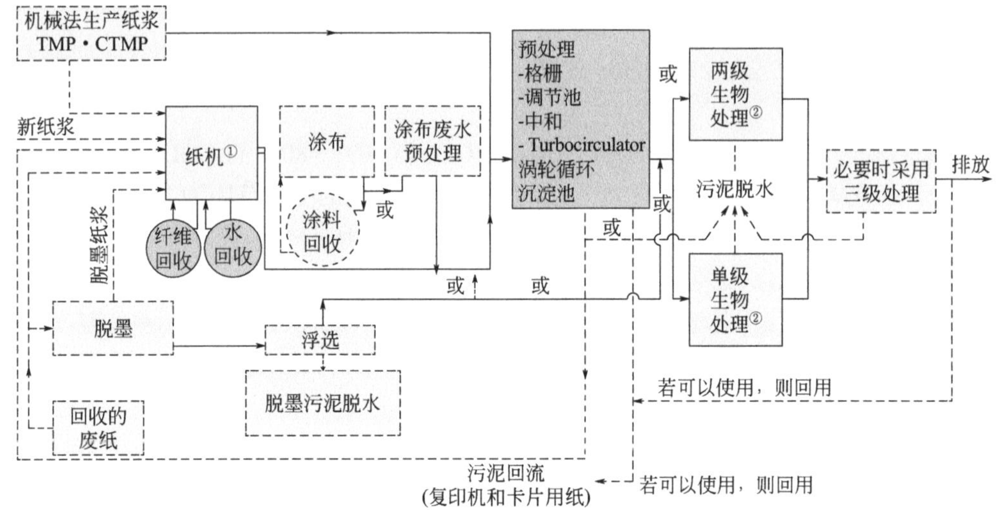

图 25-12　造纸厂废水（无论是否为综合生产厂）处理流程总体示意图

①造纸机；②见图25-13。

① 回收废纸制作一般影印纸、纸板：精密过滤去除塑料、订书钉及各类杂物；

② 一体机［机械纸浆、TMP（热磨机械浆）、CTMP（化学热磨机械浆）］：格栅、沉砂池（去除木屑、砂砾等）；

③ 涂布板：涂布工序产生的浓废水需要经过破乳预处理；

④ 脱墨：脱墨过程所产生的废水和污泥需要浮选预处理。

25.3.2.3　包括回用的优化处理工艺（污水 + 污泥）

在经过上述特定的预处理后，后续处理线通常包括：

（1）初级处理

这类处理包括：

① 一个初级预处理单元；

② 滤网 / 格栅以保护设备安全；

③ 一座均质池（应对由生产工艺调整等原因造成的流量波动）；

④ 中和（网带化学清洗）；

⑤ 沉淀（Turbocirculator 涡轮循环沉淀池、浮选等）；

⑥ 冷却（如果有必要）。

（2）生物处理

第 11 和第 12 章所介绍的处理技术皆可采用，但需谨记，特定情况下需要使用专门的工艺或技术，例如：a. 废水中含有纤维（存在污堵风险）；b. 废水中钙的浓度较高（存在结垢风险）；c. 废水中含有未经预处理的乳胶；d. 废水中存在研磨剂（TiO_2、$CaCO_3$、高岭土等）；e. 废水的盐度较高（具有腐蚀性）。

选用单级或两级生物处理工艺取决于处理能力、出水水质、空间限制等。图 25-13 展示了不同的处理方法对 COD 的去除效果。

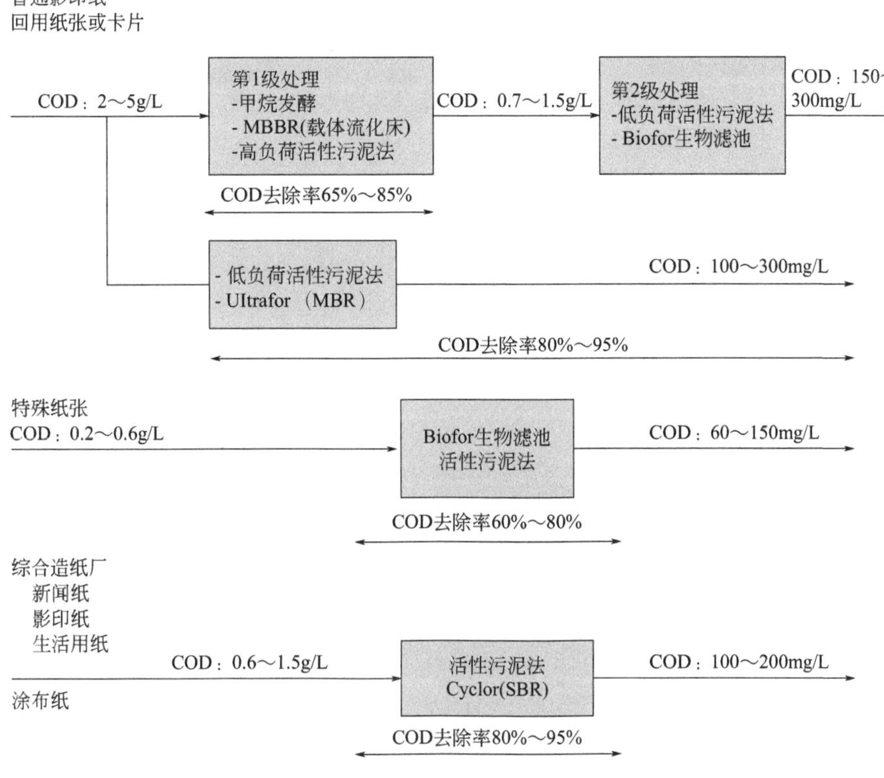

图 25-13　造纸厂和纸板生产厂废水处理系统中使用的单级或两级生物处理

（3）三级处理

去除 SS、难降解 COD、色度等特定污染物也许还需要采用三级处理工艺。对于第 25.1.6 节所介绍的可以采用的三级处理工艺，需要根据每个案例的具体情况来选择。

（4）污泥处理

初沉污泥中含有纤维和矿物质（纸张再生或制造过程中产生的）。矿物质和纤维的比例会因产品类型和生产过程中循环利用情况的不同而改变。

初沉污泥的处理包括：

① 在生产环节被循环利用（例如：生产普通影印纸时）；

② 或是单独脱水，或是考虑到其只占污泥总量的 5%～15%，可与生物污泥一起脱水处理。

第 18 章和第 19 章介绍了各种脱水、干化或焚烧技术。选择技术 - 经济最优的工艺取决于处理目标和污泥成分（纤维、矿物质、生物处理和深度处理所产生的污泥）。

（5）臭气控制

造纸废水的处理不会产生任何特殊的臭气，但对某些处理单元仍应采取一些常规的预防措施：甲烷发酵产气系统（硫酸盐还原产生的硫化物）；污泥脱水单元。

图 25-14 ～图 25-20 用几个典型案例做了进一步说明。

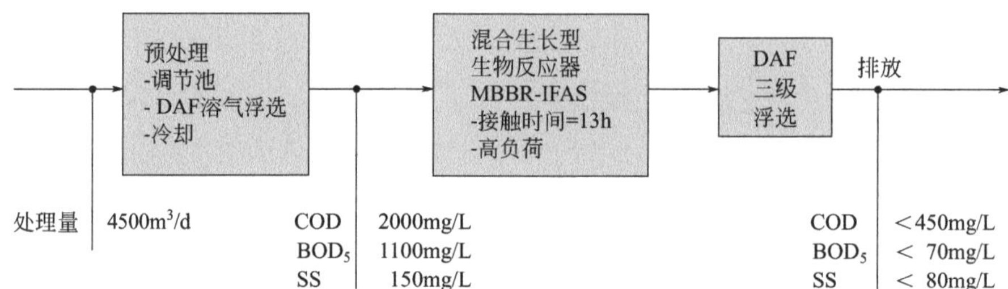

高负荷生物处理法可以实现75%以上的COD去除率，足以达到城市下水道纳管标准。

图 25-14 造纸厂 - Holmen Peninsular（马德里）：从 DIP（脱墨废纸浆）生产新闻纸 - 170000t/a

图 25-15 Holmen Peninsular 造纸厂（马德里）

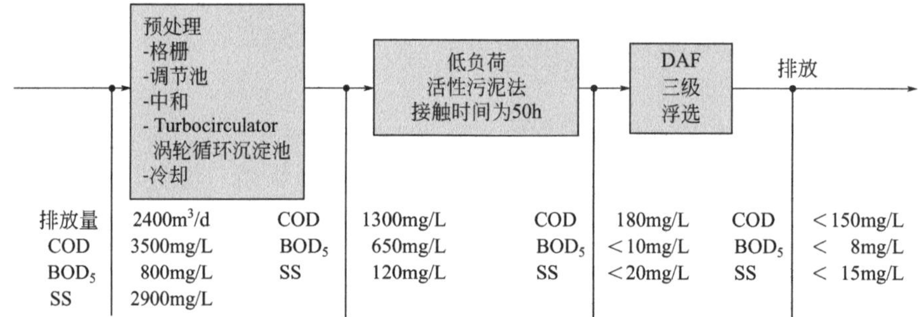

先进的单级生物处理常用于确保满足苛刻的排放标准，并获得显著效果：每生产1t纸所排放的COD小于1.6kg。

图 25-16 综合造纸厂 - NSI Golbey（法国）：从 TMP+DIP 生产新闻纸 -550000t/a

图 25-17 Stora Ensopaper 造纸厂 Corbehem（Pas-de-Calais，法国），处理量：72000m^3/d

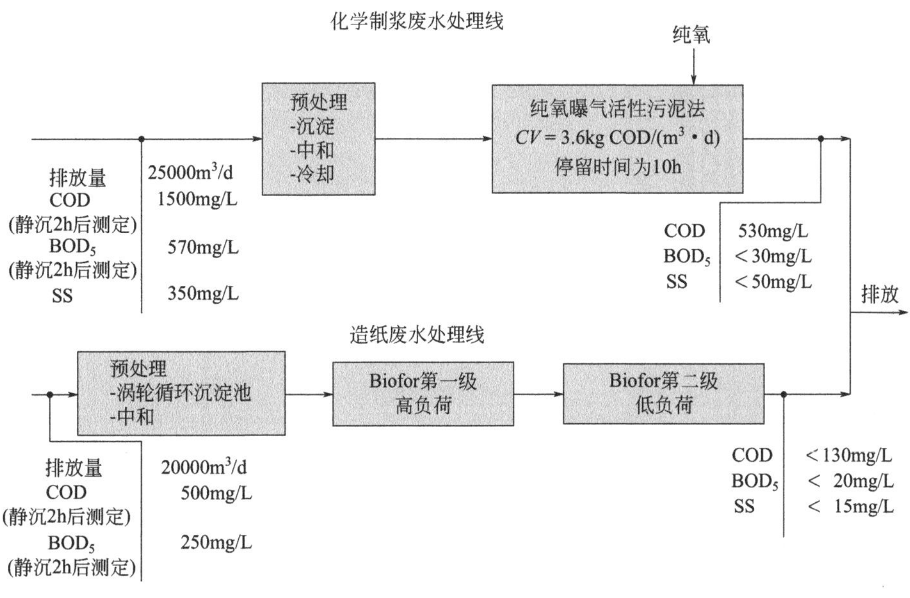

废水处理厂将纸浆废水和造纸机废水分开，分别采用纯氧活性污泥法和Biofor生物滤池，以使两种废水分别得到最佳处理。

图 25-18 造纸厂 - M Real（德国）- 综合造纸厂：化学浆 + 印刷纸 – 360000t/a

注：CV为COD容积负荷，下同。

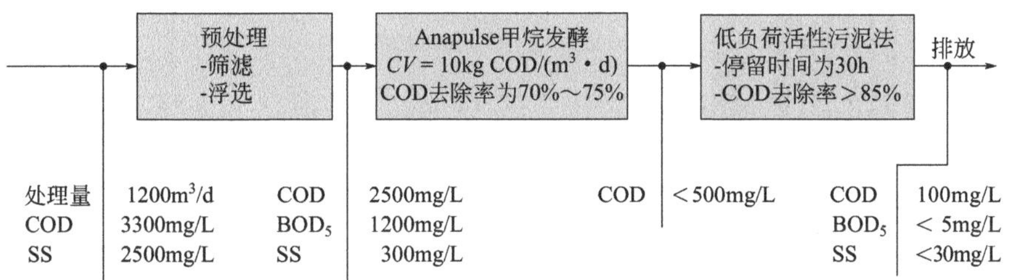

紧凑的处理厂采用两级生物处理(厌氧 + 好氧)实现了很好的处理效果，尤其是对COD，每生产1t 纸所排放的COD不足1kg。

图 25-19 再生纸 - Smurfit Vernon（法国）: 50000t 普通复印纸 /a

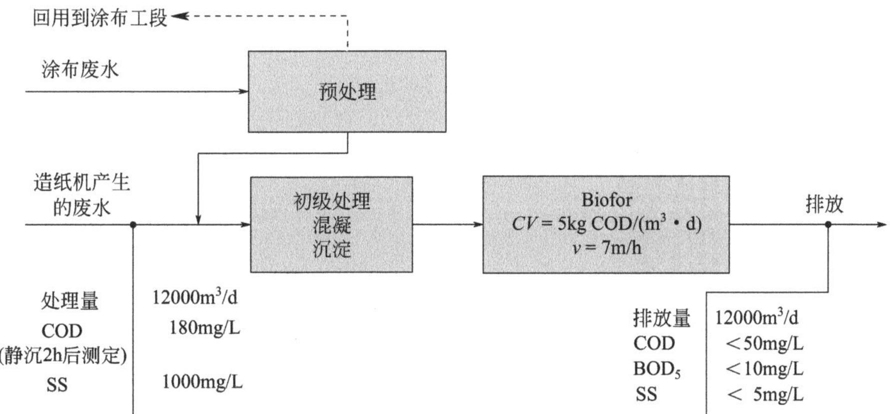

采用单独的处理系统能够对涂布废水的浓缩液(涂布泥釉可在制造过程中被回收使用)进行预处理，并经高负荷生物滤池的最终处理达到很好的处理效果，生产每吨纸排放的COD低于0.7kg。

图 25-20 造纸厂（意大利）: 280000t 涂布纸 /a

25.4 石油工业

25.4.1 生产

25.4.1.1 油田废水的处理

油田废水或采出水（常常和原油形成乳浊液），需先在油水分离罐中进行分离，然后进行初步除油处理（使用旋流或斜管分离器），最终根据其用途和当地排放标准进行深度处理（图 25-21）。

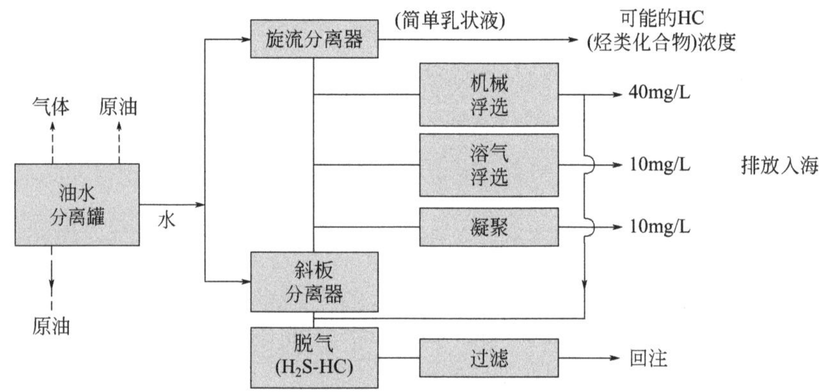

图 25-21　油田废水的处理

① 离岸排放通过机械浮选（烃类化合物 <40mg/L）、溶气气浮或混凝（烃类化合物 <10mg/L）实现。但后者仅适用于悬浮颗粒物非常少时（矿物质、蜡、固化的重质烃等）。

② 经脱气（如有必要）和砂滤后重新用于回注。

采出水进行回注更为可取，不仅避免了废水排海，还避免了细菌特别是硫还原菌的增殖。而且没有与采油层水的化学配伍禁忌问题（回注海水通常是不可避免的），也不要求脱氧。但回注水在回注前需要进行彻底地除油（1～2mg/L）和过滤处理。

25.4.1.2 海水处理后用于回注

根据油田渗透率不同而需使用不同的澄清标准，例如：

① 粒径大于 2μm 的颗粒的去除率在 98% 以上；

② 浊度 <0.5NTU 甚至 <0.2NTU；

③ 极少数要求 SDI<3（污染指数见第 5 章 5.4.2.1 节）。

无论是取自海岸还是河口的海水，SS 都较高，但若是取自离岸地区，则其 SS 较低（SS<1mg/L）。

两种处理技术路线非常相似。

① 沿海海域（平台或离岸地区）：图 25-22，沉淀阶段可选用澄清或高速气浮（Sea DAF，见第 10 章 10.4 节）；

② 近海海上平台：图 25-23。

通常取用海平面以下 20～30m 处的水，因为这个深度所取海水的 SS 不像表层水那么高（SS<2mg/L），因而只需要过滤。根据需要对其进行混凝处理。

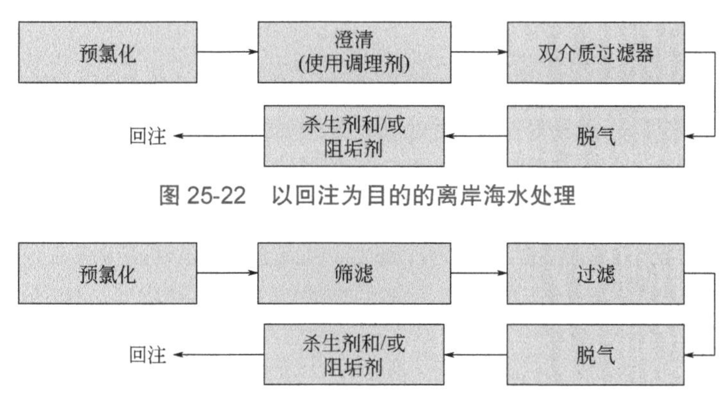

图 25-22　以回注为目的的离岸海水处理

图 25-23　以回注为目的的近岸海水处理

25.4.2　运输及压舱水

集中流量很大的压舱水先被输送到岸上的储存罐中，再以均匀的流量输送到处理厂进行处理后排放。但有时压舱水也会与炼油厂的废水一同处理。

由于压舱水已经存储了数天的时间，因而大多悬浮物已经沉淀，所以处理过程（设备）只包括：

① 用于处理短时高浓度烃类化合物的初级油水分离器；

② 投加有机混凝剂经溶气气浮彻底除油。

25.4.3　炼油厂

废水处理系统在很大程度上会因炼油厂的性质、使用年限和规模不同而有所变化。但是，图 25-24 所示的是典型的处理系统（正逐渐得到普及），其至少需将以下三类废水进行分流：a. 受污染的雨水；b. 生产废水；c. 压舱水。

当处理的目标是优化循环利用低含盐废水作为冷却水、消防用水和工艺用水，甚至是用于低、高压锅炉用水时，这种分流处理就十分必要。

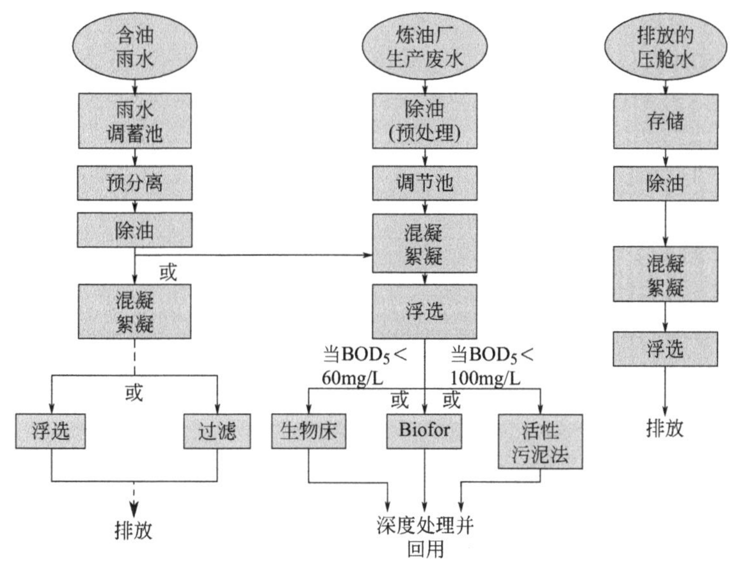

图 25-24　以排放到自然水体为目的的常规处理

25.4.3.1　含油雨水

含油雨水的流量经常波动，并且有时流量很大，因而首先会将其储存在雨水蓄水池中，之后依次通过 API 分离器、过滤或浮选进行处理。处理后雨水在少数情况下可直接进行排放。

根据含油雨水的 BOD_5 值和苯酚含量，在必要时可以在排放前对其进行生物处理。但是，在这种情况下，常常会采用图 25-24 所示的处理技术。

如果不直接排放，而是将雨水作为冷却水进行回用，那就需要采用去除 SS 以及在极少情况下需要去除残余苯酚的三级处理，如生物滤池工艺（滴滤池、Biofor 生物滤池）。

25.4.3.2　生产废水

生产废水产自各个炼油环节 [AD（常压蒸馏）、VD（减压蒸馏）、FCC（硫化催化裂化）、HDS（加氢脱硫）、各种催化裂解、减黏裂化等]。其中，脱盐器和 FCC（催化裂化器）所产生的废水中含盐量最高且常常受到硫化物的污染，因而需先经过吹脱和 / 或氧化处理（如图 25-25），才能进行浮选除油及生物处理。

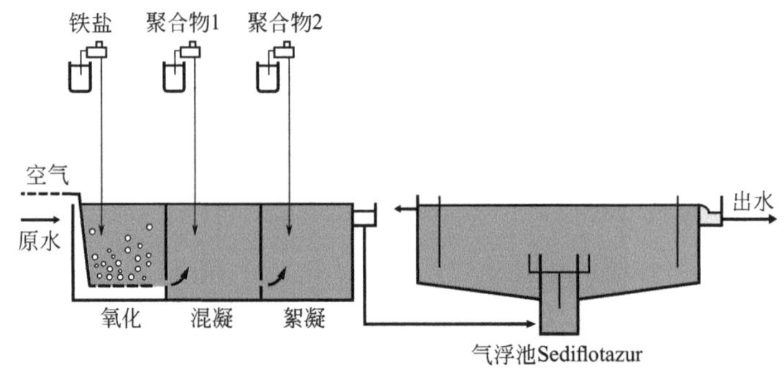

图 25-25　得利满的氧化工艺：炼油废水除油

若将这股废水与其余废水分开处理，则可以采用除硫效果更好的处理技术。当分流出的废水盐度高时，可以回流，与压舱水混合后处理。

图 25-26 所示为将生产废水回用为锅炉补给水系统的完整处理路线。需要注意的是，在这种情况下，压舱水（一般为海水）需要单独处理和排放，因为其含盐量过高，无法回用。

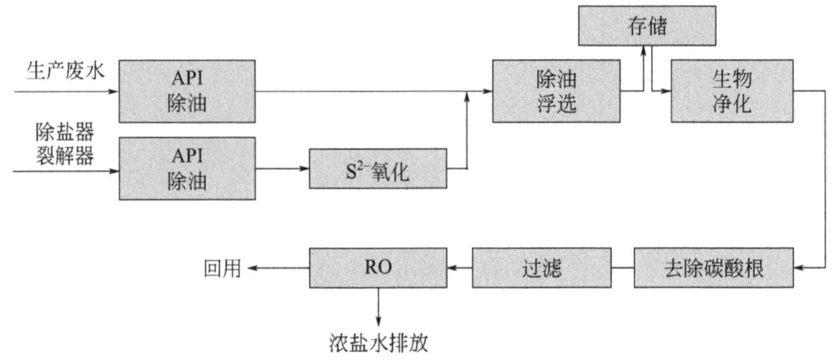

图 25-26　以回用为目的的炼油废水处理

25.4.3.3　炼油废水处理典型设计

这些案例皆是典型的炼油废水处理工艺，并且出水水质皆可满足内部循环使用的要求，有些甚至还回用城市污水处理厂的出水。因而这些工艺可以减少天然水资源的使用量，但同时会增大浓废水的产生量。

（1）Tabriz（伊朗）的 NPC 炼油厂

这是一个小型炼油厂，包括通过催化重整来生产芳烃和合成橡胶。

工艺废水的旱季流量为 200m³/h，其会被存储在容积为 6000m³ 的存储设施中。此外，受污染的雨水流量为 30m³/h（瞬时流量可达 3000m³/h）。

表 25-4 列出了污染物浓度和排放标准。

表25-4 污染物浓度和排放标准 单位：mg/L

指标	工艺废水	排放标准
COD	965	≤ 50
BOD_5	470	≤ 20
硫化物	<2	
悬浮颗粒物	200	≤ 30
总油	225	≤ 5
苯酚	1	1
总溶解性固体	<500	

这座建于 1998 年的工厂是节水实践示范工程，其处理的污水浓度较高。

需要注意的是：生活污水被单独分流出来，且采用城市污水类型的生物处理系统单独对其进行处理。

工业废水处理系统包括 API 分离器、调节池、浮选单元、低负荷的生化池和沉淀池。

污水处理厂出水需满足回用标准并且 COD 需小于 50mg/L（去除率大约 95%），因而三级处理工艺必不可少，包括一座沉淀池、后续的三台双介质过滤器和三台活性炭过滤器。

污泥处理工艺包括剩余污泥经过离心脱水后与所有含油污泥（API、废油、罐底沉泥以及浮选单元产生的污泥）以及合成橡胶单元所产生的固体废物一同进行焚烧。

说明：得利满为这家炼油厂提供了一系列的工艺给水处理和废水处理系统（另见本章 25.2.3 节）。

（2）壳牌化学公司（法国）

图 25-27 所示为针对活性污泥沉降性问题突出（由表面活性剂引起）的石化废水处理厂的典型处理系统。为了实现较低的出水 SS、BOD 和 COD，必须采用三级处理气浮工艺。

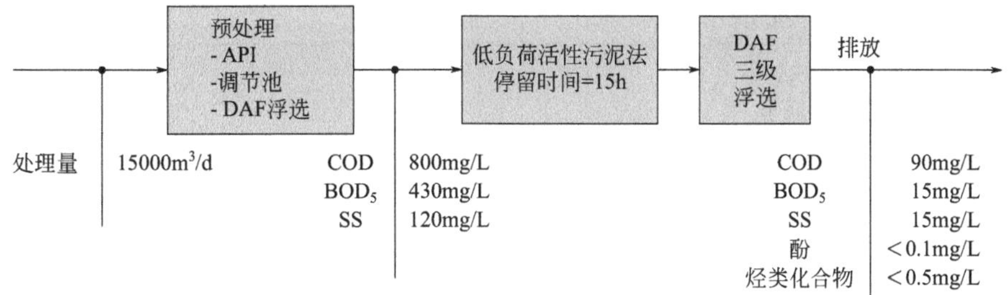

图 25-27 石化 – 壳牌公司（法国）典型处理系统

（3）Pemex Salina Cruz 项目（墨西哥国家石油公司）

直到 1998 年，墨西哥最大的炼油公司（每天加工 33 万桶原油）由水库直接供水（供水量为 $2920m^3/h$）。其产生的废水经过除油和非曝气型稳定塘处理后排放入海。为了保障居民生活用水，减少水库水的用量，该公司策划了一个三期的 BOT 项目。表 25-5 总结了其设计基础和节约水库水用量的实际效果。

表25-5　三期BOT项目设计基础和节约水库水用量的实际效果　　单位：m^3/h

用水点	1999 年之前流量	第一期（节水量）	第二期（节水量）	第三期（节水量）	剩余
锅炉补给水	500	-500			
冷却水系统补给水	1750	-350	-330	-870	200
其他工艺用水	230				230
炼油厂总计（节水率）	2480	-850（35%）	-330	-870	430（85%）
其他（饮用水、农业、医院等）	440				440
总计	2920				870

第三期项目结束后，炼油厂的水库水用量降低至 $430m^3/h$，与 1998 年相比减少了 85%。但值得注意的是，冷却塔中的浓度水平将会进一步提高。为了防止腐蚀，除了已有处理工艺，还需增设补给水脱盐系统［水源为工业废水（IWW）和城市污水（UWW）处理后出水］。

① 第一期（1999 年）

该阶段包括：

a.海水淡化：通过反渗透和现有离子交换器处理使水质达到锅炉用水标准，流量为 $560m^3/h$；

b.生产废水全部循环（$350m^3/h$）：从现有稳定塘中用泵取水，再经过浮选、生物硝化、石灰软化高密度沉淀池、流量为 $350m^3/h$ 的单层砂滤池处理，出水可用作消防用水和冷却塔补充水。

表 25-6 给出了 IWW（设计值和实际值）和循环处理出水水质。

可以看出稳定塘是导致原水水质设计值和实际值不一致的主要因素，并且因为其浓缩倍数只有约 3 倍，特别是 BOD、NH_4^+ 和 PO_4^{3-} 浓度都很低，处理出水不会对冷却水系统造成任何不利影响。

表25-6　IWW（设计值和实际值）和循环处理出水水质

参数	单位	设计值		实际值	
		原水	处理后出水	原水（平均值）	处理后出水（平均值）
平均流量	m^3/h	360	356	360	356
pH 值	—	7.5	最大 7.6	7.8	7.2
BOD	mg/L	39～110	23	37.6	12.7
COD	mg/L	100～310	91	87.2	30.1
悬浮物	mg/L	48.5	1	15.7	1.1
油脂	mg/L	3～10	0	6.5	0.1
NH_4^+-N	mg/L	33～69	<0.4	47.6	0.1
PO_4^{3-}	mg/L	0～3	<0.5	0.4	0

续表

参数	单位	设计值		实际值	
		原水	处理后出水	原水（平均值）	处理后出水（平均值）
苯酚	mg/L	0.14	0	0	0
碱度（以 $CaCO_3$ 计）	mg/L	100～200	<150	180	49.2
钙硬度（以 $CaCO_3$ 计）	mg/L	60～280	<100	261.5	40.7
镁硬度（以 $CaCO_3$ 计）	mg/L	40～120	55	91.1	29.2
SiO_2	mg/L	1～7	<15	23.1	16.1
粪大肠菌群	CFU/100 mL	1000～5000	—	320	38.5
S^{2-}	mg/L	8～64	1	0	0

② 第二期（2002 年）

为了进一步降低水库水消耗量，该公司建了一座城市污水处理厂（Salina Cruz 镇）。污水经过传统的低负荷生物处理（包括硝化和反硝化）和三级处理系统处理之后与 IWW 的出水进行混合。

③ 第三期

为了进一步减少水库水用量，有方案建议将冷却塔的浓缩倍数由 3 倍提高到 8 倍，但该方案需要：

a. 改善（降低）补给水的硬度：由于补给水主要由 UWW 提供，因而必须经过软化处理；

b. 通过降低硬度和硅含量来维持冷却循环水的水质，这可以通过侧流处理来实现，包括在高密度沉淀池中实现软化 - 除硅，通过投加石灰和镁盐强化硅的去除。

图 25-28 所示为三期（用不同颜色表示）和预期的处理系统最终设计流程。

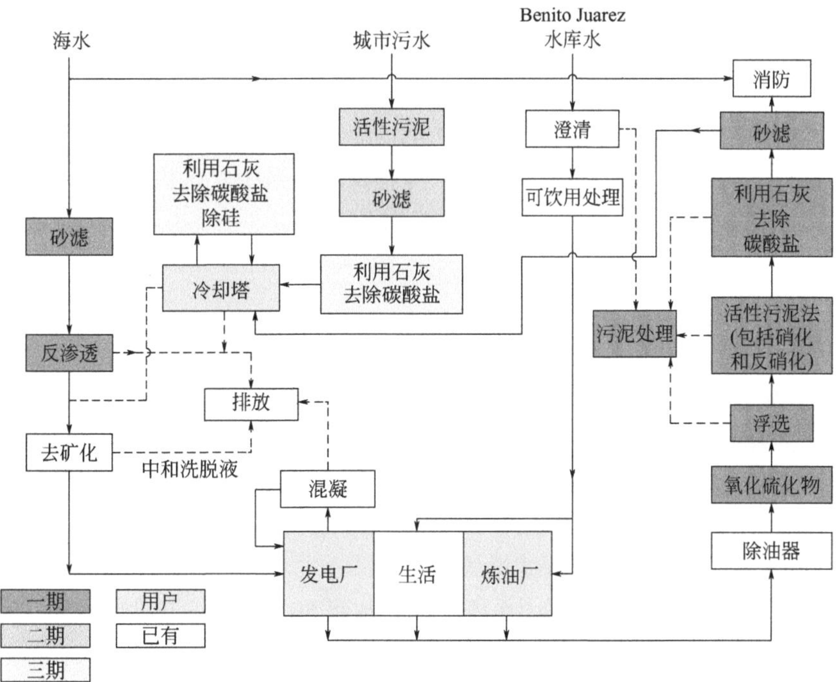

图 25-28　萨利纳克鲁斯炼油厂中水回用处理系统设计（墨西哥国家石油公司）

25.4.4 污泥和废弃物

回收 API 底泥（主要来自雨水的砂砾、黏土和石油类）并且通常在储罐中对其进行热处理：a. 原水循环至炼油厂入口；b. 清洗过的砂砾被送到填埋场；c. 水排放至 API 入口。

当废水仅投加有机混凝剂和絮凝剂时，浮油和气浮污泥会一起被送至污油罐中。

生物处理产生的剩余污泥经过脱水（必要时采用石灰稳定化处理）后可以与三级处理工艺（软化、过滤等）产生的污泥一起处置，通常送至填埋场，有时也会用于农业堆肥。

25.4.5 废碱渣

废碱渣中含有大量硫化物，S^{2-} 含量高达 2～5g/L，有时还含有苯酚，因而需要单独进行处理。

在 pH 值为 3.0～3.5 的酸性条件下，用中性气体吹脱 H_2S 进行脱硫。收集的废水储存起来然后以低流量送至废水处理厂已有的脱硫系统或者溶气气浮单元的上游。

苯酚在被其他废水稀释后通过生物法处理。

25.5 发电厂

这一节主要讨论发电厂中两个主要的水处理系统：

① 脱硫（SO_2）及除汞工艺，甚至脱硝工艺（去除氮氧化物）产生的废水，这个工艺又被称为 FGD 烟气脱硫废水处理系统；

② 用于冷却塔和锅炉补水等的回用水处理系统，以节约天然地表水和地下水的消耗量（特别是干旱地区或有其他环境因素限制的地区）。

但也要注意还有第 2 章 2.5.12 节中表 2-65 所列举的有关油库水（典型除油）、含有飞灰的水（煤和褐煤发电厂）以及锅炉清洗水等特殊处理系统。这些系统与具体厂相关。例如，对于灰渣水的处理就取决于灰分是酸性还是碱性的。

25.5.1 烟气脱硫（FGD）洗涤废水的处理

25.5.1.1 FGD 废水的特点

富含硫的化石燃料特别是煤的使用会产生大量富含 SO_2 的烟气。这些烟气必须经过洗涤以去除会导致酸雨和对环境带来负面影响的污染物。

一个典型的 750MW 的发电站大约会产生 2.5Mm^3/h 的烟气，这意味着每小时需要去除 4～5t 的 SO_2。

烟气洗涤最常用的方法是两段式湿式洗涤塔：

① 烟气在 pH 值为 0.5 的半封闭系统中被冷却到 50℃左右，在此过程中，部分污水会排放至废水处理系统；

② 烟气被 pH 值为 4 左右的 $CaCO_3$ 或 $Ca(OH)_2$ 乳浆所洗涤，其中部分污水会排放至

废水处理系统。

这些排污水需要经过处理以达到相应的排放标准。排污水通常为酸性含盐废水，废水中含有悬浮态石膏和 SO_2 或是 SO_2 与 NO_x 的混合物（由具体案例决定），并且很多金属元素的含量也高于排放标准的限值（随国家和地区的不同而变化很大）（见表 25-7）。这种处理通常被称为 FGD，但实际上，它是对 FGD 出水的处理。

表25-7　FGD出水水质示例

水质指标	单位	浓度	水质指标	单位	浓度
pH 值		3～4	Cr	mg/L	0.5
温度	℃	40～50	Cd	mg/L	0.05～0.1
SS	g/L	10～20	Pb	mg/L	0.5～1.5
烃类化合物	mg/L	2～10	Hg	mg/L	0.008～0.05
COD	mg/L	250～500	Cu	mg/L	0.2～0.8
Cl	g/L	15～30	Zn	mg/L	0.5～1
溶解性 SO_4^{2-}	g/L	2～3	As	mg/L	0.3～0.8
F	mg/L	40～100	V	mg/L	2～15
Mg	mg/L	50～4000	Se	mg/L	1～4
Ca	mg/L	300～5000	Be	mg/L	1～2
N	mg/L	5～600	Sb	mg/L	0.1～0.4
CN	mg/L	0.1～0.5	B	mg/L	1～10

25.5.1.2　废水处理厂

值得注意的是，有时一些发电厂会将所有废水集中处理：a. 冷却水系统排污；b. 含灰废水；c.FGD 废水；d. 脱盐水站再生废水；e. 杂排水。

这种处理方法虽然可行，但会稀释硫化物和重金属，并要求提高处理设施的处理能力，且更重要的是增大了污染物的总排放量。因而通常建议 FGD 废水单独处理，因为其水量很小，一般为 10～60m³/h。下文将进一步讨论 FGD 废水单独处理技术。

处理流程可能有几种，这取决于出水水质要求和废水水质（仅有 SO_2 或是 SO_2 与 NO_x 皆有）。FGD 处理系统接收洗涤排污水，包括集水池中的水、洗涤器排水槽中的水和污泥等。处理工艺通常包括：

① 中和，石膏去饱和（投加石灰促使石膏沉降）；

② 混凝和金属沉淀（添加含有还原态硫的沉淀剂）；

③ 絮凝；

④ Densadeg 类型的污泥接触高密度沉淀池（应选用特殊的材料建造并要防止堵塞）；

⑤ 污泥处理（浓缩和脱水）。

当存在 NO_x 时，可以采用生物硝化 / 反硝化工艺（Biofor）。但必须考虑到金属浓度的影响，最重要的是，还要考虑到总盐度（详见渗透压）的波动会影响生物处理的效果。

通常上述处理可以确保出水中金属和氟化物含量满足水质要求。但是，需注意在有些情况下，一些金属，例如硒（Se）和六价铬（Cr^{6+}），仅通过物理化学沉淀无法被有效去除，从而无法达到排放要求。在这种情况下，可以采用生物处理工艺。其他金属，例如硼（B）、钒（V）和铊（Tl）（通常通过化学沉淀难以去除）则需要额外处理，例如使用特定的离子交换树脂。同样，也无法保证 SO_4^{2-} 含量可以显著低于 2000mg/L（$CaSO_4$ 具有较高的溶解度）。因此，为了使得水中硫含量更低以确保达标，可以考虑将 FGD 出水与附近的其他发电厂出水混合处理。表 25-8 列举了一般的担保要求和一家正在运行的处理厂的实际处理效果。

表25-8　由EDF Cordemais厂（法国）提供的实例，其进水COD 为200～400mg/L，出水COD为90～150mg/L

水质指标	单位	担保值	实测值
pH 值		6.5～8.5（如有必要可到 9）	8.3
温度	℃		40
SS	mg/L	<30（通常 <15）	7
COD	mg/L	150	130
烃类	mg/L	<5	<0.05
溶解性 SO_4^{2-}	mg/L	2000	1720
F	mg/L	<15（偶尔 <5）	15
Mg	mg/L	—	
Ca	mg/L	—	
N	mg/L		
CN	mg/L	<0.1	<0.05
Al	mg/L	<2	<0.1
总 Cr	mg/L	<0.1	<0.05
Cd	mg/L	<0.003	<0.01
Fe	mg/L	<0.5	0.15
Pb	mg/L	<0.01	<0.01
Hg	mg/L	<0.002	<0.001
Cu	mg/L	<0.05	0.04
Zn	mg/L	<0.05	0.04
As	mg/L	<0.005	<0.001
V	mg/L		0.03
Se	mg/L		0.03
Be	mg/L	<0.0015（仅在美国）	
B	mg/L	<1（很少）	

应该注意到，越来越多的发电厂要求排水的 COD 低于 150mg/L。考虑到进水 COD 的变化范围为 250～500mg/L，可能需要采用三级处理工艺（耐高盐度的生物处理或当流量较低时可考虑活性炭吸附）。

还应该注意到，有时 SS 也会对出水 COD 有所贡献，因此通过高效地去除 SS 可以使出水 COD 达到低于 150mg/L 的要求。

最后要谨记的是，氟化物可以通过与石膏共沉淀生成 CaF_2 的方法使出水氟化物达到低于 15mg/L 的担保值。但是更低的出水担保值无法仅通过共沉淀的方式实现，除非原水中的溶解性氟化物已经很低。在大多数情况下，如果氟化物含量很高，三级处理必不可少，可以使用硫酸铝或活性氧化铝。

25.5.2　废水回用为电厂补给水

在世界上的干旱地区，越来越多的工业被要求甚至被强制减少或者禁止取用天然地表水和地下水。因此，废水回用，大多数情况下将城市（或市政）污水回用［参见本章 25.4.3 节中的（3）墨西哥国家石油公司的案例］是必要的。工业废水在许多情况下也可以被有效地回用，特别是新一代的热电联产发电厂。这些发电厂往往有使用其蒸汽和电能的大型工业客户，而这些客户可以为发电厂提供工业废水，经过不同程度的处理后作为水源。

格雷戈里电源合作伙伴（Gregory Power Partners）所建造的热电联产发电厂（Corpus Chrsti，德州）是一个典型案例（图 25-29），其主要客户是一家铝冶炼厂。该铝冶炼厂所排放的冷凝水含盐量低但有机物含量高且成分复杂多变：TOC 约为 30mg/L，最高可达 60mg/L，必须降至 0.5mg/L 才能保证水质达到余热锅炉（HRSG）蒸汽发生装置的要求。有时会出现冷凝水不足的情况，此时需要从 San Patricio 河取水：冷却塔补给水的取水量为 $384m^3/h$，发电厂锅炉补给水的取水量最高可达 $830m^3/h$。

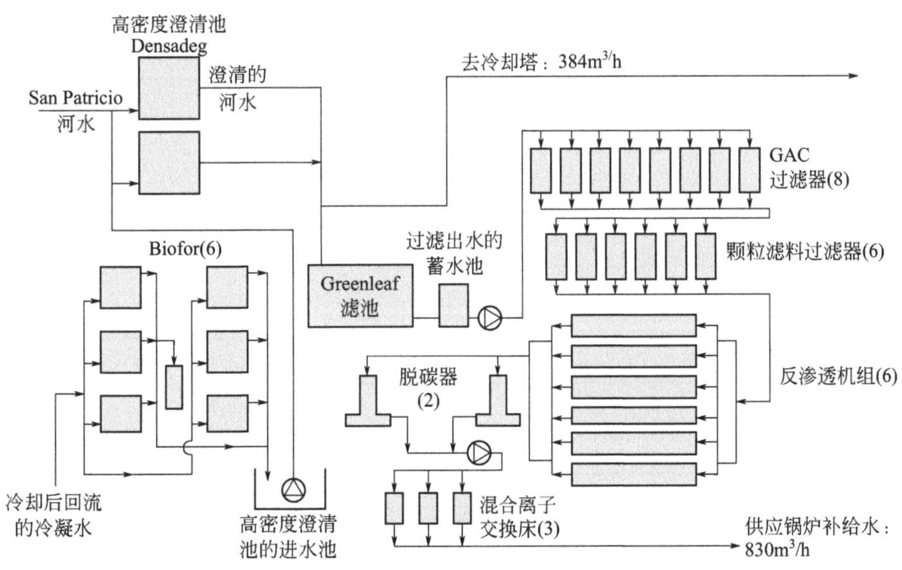

图 25-29　热电厂：由格雷戈里合作伙伴（Corpus Christi，德州）提供的案例

表 25-9 和表 25-10 列明了各种水源的水质分析指标。实际上，当两种冷凝水源（铝土矿消化反应器和蒸发器）的 TOC 一旦稳定，则在 98% 的情况下，两种冷凝水源的 TOC 值分别低于 25mg/L 和 45mg/L。

表25-9　待处理水水质

离子	单位	消化反应器	蒸发器	San Patricio 河
Ca^{2+}（以 $CaCO_3$ 计）	mg/L	2	2	2
Mg^{2+}（以 $CaCO_3$ 计）	mg/L	0.5	0.5	0.5
Na^{+}（以 $CaCO_3$ 计）	mg/L	40	20	32
K^{+}（以 $CaCO_3$ 计）	mg/L	1	1	1
NH_4^{+}（以 $CaCO_3$ 计）	mg/L	150	75	120
Al^{3+}（以 $CaCO_3$ 计）	mg/L	45	23	36.2
总阳离子（以 $CaCO_3$ 计）	mg/L	238.5	121.5	191.7
P-alk.（以 $CaCO_3$ 计）	mg/L	175	70	133
M-alk.（以 $CaCO_3$ 计）	mg/L	195	98	156.2
SO_4^{2-}（以 $CaCO_3$ 计）	mg/L	2	2	2
Cl^{-}（以 $CaCO_3$ 计）	mg/L	40	20	32
NO_3^{-}（以 $CaCO_3$ 计）	mg/L	0.5	0.5	0.5
PO_4^{3-}（以 $CaCO_3$ 计）	mg/L	0.5	0.5	0.5
F^{-}（以 $CaCO_3$ 计）	mg/L	0.5	0.5	0.5
总阴离子（以 $CaCO_3$ 计）	mg/L	238.5	121.5	191.7
pH 值		10.5	10.4	10.46
电导率	μS/cm	120	80	104
Fe^{3+}（以 Fe 计）	mg/L	1.5	0.05	0.92
Mn^{2+}（以 Mn 计）	mg/L	0.03	0.03	0.03
Ba^{2+}（以 Ba 计）	mg/L	0.01	0.01	0.01
Sr^{2+}（以 Sr 计）	mg/L	0.01	0.01	0.01
SiO_2（总）（以 SiO_2 计）	mg/L	1	0.1	40
TOC（以 C 计）	mg/L	75	30	58
BOD	mg/L	124	63	100
COD	mg/L	356	129	265
SS	mg/L	20	20	20
油脂	mg/L	30	10	22

表25-10　处理担保值

电导率	<0.1μS/cm（在 25℃时）
SiO_2	<10μg/L（以 SiO_2 计）
TOC	<0.5mg/L
Fe	<10μg/L
Cu	<10μg/L
油脂	<0.02mg/L

其包括：

① 使用 Biofor 生物滤池技术处理冶炼铝时产生的冷凝水。实际上，由于冷凝水所含有机物本质上是易生物降解的，因此通过 6 座 Biofor 单元处理后，TOC 去除率可以达到 70% ～ 80%。

② Biofor 出水会和取自 San Patricio 河的补充水一起进入 2 座 Densadeg 高密度澄清池。两者的混合比例为 0～100%，但通常的混合比范围为 20%～80%。

如图 25-30 所示，为了彻底去除 TOC，采用了深度脱盐水系统处理 830m³/h 的混合水（注意图中所给为担保的最小值），出水水质可以优于 10MΩ • cm。该处理系统包括：

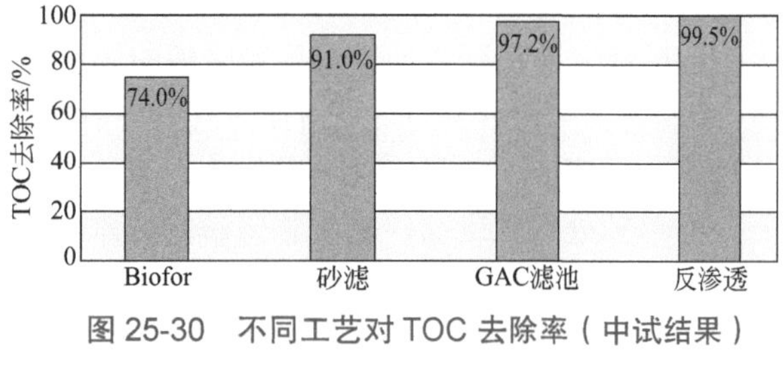

图 25-30　不同工艺对 TOC 去除率（中试结果）

① 双介质过滤器（Greenleaf 型过滤器，见第 13 章 13.4.2 节）；

② 颗粒活性炭过滤器（为了防止生物污堵需进行周期性蒸汽消毒，消毒频率为每 1~2 个月一次）；

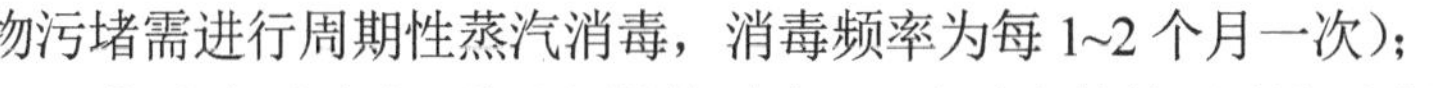

③ 多介质过滤器作为额外的过滤器，去除炭粉的同时达到满足反渗透进水要求的 SDI 值；

④ 反渗透系统和混床，彻底去除 TOC（表 25-10）并降低 TDS。

值得注意的是，该系统在运行 18 个月后，决定“超越”活性炭过滤器。因为 TOC 没再出现峰值，所以活性炭过滤也就无需投入运行。

尽管这套处理系统很复杂，但第一年的运行结果表明了该系统具有很高稳定性和操作的简易性。正是这些优点证明了该项目在经济上是可行的。

图 25-31 所示为处理系统的一部分：Biofor、Greenleaf 过滤器和多介质过滤器。为了满足整个热电联产项目的短周期要求（18 个月），所有设备皆是地上式的（包括 Densadeg 高密度澄清池）且全部为钢制。

图 25-31　格雷戈里 - 热电联产（Corpus Christi，德州）

25.6　化学工业

25.6.1　概述

化学工业极其复杂多样，通常主要分为以下几大类：a. 石油化工；b. 无机化工；c. 特种化工；d. 精细化工；e. 制药。

除了本章 25.1 节提到的废水处理系统组成内容，由于化工行业的多样性，无法给出推荐的通用典型处理流程。许多化工厂生产多种产品（由复杂程度不同的分子组成），这些产品的质量和数量会定期变化，这就需要定期检查处理工艺的效果。

因此，与其他工业相比，化学工业需要特别考虑以下问题：

① 各种生产工艺及其废液的分流：a. 重度污染或轻度污染雨水；b. 重度污染或轻度污染冷却水；c. 生活污水；d. 可直接排放的无机废水；e. 不同来源的生产废水；f. 高危废水。

② 在分流基础上，按照以下目标设计废水处理系统：

a. 单独处理不能与其他废水合并处理的废水；

b. 单独处理明显不可生物降解的废水；

c. 稀释之前在源头处理难生物降解的污染物，可以通过：i. 实现内部循环利用的目标；ii. 或者对影响最终处理工艺的污染物单独进行处理（如焚烧、吸附）；iii. 或者单独处理浓度最高的废液，使最终处理更经济有效。

d. 单独处理浓度高、易生物降解的废水（通过厌氧发酵、Ultrafor 等），从而降低主要或者最终生物处理系统的负荷。

在经过内循环或者特殊预处理之后，由于浓度较高的废水已经经过了预处理，最终处理系统的处理量可以减少而且污染物负荷较低。

图 25-32 总结了该系统中的不同阶段。

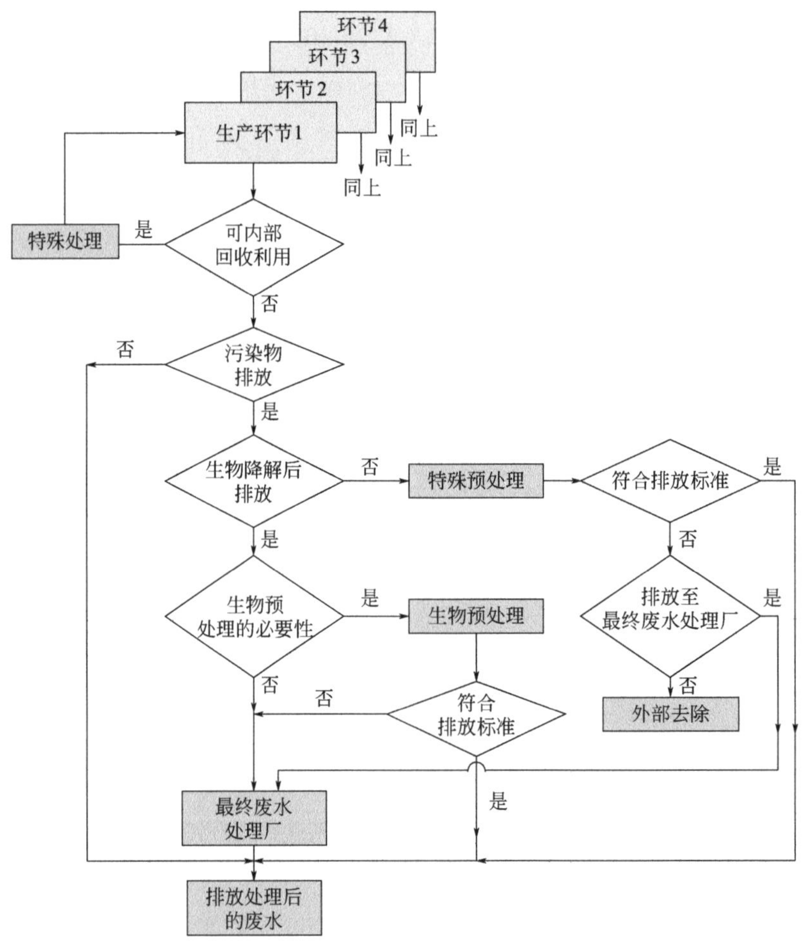

图 25-32　化学工业废水处理系统流程图

25.6.2　内部处理或特殊预处理

表 25-11 列出了根据需要去除目标污染物可以考虑的几种处理技术。

表25-11　根据需要去除目标污染物的几种处理技术

技术	重金属	难降解COD	AOX	烃类	NH_3	酚类	阴、阳离子	悬浮物	BOD	备注
沉淀 / 气浮 / 过滤		√		√				√		混凝 / 絮凝之后
化学沉淀	√						√			
MF/UF		√						√		污染物浓缩在浓水中
NF/RO	√	√	√				√			污染物浓缩在浓水中
氧化（O_3、Toccata）		√	√			√				
湿式氧化①		√	√			√				
吸附		√	√			√				
离子交换	√				√		√			污染物浓缩在洗脱液中
气提			√		√					污染物转移至气相
蒸发①	√	√								污染物浓缩在浓盐水中（如果是挥发性的则在蒸馏水中）
焚烧①		√	√	√	√	√				烟气质量
生物厌氧消化						√			√	如果废水浓度足够高
生物好氧 /Ultrafor					√	√			√	

① 该技术仅适用于处理浓度非常高的废水（>100g/L）。

注：1. 有些技术可以依据其有毒物质特性去除有毒物质。

2. 每种处理技术都会产生特定的残余物（见备注栏），因此需要单独考虑相关的污染物处理方法或最优的处置方法。

25.6.3　最终处理系统

最终废水处理系统（图 25-33）的设计必须遵循以下几点：

① 能够随工厂生产工艺的改变调整或者扩容；

② 出于上述原因具有通用性和灵活性；

③ 设置足够大的调节池和事故池；

④ 设置有效的监测设备（分析仪、传感器、毒性分析仪器等），以防止事故排水或者超标废水造成工艺用水或者排放无法接受；

⑤ 理想情况下，操作人员仅负责监测各工艺装置排放的污染物。

说明：

① 如有必要，调节池可以由几个序批式运行的水池组成；

② 物化处理是可选的，但在某些情况下，比如存在悬浮物或者需要沉淀的金属、油类，物化处理则是必需的；

③ 是否需要三级处理取决于排放标准，可以采用本章 25.1.6 节所述的处理方法；

④ 最终处理系统的污泥处理通常包括：a. 浓缩、脱水；b. 干化和 / 或焚烧。

一般而言，化工污泥并不适合于农用。对于化学工业，污泥处理处置费用占其运行成本的比重越来越高，因而 Biolysis 工艺（见第 11 章）得到特别的关注。

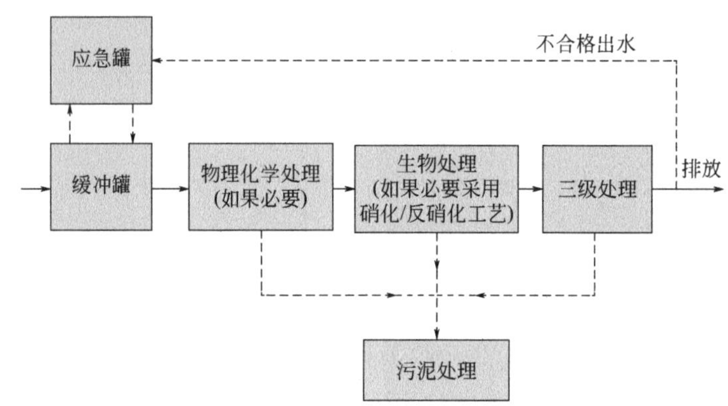

图 25-33　最终废水处理工艺总流程图

25.6.4　案例

以下三个案例（图 25-34 ～图 25-36，以及本章 25.4.3 节提到的壳牌化工）介绍了处理工艺以及可以达到的典型处理效果。

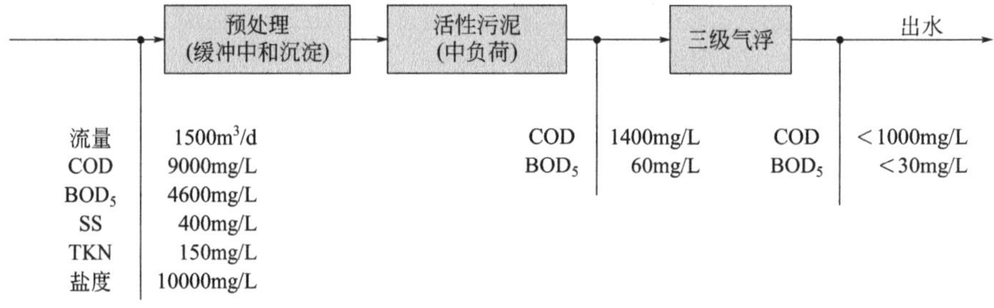

图 25-34　医药行业 -Aventis（法国）

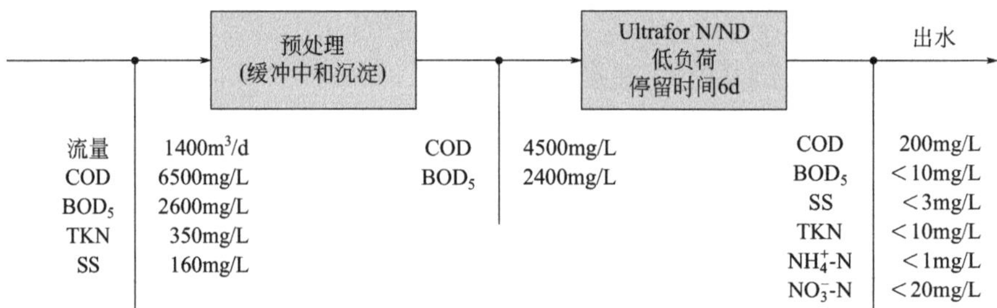

图 25-35　医药行业 -Sanofi Aramon（法国）

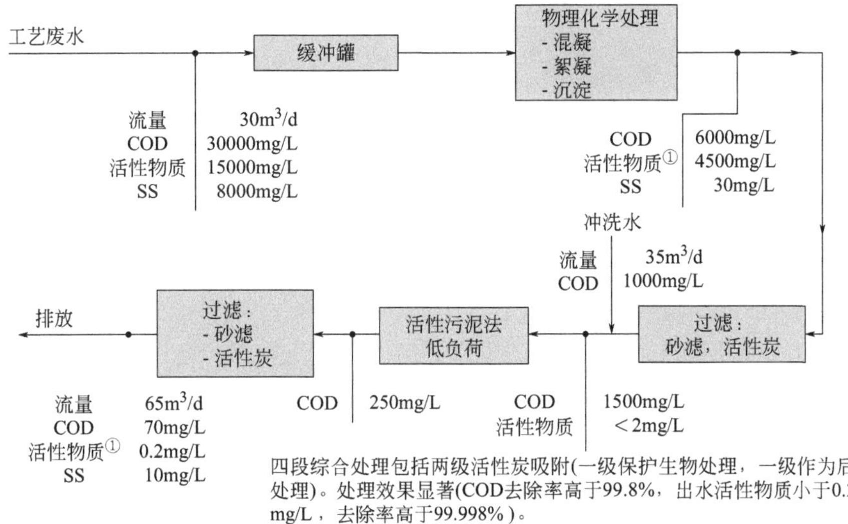

图 25-36　精细化工厂（杀虫剂、杀菌剂、除草剂）–Syngenta（法国）：年产量 12500t

①最终产品中的活性物质。

25.7　纺织工业

本章讨论最常见的染整废水处理，尽管其采用的原料范围很广（各种类型的染料、辅助产品、处理的纤维等），但处理流程是相似的。

多数情况下，处理工艺包括以下几个方面。

25.7.1　预处理

一般而言，预处理包括：

① 用于去除纤维的精细过滤（棉絮等）。

② 调节池，用于：a. 调节波动较大的流量；b. 减少 pH 波动；c. 预曝气与氧化硫化物。

③ 最终中和。

说明：在某些情况下，可能需要增设初级澄清（沉淀或气浮）工艺。

25.7.2　生物处理

一般而言，生物处理采用低负荷的活性污泥法以去除尽可能多的可生物降解 COD。当原水 COD/BOD 介于 2～4 时，典型的 COD 去除率为 70%～90%，通常这并不满足要求，需要增设三级处理工艺。当原水的 COD 浓度足够高时（大约高于 2g/L），Ultrafor 膜生物反应器是比较理想的解决方案。

25.7.3　三级处理

三级处理的主要目标是：a. 去除色度（图 25-37）；b. 去除难降解 COD 和悬浮物。

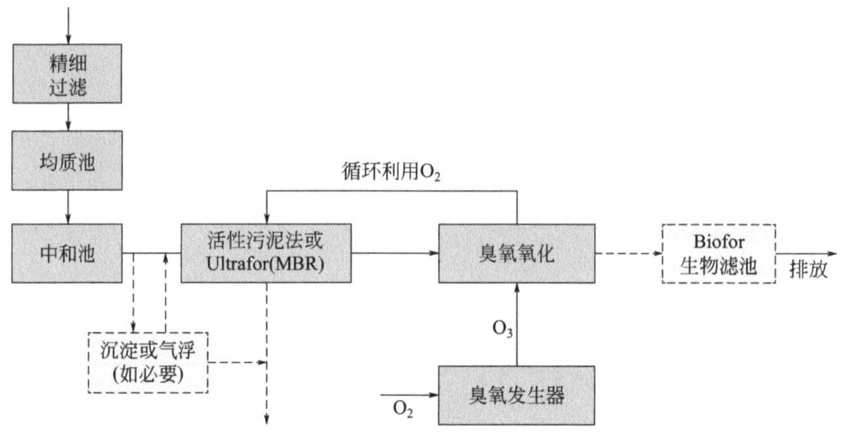

图 25-37　纺织行业常用处理流程（彻底去除色度）

以下为最常用的处理技术：

① 混凝絮凝，但是存在药剂费用高和产生额外污泥的缺点；

② 臭氧氧化或者臭氧氧化后加 Biofor 生物滤池，有以下优点：

a. 占地紧凑；

b. 高效；

c. 污泥产量少或者几乎没有污泥产生；

d. 如果臭氧由纯氧制备，可以回收多余的氧气并重新引入生物曝气池，从而降低曝气能耗。

25.7.4　污泥处理/臭味控制

产生的污泥中大多为生物剩余污泥，可以采用典型的污泥处理工艺。考虑到纺织行业使用的染色剂的重金属含量越来越低，污泥甚至可以用于土地利用。

纺织行业污泥目前不存在特殊的臭气问题。

25.7.5　案例：法国某纺织废水厂

由法国 Association de la Haute Vallée de La Touyre 运营的纺织废水厂的实景图及工艺流程图见图 25-38 和图 25-39。

图 25-38　由法国 Association de la Haute Vallée de La Touyre 运营的纺织废水厂实景图（规模：15000m^3/d）

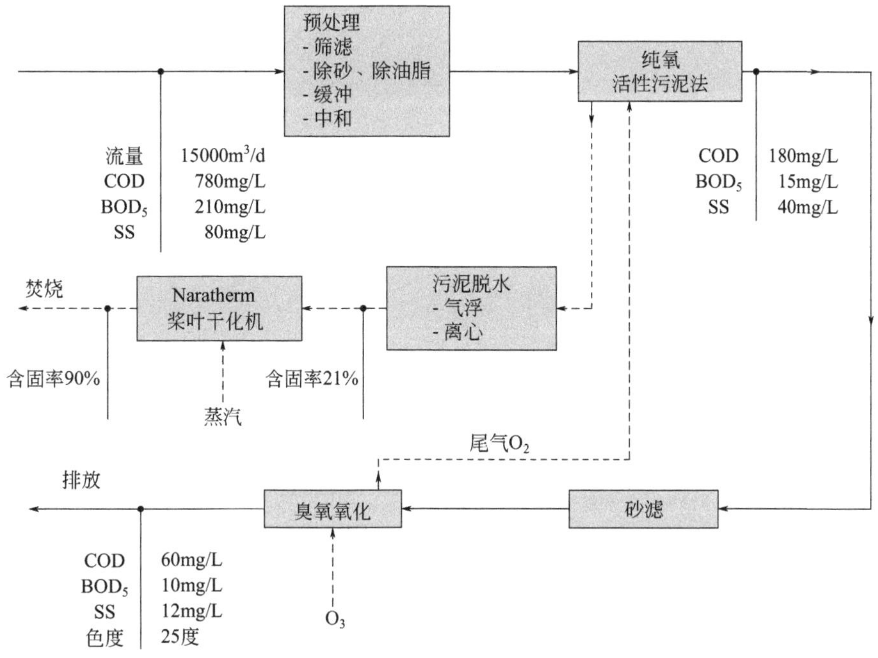

图 25-39　由法国 Association de la Haute Vallée de La Touyre 运营的纺织废水厂工艺流程图

25.8　钢铁工业

一个完整的钢铁厂包括：

① 烧结：准备矿石和高炉进料，用于生产铸铁（理论上无废水产生）。

② 焦化厂：生产用来还原金属的炼铁炼钢用焦炭。

③ 高炉：生产铸铁。

④ 炼钢厂：生产各种类型的钢。

⑤ 电炉炼钢：生产特殊钢并回收废金属。

⑥ 连铸：生产厚钢板、钢坯，用于后续进一步加工的半成品。

⑦ 热轧：生产薄钢板、钢梁、钢棒、钢筋等。

⑧ 冷轧：生产制成品（不同规格的钢带、钢筋、钢丝等）。

重要的是要从以上所有工艺装置中，区分开以下两类废水：

① 用于煤气洗涤或热轧厂喷淋的大型开式循环系统的循环排污水，这类废水污染不是特别严重；

② 需进行特殊处理的废水，包括焦化厂产生的废水（高氨氮废水）和冷轧单元的废水（酸洗、滚轧和精整加工的废水），这类废水污染非常严重。

25.8.1 开式循环系统

25.8.1.1 焦化厂

开式循环系统包括：

① 用于熄焦的除尘系统。这种系统设有矩形沉淀池，沉淀池溢流出水（上清液）部分回用。也应注意以下几点：a. 50% 的水在淬火工艺中蒸发；b. 进水含盐量限值限制了各种盐类的浓度，特别是氯化物含量。

② 焦炉进料和 / 或预热烟气洗涤除尘回路设有沉淀池，部分沉淀池的上清液也被回用至淬火系统补水。

25.8.1.2 高炉

本单元主要包括一个烟气洗涤系统。

本单元一般采用干式净化系统去除粒径大于 75μm 的微粒，之后用湿式处理法去除剩余的颗粒物（大约为 3g/L）。图 25-40 介绍了一种可行的处理方法，该方法主要采用浓缩池分离颗粒物并去除硬度，如有必要可采用石灰软化法，上清液在回用至洗涤塔前要先进行冷却。

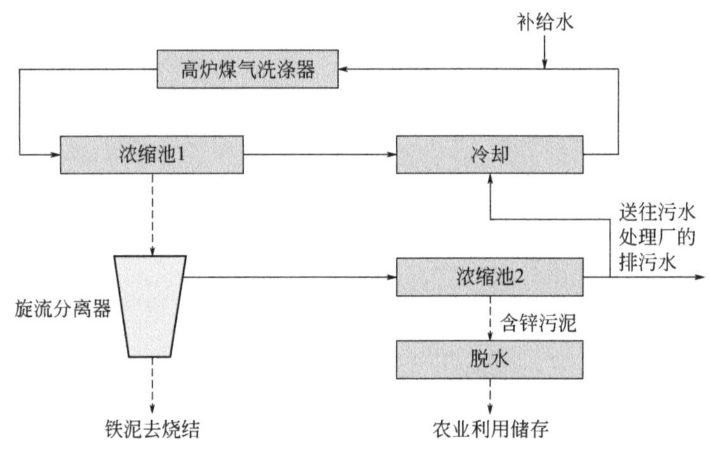

图 25-40 高炉煤气洗涤水系统图

该系统有时会出现泡沫问题，但这些泡沫容易用消泡剂消除。

有时会采用旋流分离器从铁泥中分离出锌，然后将这种绝干污泥含量为 80% 的污泥循环至烧结系统（锌是高炉内的污染物，锌会在高炉中心部位气化，然后在“咽喉”部位凝结，造成重大破坏）。旋流分离器的溢流液被送到专用浓缩池中，浓缩池的上清液回流至清洗系统，含锌污泥脱水后储存。采用该处理流程，可以去除 90% 的锌，回收 60% 的固体，但清洗系统排污有时会含有氰化物，在污水被送往主处理系统之前需要先氧化氰化物。

25.8.1.3 炼钢转炉

炼钢转炉主要包括一个煤气洗涤系统。

图 25-41 列出了可行的处理方法，主要包括：a. 预沉淀，并通过螺旋或振动梯提升污泥；b. 浓缩（大多情况下须先经过絮凝）；c. 在沉淀池入口投加 Na_2CO_3 提高碱度。

经过上述方法处理的水在回用至清洗装置之前需要先冷却。预沉污泥循环回至转炉（该部分污泥含有大量石灰、氧化镁和碳酸钙）；浓缩池污泥脱水后则送至填埋场。

目前，正在研究将该废物循环回用至烧结系统或直接回用至转炉（但需要监测不同元素的浓度）。

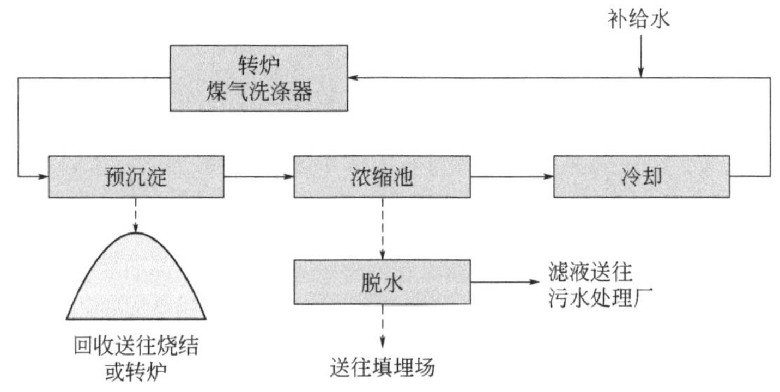

图 25-41　用于常规氧气转炉的煤气洗涤水系统图

25.8.1.4　连铸和热轧

连铸和热轧单元配备闭式循环系统，用于冷却钢锭模、熔炉、转动机械和检验设备。该闭式循环系统经过控制不会产生需要处理的污水。

但是，上述装置还包括喷淋和循环冷却系统，系统中的主要污染物是油脂和铁皮。

大部分处理厂最常用的处理方案包括：

① 一个圆形的、切向进水的铁皮收集坑（通常称为水力旋流池），可截留大部分颗粒物（粒径＞200～250μm）以及部分润滑剂和轧辊油。这些油类由浮动式表面撇油器（睡莲式、盘式、浮漂式等）收集，而铁皮则由一个抓斗提取后回收。

② 一个 API 形式的矩形沉淀池（仅用于热轧），底部刮泥机去除细小的铁皮，表面撇油器收集油类。用铲斗收集铁皮，然后经过重力排水后循环利用（取决于含油量）。

③ 一组砂滤池用于彻底去除油类和细微铁皮。砂滤池的反洗废水经过澄清后与砂滤池出水一起回用至冷却塔的喷淋系统。

图 25-42　热轧厂－Gerdau 钢铁厂－Acos Finos（巴西）处理量：48000m^3/d

图 25-42 是 Gerdau 钢铁厂（巴西）的热轧废水处理装置。

需要注意铸造和轧制工艺的含油量和铁皮颗粒大小并不相同。

还需要特别注意铸造生产线末端的火焰切割回收系统（收集系统经常发生堵塞问题）。

这些系统很少排放污水，而且排污水在被输送到综合处理厂之前也不会进行单独处理。

图 25-43 介绍了这些装置采用的常用处理流程。

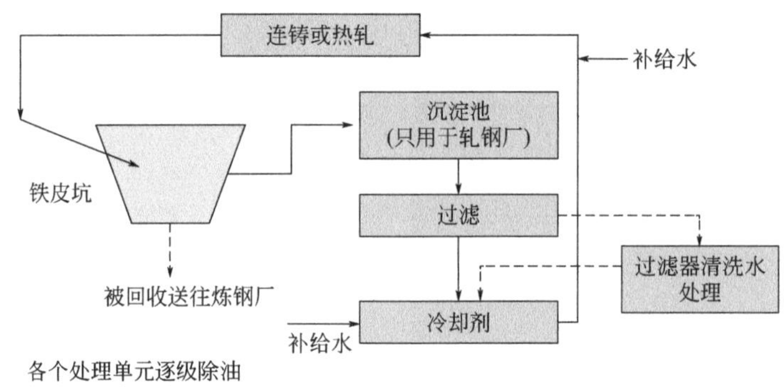

图 25-43　用于连铸和热轧厂的喷淋系统图

25.8.2　特殊污水系统

25.8.2.1　焦化厂含氨废水

对于焦化厂含氨废水，最常用的废水处理工艺包括：

① 通过投加有机絮凝剂，用沉淀和过滤法彻底去除焦油。

② 用氢氧化钠调节 pH 值、分离固定铵，并用蒸汽汽提挥发性氨（通常在同一个塔内分两段进行）。

③ 用活性污泥生物处理法去除 BOD、酚类和硫氰酸盐。硝化 - 反硝化处理是可行的，但要有预防措施，首先需开展测试（没有抑制性物质）进行评估。

④ 必要时，采用三级物理 - 化学工艺处理减少残余的胶体 COD。

应该注意到，汽提同样可用于降低封闭回路的煤气洗涤水自由氨浓度。

图 25-44 为典型的含氨废水处理系统，包括完整的脱氮处理工艺。

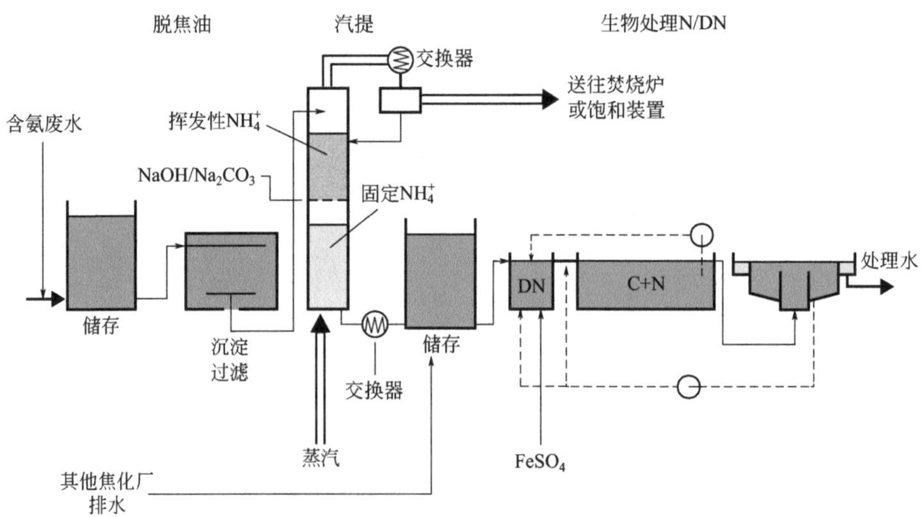

图 25-44　焦化厂含氨废水处理流程

N—硝化区；DN—反硝化区；C+N—除碳及硝化区

25.8.2.2　综合冷轧厂废水

冷轧厂加工的是由热轧厂生产的热轧卷板，为汽车工业和金属加工厂生产冷轧板，为饮料罐和食品罐头行业生产冷轧薄板，以及生产家用电器的金属板等，通常包括：a. 酸洗（常用盐酸）；b. 冷轧；c. 多种精加工单元（镀锌、电镀锌、镀锡、有机衬里）。

废水中的主要污染物是酸洗废酸、溶解的金属、润滑剂和轧辊油、高碱性的特殊脱脂液废水。此类废水必须从源头进行分离，这样可以在必要时对不同的污染物采取特殊的预处理措施。

此类废水的综合处理通常包括：

① 回收废盐酸，通过筛网过滤后再回用到工艺装置。

② 回收冷轧厂的浓缩乳化液，乳化液可通过蒸发或化学破乳（取决于乳化液的品质），或通过外部系统去除（如水泥厂）。在综合废水处理厂中，蒸发残液可以焚烧，冷凝液送往碱性废水浮选单元。

③ 回收废脱脂液，收集后再以低流量送至冲洗废水中稀释。

④ 分为酸性废水和碱性废水处理系统，碱性废水经过浮选处理后（冲洗废水和废脱脂液分开），溢流液送至利用酸性废水的中和系统（不含浓缩废脱脂液）。

⑤ 排放前通过最终絮凝沉淀使废水处理效果达到最佳。

增设以下工艺可以完全回用废水：

① 采用生物膜法的生物处理工艺（Biofor 生物滤池）；

② 软化（大多情况下已成为工艺水处理的组成部分），可在此加入补给水；

③ 过滤去除悬浮固体；

④ 反渗透去除绝大部分盐类物质和残余 COD，通过工厂的离子交换或其他净化水处理设施回用废水。

图 25-45 给出了一个完整的冷轧厂通用的综合废水处理流程。

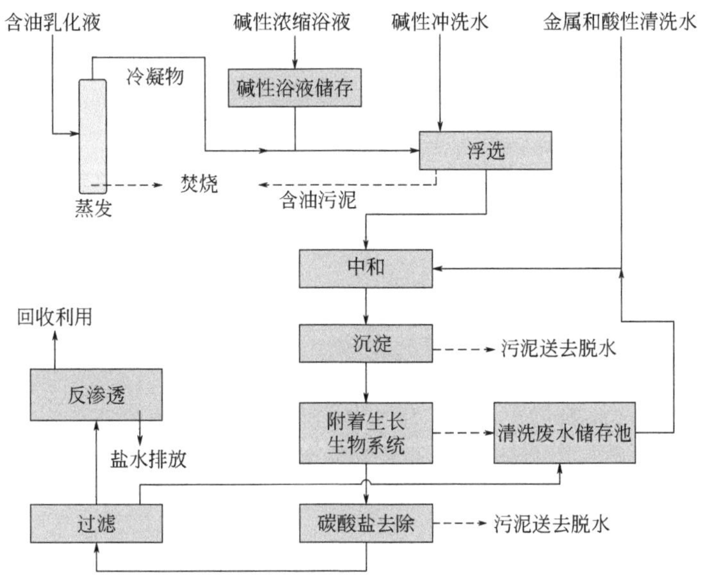

图 25-45　冷轧厂废水处理流程

该处理工艺节省了大量用水，如果不计中和 / 沉淀工艺段的话，耗水量可以从大约 1.6m³/t 减少到大约 0.5m³/t。该处理系统只排放反渗透浓水（含盐量高但其他污染物相对较少）和各处理工艺段产生的污泥，部分污泥可以焚烧。

25.9 冶金和湿法冶金工业

25.9.1 铝

25.9.1.1 氧化铝的生产

在采用铝矾土苛化法（Bayer 工艺）生产氧化铝的过程中生成的铝酸钠溶液中含有悬浮态的铝土矿杂质。铝酸钠溶液经刮板式浓缩池沉淀，底部污泥（赤泥）经一系列的多个逆流清洗装置清洗，最终产生的污泥通过真空带式压滤机脱水（图 25-46）。

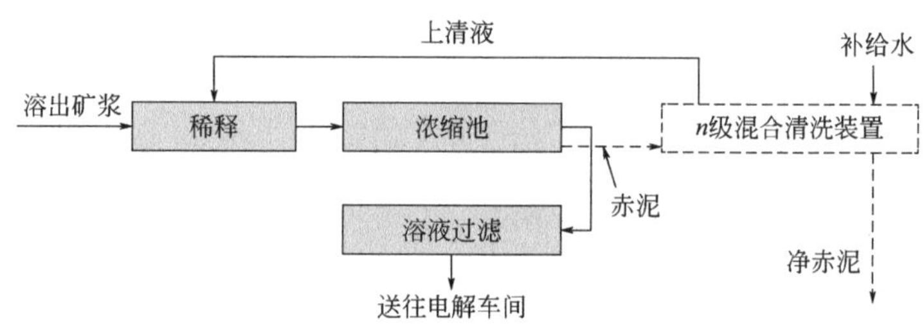

图 25-46 氧化铝的生产——简化的“赤泥”处理系统

一般来说，这种污泥仍然具有很强的碱性（每生产 1 t 氧化铝消耗 1.5～6kg 的氢氧化钠），储存在厂区内的水池或水塘，上清液返回到工艺中。

因此，氧化铝的生产工艺仅产生如下废水：

① 冷却水和雨水：雨水可能会被悬浮物（每吨铝最多有 0.03kg）和溶解的氟化物（每吨铝最多有 0.02kg）污染。需投加石灰和 / 或碳酸钙形成氟化钙沉淀进行处理以去除水中的氟化物。

② 冷凝液：冷凝液中含有不同浓度的挥发性有机物。也可参照本章 25.5.2 节中的格雷戈里电力（Gregory）的案例。

25.9.1.2 氧化铝电解产生的含氟废水

电解槽中产生的气体包括 CO、HF、SO_2、气化的金属、灰尘和 PAH。因此，这些电解槽是封闭的，废气需经氧化铝干式净化法处理。

但是，目前湿式洗涤器仍在使用，用于处理电解槽顶板下部的废气。一个侧流系统处理约 10% 主系统的水量，在 Densadeg 高密度沉淀池内通过石灰沉淀法除氟。

25.9.1.3 制造预焙阳极产生的废水

该工艺当前的发展已经减少了冷却水的用量，气体收集后通过袋式过滤器和 / 或静电除尘进行处理。

一些工厂仍然使用湿式洗涤器来处理废气。在这种情况下，须采用有机混凝剂调节水质，然后通过浮选除去焦油，最后在高密度沉淀池中投加石灰和 / 或氯化钙形成氟化钙沉淀除氟。

需要说明的是，阴极结构和相关组件（导体、耐火材料等）在经过高温冶金处理后被分离回收。

通过电解对铝精炼的过程不产生任何废水。

25.9.1.4　从回收产品中生产铝

铝铸造厂会利用回收的金属（饮料罐、挤压产品废料、铸件切割下脚料、回收件乃至生产过程产生的粗粉粒）作为连铸或铸锭系统熔化炉的原料。

除了冷却水（大多已循环利用）外，这些厂还会产生被堆放废料污染的雨水，以及在连铸过程中产生的含有乳化物的废水。必须经破乳（见本章 25.11 节）处理后，铸造废水方可与雨水混合在一起进行除油和澄清处理。工艺流程及各种污染物见图 25-47。

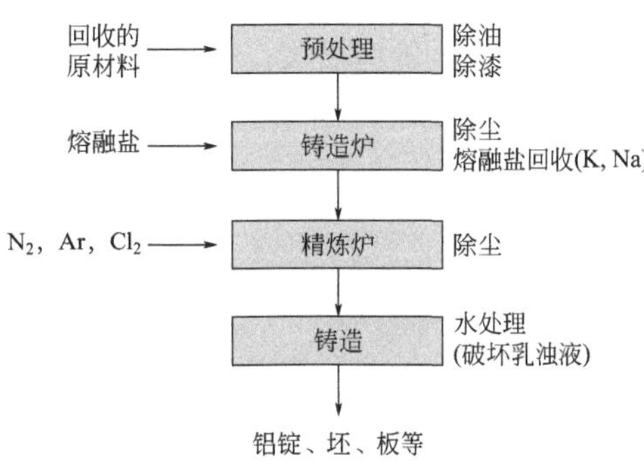

图 25-47　使用回收铝生产铝的简易流程

25.9.1.5　铝铸造和热轧

铝铸造和热轧时，必须去除油类、粉尘及各种污染物。生产用水必须进行软化或轻度矿化处理。pH 需控制在无腐蚀性的范围内，生产用水在循环回用前必须去除油类和悬浮固体。

热轧系统的废水通常为乳浊液，因此系统排污水必须进行破乳等处理（见本章 25.11 节）。

图 25-48 为这类系统的常规流程。

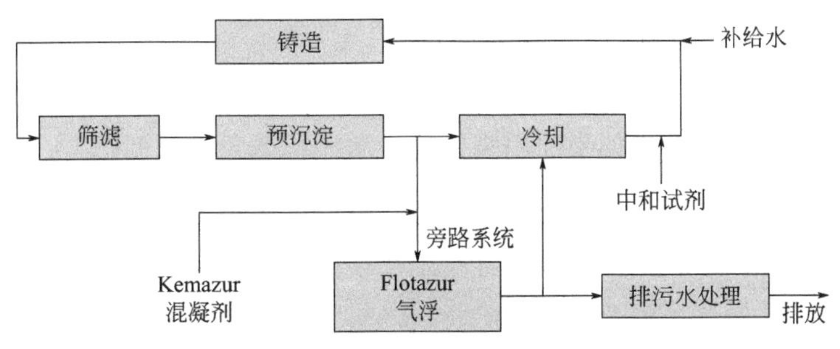

图 25-48　铝铸造系统流程

25.9.2　锌和铅

25.9.2.1　焙烧硫化锌废水

湿式冶金工艺生产的锌约占世界总产量的 80%。

含硫化锌、氧化锌及碳酸锌和硅酸锌的矿石经过筛选后经硫酸溶解，通过电解进行精炼。

在回收矿石中的硒、汞，尤其镉之后，向废水中投加石灰进行两级中和。中和一般在接收酸液和冲洗水的构筑物中进行，通过固体接触澄清及去饱和作用沉淀氟化物和硫酸钙，上清液送往工厂的综合废水处理系统。

需要注意的是，高温冶金只消耗冷却水。

25.9.2.2 综合废水

在以酸浸为主要工艺的工厂中，大多数废水都在工艺单元直接进行预处理，最终出水稀释，但水量相当大。该股废水在 Densadeg 高密度沉淀池（图 25-49）中通过单级中和沉淀进行处理，出水的重金属浓度得到有效降低（通常，Pb<0.2mg/L，Zn<0.5mg/L，Cd<0.25 mg/L）。

图 25-49 位于 Noyelles-Godault 的 Métaleurop 处理厂（Pas-de-Calais, 法国）。处理含 Pb、Zn 和 Cd 污染的废水。处理量：2000m^3/h，两座 Densadeg 高密度沉淀池概貌

不进行其他任何处理，将处理出水作为冲洗水或工艺水进行循环利用是可行的，前提是能够耐受水中较高的盐度。如果使用膜处理，循环利用会更加彻底。

25.9.2.3 铅冶金车间

铅的生产方法有两种：热冶金法，几乎不耗费水，需对含 SO_2 的气体进行洗涤；湿法冶金，特点是在电解精炼之前要浸溶硫矿石（PbS）。

产生的酸性废水、水洗装置排污水和碱性脱氯废水就地进行沉淀澄清处理。污泥被回收至选矿单元，上清液被送至工厂的综合废水处理系统。

25.9.2.4 回收汽车电池生产铅

从汽车电池中回收的再生铅的产量在铅总产量中占有较大比重。

平均来说，这些电池含有的组分见表 25-12。

表25-12　电池中组分及含量

组分	含量
铅	25%～30%
电极化合物（铅氧化物粉末）	35%～45%
硫酸	10%～15%
聚丙烯	4%～8%
其他塑料	2%～7%
硬橡胶	1%～3%

铅回收工艺包括：首先将电池排干酸液、分解和分类，然后采用各种工艺对铅进行处理，再进行熔化精炼。

以上过程产生的废水包括：

① 在电池排污和地面冲洗过程中产生的废水，废水呈强酸性且硫酸盐含量很高；

② 在进行铅回收之前，铅化合物滴液呈强碱性且流量很小，这些滴液中硫酸盐和 COD 的含量很高。

根据不同的情况，该股废水用石灰进行中和并利用污泥循环形成硫酸钙沉淀，至传统沉淀单元或 Densadeg 高密度沉淀池沉淀澄清。为实现石膏的充分沉淀，在投加石灰的同时可能有必要投加氯化钙，因为用碳酸钠进行预中和是行业中的通常做法（请参考第 3 章 3.2 节）。

当该股废水的含盐量不高时，可采用反渗透工艺对水进行循环利用。

25.9.3　铜

在采矿现场，矿石通常要通过浮选和投加化学药剂进行富集浓缩。这个过程的排污水一般在矿井现场进行处理（见本章 25.12 节），然后用以下两种技术中的一种来冶炼精矿以提取金属。

25.9.3.1　热法冶金

热法冶金的耗水量很少，主要是用于冷却和处理含有高浓度 SO_2 的气体和烟气，SO_2 常与硫酸的生产联系在一起。

铜是通过焙烧、熔炼和铸造工艺制备的。制备获得的金属条置于电解精炼的阳极上，以获得非常纯的铜阴极（每吨铜耗电约 250kWh）。这个单元产生的排污量很小，主要是电解的残留物、电解槽底和地面清洗的污泥。

25.9.3.2　湿式冶金

湿式冶金通过酸或酸 / 氧化剂淋溶处理块状预富集矿石。这种溶液直接回收，或在一系列洗涤 / 澄清处理后进行回收。

大多数时候，通过对杂质进行选择性沉淀来进行提纯 / 浓缩。在这个阶段，可循环利用的杂质被回收。

也有使用液 - 液萃取提纯系统的案例。

通过电解冶金进行生产：被萃取出来的铜用惰性阳极（Pb或Ti）和纯铜阴极进行电解。该方法每生产1 t铜耗电2500～3000kWh。

铜积聚在阴极上，阳极产生的气体（O_2、Cl_2）则被选择性地回收并被返回到工艺中。

这种方法生产出纯度极高的铜，然后可将其轧制（热轧或冷轧）、拉制，甚至加工成管材出售。

在这些工厂中，废水处理极其重要。废水包括：

① 从屋面、路面和大堆尾矿上汇集的雨水；

② 含有高浓度 SO_2 的酸性气体洗涤水；

③ 强酸浸析产生的剩余废水；

④ 工厂的工业废水废渣（颗粒物、各种酸洗工艺、电解残渣等）。

不同类型的处理工艺如图25-50所示。气体洗涤产品由工厂处理，生产有价值的硫酸用于浸提。酸性废水用石灰中和形成石膏沉淀（必要时可以回收），然后按传统方式进行澄清。废水和雨污水也用石灰中和。酸处理沉淀池的澄清水汇入缓冲池，所有废水在最优pH条件下在如高密度沉淀池的澄清-污泥浓缩池中再一次进行澄清，以去除各种重金属。

可能需要在最终的过滤器中投加聚合物或沉淀剂去除悬浮固体和痕量重金属。

很有可能将这些废水（25%～30%）回用于工厂里对水质要求较低的其他用户。为达到更高的循环利用率，可增设处理更加彻底的深度处理工艺。

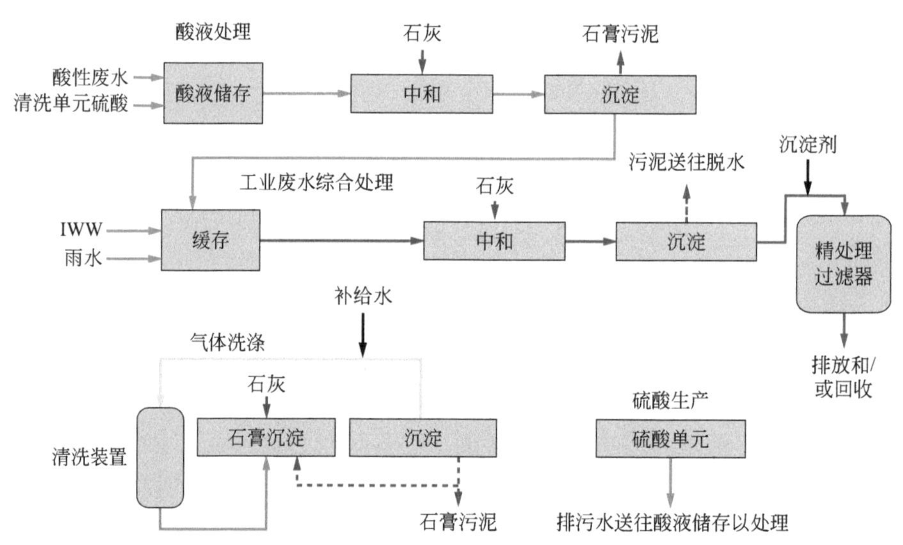

图25-50 铜冶金中废水处理总体流程

25.9.4 一般的湿法冶金工艺

除了之前讨论到的工艺，许多矿石会采用湿法冶金，包括铀、金、银等。

图25-51介绍了这些系统的流程并特别强调了几点，即某些技术可能会实现或促进工艺中的某个阶段（见阴影框）。

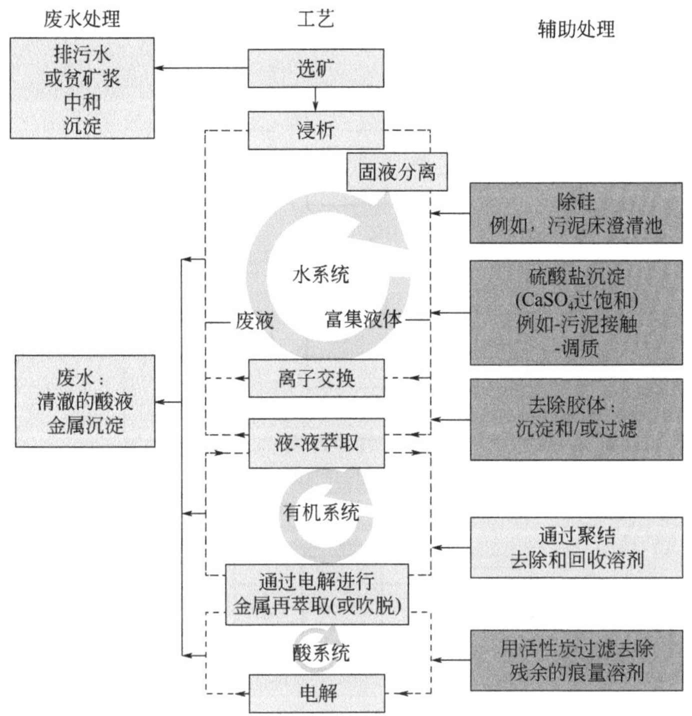

图 25-51　与水处理工艺相关的湿法冶金工艺技术

25.10　表面处理（脱脂和金属镀层）工业

大量不同规模、不同年限的工厂对各种金属或塑料制品进行表面金属镀覆处理。

产生的废水包括：a. 金属镀件漂洗液；b. 废弃的电镀槽液（不再适合使用）。

废水量和水质取决于槽液的性质和浓度以及工艺过程（例如，镀槽和漂洗之间的排水时间、电镀槽的形式等）。

因此，在考虑设计任何处理方法前有必要对特定的设施进行充分的理解，以优化清洗水流量并尽可能进行原料回收。

实际的处理系统可以分为两大类，即开放式处理系统（去除有毒金属）和循环回用处理系统，二者在一定程度上有交叉。

25.10.1　循环利用

25.10.1.1　通过离子交换器回收冲洗水

除了含有氰化物和 / 或高浓度的油脂或烃类而必须送去有毒废水处理单元的水以外，可用离子交换器去除阳离子和阴离子后回收水。

图 25-52 介绍了主要的封闭系统方案。

交换器可固定安装，采用适用于大型工厂的就地再生技术；也可采用移动式，即送往具有资质的再生中心进行再生。后一种方法对于小型工厂最为适用（树脂的最大

容积 =200L），并要求有一组已再生的交换器常为备用。

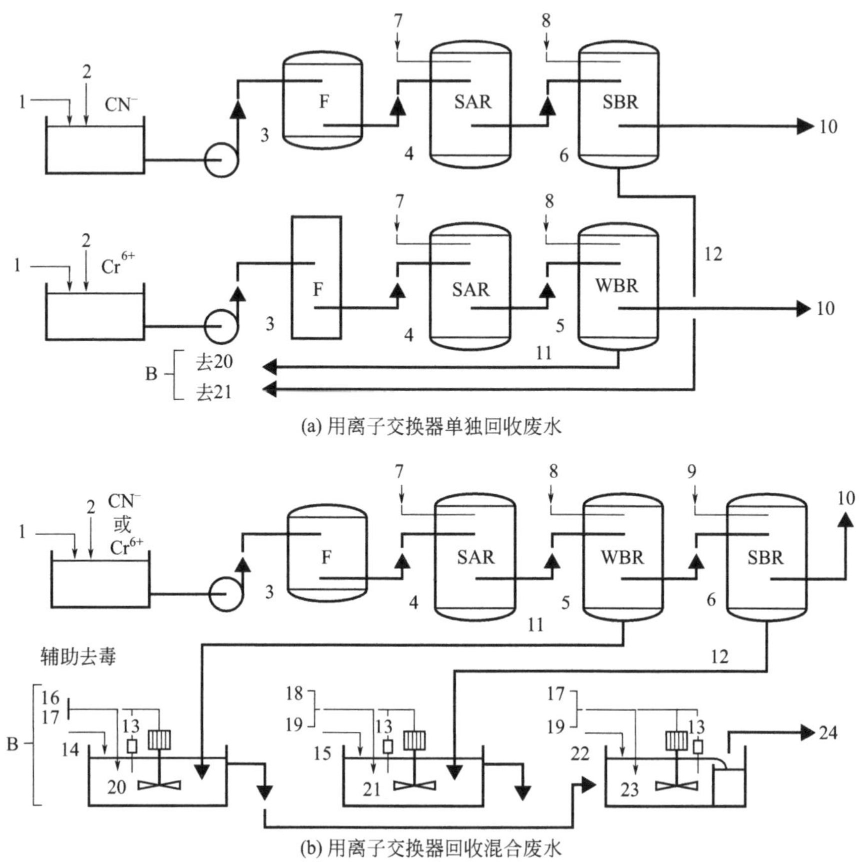

图 25-52 封闭回路处理

1—补给原水；2—待用交换器处理的污染废水；3—过滤单元（F）；4—强酸性阳离子交换器（SAR）；5—弱碱性阴离子交换器（WBR）；6—强碱性阴离子交换器（SBR）；7—酸再生器；8，9—碱再生器；10—回收的脱盐水分配；11—阳+弱碱树脂再生液（有毒）；12—强碱树脂再生液（有毒）；13—pH 和/或rH 调节；14—废弃的含铬废槽液和酸槽液；15—废弃的含氰废槽液和碱槽液；16—注入还原剂；17—注入酸；18—注入氧化剂；19—注入碱性药剂；20—除铬酸盐；21—除氰化物；22—未回收的酸碱废水；23—自动中和单元；24—去絮凝和沉淀

无论采用哪种系统，回收都有两个作用：回收水（重复利用）和浓缩污染物。因此，需要系统性地辅以有毒废水处理单元。

使用离子交换进行水回收利用的优点如下：a. 耗水量显著减少；b. 用低成本生产出纯净水，改善了清洗质量；c. 污染物得到浓缩（降低了终端处理量）；d. 回收贵金属（金、银、铬）；e. 稳定铬电镀槽液。

回收贵金属或极毒物质，也可以在废弃的清洗槽中连续电解来进行。这项技术特别适用于金、银、镉、铜和镍的回收。

25.10.1.2 脱脂槽维护

脱脂槽很快被从镀件表面除去的油污染。当油脂的含量超过一定百分比，脱脂质量下降到不可接受的程度时，必须更换槽液。

超滤可用于回收游离油，从而延长了这些槽液的使用寿命并节约化学品消耗。

例如这一技术用在钢铁厂（脱脂剂的主要用户）的冷轧过程、连续退火前的脱脂槽或金属镀覆之前。

超滤也被用于处理汽车工业废水。

当使用这类系统时（图 25-53），槽液的使用寿命可延长三倍。

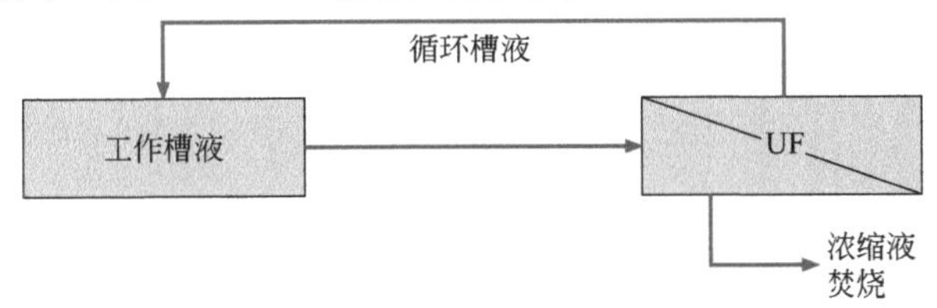

图 25-53　脱脂浴除油

25.10.2　有毒金属去除

有毒金属去除一般采用开放式回路或“一过式”处理系统。

本节无法一一介绍所有可能的处理工艺，但其均包括一些基本处理单元（图 25-54），如氧化、还原和中和技术，随后是金属氢氧化物和各种有毒产物的沉淀（见第 3 章 3.1 节和 3.2 节）。

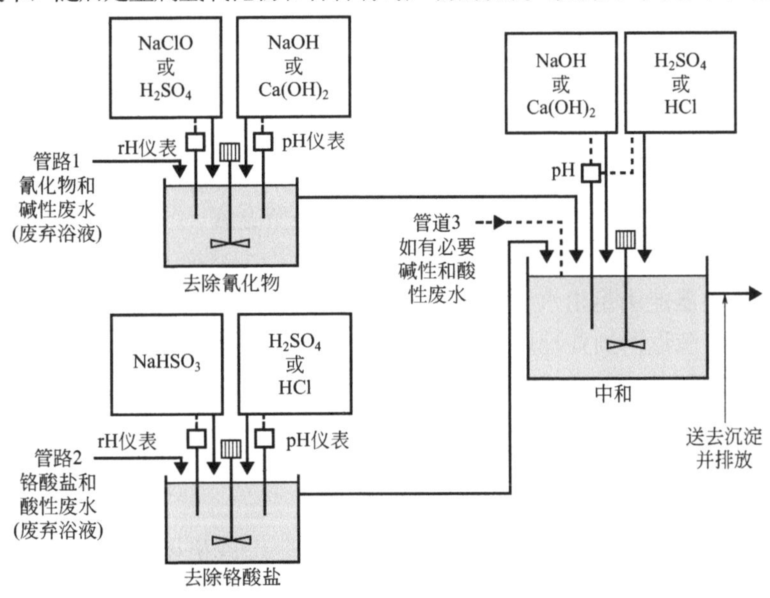

图 25-54　自动连续去毒处理厂的原理图

根据流量和可用场地的情况：

① 与传统处理工艺相比，采用密闭压力式、配有快速搅拌器的 Turbactor 反应器能够缩短反应时间；

② 形成的各种氢氧化物沉淀可在静态沉淀池或斜板静态沉淀池中进行分离（见第 10 章 10.3.1 节）。通常使用压滤机对排出的污泥进行脱水处理。

25.10.3　蒸发

已经证明蒸发可以用于那些难以用典型方法进行处理的浓缩废水，如废弃的机械乳化槽液或冷轧乳化槽液。

图 25-55 所示的系统是将蒸发浓缩的浆液送至具有资质的处置中心进行处置或协同焚烧，冷凝液可以在工厂进行处理，在某些情况下或可循环利用。

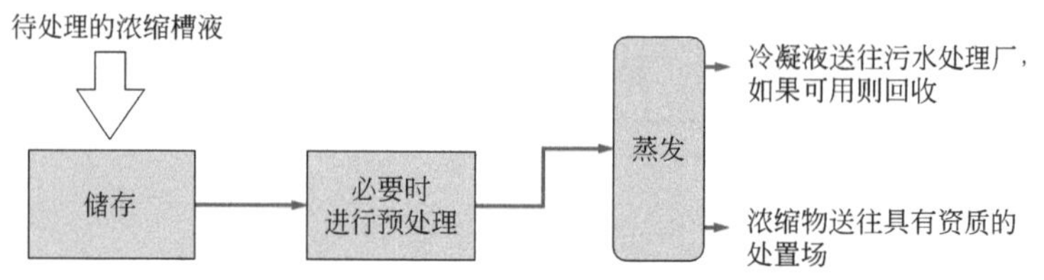

图 25-55　用蒸发方法处理废弃槽液

25.10.4　深度处理

主要采用两种技术进一步降低排水中的金属浓度：过滤和树脂吸附。

25.10.4.1　过滤

在沉淀之后，可能希望进一步降低排放前的总金属浓度，特别是完全去除含有金属氢氧化物的悬浮固体。此外，也可以通过投加化学药剂（有机硫化物、磷酸盐等）进行沉淀以降低这些金属的浓度。

压力式砂过滤器有比较好的处理效果，必要时需进行混凝过滤。

25.10.4.2　树脂吸附

树脂吸附用作深度处理工艺时，常位于砂滤下游，以防止树脂过早被污染。其目标是用特定的树脂（通常是阳离子型的）捕获溶解态的残留金属。

应用该技术时，通常设置两个串联的交换器，第一个交换器尽量达到最大金属交换能力，而第二个交换器能满足出水水质要求。经过处理的出水，其金属浓度通常只有数微克每升。树脂再生废液返回到处理厂入口。

25.11　汽车和机械工业

前面在第 2 章 2.5.9 节中已经介绍了在汽车车身制造或机械车间和装配线上产生废水的工序。这些行业或其分包商同时也配备表面处理车间（参见本章 25.10 节）。因此只考虑三种特殊废水的处理：a. 切削液；b. 磷化废水；c. 涂装间废水。

25.11.1　切削液维护

在机械加工操作中，切削液维护通过在压力下或真空中不断移动过滤纸进行除砂和精细过滤。

研磨过程对质量的要求更高，切削液维护采用筒式滤芯或管式滤芯进行精密过滤，很少采用絮凝和气浮工艺。

在所有这些操作中，释放到储池表面的油和氧化了的金属细粉混合在一起，随后在磁鼓中进行净化。

25.11.2　水溶液破乳

25.11.2.1　乳化液

对于含有烃类化合物或其他物质、不与水混合的液体，可采用以下处理技术：

① 热法破乳（65～80℃）：在酸性条件下（pH 1～2），投加无机混凝剂（铝盐或铁盐）进行破乳。通过试验确定接触时间后，油类被释放出来，通过自然沉淀或离心法进行分离。溶气气浮可作为后续精处理工艺。当该方法不可行时，废水必须送至城市污水处理厂。

② 冷法破乳：使用有机破乳药剂进行破乳。通过烧杯试验评估该技术的可行性，并确定需要的接触时间。试验结果与热法破乳的结果相似，但是，冷法破乳产生的污泥更少，因此使用冷法破乳更经济。这两种破乳技术如图 25-56 所示。

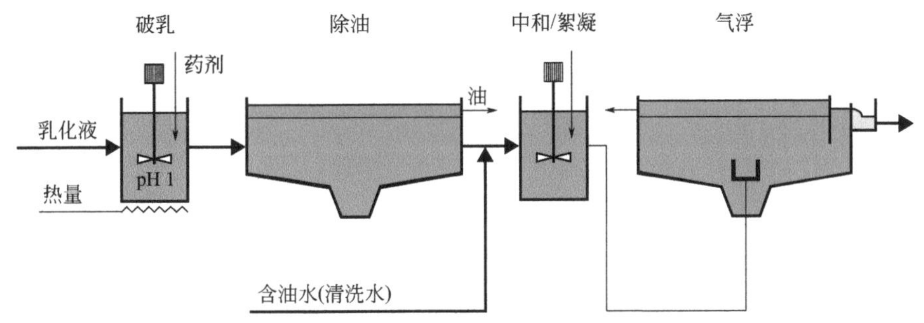

图 25-56　用于处理乳化液的化学破乳

③ 超滤：这种工艺避免了使用药剂并且处理出水水质更好。这项技术必须经过小试来验证其是否具备可行性及是否有膜污染的风险。超滤产生的浓液中含有 30%～50% 的油类物质，必须送去焚烧或送往一个具有资质的处置中心进行处理（图 25-57）。

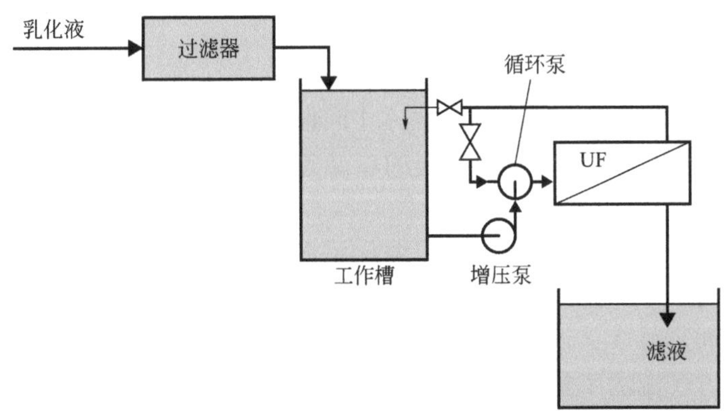

图 25-57　用 UF 分批处理乳化液

④ 蒸发：这项工艺产生的冷凝水不含悬浮物（但可能含有油类），但仍然可能含有一定浓度的 COD（低沸点产物），因此必须送往污水处理厂。膏状残渣的含油量通常超过 80%，可进行焚烧处置。这项技术能进行有效的处理，但仅适用于废液量较小的情况（最大 $5m^3/h$）。

说明：总是需要预先去除游离油类（图 25-58）。

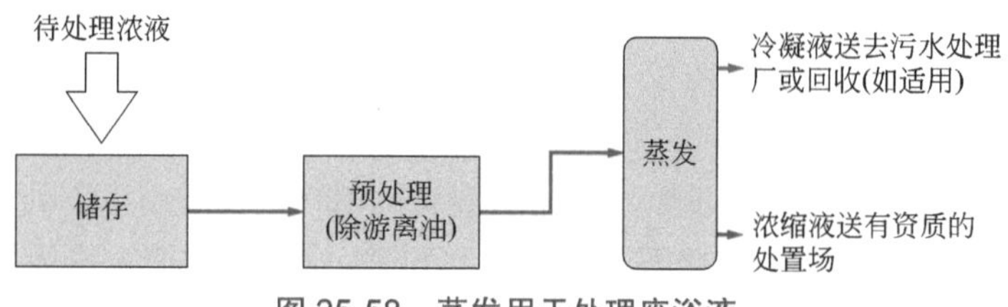

图 25-58　蒸发用于处理废浴液

25.11.2.2　半合成物液体

半合成物液体中的烃类物质含量低，因此前述处理方法依然适用。但其 COD 的去除率低于乳化液中 COD 的去除率。

经过这些处理之后必须采用生物法做进一步处理（如果这些液体有毒需进行稀释）。

25.11.2.3　合成液体

合成液体唯一可能的处理方案是蒸发和 / 或焚烧。但是，超滤可用于去除所有假性游离油（来自机床的泄漏、部件产生的油），从而显著延长液体的使用寿命并减少其排放频率。

25.11.3　磷化废水

目前，可利用四种化合物进行磷化：镁、铁、锌和磷酸根。采用传统工艺（中和、混凝、沉淀）对各种冲洗水进行处理。这些处理方法也可以用于冲洗水和其他如表面处理车间的水的合并处理。

在磷化之后采用的铬钝化已被淘汰，取而代之的是有机钝化覆膜。这种工艺允许对钝化后的金属进行焊接，而钝化膜不致被破坏。这种工艺避免了对含有六价铬的极毒废水进行处理。

25.11.4　涂漆间废水

25.11.4.1　电泳涂装

所有情况下，都将采用超滤装置从冲洗水中回收树脂和涂装颜料，并回收利用脱盐水。

以往，主要问题是由含有的铅引起的，必须通过碱式碳酸铅沉淀的方法将铅降至 1mg/L。

采用溶气气浮法对污泥进行分离浓缩，污泥的含固量根据所用涂料品种的不同在 6%～12% 之间波动。即使澄清过程进行得非常彻底，水中仍然含有大约 2～5g/L 的残余 COD（主要是溶剂）。

新的槽液配方（淘汰了铅及毒性更强的溶剂）可以优化槽液回收、促进超滤的发展（更少的清洗频率）、减少废液排放量，并可将废液直接送至污水处理厂。

25.11.4.2　面漆涂装

过去，通过在回收池直接投加碱性药剂破坏涂料的方式对喷漆间废水进行处理。上清液在投加无机或有机混凝剂之后，通过溶气气浮处理。

气浮污泥有黏性，含固量约为 6%，上清液清澈但仍含 COD（每升几克）。

目前精装涂料朝着水溶性颜料和水溶性涂料产品的方向发展，有机溶剂仅和清漆一起使用。物化处理法已经被生化处理法替代，生化处理直接在位于喷漆间下方的集水坑中进行。浓缩污泥定期排放并送往第 1 类固废填埋场。排污水可与一般废水一同直接送至处理厂。

在本章 25.1 节提到的基本原则也适用于这些不同行业的所有车间：a. 在源头减少污染和有毒物质的排放量；b. 在任何时候尽可能回收废水；c. 使化学品消耗降至最低。

25.12 采矿业

该行业有三个主要的废水来源：

① 采矿排水［酸性采矿排水或酸性尾矿水（AMD）］：从含水层排出的水和必须用泵排出的渗透水，以防矿井被水淹没；

② 矿场选矿废水（由粗矿石浓缩和 / 或金属提炼产生的工业废水）；

③ 后采矿管理（例如，当废弃的矿井被水淹没，渗透水进入自然环境中）。

由于采矿业的排水量很大，所以对全球范围内的采矿业进行环境管理意义重大。

25.12.1 采矿排水

采矿排水如未经处理直接排放到自然环境中，会造成严重的污染。因此，针对每种情况必须进行适当的处理。

根据矿场的规模，产生的废水量每天可能会超过 10 万立方米。

在大多数情况下，采矿排出的是酸性废水，必须要进行中和处理，并且要除去其中的金属元素。此项任务的复杂性取决于金属元素的存在形式、浓度和适用的排放标准。

通常使用高密度沉淀池进行中和，确保这些废水得到有效处理，处理后出水水质满足排放要求。

这些废水常常含有：

① 高浓度的硫酸盐：需要使用石灰中和沉淀石膏（硫酸钙）（见第 3 章 3.2.4 节关于 SO_4^{2-} 沉淀的适用条件）。

② 高浓度的亚铁离子（10～500mg/L）：需要将其氧化后再进行沉淀处理。应该注意的是，当 pH 和氧化还原电位提高时，溶解氧通常是足够的。

③ 铁含量有时可能高达 1～2g/L：在这种情况下，可以有效利用水中固有的高浓度的 SO_4^{2-} 和 / 或 CO_2，$CaSO_4$ 和 / 或 $CaCO_3$ 压载氢氧化铁絮体可使高密度沉淀池的上升流速更高。在后者的应用中，由于会产生大量的污泥，高密度沉淀池的设计必须依据固体负荷，而不是上升流速。

还有一种方法是对废水进行彻底的处理，以使其可作为农业灌溉用水或干旱地区的饮用水循环使用（见图 25-59）。这种情况下，需要符合世界卫生组织和当地的监管标准。

这样，处理系统会变得更加复杂，所需系统如下：

① 中和（沉淀石膏和各种金属）：在此阶段，需关注所有金属元素的去除效果，如锰、硒、钒、钴、铀和镭，后者具有放射性（并不详尽）。还必须控制锶和钡的浓度以保护反渗透膜。

② 根据固体负荷的不同，采用高密度沉淀池或常规的沉淀池进行沉淀。

③ 砂滤（一级或二级）。

④ 膜处理（反渗透或纳滤）。

⑤ 必要的话补充矿物质。

如有必要，可能要考虑对反渗透浓盐水继续进行处理，这样可以最大限度地减少水的损失。在这种情况下，期望能有 90%～95% 的水得到回收利用。

注意，以上所有情况产生的需要处理的污泥量都很大。石膏沉淀的污泥浓度可达 300g/L。但如果只是金属氢氧化物沉淀，污泥浓度不会超过 80g/L。

压滤机对污泥的脱水效果较好，脱水滤液可回收利用。

图 25-59 Amanzi 中试（B 场地，采矿废水制饮用水中试）

25.12.2 选矿废水

本节集中讨论位于采矿现场并且是对采矿排水分别进行处理的废水处理系统。

在这种情况下，问题就更加复杂，每种情况均要单独调查分析。实际上，废水处理工艺的选择都取决于现场加工的矿石所含成分和精选水平。

典型地，高酸度和高浓度的重金属将通过沉淀进行处理，处理后出水水质好，可直接排放或者甚至循环到工艺中，这特别适用于铜、镍和铀矿。

就一切情况而言，最关键的是确定最优 pH 和沉淀条件，特别是在处理特殊污染物（砷、锑、硒等）需要遵循非常严格的金属或放射性物质排放标准的时候。在美国有很多案例，为了将水排入能满足休闲活动要求或用作饮用水水源的河流或湖泊，制定了非常严格的排放标准：如铜、锌、铅为 1～20μg/L（对于有毒金属如汞或银，甚至要求 1～20ng/L）。

这些废水有时会遇到 COD 的问题，这是由生产工艺中使用的各种药剂造成的，且其可能会抑制沉淀和 / 或絮凝作用。

在许多情况下，生产工艺还使用硫酸，同样要进行石膏沉淀。

这样就需要投加大量的石灰，保持 pH 值在 10 以上，可同时去除如锰、铀和镭等重金属。

水中同时含有大量的锰是遇到的问题之一。如果要通过适当的氧化（不用昂贵的氧化剂）和沉淀除锰，需要较高的 pH 值；但在中性 pH 条件下不溶的两性金属，例如铝，在除锰的最优 pH 值时会再次溶解。图 25-60 可说明这样的情况，当存在铁时，除锰要求 pH > 9，而除铝要求 pH < 7.5，这样就很有必要采用两级沉淀工艺。如 Pinal Creek 处理厂（位于美国亚利桑那），采用了两座 Densadeg 高密度沉淀池（一座工作在 pH=6.5，另一座 pH=9.2），然后通过 Greenleaf 过滤器，有效地降低了所有金属污染物的浓度，见图 25-61（IDI 提供）。

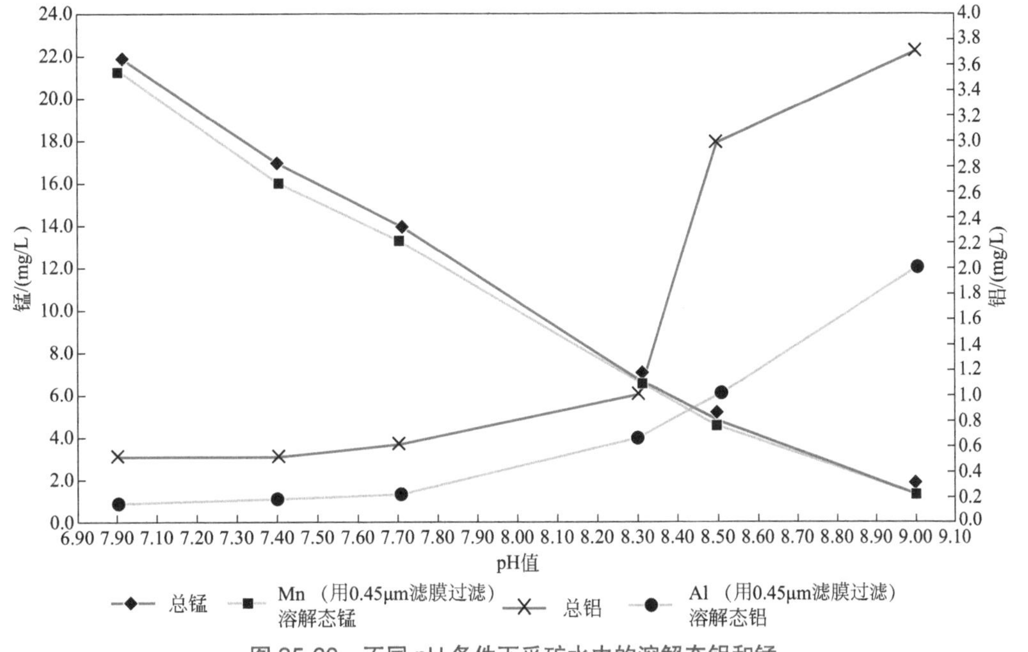

图 25-60　不同 pH 条件下采矿水中的溶解态铝和锰

图 25-61　Pinal Creek 鸟瞰

实际上，每座矿井和每个选矿单元都有其独特性，必须根据其生产工艺及限制性条件单独进行分析和设计。

以下为铜选矿厂回收废水的两个案例：

（1）**简单回收利用**

该处理装置由石膏中和酸性废水及沉淀系统组成。该装置的处理出水与工艺中的普通废水一起进行二次中和，在此投加一种特殊的沉淀剂，经沉淀澄清将金属物质去除。

处理过的废水部分回用到工艺中。

（2）**优质水的循环利用**

工艺废水在矿井中用石灰进行预中和，形成石膏并沉淀，上清液送到一个大容量的储水塘。

废水随后被送往处理厂，经过石灰中和、石膏和金属沉淀（2h 的接触时间）后进行澄清，之后经过两级砂滤后进入反渗透单元。

在这种情况下，首先需要进行中试，以考察系统是否运行正常（中和阶段的沉淀抑制剂，以及反渗透阶段为防止石膏在膜上结垢使用的阻垢剂，可能会引起干扰）。

事实上，这些废水在去除矿物质后可获得非常好的水质，可以回用至工厂的任何工艺单元中。

25.12.3 废矿尾矿水处理

一旦矿山资源耗尽或者运营成本效益下降，这些场地将被关闭，留下废弃的矿场对环境来说不无危险：对水体造成影响，存在滑坡或矿井结构坍塌的风险以及有害气体危险。

停止抽排矿井水的废弃矿场充满渗透水，水中富含各种金属。当这些水渗流至地下水含水层或地表水体中时，将造成严重污染，典型的是矿石含金属硫化物（铁、铅、锌等）的情况。实际上，硫化物在细菌的作用下会氧化为硫酸，同时释放出结合的金属。

这些遭受污染的水必须进行处理以去除酸度和金属（问题与 AMD 相似）。

以下为处理含铅、锌和银的老矿井废水的一个示例：a. 用空气将亚铁氧化为三价铁；b. 中和并形成金属氢氧化物；c. 沉淀；d. 最终过滤去除金属氢氧化物的痕量悬浮固体。

处理效果见表 25-13。

表25-13　处理效果　　单位：mg/L

金属	进水水质	过滤后出水水质
Fe	25	<0.1
Zn	40	<0.5
Pb	1	<0.04
Ag	<0.1	<0.1
Cd	<0.1	<0.01

这种处理过程预计会持续 20 年。处理出水中的金属浓度逐渐下降至与自然环境本底值同等水平。

届时，待处理水量较低（$100m^3/h$），可不使用高密度沉淀池。但是，即使在这种情况下，高密度沉淀池也仍将是最好的选择。

表 25-14 介绍了 Argo Tunnel 矿（Idaho Springs，美国科罗拉多）的废矿水处理效果，其处理系统包括 Densadge 高密度沉淀池和 Greenleaf 过滤器，处理量大且出水水质极佳。

表25-14　Argo Tunnel矿，酸性尾矿水处理系统 – Idaho Springs，科罗拉多

项目	担保限值		AMD[①]		出水水质	
	总量 /(mg/L)	溶解态金属 /（mg/L）	总量 /（mg/L）	溶解态金属 /（mg/L）	总量 /（mg/L）	溶解态金属 /（mg/L）
pH 值	6.5～9.0		2.8		7.7	
Al		1.0	21.4	21.3	0.342	0.290
As		0.050	0.093	0.013	<0.010	<0.010
Cd		0.003	0.120	0.119	0.004	<0.003
Cr		0.011	0.025	0.025	<0.005	<0.005
Cu		0.017	6.07	5.98	0.074	0.035
Fe	1.0	0.30	144	109	0.144	0.033
Mn	1.0	0.2	99.4	99.1	0.072	0.051
Ni		0.059	0.197	0.197	<0.005	<0.005
Pb		0.002	0.059	0.056	0.003	<0.002
Zn		0.125	50.2	50.1	0.078	0.040

① 酸性尾矿水（Acid mine drainage）。

参考文献

[1] 生态环境部 . 2018 年全国辐射环境质量报告 . 除 40K β 放射性 .

[2] 杜俊玫，程琳 . 山西省晋中某地地下水总放射性比例异常的原因分析 . 辐射防护，2016，36(4): 249-251.

[3] 徐绍琴，刘如业，赵传增，等 . 辽宁省水体中天然放射性水平调查 . 辐射防护，1986，6(4): 313-315.

[4] 朱玲，姚海云，周滟，等 . 1995—2009 年我国部分湖泊、水库水体放射性水平监测 . 辐射防护通讯，2010，30(6): 17-20.

[5]《屠宰及肉类加工工业水污染物排放标准》编制组 .《屠宰及肉类加工工业水污染物排放标准（二次征求意见稿）》编制说明 . 2018.

[6] 张义安，高定，陈同斌，等 . 城市污泥不同处理处置方式的成本和效益分析——以北京市为例，生态环境，2006，15(2):234-238.

[7] 周长进，董锁成，王国 .“三江”河源地区主要河流的水资源特征 . 自然资源学报，2001，16(6): 493-498.

[8] 朱朝霞，赵志文，马璐 . 黄河兰州市区段水环境化学特征研究 . 甘肃水利水电技术，2014，50(6): 1-4.

[9] 万咸涛，张新宁 . 长江流域及西南诸河天然水质特征与河流健康 . 人民长江，2008，39(6): 8-9.

[10] 李群，穆伊舟，周艳丽，等 . 黄河流域河流水化学特征分布规律及对比研究 . 人民黄河，2006，28(11): 26-27.

[11] 周长进 . 柴达木盆地主要河流的水化学特征 . 干旱区资源与环境 .1998，14(4): 31-36.

[12] 黄铁明，凌敏 . 从酸碱度和硬度看广西城市供水水源的流域性水质特征 . 给水排水 .2009,35: 56-58.

[13] 程曼曼，尤宾 . 信阳市淮河干流段地表水化学特征分析 . 河南水利与南水北调 , 2012，5: 50-51.